2026 · 최신 개정판

표 준

전기 · 신호 · 정보통신공사품셈

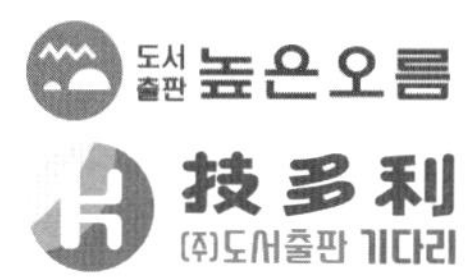

머리말

본 품셈을 발행한 지 45년이 되었습니다. 긴 시간 동안 지도편달을 해주신 독자 여러분의 성원에 부응하여 2026년판을 내놓게 되었습니다.

저희 출판사에서는 해마다 공표되는 전기·신호·정보통신공사 품셈의 제·개정 자료들을 정확하게 적용·출판하여 적정 공사비 산정과 업무능률 향상에 도움이 되도록 하고 있습니다.

이 책이 실무자 여러분의 필수도서로 많은 참고가 되시기 바라며 건승을 기원합니다. 감사합니다.

2026년 1월

도서출판 **높은 오름**

도서출판 **기 다 리**

발행인 올림

차례

전기부문

제1장 적용기준 / 55

제2장 송전설비공사 / 89

제3장 변전설비공사 / 165

제4장 배전설비공사 / 286

제5장 내선설비공사 / 411

제6장 계측 및 자동제어 설비공사 / 505

제7장 전기철도의 전기설비공사 / 513

제8장 항공등화 설비공사 / 549

제9장 신재생에너지 및 분산형전원설비공사 / 555

제10장 소방전기설비공사 / 559

신호부문

제1장 적용기준 / 571

제2장 단위표준 / 600

제3장 철도신호설비공사 / 612

정보통신부문

제1장 공통사항 / 705

제2장 관로·전봇대공사 / 748

제3장 배관공사 / 765

제4장 통신케이블공사 / 779

제5장 교환설비공사 / 818

제6장 전송설비공사 / 824

제7장 무선·방송설비공사 / 838

제8장 네트워크설비공사 / 904

제9장 정보제어·보안설비공사 / 958

제10장 해상·항공설비공사 / 1039

제11장 정보통신전원설비공사 / 1087

제12장 철도 통신·신호시설공사 / 1104

제13장 정보통신설비 유지보수 및 관련공사 / 1125

부 록
(전기 · 신호 · 정보통신공사 품셈)

2026

표준

전기 · 신호 · 정보통신공사 품셈

전기부문

2026. 1. 적용

제1장 적 용 기 준

1-1 목 적

정부 등 공공기관에서 시행하는 전기공사의 적정한 예정가격을 산정하기 위한 일반적인 기준을 제공하는데 있다.

1-2 적용범위

국가, 지방자치단체, 공기업, 준정부기관, 기타 공공기관 및 위 기관의 감독과 승인을 요하는 기관에서는 본 표준품셈을 전기공사 예정가격 산정의 기초로 활용한다.

1-3 적용방법

[가] 공사의 예정가격 산정은 본 표준품셈을 활용한다.

[나] 본 표준품셈에서 제시된 품은 일일 작업시간 8시간을 기준한 것이다.

[다] 본 표준품셈은 전기공사 중 대표적이고 보편적이며, 일반화된 공종, 공법을 기준한 것이며, 현장여건, 기후의 특성 및 기타 조건에 따라 조정하여 적용하되, 예정가격작성기준 제2조에 따라 부당하게 감액하거나 과잉 계산되지 않도록 한다.

[라] 본 표준품셈에 명시되지 않은 사항은 각종 사업을 시행하는 국가기관, 지방자치단체, 공공기관 등의 장의 책임 하에 적정한 예정가격 산정기준을 알맞게 결정하여 적용한다.

[마] 전기공사의 예정가격 산정 시 공사규모 · 공사기간 및 현장조건 등을 감안하여 가장 합리적인 공법을 채택 적용한다.

[바] 본 표준품셈에 명시되지 않은 품으로서 타 부문(토목, 건축, 기계, 통신 등)의 표준품셈에 명시된 품은 그 부문의 품을 적용하고 타부문과 유사한 공종의 품은 본 표준품셈을 우선 적용한다.

[사] 전기사업법, 전기공사업법, 소방기본법, 총포 · 도검 · 화약류 등의 안전관리에 관한 법률, 산업안전보건법, 산업재해보상보험법, 중대재해 처벌 등에 관

한 법률, 고용보험법, 국민건강보험법, 국민연금법, 건설기술 진흥법, 대기환경보전법, 소음 · 진동관리법 등 관계 법령이나 계약조건에 따라 소요되는 비용은 별도로 계상한다.

[아] 각 발주기관에서 다항에 따라 별도로 결정하여 적용한 품셈이 표준품셈 보완에 반영할 필요가 있다고 인정될 경우에는 그 자료를 표준품셈 주관기관인 대한전기협회(이하"주관기관"이라 한다)에 제출한다.

[자] 전력기술관리법 제6조의 2의 규정에 의해 신기술로 지정 · 고시된 기술을 발주처에서 활용할 경우, 발주처가 동기술을 표준품셈에 반영할 필요가 있다고 판단되면 시공시에 현장실사를 실시하여 그 자료를 표준품셈 주관기관에 제출한다.

[차] 표준품셈 주관기관에서는 상기[아]항의 품을 표준품셈 제정절차에 따라 제정한후 표준품셈 부록에 「참고품」으로 수록하여 발주처에서 예정가격을 산정할 때 활용하게 할 수 있다.

1-4 특정기계 사용

공사를 시행하는데 있어 특정한 기계사용이 사전에 확인되었을 때는 본 기준에 의하지 않고 개별적으로 그 특성에 의한 작업능력과 제 경비를 산정하여 적용할 수 있다.

1-5 수량의 계산

[가] 수량은 M.K.S. 단위를 사용한다.

[나] 수량의 단위 및 소수위는 표준품셈 단위표준에 의한다.

[다] 수량의 계산은 지정 소수자리 아래 1자리까지 산출하여 반올림 한다.

[라] 계산에 쓰이는 분도(分度)는 분까지, 원둘레율(圓周率) 삼각함수(三角函數) 및 호도(弧度)의 유효숫자는 3자리(三位)로 한다.의 계산을 한다. 단, 계산은 1회 곱하거나 나눌 때마다 소수 2자리까지로 한다.

[마] 면적의 계산은 보통 수학공식에 의하는 외에 좌표면적계산법 · 삼사법 · 프라니미터(Planimeter) 또는 전자면적계산 등에 의한다. 다만, 프라니미터를 사용할 경우에는 3회 이상 측정하여 그 중 정확하다고 생각되는 평균

[바] 곱하거나 나눗셈에 있어서는 기재된 순서에 의하여 계산하고, 분수는 약분법을 쓰지 않으며 각 분수마다 그의 값을 구한 다음 전부값으로 한다.

[사] 체적계산은 의사공식(擬似公式)에 의함을 원칙으로 하나 토사체적은 양단면적을 평균한 값에 그 단면간의 거리를 곱하여 산출하는 것을 원칙으로 한다. 단, 거리평균법으로 고쳐서 산출할 수도 있다.

1-6 전기재료의 할증률 및 철거손실률

전기재료의 할증률 및 철거용 재료의 손실률은 일반적으로 다음표의 값 이내로 한다.

종 류		할 증 률(%)	철거손실률(%)
옥외전선		5	2.5
옥내전선		10	-
케이블 (옥외)		3	1.5
케이블 (옥내)		5	-
전선관 (옥외)		5	-
전선관 (옥내)		10	
케이블 랙 (트레이), 덕트, 레이스웨이		5	-
트롤리(Trolley)선		1	-
동대, 동봉		3	1.5
애자류	100개 미만	5	2.5
	100개 이상	4	2
	200개 이상	3	1.5
	500개 이상	1.5	0.75
	1,000개 이상	1	0.5
전선로철물류	100개 미만	3	6
	100개 이상	2.5	5
	200개 이상	2	4
	500개 이상	1.5	3
	1,000개 이상	1	2
조가선 (철·강)		4	4
합성수지파형전선관 (파상형 경질폴리에틸렌전선관)		3	-

[해 설]

철거손실률이란 전기설비공사에서 철거작업 시 발생하는 폐자재를 환입할 때 재료의 파손, 손실, 망실 및 일부 부식 등에 의한 손실률을 말함.

1-7 가설공사

가설공사비는 그 성질에 따라 계상할 수 있다.

1-8 지하지반의 추정

지하지반은 토질조사시험에 따라 설계하는 것을 원칙으로 한다. 다만, 공사량이 소규모인 경우에는 지형 또는 표면상태에 의하여 추정 설계할 수 있다.

1-9 노 임

노임은 관계 법령의 규정에 따른다.

1-10 노임의 할증

연장근로와 야간근로 또는 휴일근로의 경우에는 근로기준법(제56조), 유해위험작업인 경우에는 산업안전보건법(제139조), 도서(제주도 포함), 오지지역 및 기능자격자를 특별히 사용하는 경우에는'국가를 당사자로 하는 계약에 관한 법률'시행규칙(제7조2항)에 정하는 바에 따라 노임을 할증하여 적용한다.

1-11 품의 할증

품의 할증은 공사규모, 현장조건 등을 감안하여 다음의 기준을 적용하고, 품셈 각 항목별 할증이 명시된 경우에는 각 항목별 할증을 우선 적용한다.

1-11-1 야간작업

PERT/CPM 공정계획에 의한 공기산출 결과 정상작업(정상공기)으로는 불가능하여 야간작업을 할 경우나 공사 성질상 부득이 야간작업을 하여야 할 경우에는 품을 25%까지 가산한다.

1-11-2 건물 층수별 할증률

[가] 지상층 할증

2~5층 이하 ········ 1%
10층 이하 ········ 3%
15층 이하 ········ 4%
20층 이하 ········ 5%
25층 이하 ········ 6%
30층 이하 ········ 7%
30층 초과에 대하여는 매 5층 이내 증가마다 1.0% 가산

[나] 지하층 할증

지하 1층 ········ 1%
지하 2~5층 ········ 2%
지하 6층 이하는 지하 1개층 증가마다 0.2% 가산

※ 층의 구분을 할 수 없는 경우 층고를 3.6m로 기준하여 환산한다.

1-11-3 지세별 할증률

[가] 보통	0%
[나] 불량	25%
[다] 매우 불량	50%
[라] 물이 있는 논	20%
[마] 농작물이 있는 건조한 논밭	10%
[바] 소택지 또는 깊은 논	50%
[사] 번화가 1	20% (지중케이블공사는 30%)
[아] 번화가 2	10% (지중케이블공사는 15%)
[자] 주택가	10%
[차] 도서지구[본토(육지)에서 인력 파견 시]	50%까지

왕복소요시간	할증률
2시간 이하 3시간 이하 3시간 초과	25% 40% 50%

주1) 왕복소요시간은 운항시간과 승선대기시간의 합
주2) 선박은 일반선박 기준임
주3) 작업자의 선박운임(인력, 차량, 장비 등)은 별도 계상
주4) 공사기간 등 여건에 따라 할증률 차등적용
주5) 제주도는 할증 적용 제외

[카] 공항에서 1일 비행기 이착륙 회수 20회 이상　50%
　10회 이상 20회 미만　25%
　6회 이상 10회 미만　15%
　5회 이하　10%

[해 설]

① 지세 구분내역

구 분 \ 지 구		보 통	불 량	매우 불량
고 도 기 준	해 발	100m 미만	300m 미만	300m 이상
	표 고	50m 미만	150m 미만	150m 이상
	부지경사각	15°미만	35°미만	35°이상
통 행 조 건	도로(노폭)	4m 초과	4m 이하	3m 미만
	기울기	10°미만	30°미만	30°이상
	이동시간	30분 미만	1시간 미만	1시간 이상
자 연 환 경	수 목(100㎡당)	5그루 미만	10그루 미만	10그루 이상
	강수일(5mm이상)	40일 미만	50일 미만	50일 이상
기 타 조 건	숙 소(작업장 기준)	1km 미만	5km 미만	5km 이상
	인력동원(작업장 기준)	1km 미만	5km 미만	5km 이상

주1) 표 고 : 활동 중심구역에서의 거리 300m 기준
주2) 이동시간 : 왕복 2차로 이상의 도로로부터 작업장까지의 이동시간
주3) 지구 선정은 상기 구분내역의 2/3 이상 항목에 해당되는 지역으로 선정

② 번화가 구분내역

구　　분	번화가 1	번화가 2
도로 조건	왕복 4차로 이하	왕복 4차로 초과
1일 차량 통행량	7,000대 초과	2,000대~7,000대
대형차의 통행제한	주간 통행제한	주간 통행제한 없음
도로 점용	2차로 이상	2차로 미만
주변 여건	- 백화점, 상가, 유흥가 등 차량, 통행인 왕래 극심 지역 - 왕복 4차선 초과도로의 교차로 주변	- 차량, 통행인 왕래 혼잡 지역 (학원, 음식점, 관공서 밀집지역 등) - 진출입용 나들목 또는 램프 주변 교통 혼잡지역(고속도로, 자동차 전용 도로, 지하차도)
주간작업 가능정도	주간작업 일부 가능	주간작업 가능

③ 번화가 1,2는 주간작업 기준이며, 야간작업 시는 이 할증률의 50% 적용

1-11-4 지형별 할증률

강 건너기 ································ 50% (강폭 150m 이상)
계곡 건너기 ······························ 30% (선로길이 150m 이상)

1-11-5 위험 할증률

[가] 교량작업 : (인 도 교) ························ 15%
〃　: (철　교) ························ 30%
〃　: (공중작업) ························ 70%
[나] 고소작업 지상 5m 미만 ························ 0
〃　5m 이상 10m 미만 ························ 20%
〃　10m 〃 15m 〃 ························ 30%
〃　15m 〃 20m 〃 ························ 40%
〃　20m 〃 30m 〃 ························ 50%
〃　30m 〃 40m 〃 ························ 60%
〃　40m 〃 50m 〃 ························ 70%
〃　50m 〃 60m 〃 ························ 80%

고소작업 지상 60m 이상 매 10m 이내 증가마다 10% 가산

※ 비계틀 없이 시공되는 작업에 적용한다.

[다] 고소작업 지상 10m 이상 ······ 10%

〃 20m 〃 ······ 20%

〃 30m 〃 ······ 30%

〃 50m 〃 ······ 40%

※ 비계틀 사용 시 적용한다.

[라] 지하작업 : 지하 4m 이하 ······ 10%

[마] 활선 근접작업 ······ 30%

AC 154kV급 이상 : 4m 이내

AC 66kV급 이상 : 3m 이내

AC 6.6kV급 이상 : 2m 이내

AC 1kV 이상 : 1m 이내

DC 1.5kV 이상 : 1m 이내

DC 60V 이상 : 1.5kV 미만 : 30㎝ 이내

단, 전력선 첨가설치 및 회선 증설(조가선, 케이블 설치 등)은 20%

[해 설]

활선근접작업이란 나도체(22.9kV ACSR-OC 절연전선 포함) 상태에서 이격거리 이내 근접하여 작업함을 말한다. 다만, DC 60V 이상 1.5kV 미만은 절연물로 피복된 경우 피복이 제거된 나도체 부분부터 이격거리 내에서 작업할 때를 말한다.

[바] 터널내 작업 및 터널내 작업과 유사한 작업

인도 및 차량통행 전면통제(철도터널은 열차통행 전 또는 궤도이용장비 사용 시 포함)차도 15%

차량(철도포함)통행차도(부분통제도 포함) 30%

[해 설]

터널내 사다리작업으로 작업능률이 현저하게 저하될 때는 위 할증률에 10%까지 가산할 수 있다.

터널내 작업할증률은 터널 입구에서 25m 이상 터널속에 들어가서 작업 시에 적용한다.

[사] 군 작전 지구 내에서 작업능률에 현저한 저하를 가져올 때에는 작업 할증률을 20%까지 가산한다.

[아] 특수보안지역(교정기관, 군부대, 공항 등)에서 이루어지는 작업 중에서 경비원의 입회하에서만 작업이 가능하고 작업 시간 및 통행로 제한으로 작업능률 저하가 현저할 경우 20%까지 가산할 수 있다.

1-11-6 기타 할증률

가. 아래와 같은 이유로 작업 능력저하가 현저할 때 50%까지 가산할 수 있다.

- 동일 장소에 수종의 장비가동
- 작업장소의 협소
- 소음
- 진동
- 해상작업

나. 기타 작업조건이 특수하여 작업시간 및 통행제한으로 작업능률저하가 현저할 경우는 별도 가산할 수 있다.

1-11-7 열차 통행 빈도별 할증률

본 선상의 열차통과에 따라 작업이 중단되는 경우에 한하여 적용한다.

공 종 별 \ 작업 중 열차의 통과회수		11~25회	26~40회	41~50회
복 선 구 간	일 반 할 증 률	10%	15%	25%
	궤도상부에서 사다리 작업 시	20%	30%	40%
단 선 구 간	일 반 할 증 률	15%	20%	30%
	궤도상부에서 사다리 작업 시	30%	40%	60%

1-11-8 전차선 설치 시 차단공사 할증률

열차회수	선 로 차 단 시 간			
	1시간마다	1시간 이상	2시간 이상	3시간 이상 6시간 미만
25회	45%	40%	35%	30%
38회	55%	50%	45%	40%
50회	65%	60%	55%	50%
63회	75%	70%	65%	60%
75회	85%	80%	75%	70%
88회	95%	90%	85%	80%
100회	105%	100%	95%	90%
113회	115%	110%	105%	100%
125회	125%	120%	115%	110%
138회	135%	130%	125%	120%
150회	145%	140%	135%	130%

[가] 차단공사 시는 열차운전빈도, 구내입환 할증률, 열차접근 및 열차감시작업 및 사다리작업에 따른 할증률을 별도 가산하지 않는다.

[나] 단선조건(단선구간, 복선구간의 상선 또는 하선)의 선로상 작업에 적용

[다] 전차선, 조가선, 전선설치작업에 한하여 적용한다. 다만, 차단작업이 불가피한 공사의 경우에는 적용할 수 있다.

1-11-9 구내입환별 할증률

구 분	할 증 률	비 고
입환작업이 특히 빈번한 구내	20%	구내배선이 6선 이상
기타 역구내	10%	구내배선이 5선 이상

1-11-10 유해별 할증률

고온, 고압력기기 접근작업, 특고압 OF케이블 관련작업(깔기작업 제외) ········30%

고열, 미탄실, 발화연료 보관실, 위험물, 독극물의 보관실내 작업 ·················20%

정화조, 축전지실, 제빙실내 등 유해가스 발생 장소 ·································10%

1-11-11 긴급공사에 대한 할증률

재해 및 돌발사고 등의 조기 복구와 고장예방을 위하여 단시간에 인력과 장비를 동원하여 긴급공사를 강행할 경우 긴급할증률을 20%까지 계상할 수 있다. 다만, 작업조건, 긴급성, 위험성을 고려하여 10%까지 추가 가산할 수 있다

1-11-12 특수작업 할증률

[가] 작업의 중요성 또는 특별한 시방에 따라 특별한 기술과 안전관리 등을 위하여 기술원(기술사, 기사, 특수자격자, 특수기능사 및 안전관리자 등) 및 감독원이 투입될 때는 필요에 따라 본 작업에 대하여 5~10%까지 계상할 수 있다.

(1) 중요기기 및 공작물의 분해 가공 또는 조립작업

(2) 특별한 사양 및 공법에 의한 작업

(3) 기타 중요한 기기 및 공작물을 취급하는 작업

[나] 작업조건이 특별한 작업조를 편성하여 작업하여야 할 때는 각 작업조에 따라 기술원 또는 감독원 1인을 계상할 수 있다.

[다] 전공장의 배치

작업조건에 따라 전공장을 공사현장에 배치할 때는 별도 계상한다.

1-11-13 원거리작업 등 할증률

원거리작업, 계속이동작업, 분산작업 시에 집합장소로부터 작업장소까지 도달하기 위하여 상낭한 왕복시간(열차, 차량, 도보)이 요하거나 또는 작업장소가 분산되어 있어 이동에 상당한 시간이 요하여 실작업 시간이 현저하게 감소될 경우 다음의 계산식에 의한 할증을 50%까지 가산한다.

단, 상기 도달시간 또는 이동시간이 왕복 1시간 이내의 경우는 특별한 경우를 제외하고는 적용될 수 없다.

$$\frac{t}{8-t} \times 100\%$$

(t : 왕복에 소요되는 시간에서 1시간을 초과하는 부분의 시간)

1-11-14 소단위작업 할증률

공사대상이 소규모인 경우 인력과 장비의 활용저하 보완을 위하여 주작업 단위(본,개)를 기준으로 다음과 같이 가산하여 적용(부대설비 포함)한다.

단 위	1~3	4~5	6~10
할 증 률	50%까지	30%까지	10%까지

1-11-15 휴전시간별 할증률

구 분	할 증 률
1 일 2 시 간 휴 전 시	35%
1 일 3 시 간 휴 전 시	30%
1 일 4 시 간 휴 전 시	25%
1 일 5 시 간 휴 전 시	20%
1 일 6 시 간 휴 전 시	10%
1 일 7 시 간 휴 전 시	0%

1-11-16 할증의 중복 가산요령

$W = P \times (1 + a_1 + a_2 + a_3 + \cdots\cdots + a_n)$

W : 할증이 포함된 품

P : 기본품 또는 각장 해설란의 필요한 증·감 요소가 감안된 품

$a_1 \sim a_n$: 품 할증요소

1-12 주요자재

[가] 공사에 대한 주요자재의 관급은 국가를 당사자로 하는 계약에 관한 법률 시행규칙(제83조) 및 기획재정부의 계약예규 등 관계규정이나 계약조건에 따른다.

[나] 자재구입은 필요에 따라 규격서(시방서)를 작성하고 그 물건의 기능, 특징, 용량, 제작방법, 성능, 시험방법, 부속품 등에 관하여 명시하여야 한다.

[다] 국내에서 생산되는 자재를 우선적으로 사용함을 원칙으로 하고 그 중에서도 KS규격품을 우선한다.

[라] KS규격에 없는 제품 사용 시에는 공사조건에 맞는 관련규격(외국규격 등) 및 시방 등을 검토하여 준용토록 한다.

1-13 재료 및 자재단가

[가] 전기공사용 자재 및 자재단가의 결정은 거래실례 가격을 기준한다.(거래실례가격이 없는 경우에는 통계법을 기준하며, 기타의 경우 국가를 당사자로 하는 계약에 관한 법률 시행규칙에 따른다)

[나] 재료 및 자재단가에 운반비가 포함되어 있지 않은 경우 구입장소로부터 현장까지의 운반비를 계상한다.

1-14 발생재의 처리

[가] 작업부산물 및 기타 발생재의 처리는 다음 표에 의하여 그 대금을 설계당시 미리 공제한다. 단, 시멘트공포대 및 목제공드럼은 작업부산물에서 제외하되 현장으로부터 운반하여 폐기처리한다.

품 명	공 제 율
작 업 부 산 물	90%
토 막 강 재	70%
기 타 발 생 재	발생량

[나] 시공도중 발생되었거나 수량의 변동을 가져왔을 경우에는 설계 변경하여야 한다.

1-15 소 운 반

품에서 규정된 소운반이라 함은 20m 이내의 수평거리를 말하며 소운반이 포함된 품에 있어서 소운반거리가 20m를 초과할 경우에는 초과분에 대하여 이를 별도 계상하며 경사면의 소운반거리는 직고 1m를 수평거리 6m의 비율로 본다.

1-16 제 경 비

공사원가에 대한 경비 계상은 기획재정부 계약예규인 원가계산에 의한 예정가격 작성기준 또는 실적공사비에 의한 예정가격 작성기준에 따른다.

1-17 산업안전보건관리비

작업현장에서 산업재해 예방에 필요한 비용인 산업안전보건관리비는 산업안전보건법에 의거 별도 계상한다.

1-18 산업재해보상보험료 및 기타

[가] 공사원가계산에 있어 간접노무비, 경비, 일반관리비, 이윤과 산업재해보상보험료, 고용보험료, 국민연금보험료, 국민건강보험료) 및 기타 이와 유사한 사항은 기획재정부 계약예규 와 산업재해보상보험법 등 관계 규정에 따른다.

[나] 시공과정에서 필요로 하는 보상비(직접, 간접 및 일시 보상 등)는 현장 실정에 따라 별도 계상할 수 있다.

1-19 품질관리비

해당 계약목적물의 시공을 위하여 전기사업법 및 관계법령 등이나 계약조건에 의하여 품질시험이 요구되는 실제 소요되는 비용을 계상한다.

1-20 분해조립비

분해 및 조립을 필요로 하는 기계는 이에 소요되는 경비를 계상한다.

1-21 공구손료

[가] 공구손료는 일반공구 및 시험용 계측기구류의 손료로서 공사중 상시 일반적으로 사용하는 것을 말하며, 직접 노무비(노임할증과 작업시간 증가에 의하지 않은 품할증 제외)의 3%까지 계상한다.

[나] Chain Hoist, Block, Pipe Expander, Straight Edge, 절연내압시험기, 변압기, 탈기기, 자동전압조정기, Synchroscope, Potentiometer 등 특수 공구 및 특수시험 검사용 기구류의 손료산정은 경장비 손료에 준한다.

[참고]

○ 일반공구 및 시험용 계측기구류 :

스패너류, 렌치류(토크, 소켓, 복스 등), 전동드릴, 드라이버, 플라이어류(펜치, 니퍼, 롱로우즈 등), 첼러, 스트립퍼, 압착기, 그라인더, 해머, 장도리, 커터기, 후크온메타, 임팩, 가스검출기 등 이와 유사한 것으로 공사 중 상시 일반적으로 사용하는 것

1-22 경장비손료

[가] 전기용접기, 그라인더, 윈치 등 중장비에 속하지 않는 동력장치에 의해 구동되는 장비류의 손료를 말하며 별도 계상한다.

[나] 경장비의 시간당 손료에 대하여는 기계 경비산정표에 명시된 가장 유사한 장비의 제수치(내용시간, 연간 표준 가동시간, 상각비율, 정비비율, 연간 관리비율등)를 참조하여 계상한다.

1-23 잡재료 및 소모재료

잡재료 및 소모재료는 설계내역에 표시하여 계상한다.

① 잡새료

재료비의 산출에는 필요한 재료를 가능한 한 품목별로 계상하는 것을 원칙으로 하고 있으나 소량이나 소금액의 재료는 명세서 작성이 곤란하므로 잡재료로 일괄 계상한다. 잡재료에는 볼트류(지름 10㎜, 길이 10㎝ 이하), 너트류(지름10㎜ 이하), 플러그류, 소나사(지름 10㎜, 길이 5㎝ 이하), 목나사, 단자류(8㎟ 이하), 못, 슬리브, 스태플(Staple), 새들(Saddle), 보수재료 등이 포함된다.

② 소모재료

작업중에 소모하여 없어지거나 작업이 끝난 후에 모양이나 형태가 변하여 남아 있는 재료로서 땜납, Paste, 테이프류, 가솔린, Oil, 절연니스, 방청도료, 용접봉,

왁스, 아세틸렌가스, 산소가스 등이 포함된다.

③ 제5장 내선설비공사 부문에서 계상이 어렵고 금액이 근소한 소모품에 대해서는 직접재료비(전선, 케이블 및 배관자재비)의 2~5%까지 계상할 수 있다.

1-24 운반차량의 구분

[가] 공사용 자재의 운반차량은 덤프트럭을 원칙으로 하되 훼손의 위험이 있는 기자재는 화물자동차로 운반한다. 다만, 전주 등 장척물의 경우는 자동차의 길이가 적재하고자 하는 장척물 길이의 10/11 이상인 차종으로 운반한다.

[나] 화물자동차의 운반비는 화물자동차의 차량손료 방식으로 운반비를 산출한다. 다만 가격조사기관에서 발생하는 물가정보지 가격이 있는 경우에는 「전세차량비에 의한 운반비 방식」으로 산출할 수 있다.

[산정공식]

(1) 전세차량비에 의한 운반비 산출

㈎ 차량운반비(원) = (계산차량대수 × 전세차량비) + 총 상하차임

$$\text{계산차량대수} = \frac{1}{480}[T_1 + T_2]$$

$$T_1(\text{총주행 소요시간 : 분}) = \left[\frac{L}{V_1}(1+\alpha) + \frac{L}{V_2}\right] \times 60 \times N$$

L : 운반거리(편도) ㎞

V_1 : 적재시 평균속도 ㎞/hr

V_2 : 공차시 평균속도 ㎞/hr

$$N(\text{대수}) : \frac{\text{총운반할 자재중량 ton}}{\text{사용차량의 적재능력 ton}}$$

T_2 : 적상하시간(분)

α : 품목별 할증률 및 할인율(국토해양부 운임 및 요금표상의 할증 및 할인 해당분야에 한함)

㈏ 전세차량비는 구역화물, 차종별, 전세운임 적용

㈐ 총 중량 1ton 이하의 운송비는 용달운임차량을 이용할 수 있는 지역은 용달운임을 적용

(2) 운반도로와 평균 주행속도(㎞/hr)

도 로 상 태	평균속도	
	적재	공차
1차로의 교차가 힘든 산간지 도로	10	15
2차로 이상의 산간지 도로 및 미포장도로	15	20
2차로 이상의 교통량 및 교통대기가 많은 시가지 포장도로 (7,000대/일 이상)	20	25
2차로 이상의 시가지 포장도로 (7,000~2,000대/일)	25	30
2차로 이상의 교외 포장도로 (2,000대/일 이상)	30	35
2차로 이상의 포장도로 (2,000대/일 미만)	35	35
2차로 고속도로	50	55
4차로 고속도로(편도 교통량 1일 40,000대 미만)	60	60

주) 주행속도는 차로수·교통량 등 현장 조건에 따라 주행속도를 측정하여 사용할 수 있다.

(3) 화물자동차 차량손료 방식 운반비 산출

㈎ 차량운반비=자재운반비+대기료+총 상하차임

① 자재운반비 = 차종별 운행시간당 손료 × 총주행시간(H_1)

○차종별 운행시간당 손료

=시간당 차량손료+시간당 유류비+시간당 운전사 노임

•시간딩 차량손료

=차량가격(공장도 가격)×(상각비계수+정비비계수+관리비계수)×10^{-7}

•시간당 유류비 =시간당 주연료소모량×유류단가×$(1+\theta)$

단, θ : 잡재료율

○H_1(총주행시간 : hr) $= (\frac{L}{V_1} + \frac{L}{V_2}) \times N$

L : 운반거리(편도) ㎞

V_1 : 적재시 평균속도 ㎞/hr

V_2 : 공차시 평균속도 ㎞/hr

$$N(대수) : \frac{총\ 운반할\ 자재중량(톤)}{사용차량의\ 적재능력(톤)}$$

② 대기료=차종별 대기 시간당손료×적상하 시간(H_2)

○차종별 대기 시간당손료=시간당 차량손료+시간당 운전사 노임

○H_2 : 적상하 시간(hr)

③ 총 상하차임=인력 상 · 하차 가능여부 적용

구분	품셈 적용	비고
인력 상·하차 가능	1-25 [나]항의 「품종별 적상하인력기준」적용	
인력 상·하차 불가	1-25 [다]항의「장비사용 자재 적상하」적용	

[해 설]

① 일정한 평지에서 20m내 소운반 작업이 포함되어 있다.

② 작업에는 적상 · 적하시의 정리작업이 포함되어 있다.

③ Cu, ACSR 등 폐전선의 적상·하 기준은 전선류의 50%로 적용한다.

(나) 화물자동차 차량손료 및 운전경비 산정

1) 화물자동차 차량손료산정

차량명	규격(톤)	내용시간	연간표준가동시간	상각비율	정비비율	연간관리비율	시간당(10^{-7})			
							상각비계수	정비비계수	관리비계수	계
화물자동차	1	11,300	1,620	0.9	0.25	0.14	796	221	530	1,547
	2	11,300	1,620	0.9	0.25	0.14	796	221	530	1,547
	2.5	11,300	1,620	0.9	0.25	0.14	796	221	530	1,547
	3.5	11,300	1,620	0.9	0.25	0.14	796	221	530	1,547
	4.5	11,300	1,620	0.9	0.25	0.14	796	221	530	1,547
	5	11,300	1,620	0.9	0.25	0.14	796	221	530	1,547
	7	11,300	1,620	0.9	0.25	0.14	796	221	530	1,547
	8	11,300	1,620	0.9	0.25	0.14	796	221	530	1,547
	8.5	11,300	1,620	0.9	0.25	0.14	796	221	530	1,547
	9.5	11,300	1,620	0.9	0.25	0.14	796	221	530	1,547
	11.5	11,300	1,620	0.9	0.25	0.14	796	221	530	1,547

2) 화물자동차 운전경비 산정

차 량 명	규격 (톤)	시간당 주연료 소모량(ℓ/hr)	잡재료율	운전사 (인/일)
화물자동차	1	4.4	0.2	1
	2	4.3	0.2	1
	2.5	4.9	0.2	1
	3.5	4.9	0.2	1
	4.5	6.2	0.2	1
	5	6.3	0.2	1
	7	6.8	0.2	1
	8	7.9	0.2	1
	8.5	8.1	0.2	1
	9.5	10.9	0.2	1
	11.5	11.4	0.2	1

[해 설]

① 주연료의 시간당 소비량은 실작업시간 50/60을 각각 기준으로 하여 산정한 것임

② 주연료는 경유를 말하며, 경유가 아닌 다른 연료를 사용하는 화물자동차를 전세할 때는 그에 적합한 연료를 적용하여 계상한다.

③ 잡재료율은 엔진유, 기어유, 유압유, 구리스, 넝마 등의 시간당 소비량을 주연료의 비율로 표기한 것임

[다] 운반과정에서 물량형편으로 화물자동차 1대분에 미달하여 단수가 생길 때에는 1대분으로 계상한다.

1-25 인력운반 및 적상하 시간기준

[가] 인력운반비 산출 공식

(1) 기본공식

$$운반비 = \frac{A}{T} \times M \times \left(\frac{60 \times 2 \times L}{V} + t \right)$$

여기에서

A : 공사특성에 따른 직종노임

M : 필요한 인력의 수$\left(M = \frac{\text{총운반량(kg)}}{\text{1인당 1회 운반량(kg)}}\right)$

L : 운반거리(㎞) V : 왕복 평균속도 (㎞/hr)

T : 1일 실작업시간(분)(30분~480분)

t : 준비작업시간(2분)(1회 운반량은 25㎏/인)

(2) 왕복 평균속도

구 분	장대물, 중량물 등 인력운반, 왕복 평균속도	인부 (지게)운반 왕복 평균속도
도로상태 양호	2㎞/hr	3㎞/hr
도로상태 보통	1.5㎞/hr	2.5㎞/hr
도로상태 불량	1.0㎞/hr	2.0㎞/hr
물 논, 도로가 없는 산림지 및 숲이 우거진 지역	0.5㎞/hr	1.5㎞/hr

[도로상태 구분]

- 양호 : 운반로가 평탄하며 보행이 자유롭고 운반상 장애물이 없는 경우
- 보통 : 운반로가 평탄하지만 다소 운반에 지장이 있는 경우
- 불량 : 보행에 지장이 있는 운반로의 경우
  습지, 모래질, 자갈질, 암반 등 지장이 있는 운반로의 경우

(3) 경사지운반 환산계수(a)

경사도	%	10	20	30	40	50	60	70	80	90	100
	각 도	6	11	17	22	27	31	35	39	42	45
환산계수(a)		2	3	4	5	6	7	8	9	10	11

경사지 환산거리 = $a \times L$

[나] 품종별 적상하 인력 기준

품종별		단위	편성 인원	시간(분)		전공	보통 인부
				적상	적하		
CP 전주	10m 이하	본	12	15	10	0.313	0.313
	11m 이상	본	20	15	10	0.521	0.521
애자류		톤	6	14	10	0.15	0.15
철재류		톤	6	10	8	0.113	0.113
전선류		톤	15	15	10	0.391	0.391
전주버팀대류		톤	5	14	10	0.125	0.125
비계목류		톤	4	21	12	0.138	0.138
시멘트류		톤	5	14	10	-	0.25

[해 설]

① 일정한 평지에서 20m내 소운반 작업 포함
② 이 작업에서는 적상적하시의 정리작업 포함
③ 목주는 CP주의 60%로 함
④ CU, ACSR 등 폐전선의 적상하 기준은 전선류의 50%로 적용함
⑤ 전공은 송전, 배전, 내선공사 등 해당직종의 기능공을 적용한다.
⑥ 재사용 계획이 없는 철거자재는 전공을 보통인부로 대체 적용

[다] 장비사용 자재 적상하

(단위 : 톤)

구분	전공	보통인부	시간(분)	
			적상	적하
철재류	0.069	0.069	6	5
전선류	0.241	0.241	9	6
애자류	0.092	0.092	9	6
비계목	0.085	0.085	13	7
전주버팀대류	0.077	0.077	9	6

[해 설]

① 보통지구, 장비사용 기준
② 장비사용료 별도 계상

③ 전공은 직종 구분에 따라 적용하며, 재사용 계획이 없는 철거자재는 전공을 보통인부로 대체 적용

④ 변압기류, 개폐기류의 경우 애자류 적용

⑤ CU, ACSR 등 폐전선의 적상하 기준은 전선류의 50%로 적용함

1-26 경운기 운반 및 적상하 시간 기준

[가] 경운기 운반비 산출공식

(1) 기본공식

$$\text{운반비} = A \times M \times \left[\left(\frac{L}{V_1} + \frac{L}{V_2} + t + t_1\right) \div 60\right]$$

여기서

A : 경운기 기계경비(시간당)-토목품셈 제11장 기계경비 산정편 준용 (운전원, 적상하시 보통인부 및 연료비는 별도 가산)

M : 필요한 경운기 대수 $\left[M = \frac{\text{총 운반량(kg)}}{\text{1대당 1회 운반량(kg)}}\right]$

L : 운반거리(m)

V_1 : 적재시 속도(m/분)

V_2 : 공차시 속도(m/분)

t : 적상적하시간(분)

t_1 : 준비 작업시간(3분/1회) (1회 운반량은 1,000㎏/대당)

(2) 적재·공차시 속도

구분 / 종류	평균주행속도 (m/분)									
	적재 (V_1)					공차 (V_2)				
	양호	보통	불량	매우 불량	극히 불량	양호	보통	불량	매우 불량	극히 불량
토사류·석재류	83	57	35	15	5	117	83	57	17	5
애 자 류	69	52	31	15	5	117	83	57	17	5
철재류·금구류	77	54	32	15	5	117	83	57	17	5
시 멘 트 류	76	55	31	15	5	117	83	57	17	5

[도로상태 구분]

- 양호 : 운반로가 기울기가 없고 평탄할 경우
- 보통 : 운반로가 약간 요철이 있는 경우
- 불량 : 운반로가 습지, 모래질, 자갈질, 암반 등 운반에 지장이 있을 경우
- 매우불량 : 운반로가 임야지로 진입로 개설 개소로서 경사도 7~15%일 경우
- 극히불량 : 운반로가 임야지로 진입로 개설 개소로서 경사도 15% 초과일 경우

(3) 경사지 운반 환산계수(α) : "1-25 인력운반 및 적상하 시간기준" [가](3)항 적용

[나] 품종별 적상·하 기준

품 종 별	단 위	편성인원	시 간 (분)		보통인부
			적 상	적 하	
토 사 류	톤	2인	12	10	0.092
석 재 류	톤	2인	15	11	0.108
애 자 류	톤	6인	13	9	0.31
철 재 및 금 구 류	톤	6인	12	8	0.25
시 멘 트 류	톤	6인	15	10	0.31

[해 설]

① 삽작업이 가능한 토석재를 기준한다. ② 절취는 별도 계상한다.

1-27 시공 직종 ('25년 개정)

[가] 기술자 및 관리자

(1) 현장기술자(기사, 산업기사)의 품은 표준품셈에 명시된 바에 따라 계상한다.

(2) 직접 작업에 종사하지는 않으나, 공사현장에서 보조작업에 종사하는 감독, 공사관리자, 현장사무소직원 등 간접인력에 대한 품은 계약예규의 간접노무비율 범위 내에서 계상한다.

(3) 기사, 산업기사의 적용구분은 관계법령 또는 규정에 따라 계상한다.

[나] 직종구분

직 종	작 업 구 분
플 랜 트 전 공	발전설비 및 중공업설비의 시공 및 보수
변 전 전 공	변전설비의 시공 및 보수
계 장 공	플랜트 프로세스의 자동제어장치, 공업제어장치, 공업계측 및 컴퓨터 등 설비의 시공 및 보수
송 전 전 공	철탑 (배전철탑 포함) 등 송전설비의 시공 및 보수
배 전 전 공	전주 및 배전설비의 시공 및 보수
내 선 전 공	옥내배관, 배선 및 등구류설비의 시공 및 보수
특고압케이블전공	특고압케이블 설비의 시공 및 보수(7kV 초과)
고 압 케 이 블 전 공	고압케이블 설비의 시공 및 보수 (교류 1kV 초과 7kV 이하, 직류 1.5kV 초과 7kV 이하)
저 압 케 이 블 전 공	저압 및 제어용케이블 설비의 시공 및 보수 (교류 1kV 이하, 직류 1.5kV 이하)
송 전 활 선 전 공	송전전공으로서 활선작업을 하는 전공
배 전 활 선 전 공	배전전공으로서 활선작업을 하는 전공
전 기 공 사 기 사	전기공사업법에 의한 전기기술자로서 전기공사의 시공 및 관리
전기공사산업기사	전기공사업법에 의한 전기기술자로서 전기공사의 시공 및 관리
전 철 전 공	전차선로의 시공 및 보수

※ 플랜트란 철강, 석유, 제지, 화학 및 발전 등의 프로세스공업에서 일반적으로 원료나 에너지를 공급하여 소요의 물질이나 에너지를 얻기 위하여 필요한 물리적, 화학적 작용을 행하는 장치를 말한다.

※ 송전전공은 고소작업을 하는 직종으로 위험할증율(고소작업) 별도 적용 안함

1-28 자재보관 및 관리품

전기공사에 소요되는 자재의 보관이 필요로 하는 경우에는 관련 비용을 별도로 가산할 수 있다.

1-29 공장가공 간접비

[가] 철골, 철재, 강재 등을 공장에서 가공 시의 공장간접비는 소재 관급시는 직접노무비의 75%까지, 소재 업자 부담시는 직접공사비의 17%까지 계상할 수 있다.

[나] 공장간접비 = 간접재료비 + 간접노무비 + 간접경비 + 시험비 + 도면비 등

[다] 직접공사비 = 직접재료비 + 직접노무비

1-30 종합시운전 및 조정비

공사 완료후 각 기기의 단독 시운전이 끝난 다음에 장치나 전기설비 전체의 종합적인 시운전 및 조정을 위하여 필요한 품은 별도 계상한다.

1-31 금액의 단위표준

종　　목	단 위	지위(止位)	비　　고
설계서의 총액	원	1,000	이하 버림
설계서의 소계	원	1	미만 버림
설계서 금액란	원	1	미만 버림
일위대가표의 계금	원	1	미만 버림
일위대가표 금액란	원	0.1	미만 버림

1-32 화물자동차의 적재량

(1) 중량으로 적재할 수 있는 품종에 대하여는 중량적재를 하는 것을 원칙으로 한다.

(2) 중량적재가 곤란한 것에 대하여는 적재할 수 있는 실측치에 의한다.

(3) 화물자동차의 적재량은 중량적재나 용량적재 그 어느 쪽의 제한범위도 벗어나지

않도록 해야 하며, 운반로의 종별(공도 · 사도) 및 상태에 따라 달라질 수 있다.

(4) 화물자동차의 적재량은 중량으로 적재하거나 특수한 품목을 제외하고는 일반적으로 다음의 값을 기준으로 한다.

종 별	규 격	단 위	적 재 량			비 고
			8 톤 차 량	11 톤 차 량	20 톤 트레일러	
전 주	10m(일반용) 체신주 8m	본 〃	- 17	12 23	23 43	
콘크리트 전 주	8m	본		20	37	
	9m	〃		16	29	
	10m	〃		12	23	
	11m	〃		11	20	
	12m	〃			17	
	13m	〃			14	
	14m	〃			13	전 장 13m 이상 차종적용
	15m	〃			11	〃

1-33 기계시공 적용기준

[가] 기계장비선정

(1) 작업종류별

작 업 종 류	기 계 장 비 종 류
콘크리트주 및 강관주 세움	오가크레인(5톤)
등주(Pole Light) 세움, 배전변압기 및 개폐기류	트럭탑재형크레인(5톤)
154kV, 345kV GCB	트럭탑재형크레인(35톤)
활선작업, Pole Light등기구	절연버킷트럭(5톤)
지중케이블 설치	Winch (3톤, 20톤)

(2) 표준기계장비 규모를 기준하여 설계시 적정공사비 산정과 기계시공의 합리적인 발전을 위해 당해 공사규모 및 현장조건을 감안 시공방법을 선정한다.

[나] 수 송

(1) 기계장비의 공사현장까지의 왕복수송비는 기계장비의 소재를 알 수 없는 경우는 공사장에서 가장 가까운 시·도·군·구청 소재지(서울특별시, 광역시 포함)로 부터 공사현장까지의 수송에 필요한 경비(공인된 수송비, 인건비 등 포함)를 계상한다. 다만, 부득이 곤란한 경우는 기계가 소재한다고 인정되는 가장 가까운 시·도·군·구청 소재지로부터의 수송비를 계상할 수 있다. 이때, 왕복수송비에는 시내에서 작업현장까지의 이동에 따른 비용이 포함되어야 한다.

(2) 자주식 건설기계로서 자주로 이동할 경우의 수송비는 다음의 이동 속도를 기준하여 수송비를 계상하며, 이때의 경비는 기계장비 사용료와 운전경비의 합계액으로 한다.

[자주식 기계장비의 이동속도]

기종 / 도로구분	오가크레인 크레인트럭 절연버킷트럭 윈치하부트럭	비고
포장도로	40 ㎞/h	
비포장도로(양호)	20 ㎞/h	
비포장도로(불량)	10 ㎞/h	

(3) 운전사 노임

운전사(건설기계운전사, 화물자운전사, 일반기계운전사, 건설기계조장)의 노임은 상시 고용일 경우에 월정액을 지급함을 원칙으로 하며, 예정가격 작성기준(기획재정부 계약예규)에 의거 계상한다. 단, 기계장비 특성상 신호할 사람이 필요할 경우 보통인부를 추가 계상할 수 있다.

(4) 기계경비의 보정

기계운전시간이 현장조건 및 공정계획상 연간표준 가동시간보다 현저하게 저하될 경우에는 기계손료중 관리비와 운전경비 중 인건비를 별도 산정할 수 있다.

(5) 유류 가격은 해당지역의 고시가격으로 한다.

(6) 기타사항은 표준품셈 토목부문 제10장(기계화시공)을 준용한다.

1-34 기계장비 작업능력 산정

[가] 기본식

$T = \frac{T_c}{F}$ 여기서

T : 작업계수 적용 산정후 1대당(본, 개, 개소, ㎞) 작업소요시간(분)

T_c : 1대당(본, 개, 개소, ㎞) F =1.0에서의 작업소요시간(분)

F : 작업계수

[나] 전주세움 작업계수(F)

현장상태	전주세움 작업현장 조건	F
양 호	1) 현장이 넓으며, 토질이 좋고 장애물과 지하 매설물이 없는 경우	0.9
보 통	1) 현장이 협소하며, 장애물과 지하매설물이 없는 경우 2) 현장이 넓으며, 장애물이 있고 지하매설물이 없는 경우 3) 현장이 넓으며, 장애물이 없고 지하매설물이 있는 경우	0.7
다소불량	1) 현장이 넓으며, 장애물과 지하매설물이 있는 경우 2) 현장이 협소하며, 장애물이 있고 지하매설물이 없는 경우 3) 현장이 협소하며, 장애물이 없고 지하매설물이 있는 경우 4) 현장이 매우 협소하며, 장애물과 지하매설물이 없는 경우	0.6
불 량	1) 현장이 협소하며, 장애물과 지하매설물이 있는 경우 2) 현장이 매우 협소하며, 장애물이 있고 지하매설물이 없는 경우 3) 현장이 매우 협소하며, 장애물은 없으나 지하매설물이 있는 경우	0.4
매우불량	1) 현장이 협소하며, 지하에 물이 나고 장애물이 있으며, 지하매설물이 2종류 이상 있는 경우	0.3

[해 설]

① 넓은 지역이란 도로폭이 3차로(편도) 이상되는 지역을 말한다.

② 협소한 지역이란 도로폭이 2차로(편도) 이하의 지역을 말하며, 매우 협소한 지역이란 도로폭이 6m 이하인 지역을 말한다.

③ 장애물이란 건물, 시설구조물(전선로 포함) 등으로 안전 관리를 요하는 것을 말한다.

④ 지하 매설물이란 다음에 준하는 것으로, 굴착작업 시 안전 관리를 요하는 것을 말한다.

• 상수도관
• 하수도관
• 가스관
• 통신케이블
• 가로등용케이블
• 지중전력선
• 기타 지하매설물 등

⑤ 지하매설물 유무는 표면상태(지중공사실적 참조)에 따라 추정 설계하고 시공 중 확인된 상태에 따라 설계 변경하여야 한다.

⑥ 작업계수(F)는 공량 및 기계사용 시간에 모두 적용하며, 이 계수 적용시는 주택가, 번화가 할증은 적용하지 아니한다.

[다] 전주세움 공사 외(사선 및 활선작업, 차단기, 변압기, 지중케이블, 등주(Pole Light) 세움 등) 작업계수(F)

현장상태	작 업 현 장 조 건	F
양 호	현장이 넓으며 장애물이 없는 경우	0.9
보 통	1) 현장이 협소하며, 장애물이 없는 경우 2) 현장이 넓으며, 장애물이 있는 경우	0.7
불 량	1) 현장이 협소하며, 장애물이 있는 경우 2) 현장이 매우 협소한 경우	0.6

[해 설]

① 넓은 지역이란 도로폭이 3차로(편도) 이상되는 지역을 말한다.

② 협소한 지역이란 도로폭이 2차로(편도) 이하의 지역을 말하며, 매우 협소한 지역이란 도로폭이 6m 이하인 지역을 말한다.

③ 장애물이란 건물, 시설구조물(전선로 포함) 등으로 안전 관리를 요하는 것을 말한다.

④ 작업계수(F)는 공량 및 기계사용 시간에 모두 적용하며, 이 계수 적용시는 주택가, 번화가 할증은 적용하지 아니한다.

1-35 기계장비의 경비 산정

[가] 용어와 정의

(1) 상 각 비 : 기계의 사용에 따르는 가치의 감가액을 말한다.

(2) 정 비 비 : 기계를 사용함에 따라 발생하는 고장 또는 성능 저하부분의 회복을 목적으로 하는 분해수리 등 장비와 기계기능을 유지하기 위한 정비 또는 수시 정비에 소요되는 비용을 말한다.

(3) 정비비율 : 기계의 경제적 내용 시간 동안에 소요되는 정비비 누계액의 기계 취득 가격에 대한 비율을 말한다.

(4) 관 리 비 : 보유한 기계를 관리하는데 필요로 하는 이자 및 보관 격납비용을 말한다.

(5) 연간관리비율 : 연간 소요되는 기계관리비의 평균 취득가격에 대한 비율을 말한다.

(6) 평균 취득 가격 : $\text{취득가격} \times \dfrac{1.1 \times \text{경제적 사용연한} + 0.9}{2 \times \text{경제적 사용연한}}$

로 계산한 값을 말한다.

(7) 취득가격 : 수입가격에 대하여는 C.I.F 가격에 인정할 수 있는 수입에 따르는 제경비를 포함한 가격으로 하고 국산기계는 표준규격에 의한 표준시가로 한다.

(8) 경제적 내용 시간 : 잔존율이 취득 가격의 10%인 경우에 경제적 사용이 가능하다고 인정되는 운전시간을 말한다.

(9) 잔 존 율 : 경제적 내용 시간이 끝날때의 기계 잔존가치의 취득가격에 대한 비율을 말하며 0.1로 한다.

(10) 연간표준 가동시간 : 기계가 연간 운전하는데 가장 표준이라고 인정되는 시간을 말한다.

(11) 경제적 사용연한 : 경제적 내용시간을 연간표준 가동시간으로 나눈값을 말한다.

(12) 시간당 손료 : 손료 산정의 시간당 손료 계수 · 합계에는 시간당 상각비계수, 정비비계수 및 평균 취득 가격에 의한 시간당 관리비 계수가 포함된 것으로서 시간당 손료는 취득 가격에 시간당 손료계수의 합계율을 곱한 값을 말한다.(원 미만의 값은 절사한다.)

[나] 경비적산요령

(1) 기계경비 : 기계손료, 운전경비 및 수송비의 합계액으로 하되 특별히 필요하다고 인정될 때에는 조립 및 분해조립 비용을 포함한다.

(2) 기계손료 : 상각비, 정비비 및 관리비의 합계액으로 한다. 다만, 관리비에 대하여는 1일 8시간을 초과할 경우라도 8시간으로 계산하여야 한다.

(3) 운전경비 : 기계를 사용하는데 필요한 다음 각호 경비의 합계액으로 한다.

㈎ 연료, 전력, 윤활유 등

㈏ 운전수의 급여 또는 임금과 기타 운전 노무비

㈐ 정비비에 포함되지 않는 소모품비

㈑ 기계장비 특성상 신호할 사람이 필요할 경우 보통인부를 추가 계상할 수 있다.

(4) 기계장비 가격

㈎ 기계장비가격은 국산기계는 공장도 가격(원)으로, 도입 기계는 달러화($)로 표시하고 연도초 최초로 외국환은행이 고시하는 환율을 적용 시행한다. 단, 3% 이상의 증감이 있을 때에는 건설 기계 가격을 조정할 수 있다.

㈏ 기계장비 가격을 원화로 환산할 경우에는 1,000원 미만은 절사한다.

(5) 기타사항은 표준품셈 토목부문(기계경비 산정)을 준용한다.

[다] 특정한 기계장비 및 특정규격이 사용될 때에는 별도로 제경비를 산정하여 계상한다.

1-36 손료 산정

[기계장비 시간당 계수]

구분 / 장비명	규격 (톤)	내용 시간 (hr)	연간표준 가동시간 (hr)	상각 비율	정비 비율	연간 관리 비율	시 간 당 (10^{-7})			
							상각비 계 수	정비비 계 수	관리비 계 수	계
오가크레인	5	4,750	950	0.9	0.7	0.14	1,894	1,473	943	4,310
트럭탑재형 크레인	5	7,000	890	0.9	0.25	0.14	1,286	357	955	2,598
	25	9,800	1,400	0.9	0.7	0.14	918	714	614	2,246
	35	12,600	1,400	0.9	0.7	0.14	714	556	600	1,870
절연버킷트럭	5	9,000	1,500	0.9	0.7	0.14	1,000	778	583	2,361
덤프트럭	2.5	7,500	1,250	0.9	0.8	0.14	1,200	1,067	700	2,967
윈치	3	8,000	890	0.9	1.1	0.1	1,125	1,375	674	3,174
	10	8,000	1,000	0.9	1.2	0.14	1.125	1,500	848	3,473
	20	8,000	1,000	0.9	1.2	0.14	1,125	1,500	848	3,473
카고트럭	8	6,400	2,000	0.9	0.96	0.14	1,406	1,500	483	3,389
레커	5	7,000	1,000	0.9	0.45	0.14	1,285	642	860	2,787
모터카(중형)	30	10,000	667	0.9	1.00	0.14	31,500	35,000	42,608	109,108
진공펌프		11,000	1,100	0.9	0.3	0.14	818	273	757	1,848
오일정제기		11,000	1,100	0.9	0.3	0.14	818	273	757	1,848
테이핑기		11,000	1,100	0.9	0.3	0.14	818	273	757	1,848
가류가마		11,000	1,100	0.9	0.3	0.14	818	273	757	1,848
SRC삽입기		6,850	685	0.9	0.3	0.14	1,313	437	1,216	2,966
항온항습기		11,000	1,100	0.9	0.3	0.14	818	273	757	1,848
Caterpillar	MC-350	11,000	1,100	0.9	0.3	0.14	818	273	757	1,848
	MC-1000	11,000	1,100	0.9	0.3	0.14	818	273	757	1,848

[해 설]

① 진공펌프, 오일정제기, 테이핑기, 가류가마, SRC삽입기, 항온항습기, Caterpillar의 운전경비는 이 품에 포함

1-37 운전경비 산정

[장비연료 및 운전원]

장 비 명	규격 (톤)	주연료 (L/hr)	잡재료 : 주연료의%	조종원 (인/일)
오 가 크 레 인	5	6.1	38	1
트 럭 탑 재 형 크 레 인	5 25 35	5.1 7.7 9.7	20 31 31	1 1 1
절 연 바 켓 트 럭	5	7.2	35	1
덤 프 트 럭	2.5	2.9	38	1
윈 치	3 10 20	3.0 7.6 16.3	20 20 20	1 1 1
카 고 트 럭	8	12.4	44	1
렉 카	5	6.4	35	1
모 터 카(중형)	30	25.6	20	1

[해 설]

① 운전경비는 주연료(잡재료 포함)와 운전원(조종원 포함) 인건비의 합계액으로 한다.

② 보조 엔진에 사용되는 유류는 위 표에 포함되어 있음

③ 기계장비를 공사현장까지 왕복수송시 운전원 및 연료비는 별도 계상

④ 주연료는 시간당 소비량을 말하며, 엔진부하율(Load Factor) 70~80%, 실작업시간은 50/60을 각각 기준으로 하여 산정한 것임

⑤ 주연료란에 휘발유 및 중유로 표시되지 아니한 것은 경유를 말함.

⑥ 잡재료은 엔진유, 기어유, 유압유, 구리스, 넝마 등으로 시간당소비량을 주연료비의 비율로 표기한 것이며, 삽날, 타이어의 소모율이 포함된 것임

⑦ 기계장비 특성상 신호할 사람이 필요할 경우 보통인부를 추가계상할 수 있다.

⑧ 배전작업 시 절연버킷트럭 조종원은 제외한다.

※ 장비가격은 기획재정부 계약예규에 따라 승인된 전문가격조사 기관에서 조사한 가격정조 참조

1-38 기계터파기(유압식 백호)

$$Q = \frac{3,600 \times q \times k \times f \times E}{cm}$$

여기서 Q : 시간당 작업량(m^3/hr)　　q : 버킷용량(m^3)
f : 체적환산계수　　E : 작업효율
k : 버킷계수　　cm : 1회 사이클 시간(초)

[해 설]

① 가로등 공사의 줄터파기 등 현장여건상 불가피하게 정규버킷 대신 세미버킷을 사용하는 경우 버킷용량(m^3)은 굴삭기 규격(m^3)의 50%를 적용한다.

② 각종 계수 및 운전경비는 토목부문 표준품셈을 적용한다.

1-39 구내 및 수전설비

[가]"구내"라 함은 벽, 울타리, 도랑 등으로 구분된 지역 또는 시설자 및 그 관계자 이외의 사람이 출입할 수 없는 지역 또는 지형상 사회 통념상 이에 따르는 장소를 말한다.

[나]"수전설비"라 함은 타인의 전기설비 또는 구내발전설비로부터 전기를 공급받아 구내배전설비로 전기를 공급하기 위한 전기설비로서 수전지점으로부터 배전반(구내 배전 설비로 전기를 배전하는 전기설비를 말한다)까지의 설비를 말한다.

1-40 콘테이너형 가설 자재창고 설치

"건설공사 표준품셈 2-3-2 콘테이너형 가설건축물 설치 및 해체" 준용

1-41 현장시공상세도면의 작성

공사의 시공을 위하여 현장에서 시공상세도면(입체도면 포함)을 작성하는 경우에는 이에 필요한 인건비, 소모품비 등 소요비용을 별도 계상한다.

1-42 교통정리원 배치 ('25년 개정)

공사의 여건에 따라 작업자의 안전을 위해 현장에 교통정리원을 배치할 시 별도 계상한다.

제2장 송전설비공사

2-1 송전선로 측량

2-1-1 154kV 송전선로 측량

공종 \ 직종	단위	중급 기술자 (엔지니어링)	중급 기술자 (측량)	초급 기술자 (측량)	보통 인부	계	일일작업량 (참고사항)
예비답사	km	0.13	0.13	0.13	0.11	0.50	7.5
본답사	km	0.43	0.43	0.43	1.40	2.69	2.5
소계		0.56	0.56	0.56	1.51	3.19	-
중심측량	km	0.84	0.84	1.68	3.86	7.22	1.26
종단측량	km	-	0.84	0.84	7.04	8.72	1.26
평면측량	km	-	0.84	1.68	2.22	4.74	1.26
철탑부지측량	km	-	0.84	0.84	2.67	4.35	1.26
소계		0.84	3.36	5.04	15.79	25.03	
도면작성	km	0.80	0.80	1.60	2.88	6.08	1.25
합계		2.20	4.72	7.20	20.18	34.30	
평판측량	km	-	4.00	4.00	10.6	18.60	0.25
검측	km	0.80	0.80	0.80	2.8	5.20	1.25
자료조사	km	1.68	-	-	0.76	2.44	1.26
산복측량	개소	-	0.69	0.69	1.83	3.21	2.00

[해 설]

① 설계측량으로 보통지구(농지, 구릉지) 기준

② 지세별 및 지형별 할증률은 선로 경과지의 지세 및 지형에 따라 적용(단, 해월구간은 강 건너기에 준하고 선박 임대료는 별도 가산하며, 산복측량은 제외)

③ 선하 종단측량은 종단 측량품에 포함

④ 공사측량은 중심, 종단, 평면, 철탑부지 및 산복측량의 40% 적용

⑤ 평판측량 구간의 평면 측량품은 감함
⑥ 이 품에는 다음의 성과 작성품이 포함되어 있음
　㈎ 선로평면 종단원도 및 CD 각 1부
　㈏ 철탑부지원도 및 CD 각 1부
　㈐ 평면원도 및 CD 각 1부
　㈑ 설계측량 보고서(설계자료 포함)
⑦ 평판검측, 산복측량은 해당개소에 한함
⑧ 수목 벌채보상비, 재료비 및 소모품비 등은 실정에 따라 별도 계상
⑨ 66kV 송전선로는 80%
⑩ G.P.S 측량시 중심측량, 종단측량, 검측은 해당 품의 90%

2-1-2 345kV 송전선로 측량

직종 / 공종	단위	중급 기술자 (엔지니어링)	중급 기술자 (측량)	초급 기술자 (측량)	보통 인부	계	진행기준 (참고사항)
예비답사	km	0.15	0.15	0.15	0.13	0.58	7.5
본답사	km	0.43	0.43	0.43	1.40	2.69	2.5
소계		0.58	0.58	0.58	1.53	3.27	-
중심측량	km	1.00	1.00	2.00	4.45	8.45	1.25
종단측량	km	-	1.00	1.00	9.20	11.20	1.25
평면측량	km	-	1.00	2.00	2.65	5.65	1.25
철탑 부지 측량	km	-	1.00	1.00	3.16	5.16	1.25
소계		1.00	4.00	6.00	19.46	30.46	-
도면작성	km	1.00	3.49	1.91	3.49	9.89	1.25
합계		2.58	8.07	8.49	24.48	43.62	-
평판측량	km	-	4.00	4.00	10.60	18.60	0.25
검측	km	0.80	0.80	0.80	2.80	5.20	1.25
자료조사	km	1.68	-	-	0.76	2.44	1.25
산복측량	개소	-	0.69	0.69	1.83	3.21	2.00

[해 설]

① 설계측량으로 보통지구(농지, 구릉지)를 기준
② 지세별 및 지형별 할증률은 선로 경과지의 지세 및 지형에 따라 적용(단, 해월 구간은 강 건너기에 준하고 선박 임대료는 별도 가산하며, 산복측량은 제외)
③ 선하 종단측량은 종단측량품에 포함
④ 공사측량은 중심, 종단, 평면, 철탑부지 및 산복측량의 40%
⑤ 평판측량 구간의 평면 측량품은 감함
⑥ 이 품에는 다음의 성과 작성품이 포함되어 있음
　㈎ 선로평면 종단원도 및 CD 각 1부
　㈏ 철탑부지원도 및 CD 각 1부
　㈐ 평면원도 및 CD 각 1부
　㈑ 설계측량 보고서(설계자료 포함)
⑦ 평판검측, 산복측량은 해당 개소에 한함
⑧ 수목 벌채 보상비, 재료비 및 소모품비 등은 실정에 따라 별도 계상
⑨ G.P.S 측량시 중심측량, 종단측량, 검측은 해당 품의 90%

2-1-3 765kV 송전선로 측량

직종 / 공종	단 위	중 급 기 술 자 (엔지니어링)	중 급 기술자 (측량)	초 급 기술자 (측량)	보통 인부	계	진행기준 (참고사항)
예 비 답 사	km	0.20	0.20	0.20	0.17	0.77	5.0
본 답 사	km	0.56	0.56	0.56	1.96	3.64	1.8
소 계		0.76	0.76	0.76	2.13	4.41	-
중 심 측 량	km	1.17	1.17	2.34	5.09	9.77	0.85
종 단 측 량	km	-	1.29	1.29	12.32	14.90	0.78
평 면 측 량	km	-	1.19	2.38	3.15	6.72	0.84
철탑부지측량	km	-	1.19	1.19	3.15	5.53	0.84
소 계		1.17	4.84	7.20	23.71	36.92	-

공종 \ 직종	단위	중 급 기 술 자 (엔지니어링)	중 급 기술자 (측량)	초 급 기술자 (측량)	보통 인부	계	진행기준 (참고사항)
도 면 작 성	km	1.60	6.40	3.20	5.76	16.96	0.80
합 계		3.53	12.00	11.16	31.60	58.29	-
평 판 측 량	km	-	4.00	4.00	10.60	18.60	0.25
검 측	km	0.80	0.80	0.80	2.80	5.20	1.25
자 료 조 사	km	1.68	-	-	0.76	2.44	1.25
산 복 측 량	개소	-	0.69	0.69	1.83	3.21	2.00

[해 설]

① 설계측량으로 보통지구(농지, 구릉지) 기준

② 지세별 및 지형별 할증률은 선로 경과지의 지세 및 지형에 따라 적용(단, 해월 구간은 강 건너기에 준하고 선박 임대료는 별도 가산하며, 산복측량은 제외)

③ 선하 종단측량은 종단측량품에 포함

④ 공사측량은 중심, 종단, 평면, 철탑부지 및 산복측량의 40%

⑤ 평판측량 구간의 평면 측량품은 감함

⑥ 이 품에는 다음의 성과 작성품 포함되어 있음

㈎ 선로평면 종단원도 및 CD 각 1부

㈏ 철탑부지원도 및 CD 각 1부

㈐ 평면원도 및 CD 각 1부

㈑ 설계측량 보고서(설계자료 포함)

⑦ 평판검측, 산복측량은 해당 개소에 한함

⑧ 수목벌채 보상비, 재료비 및 소모품비 등은 실정에 따라 별도 계상

⑨ G.P.S 측량시 중심측량, 종단측량, 검측은 해당 품의 90%

2-2 송전선로 심형기초 굴착

2-2-1 토사굴착

(단위 : ㎥)

구 분	사 용 장 비	가동시간(hr)	작업반장	보통인부
15m 이하	텔레스코픽(0.25㎥)	0.1021	0.0273	0.0474
15m 초과	크람쉘(0.38㎥)	0.1589	0.0308	0.0616

[해 설]

암 발파 제거(15m 초과)의 해설 준용

2-2-2 암 발파 제거(15m 이하)

(단위 : ㎥)

구 분	단 위	풍 화 암	연 암	경 암
작 업 반 장	인	0.0507	0.0690	0.1115
착 암 공	인	0.1015	0.1380	0.2230
화 약 취 급 공	인	0.0507	0.0690	0.1115
조 력 공	인	0.1522	0.2070	0.3345
보 통 인 부	인	0.1015	0.1380	0.2230
텔레스코픽(0.25㎥)	hr	0.1538	0.3048	0.4032
착 암 기(2.7㎥/분)	hr	0.3002	0.3418	0.7748
공기압축기(17㎥/분)	hr	0.1501	0.1709	0.3874
폭 약	kg	0.782	0.932	1.915
뇌 관	개	2.590	3.087	4.562
B I T	개	0.008	0.008	0.008

[해 설]

암 발파 제거(15m 초과)의 해설 준용

2-2-3 암 발파 제거(15m 초과)

(단위 : ㎥)

구 분	단 위	풍 화 암	연 암	경 암
작 업 반 장	인	0.0626	0.1155	0.1695
착 암 공	인	0.1252	0.2311	0.3390
화 약 취 급 공	인	0.0626	0.1155	0.1695
조 력 공	인	0.1878	0.3466	0.5085
보 통 인 부	인	0.1252	0.2311	0.3390
크 람 쉘(0.38 ㎥)	hr	0.2487	0.6802	0.8695
착 암 기(2.7㎥/분)	hr	0.3002	0.3418	0.7748
공기압축기(17㎥/분)	hr	0.1501	0.1709	0.3874
폭 약	kg	0.782	0.932	1.915
뇌 관	개	2.590	3.087	4.562
B I T	개	0.008	0.008	0.008

[해 설]

① 보통지구 기준이므로 지세별 및 지형별 할증률은 선로 경과지의 지세 및 지형에 따라 적용

② 발파보호를 위한 가마니 사용매수는 ㎥당 1.667매 적용

③ 잡재료는 사용재료의 5%로 재료비에 포함시켜 별도 계상

④ 조력공은 착암 및 화약작업을 위한 조수임

⑤ 장비사용에 따르는 비용은 건설공사 표준품셈에 의하여 계상하고 운반비는 별도계상

⑥ 텔레스코픽의 시간당 기계경비는 장비가격×1,941× 10^{-6} ÷ 8로 계상하며 재료비 및 노무비는 백호 0.4㎥에 준함

⑦ 크람쉘은 크레인 15톤과 조합 계상

2-3 라이너 플레이트 설치 및 해체

(단위 : m²)

구 분	형틀목공	비 계 공	보통인부
설 치	0.045	0.045	0.075
해 체	0.017	0.045	0.045
계	0.062	0.09	0.12

[해 설]

① 라이너 플레이트는 별도 계상 ② 고임 및 쇄기용 목재손료는 별도 계상
③ 수직고 7m 초과한 경우 3m 증가마다 품을 10% 가산

2-4 사방공사

2-4-1 돌공사

(단위 : m)

구 분	규 격	석 공	특별인부	보통인부	재 료
돌수로 설치	W=0.8m	0.1638	0.0458	0.5067	잡석 : 0.189m³(25㎝) 고임돌 : 0.1134m³
산 돌 쌓 기	H=0.51m	0.0765	0.0134	0.1828	잡석 : 0.0765m³(25cm)

[해 설]

① 보통지구 기준이므로 지세별 및 지형별 할증률은 선로 경과지의 지세 및 지형에 따라 적용
② 바닥파기, 운반, 석공보조 포함
③ 재료비중 잡석은 별도 계상이며 고임돌은 현장채집으로 채집 및 100m 소운반비 포함

2-4-2 떼공사

(단위 : m)

구 분	규 격	특별인부	보통인부	재 료
떼 수 로 설 치	W=0.6m	0.0135	0.1729	평떼 : 15.67매(0.2×0.33×0.05)
7급선떼붙이기	H=0.51m	0.0065	0.0846	잔디 : 5.5매(0.2×0.4)

[해 설]

① 바닥파기(단끊기), 떼뜨기, 운반, 떼붙이기 포함

② 사용재료는 직채를 기준으로 한 것으로 10% 할증 포함

③ 소운반거리는 100m 포함

2-4-3 목책설치

(단위 : m)

구 분	규 격	형틀목공	보통인부	재 료
60%박기	7.5×0.9	0.222	0.265	못 : 0.25kg(n75) 철선 : 0.29kg(#8)

[해 설]

① 보통지구 기준이므로 지세별 및 지형별 할증률은 선로 경과지의 지세 및 지형에 따라 적용

② 설치, 만들기, 박기 포함

2-5 철탑 기초 각입

2-5-1 형강(앵글형) 철탑 시공

(단위 : 기)

전 압	전기공사기사	송전전공	보통인부
154kV 이하	3.13	21.86	12.50
345kV	3.50	25.08	14.33

[해 설]

① 보통지구 기준

② 용수로 인한 양수는 별도 계상

③ 4회선 철탑 또는 겹앵글 각입(Double Post)은 120%
(4회선 철탑이면서 겹앵글 각입의 철탑의 경우에도 120%)

2-5-2 관형지지물(Tubular Steel Pole) 기계시공

(단위 : 톤)

공 종	전기공사기사	송전전공	보통인부	장비시간 (hr)
관 형 철 탑	0.38	1.13	1.13	1.96

[해 설]

① 보통지구 기준

② 중량은 각입재 실 중량으로 기당 중량 기준

③ 용수로 인한 양수는 별도 계상

④ 두부정리는 제외

⑤ 공사에 부수되는 작업 중 토목 부분 품셈 적용에도 지세별 할증 적용

⑥ 장비는 5톤 트럭탑재형크레인 사용 기준임

2-5-3 강관(Pipe Type) 철탑 기계시공

(단위 : 톤)

공 종	전기공사기사	송전전공	특별인부	장비사용시간(hr)
강 관 철 탑	0.67	4.00	3.33	15.95

[해 설]

① 보통지구 기준

② 강관(Pipe Type) 기준

③ 중량은 각입재 실 중량으로 기당 중량 기준

④ 장비는 중량이 20톤 이하에 대하여 크레인 10톤을 사용한 것으로 20톤을 초과할 경우 초과분에 대하여는 1톤 초과 시 마다 장비사용시간을 1.65% 만큼씩 감한다.
[계산 예, 22톤의 경우 → 2톤 초과,
사용시간 = 20 × 15.95+(22-20) × 15.95 × (1-0.0165)]

⑤ 두부정리는 제외

⑥ 용수로 인한 양수는 별도 계상

⑦ 작업 중 토목부분 품셈 적용에도 지세별 할증 적용

2-5-4 인클로징(Enclosing) 공법 철탑 탑상 각입

(단위 : 기)

전 압	전기공사기사	송전전공	보통인부
154kV	1.50	16.50	2.75
345kV	2.00	19.50	3.25

[해 설]

① 기존 송전선로 높이를 높이기 위하여 임시선로 구성없이 기존 철탑위치에서 신규 철탑을 설치하는 경우 등에 적용

② 보통지구 기준

③ 4회선 철탑 또는 겹앵글(Double Post)각입은 120%(4회선 철탑이면서 겹앵글 각입의 철탑의 경우에도 120%)

④ 탑상각입 셋팅장치 임대료 별도 계상

⑤ 용수로 인한 양수는 별도 계상

2-6 철탑 공사

2-6-1 형강(앵글형)철탑, 철주 분류 및 조립

(단위 : 톤)

구 분	전기공사기사	송전전공	특별인부	장비사용시간(hr)
분 류	-	0.21	0.91	-
인 력 조 립	0.18	2.21	0.55	-
기 계 조 립	0.15	1.60	0.28	1.2
볼트 풀림방지 너트 설치	-	0.11	-	-

[해 설]

① 보통지구 기준(분류는 제외)

② 동일 장소에서 분류가능 기준

③ 현장조건에 따라 필요할 때는 가설비 별도 계상

④ 기계조립 시(하이드로크레인 50톤 사용기준) 사용료 별도 계상

⑤ 전압별 회선별 제한없이 준용

⑥ 본조임 포함
⑦ 강재 현장가공 시 구멍뚫기품(Hand drill 사용)
지상작업 시 개당 송전전공 0.018인
주상작업 시 ∅18mm 이하 개당 송전전공 0.03인
주상작업 시 ∅18mm 초과 개당 송전전공 0.06인
⑧ 철거는 50%, 재사용 철거 80%

2-6-2 모듈철주(두랄루민) 기계조립

(단위 : 톤)

구 분	전기공사기사	송 전 전 공	특 별 인 부
모 듈 철 주	0.58	3.47	2.32

[해 설]
① 보통지구 기준
② 모듈철주(두랄루민) 자체 부착된 전동기 사용기준
③ 현장조건에 따라 필요할 때는 가설비 별도 계상
④ 장비 사용료 별도 계상
⑤ 지지선설치 별도 계상

2-6-3 관형지지물(Tubular Steel Pole) 기계조립

(단위 : 톤)

공 종	전기공사기사	송 전 전 공	특 별 인 부	장비사용시간(hr)
조 립	0.038	0.227	0.227	1.15
볼트풀림방지 너트설치	-	0.016	-	-

[해 설]
① 현장조건에 따라 필요할 때는 가설비 별도 계상
② 장비 사용료(크레인 50톤 사용기준) 별도 계상
③ 전압별 회선별 제한없이 준용
④ 본조임 포함
⑤ 철거는 50%, 재사용 철거 80%

2-6-4 강관(Pipe Type)철탑 분류 및 기계조립

(단위 : 톤)

직종 / 구분	전기공사기사	송전전공	특별인부	장비사용시간 (hr)
분 류	-	0.333	0.400	-
조 립	0.13	1.44	0.39	1.04
볼트 풀림방지 너트 설치	-	0.11	-	-

[해 설]

① 동일 장소에서 분류가능 기준

② 현장조건에 따라 필요할 때는 가설비 별도 계상

③ 장비사용료, 기계경비 별도계상(단, 타워 크레인 40톤 사용기준이며, 보조장비로써 하이드로크레인 또는 산악크레인을 추가 계상할 수 있다.)

④ 전압별 회선별 제한없이 준용

⑤ 본조임 검사 포함

⑥ 철탑조립 시 기당 철탑중량이 100톤 이하 기준으로 100톤 초과 시 초과분에 대하여는 톤당 기사 0.094인, 송전전공 0.935인 특별인부 0.468인을 적용하여 합산

⑦ 철거는 50%, 재사용 철거 80%

2-6-5 가설 작업대 설치

(단위 : ㎡)

구 분	전기공사기사	비 계 공	특 별 인 부
설 치	0.015	0.06	0.06

[해 설]

① 보통지구 기준

② 2톤/㎡ 이하 하중을 갖는 작업대 설치품

③ 2톤/㎡ 이상 하중을 갖는 작업대 설치 시는 120%

④ 손료 별도계상

- 손료는 공기 3개월 기준
- 강관비계 체적은 가로×세로×높이×개소×체적율(%) 적용

⑤ 해체는 80%

2-6-6 철탑 승강기용 레일 및 추락 방지용 레일 설치

(단위 : 기)

종 별	송전전공	특별인부
철탑 승강기용 레일	19.00	24.89
철탑 추락방지 레일	11.22	14.68

[해 설]

① 보통지구 기준 ② 철거 50%, 재사용 철거 80%

2-6-7 인클로징(Enclosing) 공법 철탑조립

(단위 : 톤)

구 분	전기공사기사	송전전공	보통인부
철 탑 조 립	0.19	2.22	0.55

[해 설]

① 기존 송전선로 높이를 높이기 위하여 임시선로 구성없이 기존 철탑위치에서 신규 철탑을 설치하는 경우 등에 적용
② 보통지구, 인력조립 기준이며 철탑분류 및 볼트 풀림 방지너트 설치품은 별도 계상
③ 동일 장소에서 분류가능 기준
④ 현장 조건에 따라 필요한 때는 가설비 별도계상
⑤ 전압별 회선별 제한 없이 준용
⑥ 본조임 포함
⑦ 강재 현장가공시 구멍뚫기품은 전기품셈 2-6 철탑공사 준용하여 별도계상
⑧ 철거는 50%, 재사용 철거 80%
⑨ 활선 근접작업시 1-11-5 위험할증률 적용

2-7 애자 및 금구류 설치

종 별	규 격	단 위	송전전공	특별인부
현 수 애 자	765kV 6도체 345kV 4도체 345kV 복도체 154kV	2련 1련 1련 1련	1.111 0.313 0.250 0.144	0.833 0.626 0.417 0.287
아 마 롯 트 S · B 댐 퍼 S · B 댐 퍼 S · B 댐 퍼 S · B 댐 퍼	Performed (16 Lbs) (14 Lbs) (12 Lbs) (8 Lbs)	개 〃 〃 〃 〃	0.083 0.163 0.127 0.125 0.079	- - - - -
스페이서(Spacer)	복 도 체 4 도 체 6 도 체	〃 〃	0.07 0.12 0.18	0.03 0.04 0.06
베이드 댐퍼 및 가공피뢰선용(가공지선용) 클립	154kV	개	0.117	-

[해 설]

① 보통지구 현수형 설치 기준이며, 애자조립, 청소 포함

② 345kV 이하 현수 2련은 현수 1련의 180%, 장력견딤 1련은 현수 1련의 120%, 장력견딤 2련은 현수 1련의 200%

③ 765kV 장력견딤 2련은 현수 2련의 115%, 장력견딤형 3련은 현수 2련의 150%

④ 765kV 6도체는 아마롯드 설치품 포함

⑤ 현수애자 부착 시 Arcing Horn 및 쉴드링 설치 포함

⑥ 아마롯드 Tapered형은 150%, 아마롯드 취부용 S.B댐퍼는 130%, 아마롯드 내외측 2회 시공시 180%

⑦ 66kV는 154kV의 60% 적용

⑧ 폴리머 애자는 현수애자의 85% 적용

⑨ 애자 철거 80%, 애자 재사용 철거 100%, 기타자재철거 50%, 기타자재 재사용 철거 80%

⑩ 동일개소 애자 재사용 철거 및 설치 180%

⑪ 점퍼 스페이서는 스페이서의 50% 적용

2-7-1 스페이스 간격조정

(단위 : 개)

구 분	송전전공	특별인부
복 도 체	0.113	0.037
4 도 체	0.192	0.064
6 도 체	0.283	0.094

[해 설]

① 보통지구 기준이며, 동일 구간 내에서 스페이서 위치이동 기준

2-8 송전선로 전선설치(가선)

2-8-1 전선펴기(연선)

(단위 : km)

규 격	전기공사기사	송전전공	특별인부
480㎟ 6복도체	8.93	169.64	44.64
480㎟ 4복도체	6.31	69.49	31.59
480㎟ 복도체	4.97	44.68	19.86
410㎟ 복도체	4.76	42.85	19.05
330㎟ 복도체	4.46	40.18	17.86
410㎟ 단도체	2.48	19.84	9.92
330㎟ 단도체 이하	2.38	19.05	9.52
160㎟ 단도체 이하	2.08	16.67	8.33

[해 설]

① 1회선(3상) 수직배열, 보통지구 기준

② 수평배열 120%

③ 2회선 동시전선펴기는 180%, 3회선 260%, 4회선 340%, 6회선 500%

④ 특수개소는(긴 지지물간거리) 별도 계상

⑤ 드럼장 및 엔진장 조성품 포함. 다만, 각종 장비(전선 Puller, Tensioner, Winch, 크레인 등) 사용료는 별도 계상

⑥ 장력조정품 포함

⑦ 전선펴기는 와이어 1조, 인력 전선펴기품 포함
⑧ 전선펴기 와이어를 이용하여 기존전선을 교체할 때 전선펴기품의 120% 적용 (전선펴기 철거 및 설치 포함)
⑨ 철거 50%, 재사용 철거 80%
⑩ 메신저 와이어를 헬기로 전선을 펴는 경우 이 품에서 "2-8-4 메신저 와이어 전선펴기(연선)" 품을 공제하고 장비(헬기) 사용료는 별도 계상
⑪ 소선단위로 작업할 경우의 공량은 작업대상 소도체수를 1회선당 소도체수로 나눈 공량에 기본 품의 20%를 더하여 산출(기본품을 초과할 수 없음). 단, 1상 전체 전선펴기는 기본 품의 1/3, 2상 전체 전선펴기는 기본 품의 2/3 적용

2-8-2 현수장치 전선당기기(긴선)

(단위 : 기)

규　　격	전기공사기사	송 전 전 공	특 별 인 부
480㎟ 6복도체	0.56	9.07	3.40
480㎟ 4복도체	0.48	5.27	3.19
480㎟ 복도체	0.47	4.63	2.55
410㎟ 복도체	0.46	4.35	2.40
330㎟ 복도체	0.45	3.70	2.31
410㎟ 단도체	0.38	2.77	1.60
330㎟ 단도체 이하	0.37	2.68	1.54
160㎟ 단도체 이하	0.35	2.43	1.05

[해 설]

① 기당 1회선, 보통지구 기준
② 수평배열 120%, 사각암은 160%
③ 2회선 동시 전선당기기는 180%, 3회선 260%, 4회선 340%, 6회선 500%
④ 특수개소는(긴 지지물간거리) 별도 계상
⑤ 장비(Engine, Winch) 사용료는 별도 계상
⑥ 장력조정품 포함

⑦ 765kV, 480㎟ 6복도체 긴선은 조립식 점퍼장치 사용기준
⑧ 전선펴기 와이어를 이용하여 기존 전선을 교체할 때 전선당기기품의 150% 적용 (전선당기기 철거 및 설치 포함)
⑨ 철거 50%, 재사용 철거 80%
⑩ 소선 단위로 작업할 경우 작업대상 소도체수를 1회선당 소도체수로 나눈 비율 적용. 단, 최소 규격보다 공량이 적을 경우 최소 규격(160㎟이하) 공량 적용

2-8-3 장력견딤장치 전선당기기(내장장치 긴선)

(단위 : 기)

규　　격	전기공사기사	송전전공	특별인부
480㎟ 6복도체 양전선당기기 장력견딤	3.47	69.44	24.30
480㎟ 6복도체 블록통과장력견딤	2.32	53.24	16.20
480㎟ 4복도체	1.74	39.93	13.88
480㎟ 복도체	1.60	23.96	9.58
410㎟ 복도체	1.44	23.68	8.61
410㎟ 단도체	0.69	15.28	5.56
330㎟ 복도체	1.39	22.92	8.33
330㎟ 단도체 이하	0.57	14.75	4.54
160㎟ 단도체 이하	0.52	10.42	3.13

[해 설]

① 기당 1회선, 보통지구 기준(점퍼선 및 압축한쪽당김클램프 등 관련 설치품 포함)
② 수평배열 120%
③ 2회선 동시 전선당기기는 180%, 3회선 260%, 4회선 340%, 6회선 500%
④ 특수개소는(긴 지지물간거리) 별도 계상
⑤ 장비(Engine, Winch) 사용료는 별도 계상
⑥ 장력조정품 포함
⑦ 765kV, 480㎟ 6복도체 전선당기기는 조립식 점퍼장치 사용기준
⑧ 전선펴기 와이어를 이용하여 기존전선을 교체할 때 전선당기기품의 150% 적용 (전

선당기기 철거 및 설치 포함) 단, 전선교체 구간의 끝단에 위치하여 편측만 전선당기기 철거 및 전선당기기작업이 시행되는 철탑의 경우에는 전선당기기품의 75% 적용

⑨ 철거 50%, 재사용 철거 80%

⑩ 소선단위로 작업할 경우의 공량은 작업대상 소도체수를 1회선당 소도체수로 나눈 공량에 기본 품의 20%를 더하여 산출(기본품을 초과할 수 없음). 단, 1상 전체 전선당기기는 기본 품의 1/3, 2상 전체 전선당기기는 기본 품의 2/3 적용

2-8-4 메신저 와이어 전선펴기(연선)

(단위 : km)

공 종	송 전 전 공	특 별 인 부
와이어 전선펴기	9.33	2.33

[해 설]

① 보통지구 인력 시공기준

② 2선 동시전선설치는 180%

③ 특수개소는(긴 지지물간거리) 별도 계상

④ 장력조정품 포함

⑤ 철거 50%, 재사용 철거 80%

2-8-5 발받침 설치

공 종		단 위	비계공	송전 전공	보통 인부
목재	쌍 줄 비 계(m^2)	16m 이하	0.063	-	-
		16m 초과	0.192	-	-
	외 줄 비 계(m^2)	16m 이하	0.042	-	-
		16m 초과	0.10	-	-
	발 받 침 지 지 선	개소		0.375	0.250
강재	발 받 침	m^2	0.078		
	지 지 선	개소		0.160	0.250
	철탑 발받침 보호망 설치	개소		1.50	2.50

[해 설]

① 보통지구 기준
② 철탑발받침 보호망은 접지공사 불포함
③ 지지물간거리는 50~100m 기준이며, 100m 초과 시 매 50m 이내마다 50%씩 가산하고, 지지물간거리 50m 미만은 이 품의 80% 적용
④ 철거 80%

2-8-6 가공송전선로 조금차 전선펴기(연선)

(단위 : 1선1조, km당)

구 분	전기공사기사	송전전공	특별인부
가공송전선로 조금차 전선펴기	1.1	14.88	12.69

[해 설]

① 가공송전선로 전선 410㎟ (480㎟) 이하, 보통(평탄지)작업 기준
② 기존 전선 이용 시 철거품 포함하여 기본 품의 120%
③ 전선조당 도체수별 할증적용 기준

구 분	다선1조	1회선(3조)	2회선(6조)(동시작업)
복도체 4도체	180% 340%	470% 880%	840% 1,600%

2-9 가공피뢰선 전선설치(가공지선 가선)

공 종		단 위	전기공사기사	송전전공	특별인부
전선 펴기	AWS 200㎟	km	0.34	6.05	2.69
	ACSR 120㎟	km	0.30	5.24	2.38
	ACSR 97㎟	km	0.30	5.24	2.38
	ACSR 65㎟	km	0.28	4.38	1.88

전선 당기기 현수	AWS 200㎟	기	0.16	0.80	0.32
	ACSR 120㎟	기	0.14	0.56	0.28
	ACSR 97㎟	기	0.12	0.46	0.23
	ACSR 65㎟	기	0.09	0.37	0.18
전선 당기기 장력 견딤	AWS 200㎟	기	0.30	2.98	1.79
	ACSR 120㎟	기	0.19	2.12	0.96
	ACSR 97㎟	기	0.18	2.08	0.95
	ACSR 65㎟	기	0.14	1.59	0.72
가공피뢰선(가공지선) 접지선 접속		개	-	0.113	-

[해 설]

① 가공피뢰선(가공지선) 1조, 보통지구 기준

② 2선 동시전선설치는 180%

③ 특수개소는(긴 지지물간거리) 별도 계상

④ 장비(Engine, Winch) 사용료는 별도 계상

⑤ 장력조정품 포함

⑥ 전선펴기 와이어를 이용하여 기존 가공피뢰선(가공지선)을 교체할 때 다음과 같이 적용

㈎ 가공피뢰선(가공지선) 교체구간에 대해 가공피뢰선(가공지선) 전선펴기품의 135% 적용(전선펴기철거 및 설치 포함)

㈏ 가공피뢰선(가공지선) 교체구간 내의 철탑에 대해 가공피뢰선(가공지선) 전선 당기기품(현수·장력견딤 각각 기별로 적용)의 150% 적용(전선당기기철거 및 설치 포함)

㈐ 상기 (나)항 작업 시 가공피뢰선(가공지선) 교체구간의 끝단에 위치하여 편측만 전선당기기 철거 및 전선당기기작업이 시행되는 철탑(장력견딤 장치)의 경우에는 가공피뢰선(가공지선) 전선당기기품(장력견딤장치)의 75%(편측작업 기준)를 적용

⑦ 철거 50%, 재사용 철거 80%

2-10 지중 송전선로 측량

2-10-1 진행기준

(단위 : 1반 1일)

측량별 / 지구별	평판 측량	중심선 측 량	종단측량	횡단측량	매설물 조 사
번 화 지 구	100m	150m	330m	500m	500m
보 통 지 구	150 〃	250 〃	500 〃	625 〃	800 〃
촌 락 지 구	250 〃	330 〃	1,000 〃	1,000 〃	1,100 〃

2-10-2 작업별 인원편성

(단위 : 인/1반)

직업별	직 급 별	평 판 측 량	중심선 측 량	종 단 측 량	횡 단 측 량	매설물 조 사
외업	전 기 공 사 기 사	-	1	1	-	1
	중 급 기 술 자(측량)	1	1	1	1	-
	초 급 기 술 자(측량)	1	3	2	3	1
	보 통 인 부	3	2	2	2	2
내업	전 기 공 사 기 사	-	0.5	-	-	-
	중 급 기 술 자(측량)	1	0.5	-	-	-
	초 급 기 술 자(측량)	1	1	3	3	1
	보 통 인 부	2	-	-	-	-

[해 설]

① 번화지구 : 역주변 번화가 등의 가옥 밀집지역으로서 특히 교통량이 많으며 경우에 따라서는 야간작업을 하지 않으면 측량이 불가능한 지역

② 보통지구 : 가옥이 드물게 서있고 교통량도 비교적 적으며 측량을 기존 도로에 연하여 행할 수 있는 지역

③ 촌락지구 : 촌락의 소도시를 포함한 농지 또는 구릉지역

④ 다음의 작성품 포함

㈎ 측량원도 및 트레스 원도 작성품

(나) 시방에 표시된 기타 측량의 측량품

(다) 시방에 표시된 제작물의 제작품

⑤ 지하 매설물의 구조를 파악하기 위하여 굴착을 요할시 별도 계상

2-11 지중 케이블 설치

2-11-1 관로 청소 및 도통시험

(단위 : km)

관 로 내 경 (㎜)	특고압 케이블전공	보 통 인 부
150 이하	7.28	9.70
300 이하	8.49	12.14
300 초과	9.70	14.56

[해 설]

① 동일 장소에서 2공 이상 동시작업 시는 관로 1공당 80%씩 가산

② 관의 재질에 관계없이 모두 적용

③ 시험 결과 불량일 경우 재 도통시험비 별도 계상

④ 지세별 할증률 별도 적용, 맨홀 내 양수작업 필요 시 별도 계상

⑤ 관로 내 로프 없을 시 "4-79 도입선 넣기" 품 추가 적용

2-11-2 Piece 테스트

(단위 : km)

규 격	전기공사 기사	특 고 압 케이블전공	특별인부	장비사용시간(hr)
				윈치 10톤
1공3선관로	2.42	24.26	24.26	13.92
1공1선관로	1.21	12.14	12.14	14.92

[해 설]

① 154kV OF, XLPE 케이블, 관로식, 윈치장비 사용기준

② 관의 재질에 관계없이 모두 적용

③ 관로청소 및 도통시험은 별도 계상

④ 장비의 제경비는 별도 계상
⑤ 동일 장소의 공수에 관계없이 각 해당 품을 모두 적용
⑥ 잡재료비는 노무비의 0.5% 계상
⑦ 지세별 할증률 별도 적용, 맨홀 내 양수작업 필요 시 별도 계상

2-11-3 지중 케이블 인력 설치

(단위 : km)

종 류	규 격(㎟)	전기공사기사	특고압 케이블전공	특 별 인 부
154kV OF 케이블	400 이하	3.46	64.31	66.27
	600 〃	3.68	68.64	70.71
	1200 〃	4.21	78.75	81.13
	2000 〃	4.75	88.10	90.78

[해 설]

① 154kV OF 케이블, Al Sheath 관로식 기준
② Al, Cu 도체 공용
③ 연피 및 강대 개장 케이블은 120%
④ 소운반, 작업준비, 케이블절단, 유압감시조정 품 포함
⑤ 트러프 내 110%, 전력구 내(공동구 포함, 스네이크 설치는 별도) 설치 115%, 터널식 전력구(공동구 포함, 스네이크 설치는 별도) 설치는 125%, 직매식 80% (장애물이 없을시)
⑥ 접속품, 터파기, 되메우기, 관로설치, 관로청소 및 도통 시험품 제외
⑦ 단심 케이블을 동일 관로 내에서 1공1선 이상 설치 시 1선 추가마다 80%씩 가산
⑧ 2공동시 180%, 3공 동시 260%, 4공 동시 340%
⑨ 직매식인 경우 타매설물 횡단개소 및 커브개소에는 개소당 각 직종별 0.5인 가산
⑩ 잡재료비는 전력구 설치 시 노무비의 0.5%, 관로 설치 시 노무비의 1% 계상
⑪ XLPE 케이블은 115% 적용
⑫ 1구간 이내인(접속점과 접속점 사이) 소규모 공사는 1회선(3상) 이하 150%, 2회선(6상) 이하 130%, 3회선(9상) 이하 110% 적용

⑬ 지세별 할증률, 맨홀 내 양수작업 필요시 별도 계상
⑭ 전력구(공동구 포함)에서 케이블을 설치 시 작업구(인입구)와 케이블 접속지점이 불일치함에 따라 이중 설치 (실제 설치길이가 증가)될 경우에는 그 중복(실제 증가분)되는 부분은 해당 품의 50%
⑮ 행거간 케이블 이동할 경우는 20% (단 크리트,행거 철거 설치 및 스네이크 설치는 별도 적용)
⑯ 2500㎟는 2000㎟의 105%
⑰ 철거 60%, 재사용 철거 110% 단, 드럼감기품 포함

2-11-4 지중 케이블 기계 설치(관로식)

(단위 : km)

종 류	도체 규격 (㎟)	단심 1선			윈치사용시간(hr)
		전기공사 기사	특고압 케이블전공	특별인부	10 톤
OF 154kV	400 이하	2.60	45.59	43.88	8.17
	600 〃	2.75	48.31	46.50	8.72
	1200 〃	3.23	53.87	46.27	10.91
	2000 〃	3.54	62.04	59.71	11.19
XLPE 154kV	200 이하	3.07	50.40	48.51	10.15
	400 〃	3.14	53.62	51.61	10.89
	600 〃	3.21	56.84	54.71	11.63
	1200 〃	3.80	63.38	54.44	14.54
	2000 〃	5.05	73.56	68.65	14.92

[해 설]

① 154kV OF, XLPE 케이블, 1공 1선 관로식 기준 ② Al, Cu 도체 공용
③ 장비(Winch, Pole Crane, 조합장비 등) 사용기준(장비설치 및 철거품 포함)으로 기계장비의 제경비는 별도 계상
④ 연피 및 강대개장 케이블은 120%
⑤ 소운반, 작업준비, 케이블 절단, 유압감시조정품 포함 ⑥ 직매식 80%
⑦ 접속품, 터파기, 되메우기, 관로설치, 관로청소, 도통시험 및 관로 Piece Test품 제외
⑧ 단심케이블을 동일 관로 내에서 1공1선 이상 설치 시 1선 추가마다 80%씩 가산

⑨ 2공 동시 180%, 3공 260%, 4공 340%
⑩ 잡재료비는 노무비의 1% 계상
⑪ 지세별 할증률 별도 적용, 맨홀 내 양수작업 필요 시 별도 계상
⑫ 2500㎟는 2000㎟의 105%
⑬ 1구간 이내인(맨홀과 맨홀, 맨홀과 접속점 사이) 소규모 공사는 1회선(3상) 이하 150%, 2회선(6상) 이하 130%, 3회선(9상) 이하 110% 적용(장비손료 포함, 설치품만 해당)
⑭ 66kV는 80%
⑮ 철거 60%, 재사용 철거 110% 단, 드럼감기품 포함

2-11-5 지중 케이블 기계 설치(전력구)

(단위 : km)

종 류	전 압	도체규격 (㎟)	단심 1선			Caterpillar 사용시간(hr)	
			전기공사 기사	특 고 압 케이블전공	특별인부	MC-350	MC-1000
OF 케이블	154kV	400이하	3.49	69.43	68.37	122.45	7.04
		600이하	3.84	76.04	74.89	134.12	7.70
		1200이하	4.28	88.01	89.02	136.40	7.83
		2000이하	4.91	97.64	96.17	138.24	8.27
	345kV	2000이하	8.44	105.78	105.32	190.62	17.31
XLPE 케이블	154kV	200이하	3.63	74.10	74.10	147.71	8.5
		400이하	4.05	81.67	81.67	163.27	9.38
		600이하	4.47	89.24	89.24	178.83	10.26
		1200이하	5.04	103.90	103.90	181.87	10.44
		2000이하	5.70	114.87	114.87	184.32	11.03
	345kV	2000이하	6.38	118.70	118.70	219.23	36.46

[해 설]

① 전력구내(공동구 포함, 스네이크설치는 별도) 케이블 설치 기준
② Al, Cu 도체 공용
③ 장비(Caterpillar, 조합장비 등) 사용기준으로 기계장비의 제경비는 별도 계상 (장비, 준비, 설치 및 철거품 포함)
④ 연피 및 강대개장 케이블은 120%
⑤ 소운반, 작업준비, 케이블절단, 유압감시조정품 포함

⑥ 잡재료비는 노무비의 0.5% 계상
⑦ 345kV XLPE 케이블 설치 시 트럭탑재형크레인(5톤) 사용시간 37.18hr를 추가 계상
⑧ 1구간 이내인(접속점과 접속점 사이) 소규모 공사는 1회선(3상) 이하 150%, 2회선(6상) 이하 130%, 3회선(9상) 이하 110% 적용(장비손료 포함, 설치품만 해당)
⑨ 지세별 할증률 별도 적용, 맨홀 내 양수작업 필요 시 별도 계상
⑩ 단심케이블을 동일 전력구 내에서 2선 이상 설치 시 1선추가 마다 80%씩 가산
⑪ 터널식 전력구(공동구 포함) 설치는 110%
⑫ 작업구(인입구)와 케이블 접속점이 불일치함에 따라 이중 설치될 경우에는 그 중복되는 부분은 해당 품의 50% 적용
⑬ 동일 구간내 관로와 전력구 혼합 구간일 경우 전력구 구간에 대해서 115%
⑭ 345kV OF 케이블은 방재트러프 내 설치기준
⑮ 2500㎟는 2000㎟의 105%
⑯ 66kV는 154kV의 80%
⑰ 철거 60%, 재사용 철거 110% 단, 드럼 감기품 포함
⑱ 케이블 교체공사의 경우 철거 56%(드럼 감기품 포함), 설치 94%

2-11-6 지중 케이블 스네이크 설치

(단위 : km)

규 격(㎟)	전기공사기사	특고압케이블전공	특 별 인 부
600	0.54	9.90	9.90
1,200	0.61	11.35	11.35
2,000	0.70	12.67	12.67

[해 설]

① 154kV OF 단심케이블 전력구내 사용기준
② 단심케이블을 동일 전력구 내에서 2선 이상 설치 시 1선 추가마다 80%씩 가산
③ 66kV는 154kV의 60%, 345kV는 154kV의 120%
④ XLPE 케이블은 115%
⑤ XLPE 2500㎟는 XLPE 2000㎟의 105%
⑥ 지세별 할증률 별도 적용, 맨홀 내 양수작업 필요 시 별도 계상

2-11-7 작업받침대(써포트 지지형) 설치 및 철거

(단위 : ㎡)

구 분	규 격	단 위	수 량
강 관	Ø48.6×2.4mm	m	0.87
합 판	900×1800×12t	㎡	0.64
비 계 목	60×60mm	m	1.30
PP 로프	Ø 5	m	4.18
비 계 공	설 치	인	0.03
비 계 공	철 거	인	0.02

[해 설]

① 본 품은 케이블이 양측배열된 전력구에 작업받침대를 설치하는 일반적인 기준이며, 적용대상은 써포트에 강관을 지지할 수 있는 개소에 한 하며 편측배열 등에서는 실 설계에 의한 수량을 계상한다.

② 공구손료는 직접노무비의 3%로 계상하며, 소운반비는 포함되어 있다.

③ 소요자재의 손율은 케이블 설치 시 실 공기를 고려하여 토목 또는 건축품셈의 해당 손율을 적용한다. 단, PP로프의 손율은 100%로 한다.

④ 수량산출은 전력구 바닥면적 기준임.

2-11-8 기계화 관로청소 및 도통시험

(단위 : km)

관로내경 (mm)	특 고 압 케이블전공	특별 인부	보통 인부	도통시험용 윈치 사용시간(hr)
				MPM-350A/350M
150 이하	3.77	2.82	1.88	3.98
300 이하	3.77	3.77	2.82	4.42
300 초과	4.71	4.71	3.77	4.68

[해 설]

① 관의 재질에 관계없이 모두 적용

② 동일 장소에서 2공 이상 동시작업 시는 관로 1공당 80% 가산

③ 소운반, 작업준비, 윈치 감시조정 포함
④ 기계경비는 별도 계상
⑤ 시험 결과 불량일 경우 재 도통시험비는 기본 품의 80% 적용
⑥ 지세별 할증률 별도 적용, 맨홀 내 양수작업 필요 시 별도 계상
⑦ 관로 내 로프 없을 시 "4-79 도입선 넣기" 품 추가 적용

2-12 OF 케이블 직선접속

(단위 : 선)

전 압	도체규격 (㎟)	전기 공사 기사	특고압 케이블 전공	특별 인부	장비사용시간(hr)		
					진 공 펌 프	오 일 정제기	트럭탑재형 크레인(5톤)
154kV	400 이하 600 〃 1,200 〃 2,000 〃	2.07 2.24 2.75 2.88	10.59 11.47 12.95 14.71	9.35 10.12 10.96 12.98	4.19	3.26	1.68
345kV	2,000 〃	3.37	22.43	18.84	16.76	13.05	6.71

[해 설]

① 연피, 강대개장, Al피 공용
② Al, Cu도체 공용
③ 진공, 급유작업 및 시험품 포함
④ 작업용 가건물을 제외한 소운반 및 준비작업 포함
⑤ 기계경비는 별도 계상
⑥ 절연접속은 106% (절연통 보호장치 설치품 포함)
⑦ 단심케이블 3선 연속 작업 시 단심케이블 접속품의 260%
⑧ 지세별 할증률 별도 적용, 맨홀 내 양수작업 필요 시 별도 계상
⑨ 전력구 내(공동구 포함) 접속은 115%, 터널식 전력구(공동구 포함) 접속은 125%
⑩ Link 박스 설치 시는 조당 10% 적용
⑪ 접속함 재 연공과 진공, 유압조정이 필요한 경우 30%, 동 박스 해체점검은(진공,유압조정 포함) 50%, 멀티메탈 보수작업은 10%, END-CAP 작업은 15%
⑫ 잡 재료비는 노무비의 2% 계상(345kV의 경우는 노무비의 3.5%)

⑬ 345kV 접속은 전력구 내 접속품임(터널식 전력구 접속은 110%)
⑭ 케이블 재사용 해체 철거 80%
⑮ 1상 이내인 소규모 공사는 150%

2-13 OF 케이블 종단접속

(단위 : 선)

전 압	도체규격 (㎟)	전기 공사 기사	특고압 케이블 전 공	특별 인부	장비사용시간(hr)		
					진 공 펌 프	오 일 정제기	트럭탑재형크레인(5톤)
154kV	400이하	2.49	12.46	9.97	3.68	2.18	1.22
	600 〃	2.66	13.33	10.67			
	1,200 〃	3.04	15.15	12.12			
	2,000 〃	3.46	17.31	13.85			
345kV	2,000 〃	3.84	23.08	19.23	14.7	8.74	4.88

[해 설]

① 연피, 강대개장, Al피 공용
② Al 및 Cu 도체 공용
③ 작업용 비계 및 작업용 가건물을 제외한 소운반 및 준비 작업 포함
④ 압력계(Pressure Transmitter) 및 급유관 설치품 별도 계상
⑤ Link 박스 설치 시는 조당 10% 적용
⑥ 진공, 급유작업 및 시험품 포함
⑦ 단심게이블 3신 연속작업 시 단심케이블 접속품의 260%
⑧ 접속함 재 연공할 경우(진공, 유압조정 포함) 50%, 멀티메탈 보수작업은 10%, END-CAP 작업은 15%
⑨ 기계경비 별도 계상
⑩ 가스중 종단 접속함 설치 기준이며 기중 종단함 설치는 140%
⑪ 잡재료비는 노무비의 2% 계상 (345kV의 경우는 노무비의 3.5%)
⑫ 케이블 재사용 해체 철거 80%
⑬ 지세별 할증률 별도 적용, 맨홀 내 양수작업 필요 시 별도 계상
⑭ 1상 이내인 소규모 공사는 150%

2-14 OF 케이블 유지접속

(단위 : 선)

전압별	도체규격 (㎟)	전기공사 기사	특 고 압 케이블전공	특별 인부	장비사용시간 (hr)		
					진 공 펌 프	오 일 정제기	트럭탑재형 크레인(5톤)
154kV	400이하 600 〃 1,200 〃 2,000 〃	2.69 3.08 3.84 4.23	13.47 15.38 19.23 21.15	10.77 12.31 15.39 16.92	4.65	3.85	2.44
345kV	2,000 〃	5.13	32.55	21.10	18.58	15.41	9.77

[해 설]

① 연피, 강대개장, Al피 공용
② Al, Cu 도체 공용
③ 진공, 급유작업 및 시험품 포함
④ 작업용 가건물을 제외한 소운반 및 준비작업 포함
⑤ 기계경비 별도 계상
⑥ 압력계(Pressure Transmitter) 및 급유관 설치품 별도 계상
⑦ 유지 절연접속설치는 106% (절연통 보호장치 설치 포함)
⑧ 단심케이블 3선 연속작업 시 단심케이블 접속품의 260%
⑨ Link 박스 설치 시는 조당 10% 적용
⑩ 지세별 할증률 별도 적용, 맨홀 내 양수작업 필요 시 별도 계상
⑪ 전력구 내(공동구 포함) 접속은 115%, 터널식 전력구 (공동구 포함) 접속은 125% 적용
⑫ 접속함 재 연공과 진공, 유압조정이 필요한 경우 30%, 동 박스 해체 점검은(진공, 유압조정 포함) 50%, 멀티메탈 보수작업은 10%, END-CAP 작업은 15%
⑬ 잡재료비는 노무비의 2% 계상 (345kV의 경우는 노무비의 3.5%)
⑭ 345kV 접속은 전력구내 접속품임 (터널식 전력구 접속은 110%)
⑮ 케이블 재사용 해체 철거 80%
⑯ 1상 이내인 소규모 공사는 150%

2-15 지중 XLPE 케이블 직선접속

(단위 : 선)

<table>
<tr><th rowspan="2">구 분</th><th rowspan="2">규 격</th><th rowspan="2">전기공사
기 사</th><th rowspan="2">특 고 압
케이블전공</th><th rowspan="2">특별
인부</th><th colspan="3">장비사용시간(hr)</th></tr>
<tr><th colspan="2">테이핑기</th><th>가류가마</th></tr>
<tr><td rowspan="4">154kV
XLPE
케이블</td><td>400㎟ 이하</td><td>4.67</td><td>23.42</td><td>9.39</td><td colspan="2">4.27</td><td>3.81</td></tr>
<tr><td>600㎟ 〃</td><td>4.97</td><td>25.00</td><td>10.03</td><td colspan="2">4.56</td><td>4.07</td></tr>
<tr><td>1,200㎟ 〃</td><td>5.77</td><td>28.85</td><td>11.54</td><td colspan="2">4.78</td><td>4.25</td></tr>
<tr><td>2,000㎟ 〃</td><td>6.92</td><td>31.15</td><td>13.85</td><td colspan="2">4.99</td><td>4.82</td></tr>
<tr><td rowspan="2">345kV
XLPE
케이블</td><td rowspan="2">2,000㎟ 〃</td><td rowspan="2">3.85</td><td rowspan="2">23.08</td><td rowspan="2">15.39</td><td>항온
항습기</td><td>SRC
삽입기</td><td>트럭탑재형크
레인(5톤)</td></tr>
<tr><td>13.54</td><td>4.27</td><td>11.37</td></tr>
</table>

[해 설]

① 연피, 강대개장, Al피 공용
② Al 및 Cu 도체 공용
③ 작업용 가건물을 제외한 소운반 및 준비작업 포함
④ 기계경비는 별도 계상
⑤ 절연접속은 106% (절연통 보호장치 설치품 포함)
⑥ 단심케이블을 동일 장소(맨홀내)에서 연속 2선 이상 직선 접속시는 1선 추가마다 80%씩 가산
⑦ 지세별 할증률 별도 적용, 맨홀 내 양수작업 필요시 별도 계상
⑧ Link 박스 설치 시는 조당 10% 적용
⑨ 동 박스 해체 점검은 20%
⑩ 66kV는 154kV의 70%
⑪ 2500㎟는 2000㎟의 105%
⑫ 전력구 내(공동구 포함) 접속은 115%, 터널식 전력구(공동구 포함) 접속은 125%
⑬ 345kV 접속은 전력구 내 P.J 접속품이며 터널식 전력구 내 작업은 110%
⑭ 잡재료비는 노무비의 2.5% 계상 (345 kV의 경우는 노무비의 5.0%)
⑮ 케이블 재사용 해체 철거 50%
⑯ 1상 이내인 소규모 공사는 150%

2-15-1 지중 XLPE 케이블 조립식 접속

(단위 : 선)

종 류	도체 규격 (㎟)	전기공사 기 사	특 고 압 케이블전공	특별 인부	장비사용시간(hr)		
					PMJ 삽입기	트럭탑재형 크레인(5톤)	항온 항습기
154kV XLPE 케이블	200 이하 400 〃 600 〃 1,200 〃 2,000 〃 2,500 〃	2.40 2.46 2.52 2.70 2.94 3.09	15.98 16.37 16.77 17.94 19.51 20.49	10.53 10.78 11.04 11.81 12.83 13.47	2.96 2.97 2.99 3.04 3.10 3.14	7.26	-
345kV XLPE 케이블	2,000 이하 2,500 〃	3.73 3.90	22.38 23.37	14.92 15.58	4.00 4.35	11.17 11.54	10.17 13.68

[해 설]

① 연피, 강대개장, Al피 공용

② Al 및 Cu 도체 공용

③ 작업용 가건물을 제외한 소운반 및 준비작업 포함

④ 기계경비는 별도 계상

⑤ 절연접속은 106%(절연통 보호장치 설치품 포함)

⑥ 단심케이블을 동일 장소(맨홀내)에서 연속 2선 이상 직선 접속시는 1선 추가마다 80%씩 가산

⑦ 지세별 할증률 별도 적용, 맨홀 내 양수작업 필요 시 별도 계상

⑧ 동박스 해체점검은 20%

⑨ 154kV의 경우 전력구 내(공동구 포함) 접속은 115%, 터널식 전력구(공동구 포함) 접속은 125%

⑩ 345kV의 경우 개착식 전력구내 PMJ 접속품이며 터널식 전력구 접속은 110%

⑪ 잡재료비는 직접노무비의 5% 계상

⑫ 케이블 재사용 해체 철거 50%

⑬ 1상 이내인 소규모 공사는 150%

2-15-2 지중 XLPE 케이블 이경 접속

(단위 : 선)

종 류	도체 규격 (㎟)	전기공사 기 사	특 고 압 케이블전공	특별인부	장비사용시간(hr)	
					PMJ삽입기	트럭탑재형 크레인(5톤)
154kV XLPE 케이블	1,200↔ 2,000	2.85	18.92	12.42	3.08	7.26

[해 설]

① 연피, 강대개장, Al피 공용
② Al 및 Cu 도체 공용
③ 작업용 가건물을 제외한 소운반 및 준비작업 포함
④ 기계경비는 별도 계상
⑤ 절연접속은 106% (절연통 보호장치 설치품 포함)
⑥ 단심케이블을 동일 장소(맨홀내)에서 연속 2선 이상 직선 접속 시는 1선 추가마다 80%씩 가산
⑦ 지세별 할증률 및 현장 교통정리원 별도 적용, 맨홀 내 양수작업 필요시 별도 계상
⑧ 동박스 해체점검은 20%
⑨ 전력구 내(공동구 포함) 접속은 115%, 터널식 전력구(공동구 포함) 접속은 125%
⑩ 잡재료비는 식섭노부비의 5% 계상
⑪ 케이블 재사용 해체 철거 50%
⑫ 1상 이내인 소규모 공사는 150%

2-16 지중 XLPE 케이블 종단접속

(단위 : 선)

구 분	도체 규격	전기공사 기 사	특고압 케이블전공	특별인부	장비사용시간(hr)	
					항온 항습기	트럭탑재형크레인(5톤)
154kV XLPE케이블	200㎟ 이하	1.87	19.17	11.34	-	-
	400㎟ 〃	2.09	20.58	12.21	-	-
	600㎟ 〃	2.31	21.99	13.08	-	-
	1,200㎟ 〃	2.86	25.74	17.17	-	-
	2,000㎟ 〃	3.21	28.85	19.23	-	-
345kV XLPE케이블	2,000㎟ 〃	3.39	30.50	20.34	10.62	3.67

[해 설]

① 연피, 강대개장, Al피 공용
② Al 및 Cu 도체 공용
③ 작업용 비계 및 작업용 가건물을 제외한 소운반 및 준비작업 포함
④ 기계경비는 별도 계상
⑤ Link 박스 설치 시는 조당 10% 적용
⑥ 단심케이블을 동일 장소에서 연속 2선 이상 종단 접속시는 1선 추가마다 80% 씩 가산
⑦ 가스중종단 접속함 설치 기준이며 기중종단함 설치는 140%
⑧ 잡재료비는 노무비의 2.5% 계상 (345kV의 경우는 노무비의 5%)
⑨ 66kV는 154kV의 70%
⑩ 2500㎟는 2000㎟의 105%
⑪ 케이블 재사용 해체 철거 50%
⑫ 지세별 할증률, 위험 할증률 및 맨홀 내 양수작업 필요시 별도 계상
⑬ 1상 이내인 소규모 공사는 150%

2-16-1 플러그인 타입 지중 XLPE 케이블 종단접속

(단위 : 선)

구 분	도체 규격	전기공사 기사	특고압 케이블전공	특별인부
154kV XLPE케이블	2000㎟	2.91	20.36	14.54

[해 설]

① 연피, 강대개장, Al피 공용
② Al 및 Cu 도체 공용
③ 작업용 비계 및 작업용 가건물을 제외한 소운반 및 준비작업 포함
④ 기계경비는 별도 계상
⑤ Link 박스 설치 시는 조당 10% 적용
⑥ 단심케이블을 동일 장소에서 연속 2선 이상 종단 접속 시는 1선 추가마다 80% 씩 가산
⑦ 가스중종단 접속함 설치 기준이며 기중종단함 설치는 140%
⑧ 잡재료비는 노무비의 2.5% 계상 (345kV의 경우는 노무비의 5%)
⑨ 66kV는 154kV의 70%
⑩ 2500㎟는 2000㎟의 105%
⑪ 케이블 재사용 해체 철거 50%
⑫ 지세별 할증률 및 위험 할증률 별도 적용, 맨홀 내 양수작업 필요시 별도 계상
⑬ 1상 이내인 소규모 공사는 150%

2-16-2 종단접속함 가스채취

(단위 : 개소)

공 종	특고압케이블전공
종단접속함 가스채취	0.042

[해 설]

① XLPE 케이블 가스중 및 기중 종단접속함 1상 1개소 기준
② 동일 장소에서 연속 2개소 이상 채취시는 1개소 추가마다 50%씩 가산

③ 선로순시 중 가스채취 시행시 70% 적용
④ 1개소 이내인 소규모 공사는 150%

2-16-3 종단접속함 조립식 가스채취밸브 설치

(단위 : 개소)

공 종	특고압케이블전공	전기공사기사	특별인부
종단접속함 조립식 가스채취밸브 설치	1.067	0.715	0.546

[해 설]
① XLPE 케이블 가스중 및 기중 종단접속함 1상 1개소 기준
② 동일 장소에서 연속 2개소 이상 설치 시는 1개소 추가마다 80%씩 가산
③ 장비손료 및 비계틀(발받침) 설치는 별도 계상

2-16-4 지중 XLPE 기중종단접속함(EBA) 애관교체 공사 ('25년 개정)

(단위 : 선)

전 압	도체 규격	전기공사 기 사	특 고 압 케이블 전공	송전 전공	특별인부
345kV	2,500㎟	1.31	6.32	0.87	1.27
154kV	1,200㎟ 이하	0.88	3.53	0.45	2.03

[해 설]
① 자기애관을 폴리머로 교체하는 작업 기준
② XLPE 케이블 기중 종단접속함 1상 기준 ③ 소운반 및 준비작업 포함
④ 지세별 및 위험 할증률(고소작업) 필요시 별도 계상
⑤ 동일 장소에서 연속 2상 이상 교체 시는 1상 추가마다 80%씩 가산
⑥ 장비손료 및 비계틀(발받침) 설치는 별도 계상
⑦ 크레인, 전동용 윈치, 발전기, 항온항습기, 펌프 등 사용시는 별도 계상
⑧ 154kV 2000㎟는 1200㎟의 112%, 2500㎟는 118% 적용 (345kV 2000㎟는 2500㎟의 95%)
⑨ 가설물 설치 필요 시 별도 계상

2-16-5 지중 XLPE 기중종단접속함(EBA) 절연유 채취

(단위 : 상)

전 압	공 종	전기공사 기 사	특 고 압 케이블 전공	특별인부
154kV	기중종단접속(EBA) 절연유 채취	0.42	0.90	0.52

[해 설]

① XLPE 케이블 기중 종단접속함 1상 기준(소운반 및 준비작업, 작업대 설치 포함)
② 동일 장소에서 연속 2상 이상 작업시는 1상 추가 마다 60%씩 가산
③ 345kV는 120%, 지세별 및 위험 할증률(고소작업) 필요시 별도 계상
④ 작업대 설치 불가시 이 품의 90%적용
⑤ 비계틀 설치시 별도 계상 ⑥ 장비손료 별도 계상

2-17 OF 케이블 급유장치 설치

구 분		단 위	전기공사 기 사	특 고 압 케이블전공	특별인부
급유탱크설치		톤	-	2.12	-
급유관설치		m	-	0.19	-
밸브판넬 및 경보장치		조	-	3.96	1.58
준공급유조정(154kV)		급유구간	-	1.63	0.82
준공급유조정(345kV)		급유구간	1.10	2.21	1.10
경보회로용 차폐제어케이블	4C-3.5㎟	m		0.036	-
	7C-3.5㎟	m		0.052	-
	5C-5.5㎟	m		0.048	-
	7C-5.5㎟	m		0.060	-

[해 설]

① 급유탱크 설치는 지상작업 기준 ② 지중설치 및 맨홀내 설치 시는 150%
③ 터파기 및 되메우기가 필요할 때는 별도 계상
④ 급유구간이란 '유지접속에서 유지접속 사이' 또는 '케이블헤드에서 유지접속

사이'를 말함.

⑤ 경보장치의 케이블전공은 저압 케이블전공이며 쉴드케이블 할증포함

⑥ 철거는 50%

⑦ 벨로우즈밸브, 각종 연결 콘넥타, 몰스킨 등은 실소요량 별도 계상

⑧ 협소한 장소에서 작업 시 별도 할증 적용

㈎ 700 초과 ~ 800mm 이하 20% ㈏ 600 초과 ~ 700mm 이하 30%

㈐ 500 초과 ~ 600mm 이하 40% ㈑ 500mm 이하 50%

2-18 케이블 금구류 부착 ('25년 개정)

품 명	규 격	단 위	특고압 케이블전공	보통인부	비 고
써포트설치	3m 이하 3m 초과	개 개	0.019 0.032	0.019 0.032	
씰링가스켓	100㎜ 이하 200㎜ 이하 200㎜ 초과	개 개 개	0.024 0.026 0.032	0.12 0.12 0.13	한 장소에 매 1열 추가마다 80% 가산
삽입형관로구 방수장치	200㎜ 이하	개	0.132	0.132	한 장소에 매1개 추가마다 80%가산
맨홀커버	1500㎜ 이하	개	0.36	0.36	겉,속 맨홀커버 포함
행거부착		개	0.01	0.01	
ㅁ형행거부착		개	0.012	0.012	345kV 용
후크		개	0.095	0.095	
물받이		개	0.095	0.095	
발판볼트		개	0.024	0.024	
앵커볼트		개	0.039	-	
크리트설치		개	0.020	0.020	상하고정기준, 하부받침은 50%
행거안전캡		100개	0.125	0.125	

[해 설]

① 전력구 장비 반입구로부터 운반거리가(직선거리) 100m 초과 시 소운반비 별도 적용

② 철거는 50%(부식된 금구류 철거 시 80% 적용)

③ 지세별 할증률 별도 적용, 맨홀 내 양수작업 필요 시 별도 계상

2-19 케이블 준공시험

구 분	단 위	전기공사기사	특고압케이블전공	특별인부	기계설비공	변전전공	장비사용시간(hr)	비 고
피복 절연내력시험	크로스본드 1 구간	-	2.17					전압에 관계 없이 적용
유류 저항시험	급유 구간	-	1.96					전압에 관계 없이 적용
가스 정수 시험	급유 구간	-	3.92					전압에 관계 없이 적용
154kV D 절연내력시험	전구간 (회선)	1.08	4.33					
345kV DC 절연내력시험	전구간 (회선)	1.67	5.83					
154kV AC 절연내력시험 (AC 절연 연결 장치 적용)	전구간 (회선)	2.17	8.0	3.54	2.16	0.5	5톤 크레인:5 7.5톤 지게차:1.8 발전기:5 시험기:2 절연연결장치:2	
154kV A 절연내력시험 (시험부싱 적용)	전구간 (회선)	1.92	7.45	2.34		0.5	2톤 지게차:2 발전기:3 시험기:2	

[해 설]

① 3신 시행기준

② OF 케이블, XLPE 케이블 공용(이 품의 해당 공종 적용)

③ DC 절연내력 시험 시 Test Bushing 설치 시는 40% 가산

④ AC 절연연결장치의 적용은 절연이격거리가 협소한 변전소 또는 접근이 어려운 C/H철탑 등 AC내전압 시험기와 시험 대상설비의 직접 연결을 통한 준공시험을 할 수 없는 개소에 한함

⑤ 154kV AC 절연내력시험에서 시험장소가 C/H철탑(Test Bushing 미사용)일 경우 변전전공 품 적용 제외

⑥ 154kV 절연내력시험은 지중 1베이 3상(1회선) 기준이며, 상 단위로 적용할

경우 시험 1회 추가마다 50%씩 가산 (시험 추가마다 발전기, 내전압시험기 또는 절연 연결장치 사용시간은 1.5hr씩 별도 계상)

2-20 애자 청소 및 보수공사

2-20-1 사선 현수애자 청소

(단위 : 100개)

규 격	송 전 전 공	보 통 인 부
765kV 345kV 154kV 66kV	1.20 0.92 0.69 0.60	1.20 0.92 0.69 0.60

[해 설]

① 보통지구 기준

② 송전선로의 주상(탑상) 손닦기 기준

③ 내무애자는 110%

④ 발췌 손닦기는 170%

⑤ 2연 및 3연은 각각 80%, 70%

⑥ 2회선 동시, 3회선 동시, 4회선 이상 동시 작업시는 각각 90%, 80%, 70%를 적용

⑦ 활선 주수청소기 사용 시는 70%, 활선 주수 브러시 청소기사용 시는 60%

⑧ 세정수 운반 별도 계상

2-20-2 활선애자 청소

종 별	단 위	규 격	송전활선전공	보 통 인 부
현수애자	100개	345kV 154kV 66kV	0.965 0.543 0.621	1.157 0.625 0.828
부 싱	개	345kV 154kV 66kV	0.056 0.028 0.014	0.104 0.056 0.043

[해 설]

① 보통지구 기준
② 활선주수애자 청소기 사용기준, 활선주수브러시애자 청소기 사용 시는 70%
③ 2연 및 3연은 각각 80%, 70% 적용(변전소 구내 제외)
④ 2회선 동시, 3회선 동시 및 4회선 이상 동시 작업시는 각각 90%, 80%, 70% (변전소 구내 제외)
⑤ 발 · 변전소 구내의 현수애자작업은 70% 적용(단, 154kV 현수애자작업은 애자 100개당 송전활선전공 0.21, 보통인부 0.3)
⑥ 내무애자는 110% ⑦ 피뢰기는 부싱품 적용, 지지애자는 부싱의 110% 적용
⑧ 변전소 구내의 154kV 지지애자 작업은 애자 1개당 송전활선전공 0.014인, 보통인부 0.025인, 66kV는 154kV의 80%,적용
⑨ 발 · 변전소 구내의 작업은 발 · 변전 설비에 대해 적용(구내의 철탑 등 송전용 지지물 작업은 발 · 변전소 구내의 작업으로 적용하지 않음)

2-20-3 활선 현수애자 교체

(단위 : 연)

규 격	송전활선전공
345kV 154kV 66kV	1.31 0.62 0.32

[해 설]

① 보통지구 현수형 1연 기준 ② 애자연 조립 및 청소품 포함
③ 1개 교체 시에도 적용 ④ 애자연의 형별, 연수별품은 다음과 같이 적용

연수별 / 형별	1연 작업시	2연 작업시
현수형 장력견딤형	100% 180%	150% 200%

⑤ 변전소 구내작업은 70%
⑥ 발 · 변전소 구내의 작업은 발 · 변전 설비에 대해 적용(구내의 철탑 등 송전용 지지물 작업은 발 · 변전소 구내의 작업으로 적용하지 않음)

2-20-4 사선 송전선로 애자련 교체

(단위 : 기)

규　격	규　격		전기공사 기　사	송전전공	특별인부
단도체	현수1련	410㎟ 이하	0.59	1.76	2.35
	장력견딤1련	410㎟ 이하	1.57	6.29	6.29
복도체	현수1련	410㎟ 이하	0.79	2.37	3.15
	장력견딤2련	410㎟ 이하	2.50	9.99	9.99
4도체	현수1련	480㎟	0.89	2.97	4.34
	현수2련	480㎟	0.98	3.26	4.77
	장력견딤2련	480㎟	2.99	18.31	15.92

[해 설]

① 현수 기당 1회선(3련), 장력견딤 기당 1회선(6련)이며, 보통지구 기준

② 단도체 현수2련은 현수1련의 110%, 장력견딤2련은 장력견딤1련의 110% 적용, 복도체 현수2련은 현수1련의 110% 적용

③ 345kV 480㎟ × 2B 선로는 본 품의 110% 적용

④ 본 품은 압축작업이 미수반되는 애자련 교체의 품이며 애자금구류 날개 교체 및 장력조절품 포함

⑤ 아킹혼 · 링 및 피뢰기 교체에 따른 비용 별도 계상

⑥ 철거 및 설치품 포함

⑦ 자기애자에서 폴리머애자로 교체, 폴리머애자에서 폴리머애자로 교체 또는 폴리머애자에서 자기애자로 교체 시 복도체 품 적용(단, 4도체는 4도체 품 적용)

2-20-5 불량애자 검출 ('25년 개정)

규 격	단위	형 식	송전활선전공
345kV이하	개	음향식, 램프식	0.004
154kV	연	전 계 식	0.043
345kV	연	전 계 식	0.077

[해 설]

① 1회선 보통지구 기준

② 불량애자 검출기(음향식, 램프식, 전계식) 사용 기준
③ 2연 및 4연은 각각 80%, 70% (변전소 구내 제외)
④ 2회선 동시, 3회선 동시 및 4회선 동시 작업시는 각각 90%, 80%, 70%를 적용 (변전소 구내 제외)
⑤ 변전소 구내작업 및 C/T(케이블 타워) 인하선 하부 작업은 70%
⑥ 발 · 변전소 구내의 작업은 발 · 변전 설비에 대해 적용 (구내의 철탑 등 송전용 지지물 작업은 발·변전소 구내의 작업으로 적용하지 않음)
⑦ 장비손료 별도 계상

2-20-6 보수 슬리브 설치

(단위 : 개소)

선로전압	송전전공	보통인부
765kV	3.00	1.20
345kV	1.91	0.70
154kV	1.84	0.57
66kV	1.30	0.39

[해 설]

① 보통지구 기준
② 보수 슬리브 설치를 위해 전선 인상, 인하 필요 시 해당 품은 별도 적용
③ 직선슬리브는 본 품의 120%, 단 직선슬리브 설치를 위해 전선인상, 인하 필요 시 인상, 인하 품 별도가산

2-21 송전선로 클램프 조임 작업

2-21-1 사선 클램프 조임

(단위 : 개)

규　　격	송 전 전 공
765kV	0.067
345kV	0.050
154kV	0.045
66kV	0.027

[해 설]

① 기존 압축한쪽당김클램프, 장력견딤클램프, 현수클램프의 볼트 조이기에 적용하며 보통지구 기준

② 장력견딤형 기준, 현수형은 80%

③ 2회선 동시,3회선 동시 및 4회선 동시 작업시는 각각 90%, 80%, 70%

④ 클램프 볼트교체 또는 분해청소는 이 품의 300% 적용

2-21-2 활선 클램프 조임

(단위 : 개)

규 격	송전활선전공
345kV	0.18
154kV	0.12
66kV	0.08

[해 설]

① 보통지구 기준

② 송전선로의 장력견딤형 기준, 현수형은 80%

③ 2회선 동시, 3회선 동시 및 4회선 동시 작업시는 각각 90%, 80%, 70% 적용

④ 전선 접속 과열개소 활선 바이패스 작업은 200% 적용

2-22 철탑 볼트 조이기

(단위 : 톤)

구 분	송 전 전 공
철 탑 볼 트 조 이 기	0.13
볼 트 풀 림 방 지 너 트 설 치	0.13

[해 설]

① 보통지구 기준

② 기존 철탑에 볼트조이기 및 볼트풀림방지너트 설치만 할 경우 적용

③ 단위 톤은 철탑주재 및 부재의 총 중량

④ 철탑 볼트 교체는 개당 송전전공 0.02인을 적용

2-23 접지 설비

2-23-1 접지저항 측정

(단위 : 기)

송 전 전 공	보 통 인 부
0.11	0.11

[해 설]

① 보통지구 기준
② 송전선로의 철탑(철주), 전압 구분없이 정상 또는 과도 접지저항측정 기준
③ 동일 장소에서 정상 및 과도접지저항을 동시 측정 시는 130%
④ 굴착, 되메우기, 잔토처리를 하여야 할 경우는 별도 계상

2-23-2 접지공사

공 종	단 위	송 전 전 공	특 별 인 부	보 통 인 부
굴착 및 되메우기	㎥	-	-	0.44
접지선(38㎟)매설	100m	0.56	-	-
침상접지봉매설	개	0.06	0.05	-
접속 및 단자처리	개	0.014	-	-
도전성콘크리트타설	㎥	-	0.80	-

[해 설]

① 보통지구 기준
② 굴착 및 되메우기는 토질 구분없이 일괄 적용
③ 매설지선 정비도 적용
④ 정상 접지저항 측정 포함(과도 접지저항 측정품은 별도 계상)

2-24 철탑 보강

(단위 : 톤)

전 압	전기공사기사	송 전 전 공	특 별 인 부
345kV	0.89	4.41	4.41
154kV	1.30	6.52	6.52

[해 설]

① 장력이 걸려 있는 기존 철탑에서 Butt(Lap) Joint부분의 Cover Plate를 철거하고 Stitch Angle(Post, Brace)을 설치하는 작업
② 철탑형별 및 회선별 제한없이 적용
③ 보강할 부분 본조임 포함(기타부분 본조임 필요 시는 별도 계상)
④ 볼트풀림 방지너트 설치 시 톤당 송전전공 0.12인 가산
⑤ 가설비는 별도 계상
⑥ 강재 현장가공 시 구멍뚫기품 (Hand drill 사용)
가. 지상작업 시 개당 송전전공 0.018인
나. 주상작업 시 ∅18mm 이하 개당 송전전공 0.03인
다. 주상작업 시 ∅18mm 초과 개당 송전전공 0.06인
⑦ 철거는 50%, 재사용 철거 80%

2-25 송전선로 지장수목 가지치기 작업

(단위 : km)

선 로 전 압	송 전 전 공	보 통 인 부
765kV	0.10	0.10
345kV	0.35	0.17
154kV	0.50	0.26
66kV	0.32	0.17

[해 설]

① 수목가지치기란 가공선로에 근접한 수목을 가지치기 및 벌채 등을 하여 적정한 이격을 유지시키는 작업 기준
② 연간 책임정비 기준으로 지세별 할증 포함. 연간책임정비기준이 아닌 개별 지장수목 벌채는 "4-76 수목가지치기 작업"을 적용하고 배전전공은 송전전공으로 적용
③ 작업후 뒷정리 포함
④ 뒷정리후 적상·적하 및 운반에 따른 비용은 별도 계상
⑤ 폐기물 처리비용 별도 계상
⑥ 활선근접작업에 따른 위험할증률 별도 계상

2-26 전선처짐정도(이도) 및 장력 조정

(단위 : 기)

공종·규격			전기공사기사	송전전공	특별인부
전력선 전선 당기기	현수 장치	480㎟ 6복도체 현수	0.56	9.07	3.40
		480㎟ 4복도체	0.48	5.27	3.19
		480㎟ 복도체	0.47	4.63	2.55
		410㎟ 복도체	0.46	4.35	2.40
		410㎟ 단도체	0.38	2.77	1.60
		330㎟ 복도체	0.45	3.70	2.31
		330㎟ 단도체	0.37	2.68	1.54
		160㎟ 단도체 이하	0.35	2.43	1.05
	장력 견딤 장치	480㎟ 6복도체 양전선당기기 장력견딤	3.47	69.44	24.30
		480㎟ 6복도체 부러통과 장력견딤	2.32	53.24	16.20
		480㎟ 4복도체	1.74	39.93	13.88
		480㎟ 복도체	1.60	23.96	9.58
		410㎟ 복도체	1.44	23.68	8.61
		410㎟ 단도체	0.69	15.28	5.56
		330㎟ 복도체	1.39	22.92	8.33
		330㎟ 단도체 이하	0.57	14.75	4.54
		160㎟ 단도체 이하	0.52	10.42	3.13
가공 피뢰선 (가공 지선) 전선 당기기	현수 장치	AWS 200㎟	0.16	0.80	0.32
		ACSR 120㎟	0.14	0.56	0.28
		ACSR 97㎟	0.12	0.46	0.23
		ACSR 65㎟ 이하	0.09	0.37	0.18
	장력 견딤 장치	AWS 200㎟	0.30	2.98	1.79
		ACSR 120㎟	0.19	2.12	0.96
		ACSR 97㎟	0.18	2.08	0.95
		ACSR 65㎟ 이하	0.14	1.59	0.72
가공 피뢰선 (가공 지선)	가공피뢰선(가공지선) 접지선 접속(개당)		-	0.113	-

[해 설]

① 기존 송전선로에서 전선펴기작업 없이 전선당기기 관련(전선당기기 철거 및 설치) 작업이 시행되는 공종에 작업시행 철탑을 기준으로 적용

② 금구류(애자) 설치, 교체, 증결, 전선처짐정도(장력)조정 작업 시

가. 장력견딤장치 작업 시 압축작업이 수반되는 경우장력견딤 클램프 사용 포함) 전선당기기(장력견딤애자)의 75%(편측작업 기준) 적용

나. 장력견딤장치 작업 시 압축작업이 미수반되는 경우(전선 처짐정도조정세트에 의한 전선처짐정도조정 포함) 전선당기기(장력견딤장치)의 30%(편측작업 기준) 적용

다. '가','나'의 작업 시 전선길이 변경이 있어 장력견딤 - 장력 견딤 간 작업구간 내의 현수클램프 부착 위치 변경 작업 병행 시 작업시행 철탑에 대해 전선당기기(현수장치)의 150% 적용

라. 현수장치 작업 시 전선당기기(현수애자)의 100% 적용(철거작업 포함)

③ 가공피뢰선(가공지선) 인하인상 작업 시 장력견딤장치는 전선당기기(장력견딤장치)의 45%(편측작업 기준) 적용, 작업구간 내의 현수장치는 전선당기기(현수장치)의 150% 적용

④ 철탑 교체, 계탑, 신설, 가선로 등으로 철탑(선로)간 전선 공중 이동 작업 시

가. 압축작업이 수반되는 경우(장력견딤클램프 사용 포함) 장력견딤장치는 전선당기기(장력견딤장치)의 75%(편측작업 기준) 적용, 작업구간 내의 현수장치 작업은 전선당기기(현수장치)의 150% 적용

나. 압축작업이 미수반되는 경우 장력견딤장치는 전선당기기(장력견딤장치)의 45%(편측 작업 기준) 적용, 작업구간 내의 현수장치 작업은 전선당기기(현수장치)의 150% 적용

다. 가선로 등 선로간 이설시'가','나'의 작업은 1회 이동 기준

⑤ 전력선 1회선(3선), 가공피뢰선(가공지선) 1선, 수직배열, 평탄지 기준

가. 수평배열 120%

나. 2회선 동시전선설치는 180%, 3회선 260%, 4회선 340%, 6회선 500%

⑥ 1회선 중 일부 소도체만 작업할 경우 작업대상 소도체수를 1회선당 소도체수로 나눈

비율 적용. 단, 최소 공종규격보다 공량이 적을 경우 최소 공종(160 ㎟) 공량 적용

⑦ 애자련 및 철물류(송전용 피뢰기 포함)는 별도 계상

⑧ 애자금구류 낱개 부착, 철거, 교체품 포함(아킹혼·링 포함)

⑨ 장비(Engine, Winch) 사용료는 별도 계상

⑩ 장력계법 활용할 때에는 장력계 설치 1대당 전기공사기사 0.05인, 송전전공 0.15인, 특별인부 0.09인을 별도 가산

2-27 철탑 도장

2-27-1 형강(앵글형)철탑

(단위 : ㎡)

공 종	규 격	도 장 공	보통인부
항공장애표시도장(5/9상부)	2회, 외측면 도장	0.132	0.006
항공장애 표시도장(전장)	2회, 외측면 도장	0.115	0.005
철탑부식방지도장(전면)	2회, 전면 도장	0.115	0.005
환경친화철탑도장(전면)	2회, 전면 도장	0.115	0.005
녹막이 처리	1회, 전면 도장	0.032	0.005

[해 설]

① 보통지구 기준, 위험 할증율(고소작업) 포함

② 녹막이 처리는 바탕 만들기와 녹막이 페인트칠 포함(필요 시 적용)

2-27-2 강관(Pipe Type) 철탑

(단위 : ㎡)

공 종	규 격	도 장 공	보통인부
항공장애표시도장(5/9상부)	2회, 도장	0.083	0.009
항공장애 표시도장	2회, 도장	0.072	0.008
철탑부식방지도장	2회, 도장	0.072	0.008
환경친화철탑도장	2회, 도장	0.072	0.008
녹 막 이 처 리	1회, 도장	0.022	0.005

[해 설]

① 보통지구 기준, 위험 할증율(고소작업) 포함

② 녹막이 처리는 바탕 만들기와 녹막이 페인트칠 포함(필요 시 적용)

2-28 부속설비 설치

2-28-1 철탑 부착물 설치

공 종	단위	송전전공	특별인부
항공장애표시등 설치	조	1.96	0.49
항공순시번호찰 설치	매	0.25	0.125
항공장애표시구 설치	개	0.37	0.17
철탑 표시찰 설치	매	0.053	-
낙뢰 표시기 설치	조	0.1	-
임시항공장애표시등 설치 및 철거	조	0.21	-

[해 설]

① 보통지구 기준

② 철탑 표시찰은 기입만 할 경우 0.04인 계상

③ 항공 장애표시등 설치는 다음에 따름

㈎ 교류전원식 항공장애표시등(2등용) 설치 기준

㈏ 등기구 조작함 케이블 설치품 포함, 전압 구분없이 적용

㈐ 항공장애표시등 교체시는 설치품의 125%, 케이블교체시는 50%

㈑ 등기구 또는 조작함 교체시는 설치품의 30%

㈒ 항공장애표시등 전구 교체품은 2-30-7 항공장애표시등 점검 품의 50%

㈓ 태양 전지식은 이 품(교류전원식)의 130%

㈔ 1등용은 90%, 3등용은 115%, 4등용은 130%, 1등 추가 시마다 15% 가산

㈕ 태양전지(집광판) 교체품은 태양전지식 설치품의 30%

㈖ 축전지 교체품은 개당 송전전공 0.2인(765kV는 0.4인) 적용. 단, 동일 장소에서 2개 이상 교체시는 개당 80% 가산

④ 아마롯드 부착용 항공장애 표시구는 설치품의 150%
동일지지물간거리 항공장애표시구 1개 추가설치 시 마다 60% 가산

⑤ 각종 표시찰 부착을 위한 ㄱ형강 앵글 설치 품(구멍가공품 포함)
- 1m 이하는 송전전공 0.05, 보통인부 0.05인
- 2m 이하는 송전전공 0.06, 보통인부 0.06인
- 평강은 ㄱ형강의 80% 적용

⑥ 철거 50%, 재사용 철거 100%

2-28-2 아킹혼 설치

(단위 : 상)

공 종	규 격	송전전공
현 수 장 치	154kV	0.12
장력견딤장치	154kV	0.16
현 수 장 치	345kV	0.18
장력견딤장치	345kV	0.23

[해 설]

① 보통지구 기준이며, 장력견딤장치는 편측 1상 기준
② 1련 작업시에도 동일품 적용
③ 기존 선로에서 아킹혼 부착용 금구류가 설치된 개소에서 아킹혼 추가 설치 시 적용하며, 별도 금구류 설치가 필요한 경우"2-26 전선처짐정도(이도) 및 장력조정" 해설에 따라 별도 계상)
④ 조합형 설치금구 사용시 120%
⑤ 철거는 50% (재사용 철기 80%)

2-28-3 상간스페이서 설치

(단위 : 개)

구 분	송전전공	특별인부
154kV 가공선로	1.94	0.76

[해 설]

① 보통지구 기준
② 상간스페이서용 아마롯드 부착 포함
③ 철거는 80%

2-28-4 지지선 설치

공 종	단 위	송전전공	보통인부	일반기계운전사
지지선 설치	조	0.33	-	
지지선기초 설치(인력)	개소	-	3.50	-
지지선기초 설치(기계)	개소	-	-	0.63

[해 설]

① 보통지구 기준

② 기존 송전용 지지물(철탑, 철주등)의 강도보강을 위해 설치하는 1단 지선 설치기준

③ 2단 지지선은 150%, 3단 지지선은 200%(2, 3단 지지선은 동일한 지지선 기초에 다수의 지지선이 연결된 경우를 의미)

④ 지지선기초 설치에는 전주버팀대 설치 포함

⑤ 기계화 시공시 장비사용료 별도 계상

⑥ 지지선 철거는 지지선 설치품의 30%

⑦ 지지선 기초철거는 지지선 기초설치 품의 100%

2-28-5 철탑피뢰기 설치

(단위 : 세트)

공 종	송전전공	특별인부
154kV 송전용 피뢰기 (현수)	0.44	0.22
154kV 송전용 피뢰기 (장력견딤)	0.40	0.20
345kV 송전용 피뢰기 (현수)	0.57	0.33
345kV 송전용 피뢰기 (장력견딤)	0.45	0.30

[해 설]

① 보통지구 기준

② 철거는 80%, 재사용 철거는 100%

③ 점검은 세트(1상 설치분)당 송전전공 0.03인(정밀점검과 병행시행으로 지세할증 제외)

④ 송전용 아킹혼 설치 및 철거품은 "2-28-2 아킹혼 설치" 품 준용

⑤ 조합형 설치금구 사용시 120%
⑥ 동일 개소 피뢰기 재사용 철거 및 설치 180%

2-28-6 점퍼선 설치

(단위 : 조)

규 격	전기공사기사	송전전공	특별인부
480㎟ 6복도체	0.90	5.21	1.83
480㎟ 4복도체	-	1.56	0.62
480㎟ 복도체	-	1.20	0.48
410㎟ 복도체	-	0.99	0.36
410㎟ 단도체	-	0.76	0.28
330㎟ 복도체	-	0.96	0.30
330㎟ 단도체 이하	-	0.74	0.23
160㎟ 단도체 이하	-	0.52	0.16

[해 설]

① 1상분(1조), 보통지구 기준
② 점퍼선 교체와 동일한 상의 전선당기기 관련 작업 없이 기존 송전선로의 점퍼선만 설치(교체)하는 경우 적용
③ 다도체는 점퍼 스페이서 설치 별도 계상
④ 장비(Engine, Winch) 사용료는 별도 계상
⑤ 765kV, 480㎟ 6복도체는 조립식 점퍼장치 사용기준(점퍼 스페이서 및 부속금구류 설치 포함)
⑥ 점퍼선 교체 없이 점퍼소켓만 별도 압축하는 경우 개당 송전전공 0.08인, 보통인부 0.04인 적용
⑦ 철거 50%, 재사용 철거 80%

2-28-7 철탑 추락방지시설 설치

(단위 : 조)

공 종	구 분	송전전공	특별인부	보통인부
추락방지시설 (와이어형 - 수직)	765kV	0.764	0.099	0.177
	500kV	0.714	0.097	0.173
	345kV	0.506	0.088	0.155
	154kV	0.442	0.128	0.116
추락방지시설 (와이어형 - 수평)	765kV	0.699	0.090	0.161
	500kV	0.653	0.089	0.158
	345kV	0.463	0.080	0.142
	154kV	0.405	0.116	0.106

[해 설]

① 보통지구, 산형강철탑 기준

② 수직 1각 1조, 수평 1개 Arm 1조 기준

③ 동시작업 1조 추가 시마다 80%씩 가산

④ 철탑높이(정부기준) 60m 이상인 경우 중간클램프 1개 추가 시마다 수직장치 품 10%씩 가산

⑤ 중간클램프 별도 시공 시에는 1개당 수직장치 품의 10% 적용(단, 철탑 승하탑 품 별도 계상)

⑥ 철거 50%, 재사용 철거 80%

2-28-8 철탑 암 이동 통로용 안전발판 설치

(단위 : 기)

규 격	송전전공	특별인부
154kV	2.91	1.45
345kV	3.37	1.68

[해 설]

① 보통지구, 인력조립 기준

② 철탑 2회선 기준(암주재 연결 정면수평재 포함)

1회선 60%, 3회선 150%, 4회선 190% 적용
③ 철거 50%, 재사용 철거 80%
④ 신설 철탑의 경우 철탑 조립 중량에 포함
(철탑 조립중량 = 철탑 부재 중량 + 안전발판 중량)

2-28-9 전력선 교체시 직선슬리브 탈락방지 와이어 결속

(단위 : 개소)

구 분	송전전공	특별인부
와이어 결속	0.04	0.04

[해 설]
① 직선슬리브 1개소 기준
② 전압 및 전선 굵기 구분없이 동일하게 적용

2-29 송전선로 순시 및 순시로 정비

2-29-1 선로 순시

(단위 : km)

전 압 별	송전전공
765kV	0.870
345kV	0.870
154kV	0.715
66kV	0.638

[해 설]
① 보통지구 2회선 기준
② 1회선 90%, 3회선 110%, 4회선 120%, 5회선 130%, 6회선 140%
③ 정기순시, 특별순시, 고장순시 등에 적용
④ 순시중 즉시 조치할 수 있는 간이정비, 순시로, 철탑부지 및 배수로 정비 포함
⑤ 예방순시는 본 품의 10%

2-29-2 철탑부지 및 순시로 정비

공종 \ 구분	단 위	특별인부
철탑 부지정비	㎡	0.005
선로 순시로 정비	m	0.002
선로 순시로 개설	m	0.020

[해 설]

① 보통지구 기준

② 순시로 정비는 수목 가지치기, 순시로 표시찰 설치등 기존 순시로 정비 기준

③ 절토 및 성토, 잔토처리, 다지기는 별도 계상

2-29-3 철탑 승하탑

(단위 : 기)

공 종	선로전압	송전전공
철탑 승하탑	765kV	0.144
	345kV	0.132
	154kV	0.12

[해 설]

① 보통지구 및 기존 철탑에 점검을 수반하지 않은 경우 적용

② 철탑형별 제한없이 적용

③ 작업준비, 철탑 승하탑, 뒷정리 포함

2-29-4 송전선로 검전 · 접지

(단위 : 기)

공 종	선로전압	송전전공	비 고
송전선로 검전 · 접지	765kV	0.15	승탑후 선로접지 (승하탑 1회 기준)
	345kV	0.138	
	154kV	0.125	

[해 설]

① 3상 1회선 보통지구 기준

② 철탑 높이 구분없이 적용
③ 추가 승하탑 필요 시 "2-29-3 철탑 승하탑" 적용
④ 검전 · 접지 추가필요 시 적용(송전선로 유지보수 작업 품셈은 기본적으로 검전, 접지 공정이 개별품셈에 포함됨)

2-30 송전설비 점검

2-30-1 철탑 점검

(단위 : 기)

구분 / 공종	송전전공			
	765kV	345kV	154kV	66kV
기별점검	1.179	0.655	0.403	0.327
정밀점검	2.358	1.309	0.786	0.654
특별점검	1.179	0.655	0.393	0.327
초기점검	2.358	1.309	0.786	0.654

[해 설]

① 2회선 보통지구 기준
② 1회선 90%, 3회선 110%, 4회선 120%, 5회선 130%, 6회선 140%
③ 기별점검은 활선상태에서, 정밀점검은 휴전상태에서 시행하는 점검 기준.
④ 철탑볼트 조임, 볼트풀림 방지 너트 설치, 전선접속개소 점검, 스페이서, damper 및 스페이서-damper 점검, 항공장애표시등 점검은 별도 계상
⑤ 인수점검은 특별점검의 120%, 인수확인점검은 기별점검에 준함
⑥ 산지(하천) 철탑부지 점검은 철탑기별 점검품의 50% 적용하며 회선별 구분 없이 적용
⑦ 고배율 망원경을 이용한 전선 및 부착금구류(스페이서, 슬리브, 항공장애표시구 등)의 지상 육안점검(부적합개소 사진촬영 포함)은 정밀점검의 15% 적용
⑧ 점검중 즉시 조치할 수 있는 간이정비 포함
⑨ 기별점검시 추락방지시설 점검 포함
⑩ 검전·접지 추가필요시, "2-29-4 송전선로 검전·접지" 별도 계상

2-30-2 해상철탑 기초점검

(단위 : 기)

공 종	구 분	고급기술자	중급기술자	중급기능사
강구조물	육 안 점 검	0.033	0.167	0.333
	전 위 측 정	0.133	0.667	1.333
	양 극 조 사	0.400	2.000	4.000
콘크리트 구 조 물	육 안 점 검	0.033	0.167	0.333
	비파괴강도, 초음파	0.033	0.167	0.333
해상축도	육 안 점 검	0.033	0.167	0.333
	상 대 변 위 측 량	0.067	0.333	0.667

[해 설]

① 해상철탑 기초 정기점검 시 적용 기준

② 점검준비 및 이동시간 포함, 선박비용 별도 계상

③ 전위측정은 기당 12개소로 수심 1m 간격으로 시행하는 기준

④ 비파괴강도, 초음파 측정은 기당 1개소 시행 기준

⑤ 기초 예방점검은 강구조물의 육안점검, 전위측정, 콘크리트 구조물의 육안점검, 해상축도의 육안 점검, 상대변위측량을 적용하며 이 경우 전위측정은 본품의 25% 적용(기당 4개소로 수심 2m 간격으로 시행하는 기준)

⑥ 본 품에 적용된 기술자는 엔지니어링산업 진흥법상(건설 및 기타)의 기술자임

2-30-3 스페이서(스페이서-damper) 점검

(단위 : 개)

구 분		송 전 전 공	특 별 인 부
스페이서	2도체	0.047	0.047
스페이서-Damper	4도체	0.063	0.021
	6도체	0.107	0.036

[해 설]

① 보통지구 기준

② 스페이서(스페이서-damper)의 점검, 볼트조임, 불량부품교체, 불량분 교체

품 및 이동중 전선점검 포함(육안점검 및 토크 체크만 하는 경우 70%)
③ 2도체는 통과/분리형 스페이서-Car, 4도체 및 6도체는 스페이서 Ring Rope 사용기준
④ 점퍼 스페이서(765kV 점퍼장치의 각종 스페이서 포함)는 30%

2-30-4 전선 접속개소 점검

구 분		단위	송 전 전 공			
			765kV	345kV	154kV	66kV
과열 측정	압축한쪽당김크램프	기	0.250	0.143	0.104	0.737
	직선압축슬리브	개소	0.020	0.010	0.008	0.007
편심 측정	직선압축슬리브	개소	0.104	0.064	0.046	-

[해 설]
① 보통지구 기준
② 압축한쪽당김클램프의 과열측정은 2회선 기준.1회선 90%, 3회선110%, 4회선 120%, 5회선 130%, 6회선 140%
③ 과열측정은 적외선열상장비(Thermovision) 사용기준
④ 편심측정은 전선삽입량 측정기를 사용하여 전선이 설치된 상태에서 편심시공 여부 측정기준
가. 스페이서 또는 스페이서 damper 통과 공량 미포함(스페이서 또는 스페이서 damper 점검과 병행시 적용 공량)
나. 스페이서 또는 스페이서 damper 점검과 병행하지 않고 편심측정만 시행시, 편심측정 개소당 스페이서 또는 스페이서 damper 통과 및 반복 이동 작업 공량, 송전전공 765kV 0.033인, 345kV 4도체 0.045인, 345kV 및 154kV 2도체 이하 0.154인 추가 계상
⑤ 66kV 송전선로 편심 측정은 "2-26 전선처짐정도(이도) 및 장력 조정" 해설 ⑨항에 의거 전선의 인하 인상품 적용(별도의 편심측정품 계상 불가)
⑥ 장비손료 별도 계상

2-30-5 철탑 변위량 측정

(단위 : 기)

직 종 / 공 종	송전전공	고급기술자	보통인부
철탑 변위량 측정	0.937	0.937	0.602

[해 설]

① 공간벡터 방식을 활용한 측정기술 기준으로 고저차, 면거리, 대각거리, 기울기 부재 만곡율 측정과 철탑 정부 이동량 측정 기준임

② 지세는 보통지구 기준으로 지세별 및 지형별 할증률은 선로 경과지의 지세 및 지형에 따라 적용

③ 부재 만곡율 측정은 1개소 기준이며, 5개소 이하는 103%, 10개소 이하는 106%, 10개소 초과 시는 110%(단, 보통인부는 제외)

④ 보통인부는 154kV 이하 기준이며, 345kV는 120%

2-30-6 가공송전선로 전선처짐정도(이도) 측정

직 종 / 규 격	전기공사기사	송전전공	보통인부
6도체	1.024	0.703	0.917
4도체	0.868	0.571	0.789
복도체	0.763	0.491	0.691
단도체	0.678	0.422	0.612

[해 설]

① 공간벡터 방식을 이용한 가공송전선로 전선처짐정도측정 기준

② 3상 1회선(각 상별 1선) 및 가공피뢰선(가공지선)(1선) 총 4선 전선처짐정도측정, 보통지구 기준

③ 1선 70%, 2선 80%, 3선 90%, 5선 110%, 6선 120%, 7선 130%, 8선 140%

④ 지세별 및 지형별 할증률은 선로 경과지의 지세 및 지형에 따라 적용. 단, 해월구간은 강 건너기에 준하며 선박 임대료는 별도 계상

⑤ 전선처짐정도측정을 위한 지장수목 벌채는 “2-25 송전선로 지장수목 가지치기 작업”을 적용하고 진입로 개설은 “2-29 송전선로 순시 및 순시로 정비” 적용

2-30-7 항공장애표시등 점검

공 종	단 위	송전전공
항 공 장 애 표 시 등 점 검	조	0.33

[해 설]

① 보통지구 및 교류전원식 2등용 기준

② 태양 전지식은 이 품(교류전원식)의 130%

③ 1등용은 90%, 3등용은 115%, 4등용은 130%, 1등 추가 시마다 15% 가산

④ "2-30-1 철탑점검" 병행시, "2-29-3 철탑승하탑" 품 제외

⑤ 주야간에 원거리에서 등구 동작상태 확인은 점검품의 5%

2-31 지중선로 순시 및 점검

2-31-1 지중선로 순시

(단위 : km)

공 종	특고압케이블전공	보통인부
관 로 순 시	0.340	-
전 력 구 순 시	0.770	-
차 량 순 시	0.075	0.075

[해 설]

① 2인 1조 도보순시 기준

② 예방, 특별, 1차 고장순시(도보)에 적용

③ 2차 고장순시시 맨홀 점검시에는 맨홀점검품 적용

④ 지세별 및 노임의 할증 필요 시 별도 계상

⑤ 차량순시의 경우 연료비 및 경비 별도 계상

⑥ 차량 순시는 관로경과지 순시기준 (변전소, C/H설비 순시 제외)

⑦ 다련 전력구 순시는 1련 증가시마다 본 품의 80% 가산

⑧ 관로순시 또는 차량순시 공종 중 2개 이상 관로 경과지가 병행되는 구간은 1개 경과지 순시 공량만 적용(단, 현장여건에 따라 필요 시 관로별 순시물량 별도 계상)

2-31-2 도로 굴착공사 입회

(단위 : 인)

공 종	특고압케이블전공
공 사 입 회	0.125

[해 설]

① 1시간 기준(2시간 0.25, 4시간 0.5 등 입회 시간별 품 적용)

② 지세별 및 노임 할증 필요 시 별도 계상

③ 줄파기등 입회시 130% 적용

④ 위험 부착물 탈, 부착 필요 시 110% 적용

⑤ 입회차량 이동경로 연료비 별도 계산

2-31-3 접속함 점검

공 종	전기공사기사	특고압케이블전공	특별인부
접속함 점검	0.009	0.049	0.044

[해 설]

① 전력구내 접속함 3상 1개소 점검기준

② 동일 장소 회선 증가시 2회선 180%, 3회선 260%, 4회선 340% 적용

③ 장비손료 별도 계상

④ 345kV는 120%

2-31-4 접속함 부분방전 측정

(단위 : 개소)

구 분	전기공사기사	특고압케이블전공	특별인부
박 전 극 방 식	1.00	1.50	0.50
기 타 방 식	0.46	0.69	0.46

[해 설]

① 박전극 방식 부분방전 측정품은 직선접속 I.J 기준

② EB-A, EB-G 의 경우 120%

③ 동일 장소 회선 증가시 2회선 180%, 3회선 260%, 4회선 340% 적용
④ 유해가스 발생 시 110%
⑤ 맨홀내 작업은 150%, 맨홀점검 병행 시 120%
⑥ 장비손료 별도 계상
⑦ 기사는 전기공사업법에 준함
⑧ 3상 1회선 1개소 측정 기준
⑨ 박전극 방식 N.J 부분방전 측정품은 120%
⑩ 154kV 기준이며 345kV는 110%
⑪ 잡재료비는 노무비의 5% 계상

2-31-5 케이블 방식층 절연저항 측정

(단위 : 구간)

공 종	전기공사기사	특고압케이블전공
케이블 방식층 절연저항 측정	0.50	3.06

[해 설]

① 154kV 1회선 접속 3개소 1구간 및 전력구 기준
② 맨홀 물푸기에 필요한 양수기 및 작업차 기계경비 별도 계상
③ 맨홀 내에서 오물제거 필요 시 오물의 운반, 처리는 별도 계상
④ 345kV는 120%
⑤ 맨홀 내 점검 시 지세별 및 노임의 할증 필요 시 별도 계상
⑥ 관로일 경우 특별인부 1.93인 추가

2-31-6 절연유 채취(열화측정)

(단위 : 개소)

공 종	특고압케이블전공
절연유 채취(열화측정)	0.89

[해 설]

① 변전소 및 전력구 내 절연유 채취 기준 ② 3상 1개소 기준
③ 맨홀내부 측정 시는 150% ④ 절연유 분석비는 별도 계상

2-31-7 교량 전선 첨가 설치선로 정비(첨가선로 정비)

(단위 : 30m)

공 종	특고압케이블전공
교량 전선첨가설치 선로 점검	0.66

[해 설]

① 교량 30m 기준
② 교량 30m 초과 시는 추가되는 30m마다 이 품의 100%를 별도 가산
③ 복개천은 200%
④ 선박이용 점검시는 선박 이용료, 장비 사용료는 별도 계상
⑤ 발받침 필요 시 소요 비용 별도 계상
⑥ 필요 시 위험 할증 별도 계상

2-31-8 OF케이블 급유장치 점검 ('25년 개정)

(단위 : 개소)

공 종	전기공사기사	특고압케이블전공	특별인부
3 상 일 괄 형	0.12	0.23	0.12
3 상 분 리 형	0.18	0.36	0.18

[해 설]

① 변전소 구내 및 전력구(공동구 포함) 1 급유구간 기준 ② 경보회로 점검 포함
③ 절연저항 측정 시 전기공사기사 0.014, 특고압 케이블 전공 0.027, 특별인부 0.014 별도 계상
④ 맨홀내 점검은 150%
⑤ 지세별 및 노임의 할증 필요 시 별도 계상
⑥ 345kV인 경우 150%
⑦ 유해가스 발생개소는 110%
⑧ 소모 잡재료(청소용 넝마, 마대 등)는 별도 계상
⑨ 동일 장소 개소 증가 시 2개소 180%, 3개소 260% 등 1개소 추가마다 80%씩 가산

2-31-9 접속개소 점검

(단위 : 개소)

케이블 헤드	송전전공	전기공사기사	특별인부
철 탑 형	0.94	-	0.47
지 상 형	-	0.47	0.235

[해 설]

① 154kV 케이블헤드(Platform Type) 점검 기준
② 케이블헤드, 피뢰기 동시작업 3상 1회선 기준
③ 과열개소 점검은 20%
④ 345kV는 120%, 66kV는 70%

2-31-10 피뢰기 및 케이블헤드 점검

(단위 : 개소)

공 종	전기공사기사	송전전공	특별인부
피뢰기 및 케이블헤드 점검	0.85	1.64	1.64
누 설 전 류 측 정 (도 블 테 스 트)	0.03	0.03	0.03
계	0.88	1.67	1.67

[해 설]

① 철탑상부 154kV 케이블헤드(Platform Type)점검 기준
② 게이블헤드, 피뢰기 동시삭업 3상 1회선 기준
③ 옥외S/S 인출C/H 및 철구C/H는 50%
④ 345kV는 120%, 66kV는 70%

2-31-11 전력구 점검

(단위 : km)

공 종	전기공사기사	특고압케이블전공
전 력 구 점 검	0.25	1.33

[해 설]

① 접속함을 제외한 154kV 이하 전력구 점검 기준

② 345kV 전력구는 120%
③ 필요 시 위험 할증 별도 계상

2-31-12 맨홀 점검

(단위 : 개소)

공 종	특고압케이블전공	특별인부	보통인부
맨 홀 점 검	0.56	0.56	2.25

[해 설]

① 지중송전선로 맨홀내부 배수 후 내부설비 점검 및 맨홀내부 청소 기준
② 맨홀 내에서 제거된 오물의 운반, 처리 별도 계상
③ 양수기 및 작업차 기계경비 별도 계상
④ 압력유조(PT)가 병행 설치된 맨홀은 110%
⑤ 소모 잡재료(청소용 넝마, 마대, 배터리 등)는 별도 계상
⑥ 열상감지기 병행 측정 시 접속개소(3선)당 5% 별도 계상
⑦ 지세별 및 노임의 할증 필요 시 별도 계상
⑧ 2회선 기준이며 1회선 증가마다 10%씩 가산
⑨ 345kV는 120%

2-31-13 휴대용 SVL 열화점검

(단위 : 개소)

공 종	전기공사기사	특고압케이블전공	특 별 인 부
휴대용 SVL 열화점검	0.009	0.054	0.047

[해 설]

① 휴대용 SVL 누설전류 측정기에 적용
② 전력구내 154kV 3상 1회선 기준, 345kV 및 편단개소는 110% 적용
③ 동일 장소 회선 증가 시 2회선 180%, 3회선260%, 4회선 340% 적용
④ 장비손료 별도계상 *SVL(Sheath Voltage Limiter) : 시스전압제한기
⑤ 345kV는 120%

2-31-14 콤팩트형 온라인 PD(Partial Discharge) 장비 설치 및 진단

(단위 : 개소)

공 종			전기공사기사	특고압케이블공	특별인부	비 고
전력구	광케이블 설치		0.17	0.22	0.22	100m 기준
	접속부 장비설치	종단	0.32	0.32	0.32	
		중간	0.33	0.33	0.33	
	AC내전압 시 측정·진단		0.28	0.28	-	1회 기준
	무부하 가압전 알람 셋팅 및 측정·진단		0.11	0.11	-	1회 기준
	보고서 작성		0.04	0.04	-	1회 기준
관 로	광케이블 설치		0.2	0.55	0.64	100m 기준
	접속부 장비설치	종단	0.32	0.32	0.32	
		중간	0.47	0.47	0.47	
	AC내전압시 측정·진단		0.28	0.28	-	1회 기준
	무부하 가압전 알람 셋팅 및 측정·진단		0.11	0.11	-	1회 기준
	베터리 교체		0.13	0.13	0.13	맨홀 기준
	보고서 작성		0.04	0.04	-	1회 기준

[해 설]

① 콤팩트형 온라인 PD 진단 장비 임대료 별도 계상(설치일~철거일)
② 동일 장소 회선 증가 시 마다 80%씩 가산
③ 3상 1회선 1개소 측정 기준(단, 베터리 교체는 맨홀기준/7일 1회에 한함)
④ L/S 또는 M/S 연결용 광케이블 설치 포함
⑤ 지세별 할증률 별도 적용, 맨홀 내 양수작업 필요 시 별도 계상
⑥ 진단항목을 위해 장비시험, 모니터링, 광케이블 및 장비 철거 포함

2-31-15 접속함 열화상 점검

(단위 : 개소)

공 종	전기공사기사	특고압케이블전공	특별인부
접속함 열화상 점검	0.009	0.056	0.047

[해 설]

① 전력구 내 접속함 3상 1개소 점검 기준

② 동일 장소 회선 증가 시 2회선 180%, 3회선 260%, 4회선 340% 적용

③ 장비손료 별도 계상

④ 345kV는 120%

2-31-16 피뢰기 카운터 교체

(단위 : 대)

공 종	계 장 공
피 뢰 기 카 운 터 교 체	0.3

[해 설]

① 불량 등에 의해 피뢰기 카운터를 교체(철거 및 설치)하는 경우 적용

② 동일 장소에서 2대 이상 동시 교체 시 추가 1대 당 80% 가산

2-32 지중송전설비 정비

2-32-1 OF케이블 절연유 교체

(단위 : 급유구간)

공 종	전기공사기사	특고압케이블전공	보 통 인 부
OF케이블 절연유 교체	1.6	4.8	6.4

[해 설]

① 전력구 내 1선 작업 기준

② 동일 전력구 내에서 2선 이상 작업 시 1선 추가마다 80%씩 가산(2회선 180%, 3회선 260% 적용)

③ 소모 잡재료비(청소용 넝마, 마대 등)는 별도 계상

④ 지세별 및 노임의 할증 필요 시 별도 계상

⑤ 준공급유조정은 별도 계상

⑥ 맨홀 내 작업은 150%(물푸기 및 청소 포함)

⑦ 변전소 구내 급유구간(유지접속함~종단접속함)은 50%

2-32-2 시스전압제한기(SVL) 설치

(단위 : 개)

공 종	전기공사기사	특고압케이블전공	특별인부
S V L 설 치	0.04	0.22	0.19

[해 설]

① 한 장소에 매 1개 추가마다 80% 가산 ② 철거 50%, 재사용 철거 80% 적용
③ 전력구 내 소운반 포함 ④ SVL(Sheath Voltage Limiter)
⑤ 방식층보호장치, 절연통보호장치 모두 적용

2-33 전력구 부속설비 점검 및 정비

2-33-1 배수펌프 점검

(단위 : 대)

공 종	내 선 전 공	기계설비공
배수펌프 점검	0.62	0.44

[해 설]

① 전력구(공동구 포함)내 배수펌프 점검 기준(조작반 점검, 밸브 및 배수관점검, 절연저항 측정 포함)
② 전력구(공동구 포함)내 제거된 오물의 운반, 처리 별도 계상
③ 유해가스 발생개소는 110%
④ 소모 잡재료(청소용 넝마, 마대 등)는 별도 계상
⑤ 지세별 및 노임의 할증 필요 시 별도 계상
⑥ 배수 펌프 해체 점검은 설치품의 50% 계상(소모자재 별도 계상)

2-33-2 송풍기 환풍기 점검

(단위 : 대)

공 종	내 선 전 공	기계설비공
송 풍 기 점 검	0.52	0.42
환 풍 기 점 검	0.19	-

[해 설]

① 전력구(공동구 포함)내 송풍기 및 환풍기 점검 기준(해체 및 부품 교환을 수반하지 않는 조작반 점검, 모터 외형 점검, 절연저항 측정품 포함)
② 전력구(공동구 포함)내 제거된 오물의 운반, 처리 별도계상
③ 유해가스 발생개소는 110%
④ 소모 잡재료(청소용 넝마, 마대 등)는 별도 계상
⑤ 지세별 및 노임의 할증 필요 시 별도 계상

2-33-3 전력구 소방시설 종합정밀 점검

(단위 : 구간)

공 종	고급 기술자	중급 기술자	초급 기술자
전력구 소방시설 종합정밀 점검	1.33	0.67	0.67

[해 설]

① 전력구(공동구 포함)내 소방시설 종합정밀 점검 기준
② 전력구(공동구 포함)내 제거된 오물의 운반, 처리 별도 계상
③ 유해가스 발생개소는 110%
④ 소모 잡재료(청소용 넝마, 마대 등)는 별도 계상
⑤ 지세별 및 노임의 할증 필요 시 별도 계상
※ 점검내용 : 연소방지설비, 소화설비, 경보설비, 피난설비 점검

2-33-4 수위감지기 설치

(단위 : 개)

공 종	계 장 공
수위감지기 설치	0.18

[해 설]

① 전력구 집수정 설치 기준
② 유해가스 발생개소는 110%
③ 소모 잡재료(청소용 넝마, 마대 등)는 별도 계상
④ 지세별 및 노임의 할증 필요 시 별도 계상
⑤ 철거는 40%

2-33-5 전력구 감시시스템 점검

(단위 : 대)

공 종	광케이블 설치사	통신관련 산업기사	전기공사 산업기사	내선 전공
원격소장치(LS) 점검	1.1	1.28	1.28	1.45
원격소장치(CLS) 점검	0.41	0.39	0.48	0.48
감시제어반 점검	-	-	-	0.81
음성통화장치 점검	-	0.18	0.18	0.20
각종 센서점검	-	0.13	0.13	0.20

[해 설]

① 전력구(공동구 포함)내 감시시스템 정밀 점검 기준(원격소장치 점검 및 시험, 장비 점검, 센서류 점검 등)
② 전력구(공동구 포함)내 제거된 오물의 운반, 처리 별도 계상
③ 유해가스 발생개소는 110%
④ 지세별 및 노임의 할증 필요 시 별도 계상

2-33-6 전력구내 분포온도 측정설비 점검

(단위 : km)

공 종 \ 직 종	S/W 시험사	H/W 시험사	전기공사 기사	보통인부
전력구내 분포온도 측정설비 점검	0.767	1.534	0.767	0.767

[해 설]

① S/W 시험사는 모니터링 컴퓨터의 프로그램을 점검하며, 모니터링 컴퓨터 프로그램 추가 시 대당 품 0.5 추가, 서버 컴퓨터 추가 시 대당 품 0.8 추가
② DTS 추가 시 대당 세팅시간 품 0.087 추가
③ 유해가스 발생개소는 110%
④ 소모 잡재료(청소용 넝마, 마대, 히팅건, 냉각제 등)는 별도 계상
⑤ 무전기, 휴대전화 등으로 외부 DTS, 모니터링 컴퓨터와 통신이 불가능한 경우 보통인부 추가 배치

* DTS(Distributed Temperature sensing System) : 분포온도측정시스템

2-33-7 전력구 청소

공 종	단 위	전기공사기사	보 통 인 부
바 닥 청 소	㎡	-	0.028
케 이 블 청 소	㎡	0.007	0.037
트 러 프 청 소	㎡	-	0.008
토 사 담 기	㎥	-	0.550

[해 설]

① 전력구 물청소 기준 ② 벽면청소는 바닥청소의 10%

③ 유해가스 발생개소는 110% ④ 소모 잡재료(청소용 넝마, 마대 등)는 별도 계상

⑤ 지세별 및 노임의 할증 필요 시 별도 계상

⑥ 집수정 청소 작업 시 흙파기 필요 시 ㎥당 보통인부 0.26인 계상

⑦ 동일 장소 내 바닥/케이블 동시작업 시 바닥청소, 케이블청소 각 기본 품의 90% 적용

⑧ 기구손료 별도 계상

2-33-8 환기구 그레이팅 잠금장치 설치

(단위 : 개)

공 종	용접공	특별인부	장비사용시간(hr) 발전기 3㎾
환기구그레이팅 잠금장치 설치	0.11	0.11	0.61

[해 설]

① 잠금장치 교체시는 150% 적용

2-34 지중송전선로 방재시설공사

2-34-1 연소방지재 도료 도포

(단위 : ㎡)

공 종	특고압케이블전공	도 장 공	보통인부
연소방지재 도료 도포	0.02	0.08	0.08

[해 설]

① OF 및 XLPE 케이블의 연소를 방지하기 위하여 케이블 표면에 내화용 재료로 도료를 도포하는 작업으로서 2회 도포작업기준

② 케이블청소, 자재 소운반 및 포장해체 포함
③ 기구손료 및 비계틀(발받침) 설치는 별도 계상
④ 소모성 재료는 필요에 따라 다음을 표준으로 하여 별도 계상
가. 넝 마 : 0.01kg 나. 솔벤트 : 0.05Lr

2-34-2 케이블 방재 테이프 감기

(단위 : m)

종 별	규 격	특고압케이블전공	특 별 인 부
1선	OF 600㎟	0.10	0.10
	OF 1200㎟	0.12	0.12
	OF 2000㎟	0.125	0.125
	XLPE 600, 1200㎟	0.125	0.125
	XLPE 2000㎟	0.125	0.156
3선 일괄	OF 600㎟	0.17	0.17
	OF 1200㎟	0.20	0.20
	OF 2000㎟	0.23	0.23
	XLPE 케이블	0.23	0.23

2-34-3 차화판 및 방재 트러프 설치

공 종	단 위	전기공사 기 사	특 고 압 케이블전공	특별인부	보통인부
345kV용 방재 트러프	m	0.05	0.25	0.25	-
차 화 판	개	-	0.07	-	0.07

2-34-4 암면, 방재 씰 및 내화보드 설치 ('25년 개정)

공 종	단 위	내 장 공	방 수 공	내선전공	건축목공
암 면 설 치	㎡	0.05	-	-	-
방 재 씰	ℓ	-	0.30	-	-
내 화 보 드	㎡	-	-	0.88	0.05

[해 설]

① OF 및 XLPE 케이블의 연소를 방지하기 위하여 벽체 관통부 등에 내화용 재료를 설치하는 작업기준

② 자재 소운반 및 포장해체 포함

③ 가구손료 및 비계틀(발받침) 설치는 별도 계상 ④ 철거 50%

2-35 광케이블 복합 가공피뢰선(가공지선)(OPGW) 설치

구분	규격		단위	전기공사기사	통신관련기사	광케이블설치사	통 신 외선공	무선안테나공	송전전공	특별인부
안전로프			기	-	-	-	-	-	0.41	0.41
전선펴기	인발공법	70㎟ 이하	km	0.28	0.39	0.84	-	0.42	8.56	6.30
		100㎟ 이하		0.41	0.57	1.01	-	0.61	9.59	6.68
		120㎟ 이하		0.45	0.63	1.23	-	0.67	9.67	6.87
		200㎟ 이하		0.63	0.70	1.30	-	0.72	10.27	7.25
	일륜보조활차공법	70㎟ 이하	km	0.24	0.56	2.06	-	0.3	22.6	14.37
		100㎟ 이하		0.25	0.56	2.16	-	0.32	23.96	15.09
		120㎟ 이하		0.26	0.59	2.18	-	0.49	24.18	15.09
		200㎟ 이하		0.26	0.65	2.39	-	0.79	25.99	16.38
	이륜보조활차공법	70㎟ 이하	km	1.72	2.26	1.96	-	0.96	25.99	17.68
		100㎟ 이하		1.78	2.33	2.03	-	1.01	26.60	18.11
		120㎟ 이하		1.88	2.40	2.09	-	1.03	27.81	18.86
		200㎟ 이하		1.92	2.61	2.27	-	1.11	29.89	20.48
전선당기기	장력견딤철탑	70㎟ 이하	기	0.35	0.35	-	-	-	3.95	3.95
		100㎟ 이하		0.38	0.37	-	-	-	3.99	4.07
		120㎟ 이하		0.40	0.39	-	-	-	4.15	4.15
		200㎟ 이하		0.43	0.40	-	-	-	4.46	4.46
	현수철탑	70㎟ 이하	기	0.33	0.33	-	-	-	2.60	3.47
		100㎟ 이하		0.33	0.35	-	-	-	2.65	3.57
		120㎟ 이하		0.35	0.37	-	-	-	2.70	3.61
		200㎟ 이하		0.38	0.40	-	-	-	2.89	3.85
접속	준비 및 함체 부착		개소	-	0.33	3.25	4.33	-	-	2.17
	광케이블 코어접속		코어	-	0.11	0.11	-	-	-	0.36
	시험	접속후시험	코어	-	0.14	0.14	-	-	-	0.14
		최종시험(철탑개소 기준)		-	0.25	0.25	-	-	-	0.25

[해 설]

① 평탄지, 일반공법 및 기존 가공피뢰선(가공지선)(철거비 별도) 송전선로의 철탑 상단작업기준임
② 장력조정, 금구류 부착, OPGW 인하작업, 고정클램프 부착 및 통신선(연락용 전화선)가설품 포함
③ 광케이블 시험
   ㉮ 접속전 시험 : (1) 심전대조 (2) 측정 및 성적서 작성
   ㉯ 접속후 시험 : (1) 측정 및 촬영 (2) 시험성적서 작성
   ㉰ 최 종 시 험 : (1) 심선대조 (2) 이상유무(OTDR)
   (3) 송·수신 출력 및 전체손실 측정
   (4) 시험성적서 작성
④ 광케이블 코어접속은 융착접속 방법에 의함
⑤ 본 품은 다중 및 단일모드 광케이블 동일 적용
⑥ 철거 50%("가공피뢰선 전선설치(가공지선 가선)"의 철거품 적용), 재사용을 위한 철거는 이 품의 80%
⑦ 지세별, 지형별, 위험 할증률은 별도 가산
⑧ 발받침(비계틀)설치개소 별도 가산하며, 긴 지지물간거리(철탑상호간 거리 600m 이상) 개소는 해당 품의 25% 가산적용
⑨ 엔진, 텐쇼너 등 공기구 설치품 포함
⑩ 장비(케이블접속기 및 시험기류, 엔진, 텐쇼너 등) 제경비는 별도 가산
⑪ 기존 가공피뢰선(가공지선)이 없는 신설 선로에 적용 시는 메신저와이어 설치품 km당 송전전공 8.51(인), 특별인부 3.17(인) 적용
⑫ 메신저와이어 시설을 위한 수목제거는 별도가산
⑬ 3km이내 및 3km초과 ~ 5km이내 소규모 시설공사시는 각각 이 품의 100% 및 50% 가산 적용(적용예 : 3.1km일 경우 3km까지는 100%, 3km초과분인 0.1km는 50%적용)
⑭ 기존 철탑에 설치된 가공피뢰선(가공지선)을 철거할 경우에는 "가공피뢰선(가공지선) 설치(2-9)"의 철거품을 적용
⑮ 보조활차 전선설치공법 작업시 전선펴기품은 ( )내 적용(전선당기기 및 접속은 일반 공법과 동일) 및 ⑧항 긴 지지물간거리 할증 제외

2-36 전선소선 보수용 스플라이스 설치

(단위 : 개)

구 분	규 격	기 사	송전전공	특별인부
전선보수용 스플라이스 설치	복도체 이상	0.688	1.375	1.375

[해 설]

① 보통지구 기준

② 단도체 선로는 전선 인하 작업 기준으로 본 품의 60% 적용(전선 인상·인하 품 별도 적용)

2-37 관형지지물 비파괴 정밀진단

공종명칭	규 격	단 위	비파괴 시험공	송전 전공	보통인부
관형지지물 비파괴 정밀진단	용접부 금속 자기기억진단	m	0.133	0.290	0.059
	플랜지볼트 초음파진단	개	0.041	0.056	0.021

[해 설]

① 보통지구 기준, 지세별 및 지형별 할증률은 관형지지물 위치에 따라 적용

② 기술관리, 전처리작업, 본작업, 보고서 작성 및 작업정리 포함

③ 플랜지볼트 초음파진단을 위한 시편제작비용은 별도 계상

④ 초음파 진단 소모자재 비용 별도 계상

품 명	단 위	수 량
접촉매질(글리세린)	ℓ	0.021/개
소창직	m	0.06/개

제3장 변전설비공사

Ⅰ. 변전설비 설치공사

3-1 22kV 변압기 설치

(단위 : 대)

용 량	공 종	변전전공	비계공	특별인부	기계설비공	인력운반공
100kVA 이 하	운 반 설 치	0.7	0.4	1.0	-	0.6
	O T 처 리	0.7	-	1.0	-	-
	점 검	0.4	-	0.4	-	-
	계	1.8	0.4	2.4	-	0.6
150kVA 이 하	운 반 설 치	0.8	0.4	1.1	-	0.8
	O T 처 리	0.8	-	1.1	-	-
	점 검	0.5	-	0.5	-	-
	계	2.1	0.4	2.7	-	0.8
200kVA 이 하	운 반 설 치	0.9	0.5	1.2	-	0.8
	O T 처 리	0.9	-	1.2	-	-
	점 검	0.6	-	0.6	-	-
	계	2.4	0.5	3.0	-	0.8
300kVA 이 하	운 반 설 치	1.0	0.6	1.4	-	1.0
	O T 처 리	1.0	-	1.4	-	-
	점 검	0.7	-	0.7	-	-
	계	2.7	0.6	3.5	-	1.0
500kVA 이 하	운 반 설 치	1.6	0.7	2.2	-	1.4
	O T 처 리	1.6	-	2.2	-	-
	점 검	0.8	-	0.8	-	-
	계	4.0	0.7	5.2	-	1.4
1,000kVA 이 하	소운반 설치	1.8	0.9	2.6	-	1.5
	O T 처 리	1.8	-	2.6	-	-
	부속품 설치	1.9	-	1.9	-	-
	점 검	0.9	-	0.9	-	-
	계	6.4	0.9	8.0	-	1.5

용 량	공 종	변전전공	비계공	특별인부	기계설비공	인력운반공
2,000kVA 이하	소운반 설치	2.0	1.0	3.1	-	1.8
	O T 처 리	2.0	-	3.1	-	-
	부속품 설치	2.7	-	2.7	-	-
	점 검	1.1	-	1.1	-	-
	계	7.8	1.0	10.0	-	1.8
3,000kVA 이하	소운반 설치	1.7	2.9	2.3	-	2.3
	라디에이터조립	2.9	3.0	3.6	1.0	4.9
	콘서베이터조립	0.2	0.2	0.5	-	0.4
	부 싱 조 립	0.9	0.8	0.8	-	0.6
	O T 처 리	1.8	-	4.0	-	-
	내 부 결 선	0.8	-	0.5	-	-
	각 부분품 조립	1.9	1.4	2.2	1.2	0.9
	시험 및 조정	1.0	-	2.6	-	-
	계	11.2	8.3	16.5	2.2	9.1
5,000kVA 이하	소운반 설치	2.0	3.4	2.8	-	2.6
	라디에이터조립	3.5	3.5	4.2	1.1	5.5
	콘서베이터조립	0.3	0.3	0.5	-	0.6
	부 싱 조 립	1.0	0.8	1.0	-	0.7
	O T 처 리	2.2	-	4.7	-	-
	내 부 결 선	0.9	-	0.6	-	-
	각 부분품 조립	2.2	1.6	2.5	1.3	1.1
	시험 및 조정	1.2	-	2.9	-	
	계	13.3	9.6	19.2	2.4	10.5
10,000kVA 이하	소운반 설치	2.7	4.4	3.7	-	3.6
	라디에이터조립	4.7	4.6	5.7	1.4	7.5
	콘서베이터조립	0.4	0.3	0.8	-	0.7
	부 싱 조 립	1.4	1.1	1.3	-	1.0
	O T 처 리	2.9	-	6.3	-	-
	가 스 처 리	1.0	-	1.9	-	1.1
	내 부 결 선	1.3	-	0.8	-	-
	각 부분품 조립	3.0	2.0	3.4	1.8	1.5
	시험 및 조정	1.6	-	3.8	-	-
	계	19.0	12.4	27.7	3.2	15.4

[해 설]

① 단상 기준으로 소운반, 점검, 결선 및 절연저항측정(Megger Test) 포함

② 옥외, 지상 인력작업 기준

③ 옥내 설치는 120%, 3상은 130%

④ 15,000kVA는 10,000kVA의 120%

⑤ 20,000kVA는 10,000kVA의 150%

⑥ 장비를 사용할 때는 운반설치, 라디에이터 조립, 콘서베이터 조립, 부싱 조립 및 각 부분품 조립품의 35%로 하고 장비의 제경비 별도 가산

⑦ 몰드변압기 및 분로리액터도 이 품을 적용(다만, 몰드변압기는 OT처리, 라디에이터, 콘서베이터 조립품 제외)
⑧ 3.3~6.6kV 건식 또는 거치형은 해당 공종의 60% 적용(기존 변압기 OT 처리 품은 이 품 적용)
⑨ 구내 이설은 150%
⑩ SFRA(Sweep Frequency Response Analysis) 측정 시 변전전공 1.75인 별도가산(Bank 단위)
⑪ 철거 50%, 1000kVA 이상의 재사용 철거 80%(철거 해당분 품에 한함)

3-2 66kV 변압기 설치

(단위 : 대)

용 량	공 종	변전전공	비계공	특별인부	기계설비공	인력운반공
1,000kVA 이하	본체정치 및 준비	1.6	2.7	2.2	-	2.2
	상부커버조립	-	-	-	-	-
	라디에이터조립	2.7	2.8	3.4	0.9	4.5
	콘서베이터조립	0.3	0.2	0.5	-	0.5
	부싱설치접속	0.9	0.8	0.8	-	0.6
	OT처리	1.6	-	3.7	-	-
	내부결선	0.9	-	0.5	-	-
	각종부분품조립	1.8	1.2	2.1	1.1	1.0
	가스처리	-	-	-	-	-
	시험 및 조정	1.0	-	2.3	-	-
	계	10.8	7.7	15.5	2.0	8.8
2,000kVA 이하	본체정치 및 준비	1.8	3.0	2.4	-	2.3
	탱크조립	-	-	-	-	-
	상부커버조립	-	-	-	-	-
	라디에이터조립	3.1	3.0	3.7	1.0	5.0
	콘서베이터조립	0.3	0.2	0.6	-	0.5
	부싱설치접속	0.9	0.8	0.8	-	0.6
	OT처리	1.9	-	4.1	-	-
	내부결선	0.9	-	0.5	-	-
	각종부분품조립	2.0	1.4	2.3	1.2	1.1
	가스처리	-	-	-	-	-
	시험 및 조정	1.1	-	2.8	-	-
	계	12.0	8.4	17.2	2.2	9.5
3,000kVA 이하	본체정치 및 준비	2.0	3.5	2.9	-	2.7
	탱크조립	-	-	-	-	-
	상부커버조립	-	-	-	-	-
	라디에이터조립	3.4	3.3	4.3	1.1	5.5
	콘서베이터조립	0.3	0.2	0.6	-	0.5
	부싱설치접속	1.1	0.9	1.0	-	0.7
	OT처리	2.1	-	4.9	-	-
	내부결선	0.9	-	0.6	-	-

3,000kVA 이하	각종부분품조립	2.2	1.5	2.5	1.3	1.2
	가스처리	-	-	-	-	-
	시험 및 조정	1.2	-	2.8	-	-
	계	13.2	9.4	19.6	2.4	10.6
5,000kVA 이하	본체정치 및 준비	2.5	4.1	3.4	-	3.4
	탱크조립	-	-	-	-	-
	상부커버조립	-	-	-	-	-
	라디에이터조립	4.3	4.2	5.4	1.3	7.1
	콘서베이터조립	0.4	0.3	0.9	-	0.7
	부싱설치접속	1.3	1.2	1.3	-	0.9
	OT처리	2.7	-	5.9	-	-
	내부결선	1.3	-	0.9	-	-
	각종부분품조립	2.8	1.9	3.2	1.7	1.5
	가스처리	-	-	-	-	-
	시험 및 조정	1.3	-	3.5	-	-
	계	16.6	11.7	24.5	3.0	13.6
10,000kVA 이하	본체정치 및 준비	3.4	5.6	4.6	-	4.4
	상부커버조립	-	-	-	-	-
	라디에이터조립	5.8	5.6	7.1	1.6	9.3
	콘서베이터조립	0.4	0.3	0.9	-	0.7
	부싱설치접속	1.8	1.5	1.6	-	1.2
	OT처리	3.7	-	8.0	-	-
	내부결선	1.8	-	1.2	-	-
	각종부분품조립	3.8	2.6	4.3	2.3	2.0
	가스처리	-	-	-	-	-
	시험 및 조정	2.2	-	5.1	-	-
	계	22.9	15.6	32.8	3.9	17.6
20,000kVA 이하	본체정치 및 준비	4.0	6.5	5.4	-	5.3
	탱크조립	-	-	-	-	-
	상부커버조립	2.0	2.4	3.8	2.8	5.9
	라디에이터조립	6.8	6.7	8.4	1.9	11.0
	콘서베이터조립	0.5	0.5	1.2	-	0.9
	부싱설치접속	2.0	1.7	1.9	-	1.4
	OT처리	4.3	-	9.6	-	-
	내부결선	1.8	-	1.2	-	-
	각종부분품조립	4.4	2.9	5.0	2.6	2.4
	가스처리	1.6	-	3.3	-	1.7
	시험 및 조정	2.3	-	5.6	-	-
	계	29.7	20.7	45.4	7.3	28.6

[해 설]

① 단상 옥외설치 기준으로 소운반, 점검, 결선 및 절연저항측정(Megger Test) 포함

② 옥내설치는 120%, 3상은 130%

③ 3권선 변압기는 105%, OLTC(Onload Tap Changer)도 105%

④ 장비를 사용할 때는 본체정치 및 준비, 상부커버 조립, 라디에이터 조립, 콘서베이터 조립, 부싱 설치접속 및 각 부분품 조립품의 35%로 하고 장비의 제경비를 별도 계상
⑤ 구내 이설 시 150%
⑥ SFRA(Sweep Frequency Response Analysis) 측정 시 변전전공 1.75인 별도가산(Bank 단위)
⑦ 철거 50%, 재사용 철거 80% (철거 해당분 품에 한함)

3-3 154kV 변압기 설치

(단위 : 대)

공 종	30MVA 이하					50MVA 이하				
	변전전공	비계공	특별인부	기 계 설비공	인 력 운반공	변전전공	비계공	특별인부	기 계 설비공	인 력 운반공
본체정치 및 준비	9	17	15	-	14	13	24	20	-	19
라디에이터조립	17	18	22	6	31	23	25	32	7	42
콘서베이터조립	1	1	3	-	2	2	1	5	-	3
부싱설치접속	5	5	5	-	3	7	6	7	-	5
O T 처 리	11	-	25	-	-	13	-	34	-	-
내 부 결 선	4	-	3	-	-	6	-	5	-	-
각종 부분품조립	11	7	13	6	6	13	11	18	10	8
가 스 처 리	3	-	8	-	4	5	-	11	-	6
시험 및 조정	6	-	15	-	-	8	-	22	-	-
계	67	48	109	12	60	90	67	154	17	83

공 종	80MVA 이하				
	변전전공	비계공	특별인부	기계설비공	인력운반공
본체정치 및 준비	17	32	26	-	26
라디에이터조립	29	32	40	10	56
콘서베이터조립	3	2	5	-	4
부싱설치접속	8	8	9	-	7
O T 처 리	17	-	46	-	-
내 부 결 선	7	-	5	-	-
각종 부분품조립	18	13	24	12	11
가 스 처 리	6	-	14	-	8
시험 및 조정	10	-	27	-	-
계	115	87	196	22	112

[해 설]

① 3상 2권선, OA형, OLTC 기준

② 인력작업 기준
③ 3권선 변압기는 105%
④ Fan Type는 라디에이터 조립품의 115%
⑤ 장비를 사용할 때는 본체정치 및 준비, 라디에이터 조립, 콘서베이터 조립, 부싱 설치접속 및 각종 부분품조립품의 35%로 하고 장비의 제경비를 별도 계상
⑥ 소운반 및 포장해체 포함
⑦ 구내 이설 시 150%
⑧ SFRA(Sweep Frequency Response Analysis) 측정 시 변전전공 1.75인 별도가산 (Bank 단위)
⑨ 철거 50%, 재사용 철거 80% (철거 해당분 품에 한함)

3-4 단상 154kV 15MVA 변압기 설치

(단위 : 대)

공 종	변전전공	비계공	특별인부	기계설비공	인력운반공
본체정치 및 준비	8	13	11	-	9
라디에이터조립	13	13	15	4	22
콘서베이터조립	2	2	3	-	2
부싱설치접속	3	3	3	-	3
OT 처리	6	-	17	-	-
내부결선	3	-	3	-	-
각종부분품조립	6	6	9	4	5
가스 처리	3	-	6	-	3
시험 및 조정	5	-	11	-	-
계	49	37	78	8	44

[해 설]

① 단상 2권선, OA형, OLTC 기준
② 인력작업 기준
③ 3권선 변압기는 105%
④ Fan Type는 라디에이터 조립품의 115%
⑤ 장비를 사용할 때는 본체정치 및 준비, 라디에이터 조립, 콘서베이터 조립, 부싱 설치접속 및 각종 부분품조립품의 35%로 하고 장비의 제경비를 별도 계상

⑥ 소운반 및 포장해체 포함

⑦ 구내 이설 시 150%

⑧ SFRA(Sweep Frequency Response Analysis) 측정 시 변전전공 1.75인 별도가산(Bank 단위)

⑨ 철거 50%, 재사용 철거 80% (철거 해당분 품에 한함)

⑩ 전자내시경을 통한 내부점검 시 변전전공 0.538인, 특별인부 0.411인 별도 가산

3-4-1 단상 154kV 15MVA 가스절연변압기 설치

(단위 : Bank)

공 종	변전전공	비계공	특별인부	기계설비공	인력운반공
본체정치 및 준비	24.0	39.0	33.0	-	27.0
열교환기 조립	26.13	26.13	30.15	8.04	44.22
OLTC 붙임	4.0	4.0	6.0	-	4.0
부싱 설치 접속	9.0	9.0	9.0	-	9.0
SF_6 가스 처리	10.76	-	10.6	-	-
GIB 설치	2.59	-	1.13	0.63	-
내부결선	9.0	-	9.0	-	-
각종 부분품 조립	18.0	18.0	27.0	12.0	15.0
시험 및 조정	15.0	-	33.0	-	-
계	118.48	96.13	158.88	20.67	99.22

[해 설]

① 단상 2권선, OLTC 기준(OLTC내장형 변압기는 OLTC붙임품 제외)

② 인력작업기준

③ 3권선 변압기는 105%

④ 옥내지하에 설치 시 130%

⑤ 장비를 사용할 때는 장비사용 적용품의 35%로 하고 장비의 제경비는 별도 계상

⑥ 소운반 및 포장해체 포함

⑦ 구내 이설 시 150%

⑧ SFRA(Sweep Frequency Response Analysis) 측정 시 변전전공 1.75인 별도가산(Bank 단위)

⑨ 철거 50%, 재사용 철거 80% (철거 해당분 품에 한함)

3-5 단상 345kV 100MVA 변압기 설치

(단위 : 대)

공 종	변전 전공	비계공	특별 인부	기계 설비공	인력 운반공
본체정치 및 준비	19	38	32	-	34
라디에이터조립	36	39	52	12	70
콘서베이터조립	4	3	7	-	6
부싱설치접속	13	10	11	-	8
OT 처리	20	-	58	-	-
내부결선	11	-	7	-	-
각종부분품조립	22	18	31	16	15
가스처리	8	-	18	-	11
시험 및 조정	11	-	35	-	-
계	144	108	251	28	144

[해 설]

① 단상 2권선, OA형(FOA 용량은 167MVA) 기준으로 소운반 및 포장해체 포함

② 3상, 345kV 200MVA는 140%, 300MVA는 170%, 400MVA는 180%, 500MVA는 190%, 600MVA는 200%

③ 인력작업 기준

④ 3권선 변압기는 105%, OLTC도 105%

⑤ Fan Type는 라디에이터 조립품의 115%

⑥ 장비를 사용할 때는 본체정치 및 준비, 라디에이터 조립, 콘서베이터 조립, 부싱설치접속 및 각종 부분품 조립품의 35%로 하고 장비의 제경비를 별도 계상

⑦ 3상은 130%

⑧ 구내 이설 시 150%

⑨ SFRA(Sweep Frequency Response Analysis) 측정 시 변전전공 1.75인 별도가산 (Bank 단위)

⑩ 철거 50%, 재사용 철거 80%(철거 해당분 품에 한함)

⑪ 전자내시경을 통한 내부점검 시 변전전공 0.554인, 특별인부 0.318인 별도 가산

3-6 154kV, 3상 30/40MVA FOW형 변압기 설치

(단위 : 대)

공 종	변전전공	비계공	특별인부	기계설비공	인력운반공
본체정치 및 준비	10	18	16	-	15
라디에이터조립	8	8	11	3	12
열교환기	-	-	-	-	-
콘서베이터조립	1	2	3	-	2
부싱부착접속	5	4	4	-	3
O T 처리	11	-	26	-	-
내부결선	5	-	3	-	-
각종부분품조립	11	8	13	7	6
가스처리	4	-	8	-	5
시험 및 조정	6	-	16	-	-
계	61	40	100	10	43

[해 설]

① 3상 2권선 OLTC FOW형으로서 옥내설치 인력작업 기준

② 장비를 사용할 때는 본체정치 및 준비, 상부커버 조립, 열교환기 설치, 부싱 설치접속 및 각종 부분품 조립품의 35%로 하고 장비의 제경비를 별도 계상

③ 옥내 지하에 설치 시 130%　　④ 구내 이설 시 150%

⑤ SFRA(Sweep Frequency Response Analysis) 측정 시 변전전공 1.75인 별도가산(Bank 단위)

⑥ 철거 50%, 재사용 철거 80%(철거 해당분 품에 한함)

3-6-1 154kV 3상 60MVA FOW형 변압기 열교환기 조립

(단위 : 3상)

공 종	변전전공	비계공	특별인부	기계설비공	인력운반공
열교환기조립	13.40	13.40	18.87	5.00	18.87

[해 설]

① 3상 FOW형으로서 옥내설치 인력작업 기준

② 장비를 사용할 때는 열교환기 조립 조립품의 35%로 하고 장비의 제경비를 별도 계상

③ 옥내 지하에 설치 시 130%　　④ 소운반 및 포장해제 포함

⑤ 구내 이설 시 150%

⑥ 철거 50%, 재사용 철거 80%(철거 해당분 품에 한함)

3-7 애자형 전류변성기 설치

(단위 : 대)

구 분	공 종	변전전공	비 계 공	특별인부	인력운반공
345kV	소운반·포장해체 및 준비	1.6	-	1.6	2.8
	본 체 설 치	1.8	1.2	1.8	-
	시 험	0.4	-	0.3	-
	기 타 작 업	0.8	-	0.4	-
	계	4.6	1.2	4.1	2.8
154kV	소운반·포장해체 및 준비	0.8	-	0.8	1.3
	본 체 설 치	0.9	0.5	0.9	-
	시 험	0.2	-	0.1	-
	기 타 작 업	0.3	-	0.2	-
	계	2.2	0.5	2.0	1.3

[해 설]

① 단상 기준 1, 2차 측 결선, 절연저항측정(Megger Test) 점검 등을 포함

② 장비를 사용할 때는 소운반, 포장해체 및 준비와 본체 설치품의 35%로 하고 장비의 제경비를 별도 계상

③ 구내 이설 150%

④ 기타 특별한 전류변성기(CT)는 이와 가장 유사한 종류의 품을 적용

⑤ 철거 50%, 재사용 철거 80%(철거 해당분 품에 한함)

3-8 애자형 계기용 변압기 및 C.P.D 설치

(단위 : 대)

구 분	공 종	변전전공	비계공	특별인부	인력운반공
345kV	소운반·포장해체 및 준비	2.0	-	2.5	4.0
	본 체 설 치	1.9	1.3	2.4	-
	시 험	0.3	-	0.2	-
	기 타 작 업	0.6	-	0.4	-
	계	4.8	1.3	5.5	4.0
154kV	소운반·포장해체 및 준비	1.2	-	1.5	2.4
	본 체 설 치	1.1	0.8	1.4	-
	시 험	0.2	-	0.2	-
	기 타 작 업	0.4	-	0.3	-
	계	2.9	0.8	3.4	2.4

[해 설]

① 통신용 C.P.D도 본 품 적용

② 단상 기준 1, 2차 측 결선, 절연저항측정(Megger Test) 점검 등을 포함

③ 장비를 사용할 때는 소운반, 포장해체 및 준비와 본체 설치품의 35%로 하고 장비의 제경비를 별도 계상

④ 구내 이설 150%

⑤ 기타 특별한 전류변성기(CT)는 이와 가장 유사한 종류의 품을 적용

⑥ 66kV는 154kV 해당 품의 70%, 23kV는 154kV 해당 품의 40%

⑦ 철거 50%, 재사용 철거 80% (철거 해당분 품에 한함)

3-8-1 22kV 탱크형 계기용 변압기 설치

(단위 : 대)

공 종	변전전공	비 계 공	특별인부	인력운반공
소운반 · 포장해체 및 준비	0.48	-	0.47	0.66
본체 설치	0.40	0.30	0.40	-
시험	0.08	-	0.08	-
기타 작업	0.08	-	0.08	-
계	1.04	0.30	1.03	0.66

[해 설]

① 단상기준 1,2차측 결선, 절연저항측정(Megger Test) 점검 등을 포함

② 3상 130%

③ 장비 사용 시 소운반 · 포장해체 및 준비와 본체 설치품의 35%로 하고 장비의 제경비를 별도 계상

④ 구내 이설 150%

⑤ 철거 50%, 재사용 철거 80%(철거 해당분품에 한함)

3-9 22kV급 진공차단기 설치

(단위 : 대)

용 량	공 종	변전전공	비계공	특별인부	인력운반공
520~1,000MVA 12.5~25kA (600~2,000A)	포장해체 · 소운반 및 설치준비	0.4	0.4	0.5	0.5
	본 체 설 치	4.0	1.0	5.0	1.1
	제 어 케 이 블 결 선	0.8	-	-	-
	시 험 및 조 정	0.5	-	0.5	-
	기 타 작 업	0.2	-	0.2	-
	계	5.9	1.4	6.2	1.6

[해 설]

① 구내 이설 150%　　② 3.3~6.6kV 진공차단기는 60% 적용

③ 장비사용 시 포장해체 · 소운반 및 설치준비와 본체설치품의 35%로 하고 장비의 제경비를 별도계상

④ 제어케이블 분리는 변전전공 단독작업으로 결선의 50% 적용

⑤ 철거는 50% (철거 해당분 품에 한함)

3-10 154kV급 가스차단기 설치

(단위 : 대)

용 량	공 종	변전전공	특별인부	기계설비공	보통인부
10,000~ 15,000MVA 1,200~2,000A	해체운반 및 설치준비	5.5	16.8	-	-
	Work Frame 조 립	2.4	4.4	-	-
	지 지 애 자 조 립	5.4	10.4	-	-
	차 단 부 조 립	5.3	4.4	-	-
	조 작 함 조 립	4.0	5.8	-	-
	가 스 처 리	4.2	6.5	-	-
	제 어 케 이 블 결 선	2.0	-	-	0.74
	시 험 및 조 정	5.0	5.3	-	-
	기 타 작 업	6.7	9.8	1.8	-
	계	40.5	63.4	1.8	0.74

[해 설]

① 3상 옥외설치 기준　　② 1Pole은 40%, 2Pole은 70% 적용

③ 25kV는 80%, 50kV는 95% 적용

④ 장비를 사용할시는 해체운반 및 설치준비, 지지애자 조립, 조작함 조립품의 35%로

하고 장비의 제경비를 별도 계상

⑤ 구내 이설 150%

⑥ 제어케이블 분리는 변전전공 단독작업으로 결선의 50% 적용

⑦ 철거 50%, 재사용 철거 80% (철거 해당분 품에 한함)

3-11 154kV GCB(Dead Tank Type) 기계화 설치

(단위 : 대)

용 량	공 종	변전전공	특별인부	저압케이블 전 공	트럭탑재형 크레인장비 사용시간 (hr)
50kA 2,000~4,000A	해체운반 및 본체설치	4.88	3.13	-	8.14
	공기압축기설치	0.68	0.41	-	1.11
	제어함설치	0.59	0.43	-	0.99
	가스 및 Air Pipe 설치	4.92	2.68	-	-
	케이블포설 및 결선	-	6.76	13.53	-
	가스처리	0.70	0.42	-	-
	시험 및 조정	2.77	2.66	3.59	-
	기타작업	2.38	1.76	-	-
	계	16.92	18.25	17.12	10.24

[해 설]

① 3상(50kA : 3상 분리가대) 옥외설치 기준임

② 해체운반 및 본체설치, 부싱설치, 제어함 설치, 공기압축기설치는 장비(35톤 크레인트럭)사용을 기준으로 하고 기계장비의 경비(기계손료, 운전경비, 수송비)는 별도 계상하며, 제1장의 기계시공 및 기계경비 산정 적용

③ 제어용 케이블 설치 및 결선은 차단기 상호간 및 현장제어반간 결선작업이며, 원격제어용 케이블 설치는 별도 계상

④ 31.5kA(1 Tank: 3상 일괄가대)는 해당 품의 60%적용 및 공기압축기설치, 제어함 설치품 제외

⑤ 구내 이설 150%

⑥ 기준 제어케이블 결선(시험포함) 필요 시 다음 해당 품 적용

-결선 : 변전전공 2.68인, 특별인부 0.65인

⑦ 제어케이블 분리는 변전전공 단독작업으로 결선의 50% 적용

⑧ 철거 50%, 재사용 철거 80% (철거 해당분 품에 한함)

3-12 345kV급 가스차단기 설치

(단위 : 대)

용 량	공 종	변 전 전 공	특 별 인 부	기 계 설비공	보 통 인 부
25,000MVA 1,200~2,000A	해체운반 및 설치준비	12	44	-	-
	작 업 대 조 립	5	12	-	-
	지 지 애 자 조 립	19	43	-	-
	차 단 부 조 립	14	14	-	-
	조 작 함 조 립	9	15	-	-
	가 스 처 리	10	16	-	-
	제 어 케 이 블 결 선	4.78	-	-	1.77
	시 험 및 조 정	9	11	-	-
	기 타 작 업	14	26	4	-
	계	96.78	181	4	1.77

[해 설]

① 3상 옥외설치 기준
② 장비를 사용할 시 해체운반 및 설치준비, 지지애자 설치, 조작함 설치품의 35%로 하고 장비의 제경비를 별도 계상
③ 구내 이설 150%
④ 제어케이블 분리는 변전전공 단독작업으로 결선의 50% 적용
⑤ 철거 50%, 재사용 철거 80% (철거 해당분 품에 한함)

3-13 345kV GCB(Dead Tank Type) 기계화 설치

(단위 : 대)

용 량	공 종	변전 전공	특별 인부	저압케이블 전 공	트럭탑재형 크레인 사용시간 (hr)
40kA 2,000~4,000A	해체운반 및 본체설치	4.95	4.08	-	6.50
	공 기 압 축 기 설 치	0.86	0.80	-	1.17
	제 어 함 설 치	0.74	0.62	-	1.00
	부 싱 설 치	6.68	5.64	-	8.83
	가스 및 Air Pipe 설치	15.55	10.50	-	-
	케이블 설치 및 결선	-	14.90	29.75	-
	가 스 처 리	8.36	5.56	-	-
	시 험 및 조 정	9.50	6.74	6.80	-
	기 타 작 업	4.08	6.00	-	-
	계	50.72	54.84	36.55	17.50

[해 설]

① 3상(40kA : 3상 분리가대) 옥외설치 기준
② 해체운반 및 본체설치, 부싱설치, 제어함 설치, 공기압축기설치는 장비(35톤 트럭탑재형크레인)사용을 기준으로 하고 기계장비의 경비(기계손료, 운전경비, 수송비)는 별도 계상하며, 제1장의 기계 시공 및 기계경비 산정 적용
③ 제어용 케이블 설치 및 결선은 차단기 상호간 및 현장제어반간 결선작업이며, 원격제어용 케이블 설치는 별도 계상
④ 구내 이설 150%
⑤ 철거 50%, 재사용 철거 80%(철거 해당분 품에 한함)

3-14 원방조작형 선로개폐기 설치

(단위 : 대)

용 량	공 종	변전전공	특별인부
345kV 2,000~4,000A	포장해체, 소운반 및 설치준비 본체설치 조작기구조립 시험 및 조정 기타작업	5.3 10.6 2.4 5.2 2.8	8.1 12.3 5.8 4.0 2.3
	계	26.3	32.5
154kV 800~2,000A	포장해체, 소운반 및 설치준비 본체설치 조작기구조립 시험 및 조정 기타작업	2.7 5.5 1.2 2.6 1.4	4.2 6.4 2.9 2.1 1.2
	계	13.4	16.8

[해 설]

① 3상 옥외설치 기준
② 옥내설치 120%, 단상은 40%, 2상은 70% 적용
③ 154kV 4000A는 120% ④ 구내 이설 150%
⑤ 장비를 사용할 때는 해체 소운반 및 설치준비 본체설치와 조작기구 조립품의 35%로 하고 장비의 제경비를 별도 계상
⑥ 접지장치가 부착된 품은 150%
⑦ 66kV 원방조작형 선로개폐기 설치품은 154kV 해당 품의 60%

⑧ 23kV 원방조작형 선로개폐기 설치품은 154kV 해당 품의 36%
⑨ 철거 50%, 재사용 철거 80%(철거 해당분 품에 한함)

3-14-1 진공개폐단로기(VIDS) 설치

(단위 : 대)

구 분	공 종	변전전공	특별인부	장비사용시간(hr) 트럭탑재형크레인 15톤
25.8kV 600~2,000A	포장해체,소운반 및 설치준비	0.97	1.51	0.5
	본 체 설 치	1.98	2.30	2.5
	제 어 함 설 치	0.22	0.52	-
	각 종 시 험	0.47	0.38	-
	기 타 작 업	0.50	0.43	-
	계	4.14	5.14	3.0

[해 설]

① 3상 옥외설치 기준, 구내 이설 150%
② 제어함 설치품은 제어케이블 연결 포함
③ 장비를 사용할 때는「해체, 소운반 및 설치준비」
「본체설치」품의 35%로 하고 장비의 제경비를 별도 계상
④ 철거 50%, 재사용 철거 80%(철거 해당분 품에 한함)
⑤ 모선높이 및 작업장소 긴 지지물간거리를 고려하여 15톤 크레인 적용
⑥ 장비이동시간은 별도 계상

3-15 단로기(Disconnecting Switch)

(단위 : 대)

용 량	공 종	변전전공	특별인부
22kV 400~1,200A	포장해체, 소운반 및 설치준비	0.8	0.9
	설 치	0.8	0.9
	조 정	0.2	0.2
	계	1.8	2.0

[해 설]

① 3상 옥외설치 기준　② 옥내설치 120%, 단상은 40%, 2상은 70% 적용

③ 구내 이설 150%
④ 철거 50%, 재사용 철거 80%(철거 해당분 품에 한함)

3-16 345kV급 피뢰기

(단위 : 대)

공 종	변전전공	특별인부
소운반, 포장해체 및 설치준비	2.8	3.0
본체 설치	3.2	3.0
시험 및 조정	1.2	1.0
계	7.2	7.0

[해 설]

① 단상 자기형 옥외설치 기준 ② 구내 이설 150%
③ 장비를 사용할 때에는 소운반 포장해체 및 설치준비와 본체 설치품의 35%로 하고 장비의 제경비를 별도 계상
④ 철거 50%, 재사용 철거 80% (철거 해당분 품에 한함) ⑤ 폴리머형의 경우 80%

3-17 154kV급 피뢰기 ('25년 개정)

(단위 : 대)

구 분	공 종	변전전공	특별인부
A Type대당 중량 1,000kg 이하	소운반, 포장해체 및 설치준비	0.9	0.8
	본체 설치	0.8	0.8
	시험 및 조정	0.3	0.2
	계	2.0	1.8
B Type대당 중량 1,500kg 이하	소운반, 포장해체 및 설치준비	1.2	1.2
	본체 설치	1.2	1.2
	시험 및 조정	0.5	0.3
	계	2.9	2.7
C Type대당 중량 2,000kg 이하	소운반, 포장해체 및 설치준비	1.6	1.6
	본체 설치	1.6	1.6
	시험 및 조정	0.7	0.5
	계	3.9	3.7

[해 설]

① 단상 옥외설치 기준
② 옥내설치 120%
③ 폴리머형은 80%
④ 장비를 사용할 때에는 소운반 포장해체 및 설치준비와 본체 설치품의 35%로 하고, 장비의 제경비는 별도 가산
⑤ 구내 이설 150%
⑥ 철거 50%, 재사용 철거 80%(철거 해당분 품에 한함)
⑦ 66kV급 피뢰기는 154kV급의 60%
⑧ 작업용 비계 및 가설물 설치 필요시 별도 계상

3-18 22kV급 피뢰기

(단위 : 대)

구 분	공 종	변전전공	특별인부
A Type 대당 중량 50㎏ 이하	소운반, 포장 해체 및 설치준비	0.16	0.30
	본 체 설 치	0.16	0.30
	시 험 및 조 정	0.10	0.10
	계	0.42	0.70
B Type 대당 중량 200㎏ 이하	소운반, 포장해체 및 설치준비	0.25	0.40
	본 체 설 치	0.25	0.40
	시 험 및 조 정	0.20	0.20
	계	0.70	1.00
C Type 대당 중량 200kg 초과	소운반, 포장해체 및 설치준비	0.30	0.60
	본 체 설 치	0.30	0.60
	시 험 및 조 정	0.20	0.20
	계	0.80	1.40

[해 설]

154kV급 피뢰기 해설 준용

3-19 모선배선(전선 사용 시) ('25년 개정)

공종	종별	단위	변전전공
모선배선	345kV	지지물간거리	0.73
	154kV	지지물간거리	0.44
	22kV	지지물간거리	0.22
	가공피뢰선(가공지선)	지지물간거리	0.44
직선지지가선	345kV 지지점	개소	0.30
	154kV 지지점	개소	0.17
	22kV 지지점	개소	0.09
전선분기	345kV	개소	0.47
	154kV	개소	0.27
	22kV	개소	0.13
기기단자부침	특고압 압축	개소	0.15
	특고압 납땜	개소	0.17
	고압 압축	개소	0.07
	고압 납땜	개소	0.08

[해 설]

① 단모선(1선)으로 재료의 소운반, 청소, 점검 등을 포함
② 장력견딤 모선배선의 애자 설치품은 별도 계상
③ 직선지지가선에서 지지애자 설치품은 별도 계상
④ 전선분기는 전선의 도중 분기하는 경우임
⑤ 작업높이 기준(고소할증률 포함)

345kV	10~25m
154kV	9~14m
22kV	6~ 8m
가공피뢰선(가공지선)	8~20m

- 가공피뢰선(가공지선)의 경우 20m초과 설치 시 10% 가산

⑥ 사용전선 기준

345kV	300~600㎟(H. D. C. C)
154kV	200~500 〃 (〃)
22kV	38~100 〃 (〃)
가공피뢰선(가공지선)	30~100 〃 (아연도강철선)

⑦ ACSR도 본 품 준용

⑧ 복도체인 경우는 180%, 4도체인 경우는 340%, 6도체인 경우는 500% 적용
⑨ 66kV는 154kV품의 70% 적용
⑩ 철거 50%
⑪ 기기단자 접속품은 단자처리할 때만 적용
⑫ 사용애자 개수기준
345kV 현수애자 20~22개 장간애자 3개
154kV 현수애자 9 ~11개 장간애자 2개
⑬ 작업용 비계 및 가설물 설치 필요시 별도 계상

3-20 모선배선(동관, 동봉 및 Al관 사용할 때)

공 종	종류 및 규격		단위	변전전공	보통인부
배 선	동 관	ø 25	m	0.015	0.007
		ø 50	m	0.042	0.026
		ø 100	m	0.094	0.060
	동 봉	6㎜	m	0.002	0.001
		8㎜	m	0.004	0.001
		10㎜	m	0.011	0.005
		20㎜	m	0.024	0.015
		30㎜	m	0.047	0.030
	Al관	ø 25	m	0.018	0.010
		ø 50	m	0.056	0.033
		ø 100	m	0.118	0.075
		ø 150	m	0.180	0.117
		ø 200	m	0.243	0.160
분 기	동 관	ø 25	개소	0.045	0.020
		ø 50	개소	0.127	0.084
		ø 100	개소	0.285	0.190
	동 봉	6㎜	개소	0.007	0.002
		8㎜	개소	0.011	0.007
		10㎜	개소	0.030	0.014
		20㎜	개소	0.072	0.046
		30㎜	개소	0.142	0.091
	Al관	ø 25	개소	0.054	0.036
		ø 50	〃	0.168	0.135
		ø 100	〃	0.332	0.227
		ø 150	〃	0.512	0.318
		ø 200	〃	0.680	0.405
단자처리	압 축		개소	0.11	-
	납 땜		〃	0.14	-

[해 설]

① 동관, 동봉, Al관의 소운반, 청소, 점검 등을 포함
② Support Clamp Coupler 및 기타 철물류 설치 포함
③ 동관, 동봉, Al관의 가공, 절단, 수평잡기 기타 등 포함
④ 작업높이 기준은 모선배선(전선 사용 시) 준용 ⑤ 철거 50%

3-21 모선배선(동대, 알루미늄대 사용 시)

공 종	종 류	규 격	단 위	변전전공	보통인부
배 선	동대 단면적	75㎟ 이하	m	0.08	0.06
	〃	150㎟ 이하	〃	0.09	0.07
	〃	300㎟ 이하	〃	0.10	0.08
	〃	500㎟ 이하	〃	0.11	0.09
	〃	750㎟ 이하	〃	0.13	0.10
	〃	1,000㎟ 이하	〃	0.15	0.11
	〃	2,000㎟ 이하	〃	0.21	0.14
	〃	4,000㎟ 이하	〃	0.27	0.20
	〃	6,000㎟ 이하	〃	0.32	0.24
	알루미늄대 단면적	500㎟ 이하	m	0.15	0.11
	〃	1,000㎟ 이하	m	0.18	0.14
굽 힘 (두께방향)	동대 단면적	75㎟ 이하	개 소	0.25	0.18
	〃	150㎟ 이하	〃	0.28	0.20
	〃	300㎟ 이하	〃	0.31	0.23
	〃	500㎟ 이하	〃	0.35	0.25
	〃	750㎟ 이하	〃	0.39	0.30
	〃	1,000㎟ 이하	〃	0.44	0.33
	〃	2,000㎟ 이하	〃	0.58	0.43
	〃	4,000㎟ 이하	〃	0.77	0.58
	〃	6,000㎟ 이하	〃	0.93	0.70
	알루미늄대 단면적	500㎟ 이하	개 소	0.47	0.30
	〃	1,000㎟ 이하	〃	0.55	0.42
분 기	동대 단면적	75㎟ 이하	개 소	0.16	0.12
	〃	150㎟ 이하	〃	0.18	0.13
	〃	300㎟ 이하	〃	0.21	0.15
	〃	500㎟ 이하	〃	0.23	0.17
	〃	750㎟ 이하	〃	0.26	0.19
	〃	1,000㎟ 이하	〃	0.29	0.22
	〃	2,000㎟ 이하	〃	0.40	0.28
	〃	4,000㎟ 이하	〃	0.51	0.39
	〃	6,000㎟ 이하	〃	0.62	0.45
	알루미늄대 단면적	500㎟ 이하	개 소	0.31	0.27
	〃	1,000㎟ 이하	〃	0.35	0.28

[해 설]
① 동대 및 알루미늄대, 소운반, 청소 가공, 절단, 수평잡기 등을 포함
② Support Clamp Coupler 설치를 포함
③ 굽힘 전방향은 두께방향 품의 130%　　④ 철거는 50%

3-22 상비분리식 밀폐형 모선

(단위 : m당, 변전전공)

전류 \ 전압	1kV 이하	3.3~6.6kV급	11~22kV급
200A 이하	0.27	0.52	0.68
600A 이하	0.41	0.77	1.03
1,000A 이하	0.57	1.10	1.45
1,500A 이하	0.82	1.55	2.05
2,000A 이하	1.03	1.94	2.58
3,000A 이하	1.43	2.73	3.57

[해 설]
상분할 및 상분리식 밀폐형모선 해설 준용

3-23 상분할 및 상분리식 밀폐형 모선

(단위 : m당, 변전전공)

전류 \ 전압 \ 분류	상분할식	상분리식
	11~22kV급	11~22kV급
800A 이하	1.48	1.82
1,200A 이하	2.10	2.60
2,000A 이하	3.10	3.85
3,000A 이하	4.46	5.54
5,000A 이하	6.80	8.30
8,000A 이하	9.52	11.70
10,000A 이하	11.80	14.58
14,000A 이하	16.10	20.40
17,000A 이하	19.60	23.70

[해 설]
① 3상기준, 먹물치기 지지철물류부착 덕트 접속, 수평조정, 도체접속 등을 포함하며 구내의 소운반 포함

② 옥내용 기준이며, 옥외용은 110%
③ 모선 및 외함의 재질에 관계없이 모두 적용
④ 직선부분의 천장높이 4m 이하 수평으로 Hanging 할 경우이며 벽면을 따라 수직으로 설치할 경우는 90%
⑤ 비계목이 필요할 경우는 별도 계상
⑥ 옥외용 모선덕트의 지지가대 설치품은 별도 가산되며 옥외 기기가대 품을 적용
⑦ Al도체를 용접하여 접속할 경우는 특수용접품을 별도 계상
⑧ 부속품 설치품은 다음과 같다.
　㈎ Elbow - 직선품의 3m분　　㈏ Off세트 - 직선품의 5m분
　㈐ T형 분기 - 직선품의 5m분　　㈑ 십형 분기 - 직선품의 5m분
⑨ 철거 50%

3-23-1 충전부 절연화 시공

구 분	규격	단위	작업위치	변전전공	보통인부	작업내용
절연테이프	동대	m	지상	0.155	0.219	준비 + 절연테이프 감기 + 열처리 + 뒷정리
			상부	0.201	0.284	
	동봉	m	지상	0.040	0.057	
			상부	0.052	0.073	
절연튜브	동대	m	지상	0.029	0.041	준비 + 절연튜브 씌우기 + 열처리 + 뒷정리
			상부	0.040	0.057	
	동봉	m	지상	0.023	0.032	
			상부	0.029	0.041	
절연커버		개소	지상	0.006	-	준비 + 절연커버 부착 + 뒷정리
			상부	0.011	-	

[해 설]

① 절연화라 함은 감전사고 및 외물접촉 고장을 예방하기 위함
② 절연화 작업 중 현장 여건상 상부작업이 어려워 지상작업 시행 시 설비별 철거, 설치품은 별도 계상
③ 절연커버 설치는 동일 장소에서 1개소 증가마다 30% 가산. 동일 장소라 함은 철구내에서는 Beam 1개소, 차단기 1대, LS 1조 단위를 말한다.
④ 상부 절연화 작업 시 절연튜브를 끼우기 위한 동대, 동봉 분리작업 별도 계상

3-24 철구 및 기기가대 조립 설치

(단위 : 톤)

공 종	변전전공	보통인부
철 구 조 립	3.8	2.0
기 기 가 대	4.2	2.0

[해 설]

① 구내운반, 재료분류, 하부재의 정치작업 포함
② 기초 흙파기, 거푸집, 콘크리트작업은 별도 계상
③ 강재현장 가공 시 구멍뚫기 품(Hand Drill 사용)
지상작업 시 ø 22㎜ 이하 개당 변전전공 0.01인
주상작업 시 ø 22㎜ 이하 개당 변전전공 0.07인
④ 철거 50%, 재사용 철거 80%

3-25 애자 및 부싱(Bushing) 관통

(단위 : 개소)

종 류	공 종			변전전공	비계공	보통인부	석 공
지 지 애 자	옥 외 설 치 (모선지지주)		345kV 154kV 22kV	0.60 0.30 0.07	- - -	0.30 0.15 0.04	- - -
	벽 설 치		22kV	0.22	-	0.15	0.14
	천 장 설 치		154kV 22kV	0.90 0.28	- -	0.90 0.22	0.38 0.16
부싱 (Bushing) 관 통	벽관통설치	높이 2m 이하	154kV 22kV	1.50 0.75	0.96 -	1.20 0.55	0.75 0.55
		높이 4m 이하	154kV 22kV	2.25 1.00	1.30 -	1.50 0.75	1.00 0.75
	천장 관통 설치		154kV 22kV	1.36 0.75	0.83 -	0.96 0.40	0.60 0.50
모 선 지지주	345kV용 ø8″이상×4,000㎜ 154kV용 ø8″이상×3,300㎜ 22kV용 ø6″이상×3,000㎜			0.93 0.65 0.38	- - -	0.55 0.40 0.25	- - -

[해 설]

① 소운반, 청소, 점검, 절연저항측정(Megger Test) 등을 포함
② 모선 지지주는 기초를 포함하지 않으며 수평, 수직맞추기를 포함

③ 부싱 관통 설치할 때 관통벽은 콘크리트 12㎝를 기준한 것으로 15㎝일 경우는 130%, 20㎝일 경우는 180%, 25㎝일 경우는 250%
④ 작업높이는 모선배선 조건과 동일함
⑤ 사용전선은 모선배선 조건과 동일함
⑥ 애자개수는 모선배선 조건과 동일함
⑦ 지지애자의 전압별 수량은 다음과 같다

154kV 4개
22kV 1개

3-26 전력용 콘덴서 설치

(단위 : 셀(Cell))

전압(용량)	형태	공종	변전전공	보통인부	장비사용시간(hr)
22kV (5MVAR) 셀(Cell) : 278kVAR	옥외 수평형	설치준비	0.10	0.35	-
		설치	0.23	0.79	-
		시험	0.21	0.21	-
		뒷정리	0.17	0.58	-
		계	0.71	1.93	-
	철골조 옥상 수평형	설치준비	0.17	0.33	1.00
		설치	0.21	0.57	1.00
		시험	0.21	0.21	-
		뒷정리	0.25	0.49	-
		계	0.84	1.60	2.00
154kV (50MVAR) 셀(Cell) : 570kVAR		설치준비	0.43	0.96	-
		설치	0.32	0.66	0.27
		시험	0.15	0.19	-
		뒷정리	0.05	0.06	-
		계	0.95	1.87	0.27
154kV (50MVAR) 셀(Cell) : 1059kVAR		설치준비	0.1	0.03	-
		설치	0.52	0.17	0.34
		시험	0.08	0.03	-
		뒷정리	0.04	0.02	-
		계	0.74	0.25	0.34

[해 설]

① 소운반 설치 절연저항측정(Megger Test) 점검, 해체, 청소 등을 포함
② 기초 가대 및 모선배선은 포함되지 않음

③ 가대 또는 콘크리트 기초 위에 설치하는 것임
④ 22kV 설치 시 장비는 25톤 트럭탑재형크레인 사용기준이며, Bank 단위
⑤ 154kV 설치 시 장비는 10톤 트럭탑재형크레인 사용기준
⑥ 철거 50%, 재사용 철거 80%(철거 해당분 품에 한함)
⑦ 2셀(Cell) 이상 동시 설치할 경우에는 1셀(Cell)당 80% 가산

3-27 방전 코일(Coil)

(단위 : 대)

전 압	변전전공	보통인부
22kV	2.5	2.0
154kV	5.0	4.0

[해 설]

① 전력용 콘덴서 해설 ①, ②, ③참조 ② 설치 전 소운반, 포장해체 포함
③ O.T 처리를 할 경우는 다음 공량을 가산
· 22kV ………………………………변전전공 0.2인, 보통인부 0.2인
· 154kV ………………………………변전전공 0.4인, 보통인부 0.4인
④ 철거 50%, 재사용 철거 80% ⑤ 단일 수전설비 공사시 20% 가산

3-28 직렬 리엑터(Reactor)

(단위 : 대)

전압	규 격	공 종	변전전공	보통인부	장비사용시간(hr) 10톤 크레인
22kV	단상 100kVA	소운반·포장해체 및 설치	1.1	2.3	-
		O . T 처 리	0.6	1.0	-
		점 검	0.4	0.7	-
		계	2.1	4.0	-
	단상 200kVA	소운반·포장해체 및 설치	1.5	2.6	-
		O . T 처 리	1.0	1.2	-
		점 검	0.8	1.0	-
		계	3.3	4.8	-

22kV	단상 300kVA	소운반·포장해체 및 설치 O . T 처 리 점 검	1.8 1.2 0.8	3.1 1.6 0.8	- - -
		계	4.0	5.5	-
	단상 600kVA	소운반·포장해체 및 설치 O . T 처 리 점 검	2.5 1.5 1.2	3.5 2.0 1.5	- - -
		계	5.2	7.0	-
154kV	50MVAR 용	설 치 준 비 설 치 시 험 뒷 정 리	0.88 1.25 0.25 0.13	1.15 1.69 0.33 0.17	- 1.67 0.33 -
		계	2.51	3.34	2.00

[해 설]

① 전력용 콘덴서 해설 참조

② 단일 수전설비 공사시 20% 가산

3-28-1 3상 345kV 100MVAR 분로리액터 설치

공 종	변전전공	비계공	특 별 인 부	기 계 설비공	인 력 운반공
본체정치 및 준비	14	29	24	-	26
라디에이터조립 (열 교 환 기)	8	9	12	3	16
콘서베이터조립	4	3	7	-	6
부싱설치접속	16	12	13	-	10
O T 처 리	19	-	54	-	-
내 부 결 선	11	-	7	-	-
각종 부분품 조립	22	18	31	16	15
가 스 처 리	8	-	18	-	11
시험 및 조정	11	-	35	-	-
계	113	71	201	19	84

[해 설]

① 3상 100MVAR FOA 및 FOW 기준으로 소운반 및 포장해체 포함
② 3상 200MVAR는 108%
③ 인력작업 기준
④ 장비를 사용할 때는 본체정치 및 준비, 라디에이터 조립, 콘서베이터 조립, 부싱설치 접속 및 각종 부분품 조립품의 35%로 하고 장비의 제경비를 별도계상
⑤ FAN TYPE 및 수냉식은 라디에이터(열교환기) 붙임 품의 115%
⑥ 구내 이설 시는 150%
⑦ OIL TO GAS 및 OIL TO AIR 부싱 TYPE 공통 적용
⑧ 옥내, 옥외 설치 공통 적용
⑨ 철거품은 50%, 재사용 철거 80% (철거 해당분 품에 한함)

3-28-2 345kV 전류제한리액터 설치

(단위 : 대)

공 종	1500A		2000A	
	플랜트 전 공	보통 인부	플랜트 전 공	보통 인부
점 검	-	7.5	-	10
주축조정제조 및 해체 부착	0.37	0.37	0.37	0.37
지지애자 설치 및 BASE PLATE 부착	4.87	9.75	5.5	11
설 치 및 결 선	6.56	10.78	8.75	14.37
준 비 및 정 리	-	1.5	-	1.5
합 계	11.80	29.90	14.62	37.24

[해 설]

① 본 전류제한리액터의 표준 중량은 1,500A[420kg] 2000A[650kg]으로 하고 차이로 인한 표준중량의 초과분에 대해서는 설치 및 결선품의 보통인부에 대해 다음의 할증률을 가산한다.

- 표준중량 초과 100%마다 보통인부 공량의 50% 가산

② 고소작업인 경우 지지애자 설치 및 BASE PLATE 부착, 설치 및 결선품에 "1-11-5 위험할증률" 적용

③ 특수작업인 경우 지지애자 설치 및 BASE PLATE 부착, 설치 및 결선품에 10% 할증률을 가산한다.

④ 지지애자 설치 및 BASE PLATE 부착품의 경우 리액터 대당 지지애자 수량이 5개 이상인 경우 80% 가산

⑤ 지지애자 설치 및 BASE PLATE 부착, 설치 및 결선품은 장비(100톤 크레인) 사용 시 보통인부의 35%를 적용하고 장비의 경비는 별도 계상한다.

3-29 전력용 콘덴서 뱅크용 저항기

(단위 : 대)

전 압	규 격	공 종	변전전공	보통인부	장비사용시간(hr) 10톤 크 레 인
154kV	50MVAR 용	설치준비	0.31	0.31	-
		설치	0.19	0.19	1.50
		시험	0.06	0.06	-
		뒷정리	0.06	0.06	-
		계	0.62	0.62	1.50

3-29-1 22kV 중성점 접지리액터(NGR) 설치

(단위 : 대)

전 압	규 격	공 종	변전전공	보통인부
22kV	단상 0.6Ω 300A	소운반 · 포장해체 및 설치	0.9	1.9
		점검	0.3	0.6
		계	1.2	2.5

[해 설]

① 소운반 설치, 절연저항측정(Megger Test) 점검, 해체, 청소 등을 포함

② 가대 또는 콘크리트 기초위에 설치하는 것임

③ 철거 50%, 재사용 철거 80%(철거 해당분 품에 한함)

3-29-2 154kV SC 전류변성기 설치

전 압	규 격	공 종	변전전공	보통인부
154kV	50MVAR	소운반, 포장해체 및 설치	0.40	0.55
		점 검 및 뒷 정 리	0.10	0.15
		계	0.50	0.70

[해 설]

① 소운반 설치, 절연저항측정(Megger Test) 점검, 해체, 청소 등을 포함

② 가대 또는 콘크리트 기초 위 설치기준

③ 철거 50%, 재사용 철거80%(철거 해당분 품에 한함)

3-30 철재류 가공 및 조립

(단위 : 톤)

공종별 \ 구분		배전반, 분전반 계기용박스의 외함	단자함, 풀박스	각 종 Pole	조명탑	랙, 덕트, Shaft, Bracket 및 Support
현장작업	철 판 공	24.80	23.90	22.10	24.80	27.40
	용접공(일반)	3.70	3.80	3.90	3.70	3.60
	보 통 인 부	0.35	0.37	0.38	0.35	0.34
공장작업	철 판 공	20.10	19.40	17.70	20.10	21.60
	용접공(일반)	3.70	3.80	3.90	3.70	3.60
	보 통 인 부	0.30	0.30	0.31	0.30	0.29

[해 설]

① 소재를 기준으로 한 것이며 아연도는 별도 계상

② 구내 소운반, 구멍뚫기, 리벳팅을 포함

③ 사용장비손료, 자재할증, 소모자재, 내부기기류 설치, 도장공사는 별도 계상

④ 실가공 및 조립물량 기준

⑤ 랙, 덕트, Shaft, Bracket, Support, 각종 Pole 및 조명탑 등의 완제품 설치 시는 현장작업의 25%, 이 경우 설치품은 철판공은 변전전공, 용접공은 비계공으로 계상

⑥ 공장가공 시 공장 간접비를 별도 계상

⑦ 시장가격이 형성되어 있는 품목은 제외

⑧ 철거는 50%

<참 고>

구 분		단위	배전반, 분전반 계기용박스의 외함	단자함, 풀박스	각종 Pole	조명탑	랙, 덕트, Shaft, Bracket 및 Support
가공및조립	용접봉 3.2㎜	kg	13.2	13.2	13.2	1.65	13.2
	산소 7,000 ℓ	병	0.692	0.692	0.692	0.10	0.692
	아세틸렌 6㎏	병	0.33	0.33	0.33	0.05	0.33
	Grinder Stone	개	0.5	0.5	-	2	2
	너트 및 볼트	개	별도계상	별도계상	-	별도계상	별도계상
설치	용접봉 3.2㎜	kg	-	-	-	-	1.65
	산소 7,000 ℓ	병	-	-	-	-	0.10
	아세틸렌 6㎏	병	-	-	-	-	0.05
	너트 및 볼트	개	-	-	별도계상	-	-

[해 설]

Fillet 용접, 용접장 40m/톤 기준

3-31 Checkered Plate 제작 설치

(단위 : 톤)

구 분		단 위	물공량 표준		비 고
			제 작	설 치	
재 료	용접봉	kg	11.22	1.98	
	산소	kl	3.825	0.675	
	아세틸렌	kg	1.7	0.3	
품	철판공	인	11.2	-	사용소재에 따라 철공 또는 강판공
	보통인부	인	0.35	3.65	
	용접공(일반)	인	1.42	0.25	
	특별인부	인	0.38	0.07	
기타손료	용접기손료	시간	12.65	2.23	
	전력소요량	kWh	76.5	13.5	
	기타손료	식	1	1	

[해 설]

① 발·변전소 구내의 덕트 커버 제작 및 설치 기준

② 완제품 설치 시 재료 및 기타손료는 계상치 않는 것을 원칙으로 하되 필요에 따라 상기 범위 내에서 조정 계상

③ 철거 50%

3-32 케이블 클리트(Cleat) 설치

(단위 : 개)

전선			물량								
			클리트				볼트		너트	워셔	케이블공
종류	전압	규격	규격	단수	공수	공경	W1/2 ×260	W1/2 ×140	W1/2	W1/2	
BN	10kV	1C×500㎟ 1C× 38㎟	240×60㎜×580 이하	2	6 1	50㎜ 30㎜	2개	4개	4개	4개	0.070
BN	10kV	1C×500㎟	240×60×460 이하	2	6	58㎜	2개		4개	4개	0.056
BN	10kV	1C× 38㎟	120×60×100 이하	1	1	30㎜		2개	2개	2개	0.007
BN	10kV	1C×500㎟	240×60×840 이하	2	12	58㎜	2개		4개	4개	0.102
BN	10kV	1C×500㎟	120×60×580 이하	1	6	44㎜		2개	2개	2개	0.035
BN	10kV	1C×500㎟	120×60×340 이하	1	3	44㎜		2개	2개	2개	0.021
BN	600V	1C×400㎟	120×60×340 이하	1	3	40㎜		2개	2개	2개	0.025
BN	600V	1C×400㎟	240×60×340 이하	2	6	40㎜	2개		4개	4개	0.050
BN	600V	1C×200㎟	100×50×376 이하	1	3	33㎜		2개	2개	2개	0.019
BN	600V	1C× 80㎟	100×50×274 이하	1	3	24㎜		2개	2개	2개	0.013

[해 설]

사용 케이블의 공칭전압에 따라 케이블공 직종을 구분 적용

3-33 배전반 설치

(단위 : 면)

종별		변전전공	보통인부
자 립 형	W800×H2,000 내외	2.9	1.2
자 립 형	W1,000×H2,000 내외	3.7	1.5
원 방 제 어 반	W1,500×D1,400×H2,350 내외	7.2	2.2
원방제어반책상형	W2,000 내외	6.0	1.5
원방제어용계전기반	W700×D1,500×H2,500 내외	6.8	2.0
자립밀폐(계기반)	W1,200×D800×H2,000 내외	6.8	3.0
배전프레임조립		0.75	0.75

[해 설]

① 완제품 설치 기준

② 이면반이 있을 경우 150%

③ 포장해체, 청소, 시험, 조정, 내부결선 점검 포함

④ 제어케이블 배선 결선은 제외
⑤ 이설 140%
⑥ 원방제어반은 무인변전소 제어용임
⑦ 모자이크형 배전반은 본 품에 준함
⑧ 기존 배전반의 제어 케이블 분리 및 결선(시험 포함) 필요시는 다음 해당 품 적용

• 345kV급
  - 분리 : 변전전공 3.48인
  - 결선 : 변전전공 11.12인
    보통인부 3.98인
• 154kV급
  - 분리 : 변전전공 3.10인
  - 결선 : 변전전공 6.30인
    보통인부 2.86인

단, 154kV급 디지털변전소 IED 보호배전반은 아래와 같이 적용
  - 분리 : 변전전공 1.06인
  - 결선 : 변전전공 2.15인
    보통인부 0.98인

• 22kV급은 154kV급 해당 품의 70%
• 소내전원반
  - 분리 :변전전공 1.55인
  - 결선 :변전전공 3.15인
    보통인부 1.43인

⑨ 철거 40%
⑩ 단일 수전설비 공사시 20% 가산

3-34 배전반 계기류 설치

(단위 : 개)

종 별		변전전공	보통인부
계기용 변성기	전압변성기(PT)	0.34	-
	전류변성기(CT)	0.34	-
	영상전류변류기(ZCT)	1.10	0.35
계기 및 계전기	대형(170×200㎜정도)	0.38	-
〃	중형(80×120㎜정도)	0.27	-
〃	소형	0.18	-
보조 계전기		0.09	-
일반기구류(VS, AS 저항기 등)		0.20	-
이면 배선(m당)		0.055	-

[해 설]

① 계기 및 계전기는 구멍뚫기 가공 포함

② 계기 및 계전기 매입 삽입형은 200%

③ 이면배선은 배선 Binding, 단말처리, 직선접속, 배선 Check 포함

④ 저압애자 설치 시 개당 변전전공 0.028인 적용

⑤ 철거 50%, 재사용 철거 80%

⑥ 단일 수전설비 공사 시 20% 가산

⑦ 구멍뚫기 작업 불요 시 80% 적용

3-35 큐비클(Cubicle) 설치

규 격	중량 (kg)											
	500 이하				1,000 이하				1,500 이하			
체 적(㎥) (W×H×D)	변전 전공	비계공	기 계 설비공	보통 인부	변전 전공	비계공	기 계 설비공	보통 인부	변전 전공	비계공	기 계 설비공	보통 인부
1.0이하	1.50	0.65	0.32	1.20	2.10	0.85	0.40	1.60	3.20	1.35	0.67	2.40
1.5이하	1.70	0.70	0.35	1.35	2.25	0.95	0.50	1.65	3.40	1.40	0.70	2.60
2.5이하	2.10	0.80	0.40	1.50	2.50	1.00	0.55	2.00	3.70	1.50	0.80	2.85
3.5이하	2.25	0.95	0.45	1.70	2.70	1.10	0.65	2.20	3.90	1.60	0.90	3.05
6.0이하	2.45	1.20	0.50	2.10	2.95	1.45	0.75	2.65	4.05	2.00	1.00	3.30
10.0이하	3.00	1.70	0.60	2.65	3.50	2.00	0.90	3.10	4.65	2.70	1.10	3.90
10.0초과	3.60	2.50	0.70	3.20	4.60	3.00	1.20	4.40	5.00	3.90	1.20	4.65

규 격	중량 (kg)											
	2,000이하				3,000 이하				4,000 이하			
체 적(㎥) (W×H×D)	변전 전공	비계공	기 계 설비공	보통 인부	변전 전공	비계공	기 계 설비공	보통 인부	변전 전공	비계공	기 계 설비공	보통 인부
1.0이하	4.30	1.75	0.85	3.30	5.90	2.40	1.20	4.60	8.00	3.35	1.65	6.20
1.5이하	4.50	1.85	0.95	3.45	6.00	2.50	1.30	4.70	8.10	3.42	1.70	6.30
2.5이하	4.75	2.00	1.00	3.65	6.25	2.60	1.38	4.90	8.30	3.50	1.76	6.50
3.5이하	5.00	2.10	1.05	3.80	6.50	2.80	1.42	5.10	8.50	3.60	1.84	6.70
6.0이하	5.20	2.50	1.10	4.10	6.80	3.30	1.50	5.30	8.80	3.90	1.90	6.90
10.0이하	5.50	3.00	1.20	4.60	7.05	4.00	1.60	5.60	9.10	4.80	2.00	7.40
10.0초과	5.90	4.20	1.30	5.40	7.40	5.20	1.70	6.50	9.40	5.90	2.10	8.00

[해 설]

① 소운반, 청소, 시험, 조정 내부결선 등을 포함

② 계기, 계전기, 내부기기가 완전히 부착된 상태의 설치기준

③ 조작 케이블 설치결선은 불포함

④ 기계설비공은 공기식 제어장치 설치에만 계상

⑤ Thyrister는 본 품 준용

⑥ 이설 140%

⑦ 철거 30%, 재사용 철거 40%

⑧ 단일 수전설비 공사시 20% 가산

3-36 축전지 설치

(단위 : 조)

형	용 량	전압 / 직종	12V 이하	24V 이하	60V 이하	120V 이하
밀폐형	100AH 이하	플랜트전공	4.7	5.2	6.6	8.7
		보통인부	1.6	2.4	4.6	8.4
	200AH 이하	플랜트전공	4.9	5.5	7.5	10.4
		보통인부	2.5	3.6	5.7	10.2
	400AH 이하	플랜트전공	6.3	7.6	10.8	16.0
		보통인부	2.8	4.5	8.8	16.5
	1000AH 이하	플랜트전공	8.1	10.5	16.6	27.3
		보통인부	5.8	7.7	14.5	27.1
개방형	100AH 이하	플랜트전공	6.0	6.8	10.1	14.9
		보통인부	1.5	2.4	4.5	8.0
	200AH 이하	플랜트전공	6.6	8.0	11.9	18.3
		보통인부	2.2	3.5	6.3	10.9
	400AH 이하	플랜트전공	9.2	11.5	18.9	31.3
		보통인부	3.4	5.0	9.7	16.7
	1000AH 이하	플랜트전공	12.7	17.3	29.2	51.0
		보통인부	6.2	8.3	16.5	27.6

[해 설]

① 기초대를 1열 1단으로 하여 설치

② 기초대 설치 및 도장, 소운반 및 배열, 조립, 축전지 액체혼합 및 비중조정, 충·방전, 시험 포함

③ 랙, 덕트 설치, 배관 및 배선은 별도 계상

④ 2조를 동시 동일 장소에 설치할 경우는 180%

⑤ 이설은 150%

⑥ 단위에 있어 조당이라 함은 개수에 상관없이 소요전압을 얻을 수 있는 수량을 합계한 것임

⑦ Dry Charge형 축전지의 경우 밀폐형의 60%

⑧ 1500 AH는 1000 AH 품의 130%, 2200 AH는 170%, 4400 AH는 200%

⑨ 철거 50%, 재사용 철거 80%

3-37 배터리(Battery) 충전장치 설치

(단위 : 대)

용 량 별	전압별(DC) / 직 종	12V 이하	24V 이하	100V 이하	250V 이하
10A 이하	변 전 전 공	2.52	2.65	2.82	2.91
	보 통 인 부	2.38	2.46	2.88	3.08
50A 이하	변 전 전 공	2.84	2.93	3.15	3.30
	보 통 인 부	2.86	3.10	3.52	3.84
100A 이하	변 전 전 공	3.13	3.32	3.70	3.88
	보 통 인 부	3.45	3.83	4.60	4.98
200A 이하	변 전 전 공	3.50	4.06	4.66	4.94
	보 통 인 부	5.15	5.28	6.50	7.12
400A 이하	변 전 전 공	4.20	4.76	6.40	7.17
	보 통 인 부	7.10	7.40	10.00	11.48
600A 이하	변 전 전 공	5.04	5.46	-	-
	보 통 인 부	7.23	8.93	-	-
800A 이하	변 전 전 공	-	5.80	-	-
	보 통 인 부	-	8.80	-	-

[해 설]

① 소운반, 포장해체, 점검 및 자체시험 등을 포함

② FC형 또는 SID 등에 부설되는 배전함 또는 제어반은 배전반 설치공정에 준하여 가산

③ 배관, 배선 품은 별도 계상

④ 철거 40%, 재사용 철거 80%, 이설 140%

⑤ 단일 수전설비 공사시 20% 가산

3-38 접지공사 ('25년 개정)

종 별	단 위	전 공	보통인부
접지봉 (지하 0.75m 기 준)			
길이 1~2m × 1본	개 소	0.11	0.08
× 2본 연결	〃	0.16	0.13
× 3본 연결	〃	0.24	0.20
동판매설 (지하 1.5m 기준)			
0.3m × 0.3m	매	0.16	0.27
1.0m × 1.5m	〃	0.27	0.46
1.0m × 2.5m	〃	0.43	0.73
탄소봉매설 (지하 1.5m 기준)			
Ø 150 × 1000 미만	개 소	0.27	0.46
Ø 150 × 1000 이상	〃	0.43	0.73
Ø 250 × 1000 이상	〃	0.59	1.0
접지선부설 450/750V 비닐전선	개 소	0.03	0.02
완철접지 22.9kV D/L	〃	0.03	-
접지선 매설			
10㎟ 이하	m	0.006	-
35㎟ 이하	〃	0.007	-
95㎟ 이하	〃	0.008	-
150㎟ 이하	〃	0.011	-
240㎟ 이하	〃	0.014	-
240㎟ 초과	〃	0.017	-
접속 및 단자설치			
압축(압축만 시행)	개	0.081	-
압축(압축슬리브 사용)	〃	0.097	-
납땜 또는 용접	〃	0.102	-
압 축 단 자	〃	0.016	-
볼 트 체 결 형	〃	0.027	-
접 지 클 램 프	〃	0.02	-
접지시험 단자함	개	0.66	-

[해 설]

① 접지선 연결, 접지저항 측정 포함

② 접지봉은 전주세움을 위하여 이미 굴착된 지하 부분을 이용하여 시공하는 것

을 기준. 단, 기존 전주에 접지봉 추가시설 및 보강시 지반굴착은 별도 계상

③ 철거는 50%

④ 동일 장소에 접지판을 2매 이상을 동시에 매설할 경우 1매 증가마다 30%씩 가산, 또한 저감제 사용 시는 1개소 또는 1매당 30%를 가산

⑤ 접지선 부설은 CP주 설치를 기준한 것이며 목주는 120%, 기존 CP주는 150%

⑥ 완철접지는 접지하지 않는 전주에서 완철과 중성선을 연결하는 접지를 말함

⑦ 접지선 매설시 굴착, 되메우기, 잔토처리는 별도 계상

⑧ 지세별 할증률 적용

⑨ 접속 및 단자설치는 접지선 매설시 접지모선과 접지분기선의 접속 및 단자설치에 한하여 적용

⑩ 전공은 변전설비의 접지공사시는 변전전공, 전주 및 배선설비의 접지공사시는 배전전공, 지중송전 접지공사시는 특고압케이블전공, 옥내설비의 접지공사시는 내선전공, 전기철도설비의 접지공사 시는 전철전공, 철도신호설비의 접지공사시는 철도신호공, 발전설비 및 중공업설비의 접지공사시는 플랜트 전공 적용

⑪ 접지선을 케이블 랙, 덕트, 케이블트레이 및 전선관으로 옥내 설치 시는 150%

⑫ 접지봉 3본 연결을 초과한 1본 연결 증가마다 전공 0.07인, 보통인부 0.05인을 별도 가산

⑬ 탄소봉 매설시 대형접지전극(50kg 기준) 10kg 증가마다 10%씩 가산

⑭ 지중케이블용 접지공사 시 "4-34 전력케이블 설치"준용
(접속함 접지용 접지선 설치품도 동일 적용)

3-39 보링접지 신설

가. 대지고유저항 측정 및 분석

공 정 별	단 위	전기공사 산업기사	특별인부
대지고유저항 측정	Point	0.41	1.31
대지고유저항 분석	Point	0.31	-

[해 설]

① 대지고유저항 측정은 접지매설지점 기준으로, 단위 "Point"는 측정장비 위치에서

양쪽 방향으로 각각 0.5~50m의 범주에서 보조전극(P1,P2,C1,C2) 20개소에 대한 측정품임

② 본 품은 접지설계를 위한 웨너(Wenner)의 4전극법 방식의 대지고유저항 측정품임

③ 동일 장소에서 1Point이상 측정 시 추가측정 Point는 측정품의 50% 적용

나. 매설물 탐지

공 정 별		단 위	전기공사 산업기사	특별인부
매설물 탐지	맨 홀	개소	0.563	1.213
	맨홀외	개소	0.160	0.343

[해 설]

① 맨홀의 매설물 탐지는 보링(천공)전 맨홀내부의 환기를 위한 송풍, 양수 · 침전물 제거, 맨홀바닥의 코아드릴링(Ø200) 및 맨홀 하단의 매설물 수작업 확인을 위한 굴토와 탐침봉 확인품이 포함되었음

② 맨홀외 매설물 탐지는 맨홀이외의 장소(평탄지, 도심, 야산지 등)로서 전기, 통신, 가스, 상 · 하수도 등의 지하매설물 및 도면 확인품으로 굴토 · 탐침봉 확인품 포함

③ 기계장비 사용 시 기계경비(기계손료, 운전경비, 수송비) 추가 계상

다. 기계기구 설치

(개소당)

공 종	보 링 공	전 공	보통인부
기계기구설치	1.0	1.0	1.0

[해 설]

① 본 품은 육상, 평지부를 기준한 것이므로 지형, 지물 등 현장조건에 따라 가산할 수 있다.

② 조사개소 이동을 위한 소운반은 포함되지 않았음

③ 수상작업시(축도, 선박, 가잔교 시설등)에는 육상으로부터의 거리, 수심, 풍랑, 조수차 등의 상황을 고려 별도 계상한다.

④ 지장물 보상은 별도 계상한다.
⑤ 잡재료는 별도 계상한다.
⑥ 조사개소의 좌표측량, 수준 측량, 기타 지형지물 등 현장조건에 따라 필요한 제반 측량은 측량 품셈에 의한다.
⑦ 1개소당 작업장 넓이는 20㎡ 내외로 한다.
⑧ 전공은 변전설비의 접지공사시는 변전전공, 전주 및 배선설비의 접지 공사시는 배전전공(전철설비 포함), 옥내설비의 접지공사시는 내선전공, 신호설비의 접지공사시는 철도신호공, 발전설비 및 중공업설비의 접지 공사시는 플랜트 전공적용

라. 보링(천공)

공 정 별		단 위	전 공	보링공	용 접 공
천 공	Ø 75	m 당	0.08	0.08	-
	Ø 100	〃	0.10	0.10	-
	Ø 125	〃	0.11	0.11	-
	Ø 150	〃	0.12	0.12	-
	Ø 200	〃	0.15	0.15	-
케 이 싱 설 치		〃	0.25	0.25	0.12

[해 설]

① 본 품은 보링접지를 위한 고성능 착정기 지하 천공품으로 천공 직경(Ø75, 100, 125, 150, 200) 및 깊이에 따라 해당 품 적용
② 천공은 보통토사 기준으로 보통암은 본 품의 90%, 모래층은 110%, 자갈층은 160%, 호박돌층은 260% 적용
③ 고성능착정기, 발전기의 기계경비(기계손료, 운전경비, 수송비)는 별도 계상
④ 케이싱 설치는 필요 시 천공된 공벽유지를 위한 별도의 철관 삽입 공정으로 절단 및 용접품 포함
⑤ 폐기물 처리는 별도 계상
⑥ 이 품의 전공은 다항 해설 ⑧번 참조

마. 저감제 주입 및 접지저항 측정

공 정 별		단 위	전기공사기사	전 공	용접공
접지전극(봉)설치		m	-	0.06	0.01
접지선 인출	100㎟	10m	-	0.19	-
	60㎟	〃	-	0.13	-
저감제 주입	모르터 형태	m당	-	0.11	-
	젤 형태	〃	-	0.09	-
접지저항 측정(3점)		개소	0.18	-	-

[해 설]

① 접지전극(봉) 설치공정은 중공관(속이 빈 관)과 접지전극 설치 및 용접 공정임.

② 접지선 인출은 접지전극(봉)에서 접지설비까지의 접지선(GV) 설치품으로 압착단자 처리 및 관로내 설치공정이며, 터파기는 별도 가산

③ 저감제 주입은 보링직경 Ø 200을 기준하였으며, Ø 150은 본 품의 90%, Ø 100은 80%, Ø 75는 75% 적용

④ 기계경비(기계손료, 운전경비, 수송비)는 별도 계상

⑤ 이 품의 전공은 다항 해설 ⑧번 참조

3-39-1 방화구획재 시공

공 종	단위	방수공	내장공	건축목공	특별인부
대형개구부 Foam 충전	kg	0.24	-	-	-
일반개구부 Foam 상부충전	개소	0.09	0.17	-	-
일반개구부 Foam 하부충전	개소	0.09	0.24	-	-
Dam 설치	㎡	-	-	1.12	-
케이블 청소	1000개	-	-	-	2.37
작업준비/셀(Cell) 검사/뒷정리	변전소	0.15	0.08	0.13	0.07

[해 설]

① 대형개구부 Foam 충전의 경우 층, 실간 벽 관통부로 충진두께 15cm 이상인 개소에 적용

② 일반개구부 Foam 충전의 경우 PNL 관통부 등 대형개구부 이외 개소에 적용

③ 철거 및 공사 잔재중 환경유해물질은 폐기물 처리업체에 위탁처리하고, 실 정산 처리한다.

3-40 Plant Sequence Check

(단위 : 일)

공 종	변 전 전 공
Sequence Check	3인×2조 = 6인

[해 설]

기간은 시운전 기간임

3-41 정류기 설치

(단위 : 대당, 변전전공)

용 량 별	전동발전기	수은정류기	금속정류기
5kW 이하	2.0	1.2	1.2
10kW 〃	2.5	2.0	1.9
20kW 〃	3.2	2.6	2.6
30kW 〃	3.9	3.5	3.2
50kW 〃	5.0	4.5	3.8

[해 설]

① 조작반 기초, 접지, 시험 불포함

② 전산 및 산업용 정류기 점검은 본 품의 10%

③ 철거 50%

3-41-1 크레인(Crane)용 트롤리(Trolley)선 신설

(단위 : m당)

강체 트롤리(Trolley)선	플랜트전공	보통인부
75㎟ 이하	0.12	0.08
150㎟ 〃	0.13	0.09
300㎟ 〃	0.15	0.11
500㎟ 〃	0.17	0.11
700㎟ 〃	0.19	0.13
1,000㎟ 〃	0.21	0.15
1,500㎟ 〃	0.26	0.17
저압용 핀애자 (개당)	0.034	-
저압용 한쪽당김애자 (개당)	0.044	-

[해 설]

① 강체 트롤리(Trolley)선 및 동대 220V, 440V용 기준
② 소운반, 가공, 절단, 수평잡기, 클램프 및 Coupler 부침 포함
③ Support용, Bracket 제작 설치는 별도 계상
④ 철거는 50%, 이설 150%

3-42 22.9 kV GIS 변압기 2차(Main) 베이(Bay)

(단위 : 베이(Bay))

공 종	3상 일괄형			3상 분리형		
	변전 전공	특별 인부	기계 설비공	변전 전공	특별 인부	기계 설비공
해체운반 및 설치준비	2.12	3.58	-	2.62	2.73	-
기기설치	6.24	8.63	2.27	8.60	12.41	2.46
진공, 가스 처리	1.80	1.40	-	3.80	3.15	-
내부결선	2.97	-	-	2.97	-	-
시험 및 조정	2.98	2.35	-	2.69	2.27	-
기타작업	1.28	3.09	-	1.53	2.29	-
합계	17.39	19.05	2.27	22.21	22.85	2.46

[해 설]

① 25.8kV 25kA 이하 GIS 3상 1베이(Bay) 설치기준이며, 옥내 설치 기준
② 인력시공 품임
③ 구내 이설 150%
④ 철거 50%, 재사용 철거 80%
⑤ 베이(Bay) 동시 설치 시 2베이(Bay) 180%, 3베이(Bay) 260%, 4베이(Bay)) 340% 적용. 단, 할증 적용 공종은 품셈 중 "해체운반 및 설치준비와 기기설치"공종에 한하며, 서로 다른 베이(Bay)가 운송 포장 될 경우는 할증공종의 베이(Bay) 평균 적용
⑥ 내부결선에는 '기기와 조작반(Panel) 간 인터록 배선 및 결선' 포함
⑦ 전자내시경을 통한 내부점검 시 시험 및 조정 품에 변전전공 0.225인, 특별인부 0.125인 별도 가산(3상 일괄형 적용)
⑧ 디지털변전소인 경우 내부결선 공량은 변전전공 1.57을 적용

⑨ 모선부가 고체인 개폐장치의 경우 진공, 가스처리품 70% 적용
⑩ 모선부가 단모선인 경우 본 품의 70% 적용(단, 내부결선 제외)

3-42-1 22.9kV 고체절연개폐장치(SIS) 변압기 2차(Main) 베이(Bay) 설치

(단위 : 1베이(Bay))

공 종	변전전공	특별인부	기계설비공
해체운반 및 설치준비	2.12	3.58	-
기 기 설 치	1.64	1.13	0.18
내 부 결 선	4.56	-	-
시 험 및 조 정	1.12	0.53	-
기 타 작 업	1.28	3.09	-
공 량 소 계	10.72	8.33	0.18

[해 설]

① 25.8kV 25kA 이하 고체절연개폐장치(SIS) 3상 1베이(Bay) 설치기준이며, 옥내 설치기준
② 인력시공 품임
③ 구내 이설 150%
④ 철거 50%, 재사용 철거 80%
⑤ 내부결선에는'기기와 조작반(Panel) 간 인터록 배선 및 결선'포함
⑥ 디지털변전소인 경우 내부결선 공량은 변전전공 1.57을 적용
⑦ 모선부가 단모선인 경우 본 품의 70% 적용(단, 내부결선 제외)

3-43 22.9kV GIS 모선-TIE Bay

(단위 : Bay)

공 종	3상 일괄형			3상 분리형		
	변전전공	특별인부	기계설비공	변전전공	특별인부	기계설비공
해체운반 및 설치준비	2.04	3.41	-	2.86	2.96	-
기 기 설 치	6.01	8.20	1.71	9.38	13.43	2.66
진 공, 가 스 처 리	1.82	1.40	-	5.54	4.54	-
내 부 결 선	2.24	-	-	2.24	-	-
시 험 및 조 정	2.37	1.85	-	2.13	1.78	-
기 타 작 업	1.22	2.93	-	1.67	2.48	-
합 계	15.70	17.79	1.71	23.82	25.19	2.66

[해 설]

① 25.8kV 25kA 이하 GIS 3상 1베이(Bay) 설치기준이며, 옥내 설치 기준
② 인력시공 품임
③ 구내 이설 150%
④ 철거 50%, 재사용 철거 80%
⑤ 베이(Bay) 동시 설치 시 2베이(Bay) 180%, 3베이(Bay) 260%, 4베이(Bay) 340% 적용 단, 할증 적용 공종은 품셈 중"해체운반 및 설치준비와 기기설치"공종에 한하며, 서로 다른 베이(Bay)가 운송 포장될 경우는 할증공종의 베이(Bay) 평균 적용
⑥ 내부결선에는'기기와 조작반(Panel) 간 인터록 배선 및 결선'포함
⑦ 디지털변전소인 경우 내부결선 공량은 변전전공 1.57을 적용
⑧ 모선부가 고체인 개폐장치의 경우 진공, 가스처리품 70% 적용

3-43-1 22.9kV 고체절연개폐장치(SIS) 모선-TIE 베이(Bay) 설치

(단위 : 1베이(Bay))

공 종	변전전공	특별인부	기계설비공
해체운반 및 설치준비	2.04	3.41	-
기기 설치	1.64	1.13	0.18
내부결선	3.46	-	-
시험 및 조정	1.12	0.53	-
기타작업	1.22	2.93	-
공량소계	9.48	8.00	0.18

[해 설]

① 25.8kV 25kA 이하 고체절연개폐장치(SIS) 3상 1베이(Bay) 설치 기준이며, 옥내 설치기준
② 인력시공 품임
③ 구내 이설 150%
④ 철거 50%, 재사용 철거 80%
⑤ 내부결선에는'기기와 조작반(Panel) 간 인터록 배선 및 결선'포함
⑥ 디지털변전소인 경우 내부결선 공량은 변전전공 1.57을 적용

3-44 22.9kV GIS D/L, S.TR 베이(Bay)

(단위 : 베이(Bay))

공 종	3상 일괄형			3상 분리형		
	변전전공	특별인부	기계설비공	변전전공	특별인부	기계설비공
해체운반 및 설치준비	2.04	3.50	-	2.50	2.61	-
기기설치	6.01	8.42	1.76	8.20	11.89	2.35
진공, 가스처리	1.84	1.45	-	2.74	2.27	-
내부결선	3.70	-	-	3.70	-	-
시험 및 조정	4.20	3.37	-	3.82	3.24	-
기타작업	1.22	3.01	-	1.46	2.20	-
합계	19.01	19.75	1.76	22.42	22.21	2.35

[해 설]

① 25.8kV 25kA 이하 GIS 3상 1베이(Bay) 설치기준이며, 옥내 설치 기준
② 인력시공 품임　　③ 구내 이설 150%
④ 철거 50%, 재사용 철거 80%
⑤ 베이(Bay) 동시 설치 시 2베이(Bay) 180%, 3베이(Bay) 260%, 4베이(Bay) 340% 적용. 단, 할증 적용 공종은 품셈 중"해체운반 및 설치준비와 기기설치"공종에 한하며, 서로 다른 베이(Bay)가 운송 포장 될 경우는 할증공종의 베이(Bay) 평균 적용
⑥ 내부결선에는'기기와 조작반(Panel) 간 인터록 배선 및 결선'포함
⑦ 디지털변전소인 경우 내부결선 공량은 변전전공 1.57을 적용
⑧ 모선부가 고체인 개폐장치의 경우 진공, 가스처리품 70% 적용
⑨ 모선부가 단모선인 경우 본 품의 70% 적용(단, 내부결선 제외)

3-44-1 22.9kV 고체절연개폐장치(SIS) D/L, S.TR 베이(Bay) 설치

(단위 : 1베이(Bay))

공 종	변전전공	특별인부	기계설비공
해체운반 및 설치준비	2.04	3.50	-
기기설치	1.64	1.13	0.18
내부결선	5.62	-	-
시험 및 조정	1.12	0.53	-
기타작업	1.22	3.01	-
공량소계	11.64	8.17	0.18

[해 설]

① 25.8kV 25kA 이하 고체절연개폐장치(SIS) 3상 1베이(Bay) 설치기준이며, 옥내 설치기준
② 인력시공 품임
③ 구내 이설 150%
④ 철거 50%, 재사용 철거 80%
⑤ 디지털변전소인 경우 내부결선 공량은 변전전공 1.57을 적용
⑥ 내부결선에는'기기와 조작반(Panel) 간 인터록 배선 및 결선' 포함
⑦ 모선부가 단모선인 경우 본 품의 70% 적용(단, 내부결선 제외)

3-45 22.9kV GIS 전압변성기 설치

공 종	3상 일괄형(베이(Bay)당)			3상 분리형(대당)	
	변전전공	특별인부	기계설비공	변전전공	특별인부
해체운반 및 설치준비	2.18	3.55	-	0.16	0.36
기기설치	6.41	8.53	1.78	1.24	2.08
진공, 가스처리	1.94	1.49	-	0.21	0.36
내부결선	1.18	-	-	-	-
시험 및 조정	1.69	1.34	-	0.16	0.26
기타작업	1.31	3.05	-	0.17	0.22
합계	14.71	17.96	1.78	1.94	3.28

[해 설]

① 3상 일괄형은 25.8kV 25kA 이하 GIS 3상 1베이(Bay), 3상 분리형은 단상 1대 설치기준임
② 옥내 설치, 인력시공 기준
③ 구내 이설 150%
④ 철거 50%, 재사용 철거 80%
⑤ 내부결선에는'기기와 조작반(Panel) 간 인터록 배선 및 결선' 포함

3-45-1 22.9kV 고체절연개폐장치(SIS) 전압변성기 설치

(단위 : 1베이(Bay))

공 종	변전전공	특별인부	기계설비공
해체운반 및 설치준비	2.18	3.55	-
기 기 설 치	1.64	1.13	0.18
내 부 결 선	1.18	-	-
시 험 및 조 정	1.12	0.53	-
기 타 작 업	1.31	3.05	-
공 량 소 계	7.43	8.26	0.18

[해 설]

① 25.8kV 25kA 이하 고체절연개폐장치(SIS) 3상 1베이(Bay) 설치기준이며, 옥내 설치기준

② 인력시공 품임 ③ 구내 이설 150% ④ 철거 50%, 재사용 철거 80%

⑤ 내부결선에는'기기와 조작반(Panel) 간 인터록 배선 및 결선'포함

3-46 22.9kV GIS 모선-SEC 베이(Bay)

(단위 : 베이(Bay))

공 종	3상 일괄형			3상 분리형		
	변전전공	특별인부	기계설비공	변전전공	특별인부	기계설비공
해체운반 및 설치준비	1.83	3.09	-	2.73	2.84	-
기 기 설 치	5.40	7.45	1.56	8.96	12.92	2.56
진 공, 가 스 처 리	2.07	1.61	-	5.40	4.45	-
내 부 결 선	2.23	-	-	2.23	-	-
시 험 및 조 정	2.34	1.85	-	2.11	1.78	-
기 타 작 업	1.10	2.66	-	1.59	2.39	-
합 계	14.97	16.66	1.56	23.02	24.38	2.56

[해 설]

① 25.8kV 25kA 이하 GIS 3상 CB×1, DS×2, ES×2, 옥내 설치, 인력 시공 기준

② 인력시공 품임 ③ 구내 이설 150% ④ 철거 50%, 재사용 철거 80%

⑤ 베이(Bay) 동시 설치 시 2베이(Bay) 180%, 3베이(Bay) 260%, 4베이(Bay) 340% 적용. 단, 할증 적용 공종은 품셈 중"해체운반 및 설치준비와 기기설치"공종에 한하며, 서로 다른 베이(Bay)가 운송 포장될 경우는 할증공종의 베이(Bay) 평균 적용

⑥ 내부결선에는'기기와 조작반(Panel) 간 인터록 배선 및 결선'포함
⑦ 디지털변전소인 경우 내부결선 공량은 변전전공 1.57을 적용
⑧ 모선부가 고체인 개폐장치의 경우 진공, 가스처리품 70% 적용

3-46-1 22.9kV 고체절연개폐장치(SIS) 모선-SEC 설치

(단위 : 1베이(Bay))

공 종	변전전공	특별인부	기계설비공
해체운반 및 설치준비	1.83	3.09	-
기 기 설 치	1.64	1.13	0.18
내 부 결 선	3.42	-	-
시 험 및 조 정	1.12	0.53	-
기 타 작 업	1.10	2.66	-
공 량 소 계	9.11	7.41	0.18

[해 설]

① 25.8kV 25kA 이하 고체절연개폐장치(SIS) 3상 CB×1, DS×2, ES×2 설치 기준이며, 옥내 설치기준
② 인력시공 품임
③ 구내 이설 150%
④ 철거 50%, 재사용 철거 80%
⑤ 내부결선에는'기기와 조작반(Panel) 간 인터록 배선 및 결선'포함
⑥ 디지털변전소인 경우 내부결선 공량은 변전전공 1.57을 적용

3-47 22.9kV GIB 베이(Bay) ('25년 개정)

(단위 : 베이(Bay))

공 종	3상 일괄형			3상 분리형		
	변전전공	특별인부	기계설비공	변전전공	특별인부	기계설비공
해체운반 및 설치준비	0.57	0.86	-	0.69	0.64	-
기 기 설 치	3.00	2.97	0.83	4.08	4.20	1.10
진 공, 가 스 처 리	0.46	0.37	-	0.68	0.56	-
시 험 및 조 정	0.38	0.37	-	0.35	-	-
기 타 작 업	0.39	0.45	-	0.47	0.37	-
합 계	4.80	5.02	0.83	6.27	5.77	1.10

[해 설]

① 25.8kV 25kA 이하 GIS 3상 1베이(Bay), 옥내 인력 설치 기준

② 구내 이설 150%

③ 철거 50%, 재사용 철거 80%

④ 모선부가 단모선인 경우 본 품의 70% 적용

3-47-1 22.9kV 고체절연개폐장치(SIS) SIB 설치

(단위 : 1베이(Bay))

공 종	변전전공	특별인부	기계설비공
해체운반 및 설치준비	0.57	0.86	-
기 기 설 치	1.64	1.13	0.18
시 험 및 조 정	0.62	0.32	-
기 타 작 업	0.39	0.45	-
공 량 소 계	3.22	2.76	0.18

[해 설]

① 25.8kV 25kA 이하 고체절연개폐장치(SIS) 3상 1베이(Bay) 설치기준이며, 옥내 설치기준

② 인력시공 품임

③ 구내 이설 150%

④ 철거 50%, 재사용 철거 80%

3-48 22.9kV GIS DURESCA 케이블

(단위 : 베이(Bay))

종 류	변전전공	특별인부
DURESCA 케이블 설치	9.91	6.43

[해 설]

① 25.8kV 25kA GIS와 모선 덕트 연결 설치 기준

② 3상 설치 기준 ③ 전력 케이블 입상 HOLE 마감처리는 별도계상

④ 지지가대 및 가스 처리 포함 ⑤ 구내 이설 150%

⑥ 철거 50%, 재사용 철거 80%

3-49 케이블 플러그인 접속

(단위 : 개소)

전압	공　　종	특고압 케이블전공	특 별 인 부
23kV	작업준비	0.64	0.25
	전력 케이블 배열	0.92	0.63
	전력 케이블 탈피작업	0.21	0.43
	케이블 플러그인 조립작업	0.58	0.60
	케이블 플러그인 접속작업	0.92	0.81
	접속재 접지	0.99	0.66
	뒷정리	0.11	0.47
	계	4.37	3.85

[해 설]

① 변압기 및 GIS측 모두 적용

② 1가닥씩 3상 설치 기준

③ 전력 케이블 입상 Hole 마감처리는 별도 계상

④ 케이블　중성선 접지연결 포함

⑤ 철거 20%

⑥ 변압기 2차 전력케이블(2가닥씩 3상) 설치 시, 작업준비 및 뒷정리는 1회, 나머지 공종은 2회 적용

(단위 : 개소)

전 압	공　　종	전기공사기사	특고압케이블전공	특별인부
154kV	작업준비	0.61	1.03	0.72
	전력 케이블 배열	0.88	2.46	1.82
	전력 케이블 탈피작업	0.20	1.77	1.24
	케이블 플러그인 조립작업	0.56	2.60	1.73
	케이블 플러그인 접속작업	0.88	3.49	2.35
	접속재 접지	0.95	3.02	1.93
	뒷정리	0.11	0.84	1.37
	계	4.19	15.21	11.16

[해 설]

① 변압기 및 GIS측 모두 적용 ② 단상 설치 기준
③ 소운반 및 준비작업 포함
④ 기사는 전기공사업법에 준함
⑤ 장비(시험기기류 포함)의 제경비 및 소모성 잡자재는 별도 가산
⑥ CV, XLPE 케이블 1200㎟ 적용 기준
⑦ 1200㎟ 미만의 기타 규격은 87% 적용
⑧ 철거 50%, 재사용 철거 80%
⑨ 70kV 이하 케이블은 154kV급의 70%

3-50 154kV GIS 가공 T/L 베이(Bay) 설치

(단위 : Bay)

공 종	변전전공	특별인부	기계설비공	도 장 공
해체운반 및 설치준비	2.70	6.40	-	-
기 기 설 치	9.97	15.40	3.86	-
가 스 처 리	6.88	7.05	-	-
시 험 및 조 정	2.86	2.10	-	-
도 장 작 업	-	-	-	3.95
방 수 처 리 작 업	-	6.40	-	-
기 타 작 업	2.60	7.70	-	-
합 계	25.01	45.05	3.86	3.95

[해 설]

① 154kV 50kA 이하 GIS 3상 1베이(Bay) 설치기준이며, 옥내 또는 옥외 모두 적용
② 장비 사용 시 해당 품의 50%로 하고 장비의 제경비는 별도 계상
③ 50kV(55kV)는 95% 적용
④ 전자내시경을 통한 내부 점검 시 변전전공 0.35인 별도 가산
⑤ 구내 이설 150%
⑥ 철거 50%, 재사용 철거 80%(철거 해당분 품에 해당)

3-50-1 154kV GIS 증설(대체)시 기존 GIS 해체 / 조립 설치

가. 154kV GIS 지중T/L 중간 베이(Bay) 설치

(단위 : 베이(Bay))

공 종	변전전공	특별인부	기계설비공	도장공
해체운반 및 설치준비	10.78	14.37	-	-
기 기 설 치	24.59	20.27	4.93	-
가 스 처 리	6.37	5.20	-	-
시 험 및 조 정	3.93	3.22	-	-
도 장 작 업	-	-	-	2.85
방 수 처 리 작 업	-	1.78	-	-
기 타 작 업	3.26	4.57	-	-
합 계	48.93	49.41	4.93	2.85

[해 설]

① 154kV 50kA 이하 기존 Bay 중간에 설치되어 본체해체 및 조립이 수반되는 GIS 3상 1Bay 설치 기준

② 장비 사용 시 해당 품의 50%로 하고 장비의 제경비는 별도 계상

③ 전자내시경을 통한 내부 점검 시 변전전공 0.22인 별도가산

나. 154kV GIS 가공T/L 중간 베이(Bay) 설치

(단위 : 베이(Bay))

공 종	변전전공	특별인부	기계설비공	도장공
해체운반 및 설치준비	6.21	7.17	-	-
기 기 설 치	17.95	20.94	5.21	-
가 스 처 리	6.88	7.05	-	-
시 험 및 조 정	3.23	3.00	-	-
도 장 작 업	-	-	-	3.95
방 수 처 리 작 업	-	6.40	-	-
기 타 작 업	2.60	7.70	-	-
합 계	36.87	52.26	5.21	3.95

[해 설]

① 154kV 50kA 이하 기존 Bay 중간에 설치되어 본체해체 및 조립이 수반되는 GIS 3상 1Bay 설치 기준
② 장비 사용 시 해당 품의 50%로 하고 장비의 제경비는 별도 계상
③ 전자내시경을 통한 내부 점검 시 변전전공 0.35인 별도가산

3-51 154kV GIS T/L 상부 모선 베이(Bay)

(단위 : T/L 베이(Bay))

공 종	변전전공	특별인부	기계설비공	도 장 공
해체운반 및 설치준비	0.46	1.01	-	-
기 기 설 치	2.69	3.14	0.34	-
가 스 처 리	2.73	2.36	-	-
시 험 및 조 정	0.86	0.55	-	-
도 장 작 업	-	-	-	1.04
기 타 작 업	3.28	2.29	-	-
합 계	10.02	9.35	0.34	1.04

[해 설]

① 154kV 50kA 이하 GIS 3상 1베이(Bay) 설치기준이며, 옥내 또는 옥외 모두 적용
② 장비 사용 시 해당 품의 50%로 하고 장비의 제경비는 별도 계상
③ 50kV(55kV)는 95% 적용
④ 전자내시경을 통한 내부 점검 시 변전전공 0.18인 별도 가산
⑤ 구내 이설 150%
⑥ 단독 Frame 및 Support 설치 포함
⑦ 철거 50%, 재사용 철거 80%(철거 해당분 품에 한함)

3-52 154kV GIS 지중 T/L 베이(Bay) 설치

(단위 : 베이(Bay))

공 종	변전전공	특별인부	기계설비공	도 장 공
해체운반 및 설치준비	4.68	12.80	-	-
기 기 설 치	13.65	14.80	3.65	-
가 스 처 리	6.37	5.20	-	-
시 험 및 조 정	3.46	2.25	-	-
도 장 작 업	-	-	-	2.85
방 수 처 리 작 업	-	1.78	-	-
기 타 작 업	3.26	4.57	-	-
합 계	31.42	41.40	3.65	2.85

[해 설]

① 154kV 50kA 이하 GIS 3상 1베이(Bay) 설치기준이며, 옥내 또는 옥외 모두 적용

② 장비 사용 시 해당 품의 50%로 하고 장비의 제경비는 별도 계상

③ 50kV(55kV)는 95% 적용

④ 전자내시경을 통한 내부 점검 시 변전전공 0.22인 별도 가산

⑤ 구내 이설 150%

⑥ 철거 50%, 재사용 철거 80%(철거 해당분 품에 한함)

3-53 154kV GIS 변압기 베이(Bay) 설치

(단위 : 베이(Bay))

공 종	변전전공	특별인부	기계설비공	도 장 공
해체운반 및 설치준비	2.77	6.21	-	-
기 기 설 치	11.14	15.42	3.86	-
가 스 처 리	5.38	5.30	-	-
시 험 및 조 정	3.53	2.48	-	-
도 장 작 업	-	-	-	5.12
방 수 처 리 작 업	-	6.05	-	-
기 타 작 업	2.70	5.63	-	-
합 계	25.52	41.09	3.86	5.12

[해 설]

① 154kV 50kA 이하 GIS 3상 1베이(Bay) 설치기준이며, 옥내 또는 옥외 모두 적용
② 장비 사용 시 해당 품의 50%로 하고 장비의 제경비는 별도 계상
③ 50kV(55kV)는 95% 적용
④ 전자내시경을 통한 내부 점검 시 변전전공 0.43인 별도 가산
⑤ 구내 이설 150%
⑥ 철거 50%, 재사용 철거 80%(철거 해당분 품에 한함)

3-54 154kV GIS 모선 TIE 베이(Bay) 설치

(단위 : 베이(Bay))

공종	변전전공	특별인부	기계설비공	도장공
해체운반 및 설치준비	2.72	6.40	-	-
기기설치	10.26	16.65	3.84	-
가스처리	6.74	4.40	-	-
시험 및 조정	3.07	2.36	-	-
도장작업	-	-	-	5.05
방수처리작업	-	5.90	-	-
기타작업	2.64	4.49	-	-
합계	25.43	40.20	3.84	5.05

[해 설]

① 154kV 50kA 이하 GIS 3상 1베이(Bay) 설치기준이며, 옥내 또는 옥외 모두 적용
② 장비 사용 시 해당 품의 50%로 하고 장비의 제경비는 별도 계상
③ 50kV(55kV)는 95% 적용
④ 전자내시경을 통한 내부 점검 시 변전전공 0.29인 별도 가산
⑤ 구내 이설 150%
⑥ 철거 50%, 재사용 철거 80%(철거 해당분 품에 한함)

3-55 154kV GIS 변압기 상부 모선 베이(Bay) 설치

(단위 : 베이(Bay))

공 종	변전전공	특별인부	기계설비공	도 장 공
해체운반 및 설치준비	0.23	0.42	-	-
기 기 설 치	2.11	2.40	0.28	-
가 스 처 리	2.27	2.24	-	-
도 장 작 업	-	-	-	1.00
기 타 작 업	1.92	3.68	-	-
합 계	6.53	8.74	0.28	1.00

[해 설]

① 154kV 50kA 이하 GIS 3상 1베이(Bay) 설치기준이며, 옥내 또는 옥외 모두 적용
② 장비 사용 시 해당 품의 50%로 하고 장비의 제경비는 별도 계상
③ 50kV(55kV)는 95% 적용
④ 전자내시경을 통한 내부점검 시 변전전공 0.24인 별도 가산
⑤ 구내 이설 150%
⑥ 단독 Frame 및 Support 설치 포함
⑦ 철거 50%, 재사용 철거 80%(철거 해당분 품에 한함)

3-56 154kV GIS 전압변성기 베이(Bay) 설치

(단위 : 베이(Bay))

공 종	변전전공	특별인부	기계설비공	도 장 공
해체운반 및 설치준비	1.67	2.32	-	-
기 기 설 치	6.51	8.94	1.58	-
가 스 처 리	3.41	1.73	-	-
시 험 및 조 정	1.03	1.56	-	-
도 장 작 업	-	-	-	3.72
방 수 처 리 작 업	-	3.12	-	-
기 타 작 업	1.58	2.82	-	-
합 계	14.20	20.49	1.58	3.72

[해 설]

① 154kV 50kA 이하 전압변성기(PT)×3, 모선×2 (이중모선), 3상 설치기준이며, 옥내 또는 옥외 모두 적용

② 모선 ES 설치 포함

③ 장비 사용 시 해당 품의 50%로 하고 장비의 제경비는 별도 계상

④ 50kV(55kV)는 95% 적용

⑤ 전자내시경을 통한 내부 점검 시 변전전공 0.08인 별도 가산

⑥ 구내 이설 150%

⑦ 철거 50%, 재사용 철거 80%(철거 해당분 품에 한함)

3-57 154kV GIS 부싱 설치

(단위 : 개소)

공 종	변전전공	특별인부	기계설비공
해체운반 및 설치준비	0.32	0.50	-
기 기 설 치	3.03	2.82	0.42
기 타 작 업	0.92	1.14	-
합 계	4.27	4.46	0.42

[해 설]

① 154kV 50kA 이하로 부싱 단상 설치기준이며, 옥내 또는 옥외 모두 적용

② 장비 사용 시 해당 품의 50%로 하고 장비의 제경비는 별도 계상

③ 50kV(55kV)는 95% 적용

④ 전자내시경을 통한 내부 점검 시 변전전공 0.08인 별도 가산

⑤ 구내 이설 150%

⑥ 철거 50%, 재사용 철거 80%(철거 해당분 품에 한함)

3-58 154kV GIS GIB 베이(Bay) 설치 ('25년 개정)

(단위 : 베이(Bay))

공 종	변전전공	특별인부	기계설비공	도 장 공
해 체 운 반 및 설 치 준 비	0.89	1.47	1.21	-
기 기 설 치	5.94	5.06	1.33	-
가 스 처 리	2.03	1.64	-	-
시 험 및 조 정	0.32	0.24	-	-
도 장 작 업	-	-	-	1.14
방 수 처 리 작 업	-	1.65	-	-
기 타 작 업	1.07	0.86	-	-
합 계	10.25	10.92	2.54	1.14

[해 설]

① 154kV 50kA 이하 GIS 3상 1베이(Bay) 설치기준이며, 옥내 옥외 모두 적용

② 장비 사용 시 해당 품의 50%로 하고 장비의 제경비는 별도 계상

③ 50kV(55kV)는 95% 적용 ④ 구내 이설 150%

⑤ 철거 50%, 재사용 철거 80%(철거 해당분 품에 한함)

⑥ 베이(Bay) 동시 설치 시 2베이(Bay) 180%, 3베이(Bay) 260%, 4베이(Bay) 340% 적용. 단, 할증 적용 공종은 품셈 중 "해체운반 및 설치준비와 기기설치"공종에 한함

⑦ 동일 가스구획(GIB) 설치 시 해설⑥ 할증 적용 공종에 "가스처리" 공종을 추가 포함 적용

3-58-1 154kV GIS 내장 Line 전압변성기 설치

(단위 : 단상 1개)

공 종	변전전공	특별인부	기계설비공	도 장 공
1) 해 체 운 반 및 설 치 준 비	0.61	0.28	0.10	-
2) 본 체 설 치	0.81	0.39	0.15	-
3) 가 스 처 리	0.46	0.43	0.17	-
4) 방 수 작 업	0.19	0.36	0.14	-
5) 도 장 작 업	0.11	0.23	-	0.14
6) 기 타 작 업	0.28	0.23	0.14	0.11
계	2.46	1.92	0.7	0.25

[해 설]

① 154kV GIS 내장 단상 전압변성기(PT) 설치기준으로 옥내 또는 옥외 모두 적용
② 1), 2)항은 장비사용 기준으로 장비의 제경비는 별도 계상
③ 50kV는 95% 적용 ④ 구내 이설 150%
⑤ 철거 50%, 재사용 철거 80%(철거 해당분품에 한함)

3-58-2 154kV GIS 내장 LA 설치

(단위 : 단상 3개)

공 종	변전전공	특별인부	기계설비공	도 장 공
1) 해체운반 및 설치준비	1.83	0.83	0.31	-
2) 본 체 설 치	2.44	1.67	0.46	-
3) 가 스 처 리	1.37	1.3	0.51	-
4) 방 수 작 업	0.56	1.07	0.42	-
5) 도 장 작 업	0.33	0.69	-	0.41
6) 기 타 작 업	0.85	0.69	0.43	0.33
계	7.38	6.25	2.13	0.74

[해 설]

① 154kV GIS 내장 단상 LA 3개 설치기준으로 옥내 또는 옥외 모두 적용
② 1),2)항은 장비사용 기준으로 장비의 제경비는 별도 계상
③ 50kV는 95% 적용
④ 전자내시경을 통한 내부점검시 6)항 기타작업 품의 변전전공 0.07인 별도 가산
⑤ 구내 이설 150% ⑥ 철거 50%, 재사용 철거 80%(철거 해당분품에 한함)

3-58-3 154kV 단상 GIB 설치

(단위 : 2.8m, 단상 3개)

공 종	변전전공	특별인부	기계설비공	도장공
1) 해체운반 및 설치준비	0.37	0.25	0.08	-
2) 기 기 설 치	0.50	0.28	0.12	-
3) 가 스 처 리	1.59	0.57	0.39	-
4) 도 장, 기 타 작 업	0.38	0.82	-	0.95
합 계	2.84	1.92	0.59	0.95

[해 설]

① 345kV 주변압기 2차측에서 170kV GIS 연결 GIB 구간 등에 적용(170kV 2.8m, 단상 3개 보조모선 설치기준으로 옥내 적용)

② 1), 2)항은 장비 사용 기준으로 장비의 제 경비는 별도 계상

③ 50kV(55kV)는 95% 적용

④ 구내 이설 150%

⑤ 철거 50%, 재사용 철거 80%(철거 해당분 품에 한함)

3-59 GIS BASE CHANNEL

(단위 : 톤)

공 종	변전전공	보통인부	용접공
Base Channel 설치	4.7	5.2	1.1

[해 설]

① 모든 전압급 GIS Base Channel 설치기준, 옥내 또는 옥외 모두 적용

② 장비 사용 시 45%로 하고 장비의 제경비는 별도 계상

③ 구내 이설 150%

④ 철거 50%, 재사용 철거 80% (철거 해당분 품에 한함)

3-60 GIS 배관(Air Gas Pipe)

(단위 : 톤)

공 종	규 격	변전전공	용접공	특별인부
Air 배관	16m/m	18.0	20.2	20.2
가스 배관	22m/m	11.9	13.5	13.5

[해 설]

① 소운반, 절단, Edge Cutting등의 배관부속작업과 기밀시험(Leak Test) 및 내압시험(Air, Gas Test) 등 포함

② 배관설치 높이 지상 4m 초과마다 3% 할증

③ 옥내외에 모두 적용

④ 모든 전압급 GIS 배관설치(Air, Gas, Pipe)에 적용

3-61 GIS 공기압축기 ('25년 개정)

공 종		변전전공	특별인부
30kg/㎠	압축공기발생장치	4.9	3.8
	시험	0.7	0.6
합계		5.6	4.4

[해 설]

① 옥내 또는 옥외 모두 적용
② 장비 사용 시 해당품의 45%로 하고 장비의 제경비는 별도 계상
③ 구내 이설 150%
④ 철거 50%, 재사용 철거 80%(철거 해당분 품에 한함)

3-62 345kV 이하 GIS 케이블헤드 커버

(단위 : 지중 베이(Bay))

공 종	변전전공	특별인부
커버해체 및 조립(2회 반복)	5.08	13.85
가스처리(2회)	4.78	3.68
시험 및 조정	0.68	0.44
기타작업	0.72	0.68
합계	11.26	18.65

[해 설]

① 154kV 3상 1베이(Bay) 또는 345kV 단상 설치기준, 옥내 또는 옥외 모두 적용
② 장비 사용 시 해당 품의 45%로 하고 장비의 제경비는 별도 계상
③ 구내 이설 150%
④ 철거 50%, 재사용 철거 80% (철거 해당분 품에 한함)

3-62-1 154kV GIS 1200㎟ CV 케이블 설치

(단위 : km)

구 분	공 종	전기공사기사	특고케이블공	특별인부
옥 내	1200㎟ CV 케이블 설치	9.1	142.9	154.9
옥 외	1200㎟ CV 케이블 설치	6.2	96.7	104.9

[해 설]

① 154kV CV 케이블 1200㎟ 1상 설치기준

② 접속지점 불일치에 의한 이중설치(실제 설치길이 증가분)은 해당 품의 50% 적용

- 거리 산출 : 기기접속을 위한 케이블 설치과정에서 실제 케이블 설치품이 적용되지 않은 설치길이
- 이중설치 구간이 옥외 경우 옥외공종, 옥내 경우 옥내공종 적용

③ 철거 60%, 재사용 철거 100%. 단, 드럼감기품 포함

3-62-2 GIS 상용주파 내전압시험

(단위 : 회)

공 종	전기공사기사	변전전공	장비사용시간(hr) 5톤 크레인
작 업 준 비	0.43	2.196	3.03
시 험 및 측 정	0.34	2.92	
뒷 정 리	0.04	1.08	
합 계	0.81	6.19	

[해 설]

① 154kV GIS 상용주파 내전압 시험기준

② 345kV GIS는 120%, 22.9kV는 40% 적용

③ 동일 장소에서 상용주파 내전압시험 1회 추가시마다 60% 가산

3-62-3 GIS 외부노이즈 차폐재 설치

(단위 : 개, 직종: 변전전공)

공 종	154kV 상분리형	154kV 상일괄형
스 페 이 서	0.055	0.100
가 스 밸 브	0.018	0.018

3-63 345kV GIS CB

(단위 : 단상 3대)

구 분	변전전공	특별인부	기계설비공	도장공	장비사용시간(hr) 35톤 크레인
1) 해체운반 및 설치준비	3.7	3.8	0.6	-	1.5
2) 본 체 설 치	9.4	13.5	1.8	-	7.92
3) 조 작 함 설 치	18.6	24.2	3.3	-	2
4) 가 스 처 리	8.2	11.8	2.4	-	-
5) 방 수 작 업	2.2	3.3	0.7	-	-
6) 시 험 및 조 정	4.2	4.8	1.4	-	-
7) 도 장 작 업	0.9	2.5	-	0.94	-
8) 기 타 작 업	1.4	4.6	0.5	0.48	-
합 계	48.6	68.5	10.7	1.42	11.42

[해 설]

① 345kV 4,000A 단상 CB 3조 설치기준, 옥내 또는 옥외 모두 적용
② Base 3상 일괄 Type 설치 시 1), 2)항은 87% 적용
③ 1), 2), 3) 항은 장비사용기준으로 장비의 제경비는 별도 계상
④ 조작함이라 함은 GCP(Group Control Panel)를 말하며, 설치품에는 조작함과 본체간 제어케이블 설치 및 결선품 포함
⑤ 구내 이설 150%
⑥ 철거 50%, 재사용 철거 80% (철거 해당분 품에 한함)
⑦ 클린룸 적용 시 1)항의 변전전공 4인 별도 가산
⑧ 전자내시경을 통한 내부점검 시 시험 및 조정 품에 변전전공 0.836인, 특별인부 0.488인 별도 가산

3-64 345kV GIS 피더(Feeder) 인출축 DS(ES) 설치

(단위 : 3조)

구 분	변전 전공	특별 인부	기 계 설비공	도장공	장비사용시간(hr) 35톤 크레인
1) 해체운반 및 설치준비	1.8	1.5	0.5	-	1.67
2) 본 체 설 치	3.4	2.5	0.9	-	3.92
3) 가 스 처 리	6.4	4.3	3.1	-	
4) 방 수 작 업	7.9	7.2	3.0	-	
5) 시 험 및 조 정	4.5	1.6	1.5	-	
6) 도 장 작 업	2.0	0.8	-	1.6	
7) 기 타 작 업	1.3	1.5	1.2	1.3	
합 계	27.3	19.4	10.2	2.9	5.59

[해 설]

① 345kV 4,000A 이하 단상 DS(ES) 3조 설치기준으로 옥내 또는 옥외 모두 적용함. 1조는 단상 DS(ES) 3대임

② 각 조당 DS(ES) 1대만 현장에서 설치 조립하는 경우 1), 2)항은 1/3 적용

③ 1), 2)항은 장비사용기준으로 장비의 제경비는 별도 계상

④ 구내 이설 150%

⑤ 철거 50%, 재사용 철거 80%(철거 해당분 품에 한함)

⑥ 클린룸 적용 시 1)항의 변전전공 1인 별도 가산

⑦ 단독 Frame 및 Support 설치 포함

3-65 345kV GIS[DS(ES)+모선] 설치 ('25년 개정)

(단위 : 1조)

구 분	변전 전공	특별 인부	기 계 설비공	도장공	장비사용시간(hr) 35톤 크레인
1) 해체운반 및 설치준비	2.69	2.35	0.44	-	1.5
2) 본 체 설 치	4.39	2.05	0.58	-	2.33
3) 가 스 처 리	7.30	5.18	2.16	-	-
4) 방 수 작 업	5.30	2.65	1.69	-	-
5) 시 험 및 조 정	4.57	1.84	1.58	-	-
6) 도 장 작 업	1.04	0.85	-	1.00	-
7) 기 타 작 업	1.21	0.98	0.25	0.38	-
합 계	26.50	15.90	6.70	1.38	3.83

[해 설]

① 345 kV 4,000 A 이하로 1조는 3상 일괄 모선과 DS(ES)×3개로 구성되며, 5.2m 설치 기준으로 옥내 또는 옥외 모두 적용
② 1), 2)항은 장비사용기준으로 장비의 제경비는 별도 계상
③ 구내 이설 150%
④ 철거 50%, 재사용 철거 80% (철거 해당분 품에 한함)
⑤ 클린룸 적용시 1)항의 변전전공 1인 별도 가산
⑥ 단독 Frame 및 Support 설치 포함
⑦ 전자내시경을 통한 내부점검 시 시험 및 조정 품에 변전전공 0.998인, 특별인부 1.013인 별도 가산

3-66 345kV GIS 주모선 Bellows 설치

(단위 : 개)

구 분	변전전공	특별인부	기계설비공	장비사용시간(hr) 35톤 크레인
1) 해체운반 및 설치준비	0.65	0.62	-	0.67
2) 본 체 설 치	0.43	0.6	0.23	0.8
3) 가 스 처 리	0.86	0.72	-	-
4) 방 수 작 업	0.92	0.9	-	-
합 계	2.86	2.84	0.23	1.47

[해 설]

① 345kV 4,000A 이하 3상 주모선 Bellows 1개 설치기준으로 옥내 또는 옥외 모두 적용
② 1), 2)항은 장비사용기준으로 장비의 제경비는 별도 계상
③ 구내 이설 150%
④ 철거 50%, 재사용 철거 80%(철거 해당분 품에 한함)

3-67 345kV GIS 단상 보조모선 Bellows 설치

(단위 : 단상 Bellows 3개)

공 종	변전 전공	특별 인부	기계 설비공	장비사용시간(hr) 35톤 크레인
1) 해체운반 및 설치준비	0.55	0.53	-	0.75
2) 본 체 설 치	1.56	1.44	-	2.08
3) 가 스 처 리	1.89	1.98	0.65	-
합 계	4.00	3.95	0.65	2.83

[해 설]

① 345kV 4,000A 이하 단상 보조모선 Bellows 3개 설치기준으로 옥내 또는 옥외 모두 적용
② 1), 2)항은 장비사용기준으로 장비의 제경비는 별도 계상
③ 구내 이설 150%
④ 철거 50%, 재사용 철거 80%(철거 해당분 품에 한함)

3-68 345kV GIS 주모선 설치

(단위 : 3상 일괄 5.2m)

공 종	변전 전공	특별 인부	도장공	장비사용시간(hr) 35톤 크레인
1) 해체운반 및 설치준비	0.96	0.92	-	1.2
2) 본 체 설 치	1.00	1.15	-	0.75
3) 가 스 처 리	3.57	4.07	-	-
4) 방 수 작 업	0.65	1.25	-	-
5) 도 장 작 업	0.55	0.30	0.38	-
6) 기 타 작 업	0.42	0.35	-	-
합 계	7.15	8.04	0.38	1.95

[해 설]

① 345kV 4,000A 이하 3상 일괄 주모선 5.2m 설치기준으로 옥내 또는 옥외 모두 적용
② 1), 2)항은 장비사용기준으로 장비의 제경비는 별도 계상
③ 구내 이설 150%
④ 철거 50%, 재사용 철거 80% (철거 해당분 품에 한함)
⑤ 단독 Frame 및 Support 설치 포함

3-69 345kV GIS V.T 설치

(단위 : 3상 일괄 주모선+단상 V.T 3개)

공종	변전전공	특별인부	기계설비공	도장공	장비사용시간(hr) 35톤 크레인
1) 해체운반 및 설치준비	3.89	1.85	0.95	-	3.58
2) 본체설치	6.21	2.98	1.00	-	4.3
3) 가스처리	5.64	5.30	0.90	-	-
4) 방수작업	5.83	3.92	-	-	-
5) 도장작업	1.38	0.80	-	1.56	-
6) 기타작업	0.70	0.35	-	-	-
합계	23.65	15.20	2.85	1.56	7.88

[해 설]

① 345kV 4,000A 이하 3상 일괄 주모선 및 단상 V.T 3개 설치기준으로 옥내 또는 옥외 모두 적용
② 1), 2)항은 장비사용기준으로 장비의 제경비는 별도 계상
③ 구내 이설 150%
④ 철거 50%, 재사용 철거 80%(철거 해당분 품에 한함)
⑤ 단독 Frame 및 Support 설치 포함

3-70 345kV GIS 단상 보조모선 설치

(단위 : 4.2m 단상 3개)

구분	변전전공	특별인부	기계설비공	도장공	장비사용시간(hr) 35톤 크레인
1) 해체운반 및 설치준비	1.23	0.83	0.28	-	0.92
2) 본체설치	1.68	0.95	0.40	-	1.33
3) 가스처리	6.24	2.26	1.53	-	-
4) 방수작업	0.84	0.88	-	-	-
5) 도장작업	0.91	1.34	-	2.25	-
6) 기타작업	-	0.62	-	-	-
합계	10.90	6.88	2.21	2.25	2.25

[해 설]

① 345kV 4,000A 이하 4.2m 단상 3개 보조모선 설치기준으로 옥내 또는 옥외 모두 적용
② 1), 2)항은 장비사용기준으로 장비의 제경비는 별도 계상

③ 345kV 4,000A 이하 3.1m 단상 3개 보조모선 설치는 75%
④ 구내 이설 150%
⑤ 철거 50%, 재사용 철거 80%(철거 해당분 품에 한함)
⑥ 단독 Frame 및 Support 설치 포함

3-71 345kV GIS 부싱 설치

(단위 : 단상 3개)

구 분	변전 전공	특별 인부	기계 설비공	장비사용시간(hr) 35톤 크레인
1) 해체운반 및 설치준비	2.27	2.74	1.56	2.92
2) 본 체 설 치	2.90	5.76	2.94	8.92
3) 가 스 처 리	7.83	6.10	2.00	-
합 계	13.00	14.6	6.5	11.84

[해 설]

① 345kV 4,000A 이하 단상 부싱 3개 설치기준으로 옥내 또는 옥외 모두 적용
② 1), 2)항은 장비사용기준으로 장비의 제경비는 별도 계상
③ 구내 이설 150%
④ 철거 50%, 재사용 철거 80%(철거 해당분 품에 한함)
⑤ 단독 Frame 및 Support 설치 포함

3-72 345kV GIS 단상 V.T 설치

(단위 : 단상 3개)

구 분	변전 전공	특별 인부	기계 설비공	도장공	장비사용시간(hr) 35톤 크레인
1) 해체운반 및 설치준비	3.30	1.50	0.56	-	3
2) 본 체 설 치	4.40	2.10	0.83	-	4.1
3) 가 스 처 리	2.47	2.34	0.92	-	-
4) 방 수 작 업	1.00	1.92	0.76	-	-
5) 도 장 작 업	0.60	1.25	-	0.74	-
6) 기 타 작 업	1.53	2.25	0.78	0.60	-
합 계	13.30	11.36	3.85	1.34	7.1

[해 설]

① 345kV 4,000A 이하 단상 V.T 3개 설치기준으로 옥내 또는 옥외 모두 적용
② 1), 2)항은 장비사용기준으로 장비의 제경비는 별도 계상
③ 구내 이설 150%
④ 철거 50%, 재사용 철거 80%(철거 해당분 품에 한함)
⑤ 단독 Frame 및 Support 설치 포함

3-73 765kV 변압기 200MVA 설치

(단위 : 대)

공 종	변 전 전 공	특 별 인 부	기 계 설비공	장비사용시간(hr)	
				330톤	25톤
본체정지 및 준비	11.4	12.1	13.9	6.67	-
상부커버 조립	6.0	8.8	-	-	-
쿨러 설치	18.2	13.5	21.4	-	17.67
콘서베이터 조립	4.2	3.2	5.2	-	8.56
부싱 설치	20.8	11.5	8.5	-	15.17
가스 처리(진공)	84.8	71.0	-	-	-
O T 처리	79.5	83.3	-	-	-
각종부분품 조립	17.8	11.1	7.2	-	7.22
내부 결선	31.8	13.3	-	-	-
시험 및 조정	45.4	23.1	-	-	-
계	319.9	250.9	56.2	6.67	48.62

[해 설]

① 단상 1Tank, FOA형 장비 사용 기준으로 소운반 및 포장 해체 포함
② OLTC 부착형은 5% 가산된 품임
③ Fan Type은 쿨러 설치품의 115%
④ 상부커버 조립은 해당작업 수반시만 적용
⑤ 조작함(현장제어반, 종합제어반)설치 및 관련 제어케이블 설치품은 별도 계상
⑥ 구내 이설 시 150%
⑦ 철거 50%, 재사용 철거 80%(철거 해당분 품에 한함)

3-74 765kV GIS CB 설치

(단위 : 단상 3대)

공 종	변전 전공	비계공	특별 인부	기 계 설비공	도장공	장비사용시간(hr) 160톤 크레인
1) 해체운반 및 설치준비	11.2	-	5.2	2.7	-	8.40
2) 본 체 설 치	58.0	5.3	38.4	18.3	-	23.07
3) 가 스 처 리	65.6	-	27.2	13.3	-	-
4) 방 수 작 업	25.3	5.6	19.2	-	-	-
5) 시 험 및 조 정	13.6	-	7.1	3.3	-	-
6) 도 장 작 업	6.6	2.6	5.5	-	8.9	-
7) 기 타 작 업	2.4	0.9	3.1	-	2.2	-
합 계	182.7	14.4	105.7	37.6	11.1	31.47

[해 설]

① 765kV, 50kA 8000A 단상 CB 3대, 방진룸 설치 기준

② 1), 2)항은 장비사용 기준으로 장비의 제경비는 별도 계상

③ Base Channel, Air Gas Pipe, 공기압축기의 설치품이 필요할 경우 154kV GIS 품 적용

④ 구내 이설 150%

⑤ 현장조작함은 배전반신설품을 적용하고, 조작함과 본체간 제어케이블 설치 및 결선품은 별도 계상

⑥ 철거 50%, 재사용 철거 80%(철거 해당분 품에 한함)

3-75 765kV GIS DS(ES) 설치

(단위 : 단상 3대)

공 종	변전 전공	비계공	특별 인부	기 계 설비공	도장공	장비사용시간(hr) 100톤 크레인
1) 해체운반 및 설치준비	4.7	-	2.8	1.2	-	5.09
2) 본 체 설 치	10.1	4.1	6.6	2.0	-	8.44
3) 가 스 처 리	27.4	-	16.4	-	-	-
4) 방 수 작 업	17.5	10.5	14.6	-	-	-
5) 시 험 및 조 정	3.8	-	1.4	1.1	-	-
6) 도 장 작 업	5.3	2.8	2.4	-	5.8	-
7) 기 타 작 업	1.8	0.7	2.2	-	1.6	-
합 계	70.6	18.1	46.4	4.3	7.4	13.53

[해 설]

① 765kV, 50kA 8000A 단상 DS(ES) 3대, 방진룸 설치 기준
② 1),2)항은 장비사용 기준으로 장비의 제경비는 별도 계상
③ 기타 필요한 사항은 765kV GIS CB 설치 해설 준용
④ 구내 이설 150%　　⑤ 철거 50%, 재사용 철거 80%(철거 해당분 품에 한함)
⑥ 단독 Frame 및 Support 설치 포함

3-76 765kV GIS HSES 설치

(단위 : 단상 3대)

공 종	변전전공	비계공	특별인부	기 계 설비공	도장공	장비사용시간(hr) 100톤 크레인
1) 해체운반 및 설치준비	3.9	-	1.8	1.0	-	6.50
2) 본 체 설 치	10.4	4.4	6.0	3.1	-	8.08
3) 가 스 처 리	12.5	-	7.4	-	-	-
4) 방 수 작 업	10.6	7.5	11.7	-	-	-
5) 시 험 및 조 정	2.8	1.0	1.6	-	-	-
6) 도 장 작 업	3.7	2.0	1.5	-	3.3	-
7) 기 타 작 업	2.7	1.2	3.0	-	2.2	-
합 계	46.6	16.1	33.0	4.1	5.5	14.58

[해 설]

① 765kV, 50kA 8000A GIS 단상 HSES 3대, 방진룸 설치 기준
② 1),2)항은 장비사용 기준으로 장비의 제경비는 별도 계상
③ 기타 필요한 사항은 765kV GIS CB 설치 해설 준용
④ 구내 이설 150%　　⑤ 철거 50%, 재사용 철거 80%(철거 해당분 품에 한함)
⑥ 단독 Frame 및 Support 설치 포함

3-77 765kV GIS 모선 Bellows 설치

(단위 : 단상 Bellows 3개)

공 종	변전전공	비계공	특별인부	장비사용시간(hr) 100톤 크레인
1) 해체운반 및 설치준비	1.5	-	1.1	3.07
2) 본 체 설 치	3.6	1.9	2.7	4.61
3) 가 스 처 리	7.9	-	5.8	-
4) 방 수 작 업	1.9	1.2	1.2	-
합 계	14.9	3.1	10.8	7.68

[해 설]

① 765kV, 50kA 8000A GIS 단상 모선(주,분기,인출모선) Bellow 3개, 방진룸 설치 기준
② 1), 2)항은 장비사용 기준으로 장비의 제경비는 별도 계상
③ 기타 필요한 사항은 765kV GIS CB 설치 해설 준용
④ 구내 이설 150% ⑤ 철거 50%, 재사용 철거 80%(철거 해당분 품에 한함)

3-78 765kV GIS 보조 모선 설치

(단위 : 5m×3개)

공 종	변전전공	비계공	특별인부	기 계 설비공	도장공	장비사용시간(hr) 100톤 크레인
1) 해체운반 및 설치준비	3.9	-	2.1	0.6	-	3.70
2) 본 체 설 치	8.4	3.1	5.2	1.7	-	7.75
3) 가 스 처 리	21.4	-	9.3	-	-	-
4) 방 수 작 업	6.3	2.6	4.1	-	-	-
5) 도 장 작 업	1.3	0.3	1.7	-	3.8	-
6) 기 타 작 업	-	-	1.3	-	-	-
합 계	41.3	6.0	23.7	2.3	3.8	11.45

[해 설]

① 765kV, 50kA 8000A 이하 단상 모선(주,분기,인출모선) 5m×3개, 방진룸 설치 기준
② 1), 2)항은 장비사용 기준으로 장비의 제경비는 별도 계상
③ 기타 필요한 사항은 765kV GIS CB 설치 해설 준용
④ 구내 이설 150% ⑤ 철거 50%, 재사용 철거 80%(철거 해당분 품에 한함)
⑥ 단독 Frame 및 Support 설치 포함

3-79 765kV GIS 부싱 설치

(단위 : 단상 3개)

공 종	변전전공	비계공	특별인부	기 계 설비공	장비사용시간(hr)	
					50톤	100톤
1) 해체운반 및 설치준비	5.8	-	4.9	1.6	7.0	7.0
2) 본 체 설 치	8.1	1.5	7.6	4.2	5.5	5.5
3) 가 스 처 리	24.4	-	30.5	14.8	-	-
4) 방 수 작 업	1.9	2.3	2.5	-	-	-
합 계	40.2	3.8	45.5	20.6	12.5	12.5

[해 설]

① 765kV, 50kA 8000A GIS 단상 부싱 3개, 방진룸 설치기준
② 1), 2)항은 장비사용 기준으로 장비의 제경비는 별도 계상
③ 기타 필요한 사항은 765kV GIS CB 설치 해설 준용
④ 구내 이설 150%
⑤ 철거 50%, 재사용 철거 80%(철거 해당분 품에 한함)
⑥ 단독 Frame 및 Support 설치 포함

3-80 765kV GIS VT 설치

(단위 : 단상 3개)

공 종	변전전공	비계공	특별인부	기 계 설비공	도장공	장비사용시간(hr) 100톤 크레인
1) 해체운반 및 설치준비	4.6	-	3.0	1.3	-	27.0
2) 본 체 설 치	9.0	2.7	6.8	4.8	-	59.0
3) 가 스 처 리	4.1	4.8	10.4	-	-	-
4) 방 수 작 업	7.0	4.6	9.8	-	-	-
5) 도 장 작 업	2.9	-	1.0	-	1.8	-
6) 기 타 작 업	2.4	0.9	1.0	-	2.2	-
합 계	30.0	13.0	32.0	6.1	4.0	86.0

[해 설]

① 765kV, 50kA 8000A GIS 단상 VT×3개, 방진룸 설치 기준
② 1), 2)항은 장비사용 기준으로 장비의 제경비는 별도 계상
③ 기타 필요한 사항은 765kV GIS CB 설치 해설을 준용
④ 구내 이설 150%
⑤ 철거 50%, 재사용 철거 80%(철거 해당분 품에 한함)
⑥ 단독 Frame 및 Support 설치 포함

3-81 765kV GIS LA 설치

(단위 : 단상 3개)

공　　종	변전전공	비계공	특별인부	기 계 설비공	도장공	장비사용시간(hr) 100톤 크레인
1) 해체운반 및 설치준비	9.2	-	4.3	2.3	-	13.71
2) 본　체　설　치	16.5	3.1	12.5	7.6	-	27.50
3) 가　스　처　리	4.4	-	5.9	5.4	-	-
4) 방　수　작　업	8.4	2.8	11.1	1.7	-	-
5) 도　장　작　업	2.1	1.7	1.8	-	3.8	-
6) 기　타　작　업	0.9	0.9	4.3	-	3.6	-
합　　계	41.5	8.5	39.9	17.0	7.4	41.21

[해 설]

① 765kV, 50kA 8000A GIS 단상 LA×3개, 방진룸 설치 기준
② 1), 2)항은 장비사용 기준으로 장비의 제경비는 별도 계상
③ 기타 필요한 사항은 765kV GIS CB 설치 해설을 준용
④ 구내 이설 150%
⑤ 철거 50%, 재사용 철거 80%(철거 해당분 품에 한함)
⑥ 단독 Frame 및 Support 설치 포함

3-82 765kV GIS 변압기 부싱 헤드 커버 설치

(단위 : 단상 3개)

공　　종	변전전공	비계공	특별인부	기 계 설비공	도장공	장비사용시간(hr) 100톤 크레인
1) 커버해체 및 조립(2회 반복)	12.2	-	12.9	1.4	-	11.75
2) 가 스 처 리 (2 회)	20.2	-	14.7	-	-	-
3) 방　수　작　업	3.6	1.7	3.6	-	-	-
4) 시 험 및 조 정	2.9	-	1.0	0.5	-	-
5) 도　장　작　업	2.4	-	1.5	-	2.8	-
6) 기　타　작　업	2.4	1.9	2.0	-	2.7	-
합　　계	43.7	3.6	35.7	1.9	5.5	11.75

[해 설]

① 765kV, 50kA 8000A GIS 단상 VT×3개, 방진룸 설치 기준
② 1), 2)항은 장비사용 기준으로 장비의 제경비는 별도 계상
③ 기타 필요한 사항은 "3-74 765kV GIS CB 설치" 해설을 준용
④ 구내 이설 150%　　⑤ 철거 50%, 재사용 철거 80%(철거 해당분 품에 한함)

Ⅱ. 변전설비 보수공사

3-83 23kV 10MVA 주변압기(3상 2권선 0A) 점검

(단위 : 대)

공종	보통점검			정밀점검		
	변전전공	특별인부	도장공	변전전공	특별인부	도장공
작업준비	0.19	0.09	0.04	0.50	0.33	0.04
본체 및 부속기기 외관점검	1.62	0.60	1.13	1.62	0.72	1.13
절연유배유, 여과, 주입				6.20	2.18	
진공 및 가스처리				1.66	0.81	
본체 내부 점검 및 확인						
부속기기 점검 및 확인						
점검 전후 시험 및 측정	2.50	0.56		2.76	0.75	
뒷정리		0.19			0.25	
합계	4.31	1.44	1.17	12.74	5.04	1.17

[해 설]

① SFRA(Sweep Frequency Response Analysis) 측정 시 변전전공 1.75인 별도가산 (Bank 단위)

3-84 66kV 7.5MVA 주변압기(3상 2권선 0A) 점검

(단위 : 대)

공종	보통점검			정밀점검		
	변전전공	특별인부	도장공	변전전공	특별인부	도장공
작업준비	0.24	0.12	0.05	0.50	0.27	0.05
본체 및 부속기기 외관점검	2.18	0.76	1.37	1.74	0.61	1.37
절연유배유, 여과, 주입	-	-	-	6.75	2.06	-
진공 및 가스처리	-	-	-	1.66	0.65	-
본체 내부 점검 및 확인	-	-	-	-	-	-
부속기기 점검 및 확인	-	-	-	-	-	-
점검 전후 시험 및 측정	3.30	0.73	-	2.85	0.63	-
뒷정리	-	0.18	-	-	0.23	-
합계	5.72	1.79	1.42	13.5	4.45	1.42

[해 설]

① SFRA(Sweep Frequency Response Analysis) 측정 시 변전전공 1.75인 별도가산 (Bank 단위)

3-85 66kV 10MVA 주변압기(3상 2권선 0A) 점검

(단위 : 대)

공 종	보통점검			정밀점검		
	변전전공	특별인부	도장공	변전전공	특별인부	도장공
작업준비	0.25	0.13	0.05	0.55	0.28	0.05
본체 및 부속기기 외관점검	2.30	0.87	1.57	2.07	0.77	1.57
절연유배유, 여과, 주입	-	-	-	6.75	2.06	-
진공 및 가스처리	-	-	-	1.66	0.65	-
본체 내부 점검 및 확인	-	-	-	-	-	-
부속기기 점검 및 확인	-	-	-			-
점검 전후 시험 및 측정	3.48	0.78	-	3.39	0.76	-
뒷정리	-	0.18	-	-	0.24	-
합계	6.03	1.96	1.62	14.42	4.76	1.62

[해 설]

① SFRA(Sweep Frequency Response Analysis) 측정 시 변전전공 1.75인 별도가산 (Bank 단위)

3-86 66kV 15MVA 주변압기(3상 2권선 0A) 점검

(단위 : 대)

공 종	보통점검			정밀점검		
	변전전공	특별인부	도장공	변전전공	특별인부	도장공
작업준비	0.25	0.13	0.05	0.54	0.30	0.05
본체 및 부속기기 외관점검	2.27	0.87	1.50	2.27	0.87	1.50
절연유배유, 여과, 주입	-	-	-	5.51	1.21	-
진공 및 가스처리	-	-	-	1.89	0.69	-
본체 내부 점검 및 확인	-	-	-	1.98	0.18	-
부속기기 점검 및 확인	-	-	-	-	-	-
점검 전후 시험 및 측정	3.46	0.79	-	3.77	0.87	-
뒷정리	-	0.18	-	-	0.24	-
합계	5.98	1.97	1.55	15.96	4.36	1.55

[해 설]

① SFRA(Sweep Frequency Response Analysis) 측정 시 변전전공 1.75인 별도가산 (Bank 단위)

3-87 66kV 20MVA 주변압기(3상 2권선 0A) 점검

(단위 : 대)

공종	보통점검			정밀점검		
	변전전공	특별인부	도장공	변전전공	특별인부	도장공
작업준비	0.27	0.14	0.05	0.73	0.35	0.05
본체 및 부속기기 외관점검	2.40	0.87	1.59	2.40	0.88	1.59
절연유배유, 여과, 주입	-	-	-	5.51	1.22	-
진공 및 가스처리	-	-	-	2.20	0.70	-
본체 내부 점검 및 확인	-	-	-	2.62	0.23	-
부속기기 점검 및 확인	-	-	-	-	-	-
점검 전후 시험 및 측정	3.54	0.78	-	3.96	0.88	-
뒷정리	-	0.18	-	-	0.24	-
합계	6.21	1.97	1.64	17.42	4.50	1.64

[해 설]

① SFRA(Sweep Frequency Response Analysis) 측정 시 변전전공 1.75인 별도가산 (Bank 단위)

3-88 154kV 15MVA 주변압기(3상 2권선 0A) 점검

(단위 : 대)

공종	보통점검			정밀점검		
	변전전공	특별인부	도장공	변전전공	특별인부	도장공
작업준비	0.25	0.13	0.05	0.68	0.37	0.05
본체 및 부속기기외관점검	2.30	0.87	1.57	2.30	0.94	1.57
절연유배유, 여과, 주입	-	-	-	14.84	4.86	-
진공 및 가스처리	-	-	-	4.00	1.16	-
본체 내부점검 및 확인	-	-	-	2.31	0.26	-
부속기기점검 및 확인	-	-	-	-	-	-
점검전후시험 및 측정	3.48	0.78	-	3.77	0.84	-
뒷정리	-	0.18	-	-	0.24	-
합계	6.03	1.96	1.62	27.9	8.67	1.62

[해 설]

① SFRA(Sweep Frequency Response Analysis) 측정 시 변전전공 1.75인 별도가산 (Bank 단위)

3-89 154kV 20MVA 주변압기(3상 2권선 0A) 점검

(단위 : 대)

공종	보통점검			정밀점검		
	변전전공	특별인부	도장공	변전전공	특별인부	도장공
작업준비	0.27	0.14	0.05	0.74	0.36	0.05
본체 및 부속기기 외관점검	2.42	0.87	1.66	2.42	0.87	1.66
절연유 배유, 여과, 주입	-	-	-	17.54	5.83	-
진공 및 가스처리	-	-	-	5.00	1.55	-
본체 내부 점검 및 확인	-	-	-	2.72	0.26	-
부속기기 점검 및 확인	-	-	-	-	-	-
점검 전후 시험 및 측정	3.56	0.79	-	3.86	0.86	-
뒷정리	-	0.20	-	-	0.24	-
합계	6.25	2.00	1.71	32.28	9.97	1.71

[해 설]

① SFRA(Sweep Frequency Response Analysis) 측정 시 변전전공 1.75인 별도가산 (Bank 단위)

3-90 154kV 30MVA 주변압기(3상 2권선 0A) 점검

(단위 : 대)

공종	보통점검			정밀점검		
	변전전공	특별인부	도장공	변전전공	특별인부	도장공
작업준비	0.27	0.14	0.05	0.86	0.42	0.05
본체 및 부속기기 외관점검	3.14	1.06	1.91	2.83	0.95	1.94
절연유 배유, 여과, 주입	-	-	-	18.93	6.12	-
진공 및 가스처리	-	-	-	6.00	1.94	-
본체 내부 점검 및 확인	-	-	-	3.34	0.42	-
부속기기 점검 및 확인	-	-	-	-	-	-
점검 전후 시험 및 측정	4.33	0.95	-	4.26	0.95	-
뒷정리	-	0.19	-	-	0.25	-
합계	7.74	2.34	1.96	36.22	11.05	1.99

[해 설]

① SFRA(Sweep Frequency Response Analysis) 측정 시 변전전공 1.75인 별도가산 (Bank 단위)

3-91 154kV 40MVA 주변압기(3상 2권선 0A) 점검

(단위 :대)

공종	보통점검			정밀점검		
	변전전공	특별인부	도장공	변전전공	특별인부	도장공
작업준비	0.34	0.15	0.06	0.97	0.46	0.06
본체 및 부속기기 외관점검	3.68	1.09	1.96	3.32	0.97	1.96
절연유 배유, 여과, 주입	-	-	-	20.60	6.92	-
진공 및 가스처리	-	-	-	6.99	2.33	-
본체 내부 점검 및 확인	-	-	-	3.99	0.38	-
부속기기 점검 및 확인	-	-	-	-	-	-
점검 전후 시험 및 측정	4.86	1.06	-	4.79	1.05	-
뒷정리	-	0.20	-	-	0.25	-
합계	8.88	2.50	2.02	40.66	12.36	2.02

[해 설]

① SFRA(Sweep Frequency Response Analysis) 측정 시 변전전공 1.75인 별도가산 (Bank 단위)

3-92 154kV 50MVA 주변압기(3상 2권선 0A) 점검

(단위 : 대)

공종	보통점검			정밀점검		
	변전전공	특별인부	도장공	변전전공	특별인부	도장공
작업준비	0.37	0.16	0.06	1.11	0.52	0.06
본체 및 부속기기 외관점검	4.05	1.19	2.09	4.05	1.19	2.09
절연유 배유, 여과, 주입	-	-	-	34.50	18.80	-
진공 및 가스처리	-	-	-	8.00	5.49	-
본체 내부 점검 및 확인	-	-	-	5.00	0.73	-
부속기기 점검 및 확인	-	-	-	-	-	-
점검 전후 시험 및 측정	5.26	1.13	-	5.76	1.25	-
뒷정리	-	0.20	-	-	0.25	-
합계	9.68	2.68	2.15	58.42	28.23	2.15

[해 설]

① SFRA(Sweep Frequency Response Analysis) 측정 시 변전전공 1.75인 별도가산 (Bank 단위)

3-93 154kV 60MVA 주변압기(3상 2권선 0A) 점검

(단위 : 대)

공 종	보통점검			정밀점검		
	변전 전공	특별 인부	도장공	변전 전공	특별 인부	도장공
작업준비	0.40	0.17	0.07	1.20	0.55	0.07
본체 및 부속기기 외관점검	4.46	1.30	2.37	4.46	1.30	2.37
절연유 배유, 여과, 주입	-	-	-	36.45	19.59	-
진공 및 가스처리	-	-	-	9.00	4.16	-
본체 내부 점검 및 확인	-	-	-	5.50	0.55	-
부속기기 점검 및 확인	-	-	-	-	-	-
점검 전후 시험 및 측정	5.68	1.23	-	6.24	1.35	-
뒷정리	-	0.20	-	-	0.25	-
합계	10.54	2.90	2.44	62.85	27.75	2.44

[해 설]

① SFRA(Sweep Frequency Response Analysis) 측정 시 변전전공 1.75인 별도가산 (Bank 단위)

3-94 154kV 80MVA 주변압기(3상 2권선 0A) 점검

(단위 : 대)

공 종	보통점검			정밀점검		
	변전 전공	특별 인부	도장공	변전 전공	특별 인부	도장공
작업준비	0.42	0.17	0.08	1.33	0.60	0.08
본체 및 부속기기 외관점검	4.90	1.44	2.61	4.41	1.30	2.61
절연유 배유, 여과, 주입	-	-	-	38.07	20.82	-
진공 및 가스처리	-	-	-	10.00	4.72	-
본체 내부 점검 및 확인	-	-	-	5.64	0.54	-
부속기기 점검 및 확인	-	-	-	-	-	-
점검 전후 시험 및 측정	6.16	1.32	-	6.09	1.32	-
뒷정리	-	0.20	-	-	0.25	-
합계	11.48	3.13	2.69	65.54	29.55	2.69

[해 설]

① SFRA(Sweep Frequency Response Analysis) 측정 시 변전전공 1.75인 별도가산 (Bank 단위)

3-95 154kV 15MVA 주변압기(단상 3권선 0A) 점검

(단위 : 대)

공종	보통점검			정밀점검		
	변전전공	특별인부	도장공	변전전공	특별인부	도장공
작업준비	0.25	0.13	0.05	0.67	0.32	0.05
본체 및 부속기기 외관점검	2.05	0.88	1.52	2.16	0.89	1.52
절연유배유, 여과, 주입	-	-	-	14.60	4.47	-
진공 및 가스처리	-	-	-	3.96	1.15	-
본체 내부 점검 및 확인	-	-	-	2.11	0.20	-
부속기기 점검 및 확인	-	-	-	-	-	-
점검 전후 시험 및 측정	3.47	0.78	-	3.77	0.85	-
뒷정리	-	0.19	-	-	0.19	-
합계	5.77	1.98	1.57	27.27	8.07	1.57

[해 설]

① SFRA(Sweep Frequency Response Analysis) 측정 시 변전전공 0.583인 별도가산(단위 : 대)

3-96 345kV 100MVA 주변압기(단상 3권선) 점검

(단위 : 대)

공종	보통점검			정밀점검		
	변전전공	특별인부	도장공	변전전공	특별인부	도장공
작업준비	0.47	0.19	0.10	1.58	0.65	0.10
본체 및 부속기기 외관점검	5.47	1.77	3.15	5.47	1.80	3.15
절연유배유, 여과, 주입	-	-	-	43.60	23.81	-
진공 및 가스처리	-	-	-	12.68	6.59	-
본체 내부 점검 및 확인	-	-	-	8.22	0.97	-
부속기기 점검 및 확인	-	-	-	-	-	-
점검 전후 시험 및 측정	6.98	1.48	-	8.15	1.73	-
뒷정리	-	0.20	-	-	0.28	-
합계	12.92	3.64	3.25	79.70	35.83	3.25

[해 설]

① SFRA(Sweep Frequency Response Analysis) 측정 시 변전전공 0.583인 별도가산(단위 : 대)

3-96-1 주변압기 누유개소 및 부싱설치 ('25년 개정)

가. 단상 154kV 주변압기 1,2,3차 부싱

공 종	단위	변전전공	비계공	특별인부
O T 처 리	대	3	-	8.5
내 부 결 선 해 체	개	0.4	-	0.4
부 싱 설 치 해 체	개	0.4	0.4	0.4
부 싱 설 치 접 속	개	0.5	0.5	0.5
내 부 결 선	개	0.5	-	0.5
합 계		4.8	0.9	10.3

[해 설]

① 해당품은 단상 154 kV 주변압기 설치의 OT처리, 부싱 설치 접속· 해체 적용. 단 1차 부싱 OT 처리 시는 변전전공 0.72인, 특별인부 2.04인 적용

② 단상변압기 부싱수 감안 대당 1/6 설치접속·내부결선 적용

③ 부싱 누유보수 시 자재비, 장비사용료 별도적용

④ 내부결선 및 해체 불필요 시 해당 품 제외

나. 단상 154kV 주변압기 라디에이터

(단위 : 대)

공 종	변전전공	비계공	특별인부
라 디 에 이 터 조 립	6.5	6.5	7.5
합 계	6.5	6.5	7.5

[해 설]

① "3-4 단상 154kV 15MVA 변압기 설치 라디에이터 조립"품의 1/2로 산출된 기준임

② 라디에이터 철거 및 조립 시 사용(자재비, 장비사용료 별도적용)

다. 단상 345kV 주변압기 1,2,3차 부싱

공 종	단위	변전전공	비계공	특별인부
O T 처 리	대	10	-	29
내 부 결 선 해 체	개	1.46	-	0.94
부 싱 설 치 해 체	개	1.72	1.32	1.46
부 싱 설 치 접 속	개	2.16	1.66	1.83
내 부 결 선	개	1.83	-	1.17
합 계		17.17	2.98	34.4

[해 설]

① 해당 품은 단상 345kV 주변압기 설치의 OT처리, 부싱 설치접속·해체 적용
② 단상변압기 부싱수 감안 대당 1/5 설치접속, 내부결선 적용
③ 부싱 누유보수 시 자재비, 장비사용료 별도적용
④ 내부결선 및 해체 불필요 시 해당 품 제외

라. 3상 154kV 일괄형 주변압기 1,2,3차 부싱

공 종	단위	변전전공	비계공	특별인부
O T 처 리	대	6.50	-	17
내 부 결 선 해 체	개	0.48	-	0.40
부 싱 설 치 해 체	개	0.56	0.48	0.56
부 싱 설 치 접 속	개	0.70	0.60	0.70
내 부 결 선	개	0.60	-	0.50
합 합 계		8.84	1.08	19.16

[해 설]

① 해당품은 3상 154 kV 주변압기 설치의 OT처리, 부싱 설치 접속· 해체 적용. 단 1차 부싱 OT 처리 시는 변전전공 1.56인, 특별인부 4.08인 적용
② 3상변압기 부싱수 감안 1/10 설치접속, 내부결선 적용
③ 부싱 누유보수 시 자재비, 장비사용료 별도적용
④ 내부결선 및 해체 불필요 시 해당 품 제외

3-97 765kV 200MVA 주변압기(단상 3권선) 점검

(단위 : 대)

공 종	보 통 점 검			
	변전전공	특별인부	보통인부	도장공
작 업 준 비	0.25	0.25	0.21	0.16
본체 및 부속기기 외관점검	4.60	4.35	3.68	1.40
O L T C 보 통 점 검	1.52	1.18	0.08	0.10
점 검 전 후 시 험 및 조 정	5.50	3.32	0.87	-
뒷 정 리	0.12	0.30	0.43	0.10
합 계	11.99	9.40	5.27	1.76

[해 설]

① 765/ 345/ 23kV 200MVA 1TANK 3권선 기준

② 제작사별 차이점이 있는 것은 해당설비 적용가능분만 적용

③ 절연열화 시험(Doble Test) 병행시는 중복부분 배제

④ OLTC만 점검이 필요한 경우 해당 품만 적용

⑤ 효성제 변압기의 전류제한리액터 점검품은 별도 계상

3-98 765kV 200MVA 주변압기(단상 3권선) 절연열화 시험(Doble Test)

(단위 : 대)

공 종	변 전 전 공	특별인부	기계설비공	비 계 공
작 업 준 비	0.45	0.36	0.21	0.12
1 차 측 GIS 처 리	5.25	3.65	1.45	-
2 차 측 GIS 처 리	4.00	3.04	0.95	0.95
3 차 측 GIS 처 리	1.66(0.75)	1.42(0.81)	1.58(-)	0.78(1.14)
H∅ 측 부 싱 처 리	0.25	0.30	-	-
DOBLE TEST	0.75	0.60	-	0.76
뒷 정 리	0.25	0.30	0.09	0.09
합 계	12.61(11.70)	9.67(9.06)	4.28(2.70)	2.70(3.06)

[해 설]

① 표준규격의 Doble 시험장비가 없는 경우 발주자의 장비와 직원을 지원 받을 시에는 해당 품의 50%

② 3차측 GIS 처리품과 합계품은 효성제 기준이며, 괄호안은 현대제임

③ 기타 필요한 사항은 765kV 주변압기 보통점검 해설 준용

3-99 OLTC 정밀점검

(단위 : 대)

구분 / 공종	66~154kV MTR 3상 용		154kV MTR 단상 용		345kV MTR 단상 용	
	변전전공	특별인부	변전전공	특별인부	변전전공	특별인부
작업준비	0.44	0.19	0.27	0.17	0.43	0.19
본체 및 부속기기 외관점검	0.28	0.06	0.20	0.03	0.41	0.09
절연유 배유, 여과, 주입	0.96	0.92	0.87	0.79	1.36	1.39
본체내부점검 및 확인	5.76	2.13	5.21	1.79	8.72	2.25
점검 전후 시험 및 측정	2.05	0.58	1.67	0.49	3.58	1.12
뒷정리	-	0.07	-	0.07	-	0.26
합계	9.49	3.95	8.22	3.34	14.50	5.30

[해 설]

① OLTC 보통점검은 변압기 보통점검에 포함

② 절연유 여과 미시행 시 절연유 배유, 여과, 주입 품의 67% 적용

3-100 전위변성기(애자형) 보통점검

(단위 : 대)

구분 / 공종	345kV		154kV		66kV		23kV	
	변전전공	특별인부	변전전공	특별인부	변전전공	특별인부	변전전공	특별인부
작업준비	0.03	0.05	0.03	0.04	0.02	0.03	0.02	0.02
본체 및 부속기기 외관점검	0.36	0.28	0.25	0.20	0.17	0.14	0.12	0.10
점검 전후 시험 및 측정	0.48	0.10	0.47	0.09	0.45	0.09	0.41	0.08
뒷정리	-	0.06	-	0.05	-	0.04	-	0.04
합계	0.87	0.49	0.75	0.38	0.64	0.30	0.55	0.24

3-101 전위변성기(탱크형) 보통점검

(단위 : 대)

공 종 \ 구 분	154kV 급		66kV 급		23kV 급	
	변전전공	특별인부	변전전공	특별인부	변전전공	특별인부
작업준비	0.03	0.04	0.02	0.02	0.02	0.02
본체 및 부속기기 외관점검	0.32	0.25	0.15	0.10	0.10	0.08
점검 전후 시험 및 측정	0.47	0.10	0.45	0.07	0.42	0.08
뒷정리	-	0.05	-	0.03	-	0.04
합계	0.82	0.44	0.62	0.22	0.54	0.22

3-102 23kV 30MVAR 3상 분로리액터 점검

(단위 : 대)

공 종	보통점검			정밀점검		
	변전전공	특별인부	도장공	변전전공	특별인부	도장공
작업준비	0.13	0.20	0.04	0.50	0.89	0.04
본체 및 부속기기 외관점검	1.03	0.95	1.16	0.89	1.39	1.16
절연유배유, 여과, 주입	-	-	-	8.25	4.86	-
진공 및 가스처리	-	-	-	2.00	0.97	-
본체 내부점검 및 확인	-	-	-	1.05	0.41	-
부속기기 점검 및 확인	-	-	-	-	-	-
점검 전후 시험 및 측정	2.10	0.47	-	2.10	1.38	-
뒷정리	-	0.27	-	-	0.67	-
합계	3.26	1.89	1.20	14.79	10.57	1.20

3-103 23kV 1.8MVA 단상 전류제한(한류)리액터 점검

(단위 : 대)

공 종	보 통 점 검			
	변전전공	특별인부	보통인부	도장공
작 업 준 비	0.35	0.32	0.18	0.16
본체 및 부속기기외관점검	1.00	0.86	1.55	0.88
점검 전후 시험 및 측정	1.08	1.08	0.36	-
뒷 정 리	0.33	0.35	0.25	0.22
합 계	2.76	2.61	2.34	1.26

3-104 23kV 중성점 접지리액터 점검

㈎ 유입형

(단위 : 대)

공 종	보통점검			정밀점검		
	변전전공	특별인부	도장공	변전전공	특별인부	도장공
작 업 준 비	0.03	0.05	-	0.11	0.08	-
본체 및 부속기기 외관점검	0.09	0.24	0.04	0.05	0.11	0.04
절연유 배유, 여과, 주입	-	-	-	2.00	0.98	
진공 및 가스처리	-	-	-	-	-	-
본체 내부점검 및 확인	-	-	-	-	-	-
부속기기 점검 및 확인	-	-	-	0.23	0.04	-
점검 전후 시험 및 측정	0.73	0.17	-	0.60	0.49	-
뒷 정 리	-	0.05	-	-	0.07	-
합 계	0.85	0.51	0.04	2.99	1.77	0.04

(나) 건식

(단위 : 대)

공 종	보통점검	정밀점검
작 업 준 비	0.03	0.05
본체 및 부속기기 외관점검	0.045	0.12
점검 전후 시험 및 측정	0.365	0.085
뒷 정 리	-	0.05
합 계	0.44	0.305

3-105 23kV 1000MVA 공용 GIS CB 점검

(가) PMA(영구자석) 조작방식

(단위 : 대)

공 종	보 통 점 검	
	변전전공	특별인부
점검 전 확인 및 작업준비	0.27	0.21
외 관 및 구 조 점 검	0.36	0.33
시 험 및 측 정	0.5	0.39
메 커 니 즘 점 검	0.19	0.19
Link 부 내 부 점 검	-	-
차 단 부 분 해 점 검	-	-
점검 후 확인 및 뒷정리	0.13	0.10
합 계	1.45	1.22

[해 설]

① 전류변성기(CT) 특성시험시 '시험 및 측정'품에 변전전공 0.1, 특별인부 0.1 가산

② 메커니즘 점검 불가시 제외

(나) PMA(영구자석) 외 조작방식

(단위 : 대)

공종	보통점검	
	변전전공	특별인부
점검 전 확인 및 작업준비	0.21	0.14
외관 및 구조점검	0.29	0.23
시험 및 측정	1.23	1.00
메커니즘 점검	0.19	0.19
Link 부 내부점검	-	-
차단부 분해점검	-	-
점검 후 확인 및 뒷정리	0.23	0.15
합계	2.15	1.71

3-106 23kV 1000MVA 전압변성기 베이(Bay) GIS CB 점검

(단위 : 대)

공종	보통점검	
	변전전공	특별인부
점검 전 확인 및 작업준비	0.23	0.15
외관 및 구조점검	0.29	0.23
시험 및 측정	0.42	0.34
메커니즘 점검	0.06	0.05
Link 부 내부점검	-	-
차단부 분해점검	-	-
점검 후 확인 및 뒷정리	0.21	0.14
합계	1.21	0.91

3-107 765kV GIS CB 점검

(단위 : 단상3대)

공 종	보 통 점 검			
	변전 전공	특별 인부	기계 설비공	비계공
작 업 준 비	0.31	0.35	0.29	0.19
점 검 전 확 인	0.95	0.77	-	0.38
외 관 및 구 조 점 검	3.87	3.13	-	2.28
시 험 및 측 정	7.12	5.97	4.54	-
매 커 니 즘 점 검	1.22	1.00	0.09	-
유 압 계 통 점 검	1.56	1.26	0.29	-
점 검 후 확 인	0.67	0.54	0.10	0.19
뒷 정 리	0.12	0.40	0.30	0.47
합 계	15.82	13.42	5.61	3.51

[해 설]

① 800kV 50kA 8000A GIS CB 단상 3대 기준임

3-108 765kV GIS DS(ES) 점검

(단위 : 단상3조)

공 종	보 통 점 검			
	변전 전공	특별 인부	기계 설비공	비계공
작 업 준 비	0.37	0.28	0.25	0.23
점 검 전 확 인	0.78	0.60	-	-
외 관 및 구 조 점 검	2.27	2.14	-	0.95
시 험 및 측 정	4.98	3.43	2.87	0.18
매 커 니 즘 점 검	1.69	1.38	-	-
점 검 후 확 인	0.68	0.52	0.10	0.14
뒷 정 리	0.11	0.10	0.14	0.20
합 계	10.88	8.45	3.36	1.70

[해 설]

① 1조 단상 D(E)S 3대이며 옥내 또는 옥외 모두 적용

② 단상 D(E)S 1조만 점검시는 본 품의 1/3 적용

3-109 765kV GIS VT 점검

(단위 : 단상 3대)

공 종	보통점검			
	변전전공	특별인부	기계설비공	비계공
작업준비	0.31	0.28	0.13	0.09
점검전확인	0.25	0.20	-	-
외관 및 구조점검	1.66	1.30	-	0.68
시험 및 측정	3.10	1.33	0.41	-
점검후확인	0.18	0.15	-	-
뒷정리	0.08	0.06	0.05	0.05
합계	5.58	3.32	0.59	0.82

3-110 765kV GIS ES+VT 점검

(단위 : 단상 3세트)

공 종	변전전공	특별인부	기계설비공	비계공
작업준비	0.31	0.30	0.20	0.23
점검전확인	0.31	0.25	-	-
외관 및 구조점검	1.68	1.42	-	0.62
시험 및 측정	3.29	1.42	0.43	-
점검후확인	0.25	0.20	0.05	0.05
뒷정리	0.12	0.25	0.11	0.06
합계	5.96	3.84	0.79	0.96

3-111 765kV GIS HSGS 점검

(단위 : 단상 3대)

공 종	보 통 점 검			
	변전 전공	특별 인부	기계 설비공	비계공
작 업 준 비	0.25	0.25	0.20	0.09
점 검 전 확 인	0.68	0.55	0.03	0.09
외 관 및 구 조 점 검	3.50	2.84	-	1.34
시 험 및 측 정	4.87	3.94	3.25	-
매 커 니 즘 점 검	1.06	0.86	0.10	-
유 압 계 통 점 검	1.41	1.14	0.10	-
점 검 후 확 인	0.67	0.54	0.10	0.12
뒷 정 리	0.12	0.25	0.20	0.28
합 계	12.56	10.37	3.98	1.92

3-112 가공피뢰선(가공지선) 점검

(옥외철구 : 개소)

공 종	점 검	
	송전전공	특별인부
점검 확인 및 작업준비	0.08	0.03
외 관 및 구 조 점 검	0.31	0.04
점검 후 확인 및 뒷정리	0.08	0.03
합 계	0.47	0.10

3-113 가공피뢰선(가공지선) 교체

(옥외철구 : 지지물간거리)

공종	보통점검		
	송전전공	특별인부	보통인부
점검전 확인 및 작업준비	0.65	0.31	0.32
방호관 설치	0.33	0.07	0.07
가공피뢰선(가공지선) 교체	0.79	0.28	0.30
지상 및 주상감시	0.25	-	-
방호관 철거	0.31	0.08	0.05
기타작업 및 뒷정리	0.21	0.14	0.14
합계	2.54	0.88	0.88

[해 설]

① 154kV 측 13m(지지물간거리)이하 활선상태 작업기준

② 13m 초과(1지지물간거리 추가) 마다 50%씩 가산

③ 345kV 측 가공피뢰선(가공지선)은 130%, 22kV 측은 70%

④ 금구류 부착품은 별도 계상

3-114 23kV VCB 점검

(단위 : 대)

공종	보통/정밀점검		
	변전전공	특별인부	전기공사기사
작업준비	0.33	0.23	0.16
본체 외관점검	0.42	0.31	0.04
측정, 시험, 조정	0.33	-	0.45
기타작업	0.59	0.30	0.44
합계	1.67	0.84	1.09

3-115 23kV 3 Tank OCB 점검

(단위 : 대)

공 종	보통점검			정밀점검		
	변전 전공	특별 인부	전기공사 기사	변전 전공	특별 인부	전기공사 기사
작업준비	0.33	0.24	0.16	0.33	0.24	0.16
본체 외관점검	0.44	0.32	0.04	0.44	0.32	0.04
본체 내관점검	-	-	-	0.94	-	0.94
O T 처리	-	-	-	0.21	0.08	0.21
측정, 시험, 조정	0.56	0.08	0.57	0.56	0.08	0.57
기타작업	0.44	0.14	0.27	0.69	0.34	0.27
합계	1.77	0.78	1.04	3.17	1.06	2.19

3-116 154kV 3 Tank OCB 점검

(단위 : 대)

공 종	보통점검			정밀점검		
	변전 전공	특별 인부	전기공사 기사	변전 전공	특별 인부	전기공사 기사
작업준비	0.33	0.23	0.16	0.54	0.37	0.25
본체 외관점검	1.04	0.79	0.06	1.04	0.79	0.06
본체 내관점검	-	-	-	2.75	0.15	2.75
O T 처리	-	-	-	1.00	0.92	1.38
측정, 시험, 조정	1.04	0.19	1.17	1.04	0.19	1.17
기타작업	1.09	0.36	0.66	1.34	0.56	0.66
합계	3.50	1.57	2.05	7.71	2.98	6.27

3-117 23kV GCB 점검

(단위 : 대)

공종	보통/정밀점검		
	변전전공	특별인부	전기공사기사
작업준비	0.33	0.23	0.16
본체 외관점검	0.42	0.31	0.04
측정, 시험, 조정	0.33	-	0.45
기타작업	0.66	0.21	0.40
합계	1.74	0.75	1.05

3-118 154kV Dead Tank GCB 점검

(단위 : 대)

공종	보통점검				정밀점검			
	변전전공	보통인부	특별인부	전기공사기사	변전전공	보통인부	특별인부	전기공사기사
작업준비	0.44	0.32	0.31	-	0.44	0.32	0.31	-
작업대설치	-	-	-	-	-	-	-	-
외부 일반점검	0.25	0.21	0.20		0.25	0.21	0.20	
조작기구 및 제어함 점검 청소	0.34	0.26	0.25	0.06	0.34	0.26	0.25	0.06
배관, 밸브류의 누기, 누유점검	0.19	0.16	0.16	-	0.19	0.16	0.16	-
삭송시험	2.13	1.80	1.70	2.04	2.13	1.80	1.70	2.04
조작 기구부 분해 점검	-	-	-	-	3.29	2.66	2.54	0.58
차단부 분해 점검	-	-	-	-	8.02	6.82	6.50	1.13
각종 스프링탄성, 스토록 점검, 교체	-	-	-	-	1.25	1.06	1.01	-
보조계전기의 상태 점검,교체	0.31	0.26	0.25	0.06	0.31	0.26	0.25	0.06
각종시험(정밀점검해당)	-	-	-	-	0.83	0.54	0.50	0.21
기타작업	1.21	1.13	1.08	0.60	1.21	1.13	1.08	0.60
합계	4.87	4.14	3.95	2.76	18.26	15.22	14.50	4.68

3-119 154kV GCB 점검

(단위 : 대)

공 종	보통점검				정밀점검			
	변전전공	보통인부	특별인부	전기공사기사	변전전공	보통인부	특별인부	전기공사기사
작업준비	1.25	1.00	1.13	0.13	1.25	1.00	1.13	0.13
작업대설치	-	-	-	-	0.71	0.61	0.58	-
외부 일반점검	1.22	0.95	1.08	-	1.22	0.95	1.08	-
조작기구 및 제어함 점검 청소	1.03	0.92	1.03	0.11	1.03	0.92	1.03	0.11
배관, 밸브류의 누기, 누유점검	0.83	0.58	0.67	0.08	0.83	0.58	0.67	0.08
메카니즘 점검	1.04	0.83	0.83	0.10	1.04	0.83	0.83	0.10
각종시험 및 측정	1.67	1.17	1.33	0.17	1.67	1.17	1.33	0.17
조작 기구부 분해 점검	-	-	-	-	2.00	1.46	1.40	0.55
차단부 분해 점검	-	-	-	-	4.01	3.41	3.25	0.62
각종 스프링탄성, 스토록 점검, 교체	-	-	-	-	0.81	0.69	0.66	-
보조계전기의 상태점검, 교체	0.83	0.67	0.75	0.08	0.83	0.67	0.75	0.08
공기조작부 정밀점검	-	-	-	-	0.94	0.75	0.75	0.09
각종시험(정밀점검 해당)	-	-	-	-	0.46	0.30	0.28	0.12
기타작업	0.94	0.83	0.94	0.10	0.94	0.83	0.94	0.10
뒷정리	0.83	0.67	0.75	0.08	0.83	0.67	0.75	0.08
합계	9.64	7.62	8.51	0.85	18.57	14.84	15.43	2.23

[해 설]

① 3상 점검기준

② 1Pole은 40%, 2Pole은 70% 적용

③ 25kV는 80%, 50kV는 95% 적용

3-120 345kV GCB 점검

(단위 : 대)

공 종	보통점검				정밀점검			
	변전 전공	보통 인부	특별 인부	전기공사 기사	변전 전공	보통 인부	특별 인부	전기공사 기사
작업준비	1.79	1.43	1.62	0.13	1.79	1.43	1.62	0.13
작업대설치	-	-	-	-	0.83	0.70	0.67	-
외부 일반점검	1.74	1.36	1.54	-	1.74	1.36	1.54	-
조작기구 및 제어함 점검 청소	1.47	1.32	1.47	0.11	1.47	1.32	1.47	0.11
배관, 밸브류의 누기, 누유점검	1.19	0.83	0.96	0.08	1.19	0.83	0.96	0.08
메카니즘 점검	1.49	1.19	1.19	0.10	1.49	1.19	1.19	0.10
각종시험 및 측정	2.39	1.67	1.90	0.17	2.39	1.67	1.90	0.17
조작 기구부 분해 점검	-	-	-	-	3.03	2.34	2.23	0.55
차단부 분해 점검	-	-	-	-	5.62	4.77	4.55	0.86
각종 스프링탄성, 스토록 점검, 교체	-	-	-	-	1.10	0.94	0.89	-
보조계전기의 상태점검, 교체	1.19	0.96	1.07	0.08	1.19	0.96	1.07	0.08
공기조작부 정밀점검	-	-	-	-	1.34	1.07	1.07	0.09
각종시험(정밀점검 해당)	-	-	-	-	0.67	0.47	0.45	0.12
기타작업	1.34	1.19	1.34	0.10	1.34	1.19	1.34	1.10
뒷정리	1.19	0.96	1.07	0.08	1.19	0.96	1.07	0.08
합계	13.79	10.91	12.16	0.85	26.38	21.20	22.02	2.47

[해 설]

Dead Tank Type GCB 점검도 이 품 적용

3-121 23kV DS 점검

(단위 : 대)

공 종	보통점검			정밀점검		
	변전 전공	특별 인부	전기공사 기사	변전 전공	특별 인부	전기공사 기사
작업준비	0.21	0.07	0.05	0.21	0.07	0.05
본체점검	0.56	0.54	-	0.96	0.69	-
조작기구 분해 점검	-	-	-	0.35	0.14	0.13
시험 및 조정 기타 작업	0.52	0.15	0.05	0.58	0.18	0.09
합계	1.29	0.76	0.10	2.10	1.08	0.27

[해 설]
정밀 점검에서 조작기구 분해점검 미시행시는 제외

3-122 DS(66kV 수동조작형) 점검

(단위 : 대)

공 종	보통점검		정밀점검	
	변전전공	특별인부	변전전공	특별인부
작 업 준 비	0.21	0.17	0.21	0.17
본 체 점 검	0.67	0.58	1.13	0.76
시 험 및 조 정 기 타 작 업	0.31	0.12	0.31	0.12
합 계	1.19	0.87	1.65	1.05

[해 설]
① 3상 점검기준
② 1Pole은 40%, 2Pole은 70% 적용
③ 25kV는 70% 적용

3-123 DS(66kV) 점검

(단위 : 대)

공 종	보통점검			정밀점검		
	변전전공	특별인부	전기공사기사	변전전공	특별인부	전기공사기사
작 업 준 비	0.21	0.07	0.05	0.21	0.07	0.05
본 체 점 검	0.92	0.78	-	1.35	0.99	-
조작기구 분해 점검	-	-	-	0.35	0.14	0.13
시험 및 조정 기타 작업	-	-	-	0.60(0.58)	0.18	0.09
합 계	1.65	1.00	0.10	2.51(2.14)	1.38(1.24)	0.27(0.14)

[해 설]
① 정밀점검에서 조작점검 미시행시는 제외하며, 괄호안의 공량 적용
② 3상 점검기준
③ 1Pole은 40%, 2Pole은 70% 적용
④ 25kV는 70% 적용

3-124 DS(154kV 800 ~ 2000A) 점검

(단위 : 대)

공종	보통점검			정밀점검		
	변전전공	특별 인부	전기공사기사	변전전공	특별인부	전기공사기사
작업준비	0.30	0.22	0.09	0.30	0.22	0.09
본체점검	0.51	0.37	0.08	0.60	0.43	0.10
조작기구 분해 점검	-	-	-	2.31	1.87	1.90
측정, 시험, 조정	-	-	-	0.94(0.79)	0.35(0.27)	0.90(0.75)
기타작업	0.38	0.31	-	0.54	0.44	0.06
합계	1.63	1.22	0.57	4.69(2.23)	3.31(1.36)	3.05(1.00)

[해 설]

정밀점검에서 조작기구 분해점검 미시행시는 제외하며, 괄호안의 공량 적용

3-125 DS(345kV 2000 ~ 4000A) 점검

(단위 : 대)

공종	보통점검			정밀점검		
	변전전공	특별인부	전기공사기사	변전전공	특별인부	전기공사기사
작업준비	0.25	0.20	-	0.25	0.20	-
개폐동작 상태 확인	0.21	0.12	0.13	0.21	0.12	0.13
조작기구함 내 청소 볼트조임	2.31	1.73	-	2.31	1.73	-
접속부 마모상태 점검 및 청소	-	-	-	1.19	0.92	0.06
애자균열, 오손점검 및 청소	0.06	0.25	0.06	0.06	0.25	0.06
각 연결부 볼트조임	0.63	0.51	-	1.00	0.81	-
각종시험	1.25	1.01	1.25	1.25	1.01	1.25
작동불량시의 롯트 조정	-	-	-	2.56	0.93	2.04
합계	4.71	3.82	1.44	8.83	5.97	3.54

[해 설]

정밀점검에서 작동 불량시의 롯트 조정 미시행시는 제외

3-126 집중감시반 보통점검 및 정밀점검

(단위 : 면)

공 종	보통점검				정밀점검			
	H/W 시험사	S/W 시험사	통신 설비공	변전 전공	H/W 시험사	S/W 시험사	통신 설비공	변전 전공
작업준비	0.24	0.30	0.12	0.19	0.29	0.34	0.16	0.25
주컴퓨터점검	0.58	0.86	0.18	0.25	0.95	1.55	0.24	0.33
전력계통반점검	0.24	0.10	0.13	0.44	0.39	0.18	0.16	0.54
UPS 점검	-	-	-	0.50	-	-	-	1.50
합계	1.06	1.26	0.43	1.38	1.63	2.07	0.56	2.62

3-127 MCSG(23kV) 점검

(단위 : 대)

공 종	보통점검			정밀점검		
	변전 전공	전기공사 기사	보통 인부	변전 전공	전기공사 기사	보통 인부
작업준비	0.44	-	0.38	0.44	-	0.38
외부점검	0.21	0.21	0.16	0.21	0.21	0.16
내부점검	1.79	0.13	1.10	2.42	0.38	1.70
측정, 시험 및 조정	0.54	0.38	0.40	0.58	0.44	0.40
합계	2.98	0.72	2.04	3.65	1.03	2.64

3-128 리액터(단상 600kVA) 점검

(단위 : 대)

공 종	보통점검			정밀점검		
	변전 전공	전기공사 기사	특별 인부	변전 전공	전기공사 기사	특별 인부
작업준비	0.22	0.06	0.18	0.22	0.06	0.18
본체 및 외관점검	0.31	0.13	0.28	0.31	0.13	0.28
OT 처리	-	-	-	0.25	0.15	0.21
내부점검 및 청소	-	-	-	0.27	0.17	0.24
측정, 시험 및 조정	0.33	0.18	0.28	0.33	0.18	0.28
합계	0.86	0.37	0.74	1.38	0.69	1.19

3-129 방전코일(22kV) 점검

(단위 : 대)

공종	보통점검			정밀점검		
	변전 전공	전기공사 기사	특별 인부	변전 전공	전기공사 기사	특별 인부
작업준비	0.13	0.02	0.11	0.13		0.11
본체 및 외관점검	0.10	0.01	0.12	0.10	0.01	0.12
OT처리	-	-	-	0.10	0.04	0.08
내부점검 및 청소	-	-	-	0.11	0.04	0.07
측정, 시험 및 조정	0.14	0.05	0.13	0.14	0.05	0.13
합계	0.37	0.08	0.36	0.58	0.14	0.51

3-130 방전코일(66kV) 점검

(단위 : 대)

공종	보통점검			정밀점검		
	변전 전공	전기공사 기사	특별 인부	변전 전공	전기공사 기사	특별 인부
작업준비	0.25	0.08	0.20	0.25	0.08	0.20
본체 및 외관점검	0.40	0.23	0.40	0.44	0.23	0.40
OT처리	-	-	-	0.27	0.10	0.25
내부점검 및 청소	-	-	-	0.23	0.13	0.24
측정, 시험 및 조정	0.39	0.19	0.37	0.39	0.19	0.37
합계	1.04	0.50	0.97	1.58	0.73	1.46

3-131 SC(154kV 50MVAR 1Bank) 점검

(단위 : 대)

공종	보통점검				정밀전검			
	변전 전공	전기공사 기사	특별 인부	장비사용 시간(hr) 5t크레인	변전 전공	전기공사 기사	특별 인부	장비사용 시간(hr) 5t크레인
작업준비	1.63	1.25	1.38		1.63	1.25	1.38	
본체 및 부속설비외관점검	3.25	2.25	2.75		6.83	4.73	5.78	
절연저항측정	2.63	1.97	2.41		5.52	4.14	5.06	
셀점검 및 정전용량측정	1.90	1.31	1.46		3.99	2.46	3.07	
직렬리액터, 저항기 내부점검	0.88	0.66	0.80	1.5	1.85	1.39	1.68	3.15
기타작업	1.35	1.04	1.15		2.84	2.18	2.42	
뒷정리	1.08	0.83	0.92		1.08	0.83	0.92	
합계	12.72	9.31	10.87	1.5	23.74	16.98	20.31	3.15

3-131-1 ISC(지능형 병렬콘덴서) 점검(1Bank, 6셀(Cell))

공종	보통점검	
	변전 전공	특별 인부
작업준비	0.20	0.12
전력용콘덴서 점검	0.33	0.28
직렬리액터 점검	0.25	0.16
진공차단기(VCB) 점검	0.34	0.26
측정 및 시험	0.61	0.53
작업마무리	0.18	0.18
계	1.91	1.53

3-132 SC(23kV 278kVA 셀(Cell)) 점검

공종	보통점검		정밀점검	
	변전전공	특별인부	변전전공	특별인부
작업준비	0.04	0.04	0.04	0.07
본체 및 외관점검	0.05	0.05	0.05	0.06
측정 및 시험	0.04	0.04	0.04	0.04
합계	0.13	0.13	0.13	0.17

3-133 SC(23kV 334kVA 셀(Cell)) 점검

공종	보통점검		정밀점검	
	변전전공	특별인부	변전전공	특별인부
작업준비	0.03	0.03	0.06	0.07
본체 및 외관점검	0.05	0.04	0.06	0.06
측정 및 시험	0.02	0.03	0.05	0.04
합계	0.10	0.10	0.17	0.17

3-134 SC(23kV 417kVA 셀(Cell)) 점검

공 종	보통점검		정밀점검	
	변전전공	특별인부	변전전공	특별인부
작업준비	0.03	0.03	0.06	0.07
본체 및 외관점검	0.07	0.06	0.09	0.08
측정 및 시험	0.03	0.03	0.05	0.04
합계	0.13	0.12	0.20	0.19

3-135 SC(23kV 556kVA 셀(Cell)) 점검

공 종	보통점검		정밀점검	
	변전전공	특별인부	변전전공	특별인부
작업준비	0.04	0.04	0.08	0.08
본체 및 외관점검	0.07	0.09	0.10	0.11
측정 및 시험	0.04	0.03	0.05	0.04
합계	0.15	0.16	0.23	0.23

3-136 SC(23kV 625kVA 셀(Cell)) 점검

공 종	보통점검		정밀점검	
	변전전공	특별인부	변전전공	특별인부
작업준비	0.05	0.05	0.09	0.09
본체 및 외관점검	0.09	0.08	0.11	0.13
측정 및 시험	0.04	0.03	0.06	0.05
합계	0.18	0.16	0.26	0.27

3-137 SC(23kV 695kVA 셀(Cell)) 점검

공종	보통점검		정밀점검	
	변전전공	특별인부	변전전공	특별인부
작업준비	0.05	0.05	0.09	0.09
본체 및 외관점검	0.10	0.11	0.14	0.14
측정 및 시험	0.05	0.04	0.07	0.07
합계	0.20	0.20	0.30	0.30

3-138 SC(23kV 835kVA 셀(Cell)) 점검

공종	보통점검		정밀점검	
	변전전공	특별인부	변전전공	특별인부
작업준비	0.05	0.05	0.09	0.11
본체 및 외관점검	0.11	0.13	0.16	0.17
측정 및 시험	0.06	0.07	0.08	0.07
합계	0.22	0.25	0.33	0.35

3-139 LA(345kV) 점검

(단위 : 대)

공종	보통점검			정밀점검		
	변전전공	전기공사기사	특별인부	변전전공	전기공사기사	특별인부
작업준비	0.33	-	0.27	0.33	-	0.27
본체 및 외관점검	0.68	-	0.28	0.87	0.06	0.33
시험 및 기타작업	0.12	0.08	0.07	0.33	0.18	0.24
합계	1.13	0.08	0.62	1.53	0.24	0.84

3-140 LA(154kV) 점검

(단위 : 대)

공종	보통점검			정밀점검		
	변전전공	전기공사기사	특별인부	변전전공	전기공사기사	특별인부
작업준비	0.33	-	0.27	0.33	-	0.27
본체 및 외관점검	0.20	-	0.10	0.43	0.04	0.15
시험 및 기타작업	0.12	0.08	0.05	0.33	0.18	0.13
합계	0.65	0.08	0.42	1.09	0.22	0.55

3-141 LA(66kV) 점검

(단위 : 대)

공종	보통점검			정밀점검		
	변전전공	전기공사기사	특별인부	변전전공	전기공사기사	특별인부
작업준비	0.18	-	0.13	0.25	-	0.15
본체 및 외관점검	0.16	-	0.06	0.26	0.02	0.09
시험 및 기타작업	0.07	0.05	0.04	0.20	0.10	0.08
합계	0.41	0.05	0.23	0.71	0.12	0.32

3-142 LA(23kV) 점검

(단위 : 대)

공종	보통점검			정밀점검		
	변전전공	전기공사기사	특별 인부	변전전공	전기공사기사	특별인부
작업준비	0.09	-	0.05	0.15	-	0.08
본체 및 외관점검	0.13	-	0.04	0.13	0.01	0.04
시험 및 기타작업	0.03	0.02	0.01	0.10	0.05	0.04
합계	0.25	0.02	0.10	0.38	0.06	0.16

3-143 GIS(154kV 가공T/L) 점검 ('25년 개정)

(단위 : 베이(Bay))

공종	보통점검		정밀점검			
	변전전공	특별인부	변전전공	특별인부	기계설비공	비계공
작업준비	0.35	0.29	1.50	1.22	1.04	0.77
외부일반점검	0.90	0.73	0.83	0.68	-	0.17
AIR, 가스 처리	-	-	11.79	4.41	-	-
차단부 점검	-	-	4.77	0.47	-	-
DS, EDS 점검	-	-	3.75	3.06	-	-
제어함 및 조작함 점검	0.88	0.72	0.88	0.72	-	-
메카니즘 점검	0.50	0.41	0.75	0.61	-	-
LINK부 점검	0.44	0.36	1.25	1.02	-	-
각종 시험 및 측정	4.31	3.52	6.96	5.68	-	-
기타작업	0.58	0.47	3.27	2.67	-	-
합계	7.96	6.5	35.75	20.54	1.04	0.94

[해 설]

① 인출 측 수평 DS(EDS) 점검 포함

② 베이(Bay) 상부 모선을 점검할 경우 품셈 3-144(GIS(154kV 가공 T/L 상부 모선) 점검) 별도 계상

③ 공기압 조작방식을 제외한 GIS의 정밀점검 시 Air, 가스 처리는 변전전공 9.44, 특별인부 3.53 적용

④ 공기압 조작방식을 제외한 GIS의 차단부 점검은 변전전공 1.91, 특별인부 0.19 적용, 메카니즘 점검은 보통점검 수준으로 계상

3-143-1 GIS(154kV 모선 DS) 점검

(단위 : 단상3대)

공 종	정 밀 점 검		
	변전전공	특별인부	비계공
작 업 준 비	0.50	0.50	-
외 부 일 반 점 검	0.50	0.41	0.10
AIR, 가스처리	2.13	1.74	-
모 선 점 검	1.88	1.53	-
DS 점 검	1.25	1.02	-
제어함 및 조작함 점검	0.21	0.17	-
LINK부 점검	0.33	0.27	-
각종시험 및 측정	0.88	0.72	-
기 타 작 업	0.75	0.61	-
합 계	8.43	6.97	0.1

3-144 GIS(154kV 가공T/L 상부 모선) 점검

(단위 : 베이(Bay))

공 종	보통점검		정밀점검		
	변전전공	특별인부	변전전공	특별인부	비계공
외 부 일 반 점 검	0.38	0.31	0.50	0.41	0.1
AIR, 가스 처리	-	-	2.13	1.74	-
상부 모선 점검	-	-	1.88	1.53	-
각종 시험 및 측정	0.60	0.49	0.88	0.72	-
기 타 작 업	0.38	0.31	0.75	0.61	-
합 계	1.36	1.11	6.14	5.01	0.1

3-145 GIS(154kV 지중T/L) 점검

(단위 : 베이(Bay))

공 종	보통점검		정밀점검			
	변전전공	특별인부	변전전공	특별인부	기계설비공	비계공
작업준비	0.35	0.29	1.50	1.22	1.04	0.77
외부일반점검	0.90	0.73	0.83	0.68	-	0.17
AIR, 가스 처리	-	-	11.79	4.41	-	-
차단부 점검	-	-	4.77	0.47	-	-
DS, EDS 점검	-	-	3.75	3.06	-	-
제어함 및 조작함 점검	0.88	0.72	0.88	0.72	-	-
메카니즘 점검	0.50	0.41	0.75	0.61	-	-
LINK부 점검	0.38	0.31	1.08	0.88	-	-
각종 시험 및 측정	4.31	3.52	6.96	5.68	-	-
기타작업	0.58	0.47	3.27	2.67	-	-
합계	7.9	6.45	35.58	20.4	1.04	0.94

[해 설]

① 인출 측 수평 DS(EDS) 점검 포함

② 베이(Bay) 점검 시 케이블헤드 점검품만 별도 계상

③ 공기압 조작방식을 제외한 GIS의 정밀점검 시 Air, 가스 처리는 변전전공 9.44, 특별인부 3.53 적용

④ 공기압 조작방식을 제외한 GIS의 차단부 점검은 변전전공 1.91, 특별인부 0.19 적용, 메카니즘 점검은 보통점검 수준으로 계상

3-146 GIS(154kV지중 T/L 케이블헤드) 점검

(단위 : 베이(Bay))

공 종	보통점검		정밀점검	
	변전전공	특별인부	변전전공	특별인부
외부일반점검	0.25	0.20	0.81	0.66
AIR, 가스 처리	-	-	1.88	1.53
CHD 내부 점검	-	-	0.75	0.61
각종 시험 및 측정	0.60	0.49	0.88	0.72
기타작업	0.10	0.08	1.31	1.07
합계	0.95	0.77	5.63	4.59

3-147 GIS(154kV 변압기) 점검 ('25년 개정)

(단위 : 베이(Bay))

공종	보통점검		정밀점검			
	변전전공	특별인부	변전전공	특별인부	기계설비공	비계공
작업준비	0.35	0.29	1.50	1.22	1.04	0.77
외부일반점검	0.90	0.73	0.83	0.68	-	0.17
AIR, 가스 처리			11.79	4.41	-	-
차단부 점검			4.77	0.47	-	-
DS, EDS 점검			2.50	2.04	-	-
제어함 및 조작함 점검	0.88	0.72	0.88	0.72	-	-
메카니즘 점검	0.50	0.41	0.75	0.61	-	-
LINK부 점검	0.44	0.36	1.25	1.02	-	-
각종 시험 및 측정	4.31	3.52	6.96	5.68	-	-
기타작업	0.58	0.47	3.27	2.67	-	-
합계	7.96	6.5	34.50	19.52	1.04	0.94

[해 설]

① 베이(Bay) 상부 모선을 점검할 경우 품셈 3-148(GIS(154kV 변압기 상부모선) 점검) 별도 계상
② 공기압 조작방식을 제외한 GIS의 정밀점검 시 Air, 가스 처리는 변전전공 9.44, 특별인부 3.53 적용
③ 공기압 조작방식을 제외한 GIS의 차단부 점검은 변전전공 1.91, 특별인부 0.19 적용, 메카니즘 점검은 보통점검 수준으로 계상

3-148 GIS(154kV 변압기 상부 모선) 점검

(단위 : 베이(Bay))

공종	보통점검		정밀점검		
	변전전공	특별인부	변전전공	특별인부	비계공
외부일반점검	0.38	0.31	0.44	0.36	0.1
AIR, 가스 처리	-	-	2.13	1.74	-
상부 모선 점검	-	-	1.25	1.02	-
각종 시험 및 측정	0.60	0.49	0.88	0.72	-
기타작업	0.08	0.07	0.44	0.36	-
합계	1.06	0.87	5.14	4.2	0.1

3-149 GIS(154kV 모선 TIE) 점검

(단위 : 베이(Bay))

공 종	보통점검		정밀점검			
	변전전공	특별인부	변전전공	특별인부	기계설비공	비계공
작업준비	0.35	0.29	1.50	1.22	1.04	0.77
외부일반점검	0.90	0.73	0.83	0.68	-	0.17
AIR, 가스 처리	-	-	11.79	4.41	-	-
차단부 점검	-	-	4.77	0.47	-	-
DS, EDS 점검	-	-	2.50	2.04	-	-
제어함 및 조작함 점검	0.88	0.72	0.88	0.72	-	-
메카니즘 점검	0.50	0.41	0.75	0.61	-	-
LINK부 점검	0.38	0.31	1.08	0.88	-	-
각종 시험 및 측정	4.31	3.52	6.96	5.68	-	-
기타작업	0.58	0.47	3.27	2.67	-	-
합계	7.9	6.45	34.33	19.38	1.04	0.94

[해 설]

① 공기압 조작방식을 제외한 GIS의 정밀점검 시 Air, 가스 처리는 변전전공 9.44, 특별인부 3.53 적용

② 공기압 조작방식을 제외한 GIS의 차단부 점검은 변전전공 1.91, 특별인부 0.19 적용, 메카니즘 점검은 보통점검 수준으로 계상

3-150 GIS(154kV 전압변성기) 점검

(단위 : 단상 1개)

공 종	보통점검		정밀점검	
	변전전공	특별인부	변전전공	특별인부
작업준비	0.25	0.20	0.25	0.20
외부일반점검	0.58	0.47	1.25	1.02
AIR, 가스 처리	-	-	2.13	1.74
전압변성기(PT)점검	0.63	0.51	0.63	0.51
제어함 및 조작함 점검	1.25	1.02	0.67	0.55
각종 시험 및 측정	0.65	0.53	1.50	1.22
기타작업	0.29	0.24	0.33	0.27
합계	3.65	2.97	6.76	5.51

3-151 GIS 부싱(154kV) 점검

(단위 : 단상 3개)

공종	보통점검		정밀점검			
	변전전공	특별인부	변전전공	특별인부	기계설비공	비계공
작업준비	0.56	0.46	0.56	0.46	0.35	0.09
작업대 설치, 철거	-	-	2.58	2.11	-	1.73
외부일반점검	0.13	0.11	0.19	0.16	-	-
부싱점검	0.75	0.61	2.96	1.21	-	0.37
기타작업	0.44	0.36	3.19	2.60	-	-
합계	1.88	1.54	9.48	6.54	0.35	2.19

3-152 공기압축기(154kV GIS) 점검

(단위 : 대)

공종	보통점검		정밀점검	
	특별인부	기계설비공	특별인부	기계설비공
외부일반점검	0.19	0.14	0.19	0.17
각종 시험 및 측정	2.25	1.63	5.75	5.11
기타작업	0.13	0.10	0.14	0.12
합계	2.57	1.87	6.08	5.4

[해 설]

① 옥내 또는 옥외 모두 적용 ② 압축기가 2개로 조합된 경우 180% 적용

③ 정밀점검시 내부분해 및 조립 포함

3-152-1 154kV GIS 차단기 공기조작부 점검

(단위 : 베이(Bay))

공종	정밀점검			
	변전전공	특별인부	기계설비공	비계공
작업준비	0.45	0.36	0.39	0.31
AIR 처리	2.35	0.88	-	-
메커니즘점검	0.75	0.61	-	-
LINK부 점검	1.25	1.02	-	-
각종 시험 및 측정	0.69	0.56	-	-
기타작업	0.65	0.53	-	-
합계	6.14	3.96	0.39	0.31

3-152-2 공압식 GIS 조작부 교체

(단위 : 대)

공 종	변전전공	특별인부
작 업 준 비	0.45	0.36
A I R 처 리	2.35	0.88
메 커 니 즘 점 검	0.56	0.455
각종시험 및 측정	0.69	0.56
합 계	4.05	2.255

3-153 GIS CB 점검

가. 25.8kV GIS CB 정밀점검

(단위 : 대)

공 종	변전전공	특별인부
점검전 확인 및 작업준비	0.38	0.28
시 험 및 측 정	2.14	1.74
CB 내부점검(가스처리)	2.979	2.125
점검후 확인, 뒷정리	0.36	0.29
합 계	5.859	4.435

나. 345kV GIS CB 점검

(단위 : 단상 3개)

공 종	보 통 점 검				정 밀 점 검			
	변전전공	특별인부	기계설비공	비계공	변전전공	특별인부	기계설비공	비계공
점검전 확인 및 작업준비	1.14	0.85	0.40	0.40	1.14	0.85	0.40	0.40
외간 및 구조점검	3.65	2.67	-	1.71	3.65	2.67	-	1.71
시 험 및 측 정	6.42	5.24	4.18	-	6.42	5.24	4.18	-
메 카 니 즘 점 검	2.06	1.68	0.30	1.05	2.06	1.68	0.30	1.05
LINK부 내부점검	-	-	-	-	3.69	3.01	-	-
CB 내부점검(가스처리)	-	-	-	-	29.79	21.26	12.88	11.04
점검후 확인, 뒷정리	1.10	0.87	0.30	0.57	1.10	0.87	0.30	0.57
합 계	14.37	11.31	5.18	3.73	47.85	35.58	18.06	14.77

3-154 GIS DS(ES) 점검

가. 25.8kV GIS DS 정밀점검

(단위 : 대)

공 종	변전전공	특별인부
점검전 확인 및 작업준비	0.38	0.30
시 험 및 측 정	1.66	1.15
DS 내부점검(가스처리)	1.45	1.12
점검후 확인, 뒷정리	0.26	0.21
합 계	3.75	2.78

나. 345kV GIS DS(ES) 점검

(단위 : 단상 3조)

공 종	보통점검				정밀점검			
	변전전공	특별인부	기계설비공	비계공	변전전공	특별인부	기계설비공	비계공
점검전 확인 및 작업준비	1.15	0.90	0.25	0.40	1.15	0.90	0.25	0.40
외 간 및 구 조 점 검	2.27	2.16	-	0.95	2.27	2.16	-	0.95
시 험 및 측 정	4.98	3.45	2.89	-	4.98	3.45	2.89	-
메 카 니 즘 점 검	1.69	1.38	-	-	1.69	1.38	-	-
LINK부 내부점검	-	-	-	-	1.63	1.33	-	-
DS 내부점검(가스처리)	-	-	-	-	14.54	11.26	3.58	4.53
점검후 확인, 뒷정리	0.79	0.63	0.25	0.33	0.79	0.63	0.25	0.33
합 계	10.88	8.52	3.39	1.68	27.05	21.11	6.97	6.21

[해 설]

① 1조는 단상 DS(ES) 3대이며 옥내 또는 옥외 모두 적용

② 단상 DS(ES) 1조만 점검시는 본 품의 1/3 적용

3-155 GIS ES + VT(345kV) 점검

(단위 : 단상3대)

공종	보통점검				정밀점검			
	변전전공	특별인부	기계설비공	비계공	변전전공	특별인부	기계설비공	비계공
점검전 확인 및 작업준비	0.71	0.56	0.20	0.19	0.71	0.57	0.20	0.19
외간 및 구조점검	1.58	1.49	-	0.48	1.58	1.49	-	0.48
시험 및 측정	3.00	1.22	0.40	-	3.00	1.22	0.40	-
CVT 내부 점검	-	-	-	-	9.25	6.73	3.39	2.28
점검후 확인, 뒷정리	0.46	0.36	0.10	0.10	0.46	0.36	0.10	0.10
합계	5.75	3.63	0.7	0.77	15	10.37	4.09	3.05

[해 설]

① 1조는 단상 DS(ES) 3대이며 옥내 또는 옥외 모두 적용

② 단상 DS(ES) 1조만 점검시는 본 품의 1/3 적용

3-156 GIS VT(345kV 1Φ 3대) 점검

공종	보통점검				정밀점검			
	변전전공	특별인부	기계설비공	비계공	변전전공	특별인부	기계설비공	비계공
점검전 확인 및 작업준비	0.71	0.56	0.15	0.14	0.71	0.57	0.15	0.14
외간 및 구조점검	1.58	1.19	-	0.67	1.58	1.19	-	0.67
시험 및 측정	3.00	1.22	0.40	-	3.00	1.22	0.40	-
CVT 내부 점검 (가스처리)	-	-	-	-	8.69	5.92	2.99	0.57
점검후 확인, 뒷정리	0.27	0.20	0.05	0.05	0.27	0.20	0.05	0.05
합계	5.56	3.17	0.6	0.86	14.25	9.1	3.59	1.43

3-157 GIS 주모선(345kV 3Φ BELLOWS) 점검

공 종	정밀점검			
	변전전공	특별인부	기계설비공	비계공
점검전 확인 및 작업준비	0.40	0.33	0.10	0.23
외간 및 구조점검	1.31	0.97	-	0.38
시험 및 측정	0.50	0.41	-	-
BELLOWS 점검	1.50	1.22	-	-
점검후 확인, 뒷정리	0.19	0.16	-	0.14
합 계	3.9	3.09	0.1	0.75

3-158 GIS 보조모선(345kV 1Φ BELLOWS 3개) 점검

공 종	정밀점검			
	변전전공	특별인부	기계설비공	비계공
점검전 확인 및 작업준비	0.40	0.33	0.10	0.23
외간 및 구조점검	1.85	1.31	-	0.57
시험 및 측정	0.50	0.41	-	-
BELLOWS 점검	2.25	1.84	-	-
점검후 확인, 뒷정리	0.19	0.16	-	0.14
합 계	5.19	4.05	0.1	0.94

3-159 GIS 보조모선(345kV 1Φ 3개 : 4.2m 또는 3.1m) 점검

공 종	정밀점검			
	변전전공	특별인부	기계설비공	비계공
점검전 확인 및 작업준비	0.50	0.39	0.15	0.14
외간 및 구조점검	1.19	0.77	-	0.29
시험 및 측정	1.00	0.61	0.40	-
내부점검(가스 처리)	7.38	5.41	2.99	0.57
점검후 확인, 뒷정리	0.38	0.29	0.25	0.24
합 계	10.45	7.47	3.79	1.24

3-160 GIS 부싱(345kV 1Φ 3개) 점검

공 종	정밀점검			
	변전전공	특별인부	기계설비공	비계공
점검전 확인 및 작업준비	0.71	0.56	0.25	0.41
외간 및 구조점검	3.38	2.45	-	1.71
시험 및 측정	1.75	1.22	0.80	0.95
내부점검(가스 처리)	8.31	5.97	2.99	0.76
점검후 확인, 뒷정리	0.27	0.20	0.05	0.05
합 계	14.42	10.4	4.09	3.88

3-161 옥내 주변압기 물청소

(단위 : 대)

공 종	보통인부
작업 준비 및 물청소	2.1
닦아내기	1.5
뒷정리	0.36
합 계	3.96

[해 설]

① 154kV 단상3대 기준이며 3상일 경우 85% 적용

② 345kV 단상변압기는 120% 적용

③ 부싱청소는 제외(변압기 점검품에 포함)

3-162 154kV 변압기 2차 전력케이블 설치

(단위 : m)

난연성 동심중성선 케이블 (FR CNCO-W)	특고압 케이블전공
600㎟ × 1C	0.073

[해 설]

① 주변압기 2차측에 설치되는 케이블로서 케이블트레이 설치품은 별도

② 커브개소에는 개소당 특고압케이블전공 0.054인 가산

③ 철거 50%, 재사용 드럼감기 철거 100%

3-163 변압기 부싱유 시료채취

전압 \ 직종	변전전공
154kV	0.4
345kV	0.5

[해 설]

① 3상 1개소 기준 ② 절연유 분석비는 별도계상

3-163-1 주변압기 및 유입기기 절연유 채취

(단위 : 개소)

공 종	변전전공
절연유(OT) 시료채취	0.06

3-164 실리콘 정류기 정밀점검

용 량	변전전공	특별인부
3000kW 이상	5.98	4.92

[해 설]

① 지하철 급전용 정류기에 적용 ② 정류기 모듈 및 감쇄장치 분해, 세척, 시험

③ 판넬 내,외부 세척 ④ 분해없이 세척,시험시 60% 적용

⑤ 3000kW 미만 75% 적용

3-165 23kV 변압기 점검

(단위 : 대)

공 종	변전전공	특별인부
작업준비	0.056	0.056
외관 및 내부점검	0.243	0.243
뒷정리	0.042	0.042
합 계	0.341	0.341

[해 설]

① 변전소 내 소내변압기 점검기준이며 전류변성기(CT)포화시험, 절연열화측정 포함

② 전류변성기(CT) 포화시험 제외 시, 외관 및 내부 점검 품의 80% 적용

3-166 변전설비 부속기기 교체

(단위 : 개소)

공 종	변전전공	비 고
온습도계, S/W 저항, 히터	0.3	개당적용
154kV Sh.C 퓨즈 Link	0.3	-
GIS 조작기 코일	0.81	-

[해 설]

① 철거 50% 포함

3-167 변전설비 가스 보충

(단위 : 개소)

공 종	변전전공
가스 보충	0.2

[해 설]

① 설비 용량에 관계없이 부족한 가스를 무정전 상태에서 보충하는 작업 기준

3-168 23kV SIS 보통점검

(단위 : 베이(Bay))

공 종	변전전공	특별인부
점검전확인 및 작업준비	0.21	0.14
외관 및 구조점검	0.29	0.23
시험 및 측정	0.98	0.8
메카니즘 점검	0.19	0.19
점검후 확인 및 뒷정리	0.23	0.15
합 계	1.9	1.51

[해 설]

① 23kV SIS 가스 분석 제외

3-169 변전설비 가스 품질 측정

(단위 : 개소)

공 종	변전전공
가스 점검(수분, SO_2 측정)	0.04

[해 설]

① 가스구획 1개소 1회 측정 기준

3-170 154kV 이상 차단기 전자변(솔레노이드 밸브) 교체

(단위 : 대)

공 종	변전전공
154kV 이상 차단기 전자변(솔레노이드 밸브) 교체	1.11

[해 설]

① 차단기 전자변(솔레노이드 밸브) 교체 단독 작업 기준

② 교체 전·후 개폐시간 측정 포함

3-171 차단기 조작시험

(단위 : 대)

공 종	구 분	변전전공
차단기 조작시험	23kV	0.42
	154kV	0.68
	345kV	0.93

[해 설]

① 차단기 조작시험 단독 작업 기준

② 옥내·옥외 동일 적용

제4장 배전설비공사

4-1 콘크리트전주 인력 세움

(단위 : 본)

규 격	배 전 전 공	보 통 인 부
8m 이하	0.89	1.01
10m 이하	1.10	1.39
12m 이하	1.52	1.60
14m 이하	1.95	2.29
16m 이하	2.70	2.76

[해 설]

① 전주 길이의 1/6을 묻는 기준이며, 계단식터파기, 되메우기 포함, 암반터파기는 별도 계상

② 현장내에서 잔토처리시 ㎥당 보통인부 0.17인 별도 계상, 현장밖으로 잔토처리시는 적상, 적하비용 및 운반비 별도 계상

③ 전주 철거후 되메우기에 따른 토사를 외부에서 반입 시 토사비용과 적상, 적하 및 운반비 별도 계상

④ 전주버팀대 1본 포함, 1본 추가마다 10% 가산

⑤ 지주공사는 전주세움공사 적용

⑥ 주입목주는 콘크리트전주의 50%, 불주입목주는 콘크리트전주의 40%

⑦ H주 세움 200%, A주 세움 160%

⑧ 3각주 세움 300%, 4각주 세움 400%

⑨ 단계주 및 인자형 계주의 세움은 각각의 단주 전주세움품을 합한 품 적용

⑩ 주의표 및 번호표 설치 시 1매당 보통인부 0.068인, 기입만 할 때는 전기공사산업기사 0.043인 계상

⑪ 조립식 강관주도 이 품을 적용하며, 조립후의 전장길이를 기준으로 한다. 단, 16m 초과 시 m당 배전전공 0.56인, 보통인부 0.59인을 가산하며, 1m 미만

은 사사오입한다.

⑫ 불량품 파괴처리시 규격별 보통인부 품의 60%.(현장 정리품 포함)

⑬ 차량충돌 예방용 전주도색판 설치 시 1매당 보통인부 0.15인 계상, 도색판 철거 30%, 이설 130%

⑭ 기존 전주에 전주를 높이는데 사용되는 계주용 강판주는 본당 배전전공 0.12인, 보통인부 0.12인 계상, 강판주 철거 50%, 이설 150%

⑮ 경사전주 건기 30%, 이설 180%

⑯ 철거 50%, 재사용 철거 80%

4-2 콘크리트전주 기계 세움 ('25년 개정)

(단위 : 본)

규　격	배 전 전 공	보 통 인 부	장비사용시간 (hr)
일반용 8m 이하	0.29	0.09	0.72
10m 〃	0.33	0.11	0.88
12m 〃	0.35	0.12	0.96
14m 〃	0.40	0.13	1.04
16m 〃	0.46	0.15	1.20
중하중용 14m	0.42	0.14	1.12
16m	0.48	0.16	1.28
고강도용 16m	0.52	0.17	1.36

[해 설]

① 전주세움차로 굴착, 인상, 전주세움, 다음 작업장소 이동 및 도착 기준

② 동일 조건에서 기계시공 3본을 기준한 1본에 대한 품으로 2본이하시 1본만 시공시 80%, 2본만 시공시 각 20% 소단위 할증 적용

③ 전주길이의 1/6을 묻는 깊이 기준이며 지질은 보통토 및 자갈 섞인 토사기준

④ 터파기 및 되메우기, 장내운반, 잔재정리 포함

⑤ 현장조건에 따라 제1장(기계화 시공) 작업계수를 증감 적용

⑥ 콘크리트 및 아스팔트 부수기는 ㎥당 특별인부 각 1.47인 및 1.24인 별도 계상하며, 포장복구비(재료 포함)도 별도 계상

⑦ 현장외로 잔토 반출시 적상, 적하비용 및 운반비 별도 계상

⑧ 현장 교통정리 필요시, 교통정리원(0.17인/본) 별도 계상

⑨ 지하매설물 조사 필요 시 굴착을 위한 보통인부(0.36인/㎥) 별도 계상
⑩ 발판볼트 불포함, 발판볼트 부착 시 전주 규격에 관계없이 1본마다 배전전공 0.01인, 보통인부 0.01인 별도 계상
⑪ 전주버팀대 불포함, 전주버팀대 1본마다 전공 0.13인, 보통인부 0.26인 별도 계상
⑫ 전주를 철거후 되메우기에 따른 토사를 외부에서 반입 시 토사비용과 적상, 적하비용 및 운반비 별도 계상
⑬ H 세움 190%, A주 세움 150%, 3각주 세움 280%, 4각주 세움 370%
⑭ 기계장비의 경비(기계손료, 운전경비, 수송비)는 별도 계상
⑮ 단순히 기계로 전주(굴착 불포함)만을 들어올려 세울 경우 85%
⑯ 기타 사항은 "4-1 콘크리트전주 인력 세움"의 해설을 준용
⑰ 경사전주 건기 30%, 이설 180%
⑱ 철거 50%, 재사용 철거 80%
⑲ 전주의 발판볼트 철거 시 아래 공량 적용(절연버킷트럭 사용)

규 격	배전전공	보통인부	장비사용시간 (hr)
10m	0.04	0.04	0.30
12m	0.04	0.04	0.34
14m	0.05	0.05	0.38
16m	0.05	0.05	0.40

4-2-1 아치형 전주 버팀대(근가)

(단위 : 개소)

공 종	배선전공		보통인부		장비사용시간 (hr)
	인력	기계	인력	기계	
아치형 전주버팀대	0.006	0.025	0.006	0.025	0.053

[해 설]

① 기계장비의 경비(기계손료, 운전경비)는 별도 계상. 단, 수송비는 제외
② 기계시공에 대해서는 기계장비 작업능력 산정 작업계수 적용
③ 기타 사항은 "4-2 콘크리트 전주 기계 세움"의 해설을 준용
④ 아치형 전주버팀대를 전주 하단에 추가로 설치할 때에는 기계시공에 대하여 배전전공 및 보통인부 각각 0.049인, 장비사용시간 0.255시간을 별도 계상
⑤ 아치형 접지 전주버팀대 시공 시 배전전공 0.01인, 보통인부 0.01인 별도가산하며, 추가 접지공사는 전기 표준품셈 "4-3 접지공사" 준용

4-2-2 강관전주 기계 세움 ('25년 개정)

(단위 : 기)

종 별	배전전공	보통인부	장비시간(hr)	
			오가 크레인	백호
상부곡선형	0.64	0.32	1.89	-
하부곡선형	0.98	0.49	3.32	1.96
일반형(16m 이하)	0.54	0.27	1.54	-
일반형(18m 이상)	0.90	0.45	2.60	-

[해 설]

① 전주세움차로 굴착, 인상, 전주세움, 다음 작업장소 이동 및 도착기준 강관전주 규격과 관계없이 적용
② 기초구조물(콘크리트 기초) 시공은 별도 계상
③ 하부곡선형 강관전주는 백호 굴착 기준이며, 그 외 강관전주의 백호 굴착 필요 시 장비사용시간 1.21(hr) 별도 계상
④ 전주버팀대 및 접지시공 별도 계상
⑤ 현장 교통정리 필요시, 교통정리원 별도 계상(해당 공종의 보통인부 공량 동일 적용)
⑥ 크레인(25톤) 임대 시 임대료 별도 계상
⑦ Y형 세움 130%
⑧ 기타사항은 "4-2 콘크리트전주 기계 세움"의 해설을 준용

4-2-3 콘크리트전주 백호 세움

(단위 : 본)

규 격	배전전공	보통인부	장비사용시간(분)	
			백호	오가크레인
10m	0.32	0.32	77	-
12m	0.34	0.34	82	-
14m	0.34	0.34	70	45
16m	0.35	0.35	71	45

[해 설]

① 12m 이하는 백호를 이용하여 굴착 · 인상 · 전주세움, 12m 초과는 백호와 오가크레인을 동시에 이용하여 굴착 · 인상 · 전주세움 기준임

② "4-2 콘크리트전주 기계 세움" 해설 ②~⑯ 준용
③ 접지를 동시에 매설 시 접지봉(콘크리트 접지봉, 접지동봉) 1본 연결은 배전전공 0.02 보통인부 0.02를 추가하며, 1본 연결을 초과한 1본 추가시마다 배전전공 0.01인, 보통인부 0.01인, 백호 7분 별도가산
④ 철거 50%, 재사용 철거 80%

4-3 접지공사

(단위 : 개소)

종 별	배전전공	보통인부	장비사용 시간(hr)
접지봉 (지하 0.75m 기 준)			
길이 1~2m ×1본	0.11	0.08	-
×2본 연결	0.16	0.13	-
×3본 연결	0.24	0.20	-
심타용 접지봉 백호 기계시공			
접지봉 1m×1본 직렬	0.07	0.07	0.07
접지봉 1m×2본 직렬	0.08	0.08	0.17
접지봉 1m×3본 직렬	0.09	0.09	0.23
접지봉 1m×4본 직렬	0.10	0.10	0.33
심타용 접지봉 전동해머 기계시공			
접지봉 1m×1본 직렬	0.08	0.08	0.13
접지봉 1m×2본 직렬	0.10	0.10	0.28
접지봉 1m×3본 직렬	0.13	0.13	0.53
도전성 콘크리트봉·콘크리트판			
콘크리트봉 1m×1본 직렬	0.08	0.08	0.17
콘크리트봉 1m×2본 직렬	0.09	0.09	0.17
콘크리트판(Ø200×L1000)	0.18	0.09	-
타격 및 굴착이 필요없는 접지시공			
콘크리트 접지봉, 접지동봉 1m×1본 직렬	0.02	0.02	-
콘크리트 접지봉, 접지동봉 1m×2본 직렬	0.03	0.03	0.117

[해 설]
① 접지선 연결, 접지저항 측정 포함
② 접지봉은 전주세움을 위하여 이미 굴착된 지하부분을 이용하여 시공하는 것을 기준, 단, 기존 전주에 접지봉 추가시설 및 보강시 지반굴착은 별도 계상

③ 심타용 접지봉 백호 기계시공은 백호 브레카를 사용한 심타용접지봉의 기계 타격시공 기준으로 접지봉 3본연결을 초과한 1본 연결 증가마다 배전전공 0.01인, 보통인부 0.01인, 장비시간 0.10 Hr을 별도 가산

④ 심타용접지봉 전동해머 기계시공은 전동식 해머 및 소형발전기를 사용한 심타봉(접지동봉)의 기계 타격시공 기준으로 접지봉 3본연결을 초과한 1본 연결 증가마다 배전전공 0.04인, 보통인부 0.04인, 장비시간 0.32 Hr을 별도 가산

⑤ 도전성 콘크리트봉은 오가크레인 굴착 1개소당 콘크리트봉 1개소 시공기준(오가크레인 굴착품 포함) 단, 현장여건상 추가굴착 없이 동일 Hole에 콘크리트봉 2개소 이상 병렬 시공시는 추가 개소당 해당 장비시간 0.17hr 제외

⑥ 도전성 콘크리트판 2매 이상 동시 매설시 1매 증가마다 30% 가산

⑦ 타격 및 굴착이 필요없는 접지 시공은 전주세움 공사 또는 지중구조물 공사를 위해 굴착된 공간을 활용할 경우 적용. 굴착개소 1개소당 콘크리트 접지봉(접지동봉) 1개소 시공기준으로 2본 직렬 시공의 장비사용시간은 전주 세움을 위한 기본굴착에 추가되는 굴착을 포함

⑧ 접지선 매설 등 추가 지반굴착(75㎝)필요 시 별도계상

⑨ 기타 사항은 제3장 변전설비 공사 "3-38 접지공사" 준용

4-3-1 원형 콘크리트 접지극 매설

(단위 : 개)

공 종	배전전공	보통인부	장비사용시간(hr)
원형 콘크리트 접지극 매설	0.02	0.02	0.02

[해 설]

① 전주설치 1개소당 접지극 1개 동시 시공기준

② 접지선 연결 및 접지저항 측정 품 포함

③ 동일 장소에 병렬로 추가 1개 시공시마다 인력품의 30%를 가산하되, 장비사용 시간은 추가로 계상하지 않음

④ 접지선 매설 등 추가굴착(75 cm) 필요시 별도 계상

⑤ 이외의 해설사항은 "3-38 접지공사" 동일 적용

4-4 가공 배전선로 표시찰 설치 ('25년 개정)

(단위 : 개)

공 종	배 전 전 공
표 시 찰 설 치	0.026

[해 설]

① 가공 배전선로의 주상에서 상, 선로, 전환(조작) 계통 표시찰 설치 기준

② 현장 교통정리 필요시, 개당 교통정리원 0.026인 별도 계상 ③ 철거 50%

4-5 지지선 설치

(단위 : 개소)

규 격	배 전 전 공	보 통 인 부
연선 7/2.3㎜ 이하	0.18	0.14
7/2.6~7/2.9㎜ 이하	0.27	0.21
7/3.2~7/4.0㎜ 이하	0.35	0.23
7/4.5~7/5.5㎜ 이하	0.37	0.23
7/6.5㎜ 이하	0.37	0.24

[해 설]

① 터파기, 되메우기 및 전주버팀대(깊이 1.5m 이상) 설치 포함. 단, 암반 터파기는 별도 계상

② 수평지지선, 공동지지선 60%

③ Y지지선 120%, 2단 지지선 150%

④ 지지선애자 설치 시 1개당 배전전공 0.03인, 보통인부 0.015인 계상. 단, 지지선그립 사용 시 지지선애자 설치는 1개소당 배전전공 0.025인, 보통인부 0.013인 계상

⑤ 지지선커버 설치 시 1개당 배전전공 0.052인, 보통인부 0.026인 계상, 동일 전주에서 1개 추가시마다 30% 가산

⑥ 장력조정 20%, 이설 130% ⑦ 절단 철거 10%, 철거 30%

⑧ 지지선그립 사용 시 지지선설치품은 개소당 배전전공 0.223인, 보통인부 0.160인 계상

⑨ 지지선교체 130%, 지지선밴드 교체 20%

4-5-1 원형지지선 전주 버팀대(근가)

(단위 : 개소)

공 종	배전전공	보통인부		장비사용시간(hr)
	인 력	인 력	기 계	
소형(43cm)	0.09	0.12	0.041	0.17
대형(62cm)	0.12	0.235	0.05	0.2

[해 설]

① 기계장비의 경비(기계손료, 운전경비)는 별도 계상. 단, 수송비는 제외
② 기계분에 대해서는 기계장비 작업능력 산정 작업계수 적용
③ 기타 사항은 "4-5 지지선 설치"의 해설을 준용

4-5-2 지지선 버팀대 기계화 시공 및 지지선 설치

(단위 : 개)

공 종	종 별	배전전공	보통인부	장비사용시간(hr)
지지선 버팀대 기계화 시공 및 지지선 설치	장방형	0.07	0.13	0.47
	원형	0.07	0.12	0.39

[해 설]

① 백호를 이용한 터파기, 되메우기 및 지지선 버팀대(깊이 1.5m이상) 설치 기준
② 지지선 설치는 지지선 애자, 지지선 그립 사용 기준임
③ 지지선 버팀대 규격에 관계없이 적용
④ 기타 사항은 "4-5 지지선 설치"의 해설을 준용

4-6 ㄱ형 완철 및 가공피뢰선(가공지선) 지지대 주상설치

(단위 : 개)

규 격	배전전공	보통인부
ㄱ형 완 철 1m 이하	0.05	0.05
2m 이하	0.06	0.06
3m 이하	0.07	0.07
3m 초과	0.09	0.09
가공피뢰선(가공지선) 지 지 대 (내 장 용 및 직 선 용)	0.10	0.05

[해 설]

① ㄱ형 완철 설치 기준, 경완철 80%

② Arm Tie 설치 포함

③ 편출공사 120%

④ 지상조립 75%(공동설치 과다 개소, 수목 접촉 개소, 공간 협소 개소 등 지장물 및 안전위해요소로 지상조립이 불가능한 경우 제외)

⑤ 가공피뢰선(가공지선) 지지대 철거 50%, 재사용 철거 80%

⑥ 철거 30%, 재사용 철거 50%

⑦ 단일형 장력견딤완철의 경우 ㄱ형 완철에 준함

4-7 배전용 애자 설치

(단위 : 개)

종 별	배전전공	보통인부
라 인 포 스 트 애 자	0.046	0.046
현 수 애 자	0.032	0.032
내 오 손 결 합 애 자	0.025	0.025
저 압 용 한쪽당김 애 자	0.020	-

[해 설]

① 애자 교체 150%

② 애자 닦기

㈎ 주상(탑상) 손닦기 : 애자품의 50%

㈏ 주상(탑상) 기계닦기 : 기계손료만 계상(인건비 포함)

㈐ 발췌 손닦기는 애자품의 170%

③ 특고압핀애자는 라인포스트애자에 준함

④ 철거 50%, 재사용 철거 80%

⑤ 동일 장소 및 동일 전주에 애자종별로 구분하여 추가 1개마다 기본 품의 45% 적용

⑥ 저압용 한쪽당김애자 지상조립 75%(공동설치 과다 개소, 수목접촉 개소, 공간 협소 개소 등 지장물 및 안전위해요소로 지상조립이 불가능한 경우 제외)

4-8 저압 전선설치(가선)용 랙(Rack) 설치

(단위 : 개)

종 별	배전전공	보통인부
랙 1 선 용	0.048	0.024
랙 2 선 용	0.076	0.038
랙 3 선 용	0.104	0.052
랙 4 선 용	0.132	0.066
D 형 랙	0.070	0.070

[해 설]

① 전주 신설시 지상조립 및 설치 75%(공동설치 과다 개소, 수목 접촉 개소, 공간 협소 개소 등 지장물에 의해 지상조립이 불가능한 경우 제외)

② 철거 30%, 재사용 철거 50%

4-9 보호선 및 보호망 설치

(단위 : 개소)

종 별	배전전공	특별인부
보 호 선 설 치	0.81	0.81
보 호 망 설 치	1.62	1.62

[해 설]

① 지지물간거리 50~100m 기준, 100m 초과 시 매 50m 이내마다 50% 가산

② 지지물간거리 50m 미만 80%

③ 접지공사 불포함

④ 철거 50%

4-10 배전선 전선설치(가선)

(단위 : 100m)

규 격	배 전 전 공	보 통 인 부
나경동선 14㎟ 이하	0.10	0.05
22㎟ 〃	0.16	0.08
38㎟ 〃	0.26	0.13
60㎟ 〃	0.38	0.19
100㎟ 〃	0.54	0.27
150㎟ 〃	0.66	0.33
200㎟ 〃	0.72	0.36
200㎟ 초과	0.76	0.38
ACSR, ASC 32㎟ 이하	0.30	0.15
58㎟ 〃	0.44	0.22
95㎟ 〃	0.64	0.32
160㎟ 〃	0.78	0.39
240㎟ 〃	0.90	0.45

[해 설]

① 1선당 인력작업 기준으로 전선펴기, 당기기, 처짐정도조정 포함

② 전선처짐정도 자동계산 디지털 장력계 사용 시는 이 품의 97% 적용

③ 애자에 묶는 품 포함 ④ 피복선 120%

⑤ 기존 선로 상부 가설 120%

⑥ 장력조정 20%. 주상이설 70%

⑦ 가공피뢰선(가공지선) 80%

⑧ 재사용 전선 설치 110%

⑨ 배전선을 가로수 또는 수목과 접촉하여 설치 시 수목으로 인한 장애를 감안하여 120% 적용

⑩ 지지물이 철탑으로 긴 지지물간거리(100m이상)인 경우에는 송전설비공사 "2-8 송전선로 전선설치(가선)" 준용

⑪ 철거 50%, 재사용 철거 80%

⑫ 바인드레스 LP커버 설치 시 전선설치품의 20%(장력조정) 적용
- 기존 선로 바인드만 철거후 바인드레스 LP커버로 사선 교체 시 적용
  단, LP애자 설치/철거시는 바인드 대체 자재로 품적용 불요

4-10-1 다기능 전선설치(가선) 기계화공법

(단위 : 100m)

규 격	배전전공	보통인부
나경동선 14㎟ 이하	0.08	0.04
22㎟ 이하	0.13	0.06
38㎟ 이하	0.21	0.10
60㎟ 이하	0.30	0.15
100㎟ 이하	0.43	0.21
150㎟ 이하	0.52	0.26
ACSR 32㎟ 이하	0.24	0.12
58㎟ 이하	0.35	0.17
95㎟ 이하	0.51	0.25
160㎟ 이하	0.62	0.31
240㎟ 이하	0.71	0.36

[해 설]

① 1선당 기계작업 기준으로 전선펴기, 당기기, 처짐정도조정 포함

② 1조 100m 나선기준, 피복선 120%　　③ 재사용 전선 설치 100%

④ 가로수 또는 수목과 접촉하여 작업하는 장소 100%

⑤ 철거 50% 재사용 철거 80%

4-11 전선압축 접속

(단위 : 개)

종 별	배 전 전 공	보 통 인 부
95㎟ 이상	0.08	0.04
95㎟ 미만	0.07	0.035

[해 설]

① Al 압축접속으로 분기슬리브, 분기고리 압축접속 작업기준

② 나전선 및 절연전선 모두 적용

③ 기존 선로 압축접속 교체 120%

④ 95㎟ 이상의 전선과 95㎟ 미만의 전선을 상호 압축접속할 경우 각 품의 평균품 적용

⑤ 가공선로용 가스개폐기, I/S(R/C) 및 기기류 등의 인출선 압축접속은 70%

4-12 절연커버 설치

(단위 : 개)

공　　종	배전전공	보통인부
절연커버설치	0.018	0.018

[해 설]

① 가공배전선로에 안전사고 및 조류사고방지용으로 설치하는 Deadend 클램프 커버, 분기슬리브커버, 분기고리커버, 완철절연커버, 라인호스 등 설치기준

② 동일 장소에서 1개 추가시마다 30% 가산

③ 철거 50%, 재사용 철거 80%

④ 절연커버 교체는 150% 적용

4-13 변압기 인상 인하선 설치

(단위 : 개소)

종　　별	배전전공	보통인부
특고(고압)인하선 H형　3선식	0.52	0.52
22.9kV　인하선　3선식	0.06	0.06
〃　〃　2선식	0.05	0.05
〃　〃　1선식	0.04	0.04
저압 인상　인하선　4선식	0.075	0.075
〃　〃　3선식	0.065	0.065
〃　〃　2선식	0.054	0.054

[해 설]

① 인하선의 고정(애자포함), 전선휴즈(캣치홀더)설치, 모선접속 포함

② 컷아웃 스위치 설치품 별도 계상

③ 행거형변압기 인하선은 전압에 관계없이 22.9kV 인하선에 준함

④ 모선접속품만을 분리 적용할 필요가 있을 때에는 인하선의 배전전공 품만 75% 적용

⑤ 철거 50%

4-14 변대설치

(단위 : 개소)

종 별	배전전공	보통인부
H 형	1.61	1.61
행거형	0.08	0.08

[해 설]

① ㄱ형완철 설치기준, 경완철 80%

② 철거 50%

③ 행거형 지상조립 75%(공동설치과다 개소, 수목접촉 개소, 공간협소 개소 등 지장물 및 안전위해요소로 지상조립이 불가능한 경우 제외)

4-15 주상변압기 인력 설치

(단위 : 대)

용 량	배전전공	보통인부
10kVA 이하	0.88	0.44
20kVA 이하	1.24	0.62
30kVA 이하	1.60	0.80
50kVA 이하	1.82	1.29
75kVA 이하	2.27	2.27
100kVA 이하	2.50	2.50
150kVA 이하	3.50	3.50

[해 설]

① 행거식 단상, 수상, 인력설치 기준, 전압에 관계없이 적용

② 변압기 올림, 조정, 탭조정, 절연유 보충, 외함 접지선 접속 및 단자결선품 포함

③ 행거식 이외의 주상설치 70%

④ 지상 설치 55% 지하 및 옥상 설치 65%

⑤ 2대 동시 180%, 3대 동시 260%, 3대 초과 시 추가 1대당 80% 가산

⑥ 3상 130%

⑦ 동일 용량의 절연 변압기도 이 품을 적용

⑧ 150kVA 초과 시 절연변압기품 준용, 동일 용량의 절연변압기는 이 품을 적용

⑨ 철거 50%, 재사용 철거 80%

4-16 주상변압기 기계설치 ('25년 개정)

(단위 : 대)

용 량	배전전공	보통인부	장비사용시간(hr)
10kVA 이하	0.32	0.16	0.8
20kVA 이하	0.46	0.23	1.1
33kVA 이하	0.58	0.29	1.4
50kVA 이하	0.66	0.33	1.6
75kVA 이하	0.76	0.38	1.9
100kVA 이하	0.84	0.42	2.0
167kVA 이하	1.00	0.50	2.4

[해 설]

① 트럭탑재형크레인으로 인상 및 소운반하여 주상에 설치하고 다음 작업 장소로 이동, 도착 기준

② 현장 교통정리 필요시, 대당 교통정리원 0.26인 별도 계상

③ 옥내 설치 120%

④ 기계장비의 경비(기계손료, 운전경비, 수송비)는 별도 계상

⑤ 동일 장소에서 2대 동시 180%, 3대 동시 260%

⑥ 수전설비용 설치 시 30% 가산

⑦ 철거 50%, 재사용 철거 80%

4-17 동일주상의 변압기 이동설치

(단위 : 대)

용 량	배전전공	보통인부
주상 10kVA 이하	0.47	0.26
20kVA 이하	0.57	0.34
30kVA 이하	0.70	0.43
50kVA 이하	0.83	0.63
75kVA 이하	0.96	0.96
100kVA 이하	1.37	1.37

[해 설]

① 기존 행거밴드를 재사용하지 않고 이격거리 확보 가능지점에 별도의 행거밴드를 우선 설치한 후 P.Tr을 이동 설치하는 기준, 전압에 관계없이 적용

② 단상, 주상, 인력 설치기준
③ 2대 동시 이동설치는 180%
④ 3대 동시 이동설치는 260%, 3대 초과 시 1대당 80% 가산
⑤ 3상 변압기 130%

4-18 절연변압기 인력 설치

(단위 : 대)

용　　량	배 전 전 공	보 통 인 부
주상 200 kVA	2.88	2.88
300 kVA	3.57	3.57
500 kVA	4.40	4.40
700 kVA	6.17	6.17

[해 설]
① 절연 변압기를 H형 주상에 인력으로 설치하는 기준
② 지상 설치 80%
③ 주상변압기 인력설치 해설 준용

4-19 변압기 탭(Tap) 전환

(단위 : 대)

공　　종	배 전 전 공
탭(Tap) 전환	0.08

[해 설]
① 행거형 주상작업 기준
② 행거형 이외의 경우 70%
③ 2대 동시 180%. 3대 동시 260%
④ P.Tr이 산재하여 있는 지역은 다음과 같이 적용
10대 이하 / 특고압선로길이 1㎞ 이상 2㎞ 이하 : 110%
2㎞ 초과 3㎞ 이하 : 120%
3㎞ 초과 : 150%

4-20 컷아웃 스위치(COS)설치

(단위 : 개)

종　　별	배전전공	보통인부
고　압 컷아웃 스위치	0.05	0.05
특고압 컷아웃 스위치	0.12	0.06
퓨즈링크 교체	0.04	-

[해 설]

① 컷아웃 스위치 1개 주상 설치기준　② 퓨즈링크, 접속, 시험품 포함
③ 전력퓨즈(P.F)는 컷아웃 스위치의 120% ④ 수전설비용 설치 시 30% 가산
⑤ 철거 50%, 재사용 철거 80%
⑥ 동일 장소에 추가 1개마다 기본 품의 60% 적용

4-20-1 결합애자 동시 컷아웃 스위치(COS) 설치

(단위 : 개)

공　　종	배전전공	보통인부
결합애자 동시 컷아웃 스위치	0.125	0.058

[해 설]

① 폴리머 내오손 결합애자와 폴리머 COS 1개를 지상에서 조립 후 주상에서 설치하는 기준
② 퓨즈링크, 접속, 시험품 포함
③ 철거 50%, 재사용 철거 80%
④ 동일장소에 추가 1개마다 기본품의 50% 적용
⑤ 절연장갑작업 장비사용 COS 교체(4-56)에 본 공종 적용 시 지상조립품 개당 배전전공 0.008, 보통인부 0.008 가산

4-21 가공선용 개폐기 및 보호기기 인력 설치

(단위 : 대)

종　　별	배전전공	보통인부
가스절연 부하개폐기	0.79	0.53
리클로저, Sectionalizer, 자동고장구분개폐기(A.S.S)	1.43	1.43
자동부하 전환개폐기(A.L.T.S)	3.62	3.62

[해 설]

① 3상, 주상 설치기준 ② 단상 40%

③ 리드선(인하선) 접속, 기기장치대(행거밴드) 설치 별도 계상

④ 자동부하 전환개폐기는 H주 설치기준

⑤ 6.6 ㎸ 이하 유입개폐기, 유입전자개폐기는 가스절연 부하개폐기 품의 40%, 50%

⑥ 수전설비용 설치 시 30% 가산 ⑦ 철거 50%

4-22 가공선용 개폐기 및 보호기기 기계 설치

(단위 : 대)

종 별	배전전공	보통인부	장비사용시간(hr)
가 스 절 연 부 하 개 폐 기	0.42	0.14	0.4
리클로저, Sectionalizer, 자동고장구분개폐기	0.75	0.25	0.84

[해 설]

① 22.9kV-y 배전선로의개폐기 및 보호기기를 기계장비를 사용하여 주상에 설치하는 작업으로 3상, 주상설치 기준

② 리드선(인하선)접속, 기기장치대, 작업발판대 설치는 별도 계상

③ 제어함 부설시 별도계상("4-88-1 제어함 설치" 준용)

④ 단상 40% ⑤ 철거 50%

4-23 단로기 설치

(단위 : 대)

종 별	용 량	배 전 전 공
DS Hook형(1P)	400A 이하 800A 이하 1,200A 이하	0.35 0.44 0.53
FDS(1P)	30A 이하 200A 이하	0.35 0.44
LS Lever형(3P)	400A 이하 800A 이하 1,200A 이하	2.10 2.20 2.30

[해 설]

① 1P는 3P의 40% ② 2P는 3P의 70%

③ Interrupter S/W는 LS Level형에 준함

④ 주상설치 120%

⑤ 가대 설치 시 개당 배전전공 0.66인 가산하며, Interrupter S/W의 가대설치는 별도 계상

⑥ 리드선 압축접속은 별도 계상

⑦ 부하개폐기(Load Break Switch)는 LS Lever형에 준함(퓨즈부 공용)

⑧ 철거 50%

4-24 피뢰기 설치

(단위 : 개)

종 별	배 전 전 공
피뢰기 직류 1,500V용	0.18
피뢰기 교류 22.9kV용	0.11

[해 설]

① 배선 포함, 접지 불포함

② 피뢰기는 상부배선 포함, 접지완철 및 하부배선 불포함, 리드선 압축접속시는 별도 계상

③ 구내 설치 시 30% 가산 ④ 철거 30%

⑤ 리드선부착형 피뢰기인 경우 피뢰기 설치품의 95% 적용

⑥ 동일 장소에 추가 1개마다 기본 품의 60% 적용

4-25 가공인입선 기계장비 이용 설치 ('25년 개정)

(단위 : 지지물간 거리)

규 격	배 전 전 공	보통인부	장비사용시간(hr)
OW 10㎟ 이하× 2선	0.18	0.08	0.13
16㎟ 〃	0.23	0.11	0.17
25㎟ 〃	0.32	0.15	0.23
35㎟ 〃	0.41	0.19	0.30
70㎟ 〃	0.62	0.29	0.44
120㎟ 〃	0.08	0.41	0.64
240㎟ 〃	1.58	0.74	1.13

[해 설]

① 절연버킷트럭을 이용하여 전주에서 수용가까지 인입선을 설치하는 기준으로 수용가측 인입용완철, 인입선보호장치, 전원·부하 측 접속, 절연커버설치 포함(단, 부하측 접속 제외 시 본 품의 80%)

② DV전선은 80%

③ CV케이블은 90%(조가선 설치포함) 단, 체결형케이블바인더 사용 시 85%

④ 3선식 115%, 4선식 130% ⑤ Al선은 OW선에 준함

⑥ 수용가 측 완철 미설치 시 선종, 용량, 선식에 관계없이 배선전공 0.03인, 보통인부 0.01인, 장비사용시간 0.03hr 제외

⑦ 주상 측 이설 1회선 40%, 1회선 추가시마다 20% 가산(전주 또는 완철 교체 시)

⑧ 이웃연결인입은 75%

⑨ 전압에 대한 가산율 적용 : 3.3kV- 6.6kV 15%
22.9kV 30% 가산

⑩ 전주에 인입용 완철 설치 시 배전용 완철품 적용

⑪ 장력조정 20% ⑫ 목마형 중간지지대 설치 80%

⑬ DV선 분리 작업시는 단 독 : OW선 설치품의 60%
이웃연결 : OW선 설치품의 45%

⑭ 인입선 전원 측 보호장치(전선 퓨즈) 또는 부하 측 보호장치(인입선슬리브 및 단말처리캡)만 설치 시 단상2선식(호) 기준 호당 배전전공 0.1인, 동일 장소 추가시 개당 0.06인 가산

⑮ 철거 50%, 재사용 철거 80%

4-25-1 가공인입선 인력 이용 설치 ('25년 개정)

(단위 : 지지물간 거리)

구 분	배전전공
OW 10㎟ 이하 × 2선	0.23
16㎟ 이하 × 2선	0.29
25㎟ 이하 × 2선	0.39
35㎟ 이하 × 2선	0.51
70㎟ 이하 × 2선	0.76
120㎟ 이하 × 2선	1.09
240㎟ 이하 × 2선	1.93

[해 설]

① 전주에서 수용가까지 인입선을 설치하는 기준으로 수용가측 인입용완철, 인입선보호장치, 전원 · 부하측 접속, 절연커버 설치 포함(단, 부하측 접속 제외 시 본 품의 80%)
② DV전선은 80%
③ CV케이블은 125%(조가선 설치 포함)
단, 체결형케이블바인더 사용 시 120%
④ 3선식 130%, 4선식 150%
⑤ Al선은 OW선에 준함
⑥ 가공인입선만 신설시 50%, 교체시 100%
수용가 측 완철만 신설시 50%, 교체시 100%
⑦ 주상 측 이설 1회선 40%, 1회선 추가시마다 20% 가산(전주 또는 완철교체시)
⑧ 연접인입은 75%
⑨ 전압에 대한 가산율 적용 : 3.3kV ~ 6.6kV 15%
22.9kV 30% 가산
⑩ 전주에 인입용 완철 설치 시 배전용 완철품 적용
⑪ 장력조정 20%
⑫ 목마형 중간지지대 설치 80%
⑬ DV선 분리 작업시는 단독 : OW선 설치품의 60%
연접 : OW선 설치품의 45%
⑭ 인입선 전원측 보호장치(전선 퓨즈) 또는 부하측 보호장치(인입선슬리브 및 단말처리캡)만 설치 시 단선2선식(호) 기준 호당 배전전공 0.1인, 동일 장소 추가시 개당 0.06인 가산
⑮ 철거 50%, 재사용 철거 80%

4-25-2 가공인입선 기계장비 이용 공중분기

(단위 : 지지물간거리)

규 격	배전전공	보통인부	장비사용시간(hr)
CV케이블 25㎟ 이하 × 2선	0.47	0.19	0.79
35㎟ 이하 × 2선	0.61	0.24	1.03
70㎟ 이하 × 2선	0.91	0.37	1.54
120㎟ 이하 × 2선	1.31	0.53	2.20
240㎟ 이하 × 2선	2.32	0.93	3.90

[해 설]

① 절연버킷트럭을 이용하여 전주에서 수용가까지 인입선을 설치하는 기준으로 수용가

측 인입용완철, 인입선보호장치, 전원 · 부하측 연결, 절연커버설치 포함
② DV전선은 80%, 체결형케이블바인더 사용 시 95% 적용
③ 조가선 설치를 포함하며, 1호 추가마다 80% 가산 조가선 미설치 시는 배전전공 0.05인, 보통인부 0.02인, 장비사용시간 0.1hr 제외
④ 3선식 115%, 4선식 130%
⑤ 수용가 측 완철 미설치 시 선종, 용량, 선식에 관계없이 배전전공 0.03인, 보통인부 0.01인, 장비사용시간 0.03hr 제외
⑥ 주상측 이설 1회선 40%, 1회선 추가시마다 20% 가산(전주 또는 완철교체시)
⑦ 이웃연결인입은 75%　　⑧ 전주에 인입용 완철 설치 시 배전용 완철품 적용
⑨ 철거 50%, 재사용 철거 80%

4-25-3 가공인입선 인력 이용 공중분기

(단위 : 지지물간 거리)

규　　격	배전전공
CV케이블 25㎟ 이하 × 2C	1.19
35㎟ 이하 × 2C	1.56
70㎟ 이하 × 2C	2.32
120㎟ 이하 × 2C	3.32
240㎟ 이하 × 2C	5.88

[해 설]
① 전주에서 수용가까지 인입선을 설치하는 기준으로 수용가측 인입용완철, 인입선보호장치, 전원 · 부하측 연결, 절연커버 설치 포함
② DV전선은 80%, 체결형케이블바인더 사용 시 95% 적용
③ 조가선 설치를 포함하며, 1호 추가마다 80% 가산
④ 3선식 130%, 4선식 150%
⑤ 가공인입선만 신설시 50%, 교체시 100%
수용가측 완철만 신설시 50%, 교체시 100%
⑥ 주상측 이설 1회선 40%, 1회선 추가시마다 20% 가산(전주 또는 완철교체시)
⑦ 연접인입은 75%
⑧ 전주에 인입용 완철 설치 시 배전용 완철품 적용
⑨ 철거 50%, 재사용 철거 80%

4-26 인입선 구출선 설치

(단위 : 개)

공 종	배전전공
인입선 구출선	0.11

[해 설]

① 저압간선에 2선식 인입 4호 구출선 설치기준

② 동일 장소에 인입 1호 추가 또는 감소시 마다 10% 가감

③ 3선식 130%. 4선식 150%

4-27 22.9kV 가공케이블 설치

공 종	규 격	단 위	배전전공	특고압 케이블전공	보통인부
ABC 케이블신설	3상 50㎟ 95㎟ 150㎟ 240㎟	km km km km	- - - -	27.3 36.4 46.5 64.8	27.3 36.4 46.5 64.8
ABC 지지대	-	개	0.16	-	-
ABC조가선인장클램프	-	개	0.09	-	-
ABC 조가선압축접속	95㎟ 이상 95㎟ 미만	개소 개소	0.08 0.07	- -	0.04 0.035
ABC 접속함	-	개	0.74	-	0.74
변압기리드선 접속재	-	개	-	0.28	-
ㄱ형 엘보접속재	400A 및 200A 분기선로접속 50㎟ 95㎟ 150㎟ 240㎟	 개 개 개 개	 - - - -	 0.45 0.49 0.52 0.59	 - - - -
ABC 케이블 단말처리	50㎟ 95㎟ 150㎟ 240㎟	개 개 개 개	- - - -	0.61 0.76 0.88 1.17	- - - -
수직형 지지대	단상용 3상용	개 개	0.09 0.16	- -	- -
폴리머 지지애자	-	개	0.046	-	0.046
케이블단말절연커버부설	-	개	0.018	-	0.018

[해 설]

① 케이블신설은 조가선 동시 설치(조가클램프, 케이블클램프 부설 포함) 특고압케이블 3상 설치기준
② 단상 75%
③ 케이블 처짐정도 조정은 케이블 신설의 20%
④ 케이블 철거 50%, 재사용 드럼감기철거 100%
⑤ 지지대, 인장클램프 철거 30%, 재사용 철거 50%
⑥ 95㎟ 이상의 전선과 95㎟ 미만의 전선을 상호 압축접속할 경우 각 품의 평균품 적용.
⑦ 접속함은 3상설치 기준. 단상은 40%, 철거 50%
⑧ ㄱ형 엘보접속재는 동일 장소에 매1개 추가시마다 해당 품의 80%, 철거 50%
⑨ 케이블단말처리는 케이블헤드가 포함되어 있으며, 동일 장소에 매 1개 추가시마다 해당 품의 80%, 철거 50%
⑩ 폴리머지지애자 철거 50%, 재사용 철거 80%
⑪ 케이블단말절연커버는 동일 장소에 매 1개 추가 시마다 해당 품의 30% 가산

4-27-1 저압 가공케이블 설치

공 종 \ 구 분	규 격	단 위	배전전공	저 압 케이블전공	보통인부
ABC 케이블 신설	3상 35㎟ 50㎟ 95㎟ 150㎟ 240㎟	km km km km km	- - - - -	13.9 27.3 36.4 46.5 64.8	12.9 27.3 36.4 46.5 64.8
ABC 지지대 부설	-	개	0.119	-	-
저압 ABC 단자함 부설	-	개	0.195	-	-
ABC 조가선인장클램프	-	개	0.09	-	-
ABC 조가선 압축접속	95㎟ 이상 95㎟ 미만	개소 개소	0.08 0.07	- -	0.04 0.035

[해 설]

① 저압선을 일체형 ABC 케이블로 시공하는 공법으로 기존 3상4선식 저압선(전압선 3조, 중성선 1조)을 전압선3조 및 중성선 역할을 하는 조가선 1조가 일체형으로 꼬여있는 케이블로 시공하는 공법임.

② 케이블신설은 조가선 동시 설치(조가클램프, 케이블클램프 부설 포함) 및 저압케이블 3상 설치기준

③ 케이블 처짐정도 조정은 케이블 신설의 20%

④ 케이블 철거 50%, 재사용 드럼감기철거 100%

⑤ 단자함, 지지대, 인장클램프 철거 30%, 재사용 철거 50%

⑥ 조가선 압축접속은 조가선 상호접속과 기존 중성선 ACSR과의 접속 시 모두 적용하며, 95㎟ 이상의 전선과 95㎟ 미만의 전선을 상호 압축접속할 경우 각 품의 평균품 적용

4-28 조가선 설치 ('25년 개정)

종 별		단 위	케이블전공	보 통 인 부
철 선	30㎟	km	4.83	3.22
	38~45㎟	km	5.22	3.48
	55㎟	km	6.27	4.18
	70㎟	km	6.63	4.42
	90㎟	km	9.06	6.04
	110㎟	km	11.16	7.44
Y 선 설 치		개 소	1.07	-
가 선 심 불 (절 차)		개 소	2.52	-
가 선 콤 파 운 드 (절 차)		개 소	4.66	-
가 선 콤 파 운 드		m	0.0213	-
가 선 심 불		m	0.0146	-
프 리 텐 숀		개 소	0.58	-
밴 드		개	0.058	0.029
클 램 프		개	0.028	0.0094
턴 버 클		개	0.056	0.028
지 지 용 볼 트		개	0.084	0.084

[해 설]

① 사용케이블의 공칭전압에 따라 케이블전공 직종을 구분 적용

② 부대철물 철거 50%   ③ 조가선 철거 60%, 드럼감기 철거 100%

④ 작업용 비계 및 가설물 설치 시 별도 계상

4-29 강관 설치

(단위 : m)

규 격	배전전공	보통인부
ø 16㎜ 이하	0.022	0.044
ø 22㎜ 이하	0.024	0.048
ø 36㎜ 이하	0.027	0.054
ø 54㎜ 이하	0.031	0.062
ø 75㎜ 이하	0.036	0.072
ø 100㎜ 이하	0.042	0.084
ø 125㎜ 이하	0.047	0.094
ø 150㎜ 이하	0.052	0.104
ø 175㎜ 이하	0.057	0.114
ø 200㎜ 이하	0.061	0.122
ø 250㎜ 이하	0.082	0.164
ø 300㎜ 이하	0.090	0.180

[해 설]

① 터파기, 되메우기 및 잔토처리는 별도 계상. 잔토를 현장밖으로 처리할 경우 적상, 적하비용 및 운반비 별노 계상

② 반매입, 지표식, 지중식 모두 준용

③ 2열 동시 180%, 3열 260%, 4열 340%, 6열 420%, 8열 500%, 10열 580%

④ 접합품 포함

⑤ PVC 직관 및 PE 전선관 60%

⑥ 이 공사에 부수되는 토건공사 품셈 적용시 지세별 할증률 적용

⑦ 가로등 공사, 신호등 공사, 보안등 공사 또는 구내 설치 시 30% 가산

⑧ 철거 50%

4-30 콘크리트 트러프 설치

(단위 : m)

규 격	배전전공	보통인부
내 경 70mm × 75mm 이하	0.011	0.011
120mm × 75mm 이하	0.016	0.016
150mm × 90mm 이하	0.021	0.021
150mm × 120mm 이하	0.024	0.024
200mm × 90mm 이하	0.029	0.029
200mm × 170mm 이하	0.034	0.034
250mm × 170mm 이하	0.041	0.041
300mm × 170mm 이하	0.051	0.051
330mm × 210mm 이하	0.056	0.056
400mm × 215mm 이하	0.072	0.072
430mm × 170mm 이하	0.074	0.074
500mm × 250mm 이하	0.08	0.08

[해 설]

"4-29 강관설치" 해설 준용

4-30-1 콘크리트 트러프 뚜껑 여닫이

종 별	단위	배전전공	보통인부
70mm	m	0.003	-
120mm	m	0.004	-
150mm	m	0.005	-
200mm	m	0.009	-
250mm	m	0.007	0.007
300mm	m	0.007	0.007
330mm	m	0.007	0.007
400mm	m	0.013	0.013
430mm	m	0.013	0.013
500mm	m	0.014	0.014

[해 설]

① 기존에 설치된 트러프 뚜껑만 열고, 닫기에 적용

② 트러프 매몰 장소에는 땅파기, 자갈 들어내기 별도 계상

4-31 합성수지 파형관 설치

(단위 : m)

규 격	배전전공	보통인부
16㎜ 이하	0.005	0.012
30㎜ 〃	0.006	0.014
50㎜ 〃	0.007	0.018
80㎜ 〃	0.009	0.022
100㎜ 〃	0.012	0.036
125㎜ 〃	0.016	0.048
150㎜ 〃	0.019	0.062
175㎜ 〃	0.023	0.074
200㎜ 〃	0.025	0.082

[해 설]

① 합성수지 파형관의 지중포설 기준

② 터파기, 되메우기 및 잔토처리 별도계상

③ 접합 혹은 접속품 포함, 접합부의 콘크리트 치기품 및 지세별 할증은 별도 계상

④ 2열 동시 180%, 3열 260%, 4열 340%, 6열 420%, 8열 500%, 10열 580%, 12열 660%, 14열 740%, 16열 820%

⑤ 동시배열이란 동일 장소에서 공(孔)당의 파형관을 열로 형성하여 층계별로 설치하는 것을 말하며, 100㎜ 2열, 175㎜ 6열, 200㎜ 4열을 층계별로 동시 설치 시 산출은 다음과 같다. 이는 12공을 층계별로 동시 배열하는 것으로서 동시 적용율은 660%로 따라서, 합산품은 (100㎜ 기본품×2열+175㎜ 기본품×6열+200㎜ 기본품×4열)×660%÷12이다.(열은 관로의 공수를 뜻함.)

⑥ 100㎜ 이상 이종관 접속 시 또는 이음관 추가 설치 시 동시배열(공. 열. 층)에 관계없이 접속 개당 배전전공 0.053인, 보통인부 0.053인 적용

⑦ 스페이서를 설치할 경우 파상형 전선관 공, 열, 층에 관계없이 스페이서 Point 10개 설치당 배전전공 0.006인, 보통인부 0.006인 별도계상

⑧ 가로등 공사, 신호등 공사, 보안등 공사 또는 구내설치 시 50% 가산

⑨ 철거 50%, 재사용 철거 80%

4-32 관로청소 및 도통시험

제2장 송전설비 "2-11-1 관로청소 및 도통시험" 준용

4-33 입상케이블 보호관 설치

(단위 : m)

규 격	배 전 전 공	보 통 인 부
입상관 ø175㎜ 이하	0.22	0.11

[해 설]

① 전주용 입상관 및 조립식 반할관 사용 기준

② 터파기, 되메우기 및 잔토처리는 별도 계상

③ 철거 50%, 재사용 철거 80%

4-34 전력케이블 설치

(단위 : ㎞)

P.V.C 고무절연 외장케이블류		케 이 블 전 공	보 통 인 부
저 압	6㎟ 이하 단심	4.62	4.62
	10㎟ 이하 단심	4.84	4.84
	16㎟ 이하 단심	5.28	5.28
	25㎟ 이하 단심	6.09	6.09
	35㎟ 이하 단심	6.58	6.58
	50㎟ 이하 단심	7.32	7.32
	70㎟ 이하 단심	8.46	8.46
	120㎟ 이하 단심	11.58	11.58
	185㎟ 이하 단심	15.33	15.33
	240㎟ 이하 단심	18.50	18.50
	300㎟ 이하 단심	21.55	21.55
	400㎟ 이하 단심	23.00	23.00
	500㎟ 이하 단심	24.83	24.83
	630㎟ 이하 단심	29.47	29.47
	800㎟ 이하 단심	34.94	34.94
	1000㎟ 이하 단심	41.38	41.38

[해 설]

① 1kV 케이블 기준, 드럼 다시감기 소운반품 포함

② 지하관내 부설기준, Cu, Al 도체 공용

③ 트러프 내 설치 110%, 2심 140%, 3심 200%, 4심 260% 직매(장애물이 없을 때) 80%
④ 가공케이블(조가선 및 행거품 불포함) 130%, 가로수 또는 수목과 접촉하여 설치 시 120%
⑤ 연피 및 벨트지케이블은 120%, 강대개장 150%, 수저케이블 200%, 동심중성선형케이블 110%, 가요성 금속피(알루미늄, 스틸) 케이블은 100% 적용
⑥ 가공 시 전선처짐정도조정만 할 때는 설치의 20%
⑦ 단말처리, 직선접속 및 접지공사 불포함(600V 10㎟ 이하의 단말처리 및 직선 접속 포함)
⑧ 관내 기존케이블 정리가 필요할 때는 10% 가산
⑨ 8자설치는 본 품의 115% 적용(단, 8자 설치+일반 설치≤전체 설치구간)
⑩ 선로횡단 및 커브개소에는 개소당 케이블공 0.054인 가산
⑪ 임시부설 30% 적용
⑫ 터파기, 되메우기, 트러프관 설치는 별도 계상
⑬ 2선 동시 180%, 3선 260%, 4선 340%, 4선 초과 시 1선당 80% 가산, 물밑설치 200% 각각 적용
⑭ 관로식에서 단심케이블을 동일 공내에서 2조 이상 설치 시 1조 추가마다 80% 가산
⑮ 배전전력케이블 설치 시 구내부설부문 전력케이블은 150% 적용
⑯ 전압에 대한 가산율

3.3kV~6.6kV	15% 가산
22.9kV 이하	30% 가산
66kV 이하	80% 가산

⑰ 공동구(전력구 포함)의 경우는 125%
⑱ 사용케이블의 공칭전압에 따라 케이블공 직종을 구분 적용
⑲ 가로등 공사, 신호등 공사, 보안등 공사 시 50% 가산
⑳ 철거 50%, 재사용 드럼감기 철거 100%

4-35 지중 전력케이블 기계장비 이용 설치

(단위 : ㎞)

규 격 (㎟)	단심 1공 3선		장비사용시간(hr)
	케 이 블 공	보 통 인 부	윈 치
60	23.60	19.27	2.97
200	48.60	38.55	6.12
325	69.43	55.54	8.74
600	91.60	74.78	11.55

[해 설]

① 지하 파형관 내 22.9kV급 CN-CV 케이블 단심 1공 3선 설치기준으로 Cu, Al도체 및 공수에 관계없이 모두 적용
② 드럼 다시감기 소운반품 포함
③ 장비(윈치, 조합장비 등) 사용기준으로 기계장비의 제경비는 별도 계상
④ 트러프 내 설치 110%
⑤ 가공케이블(조가선 및 행거품 불포함) 130%
⑥ 단말처리, 직선접속 및 접지공사 불포함
⑦ 관내 기존 케이블 정리가 필요한 경우는 10% 가산
⑧ 터파기, 되메우기, 트러프관 설치품 제외
⑨ 1공 내에 1조 및 2조 설치 시는 각 50% 및 70% 적용
⑩ 사용케이블의 공칭전압에 따라 케이블전공 직종을 구분 적용
⑪ 잡재료는 별도 계상
⑫ 동일 장소의 공수에 관계없이 각 해당 품을 모두 적용
⑬ 구간선로길이(맨홀 간 또는 맨홀과 핸드홀 간) 미만(공수, 선수에 무관)인 소규모 공사는 이 품의 150% 적용(기계경비 포함, 설치품만 해당)
⑭ 철거 60%, 재사용 드럼감기 철거 100%

4-35-1 전력케이블 터널내 기계 설치

(단위 : m)

규 격(㎟)	저압 케이블전공	보통 인부	장비사용시간(hr)	
			윈 치	리프트
35㎟ 이하 × 1C	0.019	0.005	0.008	0.038
95㎟ 이하 × 1C	0.03	0.008	0.012	0.061

[해 설]

① 터널내 상부 케이블 트레이 장비사용 기준
② 소운반, 작업준비 · 설치 · 정리 포함
③ 단심케이블 1선 추가마다 50%씩 가산
④ 기계경비 필요 시 별도 계상
⑤ 철거 60%, 재사용 철거는 100%(드럼감기 품 포함)

4-36 전력케이블 직선접속

(단위 : 개소, 적용직종 : 케이블전공)

규 격	1kV 이하			7kV 이하			25kV 초과 66kV 이하	
	1C	2C	3C	1C	2C	3C	1C	3C
10㎟ 이하	-	-	-	0.21	0.28	0.35	-	-
16 〃	0.17	0.22	0.27	0.23	0.31	0.40	-	-
25 〃	0.20	0.27	0.34	0.29	0.40	0.49	-	-
35 〃	0.23	0.29	0.36	0.33	0.44	0.55	-	-
50 〃	0.24	0.32	0.40	0.37	0.51	0.64	-	-
70 〃	0.28	0.37	0.46	0.43	0.59	0.73	1.91	3.18
95 〃	0.30	0.41	0.50	0.46	-	0.76	-	-
120 〃	0.34	0.46	0.57	0.50	-	0.83	-	-
185 〃	0.41	0.55	0.68	0.64	-	1.05	-	-
240 〃	0.47	0.62	0.77	0.73	-	1.17	-	-
300 〃	0.51	0.68	0.84	0.78	-	1.22	-	-
400 〃	0.58	-	-	0.89	-	-	2.40	3.98
500 〃	0.64	-	-	0.97	-	-	-	-
630 〃	0.72	-	-	1.10	-	-	-	-
800 〃	0.84	-	-	1.27	-	-	4.01	6.71
1,000 〃	1.05	-	-	1.59	-	-	4.45	7.15
2,000 〃	1.05	-	-	1.59	-	-	4.98	-

[해 설]

① "4-34 전력케이블 설치"의 해설 준용
② 특고압케이블 내압시험시 특고압케이블전공 0.08인 가산
③ Y 및 T 접속 150%
④ 10㎟ 이하는 "5-13 제어용 케이블 설치" 준용
⑤ 공동구(전력구포함) 115%

⑥ 4C는 3C의 120%
⑦ 구내 설치 시 20% 가산
⑧ 케이블 재사용 해체 철거 70%

4-36-1 25kV 이하 특고압 전력케이블 직선접속 ('25년 개정)

(단위 : 개소)

규 격(㎟)	특고압 케이블전공	보통 인부
35㎟ 이하	0.17	0.06
95㎟ 이하	0.19	0.07
70㎟ 이하	0.22	0.08
95㎟ 이하	0.23	0.08
120㎟ 이하	0.25	0.09
185㎟ 이하	0.30	0.11
240㎟ 이하	0.35	0.13
300㎟ 이하	0.39	0.14
400㎟ 이하	0.45	0.16
500㎟ 이하	0.49	0.17
630㎟ 이하	0.56	0.20
830㎟ 이하	0.64	0.23
1000㎟ 이하	0.81	0.29
2000㎟ 이하	0.81	0.29

[해 설]

① 내압시험시 특고압케이블전공 0.08인 가산
② 공동구(전력구 포함) 115%
③ 구내 설치 시 20% 가산
④ 재사용 해체 철거 70%
⑤ 조립형 난연커버 설치 시 특고압케이블전공 0.03인 가산
⑥ 현장 교통정리 필요시, 교통정리원(0.24인/개소) 별도 계상
⑦ 양수작업 필요 시 별도계상
⑧ 동일 장소에서 단심케이블 2조이상 접속 시 1조 추가마다 80% 적용

⑨ 연피 및 벨트지케이블은 120%, 강대개장 150%, 수저케이블 200%, 동심중성선형 케이블 110%

⑩ Cu, Al 도체에 공통 적용

⑪ 자기수축형 및 조립형 접속재와 공통 적용

4-37 전력케이블 단말처리

(단위 : 개소, 적용직종 : 케이블전공)

규 격	1kV 이하			7kV 이하			25kV 이하			66kV 이하	
	1C	2C	3C	1C	2C	3C	1C	2C	3C	1C	3C
10㎟ 이하	-	-	-	0.35	0.47	0.58	-	-	-	-	-
16 〃	0.27	0.36	0.45	0.39	0.53	0.65	-	-	-	-	-
25 〃	0.33	0.46	0.56	0.48	0.65	0.81	-	-	-	-	-
35 〃	0.36	0.48	0.60	0.55	0.73	0.91	0.67	0.90	1.12	-	-
50 〃	0.40	0.53	0.67	0.61	0.85	1.07	0.76	1.01	1.26	-	-
70 〃	0.47	0.61	0.76	0.71	0.98	1.22	0.86	1.15	1.43	3.13	5.25
95 〃	0.50	0.67	0.84	0.76	-	1.27	0.93	1.24	1.55	-	-
120 〃	0.57	0.76	0.95	0.83	-	1.38	1.00	1.34	1.68	-	-
185 〃	0.68	0.91	1.13	1.06	-	1.76	1.21	1.56	1.90	-	-
240 〃	0.77	1.03	1.28	1.17	-	1.95	1.42	1.72	2.01	-	-
300 〃	0.84	1.12	1.40	1.28	-	2.02	1.59	1.83	2.07	-	-
400 〃	0.97	-	-	1.47	-	-	1.82	2.1	2.37	4.2	7.1
500 〃	1.07	-	-	1.62	-	-	1.97	2.27	2.56	-	-
630 〃	1.20	-	-	1.82	-	-	2.26	2.60	2.94	-	-
800 〃	1.39	-	-	2.12	-	-	2.59	-	-	6.44	11.84
1,000 〃	1.74	-	-	2.65	-	-	3.26	-	-	7.17	12.57
2,000 〃	1.74	-	-	2.65	-	-	3.26	-	-	8.3	-

[해 설]

① "4-34 전력케이블 설치"의 해설 준용
단, 25kV 이하 동심중성선형케이블인 경우 1C×3선은 같은 규격의 3C 공량으로 적용

② 케이블 헤드를 포함한 단말처리 기준

③ 압착단자(또는 동관단자)만으로 단말처리시는 30%

④ 제어, 신호용 케이블의 단말처리는 제외

⑤ 4C는 3C의 120%

⑥ 구내 설치 시 20% 가산

⑦ 10㎟ 이하는 "5-13 제어용케이블 설치" 준용

⑧ 케이블 재사용 해체 철거 70%,

4-38 지중케이블용 금구류 부착

제2장 송전설비공사 "2-18 케이블 금구류 부착" 준용

4-39 케이블 헤드 지지금구 설치

(단위 : 조)

공 종	배전전공	보통인부
지지금구 설치	0.22	0.11

[해 설]

① 전주상에 지중배전용 케이블헤드를 지지하기 위하여 상 하부용 지지금구를 설치하는 기준

② 철거 50%, 재사용 철거 80%

4-40 지상 설치형 변압기 기계설치 ('25년 개정)

(단위 : 대)

용 량	배전전공	보통인부	장비사용시간(hr)
50kVA 이하	0.46	0.69	1.31
100 〃	0.52	0.77	1.46
200 〃	0.61	0.91	1.71
300 〃	0.64	0.96	1.81
500 〃	0.67	1.01	1.91

[해 설]

① 상별 구분없이 Pad 변압기를 기계장비로 인상 및 소운반하여 지상에 설치하고 다음 장소로 이동 및 도착하는 기준. 설치 전 점검 및 기초대 앵커볼트 설치 포함

② 현장 교통정리 필요시, 대당 교통정리원 0.33인 별도 계상

③ 옥내 설치 120%
④ 케이블 접속 별도계상
⑤ 기계장비의 경비(기계손료, 운전경비, 수송비) 별도 계상
⑥ 수전설비용 설치 시 30% 가산
⑦ 철거 50%, 재사용 철거 80%
⑧ 동일 장소에서 2대 이상 동시 설치 시는 1대 추가마다 80% 가산
⑨ 슬림형 1상 300kVA와 3상 500kVA 변압기는 일반형보다 1단계 하위 용량 변압기 적용

4-41 배전지중용 개폐기 기계설치 ('25년 개정)

(단위 : 대)

규 격	배 전 전 공	보 통 인 부	장비사용시간(hr)
25.8kV급 4W-4S, 3W-3S	0.49	0.97	1.95

[해 설]

① 트럭탑재형크레인으로 인상 및 소운반하여 지상설치하고 다음 작업장소로 이동, 도착 기준, 앵커볼트 설치품은 포함
② 규격에 관계없이 적용, 케이블 접속은 별도 계상
③ 현장 교통정리 필요시, 대당 교통정리원 0.54인 별도 계상
④ 옥내설치 120%, 지중설치 150%.
⑤ 동일 장소에서 2대 이상 동시 설치 시는 1대 추가마다 80% 가산
⑥ 기계장비의 경비(기계손료, 운전경비, 수송비)는 별도 계상
⑦ 철거 50%

4-42 지상 설치형 변압기 엘보접속

(단위 : 개)

공 종	특고압 케이블전공
지상변압기 엘보접속	0.35

[해 설]

① 지상 관내부설 및 CV 케이블 1선(상) 설치기준

② 관내 기존케이블 정리, 단말처리 및 접지공사 포함

③ 동일 장소에서 매 1개 추가시마다 80% 가산

④ 철거 50%

4-42-1 지상기기 내부청소 ('25년 개정)

공 종 명	배전전공	특별인부
지상개폐기 내부청소 (4W4S)	0.213	0.213
지상개폐기 내부청소 (3W3S)	0.175	0.175
지상변압기 내부청소 (단상)	0.127	0.127
지상변압기 내부청소 (3상)	0.210	0.210

[해 설]

① 본 품은 절연체로 제작된 솔 등을 이용하여 활선상태의 기기내부(기초대 부분 청소포함) 및 케이블 엘보접속재에 부착된 분진 등을 제거하는 작업으로 지상기기 외함내부 청소 2회, 엘보접속재 1회 청소 후 지상기기 내부를 완전 건조시키는 기준임

② 내부청소 전 기기내부 이상유무, 접속재 온도측정, 접지상태 점검 포함

③ 지상기기 외함청소와 내부청소 동시시행 시 외함청소 품(“표준품셈 4-83”)의 70% 가산

④ 지상기기의 운영을 위해 추가 설치된 고장표시기, 원격감시시스템 등의 철거 및 설치 품은 별도 계상

⑤ 현장 교통정리 필요시, 교통정리원 별도 계상(해당 공종의 특별 인부 공량 동일 적용)

4-42-2 지상개폐기 엘보접속재 분리•연결 ('25년 개정)

(단위 : 회로)

공 종	특고압케이블전공
지상개폐기 엘보접속재 분리·연결	0.168

[해 설]

① 1회로 3상 분리 후 연결까지의 품　② 1상 50%, 2상 70%
③ 동일 장소에서 1개 추가시마다 80% 가산

4-42-3 지상개폐기 엘보접속재 절연플러그 분리·연결 ('25년 개정)

(단위 : 회로)

공 종	특고압케이블전공
지상개폐기 엘보접속재 절연플러그 분리·연결	0.06

[해 설]

① 지상개폐기 엘보접속재 절연플러그(절연캡 포함)만 1회로 3상 분리·연결 시 적용
② 1상 분리연결은 50%, 2상 분리연결은 70%
③ 동일 장소에서 1회로 추가 시마다 80% 가산

4-43 25.8kV 가스절연개폐기(지중용) 엘보 접속

(단위 : 개)

규 격	특고압 케이블전공
60㎟ 이하	0.41
200㎟ 이하	0.51
325㎟ 이하	0.59

[해 설]

① 지상관내 부설 및 지중 맨홀내 동일 적용
② 동일 장소에서 매 1개 추가시마다 80% 적용　③ 철거 50%

4-43-1 지상개폐기 결로방지용 환기장치 설치

구 분 / 공 종	특고압 케이블전공	도장공	특별인부	장비사용 시간(hr)
환기장치 설치	0.268	0.163	0.325	0.179

[해 설]

장비사용 시간은 발전기 사용시간 기준

4-43-2 지중선로 고장구간 표시기 설치

구 분 / 공 종	특고압 케이블전공	도장공	장비사용 시간(hr)
고장구간 표시기 설치	0.128	0.128	0.12

[해 설]

① 단위 세트당 공량이며, 동일 장소 1세트 추가 시 이 품의 50% 적용

② 외함 천공작업 생략 시 이 품의 50% 적용

③ 철거 50%

4-43-3 조립식 맨홀 및 기기 기초대 설치

(단위 : 조당)

종 별	특별인부	작업반장	줄눈공	장비사용시간(hr)			
				5톤	10톤	30톤	50톤
기기 기초대, 통신용핸드홀	1.33	0.28	0.03	2.33			
핸드홀	1.33	0.28	0.03		2.28		
맨홀(MS-4, MS-6)	1.63	0.34	0.05			2.80	
맨홀(MB-6,MC-6,ME-6)	2.35	0.49	0.07				4.04

[해 설]

① 본 품은 바닥 정지, 설치 및 관로구 설치품 포함

② 터파기, 기초잡석 및 콘크리트 되메우기, 잔토처리 및 접지공사품은 별도 계상

③ 장비는 크레인 사용기준으로 장비사용료 별도 계상

4-43-4 지중 저압 접속함 설치

구 분 / 공 종	배전전공	보통인부
간 선 용	0.295	0.592
인 입 용	0.177	0.355

[해 설]

① 본 품은 바닥 정지, 접속함 설치 및 파형관 접속품 포함

② 터파기, 기초잡석 및 콘크리트 되메우기, 잔토처리 및 접지공사품은 별도 계상

4-43-5 지중저압케이블 볼트타입 접속장치 설치

(단위 : 개)

공 종	규 격	저압케이블전공
지중저압케이블 볼트타입 접속장치 설치	대형(BL. BL-N) 70~300㎟ 소형 25~70㎟	0.48

[해 설]

① 3상 4선식 3회로 기준임. 분기선 증감시 15% 증감
② 1상 2선식은 상기품의 70% 적용
③ 기존 접속재에 단순 케이블 접속 시 70%
④ 철거 50%

4-43-6 지중 저압접속함 점검

공 종	청소 및 오물제거 포함		청소 및 오물제거 제외	
	저압 케이블공	보통인부	저압 케이블공	보통인부
단상 1분기	0.23	0.26	0.16	0.18
3상 1분기	0.29	0.32	0.22	0.24

[해 설]

① 분기 1개소 추가마다 단상은 10%, 3상은 20%씩 가산적용
② 3상 1분기, 단상 1분기 동시 존재시 3상 1분기 품 적용 및 단상 1분기 품의 10% 힙산 적용
③ 지중배전 저압접속함 내부를 점검하는 기준임(접지저항, 대지간 전압, 부하전류, 케이블피복 손상 여부, 구조물 점검, 뚜껑과의 접촉여부 점검, 접속장치 조임상태 포함)
④ 양수기 사용 시 기계경비 별도계상
⑤ 소모 잡재료비(청소용 넝마, 마대 등)는 별도 계상
⑥ 지세별 및 노임의 할증 필요 시 별도계상
⑦ 하우징일체형 저압접속함 점검 장비 사용 시

공 종	청소 및 오물제거 포함		청소 및 오물제거 제외	
	저압 케이블공	보통인부	저압 케이블공	보통인부
단상 1분기	0.20	0.23	0.13	0.15
3상 1분기	0.23	0.26	0.16	0.18

4-43-7 배전 지상기기 정밀점검

(단위 : 대)

종 별	배전전공	보 통 인 부	비고
지상변압기 정밀점검	0.0375	0.0375	3상 기준
지상개폐기 정밀점검	0.0292	0.0292	4회로 기준

[해 설]

① 후크온 미터, 온도 측정기 등을 이용하여 지상기기의 부하전류, 전압, 접지저항, 엘보(부싱포함)온도 등을 측정하고, 내 외부 이상 유무를 점검하여 기록, 정리하는 작업 기준

② 측정 장소가 산재되어 있어 이동측정 시는 50%까지 가산

③ 단상 변압기 점검시 75% ④ 지상변압기 부하전류 및 전압 측정 제외시 75%

⑤ 개폐기 1회로 증감시 7% 가감

4-44 배전지중용 표시찰 설치 ('25년 개정)

(단위 : 개)

공 종	케이블전공	보 통 인 부
표 시 찰 설 치	0.006	0.006

[해 설]

① 배전지중용 지하 맨홀내 및 지상기기내에서 상, 선로, 수용가, 계통, 접속자 표시찰 부착기준

② 맨홀내 양수펌프설치 불포함

③ 현장 교통정리 필요시, 개당 교통정리원 0.0054인 별도 계상

④ 사용케이블의 공칭전압에 따라 케이블전공 직종을 구분적용

⑤ 철거 50%

4-45 지중케이블 매설표시 시트 설치

(단위 : 100m)

공 종	케이블전공	보 통 인 부
매설표지시트 설치	0.05	0.10

[해 설]

① 지중케이블 또는 관로를 설치한 후 매설물의 보호를 위하여 그 위에 매설 표시 시트(경고용테이프)를 설치하는 기준

② 터파기, 되메우기 및 잔토처리는 별도 계상

③ 사용케이블의 공칭전압에 따라 케이블전공 직종을 구분 적용

④ 시트 매설을 위한 바닥고르기 작업 포함

4-45-1 지중케이블 보호판 설치

(단위 : 100개)

공 종	케이블전공	보 통 인 부
보호판 설치	0.15	0.15

[해 설]

① 지중케이블 또는 관로를 설치한 후 매설물의 보호를 위하여 그 위에 매설 보호판을 설치하는 기준

② 터파기, 되메우기 및 잔토처리는 별도 계상

③ 사용케이블의 공칭전압에 따라 케이블전공 직종을 구분 적용

④ 보호판 매설을 위한 바닥 고르기작업 포함

⑤ 보호판은 관로공수 및 현장여건을 고려하여 보호판 길이 또는 폭 방향으로 설치하며, 관로공수가 많아 보호판을 병렬로 2열 이상 설치 시 2열은 180%, 3열은 260% 적용

4-45-2 지중케이블 상 추적

(단위 : 회선)

공 종	특고압케이블전공	보 통 인 부
지중케이블 상 추적(확인)	0.13	0.07

[해 설]

① 지중선로에서 엘보, 종단접속재 분리상태에서 상 추적 판별기를 활용하여 맨홀, 관로 등에서 사선상태의 케이블을 확인하는 작업임

② 지중케이블 철거 · 교체 또는 직선접속재 철거 · 교체 작업과 병행시 특고압케이블 전공 0.05 적용, 보통인부 적용 제외

4-46 지중선로 표지기 설치 ('25년 개정)

(단위 : 개)

공 종	전기공사산업기사	보 통 인 부
표 지 기 설 치	0.07	0.07

[해 설]

① 포장도로(아스팔트, 콘크리트, 보도블록) 시공 기준

② 현장 교통정리 필요시, 교통정리원 0.06인 별도 계상

③ 도면에 의거 줄자로 시공위치 선정 포함

④ 포장 정리품 포함

⑤ 철거 50%

4-47 지중방수용 발포지수제 분사처리 ('25년 개정)

(단위 : 개)

공 종	케이블전공	보 통 인 부
발포수지제 분사처리	0.076	0.076

[해 설]

① 맨홀내 및 지상기기내 시공 기준

② 현장 교통정리 필요시, 교통정리원 0.07인 별도 계상

③ 사용케이블의 공칭전압에 따라 케이블전공 직종을 구분 적용

④ 맨홀내 양수 필요 시는 별도 계상

⑤ 철거 50%

4-48 600V CV케이블 접속장치 설치 ('25년 개정)

(단위 : 개)

종 별	저압케이블전공	보 통 인 부
3,4회로용	0.63	0.21
6 회로용	0.43	0.14
슬리브압축 S22-S	0.08	-
S60-S	0.11	-
S100-S, S100	0.12	-
S200-L	0.17	-
S325-L	0.21	-
보호함 설치	0.71	-

[해 설]

① 앵카볼트사용 벽면 부착기준 ② 미고정상태로 사용 시 30%

③ 보호함설치에는 케이블 접속품(케이블전공 0.42인) 포함

④ 철거 50%, 재사용 철거 80%

4-49 저압 지중인입선 전환

(단위 : 건)

종 별	저압케이블전공	보 통 인 부
1ø 2W 1ø 3W 3ø 4W	0.45 0.51 0.66	0.15 0.17 0.22

[해 설]

① 배전지중화 공사시 저압 가공인입선을 저압 지중케이블 인입선으로 전환하는 작업 기준

② 기존 전압, 상, 수용가설비 확인 포함

③ 기존 가공인입선과 지중 인입케이블 연결(가공, 지중 인입구간 설치) 포함

④ 기존 가공인입선 철거 불포함

⑤ 가공인입선 선종에 관계없이 적용

4-50 절연장갑작업 장비사용 전주교체 ('25년 개정)

(단위 : 기)

공 종	배전활선전공	장비사용시간(hr)
전 주 교 체	1.15	1.8

[해 설]

① 22.9kV-y 배전선로 핀장주에서 절연버킷트럭을 이용하여 기존 전주의 충전부의 방호, 전선이격 및 신설주에 폴가드(Pole Guard)를 설치하여 전주를 교체하는 절연장갑작업 기준
② 완철 및 LP애자 설치, 철거 포함
③ 전주철거 및 신설은 별도 계상
④ 3선(상) 기준, 2선(상) 80%, 1선(상) 50%
⑤ 겹완철 장주는 110%
⑥ 장비의 제경비는 별도 계상
⑦ 중성선 방호 포함, 저압선 방호 필요 시 별도 계상
⑧ 인력 시공시 배전활선 전공만 110% 적용
⑨ 고압의 경우 85% 적용
⑩ 전주 교체 작업범위는 직선 전선로 전 · 후 각각 8 m 이내이며, 이때 8 m 초과 시는 절연장갑작업 장비사용 전주방호(4-64) 적용
⑪ 전주 교체 시 좌 · 우로 각각 1.5 m 초과 이동 설치 시는 절연장갑작업 장비사용 전선이선품(4-62)을 별도 계상
⑫ 현장 교통정리 필요시, 기당 교통정리원 0.44인 별도 계상
단, 동일 전주에서 2개 공종 이상 동시작업하는 경우 주작업을 제외한 1개 공종 추가마다 해당 교통정리원 품의 60%를 가산하고, 개수(또는 조)의 증감에 따른 적용률은 해당 품의 해설항목 준용

4-51 절연장갑작업 장비사용 완철 교체 ('25년 개정)

(단위 : 개)

종 별	배전활선전공	장비사용시간(hr)
핀 장 주	0.93	1.86
장력견딤 장주(내장주) 및 한쪽당김장주(인류)	1.13	2.26

[해 설]

① 22.9kV-y 3상 배전선로의 핀, 장력견딤 및 한쪽당김장주에서 절연버킷트럭을 이용하여 완철을 교체하는 절연장갑작업 기준
② 2선 이하일 경우 80% 적용
③ 완철규격에 관계없이 애자 및 바인드 시공(철거/설치)품 포함
④ 일반장주를 창출장주로 변경하는 것도 이 품 적용
⑤ 장비의 제경비는 별도 계상
⑥ 소단위 작업의 단위수 산정은 완철 교체 개수를 합하여 할증률 적용
⑦ 중성선 방호 포함, 저압선 방호 필요 시 별도계상
⑧ 인력 시공시 배전활선전공(장비운전원제외)만 130% 적용
⑨ 동일 전주에서 한개 초과시마다 해당 품의 60% 가산
⑩ 고압의 경우 85% 적용
⑪ 현장 교통정리 필요시, 핀장주는 교통정리원(0.47인/개당) 장력견딤 및 한쪽당김장주는 교통정리원(0.57인/개당) 별도계상. 단, 동일 전주에서 2개 공종 이상 동시작업 시 주작업을 제외한 1개 공종 추가마다 해당 교통정리원 품의 60%를 가산하고, 개수(또는 조)의 증감에 따른 적용률은 해당 품의 해설항목 준용

4-52 절연장갑작업 장비사용 장주변경 ('25년 개정)

(단위 : 개소)

공 종	배 전 활 선 전 공	장비사용시간(hr)
장 주 변 경	1.74	3.48

[해 설]

① 22.9kV-y 배전선로에서 활선 바이패스 점퍼스틱(케이블)과 절연버킷트럭 장비를 사용하여 3선 1개소의 핀장주를 장력견딤전주로 변경하는 절연장갑작업 기준
② 바이패스케이블을 사용하지 않는 경우는 70% 적용
③ 완철 1본 추가 및 애자품 포함
④ 2선 80%, 1선 50%
⑤ 중성선 방호 포함. 저압선 방호 필요 시 별도계상

⑥ 전선절단, 압축, 처짐정도조정 및 각종 커버품 포함
⑦ 인력시공시 배전활선전공만 130% 적용
⑧ 고압의 경우 85% 적용
⑨ 현장 교통정리 필요시, 교통정리원(0.87인/개소당) 별도 계상. 단, 동일 전주에서 2개 공종 이상 동시 작업 시 주작업을 제외한 1개 공종 추가마다 해당 교통정리원 품의 60%를 가산하고, 개수(또는 조)의 증감에 따른 적용률은 해당품의 해설항목 준용
⑩ 나선 80% ⑪ 전주 및 전선의 규격과 장주 종류에 관계없이 적용

4-53 절연장갑작업 장비사용 애자교체 ('25년 개정)

(단위 : 개)

종 별	배전활선전공	장비사용시간(hr)
라인포스트애자	0.34	0.69
현수애자	0.53	1.05

[해 설]

① 22.9kV-y 기존 배전선로의 라인포스트애자, 특고압용 현수애자를 절연버킷트럭을 이용하여 절연장갑작업 기준
② 바인드 또는 바인드레스 LP애자 커버 포함
③ 선종, 장주 및 상(조수)별에 관계없이 적용
④ 인력시공시는 배전활선전공(장비운전원 제외)만 180% 적용
⑤ 기존 애자의 바인드 이탈로 애자바인드 또는 바인드레스 LP애자커버만 시공시는 라인포스트애자품의 50% 적용
⑥ 장비의 제경비는 별도 계상
⑦ 중성선 방호 포함, 저압방호 필요 시 별도 계상
⑧ 소단위 작업의 단위수 산정은 애자교체 개수를 합하여 할증률 적용
⑨ 고압핀애자는 라인포스트애자의 85%, 고압한쪽당김애자는 현수애자의 85% 적용
⑩ 동일 전주에서 1개 초과시마다 해당 품의 85%씩 가산
⑪ 특고압용 현수애자 1연 교체시에는 1개품 적용
⑫ 현장 교통정리 필요시, 라인포스트애자는 교통정리원(0.14인/개당) 특고압 현수

애자는 교통정리원(0.24인/개당) 별도 계상. 단, 동일 전주에서 2개 공종 이상 동시작업 시 주 작업을 제외한 1개 공종 추가마다 해당 교통정리원 품의 60%를 가산하고, 개수(또는 조)의 증감에 따른 적용률은 해당 품의 해설항목 준용

4-54 절연장갑작업 장비사용 인하선 연결 ('25년 개정)

(단위 : 3선)

공 종	배전활선전공	장비사용시간(hr)
특 · 고압인하선	0.32	0.64

[해 설]

① 22.9kV-y 배전선로의 분기고리에 활선클램프를 사용 COS 1차 인하선 3선을 절연버킷트럭을 이용하여 연결하는 절연장갑작업 기준
② 개폐기 설치용 완철 및 COS설치 불포함
③ 1선은 90%, 2선은 95%
④ 인력 시공시 배전활선전공만 150% 적용
⑤ 동일 전주에서 1선(1상) 증가시마다 20% 가산
⑥ 장비(버킷트럭)의 제경비는 별도 계상
⑦ 기존 인하선 교환은 150%
⑧ 소단위 작업의 단위수 산정은 인하선의 선(상)수를 합하여 할증률 적용
⑨ 중성선 방호포함, 저압선 및 특고압선 방호 필요 시 별도 계상
⑩ 고압의 경우 85% 적용
⑪ 현장 교통정리 필요 시, 교통정리원(0.16인/3선당) 별도적용. 단, 동일 전주에서 2개 공종 이상 동시 작업 시 주 작업을 제외한 1개 공종 추가마다 해당 교통정리원 품의 60%를 가산하고, 개수(또는 조)의 증감에 따른 적용률은 해당 품의 해설항목 준용
⑫ 철거 50%
⑬ COS 1차 리드선 연결 및 분기고리커버 철거, 설치포함

4-55 절연장갑작업 장비사용 내오손 결합애자 설치 ('25년 개정)

(단위 : 개)

공 종	배전활선전공	장비사용시간(hr)
내오손결합애자 설치	0.42	0.84

[해 설]

① 22.9kV-y 변압기 설치전주에서 COS의 절연보강을 위하여 절연버킷트럭을 사용하여 바이패스케이블을 설치한후 기존 COS와 완철사이에 내오손결합애자를 설치하는 절연장갑작업 기준
② COS 1, 2차 리드선 분리, 연결 및 각종 커버류 제거, 복귀 포함
③ 기존 COS의 주상이설 및 바이패스케이블 설치 포함, 전선압축 불포함
④ 장비의 제경비는 별도계상
⑤ 중성선 방호 포함, 저압선 방호 필요 시 별도 계상
⑥ 소단위작업의 단위수 산정은 내오손 결합애자 개수를 합하여 할증률 적용
⑦ 동일 전주에서 1개 추가시마다 70% 가산
⑧ 고압의 경우 85% 적용
⑨ 현장 교통정리 필요시, 교통정리원(0.21인/개당) 별도 계상. 단, 동일 전주에서 2개 공종 이상 동시작업 시 주작업을 제외한 1개 공종 추가마다 해당 교통정리원 품의 60%를 가산하고, 개수(또는 조)의 증감에 따른 적용률은 해당 품의 해설항목 준용
⑩ 기존 내오손 결합애자 교환은 150%

4-56 절연장갑작업 장비사용 COS 교체 ('25년 개정)

(단위 : 개)

공 종	배전활선전공	장비사용시간(hr)
COS 교체	0.47	0.93

[해 설]

① 22.9kV-y 배전선로에서 변압기용 또는 선로용 COS를 교환하는 것으로 절연버킷트럭을 이용하여 바이패스 케이블을 설치, COS를 교환하는 절연장갑작업 기준
② COS 1차측, 2차측 리드선 분리, 연결 및 각종 커버류 철거, 설치 포함
③ 중성선 방호 포함, 저압선 방호 필요 시 별도계상
④ 장비의 제경비는 별도계상
⑤ 동일 전주에서 1개 추가시마다 해당 품의 60%씩 가산
⑥ 소단위 작업의 단위수 산정은 COS교체 개수를 합하여 할증률 적용

⑦ 인력시공시 배전활선전공(장비운전원 제외)만 110% 적용
⑧ 고압의 경우 85% 적용
⑨ 현장 교통정리 필요시, 개당 교통정리원 0.16인 별도 계상. 단, 동일 전주에서 2개 공종 이상 동시작업 시 주작업을 제외한 1개 공종 추가마다 해당 교통정리원 품의 60%를 가산하고, 개수(또는 조)의 증감에 따른 적용률은 해당 품의 해설항목 준용

4-57 절연장갑작업 장비사용 LA 설치 ('25년 개정)

(단위 : 개)

공 종	배전활선전공	장비사용시간(hr)
LA 설치	0.34	0.68

[해 설]

① 22.9kV급 배전선로에서 절연버킷트럭을 사용하여 전주 상부에 LA를 설치하는 절연장갑작업 기준
② LA 리드선 설치 및 압축접속 포함
③ 기존 애자종류 및 장주형태 구분없이 모두 적용
④ 장비의 제경비는 별도계상
⑤ LA측 1차 리드선 접속, 접지선 연결 및 기존 완철 위치 조정 포함
⑥ 완철설치 필요 시 별도계상
⑦ 교체 150%
⑧ 소단위 작업의 단위수 산정은 LA의 개수를 합하여 할증률 적용
⑨ 동일 전주에서 1개 추가시마다 80% 가산
⑩ 중성선 방호 포함, 저압선 방호 필요 시 별도 계상
⑪ 고압의 경우 85% 적용
⑫ 현장 교통정리 필요시, 교통정리원 (0.17인/개당) 별도 계상. 단, 동일 전주에서 2개 공종 이상 동시작업 시 주작업을 제외한 1개 공종 추가마다 해당 교통정리원 품의 60%를 가산하고, 개수(또는 조)의 증감에 따른 적용률은 해당 품의 해설 항목 준용
⑬ 리드선부착형 피뢰기인 경우 LA 설치품의 95% 적용

4-58 절연장갑작업 장비사용 전선처짐정도조정 ('25년 개정)

(단위 : 지지물간거리)

공　　종	배전활선전공	장비사용시간(hr)
전선처짐정도 조정	0.86	1.72

[해 설]

① 22.9kV-y 배전선로에서 절연버킷트럭 장비를 사용하여 3선(상) 1지지물간거리를 전선처짐정도 조정하는 절연장갑작업 기준

② 전선의 선종 및 규격에 관계없이 적용

③ 절연전선은 피복제거와 커버류 철거 포함

④ 바인드 재시공, 클램프 풀기 및 조이기 포함

⑤ 중성선 방호품 포함. 저압선 방호 필요 시 별도 계상

⑥ 인력시공시 배전활선전공만 110% 적용

⑦ 고압의 경우 85% 적용

⑧ 2선 80%, 1선 50%

⑨ 현장 교통정리 필요시, 교통정리원(0.43인/지지물간거리당) 별도 적용. 단, 동일 전주에서 2개 공종 이상 동시 작업 시 주 작업을 제외한 1개 공종 추가마다 해당 교통정리원 품의 60%를 가산하고, 개수(또는 조)의 증감에 따른 적용률은 해당 품의 해설 항목 준용

4-59 절연장갑작업 장비사용 점퍼선 절단 ('25년 개정)

(단위 : 3선)

공　　종	배전활선전공	배선전공
점 퍼 선 절 단	0.32	0.64

[해 설]

① 22.9kV-y 배전선로의 점퍼분기선 또는 변압기전주 COS 1차 전력선측 분기고리를 절연버킷트럭을 사용하여 3선을 절단하는 절연장갑작업 기준

② 선종규격, 접속금구, 개폐기, 장주에 관계없이 모두 적용하되 1선(조)의 점퍼선을 양단 절단의 경우도 1선(조)로 계상

③ 3선 1개소 기준, 2선 80%, 1선 50%
④ 인력시공시 배전활선전공(장비운전원제외)만 140% 적용(작업차 필요 시는 별도계상)
⑤ 소단위 작업의 단위수 산정은 점퍼선 절단의 선(상)수를 합하여 할증률 적용
⑥ 중성선 방호 포함. 저압선 방호 필요 시 별도계상
⑦ 고압의 경우 85% 적용
⑧ 현장 교통정리 필요시, 교통정리원(0.16인/3선당) 별도 적용. 단, 동일 전주에서 2개 공종 이상 동시 작업 시 주작업을 제외한 1개 공종 추가마다 해당 교통정리원 품의 60%를 가산하고, 개수(또는 조)의 증감에 따른 적용률은 해당 품의 해설항목 준용

4-60 절연장갑작업 장비사용 전선압축 접속 ('25년 개정)

(단위 : 3선)

공 종	배전활선전공	장비사용시간(hr)
전선압축접속	0.72	1.43

[해 설]
① 22.9kV-y 배전선에서 절연버킷트럭을 사용하여 절연전선의 피복을 제거하고 분기슬리브 접속 또는 분기고리를 압축 접속한후 활선클램프를 연결하는 절연장갑작업 기준
② 3선(상) 1개소 기준, 피박제거 및 슬리브커버 설치 포함
③ 2선(상) 90% 1선(상) 80%
④ 나선 80%
⑤ 인력시공시 배전활선전공만 150% 적용(작업차 필요 시는 별도 계상)
⑥ 동일 전주에서 1선(상) 증가시마다 20% 가산
⑦ 장비(버킷트럭)의 제경비는 별도 계상
⑧ 소단위작업의 단위수 산정은 전선압축의 선(상) 수를 합하여 할증률 적용
⑨ 중성선 방호 포함, 저압선 방호 필요 시 별도계상
⑩ 고압의 경우 85% 적용
⑪ 현장 교통정리 필요시, 교통정리원(0.32인/3선) 별도 계상. 단, 동일 전주에서 2개 공종 이상 동시작업 시 주 작업을 제외한 1개 공종 추가마다 해당 교통정리원 품의 60%를 가산하고, 개수(또는 조)의 증감에 따른 적용률은 해당 품의 해설항목 준용

4-61 절연장갑작업 장비사용 바이패스 점퍼스틱(케이블) 설치 ('25년 개정)

(단위 : 개소)

공 종	배전활선전공	장비사용시간(hr)
바이패스케이블설치	1.03	2.07

[해 설]

① 22.9kV-y 배전선로에서 절연버킷트럭을 사용하여 개폐기류 등 교체 및 신설 시 무정전을 위한 전원 부하간 활선 바이패스 점퍼스틱(케이블) 장치를 3선 1개소 설치 연결 및 철거하는 절연장갑작업 기준
② 전주규격, 전선규격, 장주 종류에 관계없이 모두 적용
③ 나선 80%
④ 절연버킷트럭 장비의 제경비는 별도계상
⑤ 전선피박, 각종커버류 부설 및 철거 포함
⑥ 중성선 방호 포함, 저압선 방호 필요 시 별도 계상
⑦ 3선1개소 기준 1선 50%, 2선 80%
⑧ 기존 개폐기류의 리드선 분리(절단) 및 연결(압축접속)은 별도 계상
⑨ 소단위 작업의 단위수 산정은 바이패스점퍼스틱(케이블)설치 개소 선(상)수를 합하여 할증률 적용
⑩ 고압의 경우 85% 적용
⑪ 현장 교통정리 필요시, 교통정리원(0.47인/개소당) 별도 계상. 단, 동일 전주에서 2개 공종 이상 동시작업 시 주작업을 제외한 1개 공종 추가마다 해당 교통정리원 품의 60%를 가산하고, 개수(또는 조)의 증감에 따른 적용률은 해당 품의 해설항목 준용

4-62 절연장갑작업 장비사용 전선이선 ('25년 개정)

(단위 : 개소)

공 종	배전활선전공	장비사용시간(hr)
전 선 이 선	0.87	1.74

[해 설]

① 22.9kV-y 배전선로 직선주에서 할입주 시공을 위해 절연버킷트럭을 사용하여 전선을 가완철에 이선 고정 후, 원상 복귀하는 절연장갑작업 기준

② 전주, 전선규격에 관계없이 적용
③ 3선(상) 1개소 기준, 2선(상) 80%, 1선(상) 50%
④ 가완철 조립, 철거 포함
⑤ 전선이선을 위한 애자바인드 분리 및 시공 포함
⑥ 장비의 제경비는 별도계상
⑦ 할입주 시공 또는 전주교체 시공품 별도계상
⑧ 전주, 전선 및 중성선 방호 포함, 할입주 및 저압선 방호는 별도계상
⑨ 소단위 작업의 단위수 산정은 전선이선 선(상)수를 합하여 할증률 적용
⑩ 2단 장주 160%
⑪ 인력시공시 배전활선전공만 130% 적용
⑫ 고압의 경우 85% 적용
⑬ 현장 교통정리 필요시, 교통정리원(0.44인/개소당) 별도 계상. 단, 동일 전주에서 2개 공종 이상 동시 작업 시 주 작업을 제외한 1개 공종 추가마다 해당 교통정리원 품의 60%를 가산하고, 개수(또는 조)의 증감에 따른 적용률은 해당 품의 해설항목 준용

4-62-1 절연장갑작업 장비사용 가공피뢰선(가공지선) 설치 ('25년 개정)

(단위 : 100m)

구분 / 공종	배전활선전공	보통인부	장비사용 시간(hr)
가공피뢰선(가공지선) 설치	2.05	1.11	4.1

[해 설]

① 이 품은 22.9kV-y 기존 배전선로 상단에 가공피뢰선(가공지선) 홀딩스틱, 윈치, 텐셔너와 절연버킷트럭 등의 장비를 사용하여 기존 선로 상단에 가공피뢰선(가공지선) 1조를 설치하는 품임
② 가공피뢰선(가공지선) 지지대 설치품 및 가공피뢰선(가공지선)과 전주 접지선과의 연결품 포함
③ 가공피뢰선(가공지선)의 절단, 압축, 기존 가공피뢰선(가공지선)과의 연결품 포함

④ 기존 가공피뢰선(가공지선) 지지대 교체 없이 가공피뢰선(가공지선)만 교체 시에는 이 품의 130% 적용
⑤ 기존 가공피뢰선(가공지선) 지지대와 기존 가공피뢰선(가공지선)을 동시 교체 시에는 이 품의 150% 적용
⑥ 기존 선로가 단상인 경우 50%, 2상인 경우 80% 적용
⑦ 중성선 방호품 포함, 저압선 방호는 필요 시 별도계상
⑧ 기존 선로가 2회선인 경우도 동일하게 적용하나 필요 시 하단 선로의 방호품 별도 계상
⑨ 고압의 경우 85% 적용
⑩ 전주, 전선규격, 장주의 종류에 관계없이 동일 적용
⑪ 현장 교통정리 필요시, 교통정리원(1.03/100m당) 별도 가산. 단, 동일 전주에서 2개 공종 이상 동시 작업 시 주작업을 제외한 1개 공종 추가마다 해당 교통 정리원 품의 60%를 가산하고, 개수 또는 조의 증감에 따른 적용률은 해당 품의 해설항목에 따른다.

4-63 충전부 이격

(단위 : 개소)

종 별	배전활선전공
핀 장 주	0.44
장력견딤장주(내장주)	0.66

[해 설]

① 22.9kV 배전선로에서 활선작업을 시행하는 동일 전주의 하단전선을 안전거리로 벌려 이격하는 작업 기준
② 특고압 2단 이상 장주 경우에만 적용
③ 1회선 3선(상) 기준
④ 전선의 원상복귀 및 바인드품 포함
⑤ 2선(상)일 경우 80%
⑥ 중성선 방호 포함
⑦ 고압의 경우 85% 적용

4-64 절연장갑작업 장비사용 전주방호 ('25년 개정)

(단위 : 본)

공 종	배전활선전공	장비사용시간(hr)
할입주 방호	0.32	0.64

[해 설]

① 22.9kV-y 배전선로에서 할입주 신설시 지상에서 전주방호관을 설치하고 절연버킷트럭을 사용하여 전주방호관을 철거하는 절연장갑작업 기준
② 전주 규격에 관계없이 적용
③ 터파기, 전주세움, 되메우기, 전주버팀대 설치 불포함
④ 완철, 전선이선, 애자는 별도 계상
⑤ 소단위 작업의 단위수 산정은 할입전주 본수를 합하여 할증률 적용
⑥ 중성선 및 특고압선 방호 포함, 저압선방호 필요 시 별도 계상
⑦ 고압의 경우 85% 적용
⑧ 현장 교통정리 필요시, 교통정리원(0.16인/본당) 별도 계상. 단, 동일 전주에서 2개 공종 이상 동시작업 시 주작업을 제외한 1개 공종 추가마다 해당 교통정리원 품의 60%를 가산하고, 개수(또는 조)의 증감에 따른 적용률은 해당 품의 해설항목 준용

4-65 절연장갑작업 장비사용 충전부 방호 ('25년 개정)

(단위 : 개소)

공 종	배전활선전공	장비사용시간(hr)
특고압 방호	0.44	0.88

[해 설]

① 22.9kV-y 배전선로에서 활선작업을 시행하는 동일 전주의 하단 충전부를 절연버킷트럭을 사용하여 방호하는 절연장갑작업 기준
② 3선(상) 1개소 방호기준, 2선 80%, 1선 50%
③ 3선(상) 장력견딤전주 기준으로 핀장주 80%
④ 중성선 방호 포함, 저압선 방호 필요 시 별도 계상
⑤ 전선의 선종 및 규격에 관계없이 동일 적용
⑥ 고압의 경우 85% 적용

⑦ 현장 교통정리 필요시, 교통정리원(0.22인/개소당) 별도 계상. 단, 동일 전주에서 2개 공종 이상 동시작업 시 주작업을 제외한 1개 공종 추가마다 해당 교통정리원 품의 60%를 가산하고, 개소(또는 조)의 증감에 따른 적용률은 해당 품의 해설항목 준용

4-66 절연장갑작업 장비사용 건축지장용 방호관 ('25년 개정)

(단위 : 개)

공 종	배전활선전공	장비사용시간(hr)
방 호 관 설 치	0.062	0.124
방 호 관 철 거	0.058	0.116

[해 설]

① 22.9kV-y 배전선로에 건축지장용 방호관을 절연 버킷트럭를 사용하여 설치, 철거하는 절연장갑작업 기준

② 건축지장용 방호관 2.0m 기준

③ 2개 이상 설치 시 추가 1개마다 30% 적용

④ 중성선 방호 포함, 저압선, 특고압선 방호 필요 시 별도 계상

⑤ 고압의 경우 85% 적용

⑥ 현장 교통정리 필요시, 방호관 설치 또는 철거는 교통정리원(0.03인/개당) 별도 계상. 단, 동일 전주에서 2개 공종 이상 동시작업 시 주작업을 제외한 1개 공종 추가마다 해당 교통정리원 품의 60%를 가산하고, 개(또는 조)의 증감에 따른 적용률은 해당 품의 해설항목 준용

4-67 절연장갑작업 장비사용 절연커버 설치 ('25년 개정)

(단위 : 개)

공 종	배전활선전공	장비사용시간(hr)
절 연 커 버 설 치	0.22	0.44

[해 설]

① 22.9kV-y 배전선로에서 절연버킷트럭을 사용하여 절연커버류를 설치하는 절연장갑작업 기준

② 슬리브, 데드엔드, 피뢰기, P.Tr 부싱커버, 위험표지판, 건축지장용 방호판 설치 시 이 품을 적용

③ 장비의 제경비는 별도 계상
④ 선종 규격 및 장주별 구분없이 적용, 커버류의 테이프 시공 포함
⑤ 동일 전주에서 1개 추가시마다 10%씩 가산
⑥ 중성선 방호 포함, 저압선 및 고압선 방호 필요 시 별도 계상
⑦ 소단위작업의 단위수 산정은 커버류 설치 개수를 합하여 할증률 적용
⑧ 고압의 경우 85% 적용
⑨ 현장 교통정리 필요시, 교통정리원(0.11인/개당) 별도 적용. 단, 동일 전주에서 2개 공종 이상 동시작업 시 주작업을 제외한 1개 공종 추가마다 해당 교통정리원 품의 60%를 가산하고, 개수(또는 조)의 증감에 따른 적용률은 해당 품의 해설항목 준용
⑩ 철거 50% ⑪ 절연커버 교체는 150% 적용

4-68 절연장갑작업 장비사용 가공 배전전주 기별 점검 ('25년 개정)

(단위 : 본)

종 별	배전활선전공	장비사용시간(hr)
핀 장 주	0.17	0.33
한쪽당김전주(인류) 및 장력견딤전주(내장주)	0.20	0.40

[해 설]

① 22.9kV-y 배전선에서 전주 상부에 부설되어 충전된 3선(상)1회선 가공배전설비를 절연버킷트럭을 사용하여 육안 또는 검출기로 점검 정비하는 절연장갑작업 기준
② 각종 커버류제거 복귀 및 제원파악 포함
③ 장주별 및 상별 구분없이 모두 적용
④ 2회선 160% ⑤ 장비의 제경비는 별도계상
⑥ 활선애자 검출기로 점검시는 해당장주 품의 120%
⑦ 중성선 방호 포함, 저압선 방호 필요 시 별도 계상
⑧ 고압의 경우 85% 적용
⑨ 현장 교통정리 필요시, 교통정리원(0.13인/본) 별도 계상. 단, 동일 전주에서 2개 공종 이상 동시작업 시 주 작업을 제외한 1개 공종 추가마다 해당 교통정리원 품의 60%를 가산하고, 개수(또는 조)의 증감에 따른 적용률은 해당 품의 해설항목 준용
⑩ LP애자 바인드 철거, 설치 포함

4-68-1 무정전 장비사용 변압기 공법

(3상선로 기준)

공 종 \ 구 분	배전활선전공	배전전공	보통인부	장비사용시간(hr)
변압기 공법	0.63	0.43	0.43	1.24

[해 설]

① 활선버킷트럭 및 무정전변압기차를 이용하여 무정전으로 변압기 교체를 위한 작업임
② 3상 변대 교체품 기준으로 변압기 대수, 규격 및 용량에 관계없이 100% 적용하며 변압기 교체작업은 별도 계상
③ 전력선 방호품, 케이블 클램프설치 · 철거, 슬리브커버 부착, 중성선 방호품, 저압선 방호품 및 저압선 전환품 포함(3상 1개소)
④ 현장 교통정리원 2인 포함
⑤ 3상선로에 설치된 단상 변대 교체 시 70%, 2대로 구성된 변대의 경우 90% 계상
⑥ 단상선로에 설치된 단상 변대의 경우 50% 계상
⑦ 소단위 할증은 1대 교체 시 30%, 2대 교체 시 10% 적용
⑧ 장비사용시간은 활선버킷트럭과 무정전변압기차 각각의 사용시간을 말함 (단, 기계장비 운전경비 산정시 조종원은 제외한다. 필요 시 별도 계상)
⑨ 기타 활선작업 추가시 해당 활선작업 공종별기준단가의 70%를 적용 · 산출한 단가를 계상
⑩ 인입선 전환작업 필요 시 개소당 저압케이블전공 0.4, 보통인부 0.13를 적용하며, 전환작업 개소가 2개소를 초과하는 경우 1개소 초과시마다 개소당 60% 가산 적용

4-68-2 무정전 장비사용 바이패스 케이블공법

(3상 200m기준)

공 종 \ 구 분	배전활선 전공	배전 전공	보통 인부	장비사용시간(hr)		
				활선차	케이블차	트럭탑재형크레인
바이패스케이블공법	1.93	2.43	1.93	3.85	3.85	1.45

[해 설]

① 활선버킷트럭 및 무정전 바이패스케이블차를 이용하여 공사구간내부하에 전원을 임시로 공급하는 무정전 작업임(설치, 철거포함)

② 본 공사는 바이패스케이블(중간케이블) 및 공사용개폐기 2대(전원, 부하측) 설치, 철거하는 시공기준이며, 주상설치 시 공사용개폐기는 대당, 바이패스케이블(중간케이블)은 주상 설치선로길이(중간케이블) 매 50m 마다 본 품의 5% 가산 적용
③ 전력선 방호품, 본선접속클램프설치 · 철거, 슬리브커버 부착, 중성선 방호품, 점퍼선 절단 · 압축품 포함(양측 3상 각 1개소 기준임)
④ 현장 교통정리원 2인 포함
⑤ 3상 케이블 설치선로길이 매 50m 증감마다 ±5%를 계상하고, 1조 설치 시에는 50%, 2조 설치 시에는 본 기준단가의 70% 적용
⑥ 장비사용시간은 활선차, 케이블차와 트럭탑재형크레인 각각의 사용시간임(단, 기계장비 운전경비 산정시 활선차, 케이블차 조종원은 제외한다. 필요 시 별도계상)
⑦ 케이블 설치 구간 내에서 변압기차 필요 시 무정전변압기 시공기준단가의 80%(기계경비제외)를 적용 계상하고, 기계경비는 본 공종의 케이블차와 동일 시간을 변압기차에 적용하여 계상함
⑧ 공사용개폐기 추가 시공시 대당(배전전공 0.45, 활선전공 0.35, 보통인부 0.35, 트럭탑재형크레인 및 활선버킷트럭 0.705hr) 별도 계상
⑨ 기타 활선작업 추가시 해당 활선작업 공종별 기준단가의 70%를 적용 산출한 단가를 별도계상(저압선방호시공, 분기선로에서의 활선 작업 등)

4-68-3 무정전 장비사용 공사용개폐기공법

(단위 : 개소)

구 분 공 종	배진활신전공	배전전공	보통인부	장비사용시간(hr)
공사용개폐기공법	0.7	0.9	0.7	1.40

[해 설]

① 무부하 공사구간 작업 시 활선버킷트럭을 이용하여 공사용개폐기 설치, 철거 시공하는 무정전 작업임
② 해당 전주에 인하선 6조 연결 · 철거 및 점퍼선 절단 · 압축, 중성선 방호, 슬리브커버 부착, 케이블 클램프 설치 · 철거품 포함
③ 장비사용 시간은 활선버킷트럭 및 트럭탑재형크레인 사용시간임(각 1대)
④ 기타 활선작업 추가시 해당공종 기준단가에 70%를 적용 산출한 단가를 계상

4-68-4 가지지 장치를 이용한 직선주 무정전 공법

구 분 공 종	배전활선전공	배전전공	보통인부	장비사용시간(hr)	
				가지지장치차	버킷트럭
직선전주 교체	1.99	0.83	1.08	3.55	3.96

[해 설]

① 이 품은 22.9kV 특고압 배전선로에서 전선로 가지지 장치를 이용하여 전력선과 중성선을 이선한 후 활선상태에서 직선개소 전주교체 작업을 위한 가지지 장치(오가크레인에 장착)차와 절연 버킷트럭 장비사용 직접 작업기준이며 3상 1개소(본) 작업기준임

② 동일 작업장소내 2본 교체시는 해당 품의 115%(본당 57.5%)적용, 3본 교체시는 135%(본당 45%)를 적용

③ 직선주 분기주(개소)는 이 품의 130% 적용

④ 2조 작업시는 이 품의 70%, 1조 작업시는 이 품의 50% 적용

⑤ 교통정리원 2명 포함

⑥ 2회선 선로의 경우 해당 품의 135% 적용

⑦ 작업장소내에서 기타 활선작업 추가시 해당 활선작업품의 70% 계상

⑧ 작업장소(개소)내에서 변압기차 필요 시 무정전변압기 시공기준품의 80%(기계사용경비제외)를 적용 계상하고, 기계사용경비는 본 공종의 가지지장치차와 동일한 시간을 변압기차에 적용하여 계상함

4-68-5 지상변압기 무정전 교체공법

공 종	배전활선전공	배전전공	장비사용시간(hr)	
			엘보분리장치, 변압기차, 케이블차	크레인(5톤)
지상변압기 무정전 교체	2.68	2.68	5.55	2.80

[해 설]

① 용량에 관계없이 3상 지상변압기를 무정전으로 교체하는 기준

② 저압선 무정전 전환은 3상4선식(4선기준) 1호 분리 · 연결 품

③ 저압선 3상4선식(4선) 1호 추가시 배전전공 0.2인 추가

④ 저압선 1상2선식(2선) 1호 추가시 배전전공 0.1인 추가

⑤ 특고압, 저압선 방호 포함
⑥ 장비사용시간은 엘보분리장치와 변압기차와 케이블차 각각의 사용시간임(단, 기계장비 운전경비 산정시 엘보분리장치, 변압기차, 케이블차의 조종원은 제외한다. 필요 시 별도 계상)

4-68-6 지상변압기 엘보접속재 활선 분리·연결

공 종	배전활선전공	장비사용시간(hr) (엘보분리장치)
단 상	0.84	1.15
삼 상	1.07	1.76

[해 설]
① 지상변압기 엘보를 활선 연결 · 분리하는 작업 기준
② 시공 대상설비 양단의 엘보를 활선 분리 · 연결 시 70% 추가 계상
③ 엘보 분리 또는 연결만 작업 시 상기품의 70% 계상
④ 장비사용시간은 엘보분리장치의 사용시간임(단, 기계장비 운전경비 산정 시 엘보분리장치 조종원은 제외한다. 필요시 별도계상)

4-68-7 단상 지상변압기 무정전 교체

(단위 : 개소)

공 종	활선전공	배전전공	장비사용시간(hr)	
			엘보분리장치, 변압기차, 케이블차	크레인 (5톤)
지상변압기(단상) 무정전 교체	2.01	2.01	3.85	2.8

[해 설]
① 용량에 관계없이 1상 지상변압기를 무정전으로 교체하는 기준
② 저압 무정전 전환은 1상2선식(2선기준) 1호 분리 · 연결 품
③ 저압선 1상2선식(2선) 1호 추가 시 배전전공 0.1인 추가
④ 특고압, 저압선 방호 포함
⑤ 장비사용시간은 엘보분리장치, 변압기차와 케이블차 각각의 사용시간임(단, 기계장비 운전경비 산정 시 조종원은 제외한다. 필요시 별도계상)

4-69 전주계주

(단위 : 본)

공 종	배전활선전공
강판주 계주	1.65

[해 설]

① 계주용 강판주를 사용하여 전주장척을 높이는 품

② 1단장주 기준으로 장주 포함

③ 2단장주 110%, 3단장주 120%

④ 중성선 방호 포함, 저압선방호 필요 시 별도 계상

4-70 충전부 방호

(단위 : 개소)

공 종	배전활선전공
저압선 방호	0.11

[해 설]

① 활선작업을 시행하는 동일 전주의 하단 충전부를 방호하는 품

② 저압선 방호는 특고압과 저압 전선병행설치장주에 적용(인입선 방호포함)

4-71 배전활선 애자청소

(단위 : 개)

종 별	배전활선전공
특고압 핀장주	0.01
특고압 장력견딤장주	0.007

[해 설]

① 활선주수애자 청소기 사용 기준

② 2회선 동시 90%, 3회선 동시 80%, 4회선 동시 70%

③ 중성선 방호 포함

4-72 지지선 교체

(단위 : 개소)

종　별	배전전공	보통인부
단지지선	0.13	0.067
Y지지선	0.19	0.095

[해 설]

① 기존 지지선부분의 철연선(철선포함) 교체 기준

② 틀, 지지선밴드 및 지지선애자 교체품은 불포함

③ 수평지지선, 공동지지선 교체는 단지지선의 160%

4-73 가공배전 사선 전주오름 기별점검

(단위 : 본)

종　별	배전전공
3상 1회선 핀장주	0.067
3상 1회선 장력견딤전주	0.084

[해 설]

① 22.9kV-y 이하 가공배전선로의 주상배전설비를 사선상태에서 육안으로 직접 점검만 하는 작업 기준

② 저압점검, 각종 커버류 제거, 복귀, 이탈바인드 재시공 포함

③ 3상1회선 기준, 2상1회선 70% 1상1회선 50%.　④ 3상2회선 160%

4-74 작업(보조)발판대 설치

(단위 : 개)

공　종	배전전공	보통인부
작업(보조)발판대	0.1	0.05

[해 설]

① 작업발판대는 가공선로용 개폐기류 설치 개소에 부설하고, 보조발판대는 발판 볼트 부착이 불가능한 개소 또는 주상변압기 하단 등에 설치하는 기준

② 철거 50%, 재사용 철거 80%

4-75 항공장애표시등 설치 및 점검

제2장 송전설비공사 "2-28-1 철탑부착물 설치" 준용

4-76 수목가지치기 작업

(단위 : 그루)

흉고직경 \ 직종 \ 종별		낙엽수	상록수
10㎝ 미만	배 전 전 공	0.022	0.028
	보 통 인 부	0.011	0.014
10㎝ 이상	배 전 전 공	0.054	0.044
	보 통 인 부	0.027	0.022
20㎝ 이상	배 전 전 공	0.088	0.078
	보 통 인 부	0.044	0.039
30㎝ 이상	배 전 전 공	0.178	0.136
	보 통 인 부	0.089	0.068
40㎝ 이상	배 전 전 공	0.354	0.230
	보 통 인 부	0.177	0.115

[해 설]

① 가공선로에 근접한 수목을 가지치기, 벌채 등으로 적정한 이격을 유지시키는 작업으로 작업후 뒷정리 포함

② 활선근접작업에 따른 위험할증률 별도 적용

③ 가로상의 작업은 20% 가산

④ 뒷정리후 적상, 적하 및 운반에 따른 비용은 별도 계상

⑤ 침엽수는 상록수의 180%

⑥ 흉고직경은 높이 1.2m 부분의 수목직경을 기준

⑦ 전기철도 구간에서 가압되지 않은 상태에서 시행되는 작업은 벌목부와 보통인부를 적용

⑧ 폐기물 처리비용 발생 시 별도 계상

⑨ 충전부 방호가 필요시 별도 계상

4-76-1 수목 가지치기 기계화시공 ('25년 개정)

(단위 : 그루)

공 종	배전전공	보통인부	장비사용시간(hr)
흉고직경 10㎝ 미만	0.035	0.042	0.114
흉고직경 10㎝ 이상	0.050	0.048	0.208
흉고직경 20㎝ 이상	0.076	0.074	0.433
흉고직경 30㎝ 이상	0.115	0.099	0.920
흉고직경 40㎝ 이상	0.140	0.126	1.120
순 치 기	0.039	0.037	0.153

[해 설]

① 가공선로에 근접한 수목을 절연버킷트럭을 활용하여 가지치기, 벌채 등으로 적정한 이격을 유지시키는 작업으로 안전관리 및 작업 후 뒷정리 포함임
② 본 품은 낙엽수의 강전정(기본전정) 기준임
③ 약전정은 본 품의 50% 적용
④ 상록수는 본 품의 130% 적용 ⑤ 가로상의 작업은 본 품에 20% 가산
⑥ 활선근접작업에 따른 위험 할증률 별도 적용
⑦ 뒷정리후 적상, 적하 및 운반에 따른 비용은 별도계상
⑧ 흉고직경은 높이 1.2m 부분의 수목직경 기준
⑨ 폐기물 처리비용 발생 시 별도 계상 ⑩ 충전부 방호가 필요시 별도 계상
⑪ 현장교통정리 필요시 교통정리원 별도 계상
⑫ 조경전문가(조경공) 입회 필요시 별도 계상

4-77 접지저항 측정

(단위 : 개소)

공 종	배 전 전 공
접지저항 측정	0.08

[해 설]

① 가공용 배전전주(변대, 특고압, 저압)에 대한 측정기준
② 후크식 측정은 50%
③ 굴착, 되메우기, 잔토처리 필요 시 별도 계상
④ 지상기기, 저압입상관 등 지상 측정 시 75%

4-78 부하전류 및 전압측정

(단위 : 개소)

종 별	배 전 전 공	보 통 인 부
1상 2선식	0.016	0.016
1상 3선식	0.019	0.019
3상 4선식	0.020	0.020

[해 설]

① 가공 배전선로에서 훅크온 미터(Hook On Meter)등을 이용하여 주상변압기의 부하전류 및 전압을 동시에 측정하고 기록, 정리하는 작업 기준

② 측정 장소가 산재되어 있어 이동측정 시는 50% 가산

③ 전압 또는 전류만 측정 시 75%

④ 2상 3선식은 1상3선식 적용

⑤ 차량 필요 시는 별도 계상

⑥ 지상기기, 저압입상관 등 지상측정 시 75%

⑦ 중성선 및 전압선 방호 필요시 아래와 같이 종별로 추가 가산

종 별	배 전 전 공	보 통 인 부
1상 2선식	0.033	0.033
1상 3선식	0.044	0.044
3상 4선식	0.055	0.055

4-79 도입선 넣기

(단위 : m당)

규 격	배 전 전 공
1.2 ~ 2.0㎜	0.0047

[해 설]

기존 전선관내에 전선인입을 도입선으로 하는 기준

4-80 배전 맨홀 점검

(단위 : 개소)

공 종	케이블전공	특별인부	보통인부	장비사용시간[hr]
작업 준비	0.038	0.031	0.031	
맨홀 양수배수	0.021	0.021	0.021	별도계상
맨홀 청소	0.029	0.029	0.029	0.233
맨홀 점검	0.027	0.027	0.027	
뒷정리	0.015	0.015	0.015	
합 계	0.13	0.123	0.123	0.233

[해 설]

① 작업준비, 맨홀 양수배수, 청소, 점검, 뒷정리 공종의 실작업 내용에 따라 공종 선택적용(작업준비는 맨홀뚜껑 단차확인, 인근포장 상태확인, 맨홀내부 가스 측정 포함됨, 맨홀점검은 지중 케이블, 지중공가 회선확인 포함됨)

② 차도는 오수처리장비, 차도 이외는 양수기 기계경비 산정기준

- 양수배수의 경우 오수처리장비는 0.067hr/㎥, 양수기는 0.033hr/㎥ 적용하여 맨홀 체적에 따라 별도 계상
- 청소의 경우 오수처리장비 또는 양수기는 상기 장비사용시간 적용

③ 케이블 접속재 온도측정 회선당 특고압케이블전공 0.002인 별도계상

④ 접지저항측정 개소당 특고압케이블전공 0.002인 별도계상

⑤ 통신설비 현장조사표작성 회선당 통신설비공 0.016인, 특별인부 0.016인 별도계상

⑥ 전력설비 점검카드, 전개도작성 회선당 특고압케이블전공 0.016인, 특별인부 0.016인 별도계상

⑦ 현장교통정리원 미 포함된 품으로 공사의 여건에 따라 개소당 현장교통정리원 0.138인(1인 기준) 별도계상

⑧ 맨홀 내에서 제거된 오물의 운반, 처리 별도 계상

⑨ 유해가스 발생개소 110%

⑩ 소모 잡재료(청소용 넝마, 마대, 배터리 등) 별도 계상

⑪ 지세별 및 노임의 할증 필요 시 별도 계상

⑫ 맨홀 내 사용 케이블의 공칭전압에 따라 케이블 전공 직종 구분 적용

4-81 지중케이블 연소방지제 도료도포

제2장 송전설비공사 "2-34 지중송전선로 방재시설공사" 준용

4-82 지상 변압기 절연유 보충

공 종	배 전 전 공
절 연 유 보 충	0.20
절연유 시료 채취	1.12

[해 설]

① 지상변압기 용량에 관계없이 부족한 절연유를 무정전 상태에서 보충하고 함 내부를 간이 청소하는 작업기준
② 보충하는 절연유의 양에 관계없이 적용
③ 단상기준으로 3상은 130% 적용
④ 소형여과기(펌프) 및 소모품등은 별도 계상
⑤ 절연유 시료채취는 함 내부 청소가 포함되었으며, 단순 절연유만 채취시에는 대당 0.06인 적용
⑥ 절연유를 여과기를 통하여 보충할 경우 별도 계상

4-83 전주 및 지상기기의 광고물 제거

공 종	단위	보통인부
전 주	본	0.13
지상 개폐기	대	0.25
지상 변압기	대	0.25

[해 설]

① 전주 및 지상기기의 광고물을 제거하고, 청소하는 작업으로 지상 개폐기는 수동 형 4회로, 지상 변압기는 22.9kV 3상 기준
② 자동형 및 스틱형 개폐기는 20% 가산, 3회로 개폐기는 80%, 단상변압기는 80%, 분전함은 70% 적용
③ 제거 및 청소장비(물, 넝마, 신너, 포대, 청소도구 등)는 별도 계상

4-83-1 NDIS DB 갱신용 사진촬영

구 분	촬영단위	전기공사산업기사	보통인부
가공설비	10장	0.02	0.01
지중설비	〃	0.05	0.025

[해 설]

① NDIS DB 갱신용 사진을 촬영하는 작업임

② 사진촬영을 위한 이동 및 사진 파일명을 새로운 파일명으로 변경(Rename)하는 작업 포함

③ 활선작업 시 절연버킷트럭 승탑 후 촬영은 아래 표를 적용

구 분	촬영단위	전기공사산업기사	배전활선전공	보통인부
가공설비	10장	0.01	0.01	0.01

4-83-2 지중저압 회선탐사 ('25년 개정)

종 별	단위	저 압 케이블공	내선전공	전기공사 산업기사	특별 인부	보통 인부
경로 탐사	30m	0.144	-	-	-	0.288
인입선 탐사	개소	0.075	0.125	-	-	-
누락, 운휴회선 탐사	회선	0.177	0.139	-	0.177	-
저압접속함	회선	0.196	0.108	0.212	-	-
맨홀, 핸드홀	회선	0.224	0.117	0.253	-	-
입상점	회선	0.189	0.111	-	0.133	-

[해 설]

① 경로탐사는 지중저압선로 NDIS 도면과 현장 계통이 상이하여 케이블 경과지 확인이 필요할때 전류임펄스 신호를 이용한 탐사장비를 활용하여 지상에서 선로 경과지를 확인하는 기준으로 저압회선 계통도 및 NDIS에 회선구분을 추가한 도면 작성 포함하며 동일 장소 30m 기준으로 미달 또는 초과된 거리에 대해서는 기준거리(30m)에 비례한 품을 계상

② 인입선 탐사는 지상변압기에 탐사 주장치, 구내에 탐사 단말장치를 설치하여

구내에서 변압기번호, 상 정보를 파악하고 구내에 수용된 계량기의 상을 파악 계량기 1차측 인입선에 상 정보 스티커를 부착하고 인입선에 수용된 계량기 번호 및 연결 상 정보를 포함한 인입분포도를 작성하는 기준으로 3상 인입 및 1인입 5호 기준으로 동일 장소 1호 초과시마다 본 품의 10% 추가 계상. 단, 단상은 본 품의 50%를 계상하며 추가품 제외

③ 변압기 또는 구조물에서 NDIS에 표기되지 않은 누락회선과 해지된 유휴회선에 대해 탐사장비를 활용하여 식별하는 작업 기준으로 운휴회선은 전류기록계를 활용하여 24시간 측정하는품을 포함하고 변압기 단위 1회선 탐사기준으로 동일 장소에서 2회선 탐사시 160%, 3회선은 180%를 계상

④ 수용가측에서 인가된 전류임펄스를 이용하여 해당 저압접속함을 파악하고, 저압접속함내 활선상태의 해당 케이블을 식별(회선 및 상정보)하는 것으로 변압기별 탐사하고, 개별회선에 표시찰 부착 및 케이블에 상정보, 전원과 부하측 구조물 번호가 명기된 스티커를 부착하는 작업기준으로, 저압회선 계통도 및 NDIS에 회선구분을 추가한 도면 작성을 포함함. 차도작업 시 교통정리원 0.4인 별도계상하고, 1회선 추가시 본 품의 80%를 적용

⑤ 수용가측에서 인가된 전류임펄스를 이용하여 해당 맨홀(핸드홀)을 파악하고, 맨홀(핸드홀)내 활선상태의 해당 케이블을 식별(회선 및 상정보)하는 것으로 변압기별 탐사하고, 개별회선에 표시찰 부착 및 케이블에 상정보, 전원과 부하측 구조물 번호가 명기된 스티커를 부착하는 작업기준으로, 저압회선 계통도 및 NDIS에 회선구분을 추가한 도면 작성을 포함함. 차도작업 시 교통정리원 0.44인 별도계상하고, 1회선 추가시 본 품의 80%를 적용

⑥ 수용가측에서 인가된 전류 임펄스 신호를 입상점에서 탐사장비를 이용하여 활선상태의 해당케이블을 식별(회선 및 상정보)하는 작업으로 변압기별 탐사하고, 개별 인입선에 표시찰 부착 및 케이블에 상 정보 명기 스티커를 부착하는 작업기준으로, 저압회선 계통도 및 NDIS에 회선구분을 추가한 도면 작성을 포함하며, 변압기에서 구조물을 경과하지 않고, 수용가에 직접 인입된 경우는 변압기를 입상점으로 간주함. 1회선 추가시 본 품의 75% 적용

4-84 종합배전자동화설비

4-84-1 서버장치

공종		작업내용	단위	전기공사 산업기사	S/W 시험사	H/W 시험사	보통 인부
일괄설치		장치설치 및 결선, 시스템 동작상태 시험, 응용 S/W설치	식	0.32	1.13	0.76	0.36
개별설치	1. 서버 및 이중화	장치설치 및 시스템 동작 상태 확인	대	0.16	0.16	0.67	0.36
	2. OS S/W	OS설치 및 시스템 정상 동작 확인	식	0.12	0.48	0.09	-
	3. DBMS S/W	DBMS설치	식	0.02	0.23	-	-
	4. 미들웨어 S/W	미들웨어 서버 S/W 설치 및 정상동작 확인	식	0.02	0.26	-	-
디바이스 설치		부속설비 설치 및 동작상태 확인	개	-	0.17	0.25	-

[해 설]

① 서버장치는 19″랙(Rack)에 설치하며, 디바이스 HDD 1개, CPU 2개, 메모리 1개 등이 포함된 장치 1대 설치 및 시험 포함

② 일괄 설치품은 개별설치 1, 2, 3, 4항 전체를 모두 설치할 경우 적용

③ 장치 결선은 서버, 이중화전환장치, 회선집선장치(Hub)간을 연결하는 품임(네트워케이블 연결 포함)

④ 디바이스(메인 보드, 랜카드, CPU, 메모리, CD-RW(ROM), HDD, 전원장치, 광포트어뎁터 등) 1개 추가 시마다 디바이스 설치 품의 20% 씩 가산. 단, 본체의 분해·조립이 수반되지 않는 단순 디바이스(마우스, 키보드, 모니터) 추가 시 S/W 시험사는 제외한다.

⑤ HDD 교체 시, OS, DBMS, 미들웨어 S/W 설치 별도 계상

⑥ OS S/W, DBMS S/W, 미들웨어 S/W 동시 설치는 개별설치 2, 3, 4항 품 합의 90% 적용

⑦ 서버장치 2대 동시 설치는 일괄 설치 품에 180%

⑧ 응용 S/W 별도 계상

⑨ 철거 50%, 재사용 철거 80%(단, H/W 시험사, 보통인부만 적용)

4-84-2 이중화 저장장치, 전환장치

공 종		작 업 내 용	단위	전기공사 산업기사	S/W 시험사	H/W 시험사
일괄설치		장치설치 및 결선, 시스템 동작상태 시험, 응용 S/W 설치	식	0.15	0.51	0.99
개별설치	1. 이중화 저장장치	장치설치 및 시스템 동작상태 확인	대	0.10	0.07	0.79
	2. 전환장치	장치설치 및 전환시험	대	-	-	0.20
	3. Clustering S/W	응용 S/W 설치 및 정상 동작확인	식	0.05	0.44	-
디바이스 설치		부속설비 설치 및 동작 상태 확인	개	-	0.07	0.28

[해 설]

① 이중화 저장장치는 19″ 랙(Rack)에 설치하며, 디바이스 HDD 3개가 포함된 장치 설치 기준임

② 일괄설치는 개별설치 1, 2, 3항 전체를 모두 설치할 경우 적용

③ 디바이스(소형 광HUB, HDD, 전원장치, 전환장치 등) 1개 추가 시마다 디바이스 설치 품의 20%씩 가산. 단, 본체의 분해·조립이 수반되지 않는 단순 디바이스(마우스, 키보드, 모니터) 추가 시 S/W 시험사는 제외한다.

④ 철거 50%, 재사용 철거 80%(단, H/W 시험사만 적용)

4-84-3 HMI(Human Machine Interface : 인간-기계 연결) 장치

공 종		작 업 내 용	단위	전기공사 산업기사	S/W 시험사	H/W 시험사
일괄설치		장치설치 및 결선, 시스템 동작상태 시험, 응용 S/W 설치	식	0.20	0.58	0.32
개별설치	1. HMI 장치설치	장치설치 및 시스템동작상태 확인	대	0.08	0.06	0.26
	2. OS S/W	OS설치 및 시스템 정상동작 확인	식	0.08	0.29	0.06
	3. DBMS S/W	DBMS Client 설치	식	0.02	0.13	-
	4. 미들웨어 S/W	미들웨어 Client S/W 설치 및 정상 동작확인	식	0.02	0.10	-
디바이스 설치		부속설비 설치 및 동작상태 확인	개	-	0.07	h0.18

[해 설]

① HMI장치 설치는 데스크탑 기준이며, 디바이스 HDD 1개, CPU 2개, 메모리 1개 등이 포함된 장치 1대 설치 및 시험 포함

② 일괄 설치품은 개별설치 1, 2, 3, 4항 전체를 모두 설치할 경우 적용

③ HMI장치에서 자동화용 회선집선장치(Hub)까지의 케이블 설치는 통신품셈 "4-3-1 꼬임케이블 포설", 배관은 전기품셈 "5-1 전선관 배관" 별도 계상

④ 디바이스(메인보드, 랜카드, VGA 카드, CPU, 메모리, CD-RW(ROM), HDD, 전원장치 등) 1개 추가 시마다 디바이스 설치 품의 20%씩 가산. 단, 본체의 분해·조립이 수반되지 않는 단순 디바이스(마우스, 키보드, 모니터) 추가 시 S/W 시험사는 제외한다.

⑤ HDD 교체 시, OS, DBMS, 미들웨어 S/W 설치 별도계상

⑥ OS S/W, DBMS S/W, 미들웨어 S/W 동시 설치는 개별설치 2, 3, 4항 품 합의 90% 적용

⑦ HMI장치 2대 동시 설치는 180%, 3대는 260%, 4대는 340%, 4대 초과는 대당 80% 가산

⑧ 철거 50%, 재사용 철거 80%(단, H/W 시험사만 적용)

4-84-4 FEP(Front End Processor : 전단처리) 장치

공 종		작 업 내 용	단위	전기공사 산업기사	S/W 시험사	H/W 시험사
일괄설치		장치설치 및 결선, 시스템 동작상태 시험	대	0.18	0.46	0.93
개별설치	1. FEP 장치 설치	장치설치 및 시스템 동작상태 확인	대	0.08	0.06	0.87
	2. OS S/W	OS설치 및 시스템 정상동작 확인	식	0.08	0.30	0.06
	3. 미들웨어 S/W	미들웨어 S/W 설치 및 정상 동작확인	식	0.02	0.10	-
디바이스 설치		부속설비 설치 및 동작상태 확인	개	-	0.07	0.26

[해 설]

① FEP 장치는 19″랙(Rack)에 설치기준이며, 디바이스 HDD 1개, CPU 2개, 메모리 1개 등이 포함된 장치 1대 설치 및 시험포함

② 일괄 설치품은 개별설치 1, 2, 3항 전체를 모두 설치할 경우 적용

③ 장치 결선은 FEP장치와 회선집선장치(Hub)간을 연결하는 품임(네트웍케이블 연결포함)

④ 디바이스(메인보드, CPU, 메모리, CD-RW(ROM), HDD, 전원장치, 랜카드 등) 1개 추가 시마다 디바이스 설치 품의 20%씩 가산. 단, 본체의 분해·조립이 수반되지 않는 단순 디바이스(마우스, 키보드, 모니터) 추가 시 S/W 시험사는 제외한다.

⑤ HDD 교체 시, OS S/W, 미들웨어 S/W 설치 별도 계상

⑥ OS S/W, 미들웨어 S/W 동시 설치는 개별설치 2, 3항 품 합의 90% 적용

⑦ FEP장치 2대 동시 설치는 180%, 3대는 260%, 4대는 340% 4대 초과는 대당 80% 가산

⑧ 철거 50%, 재사용 철거 80%(단, H/W 시험사만 적용)

4-84-5 응용프로그램

공 종	단 위	S/W 시험사
서버 프로그램 설치 및 시험	대	0.35
클라이언트 프로그램 설치 및 시험	대	0.26

[해 설]

① OS, DBMS, 미들웨어 S/W등은 제외

② 서버 프로그램이란 서버에 설치되어 DBMS, 미들웨어를 제어하는 프로그램과 기타 서버 설치용 배전자동화 프로그램을 말하며, 종합배전자동화 운용을 위해 설치되는 프로그램임

③ 클라이언트 프로그램이라 함은 HMI, FEP등 서버외의 컴퓨터에 설치되는 배전자동화용 프로그램으로 종합배전자동화 운용을 위해 설치되는 프로그램임

④ 프로그램을 배전자동화 시스템에 설치 후 이상유무 및 통신상태를 점검하는 품 포함

⑤ 데이터베이스 변경 필요 시, "4-84-9 데이터베이스 변경 및 증설" 항목 적용

⑥ 서버 프로그램을 컴퓨터 2대 동시 설치는 180%, 3대는 260%, 4대는 340%, 4대 초과는 대당 80% 가산

⑦ 클라이언트 프로그램을 컴퓨터 2대 동시 설치는 180%, 3대는 260%, 4대는 340%, 4대 초과는 대당 80% 가산

⑧ 해당 소프트웨어 업그레이드 시 이 품 적용

4-84-6 데이터베이스 구축

작 업 내 용	단 위	S/W 시험사
회로도기반 직접입력 DB 구축	D/L	1.40
회로도기반 자동변환 DB 구축	D/L	1.12

[해 설]

① 도면 및 NDIS등의 자료를 참고하여 회로도기반의 데이터베이스를 구축하는 품임

② 구축방법에 따라 회로도기반 직접입력 및 자동변환 선택 적용

③ 데이터베이스 구축 후 오류검사 기능을 이용하여 입력오류를 점검하는 품 포함

④ D/L 단위의 신규 증설, 변경은 이 품 적용

4-84-7 기본도 제작

작 업 내 용	단 위	S/W 시험사
종합배전자동화 시스템 기본도 제작	식	1.36

[해 설]

① 기본 지형도는 국가 기본 지형도 적용

② 국가 기본 지형도 도엽(圖葉)을 시스템 적용구역에 적합하도록 통합하고, 불필요한 부분을 삭제하여 하나의 도엽(圖葉)으로 만드는 품임

③ 발주처 요구에 따라 여러가지의 레이어로 분리하여 각각 별도 도엽(圖葉)으로 만드는 품 포함

④ 배전자동화 그래픽 프로그램의 포맷에 적합하도록 수정하여 사용할 수 있도록 변환하는 품 포함

4-84-8 데이터베이스 구조 변경 및 설치

작 업 내 용	단 위	S/W시험사
신규 포맷의 데이터베이스 구조로 데이터 복원	테이블	0.24

[해 설]

① 프로그램 변경에 의해 데이터베이스 구조변경이 요구되어 기존 데이터를 수정하여 신규 데이터베이스로 생성해야 하는 경우에 적용

② 기존 및 신규데이터베이스의 백업 시행 포함

③ 변경된 테이블이 2개인 경우 180%, 3개인 경우 260%, 4개인 경우 340%, 4개 초과는 테이블당 80% 가산

4-84-9 데이터베이스 변경 및 증설

작 업 내 용	단 위	S/W 시험사
개폐기 신·증설에 따른 데이터베이스 입력	대	0.24

[해 설]

① 모든 개폐기류(자동, 수동, ALTS등) 에 적용

② 도면 및 NDIS의 자료를 참고하여 데이터베이스를 구축하는 것으로 데이터베이스 변경 및 증설 후 오류검사 기능을 이용하여 입력오류를 점검하는 품 포함
③ 개폐기 외의 케이블헤드설치전주, 고압 수전고객, Pad TR, COS 등의 데이터베이스 변경 및 증설은 대당 이 품의 30% 적용
④ 개폐기 2대 동시 설치 180%, 3대 260%, 4대 340%, 4대 초과는 대당 80% 가산

4-85 소규모 배전자동화설비

4-85-1 소규모 주장치

공 종		작 업 내 용	단위	S/W 시험사	H/W 시험사	보통 인부
일괄설치		주장치 설치 및 시험 시스템 장치별 동작시험 시스템성능 모니터링	식	0.49	0.23	0.15
개별설치	1. 주장치 설치 및 시험	장치설치 및 시스템 동작상태 확인	대	0.27	0.23	0.15
	2. OS S/W	OS 설치 및 시험	식	0.22	-	-
디바이스 설치		부속설비 설치 및 동작상태 확인	식	0.07	0.18	-

[해 설]

① 소규모 주장치는 데스크탑 기준이며, 본체 1대, 모니터 2대 설치 기준임
② OS(Operating System) 설치, 디바이스(랜카드, 메모리 등) 시험 품 포함
③ 일괄설치는 개별설치 1, 2항 전체를 모두 설치할 경우에 적용
④ 주장치에서 자동화용 회선집선장치(Hub)까지의 케이블설치는 통신품셈 "4-3-1 꼬임케이블 포설", 배관은 전기품셈 "5-1 전선관배관 별도" 적용
⑤ 디바이스(메모리, CD-RW(ROM), HDD, 전원장치, 랜카드 등) 1개 추가 시마다 디바이스 설치 품의 20%씩 가산
⑥ HDD 교체 시, OS S/W, 응용S/W("4-85-3 응용프로그램 설치") 설치 별도 적용
⑦ 철거 50%, 재사용 철거 80%(단, S/W시험사 제외)

4-85-2 소규모 주장치 이중화설비

공 종		작 업 내 용	단위	S/W 시험사	H/W 시험사	보통 인부
일괄설치		주장치, 전환장치 설치 및 시험 시스템 장치별 동작시험 시스템 성능모니터링시스템 동작상태 확인	식	0.56	0.28	0.15
개별설치	1. 주장치 설치 및 시험	주장치 설치 및 동작시험 시스템 성능모니터링	식	0.26	0.23	0.15
	2. 전환장치 설치 및 시험	전환장치 설치 및 동작시험 이중화 장치간 전환 시험	식	0.10	0.05	-
	3. OS S/W	OS 설치 및 시험	식	0.20	-	-
디바이스 설치		부속설비 설치 및 동작상태 확인	식	0.07	0.18	-

[해 설]

① 소규모 주장치 이중화설비는 랙 타입(Rack Type) 기준이며, 본체 1대, 전환장치 1대, 모니터 2대 설치 기준임

② OS(Operating System) 설치, 디바이스(랜카드, 메모리 등) 시험 품 포함

③ 일괄설치는 개별설치 1, 2, 3항 전체를 모두 설치할 경우 적용

④ 주장치에서 자동화용 회선집선장치(Hub)까지의 케이블설치는 통신품셈 "4-3-1 꼬임케이블 포설", 배관은 전기품셈 "5-1 전선관배관" 별도 적용

⑤ 디바이스(메모리, CD-RW(ROM), HDD, 전원장치, 랜카드 등) 1개 추가 시마다 디바이스 설치 품의 20%씩 가산

⑥ HDD 교체 시, OS S/W, 응용S/W("4-85-3 응용프로그램 설치") 설치 별도적용

⑦ 기 설치된 주 장치에 이중화 구성 시, 일괄설치 품 적용

⑧ 철거 50%, 재사용 철거 80%(단, S/W시험사 제외)

4-85-3 응용프로그램 설치

작 업 내 용	단 위	S/W시험사
소규모 배전자동화 응용프로그램 설치 및 시험	식	0.25

[해 설]

① OS S/W 제외

② 주장치에 설치되는 배전자동화 프로그램으로, 소규모 배전자동화 운용을 위해 설치되는 프로그램임

③ 데이터베이스 변경 필요 시 "4-85-5 데이터베이스 변경 및 증설" 항목 적용

④ 해당 소프트웨어 업그레이드 시 이 품 적용

4-85-4 데이터베이스 구축

작 업 내 용	단 위	S/W시험사
소규모 배전자동화 시스템 데이터베이스 구축	D/L	0.42

[해 설]

① D/L 단위의 신규, 증설, 변경은 이 품을 적용

② 변전소 신설에 따른 데이터베이스 구축은 기존 D/L과 만나는 경계점을 기준함

4-85-5 데이터베이스 변경 및 증설

작 업 내 용	단 위	S/W 시험사
개폐기 신·증설에 따른 데이터베이스 입력	대	0.24

[해 설]

① 자동화개폐기에 적용

② 수동개폐기는 이 품의 대당 30% 적용

③ 개폐기 2대 동시 설치 180%, 3대 260%, 4대 340%, 4대 초과는 대당 80% 가산

4-85-6 TDAS 데이터베이스 단순속성 변경

작 업 내 용	단위	S/W 시험사
데이터베이스 단순속성 변경	대	0.14

[해 설]

① 개폐기전주번호, 설치일자 등 데이터베이스 단순속성 변경에 적용

② 도면 및 NDIS의 자료를 참고하여 데이터베이스를 구축하는 것으로 데이터베이스 변경 및 증설 후 오류검사 기능을 이용하여 입력오류를 점검하는 품 포함

③ 개폐기 2대이상 동시 작업 시 대당 14% 가산
단, 쿼리로 인한 개폐기 2대 이상 동시작업 시 대당 1% 가산

4-86 배전자동화용 부대장치

4-86-1 각종기기

공 종	작 업 내 용	단위	S/W 시험사	H/W 시험사	보통 인부
자동화용 유선통합장치 (Modem/Hub/T.S.)설치	1.전용회선용 장치 일괄설치 2.시스템 동작 및 시험	대	0.44	0.54	0.17
자동화용 무선통합장치 (DSU/Router/Hub)설치	1.무선데이터망 장치 일괄 설치 2.시스템 동작 및 시험	대	0.72	0.51	0.21
자동화용 신호전송장치 (DSU)설치	1.장치장착 및 케이블 접속 2.구간별 네트웍 대조시험	대	0.40	0.25	0.18
자동화용 회선경로, 분배 장치(Router)설치	1.구간별 네트웍 대조시험 2.장치설치 및 결선 3.시스템 동작시험	대	0.38	0.26	0.14
자동화용 회선집선장치 (Hub)설치	1.장치장착 및 케이블 접속 2.주장치와 네트웍 연계시험	대	0.21	0.27	0.11
자동화용 전단처리장치 T.S.(Terminal Server)설치	1.장치장착 및 케이블 접속 2.Port별 개별 동작 시험	대	0.27	0.34	0.12

[해 설]

① 각 기기는 19″ 랙(Rack)에 설치 기준이며, 케이블 연결포함

② 자동화용 회선집선장치 및 전단처리장치 2대 동시 설치는 180%, 3대는 260%, 4대는 340%, 4대 초과는 대당 80% 가산

③ 철거 50%, 재사용 철거 80%(단, S/W시험사 제외)

4-86-2 GPS 수신장치

공 종		작 업 내 용	단위	전기공사 산업기사	S/W 시험사	H/W 시험사
일괄설치		장치설치 및 시스템 동작시험, 응용S/W 설치	식	0.42	0.42	0.40
개별설치	1. GPS 수신장치	수신장치 설치 및 동작 시험	대	-	-	0.40
	2. Application S/W	응용 S/W 설치, 환경 설정 시스템 정상동작 확인	식	0.42	0.42	-

[해 설]

① GPS 장치는 19" 랙(Rack)에 설치 기준이며, GPS 수신안테나에서 수신장치까지 케이블설치는 "4-86-10 배전자동화용 TRS 안테나(센터측)", 배관은 "5-1 전선관 배관" 별도 적용

② 일괄설치는 개별설치 1, 2항 전체를 모두 설치할 경우 적용

③ 철거는 50%, 재사용 철거는 80%(단, H/W 시험사만 적용)

4-86-3 현장 원격운전용 PDA

공 종	작 업 내 용	단 위	S/W 시험사	H/W 시험사
1. PDA 설치	PDA 장치 설치	식	-	0.20
2. PDA 시험	장치 동작시험 주장치~PDA간 연동시험	식	0.18	-

[해 설]

① 현장 원격운전용 PDA는 기존에 설치된 배전자동화시스템(소규모, 종합) 적용

② PDA 장치 2대 동시 설치 및 시험은 180%, 3대는 260%, 4대는 340%, 4대 초과는 대당 80% 가산

③ 철거 50%, 재사용 철거 80%(단, H/W 시험사만 적용)

4-86-4 무정전전원장치(UPS) 설치

작 업 내 용	단 위	배전 전공	H/W 시험사	보통 인부
전원선/접지선 연결 UPS 동작 및 전환시험	대	0.28	0.28	0.21

[해 설]

① UPS 설치는 Install 포함이며, 10kVA 이하는 이 품을 적용하고, 10kVA 초과 20kVA 이하는 180% 적용

② 설치, 결선, 시험, 측정 및 조정 품 포함

③ 철거 30%, 재사용 철거 80%

4-86-5 출력장치(프린터) 설치

작 업 내 용	단 위	S/W 시험사	H/W 시험사	보통 인부
프 린 터 설 치 동 작 시 험	대	0.23	0.31	0.18

[해 설]

① S/W 설치 포함이며, 플로터는 180% 적용

② 철거 50%, 재사용 철거 80%(단, S/W시험사 제외)

4-86-6 외함 설치

작 업 내 용	단 위	배전전공	보통인부
19″ 랙(Rack) 설치	대	0.34	0.34

[해 설]

① 높이 1,800mm 기준이며, 2,100mm인 경우 120% 적용

② 전원 및 접지용 전선 설치 별도 적용

③ 철거 30%, 재사용 철거 80%

4-86-7 배전자동화 TRS용 게이트웨이(Gateway)

공 종		작 업 내 용	단위	S/W 시험사	H/W 시험사	보통 인부
일괄설치		1. 본체 및 각종 디바이스용 S/W설치 2. 데이터베이스 입력 및 설정 3. 시스템성능 모니터링	대	0.61	0.37	0.28
개별설치	1. 게이트웨이 장치 설치	장치설치 및 시스템 동작상태 확인	대	0.41	0.37	0.28
	2. OS S/W	OS설치 및 시스템 정상동작 확인	식	0.20	-	-
디바이스 설치		부속설비 설치 및 동작상태 확인	개	0.07	0.18	-

[해 설]

① TRS 게이트웨이(Gateway)는 INI, ODBC 설정 및 DB입력, 무선데이터 주장치와 종합시험 포함

② TRS 게이트웨이(Gateway)에서 자동화용 회선집선장치(Hub)까지의 케이블 설치는 통신품셈 "4-3-1 꼬임케이블 포설", 배관은 전기품셈 "5-1 전선관 배관" 별도 적용

③ 디바이스(메모리, CD-RW(ROM), HDD, 전원장치, 랜카드 등) 1개 추가 시마다 디바이스 설치 품의 20%씩 가산

④ HDD 교체 시 OS S/W 설치 별도 적용

⑤ 철거 50%, 재사용 철거 80%(단, S/W시험사 제외)

4-86-8 배전자동화 TRS용 신호변환장치(센터 측) 설치

작 업 내 용	단 위	S/W 시험사	H/W 시험사
장치설치 및 결선/배선 기지국과 단말간 통화 시험 데이터 통신시험	대	0.46	0.45

[해 설]

① 프로그램설정, 주파수그룹별 개인번호입력, RF출력 및 반사파 측정 포함

② 센터 측 신호변환장치 2대 동시 설치는 180%, 3대는 260%, 4대는 340%, 4대 초과는 대당 80% 가산

③ 철거 50%, 재사용 철거 80%(단, S/W시험사 제외)

4-86-9 배전자동화 TRS용 신호변환장치(제어함 측) 설치 ('25년 개정)

작 업 내 용	단 위	S/W 시험사	H/W 시험사	보통 인부
장 치 설 치 및 설 정 PAD 및 안 테 나 설 치 설 정 확 인 및 등 록 각 종 측 정 시 험 데 이 터 통 신 시 험 주 장 치 와 통 신 시 험	대	0.54	0.47	-
사 전 현 장 조 사(전 계 강 도 측 정)	개소	0.21	-	0.21

[해 설]

① TRS 신호변환장치와 PAD 분리형, TRS 신호변환장치와 PAD 일체형, TRS 신호변환장치 단독설치 경우에 동일하게 적용하며, 안테나고정 및 방향조정 포함

② 프로그램 설정, 주파수그룹별 개인번호입력, RF출력 및 반사파 측정 포함

③ 현장 교통정리 필요시, 교통정리원(0.58인) 별도 가산

④ 안테나교체는 이 품의 50%(단, S/W시험사 제외)

⑤ 철거 50%, 재사용 철거 80%(단, S/W시험사 제외)

⑥ 본 품은 배전자동화를 포함한 전력IT서비스(원격검침, 배전기동보수 등)에 적용함

4-86-10 배전자동화용 TRS 안테나(센터 측)

공 종	단 위	무 선 안테나공	배 전 전 공	보 통 인 부
안 테 나 설 치 및 방 향 조 정	대	0.67	-	-
급 전 선 설 치	m	-	0.01	0.02

[해 설]

① 키넥디 접속포함
② 안테나는 지향성 야기안테나임
③ 수신안테나에서 센터 측 신호변환장치까지 배관은 "5-1 전선관 배관" 별도 적용
④ 철거 30%, 재사용 철거 80%

4-86-11 배전자동화 CDMA용 게이트웨이(Gateway) 공통제어부

공 종		작 업 내 용	단위	S/W 시험사	H/W 시험사	보통 인부
일괄설치		1. 공통제어부용 서버 및 응용 S/W설치 2. 네트웍 동작상태 및 멀티 포트 시험 3. 데이터베이스 입력 및 통신시험	대	0.76	0.57	0.45
개별설치	1. 게이트웨이 장치	장치설치 및 시스템 동작상태 확인	대	0.42	0.57	0.45
	2. OS S/W	OS설치 및 시스템 정상동작 확인	식	0.22	-	-
	3. 응용 S/W	미들웨어 S/W 설치 및 정상 동작확인	식	0.12	-	-
디바이스 설치		부속설비 설치 및 동작상태 확인	개	0.07	0.18	-

[해 설]

① CDMA용 공동세어부는 벌티보드 설치, 데이터베이스입력, 응용프로그램 설치 포함
② CDMA용 게이트웨이(Gateway)에서 자동화용 회선집선장치(Hub)까지의 케이블 설치는 통신품셈 "4-3-1 꼬임케이블 포설", 배관은 전기품셈 "5-1 전선관 배관" 별도 적용
③ 디바이스(메모리, CD-RW(ROM), HDD, 전원장치, 랜카드 등) 1개 추가 시마다 디바이스 설치 품의 20%씩 가산
④ HDD 교체 시, OS S/W 및 응용 S/W 설치 별도 적용
⑤ OS S/W, 응용S/W 동시 설치는 개별설치 2, 3항 품 합의 90% 적용
⑥ 철거 50%, 재사용 철거 80%(단, S/W시험사 제외)

4-86-12 배전자동화 CDMA용 HCU 및 HCM

공　　종	단 위	S/W 시험사	H/W 시험사	보통 인부
셸프설치 및 HCU 통신시험	대	0.16	0.20	0.20
HCM 설치 및 시험	대	0.19	0.23	-

[해 설]

① HCU 및 HCM 장비는 19" 랙(Rack)에 설치 기준임

② HCU 통신시험, 데이터베이스입력 및 설정, 수신전계강도 EC/IO값 모니터링 포함

③ HCM 장치 2대 동시 설치는 180%, 3대는 260%, 4대는 340%, 4대 초과는 대당 80% 가산

④ 철거 50%, 재사용 철거 80%(단, S/W시험사 제외)

4-86-13 배전자동화 CDMA용 TCU장치 설치 ('25년 개정)

작 업 내 용	단 위	S/W 시험사	H/W 시험사	보통 인부
장치설치 및 결선 시스템 동작시험 대국시험(주장치~망센터~현장)	대	0.34	0.24	0.17

[해 설]

① TCU 장치는 신호변환장치와 PAD 일체형

② TCU장치 안테나고정 및 통신환경설정 포함

③ 현장 교통정리 필요시, 교통정리원(0.16인) 별도 가산

④ 안테나 교체는 50%(단, S/W시험사 제외)

⑤ 철거 50%, 재사용 철거 80%(단, S/W시험사 제외)

4-86-14 배전자동화용 유선신호 변환장치 설치 ('25년 개정)

종 류	작 업 내 용	단위	S/W 시험사	H/W 시험사	배전 전공	보통 인부
집합형 쉘프	장치설치 및 결선	대	-	0.18	-	0.15
집합형 장치	장치설치 시스템 동작시험	대	0.24	0.01	-	-
단독형 장치	장치설치 및 결선시스템 동작시험	대	0.35	0.34	-	0.25
보호기(통신TR)	장치설치 및 결선	대	-	-	0.28	0.24

[해 설]

① 집합형 쉘프는 19″ 랙(Rack)에 설치하는 랙 타입(Rack Type)기준임
② 단독형장치, 보호기 설치는 현장 교통정리 필요시, 교통정리원(0.27 인) 별도 가산
③ 집합형 장치 2대 동시 설치는 180%, 3대는 260%, 4대는 340%, 4대 초과는 대당 80% 가산
④ 철거는 50%, 재사용 철거는 80%(단, S/W시험사 제외)

4-86-15 배전자동화용 광신호 변환장치(센터 측)

공 종	작 업 내 용	단위	광케이블 설 치 사	H/W 시험사	특 별 인 부
장치 설치	1. 쉘프 장착 및 고정	대	-	0.07	0.07
	2. 광신호변환장치 설치	개	0.35	0.27	0.35
계		대	0.35	0.34	0.42
종합성능시험	시스템 개별 송·수신 레벨 시험,	링	1.00	-	1.00

[해 설]

① 광신호변환장치는 19″ 랙(Rack)에 설치 기준임
② 광신호변환장치 설치는 점프코드 및 RJ45 결선 포함
③ 종합성능시험은 광신호변환장치 선로대조시험(센터~노드간), 광신호변환장치 송수신 레벨 측정(신호변환장치측, 접속함체, 노드간), 링전환 시험, 자동화주장치 DB와 현장 간 일치여부 확인 포함
④ 광링증설 시 광신호변환장치 2조 동시 설치는 180%, 3조는 260%, 4조는 340%, 4조 초과는 조당 80% 가산
⑤ 철거 50%, 재사용 철거 80%(단, 광통신설치사 제외)

4-86-16 배전자동화용 광신호변환장치(제어함측) 설치 ('25년 개정)

작 업 내 용	단 위	광케이블 설치사	H/W 시험사	특 별 인 부
장치설치 및 결선 광신호변환장치간 개별시험 송·수신 레벨 측정	링	0.61	0.29	0.70

[해 설]

① 장치설치 및 결선은 점프코드 설치, 단말장치와 RS-232C 및 전원케이블 연결까지 포함임

② 개별시험은 광신호변환장치 시험(노드~노드간), 광신호변환장치 레벨측정, 자동화주장치 DB와 현장 간 일치여부 확인 포함

③ 현장 교통정리 필요시, 교통정리원(0.40인) 별도 가산

④ 철거 50%, 재사용 철거 80%(단, 광통신설치사 제외)

4-86-17 배전자동화용 무선신호 변환장치 설치 ('25년 개정)

작 업 내 용	단위	S/W 시험사	H/W 시험사	보통 인부
장치설치 및 결선, 시스템 동작시험 대국시험(주장치~망센터~현장)	대	0.35	0.24	0.17

[해 설]

① 이 장치는 신호변환장치와 PAD 일체형임

② 무선 안테나고정 및 통신환경설정 포함

③ 현장 교통정리 필요시, 교통정리원(0.24인) 별도 가산

④ 안테나교체는 이 품의 50%(단, S/W시험사 제외)

⑤ 철거 50%, 재사용 철거 80%(단, S/W시험사 제외)

⑥ 지중용개폐기의 경우 안테나보호대(CAP) 또는 FCI 표시부 설치는 50%(단, S/W시험사 제외), 무선신호변환장치 외함은 20% 적용(단, S/W시험사 제외)

4-87 배전자동화용 단말장치

4-87-1 단말장치 설치 ('25년 개정)

작 업 내 용	단위	단독설치		연동시험 병행설치	
		S/W 시험사	H/W 시험사	S/W 시험사	H/W 시험사
가공용 단말장치 설치 및 결선	대	0.37	0.42	0.12	0.16
지중용 단말장치 설치 및 결선	대	0.59	0.75	0.10	0.22
리클로저 제어함 장치설치 및 결선	대	0.46	0.54	-	-

[해 설]

① 현장 교통정리 필요시, 가공단말장치(교통정리원: 0.39인), 리클로저 제어함(교통정리원: 0.45인), 지중단말장치(교통정리원: 0.66인) 별도 가산

② 단말장치 동작상태 확인 포함(제어부와 단말기간 제어, 상태확인 등)

③ 철거 50%, 재사용 철거 80%(단, S/W시험사 제외)

4-87-2 자동화개폐기 종합연동시험 ('25년 개정)

종 류	작 업 내 용	단위	전기공사 산업기사	S/W 시험사	H/W 시험사
가공개폐기	시스템간 연계 연동시험 (주장치~통신장치~단말장치)	대	0.78	0.86	0.93
지중개폐기	시스템간 연계 연동시험 (주장치~통신장치~단말장치)	대	1.72	1.76	1.83

[해 설]

① 리클로저 제어함, 개조FAS는 가공개폐기 연동시험도 이 품

② 단말장치 동작상태(제어부와 단말기간 제어, 상태확인), 단말장치 응용정보 설정(세트ting) 및 확인, FI 모의시험 등 포함

③ 현장 교통정리 필요시, 가공(교통정리원: 0.69인), 지중(교통정리원: 1.66인) 별도 가산

4-87-3 자동화개폐기 투입 · 개방 시험

작 업 내 용	단위	S/W 시험사	H/W 시험사
자동화개폐기 투입 · 개방 시험	대	0.2	0.3

[해 설]

① 지중용 자동화개폐기 투입 · 개방 시험은 이 품의 160%

② 정밀 예방점검시의 자동화개폐기 투입 · 개방시험은 가공용은 H/W시험사 0.02인, 지중용은 H/W 시험사 0.03인 적용

4-88 개폐기제어함 및 점검대

4-88-1 제어함 설치 ('25년 개정)

작 업 내 용	단위	배 전 전 공	보 통 인 부
개폐기의 제어함 설치	대	0.21	0.13

[해 설]

① 자동화용 개폐기의 제어함을 주상에 설치하는 품임

② 현장 교통정리 필요시, 교통정리원(0.16인) 별도 가산

③ 기기장치대, 제어케이블, 전원케이블, 접지선 접속포함

④ GS설비의 GM, GC형과 RC설비의 RM형도 이 품 적용

⑤ 철거 50%, 재사용 철거 80%

4-88-2 점검대 설치 ('25년 개정)

작 업 내 용	단 위	배 전 전 공	보 통 인 부
제어함 점검대 설치	대	0.16	0.14

[해 설]

① 제어함 점검대는 가공선로용 개폐기 및 보호기기 설치장소에 설치하는 것임

② 현장 교통정리 필요시, 교통정리원(0.09인) 별도 가산

③ 철거 50%, 재사용 철거 80%

[배전자동화설비 유지보수공사]

4-89 종합배전자동화설비 점검

4-89-1 서버장치점검

작 업 내 용	단위	S/W 시험사	H/W 시험사	보통 인부
시스템 정상 동작상태 점검 H/W 오류테스트 및 주변기기 점검	식	0.63	0.67	0.26

[해 설]

① 부분별 부품교체 및 수리비용은 별도 계상("4-84-1 서버장치개별 설치" 품 적용)

② 점검 내용은 시스템분리/청소/복구, H/W 및 S/W 정상운전확인, 시스템 로그 파일 점검, 네트워크 동작상태 및 주변기기 점검, 시스템 성능모니터링 및 H/W 오류테스트 1회 등을 점검하는 것임

③ 서버장치 2대 동시점검은 180%

4-89-2 이중화 저장장치, 전환장치 점검

작 업 내 용	단위	S/W 시험사	H/W 시험사	보통 인부
시스템 정상동작상태 점검 시스템 로그 및 S/W 점검	식	0.14	0.54	0.87

[해 설]

① 부분별 부품교체 및 수리비용은 별도 계상("4-84-2 이중화 저장장치 개별설치" 품 적용)

② 점검 내용은 시스템분리/청소/복구, H/W 및 S/W 정상운전확인, 시스템 로그 파일 점검, 디스크 정상상태 등을 점검하는 것임

③ 전환장치 점검 포함

4-89-3 HMI(Human Machine Interface : 인간 – 기계연결) 장치점검

작 업 내 용	단위	S/W 시험사	H/W 시험사	보통 인부
시스템 정상 동작상태 점검 H/W 오류테스트 및 주변기기 점검	식	0.29	0.51	0.02

[해 설]

① 부분별 부품교체 및 수리비용은 별도계상("4-84-3 HMI장치 점검" 개별설치 품 적용)

② 점검 내용은 시스템분리/청소/복구, H/W 및 S/W 정상운전확인, 시스템 로그 파일 점검, 네트워크 동작상태 및 주변기기 점검, 시스템 성능모니터링 및 H/W 오류 테스트 등을 1회 점검하는 것임

③ HMI장치 2대 동시점검은 180%, 3대는 260%, 4대는 340%, 4대 초과는 대당 80% 가산

4-89-4 FEP(Front End Processor : 전단처리) 장치 점검

작 업 내 용	단위	S/W 시험사	H/W 시험사	보통 인부
시스템 정상 동작상태 점검 H/W 오류테스트 및 주변기기 점검	식	0.55	0.42	0.19

[해 설]

① 부분별 부품 교체 및 수리비용은 별도 계상("4-84-4 FEP장치 점검" 개별 설치 품 적용)

② 점검 내용은 시스템분리/청소/복구, H/W 및 S/W 정상운전확인, 시스템 로그 파일 점검, 네트워크 동작상태 및 주변기기 점검, 시스템 성능모니터링 및 H/W 오류테스트 1회 등을 점검하는 것임

③ FEP 장치 2대 동시점검은 180%, 3대는 260%, 4대는 340%, 4대 초과는 대당 80% 가산

4-89-5 응용프로그램 및 데이터베이스 점검

작 업 내 용	단 위	S/W 시험사
종합배전자동화 시스템 응용프로그램 및 데이터베이스 점검	식	2.72

[해 설]

① 배전자동화 응용프로그램 점검은 로그 파일 및 데이터베이스 불일치성, 운영환경, 각 컴퓨터간 통신 상태, 데이터베이스 백업 및 저장, 통신 Parameter 점검 및 프로토콜 Analyzer에 의한 통신 패킷 분석, 데이터베이스 튜닝, SCADA, NMS등 타 시스템 연계상태 점검임

② 단일 시스템인 경우 80% 적용

4-89-6 DLP Cube 점검

작 업 내 용	단위	H/W 시험사	보통인부
DLP Cube 화면 색상, 해상도 등 점검	식	2.87	0.84

[해 설]

① 부품교체 및 수리비용 별도 계상

② DLP Cube 21면 기준

③ 18면은 이 품의 90%, 8면은 40%, 6면은 30% 적용

4-89-7 Wall Controller 점검

작 업 내 용	단위	S/W 시험사	H/W 시험사	보통인부
시스템 정상 동작상태 점검, H/W 오류테스트 및 주변기기 점검	식	0.34	0.71	0.15

[해 설]

① 부분별 부품교체 및 수리비용은 별도 계상(표준품셈 "4-84-1 서버 장치" 개별설치 품 적용)

② 점검 내용은 시스템분리/청소/복구, H/W 및 S/W 정상운전확인, 시스템 로그 파일 점검, 네트워크 동작상태 및 주변기기 점검, 시스템 성능 모니터링 및 H/W 오류테스트 1회 등을 점검하는 것임
③ 서버장치 2대 동시 점검은 180%

4-89-8 VTL(Virtual Tape Library) 점검

(단위 : 대)

작 업 내 용	S/W 시험사	H/W 시험사	보통인부
시스템 정상동작 확인	0.27	0.17	0.15

[해 설]
① 부품교체 및 수리비용 별도 계상
② 시스템분리/청소/복구, H/W 및 S/W 정상운전확인, 시스템 로그 파일 점검, 네트워크 동작상태 및 주변기기 점검, 시스템 성능모니터링, Storage 정상상태 등 점검기준

4-89-9 FMS(Facility Management System) Controller 점검

(단위 : 대)

작 업 내 용	S/W 시험사	H/W 시험사	보통인부
시스템 정상동작 확인	0.23	0.17	0.15

[해 설]
① 부품교체 및 수리비용 별도 계상
② 시스템분리/청소/복구, H/W 및 S/W 정상운전확인, 시스템 로그 파일 점검, 네트워크 동작상태 및 주변기기 점검, 시스템 성능모니터링 및 설비상태감시 기능 정상유무 등 점검기준

4-90 소규모 배전자동화설비 주장치 점검

4-90-1 소규모 주장치 점검

작 업 내 용	단 위	S/W시험사	H/W시험사	보통인부
시스템 정상동작 확인 데이터베이스 백업 주변기기 상태 점검 시스템 성능모니터링	식	0.67	0.85	0.45

[해 설]

① 부분별 부품교체 및 수리비용은 별도계상("4-85-1 소규모 주장치 점검" 개별 설치 품 적용)

② 점검 내용은 시스템분리/청소/복구, H/W 및 OS S/W 정상운전확인, 시스템 로그 파일 점검, 네트워크 동작상태 및 주변기기 점검, 시스템 성능모니터링 등을 점검하는 것임(단, 응용 S/W는 제외)

③ 응용 S/W 점검은 별도 적용 계상

4-90-2 소규모 주장치 이중화설비 점검

작 업 내 용	단 위	S/W시험사	H/W시험사	보통인부
시스템 정상동작 확인 데이터베이스 백업 주변기기 상태 점검 시스템 성능모니터링 주·예비전환시험	식	1.03	0.88	0.45

[해 설]

① 부분별 부품교체 및 수리비용은 별도 계상("4-85-2 소규모 주장치 이중화설비" 개별 설치 품 적용)

② 점검 내용은 시스템분리/청소/복구, H/W 및 OS S/W 정상운전확인, 시스템 로그파일 점검, 네트워크 동작상태 및 주변기기 점검, 시스템 성능 모니터링

주 · 예비전환시험 등을 점검하는 것임(단, 응용 S/W는 제외)

③ 응용 S/W 점검은 별도 계상

4-90-3 배전자동화 응용 데이터베이스 점검

작 업 내 용	단 위	S/W시험사
응용 데이터베이스 점검 및 백업	식	0.27

[해 설]

① 실계통도와 주장치내 계통도간 자동화개폐기 및 계통도 변경사항(전주번호, D/L명 등) 수정 포함

② 통신 Parameter 일치 확인 포함

③ 수정된 해당개폐기 제어명령 및 상태확인 포함

④ 응용 데이터베이스 백업 포함

4-90-4 배전자동화 응용 PDA 데이터베이스 점검

작 업 내 용	단 위	S/W시험사
응용 DB 점검 및 백업 D/L별 단선도 점검	식	0.32

[해 설]

① 실계통도와 주장치내 계통도간 자동화개폐기 및 계통도 변경사항(전주번호, D/L명 등) 수정 포함

② PDA용 D/L단선도 이상유무 확인 및 데이터베이스 점검 포함

③ 수정된 해당개폐기 제어명령 및 상태확인 포함

④ 통신 Parameter 일치 확인 포함

⑤ 응용데이터베이스 백업 포함

4-91 배전자동화용 통신방식별 망 점검

4-91-1 배전자동화용 전용선망 점검 ('25년 개정)

작 업 내 용	단 위	S/W 시험사	H/W 시험사
통신실 구내통신망 점검, 현장 신호변환장치 레벨시험	대	0.53	0.73

[해 설]

① 통신실에서 센터신호 변환장치 → 쉘프 후면 접점 → 19″ 랙(Rack) 통신단자 → MDF~구내회선간 시험, 신호변환장치 레벨시험, 제어함~KT단자 간 케이블시험, 센터와 현장간 종합연계시험, 주장치와 현장간 잠금/풀림 제어시험 등을 점검하는 것임

② 현장 교통정리 필요시, 교통정리원(0.40인) 별도 가산

4-91-2 배전자동화용 TRS망 점검 ('25년 개정)

작 업 내 용	단 위	S/W 시험사	H/W 시험사
통신실~자체 통신망 점검, TRS모뎀/PAD 레벨측정, 현장~센터 신호변환장치 송수신시험	대	0.37	0.71

[해 설]

① 센터통신실~배전사업소간 통신망점검(신호변환장치 채널별 송수신 상태, 무선데이터 주장치와 센터신호변환장치 네트웍상태, TRS구간시험, PAD 원격설정 등), 신호변환장치 송수신 레벨 측정(무선수신레벨, RF출력 레벨, 전계강도, S/N비 측정 등), 센터와 현장간 종합연계시험, 주장치와 현장간 잠금/풀림 제어시험 등을 점검하는 것임

② 현장 교통정리 필요시, 교통정리원(0.32인) 별도 가산

4-91-3 배전자동화용 무선망 점검 ('25년 개정)

작 업 내 용	단 위	S/W시험사	H/W시험사
신호변환장치 수신레벨 측정 현장~망 센터 송·수신시험	대	0.40	0.50

[해 설]

① 단위 장소간 통신망점검(자동화용 무선통합장치(DSU/Router/Hub) 시험, 주장치설정 및 데이터베이스확인), 신호변환장치 레벨 측정(무선수신레벨, 전계강도), LLI설정 확인, 현장모뎀~망 센터간 송수신 시험, 센터와 현장간 종합연계시험, 주장치와 현장간 잠금/풀림 제어시험 등을 점검하는 것임

② 현장 교통정리 필요시, 교통정리원(0.27인) 별도 가산

③ CDMA용 망 점검시 이 품 적용

4-91-4 배전자동화용 광통신망 점검 ('25년 개정)

작 업 내 용	단 위	광케이블설치사	특별인부
통신실 구내 통신망 점검 광 신호변환장치 수신레벨 측정 광 신호변환장치간 대조시험	대	0.79	0.79

[해 설]

① 구내 통신망점검(주장치~센터측 광신호변환장치간 시험, 주장치설정 및 데이터베이스확인, NMS 연결 장애구간 확인), 신호변환장치 송수신레벨 측정, 링 상태 점검, 센터와 현장간 종합연계시험, 주장치와 현장간 잠금/풀림 제어시험 등을 점검하는 것임

② 현장 교통정리 필요시, 교통정리원(0.36인) 별도 가산

③ 1개 링 단위당 4개 이상 불량 시 400% 적용

4-92 배전자동화용 단말장치 점검

4-92-1 단말장치 점검 ('25년 개정)

(단위 : 대)

작 업 내 용	S/W 시험사	H/W 시험사
가공용(GA) 단말장치 통합점검	0.57	0.37
가공용(GA) 단말장치 간이점검	0.35	0.24
지중용(PA) 단말장치 통합점검	0.75	0.46
지중용(PA) 단말장치 간이점검	0.36	0.25

[해 설]

① 부품 교체, 수리비용 및 장비 사용할 경우 사용료(절연버킷트럭) 별도 계상
② 단말장치 통합점검은 정밀도 계측 및 고장 모의시험, 제어함 배터리 전압 등 단말장치 동작상태를 점검하는 기준임
③ 간이점검은 선로정보 점검 및 축전지 시험 등 동작상태를 점검하는 기준임
④ 지중용은 4회로 기준이며, 1회로 증감시 마다 20% 가감 적용
⑤ 현장 교통정리 필요시, 교통정리원(가공 0.25인, 지중 0.31인) 별도 계상
⑥ 배터리 점검은 이 품의 30% 적용

4-92-2 조작부 점검 ('25년 개정)

(단위 : 대)

구분	작 업 내 용	S/W 시험사	H/W 시험사
가공용	조작부 동작상태 점검(단독)	0.41	0.31
	조작부 동작상태 점검(단말장치 통합점검 병행)	0.16	0.13
	조작부 동작상태 점검(연동시험 병행)	0.45	0.34
지중용	조작부 동작상태 점검(단독)	0.53	0.41
	조작부 동작상태 점검(단말장치 통합점검 병행)	0.27	0.24
	조작부 동작상태 점검(연동시험 병행)	0.58	0.45

[해 설]

① 통합시험기를 이용하여 릴레이 동작 점검, 축전지 전압 및 제어 단말장치 공급 전압 측정 등 조작부 동작상태를 점검하는 기준임
② 부품 교체, 수리비용 및 장비 사용료(절연버킷트럭) 별도 계상
③ 가공용은 리클로저 및 통합단말장치의 조작부 점검 시 이 품 적용
④ 지중용 4회로 기준이며, 1회로 증감 시마다 20% 가감 적용
⑤ 조작부 동작상태 점검은 연동시험(조작부 동작상태 점검, 계측 및 고장 모의시험, 제어 및 감시시험) 등을 포함
⑥ 현장 교통정리 필요시, 교통정리원(0.15인) 별도 계상

4-92-3 지중용 조작부 점검

4-92-2 조작부 점검 통합 (삭제)

4-92-4 리클로저(Recloser) 단말장치(RA) 점검 ('25년 개정)

작 업 내 용	단 위	S/W 시험사	H/W 시험사
단말장치 동작상태 점검 계측 및 고장 모의시험 제어 및 감시 시험 개폐기 제어부 전원(Source) 점검	대	0.66	0.88

[해 설]

① 부품교체 및 수리비용 별도 계상
② 제어함 배터리 전압 및 충전전류 측정 포함
③ 현장 교통정리 필요시, 교통정리원(0.77인) 별도 가산
④ 배터리 점검은 H/W 시험사의 30% 적용

4-92-5 가공용 FAS개조 단말장치(FA) 점검 ('25년 개정)

작 업 내 용	단 위	S/W 시험사	H/W 시험사
단말장치 동작상태 점검 계측 및 고장 모의시험 제어 및 감시시험 개폐기 제어부 전원(Source) 점검	대	0.41	0.51

[해 설]

① 부품교체 및 수리비용 별도 계상

② 제어함 배터리 전압 및 충전전류 측정 포함

③ 현장 교통정리 필요시, 교통정리원(0.36인) 별도 가산

4-92-6 배터리 교체 ('25년 개정)

작 업 내 용	단 위	배전전공	보통인부
배터리 철거 및 설치 정상동작 확인 및 시험	개소	0.24	0.24

[해 설]

① 현장 교통정리 필요시, 교통정리원(0.16인) 별도 가산

② 지중용 배터리 교체는 250% 적용

③ UPS 배터리 교체는 200% 적 용

④ "4-92-1 단말장치 점검"과 병행 시 배전전공 0.16, 보통인부 0.16 적용

4-92-7 단말장치 펌웨어 업그레이드(Firmware Upgrade) ('25년 개정)

공 종	단 위	S/W시험사	H/W시험사
1. 단말장치 기능 향상(Upgrade)	대	0.18	0.15
2. 시험 및 조정	대	0.14	0.14

[해 설]

① 지중단말장치 및 리클로저 단말장치 점검시 이 품 적용

② 단말장치 예방점검과 병행하여 펌웨어를 업그레이드할 경우 S/W 시험사(0.08인) 적용

③ 현장 교통정리 필요시, 교통정리원(0.36인) 별도 가산(단, 1항만 작업 시 교통정리원 60% 적용)

4-93 배전자동화 부대설비 점검

4-93-1 GPS 수신장치 점검

작 업 내 용	단위	S/W시험사	H/W시험사	보통인부
시스템 정상동작 확인	식	0.15	0.22	0.09

[해 설]

① 부분별 부품교체 및 수리비용은 별도 계상(“4-86-2 GPS 수신장치” 개별설치 품 적용)

② 시스템분리/청소/복구, H/W 및 S/W 정상운전확인, GPS수신상태, GPS신호 동기상태 등을 점검하는 것임

③ 소규모 및 종합배전자동화 공통 적용

4-93-2 현장원격운전용 PDA 점검

작 업 내 용	단 위	S/W시험사	H/W시험사
시스템 정상동작 확인 PDA와 Active 동시(Synchronous) 시험	식	0.32	0.17

[해 설]

① 부분별 부품교체 및 수리비용은 별도 계상(“4-86-3 현장 원격운전용 PDA” 설치품 적용)

② 시스템분리/청소/복구, H/W 및 OS S/W 정상운전확인, 시스템 로그 파일 점

검, 네트워크 동작상태 및 주변기기 점검, 시스템성능 모니터링 등을 점검하는 것임(단, 응용 S/W는 제외)

4-93-3 출력장치(프린터) 점검

작 업 내 용	단 위	H/W시험사	보통인부
노즐 및 잉크 Cleaning 내부시스템 청소, 장치설정 확인	대	0.38	0.16

[해 설]

① 부품교체 및 수리비용 별도 계상

② 전원 입력부 상태, 구동부분 동작상태(용지 급지, 배지 등), 장치 설정확인 출력, 테스트 출력 점검하는 것임

③ 플로터는 180% 적용

4-93-4 에뮬레이터 장치 점검

작 업 내 용	단위	S/W 시험사	H/W 시험사	보통 인부
시스템 정상동작 확인, 주변기기 상태 점검 시스템 성능모니터링	식	0.67	0.85	0.45

[해 설]

① 부분별 부품교체 및 수리비용은 별도 계상("4-84-3 HMI장치 개별 설치" 품 적용)

② H/W 및 S/W 정상운전확인, 시스템 로그 파일 점검, 네트워크 동작상태 및 주변기기 점검, 시스템 성능모니터링 등을 점검하는 것임(단, 응용S/W는 제외)

③ 응용 S/W 점검은 별도계상("4-90-3 배전자동화 응용데이터베이스 점검")

4-93-5 무정전 전원장치(UPS) 점검

작 업 내 용	단 위	H/W시험사	보통인부
배터리 성능점검 시스템 동작 및 전환시험	대	0.59	0.37

[해 설]

① 부품교체 및 수리비용은 별도 계상

② UPS 운전상태(입·출력 전압, 램프상태), 시스템 분해/청소, 배터리 전압 셀(Cell)별 측정 및 시험, 시스템 동작 부하시험, 전원전환 시험 등을 점검

③ 10kVA 이하는 이 품을 적용하고 10kVA 초과, 20kVA 이하는 180% 적용

4-93-6 항온항습기 점검

작 업 내 용	단 위	기계설비공	보통인부
Air Filter/제어반/FAN/가습기/실외기 점검 청소, 냉매압력 점검	대	0.71	0.60

[해 설]

① 부품교체 및 수리비용 별도 계상

② 공기청정기는 이 품의 30%, 에어콘은 50% 적용

③ 철거 30%, 재사용 철거 80%

4-94 조류정전예방 선로순시

(단위 : 100본)

규 격	배전전공	보통인부
도 심 지 역	0.052	0.052
야 외 지 역	0.035	0.035

[해 설]

① 작업차(1톤 용달기준)를 이용 조류둥지 조성개소 적출을 위한 특고압 배전선로 순시 기준

② 작업차 전세차량비(2톤 이하) 별도 계상
③ 휴일 작업 시 휴일할증 별도 계상

4-95 조류둥지 철거

(단위 : 개소)

규 격	배전전공	보통인부
둥지조성 50% 미만	0.034	0.03
둥지조성 50% 이상	0.043	0.039

[해 설]

① 특고압 배전선로상에 조성된 조류 둥지를 COS 조작봉을 활용 철거하는 기준
② 철거된 조류 둥지 잔재물 수거 및 주변 정리품 포함
③ 둥지 철거 전·후 사진 촬영품 별도계상
④ 휴일 작업 시 휴일할증 별도 계상
⑤ 폐기물 처리비용 별도 계상

4-96 이동용 발전기 임시 송전 ('25년 개정)

(단위 : 개소)

공종	배전전공	장비사용시간 (hr)
이동용 발전기 임시 송전	0.48	1.28

[해 설]

① 22.9kV 배전선에서 배전설비 신설 또는 교체작업 사전에 절연버킷 트럭을 사용하여 주상변압기 COS를 개방 후 3상 이동용 발전기를 이용하여 고객측에 임시로 전원을 공급하는 작업 기준
② 발전기 임대 및 유류비는 별도 실비 정산
③ 발전기 용량 및 종류에 관계없이 적용
④ 1상 이동용발전기 경우 70% 적용
⑤ 주상변압기 COS 개방 및 투입 포함

⑥ 2차인하선 분리 및 연결포함
⑦ 발전기 및 저압선 상확인 포함
⑧ 이동용발전기 설치 및 상태점검 포함
⑨ 중성선 및 저압선 방호포함
⑩ 현장 교통정리 필요시, 본당 교통정리원 0.32인 별도 계상 단, 동일 전주에서 2개 공종 이상 동시작업 시 주작업을 제외한 1개 공종 추가 마다 해당 교통정리원 품의 60%를 가산하고, 개수(또는 조)의 증감에 따른 적용률은 해당 품의 해설항목 준용

4-97 절연스틱작업

4-97-1 절연스틱작업 여건별 할증률

절연스틱작업 중 작업공간 협소 및 이로 인한 난이도가 증가할 경우 아래표의 각 조건별 할증 중복가산(절연버킷트럭, 배전활선전공)

구 분	설 명	할증률
수 목	특고압~중성선간 간격이 절연버킷 이동 최소간격(2.5 m)의 확보가 불가한 전주에서 선로 종방향 양측작업시 수목으로 인해작업공간 협소가 발생하는 경우	10%
완철상부 점 퍼 선	원회시공 또는 상향 점퍼선 장주에서 애자·완철에 의한 스틱작업 능률 저하시(절연스틱작업 이동용 변압기 공종 적용 제외)	10%
지 세	전주위치가 도로법면, 경사지 등으로 현장여건상 현저한 작업능률 저하시	5%
반도전층 제 거	전선피복과 도체사이 반도전층(비닐, 테이프)를 절연스틱작업 공구로 제거 시(절연스틱작업 장비사용 전선압축 접속 시만 적용)	5%

4-97-2 절연스틱작업 바이패스 케이블 공법

(단위:3상 200 m)

구분 \ 공종	배전활선 전공	배전전공	보통인부	장비사용시간(hr)	
				버킷트럭	케이블차
바이패스 케이블 공법	3.12	1.43	2.02	6.46	5.99

[해 설]

① 22.9kV 가공배전선로에서 절연버킷트럭 및 무정전 바이패스케이블차를 이용하여 공사구간내 부하에 전원을 임시로 공급하는 절연스틱작업 기준(설치, 철거포함)

② 본 공사는 바이패스케이블(중간케이블) 및 공사용개폐기 2대(전원, 부하측) 설치, 철거하는 시공기준이며, 주상설치시 공사용개폐기는 대당, 바이패스케이블(중간케이블)은 주상 포설긍장(중간케이블) 매 50 m 마다 본 품의 5% 가산 적용

③ 본선 접속클램프 설치 · 철거, 슬리브커버 취부, 중성선 및 저압선 방호품, 점퍼선 절단 · 압축품 포함 (양측 3상 각 1개소 기준임)

④ 현장 교통정리원 2인 포함

⑤ 3상 케이블 포설긍장 매 50 m 증감마다 ±5%를 계상하고, 1상(선) 포설시에는 50%, 2상(선) 포설시에는 본 기준단가의 70% 적용

⑥ 케이블 포설 구간내에서 변압기차 필요시 절연스틱작업 이동용 변압기 시공기준단가의 80%(기계경비 제외)를 적용 계상하고, 기계경비는 본 공종의 케이블차와 동일 시간을 변압기차에 적용하여 계상함

⑦ 기타 활선작업 추가시 해당 활선작업 공종별 기준단가의 70%를 적용 산출한 단가를 별도계상

⑧ 공사용개폐기 추가 시공시 대당(활선전공 0.94,배전전공 0.125,보통인부 0.55, 절연버킷트럭 1.96 hr) 별도 계상

⑨ 점퍼선 고정공구 사용 시 개당 (배전활선전공 0.04, 절연버킷트럭 0.08 hr) 별도 계상

⑩ 절연스틱작업 중 작업공간 협소 등 작업 난이도가 증가할 경우 "4-97-1" 적용

4-97-3 절연스틱작업 변압기 공법

(단위:3상)

공종 \ 구분	배전활선 전공	배전전공	보통인부	장비사용시간(hr)	
				버킷트럭	변압기차
이동용 변압기 공법	0.85	0.25	0.59	1.86	1.64

[해 설]

① 22.9 kV 가공배전선로에서 절연버킷트럭 및 이동용 변압기차를 이용하여 변압기 교체하는 절연스틱작업 기준

② 3상 변대 교체품 기준으로 변압기 대수, 규격 및 용량에 관계없이 100% 적용하며 변압기 교체작업은 별도 계상

③ 케이블 클램프설치 · 철거, 슬리브커버 취부, 중성선 방호품, 저압선 방호품 및 저압선 절체품 포함(3상 1개소)

④ 현장 교통정리원 2인 포함

⑤ 3상선로에 설치된 단상 변대 교체 시 70%, 2대로 구성된 변대의 경우 90% 계상

⑥ 단상선로에 설치된 단상 변대의 경우 50% 계상

⑦ 소단위 할증은 1대 교체시 30%, 2대 교체시 10% 적용

⑧ 기타 활선작업 추가시 해당 활선 작업 공종별 기준단가의 70%를 적용 · 산출한 단가를 계상

⑨ 인입선 절체작업 필요시 개소당 저압케이블전공 0.4, 보통인부 0.13을 적용하며, 절체작업 개소가 2개소를 초과하는 경우 1개소 초과시 마다 개소당 60% 가산 적용

⑩ 절연스틱작업 중 작업공간 협소 등 작업 난이도가 증가할 경우 "4-97-1" 적용

4-97-4 절연스틱작업 공사용개폐기 공법

(단위:개소)

공종 \ 구분	배전활선 전공	배전전공	보통인부	장비사용시간(hr)
공사용개폐기공법	1.88	0.25	1.10	3.92

[해 설]

① 22.9kV 가공배전선로의 무부하 공사구간 작업시 절연버킷트럭을 이용하여 공사용개폐기 설치·철거하는 절연스틱작업 기준

② 해당 전주에 인하선 6조 연결 · 철거 및 점퍼선 절단 · 압축, 중성선 및 저압선 방호, 슬리브커버 취부, 케이블 클램프 설치 · 철거품 포함

③ 장비사용 시간은 절연버킷트럭 사용시간임 (1대)

④ 점퍼선 고정공구 사용 시 개당 (배전활선전공 0.04, 장비사용시간 0.08 hr)

⑤ 기타 활선작업 추가시 해당공종 기준단가에 70%를 적용, 산출한 단가를 계상

⑥ 절연스틱작업 중 작업공간 협소 등 작업 난이도가 증가할 경우 "4-97-1" 적용

4-97-5 절연스틱작업 바이패스 점퍼케이블 공법 ('25년 개정)

(단위:개소)

공 종	배전활선전공	장비사용시간(hr)
바이패스 점퍼케이블 설치	0.82	1.63

[해 설]

① 22.9 kV 가공배전선로에서 절연버킷트럭을 이용하여 무정전 전원공급을 위해 전원 부하간 바이패스 점퍼케이블을 3선 1개소 설치 연결 및 철거하는 절연스틱작업 기준

② 전주 규격, 전선 규격 장주 종류에 관계없이 적용

③ 나선 가공배전선로 설치 시 80%

④ 전선피박(테이핑 포함) 및 각종 커버류 부설, 철거 포함

⑤ 충전부 방호 필요시 별도 계상

⑥ 중성선 및 저압선 방호포함

⑦ 3선 1개소 기준, 1선 50%, 2선 80%

⑧ 기존 점퍼선의 절단 및 압축은 별도 계상

⑨ 소단위 작업 단위수는 바이패스 점퍼케이블 설치 개소 선(상)수 합하여 할증 적용

⑩ 고압의 경우 85% 적용

⑪ 현장 교통정리 필요시, 교통정리원(0.41인/개소당) 별도 계상 단, 동일 전주에서 2개 공종 이상 동시 작업시 주작업을 제외한 1개 공종추가마다 해당 교통정리원 품의 60%를 가산하고, 개수의 증감에 따른 적용률은 해당 품의 해설 항목 준용
⑫ 절연스틱작업 중 작업공간 협소 등 작업 난이도가 증가할 경우 "4-97-1" 적용

4-97-6 절연스틱작업 전주방호 ('25년 개정)

(단위:본)

공　종	배전활선전공	장비사용시간(hr)
할입주 방호	0.33	0.67

[해 설]

① 22.9 kV 가공배전선로에서 할입주 신설시 지상에서 전주 방호관을 설치하고, 절연버킷트럭을 이용하여 전주 방호관을 철거하는 절연스틱작업 기준
② 전주규격에 관계없이 적용
③ 터파기, 건주, 되메우기, 근가설치 불포함
④ 완철, 전선이선, 애자는 별도 계상
⑤ 소단위 작업의 단위수 산정은 할입전주 본 수를 합하여 할증률 적용
⑥ 중성선 및 특고압선 방호 포함, 저압선 방호 필요시 별도 계상
⑦ 고압의 경우 85% 적용
⑧ 현장 교통정리 필요시, 교통정리원(0.17인/본당) 별도계상. 단, 동일 전주에서 2개 공종이상 동시작업시 주작업을 제외한 1개 공종 추가마다 해당 교통정리원 품의 60%를 가산하고, 개수(또는 조) 증감에 따른 적용률은 해당 품의 해설 항목 준용
⑨ 절연스틱작업 중 작업공간 협소 등 작업 난이도가 증가할 경우 "4-97-1" 적용

4-97-7 절연스틱작업 점퍼선 라인포스트애자 교체 ('25년 개정)

(단위:개소)

공　종	배전활선전공	장비사용시간(hr)
점퍼선 라인포스트애자 교체	0.64	1.28

[해 설]

① 22.9 kV 기존 배전선로에서 절연버킷트럭을 이용하여 점퍼선을 지지하는 완철 최외각 라인포스트 애자를 교체하는 절연스틱작업 기준
② 바인드 또는 바인드레스 라인포스트애자 커버 포함
③ 선종, 장주 및 상(조수)별에 관계없이 적용
④ 기존 애자의 바인드 이탈로 바인드레스 라인포스트 애자 커버만 시공시는 본품의 70% 적용
⑤ 중성선 및 저압선 방호포함
⑥ 소단위 작업의 단위수 산정은 애자교체 개수를 합하여 할증 적용
⑦ 고압핀애자는 라인포스트 애자의 85% 적용
⑧ 동일 전주에서 1개 초과시마다 본 품의 70%씩 가산
⑨ 현장 교통정리 필요시, 교통정리원(0.32인/개소당) 별도 계상. 단, 동일 전주에서 2개 공종 이상 동시 작업시 주작업을 제외한 1개 공종 추가마다 해당 교통 정리원 품의 60%를 가산하고, 개수(또는 조)의 증감에 따른 적용률은 해당 품의 해설 항목 준용
⑩ 절연스틱작업 중 작업공간 협소 등 작업 난이도가 증가할 경우 "4-97-1" 적용

4-97-8 절연스틱작업 기계화 공간확장 라인포스트애자 교체 ('25년 개정)

(단위:3개)

공 종	배전활선전공	장비사용시간(hr)
라인포스트애자 교체	0.88	1.75

[해 설]

① 22.9 kV 가공배전선로의 핀장주에서 절연버킷트럭, 승강구동장치, 가완목을 이용하여 라인포스트애자를 교체하는 절연스틱작업 기준
② 선종, 장주 및 상(조수)별에 관계없이 적용
③ 3선(상) 3개 기준, 1개 90%, 2개 95% / 1개 추가시 개당 5% 가산
④ 간접활선용 바인드레스 라인포스트 커버 설치 포함

⑤ 기존 애자의 바인드 및 바인드레스 커버 철거 포함
⑥ 기존 애자의 바인드 이탈로 애자커버만 시공시는 50% 적용
⑦ 중성선 방호 포함, 저압방호 필요시 별도 계상
⑧ 고압 핀애자는 라인포스트애자의 85% 적용
⑨ 현장 교통정리 필요시, 교통정리원 0.44인 별도계상. 단, 동일 전주에서 2개 공종 이상 동시 작업시 주작업을 제외한 1개 공종 추가마다 해당 교통정리원 품의 60%를 가산하고, 개수(또는 조) 증감에 따른 적용률은 해당 품의 해설 항목준용
⑩ 절연스틱작업 중 작업공간 협소 등 작업 난이도가 증가할 경우 "4-97-1" 적용

4-97-9 절연스틱작업 기계화 공간확장 어깨쇠(완철) 교체 ('25년 개정)

(단위:개)

공 종	배전활선전공	장비사용시간(hr)
어깨쇠(완철) 교체 (핀장주)	0.99	1.98

[해 설]

① 22.9 kV 3상 배전선로의 핀장주에서 절연버킷트럭, 승강구동장치, 가완목을 이용하여 어깨쇠(완철)를 교체하는 절연스틱작업 기준
② 2선 이하일 경우 80% 적용
③ 어깨쇠(완철) 규격에 관계없이 애자 바인드 및 바인드레스커버 철거 포함
④ 간접활선용 바인드레스 라인포스트 커버 설치 포함
⑤ 라인포스트애자 설치, 철거 포함
⑥ 중성선 방호 포함, 저압선 방호 필요시 별도계상
⑦ 고압의 경우 85% 적용. 나선의 경우 80% 적용
⑧ 겹어깨쇠를 단어깨쇠로 교체 시 23%, 겹어깨쇠로 교체 시 43% 가산
⑨ 현장 교통정리 필요시, 교통정리원(0.50인/개당) 별도계상. 단, 동일 전주에서 2개 공종 이상 동시작업시 주작업을 제외한 1개 공종 추가마다 해당교통정리원 품의 60%를 가산하고, 개수(또는 조) 증감에 따른 적용률은 해당 품의 해설 항목 준용
⑩ 절연스틱작업 중 작업공간 협소 등 작업 난이도가 증가할 경우 "4-97-1" 적용

4-97-10 절연스틱작업 기계화 공간확장 전선이선 ('25년 개정)

(단위:개소)

공　　종	배전활선전공	장비사용시간(hr)
전선이선	0.84	1.68

[해 설]

① 22.9kV 가공배전선로 직선주에서 할입주 시공을 위해 절연버킷트럭, 승강구동장치, 가 어깨쇠(가완철)을 이용하여 전선을 가 어깨쇠(가완철)에 이선 고정 후, 원상복귀하는 절연스틱작업 기준

② 전주, 전선규격에 관계없이 적용

③ 3선(상) 1개소 기준, 2선(상) 80%, 1선(상) 50%

④ 가 어깨쇠(가 완철) 조립, 철거 포함

⑤ 어깨쇠(완철) 및 라인포스트애자 설치 포함

⑥ 가공지선지지대 설치 포함(가공지선과 접지선 연결 포함)

⑦ 전선이선을 위한 애자 바인드 및 바인드레스 커버 철거 포함

⑧ 간접활선용 바인드레스 커버 설치 포함

⑨ 할입주 시공 또는 전주교체 시공품 별도계상

⑩ 전주·전선 및 중성선 방호포함, 할입주 및 저압선 방호는 별도계상

⑪ 고압의 경우 85% 적용

⑫ 현장 교통정리 필요시, 기당 교통정리원 0.42인 별도계상. 단, 동일 전주에서 2개 공종 이상 동시작업시 주작업을 제외한 1개공종 추가마다 해당 교통정리원 품의 60%를 가산하고, 개수(또는 조) 증감에 따른 적용률은 해당 품의 [해설] 항목 준용

⑬ 절연스틱작업 중 작업공간 협소 등 작업 난이도가 증가할 경우 "4-97-1" 적용

4-97-11 절연스틱작업 기계화 공간확장 전주교체 ('25년 개정)

(단위:개소)

공　　종	배전활선전공	장비사용시간(hr)
전주교체	1.20	2.40

[해 설]

① 22.9 kV 가공배전선로의 핀장주에서 절연버킷트럭, 승강구동장치, 가완목을 이용하여 절연스틱작업으로 기설주의 충전부의 방호, 전선이격 및 신설주에 폴가드(Pole Guard)를 설치하여 전주를 교체하는 절연스틱작업 기준

② 어깨쇠(완철) 및 라인포스트애자 설치, 철거 포함

③ 전주철거 및 신설은 별도계상

④ 가공지선지지대 설치, 철거 포함(가공지선과 접지선 연결(분리) 포함)

⑤ 3선(상) 1개소 기준, 2선(상) 80%, 1선(상) 50%

⑥ 겹어깨쇠(겹완철) 장주는 110%

⑦ 중성선 방호포함, 저압선 방호 필요시 별도계상

⑧ 고압의 경우 85% 적용

⑨ 전주교체 작업범위는 직선 전선로 전·후 각각 5m 이내이며, 이때 5m 초과시는 "4-97-6 절연스틱작업 전주방호" 적용

⑩ 기설주를 철거만 하는 경우 72%

⑪ 현장 교통정리 필요시, 기당 교통정리원 0.60인 별도계상. 단, 동일 전주에서 2개 공종 이상 동시작업시 주작업을 제외한 1개공종 추가마다 해당교통정리원 품의 60%를 가산하고, 개수(또는 조) 증감에 따른 적용률은 해당 품의 해설 항목준용

⑫ 절연스틱작업 중 작업공간 협소 등 작업 난이도가 증가할 경우 "4-97-1" 적용

4-97-12 절연스틱작업 단상변대 COS교체 ('25년 개정)

(단위:개)

공 종	배전활선전공	장비사용시간(hr)
단상변대 COS 교체	0.82	1.64

[해 설]

① 22.9 kV 가공배전선로에서 변압기용 또는 선로용 COS를 교환하는 것으로 절연버킷트럭을 이용하여 절연스틱작업으로 바이패스 점퍼케이블을 설치 및 COS를 교환하는 절연스틱작업 기준

② 내장주는 기존 COS 설치 상의 전원·부하측 현수애자 및 점퍼선 방호 포함

③ 핀장주는 해당 품의 85% 적용
④ 중성선 및 변압기 붓싱 방호 포함, 저압선 방호 필요 시 별도 계상
⑤ 간접활선 충전부 방호 필요 시 별도 계상
⑥ 장비의 제경비는 별도 계상
⑦ 소단위 작업의 단위수 산정은 COS 교체 개수를 합하여 할증률 적용
⑧ 고압의 경우 85% 적용
⑨ 현장 교통정리 필요시, 교통정리원(0.41/개) 별도 계상 단, 동일 전주에서 2개 공종 이상 동시작업 시 주작업을 제외한 1개 공종 추가마다 해당 교통정리원 품의 60%를 가산하고, 개수(또는 조) 증감에 따른 적용률은 해당 품의 해설항목 준용
⑩ 절연스틱작업 중 작업공간 협소 등 작업 난이도가 증가할 경우 "4-97-1" 적용

4-97-13 절연스틱작업 위험표지판 설치

(단위:개)

공 종	배전활선전공	장비사용시간(hr)
위험표지판 취부	0.19	0.51

[해 설]

① 22.9 kV 배전선로에서 절연버킷트럭을 이용하여 절연스틱작업으로 위험표지판을 설치하는 작업기준
② 장비의 제경비는 별도계상
③ 선종 규격 구분 없이 적용, 이동방지형 고리 또는 고정링 시공 포함
④ 동일 전주에서 1개 추가 시 마다 18%씩 가산
⑤ 중성선 방호 포함, 저압선 및 고압선 방호 필요 시 별도계상
⑥ 현장 교통 정리원 필요시 별도계상 단, 동일 전주에서 2개 공종이상 동시작업 시 주작업을 제외한 1개 공종 추가마다 해당 교통정리원 품의 60%를 가산하고, 개수의 증감에 따른 적용률은 해당 품의 해설항목 준용
⑦ 철거 90%
⑧ 절연스틱작업 중 작업공간 협소 등 작업 난이도가 증가할 경우 "4-97-1" 적용

4-97-14 절연스틱작업 인하선 설치 ('25년 개정)

(단위:3선)

종 별		배전활선전공	장비사용시간(hr)
인하선	연결	0.47	0.94
	분리	0.47	0.94
분기고리	압축	0.55	1.11
	절분	0.55	1.11

[해 설]

① 22.9kV 배전선로에서 절연버킷트럭을 이용하여 분기고리를 압축·절분하고 분기고리에 활선클램프를 사용 COS 1차 인하선 3선을 연결·분리·교체하는 절연스틱작업 기준

② 인하선 연결 및 분리는 분기고리가 설치된 상태에서 인하선만 연결, 분리하는 작업

③ 분기고리 압축은 전력선 피박, 분기고리 압축, COS 1차 인하선 연결 포함

④ 분기고리 절분은 COS 1차 인하선 철거, 분기고리 절분, 테이핑, 슬리브커버 포함

⑤ 3선 기준, 1선은 70%, 2선은 90%

⑥ 인하선 교체는 인하선 연결의 110% 적용

⑦ 분기고리 커버만 교체시 분기고리 압축의 75% 적용

⑧ 분기고리 커버만 신설시 분기고리 압축의 65% 적용

⑨ 분기고리 절분만(인하선 없음, 분기고리 절분, 테이핑, 슬리브커버 포함) 시공시 분기고리 압축·절분의 90% 적용

⑩ 저압선, 중성선 방호 포함, 특고압선 방호 필요시 별도 계상

⑪ 고압의 경우 85% 적용

⑫ 현장 교통정리 필요시, 교통정리원(0.26인/개소) 별도계상. 단, 동일 전주에서 2개 공종이상 동시작업시 주작업을 제외한 1개 공종 추가마다 해당 교통정리원 품의 60%를 가산하고, 개수(또는 조) 증감에 따른 적용률은 해당 품의 해설항목 준용

⑬ 모든 공종에는 간접활선용 분기고리커버 철거 및 설치 포함

⑭ 절연스틱작업 중 작업공간 협소 등 작업 난이도가 증가할 경우 "4-97-1" 적용

4-97-15 절연스틱작업 점퍼선 절단 ('25년 개정)

(단위:3선)

공 종	배전활선전공	장비사용시간(hr)
점퍼선 절단	0.46	0.51

[해 설]

① 22.9kV 배전선로의 점퍼분기선 등을 절연버킷트럭을 이용하여 3선을 절단하는 절연스틱작업 기준

② 선종규격, 접속금구에 관계없이 모두 적용하되 1선(조)의 점퍼선을 양단절단의 경우도 1선(조)로 계상

③ 3선 1개소 기준, 2선 80%, 1선 50%

④ 소단위 작업의 단위수 산정은 점퍼선 절단의 선(상)수를 합하여 할증률 적용

⑤ 점퍼선 고정공구 사용 시 개당 (배전활선전공 0.04, 장비사용시간 0.08 hr) 별도 계상

⑥ 중성선 및 저압선 방호 포함

⑦ 고압의 경우 85% 적용

⑧ 현장 교통정리 필요시, 교통정리원(0.16인/3선), 별도 계상. 단, 동일 전주에서 2개 공종 이상 동시작업시 주 작업을 제외한 1개 공종 추가마다 해당 교통정리원 품의 60%를 가산하고, 개수(또는 조)의 증감에 따른 적용률은 해당 품의 해설항목 준용

⑨ 절연스틱작업 중 작업공간 협소 등 작업 난이도가 증가할 경우 "4-97-1" 적용

4-97-16 절연스틱작업 전선압축 접속 ('25년 개정)

(단위:3선)

공 종	배전활선전공	장비사용시간(hr)
전선압축 접속	0.76	1.11

[해 설]

① 22.9 kV 배전선로에서 절연버킷트럭을 이용하여 절연전선의 피복을 제거하고 슬리브를 접속하는 절연스틱작업 기준

② 3선(상) 1개소 기준, 피박제거 및 슬리브커버 설치 포함

③ 2선(상) 90% 1선(상) 80%

④ 나선 80% ⑤ 동일 전주에서 1선(상) 증가시마다 20% 가산
⑥ 장비의 제경비는 별도 계상
⑦ 소단위 작업의 단위수 산정은 전선압축의 선(상) 수를 합하여 할증률 적용
⑧ 중성선 및 저압선 방호 포함
⑨ 고압의 경우 85% 적용
⑩ 현장 교통정리 필요시, 교통정리원(0.32인/3선), 별도 계상. 단, 동일 전주에서 2개 공종 이상 동시작업시 주 작업을 제외한 1개 공종 추가마다 해당 교통정리원 품의 60%를 가산하고, 개수(또는 조)의 증감에 따른 적용률은 해당 품의 해설 항목 준용
⑪ 절연스틱작업 중 작업공간 협소 등 작업 난이도가 증가할 경우 "4-97-1" 적용

4-97-17 절연스틱작업 절연커버 설치 ('25년 개정)

(단위:개)

종 별	배전활선전공	장비사용시간(hr)
분기슬리브 절연커버 설치	0.39	0.37
종단캡 설치	0.36	0.30
폴리머 현수애자 절연보강커버 설치	0.36	0.30
컴팩트 절연보강커버 설치	0.37	0.32
인류클램프 절연커버 설치	0.39	0.37

[해 설]

① 22.9 kV 가공배전선로에서 절연버킷트럭을 이용하여 절연커버류를 설치하는 절연스틱작업 기준
② 절연스틱작업으로 시공가능 한 절연커버류 설치시 이 품을 적용
③ 장비의 제경비는 별도 계상
④ 선종 규격 구분없이 적용, 커버류의 테이프 시공 포함 단, 종단캡, 폴리머현수애자 절연보강커버 테이프 시공 불요
⑤ 동일 전주에서 1개 추가시마다 10%씩 가산 단, 종단캡, 폴리머현수애자 절연보강커버는 2%, 컴팩트 커버는 5% 적용
⑥ 중성선 및 저압선 방호 포함
⑦ 소단위 작업의 단위수 산정은 커버류 설치 개수를 합하여 할증률 적용

⑧ 고압의 경우 85% 적용
⑨ 현장 교통정리 필요시, 교통정리원(0.11인/개당) 별도 적용. 단, 동일 전주에서 2개 공종 이상 동시작업시 주작업을 제외한 1개 공종 추가마다 해당 교통정리원 품의 60%를 가산하고, 개수(또는 조)의 증감에 따른 적용률은 해당 품의 해설항목 준용
⑩ 철거 50%
⑪ 절연스틱작업 중 작업공간 협소 등 작업 난이도가 증가할 경우 "4-97-1" 적용

4-97-18 절연스틱작업 충전부 방호 ('25년 개정)

종 별	단위	배전활선전공	장비사용시간(hr)
장력견딤(내장)주	6선	0.54	1.08
핀장주	3상	0.32	0.64
변압기 (붓싱, COS, 인하선)	3상(선)	0.48	0.95
개폐기 인하선	3상(선)	0.35	0.70

[해 설]

① 22.9kV 가공배전선로에서 활선작업을 시행하는 동일 및 근접 전주의 충전부를 절연버킷트럭을 이용하여 방호하는 절연스틱작업 기준
② 장력견딤(내장)주 6선(전원측 3선, 부하측 3선) 기준
 - 1선 50% 적용, 동일 전주에서 1선 추가시 10% 가산
 [특고압 전선, 애자, 전주, 어깨쇠(완철), 점퍼선 방호(원회 점퍼선) 포함]
 - 특고압 전선만 방호시 1선 20% 적용, 동일 전주에서 1선 추가시 5% 가산
 [애자, 전주, 어깨쇠(완철), 점퍼선 방호 제외]
③ 핀장주 3상 기준, 1상 60%, 2상 80% 적용
 - 어깨쇠(완철)방호, 전선방호, 애자방호 포함
 - 특고압 전선만 방호시 1선 25% 적용, 동일 전주에서 1선 추가시 5% 가산
 [전주, 어깨쇠(완철), 애자 방호 제외]
④ 변압기(붓싱, COS, 1차 및 2차 인하선) 3상 기준
 - 1상 60%, 2상 80% 적용
 - COS 및 인하선(1,2차)만 방호시 1상 40%, 2상 60%, 3상 80%(COS 완철 및 변압기 붓싱 방호 제외)

⑤ 개폐기 인하선 3상(전원측 및 부하측) 기준
- 전원측 및 부하측 중 한 측만 방호시 70% 적용
⑥ 고압의 경우 85% 적용
⑦ 장주, 전선의 선종 및 규격에 관계없이 동일 적용
⑧ 저압선 방호 필요시 별도 계상
⑨ 현장 교통정리 필요시, 교통정리원(0.25인/개소) 별도계상. 단, 동일 전주에서 2개 공종이상 동시작업시 주작업을 제외한 1개 공종 추가마다 해당 교통정리원 품의 60%를 가산하고, 개수(또는 조) 증감에 따른 적용률은 해당 품의 해설항목 준용
⑩ 절연스틱작업 중 작업공간 협소 등 작업 난이도가 증가할 경우 "4-97-1" 적용

4-97-19 절연스틱작업 활선용 완철 사용 라인포스트애자 교체 ('25년 개정)

(단위:3개)

공　　종	배전활선전공	장비사용시간(hr)
라인포스트애자 교체	0.71	2.84

[해 설]

① 22.9 kV 가공배전선로 핀장주에서 절연버킷트럭, 활선용 완철을 이용하여 라인포스트애자를 교체하는 절연스틱작업 기준
② 선종, 장주 및 상(조수)별에 관계없이 적용
③ 3선(상) 3개 기준, 2개 95%, 1개 90% / 1개 추가시 개당 5% 가산
④ 간접활선용 바인드레스 라인포스트 커버 설치 포함
⑤ 기존 애자의 바인드 및 바인드레스 커버 철거 포함
⑥ 기존 애자의 바인드 이탈로 애자커버만 시공시는 50% 적용
⑦ 중성선 방호 포함, 저압방호 필요시 별도 계상
⑧ 고압 핀애자는 라인포스트애자의 85% 적용
⑨ 현장 교통정리 필요시, 교통정리원 0.35인 별도계상. 단, 동일 전주에서 2개 공종 이상 동시작업시 주작업을 제외한 1개 공종 추가마다 해당 교통정리원 품의 60%를 가산하고, 개수(또는 조) 증감에 따른 적용률은 해당 품의 해설항목 준용
⑩ 절연스틱작업 중 작업공간 협소 등 작업 난이도가 증가할 경우 "4-97-1" 적용

4-97-20 절연스틱작업 활선용 완철 사용 어깨쇠(완철) 교체 ('25년 개정)

(단위:개)

공 종	배전활선전공	장비사용시간(hr)
어깨쇠(완철) 교체(핀장주)	0.80	3.20

[해 설]

① 22.9kV 3상 배전선로의 핀장주에서 절연버킷트럭, 활선용 완철을 이용하여 어깨쇠(완철)를 교체하는 절연스틱작업 기준
② 2선 이하일 경우 80% 적용
③ 어깨쇠(완철)규격에 관계없이 애자 바인드 및 바인드레스커버 철거 포함
④ 간접활선용 바인드레스 라인포스트커버 설치 포함
⑤ 라인포스트애자 설치, 철거 포함
⑥ 중성선 방호 포함, 저압방호 필요시 별도 계상
⑦ 고압의 경우 85% 적용, 나선의 경우 80% 적용
⑧ 겹어깨쇠를 단어깨쇠로 교체 시 24%, 겹어깨쇠로 교체 시 48% 가산
⑨ 현장 교통정리 필요시, 교통정리원(0.40인/개당) 별도 계상. 단, 동일 전주에서 2개 공종이상 동시작업시 주작업을 제외한 1개 공종 추가마다 해당 교통정리원 품의 60%를 가산하고, 개수(또는 조)의 증감에 따른 적용률은 해당 품의 해설 항목 준용
⑩ 절연스틱작업 중 작업공간 협소 등 작업 난이도가 증가할 경우 "4-97-1" 적용

4-97-21 절연스틱작업 활선용 완철 사용 전선이선 ('25년 개정)

(단위:개소)

공 종	배전활선전공	장비사용시간(hr)
전선이선	0.67	2.66

[해 설]

① 22.9kV 3상 배전선로 직선주에서 활입주 시공을 위해 절연버킷트럭, 활선용 완철을 이용하여 전선을 가 어깨쇠(완철)에 이선 고정 후, 원상 복귀하는 절연스틱작업 기준
② 전주, 전선규격에 관계없이 적용

③ 3선(상) 1개소 기준, 2선(상) 80%, 1선(상) 50%
④ 가 어깨쇠(가 완철) 조립, 철거 포함
⑤ 어깨쇠(완철) 및 라인포스트애자 설치 포함
⑥ 가공지선지지대 설치 포함(가공지선과 접지선 연결 포함)
⑦ 전선이선을 위한 애자 바인드 및 바인드레스 커버 철거 포함
⑧ 절연스틱작업 바인드레스 커버 설치 포함
⑨ 할입주 시공 또는 전주교체 시공품 별도 계상
⑩ 전주, 전선 및 중성선 방호 포함, 할입주 및 저압선 방호는 별도 계상
⑪ 고압의 경우 85% 적용
⑫ 현장 교통정리 필요시, 교통정리원 0.33인 별도 계상. 단, 동일 전주에서 2개 공종 이상 동시작업시 주작업을 제외한 1개 공종 추가마다 해당 교통정리원 품의 60%를 가산하고, 개수(또는 조)의 증감에 따른 적용률은 해당 품의 해설항목 준용
⑬ 절연스틱작업 중 작업공간 협소 등 작업 난이도가 증가할 경우 "4-97-1" 적용

4-97-22 절연스틱작업 활선용 완철 사용 전주교체 ('25년 개정)

(단위:개소)

공 종	배전활선전공	장비사용시간(hr)
전주교체	0.98	3.90

[해 설]

① 22.9kV 3상 배전선로의 핀장주에서 절연버킷트럭에 탑승하여 활선용 완철을 이용하여 기설주의 충전부의 방호, 전선이격 및 신설주에 폴가드(Pole Guard)를 설치하여 전주를 교체하는 절연스틱작업 기준
② 어깨쇠(완철) 및 라인포스트애자 설치, 철거 포함
③ 전주철거 및 신설은 별도계상
④ 가공지선지지대 설치, 철거 포함(가공지선과 접지선 연결(분리) 포함)
⑤ 3선(상) 1개소 기준, 2선(상) 80%, 1선(상) 50%
⑥ 겹어깨쇠(겹완철) 장주는 110%
⑦ 중성선 방호포함, 저압선 방호 필요시 별도계상

⑧ 고압의 경우 85% 적용
⑨ 전주교체 작업범위는 직선 전선로 전·후 각각 2 m 이내이며, 이때 2 m 초과 시는 "4-97-6" 적용
⑩ 기설주를 철거만 하는 경우 65%
⑪ 현장 교통정리 필요시, 기당 교통정리원 0.49인 별도계상. 단, 동일 전주에서 2개 공종 이상 동시작업시 주작업을 제외한 1개공종 추가마다 해당교통정리원 품의60%를 가산하고, 개수(또는 조) 증감에 따른 적용률은 해당 품의 해설항목 준용
⑫ 절연스틱작업 중 작업공간 협소 등 작업 난이도가 증가할 경우 "4-97-1" 적용

4-97-23 절연스틱작업 가공 배전전주 기별점검 ('25년 개정)

(단위:본)

종 별	배전활선전공	장비사용시간(hr)
핀장주	0.43	0.87
한쪽당김 전주(인류주) 및 장력견딤 전주(내장주)	0.58	1.15
개폐기주	0.58	1.16

[해 설]

① 22.9kV 배전선에서 절연버킷트럭, 원격 활용기를 이용하여 전주 상부에 부설되어 충전된 3선(상)1회선 가공 배전설비를 점검 정비하는 절연스틱 작업 기준
② 점검대상 커버류·복귀 및 사진촬영 포함
③ 장주별 구분없이 모두 적용
④ 3선(상) 1개소 기준, 2선(상) 80%, 1선(상) 50%
⑤ 점퍼선 압축개소 점검 시 개당 인류 및 내장주 품의 10% 별도 계상(점퍼선 압축개소 슬리브 테이핑 포함)
⑥ 분기장주는 인류 및 내장주 품의 40% 별도 계상
⑦ 말단 인류주는 인류 및 내장주 품의 60% 적용
⑧ 개폐기주에서 현수애자 점검 시 개당 인류 및 내장주 품의 10% 별도 계상
⑨ 활선애자 검출기로 점검 시는 해당장주 품의 120%
⑩ 라인포스트애자 바인드 및 바인드레스커버 철거, 설치 포함

⑪ 개폐기주는 피뢰기, 이질금속슬리브(테이핑 포함) 점검 포함
⑫ 중성선 방호 포함, 저압선 방호 필요시 별도 계상
⑬ 고압의 경우 85% 적용
⑭ 현장 교통정리 필요시, 본당 교통정리원 0.27(배전활선전공/2)인 별도 계상 단, 동일 전주에서 2개 공종 이상 동시작업 시 주작업을 제외한 1개 공종 추가마다 해당 교통정리원 품의 60%를 가산하고, 개수(또는 조)의 증감에 따른 적용률은 해당 품의 해설항목 준용
⑮ 절연스틱작업 중 작업공간 협소 등 작업 난이도가 증가할 경우 "4-97-1" 적용

4-97-24 절연스틱작업 건축지장용 방호관 설치 ('25년 개정)

(단위:개)

공 종	배전활선전공	장비사용시간(hr)
방호관 설치	0.173	0.347

[해 설]

① 22.9kV 가공배전선로에 절연버킷트럭, 건축지장용 방호관 설치·철거 장치를 이용하여 건축지장용 방호관을 설치하는 절연스틱작업 기준
② 철거는 모두 동일 품 적용
③ 건축지장용 방호관 2m 기준
④ 2개 이상 설치 또는 철거 시 추가 1개마다 10% 적용
⑤ 중성선 방호 포함, 저압선, 특고압선 방호 필요시 별도 계상
⑥ 고압의 경우 85% 적용
⑦ 현장 교통정리 필요시, 방호관 설치 또는 철거는 교통정리원 (0.087인/개당) 별도 계상 단, 동일 전주에서 2개 공종 이상 동시 작업 시 주작업을 제외한 1개 공종 추가마다 해당 교통정리원 품의 60%를 가산하고, 개(또는 조)의 증감에 따른 적용률은 해당 품의 해설항목 준용
⑧ 절연스틱작업 중 작업공간 협소 등 작업 난이도가 증가할 경우 "4-97-1" 적용

제5장 내선설비공사

5-1 전선관 배관

(단위 : m)

합성수지 전선관		후강 전선관(G)		금속제 가요 전선관		나사 없는 전선관(E)/ 박강 전선관(C)	
호칭	내선전공	호칭	내선전공	호칭	내선전공	호칭	내선전공
14	0.04	-	-	-	-	-	-
16	0.05	16	0.08	16 이하	0.044	19	0.05
22	0.06	22	0.11	22	0.059	25	0.06
28	0.08	28	0.14	28	0.072	31	0.08
36	0.10	36	0.20	36	0.087	39	0.10
42	0.13	42	0.25	42	0.104	51	0.13
54	0.19	54	0.34	54	0.136	63	0.19
70	0.28	70	0.44	70	0.156	75	0.28
82	0.37	82	0.54	82	0.176	-	-
92	0.45	92	0.60	92	0.196	-	-
104	0.46	104	0.71	104	0.216	-	-
125	0.51		-	-	-	-	-

[해 설]

① 콘크리트 매입 기준

② 블록벽체 및 철근콘크리트 노출은 120%, 목조건물은 110%, 철강조 노출은 125%, 조적 후 배관 및 건축방음재(150㎜ 이상)내 배관 시 130%

③ 기존 콘크리트 노출 공사 시 앵커볼트 또는 칼블럭을 매입할 경우 설치품은 " 5-29 옥내잡공사"에 의하여 별도 계상하고 전선관 설치품은 매입 품으로 계상

④ 천장속, 마루밑 공사 130%

⑤ 관의 절단, 나사내기, 구부리기, 나사조임, 관내청소, 관통시험 포함
⑥ 계장 배관공사도 이 품에 준함 ⑦ 방폭공사 시는 120%
⑧ 폴리에틸렌 전선관 및 합성수지제 가요전선관(CD관)은 합성수지 전선관 품의 80%. 다만, 지름이 100㎜ 이상의 직관은 100%
⑨ 합성수지 전선관 및 후강전선관을 지중매설 시는 해당 품의 70%를 적용하며, 굴착, 되메우기, 잔토처리는 별도 계상
⑩ 여러 개의 전선관을 동시에 배관하더라도 품의 가감 없이 각각의 전선관에 대하여 해당 품을 적용
⑪ 공동주택 및 교실 등과 같이 동일 반복공정으로 비교적 쉬운 공사의 경우는 90%
⑫ 접지선 연결(Earth Bonding)은 나동선 1.6mm~2.0mm를 감아서 연결하는 것을 기준으로, 전선관 70mm 이하는 개소 당 내선전공 0.01인, 70mm 초과는 개소 당 내선전공 0.02인 계상하며, 접지클램프 사용 시는"3-38 접지공사"의 접지클램프 품 적용
⑬ 철거 30%, 재사용 철거 40%

5-2 전선관 부속품률

전선관의 상호접속, 굴곡, 가공 및 전선관과 박스의 접속에는 많은 부속품을 필요로 하므로 부속품 가격은 전선관 가격에 다음 표의 부속품률을 곱하여 얻어진 가격을 1식으로 계상한다.

단, 부속품률은 건물의 크기, 용도(아파트, 복합건물, 공장, 사무실 등)에 따라 이 비율 범위 내에서 적절하게 적용한다.

품 명	부 속 품 율
가요성 금속피(알루미늄, 스틸) 케이블	10~15%
박강전선관, 후강전선관, 합성수지전선관(PVC)	15~20%
CD 전선관(주름관)	40%

[해 설]

① 은폐 및 콘크리트 매입배관 기준

② 전선관 부속품에는 커플링, 부싱, 커넥터, 로크너트를 포함

③ 노멀밴드, 금속가요전선관 커넥터, 나사없는 전선관용 이음쇠는 실소요량을 별도 계상

④ 특수한 장소에서 공사하는 경우에는 실소요량을 별도 계상

5-3 박스(BOX) 설치

(단위 : 개)

종 별	내선전공
콘크리트 박스	0.12
Outlet 박스	0.20
스위치 박스 (2개용 이하)	0.20
스위치 박스 (3개용 이상)	0.25
노출형 박스 (콘크리트 노출기준)	0.29
플로어박스	0.20
연결용 박스	0.04

[해 설]

① 콘크리트 매입 기준

② 박스 위치의 먹줄치기, 첨부커버 포함

③ 블록벽체 및 철근콘크리트 노출은 120%, 목조건물은 110%, 철강조 노출은 125%, 조적 후 배관 및 건축방음재(150㎜이상)내 배관 시 130%

④ 방폭형 및 방수형 300% ⑤ 천장속, 마루밑은 130%

⑥ 공동주택 및 교실 등과 같이 동일 반복공정으로 비교적 쉬운 공사의 경우는 90%

⑦ 접지선 연결(Earth Bonding)은 나동선1.6mm~2.0mm를 감아서 연결하는 것을 기준으로, 전선관 70mm이하는 개소 당 내선전공 0.01인, 70mm초과는 개소 당 내선전공 0.02인 계상하며, 접지클램프 사용 시는"3-38 접지공사"의 접지클램프 품 적용

⑧ 기타 할증은 전선관 배관 준용 ⑨ 철거 30%

5-3-1 경량(건식)벽체 보강대 설치 ('25년 제정)

공 종	단위	내선전공
경량벽체 보강대	개	0.06

[해 설]

① 경량(건식)벽체에 박스를 설치하기 위해 벽체의 스터드 사이에 보강대를 설치하는 기준

② 설치 위치 및 수평계 확인, 보강대 길이 조정 포함

③ 철거 50%, 재사용 철거 80%

5-4 풀박스(Pull Box) 설치

(단위 : 개, 적용직종 : 내선전공)

규 격	천장면	벽 면
100㎜ × 100㎜ × 100㎜ 이하	0.04	0.17
250㎜ × 250㎜ × 200㎜ 이하	0.22	0.55
400㎜ × 400㎜ × 300㎜ 이하	0.35	0.66
700㎜ × 700㎜ × 400㎜ 이하	0.66	0.95
1,000㎜ × 1,000㎜ × 150㎜ 이하	0.95	1.23
1,200㎜ × 1,200㎜ × 150㎜ 이하	1.30	1.56
1,500㎜ × 1,500㎜ × 250㎜ 이하	2.50	3.00
2,000㎜ × 2,000㎜ × 300㎜ 이하	4.70	5.64

[해 설]

① 콘크리트 매입 기준

② 벽면에 거푸집 설치 시는 별도 계상

③ 기타 할증은 박스 설치 준용

④ 철거 30%

5-5 시스템박스(System Box) 설치

품 명	규 격 (폭 × 높이)	단위	내선전공
헤더덕트(Header Duct)	150× 40	m	0.30
헤더덕트(Header Duct)	200× 40	m	0.40
헤더덕트(Header Duct)	300× 40	m	0.54
시스템 박스	콘크리트매입 전선관용	개	0.63
시스템 박스	콘크리트매입 데크플레이트용	개	0.41
시스템 박스	액세스 플로어용	개	0.25

[해 설]

① 콘크리트 매입 기준

② 박스·덕트 위치의 먹줄치기, 높이조정, 내부청소 및 덕트의 연결·절단, 박스 커버 설치 포함

③ 전선관 배관, 박스내 콘센트 등의 부착물은 별도 계상

④ 거푸집 사용 시는 별도 계상

⑤ 덕트 등의 연결개소를 접지선으로 연결(Bonding)시는 개소 당 내선전공 0.02인 별도 계상

⑥ 수직·수평 엘보 및 티형 헤더덕트는 개당 해당규격 직선 1m 품 적용

⑦ 기타 할증은 박스 설치 준용　　⑧ 철거 30%

5-6 플로어덕트 설치

규 격	단 위	내 선 전 공
F4 35× 41	m	0.60
F7 35× 73	m	0.70
F5 25× 51	m	0.50
F6 노스타드 25× 51	m	0.50
F6 23× 60	m	0.60
F6 노스타드 25× 55	m	0.50
F8 23× 80	m	0.60
Junction 박스 대 형	개	1.00
Junction 박스 중 형	개	0.90
Junction 박스 소 형	개	0.80
노출 Insert Cap	개	0.10

[해 설]

① 덕트의 먹줄치기, 고저조정, 청소, 매입 Insert Cap 등 콘크리트 매입 기준

② 거푸집 사용 시는 별도 계상

③ 덕트 접속개소를 접지선으로 연결(Bonding)시는 개소 당 내선전공 0.02인 별도계상

④「리노륨」바닥을 기준한 것으로, 설치장소가 굴곡이 있으면 130%, 고저가 심하면 140%

⑤ 기타 할증은 전선관 배관 준용

5-7 금속덕트 설치

(단위 : m)

규 격 (폭×높이)	단 면 적	내 선 전 공
60㎜ × 30㎜ 이하	18㎠	0.15
100㎜ × 50㎜ 이하	50㎠	0.20
100㎜ × 100㎜ 이하	100㎠	0.30
150㎜ × 100㎜ 이하	150㎠	0.40
200㎜ × 100㎜ 이하	200㎠	0.45
300㎜ × 100㎜ 이하	300㎠	0.50
400㎜ × 150㎜ 이하	600㎠	0.60
500㎜ × 200㎜ 이하	1,000㎠	1.50
600㎜ × 300㎜ 이하	1,800㎠	2.00
700㎜ × 400㎜ 이하	2,800㎠	2.50
1,000㎜ × 400㎜ 이하	4,000㎠	3.00
1,200㎜ × 450㎜ 이하	5,400㎠	3.70

[해 설]

① 철판두께 1.6~3.2㎜ 기준이며. 알루미늄덕트는 70% 적용

② 분기 덕트, 엘보, 티, 크로스, 레듀서 등 접속재는 개소 당 1m 품으로 적용

③ 접지선연결(Earth Bonding) 품 포함

④ 공동구 내 설치 기준 및 건축물내 협소한 장소 또는 굴곡 개소가 많은 장소에 설치 시는 120%

⑤ O/A Floor내에 설치하는 경우에는 80%

⑥ 철거 50% 재사용 철거 80%

5-8 케이블 트레이 및 랙 설치 ('25년 개정)

(단위 : m)

단 면 적 (㎟)	내 선 전 공	
	철 제	알루미늄제
10,000 이하	0.18	0.13
30,000 이하	0.23	0.16
50,000 이하	0.30	0.20
60,000 이하	0.36	0.25
80,000 이하	0.48	0.34
90,000 이하	0.54	0.38
120,000 이하	0.72	0.50
150,000 이하	0.90	0.63

[해 설]

① 사다리형 설치 기준, 먹줄, 인서트 및 지지금구류의 부착품 포함, 단, 인서트 대신 앵커류 사용 시는 별도 계상.

② 엘보, 티, 크로스, 레듀서 등 접속재는 개소당 1m 품으로 적용

③ 통풍형 및 밀폐형은 120%

④ 수평 · 수직 설치는 모두 동일 품 적용. 다만, 설치높이가 4m 이상의 경우는 120%

⑤ 장내 소운반 및 잔재 처리 포함

⑥ 접지선인결(Earth Bonding) 품 포함

⑦ 세퍼레이터, 커버 설치 시 각각 20% 별도 가산

⑧ 케이블 신·증설을 위해 기 설치된 커버 해체 후 재설치는 본품셈의 30% 별도 가산

⑨ 공동구 내 설치 및 건축물 내 협소한 장소 또는 굴곡개소가 많은 장소에 설치 시는 120%

⑩ O/A Floor내에 설치 시는 80%

⑪ 철거는 50%, 재사용 철거 80%

5-8-1 케이블트레이 내진버팀대 설치

(단위 : 세트)

전산볼트 직경	내선전공
∅ 13 이하	0.16

[해 설]

① 버팀대 2개 1세트, 천장 설치 기준

② 버팀대 1개 설치 시는 본 품의 80% 적용

③ 전산볼트, 앵커볼트, 채널(Channel) 구멍뚫기, 브라켓 설치 포함

④ 앵커볼트 품에는 구멍파기 포함

⑤ 세트앵커, 스트롱앵커 동일 적용

[참고품]

5-8-2 조립식 케이블트레이 설치

(단위 : m)

단면적 (㎟)	내 선 전 공	
	철 제	알루미늄제
10,000 이하	0.153	0.111
30,000 이하	0.196	0.136
50,000 이하	0.255	0.170
60,000 이하	0.306	0.213
80,000 이하	0.408	0.289
90,000 이하	0.459	0.323
120,000 이하	0.612	0.425
150,000 이하	0.765	0.536

[해 설]

①"5-8 케이블트레이 및 랙 설치"해설 준용

② 조립식 케이블트레이는 사이드 레일을 볼트·너트를 사용하지 않고, 핀으로 꽂아연결할 수 있게한 연결구조의 트레이 기준임

③ PVC 재질의 조립식 케이블 트레이 설치는 알루미늄제 품셈 적용

5-9 몰딩(Molding) 설치

공정 및 규격				단위	내 선 전 공
금 속	소 형	210㎟	이하	m	0.16
	중 형	595㎟	이하	m	0.18
몰 딩	대 형	600㎟	초과	m	0.22
PVC몰딩 및 알루미늄몰딩(바닥)				m	0.025

[해 설]

① 먹줄, 인서트, 접지선연결(Earth Bonding) 및 지지금구류의 부착품 포함

② 금속몰딩 접속개소의 접지선 연결(Bonding)시 내부에 1.6㎜ 나동선 부설 포함

③ 단, PVC몰딩 및 알루미늄몰딩의 경우 벽면은 본 품셈의 110%, 천정은 본 품셈의 130% 적용

④ 철거 30%, 재사용 철거 40%

5-9-1 레이스웨이 설치 ('25년 개정)

(단위 : m)

레이스웨이	내 선 전 공
(40× 40) 1,600㎟ 이하	0.20
(70× 40) 2,800㎟ 이하	0.30
(110× 50) 5,500㎟ 이하	0.51

[해 설]

① 철판두께 1.6 ㎜~3.2 ㎜ 기준이며, 알루미늄제는 70% 적용

② 먹줄, 인서트, 접지선연결(Earth Bonding) 및 지지금구류의 부착품 포함

③ 접속개소의 접지선 연결(Bonding)시 내부에 1.6㎜ 나동선 부설 포함

④ 철거는 30%

5-10 옥내배선

(단위 : m)

규 격	내선전공
6㎟ 이하	0.010
16㎟ 이하	0.023
38㎟ 이하	0.031
50㎟ 이하	0.043
60㎟ 이하	0.052
70㎟ 이하	0.061
100㎟ 이하	0.064
120㎟ 이하	0.077
150㎟ 이하	0.088
200㎟ 이하	0.107
250㎟ 이하	0.130
300㎟ 이하	0.148
325㎟ 이하	0.160
400㎟ 이하	0.197

[해 설]

① 절연전선(HFIX, IV 등)의 전선관 내 배선기준
② 옥내케이블의 전선관 내 배선은 "5-11 전력케이블 구내 설치" 준용
③ 배선에 접속공사가 수반되는 경우 직선 및 분기접속 포함
④ 전선관 내 배선 바닥 공사는 80%, 애자배선 은폐공사는 150%, 노출 및 그리드애자 공사는 200%
⑤ 전선관 내 배선 품에는 도입선 넣기 품 포함, 천장 금속덕트 내 공사는 200%, 바닥붙임 덕트 내 공사는 150%, 금속 및 PVC 몰딩 공사는 130%
⑥ 철거 30%

5-11 전력케이블 구내 설치

(단위 : m)

P.V.C 및 고무절연외장 케이블	케이블전공
600V 16㎟ 이하 × 1C	0.023
600V 25㎟ 이하 × 1C	0.030
600V 38㎟ 이하 × 1C	0.036
600V 50㎟ 이하 × 1C	0.043
600V 60㎟ 이하 × 1C	0.049
600V 70㎟ 이하 × 1C	0.057
600V 80㎟ 이하 × 1C	0.060
600V 100㎟ 이하 × 1C	0.071
600V 125㎟ 이하 × 1C	0.084
600V 150㎟ 이하 × 1C	0.097
600V 185㎟ 이하 × 1C	0.108
600V 200㎟ 이하 × 1C	0.117
600V 240㎟ 이하 × 1C	0.136
600V 250㎟ 이하 × 1C	0.142
600V 300㎟ 이하 × 1C	0.159
600V 325㎟ 이하 × 1C	0.172
600V 400㎟ 이하 × 1C	0.205
600V 500㎟ 이하 × 1C	0.240
600V 630㎟ 이하 × 1C	0.285
600V 1,000㎟ 이하 × 1C	0.415

[해 설]

① 부하에 공급하는 변압기 2차 측에 설치되는 케이블로서 전선관, 랙, 덕트, 케이블트레이, Pit, 공동구, 새들(Saddle) 부설 기준, Cu, Al 도체 공용

② 600V 10㎟ 이하는 제어용케이블 설치 준용

③ 직매 시 80%　　④ 2심은 140%, 3심은 200%, 4심은 260%

⑤ 연피벨트지 케이블 120%, 강대개장 케이블은 150%,

⑥ 가요성 금속피(알루미늄, 스틸) 케이블은 150%(앵커볼트 설치품은 별도계상)

⑦ 전선관 내 설치 시 도입선 넣기 포함

⑧ 2열 동시 180%, 3열 260%, 4열 340%, 4열 초과 시 초과 1열당 80% 가산

⑨ 전압에 대한 할증율

3.3~6.6kV　　15% 가산

22.9kV이하　　30% 가산

⑩ 철거 50%, 재사용 철거는 드럼감기 품 포함 90%
⑪ 8자설치는 본 품의 115% 적용(단, 8자 설치+일반 설치≤전체 설치구간)

5-11-1 저압 케이블 관통형 커넥터 설치 ('25년 제정)

(단위 : 개소)

공 종	저압케이블전공
터널 내부 저압 케이블 관통형 커넥터 설치	0.036

[해 설]

① 터널(지하차도) 내부 설치 저압 케이블 관통형 커넥터 기준, 개소당 관통형 커넥터 3개 설치 기준
② 관통형 커넥터는 터널 내부 본선 케이블과 조명등 전원선을 피복 제거 없이 결속하는 장치(접지선도 동일 적용)
③ 기계경비는 "1-35 기계장비의 경비 산정"에 따라 필요시 별도 계상
④ 현장 교통정리 필요시, 교통정리원 별도 계상
⑤ 관통형 커넥터와 동시 설치 작업으로 설치되는 커버(실리콘 내장형)는 5% 가산
⑥ 관통형 커넥터와 별도 설치 작업으로 설치되는 커버(실리콘 내장형)는 90% 계상
⑦ 철거 30% (케이블에 테이핑 작업 등 사후처리 포함)

5-12 언더카펫 케이블(전력용 후래트 케이블) 설치

(단위 : m, 적용직종 : 저압케이블전공)

규 격	신 설	기 존
3C (20A) 5C (20A)	0.02 0.03	0.030 0.045
3C (30A) 5C (30A)	0.025 0.038	0.038 0.057

[해 설]

① 신설은 카펫 설치 전 시공 기준
② 기존은 카펫 벗기고 시공하는 기준
③ 철거 50%

5-13 제어용 케이블 설치 ('25년 개정)

(단위 : m, 적용직종 : 저압케이블전공)

선 심 수	2.5㎟ 이하	4㎟ 이하	6㎟ 이하	8㎟ 이하	10㎟ 이하
1 C	0.010	0.011	0.013	0.014	0.018
2 C	0.014	0.016	0.018	0.020	0.025
3 C	0.019	0.022	0.026	0.029	0.036
4 C	0.026	0.029	0.034	0.039	0.049
5 C	0.032	0.034	0.039	0.044	0.055
6 C	0.035	0.038	0.044	0.050	0.063
7 C	0.039	0.042	0.048	0.054	0.068
8 C	0.042	0.046	0.052	0.058	0.073
10 C	0.048	0.052	0.059	0.067	0.084
12 C	0.054	0.058	0.066	-	-
14 C	0.059	0.064	0.073	-	-
15 C	0.062	0.067	0.076	-	-
19 C	0.072	0.078	0.089	-	-
20 C	0.074	0.08	0.092	-	-
24 C	0.084	0.09	0.103	-	-
30 C	0.098	-	-	-	-
50 C	0.112	-	-	-	-

[해 설]

① 다음 작업 포함기준

(가) 동일 Level 100m 이내의 Drum 소운반 (나) 전선 Drum대 설치 및 기타 준비

(다) Drum 해체 (라) 케이블 부설 정돈, 청소

(마) 단자처리, 도입선 넣기, 결선, 표찰 부착 포함

② P.V.C 및 고무절연외장 Control 케이블에 적용

③ 전선관, 랙, 덕트, 케이블트레이, Pit, 공동구, 새들(Saddle) 부설기준

④ 칼블럭 또는 드라이브잇(총타정) 작업 포함

⑤ 직매 부설은 80%. 단, 케이블 부설을 위한 굴착은 별도 계상

⑥ 쉴드케이블 120%

⑦ 가요성 금속피(알루미늄, 스틸) 케이블은 150%(앵커볼트 설치품은 별도 계상)

⑧ 10㎟ 초과는 "5-11 전력케이블 구내설치" 준용

⑨ 2.5㎟ 미만의 규격은 2.5㎟ 품 적용

⑩ (가) 케이블(옥외 및 옥내 케이블트레이 내) 철거는 50%

(나) 재사용 철거(드럼감기 포함)는 90%

⑪ 가공케이블(조가선 및 행거품 불포함) 130%

⑫ 2열 동시 180%, 3열 260%, 4열 340%, 4열 초과 시 초과 1열 당 80% 가산

⑬ 8자설치는 본 품의 115% 적용(단, 8자 설치+일반 설치≤전체 설치구간)

5-14 600V 비닐절연 비닐시이즈 케이블 평형(VVF) 설치

(단위 : m, 적용직종 : 저압케이블전공)

규 격	목조부분에 새들 또는 스테이플 고정	콘크리트 부분에 새들 고정	천장, 비트 내 배선
1.6㎜-2C	0.020	0.026	0.010
2.0㎜-2C	0.025	0.033	0.013
2.6㎜-2C	0.031	0.042	0.017
1.6㎜-3C	0.025	0.033	0.013
2.0㎜-3C	0.030	0.041	0.017
2.6㎜-3C	0.038	0.051	0.021

[해 설]

① 케이블의 절단, 테이핑, 새들, 스테이플, 분기 및 리드선 접속 포함

② 장내 소운반 및 잔재처리 포함 ③ 철거 50%, 재사용 철거 80%

5-15 600V 비닐절연 비닐시이즈 케이블 원형(VVR) 설치

(단위 : m, 적용직종 : 저압케이블전공)

규 격	2C	3C
1.6㎜	0.026	0.038
2.0㎜	0.041	0.046
5.5㎟	0.047	0.067
8 ㎟	0.052	0.070
14 ㎟	0.063	0.080
38 ㎟	0.100	0.147
60 ㎟	0.147	0.189
100 ㎟	0.190	0.234
150 ㎟	0.239	0.306

[해 설]

① 콘크리트에 새들고정 노출배선 기준, 목조건물은 70%
② 케이블의 절단, 지지금구류의 부착, 분기 및 단말처리 포함
③ 장내 소운반 및 잔재처리 포함
④ 승압공사와 전력량계의 철거 부설이 수반되는 공사는 칼블록 시공품 포함 75%
⑤ 1C는 해당규격 2C품의 60%
⑥ 철거 50%, 재사용 철거는 드럼감기 포함 90%

5-16 모선덕트(Bus Duct) 설치

(단위 : m, 적용직종 : 내선전공)

공 종	정격전류(A)	Cu - Fe		Al - Al		Al - Fe	
		3W	4W	3W	4W	3W	4W
Feeder 및 플러그인	100 이하	0.18	0.21	0.15	0.18	0.21	0.24
	200 이하	0.24	0.28	0.21	0.25	0.26	0.29
	400 이하	0.33	0.38	0.24	0.29	0.30	0.34
	600 이하	0.51	0.59	0.41	0.50	0.53	0.65
	800 이하	0.92	1.06	0.73	0.84	0.90	1.00
	1,000 이하	1.00	1.15	0.76	0.87	0.93	1.02
	1,200 이하	1.80	2.10	1.50	1.70	2.00	2.10
	1,500 이하	2.00	2.30	1.60	1.90	2.10	2.30
	2,000 이하	3.30	3.60	2.50	2.90	3.00	3.40
	2,500 이하	4.60	5.30	3.50	4.10	4.00	4.80
	3,000 이하	6.00	6.90	4.50	5.30	5.40	6.20

[해 설]

① 먹줄치기, 인서트, 지지철물 등의 설치, 닥트의 접속, Bonding, 펴기, 수평조정, 도체부분 접속, Casing조이기, 점검 포함
② 장내 소운반 및 도장품은 별도 계상
③ 직선으로 된 것을 천장 높이 4m 이하에서 수평으로 설치하는 것을 기준한 것이며, 벽면에 수직으로 붙일 경우 90%
④ 1,200A 이상은 발판으로 비계틀 사용품 포함

⑤ 엘보는 1개에 대하여 직선 3m의 품을, 옵셋, 티 1개에 대하여는 직선 5m의 품을 계상
⑥ 플러그인 Switch는 해당규격 직선 1m 품의 90%
⑦ 철거 30%

5-17 소전류용 모선관로(Lighting Bus/Ducts) 설치

(단위 : m)

규　　격(A)	내 선 전 공
2선식　15 이하	0.120
2선식　20 이하	0.126
2선식　30 이하	0.132
2선식　40 이하	0.139
2선식　50 이하	0.145
2선식　60 이하	0.152
2선식　100 미만	0.158

[해 설]

① 펜던트형 2선식 기준, 직부형(벽면 등에 수직설치 포함)은 90%, 매입형은 140%, 3선식은 110%, 4선식은 120%
② 장내 소운반, 설치준비, 본체 및 부속품의 부착, 접속개소 본딩(Bonding), 지지금구의 부착, 도통시험, 청소 및 뒷정리 포함
③ 100A 이상은 모선덕트(Cu-Fe)의 해당규격 준용

5-18 분전반 조립 및 설치

(단위 : 개, 적용직종 : 내선전공)

배선용 차단기				나이프 스위치			
용 량	1P	2P	3P	용 량	1P	2P	3P
30AF이하	0.34	0.43	0.54	30A이하	0.38	0.48	0.60
50AF이하	0.43	0.58	0.74	60A이하	0.48	0.65	0.82
100AF이하	0.58	0.74	1.04	100A이하	0.65	0.93	1.16
225AF이하	0.74	1.04	1.35	200A이하	0.82	1.20	1.50
				300A이하	1.20	1.47	1.84
400AF이하	-	1.65	1.95	400A이하	-	1.74	2.20
600AF이하	-	1.94	2.24	600A이하	-	2.40	2.54
800AF이하	-	2.24	2.55	800A이하	-	-	-

[해 설]

① 차단기 및 스위치를 조립, 결선하고, 매입설치 하는 기준
② 차단기 및 스위치가 조립된 완제품(내부배선 포함) 설치 시는 차단기 및 스위치를 각각 개별 적용하여 합산한 품의 35%
③ 외함은 철체 또는 PVC제를 기준
④ 분전반 외함이 노출설치인 경우 90%
⑤ 계기류의 Switch류 반이면 배선 등의 품은 별도 계상
⑥ 방폭 200%
⑦ 4P 개폐기는 3P 개폐기의 130%
⑧ 누전차단기는 배선용 차단기 품 준용
⑨ 마그넷스위치, 커버나이프스위치 등은 나이프스위치 품 준용
⑩ 회로접속, 시험 포함
⑪ 철거 50%, 재사용 철거 80%

5-18-1 세대분전반 설치

(단위 : 식)

공 종	회 로 수	내선전공
세대분전반	3	0.59
	4	0.65
	5	0.71
	6	0.77
	7	0.83
	8	0.89
	9	0.95
	10	1.01

[해 설]

① 박스, 속판(완성품), 커버를 설치 및 회로시험을 하는 기준
② 3회로는 배선용차단기(메인2P) 1개, 누전차단기(분기) 3개 기준
③ 매입의 경우 경량기포콘크리트(ALC) 블록 등 벽 따기품은 별도 계상
④ 메인이 3P인 경우 125%
⑤ 분기회로가 10회로 초과 시 1회로 추가 시마다 내선전공 0.06인 가산
⑥ 기타 다른 장비설치 시 관련 설치품 추가 적용 ⑦ 철거 50%, 재사용 철거 80%

5-18-2 가로등 분전반 설치

(단위 : 대)

공 종	회 로 수	내선전공
가로등 분전반	4회로	0.86
	6회로	1.02
	8회로	1.23

[해 설]

① 가로등분전반은 기초가 설치되어 있는 상태에서 외부(도로 옆)에 완제품을 설치하고 결선및 회로시험을 하는 기준
② 등주(일체형)분전반, 공원등분전반에도 동일 적용
③ 4회로(연결되는 회로수)는 메인차단기 1개, 분기회로 4개 기준
④ 기초설치 및 터파기, 되메우기, 접지는 별도 계상
⑤ 분전반 개량시 기타 다른 장비 설치품 추가 적용
⑥ 분기회로가 8회로 넘는 것은 20% 가산 ⑦ 철거 50%, 재사용 철거 80%

5-18-3 세대분전반 속판 교체 ('25년 제정)

(단위 : 식)

공 종	회 로 수	내선전공
세대분전반 속판 교체	3	0.38
	4	0.46
	5	0.54
	6	0.62
	7	0.70
	8	0.78
	9	0.86
	10	0.94

[해 설]

① 세대분전반 속판 교체를 위해 커버 철거, 차단기 및 접지선 결선 분리, 기존 속판 철거, 인입선 정리, 속판(완성품) 설치, 차단기 및 접지선 결선, 커버 설치를 포함하는 작업 기준

② 3회로는 배선용차단기(메인2P) 1개, 누전차단기(분기) 3개 기준

③ 메인이 3P인 경우 125%

④ 분기회로가 10회로 초과 시 1회로 추가시마다 내선전공 0.08인 가산

⑤ 기타 다른 장비설치 시 관련 설치품 추가 적용

⑥ 본 품은 비 활선 상태 기준이며, 활선 상태인 경우 저압케이블 전공과 내선전공을 각각 50%씩 적용

5-19 차단기 및 개폐기 설치

(단위 : 개, 적용직종 : 내선전공)

배선용 차단기		저 압 용 개 폐 기			
용 량	내선전공	용 량	안전개폐기	마그넷스위치	커버나이프 스위치
30AF이하	0.19	30A이하	0.20	0.30	0.11
50AF이하	0.26	50A이하	0.30	0.45	0.15
100AF이하	0.36	100A이하	0.40	0.60	0.23
225AF이하	0.47	225A이하	0.55	0.80	0.29
-	-	300A이하	0.70	1.05	0.36
400AF이하	0.68	400A이하	0.87	1.25	0.41
600AF이하	0.78	600A이하	1.15	1.70	0.50
800AF이하	0.89	800A이하	1.50	2.20	0.59

[해 설]

① 3P 단투 기준 ② 1P 50%, 2P 70%, 쌍투는 120%, 매입은 130%, 4P는 130%
③ 유입형 130% ④ 접속, 시험 품 포함
⑤ 방폭 200% ⑥ 누전차단기 및 전류제한기는 배선용 차단기 품 준용
⑦ 나이프 스위치는 커버나이프 스위치 품 준용 ⑧ 철거 50%, 재사용 철거 80%

5-20 저압 기중 차단기 설치

(단위 : 대)

규 격	내선전공
1,500A 이하	2.3
1,500A 초과~3,000A	2.6
3,000A 초과~5,000A까지	3.0

[해 설]

① 3P 인출형 개별설치 기준. 고정형은 90%
② 소운반, 조립, 접속, 가대설치, 시험 품 포함
③ 2P는 70%, 4P는 130%
④ 교체 150%. 단, 입·출력단자 모선을 제작하지 않고 교체시는 100%
⑤ 저압 자동전환 개폐기(ATS) 설치는 80%, 철거는 40%
⑥ 철거 50%, 재사용 철거 80%

5-21 전력량계 및 부속장치 설치

(단위 : 대)

종 별	내선전공
전력량계 1ø 2W용	0.14
전력량계 1ø 3W용 및 3ø 3W용	0.21
전력량계 3ø 4W용	0.32
전류변성기(CT) (저·고압)	0.40
전압변성기(PT) (저·고압)	0.40
영상전류변류기(ZCT)	0.40
현수용 전압전류변성기(MOF) (고압·특고압)	3.00
설치용 전압전류변성기(MOF) (고압·특고압)	2.00
계기함	0.30
특수계기함	0.45
변성기함 (저 · 고압)	0.60

[해 설]

① 방폭 200%

② 아파트 등 공동주택 및 기타 이와 유사한 동일 장소 내에서 10대를 초과하는 전력량계 설치 시 추가 1대당 해당 품의 70%

③ 특수계기함은 3종계기함, 농사용 계기함, 집합계기함 및 저압전류변성기용 계기함 등임

④ 고압변성기함, 현수용 전압전류변성기(MOF) 및 설치용 전압전류변성기(MOF)(설치대 조립품 포함)를 주상설치 시 배전전공 적용

⑤ 전력량계 본체커버 분리작업 시 단상은 내선전공 0.003인, 삼상은 0.004인 적용

⑥ 철거 30%, 재사용 철거 50%

5-21-1 전기사업자용 전력량계 및 부속장치 설치

공 종	내선전공
전력량계 1ø 2W용(120A 이하)	0.104
전력량계 1ø 3W용 및 3ø 3W용(120A 이하)	0.169
전력량계 3ø 4W용(120A 이하)	0.233
전류변성기(CT)(저·고압)	0.281
계기함	0.212
특수계기함	0.284
전력량계 및 계기함 재봉인	0.052
무정전 교체용 단자대	0.163
통신모뎀 신설(외장형/시험불포함)	0.048
미화커버 교체(외함봉인 탈·부착 포함)	0.037

[해 설]

① 전류변성기(CT)(저압)는 단상 기준으로 3상일 경우는 260% 적용

② 공동주택 및 기타 이와 유사한 동일 장소 내에서 10대를 초과하는 전력량계 설치 또는 전력량계 및 계기함 재봉인 시 추가 1대당 해당 품의 70% 적용

③ 특수계기함은 3종 계기함, 농사용 계기함, 집합계기함 및 저압전류변성기용 계기함 등임

④ 고압변성기함, 현수용 전압전류변성기(MOF) 및 설치용 전압전류변성기(MOF)(설치대 조립품 포함)를 주상설치 시 배전전공 적용

⑤ 전력량계 본체커버 분리작업 시 단상은 내선전공 0.003인, 3상은 0.004인 적용

⑥ 대용량(120A 초과) 전력량계의 경우 1상, 3상 각각 본 품(120A 이하)의 150% 적용 (단, 고객측 터미널 단자 설치 및 결선 작업 포함)

⑦ 계기 교체 없이 무정전으로 교체하는 형태의 계기함은 본 품의 70% 적용
⑧ 전력량계 및 계기함 재봉인은 계기함 내 전력량계 단자커버 재봉인 후 계기 외함에 플라스틱봉인으로 재봉인하는 작업으로 계기결선상태 및 내부상태 점검을 포함하는 기준임(단, 단독계기함 외함 또는 전력량계에만 재봉인할 경우 본 품의 80% 적용, 주상설치용 전압전류변성기(MOF) 재봉인은 배전전공 0.052인 가산)
⑨ 무정전 교체용 단자대를 전력량계와 동시에 작업할 경우 전력량계는 해당 품의 80% 적용
⑩ 전력량계와 동시에 작업할 경우, 통신모뎀 신설은 해당 품의 80% 적용
⑪ 철거 30%, 재사용 철거 50%

5-21-2 심야전력용 래치형 전자접촉기 설치

용 량	내선전공
80A	0.227
150A	0.296

[해 설]

① 3P기준, 2P 70%　　② 결선 및 시험 포함
③ 철거 50%, 재사용 철거 80%

5-21-3 MOF 및 CT 오차시험

(단위 : 호)

공종	배전전공	내선전공	보통인부	장비사용시간(hr)
MOF(일반) 오차시험	0.11	0.11	-	0.25
MOF(H주) 오차시험	0.13	0.13	-	
CT 오차시험	-	0.05	0.05	-

[해 설]

① 사선상태에서 대용량 고객의 MOF 및 CT의 정상 동작여부를 확인하기 위한 시험 검사에 적용함(봉인 재시공 포함)
② 22.9kV-y 배전선로에서 절연바켓 트럭에 탑승하여 조작봉으로 COS 또는 주상개폐기를 개방, 투입하는 공량 포함
③ 수급지점 개폐기 미조작 및 원격조작시 본품의 85% 적용(장비사용 계상 불요), 제어함 조작시는 본품의 90% 적용

5-21-4 저압 전력량계 오차시험

(단위 : 대)

종별	내선전공
1상	0.167
3상	0.183

[해 설]

① 계량기 설치상태 점검, 센서 연결, 오차측정 및 결과 해석, 고객안내 및 시험결과 제출 기준임

② 봉인철거 및 재봉인 포함 ③ 전자식·기계식 구분 없이 동일품 적용

④ 공동주택 및 기타 이와 유사한 동일 장소 내에서 오차시험 추가 시 추가 1대당 해당품의 80% 적용

5-22 가전기구 설치

종 별	단 위	내선전공	해 설
전 열 기 3kW 이하 5kW 이하 10kW 이하 10kW 초과	대	0.40 0.60 1.00 1.40	
벨 부 저	개	0.1 0.08	
도어폰 (주 기) 도어폰 (자 기)	개	0.11 0.10	
가스배출기	대	0.20	
선풍기 (벽면) 선풍기 (천장면)	대	0.20 0.50	날개직경 30㎝이하
환풍기 (벽면) 환풍기 (천장면)	대	0.48 0.80	날개직경 30㎝기준 날개직경 50㎝기준
플로어 플레이트	개	0.135	수평고저 조정커버 부
전극봉 지지기 (3P) 전극봉 지지기 (4P) 전극봉 지지기 (5P) 전 극 결 선	대 조	0.80 0.85 1.10 0.20	① 전극봉의 설치 및 조정 품 포함 ② 보호함 설치 시 풀박스 부착 품에 준하여 별도 계상 ③ 철거 및 결선해체는 50%
소 켓	개	0.056	① 면 코드 부설포함 ② 전구교환 불포함
전 구 교 환	개	0.006	① 글로브형은 200% ② 장식용 소형전구는 80% ③ 샹드리에 2등용은 130% 1등씩 증가 시 마다 20% 가산

플러그 신설	개	0.045	① 코드부 플러그 교환도 이 품에 준함
전압조정탭절환 (탭외부)	대	0.017	① 저항측정 포함
전압조정탭 절환 (탭내부)	대	0.066	
전압조정 결선변경	대	0.083	
강압기 설치 (외장형)	대	0.013	
강압기설치대 부설	대	0.075	① 콘크리트벽 설치 기준 ② 강압기설치품 제외 ③ 목재 벽 부설시 80%
배전판 부설	대	0.06	

[해 설]

① 220V 승압공사도 이 품 적용　② 방폭 200%

③ 탭구분

㈎ 탭 외부 : 탭절환 위치가 외부에 부착되어 단순 나사조작으로 절환 가능한 것

㈏ 탭 내부 : 탭절환 위치가 내부에 부착되어 커버를 분리하여야 절환 가능한 것

④ 탭절환 및 결선변경은 100V로 사용하고 있는 제품을 220V로, 220V로 사용하고 있는 제품을 100V로 바꾸는 작업

⑤ 철거 30%, 재사용 철거 50%

5-23 배선기구 설치

㈎ 콘센트류

(단위 : 개, 적용직종 : 내선전공)

종 별	2P	3P	4P
콘센트 15A	0.065	0.095	0.10
콘센트(접지극부) 15A	0.080	-	-
콘센트(접지극부) 20A	0.085	-	-
콘센트(접지극부) 30A	0.110	0.145	0.15
플로어 콘센트 15A	0.096	-	-
플로어 콘센트 20A	0.096	-	-
하이텐션(로우텐션)	0.096	-	-

[해 설]

① 매입 설치기준, 노출설치 120%　② 방폭형 200%

③ 시스템 박스 내에 설치되는 콘센트는 하이텐션(로우텐션) 적용

④ IOT 콘센트 페어링(Pairing) 작업 1개당 특별인부 0.002인 가산

⑤ 철거 30%, 재사용 철거 50%

㈏ 스위치류

(단위 : 개)

종 류	내 선 전 공
텀블러 스위치 단로용	0.085
텀블러 스위치 3 로용	0.085
텀블러 스위치 4 로용	0.10
풀 스 위 치	0.10
푸 시 버 튼	0.065
리모콘 스위치	0.07
리모콘 셀렉터 스위치(6L) 이하	0.33
리모콘 셀렉터 스위치(12L) 이하	0.59
리모콘 셀렉터 스위치(18L) 이하	0.97
리모콘 릴레이 (1P)	0.12
리모콘 릴레이 (2P)	0.16
리모콘 트랜스	0.20
표 시 등	0.10
자동점멸기(광전식)	0.19
자동점멸기(컴퓨터식)	0.21
조광스위치(IL용 400W)	0.11
조광스위치(IL용 800W)	0.13
조광스위치(IL용 1,500W)	0.15
조광스위치(FL용 8A)	0.13
조광스위치(FL용 15A)	0.15
타임스위치	0.20
타임스위치(현관 등의 소등지연용)	0.065

[해 설]

① 매입설치 기준. 노출설치 시 120% ② 방폭 200%

③ 철거 30%, 재사용 철거 50%

5-24 백열등기구 설치

(단위 : 등, 적용직종 : 내선전공)

종 별	60W 이하	100W 이상
직 부 등	0.18	0.19
매 입 등	0.245	0.257
매 입 루 바 부	0.245	0.257
파 이 프 펜 던 트	0.17	0.179
코 드 펜 던 트	0.109	0.147
체 인 펜 던 트	0.17	0.179
브 래 킷 등	0.150	0.158
리 셉 터 클	0.10	-
투 광 기 (리 프 렉 터 부)	-	0.495
샹 드 리 에 (2 등 용)	-	0.52

[해 설]

① 기구설치, 결선, 지지금구류 설치, 장내 소운반 및 잔재정리 포함

② 천장 구멍뚫기 및 부착테 설치 별도 가산

③ 다운라이트는 매입등에 준함

④ 샹드리에 1등 증가마다 20% 가산

⑤ 브래킷등은 옥내형 기준, 옥외 설치 시는 160%

⑥ 투광기는 100W이상 300W 이하 기준으로, 400W 는 1.0인, 700W 1.4인, 1,000W 1.8인 적용

⑦ 방폭형 200%

⑧ 높이1.5m 이하의 Pole형 등기구는 직부등 품의 150% 적용(기초대 설치 별도)

⑨ 백열등 60W 이하의 아파트공사의 경우 직부등 0.173인, 브래킷등 0.149인, 리셉터클 0.098인 계상

⑩ 안정기 내장형 형광등(전구형형광등)은 이 품 적용

⑪ 철거 30%, 재사용 철거 50%

5-25 형광등기구 설치

(단위 : 등, 적용직종 : 내선전공)

종 별	직 부 형	펜단트형	매입 및 반매입형
10W 이하 × 1	0.123	0.150	0.182
20W 이하 × 1	0.141	0.168	0.214
20W 이하 × 2	0.177	0.2145	0.273
20W 이하 × 3	0.223	-	0.335
20W 이하 × 4	0.323	-	0.489
30W 이하 × 1	0.150	0.177	0.227
30W 이하 × 2	0.189	-	0.310
40W 이하 × 1	0.223	0.268	0.340
40W 이하 × 2	0.277	0.332	0.418
40W 이하 × 3	0.359	0.432	0.545
40W 이하 × 4	0.468	-	0.710
110W 이하 × 1	0.414	0.495	0.627
110W 이하 × 2	0.505	0.601	0.764

[해 설]

① 하면 개방형 기준임. 루버 또는 아크릴 커버형일 경우 해당등기구 설치 품의 110%
② 등기구조립 · 설치, 결선, 지지금구류 설치, 장내 소운반 및 잔재정리 포함
③ 매입 또는 반매입 등기구의 천장 구멍뚫기 및 부착테 설치 별도 가산
④ 매입 및 반매입 등기구에 등기구보강대를 별도로 설치할 경우 이 품의 20% 별도 계상
⑤ 광천장 방식은 직부형 품 적용
⑥ 방폭형 200%
⑦ 높이1.5m 이하의 Pole형 등기구는 직부형 품의 150% 적용(기초대 설치 별도)
⑧ 형광등 안정기 교환은 해당 등기구 신설품의 110%. 다만, 펜던트형은 90%
⑨ 아크릴간판의 형광등 안정기 교환은 매입형 등기구 설치 품의 120%
⑩ 공동주택 및 교실 등과 같이 동일 반복공정으로 비교적 쉬운 공사의 경우는 90%
⑪ 형광램프만 교체 시 해당 등기구 1등용 설치 품의 10%
⑫ T-5(28W) 및 FPL(36W, 55W)는 FL 40W 기준품 적용
⑬ 펜던트형은 파이프 펜던트형 기준, 체인펜던트는 90%

⑭ 등의 증가 시 매 증가 1등에 대하여 직부형은 0.005인, 매입 및 반매입형은 0.008인 가산
⑮ 고조도 반사판 청소시 형별 관계없이 내선전공 20W 이하 0.03, 40W 이하 0.05를 가산
⑯ 철거 30%, 재사용 철거 50%

5-25-1 배선회로 일체형 이웃연결(연접) 설치 등기구

(단위 : 유니트, 적용직종 : 내선전공)

유니트 규격 / 등기구	2m 이하	3m 이하	4m 이하
40W 이하×1	0.111	0.122	0.133
40W 이하×2	0.138	0.152	0.166

[해 설]

① 배선회로 일체형 이웃연결(연접) 설치 등기구의 조립·설치 기준(결선, 지지금구, 등기구 설치 및 소운반 및 잔재정리 등을 포함)
② 앵커볼트, 인서트설치 별도 가산
③ 공동주택 및 교실 등과 같이 동일 반복공정으로 비교적 쉬운 공사의 경우는 90%
④ 철거 30% 재사용 철거 50%

⑤ 조명기구가 설치되지 않은 유니트는 해당 품의 80%
⑥ 본 품은 하면부 개방형을 기준한 것으로 루버 또는 아크릴 등의 커버를 부착할 경우에는 해당 품의 110%
⑦ 등기구 보강대를 별도로 설치할 경우 이 품의 20% 별도계상
⑧ 엘보류(티, 크로스, 수평, 수직 및 전원접속부)는 2m 이하의 50%

5-25-2 배선회로 별도형 이웃연결(연접) 설치 등기구

(단위 : m)

구 분	내선전공
배선회로 별도형 등기구 (40W 이하 × 1)	0.023

[해 설]

① 배선회로 별도형 이웃연결(연접) 설치 등기구의 조립·설치 기준(행거, 등설치, 소운반 및 잔재정리 등을 포함)
② 앵커볼트, 인서트설치 별도 가산
③ 공동주택 및 교실 등과 같이 동일 반복공정으로 비교적 쉬운 공사의 경우는 90%
④ 철거 30%, 재사용 철거 50%
⑤ 조명기구가 설치되지 않은 유니트는 해당 품의 80%
⑥ 엘보류(티, 크로스, 수평, 수직)는 50%
⑦ 상부 커버 설치 시 10%
⑧ 본 품의 등기구는 기구용 금구 없이 설치하는 기준
⑨ 배선 및 결선은 "5-10 옥내배선"준용

5-25-3 LED 등기구 설치

(단위 : 개, 적용직종: 내선전공)

종 별	직부등	펜던트	다운 라이트	매입 및 반매입
15W 이하	0.117	0.158	0.155	-
25W 이하	0.138	0.163	0.182	-
35W 이하	0.163	0.213	0.208	0.242
45W 이하	0.221	0.249	-	0.263
55W 이하	0.254	-	-	0.306

[해 설]

① 등기구 일체형 기준
② 등기구 조립설치, 결선, 지지금구류 설치, 장내소운반 및 잔재정리, 기준점 측정 포함
③ 매입 또는 반매입 등기구의 천장 구멍뚫기 및 부착테 설치 별도 가산
④ 이웃연결(연접) 설치 LED등기구는 일체형일 경우 "5-25-1" 준용, 별도형일 경우 "5-25-2" 준용
⑤ 높이 1.5m 이하의 Pole형 등기구는 직부등 품의 150% 적용하고 기초 설치는 별도품 준용
⑥ 램프만 교체 시 해당 등기구 1등용 설치품의 10% 적용
⑦ 철거 30%, 재사용 50% ⑧ 기타 사항은 "5-25 형광등기구" 해설 준용

5-26 방전등기구(형광등 제외) 설치 ('25년 개정)

(단위 : 개, 적용직종 : 내선전공)

종 별	100W 이하	200W 이하	250W 이하	300W 이하	400W 이하	700W 이하	1kW 이하	1kW 초과
투광기	1.23	1.47	1.50	1.65	1.68	2.04	2.27	2.50
직부등	0.35	0.40	0.45	0.45	0.48	0.56	0.61	0.66
현수등	0.38	0.44	0.495	0.495	0.53	0.62	0.67	0.72
매입등	0.47	0.54	0.61	0.61	0.65	-	-	-

[해 설]

① 등기구, 안정기 설치 및 장내 소운반, 지지금구류 설치 포함. 다만, 안정기는 등기구에 내장 또는 근접설치 기준
② 안정기를 별도로 설치(Pole내 또는 근접설치 제외) 할 경우에는 400W 이하 0.25인, 700W 이상 0.35인 별도 계상
③ 브래킷등은 현수등 품 준용
④ Hood등 및 Pole Light등은 직부등 품에 110%
⑤ 방폭형 200%
⑥ 램프 교체는 0.05인, 글러브 교체는 0.025인, 안정기 교체는 0.15인
⑦ 방전등(보안등 포함)을 전주에 부설 및 점검 시 직종은 배전전공을 적용하며, 동일 전주 등에 여러 등을 근접하여 설치 할 경우, 2등은 180%, 3등은 240%, 4등은 280%, 4등 초과 시 매 1등 초과 마다 40% 가산, 점검은 0.065인

⑧ 2kW 투광기는 1kW 품의 140%
⑨ 등기구 청소시 외부청소만 할 경우 15%, 내부청소를 포함할 경우 30%
⑩ 교량, 터널, 도로 등 현장 교통정리 필요시, 교통정리원과 위험 할증은 별도 계상
⑪ 철거 30%, 재사용 철거 50%

5-26-1 LED 가로등기구 설치

(단위 : 개)

종 별	내선전공
100W 이하	0.204
150W 이하	0.213
200W 이하	0.221
250W 이하	0.229

[해 설]

① LED 등기구 일체형 기준(컨버터 내장형)
② 소운반, 작업준비, 설치, 전원결선, 정리품 포함
③ 세워진 Pole Light등은 110% 적용
④ 외장형 컨버터 별도 설치 시 0.105인 별도 계상
⑤ LED모듈 및 컨버터 교체 시

(단위 : 개)

종 별		내선전공
LED모듈		0.051
컨버터	내장형	0.055
	외장형	0.054

⑥ 기계경비 필요 시 별도 계상 ⑦ 철거 30%, 재사용 철거 50%

5-26-2 LED 터널등기구 설치

(단위 : 개)

종 별	내선전공
100W 이하	0.208
150W 이하	0.216
200W 이하	0.225
250W 이하	0.233

[해 설]

① LED 등기구 일체형 기준(컨버터 내장형)
② 소운반, 작업준비, 설치, 전원결선, 정리품 포함
③ 기계경비 필요 시 별도 계상
④ 철거 30%, 재사용 철거 50%
⑤ LED모듈 및 컨버터 교체 시

(단위 : 개)

종 별	내선전공
LED모듈	0.045
컨버터	0.049

5-26-3 LED 보안등기구 설치

(단위 : 개)

종 별	내선전공
50W 이하	0.183
100W 이하	0.204

[해 설]

① 등기구 일체형 기준(컨버터 내장형)
② 등기구 조립 · 설치, 전원결선, 지지금구류 설치, 장내 소운반 및 잔재 정리 포함
③ 보행등 및 공원등은 이 품을 준용
단, Pole Light 설치 시 "5-27 POLE LIGHT 설치" 적용
④ 외장형 컨버터 별도 설치 시 0.105인 별도 계상
⑤ 컨버터 교체 시 0.15인 적용
⑥ 철거 30%, 재사용 철거 50%
⑦ 보안등을 전주에 부설시 직종은 배전전공 적용

5-26-4 LED 투광등기구 설치

(단위 : 개)

종 별	내선전공
100W 이하	0.208
150W 이하	0.269
250W 이하	0.325

[해 설]

① 등기구 일체형 기준(컨버터 내장형)
② 등기구 조립 · 설치, 전원결선, 지지금구류 설치, 장내 소운반 및 잔재 정리 포함
③ 외장형 컨버터 별도 설치 시 0.105인 별도 계상
④ 컨버터 교체 시 0.15인 적용 ⑤ 방폭형 200% ⑥ 철거 30%, 재사용 철거 50%

5-26-5 LED 등기구(선 · 롤형) 설치

(단위:m, 개)

공 종		단위	내선전공
선(Line)형	지지금구 부착형, 1.2m 이하	개	0.057
	테이프 부착형, 1.2m 이하		0.031
롤(Roll)형	지 지 금 구 부 착 형	m	0.057
	테 이 프 부 착 형		0.031

[해 설]

① 지지금구 부착형은 지지금구(예: ㄷ자형)를 고정 후, 선(Line)형 또는 롤(Roll)형 LED 등기구를 부착하는 기준
② 테이프 부착형은 양면테이프를 이용하여 선(Line)형 또는 롤(Roll)형 등기구를 부착하는 기준
③ 컨버터 설치, 결선 포함
④ 선(Line)형의 경우 개당 등기구의 길이가 1.2m 초과 시 120% 적용
⑤ 철거 30%, 재사용 철거 50% ⑥ 기타 사항은 "전기품셈 5-25 형광등기구" 해설 준용

5-26-6 팩타입 수목등 설치

(단위 : 개)

공 종	내선전공
팩타입 수목등 설치	0.067

[해 설]

① 수목등을 지중에 팩을 사용하여 설치하는 기준이며, 램프 용량과는 무관하게 적용
② 등기구 조립 · 설치, 결선, 조명 각도 조절, 터파기, 되메우기, 잔토처리 포함
③ 램프만 교체 시 설치품의 50% 적용 ④ 철거 30%, 재사용 철거 50%

5-26-7 조명등용 센서스위치 설치

(단위 : 개)

공 종	내선전공
조명등용 센서스위치 설치	0.063

[해 설]

① 조명등과 별도로 설치되는 외장형 센서스위치로, 천장면 노출 설치 기준
② 결선, 지지금구 설치, 동작시험 포함　③ 철거 30%, 재사용 철거 50%

5-26-8 보안등(공원등)용 차광막 설치 ('25년 제정)

(단위 : 개)

공 종	내선전공
보안등(공원등)용 차광막 설치	0.024

[해 설]

① 보안등(공원등)용 차광막 기준
② 소규모 공사 시 "전기품셈 1-11-14 소단위작업 할증률" 적용
③ 전주에 부설된 보안등일 때 직종은 배전전공 적용
④ 현장 교통정리 필요시, 교통정리원 (0.009/개) 별도 계상
⑤ 철거 30%, 재사용 철거 50%

5-27 POLE LIGHT 설치 ('25년 개정)

(가) Pole Light 인력 설치

(단위 : 본, 적용직종 : 내선전공)

규 격	1등용	2등용
5m 이하	2.10	2.52
6m 이하	2.20	2.65
7m 이하	2.52	2.90
8m 이하	2.76	3.08
9m 이하	3.13	3.37
10m 이하	3.49	3.70
12m 이하	4.19	4.40
14m 이하	5.03	5.24

[해 설]

① 등기구, 안정기 설치, 배선, 등주세움 및 구내 소운반 포함
② 터파기, 되메우기, 잔토처리, 콘크리트 기초 및 Pole 도장은 별도
③ Pole Light주 인력시공 품이며, 기계설치는 "5-27의 (나) Pole Light 기계설치" 품 준용
④ 주철제 가로등주 및 주철제 공원등주 등의 조립 및 설치품은 165%
⑤ 번호표 설치는 보통인부 0.068인
⑥ 철거 50%, 재사용 철거는 80%, 이설은 180

(나) Pole Light 기계 설치(등기구 설치 제외)

(단위 : 본)

규 격	내 선 전 공	장비사용시간(hr)
5m~7m	0.31	0.55
8m~9m	0.36	0.6
10m~12m	0.42	0.65
14m 이하	0.48	0.71

[해 설]

① 기계설치 시의 등주세움 품이며, 장내운반 및 잔재정리 포함. 단, 등기구, 안정기 설치 및 결선은 해당 등기구 설치 품 별도 가산
② 터파기, 되메우기, 잔토처리, 콘크리트 기초, 볼트매입 및 Pole의 도장은 별도
③ 현장조건에 따라 제1장 적용기준의 작업 계수를 증감 적용
④ 등구류 설치 또는 램프교체를 위하여 절연버킷트럭 사용 시 장비사용시간은 Pole Light 기계설치의 60%를 별도 계상
⑤ 현장 교통정리 필요시, 교통정리원(0.13/본) 별도 계상
⑥ Pole Light 등주세움은 1일 시공물량 7본 이상으로서 트럭탑재형크레인 시공가능 현장에 적용
⑦ 기계장비의 경비(기계손료, 운전경비, 수송비)는 제1장 적용기준의"기계경비 산정"을 적용
⑧ 철거 50%, 재사용 철거 80%, 이설은 180%
⑨ 주철제 가로등주 및 주철제 공원등주의 설치품은 해당 규격품의 120%. 단, 조립품은 "5-27 Pole Light" (가) 인력시공 해당규격 품의 45%

5-27-1 가로등 기초(기성품) 설치

(단위 : 개소)

규 격	내선전공	보통인부	장비사용시간(Hr)
가로등 높이12m 이하	0.08	0.19	0.43

[해 설]

① 터파기, 되메우기, 잔토처리, 높이 및 경사 조정 및 작업을 위한 준비사항 포함
② 현장조건에 따라"1-34 기계장비 작업능력 산정 (다) 전주세움 외 작업계수"를 증감 적용
③ 기계경비는 해당 규격 장비 사용 별도 계상
④ 장비사용시간은 굴삭기 기준, 래머는 굴삭기의 24% 별도 계상
⑤ 철거 50%, 재사용 철거 80%, 이설은 180%
⑥ 소규모 공사 시"1-11-14 소단위작업 할증률" 적용

5-27-2 가로등 기초 조합앵커볼트 설치

공 종	단 위	내선전공
가로등 기초 조합앵커볼트 설치	조	0.12

[해 설]

① 가로등, 보안등, 공원 등의 등주 기초에 사용되는 4개의 앵커볼트를 1개 조합 앵커볼트로 콘크리트 치기(콘크리트믹서트럭 사용)과 동시 설치 기준
② 터파기, 잔토 처리 및 조합앵커볼트 가공제작비 별도 계상

5-27-3 지하매설식 가변형 지주커버 설치(참고품)

(단위 : 개소)

규 격	내선전공	보통인부
500㎜×500㎜×200㎜ 이하	0.07	0.07

[해 설]

① 지주기초 위에 설치되는 경사조정이 가능한 가변형 지주커버 조립, 설치 기준
② 가변형 지주커버 설치, 소운반, 높이 및 경사도 조정 포함
③ 보도블럭 등 마감재 철거 및 설치 필요 시 별도계상
④ 터파기, 되메우기, 잔토처리 별도 계상
⑤ 지주기초 설치 및 세움은 제외
⑥ 철거 50%, 재사용 철거 80%

5-27-4 폴(Pole) 베이스커버 설치 ('25년 개정)

(단위 : 개)

공 종	내선전공
폴(Pole) 베이스커버 설치	0.033

[해 설]

① 가로등, 보안등, 공원등 등의 폴(Pole) 하단에 베이스커버 설치 기준

② 베이스커버의 고정 및 수평작업 포함

③ 현장 교통정리 필요시, 개소당 교통정리원 0.017인 별도 계상

④ 철거 30%, 재사용 철거 50%

5-27-5 폴(Pole) 기초앵커볼트캡 설치 ('25년 개정)

(단위 : 개소)

공 종	내선전공
4개 이하	0.018
8개 이하	0.035

[해 설]

① 폴(Pole) 기초앵커볼트에 캡(Cap)을 설치하는 기준이며, 볼트캡 규격과 무관하게 적용

② 현장 교통정리 필요시, 개소당 4개 이하는 교통정리원 0.009인, 8개 이하는 교통정리원 0.018인 별도 계상

③ 철거 30%, 재사용 철거 50%

5-27-6 소형 기초(기성품) 인력 설치 ('25년 개정)

(단위 : 개소)

규격 (㎜)	내선전공
300×300×300 이하	0.038

[해 설]

① 기초 높이 조정 및 수평작업을 포함하며, 터파기, 되메우기, 잔토처리는 별도 계상

② 현장 교통정리 필요 시 개소 당 교통정리원 0.019인 별도 계상

③ 철거 30%, 재사용 철거 50%

5-27-7 가로등 암(ARM) 설치 ('25년 제정)

(단위 : 개)

규격(등주)	내선전공	장비사용시간(hr)	
		절연버킷트럭	트럭탑재형크레인
5m ~ 7m	0.13	0.48	0.48
8m ~ 9m	0.15	0.52	0.52
10m ~ 12m	0.17	0.57	0.57
14m 이하	0.20	0.63	0.63

[해 설]

① 세워진 Pole Light에 가로등 암을 설치하는 기준이며, 장내 운반 및 잔재정리 포함. 등기구 설치 및 결선은 별도 계상

② 2등용 암의 경우 120%

③ 현장 교통정리 필요시, 교통정리원 별도 계상

④ 주철제 가로등주의 암 조립 및 설치품은 120%

⑤ 소규모 공사시 "전기품셈 1-11-14 소단위작업 할증률" 적용

⑥ 철거 50%, 재사용 철거는 80%

5-28 조명기구 에이밍 작업

(단위 : 개당)

형 식	전기공사 산업기사	내 선 전 공
방전등기구	0.016	0.016
LED 등기구	0.004	0.004

[해 설]

스포츠 시설 등에서 최적의 조명 환경을 위하여 등기구 조사각도를 조정하는 기준

5-29 옥내 잡공사

공 종	규 격	단위	내선전공	보통인부
박 스 커 버	-	장	0.03	-
C형엘보 또는 콘듀레트	1¼″(36㎜)이하	개	0.04	-
	2¼″(54㎜)이하	개	0.08	-
	2¼″(54㎜)초과	개	0.12	-
엔트런스 캡	2¼″(54㎜)이하	개	0.03	-
엔트런스 캡	2¼″(54㎜)초과	개	0.04	-
드라이브잇(총타정)	ø 9㎜ 이하	개	0.018	-
드라이브잇(총타정)	ø 12㎜ 이하	개	0.028	-
천공	각 종	개	0.02	-
칼블럭	ø 9㎜ 이하	개	0.028	-
칼블럭	ø 12㎜ 이하	개	0.036	-
배관용 홈파기	ø 22 이하용	m	-	0.08
배관용 홈파기	ø 28 이하용	m	-	0.12
배관용 홈파기	ø 36 이하용	m	-	0.16
배관용 홈파기	ø 42 이하용	m	-	0.20
배관용 홈파기	ø 54 이하용	m	-	0.30
배관용 홈파기	ø 70 이하용	m	-	0.45
배관용 홈파기	ø 82 이하용	m	-	0.55
앵커볼트 설치	ø 13 이하	개	0.036	-
앵커볼트 설치	ø 14~ø15	개	0.08	-
앵커볼트 설치	ø 16~ø19	개	0.12	-
앵커볼트 설치	ø 22~ø25	개	0.23	-
앵커볼트 설치	ø 28 이상	개	0.30	
구멍따기				
박스용석고판	각종 두께	개	0.03	-
MDF재질	각종 두께	개소	0.10	-
박스용철판(데크플레이트 등)	두께 2㎜ 이하	개	0.12	-

[해 설]

① 천장의 경우 150% ② 방폭형 200%

③ 인서트(삽입너트)는 칼블록 9㎜ 이하 품을 적용

④ 세트앵커, 스트롱앵커, 익스팬션(expansion : 팽창)볼트는 앵커볼트 품 적용
단, 고하중용 앵커는 150% 적용

⑤ 앵커볼트 품에는 구멍파기 포함 ⑥ 터미날 캡(써비스캡)은 엔트런스 캡(위사캡) 품 적용

⑦ 배관용 홈파기에서 되메우기(미장)품은 별도계상
⑧ 박스용석고판 또는 박스용철판이 2장 겹친 경우 구멍따기는 본 품의 20% 가산
⑨ 석고 원형따기는 박스용석고판의 50% 적용
⑩ 구멍따기 박스용 석고판의 경우 면적이 0.06㎡ 초과 시 15% 가산

5-29-1 내진스토퍼 설치

(단위 : 개)

전산볼트 직경	내선전공
∅ 13 이하	0.10
∅ 14 ~ ∅ 15	0.18

[해 설]

① 스토퍼 1개당 앵커볼트 2개를 설치하는 기준, 앵커볼트 3개 이상인 경우 추가 1개당 20% 가산
② 스토퍼 1개당 앵커볼트 1개용인 경우 본 품의 80% 적용
③ 세트앵커, 스트롱앵커 동일 적용
④ 동일 장소에 스토퍼 2개 설치 시는 180%, 3개 설치 시는 260%, 4개 설치 시는 340%, 4개 초과 시 초과 1개당 80% 가산

5-29-2 벽관통 구멍뚫기

가) 배관용 구멍뚫기(손파기 기준)

(단위 : 개소, 적용직종 : 특별인부)

구경 (mm)	콘크리트 두께(mm)			
	150mm 이하	200mm 이하	300mm 이하	400mm 이하
50	0.13	0.21	0.42	0.52
75	0.15	0.23	0.46	0.59
100	0.18	0.26	0.51	0.67
150	0.20	0.30	0.59	0.76
200	0.24	0.34	0.65	0.88

250	0.26	0.37	0.73	0.98
300	0.31	0.43	0.84	1.15
350	0.36	0.48	0.98	1.31
400	0.41	0.54	1.05	1.52
450	0.48	0.63	1.24	1.74
500	0.55	0.71	1.38	1.99

[해 설]

① 손으로 파내는 작업 기준으로 철근절단 장내 소운반품 포함

② 콘크리트 블록벽은 50% 적용

③ 부산물 처리 및 반출 품 별도 계상

④ 신설공사에 있어서 슬리브인서트 상자넣기 등이 건축공사에 포함되어 있는 경우 본 품을 적용하지 않고 배관 또는 덕트설치 품의 10%를 쪼아내기 및 보수공사비로 계상

나) 배관용 구멍뚫기(코어드릴 사용기준)

(단위 : 개소)

구분			단위	구경(mm)				
				25	50	75	100	150
콘크리트 두께 150mm 이하	바닥	착암공	인	0.096	0.119	0.142	0.165	0.210
		보통인부	인	0.096	0.119	0.142	0.165	0.210
		코어드릴	hr	0.28	0.43	0.58	0.73	1.03
	벽체	착암공	인	0.123	0.152	0.181	0.211	0.268
		보통인부	인	0.123	0.152	0.181	0.211	0.268
		코어드릴	hr	0.36	0.55	0.75	0.93	1.32
콘크리트 두께 300㎜ 이하	바닥	착암공	인	0.169	0.208	0.248	0.287	0.367
		보통인부	인	0.169	0.208	0.248	0.287	0.367
		코어드릴	hr	0.56	0.86	1.16	1.46	2.06
	벽체	착암공	인	0.216	0.266	0.317	0.368	0.469
		보통인부	인	0.216	0.266	0.317	0.368	0.469
		코어드릴	hr	0.72	1.10	1.49	1.87	2.64

콘크리트 두께 150㎜ 이하	바닥	착암공	인	0.252	0.295	0.339	0.384	0.426
		보통인부	인	0.252	0.295	0.339	0.384	0.426
		코어드릴	hr	1.33	1.63	1.93	2.23	2.53
	벽체	착암공	인	0.322	0.377	0.434	0.491	0.544
		보통인부	인	0.322	0.377	0.434	0.491	0.544
		코어드릴	hr	1.71	2.09	2.47	2.86	3.24
콘크리트 두께 300㎜ 이하	바닥	착암공	인	0.446	0.525	0.604	0.683	0.762
		보통인부	인	0.446	0.525	0.604	0.683	0.762
		코어드릴	hr	2.66	3.26	3.86	4.46	5.06
	벽체	착암공	인	0.570	0.671	0.772	0.874	0.975
		보통인부	인	0.570	0.671	0.772	0.874	0.975
		코어드릴	hr	3.40	4.17	4.94	5.71	6.47

[해 설]

① 본 품은 코어드릴을 사용하여 철근콘크리트 슬래브를 천공하는 작업에 적용
② 본 품은 코어드릴의 소운반, 천공 및 마무리를 포함
③ 부산물 처리 및 반출품은 별도 계상 ④ 주재료비(다이아몬드 비트)는 별도 계상
⑤ 철근탐색 및 시험천공작업은 별도 계상

다) 덕트설치용 구멍뚫기

(단위 : 개소, 적용직종 : 특별인부)

면적 (㎡)	콘크리트 두께(mm)			
	150mm 이하	200mm 이하	300mm 이하	400mm 이하
0.1	0.4	0.5	1.1	1.3
0.2	0.6	0.7	1.4	1.8
0.3	0.8	1.0	1.9	2.4
0.4	0.9	1.1	2.2	2.6
0.5	1.0	1.2	2.25	2.9
0.6	1.1	1.25	2.4	3.0
0.7	1.15	1.3	2.6	3.1
0.8	1.2	1.4	2.7	3.2
0.9	1.5	1.6	3.6	4.4

[해 설]

① 손으로 파내는 작업 기준으로 철근절단 장내 소운반품 포함

② 콘크리트 블록벽은 50% 적용 ③ 부산물 처리 및 반출 품 별도 계상

④ 쪼아내기의 보수비는 본 품의 10~20% 별도 계상

⑤ 케이블트레이, 랙, 레이스웨이 본 품 준용

5-30 스마트 폴 기계화 설치 ('25년 제정)

(단위 : 본)

공 종	전기공사기사	내선전공	S/W 시험사	장비사용시간 (Hr)
조립 및 세움	-	0.47	-	1.25
기능시험	0.15	-	-	1.17

[해 설]

① 스마트 폴은 하나의 폴(등주·지주)에 사물인터넷(IoT) 및 ICT기술을 활용한 설비를 부착 또는 설치하여 다양한 기능을 구현하는 통합 가로등시스템으로서, 스마트 폴 조립 및 세움은 기계화 시공기준으로, 버킷트럭 또는 트럭탑재형크레인 사용기준. 장비 사용 불가 시 "5-27 (가) Pole Light 인력 설치" 준용

② 풀 세우기 및 조립에 폴과 전력인입선 및 접지선 연결 작업 포함. 다만, 전력인입을 위한 전선관 빛 케이블 포설은 별도 계상

③ 기능시험은 현장설비의 작동유무 및 기능시험(테스트) 기준이며, 종합시험은 센터의 서버와 현장설비 간의 시스템시험 및 점검 기준으로 별도 계상

④ 기초공사(기초대 및 앵커볼트 설치, 터파기, 되메우기 등)는 별도 계상하되, 기성품기초사용시 "5-27-1 가로등 기초(기성품) 설치"적용

⑤ LED등기구 설치는 스마트 폴 유형에 따라 "5-26-1 LED 가로 등기구 설치", "5-26-3 LED 보안등기구 설치" 또는 "5-26-4 LED 투광 등기구 설치" 적용

⑥ CCTV 카메라는 "5-47 CCTV 시스템 설치", 스피커는 "5-52 음향 및 영상설비 신·증설", 전광판은 "5-55 LED 옥외전광판", 로고젝터는 "5-55-1 로고젝

터 설치" 적용

⑦ 센터설비는 "통신부문 표준품셈 8-1-1 네트워크 설비(공통)"중 해당 공종준용, 무선 AP설치는 "통신부문 표준품셈 7-9-5 무선 AP", 디지털 사이니지는 "통신부문 표준품셈 9-4-17 디지털 사이니지" 준용

⑧ 제어함, 디밍제어, 비상벨, 각종 센서류, 충전기 등은 별도 계상

⑨ 현장조건에 따라 "1-34 기계장비 작업능력 산정 (다) 전주세움 외 작업계수"를 적용하며, 소규모 또는 소단위인 경우 "1-11-14 소단위작업 할증률" 적용

⑩ 현장교통정리 필요 시 개소당 교통정리원 별도 계상

⑪ 철거 50%, 재사용 철거 80%

5-31 주차장 관제시설 설치

공　　종		단위	내선전공
관제반 벽부형	(5회로 미만)	대	3.2
〃	(10　〃　)	〃	4.7
루프코일	(1회로용)	개	1.5
〃	(2　〃　)	〃	1.7
차량 검출기		〃	0.9
발광기·수광기(매입형)		〃	0.5
〃	(스탠드형)	〃	0.8
신호등 1등	(평면)	〃	0.5
〃	(양면)	〃	0.6
표시등 1단식		〃	0.5
〃 2단식		〃	0.6
황색회전등	(벽부)	〃	0.4
〃	(스탠드형)	〃	0.6

[해 설]

① 전선접속, 장내운반, 잡자재 및 설치 포함. 다만, 박스설치 조정비는 별도 계상

② 루프코일은 콘크리트내 매설 기준, 절단 및 되메우기 별도 계상

③ 자립형, 스탠드형의 기초는 별도 계상

④ 관제반은 1회로 증가 시마다 0.3인 가산

⑤ 철거 50%

5-32 홈 콘트롤러(종합관리시스템) 설치

품 명·규 격	단 위	내선전공
주조작 판넬	대	0.5
침실 판넬	대	0.3
풀 카드	개	0.5
풀 카드 인터폰 주기 내장	개	0.5
풀 카드 예비전원부	개	0.5
신호음(SIGN TONE) 자기	개	0.06
주 조 작 패널(4회로)	개	0.5
침실조작 패널(4회로)	개	0.5
주 조 작 패널(15회로)	개	1.0
침실조작 패널(15회로)	개	1.0
주 조 작 패널(8회로)	개	0.5
ALARM 유니트	대	0.1
디지털 시계 유니트	대	0.1
모니터 TV 유니트	대	0.1
모니터 카메라부 도어폰(자기)	개	0.08
전기자물쇠 조작 유니트	대	0.1
전기자물쇠 전원 유니트	대	0.1
전원 단자반 리모콘(릴레이부)	개	0.2
릴레이 제어반(15회로)	대	0.75
릴레이 제어반((8회로)	대	0.5
주 콘트롤러 54회로(랙 내장)	대	7.0
침실 콘트롤러 54회로(랙 내장)	대	6.5
VTR조작 유니트용 칼라카메라	대	0.5
주 콘트롤러 36회로(랙 내장)	대	5.0
주 콘트롤러 36회로(매입박스부)	대	4.8
침실 콘트롤러 6회로(랙 내장)	대	1.0
리모콘 릴레이 제어반 6회로	대	0.75
리모콘 릴레이 제어반 12회로	대	0.9
리모콘 릴레이 제어반 24회로	대	1.1
리모콘 스위치 1개용	대	0.06
리모콘 스위치 2개용	대	0.09
리모콘 스위치 3개용	대	0.12
리모콘 카드 스위치 1개용	개	0.06
리모콘 카드 스위치 2개용	개	0.09
리모콘 카드 스위치 3개용	개	0.12
리모콘 버튼 스위치	개	0.06

[해 설]

① 전선접속, 장내 소운반, 잡자재 설치를 포함

② 철거 50%

5-33 Heat Tracing System 설치

공　　종	단 위	플랜트 전공
Heating 케이블형	m	0.036
Skin-effect형	m	0.095
Mat형	㎡	0.220
Pad형	㎡	0.152

[해 설]

① 플랜트설비의 동결방지, 온도유지 등에 사용되는 단상 발열체 설치기준. 발열체의 종류(Mineral Insulated Heater 케이블, Self-Regulating Heater 케이블, 방폭 케이블 등)에 관계없이 일괄 적용

② 전원접속, 단말처리, 부속재, 온도조절기 및 주의표 설치 포함
단, 전원공급설비(단자함, 케이블 등), 센서케이블 설치는 별도계상

③ 삼상 발열체는 Heating 케이블형 품의 130%

④ 와이어 매쉬 설치 시는 별도 계상

⑤ 철거 50%, 재사용 철거 80%

5-33-1 스노우멜팅(도로열선) ('25년 제정)

공종	단위	내선전공	장비사용 시간(Hr)
스노우멜팅 커팅공법 Heating 케이블	m	0.094	0.02

[해 설]

① 도로 결빙을 예방하기 위한 설비로서, 기존 도로에 설치하는 기준으로 홈파기(커팅), Heating 케이블(발열선) 포설, 홈메우기(초속경무수축몰탈 타설 기준) 작업을 포함

② 홈파기는 아스콘 도로에 SSG 건식그루빙 사용기준이며, 기계장비를 사용하기 위한 소형발전기 및 기계장비 운반용 트럭 관련 비용과 홈파기로 인해 발생하는 아스콘 분진 처리비용은 별도 계상
③ Heating 케이블을 포설하기 위한 도로횡단구간의 홈파기(커팅 또는 터파기)는 포함. 단, 도로횡단구간의 홈메우기는 별도 계상
④ 도로횡단구간에서의 Heating 케이블과 Cold Lead 케이블 또는 전력케이블 간 연결작업 포함
⑤ 제어함 기초 및 접지공사, 제어함 설치, 케이블 연결, 단말처리, 원격제어장치, Snow Detector, 발열보조케이싱, CCTV는 별도 계상
⑥ 전력인입개소 ~ 제어함 및 제어함 ~ 도로횡단구간의 터파기와 되메우기, 전선관 및 케이블 포설은 별도 계상
⑦ 시공 전·후 및 노면 마감 후 절연저항 측정, 스노우멜팅 작동시험, 열화상 카메라 촬영은 별도 계상
⑧ 현장교통정리 필요 시 개소당 교통정리원 별도 계상
⑨ 철거 50%

5-34 정류기 설치

(단위 : 대, 적용직종 : 플랜트전공)

용 량 별	전동발전기	수은정류기	금속정류기
5kW 이하	2.80	1.80	1.80
10kW 이하	3.60	2.80	2.70
20kW 이하	4.60	3.70	3.70
30kW 이하	5.50	5.00	4.60
50kW 이하	7.00	6.50	5.50

[해 설]

① 조작반 기초, 접지, 시험품 별도
② 철거 50%

5-35 전압조정기

(단위 : 대, 적용직종 : 내선전공)

용 량 별	수 동 식
저압 30kVA 이하	2.00
50kVA 이하	2.50
100kVA 이하	5.00
300kVA 이하	10.00
500kVA 이하	14.00

[해 설]

① 조정장치 포함, 전압변성기(PT), 전류변성기(CT) 설치 포함

② 기초접지 제외

③ 자동식 130%

④ 철거 40%

5-36 전동기 설치

(단위 : 대)

전동기용량	플랜트전공	전동기용량	플랜트전공
0.75kW 이하	0.44	110kW 이하	5.70
1.5kW 이하	0.55	125kW 이하	6.15
2.2kW 이하	0.55	150kW 이하	6.47
3.7kW 이하	0.66	200kW 이하	6.80
5.5kW 이하	0.77	220kW 이하	7.65
7.5kW 이하	0.99	260kW 이하	8.50
11kW 이하	1.21	300kW 이하	9.35
15kW 이하	1.54	375kW 이하	11.16
22kW 이하	2.19	450kW 이하	12.75
30kW 이하	2.85	525kW 이하	14.45
37kW 이하	3.29	600kW 이하	16.15
40kW 이하	3.46	675kW 이하	17.85
45kW 이하	3.73	750kW 이하	19.55
50kW 이하	4.06	950kW 이하	22.16
55kW 이하	4.39	1,100kW 이하	24.11
75kW 이하	5.26	1,320kW 이하	26.98
95kW 이하	5.26	1,500kW 이하	29.33
100kW 이하	5.41		

[해 설]

① AC 60Hz 2극, 4극, 220V, 380V, 440V, 550V, 1∅, 3∅ 및 DC 1,750rpm 440V 이하 기준

② 점검, 조립, 설치, 결선 및 시험품 포함

③ 6극 이상의 전동기는 아래 표에 의거 가산

AC전동기	6극	8극	10극	12극 이상
DC전동기 할증율	1,150RPM 이하 3%	850RPM 이하 6%	690RPM 이하 9%	575RPM 이하 12%

④ 전압에 대한 가산율 적용

3.3kV　　10% 가산
6.6kV　　20% 가산
11kV　　30% 가산

⑤ 설치장소까지의 소운반 품 별도 계상

⑥ 1,500kW 초과 시는 매 750kW마다 750kW 품의 50% 가산

⑦ 전동기 분해, 점검은 해당 품의 135%

⑧ 철거 40%, 재사용 철거 70%

5-37 기동기 설치

(단위 : 대)

용 량 별	플랜트전공	용 량 별	플랜트전공
22kW 이하	2.00	220kW 이하	5.00
30kW 이하	2.17	260kW 이하	5.50
37kW 이하	2.33	300kW 이하	6.00
40kW 이하	2.39	375kW 이하	7.00
45kW 이하	2.50	450kW 이하	8.00
50kW 이하	2.58	525kW 이하	9.00
55kW 이하	2.67	600kW 이하	10.00
75kW 이하	3.00	675kW 이하	11.00
95kW 이하	3.27	750kW 이하	12.00
100kW 이하	3.33	950kW 이하	13.60
110kW 이하	3.47	1,100kW 이하	14.80
125kW 이하	3.67	1,320kW 이하	16.56
150kW 이하	4.00	1,500kW 이하	18.00
200kW 이하	4.71		

[해 설]

① 3상 220V, 440V, 550V 전동기용 기준, 소운반 포함

② 농형 전동기용

(1) Star-Delta 기동기, 상변환 기동기는 50%

(2) 리액터 기동기는 이 품 적용

(3) 단권 변압기형 기동기는 120%

③ 권선형 전동기용

(1) 금속 저항기는 이 품 적용

(2) 액체 저항기는 120%

(3) 제어용(앰프용) 저항기는 120%

④ 전압에 대한 가산율 적용

3.3kV 10% 가산

6.6kV 20% 가산

⑤ 1,500kW 초과 시는 매 750kW 초과마다 750kW 품의 50%씩 가산

⑥ 철거 50%, 이설 150%

5-38 전동기 결선

(단위 : 대)

작 업 종 별	플랜트전공
전동기 결선 7.5kW 이하	0.174
전동기 결선 11kW 이상	0.348

[해 설]

① 전동기는 단상 및 3상 기준

② 기존 전동기 결선 교체 시 적용

③ 결선 해체시 50%

5-39 전동기 제어반 설치

(단위 : 대, 적용직종 : 플랜트전공)

전동기 용량 (kW)	직 입 기 동	Y-△ 기 동
0.2~2.2	1.85	-
3.7	2.05	-
5.5	2.25	-
7.5	2.33	-
11	2.95	3.04
15	3.08	3.20
18.5	3.40	3.53
22	3.50	3.68
30	3.65	3.78
37	3.67	3.88

[해 설]

① 제어반설치, 전선접속(전동기측 접속 포함), 시험, 조정, 장내 소운반 및 잔재 처리 포함, 전동기를 개별 현장 제어하는 경우 기준

② 3대 이상의 전동기가 접속되는 제어반 설치는 그 합계품의 80% 적용

③ 자립반의 경우 기초는 별도 계상

④ 철거 50%, 재사용 철거 80%

5-40 역률개선용 콘덴서 설치

(단위 : 대)

용 량	저 압	고 압 및 특 고 압	
	배전전공	배 전 전 공	보 통 인 부
5kVA이하	0.07	0.09	-
10kVA이하	0.09	0.14	-
20kVA이하	0.13	0.22	-
50kVA이하	0.27	0.39	0.13
100kVA이하	-	0.57	0.19
200kVA이하	-	0.81	0.27
300kVA이하	-	1.02	0.34
500kVA이하	-	1.38	0.46
750kVA이하	-	1.68	0.56
1,000kVA이하	-	1.95	0.65

[해 설]

① 단상 기준, 가대설치, 인상, 결선품 포함
② 방전 코일 포함
③ 옥내 설치 80%
④ 3상 130%
⑤ 특·고압용 리드선 압축접속은 별도 계상
⑥ 철거 30%

5-41 배선용 단자함 설치

(단위 : 대)

구 분	내선전공	보통인부
10P 이하	0.65	0.45
20P 이하	0.68	0.46
50P 이하	0.72	0.48
100P 이하	1.29	0.86
150P 이하	1.87	1.24
200P 이하	2.44	1.63
250P 이하	3.02	2.01

[해 설]

① 완제품 설치기준, 이면반이 있을 경우는 150%
② 포장해체 청소, 소운반 포함
③ 250P 초과 시 매 50P 초과마다 50P 품의 80% 가산
④ 철거 50%, 이설 150%

5-42 피뢰설비 설치

5-42-1 피뢰침 설치

(단위 : 개)

종 별		내선전공
피뢰침 길이	7.5m 이하	0.66
	10 m 이하	0.84
	15 m 이하	1.14
	20 m 이하	1.50
	25 m 이하	1.80
	30 m 이하	2.11
	35 m 이하	2.42
	40 m 이하	2.73

[해 설]

① 배선(돌침에서 연결박스) 포함, 인하도선 및 접지 불포함
② 구조물로서 발판이 좋은 곳(철탑 등)은 60%
③ 길이 40m 이상은 매 5m마다 내선전공 0.44인 가산
④ 다수의 피뢰침을 동일 옥상에 분포형으로 설치할 경우는 돌침(Air Terminal) 1개 추가마다 내선전공 0.44인 가산하고 접지선을 Netting Connection하는 배선공량 가산(제3장 변전설비공사의 접지공사 분기선 접속 참조)
⑤ 철거 30%

5-42-2 수평도체 설치

(단위 : m)

공 종	내선전공	보통인부
수평도체 설치	0.017	0.008

[해 설]

① 먹줄치기, 지지금구류(PVC, 알루미늄, 스테인리스 금구류) 부착, 수평도체, 커넥터 연결, 익스펜션조인트, 실리콘 방수작업, 접지선 연결 포함, 인하도선 설치는 불포함
② 지지금구류 부착은 전동드릴 피스나사 작업 기준, 콘크리트 구멍뚫기 작업수반될 경우 "5-29 옥내잡공사"에 의거 별도 계상
③ 수직 구간 설치 150%　　④ 철거 30%

5-43 자가발전기 설치

(단위 : 대)

발전기 용량	설치				시운전 및 조정	
	전기공사 기사	플랜트 전공	기계 설비공	특별인부	전기공사 기사	플랜트 전공
20kVA	10.5	6.3	6.3	5.3	3.2	3.2
50kVA	15.8	8.4	8.4	6.3	3.2	4.2
75kVA	18.9	9.5	9.5	7.4	4.2	4.2
100kVA	22.1	10.5	10.5	7.4	4.2	5.3
125kVA	25.2	11.6	11.6	7.4	5.3	5.3
150kVA	27.3	12.6	12.6	7.4	6.3	5.3
200kVA	31.5	13.7	13.7	7.4	6.3	6.3

250kVA	34.7	14.7	14.7	8.4	7.4	6.3
300kVA	37.8	16.8	16.8	8.4	7.4	7.4
400kVA	41.0	17.9	17.9	8.4	8.4	8.4
500kVA	47.3	20.0	20.0	10.5	9.5	8.4
600kVA	48.3	21.0	21.0	10.5	9.5	9.5
750kVA	50.4	22.1	22.1	10.5	10.5	9.5
900kVA	51.5	23.1	23.1	10.5	11.6	10.5
1,000kVA	52.5	24.2	24.2	10.5	11.6	11.6
1,250kVA	54.2	26.3	26.3	11.6	12.8	11.6
1,500kVA	55.9	28.0	28.0	11.6	12.8	12.8
1,750kVA	57.6	29.7	29.7	11.6	14.1	12.8
2,000kVA	59.3	31.4	31.4	12.8	14.1	14.1

[해 설]

① 디젤기관 기준. 기초가대설치, 발전기, 엔진의 반입 및 설치, 실내 유조설치, 송유회로장치설치, 배기관설치, 환기 및 냉각장치(환기 닥트 포함)설치, 발전기반 및 직류전원반 설치, 배선 및 결선(케이블닥트 포함), 시운전 및 조정, 바닥정리를 포함

② 자동기동 · 정지의 경우로 함

③ 20~50kVA는 수냉식을 표준으로 하며, 라디에이터 방식의 경우는 기계설비공의 품을 70%, 플랜트전공의 품은 130%

④ 휘발유 기관일 때는 87.5%　　⑤ 철거 50%

5-44 태양광 발전시스템 설치

제9장 신재생에너지 및 분산형전원설비공사 "9-1 태양광 발전시스템 설치" 이동

5-45 무정전 전원장치(UPS, CVCF) 설치

(단위 : 대)

용　　량	플랜트전공	보 통 인 부
3kVA 이하	1.0	-
3kVA 초과 ~ 10kVA 이하	3.0	-
10kVA 초과 ~ 20kVA 이하	4.0	1.0
20kVA 초과 ~ 30kVA 이하	5.0	2.0
30kVA 초과 ~ 100kVA 이하	6.0	3.0
100kVA 초과 ~ 250kVA 이하	7.0	4.0
250kVA 초과 ~ 500kVA 이하	8.0	5.0

[해 설]

① 정류기반, 인버터반, 교류필터반의 지상설치 기준
② 부착, 결선, 시험조정품 포함
③ 철거 50%, 재사용 철거 80%

5-45-1 무정전 전원장치(UPS, CVCF) 점검

(단위 : 대)

용 량	플랜트전공	보 통 인 부
3kVA 이하	0.45	-
3kVA 초과 ~ 10kVA 이하	0.61	-
10kVA 초과 ~ 20kVA 이하	0.93	-
20kVA 초과 ~ 30kVA 이하	1.08	0.85
30kVA 초과 ~ 100kVA 이하	1.94	1.55
100kVA 초과 ~ 250kVA 이하	3.23	1.58
250kVA 초과 ~ 500kVA 이하	3.29	2.69

[해 설]

① 점검은 입력부의 전압(±10%) · 전류와 출력부의 전압 · 전류 안정도(±2%), 출력주파수(60㎐) 허용범위내 측정 및 정전을 대비하여 복전 시험(입 · 출력부 측정사항 전반)과 밧데리의 충방전 상태 · 개별 셀(Cell) 전압 점검을 말함
② 본 품은 1회 정기점검 기준이며, 부품교체 및 수리는 별도 계상
③ 원격감시 기능 추가 시 20% 가산

5-45-2 서지보호기(SPD) 설치

공 종	단위	내선전공
서지보호기용 외함설치	대	0.11
전원용	개	0.24
통신 및 데이터용	개(회선당)	0.14

[해 설]

① 서지보호기용 외함설치는 칼블록 설치기준으로 앵커볼트 설치 시는"5-29 옥내잡공사" 별도 계상
② 전원용 서지보호기는 3상4선식의 병렬형 1port 기준으로 분전반~서지보호기간의 케이블 설치 및 결선, 절연저항 측정품 포함, 합성수지제 가요전선관 등

배관 설치 시는"5-1 전선관 배관" 별도 계상

③ 전원용 서지보호기의 직렬형 2port는 본 품의 120%, 활선작업시는 본 품의 150%, 단상2선식은 본 품의 80%, 3상3선식 및 단상3선식은 90% 적용

④ 통신 및 데이터용 서지보호기는 직렬형 기준으로 서지보호기 부착 및 통신케이블 결선품 포함, 회선시험시에는 port당 내선전공 0.05인, 보통인부 0.03인 적용

⑤ 철거 50%, 재사용 철거 80%

5-46 교통신호등 설치

가) 교통신호등 설치

공 종	규 격	단 위	내선전공	보통인부
차 량 철 주	Ø 200 × 8m 이하	본	1.7	1.4
보 행 등 주 (철 주)	Ø 125 × 4m 초과	본	1.3	0.8
	Ø 125 × 4m 이하	본	1.2	0.8
지 주 부 착 대	Ø 100 × 7m 이하	본	1.2	0.8
고 가 신 호 등 부 착 대	Ø 100 × 7m 이하	본	1.3	1.1
L E D 교 통 신 호 등	차량등(4색등 이하)	대	0.9	0.8
	보 행 등	대	0.3	0.2
	보행잔여시간 표시기	대	0.3	0.2
시각장애인용음향신호기		대	0.3	0.2

[해 설]

① 차량철주 및 보행등주는 재질에 관계 없이 적용하며, 터파기, 되메우기, 기초설치는 별도 적용

② 차량이 통행하는 도로에서의 작업은 번화가 할증률 별도 적용

③ 차량철주 Ø200× 8m 초과는 본 품의 140% 적용

④ 전선관 배관, 전원 케이블 및 제어케이블 설치는 별도 계상

⑤ 부착대 9m 이상은 본 품의 120%, 11m 이상은 140% 적용

⑥ 보조등은 보행등 적용

⑦ 전구식 신호등은 LED 교통신호등을 적용하며, LED 모듈 교체는 본 품의 40% 적용

⑧ 기존의 차량등 및 보행등 기구 청소 시 외부 청소만 할 경우 15%, 내부청소를 포함할 경우 30%

⑨ 철거 50%, 재사용 철거 80%

나) 교통신호등 철주 기계화 설치

(단위 : 기)

공 종	규 격	내선전공	특별인부	보통인부	장비사용시간(hr)
차량신호등 철주	φ250×8m 이하	0.98	-	0.75	1.96
차량자동인식장치(AVI) 철주	8m	2.22	1.79	-	2.40
가변정보표지판(VMS) 철주	9m	4.16	3.60	-	4.80
차량검지시스템(VDS) 철주	12m	2.51	2.04	-	2.72

[해 설]

① 터파기, 되메우기, 기초대(콘크리트), 앵커볼트 설치품은 별도 계상
② 기계경비는 트럭탑재형크레인, 절연버킷트럭 등 해당 규격 장비 사용 별도 계상
③ 차량신호등 철주는 신호등 철주(φ250×8m 이하)와 신호등부착대(φ100×7m 이하) 1개 조립 · 설치기준(지지철선 설치포함)으로 신호등부착대 추가 설치 시 40% 가산, 차량신호등 철주 φ250×8m 초과 설치 시 본 품의 140% 적용, 신호등부착대 9m 이상은 본 품의 120%, 11m 이상은 140% 적용
④ 가변정보표지판(VMS) 철주는 편도2차선의 측주식(내민식)으로 철주 · 상부작업대 조립 및 건립 품 기준, 도로와 상부작업대의 수직상태 확인점검 품 포함
⑤ 차량검지시스템(VDS) 철주는 부착대(3m 이하) 설치 포함이며, 차량자동인식장치(AVI) 철주는 부착대(7m 이하) 설치 포함 기준
⑥ 피뢰침 설치는 별도 계상
⑦ 차량이 통행하는 도로에서의 작업은 번화가 할증률 별도 적용
⑧ 철거 50%, 재사용 철거 80%

다) 교통신호등 지주 기초 조합앵커볼트 설치

(단위 : 개소)

규 격	내선전공	보통인부	장비사용시간 (hr)
내경 200mm 미만	0.04	0.08	0.16
내경 200mm 이상	0.05	0.1	0.22

[해 설]

① 앵커볼트 4개~8개를 1개로 조합하여 교통신호등 지주 기초에 사용하는 앵커볼트의 설치로 콘크리트 타설(콘크리트믹서트럭 사용)과 동시 설치 기준

② 직경은 플레이트 내경 기준
③ 장비사용시간은 굴착기 기준
④ 동일 현장 내 규격 관계없이 전체 설치 개소가 1개소 초과 시 개소당 각 해당 품의 90% 적용
⑤ 현장조건에 따라 "1-34 기계경비 작업능력 산정 (다) 전주 세움 외 작업계수"를 증감 적용
⑥ 터파기, 잔토 처리, 현장 교통정리원 및 조합앵커볼트 가공 제작비 별도 계상

라) 제어설비 설치

공 종	규격	단위	내선전공	보통인부	S/W 시험사	H/W 시험사
교통신호제어기	교차로용	대	1.6	1.5	-	-
통신모뎀	2,400bps	대			0.38	0.23

[해 설]

① 교통제어기 설치 시 신호등 확인, 차선별 메시지 입력 및 세팅 포함
② 센터와의 종합시험은 내선전공 1.6인 별도 적용
③ 제어기 좌대 설치는 별도 적용
④ 차량이 통행하는 도로에서의 작업은 번화가 할증률 별도 적용
⑤ 철거 50%, 재사용 철거 80%

마) CCTV 철주 설치

(단위 : 본)

공 종	규 격	내선전공	특별인부	보통인부	장비사용 시간(hr)
CCTV 철주	Ø 500 × 25m 이하	9.50	2.00	9.50	1.783
	Ø 500 × 20m 이하	5.60	2.00	5.60	1.416
	Ø 500 × 15m 이하	3.30	2.00	3.30	1.133
	Ø 250× 10m 이하	1.40	1.00	1.40	0.95

[해 설]

① 철주·상부작업대 조립 및 건립 기준
② 장비는 10톤 트럭탑재형크레인 사용기준
③ 터파기, 되메우기, 기초대(콘크리트), 앵커볼트 설치품은 별도 계상
④ 철거 50%, 재사용 80%

바) 검지(속도, 영상, 신호)시스템 설치

공 종	구 분	단위	전기공사산업기사	내선전공	S/W 시험사	H/W 시험사	보통인부
루프코일	4각, 8각	개소	0.36	0.72	-	-	0.36
	32각	개소	0.75	1.50	-	-	0.75
	원형	개소	0.40	0.80	-	-	0.40
촬상부	카메라 설치	대	0.82	0.82	-	-	0.82
	팬/틸트 설치	대	-	0.55	-	-	0.66
	브라켓트 설치	개	-	0.12	-	-	0.12
제어부	제어함체 설치	개	-	0.40	-	-	0.40
	검지기 점검 및 시험	대	0.38		-	0.38	0.38
	팬/틸트 조정	대	0.23		-	0.23	-
	제어부시험	대	0.53		-	0.53	-
영상분석	기본자료수집	차로	0.30	0.30			0.60
	영상분석처리	차로	0.87		0.87		
종합시험		시스템	-		0.91	0.91	-
		센터	-		2.54	2.54	-

[해 설]

① 루프코일설치는 2차로 기준이며 1차로 초과마다 본 품의 5% 가산

② 루프코일설치는 아스팔트 컷팅, 케이블 설치 및 실란트 주입 포함이며, 루프코일 2개 동시 설치 시 180%, 3개 260%, 4개 초과는 초과 1개당 80% 가산

③ 모뎀설치는 다) 항의 통신 모뎀 적용

④ 카메라 설치는 하우징, 렌즈 및 조명장치 설치포함, 카메라와 조명장치 분리설치 시는 본 품의 130% 적용

⑤ 신호위반시스템의 보조영상카메라·팬/틸트는 본 품의 카메라 및 팬/틸트를 적용

⑥ 신호위반 시스템의 영상분석은 영상분석처리품의 180% 적용

⑦ 전원선, 제어선 및 동축케이블 설치는 "5-11 전력케이블 구내설치", "5-13 제어용케이블 설치" 및 통신품셈 "4-2-1 동축케이블 포설"을 각각 별도 적용

⑧ 종합시험은 센터의 서버와 현장설비간의 시스템 시험

⑨ 차량이 통행하는 도로에서의 작업은 번화가 할증률 별도 적용

⑩ 철거 50%, 재사용 철거 80%

사) 가변 정보 표지판(VMS) 설치

(단위 : 대)

공 종		전기공사 산업기사	내선전공	S/W 시험사	H/W 시험사	보통인부
가변표지판 설 치	문형식	0.66	0.66	-	-	1.32
	측주식	0.40	0.40	-	-	0.80
제어기설치 및 시험		-	0.20	-	0.40	-
모 뎀 설 치 및 시 험		-	-	0.38	0.23	-
현 장 시 험		0.15	-	-	0.15	-
종 합 시 험		2.00	-	-	2.00	-

[해 설]

① 종합시험은 센터와의 시험임
② 시험시 사용되는 전원(발전기 임대 등)은 별도 가산
③ 차량이 통행하는 도로에서의 작업은 번화가 할증률 별도 적용
④ 철거 50%, 재사용 철거 80%

아) 교통정보수집시스템(Beacon)

(단위 : 대)

공 종		전기공사산업기사	내선전공	특별인부	보통인부
소형무선기지국	설치	1.94	1.60	-	-
	시험	0.96	-	-	-
위치 비콘	설치	-	0.12	-	0.12
	시험	-	0.16	-	0.16
차량 통신모듈	설치	-	0.22	0.22	-
	시험	-	0.11	0.11	-

[해 설]

① 소형 무선기지국 설치 시 전원선 및 통신선 설치는 별도 계상
② 소형 무선기지국 시험에는 국부시험 및 종합시험 포함
③ 위치 비콘시험에는 단말기 및 간섭시험 포함
④ 차량 통신모듈시험에는 국부시험 및 종합시험 포함
⑤ 철거 50%, 재사용 철거 80%

자) 단거리 무선통신(DSRC-Dedicated Short Range Communication) 설치

(단위 : 대)

공 종	구 분		전기공사 산업기사	내선전공	H/W 시험사	무선안테나공	보통인부
노변기지국 (RSE)	설치		0.61	0.36	-	0.36	0.36
	시험	지향성	0.16	-	0.16	-	-
		무지향성	0.54	-	0.54	-	-
차량단말 장치(OBE)	설 치		-	0.20	-	0.20	-
	시 험		0.12	-	0.12	-	-
분전함	-		0.34	0.68	-	-	0.34
종합시험	지 향 성		0.45	-	0.45	-	-
	무지향성		0.81	-	0.81	-	-

[해 설]

① 철거(불용 30%, 재사용 80%)

② 본 품은 노변기지국(RSE)와 분전함사이의 통신 및 전원케이블 배선포함, 단 배관은 미포함

③ 모뎀설치는 나)항의 통신 모뎀 적용

④ 노변기지국 시험은 편도 4차로 기준이며, 편도 5차로 이상은 본 품의 120% 적용

⑤ 시험의 지향성은 도로의 한쪽에 설치된 노변기지국(RSE), 무지향성은 교차로 상에 설치된 노변기지국(RSE)

⑥ 종합시험은 센터의 서버와 노변기지국(RSE) 및 차량단말장치(OBE)간 시험임

⑦ 본 품은 가로등설치 기준이며, 신호등 및 가로등암에 설치 시는 본 품의 150% 적용

5-46-1 바닥형 LED 안전신호 알리미 설치

구분	단위	전기공사산업기사	내선전공
LED 모듈	매	-	0.04
제어함체	대	0.26	0.26

[해 설]

① LED 모듈은 600mm×100mm×60mm 이하 기준으로 부착 및 단자결선 공종 포함

② 제어함체는 함체 부착, 단자결선, 제어보드 설치, 동작시험 공종 포함

③ 터파기 및 되메우기는 별도 계상
④ 전선관 배관, 전기 및 제어용 전선 설치는 별도 계상 ⑤ 철거 30%, 재사용 철거 80%

5-46-2 시각장애인용 음향신호기 푸시버튼 설치 ('25년 개정)

(단위 : 대)

규 격 (㎜)	내선전공
시각장애인용 음향신호기 푸시버튼 설치	0.065
시각장애인용 음향신호기 푸시버튼 교체	0.085

[해 설]

① "전기품셈 5-46-가) 시각장애인용 음향신호기"는 수신기와 푸시버튼으로 구성된 품이며, 본 품은 푸시버튼만 설치(교체)시 적용
② 현장교통정리 필요시, 설치는 개당 교통정리원 0.033인, 교체는 개당 교통정리원 0.043인 별도 계상, 현장상황에 따라 인원 추가 배치
③ 철거는 설치품의 30%, 재사용 철거 50%

5-46-3 정류장 안내단말기(BIT) ('25년 제정)

공 종		단 위	저압케이블전공	내선전공	특별인부	보통인부
정류장안내 단말기설치	승차대 부착형	대	-	0.23	0.23	0.23
	지주형	대	0.24	0.24	-	-
정류장안내단말기 시험		대	-	0.17	0.17	-

[해 설]

① 정류장 안내단말기 설치유형에 따라 승차대 부착형 또는 지주형 적용
② 승차대 또는 지주와 연결된 전력인입선 및 접지선 연결 포함
③ 지주 설치는 "5-46 교통신호등 - 마) CCTV 철주 설치"준용
④ 승차대 또는 지주의 기초공사, 접지공사, 각종 배관 및 배선, 케이블포설, 단말처리는 별도 계상
⑤ 고소작업, 소단위작업, 야간작업 등 특수여건의 경우 "1-11 품의 할증"적용
⑥ 현장교통정리 필요 시 개소당 교통정리원 별도 계상하며, 해당 공종의 내선전공 공량 적용, 현장상황에 따라 인원 추가 배치
⑦ 철거 50%, 재사용 철거 80%

5-46-4 스마트 쉘터(버스정류장) ('25년 제정)

공 종	단 위	내선전공
스마트 쉘터 세움	대	3.31

[해 설]

① 스마트 쉘터 세움은 측량, 먹줄치기, 베이스 설치(베이스 8개 설치 기준, 구멍뚫기 및 앵커볼트 설치 포함), 쉘터 하차 및 세움, 고정작업(쉘터와 베이스 간 용접), 부식방지 도색 포함

② 정류장 기초공사, 인입공사, 접지공사, 각종 배관 및 배선, 케이블포설, 단말처리는 별도 계상

③ 제어함, 자동문, 공조기(냉난방기), 조명제어, 비상벨, 각종 센서류, 충전기 등 쉘터 내·외부에 설치되는 설비는 별도 계상

④ 개별설비 작동유무 시험 및 네트워크 연동, 종합시험 등은 별도 계상

⑤ LED등기구 설치는 "5-25-3 LED 등기구 설치"적용, CCTV 카메라는 "5-47 CCTV 시스템 설치", 스피커는 "5-52 음향 및 영상설비 신·증설"

⑥ 센터설비는 "통신부문 표준품셈 8-1-1 네트워크 설비(공통)"중 해당 공종 준용, 무선AP설치는 "통신부문 표준품셈 7-9-5 무선 AP"준용, 디지털 사이니지는 "통신부문 표준품셈 9-4-17 디지털 사이니지"준용

⑦ 고소작업, 소단위작업, 야간작업 등 특수여건의 경우 "1-11 품의 할증"적용

⑧ 기계장비 사용 시 제1장 적용기준을 적용하여 별도 계상

⑨ 현장교통정리 필요 시 개소당 교통정리원 별도 계상

⑩ 철거 50%, 재사용 철거 80%

5-47 CCTV 시스템 설치

구분	공 정 별		단 위	전기공사 산업기사	내선 전공	특별 인부	보통 인부
촬상부 설치	카메라 설치	일 반 형	대	-	0.24	0.24	-
		돔(Dome)형	대	-	0.18	0.18	-
		스피드 돔형	대	-	0.32	0.32	-
		P/T 일체형	대	-	0.32	0.32	-
	브라켓 설치	일 반 형	대	-	0.23	-	0.23
		천 장 형	대	-	0.31	-	0.31

	팬틸트(Pan/Tilt)설치	대	-	0.53	-	0.53
	투광등설치	대	-	0.86	-	-
	안내판설치	개	-	0.09	-	0.09
	오토리프트 리프트	대	0.34	0.34	-	-
	오토리프트 제어반	-	0.34	0.34	-	-
감시부 설치	Receiver판넬	-	0.43	0.32	-	-
	중앙콘트롤 조작반	CH	0.10	1.17	-	0.54
	영상저장장치	대	0.18	0.18	-	-
	각종부대장치	CH 또는 세트	0.18	0.18	-	0.18
전송부 설치	엔코더	대	-	0.20	-	0.20
	디코더	대	-	0.20	-	0.20
시험	송수신 제어신호 및 영상 Level 조정	세트	0.52	0.65	-	-
	종합	대	0.04	0.08	-	-

[해 설]

① 일반형 카메라 설치는 하우징(Housing) 및 렌즈 설치 포함이며, 하우징(Housing)이 포함되지 않는 경우는 본 품셈의 80% 적용하고, 팬틸트(Pan/Tilt)형, 폴(Pole)에 설치 시는 120% 적용, 렌즈교체 설치는 카메라 설치품셈의 80% 적용

② 오토리프트 설치는 실외 기준으로 폴은 "5-46 교통신호등 설치" 마) CCTV 철주 설치 품셈을 적용하고, 실내에 설치 시는 본 품셈의 180% 적용

③ 중앙콘트롤 조작반은 CPU제어방식으로 1CH 기준임

④ 각종 부대장치(Ground Loop Corrector, Video Line AMP, Video Sensor, Video Auto Selector, Video Distribution AMP, Time 및 I/D Generator, Power 및 P/T Zoom Controller, Quad Spliter, Multiplexer, Controller Keyboard, Camera Controller)는 각각 부대 장치당 설치 품셈임

⑤ 영상저장장치(DVR, NVR)설치는 영상보드 및 프로그램 셋업작업 등 포함이며, 8CH이하는 본 품셈을 적용하고, 9CH이상은 1CH당 본 품셈의 6% 가산

⑥ 고소작업 및 특수여건의 적용 필요시 별도 가산

⑦ Video Monitor 설치는 "5-52 음향 및 영상설비 신·증설"의 "나. 기기신설" 중 "TV수상기(Video Monitor)" 적용

⑧ 철거 30%, 재사용 철거 80%

5-47-1 CCTV 시스템 정기점검

공 정 별		단 위	전기공사 산업기사	관 련 기능사	케이블공	특 별 인 부
청소	하우징(고정형)	대	-	0.21	-	0.12
	각종 기기가	가	-	0.20	-	0.11
케이블 시험(정리 포함)		회선	-	-	0.15	0.13
시 스 템 시 험		CH	0.26	0.09	-	-
Matrix 및 CPU 점검		CH	0.25	0.25	-	-
카메라(렌즈 및 하우징 포함)		대	0.19	0.17	-	-
모니터		대	0.03	0.20	-	-
모니터(Switcher내장형)		대	0.06	0.40	-	-
P A N / T I L T		대	-	0.21	-	0.21
각종 Controller(Power, P/T등)		세트 또는 Ch	0.24	0.20	-	-
Distributor		대	0.06	0.20	-	-
Switcher(Frame or Quad)		대	0.06	0.20	-	-
Booster AMP		대	0.06	0.20	-	-
Receiver 유니트(Audio, 경보신호등)		대	0.06	0.20	-	-
Printer		대	-	0.16	-	0.10
V T R		대	-	0.16	-	0.10
D V R		대	0.22	0.22	-	-
Terminal(Remote, Video Sensor, Card Key등)		대	0.06	-	-	0.10

[해 설]

① 청 소

㉮ Housing 앞유리(필요 시 Camera의 렌즈부문), 각종 장비 등을 진공청소기로 흡입하고 세척제를 사용 전용 면포로 2회 이상 닦음

㉯ 회전형은 고정형 품의 200%(Zoom lens, Pan / Tilt, Receiver 포함)

② 케이블 시험 및 정리

㉮ 동축 케이블은 매 회선당 절연시험, 감쇄량, 노이즈(Noise) 혼입 측정을 하며, 제어 케이블은 평형도 측정을 추가함

㉯ 케이블 정리는 각종 케이블의 단자 및 커넥터의 납땜 및 부착상태 등을 점검

③ 시스템 시험

㉮ 본 시험품은 정비대상 기기와 Sensor를 기준하였으며, 각 System의 특성 옵션(자동문과 또는 보안 경비회사와 연동 등)에 따라 본 품의 20%씩 증감 조정 적용

㉯ 유지보수의 기본이 되는 기능시험 및 연결시험은 시험지침에 의거, 정비작업 기간 중 계속되어야 하는 작업으로서 작업의 진행에 따라 초기시험, 중간시험, 최종시험으로 구분 시행하고 발견된 고장은 즉시 수리 · 완료하여야 함

○ 초기시험 : 정비작업 전 정확한 상태파악을 위하여 국부적으로 시행하는 기능 시험

○ 중간시험 : 정비 기간 중 부분적으로 정비작업을 위하여 기능시험과 측정장비를 이용하여 동작상태를 분석하고 전기적 측정을 겸하는 시험

○ 최종시험 : 초기시험 및 중간시험의 과정을 거쳐 정비작업의 완료단계로 모든 기능시험과 전기적측정에서 만족한 수준에 이르도록 반복 시행하는 각종 동작 및 기능시험

④ 카메라(Mechanical Focus조정, ALC조정 포함). Pre-세트 Position 기능은 120%

⑤ 모니터(1차 Patern 테스트, 2차 표준 카메라를 연결하여 테스트)

⑥ 각종 Controller

○ Video Auto Selector(Time내장), Time 및 ID Generator, Power 및 VCR Controller, Alarm In/Out 유니트, Ground Loop Corrector, Time Base Corrector, Quad Spliter, Multiplexer, Controller Keyboard, Camera controller 등은 동일품 적용(단, Matrix 및 CPU점검은 1CH 증가시 본 품의 60% 가산)

⑦ DVR품에는 내부청소 및 프로그램 점검품 포함

⑧ 본 품은 동일 건물구내를 기준으로 하였으며, 옥외에 설치된 기기나 Sensor는 설치수량에 따라 시험품에 10%씩 가산하고, 범위가 광범위하여 차량에 의존할 때는 운행거리에 따른 손료 및 경비를 별도 가산하며, 건물 외벽 및 Pole에 설치된 기기의 점검은 품셈 적용기준의 할증에 따른다.

5-47-2 교통신호 시스템 정기점검

가) 차량자동인식장치(AVI:Automatic Vehicle Identification)

구 분	공 정 별		단위	전기공사 산업기사	내선전공	S/W시험사
제어부	서브랙	메인 컨트롤러	모듈	0.25	0.04	0.29
		루프검지기 유니트	〃	0.23	-	0.23
카메라부	제어기		대	0.21	0.19	-
	조명장치		대	-	0.19	-
	카메라 컨트롤러		개	0.17	0.17	-
종합시험			식	-	0.47	0.21

[해 설]

① 메인컨트롤러는 촬영 영상에 대한 번호판 인식 및 분석상태, 케이블 커넥터 · 전면 LED · 보드 청결 상태, DC 전원부 등 점검품 포함

② 루프검지기 유니트는 차량의 속도 · 점유율 · 차량의 길이 판별상태, 케이블 커넥터 · 전면 LED · 보드 청결 상태 등을 점검하는 것으로 2개의 루프코일 점검품 기준, 4개일 경우는 본 품의 180% 가산

③ 제어기는 팬(FAN) · 히터(Heater) · 온도센서 · Door Open 센서 동작 상태, 전원공급, 케이블 연결상태 등의 점검품 포함

④ DUS, HUN, 센터 서버는 통신품셈 "13-8-1 네트워크 장비 점검" 적용

⑤ 카메라, 렌즈, 하우징, Pan/Tilt, 카메라 컨트롤러는"5-47-1 CCTV 시스템 정기점검" 적용

⑥ 종합시험은 센터에서 현장설비의 원격제어 시험과 제어부 함체의 내부청결상태, 부착 · 잠금장치 상태, 방수 · 방진상태, 먼지 여과기 작동 상태 등의 점검품 포함

나) 차량 검지 시스템(VDS : Vehicle Detection system)

구 분	공 정 별	단위	전기공사 산업기사	내선전공	S/W시험사
서브랙	메인 컨트롤러	모듈	0.31	0.04	0.27
	루프검지기 유니트	〃	0.23	-	0.23
제어기		대	0.21	0.19	-
종합시험		식	-	0.47	0.15

[해 설]

① 메인컨트롤러는 차량검지기에서 검지된 모든 정보와 전원장치 상태 등을 데이터로 저장하여 제어하는 주장치로 케이블 커넥터 · 전면 LED · 보드 청결 상태, DC 전원부 등 점검품 포함

② 루프검지기 유니트는 차량의 속도 · 점유율 · 차량의 길이 판별상태, 케이블 커넥터 · 전면 LED · 보드 청결 상태 등을 점검하는 것으로 2개의 루프코일 점검품 기준, 4개일 경우는 본 품의 180% 가산

③ 제어기는 팬(FAN) · 히터(Heater) · 온도센서 · Door Open 센서 동작 상태, 전원공급, 케이블 연결상태 등의 점검품 포함

④ DUS, 센터 서버는 통신품셈 "13-8-1 네트워크 장비 점검" 적용

⑤ 종합시험은 센터에서 현장설비의 원격제어 시험과 제어부 함체의 내부청결상태, 부착 · 잠금장치 상태, 방수 · 방진상태, 먼지 여과기 작동 상태 등의 점검품 포함

다) 전자 교통신호 제어기

구분	공 정 별	단위	전기공사 산업기사	내선 전공	CPU 시험사	S/W 시험사	H/W 시험사
제어부	주제어장치(CPU)	모듈	-	0.25	0.19	-	-
	사용자 인터페이스(MMI)	〃	-	0.25	-	-	0.19
	루프검지기 유니트	〃	0.23	-	-	0.23	-
구동부	신호제어기(SCU)	모듈	0.13	0.06	-	-	-
	점멸장치 유니트	〃	0.10	0.04	-	-	-
	신호구동기(LSU)	〃	0.13	0.06	-	-	-
수동조작기		대	0.19	-	-	-	-
종합시험		식	-	0.49	-	0.19	-

[해 설]

① 주제어장치(CPU)는 루프검지기로부터 수집된 데이터를 센터로 보내고, 센터에서는 받은 데이터를 분석한 후 교차로의 신호등을 제어하는 장비로 노트북을 연결하여 데이터 송 · 수신 상태 및 LED점멸 상태, DC전원부 등 점검품 포함

② 사용자 인터페이스(MMI : Man-Machine Interface)는 키패드를 조작하여 LCD화면을 통해 신호제어 상태 및 전면 LED상태 등 점검품 포함

③ 루프검지기 유니트는 차량의 속도 · 점유율 · 차량의 길이 판별상태, 케이블 커넥터 · 전면 LED · 보드 청결 상태 등을 점검하는 것으로 2개의 루프코일 점검품 기준, 4개일 경우는 본 품의 180% 가산
④ 신호제어기(SCU : Signal Control Unit)는 신호등의 점등상태 및 입력전압의 이상상태를 검지하여 제어부로 보내고, 제어부로부터 출력신호를 받아서 신호등의 구동 · 제어상태 점검품 포함
⑤ 점멸장치 유니트는 제어부의 명령을 받아 전원공급, 이상신호 발생 시 신호등 점멸 상태 점검품 포함
⑥ 신호구동기(LSU : Load Switch Unit)는 신호등에 공급되는 전력을 제어하고, 신호등 점멸을 나타내는 LED 상태 점검품 포함
⑦ 모뎀은 통신품셈 "13-8-1 네트워크 장비 점검" 적용
⑧ 종합시험은 센터에서 현장설비의 원격제어 시험과 제어부 함체의 내부청결상태, 부착 · 잠금장치 상태, 방수 · 방진상태, 먼지 여과기 작동 상태 등의 점검품 포함

라) 가변정보 표지판(VMS : Variable Message Sign)

공 정 별		단위	전기공사 산업기사	내선 전공	S/W 시험사	H/W 시험사	광통신 설치사
전광판	문 자 식	대	0.13	0.15	-	-	-
	도 형 식	〃	0.15	0.18	-	-	-
	동 영 상	〃	0.20	0.24	-	-	-
LED 출력 모듈	3단 10열	대	0.17	0.10	-	-	-
	2단 10열	〃	0.13	0.08	-	-	-
제 어 기		대	0.21	0.19	-	-	-
전광판 제어 컴퓨터		〃	-	-	0.27	0.19	-
LED구동 전원장치		〃	0.15	0.08	-	-	-
광 다중화 장치		〃	-	0.17	-	-	0.25
종 합 시 험		식	-	0.36	0.21	-	-

[해 설]
① 제어기는 팬(FAN) · 히터(Heater) · 온도센서 · Door Open 센서 동작 상태, 전원공급, 케이블 연결상태 등의 점검품 포함
② LED구동 전원장치는 LED출력모듈의 전원공급 상태를 점검하는 공정임

③ 모뎀, DSU, 서버, 허브는 통신품셈 "13-8-1 네트워크 장비 점검" 적용
④ 종합시험은 센터에서 현장설비의 원격제어 시험과 제어부 함체의 내부청결상태, 부착·잠금장치 상태, 방수·방진상태, 먼지 여과기 작동 상태 등의 점검품 포함

5-48 홈네트워크 및 홈오토메이션 신설

가. 홈네트워크 신설

(1) 홈서버(Home Server) 설치

공 정 별	단위	전기공사산업기사	내선전공	S/W 시험사
기기매입박스 점검 및 선로 기능시험	개소	-	0.50	-
홈 서 버 설 치	식	-	0.32	-
터미널보드 설치 및 결선	개소	-	0.68	-
IP 입력 및 기기 세팅	대	0.10	-	-
장치별 기능 및 종합시험	세대	0.73	1.04	0.60

[해 설]

① 홈서버는 세대내 홈게이트웨이(Home Gateway) 기능을 수행하는 홈네트워크 기기로써, 세대현관 지문인식기/현관공동기/경비실기/세대 터치스크린/무선 Home Pad의 voIP 통화기능, 지문인식기 기능, 비상전원 공급기능, Remote 소프트웨어(S/W) 다운로드 및 업그레이드 기능 등을 처리하는 기기를 말함
② 선로 기능시험에는 다음 공정이 포함되어 있음
○ 기기매입박스내 선로 입선상태 확인 ○ 배선 입선작업 완료후 선로 테스트
○ 건축 천장마감 완료후 선로 테스트 ○ 본체 설치후 결선작업전 선로 테스트
③ 홈서버 설치는 Base Plate 및 아탑터 설치 포함
④ 터미널보드 설치 및 결선은 세대내 홈네트워크 기기간 단자결선과 세대/공용부 기기와 세대 ACU간 결선 포함
⑤ 장치별 기능 및 종합시험은 세대내 게이트웨이(Gateway) 기능 테스트, 세대현관 지문인식기/현관공동기/경비실기/세대 터치스크린/무선 Home Pad의 VoIP 통화기능 테스트, 지문 인식기 기능 테스트(RS422 통신), 비상전원 공급 기능 테스트, Remote S/W 다운로드 및 업그레이드 등의 기능시험과 Local Server 연동 테스트, Gate Keeper Server 연동 테스트, 통합단지관리 Server 연동 테스트, 원격검침/주차관

제 Server 연동 테스트 등의 종합시험 포함

⑥ 장치별 기능 및 종합시험 중 원격검침 또는 주차관제 기능이 없는 경우의 시험은 본 품의 80%

(2) 세대 월패드(Wall PAD) 설치

공 정 별	단위	전기공사 산업기사	내선전공	S/W 시험사
기기매입박스 점검 및 선로기능시험	개소	-	0.5	-
터치스크린 설치	식	-	0.32	-
터미널보드 설치 및 결선	개소	-	0.68	-
IP 입력 및 기기 세팅	대	0.06	-	-
장치별 기능 및 종합시험	세대	0.50	0.88	0.19

[해 설]

① 세대 월패드(Wall PAD)는 일반전화/세대간/경비실 통화기능, 세대현관/Lobby(현관공동기) 방문객 영상확인 및 통화기능, 세대현관/Lobby(현관공동기) 출입문 제어기능, 세대내 방범 및 비상통보 기능, Home Server를 통한 프로그램 다운로드 기능 등을 가진 기기를 말함

② 선로 기능시험에는 다음 공정이 포함되어 있음
  ○ 기기매입박스내 선로 입선상태 확인
  ○ 배선 입선작업 완료후 선로 테스트
  ○ 건축 천장마감 완료후 선로 테스트
  ○ 본체 설치후 결선작업전 선로 테스트

③ 세대 월패드(Wall PAD) 설치는 Base Plate 및 아답터 설치 포함

④ 터미널보드 설치 및 결선은 AC전원과 비상전원 결선, 세대/공용부기기 · 출입통제 관련 결선, 네트워크 LAN Port 결선 포함

⑤ 장치별 기능 및 종합시험은 일반전화/세대간/경비실 통화기능 테스트, 세대현관/Lobby(현관공동기) 방문객 영상확인 및 통화기능 테스트, 세대현관/Lobby(현관공동기) 출입문제어기능 테스트, 세대내 방범 및 비상통보 기능 테스트, Home Server통한 프로그램 다운로드 등의 기능시험과 인터넷 서비스 기능 테스트, 시설관리/편의시설/통합과금 관련정보의 통합단지관리 서버와 연동 테스트, 세대내 전기/가스/수도 검침량 관련정보의 원격검침 서버와 연동 테스트, 세대 내 차량통보 관련정보의 주차관제 서버와 연동 테스트 등의 종합시험 포함

⑥ 장치별 기능 및 종합시험 중 원격검침 또는 주차관제 기능이 없는 경우의 시험은 이 품의 80%
⑦ 세대 월패드(Wall PAD) 추가 설치 시는 이 품의 80%

(3) 무선 홈패드(Home PAD) 설치

공 정 별	단위	전기공사 산업기사	내선전공	S/W시험사
무선 Home PAD 설치	식	-	0.1	-
IP 입력 및 기기 세팅	대	0.10	-	-
Configuration 작업	〃	0.06	-	-
장치별 기능 및 종합시험	세대	0.50	1.5	0.19

[해 설]

① 무선 Home PAD는 일반전화/세대간/경비실 통화기능, 세대현관/Lobby(현관공동기) 방문객 영상확인 및 통화기능, 세대현관/Lobby(현관공동기) 출입문 제어기능, 세대내 방범 및 비상통보 기능, Home Server통한 프로그램 다운로드 등의 기능을 가진 기기를 말함
② 무선 Home PAD설치는 무선 Home PAD본체와 Access Point 모두 포함
③ IP입력 및 기기 세팅은 홈서버와 자체 IP 입력, 게이트웨이(Gateway)/서브넷마스크/DNS입력, Local 서버 IP와 동/호수 정보 입력 포함
④ Configuration 작업은 본체 및 Access Point 무선 네트워크 동기화 작업 포함
⑤ 장치별 기능 및 종합기능은 일반전화/세대간/경비실 통화기능 테스트, 세대현관 동기) 출입문제어기능 테스트, 세대내 방범 및 비상통보 기능테스트, Home Server통한 프로그램 다운로드 등의 기능시험과 인터넷서비스 기능 테스트, 시설관리/편의시설/통합과금 관련정보의 통합단지관리 서버와 연동 테스트, 세대내 전기/가스/수도 검침량 관련정보의 원격검침 서버와 연동 테스트, 세대내 차량통보 관련정보의 주차관제 서버와 연동 테스트 등의 종합시험 포함
⑥ 장치별 기능 및 종합시험 중 원격검침 또는 주차관제 기능이 없는 경우의 시험은 이 품의 80%
⑦ 무선 Home PAD 추가 설치 시는 이 품의 80%

(4) 세대 지문인식기 설치

공 정 별	단위	전기공사산업기사	내선전공
세대 지문인식기 설치	식	-	0.20
선로 테스트 및 결선	개소	-	0.72
장치별 기능 및 종합시험	세대	0.30	0.63
지 문 등 록	세대	0.13	0.19

[해 설]

① 세대 지문인식기는 문열림 기능이 지문인식, ID + 지문인식, ID + 패스워드, 패스워드 + Key, 정전시 Key 열림 기능 등을 가진 기기를 말함

② 지문인식기 설치는 지문인식기 본체 설치 · 플레이트 부착 포함

③ 선로 테스트 및 결선은 홈서버 연결선로 테스트와 결선, 전기정 도어락 연결선로 테스트와 결선 포함

④ 장치별 기능 및 종합시험은 문열림 기능(지문인식, ID + 지문인식, ID + 패스워드, 패스워드 + Key, 정전시 Key 열림) 테스트 등의 기능시험과 외출설정 기능 연동 테스트, 전기정 도어락 강제 해체시 비상통보기능 연동 테스트, 세대 입주민 지문등록 완료후 테스트 등의 종합시험 포함

⑤ 지문등록은 지문인식기에 세대 거주하는 인원에 대한 지문을 등록하는 과정으로, 세대 입주민 지문등록과 주요 기능에 대한 설명도 포함

(5) 세대 전기정 도어락 설치

공 정 별	단위	전기공사산업기사	내선전공
출 입 문 타 공	개소	-	0.30
세대 전기정 도어락 설치 및 힌지 고정	식	-	0.32
선 로 테 스 트 및 결 선	개소	-	0.62
장 치 별 기 능 및 종 합 시 험	세대	0.15	0.15

[해 설]

① 세대 전기정 도어락은 방범확인(강제해체 및 침입) 기능, 도어락 시건 확인 기능, 도어락 강제 해체시 비상통보 기능, 터치스크린/홈패드 기기와 연동되는

기능을 가진 기기를 말함
② 출입문 타공은 출입문 타공과 선로입선상태 확인 포함
③ 선로 테스트 및 결선시 전기정 도어락과 힌지 선로 테스트 및 결선 포함
④ 장치별 기능 및 종합시험은 방범확인기능(강제해체 및 침입) 테스트, 도어락 시건 확인, 도어락 강제 해체시 비상통보기능 · 연동 테스트, 터치스크린/무선 Home PAD와 연동 테스트 포함

(6) 무선 수신기(세대 비상용) 설치

공 정 별	단위	전기공사산업기사	내선전공
무 선 수 신 기 설 치	식	-	0.32
선 로 테 스 트 및 결 선	개소	-	0.58
장치별 기능 및 종합시험	세대	0.13	0.45

[해 설]
① 무선 수신기는 비상/구급 버턴 단방향 무선통신 기능, 정상동작 여부확인 LED 기능, 비상/구급버턴 조작에 의한 등록/확인/삭제 기능 등을 가진 기기를 말함
② 선로 테스트 및 결선시 선로 입선상태 확인 포함
③ 무선 수신기 설치는 세대내 신발장 상부설치(눈에 잘 안 보이는 곳) 기준
④ 장치별 기능 및 종합시험은 세대내 방별 비상기능 테스트 등의 기능시험과 비상/구급버턴 연동 테스트는 비상/구급 버턴 단방향 무선통신 테스트, 정상동작 여부확인 LED 기능 테스트, 비상/구급버턴 조작에 의한 등록/확인/삭제 기능 테스트 등의 종합시험 포함

(7) 현관공동기(벽부형) 설치

공 정 별	단위	전기공사산업기사	내선전공
기기매입박스 점검 및 선로기능시험	개소	-	0.84
현 관 공 동 기 설 치	식	-	0.26
IP 입력 및 카드리더 세팅	세대	0.19	0.19
장치별 기능 및 종합시험	〃	0.30	0.78

[해 설]

① 현관공동기는 RF 카드에 의한 출입제어기능, 세대/경비실 호출과 통화기능, 방문자 영상전송기능, 출입문 개폐제어(RF 카드, 비밀번호)기능 등을 가진 기기를 말함

② 기기매입박스 점검 및 선로기능 시험은 기기매입박스 점검과 청소, 선로 입선상태 확인, 배선 입선작업 완료후 선로 테스트, 본체 설치후 결선작업 전 선로 테스트 포함

③ 현관공동기 설치는 현관공동기 본체 설치, 아답터 및 누전차단기 설치, 카드리더 설치 포함

④ IP 입력 및 카드리더 세팅은 IP입력과 세팅, 카드리더 세팅, 카드입력(세대입주자 정보 입력) 포함

⑤ 장치별 기능 및 종합시험은 RF 카드에 의한 출입제어 기능 테스트, 세대/경비실 호출 및 통화기능 테스트, 방문자 영상전송기능 테스트, 출입문 개폐제어(RF 카드, 비밀번호)기능 테스트 포함

⑥ 현관공동기(벽부형) 추가 설치 시는 이 품의 80%

(8) 경비실내 설치

공 정 별	단위	전기공사산업기사	내선전공
기기매입박스 점검 및 선로기능시험	개소	-	0.64
경 비 실 기 설 치	식	-	0.12
터미널보드 설치 및 결선	개소	-	0.46
IP 입력 및 기기 세팅	세대	0.10	-
장치별 기능 및 종합시험	〃	0.25	0.7

[해 설]

① 경비실기는 세대호출 및 음성통화(경비실 → 현관공동기, 경비실 → 세대간) 기능, 현관공동기 문열림 기능, 방재실 및 경비실간 상호 호출기능, 세대내 방범/방재 발생 시 호출 기능, 원격 모니터링(단지 영상서버와 연동)기능, VoIP 통신기능 등을 가진 기기를 말함

② 기기매입박스 점검 및 선로기능 시험은 기기매입박스 점검과 청소, 선로 입선상태 확인, 배선 입선작업 완료후 선로 테스트, 본체 설치 후 결선작업 전 선로 테스트 포함

③ 경비실기 설치는 경비실기 본체 설치, 브래킷 및 아답터 설치 포함

④ 터미널보드 설치 및 결선은 AC전원과 비상전원 결선, 세대/공용부 출입통제 관련 결선, 네트워크 랜 Port 결선 포함

⑤ 장치별 기능 및 종합시험은 세대호출 및 음성통화 기능(경비실 → 공동현관기, 경비실 → 세대간) 테스트, 공동현관기 문열림 기능 테스트, 방재실 및 경비실간 상호 호출기능 테스트, 세대내 방범/방재 발생 시 호출 기능 테스트 등의 기능시험과 원격 모니터링(단지 영상서버와 연동)기능 테스트, VoIP 통신기능 테스트, 세대 비상통보기능 테스트 등의 종합시험 포함

⑥ 경비실기 추가 설치 시는 이 품의 80% 적용

나. 홈오토메이션 신설

(1) 주방 TV 설치

공 정 별	단위	전기공사산업기사	내선전공
커 넥 터 부 착	개소	0.15	0.15
부 착 용 구 멍 타 공	〃	0.17	0.17
주 방 T V 설 치	식	0.05	0.05
시 험 (T e s t)	세대	0.04	0.04
방 음 코 킹 작 업	개소	-	0.03

[해 설]

① 주방 TV본체는 기본적인 TV기능에 라디오기능, 인터폰 기능을 포함한 것을 말함

② 커넥터 부착은 기능별 사용되는 선로구분과 선로 이상유무 확인작업(Line

Test) 및 커넥터별 부착작업 포함

③ 부착용 구멍 타공은 구멍 위치 표시, 구멍 뚫기, 구멍 주변미장 및 청소 포함

④ 본체 설치는 주방TV 고정용 비스 조임 작업, 인터폰 커넥터, 동축케이블 커넥터, 전원코드 연결작업 포함

⑤ 시험(Test)은 TV 채널별 수신상태, 라디오 채널별 수신상태, 인터폰 통화상태 등을 점검하고 조정하는 작업 포함

⑥ 방음 코킹 작업은 작업마무리 후 인접세대간 방음을 위한 마무리 처리 공정임

(2) 주방 라디오 설치

공 정 별	단위	내선전공
부착용 구멍 타공	개소	0.17
주방 라디오 설치	식	0.05
시험(Test)	세대	0.02
방음 코킹 작업	개소	0.03

[해 설]

주방 라디오는 기본 기능인 라디오 기능과 전화수신 기능을 포함하는 것을 말함

① 부착용 구멍 타공은 구멍 위치 표시, 구멍 뚫기, 구멍 주변미장 및 청소 포함

② 본체 설치는 주방라디오 고정용 비스 조임 작업, 안테나선 연결, 전원코드 연결작업 포함

③ 시험(Test)은 라디오 채널별 수신상태, 전화 수신상태를 점검하고 조정하는 작업 포함

④ 방음 코킹 작업은 작업마무리후 인접세대간 방음을 위한 마무리 처리 공정임

(3) 화장실용 비상콜 설치

공 정 별	단위	내선전공
화장실용 비상콜 설치	식	0.14
시험(Test)	세대	0.04

[해 설]

① 비상콜 설치는 접속용 케이블 탈피, 케이블 결선 및 커넥터 처리 포함

② 시험(Test)은 화장실용 비상콜 자체 시험 및 동작상태를 확인하는 과정 포함

(4) 세대 스피커 설치

공 정 별	단위	내선전공
세 대 스 피 커 설 치	개	0.13
시 험 (T e s t)	세대	0.03

[해 설]

① 세대 스피커 설치는 접속용 케이블 탈피, 케이블 결선 및 커넥터 처리 포함

② 시험(Test)은 세대 스피커 자체 시험 및 동작상태를 확인하는 과정 포함

(5) 스피커 Outlet 설치

공 정 별	단위	내선전공
스 피 커 O u t l e t 설 치	개	0.15
시 험 (T e s t)	세대	0.03

[해 설]

① 스피커 Outlet 설치는 접속용 케이블 탈피, 케이블 결선 포함

② 시험(Test)은 테스터기를 이용한 케이블 상태확인 처리

5-49 객실관리 시스템 신설

가. 중앙 제어 시스템

공 정 별		단위	전기공사 산업기사	저압 케이블전공	내선전공
키보관 및 객실 현황판 (Key Rack)	설 치	대	-	0.29	0.27
	시 험	식	1.06	-	1.04
중앙현황판 (Centrol Indicator Panel)	설 치	대	-	0.17	0.15
	시 험	식	1.06	-	1.06
층중계기 (Floor Transmit Controller)	설 치	대	-	0.17	0.15
	시 험	식	0.23	-	0.21
데이터 전송 제어기 (Data Transmit Controller)		대	0.04	0.17	0.16
종 합 시 험		식	2.15	-	2.08

[해 설]

① 키보관 및 객실현황판, 중앙현황판(Central Indicator Panel), 종합시험은 50객실 기준품이며, 100객실 이하는 180%, 150객실 이하는 260%, 추가 50객실마다 80% 가산

② 층마다 설치되는 층중계기(Floor Indicator Panel)는 20객실 이하 기준이며, 40개 이하는 180% 적용, 20개 객실 추가마다 80% 가산

③ 종합시험은 중앙컴퓨터에서 각 장비별 운영상태, 객실별 상황(온도, 조명, 상태등)을 원격제어 시험 공정임

나. 객실 내 시스템

공 정 별		단 위	전기공사 산업기사	저 압 케이블전공	내선 전공
객실제어기 (Control Box)	주 장 치 부 착	대	0.42	-	0.38
	컨트롤 보드 및 단자대 부착	세트	-	-	0.04
	케이블 선번 확인 및 결선작업	〃	-	0.31	-
단말기(Night Table)		대	-	-	0.10
각종 부대장치		개	-	-	0.08
종합시험		식	0.11	-	0.07

[해 설]

① 객실제어기 함체는 매입 기준이며, 노출은 80% 적용

② 각종 부대장치는 객실 키홀더(Key Detector), 입구 표시기(Indicator), 온도 조절 스위치, 라이트 조절 스위치 설치품임

③ 종합시험은 객실내 객실제어기와 각종 부대장치간의 제어 및 동작상태를 시험하는 공정임

5-50 전력선통신(PLC:Power Line Communication) 설비 신설

공 정 별				단위	전기공사 산업기사	내선 전공	H/W 시험사	S/W 시험사	보통 인부
전력선 통신 전송 장치	주장치			대	-	-	0.40	0.40	-
	자장치	외장형	시험포함	〃	-	-	0.23	0.38	-
			시험불포함	개소	-	0.05	-	-	-
		내장	시험포함 (현장작업)	〃	-	-	0.07	0.07	-

	형	시험불포함 (현장작업)	〃	-	0.04	-	-	-
	형	시험불포함 (창고작업)	10대	-	0.06	-	-	-
	무선내장형		대	-	0.04	-	0.02	-
	무선외장형		〃	-	0.04	-	0.02	-
전력선통신망관리장치			〃	-	0.20	-	-	0.24
전력선 결합장치	저압(1kV 이하)		〃	-	0.19	-	-	-
전력선 결합장치	고압(1kV 초과 7kV 미만)		〃	0.22	-	-	-	0.36
보호장치			〃	-	0.50	-	-	-
전송장치용 외부함체			〃	-	0.21	-	-	0.13

[해 설]

① 전력선통신 전송장치 주장치 설치 시 자장치 20대이상 연결하는 경우는 이 품의 150% 적용
② 신호중계장치(리피터)설치는 전력선통신 전송장치 자장치품을 적용하고, 신호차단장치(블로킹필터) 설치는 전력선 결합장치품 적용
③ 철거 50%, 재사용 철거 80%
④ 자장치 중 내장형은 전자식전력량계 삽입형 모뎀 설치 공정으로, 계기집합판넬에 2대 설치 시 본 품의 180%, 3대 초과 시 초과 1대당 80% 가산
⑤ 외장형 자장치의 분기케이블 1개 시설 시 본 품의 50% 가산
⑥ 내장형 자장치의 창고작업 시 모뎀 전기공급 시험을 하는 경우에는 본 품의 10%를 가산

5-51 가로등 누전회로 탐사 (참고품)

작 업 명	단 위	전기공사기사	저압케이블전공
탐지장비 설치 및 테스트	회수	0.30	0.48
누전회로 탐사	개소	0.30	0.45

[해 설]

① 작업단위의 회수는 탐지장비 설치 및 테스트를 하는 작업횟수이며, 개소는 탐사구간 내의 누전 개소임
② 누전지점 굴착은 별도 계상

5-52 음향 및 영상설비 신 · 증설(참고품)

가. 케이블 설치 및 커넥터 접속

구 분	공 정 별	규 격	단 위	저 압 케이블전공	내선전공
케이블 설치	Triaxial 케이블	12.95㎜	10m	0.23	-
	스피커 케이블	5.6㎟-4C 이하	〃	-	0.15
		14.2㎟-4C 이하	〃	0.18	-
		멀티 2.0㎟-16C	〃	0.23	-
	마이크 케이블	2심실드 6.0㎜ 이하	〃	0.23	-
		멀티실드 12CH 이하	〃	0.32	-
		멀티실드 32CH 이하	〃	0.45	-
커넥터 접 속	Triaxial 커넥터	-	10개	-	1.70
	RCA, Phone 커넥터	-	〃	-	0.20
	XLR 커넥터	-	〃	-	0.40
	D-SUB 커넥터	15Pin 이하	〃	-	0.70

[해 설]

① 비디오케이블(동축 5C-10C까지) 설치는 정보통신 표준품셈 준용

② 케이블 설치는 바닥 트레이 기준, 옥내배관(플로어덕트 포함) 및 4m 이하 벽에 설치 시는 이 품의 110% 적용

③ Triaxial케이블 설치품은 12.95㎜ 기준으로 12.95㎜ 초과는 이 품의 130% 적용

④ D-SUB커넥터 16Pin이상 30Pin까지는 이 품의 130%, 31Pin이상 50Pin까지는 이 품의 160% 적용

나. 기기신설

공 정 별		설 치				점검
		H/W설치사	전기공사산업기사	내선전공	보통인부	전기공사산업기사
Stabilizing Amp		-	0.50	0.80	0.50	0.60
Limiting Amp		-	0.20	0.50	0.30	0.40
Power Amp	300W이상	-	0.46	0.63	0.63	-
	300W미만	-	0.24	0.48	0.48	-
Audio Distribution Amp		-	0.20	0.40	0.20	0.40
Video Distribution Amp		-	0.20	0.40	0.20	0.40
Line Distribution Amp		-	0.20	0.40	0.20	0.40
Phase Equalizer		-	0.30	0.60	0.30	0.50
Audimax		-	0.20	0.50	0.30	0.40
Volumax		-	0.20	0.50	0.30	0.40
Audio Demodulator		-	0.40	0.50	0.30	0.50
Visual Demodulator		-	0.80	0.50	0.50	0.60
Stereo Demodulator		-	0.30	0.80	0.40	0.40
SCA Demodulator		-	0.20	0.50	0.30	0.40
Wave for Monitor		-	0.30	0.50	0.30	0.60
Utility Monitor		-	0.30	0.50	0.30	0.50
Modulation Monitor		-	0.20	0.50	0.30	0.40
Frequency Monitor		-	0.20	0.50	0.30	0.40
Precision Monitor		-	0.42	0.71	0.71	0.35
TV 수상기 (Video Monitor)	14"이하	-	0.11	0.14	-	-
	21"이하	-	0.19	0.23	-	-
	32"이하	-	0.24	0.30	-	-
	33"이상	-	0.30	0.37	-	-
Switcher		-	1.00	1.50	0.60	0.50
Stereo Generator		-	0.30	0.80	0.40	0.40
SCA Generator		-	0.20	0.50	0.30	0.40
Beam Projector		-	0.80	1.00	1.00	0.60
Multi Remote Controller (A/V통합제어)	터치스크린 세트	0.9	-	0.90	0.90	-
	Multi Control 유니트	-	-	0.70	-	-
	통신 Module	-	-	0.30	-	-
	IR Out Module	-	-	0.17	-	-
	접점 Module	-	-	0.16	-	-
Multi Remote Controller (A/V통합제어)	조명제어 Module	-	-	0.05	-	-
	Volume제어 Module	-	-	0.20	-	-
	Camera제어 Module	-	-	0.20	-	-
영 사 기		-	4.00	1.50	2.00	1.00
동시통역 시스템 (적외선방식)	Control 유니트	2.42	-	0.42	-	1.42
	회의자용마이크(데이타방식)	-	-	0.01	-	0.03
	통역자 유니트	0.8	-	-	-	0.80
	Radiator 유니트	0.26	-	0.26	-	-
화상회의 시스템	CODEC	1.4	0.20	-	-	0.30
	C.S.U	-	0.05	-	-	0.07
	M.C.U	0.4	-	-	-	-

공정별		조정			시험 및 측정			
		통신관련 기사	전기공사 산업기사	내선 전공	S/W 시험사	H/W 시험사	전기공사 기사	전기공사 산업기사
Stabilizing Amp		3.00	1.00	-	-	-	2.00	1.00
Limiting Amp		0.30	0.50	0.10	-	-	0.50	1.00
Power Amp	300W이상	0.40	0.33	-	-	-	0.65	0.52
	300W미만	0.32	0.26	-	-	-	0.52	0.42
Audio Distribution Amp		0.30	0.40	-	-	-	0.50	1.00
Video Distribution Amp		0.80	0.50	-	-	-	0.80	1.20
Line Distribution Amp		1.00	0.50	-	-	-	0.80	1.20
Phase Equalizer		2.00	1.00	-	-	-	2.00	1.00
Audimax		0.30	0.50	-	-	-	0.50	1.00
Volumax		0.30	0.50	-	-	-	0.50	-
Audio Demodulator		0.40	0.60	-	-	-	0.80	1.00
Visual Demodulator		1.50	1.00	-	-	-	1.00	1.50
Stereo Demodulator		0.40	0.60	-	-	-	0.80	1.00
SCA Demodulator		0.30	0.50	-	-	-	0.50	0.80
Wave for Monitor		1.00	1.00	-	-	-	1.00	1.50
Utility Monitor		0.50	0.80	-	-	-	0.40	0.80
Modulation Monitor		0.40	0.60	-	-	-	0.60	0.80
Frequency Monitor		0.40	0.60	-	-	-	0.60	0.80
Precision Monitor		1.05	0.98	-	-	-	1.26	1.19
TV 수상기 (Video Monitor)	14"이하	-	0.09	0.11	-	-	-	0.08
	21"이하	-	0.15	0.19	-	-	-	0.13
	32"이하	-	0.19	0.24	-	-	-	0.16
	33"이상	-	0.23	0.30	-	-	-	0.20
Switcher		-	-	-	-	-	1.00	1.00
Stereo Generator		0.40	0.60	-	-	-	0.80	1.00
SCA Generator		0.30	0.50	-	-	-	0.50	0.80
Beam Projector		1.00	1.00	-	-	-	1.00	1.60
Multi Remote Controller (A/V통합 제어)	터치스크린 세트	0.90	-	-	1.80	1.80	-	-
	Multi Control 유니트	0.70	-	-	1.40	-	-	-
	통신 Module	0.30	-	-	0.30	-	-	-
	IR Out Module	0.17	-	-	0.17	-	-	-
	접점 Module	0.16	-	-	0.16	-	-	-
Multi Remote Controller (A/V통합 제어)	조명제어 Module	0.05	-	-	0.10	-	-	-
	Volume제어 Module	0.20	-	-	0.20	-	-	-
	Camera제어 Module	0.20	-	-	0.20	-	-	-
영 사 기		3.00	1.00	0.50	-	-	3.00	-
동시통역 시 스 템 (적외선방식)	Control 유니트	-	1.00	2.00	4.85	2.42	-	-
	회의자용마이크(데이타방식)	-	-	0.02	-	-	-	-
	통역자 유니트	-	-	0.80	1.60	0.80	-	-
	Radiator 유니트	0.53	0.26	-	-	0.26	-	-
화상회의 시 스 템	CODEC	-	0.70	-	2.80	1.40	-	0.20
	C.S.U	-	0.08	-	0.40	-	-	-
	M.C.U	0.40	0.40	-	0.80	-	-	-

[해 설]

① Program Amp, Portable Amp등은 Limiting Amp적용
② 빔 프로젝터는 LCD형 기준이며, CRT, LVP형은 본 품의 200%를 적용
③ 터치스크린 세트에는(PC, S/W, T/S포함), Multi Control Unit (CPU, Power포함)
④ 영사기는 35mm(극장식)기준이며, 16mm는 이 품의 60% 적용
⑤ 통역자 유니트는 1대 추가 설치 시마다 이 품의 100% 적용
⑥ Radiator 유니트는 8W기준이며, 25W는 이 품의 150% 적용
⑦ 화상회의시스템은 전송부분만 해당
⑧ Power Amp는 2대 이상 동시 설치 시는 [공통적용 해설]을 적용하고, 이후 별도의 추가 단품 설치 시는 이 품의 설치 및 조정품만 적용
⑨ Precision Monitor는 방송국의 주·부조정실, 또는 영상 프로그램 제작시 기준이 되는 모니터. White Balance · Pin phase, 화면사이즈 등 조정과 Color Bar · Composite Signal · VITS 등 시험 및 측정이 포함되어 있음
⑩ PDP 및 TFT LCD 모니터는 TV수상기의 인치별 규격 준용

다. 부대시설공사

공정별		규격	단위	전기공사 산업기사	내선 전공	내장공	건축 목공	플랜트 기계설치공	보통 인부
Jack Panel(Multi포함)		-	개	0.30	0.30	-	-	-	0.30
랙 또는 Console		-	개	0.30	1.50	-	-	-	0.50
행거	고정	-	개	-	0.40	-	-	0.40	0.40
	전동	-	개	-	0.80	-	-	0.80	0.80
스크린	전동	120인치이하	대	-	2.00	4.00	-	4.00	2.00
	〃	200인치이하	〃	-	2.00	6.00	-	7.00	4.00
	〃	300인치이하	〃	-	3.00	12.00	-	14.00	8.00
	리어	80인치이하	〃	-	1.00	3.00	-	3.00	1.00
	〃	120인치이하	〃	-	1.00	4.00	-	5.00	3.00
	〃	200인치이하	〃	-	2.00	9.00	-	10.00	6.00
	고정	120인치이하	〃	-	1.00	2.00	-	2.00	1.00
	〃	200인치이하	〃	-	1.00	3.00	-	3.00	2.00
	〃	300인치이하	〃	-	2.00	6.00	-	7.00	4.00

스피커	고정	30W이하	〃	-	0.33	-	-	-	-
	〃	100W이하	〃	0.36	0.36	0.36	-	-	0.36
	전동	100W이하	〃	0.72	0.72	0.72	-	-	0.72
전동 상황판	구동부	120인치이하	〃	1.99	-	1.99	1.99	1.99	1.99
	판넬부	120인치이하	〃	-	-	0.40	0.80	0.40	0.40
Suspension Mic		1Point	〃	0.27	0.27	-	-	0.27	0.27
Wireless Ant		-	〃	0.15	0.15	-	-	-	-
무선 리시버 (Wireless Receiver)		-	대	0.60	0.43	-	-	-	-
천장타공		8인치 이하	개소	-	0.11	-	0.11	-	-

[해 설]

① 각 스크린 모두 노출형 기준이며, 매입형은 이 품의 130%, 300인치 초과 시 100인치마다 300인치 품의 30%씩 가산적용

② 스피커는 매입기준이며, 노출은 60%, 500W 미만은 125%, 500W 이상은 160% 적용

③ 천장 타공은 8인치 기준이며, 9인치 이상 15인치까지는 130%, 16인치 이상은 160% 적용

④ 전동기 신설은 "5-36 전동기 설치" 품 적용

⑤ 무선리시버(Wireless Receiver) 설치는 시험(주파수 조정, 수신감도 · 간섭 · 혼선 확인)품 포함

라. 구내 방송설비

공 정 별	단위	설 치		점검 및 조정		시험 및 측정	
		전기공사 산업기사	내선 전공	전기공사 기 사	내선 전공	전기공사 기 사	내선 전공
Power Amp Monitor	대	0.24	0.24	0.15	0.15	-	-
Radio Tuner	〃	0.24	0.24	0.13	0.13	-	-
Cas세트te Deck	〃	0.24	0.24	0.15	0.15	-	-
Chime/Siren	〃	0.24	0.24	0.13	0.13	-	-
CD Player	대	0.24	0.24	0.15	0.15	-	-
Emergency Control 유니트	〃	0.32	0.32	0.21	0.21	0.33	0.33

Emergency Switch	〃	0.45	0.45	0.26	0.26	-	-
Matrix Logic	〃	0.48	0.48	0.29	0.29	-	-
Program Exchange	〃	0.34	0.34	0.23	0.23	0.35	0.35
Pre Amplifier	〃	0.22	0.22	0.13	0.13	0.15	0.15
Auto Blower	〃	0.22	0.22	0.12	0.12	-	-
Speaker Selector	〃	0.43	0.43	0.16	0.16	-	-
Relay Group	〃	0.45	0.45	0.17	0.17	-	-
Power Distributer	〃	0.24	0.24	-	-	0.31	0.31
Auto Charger	〃	0.26	0.26	0.14	0.14	-	-
Terminal Board	〃	0.32	0.32	0.28	0.28	-	-

[해 설]

① 본 품은 배선 단자연결 및 정리포함

② Power Amplifier와 Audio Distribution Amplifier은 나항 기기신설 적용

「공통적용 해설」

① 철거시 불용은 30%(케이블은 50%), 재사용품은 80%(단 케이블을 재사용 목적으로 철거하여 드럼에 감는 경우는 90%적용)

② 각 공정 모두 동등품 2대 이상 설치 시(케이블은 동시 설치)는 1대 증가마다 1대품의 80%(2대 설치 시 180%, 3대 설치 시 260%, 4대 설치 시 340%, 5대이상 설치 시 1대당 80%씩 가산 적용)

③ 5m 이상은 고소작업 할증을 적용하고, 천장에 설치 시는 각 환경의 20%씩 가산 적용함

④ 커넥터 부착품은 통신부문 표준품셈 "4-8-1 음향 및 영상케이블"을 적용함

5-53 가로등의 국기봉 및 배너걸이 설치

(단위 : 본)

공 종 명	내선전공	장비사용시간(hr)
국 기 봉 걸 이	0.02	0.08
배 너 걸 이	0.05	0.15

[해 설]

① 세워진 가로등주에 추가하여 설치하는 기준

② 등주 재질에 관계없이 동일적용, 트럭탑재형크레인 장비사용기준

③ 등주 고정을 위한 구멍 가공이 별도 수반되는 경우 각 홀당 내선전공 0.01 별도 계상

④ 철거 50%

5-54 야생동물 퇴치용 전기울타리 설치

공 종	단 위	내선전공	보통인부
전 기 울 타 리 설 치	100m	0.773	0.773
전 기 목 책 기 설 치	EA	0.163	0.163
출 입 문 설 치	개소	0.076	0.076

[해 설]

① 전기울타리는 3선용 지주대 및 와이어, 애자, 경고표지판 등 부속재 설치 기준

② 전기목책기는 전원공급용 및 태양열용 동일 적용

③ 전기울타리(지주대, 와이어), 출입문 설치 시 2선용 80%, 4선용 140%, 5선용 180% 적용, 5선 초과 시 1선 추가 시마다 30%씩 가산

④ 전원공급용 전기목책기의 전원연결을 위한 전력케이블, 전선관 배관 설치 품 별도 계상

⑤ 접지공사는 "3-38 접지공사" 품 별도 계상

⑥ 기계장비 사용 시 별도 계상

⑦ 제초작업이 수반되는 공사는 제초작업 품 별도 계상

⑧ 잡초방제매트 설치 시 100m당 보통인부 0.3인 별도 가산

⑨ 접속, 시험 및 점검 품 포함

⑩ 철거 50%, 재사용 철거 80%

5-55 LED 옥외전광판 설치

공 종		단위	전기공사 산업기사	내선전공	S/W 시험사	H/W 시험사
LED전광판		㎡	-	1.02	-	-
제어부	운영컴퓨터	대	-	-	0.10	0.44
	신호분배기	대	-	1.40	-	-
종합시험		식	1.04	-	0.88	-
마감, 방수처리		㎡	-	0.03	-	-

[해 설]

① LED 전광판(LED모듈, 비디오 컨트롤러, 전원공급장치, 냉각팬 등으로 구성) 설치에 배선 결선 포함, 철골 구조물 설치 별도 계상

② 신호분배기 설치는 운영컴퓨터~신호분배기~비디오 컨트롤러간 케이블 설치, 광모듈 접속 등을 포함, 동종의 복수장비 설치 시 본 품의 80% 적용

③ 종합시험에는 배선 연결상태 확인, 전기공급, 영상점검(색상조정, 시운전) 작업 포함

④ 전원 케이블은"5-11 전력케이블 구내설치"적용

⑤ 기계장비 사용 시 별도 계상

⑥ 철거 50%, 재사용 철거 80%

5-55-1 로고젝터 설치

(단위 : 대)

공 종	내선전공
로 고 젝 터	0.36

[해 설]

① 30W 기준으로 전선 설치 및 결선, 작동상태 확인시험 공종 포함

② 철거 30%, 재사용 철거 80%

5-56 승강장 스크린도어(PSD : Platform Screen Door) 시스템 설치

구분	공 종 별	단위	케이블공	내선전공	특별인부	H/W 시험사
차상	조작반	대	-	0.15	-	-
	무선(RF)장치	〃	-	0.43	-	-
지상	TIP(Tray Interface Panel)	세트	0.44	0.18	-	-
	무선(RF)장치	대	-	0.27	-	-
	출입문검지 센서부	세트	-	0.17	0.17	-
	정위치검지 센서부	〃	-	0.04	0.08	-
	장애물검지 센서부	〃	-	0.08	0.08	-
	문끝끼임 방지 센서부	〃	-	0.06	0.06	-
	경보제어반	대	0.29	0.23	-	-
	개별제어반	〃	0.15	0.10	-	-
	승강장 조작반	〃	0.59	0.52	-	-
	승무원 조작반	〃	0.56	0.49	-	-
	더미부측 제어반	〃	0.15	0.08	-	-
	HMI(Human Machine Interface)	〃	0.51	0.51	-	-
	레이저거리센서	〃	0.96	0.73	-	-
	전동차 거리알림 전광판(기관사)	〃	0.93	0.93	-	-
역무실	종합제어반	〃	3.41	3.41	-	-
	조작반	〃	0.99	0.99	-	-
	경보반		0.99	0.99	-	-
	ATO(Automatic Train Operation) 시스템	식	0.27	-	-	0.38
운전·시험	조정작업	역사	2.25	2.25	4.52	-
	동작시험	〃	1.88	1.88	3.75	-
	연동시험	〃	2.63	2.63	5.25	1.13
	종합시험	〃	2.63	2.63	5.25	1.88
	성능시험	〃	8.31	8.31	16.62	-

[해 설]

① 본 품은 (반)밀폐형 PSD설치 역사 기준으로 배선 단자연결 및 정리를 포함하며, 개방형 역사의 경우 출입문검지 센서부, 정위치검지 센서부, 장애물검지

센서부 및 문끝끼임 방지 센서부 설치에 한하여 본 품의 200%를 적용함

② 열차진입 구간의 굴곡 등으로 인하여 레이저거리센서를 선로에 설치하는 경우는 본 품의 200%를 적용함

③ ATO 시스템 설치는 H/W 및 응용S/W 설치 및 세팅을 포함하며, 기타 기기 설치는 "7-1-1 네트워크"'라','마'항 준용

④ 운전·시험 품은 10량 열차 운영역사 기준이며 10량 미만인 경우 본 품의 80%를 적용함

⑤ 운전·시험

㉮ 조정작업 : (1) 각종 센서류 조정
(2) 개별제어반 ID 및 인터폰포함 조정, 방송설비 시험
(3) UPS 시험(보호회로 시험)
(4) CCTV, 승강장 HMI, 전광판, 승무원조작반 위치 조정
(5) DVR, 종합제어반 IP 및 시간동기화 조정
(6) 조작반 및 제어반 네트워크 어드레스 조정
(7) 지상(RF)장치 안테나 위치 조정
(8) 제어회로 및 구조체 절연저항, 접지저항 측정

㉯ 동작시험 : (1) 수동 개/폐, 개/폐 속도 및 가감속 시험
(2) 잠금장치 작동 및 비상도어 개/폐 시험
(3) 각종 안전장치에 대한 재개/폐 시험
(4) Configuration(각종 센서의 수용여부 등) 설정에 따른 PSD 개/폐 시험
(5) PSD도어 비상열림장치(선로측) 및 마스터키 동작 시험

㉰ 연동시험 : (1) 종합제어반에서의 수동 개/폐 동작시험, 장애발생 시험, 인터폰 동작 및 램프테스트 시험
(2) 승무원조작반에서의 수동 개/폐 동작시험, 장애발생 시험, 인터폰 동작 및 램프테스트 시험, 차량 인터록시험, 출발반응 등 표지/발차지시 등 램프동작시험
(3) 승강장조작반에서의 수동 개/폐 동작시험, 장애발생 시험, 인터폰 동

작 및 램프테스트 시험, 차량 인터록시험

(4) 역무실조작반에서의 수동 개/폐 동작시험, 장애발생 시험, 인터폰 동작 및 램프테스트 시험, 차량 인터록시험, 비상도어/선로 출입문 열림 알람 시험, 경보부저시험, 전원이상 시험(설치 시)

(5) 개별제어반의 개/폐확인, 단락스위치 조작에 의한 종합제어반의 개/폐 램프점등 여부

(6) 경보제어반의 선로출입문의 전체 및 개별 개/폐 동작시험, 경보 램프 및 부저 동작시험

㉣ 종합시험 : (1) 개/폐 연동시험(자동/수동)

(2) 도어 열림 유지 및 이상 시험

(3) 차량인터록시험, 출입문검지반시험, 전동자 정위치정차시험

(4) 승강장HMI 표시시험, 시스템 기동 및 네트워크 이중화 시험

(5) 거리표시 장치 시험, Shut Down 시험

㉤ 성능시험 : 역 내 모든 설비와의 인터페이스 기능 확인

⑥ LED 전광판(역명 표시장치) 설치는 “7-1-17 LED 옥외전광판 신설”을 준용하여 별도 적용

⑦ UPS 및 CCTV설비 설치는“5-3-2 CCTV” 및 “6-21 무정전 전원장치(UPS, CVCF) 신설” 별도 적용

⑧ 공사기간 중 투입되는 전기안선관리자, 철도운행 안전관리자, 안전신호수, 기술요원 등 인력에 대하여는 별도계상

⑨ 지세별 작업환경의 난이도에 따라“1-11 품의 할증”의 “1-11-5 위험 할증률” 및 “1-11-1 야간작업”을 별도 적용한다.

⑩ 철거(불용 30%, 재사용 80%)

5-57 승강장 스크린도어(PSD : Platform Screen Door) 시스템 정기점검

구 분	공 정 별	단위	내선전공	특별인부
구조부	도어턱 및 각종 안내문(판) 부착상태	세트	-	0.01
	PSD구조체 도장, 도어부 강화유리 및 구조물 누기상태		-	0.01
	PSD구조체 걸레받이 및 하부점검창 상태		-	0.01
도어부	슬라이딩도어 동작상태	세트	0.01	0.01
	슬라이딩도어 닫힘·폐쇄력 점검 및 도어턱과 도어간격 측정		0.02	0.02
	선로출입문 동작상태		0.02	0.02
	비상문 동작상태		0.02	0.02
	승무원출입문 동작상태		0.02	0.02
구동부	도어개폐 표시등 및 음성메세지 동작상태	세트	0.01	0.01
	구동박스 개폐 동작, 도어행거롤러, 동력장치 및 모헤어 마모상태 등		0.02	0.02
	구동모터 동작상태		0.01	0.01
	개별제어반 동작상태 및 가이드레일 장애물 유무		0.02	0.02
	잠금장치 동작상태		0.01	0.01
센서류	도어낌 방지검지 센서 동작상태	세트	0.01	0.01
	장애물검지센서 동작상태		0.01	0.01
	출입문검지센서 동작상태		0.01	0.01
	정위치검지센서 동작상태		0.01	0.01
	레이저거리센서 동작상태		0.01	0.01
	R/F(센서)장치 동작상태		0.02	0.02
	전광판 청결상태	대	0.01	0.01
	전광판 동작상태		0.01	0.01
제어 및 조작반	종합제어반 청결상태 및 기능 · 동작상태	대	0.02	0.02
	경보제어반 청결상태 및 기능 · 동작상태		0.01	0.01
	역무실조작반 기능 · 동작상태		0.01	0.01
	승강장조작반 기능 · 동작상태		0.01	0.01
	승무원조작반 청결상태 및 기능 · 동작상태		0.01	0.01
	더미부측 제어반 기능 · 동작상태		0.01	0.01

통신시설	HMI 청결상태및 기능 · 동작상태		0.01	0.01
	방송장치 기능 · 동작상태		0.01	0.01
	ATO 케이블(본선) 상태		0.02	0.02
	ATO 케이블(신호기계실) 상태		0.01	0.01
전기시설	PSD 전기설비 외관 및 각종 보호 계전기 기능 · 동작상태		0.02	0.02
	PSD 각종 설비간 접지선 연결 상태 및 저항 측정		0.04	0.04
	UPS 각종 표시램프 동작 및 계측상태		0.01	0.01
	UPS 장비 및 시설물 기능 · 동작상태		0.21	0.21
	UPS 장비 방전 시험 및 절연저항 측정		0.06	0.06
	UPS ATS 및 운전모드별 동작시험		0.03	0.03
	분전반 청결상태 및 기능 · 동작상태		0.01	0.01
소화장치	자동식소화장치 기능 · 동작상태		0.01	-

[해 설]

① 전기시설은 정전 등 전원차단 시 PSD와 각종 통신제어반·조작반들과 통신이 가능토록 하는 무정전전원장치를 포함한다.

② 사고 또는 노후, 불량 등의 원인으로 인한 시설 교체시는 철거 및 설치품을 별도 적용한다.

③ 지세별 작업환경의 난이도에 따라 "1-11 품의 할증"의"1-11-5 위험 할증률" 및"1-11-1 야간작업"을 별도 적용한다.

5-58 전기방식설비 점검 ('25년 개정)

(단위 : 개소)

공 종	내선전공
외 부 전 원 법	0.095
희 생 양 극 법	0.106

[해 설]

① 지중에 매설된 강제배관, 저장탱크 등의 전기적 부식 방지를 위해 설치한 설비에 대해 측정장치를 이용하여 전위 점검(측정) 및 전류 조절 등의 작업 기준
② 외부전원법의 경우 방식전류의 조절 및 정류기함 청소를 포함, 희생양극법의 경우 측정함(Test Box) 내부 케이블 정리 포함
③ 현장 교통정리 필요시, 개소당 외부전원법은 교통정리원 0.048인, 희생양극법은 교통정리원 0.053인 별도 계상, 필요시 현장상황에 따라 인원 추가 배치
④ 원활한 차량통행 유도를 위한 기계경비(사인보드카)는 1일 5개소 이하는 4시간, 5개소 초과는 8시간 계상

5-59 옥외 H형 주상설비 안전시설물 설치

(단위 : 개소)

구 분	배전전공	특별인부	장비사용시간(hr)
작 업 발 판	0.78	0.26	2.09
안 전 난 간	0.40	0.13	1.06
등받이 울 사다리, 안전대 부착설비	0.41	0.14	1.09

[해 설]

① 절연버킷트럭(크레인)으로 주상에 설치하고 「KESC 350.7 옥외 H형 지지물의 주상설비 시설」기준
② 전주세움, 변압기 및 ASS, LA, PF, MOF, COS 등 각종 설비 및 각종 설비의 지지금구류 설치공사는 「제4장 배전설비공사」적용
③ 울타리 설치는 건설품셈 준용
④ 철거 50%, 재사용 철거 80%

제6장 계측 및 자동제어 설비공사

6-1 계기반 설치

명 칭		규 격	단 위	계장공	보통인부
분 전 반		W 800× H 500× D 300 이하	대	4.2	2.8
조 작 반		W 800× H 500× D 300 이하	대	4.2	2.8
계기반	자립개방 자립밀폐 현 장	W1200× H2100× D 800 이하 W1200× H2100× D 800 이하 W 900× H 900× D 600 이하 W1000× H1800× D 600 이하 W1300× H2000× D 700 이하 W1400× H2000× D 700 이하	면 면 면 면 면 면	6.72 8.4 5.88 8.82 9.88 10.64	4.48 5.6 3.92 5.88 6.58 7.09
	발신기수납상 발신기수납상 발신기수납상 발신기수납상 발신기수납상 발신기수납상	1대용 (800× 1600× 900) 2대용 (1000× 1600× 900) 3대용 (1200× 1600× 900) 4대용 (1400× 1600× 900) 5대용 (1600× 1600× 900) 6대용 (1800× 1600× 900)	대 대 대 대 대 대	2.0 2.4 2.8 3.2 3.6 4.0	1.33 1.60 1.86 2.13 2.39 2.65

[해 설]

① 완제품 설치기준, 이면반이 있을 경우 150%

② 완제품이 아닐 경우는 65%를 적용하고 계기 설치는 별도 계상

③ 완제품인 경우 계기반에 부착된 계기의 시험조정시는 "6-2 계기 설치" 품의 125%

④ 포장해체, 청소, 내부결선, 소운반, 채널(Channel) Base 및 기초 공사 포함

⑤ 제어 케이블 배선 및 결선은 제외

⑥ 철거 40%(재사용), 이설 140%

6-2 계기 설치

명 칭	규 격	단위	계장공	비 고
파 이 프 스 텐 션	28× 1,200~1,600	본	0.37	기초 별도
계 기	일반 각종	대	0.3	
발 신 기	DPT, PT, TT, LT, FT	대	0.27	
수 신 기	일반 각종	대	0.22	
Air 세트		대	0.22	
변 환 기	J/P, A/D, P/P, MV/I	대	0.25	
수 동 조 작 기		대	0.2	
비 율 설 정 기		대	0.2	
기 록 계		대	0.75	
현 장 지 시 계 현 장 지 시 계 현 장 지 시 계 현 장 지 시 계	LG LPG, VG PG TG	대 대 대 대	0.75 0.4 0.22 0.15	
후 로 드 식 액 면 계		대	1.8	
측 온 계		대	0.15	
분 석 계	적외선식, 자기식	대	12.0	
Mano Meter		세트	0.3	
Thermocouple		대	0.37	
Dispressor	외통식	대	3.0	
스 위 치	일반각종	대	0.22	
전 자 밸 브 전 자 밸 브	소 형 대 형	대 대	0.1 0.3	2방□ 3방□ 4방□
강 압 밸 브 강 압 밸 브	소 형 대 형	대 대	0.1 0.3	단체용 대용량용
여 과 기 여 과 기	소 형 대 형	대 대	0.1 0.3	단체용 대용량용

조 절 밸 브 조 절 밸 브 조 절 밸 브 조 절 밸 브	1 B 2 B 3 B 4 B	대 대 대 대	0.8 1.0 1.2 1.5	
조 절 밸 브 조 절 밸 브 조 절 밸 브 조 절 밸 브	200ø 300ø 400ø 500ø	대 대 대 대	1.2 2.5 3.7 5.0	
Orifice	200ø 이하 201ø ~ 500ø 501ø 이상	대 대 대	0.5 0.7 1.0	
출 력 Gauge	공 기 식	대	0.22	
Cylinder Valve		대	4.5	
탈 습 장 치		대	22.5	After-Cooler Separator 포함
탁 도 검 출 기		대	0.4	
P.H Meter 검 출 기		대	0.4	
X-Ray 발 생 장 치		세트	15	
α-Ray 발 생 장 치		세트	15	
Power Pack		대	3	
현 장 조 절 계	일반 각종	대	0.75	
중성자발생장치	일반 각종	대	15	
Flame Detector		세트	0.25	

[해 설]

① 방폭 공사시 120%

② Loop 시험시 125%

③ 용접식 계기 설치 시 계기 신설품에 기계용접품을 가산

④ SENSOR와 TRANSMITTER로 분리된 계기는 감지계기와 변환기로 각각 적용

⑤ 철거 40%, 이설 140%

6-3 계량기 설치

명　　칭	규 격	단위	계장공	보통인부
Hopper Scale	대 (30톤 이상)	대	10.8	7.2
Hopper Scale	중 (15~29톤)	대	9.0	6.0
Hopper Scale	소 (14톤 이하)	대	7.2	4.8
Conveyor Scale	대 (500T/H 이상)	대	12.0	8.0
Conveyor Scale	중 (100~400톤)	대	9.0	6.0
Conveyor Scale	소 (90톤 이하)	대	7.2	4.8
대형 개량장치	대 (50톤 이상)	대	15.0	10.0
대형 개량장치	중 (10 ~ 40톤)	대	10.8	7.2
대형 개량장치	소 (9톤 이하)	대	7.2	4.8

[해 설]

① 옥외 노출 공사시 110%　　② 기계설치 제외

③ 시험조정(분동시험)시는

Hopper Scale 130%

Conveyor Scale 120%

대형 개량장치 125%

④ 분동, Test Chain 운반 및 사용료는 별도 계상

⑤ 관청인가 검정료는 별도 계상　　⑥ 철거 40%, 이설 140%

6-4 도압 배관공사

명　　칭	규　　격	단위	계장공	배관공	보통인부	비　고
유량(액면)계 배관	SGP STPG 38 (SCH40) ½ B	m	0.1	0.1	0.2	SCH 80은 10% 가산 SUS 27은 30% 가산
압력계배관	〃	m	0.1	0.15	0.2	
밸브 조립	용 접	개		0.1	0.1	
Drain Pot	½ B	개	-	0.1	0.1	
Seal Pot	½ B	개	-	0.1	0.1	
Condenser Pot	½ B	개	0.1	-	0.1	
3-Way Valve	½ B	개	-	0.2	0.2	
Steam Trap	½ B	개	-	0.1	0.1	

[해 설]

① 관의 절단, 나사내기, 체결, 용접 구부림 등 포함
② 유니언(Union), 엘보(Elbow), 티(Tee) 부속품 부착 포함
③ Loop 시험은 120% (Leak Test 포함)
④ 화기사용 금지구역은 150% ⑤ $\frac{1}{2}$ B 미만 규격도 이 품에 준함
⑥ 철거 40%(재사용), 이설 140%

6-5 Control Air 배관

(단위 : m)

명 칭	규 격	Screw형	용 접
		계 장 공	계 장 공
SGP 및 STPG 38 (SCH 40)	$\frac{1}{2}$ B	0.18	0.21
	$\frac{3}{4}$ B	0.21	0.26
	1 B	0.24	0.29
	$1\frac{1}{2}$ B	0.36	0.43
	2B	0.48	0.58
밸브(개당)	각 종	0.15	0.20

[해 설]

① 도입배관 및 Process배관에는 적용치 않음
② 배관지지물은 별도 계상 ③ 화기사용 금지구역은 150%
④ Flange접속, 고압 및 특수강관은 120%
⑤ 스테인레스관은 130%
⑥ 관의 절단, 나사내기, 구부림, 유니언(Union),엘보(Elbow), 티(Tee) 부속품 설치는 포함
⑦ Loop 시험은 125%
⑧ $\frac{1}{2}$ B 미만 규격은 $\frac{1}{2}$ B 규격품에 준함
⑨ 철거 40%(재사용), 이설 140%

6-6 동관 배관

(단위 : m)

나 동 관		피복동관	
규 격	계장공	규 격	계장공
6ø	0.10	6ø × 1C	0.07
8ø	0.12	〃 × 4C	0.13
10ø	0.14	〃 × 7C	0.21
12ø	0.21	〃 × 8C	0.23
20ø	0.28	〃 × 12C	0.28
22ø	0.35	〃 × 19C	0.42
		6ø × 20C이상	0.44
		8ø × 1C	0.08
		〃 × 4C	0.16
		〃 × 7C	0.24
		〃 × 8C	0.26
		〃 × 12C	0.37
		〃 × 19C	0.55
		8ø × 20C이상	0.57

[해 설]

① 단말처리품 포함, 반내 배관의 경우는 130%

② Steam Trace는 직종을 배관공 적용

③ 나동관은 8ø ~ 22ø 유압배관, 도압배관에 적용

④ Fitting류는 도압배관 공량에 준함

⑤ Loop 시험은 125%

⑥ 철거 40% (재사용), 이설 140%

6-7 압축공기 발생장치 및 공기관 배관시설

해 설	규 격	단 위	계장공	보통인부
압축공기 발생장치	5kg/㎠ 이하 10kg/㎠ 〃 30kg/㎠ 〃	조당 〃 〃	1.40 2.90 8.50	0.40 0.90 2.50
주공기탱크	500ℓ 이하 700ℓ 〃 700ℓ 초과	〃 〃 〃	2.60 3.0 4.5	0.80 1.5 2.5
유니온엘보	20~25㎜	개당	0.25	0.05
유압 Cylinder	60K 90K 130K	대 〃 〃	0.7 0.8 1.0	- - -
오일 펌프	1 HP 2 HP 3 HP 4 HP	〃 〃 〃 〃	1.5 1.6 1.7 1.8	- - - -
Air Cylinder	100ø 이하 100ø 초과	〃 〃	1.0 1.2	
Air Compressor	소 형 대 형	〃 〃	1.5 2.0	
제습기	-	〃	1.5	
공기압축기시험	-	조당	1.0	1.0
조작함(설비물)	분전반, 계기, 스위치 기타	조당	2.0	1.0

[해 설]

① 시험시 기계 기술공 1인 가산

② 철거 40%, 이설 140%

〈참 고〉

• 자동화 기기설치, 자동온도 조절밸브 설치 및 적산열량계 설치는 기계부문 표준품셈의 해당 품 준용

• 자동 급전용 전자계산기 제어장치, 중앙처리장치(CPU), 입출력장치(I/O EQUIP- MENT), 자기디스크(MAGNETIC DISC), 자기테이프 (MAGNETIC TAPE). 고장 전환장치(FAIL OVER), 주파수편차변환기(F.D.T), 시간편차변환기(T.D.T), LINE BUFFER, 영상변환장치 (DVE), 전원공급장치, 주변장치, 계통반(MAP BOARD), 기록 기반, 콘솔(CONSOLE) 및 전자계산기 배선은 통신부문 표준품셈의 해당 품 준용

6-8 입 · 출력장치(I/O Equipment) 설치

공 정	단 위	기 사	계장공
설 치	인/Point	0.008	0.042
점검·시험	인/Point	0.046	0.080

[해 설]

① 본 품은 DDC, RTU 등을 설치(단자함 내의 결선 포함)하고, 점검 · 시험 및 소운반이 포함되어 있다.

② 본 품은 프로그램으로 DDC, RTU 등과 현장계기 사이를 연결하고, 하드웨어와 프로그램을 세팅하는 것이다.

③ DDC, RTU 등과 현장계기 사이의 전선, 통신선, 외함 설치품은 별도 계상한다.

제7장 전기철도의 전기설비공사

Ⅰ. 강제 전차선로 공사

7-1 매입 전 설치 ('25년 개정)

(단위 : 본)

공 종 별	규 격	전철전공	용접공(일반)	보통인부
매 입 전 설 치	ø23×100	0.057	-	0.001
매 입 전 용 접	-	-	0.0045	-
배 열 및 위 치 조 정	-	0.01	-	0.001
조 사 측 량	-	0.15	-	-
계		0.217	0.0045	0.002

[해 설]

① 박스 또는 NATM Tunnel에 적용

② 거푸집 위에서 측량하고 철근 배근 후 설치기준

③ 지지볼트 설치 포함

7-2 앵커볼트 설치 ('25년 개정)

(단위 : 본)

공 종	규 격	전철전공	보통인부	장비사용시간(hr)
앵커볼트 설치	ф22×250	0.19	0.19	0.1

[해 설]

① 터널 천장에 이동식 비계틀을 활용한 작업 기준

② 측량 및 천공, 케미컬 앵커볼트 설치 포함

③ 발전기 및 코어드릴을 활용한 작업 기준으로 기계경비는 별도 계상

④ 이동식 비계틀 조립 및 해체는 1일 1회 반영 기준

⑤ 이동식 비계틀은 공사 기간 중 실사용 일수를 산정하여 반영하고 공사완료시 정산

7-3 지지철물 설치 ('25년 개정)

(가) 직류 1500V용

(단위 : 개소)

공 종 별	규 격	전철전공
지 지 볼 트	ø22×200	0.10
금 구 애 자	각 종 ø250㎜	0.25 0.10
계	-	0.45

[해 설]

① 지지볼트 설치는 1개소당 4본 기준

② 직류구간 T-Bar 방식기준

③ 철거 50%

④ 지지볼트 배치가 필요한 경우 보통인부 0.0125인 가산

(나) 교류 25kV용

(단위 : 개소)

공 종 별	규 격	전철전공	보통인부
지 지 철 물	각종	0.21	0.25

[해 설]

① 터널 천장에 이동식 비계틀을 활용한 작업 기준

② 교류구간 R-Bar 방식 기준

③ 앵커볼트 조정은 1개소 당 4개 기준

④ 앵커볼트 설치는 별도 계상

⑤ 이동식 비계틀 조립 및 해체는 1일 1회 반영 기준

⑥ 이동식 비계틀은 공사 기간의 실사용 일수를 산정하여 반영하고 공사완료시 정산

⑦ 철거 50%

⑧ 앵커볼트 배치가 필요한 경우 보통인부 0.0125인 가산

7-4 Al강체(T-Bar) 구부리기 ('25년 개정)

(단위 : m)

품 종 별	규 격	전철전공	보통인부
상 체 구 부 리 기	Al 2,100㎟	0.044	0.033
계	-	0.044	0.033

[해 설]

강체알루미늄 Bar 구부리기는 Rail Bender 사용기준

7-5 Al강체 설치 ('25년 개정)

㈎ T-Bar

(단위 : m)

공 종 별	규 격	전철전공	도 장 공	특별인부
배 치	Al 2,100㎟	-	-	0.005
조 가	Al 2,100㎟	0.11	-	0.11
교 정	Al 2,100㎟	0.011	-	-
높 이 및 편 위 조 정	Al 2,100㎟	0.11	-	-
도 장	Al 2,100㎟	-	0.01	-
계	-	0.231	0.01	0.115

[해 설]

① 설치 높이 4.75m 기준

② 지지점 간격 5m 기준

㈏ R-Bar

(단위 : m)

공 종 별	규 격	전철전공	도 장 공	특별인부
배 치	Al 2,200㎟	-	-	0.005
조 가	Al 2,200㎟	0.11	-	0.11
높 이 및 편 위 조 정	Al 2,200㎟	0.11	-	-
계	-	0.22	-	0.115

[해 설]

① 설치 높이 4.75~5.4m 기준
② 연결품 포함
③ 지지점 간격 10m 기준
④ 터널내 작업차 기준

7-6 Al강체(T-Bar) 용접 ('25년 개정)

(단위 : 개소)

공 종 별	규 격	전철전공	용접공(일반)
T 형 재 용 접	Al 2,100㎟	-	0.5
용접지시 및 뒤살핌	-	0.5	-
전 원 배 선	-	0.02	-
계	-	0.52	0.5

7-7 Expansion Joint(평행개소 균압) ('25년 개정)

(가) T-Bar구간

(단위 : 조)

공 종 별	규 격	전철전공	용접공(일반)
접속부 절단 가공	Al-T Bar 2개소	0.33	-
Approach 조가 설치	Al-T Bar 2개소	1.65	-
조 립 조 정	-	1.1	-
점 퍼 선 용 접	4본 200㎟	-	0.125
계	-	3.08	0.125

[해 설]

End approach 가공 별도 계상

(나) R-Bar구간(Expansion Element)

(단위 : 조)

공 종 별	규 격	전철전공
조 가 설 치	1,850㎜	1.65
조 립 조 정	-	1.1
계	-	2.75

[해 설]

완제품 설치기준

7-8 구분장치 설치 ('25년 개정)

㈎ T-Bar구간 Air Section

(단위 : 조)

공 종 별	규 격	전철전공
접 속 부 절 단 가 공	Al-T Bar 2개소	0.33
Approach 조 가 설 치	Al-T Bar 2개소	1.65
조 립 조 정	-	1.1
구 분 표 지 설 치	-	0.25
계	-	3.33

[해 설]

End approach 가공 별도 계상

㈏ R-Bar구간 Air Section

(단위 : 조)

공 종 별	규 격	전철전공
접 속 부 절 단 가 공	R-Bar 2개소	0.33
구 분 표 지 설 치	양면 1본	0.25
계	-	0.58

[해 설]

브래킷 설치별도 계상

㈐ R-Bar구간 Section Insulator

(단위 : 조)

공 종 별	규 격	전철전공
조 가 설 치	동 상 용	1.65
접 속 부 절 단 가 공	R-Bar 2개소	0.33
계	-	1.98

[해 설]

① 완제품 설치 기준

② 브래킷 설치 별도 계상

7-9 Anchoring 설치 ('25년 개정)

(단위 : 개소)

공 종 별	전철전공
조 정	3.3

7-10 Short Ear구간 트롤리 와이어(Trolley Wire) 설치 ('25년 개정)

(단위 : m)

공 종 별	규 격	전철전공	보통인부
트롤리 와이어 설치	30㎟ 이하	0.003	0.001
트롤리 와이어 설치	60㎟ 이하	0.015	0.007
트롤리 와이어 설치	110㎟ 이하	0.030	0.0044
Ear 설 치	-	0.0176	-

7-11 Long Ear구간 트롤리 와이어(Trolley Wire) 설치 ('25년 개정)

(가) T-Bar구간

(단위 : m)

공 종 별	규 격	전철전공	보통인부
트롤리 와이어 설치	110㎟	0.030	0.0044
Ear 설 치	-	0.0264	-
계	-	0.0564	0.0044

(나) R-Bar구간

(단위 : m)

공 종 별	규 격	전철전공	보통인부
트롤리 와이어 설치	110㎟	0.01	0.0015

[해 설]

① 건널선은 150%

② 전선설치장비 제공 및 보조장치 별도 계상

③ 구리스 도포 포함

④ 철거 60%

7-12 급전선용 End Approach 설치 ('25년 개정)

공 종 별	규 격	단 위	전철전공	용접공(일반)
접 속 부 절 단 가 공	Al 2,100㎟	본	0.165	-
Approach 조 가 설 치	-	조	0.825	-
조 립 조 정	-	조	0.55	-
점 퍼 선 용 접	Cu 200㎟	본	-	0.125
계	-	-	1.54	0.125

[해 설]

① T-Bar방식 적용

② End approach가공 별도 계상

7-13 구분개폐기 설치 ('25년 개정)

공 종 별	규 격	단 위	전철전공	석 공
볼 트 매 입	16ø 120 4본	조	0.2	0.8
단 로 기 설 치	DC1,500V, 3,000A	내	1.0	-
비 계 가 공 설 치	-	식	1.0	-
계	-	-	2.2	0.8

7-14 클리트(Cleat) 지지 케이블 설치 ('25년 개정)

공 종 별	규 격	단 위	전철전공	보통인부
앵 커 볼 트	ø 12	조	0.03	-
클 리 트 설 치	-	조	0.03	-
케 이 블 설 치	400㎟ 이하	m	0.11	0.114
계	-	-	0.17	0.114

7-15 급전선 접속 ('25년 개정)

공 종 별	규 격	단 위	전철전공	보통인부
Terminal 납 땜	550㎟	개	1.5	-
Al-T형 슬 리 브 접 속	-	개	1.5	-
Terminal 용 접	550㎟ 2개	조	-	0.125
계	-	-	3.0	0.125

7-16 가동브래킷 설치 ('25년 개정)

공 종 별	규 격	단 위	전철전공	보 통 인 부
브 래 킷 설 치	25kV용	본	0.55	0.3
Swivel head 설 치	-	본	0.34	0.14
계	-	-	0.89	0.44

[해 설]

① 높이 조정 및 편위조정품 포함

② 조립 및 애자 설치품 포함

③ 철거 60%

7-16-1 End Approach 가공 ('25년 개정)

공 종 별	규 격	단 위	전철전공
End Approach 가공	T-Bar 2100㎟	개소	0.5

[해 설]

현장 가공 기준

Ⅱ. Catenary 전차선로 공사

7-17 콘크리트주 기초 설치

(단위 : 개소)

종 별	콘크리트공	형틀목공	보통인부
B_0 (1.415㎡)	1.27	2.28	10.03
B_1 (1.814㎡)	1.63	2.46	11.32
B_2 (2.36㎡)	2.12	2.78	13.56
B_3 (2.87㎡)	2.58	2.97	15.08
B_4 (3.42㎡)	3.07	3.16	16.69

[해 설]

① 터파기, 되메우기, 기초다지기 잔토처리 품 포함

② 삭각 20°기준

③ 용수가 있는 곳은 보통인부에 한하여 25%~50% 증

④ 시판인공은 별도 계상

7-18 전철주 기초 기계설치

(단위 : ㎥)

구 분	토 사	풍화암	연 암
건설기계운전사	0.18	0.93	0.97
콘크리트공	0.24	0.24	0.24
특별인부	0.18	0.93	0.97
보통인부	0.78	2.28	2.37

[해 설]

① 되메우기, 잔토처리품 별도 계상

② 기계경비는 별도 계상

③ 거푸집 사용 시 별도 계상

④ 재료의 소운반, 콘크리트 소운반 치기, 다짐, 양생품 포함

⑤ 용수가 있는 곳은 보통인부에 한하여 25~50% 증

⑥ 앵커볼트 설치품 포함

⑦ 인력작업 시 토목품 적용

7-19 콘크리트전주 설치 ('25년 개정)

(단위 : 본)

종 별	중량(kg)	전철전공	보통인부
L11m - ø 25㎝ - A형3.5톤	1,150	3.29	3.29
11m - ø 30 - A형3.5톤	1,490	3.71	3.71
11m - ø 30 - A형4.5톤	1,530	3.76	3.76
11m - ø 30 - A형5.5톤	1,590	3.90	3.90
11m - ø 30 - A형6.5톤	1,660	4.04	4.04
11m - ø 30 - A형7.5톤	1,750	4.18	4.18
11m - ø 35 - A형8.5톤	1,950	4.60	4.60
12m - ø 30 - A형4.5톤	1,660	4.05	4.05
12m - ø 30 - A형5.5톤	1,710	4.12	4.12
12m - ø 30 - A형6.5톤	1,800	4.30	4.30
12m - ø 35 - A형8.5톤	2,110	4.92	4.92
12m - ø 35 - A형9.5톤	2,130	4.96	4.96

[해 설]

① 장주는 별도 계상

② 기초는 별도 계상

③ 이설은 철거+설치

④ 지주공사는 90%

⑤ B형(구 C형)전주 철거품은 중량에 따라 이 품을 적용

⑥ H형강, 강관 전주는 중량에 따라 이 품을 적용하되 750 kg 미만은 전철전공 2.14인 보통인부 2.14인, 750 kg 이상 950 kg 미만은 전철전공 2.71인 보통인부 2.71인, 950 kg 이상 1,150 kg 미만은 이 품의 1,150 kg 품을 1,150 kg 이상은 상위 중량품 적용

⑦ 열차운행속도 200km/h 이상의 고속철도는 125%

⑧ 전철주 세움 전용장비를 사용할 때는 36% 적용하고, 장비사용 시간은 다음 표를 적용한다.

중 량(kg)	장비사용시간 Tc값(분) (F =1.0)
950 미만	53
1,660 미만	59
2,130 미만	61

⑨ 철거는 50%

7-20 철주조립, 설치 ('25년 개정)

(톤당)

공 종	전철전공	보통인부
철주조립, 설치	5.5	2.8
가대	6.0	3.0

[해 설]

① 철주조립, 설치는 기초 부재에 연결하여 조립(부재,사재), 설치 하는 것

② 구내운반, 재료분류, 부재의 정치작업 포함

③ 기초 흙파기, 거푸집, 콘크리트작업은 별도 가산

④ 강재현장 가공 시 구멍뚫기 품(Hand Drill 사용)

지상작업 시 ø 22㎜ 이하 개당 전철전공 0.01인

주상작업 시 ø 22㎜ 이하 개당 전철전공 0.07인

⑤ 철재가공은 건축공사 철물가공품을 준용한다.

⑥ 철거 50%, 재사용 철거 80%

7-21 전철주 지지선 설치 ('25년 개정)

(단위 : 개소)

규 격	전철전공	보통인부
전선펴기 7/2.3㎜ 이하	0.18	0.14
7/2.6~7/2.9㎜ 이하	0.26	0.20
7/3.2~7/4.0㎜ 이하	0.35	0.23
7/4.5~7/5.5㎜ 이하	0.37	0.23
7/6.5㎜ 이하	0.37	0.24

[해 설]

① 터파기, 되메우기 및 기초 설치 별도 계상

② 수평지지선 160%

③ Y지지선 120%, 2단 지지선 150%, 롯드형(봉형)은 7/6.5㎜ 적용

④ 수평지지선의 지지선주는 지주품에 준함

⑤ 지지선애자 설치 시 1개당 전철전공 0.08인 계상

⑥ 지지선커버 설치 시 1개당 전철전공 0.1인, 보통인부 0.05인 계상, 동일 전주에서 1개 추가 시마다 30% 가산

⑦ 장력조정 20%. 이설 130%

⑧ 절단 철거 10%, 철거 30%

7-22 전철주 완철 설치 ('25년 개정)

(단위 : 개)

규 격	전철전공	보통인부
완 철 1m 이하	0.05	0.05
2m 이하	0.06	0.06
3m 이하	0.07	0.07
3m 초과	0.09	0.09

[해 설]

① ㄱ형 완철 설치 기준

② 편출공사 120%

③ 지상 조립 시 75%

④ 철거 30%, 재사용 철거 50%

7-23 급전선 전선설치(가선) ('25년 개정)

(단위 : 100m)

규 격	전철전공	보통인부
나동선 60㎟ 이 하	0.76	0.38
100㎟ 이 하	1.08	0.54
150㎟ 이 하	1.32	0.66
200㎟ 이 하	1.44	0.72
200㎟ 초 과	1.52	0.76
ACSR, ASC 58㎟ 이 하	0.88	0.44
95㎟ 이 하	1.28	0.64
160㎟ 이 하	1.56	0.78
288㎟ 이 하	1.80	0.90
288㎟ 초 과	1.95	0.98

[해 설]

① 이 품은 1선당 인력작업으로 전선펴기, 전선당기기, 전선처짐정도 조정품 포함
② 애자에 묶는 품 포함
③ 피복선 120%
④ 기존 선로 상부 설치 120%
⑤ 장력조정 20%, 주상이설 70%
⑥ 재사용 전선설치 110%
⑦ 전선설치전용 차량 사용 시 75%
⑧ 보호선(PW, FPW 등)은 이 품을 적용
⑨ m당으로 환산 시는 본 품을 100으로 나누어 산출
⑩ 철거 50%, 재사용 철거 80%

7-24 고정 빔 설치 ('25년 개정)

종 별	단위	조 립		설 치		장비사용 시간 (분)
		전철전공	보통인부	전철전공	보통인부	
평면트라스 1 선용	본	-	-	1.90	1.00	조립품
평면트라스 2 선용	〃	-	-	3.40	1.30	포함
V형트라스 2 선용	〃	1.25	0.62	2.47	1.47	85
V형트라스 3 선용	〃	1.59	0.79	3.22	1.84	94
V형트라스 4 선용	〃	1.93	0.96	3.50	2.00	103
V형트라스 5 선용	〃	2.36	1.18	3.78	2.16	111
V형트라스 6 선용	〃	2.88	1.44	4.41	2.66	119
V형트라스 7 선용	〃	3.36	1.71	5.04	2.92	127
4각형트라스 1선용	〃	1.12	0.56	2.20	0.90	78
4각형트라스 2 선용	〃	1.86	0.93	3.49	1.63	93
4각형트라스 3 선용	〃	2.52	1.26	4.66	2.07	110
4각형트라스 4 선용	〃	3.30	1.65	6.00	2.52	128
4각형트라스 5 선용	〃	3.60	1.80	6.48	2.88	147
4각형트라스 6 선용	〃	4.23	2.11	7.38	3.28	167
4각형트라스 7 선용	〃	4.84	2.42	8.28	3.68	188
4각형트라스 8 선용	〃	5.54	2.77	8.97	4.01	210
브라킷계족 1m	개소	-	-	1.40	0.30	조
V형트라스계족 2m	〃	-	-	1.10	0.50	립
V형트라스계족 4m	〃	-	-	1.90	0.80	품
V형트라스계족 6m	〃	-	-	2.70	1.10	포
V형트라스계족 8m	〃	-	-	3.40	1.10	함

[해 설]

① 빔 1본 설치 후 다음 장소로 이동 및 도착기준

② 기계장비의 경비(기계손료, 운전경비, 수송비)는 별도 계상
③ 빔 조립 시 철재류 운반비 별도 계상
④ 기계장비는 4각형 트라스 4선용까지 크레인 5톤, 4각형 트라스 5선용 이상 트럭탑재형크레인 25톤 사용기준
⑤ 기계장비를 공사현장까지 왕복수송 시 운전원, 조수 및 연료비는 별도 계상
⑥ 철거는 60%이며 장비사용시간은 100%

7-24-1 강관 빔 설치 ('25년 개정)

종 별	단위	조 립			설 치			접합체		
		전철 전공	보통 인부	장비사용 시간(분)	전철 전공	보통 인부	장비사용 시간(분)	전철 전공	보통 인부	장비사용 시간(분)
강관형1단 2선용	본	-	0.10	-	0.10	0.13	30	0.61	0.02	57
강관형1단 3선용	본	0.10	0.21	30	0.10	0.13	30	0.61	0.02	57
강관형1단 4선용	본	0.12	0.23	30	0.12	0.13	35	0.77	0.03	57
강관형1단 5선용	본	0.29	0.43	60	0.12	0.13	35	0.94	0.03	72
강관형2단 6선용	본	0.93	1.16	60	0.15	0.15	40	1.44	0.03	104
강관형2단 7선용	본	1.41	1.65	60	0.15	0.15	40	1.66	0.06	104
강관형2단 8선용	본	1.62	1.88	60	0.15	0.15	40	1.94	0.07	104
강관형2단 9선용	본	1.77	2.03	60	0.15	0.15	40	1.94	0.07	104
강관형2단 10선용	본	1.89	2.17	60	0.15	0.15	40	1.94	0.07	104

[해 설]

① 빔 1본 설치 후 다음 장소로 이동 및 도착기준
② 기계장비의 경비(기계손료, 운전경비, 수송비)는 별도 계상
③ 빔 조립 시 철재류 운반비 별도 계상
④ 기계장비는 강관형 1단 5선용까지 오가크레인 4톤, 강관형 2단 6선용 이상 트럭탑재형크레인 25톤 사용기준
⑤ 기계장비를 공사현장까지 왕복수송시 운전원, 조수 및 연료비는 별도 계상
⑥ 철거는 60%이며 장비사용시간은 100%
⑦ 강관전주와 접합되는 양단의 접합체를 포함하며, 한쪽만 설치 시 본 품의 50% 적용
⑧ 조립 시 목재설치대 설치 포함, 재료분리 및 장비대기시간 포함

7-25 스팬선 빔 설치 ('25년 개정)

(단위 : 개소)

종 별	전철전공	보통인부	비 고
스팬선빔	12.7	7.3	길이 30m 기준

[해 설]

① 장력 조정을 포함

② 길이 30m 초과 시는 5m 증가마다 10% 가산

③ 철거는 60%

7-26 빔 하부 스팬선 설치 ('25년 개정)

(단위 : 개소)

종 류	전철전공	보통인부
교 류 용	1.6	1.0

[해 설]

① 길이 15m 이하를 기준, 5m 증가마다 10% 가산

② 장력조정 포함(현수장치용 애자는 별도 가산)

③ 철거는 60%

7-27 하수강 설치 ('25년 개정)

(단위 : 본)

종 별	전철전공	보통인부
조가선곡선당김 및 진동방지용	0.3	0.1
가 동 브 래 킷 용	0.9	0.3

[해 설]

① 2선용 180%, 3선용 260%

② 강관용 80%

③ 하수강 수평 및 비틀림 등 조정 20%

④ 철거는 60%

7-28 전주대용물 설치 ('25년 개정)

(단위 : 개)

종 별	전철전공	보통인부
1단 1~2선용	0.4	0.6
1단 3~4선용	0.6	0.9
2단 3~4선용	0.8	1.2

[해 설]

철거는 50%

7-29 볼트 매입 ('25년 개정)

(단위 : 개)

종 별	전철전공	비 고
볼 트 매 입	0.05	구멍깊이 20㎝ 기준

[해 설]

① 볼트면 기준

② 벽체의 경우 135%, 천장의 경우 150%

③ 구멍깊이 5㎝ 증가마다 20% 가산

7-30 고정브래킷 설치 ('25년 개정)

(단위 : 본)

종 별	전철전공	보통인부
1선용	0.9	0.6
V형 1선용	2.3	0.8
V형 2선용	3.8	1.5

[해 설]

① 도장은 별도 가산　　② 철거는 60%

7-31 가동브래킷 설치 ('25년 개정)

(단위 : 본)

종 별	전철전공	보통인부
교 류 일 반 용	1.1	0.6
교 류 평 행 용(2본)	1.8	1.2
교 류 평 행 용(3본)	2.5	1.8

[해 설]

① 게이지 표준을 3.0m로 하고, 3.5m 이상은 130%
② 곡선당김 금구 및 진동방지 철물 붙임은 별도 가산
③ 애자 설치 포함
④ 철거는 60%
⑤ 현장가공품은 120%
⑥ 열차운행속도 200km/h 이상의 고속철도는 125%
⑦ 터널 브래킷은 교류 일반용 적용(지지금구류 설치품 포함, 지지금구 볼트 매입은 별도 계상)
⑧ 높이 조정은 20%

7-31-1 평행틀 설치 ('25년 개정)

(단위 : 본)

종 별	전철전공	보통인부
평 행 틀 설 치	0.42	0.55

[해 설]

① 평행틀 높이, 수평 및 비틀림 등 조정은 20%
② 철거는 60%

7-32 곡선당김장치 설치 ('25년 개정)

(단위 : 개소)

종 별	전철전공	보통인부
심 플	0.3	0.1
콤 파 운 드	0.5	0.2

[해 설]

① 「심플」로서 조가선과 전차선을 같이 당길 때는 「콤파운드」를 적용
② 진동방지장치는 심플 적용
③ 현장 제작 가공 시는 120%
④ 철거는 60%

⑤ 곡선당김 금구는 심플 적용
⑥ 애자설치는 별도 계상

7-33 자동장력 조정장치 설치 ('25년 개정)

(단위 : 개)

종 별	전철전공	보통인부
활 차 식	7.1	2.5
스 프 링 식	3.0	2.5
스 프 링 밸 런 서	1.2	1.0

[해 설]

① 2선식 3톤 이하 기준
② 1선용은 90%
③ 4톤용은 120% 적용
④ 도르래식은 활차식품 적용
⑤ 장력추, 애자, 요크, 밴드류 설치, 지지금구류 및 조정품 포함
⑥ 열차 운행속도 200km/h 이상의 고속철도는 125%
⑦ 보수작업(길이조정, 그리스 주유 등)은 설치품의 20% 적용
⑧ 철거는 60%

7-34 전차선 및 조가선 한쪽 끝 잡아당김 설치(인류설치) ('25년 개정)

(단위 : 인/개소)

종 별	전철전공	보통인부
압축 한쪽당김	0.9	0.5
기 타	0.4	0.2

[해 설]

전주밴드 요크 및 애자 설치 포함(일괄식 기준)

7-35 전차선 설치 ('25년 개정)

(단위 : km)

1조의 길이	종 별	전철전공	보통인부
400m 이상	Cu 85㎟ Cu 110㎟ Cu 150㎟ Cu 170㎟	14.0 16.0 17.7 18.6	14.0 16.0 17.7 18.6
	사조식 Cu 110㎟ Cu 170㎟	21.0 23.5	21.0 23.5
400m 미만	Cu 85㎟ Cu 110㎟ Cu 150㎟ Cu 170㎟	20.0 20.0 22.1 23.2	20.0 20.0 22.1 23.2

[해 설]

① 행거방식 기준, 드로퍼 방식 사용 시는 120%, 균압용 드로퍼 방식 125%

② 행거 및 드로퍼 설치품 포함

③ 철거는 60%

④ 개가는 설치 + 철거

⑤ 프리텐션 및 한쪽당김은 따로 가산

⑥ 기존 전차선로와 교차하여 추가 전선설치 또는 철거되는 경우 교차점에서 전후방 각 2지지물간거리의 수량에 한하여 20% 가산

⑦ 전선설치 전용차량을 사용하여 조가선과 동시 설치 시 전차선 설치는 75%를 적용하고 기계경비는 별도 가산

⑧ 열차운행속도 200 km/h 이상의 고속철도는 125%

7-36 조가선 설치 ('25년 개정)

(단위 : km)

1조의 길이	종 별	전철전공	보통인부
400m 이상	St 90㎟ St 135㎟ CdCu 65(70)㎟ CdCu 80 ㎟	8.2 13.6 7.8 10.0	12.5 21.0 12.0 14.8
400m 미만	St 90㎟ St 135㎟ CdCu 65(70)㎟ CdCu 80 ㎟	11.0 16.0 11.0 14.0	17.0 25.0 17.0 21.1
터 널 용	St 90㎟ CdCu 65(70)㎟	10.5 10.0	15.1 14.0
기 타	Y 선 50~60㎟	0.8	0.6

[해 설]

① 한쪽당김을 제외함

② 접속포함

③ 애자 설치품 별도 계상

④ 철거는 60%

⑤ 개가는 설치 + 철거

⑥ 전선처짐정도 조정만을 할 경우에는 별도 가산

⑦ 프리텐션은 별도 가산

⑧ 전차선용으로 가압되는 조가선 기준

⑨ 기존 전차선로와 교차하여 추가 전선설치 또는 철거되는 경우 교차점에서 전후방 각 2지지물간거리의 수량에 한하여 20% 가산

⑩ 피복조가선 사용 시 120%

⑪ 전선설치 전용차량을 사용하여 전차선과 동시 설치 시 조가선 신설은 75%를 적용하고 기계경비는 별도 계상

⑫ 열차운행속도 200km/h 이상의 고속철도는 125%

⑬ Bz 및 CuMg 65㎟는 CdCu 65(70)㎟ 품 적용

7-36-1 조가선 설치(참고품) ('25년 개정)

(단위 : km)

1조의 길이	종 별		전철전공	보통인부
400m 이상	CuMg	116㎟	14.2	21.4
400m 미만	CuMg	116㎟	20.0	30.5

[해 설]

① 한쪽당김을 제외함 ② 접속포함
③ 애자 설치품 별도 계상
④ 철거는 60%
⑤ 개가는 설치 + 철거
⑥ 전선처짐정도 조정만을 할 경우에는 별도 가산
⑦ 프리텐션은 별도 가산
⑧ 전차선용으로 가압되는 조가선 기준
⑨ 기존 전차선로와 교차하여 추가 전선설치 또는 철거되는 경우 교차점에서 전후방 각 2지지물간거리의 수량에 한하여 20% 가산
⑩ 피복조가선 사용 시 120%
⑪ 전선설치 전용차량을 사용하여 전차선과 동시 설치 시 조가선 신설은 75%를 적용하고 기계경비는 별도 계상
⑫ 열차 운행속도 200km/h 이상의 고속철도는 125%
⑬ Bz 및 CuMg 65㎟는 "7-36 조가선 설치"의 CdCu 65(70)㎟ 품 적용

7-37 보조 조가선 가설 ('25년 개정)

구 분	단 위	전철전공	보통인부
보 조 조 가 선	100m	1.36	2.1
지 지 점 이 중 화	개소	0.12	0.1

[해 설]

① 철거는 60%
② 개가는 설치 + 철거

7-38 전선처짐정도조정 및 프리텐션 기타 ('25년 개정)

명 칭	종 별	단 위	전철 전공	보 통 인 부	비 고
전차선	전선처짐정도 조정 프리텐션 (장 선) 부 분 삽 입	개소 조 개소	1.5 1.2 1.62	- 0.8 1.68	직선 1,000m 기준 곡선 500m를 기준 1섹션당
조가선	가선절체 (심 플) 가선절체 (콤파운드) 가선조정 지지점변경 지 점 변 경 프 리 텐 션	개소 개소 km - 조	1.85 3.33 6.0 - 0.96	1.16 2.08 7.0 - 0.48	 조성 포함 1섹션당

[해 설]

전선처짐정도 조정은 보수공사와 지지점 및 가고를 변경하는 경우에 적용

7-39 행거 및 드로퍼 설치 ('25년 개정)

(단위 : 본)

종 별		전철전공	보통인부
설 치	드 로 퍼 행 거	0.029 0.01	0.029 0.01
교 체	드 로 퍼 행 거	0.046 0.016	0.046 0.016

[해 설]

① 균압용 드로퍼는 120% ② 철거는 60%

7-40 가공접지선 설치 ('25년 개정)

(단위 : ㎞)

종 별	전철전공	보통인부
Cu 22㎟ Cu 38㎟ ACSR 40㎟	2.0 3.25 7.5	4.0 6.5 15.0

[해 설]

① 전차선용 기준　　② 접지공사 불포함
③ 차폐선은 이 품 적용　　④ 철거는 60%
⑤ 조정은 20%(전선의 철거가 포함되지 않는 지지점의 변경설치 및 전선처짐정도 조정 등)

7-41 절연커버 설치 ('25년 개정)

(단위 : 개소)

종 별	전철전공
폴리에틸렌커버	0.01
아마테이프	0.04

[해 설]

① 길이 1m 기준　　② 철거는 30%

7-42 흐름방지장치 설치 ('25년 개정)

(단위 : 개소)

종 별	전철전공	보통인부
흐름방지장치	1.44	0.8

[해 설]

① 조정은 20%
② 철거는 30%(애자포함)

7-43 균압장치 설치 ('25년 개정)

(단위 : 인/개소)

종 별	전철전공	보통인부
균압선	0.12	0.1

[해 설]

① 접속점 2개를 기준으로 하며 접속점 1개 증가마다 30% 가산
② 조정은 20%　　③ 철거는 60%　　③ 철거는 60%

7-44 교차 및 수평장치 설치 ('25년 개정)

(단위 : 인/개소)

종 별	전철전공	보통인부
교 차 철 물	0.12	0.1
수 평 철 물	0.12	0.1

[해 설]

① 조정은 70% ② 철거는 60%

7-45 구분장치 설치 ('25년 개정)

(단위 : 개소)

종 별	전철전공	보통인부
에 어 조 인 트	1.3	1.7
에 어 섹 션(심 플)	8.0	4.1
에 어 섹 션(콤 파 운 드)	13.1	8.1
애 자 형 섹 션	6.0	2.0
절 연 구 분 장 치	12.7	3.7

[해 설]

① 철거는 60%

② 에어조인트, 에어섹션은 3지지물간거리 기준, 1지지물간거리 증가마다 30% 증

③ 전차선 3조로 이루어진 에어조인트의 경우 이 품의 150% 적용

④ 이중오버랩 방식은 에어섹션의 170%

⑤ 절연구분장치는 10m 이상을 기준으로 하고, 10m 미만일 경우 70%

⑥ 조정 및 부속품 교체는 20%

7-46 흡상변압기 설치 ('25년 개정)

종 별	단 위	전철전공	보통인부
변 압 기 설 치	대	6.16	2.25
변 대 설 치	대	5.00	1.50
배 선 신 설	식	3.50	2.80

[해 설]

① 접속 포함 ② 철거는 60%

7-47 지락도선 설치 ('25년 개정)

(단위 : 개소)

종별	전철전공	보통인부
지락도선	0.36	0.3
빔개소지락	1.0	0.8
도선용스팬선	1.0	0.8

[해 설]

① 지락도선용 스팬선은 완금 및 애자 설치품 포함 ② 철거는 60%

7-48 보안기 설치 ('25년 개정)

(단위 : 조)

종별	전철전공	보통인부
보안기	1.0	0.6

[해 설]

① 완철 제외 ② 2개 1조 기준 ③ 철거는 60%

7-49 흡상선 설치 ('25년 개정)

종별	단위	전철전공	보통인부	비고
입상부분	개소	1.5	0.3	부급전선 압축접속 포함(입상용 전선 및 비닐관 포함)
트로프 매설	m	0.16	0.16	
케이블 매설	〃	0.12	-	
철관 부설	〃	0.17	0.05	케이블 포함(레일하부에 포함)
레일 접속	개	0.15	-	용접

[해 설]

① 접속 포함 ② 철거는 60%

7-50 귀선 설치 ('25년 개정)

종 별	단 위	전철전공	비 고
비 닐 선 325㎟	m	0.05	
비 닐 선 325㎟ 단 말 접 속	개	0.21	압축
〃 단 자 붙 임	〃	0.10	

[해 설]

① 터파기, 되메우기, 관로는 별도 계상

② GV 80㎟ 4C는 이 품 적용

7-51 전선압축 접속 ('25년 개정)

(단위 : 인/개소)

종 별	전 철 전 공	보 통 인 부
100㎟ 이상	0.6	0.3
100㎟ 미만	0.4	0.2

[해 설]

100톤 압착 기준

7-52 급전선 한쪽 끝 잡아당김 설치(인류 설치) ('25년 개정)

(단위 : 개소)

종 별	전 철 전 공	보 통 인 부
압축 한쪽당김	0.8	0.4
기타	0.4	0.2

[해 설]

① 전주 밴드 및 애자 설치 포함

② 철거는 60%

③ 보호선(PW, FPW 등)은 기타 품의 50% 적용

④ 100톤 압착 기준

7-53 급전분기선 설치 ('25년 개정)

(단위 : 개소)

종 별	전철전공	보통인부
스 팬 선 식	4.8	0.7
가 동 브 래 킷 식	3.4	0.6
인 하 식	1.1	0.5

[해 설]

① 급전선 측은 압축 접속　② 애자설치품 포함　③ 철거는 60%

7-54 애자 설치 ('25년 개정)

(단위 : 개)

종 별	전철전공	보통인부
현 수 애 자	0.065	0.05
고 분 자 현 수 애 자	0.13	0.10
장 간 애 자	0.15	0.10
지 지 애 자	0.15	0.30

[해 설]

① 전차선로용 애자 기준
② 애자교환 또는 갈아끼우기 : 150%
③ 애자삽입은 장간형 기준
④ 현수애자 삽입은 1현(4개 기준)에 20% 증
⑤ 애사닦기
　(가) 주상(탑상)손닦기 : 등주(탑)품+닦기+하주(탑)품=신설품의 50%
　(나) 모터카 상부 손닦기 : 신설품의 30%
　(다) 모터카 상부(탑상) 손닦기 : 신설품의 50%
　(라) 주상(탑상) 기계닦기 : 기계손료만 계상(인건비 포함)
　(마) 발취 손닦기는 신설품의 170%
　(바) 터널 브래킷 구리스 도포 : 장간애자 신설품의 30%(모터카 상부 작업기준)
⑥ 지지애자는 66kV 기준이며, 가대의 조립설치는 별도계상
⑦ 철거는 30%, 재사용 철거는 80%

7-55 개폐기 설치 ('25년 개정)

종 별	단위	전철전공	보통인부	비 고
레 바 스 위 치	대	4.3	2.0	콘크리트 기초할 때는 별도 가산
단 로 기	〃	3.4	2.0	
조 작 대	㎡	0.21	0.03	

[해 설]

① 25kV 200A 이상 기준

② 인하부분 이하의 배선 및 번호찰을 포함

③ 철거는 60%

④ 이설은 설치+철거

7-56 전주방호책 설치

(단위 : 개소)

종 별	보통인부	비 고
전 주 방 호 책	8.7	기둥 5개 기준

[해 설]

① 용수있는 곳은 130%

② 콘크리트 기초시공 및 흙파기, 되메우기, 잔토처리 품 포함

③ 볼트매입형은 본 품의 60%를 적용하고 볼트매입품 별도 계상

④ 철거는 30%(기초 철거는 별도계상)

7-57 지지선 방호물 설치 ('25년 개정)

(단위 : 개소)

종 별	전철전공	보통인부	비 고
지지선방호물	0.05	0.04	철 제 커 버

[해 설]

철거는 50%

7-58 방호설비 설치 ('25년 개정)

(단위 : 개소)

종 별	전철전공	보통인부	비 고
방호물(날개형) 방호물(적립형)	2.6 3.0	2.2 3.3	방호물, 방호판 공용

[해 설]

① 과선교 또는 깍기비탈의 경우 인축의 위험을 방지하는 방호시설의 경우

② 5㎡를 기준 ③ 접지, 철구제작은 제외 ④ 철거는 30%

7-58-1 조류 서식 방지설비 설치 ('25년 개정)

(단위 : 2m)

종 별	전철전공	보통인부	비 고
조립 및 설치	0.57	0.61	

[해 설]

① 빔 폭, 높이에 관계없이 동일 적용

② 상부작업기준이며, 지상작업은 70% ③ 철거는 30%

7-59 표지류 설치 ('25년 개정)

종 별	단 위	전철전공	보통인부	비 고
주의표 현수식	개소	1.0	0.5	조가선 포함
주의표 입찰식	개	0.1	0.1	기초 포함
주의표 브래킷식	개소	1.2	-	브래킷 포함
전주번호표	개	0.08	-	
기타	개	0.1	-	

[해 설]

① 기타는 위 품목을 제외한 전차선로용 표지류

② 전주번호표를 기입할 때는 전철전공 0.05인 가산

③ 철거는 30%

7-60 조가선 풀림방지 슬리브 설치 ('25년 개정)

(단위 : 100개)

공 종	전 철 전 공
슬리브 설치	0.16

7-60-1 전철주 RL 표시

(단위 : 개소)

종 별	보통인부	비 고
RL 표시	0.07	

[해 설]

① 페인트 사용 기준 ② 강관주 RL 표시는 120%

③ H형 강관주 RL표시는 본 품 적용

④ 번호표 제작 부착 시 별도 계상

7-60-2 전차선로용 피뢰기 설치 ('25년 개정)

(단위 : 대)

종 별		전철전공	보통인부
피뢰기	소운반, 포장해체 및 설치준비	0.65	0.65
	본체 설치	0.34	0.34
	시험 및 조정	0.24	0.10

[해 설]

① 교류 전차선로용 66kV 기준 ② 폴리머형은 80%

③ 철거 50%, 재사용 철거 80% ④ 가대는 별도가산

7-60-3 전차선로용 볼트, 너트 교체 ('25년 개정)

(단위 : 개)

종 별	전철전공	보통인부
볼트,너트 교체	0.02	-

[해 설]

① 전철보수장비 상부 작업 기준 ② 승, 하주 작업은 150%

Ⅲ. 경량전철용 강체 전차선로 공사(참고품)

7-61 설치위치 측량 및 마킹 ('25년 개정)

(단위 : 100m)

공 종	규 격	전철전공	보통인부
측량, 배열	-	0.64	0.23

[해 설]

노선은 단선 기준

7-62 앵커볼트 구멍 뚫기

(단위 : 본)

공 종	규 격	석 공
구 멍 뚫 기	Φ23× 100	0.15

[해 설]

전차선 별도설치기준(안내레일과 분리설치)

7-63 케미칼 앵커 볼트설치 ('25년 개정)

(단위 : 본)

공 종	규 격	전철전공
설치 조정	M16 ~ M20	0.09

[해 설]

① 노선은 단선 기준

② 각 위치별(H형지지대, 직접 부착형, 비석형 외)

③ 철거 60%

7-64 지지철물 설치 ('25년 개정)

(가) 표준형, 앙카닝, 익스펜션조인트용

(단위 : 개소)

공 종	규 격	전철전공	보통인부
금구 및 볼트수 배치	-	-	0.021
지지볼트 설치	Ø22×200	0.07	-
금구 설치	각종	0.19	-
애자 설치	Ø90mm	0.075	-
계	-	0.335	0.021

[해 설]

① 볼트수 배치 및 지지볼트 설치는 1개소당 4본 기준

② 단독설치 및 안내 레일 합승형 동일적용

③ 철거 50%

(나) 엔드어프로치용

(단위 : 개소)

공 종	규 격	전철전공	보통인부
금구 및 볼트수 배치	-	-	0.05
지지볼트 설치	Ø22×200	0.075	-
금구 설치	각종	0.25	-
애자 설치	Ø120mm	0.075	-
계	-	0.40	0.05

[해 설]

① 볼트수 배치 및 지지볼트 설치는 1개소당 4본 기준 ② 철거 50%

7-65 AL 강체 구부리기 ('25년 개정)

(단위 : m)

공 종	규 격	전철전공	보통인부
강체 구부리기	AL 1,365㎟ STS 113㎟	0.065	0.055

[해 설]

강체 전차선 구부리기는 전용 절곡기 사용 기준

7-66 AL 강체 가설 ('25년 개정)

(단위 : m)

공 종	규 격	전철전공	보통인부
배치	AL+STS	-	0.025
조가	1,478㎟	0.04	0.08
교정	〃	0.008	-
높이 및 편위조정	〃	0.04	-
계	-	0.088	0.105

[해 설]

지지점 간격 3m 기준

7-67 Expansion Joint 설치 ('25년 개정)

(단위 : 조)

공 종	규 격	전철전공
접속부 절단 가공	-	0.9
점퍼케이블 단말 2조 설치	-	1.9
조가설치	-	0.4
조립조정	-	0.35
계	-	3.55

[해 설]

완제품 설치 기준

7-68 Anchoring 설치 ('25년 개정)

(단위 : 개소)

공 종	전철전공
조립조정	0.15

7-69 End Approach 설치 ('25년 개정)

공 종	규 격	전철전공
접속부 절단 가공	본	0.5
Approach 조가 설치	조	0.5
조립 조정	조	0.43
계	-	1.43

[해 설]

End Approach 가공 별도 계상

7-70 절연장치 설치 ('25년 개정)

(단위 : 조)

공 종	규 격	전철전공
접속부 절단 가공	AL 강체 2개소	0.9
조립 조정	-	0.3
구분표지 설치	-	0.4
계	-	1.6

7-71 접지선 가설 ('25년 개정)

(단위 : 100m)

종 별	전철전공	보통인부
38㎟	0.23	0.45

[해 설]

① 접지공사 불포함

② 철거 60%

7-72 접지선 설치 ('25년 개정)

(단위 : 개소)

종 별	전철전공	보통인부
8㎟	0.025	0.015

[해 설]

① 접지공사 불포함

② 철거 60%

7-73 클리트(Cleat) 지지 설치 ('25년 개정)

(단위 : 개소)

공 종	규 격	전철전공
앵 커 볼 트	∮12	0.15
클 리 트 설 치	-	0.15
계	-	0.30

[해 설]

① 조립 및 애자설치 품 포함

② 높이 조정 및 편위조정 품 포함

③ 철거 60%

7-74 입형 지지주 설치 ('25년 개정)

㈎ 안내 궤조 합승형

(단위 : 개소)

공 종	규 격	전철전공
지 지 주 설 치	안내 궤조 합승형	0.07

[해 설]

① 본선 및 차량기지용

② 일반 구간 및 앤드어프로치용

③ 철거 60%

㈏ 비석형 앵글

(단위 : 개소)

공 종	규 격	전철전공	보통인부
지 지 주 설 치	앵 글 형	0.8	0.5

[해 설]

① 본선 및 차량기지용

② 철거 60%

7-75 각종 명판 설치 ('25년 개정)

(단위 : 개소)

공 종	전철전공
애자번호명판	0.03
전차선명칭	0.03
급전구분표식	0.3
전차선종단표식	0.3

[해 설]

① 철거 60%

7-76 급전선 접속 ('25년 개정)

공 종	규격	단위	전철전공	보통인부
Terminal 납땜	550㎟	개	1.3	-
Al-T형 슬리브 접속	-	〃	1.3	-
Terminal 용접	550㎟ 2개	조	-	0.125
계	-	-	2.6	0.125

제8장 항공등화 설비공사

8-1 활주로 등화시설 등기구 설치

(단위 : 등기구)

<table>
<tr><th colspan="3">구 분</th><th>내선 전공</th><th>고 압 케이블 전 공</th><th>특별 인부</th><th>보통 인부</th><th>콘크리트공</th><th>미장공</th></tr>
<tr><td>활 주 로 등
활주로 말단등
유 도 로 등
활주로경계등
정 지 로 등
도로정지 위치등
회 전 안 내 등</td><td>노출형</td><td>200W 이하</td><td>2</td><td>0.4</td><td>-</td><td>-</td><td>-</td><td>-</td></tr>
<tr><td rowspan="2">활 주 로 등
활주로 중심선등
활주로 말단등
유도로 중심선등
접 지 구 역 등
정 지 선 등
일시정지 위치등
제방빙 시설출구등</td><td rowspan="2">매입형</td><td>100W 이하</td><td>3</td><td>0.4</td><td>-</td><td>-</td><td>-</td><td>-</td></tr>
<tr><td>200W 이하</td><td>3.5</td><td>0.4</td><td>0.32</td><td>0.49</td><td>0.008</td><td>0.16</td></tr>
<tr><td>활주로 거리등</td><td>노출형</td><td>200W 이하</td><td>0.875</td><td>0.4</td><td>-</td><td>-</td><td>-</td><td>-</td></tr>
<tr><td>유도로 안내등</td><td>길이</td><td>1.2m 이하
2.4m 이하
2.4m 초과</td><td>0.437
0.875
1.312</td><td>0.2
0.4
0.6</td><td>0.05
0.1
0.15</td><td>-</td><td>-</td><td>-</td></tr>
</table>

[해 설]

① 등기구 부착, 직렬변압기 부착 및 2차결선, 전구삽입, 각도 및 레벨조정, 장내 소운반 포함, 기초대 및 토공작업은 별도 계상

② 항공기 이착륙에 의해 작업제한을 받을 때에는 "1-11-3 지세별 할증률"을 별도 계상
③ 직렬변압기만 설치 시는 고압케이블전공 0.4인, 교체 시 0.52인 적용
④ 비행점검 별도 계상
⑤ 철재홀 내의 케이블 직선접속품 포함
⑥ 활주로거리등의 단위는 면
⑦ 철거 30%, 재사용 철거 50%

8-2 철재홀 설치

(단위 : 개)

구 분	기 사	중급 기술자 (측량)	초급 기술자 (측량)	내 선 전 공	보 통 인 부
ø 305× 600㎜ 이하	0.05	0.05	0.17	0.66	0.08
ø 380× 450㎜ 이상	0.05	0.05	0.17	0.95	0.08

[해 설]

① 토공작업, 기초구조물, 보강콘크리트, 에폭시 충진 별도 계상
② 장내 소운반, 설치기준틀 설치 및 철거 포함
③ 철거 30%
④ 항공기 이착륙에 의해 작업제한을 받을 때에는 "1-11-3 지세별 할증률"을 별도 가산한다.
⑤ 포장구간 설치 시 비트 커팅 별도 계상
⑥ 기사는 전기공사업법에 준함

8-3 비행장 등대 설치

(단위 : 개소)

구　　분	내선전공
비행장 등대신설	2.4

[해 설]

① 등구, 구동부, 결선, 전구 삽입시험, 장내 소운반 포함

② 기초대 별도 계상

③ 고소작업할증률 별도 계상

④ 철거 30%, 재사용 철거 50%

⑤ 비행점검 별도 계상

⑥ 항공기 이착륙에 의해 작업제한을 받을 때에는 "1-11-3 지세별 할증률"을 별도 계상

8-4 풍향등(WIND CONE) 설치

(단위 : 세트)

구　　분	내선전공
WIND CONE	3

[해 설]

① 조립, 설치, 결선, 조정시험, 장내 소운반 포함

② 기초대 및 도공직업은 별도 계상

③ 항공기 이착륙에 의해 작업제한을 받을 때에는"1-11-3 지세별 할증률"을 별도 계상

④ 철거 30%, 재사용 철거 50%

8-5 착륙방향 지시등(WIND TEE) 설치

(단위 : 세트)

구　　분	내선전공
WIND TEE	4

[해 설]

① 몸체, 등구, 전구삽입, 레벨조정, 장내 소운반 포함
② 기초대 및 토공작업은 별도 계상
③ 항공기 이착륙에 의해 작업제한을 받을 때에는"1-11-3 지세별 할증률" 을 별도 계상
④ 철거 30%, 재사용 철거 50%

8-6 진입등 시스템 설치

(단위 : 등)

구 분		내선전공	고 압 케이블 전 공	전기공사기사	중급 기술자 (측량)	초급 기술자 (측량)	보통 인부	미장공	특별 인부	콘크 리트공
노출형	500W 이하	2	0.4	0.05	0.05	0.17	0.08	-	-	-
매입형	500W 이하	3	0.4	-	-	-	0.418	0.16	0.32	0.008

[해 설]

① 활주로 레벨에 지상설치 기준으로 전주에 설치 시 고소작업할증률 별도 계상
② 기초대 및 토공작업은 별도 계상
③ 항공기 이착륙에 의해 작업제한을 받을 때에는 "1-11-3 지세별 할증률"을 별도 계상
④ 비행점검 별도 계상
⑤ 기사는 전기공사업법에 준함
⑥ 등기구 부착, 직렬변압기 부착 및 2차결선, 전구삽입, 각도 및 레벨조정, 장내 소운반 포함. 기초대 및 토공작업은 별도 계상
⑦ 철재홀 내의 케이블 직선접속품 포함
⑧ 직렬변압기만 설치 시는 고압케이블 전공 0.4인, 교체 시 0.52인 적용
⑨ 철거 30%, 재사용 철거 50%

8-7 섬광등 등기구 설치

구 분	단 위	내선전공
등 기 구	개	2
POWER SUPPLY	면	1.8

[해 설]

① 기구 부착, 결선, 전구 삽입, 각도 조정, 장내 소운반 포함

② 기초대 및 토공작업은 별도 계상

③ 항공기 이착륙에 의해 작업 제한을 받을 때에는 "1-11-3 지세별 할증률"을 별도 계상

④ 철거 30%, 재사용 철거 50%

⑤ 비행점검 별도 계상

8-8 PAPI 설치

(단위 : 박스)

구 분	내선전공
PAPI	3

[해 설]

① VASIS 설치도 이 품에 준함

② 항공기 이착륙에 의해 작업제한을 받을 때에는 "1-11-3 지세별 할증률"을 별도 계상

③ 철거 30%, 재사용 철거 50%

④ 비행점검 별도 계상

8-9 비행점검

(단위 : 시스템)

구 분		전기공사기사
PAPI	활주로 외측 한 방향	4
	활주로 외측 양 방향	8
활 주 로 등 화 시 설		8
비 행 장 등 대		4
진 입 등 시 스 템		8
섬 광 등 레 일 등		4

[해 설]

① 1시스템 당 1회 기준

② VASIS 비행점검도 이 품에 준함

③ 기사는 전기공사업법에 준함

〈참 고〉

• 항공등화 배관 및 배선공사는 옥외관로공사의 경우 "4-29 강관 설치", 옥내관로공사의 경우 "5-1 전선관 배관", 옥외 간선 케이블 공사의 경우 "4-34 전력케이블 설치", 케이블 공사(맨홀에서 등기구 또는 등기구 사이)의 경우 "5-11 전력케이블 구내설치"를 각각 준용

제9장 신재생에너지 및 분산형전원설비공사

9-1 태양광 발전시스템 설치

품 명	규 격	단위	플랜트 전공
태양전지판	50W 이하	매	0.17
	75W 〃	〃	0.20
	100W 〃	〃	0.25
	175W 〃	〃	0.35
전력조절기 (접속함)	5회로 이하	대	0.40
	10회로 〃	〃	0.50
	20회로 〃	〃	0.60
인 버 터	1kVA 이하	대	0.44
	3kVA 〃	〃	0.66
	5kVA 〃	〃	0.70
	10kVA 〃	〃	2.50
	20kVA 〃	〃	3.0
	30kVA 〃	〃	3.50
	50kVA 〃	〃	4.0
	75kVA 〃	〃	5.0
	100kVA 〃	〃	7.0
	100kVA 초과	〃	10.0

[해 설]

① 인버터의 용량이 5kVA 이하는 단상, 5kVA 초과는 삼상 기준. 단, 5kVA 이하 삼상은 해당 품의 240%

② 포장해체, 장내소운반, 조립 및 단자결선, 시험, 조정, 잔자재 처리 포함

③ 태양전지판지지대, 축전지설치, 간선전기공사, 접지공사 및 기기 기초대 설치는 별도 계상

④ 태양전지판 175W 초과 시는 매 초과 50W당 0.05인씩 가산

⑤ 철거 50%, 재사용 철거 80%

9-1-1 주택용 태양광설비 설치

(단위 : 대)

총 설치 용량	내선전공
350W 이하	0.38
1,000W 이하	0.95

[해 설]

① 발코니 및 옥상 등에 1kW 이하 태양전지판 설치 기준

② 시운전 및 인버터, 지지금구 설치 포함

③ 350W 이하 발코니용 접지는 본 품에 포함, 1000W 이하의 경우 접지 별도 설치 시는 "3-38 접지공사" 적용

④ 철거 50%, 재사용 철거 80%

9-1-2 가로등용 태양전지판 설치

(단위 : 대)

총 설치 용량	내선전공
350W 이하	0.297

[해 설]

① 시운전 및 인버터 설치 포함

② 태양전지판 2개 설치 시는 본 품의 180% 적용

③ 가로등 세움 시 소요되는 기계경비 산출 시"5-27 (나) Pole Light 기계설치"의 장비사용시간 적용

④ 철거 50%, 재사용 철거 80%

9-2 전기차 충전기설비 설치

(단위 : 대, 적용직종 : 내선전공)

구 분	종 류	
	벽 부 형	자 립 형
100kW 이하	0.35	0.31
100kW 미만	-	0.46
100kW 이상	-	0.53

[해 설]

① 충전기 완제품 설치 기준
② 소운반, 조립, 접속, 결선, 잔재정리, 시운전 포함
③ 동일 장소에서 2대 이상 동시 설치 시 전기차 충전설비 추가 1대당 80% 가산
④ 10kW 초과의 경우, 기계경비 산출시 장비 사용시간은 1대 설치 시 2hr 적용, 동일 장소 1대 추가 설치 시마다 1hr 추가
⑤ 전선관 배관, 케이블 트레이, 전력케이블, 분전반 설치는 "제5장 내선설비공사" 적용
⑥ 보호장치(I형 볼라드, 주차블록), 주차구획 및 바닥면 도장은 건설품셈 준용, U형 안전 볼라드는 I형의 200% 적용
⑦ 기초설치, 터파기, 되메우기, 잔토처리, 바닥 방수공사, 캐노피 등 부대공사는 별도 계상
⑧ 접지공사는 "3-38 접지공사" 적용
⑨ 정보시스템 연계 설비 공사시는 별도 계상
⑩ 철거 50%, 재사용 철거 80%

9-3 풍력발전설비 설치

(단위 : 기)

구 분	고압 케이블 전공	플랜트 기계설치공	플랜트 특별인부	특별인부
변 압 기 설 치	-	0.20	-	0.60
타 워 설 치	-	21.03	5.28	-
나 셀 설 치	-	3.22	0.58	-
허브 및 날개(Blade) 설치	-	22.01	5.69	-
타워내부 케이블 설치 및 결선	16.87	-	-	7.52

[해 설]

① 발전용량 2MW, 높이 100m 육상풍력 기준
② 설치장비(조립 및 해체 포함), 발전기, 특수공구 임대료는 별도 계상

③ 시운전 별도계상
④ 볼트 조립(텐션 또는 토크 밸류), 각종센서 및 제어설비 조립 포함
⑤ 기초설치, 터파기, 되메우기, 잔토처리, 승강기 설치 별도 계상
⑥ 접지공사는 "3-38 접지공사" 적용
⑦ 철거 50%

9-3-1 가로등용 풍력발전기 설치

(단위 : 대)

총 설치 용량	내선전공
500W 이하	0.317

[해 설]

① 시운전 및 인버터 설치 포함
② 풍력발전기 2개 설치 시는 본 품의 180% 적용
③ 가로등 세움 시 소요되는 기계경비 산출시 "5-27 (나) Pole Light 기계설치"의 장비사용시간 적용
④ 철거 50%, 재사용 철거 80

제10장 소방전기설비공사

10-1 소화 설비

10-1-1 수동조작함 설치

(단위 : 대)

공 종	내선전공
수동조작함	0.36

[해 설]

① 소화약제용, 스프링클러용, 댐퍼용 수동조작함 등을 포함

② 방폭형 200%

③ 철거 30%, 재사용 철거 50%

10-1-2 릴레이 설치

공 종	단위	내선전공
소화전 기동 릴레이	대	1.5
MCC연동릴레이(소방)	개	0.33

[해 설]

① 소화전 기동 릴레이는 수신기에 내장되지 않은 것으로 별개로 부착시 적용

② 방폭형 200%

③ 철거 30%, 재사용 철거 50%

10-1-3 프리액션밸브 결선

(단위 : 개)

공 종	내선전공
프리액션밸브 결선	0.31

[해 설]

① 프리액션밸브에 장착된 압력스위치, 댐퍼스위치, 솔레노이드 등의 결선을 포함

10-2 경보 설비

10-2-1 스포트형 감지기 설치

(단위 : 개)

공 종	내선전공
스포트(Spot)형 감지기	0.13

[해 설]

① 차동식, 정온식, 보상식 스포트형 감지기를 포함

② 방폭형 200%

③ 천장 높이 4m 기준 1m 증가 시 마다 5% 가산

④ 매입형 또는 특수구조 천장의 경우 조건에 따라 산정

⑤ 부착시 목대를 필요로 할 경우 개당 내선전공 0.02인 가산

⑥ 아파트의 경우 감지기 1개당 내선전공 0.1인 적용

⑦ 철거 30%, 재사용 철거 50%

10-2-2 불꽃감지기 설치

(단위 : 개)

공 종	내선전공
불꽃감지기	0.15

[해 설]

① 노출 설치 기준

② 조립·설치·결선, 지지금구류 설치, 각도 조정, 장내 소운반 및 잔재정리 포함

③ 천장높이 4m 기준 1m 증가시마다 5% 가산

④ 시험품 별도 계상

⑤ 철거 30%, 재사용 철거 50%

10-2-3 불꽃감지기용 전원반 설치

(단위 : 개)

공 종	내선전공
불꽃감지기용 전원반	0.13

[해 설]

① 노출 설치 기준

② 칼블럭(Ø9㎜ 이하) 및 지지금구류 설치 포함. 단, 세트앵커 사용 시 별도 계상

③ 조립·설치·결선, 장내 소운반 및 잔재정리 포함

④ 철거 30%, 재사용 철거 50%

10-2-4 분포형 감지기 설치

공 종	단 위	내선전공
시험기(공기관 포함)	개	0.15
분포형의 공기관(열전대선 감지선)	m	0.025
검출기	개	0.30
공기관식의 부스터(Booster)	개	0.10

[해 설]

① 방폭형 200%

② 천장 높이 4m 기준 1m 증가 시 마다 5% 가산

③ 매입형 또는 특수구조 천장의 경우 조건에 따라 산정

④ 부착시 목대를 필요로 할 경우 개당 내선전공 0.02인 가산

⑤ 철거 30%, 재사용 철거 50%

※ 참고) 공기관의 길이는 「텍스」붙인 평면천장의 산출식에 의한 수량에 5%를 가산하고, 보돌림과 시험기로 인하되는 수량은 별도 가산

10-2-5 발신기 세트 설치

공 종	단 위	내선전공
발 신 기 P - 1	개	0.30
발 신 기 P - 2	개	0.30
발 신 기 P - 3	개	0.20
전 령 (電 鈴)	개	0.15
표 시 등	개	0.20

[해 설]

① 1급은 방수형, 2급은 보통형, 3급은 푸시버튼만으로 응답확인 없는 설비
② 방폭형 200%
③ 철거 30%, 재사용 철거 50%

10-2-6 회로시험기 설치

공 종	단 위	내선전공
회로시험기	개	0.10

[해 설]

① 철거 30%, 재사용 철거 50%

10-2-7 수신기 설치

공 종		단 위	내선전공
수신기 P-1	기본공수	대	6.0
	회선수	회선수	0.3
수신기 P-2	기본공수	대	4.0
	회선수	회선수	0.2
R형 수신반	기본공수	대	6.0
	회선수	회선수	0.2
부 수 신 기	기본공수	대	3.0

[해 설]

① R형은 수신반 인입감시 회선수 기준

② 시험품은 회로당 내선전공 0.025인 적용

③ 철거 30%, 재사용 철거 50%

※ 참고) P-1의 10회선: 기본공수(6인), 회선당 할증수 (10×0.3=3인) → 6+3=9인

10-2-8 중계기 설치

(단위 : 개)

공 종	내선전공
R형 중계기	0.30

[해 설]

① 철거 30%, 재사용 철거 50%

10-2-9 중계기 수용함 설치

(단위 : 개)

공 종	규 격(mm)	내선전공
중계기수용함	300×300×150 이하	0.11

[해 설]

① 노출 설치 기준

② 지지금구류 설치, 장내 소운반 및 산재정리 포함

③ 규격 300×300×150 초과 시 120% ④ 철거 30%, 재사용 철거 50%

10-2-10 비상전원반 설치

(단위 : 대)

공 종	내선전공
비상전원반	1.68

[해 설]

① 철거 30%, 재사용 철거 50%

10-2-11 자동화재속보기 설치

공 종	단위	내선전공
자동화재속보기	대	0.13

[해 설]

① 콘크리트 노출 기준

② 결선, 지지금구류 설치, 연동시험 포함

③ 철거 30%, 재사용 철거 50%

10-2-12 시각경보기 설치

(단위 : 개)

공 종	내선전공
시각경보기	0.09

[해 설]

① 노출 설치 기준

② 조립·설치·결선, 장내 소운반 및 잔재정리 포함

③ 철거 30%, 재사용 철거 50%

10-2-13 시각경보기용 전원반 설치

(단위 : 개)

공 종	내선전공
시각경보기용 전원반	0.13

[해 설]

① 노출 설치 기준

② 칼블럭(Ø9 ㎜ 이하) 및 지지금구류 설치 포함. 단, 세트앵커 사용 시 별도 계상

③ 조립·설치·결선, 장내 소운반 및 잔재정리 포함

④ 철거 30%, 재사용 철거 50%

10-2-14 시청각경보기 설치

(단위 : 개)

공 종	내선전공
시청각경보기	0.1

[해 설]

① 노출 설치 기준

② 조립·설치·결선, 지지금구류 설치, 장내 소운반 및 잔재정리 포함

③ 철거 30%, 재사용 철거 50%

10-3 피난구조 설비

10-3-1 유도등 설치

(단위 : 개)

공 종	내선전공
유도등	0.20
표지판	0.15

[해 설]

① 방폭형 200%

② 철거 30%, 재사용 철거 50%

10-3-2 LED 음성점멸유도등 설치

(단위 : 개)

공 종	내선전공
LED 음성점멸유도등	0.12

[해 설]

① 노출 설치 기준

② LED 유도등과 시청각경보기 일체형 기준

③ 조립·설치·결선, 지지금구류 설치, 장내 소운반 및 잔재정리 포함

④ 철거 30%, 재사용 철거 50%

10-3-3 피난유도선 설치

(단위 : 개)

공　종	내선전공
광원점등식	0.12
축광식	0.08

[해 설]

① 노출 설치 기준

② 조립·설치·결선, 지지금구류 설치, 장내 소운반 및 잔재정리 포함

③ 동일 장소에 매 1개 연접 추가마다 80% 가산

④ 철거 30%, 재사용 철거 50%

10-3-4 비상조명등 설치

(단위 : 개)

공　종	내선전공
비상조명등	0.11

[해 설]

① 노출 설치 기준

② 예비전원 내장 비상조명등 기준

③ 조립·설치·결선, 지지금구류 설치, 장내 소운반 및 잔재정리 포함

④ 철거 30%, 재사용 철거 50%

10-4 소화활동 설비

10-4-1 비상콘센트 설치

공　종	단위	내선전공
비상콘센트	개	0.09

[해 설]

① 220V, 1.5kVA 이상의 콘센트·차단기 일체형 기준

② 함체 내부 설치 기준
③ 조립·설치·결선, 지지금구류 설치, 장내 소운반 및 잔재정리 포함
④ 철거 30%, 재사용 철거 50%

10-4-2 비상콘센트함 설치

(단위 : 개)

공 종	내선전공
비상콘센트함	0.36

[해 설]
① 철거 30%, 재사용 철거 50%

10-4-3 제연댐퍼 결선

공 종	단 위	내선전공
제연댐퍼 결선	대	0.32

[해 설]
① 댐퍼에 장착된 모터기동 및 동작확인 회로의 결선

2026
표준

전기·신호·정보통신공사 품셈

신호부문

2023. 1. 개정

제1장 적용기준

1-1 목 적

정부, 공공기관 등에서 시행하는 철도신호공사의 적정한 예정가격을 산정하기 위한 일반적인 기준을 제공하는데 있다.

1-2 적용범위

국가, 지방자치단체, 정부투자기관 및 위 기관의 감독과 승인을 요하는 기관과 철도운영 사업자는 철도신호공사(유지보수 포함)에 본 표준품셈을 적용한다.

1-3 적용방법

가. 설계에 적용할 표준품셈은 원칙적으로 이 기준에 준한다.

나. 본 표준품셈은 철도신호공사 중 대표적이고 보편적이며, 일반화된 공종, 공법을 기준한 것이며, 현장여건, 기후의 특성 및 기타 조건에 따라 조정 적용한다.

다. 본 표준품셈에 명시되지 않은 사항은 각종 사업을 시행하는 국가기관, 지방자치단체, 정부투자기관 등의 장의 책임하에 적정한 예정가격 산정기준을 적의 결정하여 적용한다.

라. 철도신호공사의 예정가격 산정시 공사규모 · 공사기간 및 현장조건 등을 감안하여 가장 합리적인 공법을 채택 적용한다.

마. 본 품셈에 명시되지 않은 사항은 타부문 표준품셈(토목, 건축, 기계, 전기, 통신)을 적용하고 타부문과 유사한 공정의 품은 본 품셈을 우선하여 적용한다.

바. 전기사업법, 전기공사업법, 소방기본법, 총포 · 도검 · 화약류단속법, 산업안전보건법, 산업재해보상보험법, 고용보험법, 국민건강보험법, 국민연금법, 건설기술관리법, 대기환경보전법, 소음 · 진동규제법 등 관계 법령이나 계약

조건에 따라 소요되는 비용은 별도로 계상한다.

사. 각 발주기관에서 다항에 의하여 별도로 품을 결정하여 적용한 품셈이 표준품셈 보완에 반영할 필요가 있다고 인정될 경우에는 그 자료를 표준품셈 관리기관인 한국철도신호기술협회에 제출한다.

아. 표준품셈 관리기관에서는 상기"사"항의 자료를 표준품셈 제정절차에 따라 제정할 수 있다.

1-4 특정 기계사용

공사를 시행하는데 있어 특정한 기계사용이 사전에 확인되었을 때는 본 기준에 의하지 않고 개별적으로 그 특성에 의한 작업능력과 제 경비를 산정하여 적용할 수 있다.

1-5 수량의 계산

가. 수량은 M.K.S 단위를 사용한다.

나. 수량의 단위 및 소수위는 표준품셈 단위 표준에 의한다.

다. 수량의 계산은 지정 소수위이하 1위까지 구하고, 끝 수는 4사5입 한다.

라. 계산에 쓰이는 분도(分度)는 분까지, 원둘레율(圓周律), 삼각함수(三角函數) 및 호도(弧度)의 유효숫자는 3자리(3位)로 한다.

마. 곱하거나 나눗셈에 있어서는 기재된 순서에 의하여 계산하고, 분수는 약분법을 쓰지 않으며 각 분수마다 그의 값을 구한 다음 전부의 계산을 한다.
단, 계산은 1회 곱하거나 나눌 때마다 소수 3째자리에서 4사5입하여 소수 2자리까지로 한다.
예 1) 0.014 → 0.01　　예 2) 0.015 → 0.02

바. 면적의 계산은 보통 수학공식에 의하는 외에 좌표면적계산법·삼사법(三斜法)·구적기(Planimeter) 또는 전자면적계산 등에 의한다. 다만, 구적기(Planimeter)를 사용할 경우에는 3회 이상 측정하여 평균값으로 한다.

사. 체적계산은 의사공식(疑似公式)에 의함을 원칙으로 하나 토사체적은 양단면적을 평균한 값에 그 단면간의 거리를 곱하여 산출하는 것을 원칙으로 한다. 단, 거리평균법으로 고쳐서 산출할 수도 있다.

1-6 재료의 할증률 및 철거손실률

공사용 재료의 할증률 및 철거용 재료의 손실률은 일반적으로 다음표의 값 이내로 한다. 다만, 품셈의 각 항목에 별도로 할증률 및 손실률이 표시되어 있는 경우에는 본 항을 적용하지 아니한다.

가. 콘크리트 및 포장용 재료

종 류	정치식 (%)	기 타 (%)
시멘트	2	3
잔골재, 채움재	10	12
굵은골재	3	5
아스팔트	2	3
석분	2	3
혼화재	2	

*속채움 재료의 경우에도 이 값을 준용한다.

나. 노상 및 노반재료(선택층, 보조기층, 기층 등)

종 류	할 증 률 (%)
모래	6
부순돌, 자갈, 막자갈	4
석분	0
점질토	6

다. 관 및 구조물기초 부설재료

종 류	할 증 률 (%)
모래	4

라. 해상작업의 경우의 다음표의 값 이내를 적용할 수 있다.

(1) 토사

종 류	할증률(%)	비 고
치환모래(置換砂)	20	표면건조 포화상태의 모래에 대한 할증률
깔모래(敷砂)	30	
사항용모래(砂抗用徙)	20	
압입모래(壓入砂)	40	

(2) 사석(沙石)

종 류	지반	보통지반		모래치환지반		연약지반	
	사석 두께	2m 미만	2m 이상	2m 미만	2m 이상	2m 미만	2m 이상
기초사석		25%	20%	30%	25%	50%	40%
피복석(被覆石)		15%	15%	15%	15%	20%	20%
뒷채움 사석		20%	20%	20%	20%	25%	25%

(3) 속채움

종 류	할증률(%)	비 고
모 래	10	케이슨 또는 세라블록등의 속채움시 단, 블록 또는 콘크리트의 속채움시는 제외
사 석	10	

마. 강재(鋼材)류

종 류	할 증 률 (%)
이형철근	3
이형철근(교량·지하철 및 이와 유사한 복잡한 구조물의 주철근)	6~7
원형철근	5
일반볼트	5
고장력 볼트(H.T.B)	3
강판(板)	10

종류	할증률(%)
강관(옥외수도용강관제외)	5
대형형강(形鋼)	7
소형형강	5
봉강(棒鋼)	5
평강, 대강	5
정량형강, 각(角) 파이프	5
리벳제품	5

[해 설]

(1) 이형철근의 경우, 해당 공사 또는 구조물의 시공실적에 따라 조정하여 적용할 수 있다.

바. 전기재료

재료별		할증률(%)	철거손실률(%)
옥외전선		5	2.5
옥내전선		10	-
Cable(옥외)		3	1.5
Cable(옥내)		5	-
전선관		10	-
케이블 랙(트레이), 덕트, 레이스웨이		5	-
동대, 동봉		3	1.5
애자류	100개미만	5	2.5
	100개이상	4	2
	200개이상	3	1.5
	500개이상	1.5	0.75
	1,000개이상	1	0.5
전선로철물류	100개미만	3	6
	100개이상	2.5	5
	200개이상	2	4
	500개이상	1.5	3
	1,000개이상	1	2
합성수지파형전선관(파상형 경질 폴리에틸렌 전선관)		3	-

[해 설]

(1) 철거손실률이란 철도신호공사에서 철거작업시 발생하는 폐자재를 환입할 때 재료의 파손, 손실, 망실 및 일부 부식 등에 의한 손실률을 말한다.

사. 기타 재료

재료별		할증률 (%)	재료별		할증률 (%)
목재	각재	5	현장혼합 콘크리트타설 (인력및믹서)	무근구조물	3
	판재	10		철근구조물	2
합판	일반용	3		소형구조물	5
	수장용	5	졸대		20
쉬이즈관		8	텍스		5
원심력철근콘크리트관		3	석고판(못붙임용)		5
조립식구조물(U형플륨관등)		3	석고판(본드붙임용)		8
도료		2	콜크판		5
벽돌	붉은벽돌	3	단열재		10
	시멘트벽돌	5	유리		3
	내화벽돌	3	테라콧타		4
	경계벽돌	3	블록		5
	호안벽돌	5	기와		3
원석(마름돌용)		30	슬레이트		3
석재판 붙임용재	정형돌	10	타일	모자이크	3
	부정형돌	30		도기	3
조경용수목		10		자기	5
잔디 및 초화류		10		아스팔트	5
래디믹스트 콘크리트 타설 (현장플랜트포함)	무근구조물	2		라노늄	5
	철근구조물	1		비닐	5
	철골구조물	1		비닐렉스	5
콘크리트포장혼합물의포설		4		크링카	3
아스팔트콘크리트포설 (현장플랜트포함)		2			

1-7 가설공사

가설공사비는 그 성질에 따라 계상할 수 있다.

1-8 노임

노임은 관계 법령의 규정에 따른다.

1-8-1 노임의 할증

연장근로와 야간근로 또는 휴일근로의 경우에는 근로기준법(제56조), 유해 위험 작업인 경우에는 산업안전보건법(제46조), 도서(제주도 포함), 오지지역 및 기능자 격자를 특별히 사용하는 경우에는 국가를 당사자로 하는 계약에 관한법 률 시행규칙(제7조2항)에 정하는 바에 따라 노임을 할증하여 적용한다.

1-9 주요자재

가. 공사에 대한 주요자재의 관급은 국가를 당사자로 하는 계약에 관한 법률 시행규칙 및 재정기획부의 회계예규 등 관계규정이나 계약조건에 따른다.

나. 자재구입은 필요에 따라 시방서를 작성하고 그 물건의 기능, 특징, 용량, 제작방법, 성능, 시험방법, 부속품 등에 관하여 명시하여야 한다.

다. 국내에서 생산되는 자재를 우선적으로 사용함을 원칙으로 하고 그 중에서도 KS규격품을 우선한다.

라. KS 규격에 없는 제품 사용 시에는 공사조건에 맞는 관련규격(외국규격 등) 및 시방 등을 검토하여 준용토록 한다.

1-9-1 재료 및 자재단가

가. 철도신호 공사용 자재 및 자재단가의 결정은 거래 실례 가격을 기준한다.

나. 재료 및 자재단가에 운반비가 포함되어 있지 않은 경우 구입장소로부터 현장까지의 운반비를 계상한다.

1-10 발생재의 처리

가. 작업부산물 및 기타 발생재의 처리시 공제율은 다음 표에 의한다. 단, 시멘트 공포대 및 목제공드럼은 작업부산물에서 제외하되 현장으로부터 운반하여 폐기처리한다.

품 명	공 제 율
작 업 부 산 물	90%
토 막 강 재	70%
기 타 발 생 재	발 생 량

[주] 공제 금액 계산 : 발생량×공제율×작업부산물단가

1-11 소운반

품에서 규정된 소운반이라 함은 20m 이내의 수평거리를 말하며 소운반 거리를 초과할 경우에는 초과분에 대하여 이를 별도 계상하며 경사면의 소운반 거리는 직고 1m를 수평거리 6m 비율로 본다.

1-12 제경비

가. 공사원가에 대한 경비 계상은 기획재정부 회계예규인 원가계산에 의한 예정가격 작성 준칙에 따른다.

1-12-1 안전관리비

작업현장에서 산업재해 및 건강장해 예방을 위하여 관계법령(산업안전보건법)에 의거 요구되는 산업안전보건 관리비는 별도 계상한다.

1-12-2 산업재해보상보험료 및 기타

가. 공사원가계산에 있어 간접노무비, 경비, 일반관리비, 이윤과 산업재해보상보험료, 고용보험료, 국민연금보험료, 국민건강보험료 및 기타 이와 유사한 사항은 기획재정부의 회계예규와 산업재해보상보험법 등 관계 규정에 따른다.

나. 시공과정에서 필요로 하는 보상비(직접, 간접 및 일시보상 등)는 현장실정에 따라 별도 계상할 수 있다.

1-12-3 품질관리비

당해 계약목적물의 시공을 위하여 전기사업법 및 관련법령 등이나 계약조건에 의하여 품질시험이 요구되는 경우의 비용으로서 실제 소요되는 비용을 계상한다.

1-13 콘크리트 및 거푸집

가. 콘크리트의 양이 많거나 소량이라 할지라도 그 품질상 필요한 경우에는 반드시 배합설계를 하여야 한다.

나. 레미콘는 그 경제성 및 품질을 현장 콘크리트와 비교하여 사용 여부를 결정해야 한다.

다. 거푸집의 사용회수 결정은 단일 공사별 계약단위별로 하며 일반적으로 다음 표를 표준으로 하고 구조물 현상 또는 현장조건에 제한을 받을 경우에는 이를 감안하여 결정할 수 있다.

사용회수	구 조 별
2회	T형보, 난간, 특히 복잡한 구조의 교각, 교대, 수문관의 본체등 복잡한 구조
3회	슬래브, 교대, 교각, 옹벽, 파라벳트, 날개벽, 철도신호 맨홀(핸드홀), 기구함류 등 거푸집이 필요한 약간 복잡한 구조
4회	측구, 수로, 확대기초, 우물통등 비교적 간단한 구조
6회	수문 또는 관의 기초, 호안 및 보호공의 기초등 극히 간단한 구조

라. 현장 여건상 특수거푸집을 제작사용할시 별도품을 계상할 수 있다.

1-14 재료시험의 결과 이용

설계는 재료시험에 의하여 제원을 결정함을 원칙으로 한다.

1-15 야간작업

PERT/CPM 공정계획에 의한 공기산출 결과 정상작업(정상공기)으로는 불가능하여 야간작업을 할 경우나 공사 성질상 부득이 야간작업을 하여야 할 경우에는 품을 25%까지 가산한다.

1-16 운반기계의 유류산정

가. 트럭 또는 기타 운반기계로 기자재를 운반할 경우 적재에 소요되는 시간이 10분을 초과할 때에는 주행거리에 해당하는 유류만을 계상한다.

나. 손료산정에서 동력이 포함되어 있지 않은 경우에는 해당되는 디젤, 가솔린 엔진 또는 모터의 손료 및 운전경비를 적용한다.

다. 유류가격은 해당 지역의 고시가격으로 한다.

1-17 운반차량의 구분

가. 공사용 자재의 운반차량은 덤프트럭을 원칙으로 하되 훼손의 위험이 있는 기자재는 화물자동차로 운반한다. 다만, 전주 등 장척물의 경우는 자동차의 길이가 적재하고자 하는 장척물 길이의 10/11 이상인 차종으로 운반한다.

나. 화물자동차(용달차 포함)의 운반비(전세차량비)는 기획재정부장관이 지정한 가격조사기관에서 발행하는 물가정보지 또는 거래실례 가격을 적용하며, 신기 및 부리기에 대한 경비는 별도 계상한다.

◦ 산정공식

1) 운반비 산출

차량운반비(원)=(계산차량대수×전세차량비)+총상하차임

계산차량대수 = 1/480[T_1+ T_2]

T_1(총주행 소요시간:분) =$[\frac{L}{V_1}(1+a)+\frac{L}{V_2}]\times 60\times N$

L : 운반거리(편도) ㎞

V_1: 적재시 평균속도 ㎞/h

V_2: 공차시 평균속도 km/h

N(대수) : $\frac{\text{총 운반할 자재중량(ton)}}{\text{사용차량의 적재능력(ton)}}$

T_2: 적상하시간(분)

α : 품목별 할증률 및 할인률 (건설교통부운임 및 요금표상의 할증 및 할인 해당분에 한함)

가) 전세차량비는 구역화물, 차종별, 전세운임 적용

나) 총중량 0.5ton 미만의 운송비는 용달운임차량을 이용할 수 있는 지역은 용달운임을 적용

2) 운반도로와 평균주행속도(km/h)

도 로 상 태	평균속도	
	적재	공차
1차선의 교차가 힘든 산간지 도로	10	10
2차선 이상의 산간지 미포장 도로	15	15
2차선 이상의 교통량 및 교통대기가 많은 시가지	20	20
포장도로(7,000대/일이상), 2차선 이상의 미포장 도로, 2차선 이상의 시가지 포장도로(7,000~2,000대/일)	25	25
2차선 이상의 교외포장도로(2,000대/일 이상)	25	30
2차선 이상의 포장도로(2,000대/일 미만)	35	35
2차선 고속도로	50	50
4차선 고속도로	60	60

다. 운반과정에서 물량형편으로 화물자동차 1대분에 미달하여 단수가 생길 때에는 1대분으로 계상한다.

1-18 수송비

건설용 기계의 공사현장까지의 왕복 수송비는 건설공사장에서 가장 가까운 도청소재지(서울특별시, 광역시 포함)로부터 공사현장까지의 수송에 필요한 경비(공인된 수속비, 인건비 등 포함)를 계상한다.

1-19 분해 조립비

분해 및 조립을 필요로 하는 기계는 이에 소요되는 경비를 계상한다.

1-20 운전사의 구분

구 분	해 당 기 계
건설기계 운 전 사	건설기계관리법 시행령 제2조에 규정한 기계로서 다음과 같은 기종을 말한다. 불도우저, 굴삭기, 로우더, 지게차, 스크레이퍼, 덤프트럭(12톤 이상), 기중기(차륜 및 무한궤도), 모우터 그레이더, 로울러, 노상안전기, 콘크리트배칭플랜트, 콘크리트휘니셔, 콘크리트스프레더, 콘크리트믹서(0.55㎥이상), 콘크리트펌프(5㎥이상), 아스팔트믹싱플랜트, 아스팔트휘니셔, 아스팔트살포기, 슬러리실기계, 골재살포기, 쇄석기, 공기압축기(2.83㎥/min이상)천공기, 항타 및 항발기(0.5톤 이상), 사리채취기, 노면파쇄기 기타 이와 유사한 기계
운 전 사 (운반차)	자동차관리법시행규칙 제2조에 규정한 차량류로서 12톤미만의 덤프트럭, 화물트럭, 살수차, 트랙터, 제설차, 노면청소차, 기타공업용 소형트럭 등을 말한다.
운 전 사 (기 계)	건설기계관리법 및 자동차관리법에 규정되어 있지 아니한 기계류로서, 소형의 공기압축, 양수기, 소형믹서, 윈치, 소형항타기, 소형그라우트 펌프, 벨트콘베이어, 발전기, 램머, 콤팩터, 콘크리트파쇄기, 기타 소형기계 등을 말한다.

1-21 운전사의 노임

운전사[건설기계운전사, 운전사(운반차), 운전사(기계), 건설기계조장 및 건설기계운전조수 포함]의 노임은 상시 고용일 경우 월정액을 지급함을 원칙으로 하며, 원가계산에 의한 예정가격 작성기준(기획재정부의 회계예규)에 의거 계상한다.

1-22 설계도면의 제도

설계도면 작성을 위한 제도는 KSA 0005(제도통칙)을 기본으로 하여 KSC 0102(전기용 기호) KSC 0103(시퀀스제어 기호) 및 KSC 0301(옥내배선용 심볼)에 따르고 KSF 1001(토목제도 통칙)및 KSF 1501(건축제도 통칙)과 철도신호설비설계편람(표준도 포함), 건설CALS/EC, 전자도면작성표준을 참고로 하여 작성하여야 한다.

1-23 설계서 작성

가. 설계서의 작성순서 및 작성요령은 다음과 같다.

순위	원 설 계 서	순위	변 경 설 계
1	표지	1	표지
2	목차	2	목차
3	설계설명서	3	변경이유서
4	일반시방서		이하 원설계서와 같음
5	특별시방서		
6	예정공정표		
7	동원인원 계획표		
8	예산서(내역서)		
9	일위대가표		
10	자재표		
11	중기사용료 및 잡비 계산서		
12	수량계산서(토적표)		
13	설계도면		
14	설계지침서(원본)		
15	산출기초(원본)		

나. 설계서의 크기는 A4 용지로 사용한다.

다. 변경설계서 작성시의 원설계는 흑색, 변경설계는 적색 또는 청색으로 하고 동일한 상부에 원설계, 하부에 변경설계를 한다.

라. 설계 변경도면은 변경중 추가는 적색으로 삭제는 녹색으로 한다. 다만, 식별이 곤란할 때에는 별도로 작성한다.

마. 적산자는 도면과 시방서에 재료의 종류, 공법등의 명기가 누락된 사항은 적산과정에서 설계도면이나 시방서에 보완하여야 하며 공사 시공상 당연히 추가되어야 할 사항은 보완 또는 수정하여야 한다.

1-24 공구손료

가. 공구손료는 일반공구 및 시험용 계측기구류의 손료로서 공사중 상시 일반적으로 사용하는 것을 말하며, 직접노무비(노임할증과 작업시간 증가에 의하지 않은 품할증 제외)의 3%까지 계상한다.

나. 체인 호이스트(Chain Hoist), 체인 블럭(Chain Block), 파이프 익스팬더(Pipe Expander), 스트레이트 엣지(Straight Edge), 절연내압시험기, 변압기, 탈기기, 자동전압 조정기, 싱크로스코프(Synchroscope), 전위차계(Potential Meter)등 특수공구 및 특수시험 검사용 기구류의 손료산정은 경장비 손료에 준한다.

1-25 경장비 손료

가. 전기용접기, 그라인더, 윈치등 중장비에 속하지 않는 동력장치에 의해 구동되는 장비류의 손료를 말하며 별도 계상한다.

나. 경장비의 시간당 손료에 대하여는 기계 경비산정표에 명시된 가장 유사한 장비의 제수치(내용시간, 연간 표준 가동시간, 상각비율, 정비비율, 연간 관리비율등)를 참조하여 계상한다.

1-26 잡재료 및 소모재료

잡재료 및 소모재료는 설계내역에 표시하여 계상한다.
단, 철도신호공사에서 계상이 어렵고 금액이 근소한 소모품에 대해서는 직접 재료비(전선, 케이블 및 배관 자재비)의 2~5%까지 계상할 수 있다.

[해 설]

(1) 잡재료

재료비의 산출에는 필요한 재료를 가능한 한 품목별로 계상하는 것을 원칙으로 하고 있으나 소량이나 소액의 재료는 명세서 작성이 곤란하므로 잡재료로 일괄 계상한다.

잡재료에는 볼트(Bolt)류(지름 10㎜, 길이 10㎝ 이하), 너트(Nut)류(지름 10㎜ 이하), 플러그(Plug)류, 소나사(지름 10㎜, 길이 5㎝ 이하), 목나사, 단자류(8㎟ 이하), 못, 슬리브(Sleeve), 스테이플(Stapple), 새들(Saddle), 보수재료 등이 포함된다.

(2) 소모재료

작업중에 소모하여 없어지거나 작업이 끝난 후에 모양이나 형태가 변하여 남아있는 재료로서 땜납, 페이스트(Paste), 테이프류, 가솔린(Gasoline), 오일(Oil), 절연니스, 방청도료, 용접봉, 왁스, 아세틸렌가스, 산소가스 등이 포함된다.

1-27 건물 층수별 할증율

가. 지상층 할증

2층 ~ 5층	이하	1%
10층	이하	3%
15층	이하	4%
20층	이하	5%
25층	이하	6%

30층 이하	7%
30층 초과에 대하여는 매 5층이내 증가마다	1.0% 가산

나. 지하층 할증

지하 1층	1%
지하 2~5층	2%
지하 6층 이하는 지하 1개층 증가마다	0.2% 가산

1-28 지세별 할증율

평탄지	0%
야산지	25%
산악지	50%
물이있는 논	20%
농작물이 있는 건조한 논, 밭	10%
소택지 또는 깊은 논	50%
번화가 1	20%(지중 케이블 공사는 30%)
번화가 2	10%(지중 케이블 공사는 15%)
주택가	0%
도서지구(본토에서 인력 파견시)	50% 까지
공항에서 1일 비행기 이, 착륙 회수 20회 이상	50%
10회 이상 20회 미만	25%
6회 이상 10회 미만	15%
5회 이하	10%

[해 설]

(1) 지세 구분내역

구분 \ 지구		보 통	불 량	매우 불량
고도기준	해발	100m 미만	300m 미만	300m 이상
	표고	50m 미만	150m 미만	150m 이상
	부지경사각	15° 미만	35° 미만	35° 이상
통행조건	도로(노폭)	4m 초과	4m 이하	3m 미만
	구배	10° 미만	30° 미만	30° 이상
	이동시간	30분 미만	1시간 미만	1시간 이상
자연환경	수목(100㎡당)	5그루미만	10그루미만	10그루이상
	강수일(5㎜이상)	40일 미만	50일 미만	50일 이상
기타조건	숙소(작업장 기준)	1km미만	5km미만	5km이상
	인력동원(작업장 기준)	1km미만	5km미만	5km이상

주1) 표 고 : 활동 중심구역에서의 거리 300m 기준

주2) 이동시간 : 왕복 2차선 이상의 도로로부터 작업장까지의 이동시간

(2) 번화가 구분내역

구 분	번화가 1	번화가 2
도로조건	왕복 4차선 이하	왕복 4차선 초과
1일 차량 통행량	7,000대 초과	2,000대 ~ 7,000대
대형차의 통행제한	주간 통행제한	주간 통행제한 없음
도로점용	2차선 이상	2차선 미만
주변여건	- 백화점, 상가, 유흥가등 차량, 통행인 왕래 극심 지역 - 왕복4차선 초과도로의 교차로 주변	- 학원, 음식점, 관공서 밀집지역등 차량, 통행인 왕래 혼잡 지역 - 고속도로, 자동차 전용도로, 지하차도 진출입용 나들목 또는 램프 주변 교통 혼잡지역
주간작업 가능정도	주간작업 일부 가능	주간작업 가능

(3) 번화가 1,2는 주간작업 기준이며, 야간작업시는 이 할증률의 50% 적용

(4) 지구 선정은 상기 구분내역의 2/3이상 항목에 해당되는 지역으로 선정

1-29 지형별 할증율

강건너기	50% (강폭 150m 이상)
계곡건너기	30% (긍장 150m 이상)

1-30 위험 할증율

가. 교량상 작업

교량상 작업 (인 도 교)	15%
교량상 작업 (철 교)	30%
교량상 작업 (공중작업)	70%

나. 고소작업 지상 5m 미만 0

고소작업 5m 이상 10m 미만	20%
고소작업 10m 이상 15m 미만	30%
고소작업 15m 이상 20m 미만	40%
고소작업 20m 이상 30m 미만	50%
고소작업 30m 이상 40m 미만	60%
고소작업 40m 이상 50m 미만	70%
고소작업 50m 이상 60m 미만	80%

고소작업 60m 이상 매 10m 이내 증가마다 10% 가산

※ 비계틀 없이 시공되는 작업에 한하여 적용한다.

다. 고소작업 지상 10m 이상 10%

고소작업 지상 20m 이상	20%
고소작업 지상 30m 이상	30%
고소작업 지상 50m 이상	40%

※ 비계틀 사용 시 적용한다.

라. 지하작업(지하 4m 이하) 10%

마. 활선근접작업

AC 154kV 이상(4m 이내) 30%
AC 66kV급(3m 이내) 30%
AC 6.6kV급(2m 이내) 30%
AC 600V 이상(1m 이내) 30%
AC 60V 이상 600V 미만(30cm 이내) 30%
DC 1,500V 이상(1m 이내) 30%
DC 60V 이상 1,500V 미만(30cm 이내) 30%
단, 전력선 첨가 및 회선증설(조가선, 케이블 가설 등) 20%

[해 설]

활선근접작업이란 나도체(22.9kV ACSR-OC 절연전선 포함) 상태에서 이격거리 이내 근접하여 작업함을 말하며, AC 60V 이상 600V 미만, DC 60V 이상 750V 미만은 절연물로 피복된 경우 나도체된 부분부터 이격거리 내에서 작업할 때를 말한다.

바. 터널 내 작업(인도) 15%
터널 내 작업(철도 : 궤도부설전) 15%
터널 내 작업(철도 : 궤도부설후, 열차통행전) 20%
터널 내 작업(철도 : 궤도부설후, 열차통행시) 30%
터널 내 작업(고속도로) 30%
※ 터널 내 사다리 작업으로 작업능률이 현저하게 저하될 시는 위 할증율에 10%까지 가산할 수 있다. 터널 내 작업 할증율은 터널입구에서 25m 이상 터널 속에 들어가서 작업 시에 적용한다.

사. 군작전 지구 내에서 작업능률에 현저한 저하를 가져올 때에는 작업 할증률을 20%까지 가산한다.

1-31 기타 할증률

가. 동일장소에 수종의 중기가동으로 작업장소의 협소, 진동, 위험요소 등 작업능률 저하가 현저할 때 50%까지 가산한다.

나. 특수보안지역(교정기관 주벽내부포함)으로서 경비원의 입회하에서만 작업이 가능하고 작업시간 및 통행로 제한으로 작업능률 저하가 현저할 경우 30%까지 가산한다.

다. 협소한 맨홀 또는 맨홀내의 기존시설이 복잡하여 작업능률이 저하할 때에는 20%까지 가산한다.

[해 설]

협소한 장소라 함은 최소폭이 1m 이내이거나 1m를 넘는 경우라도 최대길이가 2m 미만일 때를 말한다.

1-32 인력운반 및 적상하 시간기준

가. 인부(지게)운반과 장대물, 중량물등 목도운반비 산출공식

(1) 기본공식

$$\text{운반비} = \frac{A}{T} \times M \times \left(\frac{60 \times 2 \times L}{V} + t\right)$$

여기에서

A : 목도공의 노임[인부(지게)운반일 경우 보통인부의 노임]

$$M : \text{필요한 목도공의 수}(M) = \frac{\text{총 운반량}(kg)}{\text{1인당 1회 운반량}(kg)}$$

L : 운반거리(㎞)

V : 왕복 평균속도(㎞/h)

T : 1일 실작업 시간(분)

t : 준비작업시간(2분)

(1회 운반량은 40㎏/인)

(2) 왕복 평균 속도

구 분	장대물, 중량물등 목도 운반 왕복 평균 속도	인부(지게)운반 왕복 평균 속도
도로상태 양호	2km/h	3km/h
도로상태 보통	1.5km/h	2.5km/h
도로상태 불량	1.0km/h	2.0km/h
물논, 도로가 없는 산림지 및 숲이 우거진 지역	0.5km/h	1.5km/h

[도로상태 구분]

양호 : 운반로가 평탄하며 보행이 자유롭고 운반상 장애물이 없는 경우

보통 : 운반로가 평탄하지만 다소 운반에 지장이 있는 경우

불량 : 보행에 지장이 있는 운반로의 경우 습지, 모래질, 자갈질, 암반 등 지장이 있는 운반로의 경우

(3) 경사지 운반 환산계수(α)

경사도											
경사도	%	10	20	30	40	50	60	70	80	90	100
	각 도	6	11	17	22	27	31	35	39	42	45
환산계수 (α)		2	3	4	5	6	7	8	9	10	11

경사지 환산거리 = $\alpha \times L$

나. 품종별 적상하 기준

품 종 별		단위	편성 인원	시간(분)		전공	보통 인부
				적상	적하		
CP 전주	10m이하	본	12	15	10	0.375	0.375
	11m이상	본	20	15	10	0.625	0.625
애자류		톤	6	14	10	0.18	0.18
철재류		톤	6	10	8	0.135	0.135
전선류		톤	15	15	10	0.47	0.47
근가류		톤	5	14	10	0.15	0.15
비계목류		톤	4	21	12	0.165	0.165
시멘트류		톤	5	14	10	-	0.30

[해 설]

(1) 일정한 평지에서 20m내 소운반 작업을 포함한다.
(2) 이 작업에서는 적상적하시의 정리작업을 포함한다.
(3) 목주는 CP주의 60%로 한다.
(4) CU, ACSR 등 폐전선의 적상하 기준은 전선류의 50%로 적용한다.
(5) 전공은 송전, 배전, 내선공사 등 해당 직종의 기능공을 적용한다. 다만 신호공사인 경우 신호공을 적용한다.

1-32-1 경운기 운반 및 적상하 시간기준

가. 경운기 운반비 산출공식

(1) 기본공식

$$운반비 = A \times M \times [(\frac{L}{V_1} + \frac{L}{V_2} + T + T_1) \div 60$$

여기서

A : 경운기 기계경비(시간당) - 토목품셈 제11장 기계경비 산정편 준용(운전원, 적상하시 보통인부 및 연료비는 별도 가산)

$$M : 필요한경운기대수(M) = \frac{총운반량(kg)}{1대당1회운반량(kg)}$$

L : 운반거리 (m)

V_1 : 적재 시 속도 (m/분)

V_2 : 공차 시 속도 (m/분)

t : 적상적하시간 (분)

t_1 : 준비작업시간 (30분/10회)
(1회 운반량은 1,000㎏/대당)

(2) 적재, 공차 시 속도

구분 종류	평균주행속도(m / 분)									
	적재(V_1)					공차(V_2)				
	양호	보통	불량	매우불량	극히불량	양호	보통	불량	매우불량	극히불량
토사류, 석재류	83	57	35	15	5	117	83	57	17	5
애자류	69	52	31	15	5	117	83	57	17	5
철재류, 금구류	77	54	32	15	5	117	83	57	17	5
시멘트류	76	55	31	15	5	117	83	57	17	5

[도로상태 구분]

양　　호 : 운반로가 구배가 없고 평탄할 경우
보　　통 : 운반로가 약간 요철이 있는 경우
불　　량 : 운반로가 습지, 모래질, 자갈질, 암반 등 운반에 지장이 있을 경우
매우불량 : 운반로가 임야지로 진입로 개설 개소로서 경사도 7~15%일 경우
극히불량 : 운반로가 임야지로 진입로 개설 개소로서 경사도 15% 초과일 경우

(3) 경사지 운반 환산계수 (α) : 1-38
인력운반 및 적상하 시간기준 가.(3)항 적용

나. 품종별 적상·하 기준

품종별	단위	편성인원	시간(분)		보통인부
			적상	적하	
토사류	톤	2인	12	10	0.092
석재류	톤	2인	15	11	0.108
애자류	톤	6인	13	9	0.31
철재 및 금구류	톤	6인	12	8	0.25
시멘트류	톤	6인	15	10	0.31

[해 설]

(1) 삽작업이 가능한 토석재를 기준한다.

(2) 절취는 별도 계상한다.

1-33 열차통행빈도별 할증률

본선상의 열차통과에 따라 작업이 중단되는 경우에 한하여 적용한다.

열차 통과회수(8시간) / 공종별	11-25	26-40	41-50	51-70	71-90	91-110
복 선 구 간	10%	15%	20%	30%	40%	50%
단 선 구 간	15	20	30	40	60	80

1-34 전차선 가설 차단공사 할증률

열차회수	선 로 차 단 시 간			
	1시간마다	1시간이상	2시간이상	3시간이상 6시간미만
25회	45%	40%	35%	30%
38회	55%	50%	45%	40%
50회	65%	60%	55%	50%
63회	75%	70%	65%	60%
75회	85%	80%	75%	70%
88회	95%	90%	85%	80%
100회	105%	100%	95%	90%
113회	115%	110%	105%	100%
125회	125%	120%	115%	110%
138회	135%	130%	125%	120%
150회	145%	140%	135%	130%

가. 차단공사시는 열차운전빈도, 구내입환 할증률, 열차접근 및 열차감시작업 및 사다리작업에 따른 할증률을 별도 가산하지 않는다.

나. 단선구간 선로상 작업에 적용

다. 전차선, 조가선, 보조 조가선 가선에 한하여 적용한다. 다만, 차단작업이 불가피한 공사의 경우에는 적용할 수 있다.

1-35 구내입환별 할증률

구 분	할증률	비 고
입환작업이 특히 빈번한 구내	20%	구내 배선이 6선 이상
기타 역구내	10%	구내 배선이 5선 이상

1-36 유해별 할증률

고온, 고압력기기 접근 작업 30%
고열, 미탄실, 발화연료 보관실, 위험물, 독극물의 보관실내 작업 20%
정화조, 축전지실, 제빙실내 등 유해가스 발생장소 10%

1-36-1 긴급공사에 대한 할증률

재해 및 돌발사고 등의 조기 복구와 고장예방을 위하여 단시간에 인력과 장비를 동원하여 긴급공사를 강행할 경우 긴급할증률을 20%까지 계상할 수 있다. 다만, 작업조건, 긴급성, 위험성을 고려하여 10%까지 추가 가산할 수 있다.

1-37 특수사업 할증률

가. 작업의 중요성 또는 특별한 시방에 따라 특별한 기술과 안전관리 등을 위하여 기술원(기술사, 기사, 특수자격자, 특수기능사 및 안전관리자등) 및 감독원이 투입될 때는 필요에 따라 본 작업에 대하여 5-10%까지 계상할 수 있다.
(1) 중요기기 및 공작물의 분해 가공 또는 조립작업
(2) 특별한 사양 및 공법에 의한 작업
(3) 기타 중요한 기기 및 공작물을 취급하는 작업
(4) 작업편조로 시공되는 배전활선작업

나. 작업조건이 특별한 작업조를 편성하여 작업하여야 할 때는 각 작업조에 따라 기술원 또는 감독원 1인을 계상할 수 있다. 단, 가. 4항의 경우는 제외한다.

다. 전공장의 배치

작업조건에 따라 전공장을 공사현장에 배치할 시는 별도 계상한다.

1-38 원거리작업 등 할증률

원거리 작업, 계속 이동작업, 분산작업시에 집합 장소로부터 작업 장소까지 도달하기 위하여 상당한 왕복시간(열차, 차량, 도보)이 요하거나 또는 작업장소가 분산되어 있어 이동에 상당한 시간을 요하여 실작업 시간이 현저하게 감소될 경우 다음의 계산식에 의한 할증을 50%까지 가산한다.

단, 상기 도달시간 또는 이동시간이 (왕복) 1시간이내의 경우는 특별한 경우를 제외하고는 적용될 수 없다.

$$\frac{t}{8-t} \times 100\%$$

(t : 왕복에 소요되는 시간에서 1시간을 초과하는 부분의 시간)

1-39 소단위작업 할증률

공사대상이 소규모인 경우 인력장비의 활용저하 보완을 위하여 주작업 단위(본, 개)를 기준으로 10단위 이하 10%, 5단위 이하 30%, 3단위 이하 50%까지 (부대설비 포함) 할증을 별도 계상한다.

1-40 작업시간제한 할증률

구 분	할 증 률
1일 2시간 이내	35%
1일 3시간 이내	30%
1일 4시간 이내	25%
1일 5시간 이내	20%
1일 6시간 이내	10%
1일 8시간 이내	0%

[해 설]

(1) 휴전이 필요한 공사, 운행선 상의 선로일시 사용중지를 필요로 하는 철도 신호공사 등 이와 유사하게 작업시간에 제한을 받는 성격의 공사인 경우 작업시간별로 할증률을 적용한다.

(2) 야간 작업시 야간 할증율은 별도 계상한다.

1-41 할증의 중복 가산 요령

$W = P \times (1 + a_1 + a_2 + a_3 + a_4 + \cdot \cdot \cdot + a_n)$

W : 할증이 포함된 품

P : 기본 품 또는 각장 해설란의 필요한 증·감 요소가 감안된 품

$a_1 \sim a_n$:품 할증 요소

1-42 시공직종

가. 기술자 및 관리자

(1) 현장기술자(기사, 산업기사)의 품은 표준품셈에 명시된 바에 따라 계상한다.

(2) 직접 작업에 종사하지는 않으나, 공사현장에서 보조작업에 종사하는 감독, 공사관리자, 현장사무소 직원 등 간접인력에 대한 품은 회계예규의 간접노무비율 범위 내에서 계상한다.

(3) 기사, 산업기사의 적용구분은 관계법령 또는 규정에 따라 계상한다.

나. 기능공

직 종	작 업 구 분
철도신호공	철도신호설비의 시공 및 보수
플랜트전공	발전설비 및 중공입실비의 시공 및 보수
변전전공	변전설비의 시공 및 보수
계장공	플랜트 프로세스의 자동제어장치, 공업제어장치, 공업계측 및 컴퓨터 등 설비의 시공 및 보수
송전전공	철탑 및 송전설비의 시공 및 보수
배전전공	전주 및 배전설비의 시공 및 보수
내선전공	옥내배관, 배선 및 등구류설비의 시공 및 보수
특고압 케이블 전공	특고압케이블 설비의 시공 및 보수 (7kV 초과)
고압 케이블 전공	고압케이블 설비의 시공 및 보수 (교류 600V 초과 7kV 이하, 직류 750V 초과 7kV 이하)

직 종	작 업 구 분
저압 케이블 전공	저압 및 제어용케이블 설비의 시공 및 보수 (교류 600V 이하, 직류 750V 이하)
송 전 활 선 전 공	송전전공으로서 활선작업을 하는 전공
배 전 활 선 전 공	배전전공으로서 활선작업을 하는 전공
전 기 공 사 기 사	전기공사업법에 의한 전기기술자로서 전기공사의 시공 및 관리
전기공사 산업기사	전기공사업법에 의한 전기기술자로서 전기공사의 시공 및 관리
통 신 외 선 공	전주, PE내관(전선관)포설, 조가선, 나선로 등의 시공 및 보수에 종사하는 사람
통 신 내 선 공	전선설치, 실내배관, 배선 시공 및 보수
통 신 설 비 공	교환기기, 무선기기 및 반송기기, 영상, 음향, 정보설비 시공 및 보수
통 신 케 이 블 공	각종 케이블의 가설, 포설, 접속, 연공, 시험 및 보수
무 선 안 테 나 공	철탑, 각종 안테나의 설치 시공 및 보수
철 공	철재의 가공, 조립, 설치 등의 작업에 종사하는 사람
보 통 인 부	기능을 요하지 않는 경작업인 일반잡역에 종사하면서 단순육체노동을 하는 사람
특 별 인 부	보통인부보다 다소 높은 기능정도를 요하며, 특수한 작업조건하에서 작업하는 사람
건 축 목 공	건축물의 축조 및 실내 목구조물의 제작, 설치 또는 해체작업에 종사하는 목수
형 틀 목 공	콘크리트 타설을 위하여 형틀 및 동바리를 제작, 조립 및 해체작업을 하는 목수

※ 플랜트란 철강, 석유, 제지, 화학 및 발전 등의 프로세스공업에서 일반적으로 원료나 에너지를 공급하여 소요의 물질이나 에너지를 얻기 위하여 필요한 물리적 화학적 작용을 행하는 장치를 말한다.

다. 특수기술자

직 종	구 분
H / W 설 치 사	전자교환기 및 컴퓨터시스템의 하드웨어 설치 및 시공지도 운영 업무
H / W 시 험 사	전자교환기 및 컴퓨터시스템의 기계설비(하드웨어 포함)설치의 적정 여부 및 시험, 분석, 운영등의 업무
S / W 시 험 사	전자교환기 및 컴퓨터시스템의 소프트웨어 및 프로그램 설계, 작성, 입력, 시험, 분석, 운영등의 업무
C P U 시 험 사	전자교환기용 컴퓨터 CPU 및 주변장치(TTY, MTU등)에 대한 시험 및 운영, 프로그램의 분석 관리 업무
광 통 신 설 치 사	광통신시설중 광전송장치(단말장치, 중계기 포함)설치 및 특성시험, 교정, 유지보수 업무
광케이블설치사	광섬유케이블의 포설, 접속, 각종시험, 시공 및 유지보수 업무

1-43 자재보관 및 관리품

철도신호설비공사에 소요되는 자재의 보관이 필요로 하는 경우에는 관련 비용을 별도로 가산할 수 있다.

1-44 공장가공 간접비

가. 철골, 철재 강재등을 공장에서 가공시의 공장간접비는 소재관급시 직접 노무비의 75%까지, 소재업자 부담시는 직접 공사비의 17%까지 계상할 수 있다.

나. 공장간접비 = 간접재료비 + 간접노무비 + 간접경비 + 시험비 + 도면비 등

다. 직접공사비 = 직접재료비 + 직접노무비

1-45 종합시험 및 조정비

공사완료 후 각 기기의 단독시운전이 끝난 다음에 장치나 신호설비 전체의 종합적인 시험 및 조정을 위하여 필요한 품은 별도 계상한다.

제2장 단위표준

2-1 설계서의 단위 및 소수의 표준

종 목	규 격		단위수량		비 고
	단 위	소 수	단 위	소 수	
공 사 연 장	m	2위	m	단위한	
공 사 폭 원			m	1위	
공 사 면 적			m^2	1위	
용 지 면 적			m^2	단위한	
토적(높이 · 너비)			m^2	2위	
토적(단 면 적)			m^2	1위	단 면 적
토적(체 적)			m^3	2위	체 적
토적(체적합계)			m^3	단위한	집계체적
떼	㎝	단위한	m^2	1위	
모 래 · 자 갈	㎝	단위한	m^3	2위	
조 약 돌	㎝	단위한	m^3	2위	
견치돌 · 깬돌	㎝	단위한	m^3	1위	
견치돌 · 깬돌	㎝	단위한	개	단위한	
야면석 (野面石)	㎝	단위한	개	단위한	
야면석 (野面石)	㎝	단위한	m^3	1위	
야면석 (野面石)	㎝	단위한	m^2	1위	
돌쌓기 및 돌붙임	㎝	단위한	m^2	1위	
돌쌓기 및 돌붙임	㎝	단위한	m^3	1위	
사 석 (捨 石)	㎝	단위한	m^3	1위	
다듬돌(切石, 板石)	㎝	단위한	개	2위	
벽 돌	㎝	단위한	개	단위한	
블 록	㎜	단위한	개	단위한	
시 멘 트		단위한	㎏	단위한	
모 르 타 르		단위한	m^2	2위	대가표에서는 3위까지, 이하 버림

종 목	규 격		단위수량		비 고
	단 위	소 수	단 위	소 수	
콘 크 리 트		2위	m^3	단위한	
석 분		2위	kg	단위한	
석 회			kg	단위한	
화 산 회			kg	단위한	
아 스 팔 트			kg	2위	
목 재(판 재)	길이m	1위	m^2	2위	
목 재(판 재)	폭,두께	1위	m^3	3위	
목 재(각 재)	cm	1위	m^3	3위	
합 판	mm	단위한	장	1위	
말 뚝	길이m 지름mm	1위	개	단위한	
철 강 재	mm	단위한	kg	3위	총량표시는 ton으로하고 단위는 3위까지, 이하 버림
용 접 봉	mm		kg	1위	
구리판 · 함석류			m^2	2위	
철 근	mm	단위한	kg	단위한	
볼 트 · 너 트	mm	단위한	개	단위한	
꺽 쇠	mm	단위한	개	단위한	
철 선 류	mm	1위	kg	2위	
P . C 강 선	mm		kg	2위	
돌 망 태	길이m 지름m 높이m	1위 단위한	m 개	1위 단위한	망눈(網目)cm
로 프 류	mm		m	1위	
못	길이cm	1위	kg	2위	
석유 · 휘발유 · 모빌유			ℓ	2위	대가표에서는 3위까지, 이하 버림
구 리 스			kg	2위	
도 화 선			m	1위	
넝 마			kg	2위	
석탄 · 목탄 · 코크스			kg	2위	대가표에서는 2위까지, 이하 버림

종 목	규 격		단위수량		비 고
	단 위	소 수	단 위	소 수	
화 약 류			kg	3위	대가표에서는 1위까지, 이하버림
뇌 관			개	단위한	
카 바 이 트			kg	1위	
산 소			ℓ	단위한	
도 료 (塗料)			ℓ 또는 kg	2위	
도 장 (塗裝)			㎡	1위	
관 류 (管類)	길이 m 지름 ㎜ 높이	2위 단위한	개	단위한	
수 로 연 장			m	1위	
옹 벽			㎡	1위	
승강장 옹벽 및 울타리			m	1위	
궤 도 부 설			㎞	3위	
시 험 하 중			ton	단위한	
보오링(試錐)			m	1위	
방 수 면 적			㎡	1위	
건 물 (면적)			㎡	2위	
건물(지붕, 벽부치기)			㎡	1위	
우 물	깊이		m	1위	
가 마 니			장	단위한	

가. 설계서 수량의 단위와 소수위 표시는 본표에 따르고 이 표에서 지정한 소수위 이하는 버리는 것으로 한다.

나. 1위대가표 또는 설계기초 계산과정에서는 표준품셈의 내용에 따르는 것으로 한다.

다. 이 표에 없는 품종에 대하여는 M.K.S 단위로 하는 것을 원칙으로 하며 단위는 그 가격에 따라 유사 품종의 소수위의 정도를 채용토록 한다.

2-2 금액의 단위 표준

종 류	단위	지 위 (止 位)	비 고
설 계 서 의 총 액	원	1,000	이하 버림(단10,000원 이하의 공사는 100원 이하 버림)
설 계 서 의 소 계	원	1	이 하 버 림
설계서의 금액란	원	1	이 하 버 림
1위대가표의 계금	원	1	이 하 버 림
1위대가표의 금액란	원	0.1	이 하 버 림

1위대가표 금액란 또는 기초 계산금액에서 소액이 산출되어 공종이 없어질 우려가 있어 소수위 1위이하의 산출이 불가피할 경우에는 소수위의 정도를 조정 계산할 수 있다.

2-3 재료의 단위 중량

재료의 단위중량은 입경(粒徑), 습윤도(濕潤度) 등에 따라 달라지므로 시험에 의하여 결정하여야 하며 일반적인 추정단위 중량은 다음과 같다.

종 별	형 상	단위	중 량	비 고
암 석	화 강 암	m^3	2,600kg~27,00kg	자연상태
	안 산 암	m^3	1,300kg~2,710kg	자연상태
	사 암	m^3	2,400kg~2,790kg	자연상태
	현 무 암	m^3	2,700kg~3,200kg	자연상태
자 갈	건 조	m^3	1,600kg~1,800kg	자연상태
	습 기	m^3	1,700kg~1,800kg	자연상태
	포 화	m^3	1,800kg~1,900kg	자연상태
모 래	건 조	m^3	1,500kg~1,700kg	자연상태
	습 기	m^3	1,700kg~1,800kg	자연상태
	포 화	m^3	1,800kg~2,000kg	자연상태
점 토	건 조	m^3	1,200kg~1,700kg	자연상태
	습 기	m^3	1,700kg~1,800kg	자연상태
	포 화	m^3	1,800kg~1,900kg	자연상태
점 질 토	보 통 의 것	m^3	1,500kg~1,700kg	자연상태
	역 이 섞 인 것	m^3	1,600kg~1,800kg	자연상태
	역이섞이고 습한것	m^3	1,900kg~2,100kg	자연상태

종별	형상 및 치수	단위	중량	비고
모래질흙		m³	1,700kg~1,900kg	자연상태
자갈섞인토사		m³	1,700kg~2.000kg	자연상태
자갈섞인모래		m³	1,900kg~2,100kg	자연상태
호박돌		m³	1,800kg~2,000kg	자연상태
사석		m³	2,000kg	자연상태
조약돌		m³	1,700kg	자연상태
주철		m³	7,250kg	
강, 주강, 단철		m³	7,850kg	
스테인레스	STS 304	m³	7,930kg	KSD 3695
스테인레스	STS 430	m³	7,700kg	KSD 3695
연철		m³	7,800kg	
놋쇠		m³	8,400kg	
구리		m³	8,900kg	
납		m³	11,400kg	
목재	생송재(生松材)	m³	800kg	
소나무	건재(乾材)	m³	580kg	
소나무(적송)	건재	m³	590kg	
미송	건재	m³	420kg~700kg	
시멘트		m³	3,150kg	
시멘트		m³	1,150kg	자연상태
철근콘크리트		m³	2,400kg	
콘크리트		m³	2,300kg	
시멘트모르타르		m³	2,100kg	
역청포장		m³	2,350kg	
역청재(방수용)		m³	1,100kg	
물		m³	1,000kg	
해수		m³	1,030kg	
눈	분말상(紛末狀)	m³	160kg	
눈	동결(凍結)	m³	480kg	
눈	수분포화(水分泡和)	m³	800kg	
고로슬래그부순돌			1,650kg~1,850kg	자연상태

가. 부순돌 및 조약돌 등은 모암의 암질(岩質)에 따라 결정하여야 한다.
나. 이 표에 없는 품종에 대하여는 단위 비중시험에 의한 측정 결과치에 따르거나 문헌에 의한다.

[해 설]

1) 표준품셈에 표시되는 돌 재료의 분류는 다음을 표준으로 한다.
(가) 모 암(母 岩) : 석산에 자연상태로 있는 암을 모암이라 한다.
(나) 원 석(原 石) : 모암으로 1차 파쇄된 암석을 원석이라 한다.
(다) 건설공사용 석재 : 석재의 품질은 그 용도에 적합한 강도를 갖고 균열이나 결점이 없고 질이 좋은 치밀한 것이며 풍화나 동결의 해를 받지 않은 것이라야 한다.
(라) 다 듬 돌(切 石) : 각석(角石) 또는 주석(柱石)과 같이 일정한 규격으로 다듬어진 것으로서 건축이나 또는 포장등에 쓰이는 돌
(마) 막 다 듬 돌(荒切石) : 다듬돌을 만들기 위하여 다듬돌의 규격치수의 가공에 필요한 여분의 치수를 가진돌
(바) 견 치 돌(間知石) : 형상은 재두각추체(裁頭角錐體)에 가깝고 전면은 거의 평면을 이루며 대략 정사각형으로서 뒷길이(控長) 접촉면의 폭(合端) 뒷면(後面)등이 규격화된 돌로서 4방락(四方落) 또는 2방락(二方落)의 것이 있으며 접촉면의 폭은 전면 1변의 길이의 1/10이상이라야 하고 접촉면의 길이는 1변의 평균길이의 1/2이상인 돌
(사) 깬 돌(割 石) : 견치돌에 준한 재두방추형(裁頭方錐體)으로서 견치돌보다 치수가 불규칙하고 일반적으로 뒷면(後面)이 없는 돌로서 접촉면의 폭(合端)과 길이는 각각 전면의 1변의 평균길이의 약 1/20과 1/3이 되는 돌
(아) 깬 잡 석(雜割石) : 모암으로 일차 폭파한 원석을 깬 돌로서, 전면의 변의 평균길이는 뒷 길이의 약 2/3 되는 돌
(자) 사 석(捨 石) : 막 깬돌 중에서 우수에 견딜 수 있는 중량을 가진 큰 돌
(차) 잡 석(雜 石) : 지름 10-30㎝정도의 크고 적은덩어리로 고루고루 섞여져

있으며 형상이 고르지 못한 큰돌

(카) 전　석(轉 石) : 1개의 크기가 0.5㎥ 이상 되는 석괴

(타) 야면석(野面石) : 천연석으로 표면을 가공하지 않은 것으로서 운반이 가능하고 공사용으로 사용될 수 있는 비교적 큰 석괴

(파) 호 박 돌(玉 石) : 호박형의 천연석으로서 가공하지 않은 지름 18㎝ 이상 크기의 돌

(하) 조 약 돌(栗 石) : 가공하지 않은 천연석으로서 지름 10㎝-20㎝ 정도 계란형의 돌

(거) 부 순 돌(碎 石) : 잡석을 지름 0.5㎝-10㎝ 정도의 자갈크기로 작게 깬 돌

(너) 굵은자갈(大砂利) : 가공하지 않은 천연석으로서 지름 7.5㎝-20㎝ 정도의 돌

(더) 자　갈(砂 利) : 천연석으로 자갈보다 알맹이가 작고 지름 0.5㎝-7.5㎝정도의 둥근돌

(러) 력(礫) : 천연적인 굵은 자갈과 작은 자갈이 고루고루 섞여져 있는 상태의 돌

(머) 굵은모래(粗 砂) : 천연산으로서 지름 0.25-2mm 정도의 알맹이의 돌

(버) 잔 모 래(細 砂) : 천연산으로서 지름 0.05-0.25mm 정도의 알맹이의 돌

(서) 돌 가 루(石 粉) : 돌을 부수어 가루로 만든 것

(어) 고로슬래그 부순돌 : 제철소의 선철(銑鐵) 제조과정에서 생산되는 고로슬래그를 0~40mm로 파쇄한 돌

2) 토질 및 암의 분류는 다음을 표준으로 한다.

(가) 보 통 토 사 : 보통 상태의 실토 및 점토 모래질 흙 및 이들의 혼합물로서 삽이나 괭이를 사용할 정도의 토질(삽 작업을 하기 위하여 상체를 약간 구부릴 정도)

(나) 경 질 토 사 : 견고한 모래질 흙이나 점토로서 괭이나 곡괭이를 사용할 정도의 토질(체중을 이용하여 2-3회 동작을 요할 정도)

(다) 고사점토 및 자갈 섞인 토사 : 자갈질 흙 또는 견고한 실토, 점토 및 이들의 혼합물로서 곡괭이를 사용하여 파낼 수 있는 토질

(라) 호박돌 섞인 토사 : 호박돌 크기의 돌이 섞이고 굴착에 약간의 화약을 사용해야 할 정도로 단단한 토질

(마) 풍 화 암 : 일부는 곡괭이를 사용할 수 있으나 암질이 부식되고 균열이 1-10㎝ 정도로서 굴착 또는 절취에는 약간의 화약을 사용해야 할 암질

(바) 연 암 : 혈암, 사암 등으로서 균열이 10-30㎝ 정도로서 굴착 또는 절취에는 화약을 사용해야 하나 석축용으로서는 부적합한 암질

(사) 보 통 암 : 풍화상태는 엿볼 수 없으나 굴착 또는 절취에 화약을 사용해야 하며 균열이 30cm-50cm 정도의 암질

(아) 경 암 : 화강암, 안산암 등으로서 굴착 또는 절취에 화약을 사용해야 하며 균열상태가 1m 이내로서 석축용으로 쓸 수 있는 암질

(자) 극 경 암 : 암질이 아주 밀착된 단단한 암질

2-4 체적환산계수 적용

가. 토공에 있어 토질을 시험하여 적용하는 것을 원칙으로 하나 소량의 토량인 경우에는 표준품셈의 체적환산계수표에 따를 수 있다.

나. 체적의 변화

$$L = \frac{\text{흐트러진상태의체적}(m^3)}{\text{자연상태의체적}(m^3)}$$

$$C = \frac{\text{다져진상태의체적}(m^3)}{\text{자연상태의체적}(m^3)}$$

다. 체적의 변화율

종별	L	C
경암(硬岩)	1.70 - 2.00	1.30 - 1.50
보통경암(普通硬岩)	1.55 - 1.70	1.20 - 1.40
연암(軟岩)	1.30 - 1.50	1.00 - 1.30
풍화암(風化岩)	1.30 - 1.35	1.00 - 1.15
폐콘크리트	1.40 - 1.60	별도설계
호박돌(玉石)	1.10 - 1.15	0.95 - 1.05
력(礫)	1.10 - 1.20	1.10 - 1.05
력질토(礫質土)	1.15 - 1.20	0.90 - 1.00
고결(固結)된 력질토(礫質土)	1.25 - 1.45	1.10 - 1.30
모래(砂)	1.10 - 1.20	0.85 - 0.95
암괴(岩塊), 호박돌섞인모래	1.15 - 1.20	0.90 - 1.00
모래질흙	1.20 - 1.30	0.85 - 0.95
암괴(岩塊), 호박돌섞인 모래질흙	1.40 - 1.45	0.90 - 0.95
점질토(粘質土)	1.25 - 1.35	0.85 - 0.95
력(礫돌)이 섞인 점질토	1.35 - 1.40	0.90 - 1.00
암괴(岩塊), 호박돌섞인점질토	1.40 - 1.45	0.90 - 0.95
점토(粘土)	1.20 - 1.45	0.80 - 0.95
력이 섞인 점토	1.30 - 1.40	0.90 - 0.95
암괴, 호박돌섞인점토	1.40 - 1.45	0.90 - 0.95

[해 설]

암(경암 · 보통암 · 연암)을 토사와 혼합성토할 때는 공극채움으로 인한 토사량을 계상할 수 있다.

라. 체적환산계수(F) 표

구하는 Q / 기준이 되는 q	다져진 상태의 체적	흐트러진 상태의 체적	다져진 후의 체적
자연상태의 체적	1	L	C
흐트러진 상태의 체적	1/L	1	C/L

2-5 화물자동차의 적재량

가. 중량으로 적재할 수 있는 품종에 대하여는 중량적재를 하는 것을 원칙으로 한다.

나. 중량 적재가 곤란한 것에 대하여는 적재할 수 있는 실측치에 의한다.

다. 화물자동차의 적재량은 중량적재나 용량적재 그 어느 쪽의 제한범위도 벗어나지 않도록 해야 하며, 운반로의 종별(공도, 사도) 및 상태에 따라 달라질 수 있다.

라. 화물자동차의 적재량은 중량으로 적재하거나 특수한 품목을 제외하고는 일반적으로 다음의 값을 기준으로 한다.

종 별	규 격	단위	적 재 량				비고
			6톤 차량	8톤 차량	11톤 차량	20톤 트레일러	
목재(원 목)	길이가 긴 것은 낱개	m^3	7.7	10	13	-	
목재(제재목)	길이가 긴 것은 낱개	m^3	9.0	12	16	-	
경유, 휘발유	200ℓ들이	드럼	30	40	55	-	
아 스 팔 트	200ℓ들이	드럼	24	35	50	-	
새 끼	12㎜, 9.4㎏	다발	480	640	-	-	
벽 돌	19㎝×9㎝×5.7㎝ (표준형)	개	2,930	3,900	5,300	-	
기 와	34㎝×30㎝×1.5㎝	매	1,860	2,480	3,400	-	
보 도 블 럭	30㎝×45㎝×6㎝	개	490	650	890	-	
견 치 돌	뒷길이 45㎝	개	100	135	180	-	
블 록	두께 10㎝	개	650	860	1,180	-	
블 록	두께 15㎝	개	450	600	820	-	
블 록	두께 20㎝	개	350	460	630	-	
타 일	두께 6㎜ (8㎜)	m^2	500 (350)	660 (460)	-	-	모자이크 포함
크링카타일	두께 24㎝	m^2	150	200	-	-	

종 별	규 격	단위	적 재 량				비고
			6톤 차량	8톤 차량	11톤 차량	20톤 트레일러	
합 판	12㎜×900㎜×1,800㎜	매	450	600	820	-	
유 리	두께 3㎜	㎡	700	930	-	-	
페 인 트	4ℓ(18ℓ)/통	통	1,300 (300)	1,720 (400)	2,365 (550)	-	
아 스 타 일	3㎜×30㎝×30㎝	매	9,600	12,800	17,600	-	
흄 관	ø 300㎜, L=2.5m	본	27	36	52	-	
흄 관	ø 450㎜, L=2.5m	본	15	20	27	-	
흄 관	ø 600㎜, L=2.5m	본	8	12	15	-	
흄 관	ø 800㎜, L=2.5m	본	4	6	9	-	
흄 관	ø 900㎜, L=2.5m	본	4	5	7	-	
흄 관	ø 1,000㎜, L=2.5m	본	3	4	5	10	
흄 관	ø 1,200㎜, L=2.5m	본	2	3	4	7	
흄 관	ø 1,500㎜, L=2.5m	본	1	2	2	5	
콘크리트관	ø 250㎜, L=1m	본	60	80	110	-	
콘크리트관	ø 300㎜, L=1m	본	52	70	96	-	
콘크리트관	ø 350㎜, L=1m	본	42	60	82	-	
콘크리트관	ø 450㎜, L=1m	본	25	30	41	-	
콘크리트관	ø 600㎜, L=1m	본	16	20	27	-	
콘크리트관	ø 900㎜, L=1m	본	9	12	16	-	
콘크리트관	ø 1,000 - 1,500, L=1m	본	3-6	4-8	5-10	12	
주 철 관	ø 80㎜-ø 150㎜, L=6.0㎜	본	42-111	46-123	-	-	
주 철 관	ø 200㎜-ø 450㎜, L=6.0㎜	본	9-30	10-34	-	-	
주 철 관	ø 500㎜-ø 600㎜, L=6.0㎜	본	6	6-9	-	-	
주 철 관	ø 700㎜-ø 900㎜, L=6.0㎜	본	3	3-5	-	-	
주 철 관	ø 1,000㎜, L=6.0㎜	본	2	2	-	-	

종 별	규 격	단위	적 재 량				비고
			6톤 차량	8톤 차량	11톤 차량	20톤 트레일러	
도복장강관	ø 300㎜-450㎜, L=6.0㎜	본	10-18	14-22	-	-	
도복장강관	ø 500㎜-700㎜, L=6.0㎜	본	3-9	6-10	-	-	
도복장강관	ø 800㎜-1,000㎜, L=6.0m	본	1-3	3	-	-	
도복장강관	ø 1,200㎜-2,100㎜, L=6.0m	본	1	1	-	-	
도복장강관	ø 2,200㎜-2,300㎜, L=6.0m	본	-	1	-	-	
P.C 파 일	ø 300㎜-400㎜ L=9.0m	본	-	-	6-10	11-18	
P.C 파 일	ø 450㎜-500㎜ L=9.0m	본	-	-	4-5	8-9	
시 멘 트	40kg	대	150	200	275	637 (25.5톤 풀카고 기준)	
전 주	10m(일반용)	본	-	-	12	23	
전 주	체신주 8m	본	-	17	23	43	
콘크리트 전주	8m	본			20	37	
콘크리트 전주	9m	본			16	29	
콘크리트 전주	10m	본			12	23	
콘크리트 전주	11m	본			11	20	
콘크리트 전주	12m	본				17	
콘크리트 전주	13m	본				14	
콘크리트 전주	14m	본				13	전장13m이상 차종 적용
콘크리트 전주	15m	본				11	〃

제3장 철도신호설비공사

3-1 신호기 장치

3-1-1 전기신호기 신설

종 별		단위	신호공	보통인부	비 고
신 호 기 구		기	2.4	1.0	1)주물, 수지 제품 조립포함 2)브라켓 슬라이드식 포함 3)신호등(LED형) 준용
신호기 등	LED형 등	조	0.55	0.26	1)렌즈, 모듈 2)기존 렌즈, 소켓 철거 포함
	LED형 모듈	개	0.2	0.09	· 소켓 철거 포함
신호기주	강관주 7m이상	본	1.7	1.0	1)핀나클 및 주대 포함 2)기초제외
	강관주 7m이만	본	1.3	1.0	
	강관주 3m이만	본	0.8	1.0	
	콘크리트주 10m	본	2.01	2.55	1)틀부럭1본 포함 및 틀부럭 1본 추가마다 10% 가산 2)터파기 및 되메우기 포함
	콘크리트주 9m	본	1.68	2.13	
	콘크리트주 8m	본	1.66	1.88	
	콘크리트주 7m	본	1.23	1.40	
	콘크리트주 6m이하	본	0.72	0.81	
	사다리 7m이상	조	0.4	0.56	· 사다리대 포함
	7m이만	조	0.3	0.44	
작 업 대 (철 재)		조	0.4	0.56	
핀 나 클		조	-	0.2	
신 호 기 안 전 보 호 망		조	1.26	0.7	1)전철강관주 설치 시 준용 2)조립포함
신호기 안전보호망 사다리		조	0.4	0.2	· 조립포함
작 업 대 안 전 보 호 망		조	1.34	0.74	· 조립포함
틀 부 럭		본	0.1	0.4	
받 침 부 럭		개	0.1	0.4	
브 라 켓 슬 라 이 드 식		조	0.24	0.1	
신호기 사용중지 표지		개	0.34	0.3	

[해 설]

1. 철거는 신설의 60%(단 콘크리트주 철거는 제외)
2. 본품은 구내작업 기준임
3. 본품은 주간작업 기준임
4. 원거리 작업 및 야간작업시 별도 계상
5. 구내 입환별 할증율은 별도 계상
6. 콘크리트주 철거 50%, 재사용 가능품 80%
7. 신호기등(LED형등 교체)은 3창기준이며 3창이상은 해당품의 120% 적용
8. 신호기등 교체시 활선작업품 별도 계상
9. 신호기주를 포장(아스팔트, 콘크리트) 지점에 건식할 때에는 보통인부에 한하여 본 품의 25% 가산. 단, 암반터파기는 별도 계상
10. 경사주를 바로세울 경우에는 해당품의 30% 적용

신호부문 제3장

3-1-2 입환신호기 및 입환표지 신설

종 별	단위	신호공	보통인부	비 고
입환신호기(자립형)	기	1.87	0.7	1)기주(1.5m 이내)포함 2)터파기 및 되메우기 별도 계상
입환표지(자립형)	기	1.2	0.5	
입환표지 취부형	기	1.5	0.44	· 취부금구 포함
입한전호기 평면용	개	2.7	0.7	
입환전호기 제어기	조	1.3	0.3	· 기주 및 주대포함, 기초제외
무유도등	개	0.67	0.2	· 무유도선로별등, 중계기유도등번호표시등 준용
입환용 진로표시기 (다진로)	개	2.4	1.0	1)기주제외, 기지용 준용 2)4진로 이상 1진로 증가시마다 신호공 0.35인 가산
입환신호기 및 입환표지 취부금구	조	0.23	0.13	· 지하, 터널내 설치 시 준용
신호기주 강관주 3m 미만	본	0.8	1.0	· 기주1.5m 이상~3m 미만

[해 설]

1. 철거는 신설의 60%
2. 기주 1.5m 이상 설치 시 기주, 작업대, 사다리는 3-1-1(전기신호기)항 참조
3. 입환신호기는 무유도등을 포함
4. 입환신호기 및 입환표지는 단등 LED형 및 등열식(LED형, 전구형) 동일 적용

3-1-3 유도신호기 및 수신호 등 신설

종 별	단위	신호공	보통인부	비 고
유 도 신 호 기	기	1.2	0.5	
수 신 호 등	기	1.5	0.44	
수 신 호 조 작 기	조	1.1	0.5	· 결선 포함

[해 설]

1. 철거는 신설의 60%

3-1-4 진로표지 신설

종 별	단위	신호공	보통인부	비 고
주신호기용 진로표시기 (등 열 식)	기	2.4	1.0	
주신호기용 진로표시기 (문 자 형)	기	2.4	1.0	· 4진로이상 1진로 증가 시 마다 신호공 0.35인 가산 · 다기능신호부속기 준용
중계신호기(등 열 식)	기	2.4	1.0	
진로선별 신호현시 제어기	기	1.3	0.3	· 문자형 제어기 준용

[해 설]

1. 철거는 신설의 60%

3-1-5 식별표지 신설

종 별	단위	신호공	보통인부	비 고
자동폐색식별표지(등식)	개	0.67	0.2	- 출발선식별표지 준용
자동폐색식별표지(반사체)	개	0.26	-	1)자동신호 번호표지, 출발선 식별표지도 준용 2)고속철도의 안전스위치 표지, ㎞표지, 마커, 번호표지 준용
서행허용표지(등식)	개	0.67	0.2	

[해 설]

1. 철거는 신설의 60%

3-1-6 출발 반응등 신설

종 별	단위	신호공	보통인부	비 고
출 발 반 응 등	개	0.67	0.20	· 취부금구 포함
진 로 예 고 기	개	0.67	0.20	· 취부금구 포함
암 회 로 제 어 기	개	1.0	-	
정 위 치 정 차 등	개	0.67	0.2	1)ATC 구간용 2)취부금구 포함
출 발 전 호 등	개	0.67	0.2	· 취부금구 포함
출 발 전 호 기 주	개	0.8	1.0	· 기초제외
정위치정차등신호기주	개	0.8	1.0	· 기초제외
취 부 금 구	조	0.23	0.13	

[해 설]

1. 철거는 신설의 60%

3-1-7 열차정지 및 차량 정지표지 신설

종 별	단위	신호공	보통인부	비 고
열차 정지표지	조	0.39	0.1	· 고속철도의 절대정지표지, 허용표지, 입환표지, 타행표지, 역행표지, 사구간 예고표지, 궤도회로 경계 표지 준용
차량 정지표지	조	0.39	0.1	
차막이 표지	조	0.39	0.1	

[해 설]

1. 철거는 신설의 60%
2. 기초 및 터파기, 되메우기는 별도 계상

3-1-8 기계신호 신설

종 별		단위	신호공	철공	목공	보통인부	비 고
기계신호기 1단		기	4.0	2.3	-	2.4	1)장내, 출발, 엄호, 입환신호기 2)지축 기타의 보통인부는 별도 3)간이조정기 및 안전장치 제외
기계신호기 2단		기	5.4	2.8	-	2.7	
신호등 및 등걸이		조	0.1	-	-	-	
신호기암		개	0.1	-	-	-	
앞안경 및 뒤안경		조	0.2	0.1	-	0.1	
축 및 축받침		조	0.3	0.1	-	0.1	
신호기주		조	1.0	1.5	-	1.0	· 핀나클 및 주대포함
롯드 및 롯드받침		조	0.6	0.2	-	0.1	
에스케이프크랭크	1단및크램프	조	0.9	0.3	-	0.2	· 크램프 포함
	2단및크램프	조	1.0	0.4	-	0.2	
스위브 호일		조	0.3	0.1	-	0.1	
사다리	7m이상	조	0.4	-	-	0.56	· 사다리대 포함
	7m이만	조	0.3	-	-	0.44	
안전장치		조	1.1	0.2	-	0.2	
간이조정기		조	1.0	0.2	-	1.0	
신호리버		조	0.6	0.3	-	0.2	· 리버대 철판시 적용
		조	0.6	0.1	0.2	0.2	1)리버대 목재시 적용 2)특수말 쇄정시는 특수말은 별도 계산한다

[해 설]

1. 철거는 신설의 60%

3-1-9 철구 및 기기가대 조립 신설

종 별	단위	변전전공	보통인부	비 고
철 구 조 립	ton	3.8	2.0	
기 기 가 대	ton	4.2	2.0	

[해 설]

1. 구내운반, 재료분류, 하부재의 정치작업 포함
2. 기초 흙파기, 거푸집, 콘크리트 작업은 별도 가산
3. 강재 현장 가공시 구멍 뚫기품(Hand Drill 사용)
   - 지장작업시 ø 22㎜이하 개당 변전전공 0.01인
   - 주상작업시 ø 22㎜이하 개당 변전전공 0.07인
4. 철거는 신설의 50%(단, 재사용 시는 80%)

3-1-10 철관장치 신설

종 별	단위	신호공	철공	보통인부	비 고
철 관	10m	0.7	0.3	0.6	·2열 이상은 1열 증가마다 50%증
행크 케리야	10개	0.4	0.4	0.8	
파이프 케리야	10조	1.5	0.4	1.0	
조우 및 링구	개	0.3	0.2	0.1	
칠관 조정기	소	0.9	0.3	0.3	
철 사 간	조	1.1	0.3	1.2	
철사간 받침	조	0.3	0.1	0.1	
곡 간 (1 열)	조	1.0	0.4	0.5	1)깔판포함 2)2열 이상은 1열 증가마다 50% 증
	조	0.9	0.4	0.3	·깔판 제외

[해 설]

1. 철거는 신설의 50%

3-1-11 철선장치 신설

종 별	단위	신호공	철공	보통인부	비 고
신 호 철 선	100m	2.0	0.1	0.1	· 강색 와이어, 와이어 턴버클 아이 취부 및 바인드선 감기 포함
철선지주(1-4선용)	100개	10.0	-	12.0	· 앵글지주 고리 취부 및 땅파기, 조정 포함
철선지주(5선용이상)	100개	10.0	-	24.0	
철 선 활 차	100조	6.0	-	5.6	
철 선 방 호 공	10m	0.4	0.4	1.6	

[해 설]

1. 철거는 신설의 50%

3-1-12 기타 기계신호 장치 신설

종 별	단위	신호공	철공	보통인부	비 고
통 표 쇄 정 기	조	1.6	0.5	0.6	· 접속간 제외
통 표 수 수 기	조	1.0	-	1.1	· 받는걸이 및 주는걸이는 각각 50% 적용
레 일 간 격 간	조	0.3	-	0.22	
마 찰 경 감 기	조	0.5	0.3	0.3	
모바퀴 및 수활차	조	0.5	0.1	0.4	
도선분기 안전장치	조	1.1	0.2	0.2	
진로정자(진로쇄정장치)	조	1.7	0.4	1.6	
차 단 기	조	1.8	1.7	1.9	· 기계식 차단기 기준

[해 설]

1. 철거는 신설의 50%

3-1-13 보호스위치 신설

종 별	단위	신호공	보통인부	비 고
보호스위치	개	0.15	0.1	1)취부대 포함 2)스위치 영역 표지판 제외

[해 설]

1. 기능시험 별도 계상
2. 철거는 신설의 60%

3-2 궤도회로 장치

3-2-1 궤도회로 송신기 신설

종 별	단위	신호공	보통인부	비 고
바이어스식 발신기	개	2.5	1.0	1)취부 및 배선 포함 2)AF용 및 차경용 준용
분주기, 배주기	개	2.7	1.3	· 취부 및 배선 포함
AF 3위용 송신기	개	2.7	1.3	· 취부 및 배선 포함 · 무절연 AF궤도회로유니트설치준용
임펄스 송신기	개	2.7	1.3	· 취부 및 배선 포함
임펄스 발신기	개	0.5	-	· 취부 및 배선 포함
주파수 변환기	개	1.2	0.6	· 취부 및 배선 포함
전 압 안 정 기	개	0.2	0.1	· 취부 및 배선 포함
궤도 저항자	개	0.4	-	· 취부 및 배선 포함
궤도 한류장치	개	0.5	-	· 취부 및 배선 포함
기기 조립설치	개	0.16	0.12	· 결선 제외, 짝설치 제외 (분주기, 배주기, AF 3위용, 임펄스송신기, 주파수변환기 적용)

[해 설]

1. 기기랙 설치제외
2. 결선도작성, 납땜 또는 터미널 결선, 시험 및 검사, 조정 정리포함
3. 결선변경이 포함된 철거 시는 신설의 60%

3-2-3 임피던스본드 신설

종 별		단위	신호공	보통인부	비 고
임피던스본드	200A이하	개	1.6	0.6	1)콘크리트 기초 제외 및 중성바, 주유포함. 2)용접 취부시에도 준용 3)3000A는 1000A 준용
	500A이하	개	2.0	0.9	
	750A이하	개	2.5	1.0	
	1000A이하	개	3.5	1.7	
임피던스본드리드선	500A(115㎟이하)	개소	0.8	0.3	1)레일 천공 및 접속포함 2)용접 취부시에도 준용 3)250A는 1/2, 750A는1.5배 적용 4)긍장 6m를 초과할 경우 전선포설 또는 케이블 포설 인공 별도 계산
	200A(80㎟이하)	개소	0.66	0.3	

[해 설]

1. 철거는 신설의 60%
2. 본품은 구내작업 기준임
3. 원거리 작업시 별도계상
4. 임피던스 본드 60㎏ 이상은 운반비 별도 계상
5. 터파기, 되메우기 및 잔토처리 별도 계상

3-2-4 송착전점퍼 신설

종 별	단위	신호공	보통인부	비 고
송착전 시설 25㎟ 양궤조	개소	0.4	0.19	1)Y본드 4본 제작
1 0 0 ㎟ 이 하	개소	0.54	0.19	1)클램프제외
케이블 헤드(4선용이하)	개	0.24		

[해 설]

1. 철거는 신설의 20%
2. 본품은 구내작업 기준임
3. 원거리 작업시 별도계상
4. 방호관 설치 포함

5. 케이블헤드 제외
6. 레일천공 포함, 레일천공 제외시 50% 적용
7. 케이블길이가 21m를 초과할 경우 전선 포설 또는 케이블 포함 인공 별도 계산

3-2-5 신호본드 신설

종 별	단위	신호공	보통인부	비 고
신 호 본 드	10본	0.44	0.21	· 레일천공포함 크램프 제외
본 드 크 램 프	10개	0.18	0.09	
레 일 도 금 폭20mm, 두께 0.5mm	10m	1.8	0.9	
레 일 연 마	km	-	2.3	· 전동 Drill기준

[해 설]

1. 철거는 신설 해당품의 20%
2. 본품은 구내작업 기준임
3. 원거리 작업시 별도계상

3-2-6 레일본드 신설

종 별		단위	신호공	보통인부	비 고
레일 본드	케이블본드 25㎟ - 1500mm 이하	조	0.24	0.1	1)레일천공포함 크램프제외 2)레일천공 제외시 50% 적용 3)첨단점퍼, 신축점퍼 준용 4)연철선은 케이블본드 25㎟ - 1500mm 이하 품의 50%적용
	125㎟이하	본	0.15	0.08	
용접 본드	250㎟	본	0.2	0.1	1)CL 및 CV 준용 2)80㎟~110㎟ 준용
	110㎟	본	0.15	0.08	
	22㎟	본	0.12	0.06	

[해 설]

1. 철거는 신설의 20%
2. 본품은 구내작업 기준임
3. 원거리 작업시 별도계상

3-2-7 크로스본드 신설

종 별		단위	신호공	보통인부	비 고
크로스 본 드	115㎟이하×3m×2	본	0.54	-	· 제작 취부
	38㎟이하×3m×2	본	0.52	-	
	38㎟이하×2(Z-Z)	본	0.2	0.06	1)본품은 용접취부 기준임 2)Z는 임피던스 본드 3)R는 레일 4)제작 포함, 케이블길이 12m 초과시 전선포설인공 적용 5)전선관 포함 6)긍선점퍼는 (R-R) 준용
	38㎟이하 (Z-R)	본	0.22	0.06	
	38㎟이하 (R-R)	본	0.24	0.06	
	115㎟이하×2(Z-R)	본	0.27	0.1	
	115㎟이하 (R-R)	본	0.29	0.1	
	250㎟이하×2(Z-R)	본	0.32	0.16	
	250㎟이하 (R-R)	본	0.34	0.16	
바이패스본드	0.1~2	본	1.2	0.6	· 기초제외
	R ~ R_2	본	1.8	0.9	

[해 설]

1. 철거는 신설의 20%

3-2-8 레일절연 신설

종 별		단위	신호공	보통인부	비 고
레일절연	(50kg이하용)	조	0.38	0.19	
	(60kg이상용)	조	0.7	0.35	
레일절연 보강장치간이형		조	0.14	0.07	

[해 설]

1. 철거는 신설의 60%
2. 본품은 구내작업 기준임
3. 원거리 작업시 별도 계상

3-2-9 중성선 신설

종 별		단위	신호공	보통인부	비 고
중성선	115㎟이하(Z-Z)	본	0.25	0.10	1)Z는 임피던스 본드 2)R는 레일 3)제작취부 4)레일천공 포함 5)케이블 길이 12m 초과시 전선 포설 인공 적용
	115㎟이하(Z-R)	본	0.30	0.14	

[해 설]

1. 철거는 신설의 60%

3-2-10 현장 유니트 신설

종 별	단위	신호공	보통인부	비 고
유 니 트	조	0.32	0.2	1)자기유도자, 동조, 블로킹 유니트도 준용 2)보호대 포함

[해 설]

1. 기능시험 별도 계상
2. 철거는 신설의 60%

3-2-11 보상 콘덴서 신설

종 별	단위	신호공	보통인부	비 고
보 상 콘 덴 서	조	0.22	0.1	· 보호대 및 클램프 포함

[해 설]

1. 기능시험 별도 계상
2. 철거는 신설의 60%

3-2-12 궤도회로감시장치(TLDS) 신설

종 별		단위	신호공	보통인부	비 고
모장치 감시콘솔		개	0.2	0.16	
자장치	19"표준랙	랙	1.0	1.0	· 임펄스용 준용
	BS장치	개	0.29	0.2	· 폐색구간용 준용
카드설치		개	0.15		· 개별시험 포함
종합시험		개소	2.0		

[해 설]

1. 철거는 신설의 30% (단, 재사용 시는 80%)
2. 설치도 시공 시 적용 제외
3. 종합 시험은 자장치 개소당 적용한다.(단, 모장치 시험은 자장치 시험에 포함한다.)

3-3 선로전환 장치

3-3-1 전기 선로전환기 신설

종 별	단위	신호공	보통인부	비 고
전 기 선 로 전 환 기 (AC105V/220V용)	대	3.4	1.0	· 근거리(소운반 20m이환내) 설치는 전기 선로전기 설치 품의 70%적용
선 로 전 환 제 어 기	대	2.7	0.5	
전 기 쇄 정 기	대	2.0	1.0	· 답구 포함
회로 제어기(첨단용)	대	1.0	-	· 침목 조정 제외
회로 제어기(계전기형)	개	1.0	0.5	· 짹 취부 포함
회로 제어기(동정검출기)	개	1.0	-	
첨 단 밀 착 검 지 기	조	1.7	-	1)전선관 설치 제외 2)레일천공 포함 3)근접센서 2개
• 밀착 검지기 제어함	조	0.3	-	1)배선 및 고정홀 천공 포함 2)전선관 설치 제외 3)제어함만 설치 시 설치품의 50% 적용
• 근접센서	조	1.4	-	1)배선 및 레일천공 포함 2)전선관 설치 제외 3)근접센서만 설치 시 설치품의 50% 적용
전기 쇄정기용 답구	대	0.5	-	
전기 선로전환기용 모터	개	1.0	-	
전 기 융 설 기 SA 형	개	0.08	-	· 융설기 KB형도 준용함
마 찰 클 러 치 신 설	조	0.5	-	· 밀봉형도 준용
전자식 클 러 치 신 설	조	1.5	-	
마 찰 클 러 치 개 량	조	4.28	-	· (마찰→전자식)
• 마찰클러치 철거	조	0.15	-	· 부분 교체시 및 밀봉형도 준용
• 전동기철거, 설치	조	1.3	-	
• 전자클러치 설치	조	1.5	-	
• 성능시험	조	0.25	-	
• 전환쇄정시험	조	1.08	-	
유 동 방 지 간	조	0.25	0.16	1)선로전환기철거, 설치품은 근거 리품 적용 2)깔판 제외
침 수 방 지 간 류	조	0.37	0.16	· 선로전환기철거, 설치품은 근거리품 적용

[해 설]

1. 철거는 신설의 50%
2. NS형 기준용량(330㎏) 이하품 설치 시는 본품의 80% 적용
3. 동일종류의 클러치 교체시 해당품의 130% 적용
4. 회로제어기 및 제어계전기 조립설치는 3-4-2에 계전기 신설의 계전기 조립설치품 적용
5. 선로전환기 400㎏ 이상은 운반비 별도 계상
6. 밀착검지기 재설치 시 레일천공, 선로전환기 내부천공, 케이블 배선작업 제외

3-3-2 선로전환표지 신설

종 별	단위	신호공	철공	목공	보통인부	비 고
선로전환표지(핸들있음)	조	0.7	0.3	0.2	0.4	1)대,중,소형 준용 2)침목 이어낼 때 목공 0.2인 가산
선로전환표지(핸들없음)	조	0.4	0.2	0.1	0.2	
선로전환표지등	개	0.18				·결선포함
선로전환표지 표판	조	0.15				·대,중,소형 준용

[해 설]

1. 철거는 신설의 60%
2. 선로전환표지등 철거 30%, 재사용 철거 50%

3-3-3 기계 연동기 신설

종 별	단위	신호공	철공	보통인부	비 고
연동기 갑1호	조	0.8	0.2	0.6	·접속간 제외
연동기 갑2호 및 병호	조	1.4	0.4	0.8	·접속간 제외
연동기 갑3호 및 정호	조	1.6	0.5	1.0	·접속간 제외
연동기 P형 1호	조	1.6	0.4	0.6	·접속간 제외
접속간 1호	조	0.3	0.1	0.3	
접속간 2호	조	0.6	0.2	0.3	

[해 설]

1. 철거는 신설의 60%

3-3-4 단동기 및 쌍동기 신설

종 별	단위	신호공	철공	목공	보통인부	비 고
선로전환 쌍동기 1호	틀	8.4	5.7	-	5.0	· 케리야, 행크케리야, 조우 및 링구 제외
선로전환 쌍동기 1.2호	틀	7.4	4.0	-	3.9	
선로전환 쌍동기 2호	틀	5.2	3.5	-	2.7	
선로전환 단동기 1호	틀	3.6	2.8	-	2.2	
선로전환 단동기 2호	틀	2.6	1.8	-	1.6	
전환 쇄정기	조	0.5	0.2	-	0.3	· 깔판제외
에스케이프 크랭크	조	0.3	0.2	-	0.2	· 깔판제외
첨단간	조	0.4	0.9	-	0.2	
밀착조절간	조	0.4	0.9	-	0.3	
쇄정간	조	0.4	0.1	-	0.3	
선로전환 쇄정기	조	1.0	0.4	--	0.6	· 깔판포함
선로전환 리버	조	0.9	0.3	-	0.5	
깔판(침목2정용)	조	0.4	0.2	0.2	0.3	· 전환쇄정기 및 에스케이프용
깔판(침목3정용)	조	0.5	0.3	0.3	0.4	· 전환쇄정기 및 에스케이프용
크랭크 1단	조	0.7	0.2	-	0.2	
크랭크 2단	조	1.0	0.5	-	0.8	
연결간(절연용)	조	0.3	0.2	-	0.1	
깔판(절연용)	조	1.3	0.5	-	1.0	
접속간(동력전철기용)	조	0.6	0.1	-	0.2	

[해 설]

1. 철거는 신설의 60%

3-3-5 차상전환장치 신설

종 별	단위	신호공	산업기사	보통인부	비 고
선 로 전 환 기	대	3.4	-	1.0	
개통방향 표시기	개	1.2	-	0.5	
조 작 리 버	개	2.4	-	1.0	1)승무원 취급용 준용 2)리버 표시등 포함
레 일 스 위 치	개	1.2	-	0.6	
제어 유니트(단동형)	조	2.8	-	0.7	
제어 유니트(쌍동형)	조	4.2	-	1.05	
종 합 시 험	조	0.2	3.0	-	

[해 설]

1. 철거는 신설의 50%
2. 본품은 주간작업 기준임
3. 열차 운전 빈도 제외
4. 야간 작업시 별도 계상

3-3-6 첨단궤도 동결방지 장치 신설

종 별	단위	신호공	철 공	보통인부	비 고
패널 히터(구동축부)	조	1.7	0.5	1.0	1)케이블 설치 제외 2)전선관 설치 제외 3)트로프 설치 제외
레 일 상 판 히 터	개	0.4	0.2	0.3	
레 일 측 면 히 터	개	0.25	0.15	0.15	
히 터 보 호 카 버	개	0.3	0.1	0.1	
제 어 함	대	4.6	-	1.5	· 시험포함

[해 설]

1. 철거는 신설의 50%
2. 본품은 주간작업 기준임
3. 야간작업시 별도 계상

3-3-7 고속선 분기기 조정 신설

종 별	단위	신호공	보통인부	비 고
#12분기기	조	0.62	0.12	
#18분기기	조	1.26	0.24	
#26분기기	조	1.84	0.36	
#46분기기	조	2.30	0.45	

[해 설]

1. 기능시험 별도 계상

3-3-8 기능감시장치 정보집중장치

종 별		단위	신호공	보통 인부	내선 전공	계장공	비 고
데이터통합부		개	0.58	0.40	-	-	
통 신 부		개	0.29	0.20	-	-	
전원공급부		개	1.00	-	0.38	-	
기 기 랙		랙	1.00	1.00	-	-	
정보수집부	모듈	개	0.29	0.20	-	-	· 모듈 교체 및 조정에 적용 · 결선 제외
	결선	대	-	-	0.14	0.22	· 모듈 증설시 적용
종 합 시 험		랙	2.00	-	-	-	

[해 설]

1. 철거는 신설의 30%(단, 재사용 시는 80%)
2. 정보전송을 위한 부대설비(전송선로, 통신선로, 신호·통신·광케이블 등) 제외
3. 밀착검지기 이중화(1계, 2계 동시 구성) 설치작업은 별도의 품셈 적용

3-3-9 기능감시장치 정보전송장치

종 별	단위	신호공	보통 인부	S/W 시험사	H/W 시험사	비 고
모듈(광스위치)	개	0.29	0.2	-	-	
조정 및 시험	대	-	-	0.42	0.42	회로점검 및 조정 포함

[해 설]

1. 철거는 신설의 30% (단, 재사용 시는 80%)
2. 정보전송을 위한 부대설비(전송선로, 통신선로, 신호·통신·광케이블 등) 제외
3. 밀착검지기 이중화(1계, 2계 동시 구성) 설치작업은 별도의 품셈 적용

3-3-10 기능감시장치 정보수집장치

종 별	단위	신호공	보통 인부	비 고
외 함	대	0.60	0.60	· 통신부, 기능감시부, 전원부, 단자대 등 포함 · 기초 제외
종합시험	대	2.0	-	- 1역 구내 기준 * 1~ 4대까지 2.0인 적용 * 4대 이상 1대 증가 시 0.5인 가산

[해 설]

1. 철거는 신설의 30% (단, 재사용 시는 80%)
2. 정보전송을 위한 부대설비(전송선로, 통신선로, 신호·통신·광케이블 등) 제외
3. 밀착검지기 이중화(1계, 2계 동시 구성) 설치작업은 별도의 품셈 적용

3-4 연동장치

3-4-1 전자연동장치 신설

종 별		단위	신호공	보통인부	비 고
연동장치부	19" 표준랙	랙	1.0	1.0	
	메인 프로세서 유니트	개	0.58	0.4	
	I/O 유니트	개	0.29	0.2	
통신장치부 19" 표준랙		랙	1.0	1.0	
표시제어부	19" 표준랙	랙	1.0	1.0	
	산업용 컴퓨터	개	0.4	0.32	
유지보수부	19" 표준랙	랙	1.0	1.0	
	산업용 컴퓨터	개	0.2	0.16	

[해 설]

1. 철거는 신설의 30% (단, 재사용 시는 80%)
2. 설치도 시공 시 적용 제외
3. 운전취급감시용 모니터 설치는 유지보수 산업용 컴퓨터 품 적용

3-4-2 계전기 유니트(1) 신설

종 별	단위	신호공	보통인부	비 고
계전기대형궤도	개	2.0	1.0	· 걸이 설치제외
계전기대형기타	개	1.7	0.8	· 걸이 설치제외
계전기소형궤도	개	1.3	0.7	1)잭취부, 결선포함 2)바이어스식, 임펄스식, AF용 준용
계전기소형기타	개	1.0	0.5	· 잭취부, 결선포함, 삽입형 계전기 준용
계전기거치형궤도	개	1.5		
계전기거치형기타	개	1.3		
소형계전기짹	개	0.2		· A, B형, 결선제외 삽입형 준용
대형계전기짹	개	0.3		· C, D형, 결선제외 유니트식 임펄스식, AF용 준용
계전기 조립 설치	개	0.03		· 짹 설치, 결선 및 시험조정 제외
기 타 기 기	개	0.5		· 소형기기 미만 변압기류
소 형 기 기	개	0.2		· 궤도신호변압기, 계전기변압기, 표시등변압기(제어반용) 승압 및 절연변압기(1~ 2kVA) 준용

[해 설]

1. 기기랙 설치 제외
2. 결선도작성, 납땜 또는 터미널 결선, 시험 및 검사, 조정 정리 포함
3. 결선변경이 포함된 철거 시는 신설의 50%
4. 재사용품 철거 시는 짹 및 조립설치품의 40%
5. 불용품 철거는 위 해설 4항의 신호공품을 보통인부로 변경 적용
6. 설치도 시공 시 적용 제외

3-4-3 계전기 유니트(2) 신설

종 별	단위	신호공	보통인부	비 고
계전기 유니트 (수용계전기 7개 이하)	개	1.05	0.35	· F27, 건널목제어계전기유니트, 건널목제어자 유니트, 건널목경보제어유니트, 주파수 전송 유니트 준용
계전기 유니트 (수용계전기 8개)	개	2.85	0.35	1)F14, F20, F22, F23준용 2)WL-DL-A100 준용
계전기 유니트 (수용계전기 9개)	개	2.85	0.35	· F12, F18, F28준용
계전기 유니트 (수용계전기10~11개)	개	3.05	0.35	· F21, F17준용
계전기 유니트 (수용계전기 12개)	개	5.0	0.7	· F13, F25준용
계전기 유니트 (수용계전기 13개)	개	3.5	0.8	· F19, F24(중형), F26준용
계전기 유니트 (수용계전기14~24개)	개	7.2	0.9	· F16, F24(대형)준용
계전기 유니트 (수용계전기25개이상)	개	7.6	0.9	· F11, F15준용
계전기 유니트 조립설치	개	0.16	0.12	· 결선제외

[해 설]

1. 유니트 랙 설치 제외
2. 결선도작성, 납땜 또는 터미널 결선, 시험 및 검사, 조정 정리포함
3. 결선변경이 포함된 철거 시는 신설의 50%
4. 재사용품 철거 시는 조립설치품의 40%
5. 불용품 철거는 보통인부 0.04인 적용
6. 설치도 시공 시 적용 제외

3-4-4 계전기 걸이 설치

종 별		단위	신호공	보통인부	비 고
삽 입 형 계전기걸이	80개입 이하	개	1.0	1.0	
	조립식300개입	개	5.0	-	· 계전기 300개 이상 시 50개 증가마다 10% 가산
	조립식700개입	개	8.4	-	· 계전기 700개 이상 시 70개 증가마다 10% 가산
	목재식 20개입	개	1.5	1.0	· 계전기 10개 증가마다 30% 가산
삽입형 소형계전기걸이 (128개용)		개	0.9	0.8	
유니트 계전기 걸이		개	1.0	1.0	· 궤도계전기랙, 휴즈랙, 단말랙도 준함

[해 설]

1. 철거는 신설의 60%
2. 설치도 시공 시 적용 제외
3. 고속철도의 카드랙 설치는 유니트 계전기 걸이의 30% 적용

3-4-5 열차번호 인식기 신설

종 별	단위	신호공	보통인부	비 고
열차정보 송신처리장치	개	0.2	0.16	
열차정보 수신처리장치	개	0.2	0.16	
열 차 번 호 표 시 창	개	0.53	-	

[해 설]

1. 철거는 신설의 30%(단, 재사용 시는 80%)
2. 설치도 시공 시 적용 제외

3-4-6 제어판 신설

종 별		단위	신호공	보통인부	비 고
1 면 식	(제어판길이 1.2m이하)	면	1.1	0.5	·기내결선 포함
	(제어판길이 2.5m이하)	면	2.1	1.0	
	(제어판길이 4.0m이하)	면	3.0	1.7	
모자이크식	(제어판길이 1m이하)	면	1.1	0.5	
	(제어판길이 1.5m이하)	면	2.1	1.0	
	(제어판길이 2.0m이하)	면	3.0	1.7	

[해 설]

1. 철거는 신설의 60%
2. 설치도 시공 시 적용 제외

3-4-7 전기리버류 신설

종 별		단위	신호공	보통인부	비 고
전 기 리 버		본	4.3	1.5	·방호 제외
탁 상 전 기 정 자		조	3.4	-	·정자대 제외
연 동 폐 색 기	양 쪽 용	개	1.6	1.0	
	한 쪽 용	개	1.1	1.0	

[해 설]

1. 철거는 신설의 60%

3-4-8 연동기 배선 신설

종별		단위	신호공	보통인부	비고
계전 연동기 배선		계전기 1개당	1.3	-	1)삽입형소형계전기 128개 연동기내부 수용의 경우이며 계전기 취부 포함 2)궤도계전기(TR)는 개당 0.5%가산
계전 연동기 배선 (삽입형 소형계전기 129~ 700개 까지)		계전기 1개당	0.64	-	1)700개 초과하는 분은 0.58 적용 2)궤도계전기(TR)는 0.5% 가산
결선 신설		조건	0.11	-	1)결선도상의 여자 또는 낙하 1조건을 말함 2)결선 철거는 별도 계상
제어반부품 정자 및 압구		개	0.3	0.4	· 설치, 배선, 명찰포함
제어반 표시등 환형		개	0.35	-	· 설치, 배선, 명찰포함
제어반부품 표시등	적등(2등)	개	0.53	-	· 설치, 배선, 명찰포함
	적등(4등)	개	0.79	-	
제어반부품 모자이크	(취급버튼, 정보표시부)	10개	3.0	4.0	
	(취급버튼, 정보표시무)	10개	0.15	0.12	
보안기		개	0.2	-	· 배선포함 및 피뢰기 동일적용
신호용 접속단자		개	0.1	-	1)본품은 단자 배열가 조립설 치기준임 2)기존 배열가에 개당 설치 시는 30%증 적용 3)회선, 배선 포함 4)배선없는 경우 및 교체시는 신호단자품 적용

[해 설]

1. 철거는 신설의 해당품 30%
2. 본품은 주간작업 기준
3. 야간 작업시 별도 계상

3-4-9 종합시험

종 별	단위	산업기사	신호공	비 고
신설 연동장치 50진로까지	진로당	1.6	-	50진로 초과분에 대하여 51~100진로는 매진로당 0.96 101~200진로는 매진로당 0.62 201~300진로는 매진로당 0.41 301이상진로는 매진로당 0.31가산
카리타다 종합시험	조	9.8	0.8	
통표폐색기	조	-	0.54	

[해 설]

1. 운행선에 대한 개량은 병렬시험 포함 신설 연동검사의 180% 적용
2. 사전점검 및 시설물 검증시 연동검사도 신설연동검사 적용

3-4-10 기타 신설

종 별		단위	신호공	보통인부	비 고
궤도 조명판 현수용 (1.2m × 0.5m)		개	3.7	1.0	1)0.1㎡ 증가마다 10% 가산 2)열차체류표시판도 준용
조명배선(1등당)		개	0.2	-	
배선가(합성수지제) (폭150㎜~350㎜)		10m	1.8	0.8	
기기 설치대	1,200㎜ ~ 1,900㎜	개	0.53	0.26	· 제작제외
	2,500㎜ ~ 2,700㎜	개	1.1	0.5	· 제작제외

[해 설]

1. 철거는 신설의 60%
2. 설치도 시공 시는 적용 제외

3-4-11 전기설비기술지원시스템 신설

종별			단위	신호공	보통인부	비고
데이터 집중장치	주장치		개	0.58	1.0	모니터 포함
	데이터 저장장치		개	0.58	1.0	
	기기랙	19″ 표준랙	조	1.0	1.0	
데이터 수집장치	모듈집중장치		조	0.58	1.0	
	검측기기	모듈 수용함	개	1.6	1.5	내장품 포함
		검측 모듈	개	0.15		배선제외
	기기랙	19″ 표준랙	조	1.0	1.0	
감시콘솔			조	0.2	0.16	교체시 적용
유지보수용 컴퓨터			조	0.2	0.16	교체시 적용

[해 설]

1. 철거는 신설의 30%(단, 재사용 시는 80%)
2. 설치도 시공 시 적용 제외
3. 통신장치, 무정전전원장치는 별도의 품셈 적용
4. 케이블 포설 및 성단품은 제외

3-5 폐색장치

3-5-1 자동폐색장치 신설

종별	단위	신호공	보통인부	비고
제어함	개	1.6	1.5	· 내장품 포함
카드설치	개	0.15	-	· 설치, 시험포함
계전기 유니트	개	0.16	0.12	1)결선제외 2)주파수전송유니트 준용
종합시험	개소	2.0	-	

[해 설]

1. 철거는 신설의 50%(한 · 유니트는 30%)
2. 내장품(계전기 유니트등)은 신호품셈 3-4-3 계전기유니트등을 말함

3-6 CTC 및 RC 장치

3-6-1 CTC 송수신 카드 신설

종 별	단위	신호공	보통인부	비 고
전자카드 유니트 (수용카드 10개 이하)	개	2.8	0.7	· 설치, 배선, 회로점검 포함
전자카드 유니트 (수용카드 20개 이하)	개	4.8	0.7	
전자카드 유니트 (수용카드 21개 이상)	개	10.0	1.0	
전자카드 유니트 전자카드(CTC 송수신용)	개	0.5	-	· 유니트형 외에 적용

[해 설]

1. 철거는 신설의 30%(한, 유니트형) 2. 설치도 시공 시 적용 제외

3-6-2 CTC 제어계전기 신설

종 별	단위	신호공	보통인부	비 고
제어계전기 랙 설치	랙	1.0	1.0	
제어계전기 기초랙 설치	랙	0.3	0.2	
CTC 제어계전기 유니트 (소형계전기 50개이상 수용)	랙	11.0	1.0	· 설치, 결선, 결선도작성, 시험포함
CTC 제어계전기 유니트 (소형계전기 20-49개 수용)	랙	10.0	1.0	
CTC 제어계전기 유니트 (소형계전기 20개미만 수용)	랙	5.0	0.9	

[해 설]

1. 철거는 신설의 30%

2. 설치도 시공 시 적용 제외
3. 원격제어장치(RC형) 동일적용

3-6-3 열차시간 기록장치 신설

종 별	단위	신호공	보통인부	비 고
제어계전기 랙 설치	랙	1.0	1.0	
제어계전기 기초랙 설치	랙	0.3	0.2	
제어계전기 유니트 (소형계전기 50개이상 수용)	개	11.0	1.0	· 설치, 결선, 결선도작성, 시험포함
제어계전기 유니트 (소형계전기 20-49개 수용)	개	10.0	1.0	
제어계전기 유니트 (소형계전기 20개미만 수용)	개	5.0	0.9	
제어계전기 유니트 (소형계전기 10개미만 수용)	개	2.8	0.7	
열차시간기록기 설치	개	2.5	1.2	

[해 설]

1. 철거는 신설의 30%
2. 설치도 시공 시 적용 제외

3-6-4 조작판 및 표시판 신설

종 별	단위	신호공	보통인부	비 고
CTC조작판(길이2000㎜)	면	9.0	2.0	· 기내결선, 조정, 시험포함
표시판(가로700, 높이2000㎜)	랙	11.0	3.0	1)완제품 설치 기준 2)모자이크 형도 준용
표시판 후레임 조립	랙	1.0	1.0	
열차번호표시창(모자이크형)	개	0.53	0.6	
종합시험	1역당	4.6	-	

[해 설]

1. 철거는 신설의 30%

2. 모자이크 부품은 연동기배선(3-4-8) 참조
3. 설치도 시공 시 적용 제외

3-6-5 IDF 신설

종 별	단위	신호공	보통인부	비 고
I D F 랙 설 치	랙	1.0	1.0	
I D F 기초랙 설 치	랙	0.3	0.2	
단자판 설치(20~200단자)	개	0.04	0.01	

[해 설]

1. 철거는 신설의 30%

3-6-6 저항기 신설

종 별	단위	신호공	보통인부	비 고
저항랙 설치	랙	1.0	1.0	
저항기 설치	개	0.04	0.01	

[해 설]

1. 철거는 신설의 30%

3-6-7 점퍼선 신설

종 별	단위	신호공	비 고
점퍼선 설치	조 건	0.11	1)결선도 작성 및 회선 확인, 납땜 또는 터미널 포함 2)조건이란 결선도상의 여자 또는 낙하1조건을 말한다.

[해 설]

1. 철거는 신설의 해당품 30%(결선변경시의 철거)
2. 본품은 주간작업 기준임
3. 야간 작업시 별도 계상

3-6-8 신호원격 제어장치 신설

종 별	단위	신호공	보통인부	비 고
랙	랙	1.0	1.0	
논리부 유니트	개	0.29	0.2	

[해 설]

1. 철거는 신설의 30%(단, 재사용 시는 80%)
2. 설치도 시공 시 적용 제외

3-6-9 중앙처리장치(CPU) 신설

종 별		단위	기사	계장공	신호공	보통인부	비고
기기설치		Bay당	-	-	5.8	1.9	
국부점검	1)프로세서 회로점검	카드당	-	0.5	-	-	
	2)메모리 회로점검	카드당	-	0.5	-	-	
	3)제어 및 결합회로 점검	카드당	-	0.5	-	-	
시험	판넬 수동 시험	대당	7.0	-	2.0	-	
	명령어 수행상태 시험	대당	11.0	-	2.0	-	
	메모리 수동시험	대당	8.0	-	2.0	-	

[해 설]

1. 본 CPU는 I/O Processor를 포함한 것임
2. 기기설치는 Free Access Floor와의 고정 Connector 점검, 전원결선등 포함
3. 철거 시는 설치작업품의 30%(단, 재사용 시는 80%)
   ※철거 시 각항의 시험품은 제외
4. 설치도 시공 시 적용 제외

3-6-10 입출력장치 신설(I/O Equipment)

종 별	단위	기사	계장공	신호공	보통인부	비 고
기기설치	Bay당	-	-	5.8	1.9	
인터페이스 회로점검	카드당	-	0.5	-	-	· Interface 회로
라인버퍼제어 회로점검	카드당	-	0.5	-	-	· Line Buffer 회로
제너널퍼퍼스 회로점검	카드당	-	0.5	-	-	· General Purpose 회로
디지털 입출력 회로점검	카드당	-	0.5	-	-	· Digital 입출력 회로
컴퓨터서브 시스템인터페이스 기능시험	대당	4.0	-	1.0	-	· Computer/Sub System Interface 시험
어드레스타임콘트럴기능시험	카드당	10.0	-	2.0	-	· Address Time Control
입출력 기능시험	대당	16.0	-	2.0	-	

[해 설]

1. 기기설치는 포장해체, 현품대조 고정, 전원 및 접지선등 재결선 품 포함
2. 본 I/O장치는 ON-LINE제어에 사용되는 것임
3. 철거 시는 설치작업품의 30%(단, 재사용 시는 80%)
4. 설치도 시공 시 적용 제외

3-6-11 자기디스크(Magnetic disc)

종 별	단위	기사	계장공	신호공	보통인부	비 고
기기설치	Bay당	-	-	0.5	1.0	
디스크 인터페이스 조립결선	File당	-	2.0	-	-	
디스크유니트 조립결선	Unit당	-	2.0	-	-	
전원반 조립결선	Unit당	-	-	3.75	2.25	
국부점검	카드당	-	0.5	-	-	
시험조정	대당	3.0	-	1.0	-	· Seek Sense, Read, Write 각각 적용

[해 설]

1. 철거 시는 설치작업품의 30%(단, 재사용 시는 80%)
2. 기기설치는 포장해체, 청소등 포함
3. 설치도 시공 시 적용 제외

3-6-12 자기테이프 신설(Magnetic Tape)

종 별		단위	기사	계장공	신호공	보통인부	비 고
기 기 설 치		Bay당	-	-	0.5	10.0	
트랜스포트화일 조립결선		File당	-	2.0	-	1.0	· Transport File
모 터 화 일 조 립 결 선		Unit당	-	2.0	-	1.0	· Motor File
전 원 부 조 립 결 선		Unit당	-	-	3.75	2.25	
국 부 점 검		회로당	1.0	-	-	-	1)Tape Controller 2)Data Logic 3)Pannel Logic 4)Motor Logic준용
시험조정	1)캡스텐 서보	대당	2.0	-	0.5	-	· Capstan Servo
	2)릴 서보	대당	3.5	-	0.5	-	· Reel Servo
	3)콘트럴	대당	3.5	-	0.5	-	· Control

[해 설]

1. 본품은 9" Track을 기준함
2. 철거 시는 설치작업품의 30%(단, 재사용 시는 80%)
3. 설치도 시공 시 적용 제외

3-6-13 고장절체장치 신설(Failover)

종 별		단위	기사	계장공	신호공	보통인부	비 고
기 기 설 치		Bay당	-	3.2	1.0	2.8	
국부점검	1)F.O 전원반 점검	대당	-	2.0	1.0	-	
	2)F.O 및 GP 회로점검	대당	-	5.0	2.0	-	
컴퓨터 F.O 기능시험		대당	9.0	-	-	-	
라인버퍼 F.O 기능시험		대당	3.0	-	-	-	
라인버퍼 Error 종합시험		대당	2.0	-	-	-	

[해 설]

1. Dual의 On-Line Computer에서 한쪽 고장시 다른 기기로 절체 기능을 수행하는 장치 기준
2. F.O에는 Computer F.O 및 Line Buffer F.O의 두가지를 포함한 것임
3. 철거 시는 설치작업품의 30%(단, 재사용 시는 50%)
4. 설치도 시공 시 적용 제외

3-6-14 주파수 편차 변환기 및 시간편차 변환기 신설

종 별	단위	기사	계장공	신호공	보통인부	비 고
기기설치 및 판넬 삽 입 결 선	대당	-	-	5.0	-	
시 험 조 정	대당	4.0	-	-	-	· 국부점검 및 조정시험

[해 설]

1. 철거 시는 설치작업품의 30%(단, 재사용 시는 50%)
2. 설치도 시공 시 적용 제외

3-6-15 라인버퍼(Line Buffer) 신설

종 별	단위	기사	신호공	보통인부	비 고
기 기 설 치	Bay당	-	0.5	1.0	
기기판넬 삽입 점검	Bay당	5.0	-	-	
기기 케이블 결선	Pair	-	0.06		
기기전원반 조립결선	Pair	-	7.5	-	
국부점검(각종)	카드당	0.5	-	-	1)모뎀인터페이스 (Modem Interface) 회로점검 2)회선스위치(Line Sw) 회로점검준용
시험 송수신 상태시험	대당	16	-	2.0	
시험 시험판넬 시험	대당	3	-	0.5	
시험 매트릭스 상태시험	대당	8	-	1.0	

[해 설]

1. 철거 시는 설치작업품의 30%(단, 재사용 시는 80%)
2. 설치도 시공 시 적용 제외

3-6-16 영상변환장치(DVE) 신설

종 별	단위	기사	계장공	신호공	보통인부	비 고
기기설치	Bay당	-	4.8	1.0	1.9	· Interface , Memory, Comtrol, DVE등 회로점검
국부점검	카드당	-	0.5	-	-	
시 험	대당	8.0	-	2.0	-	1)리드(Read)시험 2)라이트(Write)시험 3)주변장치 제어기능시험 각각 적용

[해 설]

1. 본품은 영상변환회로 4유니트 기준임
2. 철거 시는 설치작업품의 30%(단, 재사용 시는 80%)
3. 설치도 시공 시 적용 제외

3-6-17 전원공급장치 신설

종 별	단위	플랜트전공	보통인부	비 고
설 치 및 조 정	조	14.6	10.8	

[해 설]

1. 본품은 CPU 공급용 각종 전원장치 기준
2. 철거 시는 설치작업품의 30%(단, 재사용 시는 50%)
3. 설치도 시공 시 적용 제외

3-6-18 주변장치 신설

종 별	단위	신호공	보통인부	비 고
카드판독기(Card Reader)	대당	2.5	1.2	
인쇄장치(Line Printer)	대당	2.5	1.2	
비디오카피어(Video Copier)	대당	7.0	2.5	

[해 설]

1. 철거 시는 설치작업품의 30%(단, 재사용 시는 50%)
2. 설치도 시공 시 적용 제외

3-6-19 표시판 신설

종 별	단위	기사	계장공	신호공	보통인부	비 고
표 시 판 설 치	식	-	10.16	10.0	13.44	
모 자 이 크 조 립	식	-	10.4	10.0	20.4	
표 시 기 결 선	식	-	20.6	20.0	-	
표 시 기 점 검	식	-	6.7	6.0	-	
프로그램 연결 시험	식	15.0	-	2.0	-	
최 종 시 험	식	15.0	-	2.0	-	

[해 설]

1. 본 표시판은 모자이크형 기준임
2. 모자이크 조립은 포장해체, 청소, 타일위치 조정 및 고정, 점검 및 각종 표시기의 조립 포함
3. 표시기 결선은 각종 표시기와 프로세서간의 결선, 배선 점검 및 대조시험 바인딩품을 제외한 것임
4. 철거 시는 설치작업품의 30%(단, 재사용 시는 80%)
5. 설치도 시공 시 적용 제외

3-6-20 기록반 신설

종 별	단위	기사	계장공	비계공	신호공	보통인부	비 고
랙 설 치	Bay당	-	-	2.7	8.7	4.5	
기록계 시설설치	대당	-	4.5	-	2.25	-	
전원부 시설설치	대당	-	3.0	-	1.0	-	
전 자 모 듈	모듈	2.0	-	-	-	-	(Module)

[해 설]

1. 본 품에는 주파수기록기, 조류기록기 등이 포함됨
2. 철거 시는 설치작업품의 30%(단, 재사용 시는 50%)
3. 설치도 시공 시 적용제외

3-6-21 콘솔(Console) 신설

종 별	단위	기사	산업기사	신호공	보통인부	비 고
조립 및 설치	식	1.0	2.0	4.0	2.0	
조 정	식	2.0	4.0	-	-	
시험 및 측정	식	4.0	8.0	-	-	

[해 설]

1. 본 품에는 천연색 CRT장치, Operator Keyboard, Alphanumeric 및 Graphics Keyboard, Lightpen 제어 장치등의 설치 및 조정 시험등 포함
2. 철거 시는 설치작업품의 30%(단, 재사용 시는 50%)
3. 설치도 시공 시 적용 제외

3-6-22 전자계산기 배선

종 별	단위	신호공	보통인부	비 고
기기간 연결용 케이블 포설	10m	0.32		
간 이 시 험	조	0.15		

[해 설]

1. 본품은 전자계산기의 주변장치 상호간의 각종 연결용 케이블의 포설품임
2. 본품은 전자계산기용 Free Access Floor의 밑바닥을 통한 포설 기준이며 회선당의 간이시험은 콘넥타 점검과 회선의 대조, 타흔, 혼선시험을 포함
3. 철거 시는 설치작업품의 30%(단, 재사용 시는 50%)

3-6-23 공기조화기 신설

종 별		단위	기계공	보통인부	비 고
수냉식 팩케이지형	압축기전동기 출력 0.75㎾이하	대	0.5	0.5	
	압축기전동기 출력 1.1㎾이하	대	0.6	0.6	
	압축기전동기 출력 1.5㎾이하	대	1.0	1.0	
	압축기전동기 출력 2.2㎾이하	대	1.3	1.3	
	압축기전동기 출력 3.7㎾이하	대	1.5	1.5	
	압축기전동기 출력 10.8㎾이하	대	2.0	2.0	
	압축기전동기 출력 30.0㎾이하	대	3.0	3.0	
	압축기전동기 출력 37.0㎾이하	대	3.5	3.5	

종 별		단위	기계공	보통인부	비 고
공랭식 팩케이지형	압축기전동기 출력 2.2㎾이하	대	1.0	1.0	
	압축기전동기 출력 3.7㎾이하	대	1.3	1.3	
	압축기전동기 출력 7.5㎾이하	대	1.5	1.5	
윈도우 라이프	0.4㎾이하	대	1.0	0.5	
	0.55㎾이하	대	1.3	0.5	
	0.75㎾이하	대	1.5	1.0	
휀코일 유니트 (거치형)	풍량 510 CMH이하	대	1.0	-	
	풍량 680 CMH이상	대	1.0	0.2	
휀코일 유니트 (천정형)	풍량 510 CMH이하	대	1.5	0.5	
	풍량 680 CMH이상	대	2.0	0.5	
핸드링 유니트	전동기 출력 7.5㎾이하	대	4.0	1.2	
	전동기 출력 15㎾이하	대	6.0	1.8	
	전동기 출력 15㎾이상	대	7.0	2.5	

[해 설]

1. 조립 및 부속품 설치포함
2. 운반 및 가대설치 제외
3. 핸드링 유니트 설치는 가열기 또는 냉각기 및 휀 제외
4. 철거는 신설의 50%
5. 수배관, 전기배관품은 포함하지 않음

3-7 열차제어 설비장치

3-7-1 ATS차상장치 신설

종 별	단위	신호공	철 공	비 고
전원스위치(NFB220V-5A)	개	0.1	-	
차상자(ATS-S용)	조	2.0	-	
차상자접속함(ATS-S용)	조	0.2	-	
전원스위치(ATS-S용)	개	0.1	-	
구접속함(ATS-S용)	개	0.1	-	
ATS 정전압장치(ATS-S용)	개	0.1	-	
수신기(ATS-S용)	개	1.0	-	
표시기(ATS-S용)	개	0.1	-	
방향표시기(ATS-S용)	개	0.1	-	
경 보 기	개	0.1	-	
확인스위치	개	0.1	-	
복귀스위치	개	0.1	-	
보조저항기함	개	0.1	-	
배 선	대	3.0	-	
보조계전기함	개	0.1	-	
시 험	대	3.0	-	
전자변(ATS-S형)	조	0.3	-	
전자변(계전기밸브)	개	0.2	-	
전자변(마그넷밸브)	개	0.1	-	
가압스위치(노말오픈)	개	0.2	-	
가압스위치(노말크로스)	개	0.2	-	
배관(AMV용)	조	-	0.5	
배관(가압스위치용)	조	-	1.0	
취부대(차상자취부대용)	조	-	0.5	
배선(4심 실드케이블)	조	1.0	-	
계		12.0	2.0	

[해 설]

1. 철거는 신설의 50%
2. 운용중인 기관차는 (입창기관차 포함) 30% 가산

3-7-2 ATS 지상장치 신설

종 별	단위	신호공	보통인부	비 고
지상자(ATS-S형)	개	1.2	0.6	1)(S-1, S-2)준용 2)리드케이블 포설 포함 3)지상자 제어계전기 제외
지상자 자갈막이 (콘크리트제)	개		0.04	· 제작 제외
확인 스위치	개	0.1	-	

[해 설]

1. 철거는 신설의 60%
2. 본품은 출발신호기용 기준임
3. 원거리 작업시 별도 계상

3-7-3 ATS 속도조사 제어코일 신설

종 별	단위	신호공	보통인부	비 고
속도조사 제어루프 코일	개소	2.4	1.2	· 취부금구 및 시험포함

[해 설]

1. 철거는 신설의 60%

3-7-4 ATS 지상속도 수신기 신설

종 별	단위	신호공	보통인부	비 고
ATS 지상속도조사 수신기(지상용)	개	2.0		· 기구함 포함, 기초제외

[해 설]

1. 철거는 신설의 60%

3-7-5 ATS 지상자 제어계전기 신설

종 별	단위	신호공	보통인부	비 고
지상자 제어계전기	조	1.0	0.5	· (S-1, S-2) 준용
지상자 제어계전기 취부대	본	0.1	0.09	· 터파기 및 근가 포함

[해 설]

1. 철거는 신설의 50%

3-7-6 사구간 예고장치 신설

종 별	단위	신호공	보통인부	비 고
송 신 기	개	1.2	1.2	· 내장품 포함
지 상 자	개	1.2	0.6	· 제어계전기 제외
고 장 표 시 반	면	1.5	0.5	

[해 설]

1. 철거는 신설의 60%
2. 설치도 시공 시 적용 제외

3-7-7 ATC / ATO장치(실내) 신설

종 별	단위	신호공	보통인부	비 고
기 기 랙	개	1.0	1.0	
ATC 프로세서 유니트	개	0.29	0.2	
ATC 송수신 유니트	개	0.29	0.2	
전 원 유 니 트	개	0.29	0.2	
ATO 프로세서 유니트	개	0.29	0.2	
TWC콘트롤러 유니트	개	1.2	0.6	· 얼라인먼트 안테나, ATO마커코일

[해 설]

1. 철거는 신설의 30%
2. 설치도 시공 시 적용 제외

3-7-8 ATC / ATO장치(실외) 신설

종 별		단위	신호공	보통인부	케이블공	비 고
루프 코일	160m 이하	개소	2.4	1.2	2.69	· 클램프 제외
	24m 이하	개소	2.4	1.2	0.40	· TWC 루프 코일
	8m 이하	개소	2.4	1.2	0.13	· ODL
궤도회로 경계표지		개	0.26	-	-	
매칭 트렌스 Box		개	0.5	-	-	

[해 설]

1. 철거는 신설의 30%
2. 설치도 시공 시 적용 제외
3. 루프코일 160m이상 포설시 별도 계상
4. 전선관 설치 시 별도 계상
5. 고속철도의 현장 유니트와 케이블 포설 적용시 각각 설치하는 경우에는 별도 계상

3-7-9 ATC / ATO장치 시험

종 별	단위	신호공	보통인부	비 고
AF궤도회로특성시험	개소	2.41	0.85	
ATC 루프 공진조정	개소	0.37	0.25	· 역구내 및 승강장
인터페이스 조정	역	1.36	0.44	
TWC 루프 송·수신시험	개소	0.31	0.2	
종합시험	역	5.0	3.0	

[해 설]

1. AF 궤도회로 특성시험은 아래와 같은 항목을 측정하는 작업임
   · 궤도회로 조정시험, 전자파 간섭시험, 케이블 특성시험
   · 단락감도 조정시험, 수신감도 조정시험
   · 속도코드 조정시험, 속도코드 송수신시험
   · 정위치 정차시험 · ODL 파형시험
2. 본품(AF궤도회로 특성시험)은 기계실과 현장궤도회로의 송신·수신단에서 특성시험 적용품임

3. 본품(ATC 루프 공진조정)은 기계실과 역구내 및 승강장의 루프케이블 설치개소의 공진조정 시험 적용 품임
4. 본품(인터페이스 조정)은 기계실과 기계실, 현장과 현장 인터페이스 조정 적용 품임
5. 본품(TWC 루프 송·수신시험) 은 기계실과 현장의 TWC 루프 송·수신시험 품 적용
6. 본품(종합시험)은 기계실과 현장 ATC종합시험 품 적용, 연동검사 품은 별도 계상 한다.
7. 본품(종합시험)은 운전속도코드(차상), ATC Rack Code 시험품 적용
8. 설치도 시공 시 적용 제외

3-7-10 승강장비상정비버튼장치 신설

종 별	단위	신호공	보통인부	비 고
비상정지 경고등	개	0.67	0.20	
비상정지 경고등기주	개	0.8	1.0	·기초 제외
비상정지 버튼장치(벽면형)	개	0.29		
비상정지 버튼장치(자립형)	개	0.52	0.13	·기주 포함
비상정지 감시반	개	0.29		·전원감시반 준용
비상정지 제어함	개	0.29		

[해 설]

1. 철거는 신설의 60% 재사용 철거는 80%

3-7-11 ATP지상장치 신설

종 별	단위	신호공	보통인부	비 고
발리스(가변정보용)	개	1.2	0.6	케이블 콘넥터 접속 포함
발리스(고정정보용)	개	1.1	0.5	
선로변제어유니트(LEU)	개	1.6	1.5	기초제외

[해 설]

1. 철거는 신설의 50%, 재사용 철거 시는 80%
2. 원거리 작업시 별도 계상
3. 설치도 시공 시는 적용 제외
4. 소프트웨어 별도 계상

3-8 건널목 보안장치

3-8-1 경보기 신설

종 별		단위	신호공	보통인부	비 고
건널목 경보기(직립형)		기	2.4	1.0	1)경보종, 경보등, 경표 포함 2)사다리 포함
건널목 경보기(현수형)		기	3.4	2.0	1)경보종, 경보등, 경표 포함 2)사다리 포함
경 보 종		개	0.6	0.2	
경보등	경 보 등	개	0.78	0.34	· 현수형 300㎜ 준용
	취 부 금 구	개	0.23	0.13	
방 향 표 시 등		개	0.47	0.4	
경 표		개	0.34	0.3	
건 널 목 개 시 판		개	0.26		
경 보 기 주 (강 관 주)		개	0.8	1.0	· 주대포함, 기초제외
사 다 리		개	0.2	0.4	
건 널 목 제 어 자		개	1.4	0.6	
제 어 기		개	1.0	-	· 201,401형
회 로 제 어 기		개	0.8	0.2	
고 장 표 시 기		개	0.57	0.3	
고장 경보음, 발신기		개	1.4	0.6	
경 광 등		개	0.6	-	
음 량 조 정 장 치		조	0.24	0.13	· 카드 및 시험 포함
혼 스 피 커		개소	0.33	0.21	· 취부 및 배선 포함
종 합 시 험		개소	2.0	-	

[해 설]

1. 철거는 신설의 60%
2. 건널목 경보기(현수형) 설치 시 기계장비 품 별도 계상

3-8-2 장애물 검지기 및 원격감시장치 신설

종 별		단위	신호공	보통인부	산업기사	비 고
건널목 장애물 검지장치	발 광 기	개	1.0	0.3	-	·기초제외
	수 광 기	개	1.0	0.3	-	·기초제외
	레이저레이더 센서	개	3.0	0.6	-	·기초제외 ·조정 및 시험 포함
건널목 지장 조작기		개	0.7	0.7	-	·수동용
건널목 신호염관 지지주		개	0.5	0.4	-	·터파기 및 설치포함
경보시간 조절장치 검지기		개	1.0	1.0	-	·케이블15m포함, 시험 제외
경보시간 속도 판정기		개	0.6	0.6	-	·케이블15m포함, 시험 제외
경보시간 송신기		개	0.1	0.1	-	·케이블15m포함, 시험 제외
경보시간 수신기		개	1.0	1.0	-	·케이블15m포함, 시험 제외
경보시간 송, 수신기 수용함		개	0.8	0.8	-	·케이블15m포함, 시험 제외
건널목 원격 감시장치 (전송장치)		조	2.0	1.89	-	·표시반 송, 수신기 포함
건널목 원격 감지기		개	1.5	0.5	-	
제어반		개	0.49	0.3	-	
건널목 원격 감시장치 종합시험		개소	0.2	-	1.9	
제어함(기구함 특1호)		개	1.6	1.5	-	·내장품 포함
지장 경고등		개	2.3	0.2	-	1)기주제외 2)기초제외
고장표시등		개	0.67	0.2	-	
특수신호 제어기		개	0.24	0.12	-	

[해 설]

1. 재사용 철거 중 건널목 집중감시장치, 건널목 집중감시기, 제어반등은 신설의 80%, 기타 항목은 60%로 적용

3-8-3 전동 차단기 신설

종 별	단위	신호공	보통인부	비 고
전 동 차 단 기	대	4.0	1.0	· 일반형 기준
전 동 기	개	3.7	1.7	
건 널 목 차 단 기 암	개	0.37	0.27	· 4.5~6m 기준
차 단 간 표 시 등	개	0.22	0.18	· 취부 및 배선포함
차단간 돌파 표시판	개	0.11	0.08	전동차단기 철거, 설치 시 별고 계상
수 동 개 폐 기	개소	0.45	0.26	1)취부 및 배선 포함 2)터파기 및 기초 제외 3)수동조작기 준용

[해 설]

1. 철거는 신설의 60%
2. 장대형 전동차단기는 본품의 120% 적용
3. 차단기암은 8~12m는 본품의 120% 적용
4. 차단기암 12m초과시 본품의 130%적용
5. 장대형 차단기 및 차단기암 설치 시 차량운행에 따른 품 별도 계상
6. 현장 차단간 표시등 철거, 설치품 포함

3-8-4 신호정보 분석장치(건널목) 신설

종 별	단위	신호공	보통인부	비 고
검 지 장 치	개	0.29	0.2	
종 합 시 험	개소	2.0	-	

[해 설]

1. 철거는 신설의 30%(단, 재사용 시는 80%)
2. 설치도 시공 시 적용 제외
3. 결선변경 제외

3-8-5 건널목 제어 유니트 신설

종 별	단위	신호공	보통인부	비 고
제 어 함	개	1.6	1.5	·내장품 및 외부케이블 연결 포함
경보제어 유니트	개	0.16	0.12	1)경보등,경보종 카드포함 2)결선제외
카 드 설 치	장	0.15	-	·경보등,경보종,제어자 카드(시험포함)

[해 설]

1. 철거는 신설의 50%
2. 내장품(계전기 유니트등) 적용은 신호품셈 3-4-3계전기유니트품 적용

3-8-6 정시간 제어기 신설

종 별	단위	신호공	보통인부	비 고
제어함(특2호)	개	1.6	1.5	1)내장품 및 외부케이블 연결 포함 2)기초제외
차 륜 검 지 기	조	1.2	0.6	1)S1,S2=1조, S3,S4=1조로 준용 2)레일천공 포함
카 드 설 치	장	0.15	-	
경보제어 유니트	개	0.16	0.12	
종 합 시 험	개소	2.0	-	

[해 설]

1. 철거는 신설의 50%
2. 설치도 시공 시 적용 제외

3-8-7 출구측 차단검지기 신설

종 별	단위	신호공	보통인부	비 고
출 구 측 제 어 함	개	1.6	1.5	1)내장품 및 외부케이블 연결 포함 2)기초제외
지 자 계 센 서	개소	0.75	0.45	
차단간 절손 검지기	조	0.37	0.27	
카 드 설 치	장	0.15	-	
종 합 시 험	개소	2.0	-	

[해 설]

1. 철거는 신설의 50%(단, 재사용 시는 80%)
2. 지자계 센서 설치 시 맨홀 및 전선관 설치는 별도 품 적용
3. 설치도 시공 시 적용 제외
4. 센서 4~8개 기준이며 8개 이상은 해당품의 120% 적용

3-9 전원장치

3-9-1 전원배전반 신설

종 별		단위	신호공	보통인부	비 고
전원배전반 벽 지지형 (가로800 높이2,000㎜이내)		면	5.8	1.9	· 나이프스위치형 및 NFB형 준용
전원배전반 자 립 형	가로800 높이2,000㎜이내	면	4.6	1.5	· 나이프스위치형 및 NFB형 준용
	가로1000 높이2,000㎜이내	면	5.8	1.9	
신 호 배 전 반 C O R 무		조	2.4	1.0	· 전선배선 제외
신 호 배 전 반 C O R 부		조	4.4	1.5	· 전선배선 제외

[해 설]

1. 본 품은 완제품 설치기준

2. 이면반이 있을 경우 150% 적용
3. 내부결선 및 시험포함
4. 제어케이블 배선 및 결선은 제외
5. 철거는 신설의 40%
6. 설치도 시공 시 적용 제외

3-9-2 전원배전반 신설(자동절체형)

종 별	단위	신호공	보통인부	비 고
전 원 배 전 반	조	10.0	4.0	· Type 1~3 조립기준
배전후 후레임 조립설치	면	1.0	1.0	
전원배전반 TYPE 1	면	4.6	1.5	
전원배전반 TYPE 2	면	4.6	1.5	
전원배전반 TYPE 3	면	4.6	1.5	
승압 변압기 1~5 kVA	개	1.0	-	· 절연변압기도 준함
기 타 소 형 기 기	개	0.2	-	

[해 설]

1. 본 품은 완제품 설치기준
2. 내부결선, 시험 및 점검포함
3. 제어케이블 배선 제외
4. 철거는 신설의 40%
5. 설치도 시공 시 적용 제외

3-9-3 분선반 신설

종 별	단위	신호공	보통인부	비 고
분 선 반 랙	랙	1.0	0.1	
신호단자(5단자이하)	10개	0.3	-	· 배선제외
B L O C K 단 자	10개	0.01	-	

[해 설]

1. 철거는 신설의 40%
2. 설치도 시공 시 적용 제외

3-9-4 변압기 (분배주 궤도용) 신설

종 별	단위	신호공	보통인부	비 고
궤도신호 변압기(1~2kVA)	개	1.0	-	
절 연 변 압 기(1~2kVA)	개	1.0	-	
중 계 변 압 기	개	1.0	-	
분 주 변 압 기(3kVA)	개	1.0	-	
궤 도 변 압 기	개	1.0	-	

[해 설]

1. 철거는 신설의 50%
2. 본품은 구내작업 기준임
3. 원거리 작업시 별도계상
4. 설치도 시공 시 적용 제외

3-9-5 정류기 신설

종 별		단위	신호공	보통인부	비 고
정 류 기 가 반 형 (12V이하)		개	0.65	0.35	· 배선 및 시험 포함
정 류 기 거 치 형 (14V ~ 30A이상)		대	1.2	0.6	· 배선 및 시험 포함
정전압정류기	5kW이하	대	1.8	-	· 배선 및 시험 포함
	10kW이하	대	2.7	-	
	20kW이하	대	3.7	-	

[해 설]

1. 철거는 신설의 50%
2. 본품은 구내작업 기준임
3. 원거리 작업시 별도계상
4. 설치도 시공 시 적용 제외

3-9-6 자동전압조정기 신설

종 별		단위	신호공	보통인부	비 고
자동전압조정기	1kVA이상	대	1.2	0.6	· 배선 포함
	5kVA이하	대	2.0	0.6	
	10kVA이상	대	2.4	0.6	
자동전압조정기 결선 및 조정시험	5kVA이하	대	1.5	-	
	10kVA이상	대	2.0	-	

[해 설]

1. 기초대는 저압 콘크리트 기초대 , 고압은 상면 찬넬 매몰식 기초대를 기준한다.
2. 운반 및 설치, 배관 및 배선은 건물 구조에 따라 조정한다.
3. 철거는 신설의 30%(철거 해당분품에 한함)
4. DS설치는 별도 계상
5. 설치도 시공 시 적용 제외

3-9-7 무정전 전원장치(UPS, CVCF) 신설

종 별		단위	플랜트전공	보통인부	비 고
무 정 전 전원장치	소형(1~2kVA)	대	1.0	-	
	30kVA이하	대	5.0	2.0	
	30kVA초과~ 100kVA이하	대	6.0	3.0	
	100kVA초과~250kVA이하	대	7.0	4.0	
	250kVA초과~500kVA이하	대	8.0	5.0	

[해 설]

1. 정류기반, 인버터반, 교류필터반의 지상설치 기준임
2. 취부, 결선, 시험조정반 포함
3. 철거는 신설의 50%
4. 설치도 시공 시 적용 제외

3-9-8 인버터 신설

종 별		단위	신호공	비 고
인버터 입력 50V이하출력	0.5kVA	대	1.0	1)설치 및 배선 포함 2)시운전 포함
	1kVA	대	1.2	
	2kVA	대	1.5	
	3kVA	대	2.0	
	5kVA	대	2.5	
인 버 터 220V이하출력	0.5kVA	대	0.9	1)설치 및 배선 포함 2)시운전 포함
	1kVA	대	1.0	
	2kVA	대	1.3	
	3kVA	대	1.7	
	5kVA	대	2.0	

[해 설]

1. 회전형의 경우 M/G공량에 준함
2. 철거는 신설의 30%(철거 해당분에 한함)
3. 시운전은 주야 계속 기준임
4. 설치도 시공 시 적용 제외

3-9-9 전동발전기 신설

종 별		단위	신호공	보통인부	비 고
전동발전기	3kVA이하	조	3.0	1.5	· 2대를 1조로 하고 기초 제외
	5kVA이하	조	3.4	1.7	
전동발전기 제어반		조	4.6	2.0	1)종합시험 포함 2)단상은 60%

[해 설]

1. 철거는 신설의 50%
2. 설치도 시공 시 적용 제외

3-9-10 내연발전기 신설

종 별		단위	신호공	보통인부	비 고
신 호 용 내연발전기	1.5kVA	대	2.9	1.0	· 옥외 기구함 제외
	3kVA	대	3.7	1.0	
	5kVA	대	4.3	1.0	
내연발전기 제어반		대	5.6	1.0	· 원격제어반 종합시험 포함

[해 설]

1. 철거는 신설의 50%
2. 설치도 시공 시 적용 제외

3-9-11 개폐기 신설

(단위 : 개, 적용직종 : 내선전공)

배선용 차단기		저 압 용 개 폐 기			
용량	내선 전공	용량	안 전 개폐기	마그넷 스위치	커버나이프 스 위 치
30AF 이하	0.19	30A 이하	0.20	0.30	0.11
50AF 이하	0.26	50A 이하	0.30	0.45	0.15
100AF 이하	0.36	100A 이하	0.40	0.60	0.23
225AF 이하	0.47	225A 이하	0.55	0.80	0.29
300AF 이하	0.58	300A 이하	0.70	1.05	0.36
400AF 이하	0.68	400A 이하	0.87	1.25	0.41
600AF 이하	0.78	600A 이하	1.15	1.70	0.50
800AF 이하	0.89	800A 이하	1.50	2.20	0.59

[해 설]

1. 3P 단투 경우임
2. 1P는 50%, 2P는 70%, 쌍투는 120% 매입은 130%
3. 유입형 130%
4. 철거는 신설의 50%, 재사용 철거는 신설의 80%
5. 접속 시험품 포함
6. 방폭 200%
7. 누전 차단기 및 전류제한기는 배선용 차단기 품 준함
8. 나이프스위치는 커버나이프 스위치 품 적용

3-9-12 축전지 신설

(단위:조)

형	용량	전압 / 직종	12V 이하	24V 이하	60V 이하	120V 이하
밀폐형	100AH 이하	플랜트전공	4.7	5.2	6.6	8.7
		보통인부	1.6	2.4	4.6	8.4
	200AH 이하	플랜트전공	4.9	5.5	7.5	10.4
		보통인부	2.5	3.6	5.7	10.2
	400AH 이하	플랜트전공	6.3	7.6	10.8	16.0
		보통인부	2.8	4.5	8.8	16.5
	1,000AH 이하	플랜트전공	8.1	10.5	16.6	27.3
		보통인부	5.8	7.7	14.5	27.1
개방형	100AH 이하	플랜트전공	6.0	6.8	10.1	14.9
		보통인부	1.5	2.4	4.5	8.0
	200AH 이하	플랜트전공	6.6	8.0	11.9	18.3
		보통인부	2.2	3.5	6.3	10.9
	400AH 이하	플랜트전공	9.2	11.5	18.9	31.3
		보통인부	3.4	5.0	9.7	16.7
	1,000AH 이하	플랜트전공	12.7	17.3	29.2	51.0
		보통인부	6.2	8.3	16.5	27.6

[해 설]

1. 본 품은 거치형 기준이며 기초대를 일열일단으로 하여 설치하는 품임.
2. 랙(Rack), 닥트(Duct) 설치 배관 및 배선은 별도 계상한다.
3. 2조를 동시 동일상소에 설치할 경우는 충방전 및 시험에 한하여 150%로 한다.
4. 철거 50% 재사용철거 80%

· 이설 품은 이 공량의 140%임.

· 각항의 용량 표시는 상한치이며 그 이하의 용량도 동일하게 준용함.
(예 : 100AH는 100AH 이하라는 뜻)

· 단위에 있어 조당이라 함은 개수에 상관없이 소요 전압을 얻을 수 있는 수량을 합계한 것임.

· 가변형 6V-96AH 이하의 충전완료품은 조당 신호공 0.79인 적용

3-9-13 축전지(Battery) 충전장치 신설

종 별		단위	플랜트전공	보통인부	비 고
6V이하	10A이하	대	3.65	2.7	
	50A이하	대	3.93	3.15	
	100A이하	대	4.2	3.6	
12V이하	10A이하	대	3.71	2.79	
	50A이하	대	4.06	3.38	
	100A이하	대	4.48	4.05	
	200A이하	대	5.0	6.0	
	400A이하	대	6.0	8.25	
	600A이하	대	7.2	8.5	
24V이하	10A이하	대	3.79	2.93	
	50A이하	대	4.2	3.6	
	100A이하	대	4.75	4.5	
	200A이하	대	5.8	6.21	
	400A이하	대	6.8	8.7	
	600A이하	대	7.8	10.5	
	800A이하	대	8.3	10.5	
50V이하	10A이하	대	3.93	3.15	
	50A이하	대	4.42	3.96	
	100A이하	대	5.03	4.95	
	200A이하	대	6.26	6.98	
	400A이하	대	8.6	10.8	
	600A이하	대	9.0	12.0	
	800A이하	대	9.5	12.5	
100V이하	10A이하	대	4.06	3.38	
	50A이하	대	4.53	4.14	
	100A이하	대	5.3	5.4	
	200A이하	대	6.68	7.65	
	400A이하	대	9.15	11.7	
101~250V 이하	10A이하	대	4.2	3.6	
	50A이하	대	4.75	4.5	
	100A이하	대	5.58	5.85	
	200A이하	대	7.07	8.37	
	400A이하	대	10.25	13.5	

[해 설]

1. 본 품셈은 소운반 포장해체점검 및 자체시험등을 포함한다.
2. 철거40%(재사용 가능분은80%), 이설 140%
3. 배관, 배선품은 별도 계상
4. FC형 또는 SID등에 부설되는 배전함 또는 제어반은 배전함 설치 공정에 준하여 가산한다.

3-9-14 축전지 소운반 배열 및 조립설치

(단위 : 조)

형	용량	전압 / 직종	12V 이하	24V 이하	60V 이하	120V 이하
밀폐형	100AH 이하	플랜트전공	0.8	1.2	2.24	4.0
		보통인부	0.6	0.9	1.7	3.0
	200AH 이하	플랜트전공	1.0	1.5	2.8	5.0
		보통인부	0.8	1.2	2.24	4.0
	300AH 이하	플랜트전공	1.6	2.4	4.48	8.0
		보통인부	1.0	1.5	2.8	5.0
	400AH 이하	플랜트전공	2.4	3.6	6.8	12.0
		보통인부	1.4	2.0	3.9	7.0
	500AH 이하	플랜트전공	2.8	4.0	7.8	14.0
		보통인부	1.6	2.4	4.48	8.0
	600AH 이하	플랜트전공	2.6	4.0	7.8	14.0
		보통인부	1.8	2.7	5.04	9.0
	800AH 이하	플랜트전공	3.6	5.4	10.2	18.2
		보통인부	2.0	3.0	5.64	10.0
	1,000AH 이하	플랜트전공	4.0	6.0	11.2	20.0
		보통인부	2.4	3.6	6.8	12.0
개방형	100AH 이하	플랜트전공	2.4	3.1	6.8	12.0
		보통인부	0.6	0.9	1.7	3.0
	200AH 이하	플랜트전공	3.0	4.5	8.4	15.0
		보통인부	0.8	1.2	2.24	4.0
	300AH 이하	플랜트전공	4.8	7.2	13.6	24.0
		보통인부	1.0	1.5	2.8	5.0
	400AH 이하	플랜트전공	6.4	8.96	17.6	32.0
		보통인부	1.4	2.0	3.90	7.0
	500AH 이하	플랜트전공	7.2	10.8	20.4	36.0
		보통인부	1.6	2.4	4.48	8.0
	600AH 이하	플랜트전공	8.0	12.0	22.4	40.0
		보통인부	1.8	2.7	5.04	9.0
	800AH 이하	플랜트전공	9.0	13.5	25.5	45.0
		보통인부	2.0	3.0	5.64	10.0
	1,000AH 이하	플랜트전공	10.0	15.0	28.0	50.0
		보통인부	2.4	3.6	6.8	12.0

[해 설]

1. 본품은 기초대 일열일단으로 하여 설치하는 품임.
2. 랙(Rack),닥트(Duct) 설치 배관 및 배선은 별도 계상한다.
3. 2조를 동시 동일장소에 설치하는 경우 180%로 한다.
4. 철거 50% 재사용설치 80%
   · 이설 품은 이 공량의 140%임.
   · 각항의 용량 표시는 상한치이며 그 이하의 용량도 동일하게 준용함. (예 : 100AH는 100AH 이하라는 뜻)
   · 단위에 있어 조당이라 함은 개수에 상관없이 소요 전압을 얻을 수량을 합계한 것임.
   · 6V-9H 이하는 조당 신호공 0.79인 적용

3-10 전선로

3-10-1 콘크리트 트로프 신설

종 별	단위	신호공	보통인부	비 고
내경 70㎜×75㎜ 이하	10m	0.18	0.18	
내경 90㎜×75㎜ 이하	10m	0.24	0.24	
내경 120㎜×75㎜ 이하	10m	0.26	0.26	
내경 150㎜×90㎜ 이하	10m	0.36	0.36	
내경 150㎜×120㎜ 이하	10m	0.38	0.38	
내경 150㎜×170㎜ 이하	10m	0.49	0.49	
내경 200㎜×90㎜ 이하	10m	0.51	0.51	
내경 200㎜×170㎜ 이하	10m	0.6	0.6	
내경 250㎜×170㎜ 이하	10m	0.71	0.71	
내경 270㎜×170㎜ 이하	10m	0.85	0.85	
내경 300㎜×170㎜ 이하	10m	0.88	0.88	
내경 330㎜×210㎜ 이하	10m	0.97	0.97	
내경 400㎜×215㎜ 이하	10m	1.26	1.26	
내경 430㎜×170㎜ 이하	10m	1.29	1.29	
내경 500㎜×250㎜ 이하	10m	1.49	1.49	

[해 설]

1. 터파기, 되메우기 및 잔토처리 제외
2. 반매입, 지표식, 지중식 공히 준용함
3. 철거 시는 설치작업품의 50%(단, 재사용 시는 80%)
4. 2열 동시 180%, 3열 260%, 4열 340%, 4열초과시 초과시 1열당 80%가산
5. 본 공사에 부수되는 토건공사 품셈 적용시 지세별 할증률 적용

3-10-2 콘크리트 트로프 뚜껑드러내기

종 별		단위	들어내기		닫기		비 고
			신호공	보통 인부	신호공	보통 인부	
트로프 뚜껑 (폭)	70㎜	100m	0.30	-	0.29	-	1) 기설치된 트러프 뚜껑만 들어내기에 적용 2) 뚜껑만 설치 시는 이 품을 별도 계상 3) 트러프 매몰장소에는 땅파기, 자갈 들어내기 별도 계상
	120㎜	100m	0.40	-	0.39	-	
	150㎜	100m	0.50	-	0.49	-	
	200㎜	100m	0.90	-	0.87	-	
	250㎜ ~ 330㎜	100m	0.70	0.70	0.68	0.68	
	400㎜~ 430㎜	100m	1.30	.1.30	1.26	1.26	
	500㎜	100m	1.40	1.40	1.36	1.36	
트러프교	70㎜	10m	0.4	0.4	-	-	
	120㎜	10m	0.4	0.4	-	-	
	150㎜	10m	0.45	0.45	-	-	
	200㎜ 이상	10m	0.5	0.5	-	-	
트러프교 기초	70㎜용	10개소	0.7	0.7	-	-	1)1개소는 기초2개분 2)땅파기 형틀 제작 포함
	120㎜용	10개소	0.85	0.85	-	-	
	150㎜용	10개소	0.95	0.95	-	-	
	200㎜이상	10개소	1.0	1.0	-	-	
케이블 매설표		10개	0.55	0.55	-	-	· 접속점표도 준함

3-10-3 합성수지(파스콘) 트로프 신설

종 별	단위	신호공	보통인부	비 고
내경 70㎜×75㎜ 이하	10m	0.11	0.11	
내경 120㎜×75㎜ 이하	10m	0.17	0.17	
내경 150㎜×90㎜ 이하	10m	0.22	0.22	
내경 150㎜×120㎜ 이하	10m	0.24	0.24	
내경 200㎜×90㎜ 이하	10m	0.3	0.3	
내경 200㎜×170㎜ 이하	10m	0.34	0.34	
내경 250㎜×170㎜ 이하	10m	0.4	0.4	
내경 300㎜×170㎜ 이하	10m	0.48	0.48	
내경 325㎜×170㎜ 이하	10m	0.53	0.53	

[해 설]

1. 이 품은 시공현장까지 해체하여 반입, 적치된 것을 기준한 것이다.
2. 20m 이상의 운반은 별도 계상한다.
3. 접착제가 필요한 때에는 별도 계상한다.
4. 지반에 매입 또는 반매입의 경우에는 토공비(다짐포함)를 고려, 조정 계상할 수 있다.
5. 시공기계기구의 경비 및 손료는 노무비의 1~2%를 별도 계상할 수 있다.
6. 철거 시 설치 작업품의 50%(단, 재사용 시는 80%)
7. 2열 동시 180%, 3열 260%, 4열 340%, 4열 초과시 초과 1열당 80%가산
8. 터파기, 되메우기 및 잔토처리 (현장밖으로 처리할 경우 운반비 및 적상, 적하 비용은 별도 계상)는 별도 계상 한다.

신호부문 제3장

3-10-4 합성수지(파스콘) 트로프 뚜껑 드러내기

종 별	단위	신호공	보통인부	비 고
내경 70㎜×75㎜ 이하	100m	0.1	0.19	
내경 120㎜×75㎜ 이하	100m	0.2	0.26	
내경 150㎜×90㎜ 이하	100m	0.3	0.33	
내경 150㎜×120㎜ 이하	100m	0.4	0.40	
내경 200㎜×90㎜ 이하	100m	0.5	0.46	
내경 220㎜×170㎜ 이하	100m	0.6	0.53	
내경 250㎜×170㎜ 이하	100m	0.7	0.60	
내경 300㎜×170㎜ 이하	100m	0.8	0.66	
내경 325㎜×170㎜ 이하	100m	0.9	0.72	

3-10-5 조립식 맨홀 신설

종 별	단위	신호공	보통인부	비 고
조 립 식 맨 홀	개소	0.18	0.7	1)터파기 및 되메우기, 잔토처리 제외 2)맨홀조립 포함

3-10-6 기구함 신설

종 별		단위	신호공	보통인부	비 고
기구함 No5, No6		개	0.6	0.6	· 특수2 · 3형(기초제외)
기구함 No2		개	0.8	0.8	· 특수1형, 특수A형(기초제외)
기구함 No1, No3		개	1.2	1.2	· 특수B형 (기초제외)
기구함 No4		개	2.0	1.9	· 특수C형 (기초제외)
축전지 옥외함		개	2.7	2.0	1)특수D형 (기초제외) 2)특대형 및 전원기구함 준용 (기초제외)
기구함 특1호		개	1.6	1.5	· 유니트용B용, 건널목 제어유니트 (특1호) 준용(기초제외)
기구함 특2호, No7		개	1.2	1.2	· 유니트용A용 (기초제외)
기구함 AF형(1조식)		개	1.6	1.5	· AF형 A형 (기초제외)
기구함 AF형(2조식)		개	4.9	3.0	· AF형 B형 (기초제외)
기구함(건널목종점제어용)		개	1.6	1.5	· 건널목용, 건널목 제어유니트 (특1호) 준용 (기초제외)
기구함(건널목시점제어용)		개	1.2	1.2	· 건널목용, 건널목 제어유니트 (특2호) 준용 (기초제외)
기구함 내장품	특2호 (삽입형계전기용)	개	0.26	-	1)대형계전기용은 0.08가산 2)단자 및 기기취부 제외
	특1호 (삽입형계전기용)	개	0.36	-	1)대형계전기용은 0.08가산 2)단자 및 기기취부 제외
	No4 (삽입형계전기용)	개	0.51	-	1)대형계전기용은 0.08가산 2)단자 및 기기취부 제외
축전지함		개	1.57	-	· 단자 및 기기취부 제외
기구함 기초(조립식)		개	-	0.55	· 땅파기 포함, A · B형도 포함

[해 설]

1. 철거는 신설의 50%
2. 기구함 종별 기준은 부표 참조 적용

3. 본 품은 구내작업 기준임
4. 원거리 작업시 별도 계상
5. 접속함은 기구함 준용 (단자설치 제외)
6. 폐색제어유니트 및 건널목 종점제어용 (기구함특1호)적용
7. 고속철도의 옥외연동함 설치는 현장 조립 설치하고, 기계장비 품 별도 계상
8. 고속철도의 기구함 No.6이하는 60% 적용
9. 고속철도 기구함 실드 접지는 별도 계상

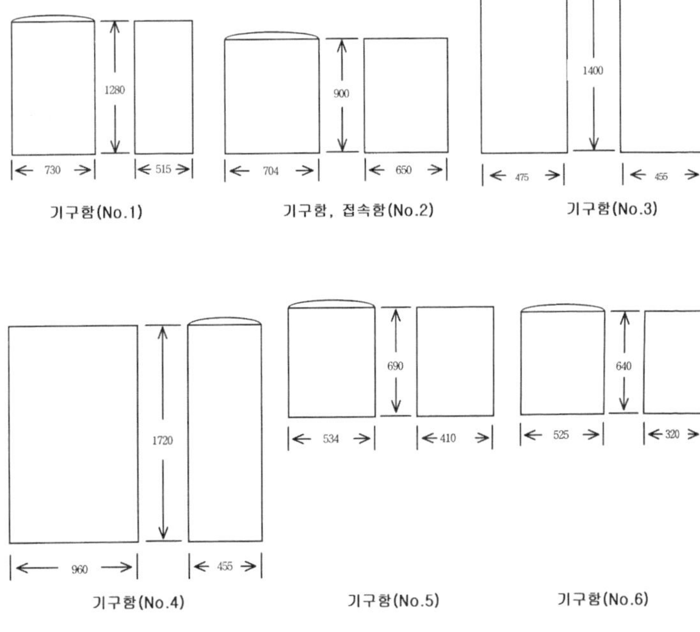

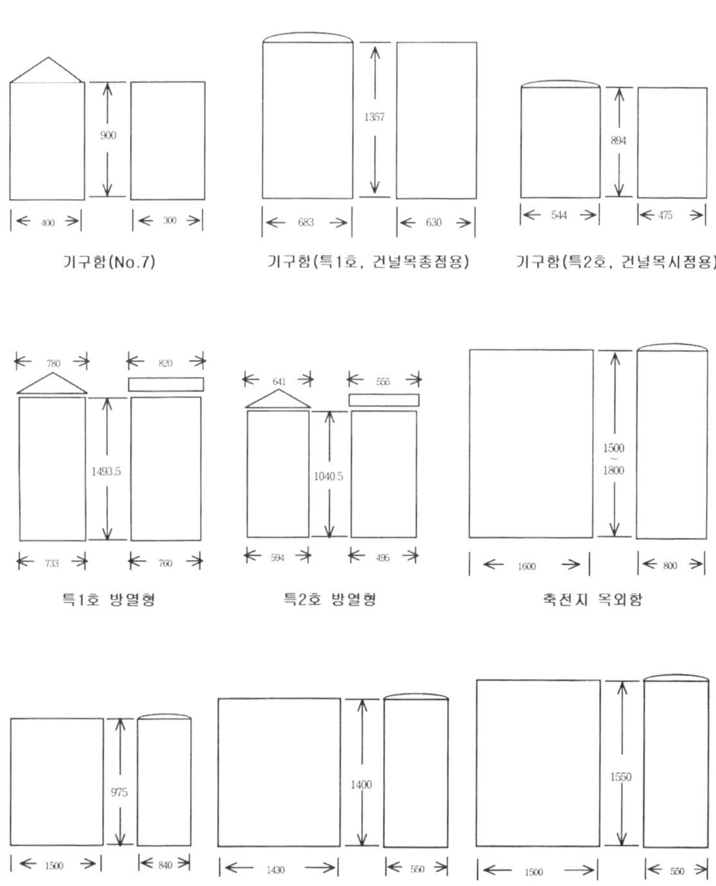

기구함(No.7)

기구함(특1호, 건널목종점용)

기구함(특2호, 건널목시점용)

특1호 방열형

특2호 방열형

축전지 옥외함

AF송구신기기구함(2조식)
1조식=665㎜x460㎜

특대형 기구함

전원기구함

3-10-7 선로횡단 전선로 굴착

열차속도	선로수 (개) / 인공(인)	1 선	2 선	3 선	4 선	비 고
201km/h ~ 350km/h	보통인부	4.16	7.29	10.4	13.54	
	궤도공	0.81	1.56	2.30	3.06	
	목도공	0.5	1.0	1.5	2.0	
151km/h ~ 200km/h	보통인부	3.16	5.62	8.08	10.54	
	궤도공	0.72	1.40	2.09	2.78	
	목도공	0.5	1.0	1.5	2.0	
121km/h ~ 150km/h	보통인부	3.16	5.49	7.83	10.16	
	궤도공	0.72	1.39	2.07	2.75	
	목도공	0.5	1.0	1.5	2.0	
71km/h ~ 120km/h	보통인부	2.86	4.8	6.75	8.69	
	궤도공	0.7	1.34	1.98	2.62	
	목도공	0.5	1.0	1.5	2.0	
~ 70km/h	보통인부	2.71	4.43	6.16	7.87	
	궤도공	0.69	1.32	1.94	2.56	
	목도공	0.5	1.0	1.5	2.0	

[해 설]

1. 철도건설규칙 제14조(궤도의 중심간격), 철도건설규칙 제15조(시공면의 폭), 철도건설규칙 제18조(도상의 두께) 적용
2. 자갈 끌어내기 포함
3. 터파기, 되메우기 및 다지기 포함
4. 자갈 살포 및 다지기 포함
5. 잔토처리 포함
6. 침목 철거 및 설치 포함

3-10-8 신호제어용 케이블 신설

규 격	단 위	신 호 공				
		2.5㎟이하	4㎟이하	6㎟이하	8㎟이하	10㎟이하
1C	1m	0.010	0.011	0.013	0.014	0.018
2C	1m	0.014	0.016	0.018	0.020	0.025
3C	1m	0.019	0.022	0.026	0.029	0.036
4C	1m	0.026	0.029	0.034	0.039	0.049
5C	1m	0.032	0.034	0.039	0.044	0.055
6C	1m	0.035	0.038	0.044	0.050	0.063
7C	1m	0.039	0.042	0.048	0.054	0.068
8C	1m	0.042	0.046	0.052	0.058	0.073
10C	1m	0.048	0.052	0.059	0.067	0.084
12C	1m	0.054	0.058	0.066	-	-
14C	1m	0.059	0.064	0.073	-	-
19C	1m	0.072	0.078	0.089	-	-
24C	1m	0.084	0.090	0.103	-	-
30C	1m	0.098	-	-	-	-
50C	1m	0.112	-	-	-	-

[해 설]

1. 다음 작업 포함 기준
   ① 동일 Level 100m이내의 Drum 소운반
   ② 전선 Drum 대 설치 및 기타준비
   ③ Drum 해체
   ④ 케이블 부설 정돈·청소 현행과 같음
   ⑤ 단자처리, 도입선 넣기, 결선, Mark 취부 작업포함
2. P.V.C 및 비닐절연외장 Contorl Cable에 적용
3. 전선관, Rack, Duct, Pit, 공동구, Saddle 부설 기준
4. 직매부설은 80%. 단, 케이블 부설을 위한 굴착은 별도 계상
5. 쉴드케이블 120%

신호부문 제3장

6. 가용성 알루미늄피 케이블은 150%(앵커볼트 설치품은 별도 계상)
7. 10㎟ 초과는"전기품셈 4-3 전력케이블 구내설치" 준용
8. 2.5㎟ 미만의 규격은 2.5㎟ 품 적용
9. 철거 50%, 재사용 철거는 드럼감기 포함 90%
10. 케이블만의 임시부설 30% 적용
11. 2열 동시 180%,3열 260%, 4열 340% 적용, 4열 초과시 초과 1열당 80%가산
12. 트러프뚜껑드러내기 및 트러프 설치는 별도 계상

3-10-9 신호제어용 케이블 절체

규 격	단 위		신호공	비 고
제 어 케 이 블	10㎟이하	10C 이하	0.05	
		20C 이하	0.07	
		30C 이하	0.09	

[해 설]

1.케이블 단말처리 및 선명찰 설치품 포함
2. 30회선 초과시 10회선 마다 0.02인 가산

3-11 접 지

3-11-1 접지 설비 신설

종 별		단위	신호공	보통인부	비 고
접 지 봉 (지하0.75m기준)	길이 1~2m×1본	개소	0.11	0.08	
	길이 1~2m×2본 연결	개소	0.16	0.13	
	길이 1~2m×3본 연결	개소	0.24	0.20	
동 판 매 설	0.3m×0.3m	매	0.16	0.27	
	1.0m×1.5m	매	0.27	0.46	
	1.0m×2.5m	매	0.43	0.73	
접 지 동 판 가 공		매	0.16	-	
접지선부설 450/650V 비 닐 전 선		개소	0.03	0.02	
접지선 매설	14㎟이하	m	0.006	-	
	38㎟이하	m	0.007	-	
	80㎟이하	m	0.008	-	
	150㎟이하	m	0.011	-	
	150㎟초과	m	0.014	-	
접 속 및 단 자 설 치	압 축	개	0.081	-	
	압축평형	개	0.097	-	
	납땜 또는 용접	개	0.102	-	
	압축단자	개	0.016	-	
	체부형	개	0.027	-	
	접지클램프	개	0.02	-	
접 지 단 자 함		개소	0.66	-	

[해 설]

1. 접지선 연결, 접지저항 측정 포함
2. 접지봉은 전주건주를 위하여 이미 굴착된 지하부분을 이용하여 시공하는 것을 기준. 단, 기설전주에 접지봉 추가시설 및 보강시 지반굴착은 별도 계상
3. 철거는 50%, 동판, 동봉을 버리는 경우는 신호공품의 10%
4. 동일장소에 접지판을 2매 이상을 동시에 매설할 경우 1매 증가마다 30%씩

가산, 또한 저감제 사용 시는 1개소 또는 1매당 30%를 가산
5. 접지선 부설은 CP주 설치를 기준한 것이며 목주는 120%, 기설 CP주는 150%를 가산
6. 완철접지는 접지하지 않는 전주에서 완철과 중성선을 연결하는 접지를 말함
7. 접지선 매설시 굴착, 되메우기, 잔토처리는 별도 계상
8. 지세별 할증율 적용
9. 접속 및 단자설치는 접지선 매설시 접지모선과 접지분기선의 접속 및 단자설치에 한하여 적용
10. 전공은 변전설비의 접지공사 시는 변전전공, 전주 및 배선설비의 접지공사 시는 배전전공(전철설비 포함), 옥내설비의 접지공사 시는 내선전공, 신호설비의 접지공사 시는 철도신호공 적용
11. 접지선을 Cable Rack, Duck 및 전선관으로 옥내 설치 시는 150%
12. 접지봉 3본 연결을 초과한 1본 연결 증가마다 신호공 0.17인, 보통인부 0.05인 별도 가산
13. 탄소봉 매설시 대형접지전극(50kg 기준) 10kg 증가마다 10%씩 가산

3-12 특수 안전설비

3-12-1 차량축소 검지장치 신설

종 별	단위	산업기사	신호공	보통인부	비 고
휠 디 텍 터	조	-	0.75	0.45	· 3개를 1조로함
스 캐 너	조	-	2.4	1.2	1)2개를 1조로함 2)송풍배관 제외
제 어 함	대	-	4.6	1.5	· 기초제외
종 합 시 험	조	3.0	0.2	-	

[해 설]
1. 철거는 신설의 50%

3-13 집중감시장치

3-13-1 집중감시 장치 신설

종 별	단위	신호공	비 고
집중감시용 중앙장치	개	2.2	
집중감시용 중계장치	개	0.9	
집중감시용 현장장치	개	0.5	
운전방향 계전기회로 중앙장치	개	2.7	· 단말장치 설치 시는 60% 적용
운전방향 계전기회로 현장장치	개	0.5	
신호전구 단심 검출기	개	1.0	
궤도회로 착전 전압 검출기	개	1.0	
접지 자동 경보기	개	1.0	
쇄정 불량 표시기	개	1.1	

[해 설]

1. 철거는 신설의 50%

3-14 고속철도 신호설비

3-14-1 연동장치(SSI) 신설

종 별		단위	신호공	보통 인부	비 고
연동장치부	전자연동장치(SSI)	랙	1.0	1.0	· 각종 케이블 및 커넥터 설치 포함
	처리(진단) 모듈	개	0.58	0.4	· 해당 메모리 모듈 설치 포함
	통신 모듈	개	0.29	0.2	
유지보수지원컴퓨터 (ISSI TT)		개	0.2	0.16	· 보조컴퓨터(CAMZ) 및 현장유지보수장비(LME) 차축온도검지장치유지보수컴퓨터(GRETA), ATC중앙유지보수컴퓨터(CMS) 준용

[해 설]

1. 철거는 신설의 30%, 재사용 철거 시는 60%
2. 설치도 시공 시는 적용 제외

3-14-2 역정보처리장치(FEPOL) 신설

종 별	단위	신호공	보통인부	비 고
역정보처리장치(FEPOL) 기기랙	랙	1.0	1.0	
• 역정보처리장치(FEPOL) 각 모듈	개	0.29	0.2	· 전원공급랙 · 정보처리랙 · PCOMET · 환풍기랙 · 인터페이스 모듈

[해 설]

1. 철거는 신설의 30%, 재사용 철거 시는 60%
2. 설치도 시공 시는 적용 제외

3-14-3 선로변기능모듈(TFM) 신설

종 별	단위	신호공	보통인부	비 고
기 기 랙	랙	1.0	1.0	
• 포인트모듈(PM)	개	0.58	0.4	유니버셜모듈(PM) 준용
• 데이터링크모듈(EDLM)	개	0.29	0.2	데이터링크모듈(ODLM) 준용
• 장거리터미널(LDT)	개	0.29	0.2	장거리터미널 인터페이스 모듈(LIM)포함

[해 설]

1. 철거는 신설의 30%, 재사용 철거 시는 60%
2. 설치도 시공 시는 적용 제외

3-14-4 ATC(TV/M계열) 신설

종 별	단위	신호공	보통인부	비 고
데이터정보처리랙(BTR 또는 BAP)	랙	1.0	1.0	
• 데이터정보처리랙 각 모듈	개	0.29	0.2	
데이터입출력처리랙(BES 또는 BIV)	랙	1.0	1.0	
• 데이터입출력처리랙 각 모듈	개	0.29	0.2	
데이터입출력처리랙(BES 또는 BIV)	랙	1.0	1.0	
• 데이터입출력처리랙 각 모듈	개	0.29	0.2	

[해 설]

1. 철거는 신설의 30%, 재사용 철거 시는 60%
2. 설치도 시공 시는 적용 제외

3-14-5 궤도회로(UM71C) 신설

종 별	단위	신호공	보통인부	비 고
궤도회로(UM71C) 송신기	개	2.7	1.3	
궤도회로(UM71C) 수신기	개	2.9	1.3	
궤도회로(UM71C) 계전기	개	1.3	0.7	궤도회로(UM71C) 방향계전기 준용
거리보상기	개	0.26	0.1	
튜닝유니트(BU)	조	0.32	0.2	공심유도자(SVAC) 및 양극자블럭유니트(DB) 준용
매칭 트렌스(TAD 430)	개	0.5	-	
임피던스 본드	개	2.0	0.9	
코아인덕터(SVPMM)	개	0.5	-	
보상콘덴서	조	0.22	0.1	

[해 설]

1. 철거는 신설의 30%, 재사용 철거 시는 60%
2. 설치도 시공 시는 적용 제외

3-14-6 분기부장치 신설

종 별	단위	신호공	철공	보통인부	비 고
전기선로전환기(MJ81)	대	2.7	-	0.8	
밀착검지기(근접센서형) 밀착검지기(기계식센서형)	조	2.2	-	-	1)전선관 설치 제외 2)레일천공 포함 3)근접센서 2개
• 밀착검지기 제어함	조	0.4	-	-	1)배선 및 고정홀 천공 포함 2)전선관 설치 제외 3)제어함만 설치 시 설치품의 50% 적용
• 근접센서	조	1.8	-	-	1)배선 및 레일천공 포함 2)전선관 설치 제외 3)근접센서만 설치 시 설치품의 50% 적용
기계식센서형(Paulve)	조	1.56	-	0.78	1)배선 포함 2)전선관 설치 제외
밀 착 쇄 정 기(Vcc,Vpm)	조	2.0	-	1.0	1) 전선관 설치 제외 2) 레일천공 포함 3) 근접센서 2개
철 관 장 치	m	0.09	0.03	0.07	
접 속 함(DB함)	개	0.24	-	-	선로전환기(PB), 분기기히팅장치(SVM), 선로전환기 키 스위치(PKS)함 설치 준용

[해 설]

1. 철거는 신설의 30%, 재사용 철거 시는 60%
2. 설치도 시공 시는 적용 제외

3-14-7 분기부히터장치 신설

종 별	단위	신호공	철공	보통인부	비 고
분기기히터 제어함(GCP)	개	4.6	-	1.5	
분기기히터 전원함(PHCB)	개	1.7	0.5	1.0	
U 형 히 터	개	0.4	0.2	0.3	
바 형 히 터	개	0.25	0.15	0.15	

[해 설]

1. 철거는 신설의 30%, 재사용 철거 시는 60%
2. 종합시험 포함

3-14-8 끌림검지장치 신설

종 별	단위	신호공	보통인부	비 고
끌 림 물 체 검 지 기	개	1.2	0.6	케이블 콘넥터 접속 포함
끌림검지장치 해제버튼 기주	개	0.8	1.0	기초 제외
끌림검지장치 해제버튼	개소	0.52	0.13	
종 합 시 험	개소	2.0	-	

[해 설]

1. 철거는 신설의 30%, 재사용 철거 시는 60%

3-14-9 지장물 검지장치 신설

종 별	단위	신호공	보통인부	비 고
지장물 검지장치 기주	개	0.8	1.0	기초 제외
지장물 검지장치 해제버튼	개소	0.52	0.13	
지 장 물 케 이 블	m	0.011	-	
지장물 송, 수신장치	개	0.16	0.12	증폭기 설치 준용
종 합 시 험	개소	2.0	-	

[해 설]

1. 철거는 신설의 30%, 재사용 철거 시는 60%
2. 낙석 검지장치 준용

3-14-10 레일온도검지장치 신설

종 별	단위	신호공	보통인부	비 고
검 지 센 서	개	1.2	0.6	케이블 콘넥터 접속 포함
백 엽 상 기 주	개	0.8	1.0	기초 제외
백 엽 상	개	0.52	0.13	
제 어 함	개	1.6	1.5	
종 합 시 험	개소	2.0	-	

[해 설]

1. 철거는 신설의 30%, 재사용 철거 시는 60%
2. 설치도 시공 시는 적용 제외

3-14-11 터널경보장치 신설

종 별		단위	신호공	보통인부	기사	산업기사	비 고
제 어 반		개	1.6	1.5	-	-	모장치 준용
제 어 부		개	0.58	0.4	-	-	교체시 적용
전 원 부		개	1.0				교체시 적용
감 시 용 P C		개	0.2	0.16	-	-	교체시 적용
통 신 부		개	0.29	0.2	-	-	교체시 적용
장 비 간 인터페이스	조정	역	-	-	1.0	2.0	1역 기준 - 자장치 1~4대 적용 - 자장치 1대 증가 시 20% 가산
	시험	역	-	-	2.0	4.0	
스 위 치 함 기 주		개	0.8	1.0			기초 제외
스 위 치 함		개	0.52	0.13			
경보기 및 경보등		개	0.93	0.21			
종 합 시 험		개소	2.0	-			주제어 및 현장제어함 준용

[해 설]

1. 철거는 신설의 30%, 재사용 철거 시는 60%
2. 일반선도 준용

3-14-12 보수자선로횡단장치 신설

종 별		단위	신호공	보통인부	기사	산업기사	비 고
제 어 반		기	1.6	1.5	-	-	모장치 준용
제 어 부		개	0.58	0.4	-	-	교체시 적용
전 원 부		개	1.0				교체시 적용
감 시 용 PC		개	0.2	0.16	-	-	교체시 적용
통 신 부		개	0.29	0.2	-	-	교체시 적용
장 비 간 인터페이스	조정	역	-	-	1.0	2.0	1역 기준 - 자장치 1~4대 적용 - 자장치 1대 증가 시 20% 가산
	시험	역	-	-	2.0	4.0	
취급버튼 기주		개	0.8	1.0			기초 제외
취급버튼		개	0.52	0.13			
신호등 기 주		개	0.8	1.0			기초 제외
신호등		개	0.67	0.2			취부 및 배선 포함
종 합 시 험		개소	2.0	-			주제어 및 현장제어함 준용

[해 설]

1. 철거는 신설의 30%, 재사용 철거 시는 60%
2. 일반선도 준용

3-14-13 차축온도검지장치 신설

종 별	단위	신호공	보통인부	비 고
센서박스(HOA)	조	2.4	1.2	케이블 콘넥터 접속 포함
전자페달(DSO)	조	0.75	0.45	
대기온도측정기 기주	개	0.8	1.0	기초 제외
대기온도측정기	조	0.52	0.13	
제 어 함	개	1.6	1.5	모장치 준용
중앙센터 설비(HBS)	개	5.47	5.08	배선 및 시험 포함
센 서 취 부 대	조	0.3	0.22	센서보호대 설치 시 설치품의 30%
종 합 시 험	개소	2.0	-	

[해 설]

1. 철거는 신설의 30%, 재사용 철거 시는 60%
2. 설치도 시공 시는 적용 제외

3-14-14 불연속정보처리장치 신설

종 별	단위	신호공	보통인부	케이블공	비 고
루 프 케 이 블	개소	2.4	1.2	0.13	케이블 콘넥터 접속 포함
불연속정보 전송장치 매칭트렌스(TAD 125)	조	0.5	-	-	

[해 설]

1. 철거는 신설의 30%, 재사용 철거 시는 60%

3-14-15 방호스위치 신설

종 별	단위	신호공	보통인부	비 고
방 호 스 위 치 기 주	개	0.8	1.0	기초 제외
방 호 스 위 치	개	0.52	0.13	쇄정취소 스위치 준용

[해 설]

1. 철거는 신설의 30%, 재사용 철거 시는 60%

3-14-16 속도제한판넬 신설

종 별	단위	신호공	보통인부	비 고
속도제한판넬	면	2.1	1.0	

[해 설]

1. 철거는 신설의 30%, 재사용 철거 시는 60%
2. 설치도 시공 시는 적용 제외

3-15 기타 장치

3-15-1 열차행선 안내표시기 신설

종 별	단위	산업기사	통 신 설비공	보통인부	비 고
열차행선안내표시기 (제 어 기 포 함)	조	3.4	0.5	0.3	1)완제품설치, 시험포함 2)취부지지물 제외 3)철거는 신설의 60% 4)여객자동안내표시기는 2라인까지 본품에 의하고 1라인 증가시마다 본품의 50% 계상 5)LED방식 준용
프랩(FLAP)유니트	개	1.0	0.67	0.2	
프랩(FLAP)	개	-	1.0	-	
모터(동기전동기)	개	-	1.0	-	
소 형 계 전 기	개	-	1.0	-	
회 로 판	개	-	0.5	-	
시 계	개	-	0.63	-	
시 험	개	3.4	-	-	

[해 설]

1. 설치도 시공 시 적용 제외

3-15-2 기타장치

종 별	단위	신호공	보통인부	비 고
한계지장 검지기	본	0.5	0.25	· 지주 및 터파기 포함
궤도회로 단락기	개	0.6	0.2	· 터파기 포함

[해 설]

1. 철거는 신설의 50%

3-15-3 그외설비

종 별	단위	신호공	보통인부	비 고
기계장비 작업 입회	인		0.3	· 절체시간 1시간 기준

[해 설]

1. 준비작업 및 뒷정리 포함
2. 시설물 철거 설치 별도 계상
3. 야간작업시 별도 계상

4-1 사용전검사

4-1-1 사용전검사

검사업무 종류	단위	적용 인공량		비 고
		직급	공량(인)	
1.신호기	기	특급기술자	0.085	1.신호기 설치기준, 위치 및 신호현시, 신호계열 확인 2. 건축한계 적정 3. 확인거리 확인 4. LED형 신호등 상태, 신호전구 단자전압 적정 5. 신호기와 궤조절연(신호설비)과의 관계 적정 6. 접지상태 적정여부 7. 신호기와 절연과의 관계 적부
		고급기술자	0.085	
2. 패쇄신호기(폐쇄제어함)	기	특급기술자	0.120	1.신호기 설치기준, 위치 및 신호현시,신호계열 확인 2.신호제어 주파수카드 송수신 상태 3.확인거리 확인 4.신호기 등압 상태 5.신호기와 궤조절연(신호설비)과의 관계 적정 6.접지상태 적정여부 7.제어함문열림방향적정확인 8.건축한계 적정
		고급기술자	0.120	
3. 입환신호기(입환표지)	기	특급기술자	0.033	1.신호기(표지)설치기준, 위치 및 신호현시 확인 2.건축한계 적정 3.확인거리 확인 4.신호기 등압 상태 5.신호기와 궤조절연(신호설비)과의 관계 적정
		고급기술자	0.033	
4. 표지류	개	특급기술자	0.022	1.설치기준, 위치 적정여부 2.건축한계 적정 3.확인거리 확인 4.신호기와 궤조절연(신호설비)과의 관계 적정
		고급기술자	0.022	

5.다기능신호부속기 및 진로 표시기(3진로이하)	개	특급기술자	0.028	1.설치기준, 위치 적정여부 2.각 진로 신호확인 3.건축한계 적정 4.확인거리 확인
		고급기술자	0.028	
6.다기능신호부속기 및 진로표시기(5진로이하)	개	특급기술자	0.030	1.설치기준, 위치 적정여부 2.각 진로 신호확인 3.건축한계 적정 4.확인거리 확인
		고급기술자	0.030	
7.다기능신호부속기 및 진로표시기(10진로이하)	개	특급기술자	0.035	1.설치기준, 위치 적정여부 2.각 진로 신호확인 3.건축한계 적정 4.확인거리 확인
		고급기술자	0.035	
8.다기능신호부속기 및 진로표시기(15진로이하)	개	특급기술자	0.040	1.설치기준, 위치 적정여부 2.각 진로 신호확인 3.건축한계 적정 4.확인거리 확인
		고급기술자	0.040	
9.다기능신호부속기 및 진로표시기(20진로이하)	개	특급기술자	0.045	1.설치기준, 위치 적정여부 2.각 진로 신호확인 3.건축한계 적정 4.확인거리 확인
		고급기술자	0.045	
10.선로전환기(NS,NS-AM형)	대	특급기술자	0.080	1.동작전원 적부(제어,표시,모터전원) 2.설치위치 및 밀착쇄정 적부 3.간류/철관장치 설치상태 4.제어계전기와 전환방향 일치 여부 5.밀착검지기/표시회로구성 여부 6.5m철편시험 및 운전,슬립전류 적부
		고급기술자	0.080	
11.선로전환기(MJ81형)	대	특급기술자	0.082	1.공급전원의 적부(제어,표시,모터전원) 2.설치위치, 밀착쇄정,틈세게이지 밀착 적부 3.간류/철관장치 설치상태 4.제어계전기와 전환방향 일치 여부 5.밀착검지기/표시회로구성 여부 6.마찰토오크, 동정 적정여부 7.제어레바 동작상태 적정여부
		고급기술자	0.082	
12. 분기기 히팅장치	개소	특급기술자	0.031	1.제어함 동작상태 2.히터 동작상태
		고급기술자	0.031	
13. 궤도회로장치	개소	특급기술자	0.045	1.사구간 적정여부 2.주파수 배열 및 인접궤도와 이극여부 3.단락감도의 적부 4.송,착전 동작전압 적정여부 5.귀선회로 적정여부 6.궤조절연 및 잠바류 취부 상태
		고급기술자	0.045	
14. ATS 지상장치	조	특급기술자	0.042	1.설치위치 적정 2.지상자(S-1, S-2형)취부상태 3.공전주파수,Q치,CR동작상태
		고급기술자	0.042	

15. 신호기계실 신호설비	역	특급기술자	0.750	1.연동장치 동작상태 2.전원공급장치 동작상태 3.역 정보처리장치 동작상태 4.ATC장치 동작상태 5.TLDS, 열차번호인식기,전기기술지원 6.시스템 동작상태 7.ATP동작상태
		고급기술자	0.750	
16. ATP 장치	개소	특급기술자	0.099	1.LEU기구함과 LEU서브랙의 설치상태확인 2.모듈의 PCB 상태확인 3.발리스시험기(텔레그램) 시험확인 4.발리스 및 케이블 취부상태 확인
		고급기술자	0.099	
17. ATC 장치	개소	특급기술자	0.041	1.궤도회로 연속 정보전송상태 2.궤도회로 불연속 정보전송상태
		고급기술자	0.041	
18. ATO / CBTC 장치	역	특급기술자	0.625	1.열차자동운행 감시설비 동작확인 (ATS) 2.지역제어기(WCU)확인 3.열차스케쥴에 의한 자동운행 상태 확인 4.정위치정차 및 자동출발 확인 5.지상위치정보, 보정확인 6.차축검지기 동작확인 7.PSD 인터페이스장치 동작확인 8.AP 음영지역 여부확인
		고급기술자	0.625	
19. 안전설비	개소	특급기술자	0.125	1.차축온도검지장치 2.지장물검지장치 3.끌림검지장치 4.선로변지진감시장치 5.기상검지장치 6.보수자선로횡단장치 7.터널정보장치 8.레일온도검지장치 9.방호스위치
		고급기술자	0.125	
20.건널목보안설비	개소	특급기술자	0.208	1.경보시분, 제어거리, 제어회로 적정여부 2.건널목 경보기 3.건널목 전동차단기 4.건널목 고장감시장치 기타 안전설비
		고급기술자	0.208	
21.접소함 및 기구함 검사	개	특급기술자	0.056	1.단자 접속상태 확인 2.케이블선명찰 확인 3.접지상태 적정여부 4.건축한계 적정
		고급기술자	0.056	
22.전차선절연구간예고 지상장치	개소	특급기술자	0.124	1.절연구분장치와 신호기간 설치위치 적정확인 2.지상장치 설치위치 적정성확인 3.송선보드, 지상장치 동작상태 적정여부 4.고장표시판 동작상태
		고급기술자	0.124	
23.제어(통신) 및 전원 케이블	km	특급기술자	0.009	1.제어(통신) 및 전원선 용량 적정성 여부 2.절연저항 적정여부 3.예비회선 적정여부
		고급기술자	0.009	

24.트러프, 전선관	역	특급기술자	0.250	소,중역 기준임, 대역기준시 2배적용 1.전선관로내 케이블 수용율 적정성 2.트러프수평 및 외관상태
		고급기술자	0.250	
25.연동검사	진로	특급기술자	0.800	연동장치 50진로까지 50진로 초과분에 대하여 51~100진로는 매진로당 0.48 101~200진로는 매진로당 0.331 201~300진로는 매진로당 0.21 301이상진로는 매진로당 0.16가산 1. 전기선로전환기 단독 전환시험 2.궤도회로 단락 시험 3.철사쇄정 시험 4.신호취급 전기선로전환기 연동전환 시험 5.신호제어 및 진로 쇄정 시험 6.진로제어((쇄정 및 배정)시험 7.접근, 보류 쇄정 시험 8.기타 쇄정시험 9.신호 현시계열 및 진로표시기 시험 10.자동진로(TTB) 설정 시험 11.구내폐쇄신호기 현시 제어 종속의 적정여부 12.진로취급시 조작반의 표시등 및 구성등 상태 확인
		고급기술자	0.800	
23.준비자료검사	일	특급기술자	0.500	1.신호제어설비 복선기준 0km - 50km : 준비 2일 2.신호제어설비 복선기준 50km - 100km : 준비 2일 3.신호제어설비 복선기준 100km - 200km : 준비 3일
		고급기술자	0.500	

[해 설]

1. 철도안전전문기술자 철도신호분야 기술자를 적용
2. 설계는 엔지니어링대가 적용

신호부문 제3장

부록 선로횡단 전선로 굴착 산출 내역

1. 인력부설

가. 작업순서

작업계획서 제출 (철도궤도 보수처)	⇒	협의 조정 차단 승인 요청	⇒	인력. 장비 동원 (열차감시자 포함)	열차서행 및 운행중지 승인 ⇒	작업시행 -열차운행중지 및 서행에 대한 관리 -자갈 끌어내기 -터파기 -되 메우기 및 다지기 -자갈살포 및 다지기 -잔토처리 -뒷정리	⇒	작업완료 보고

나. 시공기면 폭과 도상의 두께

1) 궤도의 중심 간격

- 201km/h ~ 350km/h　　5.0m 이상
- 151km/h ~ 200km/h　　4.3m 이상
- 　　~ 150km/h　　4.0m 이상
- 3개 이상의 선로를 나란히 설치하는 경우는 그중에 1개의 중심 간격은 4.5m 이상

2) 시공기면(철도건설규칙 제15조)

선 로 등 급	시공기면의 폭 (m)
201km/h ~ 350km/h	4.5 이상
151km/h ~ 200km/h	4.0 이상
121km/h ~ 150km/h	4.0 이상
71km/h ~ 120km/h	3.5 이상
~ 70km/h	3.0 이상

※ 전철화 하는 경우는 4m이상으로 하여야 한다.

3) 도상의 두께 (철도건설규칙 제18조)

선 로 등 급	도상의 두께 (mm)
201km/h ~ 350km/h	350 이상
151km/h ~ 200km/h	300 이상
121km/h ~ 150km/h	300 이상
71km/h ~ 120km/h	270 이상
~ 70km/h	250 이상

※ 장대레일구간은 300mm이상으로 하여야 한다.

다. 시공기면의 폭

1) 단선인 경우

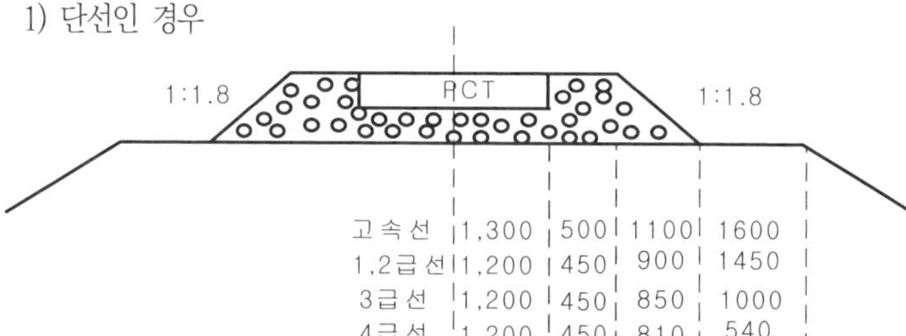

201km/h ~ 350km/h	1.6m	1.1m	3.6m	1.1m	1.6m	계	9m
121km/h ~ 200km/h	1.45m	0.9m	3.3m	0.9m	1.45m	계	8m
71km/h ~ 120km/h	1.0m	0.85m	3.3m	0.85m	1.0m	계	7m
~ 70km/h	0.54m	0.81	3.3m	0.81m	0.54m	계	6m

2) 복선인 경우

201km/h ~ 350km/h	9.0m + 1선추가시마다 5.0m	계	14m
151km/h ~ 200km/h	8.0m + 1선추가시마다 4.3m	계	12.3m
71km/h ~ 150km/h	7.0m + 1선추가시마다 4.0m	계	11m
~ 70km/h	6.0m + 1선추가시마다 4.0m	계	10m

3) 3복선인 경우

201km/h ~ 350km/h 9.0m +2선추가 10.0m 계 19m
151km/h ~ 200km/h 8.0m +2선추가 8.6m 계 16.6m
71km/h ~ 150km/h 7.0m +2선추가 8.0m 계 15m
~ 70km/h 6.0m +2선추가 8.0m 계 14m

라. 터파기 시공도

(단위 mm)

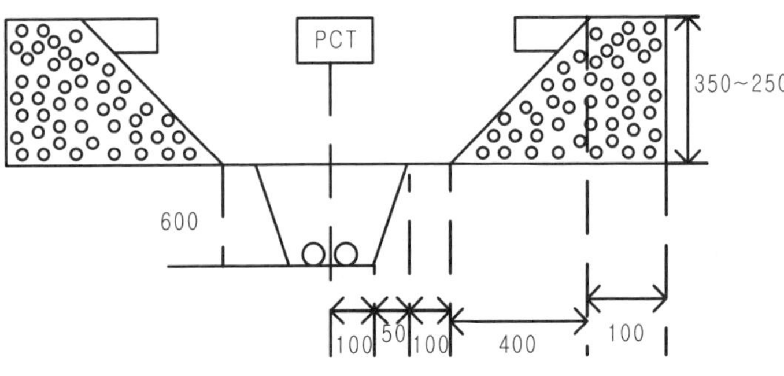

마. 자갈 들어내기 및 자갈살포(m^3)선로별 내역

구 분	1 선	2선	3선	4선	2선 이상 추가사항 2선=1선+추가사항 3선=2선+추가사항
201km/h ~ 350km/h	{(0.25*2)*0.35*3.6}+{(0.35*0.4/2)*3.6*2} = 1.13	2.00	2.87	3.74	(0.25*2)*0.35*5m=0.87
151km/h ~ 200km/h	{(0.25*2)*0.3*3.3}+{(0.3*0.4/2)*2.4*2} = 0.78	1.42	2.06	2.7	(0.25*2)*0.3*4.3m=0.64
121km/h ~ 150km/h	{(0.25*2)*0.3*3.3}+{(0.3*0.4/2)*2.4*2} = 0.78	1.38	1.98	2.58	(0.25*2)*0.3*4m=0.6
71km/h ~ 120km/h	{(0.25*2)*0.27*3.3}+{(0.27*0.4/2)*2.4*2} = 0.7	1.17	1.64	2.11	(0.25*2)*0.27*3.5m=0.47
~ 70km/h	{(0.25*2)*0.27*3.3}+{(0.25*0.4/2)*2.4*2} = 0.68	1.08	1.48	1.88	(0.25*2)*0.27*3m=0.4

바. 터파기(m³) 선로별 내역

구 분	1 선	2 선	3 선	4 선	2선 이상 추가사항 2선=1선 + 추가사항
201km/h ~ 350km/h	0.6*(0.2+0.3)/2*9=1.35	2.1	2.85	3.6	0.6*(0.2+0.3)/2*5=0.75
151km/h ~ 200km/h	0.6*(0.2+0.3)/2*8=1.2	1.84	2.48	3.12	0.6*(0.2+0.3)/2*4.3=0.64
121km/h ~ 150km/h	0.6*(0.2+0.3)/2*8=1.2	1.8	2.4	3.0	0.6*(0.2+0.3)/2*4=0.6
71km/h ~ 120km/h	0.6*(0.2+0.3)/2*7=1.05	1.57	2.09	2.61	0.6*(0.2+0.3)/2*3.5=0.52
~ 70km/h	0.6*(0.2+0.3)/2*6=0.9	1.35	1.8	2.25	0.6*(0.2+0.3)/2*3=0.45

사. 침목철거 및 설치(콘크리트 침목)

선 로 별	1 선	2 선	3 선	4 선	비 고
수 량(개)	2	4	6	8	

아. 인공 산출 기초

1) 자갈 끌어내기 (토목 편 (궤도) 16-1-2 자갈 채집 및 소운반)
 - 채집 : m³당 보통인부 1.93인
 - 소운반 : 50m를 기준하였으나 5~6m정도 운반하기 때문에 기본품에 10%를 적용.

 m³당 보통인부 0.35 * 0.1 = 0.035

 T=보통인부 : 1.93 + 0.035 = 1.96

2) 터파기(자갈 섞인 토사) : 토목편 3-1-2 인력 터파기
 - 터파기 : 자갈 섞인 토사 m³당 보통인부 0.32인
 - 터파기 시공이 매우협소하고 레일 등 지장물이 있으며, 흙이 자갈에 혼입 되지 않도록 조치하여야 하므로 기본품에 50%를 가산

 0.32 * (1 + 0.5) = 0.48인

3) 되 메우기(자갈 섞인 토사) : 토목편 3-1-2 인력 터파기
 - 되 메우기 : 자갈 섞인 토사 m³당 보통인부 0.1인
 - 터파기와 동일 조건으로 기본품에 50% 가산

 0.1 * (1 + 0.5) = 0.15인

4) 부순 자갈살포 다지기 : 토목편 16- 1- 4 자갈살포다지기(PCT)

- 부순 자갈 살포 다지기(m³ 당) : 살포(현장채집) 궤도공 0.08 보통인부 0.38
  다지기 궤도공 0.18 보통인부 0.25

5) 침목 철거 및 설치(토목편 16-1-1 침목갱환 PCT침목을 PCT로)

- 철거와 설치를 갱환으로 적용하면 갱환 1개당 궤도공 0.26인
  보통인부 0.2 인
  목도공 0.25인

자. 열차속도별과 선로수에 대한 공종별 인공산출

공사 종류	인공별	인공 (인)	201km/h ~ 350km/h →1선	201km/h ~ 350km/h →2선	201km/h ~ 350km/h →3선	201km/h ~ 350km/h →4선	151km/h ~ 200km/h →1선	151km/h ~ 200km/h →2선	151km/h ~ 200km/h →3선	151km/h ~ 200km/h →4선	121km/h ~ 150km/h →1선	121km/h ~ 150km/h →2선	121km/h ~ 150km/h →3선	121km/h ~ 150km/h →4선
자갈 끌어 내기	보통 인부	1.96	2.21	3.92	5.62	7.33	1.52	2.78	4.03	5.29	1.52	2.7	3.88	5.05
터 파 기	보통 인부	0.48	0.64	1.0	1.36	1.72	0.57	0.88	1.19	1.49	0.57	0.86	1.15	1.44
되 메 우 기	보통 인부	0.15	0.2	0.31	0.42	0.54	0.18	0.27	0.37	0.46	0.18	0.27	0.36	0.45
자 갈 살 포 다 지 기	보통 인부	0.63	0.71	1.26	1.80	2.35	0.49	0.89	1.29	1.7	0.49	0.86	1.24	1.62
자 갈 살 포 다 지 기	궤도공	0.26	0.29	0.52	0.74	0.97	0.2	0.36	0.53	0.7	0.2	0.35	0.51	0.67
침목 철거 및 설치	궤도공	0.26	0.52	1.04	1.56	2.08	0.52	1.04	1.56	2.08	0.52	1.04	1.56	2.08
침목 철거 및 설치	목도공	0.25	0.5	1.0	1.5	2.0	0.5	1.0	1.5	2	0.5	1.0	1.5	2.0
침목 철거 및 설치	보통 인부	0.2	0.4	0.8	1.2	1.6	0.4	0.8	1.2	1.6	0.4	0.8	1.2	1.6

공사 종류	인공별	인공(인)	71km/h ~ 120km/h→ 1선	71km/h ~ 120km/h→ 2선	71km/h ~ 120km/h→ 3선	71km/h ~ 120km/h→ 4선	~ 70km/h→ 1선	~ 70km/h→ 2선	~ 70km/h→ 3선	~ 70km/h→ 4선
자갈끌어내기	보통인부	1.96	1.37	2.29	3.21	4.13	1.33	2.11	2.9	3.68
터파기	보통인부	0.48	0.5	0.75	1.0	1.25	0.43	0.64	0.86	1.08
되메우기	보통인부	0.15	0.15	0.23	0.31	0.39	0.13	0.2	0.27	0.33
자갈살포 다지기	보통인부	0.63	0.44	0.73	1.03	1.32	0.42	0.68	0.93	1.18
자갈살포 다지기	궤도공	0.26	0.18	0.30	0.42	0.54	0.17	0.28	0.38	0.48
침목철거 및 설치	궤도공	0.26	0.52	1.04	1.56	2.08	0.52	1.04	1.56	2.08
침목철거 및 설치	목도공	0.25	0.5	1.0	1.5	2	0.5	1.0	1.5	2.0
침목철거 및 설치	보통인부	0.2	0.4	0.8	1.2	1.6	0.4	0.8	1.2	1.6

차. 선로횡단 전선로 굴착(개소별)

열차속도	선로수(개) / 인공(인)	1 선	2 선	3 선	4 선	비고
201km/h ~ 350km/h	보통인부	4.16	7.29	10.4	13.54	
	궤도공	0.81	1.56	2.30	3.06	
	목도공	0.5	1.0	1.5	2.0	
151km/h ~ 200km/h	보통인부	3.16	5.62	8.08	10.54	
	궤도공	0.72	1.40	2.09	2.78	
	목도공	0.5	1.0	1.5	2.0	
121km/h ~ 150km/h	보통인부	3.16	5.5	7.83	10.16	
	궤도공	0.72	1.39	2.07	2.75	
	목도공	0.5	1.0	1.5	2.0	
71km/h ~ 120km/h	보통인부	2.86	4.8	6.75	8.69	
	궤도공	0.7	1.34	1.98	2.62	
	목도공	0.5	1.0	1.5	2.0	
~ 70km/h	보통인부	2.71	4.43	6.16	7.87	
	궤도공	0.69	1.32	1.94	2.56	
	목도공	0.5	1.0	1.5	2.0	

2026
표준

전기 · 신호 · 정보통신공사 품셈

정보통신부문

2026. 1. 1 적용

제1장 공통사항

1-1 적용기준

1-1-1 목 적

정보통신공사업법의 적용을 받는 공사의 질적인 향상과 공사비의 적정산정 및 시공 현대화를 위하여 각종사업의 설계에 대한 일반적인 방침을 제공하는데 있다.

1-1-2 적용범위

국가, 지방자치단체 및 공공기관, 전기통신사업자(기간통신사업자, 부가통신사업자), 방송법에 의한 사업자(종합유선방송사업자, 전송망사업자, 중계유선 방송사업자 등) 및 위 기관의 감독과 승인을 요하는 기관을 포함하여 발주처에서는 정보통신공사(유지보수 포함)에 본 표준품셈을 적용한다.

1-1-3 적용방법

가. 정보통신공사의 예정가격 산정은 기획재정부 계약예규 "예정가격작성기준" 제2조 및 제6조, 제34조와 행정안전부 예규 "지방자치단체 입찰 및 계약 집행기준"의 제5절 원가계산에 따른 예정가격 결정에 따라 본 표준품셈을 적용한다.

나. 본 표준품셈에서 제시된 품셈은 일일 작업시간 8시간을 기준한 것이다.

다. 본 표준품셈은 정보통신공사업법의 적용을 받는 정보통신공사중 가장 대표적이고 보편적인 공종, 공법을 기준하였으며 지역이나 기후의 특성 및 기타조건에 따라 조정 적용하되, 예정가격작성기준 제2조에 의거 부당하게 감액하거나 과잉 계산되지 않도록 한다.

라. 표준품셈 및 이 기준에 명시되지 않은 각종 사항은 각종사업을 발주하는 각국가기관, 지방자치단체, 정부투자기관, 전기통신사업자(기간통신사업자, 부가 통신사업자), 방송법에 의한 사업자(종합유선방송사업자, 전송망

사업자, 중계유선방송사업자 등)를 포함하여 발주처장의 책임하에 표준품셈 및 이 기준의 목적에 부합되도록 적절하게 결정하여 적용한다.

마. 공사비 산정시 공사규모, 내용, 공기 및 현장조건 등을 감안하여 기계화 시공과 인력시공을 비교하여 가장 경제적이고 합리적인 공법을 채택하여 적용한다. 단, 소규모공사에서 기계화시공시 기계경비가 실제 설비와 차이가 발생하는 경우는 인력시공을 우선 적용할 수 있다.

바. 본 품셈에 명시되지 않은 사항은 타부문 표준품셈(토목, 건축, 기계, 전기)을 적용하고 타부문과 유사한 공정의 품은 본 품셈을 우선하여 적용한다.

사. 방송통신발전기본법, 전기통신기본법, 전기통신사업법, 정보통신공사업법, 전기사업법, 전기공사업법, 소방법, 소방시설공사업법, 총포·도검·화약류 등의 안전관리에 관한 법률, 산업재해 보상보험법, 산업안전보건법, 중대재해 처벌 등에 관한 법률, 건설기술관리법, 대기환경보전법, 소음·진동규제법, 고용보험법, 국민건강보험법, 국민연금법 등 관계법령이나 계약조건에 따라 소요 되는 비용은 별도로 계상한다.

아. 본 표준품셈에 따르지 아니하고 별도로 특수품셈을 결정하여 적용할 때에는 품셈의 보완을 위하여 그 자료를 "표준품셈 관리기관"에 제출한다.

자. 장비 및 기자재의 생산단종 또는 규격변경 등으로 조사되어 일부 품셈을 삭제하였으나, 어떠한 사유로 재적용이 필요한 경우에는 삭제될 당시 표준품셈의 해당 항목을 적용하고, 시중노임은 최근 발표한 시중노임을 적용한다.

차. 제13장 정보통신설비 유지보수 및 관련공사는 1회 점검 품셈을 말한다.

카. 폐기물 처리비용은 관련 법령에 따라 별도 정산한다.

하. 공사 중 안전을 위해 배치되는 신호수, 감시자 등의 인력은 각 항목에서 제외되어 있으며, 안전성 확보를 위한 안전조치는 "1-1-27-1 안전시설" 품셈을 별도로 계상한다.

1-1-4 특정기계사용

공사를 시행하는데 있어 특정한 기계사용이 사전에 확인되었을 때는 본 기준에 의하지 않고 개별적으로 그 특성에 의한 작업능력과 제경비를 산정하여 적용할 수 있다.

1-1-5 수량의 계산

가. 수량은 M.K.S 단위를 사용한다.

나. 수량의 단위 및 소수위는 표준품셈 단위표준에 의한다.

다. 수량의 계산은 지정 소수자리 이하 첫째자리까지 구하고, 끝 수는 반올림한다.

라. 계산에 쓰이는 분도(分度)는 분까지, 원둘레율(圓周率), 삼각함수(三角函數) 및 호도(狐度)의 유효숫자는 세 자리(3位)로 한다.

마. 곱하거나 나눗셈에 있어서는 기재된 순서에 의하여 계산하고, 분수는 약분법을 쓰지 않으며 각 분수마다 그의 값을 구한 다음 전부의 계산을 한다. 단, 계산은 1회 곱하거나 나눌 때마다 소수 셋째자리에서 반올림하여 소수 둘째자리까지로 한다. 예1) 0.014 → 0.01 예2) 0.015 → 0.02

바. 면적의 계산은 보통 수학공식에 의하는 외에 좌표면적계산법·삼사법(三斜法)·구적기(Planimeter) 또는 전자면적계산 등에 의한다. 다만, 구적기(Planimeter)를 사용할 경우에는 3회 이상 측정하여 평균값으로 한다.

사. 체적계산은 의사공식(擬似公式)에 의함을 원칙으로 하나 토사입적은 양단면적을 평균한 값에 그 단면간의 거리를 곱하여 산출하는 것을 원칙으로 한다. 단, 거리 평균법으로 고쳐서 산출할 수도 있다.

1-1-6 재료의 할증률 및 철거손실률

공사용 재료의 할증률 및 철거용 재료의 손실률은 일반적으로 다음 표의 값 이내로 한다.

[정보통신재료]

구 분	종 류	할증률 (%)	철거 손실률 (%)
옥내	통신선 및 케이블(광케이블 포함)	7.5	-
	합성수지전선관 및 금속관	10	-
	케이블랙(트레이), 덕트(Duct), 레이스웨이	5	-
옥외	통신선 및 케이블(광케이블 포함)	3	2.5
	지하관로 또는 직매 케이블(광케이블 포함)	3	1.5
	합성수지전선관(파형관 포함)	3	-

합성수지관 소켓	10	-
점퍼선	5	2.5
열수축관	5	-
25회선 접속자(커넥터 포함)	2	-
조가선 · 지지선	4	-
가 공 선 로 철 물 류　100개 미만	3	6
100개 이상	2.5	5
200개 이상	2	4
500개 이상	1.5	3
1,000개 이상	1	2

[해 설]

① 철거손실률이란 통신시설공사에서 철거작업 시 발생하는 폐자재를 환입할 때 재료의 파손, 손실, 망실 및 일부 부식 등에 의한 손실률을 말함.

② 피스표에 의한 케이블 잔량(불용)은 포함하지 않는다.

1-1-7 가설공사

가설공사비는 그 성질에 따라 계상할 수 있다.

[컨테이너형 가설건축물]

구 분	3m		6m		9m		12m	
	비계공	특별인부	비계공	특별인부	비계공	특별인부	비계공	특별인부
폭 2.4m	0.17	0.08	0.28	0.15	0.35	0.11	0.36	0.18
3.0m	0.20	0.09	0.29	0.17	0.39	0.19	0.38	0.20
3.5m	0.20	0.13	0.31	0.17	0.42	0.21	0.50	0.25
4.8m	0.25	0.13	0.38	0.19	0.47	0.24	0.70	0.35
6.0m	0.28	0.14	0.40	0.20	0.51	0.26	0.75	0.38

[해 설]

① 본 품셈은 설치 또는 해체 시 각각 적용.

② 10톤 트럭탑재형크레인을 기준하였으며, 기계경비 및 컨테이너형 가설건축물의 운반비는 별도 계상.

③ 트럭탑재형크레인 사용시간은 1개 설치당 60분 기준.

④ 컨테이너형 가설건축물의 손율

구 분	3개월	6개월	12개월	24개월	36개월	48개월	60개월
손율(%)	12	16	25	38	53	70	100

⑤ 지정 및 하부구조등은 별도 계상.
⑥ 복층으로 설치할 경우 계단, 난간, 캐노피 등은 별도 계상.
⑦ 통신, 전기, 위생설비 등은 설계에 따라 별도 계상.
⑧ 특수구조의 컨테이너형 가설건축이 필요한 때에는 설계에 따라 별도 계상.

1-1-8 주요자재

가. 공사에 대한 주요자재의 관급은 「국가를 당사자로 하는 계약에 관한 법률 시행규칙」 및 기획재정부 계약예규 등 관계규정이나 계약조건에 따른다.

나. 자재구입은 필요에 따라 설계설명서를 작성하고 그 물건의 기능, 특징, 용량, 제작방법, 성능, 시험방법, 부속품 등에 관하여 명시하여야 한다.

다. 국내에서 생산되는 자재를 우선적으로 사용함을 원칙으로 하고 그 중에서도 과학기술정보통신부의 적합성평가제품·KS표시품 또는 국제공인제품(ISO, UL등) 및 해당성능기준 규격에 적합한 제품을 우선한다.

라. 과학기술정보통신부의 적합성평가제품·KS표시품 또는 국제공인제품(ISO, UL 등) 및 해당성능기준 규격에 없는 제품 사용시 공사조건에 맞는 관련 규격 및 시방(외국 규격 등) 등을 검토하여 사용토록 한다.

1-1-9 재료시험의 결과이용

설계는 재료시험에 의하여 제원을 결정함을 원칙으로 한다.

1-1-10 공구손료

공구손료는 일반공구, 통신공사용 특수공구 및 특수시험 검사용 기구류의 손료로서 공사중 항상 일반적으로 사용하는 것을 말하며, 직접노무비(노임할증과 작업시간 증가에 의하지 않은 품할증 제외)의 3% 계상한다.

1-1-11 경장비손료

가. 중장비에 속하지 않는 동력장치에 의해 구동되는 장비류와 각종 통신용 측정기류의 손료를 말하며 별도 계상한다.

나. 경장비의 시간당 손료에 대하여는 기계경비 산정표에 명시된 가장 유사한 장비의 제수치(내용시간, 연간표준가동시간, 상각비율, 정비비율, 연간 관리비율 등)을 참조하여 계상한다.

다. 측정기 및 시험기

구 분	내 용 시 간	연간표준 가동시간	상각 비율 (%)	정비 비율 (%)	연간관리 비 율 (%)	시 간 당(10^{-7})			
						상각비 계 수	정 비 계 수	관리비 계 수	계
일반형	12,600	2,100	0.9	0.3	0.14	714	238	416	1,368
거치형	43,200	7,200	0.9	0.3	0.14	208	69	121	398

[해 설]

① 외자구입기기는 CIF(Cost, Insurance and Freight : 운임, 보험료 포함 조건) 가격을 기준으로 한다.

② 거치형 측정기 및 시험기는 동일 측정개소에서 24시간 계속 자동 측정하는 기기를 말한다.

1-1-12 잡재료 및 소모재료

잡재료 및 소모재료는 설계내역에 표시하여 계상한다.

단, 계상이 어렵고 금액이 근소한 공사의 소모품에 대해서는 직접재료비(전선, 케이블 및 배관자재)의 2~5%까지 계상한다.

① 잡재료

재료비의 산출에는 필요한 재료를 가능한 한 품목별로 계상하는 것을 원칙으로 하고 있으나 소량이나 소금액의 재료는 명세서 작성이 곤란하므로 잡재료로 일괄 계상한다.(볼트류, 너트류, 플러그류, 나사류, 단자류, 못 등)

② 소모재료

작업중에 소모되어 없어지거나 작업이 끝난 후에 모양이나 형태가 변하여 남아 있는 재료(땝납, 토치램프용 휘발류, 테이프류, Oil, 용접봉, 산소가스 등)

1-1-13 공드럼과 발생재의 처리

재활용이 가능한 공드럼은 재활용을 원칙으로 하되, 이에 필요한 운송비, 상·하차비 등과 재활용이 불가능한 공드럼 및 산업폐기물 처리비용은 「폐기물관리법」 제14조에 따라 계상한다.

※ 재활용 여부에 대한 상태판정은 공사현장에서 공사감독이 판정

1-1-14 노　임

노임은 통계법 제17조에 의한 지정통계(승인번호 제36504호)의 시중노임을 적용한다.

1-1-15 산재보험료

산재 보험료는 산업재해보상 보험법에 의거 적용한다.

1-1-16 제경비

공사원가에 대한 경비계상은 기획재정부 회계예규인 예정가격작성기준에 따른다.

1-1-17 소운반의 운반거리

품에 포함된 소운반거리는 20m 이내의 거리이며, 소운반 거리가 20m를 초과할 경우에는 초과분에 대하여 이를 별도 계상하되 경사면의 소운반 거리는 직고 1m를 수평거리 6m의 비율로 본다.

1-1-18 운반기계의 유류산정

가. 트럭 또는 기타 운반기계로 기자재를 운반할 경우 상하차에 소요되는 시간이 10분을 초과할 때에는 주행거리에 해당하는 유류만을 계상한다.

나. 손료산정에서 동력이 포함되어 있지 않는 경우에는 해당되는 디젤, 가솔린 엔진 또는 모터의 손료 및 운전경비를 적용한다.

다. 유류가격은 “석유 및 석유대체연료 사업법·시행령·시행규칙”에 따라 관계 부처에서 고시하는 공개가격으로 한다.

※ 주유소 종합정보 제공시스템(http://www.opinet.co.kr/)

1-1-19 운반 및 수송

가. 운반차량의 구분

(1) 공사용 자재의 운반차량은 운반재료의 종류와 물량에 따라 결정한다. 다만, 전봇대 등 장척물의 경우는 자동차의 길이가 적재하고자 하는 장척물 길이의 10/11이상인 차종으로 한다.

(2) 화물자동차의 운반비는 화물자동차의 차량손료 방식으로 운반비를 산출한다. 다만, 가격조사기관에서 발행하는 물가정보지 가격이 있는 경우에는 「전세차량비에 의한 운반비 방식」으로 산출한다.

[산정공식]

가) 전세차량비에 의한 운반비 산출

차량운반비(원) = (계산차량대수× 전세차량비)+총 상 · 하차임

계산차량대수 = (1/480) $[T_1+T_2]$

T_1(총 주행소요시간 : 분)

$= [(L/V_1)(1+\alpha)+L/V_2]\times 60\times N$

L : 운반거리(편도) ㎞

V_1 : 적재 시 평균속도 ㎞/h

V_2 : 공차 시 평균속도 ㎞/h

N(대수) : 총 운반할 자재중량 톤/사용차량의 적재능력 톤

T_2 : 적상 · 하시간(분)

α : 품목별 할증률 및 할인율

① 전세차량비는 구역화물, 차종별, 전세운임 적용

② 총중량 0.5톤 미만의 운송비는 용달운임을 적용

나) 운반도로와 평균 주행속도(㎞/h)

도 로 상 태	평균속도(㎞/h)	
	적 재	공 차
교차가 힘든 산간지 도로(1차로 등)	10	15
2차로 이상의 산간지 도로 및 비포장 도로	15	20
2차로 이상의 교통량 및 교통대기가 많은 시가지	20	25
포장도로(7,000대/일 이상)	25	30
2차로 이상의 교외 포장도로(2,000대/일 이상)	30	35
2차로 이상의 포장도로(2,000대/일 미만)	35	35
2차로 고속도로	50	55
4차로 고속도로(편도 교통량 1일 40,000대 미만)	60	60

다) 운반정에서 물과량형편으로 화물자동차 1대분에 미달하여 단수가 생길 때에는 1대분으로 계상한다.

(3) 화물자동차 차량손료 방식 운반비 산출

(가) 차량운반비 = 자재운반비 + 대기료 + 총 상하차임

① 자재운반비 = 차종별 운행시간당 손료 × 총 주행시간(H_1)

o 차종별 운행시간당 손료 =

시간당 차량손료 + 시간당 유류비 + 시간당 운전사노임

— 시간당 차량손료 =

차량가격(공장도 가격)×(상각비계수 + 정비비계수 + 관리비계수) × 10^{-7}

— 시간당 유류비 = 시간당 주연료소모량 × 유류단가 × $(1+\theta)$

단, θ : 잡품률

— 시간당 운전사노임 =

운전사 노임 × ($\frac{1}{8}$ × 휴지계수 × 상여율, 퇴직급여충당금)

o H_1(총주행시간 : hr) = $(\frac{L}{V1} + \frac{L}{V2}) \times N$

L : 운반거리(편도) ㎞

V1 : 적재 시 평균속도 ㎞/h

V2 : 공차 시 평균속도 ㎞/h

N(대수) : $\frac{\text{총운반할자재중량(톤)}}{\text{사용차량의적재능력(톤)}}$

② 대기료 = 차종별 대기 시간당손료 × 적상하 시간(H_2)

o 차종별 대기 시간당 손료 = 시간당 차량손료 + 시간당 운전사노임

※ 대기시간 : 자재를 적상하 하는 동안 차량이 대기하고 있는 시간(원활한 자재 적상하를 위해 차량위치 이동 주정차 시간 포함)

o H2 : 적상하 시간(hr)

③ 총 상하차임 = 인력 상·하차 가능여부 적용

구 분	품 셈 적 용	비고
인력 상 · 하차 가능	품셈적용(1-1-21) 품종별 적상하 기준적용	
인력 상 · 하차 불가	장비사용료 + 보통인부(2인) 적용	

[해 설]

㉮ 일정한 평지에서 20m내 소운반 작업이 포함되어 있음

㉯ 작업에는 적상·적하시의 정리작업이 포함되어 있음

(나) 화물자동차 차량손료 및 운전경비 산정 : "1-4 기계경비 산정기준" 적용

※ 토공사(터파기, 되메우기 및 잔토처리 등) 공정은 덤프트럭 기계경비 적용

나. 수송비

건설용 기계의 공사 현장까지의 왕복 수송비는 건설공사장에서 가장 가까운 도청소재지(특별시, 광역시 포함)로부터 공사현장까지의 수송에 필요한 경비(공인된 수송비, 인건비 등 포함)를 계상한다.

다. 운전사의 구분

구 분	해 당 기 계
건설기계 운 전 사	건설기계관리법 시행령 제2조에 규정한 기계로서 다음과 같은 기종을 말한다. 불도저, 굴삭기, 로더, 지게차, 스크레이퍼, 덤프트럭(12톤 이상), 기중기(차륜 및 무한궤도), 모터 그레이더, 롤러, 노상안전기, 콘크리트뱃싱플랜트, 콘크리트피니셔, 콘크리트살포기, 콘크리트믹서트(혼합장치를 가진 자주식인 것), 콘크리트펌프(5㎥이상), 아스팔트믹싱플랜트, 아스팔트피니셔, 아스팔트 살포기, 골재살포기, 쇄석기, 공기압축기(2.83㎥/ min 이상)천공기, 항타 및 항발기(0.5톤 이상), 사리채취기, 준설선, 특수건설기계, 타워크레인, 크레인, 오거, 기타 이와 유사한 구조 및 기능을 가진 기계류로서 국토교통부장관이 따로 정하는 것.
화 물 차 운 전 사	자동차관리법시행규칙 제2조에 규정한 차량류로서 12톤미만의 덤프트럭, 화물트럭, 살수차, 트랙터, 제설차, 노면청소차, 트럭탑재형크레인, 화물자동차, 레커차, 고속작업차, 맨홀 및 수공 크리닝차량, 터널용 고소작업차 기타공업용 소형트럭 등을 말한다.
일반기계 운 전 사	건설기계관리법 및 자동차관리법에 규정되어 있지 아니한 기계류로서, 소형의 공기압축, 양수기, 소형믹서, 윈치, 소형항타기, 소형그라우트 펌프, 벨트 콘베이어, 발전기, 램머, 컴팩터, 콘크리트파쇄기, 광코어공압포설기, 엔진, 드론, 코어드릴 기타 소형기계, 등을 말한다.

라. 운전사 노임

운전사[건설기계운전사, 화물차운전사, 일반기계운전사, 건설기계조장 및 보통인부 포함]의 노임은 상시 고용일 경우 월정액을 지급함을 원칙으로 하며, 원가계산에 의한 예정가격 작성기준(기획재정부 계약예규)에 의거 계상한다.

1-1-20 분해 조립비

분해 및 조립을 필요로 하는 기계는 이에 소요되는 경비를 계상한다.

1-1-21 인력운반 및 적상 · 하 기준

가. 인부(지게) 운반과 장대물, 중량물등 인력 운반비 산출공식

(1) 기본공식

운반비 = A/T× M×{(60× 2× L/V)+t}

A : 인력운반공의 노임{인부(지게) 운반일 경우 보통인부의 노임}

T : 1일 실작업시간(분)

장대물, 중량물등 인력운반 : 360분,

인부(지게)운반 : 430분

M : 필요한 인원수 {M = 총 운반량(㎏)/1인당 1회 운반량(㎏)}

L : 운반거리(㎞)

V : 왕복평균속도(㎞/h)

t : 준비작업시간(2분) - 1회 운반량은 40㎏/인

(2) 왕복평균속도

구　　　분	장대물, 중량물등 인력운반, 왕복평균속도	인부(지게)운반 왕복평균속도
도로상태 양호	2㎞/h	3㎞/h
도로상태 보통	1.5㎞/h	2.5㎞/h
도로상태 불량	1㎞/h	2㎞/h
물논, 도로가 없는 산림지 및 숲이 우거진 지역	0.5㎞/h	1.5㎞/h

[도로상태구분]

양호 : 운반로가 평탄하며 보행이 자유롭고 운반상 장애물이 없는 경우

보통 : 운반로가 평탄하지만 다소 운반에 지장이 있는 경우

불량 : 보행에 지장이 있는 운반로의 경우 습지, 모래길, 자갈길, 암반 등 지장이 있는 운반로의 경우

(3) 경사지 운반 환산계수(α)

경사도	%	10	20	30	40	50	60	70	80	90	100
	각도	6	11	17	22	27	31	35	39	42	45
환산계수(α)		2	3	4	5	6	7	8	9	10	11

경사지 환산거리 : $\alpha \times L$

나. 품종별 적상·하 기준

종 류	단 위	직 종	적 상	적 하
콘크리트전봇대	기	보통인부	0.38	0.25
애 자 류	톤	보통인부	0.21	0.15
철 재 류	톤	보통인부	0.15	0.12
전 선 류	톤	보통인부	0.47	0.31
시 멘 트	톤	보통인부	0.18	0.13

[해 설]

① 장비를 사용할 때에는 별도계상.

② 7m, 8m 및 9m 콘크리트 전봇대도 이에 적용하며, 특수전봇대(640㎏ 이상)는 이 품의 100% 가산.

1-1-22 경운기 운반 및 적상 · 하 시간 기준

가. 경운기 운반비 산출공식

(1) 기본공식

운반비 = A× M[(L/V1+L/V2+T+T1)/60]

여기에서

A : 경운기 기계경비(시간당)-건설공사 표준품셈 공통부문 제8장 기계경비 적용기준(운전원, 적상하시 보통인부 및 연류비는 별도 가산)

M : 필요한 경운기 대수 [M = 총운반량(㎏)/ 1대당 1회 운반량(㎏)]

L : 운반거리(m)

V1 : 적재 시 속도(m/분)

V2 : 공차 시 속도(m/분)

T : 적상적하시간(분)

T1 : 준비 작업시간(3분/1회) (1회 운반량은 1,000㎏/대당)

정보통신부문 제1장

(2) 적재·공차 시 속도

구 분 종 류	평 균 주 행 속 도(m/분)									
	적 재(V1)					공 차(V2)				
	양호	보통	불량	매우 불량	극히 불량	양호	보통	불량	매우 불량	극히 불량
토 사 류 · 석 재 류	83	57	35	15	5	117	83	57	17	5
애 자 류	69	52	31	15	5	117	83	57	17	5
철재류·금속부속품	77	54	32	15	5	117	83	57	17	5
시 멘 트 류	76	55	31	15	5	117	83	57	17	5

[도로상태 구분]

양　　호 : 운반로가 경사 또는 기울기가 없고 평탄할 경우

보　　통 : 운반로가 약간 요철이 있는 경우

불　　량 : 운반로가 습지, 모래질, 자갈질, 암반 등 운반에 지장이 있을 경우

매우불량 : 운반로가 임야지로 진입로 개설 개소로서 경사도 7~15%일 경우

극히불량 : 운반로가 임야지로 진입로 개설 개소로서 경사도 15%초과일 경우

(3) 경사지 운반 환산 계수(α) : 1-25 인력운반 및 적상·하 기준 가.(3)항 적용

나. 품종별 적상·하 기준

품 종	단위	편성 인원	시 간 (분)		보통인부
			적 상	적 하	
토 사 류	톤	2인	12	10	0.092
석 재 류	톤	2인	15	11	0.108
애 자 류	톤	6인	13	9	0.31
철재 및 금속부속품	톤	6인	12	8	0.25
시 멘 트 류	톤	6인	15	10	0.31

[해 설]

① 삽 작업이 가능한 토석재를 기준한다.

② 절취는 별도 계상한다.

1-1-23 시공직종

가. 기술자

(1) 통신기술자(통신관련기사, 통신관련산업기사)의 품은 표준품셈에 명시된 바에 따라 계상한다.

(2) 직접 작업에 종사하지 않으나 공사현장에서 보조작업에 종사하는 감독, 공사 관리자, 현장사무소 직원 등 간접인력에 대한 품은 회계예규의 간접노무비율 범위내에서 계상한다.

(3) 통신관련기사 및 통신관련산업기사의 적용구분은 관계법령 또는 규정에 따라 정한다.

(4) 통신관련기사 및 통신관련산업기사의 직종구분과 자격에 대하여는 국가기술자격법에 준한다.

o 통신관련기사 : 정보통신공사업법상의 통신기술자격자(기사)로서 전기통신설비의 시험 · 측정 · 조정 · 유지보수 등에서 종사하는 사람.(광단말장치 및 광중계장치 제외)

o 통신관련산업기사 : 정보통신공사업법상의 통신기술자격자(산업기사)로서 전기통신설비의 시험 · 측정 · 조정 · 유지보수등에서 종사하는 사람.(광단말장치 및 광중계장치 제외)

나. 기능공

직 종	내 용
통신관련기능사	정보통신공사업법상의 통신기술 자격자(기능사)로서 정보통신 설비의 유지보수 및 엔지니어링 업무보조자로 종사하는 사람
통 신 외 선 공	전봇대, PE내관(전선관)포설, 조가선, 나선로 등의 시공 및 보수업무에 종사하는 사람
통 신 내 선 공	구내통신 배관 및 배선, 박스, 단자함 등을 시공 또는 유지보수 등의 업무에 종사하는 사람
통 신 설 비 공	무선기기 및 반송기기, 영상·음향·정보·제어설비 등의 시공 및 유지보수 업무에 종사하는 사람
통신케이블공	각종 동선케이블의 가설, 포설, 접속, 연공, 시험 및 유지보수 등의 업무에 종사하는 사람
무선안테나공	무선통신설비의 철탑, 안테나, 급전선의 설치와 점검, 보수, 도색 등 유지보수 업무에 종사하는 사람

정보통신부문 제1장

다. 특수기술자

직 종	내 용
H/W시험사	전자교환기, 기지국, 컴퓨터시스템의 기계설비(하드웨어 포함)의 설치, 시험, 분석, 운영, 시공지도, 유지보수 등의 업무에 종사하는 사람
S/W시험사	전자교환기, 기지국, 컴퓨터시스템(CPU 등 포함)의 소프트웨어 및 프로그램 설계, 작성, 입력, 시험, 분석, 설치, 유지보수 등의 업무에 종사하는 사람
광케이블설치 사	광케이블의 포설, 접속, 성단, 시험 및 광전송장치(단말장치, 중계기 포함)의 설치, 각종시험, 교정 및 유지보수 등의 업무에 종사하는 사람

1-1-24 자재보관 및 관리품

통신공사에 소요되는 자재보관 및 관리품은 필요에 따라 별도 가산한다.

1-1-25 공장가공 간접비

가. 철물, 철재, 강재 등을 공장에서 가공할 경우의 공장간접비는 관급시 직접노무비의 75%까지, 도급업체 부담시는 직접 공사비의 17%까지 계상할 수 있다.

나. 공장간접비 = 간접재료비 + 간접노무비 + 간접경비 + 시험비 + 도면비 등

다. 직접공사비 = 직접재료비 + 직접노무비

1-1-26 종합시운전 및 조정비

공사 완료 후 각 기기의 단독 시운전이 끝난 다음에 장치나 시스템 전체의 종합적인 시운전 및 조정을 위하여 필요한 품셈은 별도 계상한다.

1-1-27 안전 및 보건 확보의무 조치 ('25년 개정)

1-1-27-1 안전시설

공 정	단위	보통인부	교통정리원
교통콘(라바콘)	100m	0.15	-
표 지 판	개소	0.05	-
경 광 등	〃	0.15	-
안 전 유 도 로 봇	〃	0.15	
신 호 수	〃	-	1.00

[해 설]

① 도로에서 공사 중 설치는 단방향 차단의 경우로 철거를 포함하며, 양방향 차단으로 교대 통행을 하는 경우에는 본 품셈의 200% 적용.

② 표지판은 공사 중 주의표지판, 규제표지판 등을 의미한다.

③ 교통콘(라바콘), 표지판 설치 개수는 「도로 공사장 교통관리지침」에 따름.

④ 경광등 설치는 거치형 기준으로 차량탑재형은 기계경비 별도 계상.

⑤ 안전유도로봇 및 경광등 설치는 조립 및 설치, 전원케이블 결선 품셈을 포함.

⑥ 신호수는 정보통신공사 현장에서 교통통제 및 보행자 등의 안전을 위해 배치하는 교통정리원 직종을 의미하며, 1일 8시간 작업기준임. 다만, 개소당 2시간 미만 25%, 2시간 이상 4시간 미만 50%, 4시간 이상 작업 시는 본 품셈 적용.

⑦ 공사 중 재해 예방 및 작업자의 안전 등을 위해 작업 보조자, 감시자, 유도자(유도수) 등 인력을 추가로 배치하는 경우 신호수 품량을 적용하되, 직종을 보통인부로 계상.

⑧ 고용노동부「이동식 사다리 안전작업지침」에 따라 1.2m 이상 ~ 3.5m 이하에서 2인1조 고소작업은 "1-2-2-5 위험 할증률"에 따라 10% 할증 적용.

⑨ "개소"는 반경 20m이내 안전시설 배치기준을 말하며, 동일장소에서 안전시설을 재설치 또는 재배치하는 경우 별도 계상.

⑩ 발주처에서 안전시설을 설치 또는 배치하는 경우 본 품셈 미적용.

1-1-27-2 이행점검

사업주와 경영책자등의 안전 및 보건 확보의무를 조치를 위한 비용을 공사규모 및 현장여건에 따라 별도 계상한다.(부록 "이행점검 권장 점검표" 참조)

[안전 및 보건 확보의무 조치]

조치해야 할 사항	
1. 안전보건관리체계의 구축 및 이행에 관한 조치(법 제4조제1항제1호 및 영 제4조)	
	1) 안전·보건 목표와 경영방침의 설정
	2) 안전·보건 업무를 총괄·관리하는 전담조직 구성·운영
	3) 유해·위험요인 확인 개선 절차 마련, 점검 및 필요한 조치
	4) 재해예방에 필요한 안전·보건에 관한 인력·시설·장비 구비와 유해·위험요인 개선에 필요한 예산 편성 및 집행
	5) 안전보건관리책임자등의 충실한 업무수행 지원(권한/예산 부여, 평가기준 마련 및 평가)
	6)「산업안전보건법」상 안전·보건 전문인력 배치 및 업무 수행시간 보장(겸직하는 경우)
	7) 종사자 의견청취 절차, 청취 및 개선방안 마련·이행 여부 점검
	8) 중대산업재해 발생, 발생할 급박한 위험 대비 조치 매뉴얼 마련 및 조치 여부 점검
	9) 도급, 용역, 위탁 시 산재예방 조치 능력 및 기술에 관한 평가기준·절차 및 관리비용, 업무수행기관 관련 기준 마련·이행 여부 점검
2. 재해 재발방지 대책의 수립 및 이행에 관한 조치(법 제4조제1항 제2호)	
	• 재해 재발방지 대책의 수립 및 이행
3. 중앙행정기관 등이 개선·시정 등을 명한 사항 이행에 관한 조치(법 제4조제1항 제3호)	
	• 개선·시정명령 등에 관한 보고 시스템 구축 및 그에 따른 이행
4. 안전·보건 관계법령상 의무이행에 필요한 관리상의 조치(법 제4조제1항 제4호 및 영 제5조)	

	1) 안전·보건관계법령의 의무이행 상황 점검
	2) 안전·보건교육 의무이행 상황 점검
	3) 의무 미이행 시 인력배치, 예산편성·집행, 교육실시 등 필요 조치
5. 제3자에게 도급, 용역, 위탁 시 안전 및 보건 확보의무 조치(법 제5조)	
	• 각종 계약별 안전·보건 확보의무 조치
6. 조치 등에 관한 서면 보관(영 제13조)	
	• 조치 등 이행에 관한 사항 서면 작성 및 보관(5년간 보관)

1-1-28 용어의 정의

용 어	설 명
가산(加算)	더하여 셈함
계상(計上)	계산하여 올림
추가(追加)	나중에 더 보탬

1-2 노임 및 품의 할증

1-2-1 노임의 할증

근로시간외, 연장 · 야간 및 휴일의 근무가 불가피한 경우에 근로기준법 제56조, 유해 · 위험 작업인 경우 산업안전보건법 제139조, 도서지역(제주특별자치도 포함) 및 기능자격자를 특별히 사용하는 경우에는「국가를 당사자로 하는 계약에 관한 법률 시행규칙 및 지방자치단체를 당사자로 하는 계약에 관한 법률 시행규칙」제7조제2항에 정하는 바에 따른다.

1-2-2 품의 할증

1-2-2-1 지세별 할증률

(1) 보 통 : 0% (지세구분내역 참조)
(2) 불 량 : 25% (지세구분내역 참조)
(3) 매우불량 : 50% (지세구분내역 참조)
(4) 물이 있는 논 : 20%

(5) 농작물이 있는 논밭 : 10%
(6) 소택지 또는 깊은 논 : 50%
(7) 번화가 1 : 20%(지중케이블공사는 30%)
번화가 2 : 10%(지중케이블공사는 15%)
(8) 주택가 : 10%
(9) 도서지구(본토에서 파견된 인력동원수에 한함) : 50%까지
(10) 고속도로(도로경사면 포함) : 20%
(11) 공항에서 1일 비행기 이착륙 횟수

구 분	할 증 률(%)
20회이상	50
10회이상 20회 미만	25
6회이상 10회 미만	15
5회이하	10

[해 설]

① 지세 구분내역

구 분 \ 지 구		보 통	불 량	매우 불량
고도 기준	해 발	100m 미만	300m 미만	300m 이상
	표 고	50m 미만	150m 미만	150m 이상
	부 지 경 사 각	15° 미만	35° 미만	35° 이상
통행 조건	도 로 (노 폭)	4m 초과	4m 이하	3m 미만
	구 배	10° 미만	30° 미만	30° 이상
	이 동 시 간	30분 미만	1시간 미만	1시간 이상
자연 환경	수 목(100㎡당)	5그루 미만	10그루 미만	10그루 이상
	강수일(5㎜이상)	40일 미만	50일 미만	50일 이상
기타 조건	숙소 (작업장기준)	1㎞ 미만	5㎞ 미만	5㎞ 이상
	인력동원 (작업장기준)	1㎞ 미만	5㎞ 미만	5㎞ 이상

㉮ 표 고 : 활동 중심 구역에서의 300m 기준.
㉯ 이동시간 : 왕복 2차로 이상의 도로로부터 작업장까지의 이동시간.

② 번화가 구분내역

구 분	번 화 가 1	번 화 가 2
도로조건	왕복 4차로 초과	왕복 4차로 이하
1일차량 통행량	7,000대 초과	2,000대 ~ 7,000대
대형차의 통행제한	주간 통행제한	주간 통행제한 없음
도로점용	2차로 이상	2차로 미만
주변여건	- 백화점, 상가, 유흥가등 차량, 통행인 왕래 극심 지역 - 왕복 4차로 초과도로의 교차로 주변	- 학원, 음식점, 관공서 밀집지역등 차량, 통행인 왕래 혼잡 지역 - 고속도로, 자동차 전용도로, 지하차도 진출입용 나들목 또는 램프 주변 교통 혼잡지역
주간작업 가능정도	주간작업 일부 가능	주간작업 가능

③ 번화가 1,2의 할증률은 주간작업기준이며, 야간작업시에는 50% 적용.

④ 지구선정 기준 : 상기지구별 내역의 2/3이상 해당되는 대상을 선정함.

1-2-2-2 지형별 할증률

(1) 강 건너기 : 50%(강폭 150m 이상)

(2) 계곡건너기 : 30%(선로 길이 150m 이상)

1-2-2-3 소단위 작업

소단위 작업은 다음과 같이 가산 적용한다.

범 위	1~3기(개)	4~5기(개)	6~8기(개)	9~10기(개)
적용률(%)	50	30	15	10

1-2-2-4 원거리 작업등 할증률

원거리 작업, 계속 이동작업, 분산작업시는 집합장소로부터 작업장소까지 도달하기 위하여 상당한 왕복시간(열차, 차량, 도보)이 요하거나 또는 작업장소가 분산되어 있어 이동에 상당한 시간이 요하여 실 작업시간이 현저하게 감소될 경우 다음의 계산식에 의한 할증률을 50%까지 가산한다.

단, 상기 도달시간 또는 이동시간이 왕복1시간 이내의 경우는 특별한 경우를 제외하고는 적용될 수 없다.

$$\frac{t}{8-t} \times 100\%$$

(t : 왕복에 소요되는 시간에서 1시간을 초과하는 부분의 시간)

1-2-2-5 위험 할증률

(1) 교량상 작업(인 도 교) : 15%
교량상 작업(철 교) : 30%
교량상 작업(공중작업) : 70%

(2) 고소작업

(가) 비계틀을 설치하지 않은 경우

지상 1.2m 미만 : 0%
1.2m 이상 ~ 5m 미만 : 10%
5m 이상 ~ 10m 미만 : 20%
10m 이상 ~ 15m 미만 : 30%
15m 이상 ~ 20m 미만 : 40%
20m 이상 ~ 30m 미만 : 50%
30m 이상 ~ 40m 미만 : 60%
40m 이상 ~ 50m 미만 : 70%
50m 이상 ~ 60m 미만 : 80%
60m 이상 매 10m 증가시 마다 10% 가산

(나) 비계틀을 설치하는 경우

지상 10m 미만 : 0%
10m 이상 ~ 20m 미만 : 10%

20m 이상 ~ 30m 미만 : 20%
30m 이상 ~ 50m 미만 : 30%
50m 이상 ~ 60m 미만 : 40%
60m 이상 매 10m 증가시 마다 10% 가산

(다) 고소작업차를 사용하는 경우
지상 10m 미만 : 7%(그 외 높이는 "(나)비계틀을 설치하는 경우" 품셈 적용)

(3) 지하작업(지하 4m 이하) : 10%

(4) 활선에 근접작업
AC 154㎸이상(4m 이내) : 30%
AC 66㎸급(3m 이내) : 30%
AC 6.6㎸급(2m 이내) : 30%
AC 600V이상(1m 이내) : 30%
AC 60V이상 600V미만(30㎝ 이내) : 30%
DC 1,500V이상(1m 이내) : 30%
DC 60V이상 1,500V미만(30㎝ 이내) : 30%

(5) 전력선 첨가 및 외선증설(조가선, 케이블가설 등) : 20%

(6) 터널내 작업(인도) : 15%
터널내 작업(철도)
- 인도 및 궤도부설전 : 15%
- 궤도부설 후 열차통행 전 : 20%
- 궤도부설 후 열차통행 시 : 30%
터널내 작업(도로) : 30%

(가) 터널내 사다리 작업시는 위 할증률에 10% 가산한다. 단, 고소작업할증과 중복 가산하지 않는다.

(나) 터널내작업 할증률은 터널입구에서 25m 이상 터널 속에 들어가서 작업시에 적용한다.

(7) 군 작전지구내 : 20%까지

정보통신부문 제1장

1-2-2-6 야간작업

공사성질상 부득이 야간작업을 하여야 할 경우에는 품의 할증 25%를 계상하고, 근로기준법에 명시된 야간작업에 대한 노임할증 50%를 계상하여 직접노무비의 87.5%를 할증한다.

예시 [품의 할증 : A×1.25 = 1.25A]
[노임 할증 : B×1.5 = 1.5B]
[직접노무비 : 1.25A×1.5B = 1.875AB] (A=품량, B=시중노임단가)

1-2-2-7 건물층수별 할증률 ('25년 개정)

(1) 지상층 할증
2층 ~ 5층 이하 : 1%
10층 이하 : 3%
15층 이하 : 4%
20층 이하 : 5%
25층 이하 : 6%
30층 이하 : 7%
30층 초과에 대하여는 매 5층 이내 증가마다 1% 가산

(2) 지하층 할증
지하 1층 : 1%
지하 2층 ~ 5층 : 2%
지하 6층 이하는 지하 1개층 증가마다 0.2% 가산

(3) 층의 구분을 할 수 없는 경우 층고를 3.6m로 기준하여 환산한다.

1-2-2-8 운전빈도별 할증률

(1) 본선상의 열차 통과에 따라 작업이 중단되는 경우에 한하여 적용한다.

열차회수	13회 이하	14~18회	19회 이상
할 증 률	14%	25%	37%

(2) 열차운행선 인접공사 시(선로와의 이격거리 10m이내) 열차통과에 따라 작업이 중단되는 경우에 적용한다.

열차회수	13회 이하	14~18회	19회 이상
할 증 률	3%	5%	7%

1-2-2-9 전차선 가설 차단공사 할증률

열차회수 (회)	선 로 차 단 시 간			
	1시간 미만 (%)	1시간 이상 (%)	2시간 이상 (%)	3시간 이상 6시간 미만(%)
25	45	40	35	30
38	55	50	45	40
50	65	60	55	50
63	75	70	65	60
75	85	80	75	70
88	95	90	85	80
100	105	100	95	90
113	115	110	105	100
125	125	120	115	110
138	135	130	125	120
150	145	140	135	130

(1) 차단공사시 열차운전 빈도, 구내입환 할증률은 열차접근, 열차감시 및 사다리 작업에 따른 할증률을 별도 가산하지 않는다.

(2) 단선구간 선로상 작업에 적용.

(3) 전차선, 조가선, 보조 조가선 가설에 한하여 적용한다.

1-2-2-10 구내 입환별 할증률

구 분	할증률(%)	비 고
입환작업이 특히 빈번한 구내	20	구내배선이 6선이상
기 타 역 구 내	10	구내배선이 5선이상
천 정 속 작 업	40	기존건물의 개보수 공사시 적용
벽 속 작 업	20	상동

정보통신부문 제1장

1-2-2-11 유해별 할증률

(1) 고온, 고압기기 접근작업 : 30%

(2) 고열, 미탄실, 위험물, 독극물의 보관실내 작업, 석면 등 기타 유해물질이 있는 곳에서의 작업 : 20%

(3) 맨홀, 정화조, 축전지실, 제빙실, 밀폐공간 등 유해가스 발생장소 작업 : 10%

1-2-2-12 특수작업 할증률

(1) 작업의 중요성 또는 특별한 시방에 따라 특별한 기술과 안전관리 등을 위하여 기술원(기술사 및 기사, 특수자격사, 특수기능사, 안전관리자 등) 및 감독원이 투입될 때는 필요에 따라 본 작업에 대하여 5~10%까지 계상한다.

(가) 중요기기 및 공작물의 분해, 가공 또는 조립작업

(나) 특별한 사양 및 공법에 의한 작업

(다) 기타 중요한 기기 및 공작물을 취급하는 작업

(2) 작업조건이 특별한 작업조를 편성하여야 할 시는 각 작업조에 따라 기술원 또는 감독원 1인을 계상한다.

1-2-2-13 휴전 시간별 할증률

구 분	할 증 률
2시간	35%
3시간	30%
4시간	25%
5시간	20%
6시간	10%
7시간	0%

(주) 휴전이 필요한 공사 또는 운행선 상의 선로 일시 사용 중지를 필요로 하는 궤도공사의 경우 작업 시간별로 할증률을 적용한다.

1-2-2-14 기타 할증률 ('25년 개정)

(1) 아래와 같은 이유로 작업 능력저하가 현저할 때 50%까지 가산할 수 있다. 단, 아래조건은 중복 가산하지 않으며, 현장 전반의 작업환경을 종합적으로 고려하여 할증률을 적용한다.

o 동일 장소에 여러 장비의 동시 가동 o 작업장소의 협소(작업간섭)
o 소음·진동 발생 o 위험 발생

(2) 협소한 인수공 또는 인수공내의 기존시설이 복잡한 경우에는 20%까지 가산한다. 단, 협소복잡이라 함은 인수공 규격별 케이블 수용기준이 초과 시설된 곳으로 작업간격이 확보되지 않는 곳이다.

(3) 보안지역 또는 감독자·경비원의 입회하에서 작업이 가능한 지역으로서 작업시간 및 통행로가 제한되는 경우에는 15%까지 가산한다.

(4) 선상 및 해상작업 할증률

구 분	천우, 조류, 파랑, 지형		
	보 통 (항내선상작업)	약간나쁘다 (항외선상작업)	나 쁘 다 (파고 0.5m이상)
선상(해상)작업(%)	25	33	42

(5) 긴급공사에 대한 할증률

재해 및 돌발사고, 일기불순, 원인자 부담공사, 현장을 방문하여 공사계획을 수립하는 등에 따라 긴급하게 시행되는 공사는 작업할증률을 30%까지 계상한다.

1-2-2-15 할증의 중복가산 요령

W = 기본 품 × (1 + a1 + a2 + ····· + an)

W : 할증이 포함된 품

기본 품 : 각 장 해설란의 필요한 할증·감 요소가 감안된 품, 또는 기본공량

a1 ~ an : "1-2-2 품의 할증"의 품 할증요소

정보통신부문 제1장

1-3 설계서의 작성

1-3-1 설계서의 작성

가. 설계서의 작성순서 및 작성요령은 다음과 같다.

순위	원 설 계 서	순위	변 경 설 계 서
1	표 지	1	표 지
2	목 차	2	목 차
3	설계설명서	3	변경이유서
4	일반설계설명서		이하 원 설계서와 같음
5	특별설계설명서		
6	예정공정표		
7	동원인원 계획표		
8	예산서(내역서)		
9	일위대가표		
10	자재표		
11	중기사용료 및 잡비계산서		
12	수량계산서		
13	설계도면		
14	설계지침서		
15	산출기초		

나. 설계서의 크기는 A4용지로 사용한다.

다. 변경설계서 작성시의 원 설계는 흑색, 변경설계는 적색으로 하고 동일한 상부에 원 설계(흑색), 하부에 변경설계를 기재한다.

라. 설계변경 도면은 변경부분을 적색으로 표시한다. 다만, 식별이 곤란할 때는 별도로 작성한다.

마. 적산자는 도면과 설계설명서에 재료의 종류, 공법 등의 명기가 누락된 사항은 적산과정에서 설계도면이나 설계설명서에 보완하여야 하며 공사 시공상 당연히 추가되어야 할 사항은 보완 또는 수정하여야 한다.

1-3-2 설계도면의 제도

설계도면 작성을 위한 제도는 KS F 1001 토목제도 통칙과 KS F 1501 건축제도 통칙에 따르며, 통신시설 표준설계 요령을 적용할 수 있다.

1-3-3 설계서의 단위 및 소수위 표준

종 목	규격		단위수량		비 고
	단 위	소 수	단 위	소 수	
공 사 연 장	m	둘째자리	m	단 위 한	
공 사 폭 원	-	-	m	첫째자리	
공 사 면 적	-	-	㎡	첫째자리	
용 지 면 적	-	-	㎡	단 위 한	
토 적(높이·너비)	-	-	m	둘째자리	
토 적(단 면 적)	-	-	㎡	첫째자리	단 면 적
토 적(체 적)	-	-	㎥	둘째자리	체 적
토 적(체 적 합 계)	-	-	㎥	단 위 한	집 계 체 적
떼	㎝	단위한	㎡	첫째자리	
모 래 · 자 갈	㎝	단위한	㎥	둘째자리	
조 약 돌	㎝	단위한	㎥	둘째자리	
견 치 돌 · 깬 돌	㎝	단위한	㎡	첫째자리	
견 치 돌 · 깬 돌	㎝	단위한	개	단 위 한	
야 면 석(野面石)	㎝	단위한	개	단 위 한	
야 면 석(野面石)	㎝	단위한	㎥	첫째자리	
야 면 석(野面石)	㎝	단위한	㎡	첫째자리	
돌쌓기 및 돌붙임	㎝	단위한	㎡	첫째자리	
돌쌓기 및 돌붙임	㎝	단위한	㎥	첫째자리	
사 석(捨 石)	㎝	단위한	㎥	첫째자리	
다 듬 돌(切石板石)	㎝	단위한	개	둘째자리	
벽 돌	㎜	㎜	개	단 위 한	
블 록	㎜	㎜	개	단 위 한	
시 멘 트	-	-	㎏	단 위 한	
모 르 타 르	-	-	㎡	둘째자리	대가표에서셋째자리까지 이하버림
콘 크 리 트	-	-	㎥	둘째자리	
석 분	-	-	㎏	단 위 한	
석 회	-	-	〃	단 위 한	
화 산 회	-	-	〃	단 위 한	
아 스 팔 트	-	-	㎏	단 위 한	
목 재(판 재)	길이m	첫째자리	㎡	둘째자리	
목 재(판 재)	폭,두께	첫째자리	㎥	셋째자리	
목 재(판 재)	㎜	첫째자리	㎥	셋째자리	
합 판	㎜	단위한	장	첫째자리	
말 뚝	길이m	첫째자리	개	단 위 한	
	지름㎜	-	-	-	
철 강 재	㎜	단위한	㎏	셋째자리	총량표시는 톤으로 하고 단위는 셋째자리까지, 이하버림
용 접 봉	㎜	-	㎏	첫째자리	
구 리 판, 함 석 류	-	-	㎡	둘째자리	

정보통신부문 제1장

철 근	㎜	단위한	kg	단 위 한	
볼 트 · 너 트	㎜	단위한	개	단 위 한	
꺽 쇠	㎜	단위한	개	단 위 한	
철 선 류	㎜	첫째자리	kg	둘째자리	
P · C 강 선	-	-	kg	둘째자리	
돌 망 태	길이m	첫째자리	m	첫째자리	
	지름m	단위한	개	단 위 한	망눈(網目) ㎝
	높이m	단위한	개	단 위 한	
로 프 류	㎜	-	m	첫째자리	
못	길이㎝	첫째자리	kg	둘째자리	
석유, 휘발유, 모빌류	-	-	ℓ	둘째자리	대가표에서는 셋째까지, 이하버림
그 리 스	-	-	kg	둘째자리	
넝 마	-	-	kg	둘째자리	
화 약 류	-	-	kg	셋째자리	
뇌 관	-	-	개	단 위 한	대가표에서는 첫째자리까지, 이하버림
도 화 선	-	-	m	첫째자리	대가표에서는 둘째자리까지, 이하버림
석탄, 목탄, 코크스	-	-	kg	둘째자리	
산 소	-	-	ℓ	단 위 한	
카 바 이 트	-	-	kg	첫째자리	
도 료(塗 料)	-	-	ℓ 또는kg	둘째자리	
도 장(塗 裝)	-	-	㎡	첫째자리	
관 류(管 類)	길이m	둘째자리	-	-	
	지름㎜	단위한	개	단 위 한	
	두께㎜	〃	-	-	
수 로 연 장	-	-	m	첫째자리	
옹 벽	-	-	㎡	첫째자리	
승강장옹벽 및 울타리	-	-	m	첫째자리	
궤 도 부 설	-	-	kg	셋째자리	
시 험 하 중	-	-	Ton	단 위 한	
보 링(試 錐)	-	-	m	첫째자리	
방 수 면 적	-	-	㎡	첫째자리	
건 물(면 적)	-	-	〃	둘째자리	
건물(지붕, 벽부치기)	-	-	〃	첫째자리	
우 물	깊 이	-	m	첫째자리	
가 마 니	-	-	장	단 위 한	

가. 설계서 수량의 단위와 소수자리 표시는 본 표에 따르고 본 표에서 지정한 소수자리 이하는 버리는 것으로 한다.

나. 일위대가표 또는 설계기초 계산과정에서는 표준품셈의 내용에 따르는 것으로 말한다.

다. 본 표에 없는 품종에 대하여는 M.K.S 단위로 하는 것을 원칙으로 하며, 단위는 그 자격에 따라 유사 품종의 소수위의 정도를 채용토록 한다.

1-3-4 금액의 단위 및 표준 ('25년 개정)

종 목	단 위	자리	비 고
설계서의 총액	원	1,000	미 만 버 림
설계서의 소계	원	1	미 만 버 림
설계서의 금액란	원	1	미 만 버 림
일위대가표의 계금	원	1	미 만 버 림
일위대가표의 금액란	원	0.1	미 만 버 림

일위 대가표 금액란 또는 기초계산금액에서 소액이 산출되어 공종이 없어질 우려가 있어 소수자리 첫째자리 이하의 산출이 불가피한 경우에는 소수위의 정도를 조정 계산할 수 있다.

1-4 기계경비 산정기준

1-4-1 기계화시공 적용기준 ('25년 개정)

가. 기계장비선정

(1) 작업종류별

작 업 종 류		기계장비 종류
콘크리트 전봇대, 전봇대 세움 등		오거크레인
교량첨가물 및 가공선로		고소작업차
폴리모 콘크리트		트럭탑재형 크레인, 크레인(타이어)
운반		화물자동차
투공사		덤프트럭, 굴삭기
지중케이블 포설		윈치
광섬유 케이블 포 설	기계견인포설	윈치, 화물자동차
	광코어 공기압력포설	공기압축기, 광코어 공압포설기, 화물자동차
	광케이블 공기압력포설	공기압축기, 공압포설기, 화물자동차
	가공포설	고소작업차
내관포설		윈치, 화물자동차
결합형내관포설		
견인선포설(공기압력포설)		공기압축기(이동식)

(2) 표준기계장비 규모를 기준하여 설계시 적정공사비 산정과 기계화 시공의 합리적인 발전을 위해 당해 공사규모 및 현장조건을 감안 시공방법을 선정한다.

나. 수 송

(1) 기계장비를 공사현장까지 왕복 운반하는 수송비는 공사현장에서 가장 가까운 도청소재지(서울특별시, 광역시 포함)로부터 공사현장까지의 수송에 필요한 경비(공인된 수송비, 인건비 등 포함)를 계상한다. 다만, 부득이 곤란한 경우는 기계가 소재한다고 인정되는 가장 가까운 도청소재지로 부터의 수송비를 계상할 수 있다. 이때, 왕복수송비에는 시내에서 작업현장까지의 이동에 따른 비용이 포함되어야 한다.

(2) 자주식 건설기계로서 자주로 이동할 경우의 수송비는 다음의 이동속도를 기준으로 하여 수송비를 계상하며, 이때의 경비는 기계장비 사용료와 운전경비의 합계액으로 한다.

기 종 / 도 로	오거크레인 크레인(타이어) 고소작업차	덤프트럭	비 고
포장도로(4차로)	50 ㎞/h	60 ㎞/h	
포장도로(2차로)	40 ㎞/h	50 ㎞/h	
포 장 도 로	30 ㎞/h	40 ㎞/h	
비포장도로(양호)	15 ㎞/h	25 ㎞/h	
비포장도로(불량)	10 ㎞/h	10 ㎞/h	

(3) 운전사 노임

운전사[건설기계운전사, 화물차운전사, 일반기계운전사, 건설기계조장]의 노임은 상시 고용일 경우에 월정액을 지급함을 원칙으로 하며, 원가계산에 의한 예정가격 작성준칙(기획재정부 회계예규)에 의거 계상한다.

(4) 기계경비의 보정 : 기계운전시간이 현장조건 및 공정계획상 연간 표준 가동시간보다 현저하게 저하될 경우에는 기계손료중 관리비와 운전경비중 인건비를 별도 계상할 수 있다.

(5) 유류 가격은 해당지역의 고시가격으로 한다.

(6) 기타사항은 건설공사 표준품셈 공통부문 제8장 건설기계 적용기준을 적용한다.

1-4-2 기계장비 작업능력 산정

가. 기본식

T = Tc/F 여기서

T : 작업계수 적용 산정후 1대당(본, 개, 개소, ㎞) 작업소요시간(분)

Tc : 1대당(본, 개, 개소, ㎞) F = 1.0에서의 작업소요시간(분)

F : 작업계수

나. 전봇대 세움 작업계수(F)

상 태	전봇대 세움 작업 현장조건	F
양 호	1) 현장이 넓으며, 토질이 좋고 장애물과 지하 매설물이 없는 경우	0.9
보 통	1) 현장이 협소하며, 장애물과 지하매설물이 없는 경우 2) 현장이 넓으며, 장애물이 있고 지하매설물이 없는 경우 3) 현장이 넓으며, 장애물이 없고 지하매설물이 있는 경우	0.7
다 소 불 량	1) 현장이 넓으며, 장애물과 지하매설물이 있는 경우 2) 현장이 협소하며, 장애물이 있고 지하매설물이 없는 경우 3) 현장이 협소하며, 장애물이 없고 지하매설물이 있는 경우 4) 현장이 매우 협소하며, 장애물과 지하매설물이 없는 경우	0.6
불 량	1) 현장이 협소하며, 장애물과 지하매설물이 있는 경우 2) 현장이 매우 협소하며, 장애물이 있고 지하매설물이 없는 경우 3) 현장이 매우 협소하며, 장애물은 없으나 지하매설물이 있는 경우	0.4
매 우 불 량	1) 현장이 협소하며, 지하에 물이나고, 장애물이 있으며, 지하매설물이 2종류 이상 있는 경우	0.3

[해 설]

① 넓은 지역이란 도로폭이 3차로(편도) 이상이 되는 지역을 말한다.

② 협소한 지역이란 도로폭이 2차로(편도)이하의 지역을 말하며, 매우 협소한 지역이란 도로폭이 6m 이하인 지역을 말한다.

③ 장애물이란 건물·시설구조물(전선로 포함) 등으로 안전관리를 요하는 것을 말한다.

④ 지하 매설물이란 다음에 준하는 것으로, 굴착작업 시 안전관리를 요하는 것을 말한다.

·상수도관　·하수도관　·가스관　·통신케이블

·가로등용 케이블　·지중전력선　·기타 지하매설물 등

⑤ 지하매설물 유무 표면상태(지중공사실적 참조)에 따라 추정설계하고 시공중 확인된 상태에 따라 설계 변경하여야 한다.

⑥ 작업계수(F)는 기계사용 시간에 적용한다.

다. 전봇대 세움 공사외(지중케이블, Pole Light 전봇대 세움 등)의 작업계수

상 태	작 업 현 장 조 건	F
양 호	현장이 넓으며 장애물이 없는 경우	0.9
보 통	1) 현장이 협소하며, 장애물이 없는 경우 2) 현장이 넓으며, 장애물이 있는 경우	0.7
불 량	1) 현장이 협소하며, 장애물이 있는 경우 2) 매우 협소한 경우	0.6

[해 설]

① 넓은 지역이란 도로폭이 3차로(편도) 이상이 되는 지역을 말한다.

② 협소한 지역이란 도로폭이 2차로(편도) 이하의 지역을 말하며, 매우 협소한 지역이란 도로폭이 6m 이하인 지역을 말한다.

③ 장애물이란 건물 · 시설구조물(전선로 포함) 등으로 안전관리를 요하는 것을 말한다.

④ 작업계수(F)는 기계사용 시간에 적용한다.

1-4-3 기계장비의 경비 산정

가. 용어 정의

(1) 상 각 비 : 기계의 사용에 따르는 가치의 감가액을 말한다.

(2) 정 비 비 : 기계를 사용함에 따라 발생하는 고장 또는 성능 저하 부분의 회복을 목적으로 하는 분해수리 등 장비와 기계기능을 유지하기 위한 정기 또는 수시 정비에 소요되는 비용을 말한다.

(3) 정비비율 : 기계의 경제적 내용 시간 동안에 소요되는 정비비 누계액의 기계 취득 가격에 대한 비율을 말한다.

(4) 관 리 비 : 보유한 기계를 관리하는데 필요로 하는 이자 및 보관 격납비용을 말한다.

(5) 연간관리비율 : 연간 소요되는 기계관리비의 평균 취득가격에 대한 비율을 말한다.

(6) 평균 취득가격

$$\text{취득가격} \times \frac{1.1 \times \text{경제적 내용 연수} + 0.9}{2 \times \text{경제적 내용 연수}}$$ 로 계산한 값을 말한다.

(7) 취득가격 : 수입가격에 대하여는 C.I.F 가격에 인정할 수 있는 수입에 따르는 제경비를 포함한 가격으로 하고 국산 기계는 표준규격에 의한 표준시가로 한다.

(8) 경제적 내용시간 : 잔존율이 취득가격의 10%인 경우에 경제적 사용이 가능하다고 인정되는 운전시간을 말한다.

(9) 잔존률 : 경제적 내용시간이 끝날때의 기계 잔존가치의 취득가격에 대한 비율을 말하며 0.1로 한다.

(10) 연간표준가동시간 : 기계가 연간 운전하는데 가장 표준이라고 인정되는 시간을 말한다.

(11) 경제적 내용 연수 : 경제적 내용시간을 연간 표준 가동시간으로 나눈 값을 말한다.

(12) 시간당 손료 : 손료 산정의 시간당 손료계수 합계에는 시간당 상각비계수, 정비비계수 및 평균 취득가격에 의한 시간당 관리비 계수가 포함된 것으로서 시간당 손료는 취득 가격에 시간당 손료 계수의 합계를 곱한 값을 말한다.(원 미만의 값은 절사한다)

나. 경비적산요령

(1) 기계경비 : 기계손료, 운전경비 및 수송비의 합계액으로 하되 특히 필요하다고 인정될 때에는 조립 및 분해조립비용을 포함한다.

(가) 기계손료 : 상각비, 정비비 및 관리비의 합계액으로 한다. 다만, 관리비에 대하여는 1일 8시간을 초과할 경우라도 8시간으로 계산하여야 한다.

(나) 운전경비 : 기계를 사용하는데 필요한 다음 각호 경비의 합계액으로 한다.

1) 연료, 전력, 윤활유등

2) 운전원(조종원, 건설기계조장), 보통인부의 급여 또는 임금과 기타 운전 노무비

3) 정비비에 포함되지 않는 소모품비

(2) 기계장비가격

(가) 기계장비가격은 국산기계는 공장도 가격(원)으로, 도입기계는 달러화($)로 표시하고 연도초 최초로 외국환은행이 고시하는 환율(외국환거래법에의한 기준환율 도는 재정환율)을 적용 시행한다. 단, 3%이상의 증감이 있을 때에는 기계장비가격을 조정할 수 있다.

(나) 기계경비 가격을 원화로 환산할 경우에는 1,000원 미만은 절사한다.

(3) 기타사항은 건설공사 표준품셈 공통부문 제8장 건설기계 적용기준을 적용한다

1-4-4 손료산정

[기계장비 시간당 계수]

장비 \ 구분	규격	내용시간 (Hr)	연간표준가동시간 (Hr)	상각비율	정비비율	연간관리비율	시간당 (10⁻⁷) 상각비	정비비	관리비	계
오거	59.68kW	6,300	800	0.9	0.7	0.1	1,429	1,111	759	3,299
	74.60kW	6,300	800	0.9	0.7	0.1	1,429	1,111	759	3,299
	89.52kW	6,300	800	0.9	0.7	0.1	1,429	1,111	759	3,299
	111.90kW	6,300	800	0.9	0.7	0.1	1,429	1,111	759	3,299
	149.20kW	6,300	800	0.9	0.7	0.1	1,429	1,111	759	3,299
트럭탑재형 크레인 (톤)	2	7,000	890	0.9	0.25	0.14	1,286	357	955	2,598
	3	7,000	890	0.9	0.25	0.14	1,286	357	955	2,598
	5	7,000	890	0.9	0.25	0.14	1,286	357	955	2,598
	10	7,000	890	0.9	0.25	0.14	1,286	357	955	2,598
	15	7,000	890	0.9	0.25	0.14	1,286	357	955	2,598
	18	7,000	890	0.9	0.25	0.14	1,286	357	955	2,598
크레인 (타이어) (톤) (오거장착 별도)	3	6,000	1,200	0.9	0.7	0.14	1,500	1,166	746	3,412
	10	8,400	1,250	0.9	0.45	0.14	1,071	536	691	2,298
	15	8,400	1,250	0.9	0.45	0.14	1,071	536	691	2,298
	20	8,400	1,250	0.9	0.45	0.14	1,071	536	691	2,298
	25	9,800	1,250	0.9	0.45	0.14	918	459	680	2,057
	30	12,600	1,250	0.9	0.45	0.14	714	357	666	1,737
	35	12,600	1,250	0.9	0.45	0.14	714	357	666	1,737
	40	12,600	1,250	0.9	0.45	0.14	714	357	666	1,737
	45	12,600	1,250	0.9	0.45	0.14	714	357	666	1,737
	50	12,600	1,250	0.9	0.45	0.14	714	357	666	1,737
	60	14,000	1,250	0.9	0.45	0.14	643	321	661	1,625
	70	14,000	1,250	0.9	0.45	0.14	643	321	661	1,625
	80	14,000	1,250	0.9	0.45	0.14	643	321	661	1,625
	100	14,000	1,250	0.9	0.45	0.14	643	321	661	1,625

구분 장비	규격	내용시간 (Hr)	연간표준가동시간 (Hr)	상각비율	정비비율	연간관리비율	시 간 당 (10^{-7})			
							상각비	정비비	관리비	계
고소작업차 (톤)	1.2	9,000	1,500	0.9	0.7	0.14	1,000	778	583	2,361
	5	7,000	890	0.9	0.25	0.14	1,286	357	955	2,598
터널용 고소작업차 (톤)	0.5	7,000	890	0.9	0.25	0.14	1,286	357	955	2,598
덤프트럭(톤)	4.5	7,500	1,250	0.9	0.8	0.14	1,200	1,067	700	2,967
화물자동차 (톤)	1	6,000	2,000	0.9	0.96	0.14	1,500	1,600	490	3,590
	2	6,000	2,000	0.9	0.96	0.14	1,500	1,600	490	3,590
	2.5	6,000	2,000	0.9	0.96	0.14	1,500	1,600	490	3,590
	4.5	6,000	2,000	0.9	0.96	0.14	1,500	1,600	490	3,590
	5	6,000	2,000	0.9	0.96	0.14	1,500	1,600	490	3,590
	8	6,000	2,000	0.9	0.96	0.14	1,500	1,600	490	3,590
윈치 (발전기 장착 별도) 수동(톤)	1(싱글드럼)	8,000	890	0.9	1.1	0.1	1,125	1,375	674	3,174
	3(싱글드럼)	8,000	890	0.9	1.1	0.1	1,125	1,375	674	3,174
	5(싱글드럼)	8,000	890	0.9	1.1	0.1	1,125	1,375	674	3,174
	3(더블드럼)	8,000	890	0.9	1.1	0.1	1,125	1,375	674	3,174
	5(더블드럼)	8,000	890	0.9	1.1	0.1	1,125	1,375	674	3,174
윈치 (발전기 장착 별도) 자동(톤)	1(싱글드럼)	8,000	890	0.9	1.1	0.1	1,125	1,375	674	3,174
	3(싱글드럼)	8,000	890	0.9	1.1	0.1	1,125	1,375	674	3,174
	3(더블드럼)	8,000	890	0.9	1.1	0.1	1,125	1,375	674	3,174
	5(더블드럼)	8,000	890	0.9	1.1	0.1	1,125	1,375	674	3,174
발전기	25㎾	8,000	890	0.9	0.45	0.1	1,125	563	674	2,362
	50㎾	8,000	890	0.9	0.45	0.1	1,125	563	674	2,362
	100㎾	8,000	890	0.9	0.45	0.1	1,125	563	674	2,362
	125㎾	8,000	890	0.9	0.45	0.1	1,125	563	674	2,362

구분 장비	규격	내용 시간 (Hr)	연간표준 가동시간 (Hr)	상각 비율	정비 비율	연간 관리 비율	시간당 (10^{-7}) 상각비	정비비	관리비	계
	150㎾	8,000	890	0.9	0.45	0.1	1,125	563	674	2,362
	200㎾	8,000	890	0.9	0.45	0.1	1,125	563	674	2,362
	250㎾	8,000	890	0.9	0.45	0.1	1,125	563	674	2,362
	350㎾	8,000	890	0.9	0.45	0.1	1,125	563	674	2,362
	450㎾	8,000	890	0.9	0.45	0.1	1,125	563	674	2,362
	500㎾	8,000	890	0.9	0.45	0.1	1,125	563	674	2,362
	700㎾	8,000	890	0.9	0.45	0.1	1,125	563	674	2,362
레 카(톤)	5	7,000	1,000	0.9	0.45	0.14	1,285	642	860	2,787
공기압축기 (㎥/min)	3.5	12,000	1,000	0.9	0.5	0.1	750	417	552	1,719
	7.1	12,000	1,000	0.9	0.5	0.1	750	417	552	1,719
	10.3	12,000	1,000	0.9	0.5	0.1	750	417	552	1,719
	17.0	12,000	1,000	0.9	0.5	0.1	750	417	552	1,719
	21.0	12,000	1,000	0.9	0.5	0.1	750	417	552	1,719
	25.5	12,000	1,000	0.9	0.5	0.1	750	417	552	1,719
공압포설기 (㎥/min)	10.3	3,000	350	0.9	1.2	0.14	3,000	4,000	2,411	9,411
광 코 어 공압포실기 (㎥/min)	0.21	3,000	350	0.9	1.2	0.14	3,000	4,000	1,415	8,415
맨홀 및 수공 크리닝차량 (톤)	5	6,000	1,200	0.9	1.0	0.14	1,500	1,667	746	3,913
건설용펌프 (자흡식)	50㎜	7,000	890	0.9	0.55	0.1	1,286	786	682	2,754
	80㎜	7,000	890	0.9	0.55	0.1	1,286	786	682	2,754
	100㎜	7,000	890	0.9	0.55	0.1	1,286	786	682	2,754
	125㎜	7,000	890	0.9	0.55	0.1	1,286	786	682	2,754
	150㎜	7,000	890	0.9	0.55	0.1	1,286	786	682	2,754

구분 / 장비	규격	내용시간 (Hr)	연간표준 가동시간 (Hr)	상각 비율	정비 비율	연간 관리 비율	시 간 당 (10⁻⁷)			
							상각비	정비비	관리비	계
엔 진 (가솔린)	1.87㎾	8,000	890	0.9	0.8	0.1	1,125	1,000	674	2,799
	2.24㎾	8,000	890	0.9	0.8	0.1	1,125	1,000	674	2,799
	2.98㎾	8,000	890	0.9	0.8	0.1	1,125	1,000	674	2,799
	3.36㎾	8,000	890	0.9	0.8	0.1	1,125	1,000	674	2,799
	5.22㎾	8,000	890	0.9	0.8	0.1	1,125	1,000	674	2,799
	8.95㎾	8,000	890	0.9	0.8	0.1	1,125	1,000	674	2,799
굴 삭 기 (무한궤도)	0.12㎥	10,000	1,250	0.9	0.7	0.1	900	700	485	2,085
	0.2㎥	10,000	1,250	0.9	0.7	0.1	900	700	485	2,085
	0.4㎥	10,000	1,250	0.9	0.7	0.1	900	700	485	2,085
	0.6㎥	10,000	1,250	0.9	0.7	0.1	900	700	485	2,085
	0.7㎥	10,000	1,250	0.9	0.7	0.1	900	700	485	2,085
	0.8㎥	10,000	1,250	0.9	0.7	0.1	900	700	485	2,085
	1.0㎥	10,000	1,250	0.9	0.7	0.1	900	700	485	2,085
굴 삭 기 (타이어)	0.18㎥	10,000	1,250	0.9	0.7	0.14	900	700	679	2,279
	0.6㎥	10,000	1,250	0.9	0.7	0.14	900	700	679	2,279
	0.8㎥	10,000	1,250	0.9	0.7	0.14	900	700	679	2,279
	1.0㎥	10,000	1,250	0.9	0.7	0.14	900	700	679	2,279
페이브먼트 브레이커	15.9kg	3,600	-	-	-	-	-	-	-	2,500
	25kg	3,600	-	-	-	-	-	-	-	2,500
	36kg	3,600	-	-	-	-	-	-	-	2,500
무인항공기 (드론)	900W (모터출력)	6,000	1,200	0.9	0.8	0.1	1,500	1,333	533	3,366
코 어 드 릴	-	3,000	890	0.9	0.45	0.1	3,000	1,500	768	5,268

[해 설]

① 오거크레인은 오거와 크레인(타이어)의 손료를 합산하여 적용.

② 발전기가 장착된 윈치는 윈치와 발전기의 손료를 합산하여 적용.

③ 기타사항은 건설공사 표준품셈"손료 산정" 부분을 적용함.

④ 공사이행기간 변경에 따른 장비의 유휴비용 지급기준은 기획재정부 계약예규 「정부입찰계약집행기준」을 적용.

1-4-5 운전경비 산정

[장비연료 및 운전원]

장 비	규 격	주연료 (L/H)	잡재료 (주연료의%)	조종원 (인/일)	보통인부 (인/일)
트럭탑재형크레인 (톤)	2	2.9	20	1.00	-
	3	3.1	20	1.00	-
	5	5.1	20	1.00	-
	10	10.3	20	1.00	-
	15	11	20	1.00	-
	18	11.3	20	1.00	-
크레인 (타이어)(톤) (오거장착 별도)	3	3.9	31	1.00	1.00
	10	3.8	39	1.00	1.00
	15	4.7	39	1.00	1.00
	20	5.4	39	1.00	1.00
	25	6.1	39	1.00	1.00
	30	7.7	39	1.00	1.00
	35	7.7	39	1.00	1.00
	40	8.5	57	1.00	1.00
	45	10.0	57	1.00	1.00
	50	10.0	57	1.00	1.00
	60	10.6	57	1.00	1.00
	70	12.3	57	1.00	1.00
	80	12.3	57	1.00	1.00
	100	15.9	57	1.00	1.00
고소작업차(톤)	1.2	2.9	35	1.00	1.00
	5	5.1	20	1.00	1.00
터널용 고소작업차(톤)	0.5	5.1	20	1.00	-
덤프트럭(톤)	4.5	5.0	38	1.00	-
화물자동차(톤)	1	4.3	38	1.00	-
	2	4.4	38	1.00	-
	2.5	4.9	38	1.00	-
	4.5	6.7	38	1.00	-
	5	10.7	38	1.00	-
	8	12.4	38	1.00	-

장 비	규 격	주연료 (L/H)	잡재료 (주연료의%)	조종원 (인/일)	보통인부 (인/일)
윈 치 (수동)(톤) (발전기장착 별도)	1(싱글드럼)	-	-	1.00	-
	3(싱글드럼)	-	-	1.00	-
	5(싱글드럼)	-	-	1.00	-
	3(더블드럼)	-	-	1.00	-
	5(더블드럼)	-	-	1.00	-
발 전 기	25kW	4.3	24	1.00	-
	50kW	8.7	24	1.00	-
	100kW	17.4	24	1.00	-
	125kW	19.4	24	1.00	-
	150kW	23.0	24	1.00	-
	200kW	30.6	24	1.00	-
	250kW	38.3	24	1.00	-
	350kW	53.6	24	1.00	-
	450kW	68.9	24	1.00	-
	500kW	76.6	24	1.00	-
	700kW	107.3	24	1.00	-
레 카 (톤)	5	6.4	35	1.00	-
공기압축기(㎥/min)	3.5	6.2	16	1.00	-
	7.1	10.0	16	1.00	-
	10.3	14.2	16	1.00	-
	17.0	23.5	16	1.00	-
	21.0	27.6	16	1.00	-
	25.5	32.3	16	1.00	-
공압포설기(㎥/min)	10.3	-	-	1.00	-
광코어공압포설기 (㎥/min)	0.21	-	-	1.00	-
맨홀 및 수공 크리닝 차 량 (톤)	5	12.4	73	1.00	-
엔 진 (가솔린)	1.87kW 2.24kW 2.98kW 3.36kW 5.22kW 8.95kW	0.5 0.6 0.8 0.9 1.4 2.4	20 20 20 20 20 20	-	-

장 비	규 격	주연료 (L/H)	잡재료 (주연료의%)	조종원 (인/일)	보통인부 (인/일)
굴삭기 (무한궤도)	0.12㎥	3.2	21	1	-
	0.2㎥	5.0	21	1	
	0.4㎥	9.9	22	1	
	0.6㎥	10.2	22	1	
	0.7㎥	11.6	22	1	
	0.8㎥	15.3	22	1	
	1.0㎥	19.5	22	1	
굴삭기 (타이어)	0.18㎥	5.6	24	1	-
	0.6㎥	11.6	24	1	
	0.8㎥	16.3	24	1	
	1.0㎥	20.5	24	1	
무인항공기 (드론)	900W (모터 출력)	-	-	1.00	-
코어드릴	-	-	-	1.00	-

[해 설]

① 운전경비라 함은 주연료, 잡재료, 조종원, 보통인부, 건설기계조장, 손율, 인건비의 합계액임.

② 주연료(휘발유 및 경유)는 시간당 소비량을 말하며, 엔진부하율(Load Factor) 70~80%, 실작업시간은 50/60을 각각 기준으로 하여 산정한 것임.

③ 기계장비를 공사현장까지 왕복운송시 운전원, 보통인부 및 연료비는 별도.

④ 잡품이라 함은 엔진유, 기어유, 유압유, 구리스, 넝마 등으로 시간당 소비량을 주연료비의 비율로 표기한 것임.

⑤ 보조엔진에 사용되는 유류는 위의 표에 포함되어 있음.

⑥ 오거크레인의 운전경비는 크레인(타이어) 운전경비를 적용.

⑦ 발전기가 장착된 수동 윈치의 운전경비는 윈치 조정원 품셈과 발전기 운전경비를 합산하여 적용하며, 자동의 경우 조정원 품셈을 별도 계상하여 발전기 운전경비와 합산하여 적용.

⑧ 기타사항은 건설공사 표준품셈 "기계경비산정" 부문을 적용함.

⑨ 장비가격은 정부에서(기획재정부장관) 지정하는 전문가격조사기관의 장비가격을 적용.

제2장 관로·전봇대공사

2-1 관로

2-1-1 PVC관

(단위 : 본(6m))

규　　격	통신외선공	보 통 인 부
Ø 30㎜ 이 하	0.06	0.17
Ø 50㎜ 이 하	0.07	0.18
Ø 80㎜ 이 하	0.08	0.22
Ø 100㎜ 이 하	0.10	0.26
Ø 150㎜ 이 하	0.12	0.32
Ø 200㎜ 이 하	0.14	0.38
Ø 250㎜ 이 하	0.19	0.51
Ø 300㎜ 이 하	0.21	0.56

[해 설]

① 콘크리트 트로프(Trough) 설치, 흄관 및 강관 부설도 본 해설을 적용하며 터파기, 되메우기 및 잔토처리(현장 밖으로 처리할 경우 운반비 및 적상, 적하비용은 별도 계상)는 별도 계상.

② 2열동시 180%, 3열 260%, 4열 340%, 4열 초과하는 경우 초과 1열당 80% 가산.

③ 접착제에 의한 접합 또는 콘크리트 타설에 의한 수평조정등은 본 품셈에 포함되었으며(콘크리트 타설품은 별도), 나사이음식접합은 본 품셈의 130% 적용.

④ 교량첨가 및 지하작업의 위험할증률 적용은 별도 계상.

⑤ 관 들어올리기나 내리기는 본 품셈을 각각 적용하고, 관 보호용 반원흄관 설치는 "2-1-4-2 반원흄관 및 강관" 적용.

⑥ 관 들어올리기나 내리기 시 인력 터파기, 되메우기, 다지기 공정 등은 2-1-8-1 인력 터파기 및 2-1-9 다지기 품셈을 적용하고, 포크레인, 덤프트럭 및 화물자동차 등을 사용하는 경우 기계경비는 "1-4 기계경비 산정기준" 품셈 적용.

※ 관 들어올리기 : 다른 시설 공사 등으로 인해 기설 선로설비의 위치이동이

불가피한 경우 관의 해체, 분리 등의 작업 없이 관을 지상으로 드러내어 임시로 위치를 이동시키는 것.(관 내리기는 기존 매입되어 있던 대로 원상 복구하는 공정을 말함)

⑦ 재해 예방과 작업자의 안전을 위해 투입되는 인력(신호수 등) 및 안전시설(표지판, 라바콘 등) 설치는 "1-1-27-1 안전시설" 품셈 적용.

⑧ 철거(불용 50%, 재사용 80%)

2-1-2 PVC관 절개 및 절단

규 격	단 위	통신외선공	보 통 인 부
100㎜	m	0.17	0.20
80㎜	m	0.13	0.16
50㎜	m	0.08	0.10

[해 설]

① 본 품셈은 인 · 수공 확대시 케이블이 수용된 PVC관을 절개하여 절단하는 품셈임.

② 재해 예방과 작업자의 안전을 위해 투입되는 인력(신호수 등) 및 안전시설(표지판, 라바콘 등) 설치는 "1-1-27-1 안전시설" 품셈 적용.

③ 케이블이 수용되지 않은 PVC관은 본 품셈의 15% 적용.

2-1-3 합성수지관(주름관 포함)

(단위 : 10m)

규 격	통신외선공	보 통 인 부
16㎜ 이 하	0.05	0.12
30㎜ 이 하	0.07	0.14
50㎜ 이 하	0.12	0.29
80㎜ 이 하	0.15	0.35
100㎜ 이 하	0.18	0.57
125㎜ 이 하	0.25	0.77
150㎜ 이 하	0.30	0.97
175㎜ 이 하	0.36	1.17
200㎜ 이 하	0.41	1.29

정보통신부문 제 2 장

[해 설]

① 본 품셈은 롤(Roll)식으로 감겨있는 합성수지관(주름관 포함)을 지중포설하는 것을 기준한 것으로 터파기, 되메우기 및 잔토처리 품셈은 별도 계상.

② 내관이 있는 경우 내관이음은 개소당 통신케이블공, 통신외선공, 보통인부 각각 0.12인 적용.

③ 나사이음식 접합 또는 볼트너트 이음식 접합은 개소당 통신외선공 0.12, 보통인부 0.12 적용.

④ 2열동시 180%, 3열 260%, 4열 340%, 4열 초과하는 경우 초과 1열당 80% 가산.

⑤ 내관이 있는 합성수지관(주름관, 마이크로덕트 포함)도 본 품셈 적용.

⑥ 재해 예방과 작업자의 안전을 위해 투입되는 인력(신호수 등) 및 안전시설(표지판, 라바콘 등) 설치는 “1-1-27-1 안전시설” 품셈 적용.

⑦ 철거(불용 50%, 재사용 80%)

2-1-4 흄관 및 강관

2-1-4-1 흄관

(단위 : 10m)

규격(외경)	통신외선공	보통인부
76.3㎜ 이하	0.29	0.59
114.3㎜ 이하	0.41	0.81
165.2㎜ 이하	0.46	0.92
216.3㎜ 이하	0.57	1.13
267.4㎜ 이하	0.76	1.53
318.5㎜ 이하	1.00	1.99
406.4㎜ 이하	1.25	2.49

[해 설]

① 재해 예방과 작업자의 안전을 위해 투입되는 인력(신호수 등) 및 안전시설(표지판, 라바콘 등) 설치는 “1-1-27-1 안전시설” 품셈 적용.

② (철거(불용 50%, 재사용 80%)

2-1-4-2 반원흄관 및 강관

(단위 : 10m)

규　격(외경)	통신외선공	보통인부
76.3㎜ 이 하	0.43	0.87
114.3㎜ 이 하	0.51	1.01
165.2㎜ 이 하	0.63	1.25
216.3㎜ 이 하	0.74	1.48
267.4㎜ 이 하	1.00	1.99
318.5㎜ 이 하	1.10	2.20

[해 설]

① 나사이음식과 용접식 접합시는 본 품셈의 150% 적용.

② 재해 예방과 작업자의 안전을 위해 투입되는 인력(신호수 등) 및 안전시설(표지판, 라바콘 등) 설치는 "1-1-27-1 안전시설" 품셈 적용.

③ 그 외는 "2-1-1 PVC관" 해설항 적용.

2-1-5 도관전선관

(단위 : 10m)

규　격	통 신 외 선 공	보통인부
76㎜ 이하	0.43	0.43
115㎜ 이하	0.50	0.50

[해 설]

① 본 품셈은 철도주변에 도관전선관을 조립하여 설치하는 품셈이며, 방음벽 등에 고정할 경우에는 본 품셈의 130% 적용.

② 운전빈도별 및 교량, 터널 작업의 위험할증 등 품의 할증 적용은 별도 계상.

③ 그 외는 "2-1-1 PVC관" 해설항 적용.

④ 해체 및 재접속하는 경우에는 본 품셈의 80% 적용.

⑤ 철거(불용 50%, 재사용 80%)

2-1-6 경고표시 테이프 및 매설표지판

공　　정	단 위	보 통 인 부
경고표시 테이프	100m	0.13
케이블 매설표지판	개	0.08

[해 설]

① 경고표시 테이프 단위길이는 경고테이프 길이임. ② 철거 30% 적용.

2-1-7 통신용 관로 등 청소

공 정	단 위	통신외선공	보 통 인 부
통신용 관로청소	100m	0.44	0.60
인 · 수공 청소	기	0.17	0.17
트로프 청소	10㎡	-	0.08

[해 설]

① 통신용 관로란 콘크리트관, 합성수지관, 철관, 흄관 등을 말함.
② 트로프 청소시 뚜껑 여닫이는 별도 계상
③ 재해 예방과 작업자의 안전을 위해 투입되는 인력(신호수 등) 및 안전시설(표지판, 라바콘 등) 설치는 "1-1-27-1 안전시설" 품셈 적용.

2-1-8 터파기

2-1-8-1 인력 터파기

(단위 : ㎥)

공 정	직 종	깊이 1m 미만	1m 이상~ 2m 미만	2m 이상~ 3m 미만
보통토사	보통인부	0.20	0.27	0.34
경질토사	보통인부	0.26	0.35	0.44
고사점토 및 자갈섞인 토사	보통인부	0.32	0.43	0.54
호박돌 섞인토사	보통인부	0.57	0.77	0.97
연암 및 풍화암	특별인부	1.60	1.80	2.00
	보통인부	0.80	0.90	1.00
보통암	특별인부	2.40	2.60	2.80
	보통인부	1.20	1.30	1.40
경암	특별인부	4.40	6.10	7.80
	보통인부	1.80	2.50	3.20

[해 설]

① 본 품셈은 소운반이 수반되지 아니하는 구조물의 터파기 또는 이에 준하는 굴착에 한하며, 소운반이 필요할 때는 별도 계상

② 본 품셈에는 흙막기 및 물푸기는 별도 계상

③ 협소한 장소와 용수가 있는 곳은 본 품셈의 50% 가산하고, 수중의 터파기는 200% 적용

④ 주위에 장애물(가시설물, 인접건물 및 기타시설물)이 있을 때와 협소한 독립기초파기 때에는 본 품셈의 50% 가산

⑤ 깊이 3m 이상의 터파기는 본 품의 터파기 깊이에 비례하여 적용

⑥ 화강암 풍화토에 대하여는 현지 실정에 맞게 별도 계상

⑦ 되메우기는 ㎥당 보통인부 0.1인 별도 계상.

⑧ 현장 내에서는 소운반하여 깔고 고르는 잔토처리는 ㎥당 보통인부 0.2인 별도 계상.

⑨ 재해 예방과 작업자의 안전을 위해 투입되는 인력(신호수 등) 및 안전시설(표지판, 라바콘 등) 설치는 "1-1-27-1 안전시설" 품셈 적용.

2-1-8-2 기계사용 터파기

(단위 : ㎥)

공 정	특별인부	보통인부	공기압축기 (시간)	소형브레이커 (시간)	비 고
풍화암	0.33	0.16	0.30	1.26	공기압축기 7.1㎥/min 페이브멘트 브레이커 25㎏급 4대 기준
연 암	0.41	0.21	0.48	1.68	
보통암	0.58	0.29	0.60	2.40	
경 암	0.94	0.48	0.96	3.90	

[해 설]

① 버력(폐석)적재 및 운반은 별도 계상

② 잡재료는 인력품의 1%까지 계상

③ 소형브레이커 등 기계장비 사용 시 기계경비는 "1-4 기계경비 산정기준"품셈 적용.

④ 재해 예방과 작업자의 안전을 위해 투입되는 인력(신호수 등) 및 안전시설(표지판, 라바콘 등) 설치는 "1-1-27-1 안전시설" 품셈 적용.

2-1-9 인력 흙 다지기

공 정	단위	성토두께(㎝)	보통인부
토 사	㎥	15	0.14
	〃	30	0.11
점 토	㎥	15	0.25
	〃	30	0.19

[해 설]

① 본 품셈은 흐트러진 상태의 흙 두께를 깔아서 다져진 토량 기준임.
② 흙 고르기를 포함.
③ 물 뿌리기 품셈은 물의 운반거리에 따라 별도 계상.
④ 기계 병용 시(유압식 전동 컴팩터 등) 본 품의 80% 적용.
⑤ 재해 예방과 작업자의 안전을 위해 투입되는 인력(신호수 등) 및 안전시설(표지판, 라바콘 등) 설치는 "1-1-27-1 안전시설" 품셈 적용.

2-2 트로프(Trough)

2-2-1 콘크리트 트로프

2-2-1-1 일반용 트로프

(단위 : 10m)

규 격	통신외선공	보통인부
내경 70㎜ × 75㎜ 이하	0.16	0.16
90㎜ × 75㎜ 이하	0.22	0.21
120㎜ × 75㎜ 이하	0.24	0.23
150㎜ × 90㎜ 이하	0.33	0.32
150㎜ × 120㎜ 이하	0.34	0.34
150㎜ × 170㎜ 이하	0.44	0.44
200㎜ × 90㎜ 이하	0.54	0.54
200㎜ × 170㎜ 이하	0.68	0.67
270㎜ × 170㎜ 이하	0.77	0.76
290㎜ × 170㎜ 이하	0.95	0.94
300㎜ × 170㎜ 이하	0.99	0.99
400㎜ × 215㎜ 이하	1.22	1.21

[해 설]

① 재해 예방과 작업자의 안전을 위해 투입되는 인력(신호수 등) 및 안전시설(표지판, 라바콘 등) 설치는 "1-1-27-1 안전시설" 품셈 적용.
② 그 외는 "2-1-1 PVC관" 해설항 적용.

2-2-1-2 고속철도용 트로프

규 격	단위	통신외선공
외경 740㎜ × 500㎜ 이하	10m	1.45
840㎜ × 500㎜ 이하	10m	1.93
530㎜ × 320㎜ 이하	10m	0.27
400㎜ × 290㎜ 이하	10m	0.24
320㎜ × 250㎜ 이하	10m	0.23
115㎜ × 290㎜ 이하	10m	0.21

[해 설]

① 본 품셈은 시공현장까지 반입, 적치된 것에 대한 기계식 시공 기준임.

② 기계경비는 "1-4 기계경비 산정기준" 품셈 적용.

③ 20m 이상의 운반은 별도 계상.

④ 터파기, 되메우기 및 잔토처리(현장 밖으로 처리할 경우 운반비 및 적상, 적하 비용은 별도 계상)는 별도 계상.

⑤ 교량, 터널 작업의 위험할증 적용은 별도 계상.

⑥ 고속철도용 격벽 재 설치시 본 품셈을 적용.

⑦ 철거(불용 50%, 재사용 80%)

2-2-1-3 콘크리트 트로프 들어내기 및 닫기

규 격		단위	들어내기		닫기	
			통신 케이블공	보통인부	통신 케이블공	보통인부
트로프 뚜 껑 (폭)	70㎜	100m	0.30	-	0.29	-
	120㎜	100m	0.40	-	0.39	-
	150㎜	100m	0.50	-	0.49	-
	200㎜	100m	0.90	-	0.87	-
	250㎜ ~ 330㎜	100m	0.70	0.70	0.68	0.68
	400㎜ ~ 430㎜	100m	1.30	1.30	1.26	1.26
	500㎜	100m	1.40	1.40	1.36	1.36

정보통신부문 제2장

[해 설]

① 트로프 매몰장소에는 땅파기, 자갈 들어내기 별도 계상.

② 재해 예방과 작업자의 안전을 위해 투입되는 인력(신호수 등) 및 안전시설(표지판, 라바콘 등) 설치는 "1-1-27-1 안전시설" 품셈 적용.

2-2-2 합성수지(파스콘) 트로프

(단위 : 10m)

규 격	통신외선공	보통인부
내경 70㎜ × 75㎜ 이하	0.11	0.11
120㎜ × 75㎜ 이하	0.17	0.17
150㎜ × 90㎜ 이하	0.22	0.22
150㎜ × 120㎜ 이하	0.24	0.24
200㎜ × 90㎜ 이하	0.30	0.30
200㎜ × 170㎜ 이하	0.34	0.34
250㎜ × 170㎜ 이하	0.40	0.40
300㎜ × 170㎜ 이하	0.48	0.48
325㎜ × 170㎜ 이하	0.53	0.53

[해 설]

① 본 품셈은 시공현장까지 해체하여 반입, 적치하는 공정을 포함.

② 20m이상의 운반은 별도 계상.

③ 접착제 사용은 별도 계상

④ 지반에 매입 또는 반매입의 경우에는 토공비(다짐포함)를 고려, 조정 계상할 수 있음

⑤ 2열 동시 180%, 3열 260%, 4열 340%, 4열 초과시 초과 1열당 80% 적용

⑥ 터파기, 되메우기 및 잔토처리(현장밖으로 처리할 경우 운반비 및 적상, 적하비용은 별도 계상)는 별도 계상.

⑦ 재해 예방과 작업자의 안전을 위해 투입되는 인력(신호수 등) 및 안전시설(표지판, 라바콘 등) 설치는 "1-1-27-1 안전시설" 품셈 적용.

⑧ 철거(불용 50%, 재사용 80%)

2-3 맨홀

2-3-1 조립식 인 · 수공

(단위 : 기)

공 정	규 격(㎜)	통신외선공	특별인부	보통인부	장비사용시간(분)			
					트럭크레인		크레인	
					10톤	15톤	25톤	50톤
수공 (Hand Hole)	950×450×700 이하	0.03	0.07	0.43	60	-	-	-
	1,700×800×1,100 이하	0.04	0.09	0.67	-	60	-	-
인공 (Man Hole)	2,000×1,000×1,700 이하	0.04	0.09	0.67	-	-	60	-
	3,200×1,300×1,700 이하	0.07	0.11	0.80	-	-	-	70

[해 설]

① 인 · 수공의 기초 및 부대공정에 필요한 소요품셈은 제외.

② 설치장소에 따라 상이하게 소요되는 현장 내 이동시간 및 장비의 운반시간은 제외.

③ 동일장소에서 10기 미만일 경우에는 소단위 할증 적용.

④ 지세별 할증은 "1-2-2-1 지세별 할증률" 적용.

⑤ 재해 예방과 작업자의 안전을 위해 투입되는 인력(신호수 등) 및 안전시설(표지판, 라바콘 등) 설치는 "1-1-27-1 안전시설" 품셈 적용.

⑥ 철거(불용 30%, 재사용 80%)

2-3-2 인 · 수공 철개 및 입상관(오름관)

공 정	규격	단 위	통신외선공	보통인부
인공철개 설치	소형	기	0.60	0.30
	대형	기	0.78	0.39
수공철개 설치	950㎜×450㎜×700㎜ 이하	기	0.12	0.06
	1,700㎜×800㎜×1,100㎜ 이하	기	0.24	0.12
입상관(오름관) 설치	내경 100㎜ 이하	개소	-	0.30

[해 설]

① 인공철개 설치는 벽돌쌓기 및 연석붙임 품셈 포함.

[인공철개 규격]

규 격	외경(㎜ 이하)		무게(㎏ 이하)	
	뚜 껑	몸 체	뚜 껑	몸 체
소 형	766	1,018	132	184
대 형	919	1,168	160	245

② 조립식 인 · 수공철개 설치는 본 품의 80% 적용.(철개거치용 블록 쌓기 및 모르타르 도포, 볼트 조임품셈 포함)

③ 철개인상의 경우는 신설품셈에 철거품셈을 합산하여 적용.

④ 재해 예방과 작업자의 안전을 위해 투입되는 인력(신호수 등) 및 안전시설(표지판, 라바콘 등) 설치는 “1-1-27-1 안전시설” 품셈 적용.

⑤ 철거 50% 적용.

2-3-3 인 · 수공케이블 지지철물

(단위 : 기)

공 정			규 격(㎜)	통신외선공	보통인부
수 공			950× 450× 700	0.06	-
			1,700× 800× 1,100	0.07	-
인공	직 선 형		2,000× 1,000× 1,700	0.06	-
			3,200× 1,300× 1,700	0.20	-
	분기형	L형	2,000× 1,000× 1,700	0.10	-
			3,200× 1,300× 1,700	0.20	-
		T형/십자형	2,000× 1,000× 1,700	0.18	-
			3,200× 1,300× 1,700	0.27	0.01

[해 설]

① 20m이내의 소운반 포함.

② 인·수공 규격별로 전량을 설치하는 경우에 적용하며 미달 또는 초과량을 설치하는 경우에는 전량에 대한 비율을 적용.

③ 재해 예방과 작업자의 안전을 위해 투입되는 인력(신호수 등) 및 안전시설(표지판, 라바콘 등) 설치는 “1-1-27-1 안전시설” 품셈 적용.

④ 철거 30% 적용.

2-3-4 관구마개

(단위 : 1공)

공 정	통신케이블공	보 통 인 부
공 관 로	0.01	0.01
케이블수용관로	0.03	0.03

[해 설]

① 본 품셈은 동일한 맨홀에서 작업 시 10공까지 100%, 10공 초과 30공까지 75%, 30공 초과시 60%를 적용.

② 철거 30% 적용.

2-4 전봇대

2-4-1 전봇대 인력 세움

(단위 : 기)

공 정	규 격	통신외선공	보통인부
콘크리트 전봇대	5m 이하	0.65	0.73
	6m 이하	0.72	0.81
	7m 이하	1.23	1.40
	8m 이하	1.66	1.88
	9m 이하	1.68	2.13
	10m 이하	2.01	2.55
	11m 이하	2.50	2.63
	12m 이하	2.86	3.00
	14m 이하	3.60	4.24
	16m 이하	5.10	5.20
	17m 이하	6.50	6.74

구 분	콘크리트 전봇대
물 량 (전봇대)	콘크리트 전봇대 1기 틀블럭 1본(1.2m ~ 1.5m) 400㎜ U볼트 1개
물 량 (지 주 : 버팀 전봇대)	콘크리트 전봇대 1기 틀부럭 1본(1.2m ~ 1.5m) 400㎜ U볼트 1개 지주(버팀전봇대) Band 철물(B2-4형) 2개

[해 설]

① 전봇대 설치에 따른 터파기 및 되메우기 품셈을 포함한 것이며, 포장(아스팔트, 콘크리트)지점에 설치시는 보통인부에 한하여 본 품셈의 25%가산. 단, 암반터파기는 별도 계상

② 틀 1본 포함, 1본 추가마다 10% 가산

③ 지주(버팀 전봇대)는 본 품셈의 100% 적용

④ 묻음은 길이의 1/6 이상임

⑤ 이설 180% 적용

⑥ 경사주는(자세조정, 바로세움) 30% 적용

⑦ H주는 본 품셈의 200%, A주는 160% 적용

⑧ 3각주는 본 품셈의 300%, 4각주는 400% 적용

⑨ 포장 도로상의 계단식 굴착 전봇대 세움 적용

⑩ 전봇대에 디딤쇠 설치 시는 통신외선공 0.1인을 가산.(전봇대 1기당 5개 설치 기준)

⑪ 강관전봇대(IP, 백관주) 설치는 콘크리트 전봇대 품셈을 적용하고 7m이하 이거나 설계하중이 200㎏이하인 강관전봇대(IP, 백관주) 설치는 콘크리트 전봇대 품셈의 77%를 적용. 단, 조립식인 경우는 조립 후 전장길이를 기준으로 함.

⑫ 높이 확보용 높임철물 설치시 개당 5m 이하 강관전봇대(IP, 백관주) 설치 품셈의 20% 적용

⑬ 포장지점에 설치시 콘크리트 및 아스팔트 부수기는 ㎥당 특별인부 1.8인 및 1.52인을 가산하며, 포장복구비(재료포함)도 별도 계상

⑭ 재해 예방과 작업자의 안전을 위해 투입되는 인력(신호수 등) 및 안전시설(표지판, 라바콘 등) 설치는 "1-1-27-1 안전시설" 품셈 적용

⑮ 철거(불용 50%, 재사용 80%)

2-4-2 전봇대 기계화 세움

(단위 : 기)

규　　격	통신외선공	보통인부	장비사용시간 Tc값(분)(F=1.0)
7m 이하	0.39	0.14	49
8m	0.44	0.15	52
9m	0.45	0.16	53
10m	0.51	0.18	57
11m	0.53	0.18	59
12m	0.54	0.19	61
13m	0.61	0.20	64
14m	0.62	0.21	65
15m	0.64	0.21	68
16m	0.71	0.23	72
17m	0.72	0.24	73
18m	0.74	0.24	75

[해 설]

① 10본 이하 소단위 전봇대 세움공사는 "2-4-1 전봇대 인력 세움" 품셈을 적용하며, 소단위 할증 별도 계상

② 전봇대 기계화 설치에 따른 터파기 및 되메우기 품셈 포함. 단, 암반 터파기는 별도 계상

③ 포장지점에 설치시 콘크리트 및 아스팔트 부수기는 ㎥당 특별인부 1.8인 및 1.52인을 가산하며, 포장복구비(재료포함)도 별도 계상

④ 묻음의 길이는 전봇대길이의 1/6임

⑤ 현장 외로 잔토를 반출시는 적상하 및 잔토처리비용, 운반비 별도 계상

⑥ 재해 예방과 작업자의 안전을 위해 투입되는 인력(신호수 등) 및 안전시설(표지판, 라바콘 등) 설치는 "1-1-27-1 안전시설" 품셈 적용

⑦ 틀블럭 불포함. 틀 1본마다 통신외선공 0.28인, 보통인부 0.31인 가산

⑧ 전봇대를 철거 후 되메우기에 따른 토사를 외부에서 반입시 토사비용과 적상 · 하비용 및 운반비 별도 계상

⑨ 이설은 본 품셈의 180%, H주는 190%, A주는 150%, 3각주는 280%, 4각주는 370%, 경사주의 건기(자세조정, 바로세움)는 30% 적용

⑩ 기계장비의 경비는 "1-4 기계경비 산정기준" 품셈 적용

⑪ 철거(불용 50%, 재사용 80%)

2-4-3 콘크리트 전봇대 파쇄

규 격	단 위	보통인부
7m 이하	기	0.20
8m 이하	기	0.25
9m 이하	기	0.30
10m 이상	기	0.40

[해 설]

① 발생물 처리시 폐기물관리 법령에 따라 처리비용 별도 계상

② 10m를 초과하는 콘크리트 전봇대를 파쇄 할 경우에는 1m 추가마다 10m 규격의 품셈에서 보통인부 0.05 가산

2-4-4 지지선

(단위 : 본)

공 정		통신외선공	보통인부
4㎜ 철선	깊이 (1.2m) 4조 이하	0.45	0.34
	(1.5m) 6조 이하	0.57	0.43
	(1.5m) 8조 이하	0.75	0.56
	(1.7m) 10조 이하	1.11	0.83
	(1.7m) 12조 이하	1.54	1.16
	(1.7m) 15조 이하	1.90	1.43
	(1.8m) 18조 이하	2.35	1.73
연선	7/2.3 이하	0.23	0.11
	7/2.6 ~ 7/2.9 이하	0.30	0.23
	7/3.2 ~ 7/4.5 이하	0.42	0.27
	7/5.0 이하	0.44	0.28
	7/5.5 ~ 7/6.5 이하	0.44	0.28

[해 설]

① 터파기, 되메우기 및 틀 매설품셈 포함 ② 애자 삽입시는 배전전공 0.08인 가산

③ 장력조정은 본 품셈의 20% 적용 ④ 절단 철거는 본 품셈의 10% 적용

⑤ 수평지지선, 공동지지선은 본 품셈의 160% 적용.

⑥ Y지지선은 본 품셈의 120% 적용.

⑦ 2단 지지선은 본 품셈의 150% 적용.

⑧ 이설은 본 품셈의 130% 적용.

⑨ 수평지지선의 지주(버팀 전봇대) 설치는 지주(버팀 전봇대) 품셈에 준함.

⑩ 지지선보호관 설치는 1개당 통신외선공 0.08인을 적용.

⑪ 와이어로프는 본 품셈 적용 ⑫ 철거 30% 적용

2-4-5 조가선 ('25년 개정)

공 정	단 위	통신외선공	특별인부
30㎟ 아연도 강연선	km	4.83	3.22
38㎟ 아연도 강연선	km	5.22	3.48
45㎟ 아연도 강연선	km	5.22	3.48
55㎟ 아연도 강연선	km	6.27	4.18
70㎟ 아연도 강연선	km	6.63	4.42
90㎟ 아연도 강연선	km	9.06	6.04
110㎟ 아연도 강연선	km	11.16	7.44
Y 선 설 치	개소	1.07	-
가 선 심 볼(절 차)	개소	2.52	-
가선콤파운드(절차)	개소	4.66	-
가 선 콤 파 운 드	km	21.3	-
가 선 심 볼	km	14.6	-
프 리 텐 숀	개소	0.58	-
밴 드	10개	0.58	0.29
클 램 프	10개	0.28	0.10
턴 버 클	10개	0.56	0.28
지 지 용 볼 트	10개	0.84	0.84

[해 설]

① 조가선 이설 70% 적용

② 위험한 현장에서 작업시에는 1-2-2-5 위험할증률 (5) 전력선 첨가 및 외선증설(조가선, 케이블 가설 등) 별도 계상

③ 재해 예방과 작업자의 안전을 위해 투입되는 인력(신호수 등) 및 안전시설(표지판, 라바콘 등) 설치는 "1-1-27-1 안전시설" 품셈 적용

④ 철거(조가선 60%, 부대철물 50%) 단, 조가선을 재활용 목적으로 철거하여 드럼에 감는 경우는 90% 적용

2-4-6 케이블 행거(Hanger)

(단위 : km)

공 정		통신케이블공	보통인부
케이블 행거 설치	55㎜~105㎜	1.92	2.16

[해 설]

① 본 품셈은 케이블 1조 설치시 적용하며, 2조는 130%, 3조는 160%, 4조는 추가 1조당 30% 적용

② 기설치 구간에 가공에서 철거 후 재설치는 본 품셈 적용

③ 재해 예방과 작업자의 안전을 위해 투입되는 인력(신호수 등) 및 안전시설(표지판, 라바콘 등) 설치는 "1-1-27-1 안전시설" 품셈 적용
④ 철거 50% 적용.

2-4-7 케이블 바인딩(Binding)

(단위 : ㎞)

공 정	통신케이블공	보통인부
PVC, 광케이블	5.60	2.80

[해 설]
① 본 품셈은 가공에서 조가선에 바인딩(Binding)만 하는 품셈으로 1조 바인딩시는 본 품셈을, 2조는 130%, 3조는 160%, 4조는 추가 1조당 30% 적용
② 옥내 케이블 랙(Rack)에 바인딩(Binding)시는 60% 적용
③ 케이블 종류 및 심선직경별 품셈적용은 "4-7-1 지중 및 가공케이블" [해설] 적용
④ 재해 예방과 작업자의 안전을 위해 투입되는 인력(신호수 등) 및 안전시설(표지판, 라바콘 등) 설치는 "1-1-27-1 안전시설" 품셈 적용
⑤ 철거 30% 적용

2-4-8 전봇대 부대설비

공 정		단위	보통인부
주의표 또는 번호표	설치시	매	0.06
	기입시	〃	0.04
차량충돌 예방용 전봇대도색판		〃	0.15
지하매설물 조사		㎥	0.43

[해 설]
① 차량충돌 예방용 전봇대도색판 철거는 본 품셈의 30% 적용.
② 지하매설물 조사는 굴착공정을 말함.
③ 기설 전봇대에 주의표 또는 번호표 설치시는 통신케이블 0.03, 보통인부 0.03 적용.

제3장 배관공사

3-1 구내통신배관

3-1-1 구내통신배관

(단위 : 10m)

합성수지 전선관		후강 전선관		금속제 가요 전선관		나사 없는 전선관		박강 전선관	
호칭	통신 내선공	호칭	통신 내선공	호칭	통신 내선공	호칭	통신 내선공	호칭	통신 내선공
14	0.40	-	-	-	-	-	-	-	-
16	0.50	16	0.80	16	0.44	19	0.50	19	0.50
22	0.60	22	1.10	22	0.59	25	0.60	25	0.60
28	0.80	28	1.40	28	0.72	31	0.80	31	0.80
36	1.00	36	2.00	36	0.87	39	1.00	39	1.00
42	1.30	42	2.50	42	1.04	51	1.30	51	1.30
54	1.90	54	3.40	54	1.36	63	1.90	63	1.90
70	2.80	70	4.40	70	1.56	75	2.80	75	2.80
82	3.70	82	5.40	82	1.76	-	-	-	-
92	4.50	92	6.00	92	1.96	-	-	-	-
104	4.60	104	7.10	104	2.16	-	-	-	-
125	5.10	-	-	-	-	-	-	-	-

[해 설]

① 본 품셈은 콘크리트 매입 기준으로, 관의 절단, 나사내기, 구부리기, 나사조임, 관내청소, 점검품셈 포함

② 콘크리트 노출(앵커볼트 설치 및 구멍뚫기는 "3-7 부대공사" 별도 적용) 및 블록 칸막이 벽내는 120%, 목조건물은 110%, 철강조 노출은 125% 적용

③ 천장속, 마루밑 공사 130% 적용④ 방폭 설비시는 120% 적용

⑤ 폴리에틸렌 전선관 및 합성수지제 휨(가요) 전선관(CD관, PE관)은 합성수지 전선관 품셈의 80% 적용
⑥ 후강 전선관 및 합성수지 전선관(KS규격품 4m기준)을 지중 매설시는 해당품셈의 70%를 적용, 합성수지 주름관을 지중 매설시는 "2-1-3 합성수지관(주름관 포함)"품셈을 적용하며, 굴착, 되메우기, 잔토처리는 별도 계상
⑦ 공동주택 및 교실과 같이 동일 반복공정으로 비교적 쉬운 공사의 경우는 본 품셈의 90% 적용
⑧ 여러 개의 전선관을 동시에 배관하더라도 각각의 해당품셈을 적용
⑨ 재해 예방과 작업자의 안전을 위해 투입되는 인력(신호수 등) 및 안전시설(표지판, 라바콘 등) 설치는 "1-1-27-1 안전시설" 품셈 적용
⑩ 철거(불용 30%, 재사용 40%)

3-1-2 전선관 부속품률

전선관 상호접속, 굴곡, 가공 및 전선관과 박스의 접속에 필요한 부속품의 가격은 전선관 가격에 다음 표의 부속품률을 곱하여 계상한다.

공 정	부 속 품 률
박강전선관, 후강전선관, 합성수지전선관, 금속제 가요 전선관	20%
가요성 금속피(알루미늄, 스틸) 케이블	15%
합성수지제 휨(가요) 전선관(CD관, PF관)	40%

[해 설]

① 이 부속품률은 은폐 및 콘크리트 매입 배관의 경우를 기준한 것임
② 전선관 부속품에는 커플링, 붓싱, 커넥터, 로크너트를 포함
③ 노멀밴드(28㎜이상), 나사없는 전선관용 부속품은 실소요량을 별도 계상
④ 노출배관의 경우에는 엔트랜스캡, 터미널캡, 유니버설, 서비스엘보 등의 실 소요량을 별도 계상

3-2 박스

3-2-1 박스(BOX), 풀박스(Pull-Box), 시스템 박스 등

(단위 : 개)

공 정	통신내선공
Concrete Box	0.11
Outlet Box	0.18
Switch Box (3개용이하)	0.18
Switch Box (4개용이상)	0.25
연결용 박스	0.04
시스템 박스	0.21
풀박스	
- 천장면 : 단면적 100㎠ 이하(깊이 10㎝ 이하)	0.04
단면적 625㎠ 이하(깊이 20㎝ 이하)	0.22
단면적 900㎠ 이하(깊이 30㎝ 이하)	0.30
단면적 1,600㎠ 이하(깊이 30㎝ 이하)	0.35
단면적 4,900㎠ 이하(깊이 40㎝ 이하)	0.66
단면적 10,000㎠ 이하(깊이 15㎝ 이하)	0.95
단면적 14,400㎠ 이하(깊이 15㎝ 이하)	1.30
단면적 22,500㎠ 이하(깊이 25㎝ 이하)	2.50
단면적 40,000㎠ 이하(깊이 30㎝ 이하)	4.70
- 벽 면 : 단면적 100㎠ 이하(깊이 10㎝ 이하)	0.17
단면적 625㎠ 이하(깊이 20㎝ 이하)	0.55
단면적 900㎠ 이하(깊이 30㎝ 이하)	0.60
단면적 1,600㎠ 이하(깊이 30㎝ 이하)	0.66
단면적 4,900㎠ 이하(깊이 40㎝ 이하)	0.95
단면적 10,000㎠ 이하(깊이 15㎝ 이하)	1.23
단면적 14,400㎠ 이하(깊이 15㎝ 이하)	1.56
단면적 22,500㎠ 이하(깊이 25㎝ 이하)	3.00
단면적 40,000㎠ 이하(깊이 30㎝ 이하)	5.64

정보통신부문 제3장

[해 설]

① 콘크리트 매입 경우임
② Box 위치의 먹줄치기, Box 구멍뚫기, 커버설치 포함.
③ Block 벽체의 공동내 설치 120% 적용
④ 방폭형 및 방수형 300% 적용
⑤ 공동주택 및 교실과 같은 공사의 경우는 이 품셈의 90% 적용
⑥ 그 외는 "3-1-1 구내통신배관" 해설항 적용
⑦ 풀박스 설치시 깊이 3㎝ 초과 시 마다 해당 품셈의 20%씩 가산
⑧ 노출시 본 품셈의 120% 적용.(앵커볼트 또는 칼블럭 공정 포함)
⑨ 벽면에 거푸집 설치시는 별도 계상
⑩ 재해 예방과 작업자의 안전을 위해 투입되는 인력(신호수 등) 및 안전시설(표지판, 라바콘 등) 설치는 "1-1-27-1 안전시설" 품셈 적용
⑪ 철거 30% 적용

3-2-2 박스용 연결접지선(Bond Earth)

(단위 : 10개소)

공 정 및 규 격	통신내선공
박스(Box)	0.10
후강 전선관 Ø16㎜ ~ 36㎜	0.09
후강 전선관 Ø42㎜ ~ 54㎜	0.10
후강 전선관 Ø70㎜	0.13
후강 전선관 Ø82㎜	0.16
후강 전선관 Ø92㎜	0.19
후강 전선관 Ø104㎜	0.23

[해 설]

① 나동선 1.6㎜, 2.0㎜ 기준이며, 풀박스 구멍에 나사(볼트, 너트 등)를 사용
② 접속박스는 기존구멍을 이용, 나사(볼트, 너트 등)를 사용
③ 전선관에는 연결선을 감는 경우이며, 어스클램프를 사용한 경우에는 본 품셈의 130% 적용
④ 박스는 풀박스, 접속박스, 스위치박스 등을 말함
⑤ 철거 50%

3-3 단자함

3-3-1 단자함

공 정	규 격	단위	통신내선공	보통인부
단자함	단면적 500㎠ 이하(깊이10㎝ 이하)	개	0.50	0.50
	단면적 1,800㎠ 이하(깊이13㎝ 이하)	개	0.58	0.58
	단면적 5,250㎠ 이하(깊이15㎝ 이하)	개	0.70	0.70
	단면적 11,000㎠ 이하(깊이15㎝ 이하)	개	0.86	0.86
	단면적 18,200㎠ 이하(깊이18㎝ 이하)	개	1.10	1.10
	단면적 27,200㎠ 이하(깊이25㎝ 이하)	개	2.10	2.10

[해 설]

① 본 품셈은 중간단자함, 층단자함, 동단자함, 세대단자함, 통합단자함 설치시 적용
② 단자함은 콘크리트 매입기준이며, 노출 시 본 품셈의 120% 적용
(앵커볼트 또는 칼블럭 공정 포함)
③ 접지시설공사, 성단 및 시험은 제외함 ④ 철거(불용 20%, 재사용 50%)

3-3-2 배선반

(단위 : 개)

공 정		통신케이블공	통신내선공	보통인부
단 자 함	15P 이하	0.34	-	0.17
	25P 이하	0.36	-	0.18
	50P 이하	0.65	-	0.45
	100P 이하	0.69	-	0.49
	150P 이하	0.78	-	0.54
	200P 이하	0.82	-	0.59
	250P 이하	0.89	-	0.64
	300P 이하	0.97	-	0.69
	350P 이하	1.06	-	0.74
	400P 이하	1.15	-	0.80
	450P 이하	1.25	-	0.86
	500P 이하	1.36	-	0.93
	600P 이하	1.61	-	1.09
배 선 함	10P 이하	0.65	-	0.45
	50P 이하	0.72	-	0.45
종말단자	10P 이하	0.20	-	0.10
	25P 이하	0.24	-	0.12
피뢰탄기반	100P 이하	-	0.30	-

[해 설]

① 옥내설치의 경우에도 본 품셈 적용. 다만, 통신케이블공을 통신내선공으로 적용
② 동일장소에 2개 이상 설치시 1개 초과마다 80% 가산
③ 기설 보호기실장 단자함에 보호기 추가 실장시 1회선당 케이블공 0.015인 가산
④ 구내 기설단자함에 케이블 수용시 "4-3-3 Patch Panel 및 성단 등"의 성단품셈 적용
⑤ 현수용 단자함은 단자함품셈의 20% 가산
⑥ 옥외용 종말단자품셈은 스탑케이블과 국선케이블의 대조, 심선접속 및 외피접속품셈 포함
⑦ 외피접속에 따른 젤리충진시 통신케이블공 0.02, 보통인부 0.02인을 적용
⑧ 접속함(열수축함, 가공용 분기)의 100형이하는 종말단자 10P이하, 200형은 종말단자 25P이하를 적용
⑨ 직매단자함을 설치할 때는 스탑케이블이 부착된 단자는 시내단자함품셈, 스탑케이블이 없는 단자함은 종말단자품셈 적용
⑩ 직매단자함 지지대 설치시 굴착 및 되메우기 품셈 제외
⑪ 선번스티커 부착품셈 포함, 기설단자함 선번기입시는 개당 통신케이블공 0.03인과 보통인부 0.03인을 가산
⑫ 철거(불용 20%, 재사용 50%). 단, 스탑케이블 배선작업 없이 이설을 위한 철거는 20% 적용하고, 케이블과 동시에 철거되는 불용 현수용 단자함은 보통인부 0.014인 적용

3-3-3 중간 절체반 (삭제, '23.1.1 시행)

3-4 케이블랙 및 트레이

3-4-1 케이블랙 및 트레이 ('25년 개정)

(단위 : 10m)

규 격	통 신 내 선 공	
	철 재	알루미늄재
폭 200㎜ 이하	2.10	1.58
300㎜ 이하	2.71	2.00
400㎜ 이하	3.55	2.49
500㎜ 이하	4.21	3.12
600㎜ 이하	5.20	3.64
800㎜ 이하	5.90	4.13
1,000㎜ 이하	7.30	5.11

[해 설]

① 먹줄, 인서트 및 지지금속부속품(전산볼트, 브라켓, 나사 등) 설치품셈 포함. 단, 인서트 대신 세트앵커 사용시는 "3-7-1 부대공사" 품셈 적용.

② 엘보, 티, 크로스, 레듀샤 등 접속재는 개소당 1m 품셈으로 적용.

③ 수평·수직설치 모두 본 품셈을 적용하며, 설치 높이가 4m이상의 경우는 120% 적용.

④ 본 품셈은 사다리형 설치 기준이며, 펀칭형(하이테크) 및 밀폐형은 본 품셈의 120% 적용.

⑤ 장내 소운반 및 잔재처리를 포함.

⑥ 연결 어스품셈 포함.

⑦ 커버를 설치할 때는 본 품셈의 20%를 별도 가산.

⑧ 케이블 신·증설을 위해 기설치된 커버 해체 후 재설치시는 본 품셈의 30%를 별도 가산.

⑨ 내진 서포트 행거 설치시는 본 품셈의 10%를 별도 가산하고, 내진 버팀대는 "9-4-20-4 지진대비 보호설비" 품셈 적용.

⑩ 재해 예방과 작업자의 안전을 위해 투입되는 인력(신호수 등) 및 안전시설(표지판, 라바콘 등) 설치는 "1-1-27-1 안전시설" 품셈 적용.

⑪ 철거(불용 50%, 재사용 80%)

3-4-2 조립식 케이블트레이

(단위 : 10m)

규 격	통 신 내 선 공	
	철 재	알루미늄재
폭 200㎜ 이하	1.50	1.10
300㎜ 이하	2.00	1.40
400㎜ 이하	2.60	1.80
500㎜ 이하	3.10	2.10
600㎜ 이하	4.10	2.90
800㎜ 이하	4.60	3.20
1,000㎜ 이하	6.10	4.20

[해 설]

① 조립식 트레이는 사이드 레일을 볼트·너트를 사용하지 않고, 핀으로 꽂아 연결할 수 있게 한 연결구조의 트레이 기준
② PVC 재질의 조립식 케이블트레이 설치는 알루미늄재 품셈 적용
③ "3-4 케이블랙 및 트레이" 해설항 적용
④ 재해 예방과 작업자의 안전을 위해 투입되는 인력(신호수 등) 및 안전시설(표지판, 라바콘 등) 설치는 "1-1-27-1 안전시설" 품셈 적용
⑤ 철거(불용 50%, 재사용 80%)

3-5 덕트

3-5-1 플로어덕트

공 정 및 규 격	단 위	통신내선공
F4 35 × 41	m	0.60
F7 35 × 73	m	0.70
F5 25 × 51	m	0.50
F6 노스타드 25 × 51	m	0.50
F6 23 × 60	m	0.60
F6 노스타드 25 × 55	m	0.50
F8 23 × 80	m	0.60
Junction Box 대형	개	1.00
Junction Box 중형	개	0.90
Junction Box 소형	개	0.80
노출 Insert Cap	개	0.10

[해 설]

① 본 품셈은 덕트(Duct)의 먹물치기, 고저조정, 청소, 도입선인입 매입, 인서트캡(Insert Cap)등 콘크리트 매입의 경우임
② 거푸집 사용시는 별도 계상
③ 덕트(Duct) 접속 개소를 본딩(Bonding)시는 105% 적용
④ 본 품셈은 「리노륨」 바닥일 경우임
⑤ 설치장소가 굴곡이 있으면 130% 적용
⑥ 설치장소가 고저가 심하면 140% 적용
⑦ 그 외는 "3-1-1 구내통신 배관" 해설항 적용

3-5-2 금속덕트

(단위 : m)

규 격	평면적	단위	통 신 케이블공	통 신 내선공	보통인부
60× 30㎜ 이하	18㎠	m	-	0.15	-
100× 50㎜ 이하	50㎠	m	-	0.20	-
100× 100㎜ 이하	100㎠	m	-	0.30	-
150× 100㎜ 이하	150㎠	m	-	0.40	-
200× 100㎜ 이하	200㎠	m	-	0.45	-
300× 100㎜ 이하	300㎠	m	-	0.50	-
400× 150㎜ 이하	600㎠	m	-	0.60	-
500× 200㎜ 이하	1,000㎠	m	-	1.50	-
600× 300㎜ 이하	1,800㎠	m	-	2.00	-
700× 400㎜ 이하	2,800㎠	m	-	2.50	-
1,000× 400㎜ 이하	4,000㎠	m	-	3.00	-
절구 주변의 길이 3m	-	m	-	3.20	-
절구 주변의 길이 4m	-	m	-	4.50	-
절구 주변의 길이 5m	-	m	-	6.30	-
덕트 뚜껑 열기	-	100m	0.12	-	1.00
덕트 뚜껑 닫기	-	100m	-	-	1.00

[해 설]

① 분기 덕트(Duct) 및 L형 덕트(Duct)는 개당 1m 공량으로 산정

② 철판두께 1.6~3.2㎜ 기준

③ 재해 예방과 작업자의 안전을 위해 투입되는 인력(신호수 등) 및 안전시설(표지판, 라바콘 등) 설치는 "1-1-27-1 안전시설" 품셈 적용

④ 철거(불용 30%, 재사용 40%)

3-5-3 몰딩(Molding)

공 정 및 규 격		단 위	통신내선공
금 속 몰 딩	소 형 210㎟ 이하	m	0.16
	중 형 595㎟ 이하	m	0.18
	대 형 600㎟ 초과	m	0.22
PVC몰딩 및 알루미늄몰딩(바닥)		10m	0.25

[해 설]

① 벽면은 본 품셈의 110%, 천장은 본 품셈의 130% 적용

② 철거(불용 30%, 재사용 40%)

3-5-4 레이스웨이

규　　격	단 위	통신내선공
40㎜ × 40㎜ 이하	m	0.30
70㎜ × 40㎜ 이하	m	0.44
110㎜ × 50㎜ 이하	m	0.76

[해 설]

① 먹줄, 인서트, 접지선연결 및 지지금속부속품의 설치품 포함.

② 재해 예방과 작업자의 안전을 위해 투입되는 인력(신호수 등) 및 안전시설(표지판, 라바콘 등) 설치는 “1-1-27-1 안전시설” 품셈 적용

③ 철거(불용 30%, 재사용 40%)

3-6 액세스 플로어(Access Floor)

3-6-1 액세스 플로어(Access Floor)

(단위 : ㎡)

공　　정	건축목공	보통인부
우드 Floor	0.16	0.16
스틸 Floor	0.18	0.18
우드스틸 Floor	0.19	0.19
스틸콘크리트 Floor	0.21	0.21

[해 설]

① 본 품셈에는 지지대 세트 및 스트링거 설치와 먹물치기, 접착제 도포, 수평조절의 품셈이 포함되었음. 단, 타일 등의 마감재를 사용하여 덧시공할 경우 본 품셈의 110% 적용

② 경사면 설치시는 본 품셈의 120% 적용.

③ 구멍파기 및 앵커볼트 설치 등의 부대공정은 “3-7-1 부대공사(앵커볼트 설치 등)” 품셈 적용

④ Floor 설치에 따른 바닥청소는 ㎡당 보통인부 0.01인 적용
⑤ 철거(불용 50%, 재사용 80%)

3-7 부대공사

3-7-1 부대공사(앵커볼트 설치 등)

공 정	규 격	단 위	통신 내선공	보 통 인 부	착암공	방수공
박 스 카 버	-	장	0.03	-	-	-
C형엘보 또는 콘 듀 렛 드	1 ¼″ 이하 2 ¼″ 이하 3 ¼″ 이하	개 〃 〃	0.04 0.08 0.12	- - -	- - -	- - -
웨 더 캡	1 ½″ 이하 3 ½″ 이하	개 〃	0.03 0.04	- -	- -	- -
써 비 스 캡	1 ¼″ 이하 3 ¼″ 이하	개 〃	0.03 0.04	- -	- -	- -
드라이브일(총타정)	Ø 9㎜ 이하 Ø12㎜ 이하	10개 〃	0.18 0.28	- -	- -	- -
천 공	각 종	10개	0.22	-	-	-
칼블럭(쐐기)	Ø 9㎜ 이하 Ø12㎜ 이하	10개 〃	0.28 0.36	- -	- -	- -
배 관 용 홈 파 기	바닥 Ø22이하용 Ø28 〃 Ø36 〃 Ø42 〃 Ø54 〃 Ø70 〃 Ø82 〃	m 〃 〃 〃 〃 〃 〃	- - - - - - -	0.08 0.12 0.16 0.20 0.30 0.45 0.55	- - - - - - -	- - - - - - -
구 멍 뚫 기	깊이 50㎜ 이하	10개	-	0.36	-	-
앵 커 볼 트 설 치	Ø13㎜ 이하 Ø15㎜ 〃 Ø16~Ø19㎜ Ø22~Ø25㎜ Ø28㎜ 이상	개 〃 〃 〃 〃	0.04 0.08 0.12 0.23 0.30	- - - - -	- - - - -	- - - - -
콤 파 운 드 주 입	단면적 50㎠ 이하 단면적 100㎠ 이하 단면적 150㎠ 이하	개소 〃 〃	- - -	0.08 0.12 0.18	- - -	- - -

정보통신부문 제3장

		단면적 151㎠ 이상	〃	-	0.20	-	-
기 주입된 콤파운드 제거		단면적 50㎠ 이하	〃	-	0.27	-	-
		단면적 100㎠ 이하	〃	-	0.36	-	-
		단면적 150㎠ 이하	〃	-	0.54	-	-
		단면적 151㎠ 이상	〃	-	0.84	-	-
구멍따기	박스용 석고판	12.7Ø 이하	10개	0.41	-	-	-
	박스용 철판 (데크플레이트 등)	두께 2㎜ 이하	개	0.12	-	-	-
	MDF 판넬	-	〃	0.10	-	-	-
방 화 폼 설 치		-	ℓ	-	-	-	0.30
케 이 블 표 시		식별표시용 PVC	개	-	0.01	-	-
도 로 커 팅		깊 이 10㎝	m	-	0.13	0.13	-
기 초 대 설 치		30㎝× 30㎝× 30㎝	개	-	0.11	0.06	-
전산볼트 설치		Ø13㎜ 이하	개	0.01	-	-	-
		Ø15㎜ 이하	〃	0.02	-	-	-

[해 설]

① 천장의 경우 150% 적용　　② 방폭형 200% 적용

③ 인서트(삽입너트)는 칼블럭 9㎜이하 품셈 적용

④ 전동으로 구멍을 뚫을 경우는 천공 품셈 적용

⑤ 세트앵커, 스트롱앵커, 케미칼앵커, 엑스팬숀볼트 등 설치는 앵커볼트 설치 품셈 적용

⑥ 박스용석고판 또는 박스용철판이 2장이 겹친 경우 구멍따기는 본 품셈의 20% 가산

⑦ MDF(Medium Density Fiber)판넬 구멍따기시 비디오폰 구멍따기는 본 품셈의 30% 가산

⑧ 앵커볼트 설치는 구멍뚫기 공정 포함

⑨ 기초대 설치시 터파기 및 되메우기는 "2-1-8-1 인력 터파기" 품셈을 적용하고, 기준규격 초과시에는 본 품셈의 규격(부피)에 비례하여 적용

⑩ 구멍뚫기 후 복구 등 소규모로 모르타르시멘트를 시공할 경우 ㎏당 방화폼 설치 품셈을 적용

3-7-2 벽 관통 구멍뚫기

3-7-2-1 배관용 구멍뚫기

(직종 : 특별인부)

구경(㎜)	단위	두께(㎜)			
		250㎜ 이하	300㎜ 이하	400㎜ 이하	500㎜ 이하
100	개소	0.40	0.60	1.00	1.90
150	〃	0.48	0.72	1.20	2.28
200	〃	0.58	0.86	1.44	2.74
250	〃	0.69	1.04	1.73	3.28
300	〃	0.83	1.25	2.07	3.94

[해 설]

① 콘크리트 인력기준이며, 철근절단 장내 소운반품 포함
② 콘크리트 블록벽은 본 품셈의 50% 적용
③ 부산물 처리 및 반출 품셈 별도 계상
④ 쪼아내기의 보수비는 본 품셈의 10~20% 가산

3-7-2-2 덕트용 구멍뚫기

(직종 : 특별인부)

구경(㎜)	단위	두께(㎜)			
		150㎜ 이하	200㎜ 이하	300㎜ 이하	400㎜ 이하
0.1	개소	0.40	0.50	1.10	1.30
0.2	〃	0.60	0.70	1.40	1.80
0.3	〃	0.80	1.00	1.90	2.40
0.4	〃	0.90	1.10	2.20	2.6
0.5	〃	1.00	1.20	2.25	2.90
0.6	〃	1.10	1.25	2.40	3.00
0.7	〃	1.15	1.30	2.60	3.10
0.8	〃	1.20	1.40	2.70	3.20
0.9	〃	1.50	1.60	3.60	4.40

[해 설]

① 콘크리트 인력기준이며, 철근절단 장내 소운반품 포함
② 콘크리트 블록벽은 본 품셈의 50% 적용
③ 부산물 처리 및 반출 품셈 별도 계상
④ 쪼아내기의 보수비는 본 품셈의 10~20% 가산
⑤ 케이블트레이, Rack, 레이스웨이 본 품셈 적용

3-7-2-3 배관용 구멍뚫기(코어드릴 사용기준)

가. 바닥

(단위 : 개소)

공정		두께 150㎜ 이하			두께 300㎜ 이하		
		착암공	보통인부	코어드릴(Hr)	착암공	보통인부	코어드릴(Hr)
구경(㎜)	25	0.10	0.10	0.28	0.17	0.17	0.56
	50	0.12	0.12	0.43	0.21	0.21	0.86
	70	0.14	0.14	0.58	0.25	0.25	1.16
	100	0.17	0.17	0.73	0.29	0.29	1.46
	150	0.21	0.21	1.03	0.37	0.37	2.06
	200	0.25	0.25	1.33	0.45	0.45	2.66
	250	0.30	0.30	1.63	0.53	0.53	3.26
	300	0.34	0.34	1.93	0.60	0.60	3.86
	350	0.38	0.38	2.23	0.68	0.68	4.46
	400	0.43	0.43	2.53	0.76	0.76	5.06

[해 설]

① 본 품셈은 코어드릴을 사용하여 철근콘크리트 슬래브를 천공하는 작업에 적용
② 본 품은 코어드릴의 소운반, 천공 및 마무리를 포함
③ 부산물 처리 및 반출품은 별도 계상
④ 주재료비(다이아몬드 비트)는 별도 계상
⑤ 철근탐색 및 시험천공작업 별도 계상

나. 벽면

(단위 : 개소)

공정		두께 150㎜ 이하			두께 300㎜ 이하		
		착암공	보통인부	코어드릴(Hr)	착암공	보통인부	코어드릴(Hr)
구경(㎜)	25	0.12	0.12	0.36	0.22	0.22	0.72
	50	0.15	0.15	0.55	0.27	0.27	1.10
	70	0.18	0.18	0.75	0.32	0.32	1.49
	100	0.21	0.21	0.93	0.37	0.37	1.87
	150	0.27	0.27	1.32	0.47	0.47	2.64
	200	0.32	0.32	1.71	0.57	0.57	3.40
	250	0.38	0.38	2.09	0.67	0.67	4.17
	300	0.43	0.43	2.47	0.77	0.77	4.94
	350	0.49	0.49	2.86	0.87	0.87	5.71
	400	0.54	0.54	3.24	0.98	0.98	6.47

[해 설]

바닥 해설항 적용

제4장 통신케이블공사

4-1 광섬유케이블

4-1-1 광섬유케이블 포설 ('25년 개정)

공 정	규 격		단 위	광케이블 설치사	통 신 외선공	특 별 인 부	보 통 인 부
광섬유케이블 포 설 (싱글/멀티모드)	지중	인력견인포설	100m	0.94	-	-	1.41
		기계견인포설	〃	0.48	-	0.48	-
		공기압력포설	〃	0.34	0.25	0.20	-
	가 공 포 설		〃	1.35	-	-	1.01
내관포설	23㎜이하 PE관		〃	-	0.45	-	0.50
	28㎜이하 PE관		〃	-	0.48	-	0.53
	36㎜이하 PE관		〃	-	0.51	-	0.57
내관이음	공기압력포설용		개소	0.12	0.12	0.12	-
결 합 형 내관포설	28㎜이하 PE관		100m	-	0.44	-	0.57
	36㎜이하 PE관		〃	-	0.53	-	0.63
슬 림 형 내관포설	인력견인포설 (2조 이하)		100m	-	0.28	-	0.42
견인선 포설	인력포설(4㎜)		100m	-	0.28	-	0.42
	공기압력포설		〃	-	0.04	-	0.07

[해 설]

① 720코어 광섬유케이블 포설은 본 품셈의 110% 적용.

② 광섬유케이블 지중 포설방법의 경우 인력으로 견인하는 인력견인포설과 윈치 등 기계장비를 이용하여 견인하는 기계견인포설(장비사용시간 10분/100m 기준)이 있고, 가공 포설방법의 경우 고소작업차를 사용하여 포설하는 공정임(장비사용시간 124분/100m 기준).

③ 주관로 청소품은 "2-1-7 통신용 관로 등 청소" 품셈 적용.

④ 내관포설시 2열 동시작업은 본 품셈의 180%, 3열 동시는 260%, 4열 동시는 340%, 4열 초과하는 경우 초과 1열당 80% 가산.(내관견인을 위한 견인선 포설 품셈 포함)

⑤ 견인선 포설{인력포설(4㎜)}은 내관청소, 선통품셈 포함.
⑥ 통신구 및 동도내의 광섬유케이블 포설 시는 본 품셈의 115%를 적용하며, 슬림형내관을 사용하여 광케이블 포설 시는 본 품셈 적용.
⑦ 안공내 스파이럴슬리브 설치는 "4-7-1 지중 및 가공케이블" 해설⑫항을 적용.
⑧ 철거가 수반되지 않는 가공 광섬유케이블 이설은 가공포설품셈의 70%를 적용하고, 처짐(정도)의 조정은 20% 적용.
⑨ 젤리충진 광섬유케이블, 해킹방지 광섬유케이블(IB 광섬유케이블 : Infrared Blocking Optical Cable), 가요성 금속피(알루미늄, 스틸) 광섬유케이블 포설은 본 품셈 적용.
⑩ 인력 견인포설시 8자 포설은 보통인부에 한하여 15% 가산.
⑪ 교량·터널·지상에 사용되는 공동관로(트로프)내 광섬유케이블 포설시 지중 인력 견인포설 품셈 적용.
⑫ 공기압력 포설의 양방향 포설시는 공기압력포설품셈에 광케이블설치사 128%, 통신외선공 123%, 특별인부 131%를 각각 적용.
⑬ 공기압력포설시 통과인공내에서 내관활입이음은 내관이음품셈의 175% 적용.(내관인출 작업포함)
⑭ 공기압력포설품에는 내관청소, 정리 및 소운반, 맨홀내 광섬유케이블 여장정리 및 고정 등이 포함.
⑮ 슬림형 내관은 3조부터 1조 추가당 본 품셈의 80% 적용.
⑯ 케이블 수용관로내 슬림형내관에 의한 추가포설시에는 본 품셈의 130% 적용.
⑰ 관로내 슬림형내관에 케이블(광섬유 케이블, 동 케이블, UTP 케이블, 신호선, 제어용케이블, 전원선 등) 포설시 관로내 광섬유케이블 용적률 16%까지는 본 품셈 적용, 16% 초과 32%까지는 광케이블 1조당 본 품셈의 115% 적용.
⑱ 슬림형내관에 케이블 포설시는 견인선 포설품셈 미적용.
⑲ SCD(Silicon Coated Duct)관 포설은 내관포설 품셈 적용.
⑳ 기계경비는 "1-4 기계경비 산정기준" 품셈 적용.
㉑ 슬림형내관을 PE(결합형) 내관 및 트로프에 포설 시에도 본 품셈 적용.
㉒ 자기지지형 광섬유케이블은 가공포설 품의 120% 적용.
㉓ 열차감시원은 보통인부 1.0인 가산.
㉔ 재해 예방과 작업자의 안전을 위해 투입되는 인력(신호수 등) 및 안전시설(표지판, 라바

콘 등) 설치는 "1-1-27-1 안전시설" 및 "1-2-2-5 위험 할증률" 품셈 적용.
㉕ 철거 케이블을 풀어서 다시 감는 경우는 신설의 40% 적용.
㉖ 철거 50% 적용. 단, 재활용을 목적으로 철거하여 드럼에 감는 경우는 90% 적용.

※ 기계장비 필요 포설공정

작 업 종 류		기 계 장 비 종 류
광케이블 포 설	기계견인포설	윈치, 화물자동차
	광코어 공기압력포설	공기압축기, 광코어 공압포설기, 화물자동차
	광케이블 공기압력포설	공기압축기, 공압포설기, 화물자동차
	가 공 포 설	고소작업차
내 관 포 설		윈치, 화물자동차
결 합 형 내 관 포 설		
견인선포설(공기압력포설)		공기압축기(이동식)

4-1-2 광섬유케이블 접속(성단) 및 시험

4-1-2-1 광섬유케이블 접속 및 시험

공 정	규 격	단 위	통신관련 기 사	광케이블 설 치 사	특 별 인 부
광섬유케이블 일 반 접 속	12코어 이하	코어당	-	0.11	0.11
	48코어 이하	〃	-	0.08	0.08
	72코어 미만	〃	-	0.06	0.06
	72코어 이상	〃	-	0.03	0.02
절체접속	12코어 이하	코어당	-	0.35	0.35
	48코어 이하	〃	-	0.25	0.25
	72코어 미만	〃	-	0.24	0.22
	72코어 이상	〃	-	0.20	0.18
광접속함체	-	대	-	0.51	0.51

정보통신부문 제4장

공 정	규 격	단 위	통신관련 기 사	광케이블 설 치 사	특 별 인 부
광섬유케이블 시험 및 측정	접 속 전 시 험	코어당	-	0.15	0.13
	접 속 후 시 험	〃	-	0.11	0.11
	최 종 시 험	〃	-	0.22	0.22
	광대역폭 측정	〃	0.28	0.14	0.21
	편광모드분산측정	〃	-	0.59	0.59
	반사손실 측정	〃	-	0.25	0.20
광섬유케이블 식 별	OTDR 확인	케이블당	-	0.28	0.23

[해 설]

① 광섬유케이블 접속은 융착접속방법에 의함.

② 절체접속 품셈에는 작업개소별 코어대조 품셈이 포함되었음. 다만, 절체접속시 시험(접속전·후, 최종)을 하는 경우에는 해당 시험품셈 별도 계상.
(구간별 시험을 실시하는 경우 최종시험품셈 별도 계상)

③ 광접속함체 공정은 광섬유케이블의 외피 탈피, 광접속함체내 케이블 고정 및 정리, 함체 결합 및 표찰 부착 등을 포함하고 있으며, 광접속함체 내 광케이블 접속은 광섬유케이블 일반접속품을 별도로 계상.

④ 분기 추가시 분기마다 광접속함체 품셈의 30%를 가산하고, 기존 광접속함체를 해체·조립할 경우 광접속함체 품셈의 70% 적용

⑤ 광섬유케이블 코어접속에는 중심지지선 및 금속심선 접속품셈, 본드선 부착품셈이 포함.

⑥ 가공작업은 본 품셈의 120% 적용.

⑦ 광섬유케이블 시험

㉮ 접속전 시험 : (1) 심선내소
(2) 측정 및 시험성적서 작성

㉯ 접속후 시험(단위구간 접속손실 측정 및 파단지점 확인 시험)

(1) 단위구간 접속손실(dB/개소) 측정(OTDR, 양방향) 및 촬영
(2) 시험성적서 작성

㉰ 최종시험(전체 구간 광섬유케이블 포설 및 접속·성단 후, 총 손실 확인 시험)
(1) 심선대조(광심선대조기)
(2) 이상유무(OTDR) 확인
(3) 전체 구간 총 손실(dB) 및 송수신 출력 측정(광파워메터, 양방향)
(4) 시험성적서 작성

⑧ 광대역폭 측정은 광섬유케이블이 mmF(Multi Mode Fiber, 다중모드광섬유)인 경우 적용

⑨ 편광모드분산측정은 10G 이상의 광전송방식인 경우 관광모드분산 특성을 측정시 적용하며,색분산 측정도 본 품셈 적용.

⑩ 광섬유케이블 식별은 이용중인 광섬유케이블 2조이상 수용된 인공, 전봇대에서의 분기접속이나 재접속시 적용하며, 광섬유케이블 대 ·개체, 철거 등의 식별작업에도 본 품셈 적용.

⑪ 반사손실 측정은 FTTH-PON 전송방식인 경우 적용

⑫ 광접속함체가 없는 광섬유케이블을 분기접속할 경우 일반접속 품셈의 49% 가산

⑬ 재해 예방과 작업자의 안전을 위해 투입되는 인력(신호수 등) 및 안전시설(표지판, 라바콘 등) 설치는 "1-1-27-1 안전시설" 및 "1-2-2-5 위험 할증률"품셈 적용.

⑭ 해킹방지 광섬유케이블(IB 광섬유케이블 : Infrared Blocking Optical Cable) 접속 및 시험은 본 품셈 적용.

⑮ 접속 규격은 작업개소당 적용기준임

⑯ 광접속함체 철거. (불용 30%. 재사용 80%)

4-1-2-2 광분배함(반) 및 성단 등

공 정	규 격	단 위	광케이블 설 치 사	통 신 설비공	특별 인부	보통 인부
광분배함(OFD) 및 저장함 설치	-	개	-	0.09	-	0.09
광분배반(FDF)	-	대	-	0.23	-	0.23
광단자함(OTP)	-	개	-	0.29	-	0.15
광분배기	4분배기 이하	〃	0.06	-	-	-
국 내 성 단	12코어 이하	코어당	0.14	-	0.14	-
	13 - 71코어	〃	0.12	-	0.09	-
	72코어 이상	〃	0.08	-	0.06	-

[해 설]

① 기존 광분배함(반)에 저장함 설치시는 광분배함 및 저장함 설치품셈의 30% 적용.

② 국내성단 규격은 작업개소당 적용기준이며, 성단접속 품량 포함.

③ 동일장소에 2개 설치시 본 품셈의 180%, 3개 초과하는 경우에는 초과 1개당 80% 가산.

④ 광분배반(FDF) 신설은 바닥 고정물 설치 및 도어 조립품 포함이며, 미니(MINI) FDF 또는 광분배반을 랙 또는 단자함 내에 설치시 “광분배함(OFD) 및 저장함 설치” 품셈 적용.

⑤ 광분배함(반)및 광단자함에 광섬유케이블수용은 국내성단 품셈 적용.

⑥ 광단자함(OTP) 신설품셈은 전봇대 설치 기준으로, 옥내 설치시 광단자함 신설품셈의 80% 적용. 또한 IJP Box(injection Point Box)는 광단자함 품셈을 적용하며 함체내부 설치시 본 품의 80%를 적용하고, 분기마다 30%를 가산

⑦ 광단자함(OTP)에 선번 스티커 부착품셈 포함하며, 기설 광단자함 선번기입은 개당 통신설비공과 보통인부를 각각 0.03인씩 가산.

⑧ 현장조립 광커넥터(페룰연마 등)에 의한 성단작업은 국내성단품셈 적용.

⑨ 광분배기(Optical Splitter 또는 Remote Node)는 4분배기 이하 설치 품셈이며,

8분배기는 본 품셈의 160%, 8분배기를 초과하는 경우 4분배 추가당 60% 가산.

⑩ 재해 예방과 작업자의 안전을 위해 투입되는 인력(신호수 등) 및 안전시설(표지판, 라바콘 등) 설치는 "1-1-27-1 안전시설" 및 "1-2-2-5 위험 할증률" 품셈 적용.

⑪ 철거(불용 50%, 재사용 80%)

4-1-3 구내 광섬유케이블

공 정	규 격	단 위	광케이블 설 치 사	특별인부	보통인부
광섬유케이블포설	12코어 이하	100m	0.92	0.46	-
	24코어 이하	〃	1.32	0.67	-
광코어 공압포설 (집합광섬유)	4코어 이하	〃	0.12	0.09	-
	8코어 이하	〃	0.15	0.11	-
	9코어 이상	〃	0.17	0.12	-
광튜브 포설	7튜브 이하	〃	0.49	-	0.83
	8튜브 이상	〃	0.58	-	0.95
광튜브 내관이음	광튜브	개소	0.07	-	-
슬림형내관포설	인력견인포설	100m	0.34	-	0.51
성 단	-	코어당	0.06	0.05	-
시 험	최종시험	〃	0.05	0.02	-
	반사손실측정	〃	0.05	0.02	-
광인출구 설치	-	10개	0.18	-	-
광점퍼코드 (광패치코드) 포설	-	10m	0.07	0.08	-

[해 설]

① 본 품셈은 신축 건축물 기준이며, 기축 또는 리모델링 건축물에서 광섬유케이블 포설은 본 품셈의 200%, 성단·시험공정은 본 품셈의 130% 적용.

② 광섬유케이블 36코어 포설은 24코어 포설품의 120%, 48코어는 150% 적용.

③ 강대가 없거나 인장선이 부드러운 인조섬유(아라미드)로 된 광섬유케이블 포설은 광섬유케이블 포설품셈의 50% 적용.

④ 8자 케이블 포설시는 본 품셈의 115% 적용.(부드러운 인조섬유(아라미드) 광섬유케이블은 제외)

⑤ 광섬유케이블 코어(집합광섬유) 공압포설은 단일방향 포설 기준이며, 양방향 포설은 본 품셈의 119%, 연속포설은 137% 적용.
(기계경비는"1-4 기계경비 산정기준" 품셈 적용)

⑥ 광튜브 포설품셈에는 튜브절단·커넥터 설치 및 튜브 여장처리공정이 포함.

⑦ 덕트뚜껑 열기 닫기는 "3-5-2 금속덕트" 품셈 적용.

⑧ 성단은 광편단코드(피그테일)와 광섬유케이블 접속 및 광분배함 내 광어댑터 설치, 접속여장 정리, 광섬유케이블 식별표시 포함 공정.

⑨ 최종시험은 총 손실을 측정하고, 포설된 광케이블 길이를 확인하는 공정을 포함하며, 최종시험과 반사손실 측정은 양방향 시험 기준.

⑩ 광섬유케이블 분배함(반) 및 광단자함은 "4-1-2-2 광분배함(반) 및 성단 등"을 적용.

⑪ 기계경비(기계손료, 운전경비, 수송비)는 "1-4 기계경비 산정기준" 품셈 적용.

⑫ 광섬유케이블 접속은 "4-1-2-1 광섬유케이블 접속 및 시험"의 광섬유케이블 일반 접속 품셈 적용.

⑬ 슬림형내관 2조부터는 1조 추가당 본 품셈의 80% 가산.

⑭ 구내 슬림형 내관, 광섬유케이블, 광튜브케이블을 전선관이나 합성수지 주름관 등에 포설시는 본 품셈을 적용하며, 액세스플로어, 케이블랙, 트레이, 플로어덕트, 금속덕트, 레이스웨이 등에 포설시는 본 품셈의 120% 적용.

⑮ 광점퍼코드 포설은 세대단자함부터 거실 구간 등 적용 기준.

⑯ 기축 건축물 외벽에 설치되는 자기지지형 광케이블 포설은 광섬유케이블 포설품의 120% 적용

⑰ 구내용 해킹방지 광섬유케이블(IB 광섬유케이블 : Infrared Blocking Optical Cable) 포설은 본 품셈을 적용.

⑱ 가요성 금속피(알루미늄, 스틸) 구내 광섬유케이블은 본 품셈의 150% 적용하고, 앵커볼트 설치 품셈은 별도 계상.
⑲ 철거 50% 적용. 단, 재활용을 목적으로 철거하여 드럼에 감는 경우는 90% 적용.

4-1-4 광전복합케이블

규 격		단위	광케이블설치사	보통인부
지중포설	단면적 35㎟ 이하	100m	1.34	1.34
	단면적 50㎟ 이하	100m	1.49	1.49
가공포설	단면적 35㎟ 이하	100m	1.61	1.61
	단면적 50㎟ 이하	100m	1.79	1.79

[해 설]
① 광전복합케이블은 광 및 전원 등 복합케이블로써 자재운반, 포설, 고정 등 공정을 포함.
② 8자포설은 보통인부에 한하여 15% 가산.
③ 광전복합케이블의 접속 및 성단은 별도 계상.
④ 교량·터널·지상에 사용되는 공동관로(트로프)내 포설시 지중포설 품셈 적용하고, 통신구 및 동도내 포설 시는 지중포설 품셈의 115%를 적용.
⑤ 가요성 금속피(알루미늄, 스틸) 광전복합케이블은 본 품셈 적용.
⑥ 철거 케이블을 풀어서 다시 감는 경우는 신설의 40% 적용.
⑦ 철거 50% 적용. 단, 재활용을 목적으로 철거하여 드럼에 감는 경우는 90% 적용.

4-1-5 광섬유 복합 낙뢰차폐선(OPGW, Compositive Overhead Ground Wire With Optical Fiber)

공 정	규격		단위	전기공사기사	통신관련기사	광케이블설치사	통신외선공	무선안테나공	송전전공	특별인부
안전로프			기	-	-	-	-	-	0.41	0.14
연선(전선펴기)	인발공법	70㎟ 이하	km	0.41	0.41	0.93	-	-	8.07	6.24
		100㎟ 이하		0.60	0.60	1.12	-	-	9.04	6.62
		120㎟ 이하		0.66	0.67	1.37	-	-	9.11	6.81
		200㎟ 이하		0.93	0.74	1.45	-	-	9.68	7.18
	일륜보조활차공법	70㎟ 이하	km	0.24	0.56	2.06	-	-	22.6	14.37
		100㎟ 이하		0.25	0.56	2.16	-	-	23.96	15.09
		120㎟ 이하		0.26	0.59	2.18	-	-	24.18	15.09
		200㎟ 이하		0.26	0.65	2.39	-	-	25.99	16.38
	이륜보조활차공법	70㎟ 이하	km	1.72	2.26	1.96	-	-	25.99	17.68
		100㎟ 이하		1.78	2.33	2.03	-	-	26.60	18.11
		120㎟ 이하		1.88	2.40	2.09	-	-	27.81	18.86
		200㎟ 이하		1.92	2.61	2.27	-	-	29.89	20.48
긴선(전선당기기)	내장철탑(접속)	70㎟ 이하	기	0.86	0.89	-	-	-	4.25	4.02
		100㎟ 이하		0.94	0.94	-	-	-	4.30	4.14
		120㎟ 이하		1.00	1.00	-	-	-	4.48	4.22
		200㎟ 이하		1.06	1.02	-	-	-	4.81	4.54
	내장철탑(비접속)	70㎟ 이하	기	0.70	0.72	-	-	-	3.26	3.22
		100㎟ 이하		0.76	0.76	-	-	-	3.29	3.32
		120㎟ 이하		0.80	0.80	-	-	-	3.42	3.39
		200㎟ 이하		0.86	0.82	-	-	-	3.68	3.64
	현수철탑	70㎟ 이하	기	0.71	0.67	-	-	-	2.39	2.37
		100㎟ 이하		0.71	0.71	-	-	-	2.43	2.44
		120㎟ 이하		0.75	0.75	-	-	-	2.48	2.47
		200㎟ 이하		0.82	0.81	-	-	-	2.65	2.63
접속	준비 및 함체설치		개소	-	0.33	3.25	4.33	-	-	2.17
	광섬유케이블코어접속	24코어 이하	코어당	-	0.11	0.10	0.23	-	-	-
		48코어 이하	〃	-	0.07	0.06	0.14	-	-	-
		72코어 이하	〃	-	0.05	0.05	0.10	-	-	-
		72코어 초과	〃	-	0.04	0.04	0.09	-	-	-
	시험	접속후시험	코어	-	0.14	0.14	-	-	-	0.14
		최종시험(철탑개소 기준)		-	0.25	0.25	-	-	-	0.25

[해 설]

① 평탄지, 일반공법 및 기설낙뢰차폐선(철거비 별도) 송전선로의 철탑 상단작업 기준임.

② 장력조정, 금속부속품 설치, OPGW 인하작업, 고정클램프 설치 포함이며, 연선작업을 위한 무선설비 설치시 개소당 무선안테나공 0.6인 가산.

③ 광섬유케이블 시험

㉮ 접속후 시험 : (1) 측정 및 촬영 (2) 시험성적서 작성

㉯ 최 종 시 험 : (1) 심선대조 (2) 이상유무(OTDR)

(3) 송수신 출력 및 전체손실 측정 (4) 시험성적서 작성

④ '광섬유케이블 코어접속'은 접속함체당 작업기준으로 융착접속 방법에 의함.

⑤ 최종시험품은 철탑개소에서 시험할 경우에 적용하며, 변전소 구내에서 시험할 경우에는 "4-1-2-1 광섬유케이블 접속 및 시험" 중 광섬유케이블 시험 및 측정의 최종시험 품셈 적용.

⑥ 본 품셈은 다중 및 단일모드 광섬유케이블 동일 적용.

⑦ 지세별, 지형별, 위험 할증률은 별도 계상.

⑧ 엔진, 텐셔너 등 공기구 설치품셈 포함.

⑨ 장비(케이블접속기 및 시험기류, 엔진, 텐셔너, 보조활차장비 등) 제경비는 별도 계상.

⑩ 메신져와이어 시설을 위한 수목제거는 별도 계상.

⑪ 3㎞이내 및 3㎞ 초과 ~ 5㎞이내 소규모 시설공사시는 각각 이 품셈의 100% 및 50% 가산.(적용예 : 3.1㎞일 경우 3㎞까지는 100%, 3㎞초과분인 0.1㎞는 50% 가산)

⑫ 연선장비(텐셔너, 엔진 등) 수반 공사가 아닌 단순이설 공사는 소규모 할증 제외. 단, 단순이설인 경우라도 휴전으로 인해 동일 철탑 2회 이상 작업 시 소규모 할증 적용.

⑬ 단순 이설시는 긴선 설치품셈의 180% 적용.

⑭ 긴선공정 중 접속철탑에서 편측 긴선 작업 시 본 품셈의 75%, 비접속철탑에서

편측 긴선 작업 시 본 품셈의 45% 적용.(접속품은 별도 계상)

⑮ 기설 철탑 양측의 OPGW 처짐(정도)의 조정 품셈은 긴선 설치 품셈의 120%(금속부속품 교체시) 150%(금속부속품 재사용시) 적용.

⑯ 기설 철탑 편측의 OPGW 처짐(정도)의 조정 품셈은 양측의 OPGW 처짐(정도)의 조정 품셈의 75%(접속철탑), 45%(비접속철탑) 적용.

⑰ 긴선 현수철탑에 사용하는 현수클램프는 일반형(그립형) 기준이며, 볼트형을 사용할 경우 본 품셈의 90% 적용.

⑱ OPGW 연선 및 긴선품에는 안전사고 방지를 위한 철탑별 지상감시자 배치가 반영됨.

⑲ 재해 예방과 작업자의 안전을 위해 투입되는 인력(신호수 등) 및 안전시설(표지판, 라바콘 등) 설치는 "1-1-27-1 안전시설" 품셈 적용.

⑳ 철거.(불용 50%, 재사용 80%) 단, 안전로프 재사용 철거는 50% 적용하고 접속함체 불용철거시 통신외선공, 특별인부의 50% 적용(통신관련기사 및 광케이블설치사 제외), 연선(전선펴기) 교체철거시 철거품은 적용하지 아니함.

4-1-6 광섬유복합가공중성선(OPNW, Optical Neutral Wire)

공 정	규 격	단 위	광케이블설치사	통신외선공	보통인부
광섬유복합가공중성선 포설	95㎟	100m	1.41	0.52	1.52

[해 설]

① 본 품셈은 광섬유복합가공중성선(OPNW : OPtical Neutral Wire)을 배전주 중성선 위치에 포설하는 공정임.

② 장력조정, 금속부속품(고정클램프 포함)의 설치는 별도 계상.

③ 전력선 방호작업, 활차 및 롤러 설치, 풀링로프 설치 포함.

④ 기계경비는 "1-4 기계경비 산정기준" 품셈 적용.

⑤ 광섬유복합가공중성선(OPNW) 절연튜브는 OPNW 포설과 병행설치시 10m당 광케이블설치사 0.14, 보통인부 0.14 적용하고, 단독설치시는 병행 설치 품셈의 120% 적용.

⑥ 철거(불용 50%, 재사용 80%)

4-1-7 지중케이블 금속부속품

공 정	규 격	단 위	통신외선공	보통인부
관로구 방수장치	200㎜이하	개	0.13	0.13
케이블행거	〃	〃	0.01	0.01
케이블홀더	〃	〃	0.01	0.01
행거안전캡	〃	100개	0.12	0.12

[해 설]

① 장비 반입구로부터 운반거리(직선거리) 20m 초과 시 "1-1-17 소운반의 운반거리" 품셈 적용.

② 지세별 할증은 "1-2-2-1 지세별 할증률"을 적용하고 재해 예방과 작업자의 안전을 위해 투입되는 인력(신호수 등) 및 안전시설(표지판, 라바콘 등) 설치는 "1-1-27-1 안전시설" 품셈 적용.

③ 맨홀 내 양수작업 별도 계상.

④ 관로구 방수장치는 동일 장소에 1개 추가마다 80% 가산.

⑤ 철거(불용 50%, 재사용 80%)

4-2 동축케이블

4-2-1 동축케이블 포설 ('25년 개정)

규 격		단 위	통신케이블공	보통인부
옥내 포설	5C 이하	10m	0.17	-
	7C	〃	0.22	-
	10C	〃	0.32	-
지하 관로 포설	5C 이하	100m	0.41	0.41
	7C	〃	0.65	0.52
	8C	〃	0.74	0.59
	10C	〃	0.93	0.74
	12C	〃	1.11	0.89
	17C	〃	1.58	1.26

[해 설]

① 터파기, 되메우기, 관로설치, 트로프(Trough) 설치품셈 별도 적용.
② 자기지지형 케이블은 지하관로 포설품셈의 120% 적용.
③ PE 내관 포설품셈 및 견인선포설품셈은 "4-1-1 광섬유케이블 포설"품셈 적용.
④ 통신구 및 동도내의 케이블 포설시는 지하관로 포설품셈의 115% 적용.
⑤ 가공설치시 지하관로 포설품셈의 120% 적용(자기지지형 케이블을 제외한 동축 케이블에 적용)하며, 가공케이블 이설은 가공설치품셈의 70% 적용.
⑥ 인입선 가설은 조당 본 품셈의 48% 적용.(부속품 바인딩 별도 적용)
⑦ RG(17, 8/H, 11/U) 케이블 포설은 지하관로 포설품셈 적용.
⑧ 케이블 2열 동시설치 180%, 3열 260%, 4열 340%, 4열 초과하는 경우 초과 1열당 80%씩 가산.
⑨ 가요성 금속피(알루미늄, 스틸) 케이블을 옥내 포설시 본 품셈의 150% 적용하고, 앵커볼트 설치 품셈은 별도 계상.
⑩ 재해 예방과 작업자의 안전을 위해 투입되는 인력(신호수 등) 및 안전시설(표지판, 라바콘 등) 설치는 "1-1-27-1 안전시설" 품셈 적용.
⑪ 철거 케이블을 풀어서 다시 감는 경우는 신설의 40% 적용.
⑫ 철거 50% 적용. 단, 재활용을 목적으로 철거하여 드럼에 감는 경우는 90% 적용.

4-2-2 커넥터 ('25년 개정)

규 격			단위	통신내선공	통신관련산업기사
커넥터	5C 이하		개	0.02	-
	7C, 8C		〃	0.05	-
	10C, 12C		〃	0.06	-
	17C		〃	0.07	-
	BNC(RG-58)	Ethernet(Thick)	10개	0.56	-
		Ethernet(Thin)	〃	0.56	-
		Terminator(Thick)	〃	0.51	-
		Terminator(Thin)	〃	0.14	-
직렬단자	설치		개	0.07	-
	시험		〃	-	0.02

[해 설]

① 본 품셈은 방수처리품셈이 포함되었으며, 미포함시는 본 품셈의 95% 적용.

② 직렬단자 시험은 S-MATV(Satellite-MATV) 직렬단자인 경우 적용하며, 스펙트럼 아날라이저(Spectrum Analyzer)로 레벨측정, C/N비(영상반송파대잡음비)의 측정시험품셈을 말함. ③ 철거 30% 적용.

4-3 꼬임케이블

4-3-1 꼬임케이블 포설

공 정			단 위	통신케이블공	통신내선공
UTP, SIP, FTP	구내	4P	10m	0.15	-
		25P	〃	0.24	-
		50P	〃	0.35	-
		100P	〃	0.50	-
	옥외	4P이하	〃	0.05	-
Thin			〃	0.18	-
Thick			〃	0.32	-
RS-Cable	10P 이하		〃	0.18	-
	10P 초과		〃	0.23	-
AUI			〃	0.20	-
Token Cable(2P)			〃	-	0.17

[해 설]

① 관로 및 Pit 기준으로서 벽잠핑, 플로어덕트, 케이블 트레이, 랙(Rack)에 설치시는 본 품셈의 120%를 적용. 바닥 노출시는 본 품셈의 80%를 적용하며, 몰딩을 설치하는 경우 "3-5-3 몰딩(Molding)" 적용.

② UTP, STP, FTP케이블 200P는 100P의 180%, 300P는 260%, 400P는 340%, 400P 초과는 100P 초과당 80% 가산.

③ 본 품셈은 포설품셈이며 포박실로 포박하는 경우에는 본 품셈의 148% 적용하며, 케이블타이로 포박하는 경우에는 110% 적용.

④ 성단품셈은 "4-3-3 Patch Panel 및 성단 등" 품셈 적용.

⑤ 8자케이블 포설시는 본 품셈의 115%적용.

⑥ 강대가 있는 케이블 포설시 본 품셈의 120% 적용.
⑦ UTP, STP, FTP(옥외)는 가공가설품셈으로, 인입 클램프 설치 포함이며, 자기지지형 케이블은 120% 적용.
⑧ 2열 동시설치를 하는 경우에는 180%, 3열 260%, 4열 340%, 4열 초과는 초과 1열당 80% 가산.
⑨ 본 품셈에서 명시하지 아니한 철가 및 케이블 포설포박은 "5-1-1 기초설치(공통)"품셈을 적용.
⑩ 가요성 금속피(알루미늄, 스틸) 케이블을 옥내 포설시 본 품셈의 150% 적용하고,앵커볼트 설치 품셈은 별도 계상.
⑪ 재해 예방과 작업자의 안전을 위해 투입되는 인력(신호수 등) 및 안전시설(표지판, 라바콘 등) 설치는 "1-1-27-1 안전시설" 품셈 적용.
⑫ 철거(불용 50%, 재사용 90%)

4-3-2 커넥터 및 Jack 설치

공 정	단 위	통신내선공
RS-232C(10Pin)	〃	0.49
Modular(RJ45-8Pin Plug)	〃	0.13
Modular(Outlet)	〃	0.28
TELCO(50Pin)	〃	1.19
Token Ring용 Data Line	〃	0.84

[해 설]
① RS-232C중 11Pin이상은 본 품셈의 130% 적용.
② STP, FTP용 Modular Jack은 Modular품셈의 130% 적용.
③ Modular(Outlet)는 케이블 접속 및 커버 플레이트 설치 공정을 포함(Outlet Box는 별도 계상)하며, 2구형은 본 품셈의 120%, 3구형은 140%, 4구형은 160% 적용하며, 4구형 초과시 2구당 20%씩 가산.
④ Cat6 Modular설치는 "Modular(RJ45-8Pin Plug)"품의 135% 적용.
⑤ 본 품셈에서 명시하지 아니한 철기 및 케이블 포설포박은 "5-1-1 기초설치(공통)" 품셈 적용.
⑥ 철거(불용 30%, 재사용 80%)

4-3-3 Patch Panel 및 성단 등

공 정		단 위	통 신 케이블공	통 신 설비공	통 신 내선공	보 통 인 부
M D F 설 치	23″Standard (공 철가기준)	열	-	1.55	-	0.78
Box 설치	Outlet Box (4구이하 노출/매입)	개	-	-	0.15	-
110 Block 설 치	25P 이하	세트	-	0.11	-	0.11
	50P	〃	-	0.25	-	0.13
	100P	〃	-	0.31	-	0.17
	300P	〃	-	0.43	-	0.24
19″Rack	높이 2.2m미만	대	-	0.48	-	-
	높이 2.2m이상	〃	-	0.54	-	-
Patch Panel 설 치	6 Port 이하	대	-	0.07	-	0.07
	12 Port 〃	〃	-	0.12	-	0.12
	24 Port 〃	〃	-	0.21	-	0.21
	48 Port 〃	〃	-	0.38	-	0.38
Patch 및 Line Cord 설치 및 정리		10개	0.40	-	-	0.54
성 단	Patch Panel	Port	0.02	-	-	0.02
	110 Block	25P 1Line	0.10	-	-	0.10
		4P 1Line	0.03	-	-	0.03
회 선 시 험		Port (또는 4P)	0.05	-	-	0.03

[해 설]

① Outlet Box 6구는 본 품셈의 130%, 12구는 6구 품셈의 250% 적용.

② 110용 Connecting Block(4P, 5P) 부착은 110 Block설치품셈에 포함되었으며, 2세트 설치 시(100P 또는 300P) 본 품셈의 180%, 3세트 260%, 4세트 340%, 4세트 초과는 1세트 추가당 80% 가산.

③ 젤리충진 케이블 성단은 성단 품셈의 150% 적용.

④ 단순 도통시험은 Port당 통신케이블공 0.01명, 보통인부 0.01명을 적용하며, 링크성능 테스트는 Port당 전송성능 데이터의 시험품셈으로 회선시험품셈을

적용하되, 시험성적서 작성은 Port당 통신관련산업기사 0.01인을 가산.

⑤ 19" Rack 품셈은 고정형 타입으로 수평조정을 포함하고 있으며, 이동형 타입은 본 품셈의 20% 적용.

⑥ Patch Panel 설치 품셈은 현장조립 및 설치 품셈 포함이며, 조립된 Patch Panel을 설치하는 것은 본 품셈의 70% 적용.

⑦ 2열 동시설치를 하는 경우에는 180%, 3열 260%, 4열 340%, 4열 초과는 초과 1열당 80% 가산.[MDF, 랙(Rack)]

⑧ 본 품셈에서 명시하지 아니한 철가 및 케이블 포설포박은 "5-1-1 기초설치(공통)"품셈 적용.

⑨ 철거(불용 30%, 재사용 80%)

4-4 제어케이블

4-4-1 제어용 케이블

규 격	단 위	통 신 케 이 블 공					
		1.5㎟	2.5㎟	4㎟	6㎟	8㎟	10㎟
1 C	10m	0.09	0.10	0.11	0.13	0.14	0.18
2 C	〃	0.12	0.14	0.16	0.18	0.20	0.25
3 C	〃	0.17	0.19	0.22	0.26	0.29	0.36
4 C	〃	0.23	0.26	0.29	0.34	0.39	0.49
5 C	〃	0.29	0.32	0.34	0.39	0.44	0.55
6 C	〃	0.32	0.35	0.38	0.44	0.50	0.63
7 C	〃	0.35	0.39	0.42	0.48	0.54	0.68
8 C	〃	0.38	0.42	0.46	0.52	0.58	0.73
10 C	〃	0.43	0.48	0.52	0.59	0.67	0.84
12 C	〃	0.49	0.54	0.58	0.66	-	-
14 C	〃	0.53	0.59	0.64	0.73	-	-
19 C	〃	0.65	0.72	0.78	0.89	-	-
24 C	〃	0.76	0.84	0.90	1.03	-	-
30 C	〃	0.86	0.98	-	-	-	-
50 C	〃	1.01	1.12	-	-	-	-

[해 설]

① 본 품셈은 동일 Level 100m이내의 드럼(Drum) 소운반, 전선 드럼(Drum)대

설치 및 기타준비, 드럼(Drum) 해체, 케이블 부설, 정돈 · 청소, 단자처리, 결선, 표찰 설치·부착 작업 포함.

② 본 품셈은 P.V.C 및 비닐절연외장 제어케이블(Control Cable)에 적용.

③ 전선관, 랙(Rack), 덕트(Duct), 트레이, Pit, 공동구와 새들(Saddle)을 이용한 포설에 적용.

④ 직매부설인 경우는 본 품셈의 80% 적용. 단, 케이블 부설을 위한 굴착은 별도 계상.

⑤ 실드케이블은 120% 적용.

⑥ 1.5㎟미만의 규격은 1.5㎟ 품셈을 적용하고, 10㎟초과는 "4-6-1 통신용 구내 전력케이블" 품셈 적용.

⑦ 가요성 금속피(알루미늄, 스틸) 케이블은 150% 적용하고, 앵커볼트 설치 품셈은 별도 계상.

⑧ 2열 동시포설시 본 품셈의 180%, 3열 동시는 260%, 4열 동시는 340%, 4열 초과하는 경우 초과 1열당 80% 가산.

⑨ 철거(불용 50%, 재사용 90%)

4-5 방사형 및 누설동축케이블

4-5-1 방사형 및 누설동축케이블

공 정	단 위	통신관련 기 사	무 선 안테나공	통 신 외선공	보 통 인 부
1. 포장해체 및 점검	드럼	-	0.20	-	0.25
2. 포설	10m	0.50	0.67	0.83	0.50
3. 최종특성시험	식	3.00	-	-	-

[해 설]

① 앵커볼트, 클램프 설치품셈 포함.

② 포설은 다음과 같이 체감 적용.(단, 구내포설시에는 제외한다)

구　　간	적용률(%)	구　　간	적용률(%)
300m 이하	100	1,001 - 2,000m 까지	60
301 - 500m 까지	80	2,001 - 3,000m 까지	50
501 - 1,000m 까지	70	3,001m 이상	40

③ 드럼 풀기와 감기품셈은 포장해체 및 점검 품셈을 적용.
④ 2선 동시 설치는 본 품셈의 180% 적용.
⑤ 본 품셈은 ⅞″기준이며, 1⅝″는 본 품셈의 120%, 1¼″는 본 품셈의 110%, ½″는 본 품셈의 80% 적용.
⑥ 철거(불용 30%, 재사용 80%)

4-5-2 커넥터

규　　격	단 위	통신내선공
Ø 1/2″	개	0.06
Ø ⅞″	〃	0.07
Ø 1⅝″	〃	0.09
Ø 3⅛″	〃	0.11
Ø 4″	〃	0.12
Ø 5″	〃	0.13
Ø 6″	〃	0.14

[해 설]
철거(불용 30%, 재사용 80% 적용)

4-6 전원 케이블

4-6-1 통신용 구내 전력케이블

(단위 : 10m)

규 격 (P·V·C 및 고무절연 외장케이블)	통신케이블공
16㎟ 이하 단심	0.23
25㎟ 이하 〃	0.30
38㎟ 이하 〃	0.36
50㎟ 이하 〃	0.43
60㎟ 이하 〃	0.49
70㎟ 이하 〃	0.57
80㎟ 이하 〃	0.60
100㎟ 이하 〃	0.71
125㎟ 이하 〃	0.84
150㎟ 이하 〃	0.97
185㎟ 이하 〃	1.08
200㎟ 이하 〃	1.17
240㎟ 이하 〃	1.36
250㎟ 이하 〃	1.42
300㎟ 이하 〃	1.59
325㎟ 이하 〃	1.72
400㎟ 이하 〃	2.05
500㎟ 이하 〃	2.40
630㎟ 이하 〃	2.85
800㎟ 이하 〃	3.39
1,000㎟ 이하 〃	4.15

[해 설]

① 본 품셈은 통신용 구내전력 케이블 기준 포설품셈이며, 포박실로 포박하는 경우에는 본 품셈의 148% 적용하며, 케이블타이로 포박하는 경우에는 110% 적용.

② 전선관, 랙, 덕트, 케이블트레이, Pit, 공동구와 새들(Saddle)을 이용한 포설에 적용하며, 직매 시 본 품셈의 80%를 적용하고 작업높이에 따라 "1-2-2-5 위험할증률" 품셈 적용.

③ 성단품셈 별도 계상.

④ 2심은 140%, 3심은 200%, 4심은 260%, 5심은 320%, 6심은 380%, 7심은 440% 적용.

⑤ 8자케이블 포설시는 본 품셈의 115% 적용.
⑥ 증설 및 이설은 본 품셈의 150% 적용.
⑦ 강대내장 케이블은 150%, 동심중성선형케이블(CNCV) 110% 적용.
⑧ 전압에 대한 할증률 적용.
3.3 ~ 6.6㎸ 20% 가산.
22.9㎸ 이하 50% 가산.
⑨ 야간작업 시 노임할증 및 품의 할증은 "1-2-2-6 야간작업" 품셈 적용.
⑩ 10㎟ 이하 통신용 구내 전력케이블은 "4-4-1 제어용 케이블" 품셈 적용.
⑪ 2열 동시포설 시 본 품셈의 180%, 3열 동시는 260%, 4열 동시는 340%, 4열 초과하는 경우 초과 1열당 80% 가산.
⑫ 가요성 금속피(알루미늄, 스틸) 케이블은 본 품셈의 150% 적용하고, 앵커볼트 설치 품셈은 별도 계상.
⑬ 철거 케이블을 풀어서 다시 감는 경우는 신설의 40% 적용.
⑭ 재해 예방과 작업자의 안전을 위해 투입되는 인력(신호수 등) 및 안전시설(표지판, 라바콘 등) 설치는 "1-1-27-1 안전시설" 품셈 적용.
⑮ 철거 50% 적용. 단, 재활용을 목적으로 철거하여 드럼에 감는 경우는 90% 적용.

4-6-2 통신용 전력케이블 직선접속

(단위 : 개소 / 직종 : 통신케이블공)

규 격	1C	2C	3C	4C
16㎟이하	0.16	0.20	0.26	0.31
25 〃	0.19	0.28	0.34	0.41
35 〃	0.22	0.29	0.36	0.43
50 〃	0.25	0.33	0.41	0.49
70 〃	0.29	0.38	0.47	0.57
95 〃	0.31	0.41	0.51	0.61
120 〃	0.36	0.48	0.60	0.72
185 〃	0.42	0.56	0.69	0.83
240 〃	0.49	0.65	0.81	0.97
300 〃	0.54	0.72	0.90	1.08
400 〃	0.60	-	-	-
500 〃	0.66	-	-	-
630 〃	0.72	-	-	-
800 〃	0.90	-	-	-
1,000 〃	1.08	-	-	-

[해 설]

① 증설 및 이설 Y접속, T접속(절체)은 본 품셈의 150% 적용.(Y접속, T접속 등 절체에 따른 야간작업 시 노임할증 및 품의 할증은 "1-2-2-6 야간작업"품셈 적용.)

② 철거(불용 50%, 재사용 70%). 단, 재배치 할 경우 170% 적용.

4-6-3 통신용 전력케이블 단말처리

(단위 : 개소 / 직종 : 통신케이블공)

규 격(㎟)	1C	2C	3C	4C
16㎟이하	0.26	0.34	0.43	0.52
25 〃	0.32	0.46	0.57	0.68
35 〃	0.37	0.49	0.61	0.74
50 〃	0.41	0.55	0.69	0.83
70 〃	0.48	0.63	0.78	0.94
95 〃	0.53	0.71	0.89	1.07
120 〃	0.60	0.80	1.00	1.20
185 〃	0.69	0.92	1.15	1.38
240 〃	0.81	1.08	1.35	1.62
300 〃	0.90	1.20	1.50	1.80
400 〃	1.00	-	-	-
500 〃	1.10	-	-	-
630 〃	1.20	-	-	-
800 〃	1.50	-	-	-
1,000 〃	1.80	-	-	-

[해 설]

① 케이블 헤드를 포함한 단말처리 기준.

② 압착단자만으로 단말처리시 신설공정에 한하여 본 품셈의 30%를 적용. (단, 살아있는 케이블은 본 품셈 100%적용)

③ 증설 및 이설 Y접속(절체)은 본 품셈의 150%적용.(절체접속에 따른 야간작업 시 노임할증 및 품의 할증은 "1-2-2-6 야간작업" 품셈 적용.)

④ 16㎟ 미만 단심 통신용 전력케이블 단말처리는 전력케이블 포설 품셈에 포함

4-7 시내케이블

4-7-1 지중 및 가공케이블

(단위 : 100m)

규 격	지 중 케 이 블				가 공 케 이 블			
	통신케이블공		보통인부		통신케이블공		보통인부	
	0.5㎜ 이하	0.65㎜ 이상	0.5㎜ 이하	0.65㎜ 이상	0.5㎜ 이하	0.65㎜ 이상	0.5㎜ 이하	0.65㎜ 이상
20p 이하	0.44	0.59	0.69	0.92	0.40	0.54	0.36	0.48
50p 이하	0.59	0.78	0.84	1.12	0.48	0.65	0.44	0.58
300p 이하	0.67	0.89	1.21	1.61	0.98	1.31	0.88	1.77
900p 이하	0.99	1.32	2.22	2.96	1.41	1.89	1.26	1.69
3,600p 이하	1.38	1.84	2.68	3.57	-	-	-	-

[해 설]

① 터파기, 되메우기, 관로, 트라프(Trough) 설치품셈 별도 계상.

② 관로의 선통, 소운반품셈 포함.

③ 강대 및 자기지지형 케이블 120%, 차폐케이블(차폐계수 50%이하) 150% 적용.

④ 가공은 조가선 제외, 행거(Hanger)품셈 불포함.

⑤ 기설 가공케이블의 처짐(정도)의 조정은 가공케이블 신설의 20% 적용.

⑥ 수목전지 라싱와이어 정리시는 110% 적용.

⑦ 기설선 상위시설 120% 적용.

⑧ 가공케이블의 이설은 신설품셈의 70% 적용.

⑨ 가공케이블 포설시 지상 24m이상은 통신케이블공은 송전전공으로, 보통인부는 통신케이블공으로 적용하고, 활선 근접작업시는 통신케이블공을 송전

활선전공으로 적용.

⑩ 통신구 및 동도내의 케이블 포설시는 본 품셈의 115%. 단, 사용물품 철거 100%, 케이블 정리 100% 적용.(기존케이블을 통신구 신설 후 정리품셈임)

⑪ 지중차폐선 포설품셈은 0.65㎜-20P 이하케이블 포설품셈의 50% 적용.

⑫ 스파이럴슬리브 설치는 1m를 기준으로 인공, 동도, 통신구, 국내설치는 보통인부의 0.07인을 적용하고, 가공 설치는 보통인부 0.06인을 적용. 단, 1m 초과 구간은 1m당 본 품셈의 35%씩 가산.

⑬ 철거 케이블을 풀어서 다시 감는 경우는 신설의 40% 적용.

⑭ 철거 50% 적용. 단, 재활용을 목적으로 철거하여 드럼에 감는 경우는 90% 적용.

4-7-2 시내케이블 심선 보통접속

4-7-2-1 심선개별 보통접속

(단위 : 100회선)

규 격	통신케이블공	보 통 인 부
0.4㎜ 심선접속	0.30	0.21
0.5㎜ 〃	0.33	0.23
0.65㎜ 〃	0.36	0.25
0.9㎜ 〃	0.39	0.27

[해 설]

① 이종심선의 접속시는 굵은 심선품셈 적용.

② T, Y 분기접속은 130%, X분기접속은 140%.

③ 심선납땜접속은 150%.

④ 간이시험이라 함은 대조, 절연, 타혼, 혼선시험을 말한다.
간이시험을 할 경우에는 10회선당 0.03인(통신케이블공 적용)을 가산.

⑤ 최종시험 제외.

⑥ 가공케이블의 접속은 120% 적용.

⑦ 회선수의 산출 및 적용 : 심선접속회선수의 총합을 100회선 단위로 적산하되 소수점이하를 포함.

⑧ 1회선용 및 5회선용 심선슬리이브(커넥터)에 의한 접속은 본 품셈 적용.
⑨ 젤리충진케이블의 심선접속은 본 품셈의 150%를 적용.
⑩ CCP케이블 단말처리(심선접속)는 본 품셈 적용.

4-7-2-2 25회선 심선접속자(커넥터)에 의한 심선 보통접속

(단위 : 100회선)

규 격	통신케이블공	보 통 인 부
0.4㎜ 심선접속	0.12	0.09
0.5㎜ 〃	0.13	0.10
0.65㎜ 〃	0.14	0.11
0.9㎜ 〃	0.15	0.12

[해 설]
① 이종심선의 접속시는 굵은 심선품셈 적용.
② T, Y 분기접속은 130%, X분기접속은 140% 적용.
③ 심선접속상태 확인 시험품셈 포함.(최종시험 제외)
④ 가공케이블의 접속은 120% 적용.
⑤ 회선수의 산출 및 적용 : 100회선 단위로 적산하되 소수점 이하를 포함.
⑥ 젤리충진 케이블의 심선접속은 본 품셈의 150% 적용.

4-7-3 소대시내케이블 보통접속

(단위 : 개소)

규 격	통 신 케 이 블 공	보 통 인 부
3P 이상	0.22	0.22
10P 〃	0.27	0.27
20P 〃	0.29	0.29
25P 〃	0.30	0.30
30P 〃	0.31	0.31
50P ~ 100P 미만	0.33	0.33

[해 설]
① 스탈페스(Stalpeth), 웰만텔(Wellmantel) 및 외장케이블 120%, SS형 130%, 내압케이블 120%, 차폐케이블(차폐계수 50%이하) 150%, 젤리충진케이블 150% 적용.

② 이종심선의 접속시는 굵은 심선품셈 적용.
③ 분기접속(T분기, Y분기) 130% 적용.
④ 심선납땜접속은 150% 적용.
⑤ PVC 및 PE Cable 접속은 80% 적용.
⑥ 간이시험이라 함은 대조, 절연, 타혼, 혼선시험을 말한다. 간이시험을 할 경우에는 1회선당 0.003인(통신케이블공 적용)을 가산.
⑦ 최종시험 제외.
⑧ 열수축관 사용할 때는 80%, 보조연관열수축관 사용할 때는 100%를 적용.
⑨ 가공케이블 접속은 120% 적용.
⑩ 심선굵기는 0.4㎜ 기준으로 하고 심선굵기 0.5㎜는 본 품의 110%, 심선굵기 0.65㎜는 본 품셈의 120%, 심선굵기 0.9㎜는 본 품셈의 130% 적용.
⑪ X분기접속은 140% 적용.

4-7-4 케이블 절체

4-7-4-1 1, 5회선 심선접속자(커넥터)에 의한 절체

(단위 : 100회선)

공 정	규 격	통신케이블공	보통인부
국내 - 국외 2 점 간	0.4㎜ ~ 0.5㎜	4.45	2.49
	0.65㎜ ~ 0.9㎜	4.51	2.53
국 외 2 점 간	0.4㎜ ~ 0.5㎜	2.53	1.61
	0.65㎜ ~ 0.9㎜	2.59	1.65

[해 설]

① 꼬임접속에 의한 절체시 본 품셈 적용.
② 심선대조, 구선대조품셈 포함.
③ 본 품셈은 국내점퍼선 절체를 포함한 것이며 예비심선 절체시는 통신케이블공 65%, 보통인부 100%를 적용.(국내 - 국외 2점간)
④ 간이 시험품셈 포함.
⑤ T,Y분기접속은 130%, X분기접속은 140%.(단, 꼬임접속에 한함)
⑥ 심선접속자(커넥터) 접속점의 멀티접속 및 멀티해체품셈은 본 품셈에 포함.

⑦ 꼬임접속의 멀티 해체 시는 본 품셈의 70% 적용.
⑧ 회선수의 산출 및 적용 : 심선접속 회선수의 총합은 100회선 단위로 적산하되 소수점 이하를 포함.
⑨ 심선납땜 접속시에는 "4-7-2-1 심선개별 보통접속"의 해설 ③항 적용.(꼬임접속의 경우)
⑩ 가공케이블 절체접속은 120% 적용.
⑪ 젤리충진케이블 심선접속은 본 품셈의 150% 적용.
⑫ 케이블 성단은 "4-3-3 Patch Panel 및 성단 등" 적용.

4-7-4-2 25회선 심선접속자(커넥터)에 의한 절체

(단위 : 100회선)

공 정	규 격	통신케이블공	보통인부
국내 - 국외 2 점 간	0.4㎜ ~ 0.5㎜	2.83	2.00
	0.65㎜ ~ 0.9㎜	2.86	2.03
국 외 2 점 간	0.4㎜ ~ 0.5㎜	1.48	1.12
	0.65㎜ ~ 0.9㎜	1.51	1.13

[해 설]

① 이종심선의 접속시는 굵은 심선품셈 적용.
② 심선대조, 구선대조품 포함.
③ 본 품셈은 국내점퍼선 절체를 포함한 것이며 예비심선 절체시는 통신케이블공 65%, 보통인부 100%를 적용.(국내 - 국외 2점간)
④ 멀티접속 및 멀티 해체품셈 포함.
⑤ 가공케이블 절체접속은 120% 적용.
⑥ 회선수의 산출 및 적용 : 심선접속 회선수의 총합은 100회선 단위로 적산하되 소수점 이하를 포함.
⑦ 젤리충진케이블 심선접속은 본 품셈의 150% 적용.
⑧ 선번 변경없이 이루어지는 방식변경, MDF소형화 작업은 본 품셈의 85% 적용.(국내-국외 2점간)
⑨ 케이블 성단은 "4-3-3 Patch Panel 및 성단 등" 적용.

4-7-5 케이블 외피접속

4-7-5-1 열수축관에 의한 케이블 외피접속

규 격	통신케이블공	보 통 인 부
열수축관 - 32	0.10	0.10
열수축관 - 43	0.11	0.11
열수축관 - 62	0.15	0.12
열수축관 - 72	0.17	0.13
열수축관 - 92, 93	0.19	0.14
열수축관 - 101	0.20	0.15
열수축관 - 122	0.21	0.16
열수축관 - 139	0.22	0.17
열수축관 - 150	0.24	0.18
열수축관 - 160	0.25	0.19
열수축관 - 180	0.27	0.20
열수축관 - 190	0.29	0.21
열수축관 - 200	0.31	0.22

[해 설]

① 가공케이블 시공 시 120% 적용. ② 해체품셈은 70% 적용.

③ 인·수공내의 케이블명 기입, 선번기입(케이블표찰 부착포함)시 케이블 1조당 통신케이블공 0.06인을 적용.

④ 본드선 부착품셈 포함.

⑤ X-(R)재접속시는 50% 적용.

⑥ 열수축관에 의한 공기 차단격벽 및 접속점 보호용 격벽시 통신케이블공 0.02인, 보통인부 0.02인을 적용.

⑦ 차폐케이블에는 본 품셈의 120% 적용.

4-7-5-2 열수축관에 의한 격벽용 케이블 외피접속

규 격	통신케이블공	보 통 인 부
PB - 25/15 - 100	0.09	0.06
PB - 50/20 - 150	0.10	0.07
PB - 70/50 - 200	0.13	0.09
PB - 100/70 - 250	0.17	0.10

[해 설]

① 가공케이블 시공 시 120% 적용.

② 씨링콤파운드(젤리형 포함) 주입시 통신케이블공 0.02인, 보통인부 0.02인을 가산.

③ 본드선 부착품셈 포함. ④ 차폐케이블에 적용시는 본 품셈의 120% 적용.

4-7-5-3 접속관(조립식, 케이블) 외피접속

규 격	통신케이블공	보 통 인 부
80 - 500 100 - 660 120 - 660 140 - 660	0.33 0.37 0.38 0.38	0.31 0.36 0.37 0.37
160 - 700 180 - 700 200 - 700 240 - 700	0.41 0.44 0.46 0.47	0.40 0.42 0.44 0.46

[해 설]

① ST, WT, F/S-LAP 외장케이블 신설 기준.

② 차폐케이블은 본 품셈의 120% 적용.

③ 가공케이블 시공 시 120% 적용.

④ 해체 후 재접속은 본 품셈의 70% 적용.

⑤ 분기마다 30% 가산. ⑥ 본드선 부착품셈 포함.

⑦ 인·수공내의 케이블명기입, 선번기입(케이블 표찰 부팍품 포함)시 케이블 1조당 통신케이블공 0.06인을 적용.

⑧ 접속관(조립식, 케이블)에 의한 공기차단 격벽, 접속점 보호용 격벽시 통신케이블공 0.02인, 보통인부 0.02인을 적용.

⑨ 철거 50% 적용.

4-7-6 케이블 국내성단

(100회선당)

규 격 별	통신케이블공	보 통 인 부
0.4, 0.5㎜	0.50	0.25
0.65㎜	0.60	0.30
0.9㎜	0.65	0.33

[해 설]

① 외부케이블 직접성단시의 기준품이며, 심선의 배선, 포박, 랩핑 또는 IDC에 성단품 포함.

② 피뢰탄기반 설치품은 "3-3-2 배선반" 품셈 적용.

③ 젤리충진 케이블은 본 품의 150% 적용. ④ 100P 이하는 본 품을 적용

⑤ 본 품은 케이블 조당 외피탈피 1회 기준이며, 외피탈피 추가 1회마다 본 품의 20%를 별도 가산.

4-8 음향 및 영상케이블

4-8-1 음향 및 영상케이블 ('25년 개정)

공정		규격	단위	통신케이블공	통신내선공
케이블 포설	FR 케이블	2.5㎟× 20C 이하	10m	0.19	-
	멀티비디오 케이블	V5-5CFB 이하	〃	0.19	-
	Triaxial 케이블	12.95㎜ 이하	10m	0.21	-
	HDMI 케이블	-	10m	0.16	-
	스피커 케이블	5.6㎟-4C 이하	〃	-	0.14
		14.2㎟-4C 이하	〃	0.18	-
		멀티2.0㎟-16C	〃	0.23	-
	마이크 케이블	1P	〃	0.23	-
		멀티실드 2P이하	〃	0.26	-
		멀티실드 4P이하	〃	0.28	-
		멀티실드 8P이하	〃	0.30	-
		멀티실드 12P이하	〃	0.32	-
		멀티실드 24P이하	〃	0.38	-
		멀티실드 32P이하	〃	0.45	-
커넥터 접속	Triaxial 커넥터	-	10개	-	1.61
	RCA, Phone, XLR 커넥터	-	〃	-	0.17
	D-SUB 커넥터	15Pin이하	〃	-	0.70

[해 설]

① Video케이블(동축 5C - 10C까지) 포설은 "4-2-1 동축케이블 포설", 구내 광섬유케이블 포설은 "4-1-3 구내 광섬유케이블" 품셈을 적용.

② 케이블포설은 바닥 트레이 기준, 옥내배관(플로어덕트 포함) 및 4m이하 벽에 설치시는 본 품셈의 110% 적용.

③ FR케이블, 멀티비디오케이블, Triaxial 케이블 포설품 중 상기 규격 초과는 본 품셈의 130% 적용.

④ D-SUB커넥터 16Pin이상 30Pin까지는 본 품셈의 130%, 31Pin이상 50Pin까지는 본 품셈의 160% 적용.

⑤ BNC커넥터는 “4-2-2 커넥터” 품셈 적용.

⑥ 스피커용 케이블로 사용되는 HFIX, HIV 등 전선은 스피커 케이블 품셈 적용.

⑦ 철거.(불용 50%, 재사용 90%)

4-8-2 FR 케이블 접속 및 성단

공 정	규격	단위	통신케이블공	보통인부
접속	2.5㎟ 이하	코어	0.03	0.01
레진 주입형 저압 케이블 접속재	-	개	0.18	0.05
성단	2.5㎟ 이하	코어	0.02	0.02
중간접속	〃	〃	0.02	-

[해 설]

① 접속은 심선대조, 순번정리, 압착슬리브 압착, 열수축튜브 열처리 작업을 포함.

② 레진 주입형 저압 케이블 접속재는 Y형 함체 기준으로, 직선형 함체는 80%, T형 함체는 100%, X형 함체는 110% 적용하며, 접속재 함체를 조립, 테이프 등으로 고정하고 레진 주입 후 경화하는 작업을 포함.

③ 성단은 케이블 외피 탈피 및 재단, 내피 탈피, 순번 라벨 부착, 압착단자 처리 및 케이블 정리를 포함하며, 단말처리 없이 성단 시 본 품에 80% 적용

④ 중간접속은 케이블 성단 전 케이블의 분배 또는 분기가 필요한 장소에서 분배함 등에 케이블을 접속하는 공종으로, 케이블 외피 탈피 및 재단, 내피 탈피, 분배함 등에 접속하는 작업을 포함.

⑤ 최종시험은 제외.

⑥ 재해 예방과 작업자의 안전을 위해 투입되는 인력(신호수 등) 및 안전시설(표지판, 라바콘 등) 설치는 “1-1-27-1 안전시설” 품셈 적용.

4-9 인입선(점퍼선)

4-9-1 FTTH 인입선

공 정	단 위	광케이블설치사	통신외선공
FTTH 인입선 가설	10m	0.08	0.07

[해 설]

① 본 품셈은 통신전봇대의 단자함에서 가입자 광모뎀까지의 FTTH 인입선을 구성하는 품셈으로, 광섬유케이블 포설 및 고정, 광포트 링크 확인, 1회용 광접속자를 이용한 광커넥터 접속, 속도체크 및 가입자 개통 확인품셈을 포함.

② 동일장소에서 2조 이상 동시 인입선 공사는 2조부터 본 품셈의 80% 적용. (2조는 180%, 3조는 260%)

③ FTHH 인입선 공사 단위(조)는 인입주에서 댁내까지 구간이며, 인입단자함이 설치된 전봇대부터 인입주까지 FTHH 포설은"4-1-1 광섬유케이블 포설"중 가공포설품 적용

④ 재해 예방과 작업자의 안전을 위해 투입되는 인력(신호수 등) 및 안전시설(표지판, 라바콘 등) 설치는 "1-1-27-1 안전시설" 품셈 적용.

⑤ 철거 30% 적용.

4-9-2 점퍼선 구성품

공 정	단 위	통신내선공	특별인부
점퍼선(2개연)	10조	0.37	-
CRT 이용 선번정리	10회선	-	0.07

[해 설]

① 본 품셈은 신규전화 가설 및 전화 설치장소 변경, 구내점퍼선 구성시 적용.

② 방식변경, MDF소형화, 전화회선바꿈시는 본 품셈의 49% 적용.

③ 시험실에서 신호를 송출하여 가입자 확인 시험품셈 포함.

④ 철거 30% 적용.

4-9-3 옥외 꼬임케이블 인입선

공 정	단위	통신케이블공	통신외선공
옥외 꼬임케이블 인입선 가설	조	0.11	0.11

[해 설]

① 옥외 꼬임케이블 인입선 가설 단위(조)는 인입주에서 국선단자함 또는 댁내 회선종단장치까지 구간으로, 사업자단자함에서 인입주까지 꼬임케이블 포설은 "4-3-1 꼬임케이블 포설" 중 옥외포설품셈 적용

② 인입선 교체 130%, 인입선 정리 40%, 신설단자로 이설 40%, 기 설치된 인입선 재활용시는 27% 적용.

③ 동일장소에서 2조 이상 동시 가설 180%, 2조 초과 1조마다 본 품셈의 80% 적용.

④ 재해 예방과 작업자의 안전을 위해 투입되는 인력(신호수 등) 및 안전시설(표지판, 라바콘 등) 설치는 "1-1-27-1 안전시설" 품셈 적용.

⑤ 철거 30% 적용.

4-10 PVC케이블

(단위 : 10m)

규 격	통 신 케 이 블 공
PVC 케 이 블 4P 이하	0.17
〃 〃 10P 〃	0.18
〃 〃 20P 〃	0.22
〃 〃 30P 〃	0.23
〃 〃 50P 〃	0.32
〃 〃 100P 〃	0.45
PVC 케 이 블 200P 이하	1.10
〃 〃 300P 〃	1.60
〃 〃 400P 〃	2.20
〃 〃 600P 〃	3.30

[해 설]

① 관로 : 덕트(Duct) 트랩(Trap) 기준. 벽잠핑, 플로어덕트, 랙(Rack)(포박포함)의 설치시는 본 품셈의 120% 적용.

② 작업높이 4m 이상시는 1m 초과시마다 5% 가산. ③ 성단품셈 제외.

④ 스탈페스(Stalpeth), 알페스(Alpeth), 웰만텔(Wellmantel) Cable은 150%, 내압케이블 150% 적용.

⑤ 2열 동시설치 180%, 3열 260%, 4열 340%, 4열 초과하는 경우 초과 1열당 80% 가산.
⑥ 바닥노출은 본 품셈의 80%, 임시로 케이블만 바닥에 시공하는 것은 30% 적용. 다만, 몰딩을 하는 경우 "3-5-3 몰딩(Molding)" 품셈 적용.
⑦ 8자포설은 본 품셈의 115% 적용.
⑧ 본 품셈은 포설품셈이며, 포박실로 포박하는 경우에는 본 품셈의 148% 적용하며, 케이블타이로 포박하는 경우에는 110% 적용.
⑨ 철거(불용 50%, 재사용 80%)

4-11 케이블 부속설비

4-11-1 케이블 절단과 공드럼 해체

공정 및 규격	단 위	보 통 인 부	
		0.5㎜ 이하	0.65㎜ 이상
300P 이하	100m	0.38	0.51
300P 초과 ~ 1,200P 이하	〃	0.88	1.17
1,200P 초과	〃	1.10	1.46
광섬유케이블	100m	0.28	
공드럼 해체	드럼	0.50	

[해 설]
① 스탈페스(Stalpeth), 웰만텔(Wellmantel), PE절연차폐시내케이블 및 내압케이블 기준.
② PVC 및 PE Cable은 80%, 강내케이블 및 S-S형 시내케이블 120%, 차폐 케이블(차폐계수 50%이하) 150% 적용.
③ 자기지지형 광섬유케이블 절단은 본 품셈의 130% 적용.
④ 공드럼 해체는 측판과 동심(철심)을 분리해체 쌓기품셈 포함.

4-11-2 케이블 보호

공 정	단 위	보 통 인 부
인 공	기	0.52
수 공	〃	0.26

[해 설]

① 본 품셈은 인·수공 확대시 케이블을 보호하기 위한 공정임.

② 동바리 등 소모재료 및 공구손료는 별도 계상.

4-11-3 통신케이블 보호용 부대공정

(단위 : 개소)

공 정	통신외선공	보통인부
표주세움	0.25	0.51
횡평강 및 철물설치	1.00	1.00

[해 설]

① 표주세움은 잔토처리 공정 포함.

② 페인트 2회 칠 및 문자기입 공정 포함.

③ 표주 및 공사재료 운반 공정 포함.

4-11-4 공기압력 자동감시장치

4-11-4-1 주장치 (삭제, '23.1.1 시행)

4-11-4-2 보조장치 (삭제, '23.1.1 시행)

4-11-4-3 검출기 (삭제, '23.1.1 시행)

4-11-5 시내케이블 공기주입시설(건조공기) (삭제, '23.1.1 시행)

4-11-6 중화트랜스

공 정	단 위	통신케이블공	통신설비공	보통인부
플렛트 폼 설치	대	-	1.00	1.00
25P 유도중화트랜스 설치	개	1.70	-	1.00
50P 〃 〃	〃	2.54	-	1.62
100P 〃 〃	〃	3.76	-	1.89
200P 〃 〃	〃	6.16	-	2.29
300P 〃 〃	〃	8.57	-	4.16

[해 설]

① 플렛트 폼 설치는 기기거치대 조립품셈 포함.

② 심선대조 품셈 포함.
③ 간이시험품셈 및 설치 후 유도전압 측정품셈 포함.
④ 감시선 구성품셈 포함.
⑤ 심선접속 및 납땜품셈 포함.
⑥ 외피접속품은 "4-7-5 케이블 외피접속"품셈 적용.
⑦ 25회선 심선접속자에 의한 접속은 본 품셈의 87% 적용.
⑧ 본 품셈은 가공(주상) 설치를 기준으로 산정된 것이며, 지하(맨홀)에 설치시는 본 품셈의 80% 적용.
⑨ 철거 50% 적용.

4-11-7 수목가지치기

규 격	통신외선공	보통인부
거리 50m당	0.32	0.16

[해 설]
① 기계경비는 "1-4 기계경비 산정기준" 품셈 적용.
② 폐기물 처리비용 발생시 별도 계상.
③ 재해 예방과 작업자의 안전을 위해 투입되는 인력(신호수 등) 및 안전시설(표지판, 라바콘 등) 설치는 "1-1-27-1 안전시설" 품셈 적용.
④ 고소작업 등 위험 환경에서 작업 시 "1-2-2-5 위험 할증률" 품셈 적용.

4-11-8 통신케이블 접속방호함

(단위 : 개 / 직종 : 통신외선공)

공 정	규 격	지 중		가 공	
		보 통	분 기	보 통	분 기
케이블접속 방 호 함	절체 28P이하	0.19	0.25	0.14	0.25
	절체 100P이하	0.25	0.31	0.14	0.25

[해 설]
① 터파기, 되메우기품셈 별도 계상.
② 가공은 터널내 교량상을 말함.
③ 철거 50% 적용.

정보통신부문 제4장

4-11-9 공중전화

4-11-9-1 기기신설

(단위 : 대)

공 정	통신설비공
카 드 사 용	0.36

[해 설]

① 시험조정품셈 포함.

② 전화기 설치품셈에 있어 동일장소에 10대 이상 설치시에는 초과분에 대하여 본 품셈의 80% 적용.

③ 철거 50% 적용.

4-11-9-2 개폐기 및 함체

(단위 : 개)

공 정	통신내선공	통신설비공
제 어 기	0.09	-
썬 스 위 치	0.07	-
불 편 안 내 함	-	0.06
점 검 함	-	0.06
누 전 차 단 기	0.16	-
커 버 나 이 프 스 위 치	0.08	-

[해 설]

① 시험조정품셈 포함.

② 철거 50% 적용.

4-11-9-3 부스

공 정	단 위	통신설비공	미 장 공	보통인부
일 반 A 형	기	0.20	-	0.63
일 반 B 형	실	0.20	0.25	0.63
특 수 방 음 형	〃	0.26	0.22	0.88
지 체 부 자 유 형	기	0.25	0.27	1.04

[해 설]

① 기초대, 고정핀 품셈 포함.(일반 B형, 특수방음형, 지체부자유형)

② 2연립 : 150%, 3연립 : 200%, 4연립 : 250%, 5연립 : 300% 적용.

③ 전원선 및 인입선 품셈 제외.

④ 안전기능을 제공하기 위한 부스 설치시 무선AP 설치는 "7-9-5 무선 AP", CCTV 설치는 "9-2-1 CCTV 시스템", 비상벨 설치는 "9-2-7 통화겸용 비상벨", 경광등 설치는 "9-4-8-1 종합접수대 시스템" 중 경광등 품셈 적용.

⑤ 철거(불용 30%, 재사용 50%)

제5장 교환설비공사

5-1 기초설치

5-1-1 기초설치(공통)

공 정		단위	통신관련산업기사	통신케이블공	통신설비공	H/W시험사	S/W시험사	보통인부
철가 및 기기 가설치	마킹 및 레벨링	개소	-	-	0.05	-	-	0.05
	케이블랙 조립설치	m	-	-	0.24	-	-	0.09
	기초철가 조립설치	〃	0.04	-	0.52	-	-	0.37
	케이블 홀파기 및 설치	개소	-	-	-	-	-	2.00
	각종기기가 설치	가	-	-	1.35	-	-	0.78
	I / O 장치 설치	대	-	-	0.03	-	-	0.02
	본배선반 조립설치	열	-	-	2.00	-	-	1.00
	신호경보판 설치	개	0.25	-	0.50	-	-	0.50
	시험대 설치	대	-	1.00	1.00	-	-	1.00
	컴퓨터(프로세서)장치 설치	〃	-	2.22	2.00	4.45	-	2.00
케이블 포설 포박	케이블 포설 포박	10m	-	0.20	0.26	-	-	0.10
	케이블 포설	〃	-	0.14	0.15	-	-	-
	커넥터부 케이블 포설	〃	-	0.20	0.15	-	-	0.09
	커넥터 접속	10개소	0.12	0.13	0.05	-	-	-
	케이블 색별 랩핑	〃	0.52	-	-	-	-	-
	〃	100심	-	0.24	-	-	-	-
	케이블 배선 속정리	랙	-	1.37	-	-	-	0.64
	1심 점퍼선 포설랩핑	100회선	-	-	0.14	-	-	-
	2심 점퍼선 포설랩핑	〃	-	-	0.18	-	-	-
	3심 점퍼선 포설랩핑	〃	-	-	0.24	-	-	-
	단자판 설치	10개	-	-	0.35	-	-	0.13
	커넥터 조립	〃	0.40	0.42	-	-	-	-
기초 점검	시험대 정합기 설치 및 점검	대	-	-	0.50	3.44	-	-
	케이블 도통점검	100회선	-	0.35	-	-	-	-
	회로팩 삽입 점검	100매	-	-	-	0.86	-	-
종합 시험	국간중계 회선시험	회선(CH)	-	-	-	0.06	0.08	-
	〃	T1/E1	-	-	-	0.30	0.40	-
	〃	STM-1	-	-	-	0.87	1.13	-
	과 금 시 험	10호수	-	-	-	0.09	0.09	-

[해 설]

① 케이블 포설포박, 케이블포설 및 커넥터 케이블포설 공정은 SYS별, 장소별로 다음과 같이 체감 적용.

0 ~ 3,200m까지 : 100% 적용.
3,201 ~ 6,400m까지 : 80% 적용.
6,401 ~ 9,600m까지 : 60% 적용.
9,601m 초과 : 40% 적용.

② 기초철가 조립설치는 열의 길이를 적용.(단, AXE-10의 경우 가의 길이를 적용하되 CPG는 제외)

③ 시험대 설치의 단위 "대"라 함은 별개의 시험대 설치를 말하며, CRT+PRT는 포함하지 않음.

④ 케이블랙 조립설치는 사다리형 케이블랙과 크로스아일 케이블랙(M10CN 의 경우 케이블 그릿드)의 길이 적용.

⑤ 조명 및 전원선 포설포박에 있어 부대공정인 콘센트, 형광등, 전선관, 금속덕트, 동대 등의 설치 관계작업은 제11장 정보통신전원설비공사를 적용하며, 접지공사는 "11-5 접지시설" 품셈 적용.

⑥ 커넥터부 케이블 포설은 양쪽 커넥터부 케이블에 한하여 적용.

⑦ 케이블 도통 점검의 단위 "100회선"는 가입자 케이블과 중계케이블의 회선수를 적용.

⑧ 각종 케이블의 납땜 및 점퍼선 접속은 랩핑 품셈 적용.

⑨ 마킹 및 레벨링단위 "개소"는

㉮ M10CN : 기초대(Foot)수를 적용
㉯ No.1A : 프로세서프레임×2+프레임수+엔드가드수+스텐션수를 적용
㉰ AXE-10 : 프레임수와 가의 수를 적용(SSGL은 2가를 적용)
㉱ TDX-1A/B : 랙 수를 적용
㉲ 5ESS : (각종 캐비넷수+스텐션수)×2를 적용
㉳ S-1240 : 랙당 2개소를 적용
㉴ TDX-10 : 랙당 2개소를 적용
㉵ TDX-CPS : 랙수를 적용

⑩ 회로팩삽입점검은 개별팩으로 들어온 회로팩에만 적용.

정보통신부문 제5장

⑪ 국간중계회선 시험시
㉮ 최초 일부 채널만 작업시는 본 품셈 T1/E1을 적용하되 잔여채널 작업시는 T1/E1품셈의 30%를 적용하고, 준공시 미구성 국간 중계회선(TOLL 포함)에 대한 루프백 시험은 본 품셈의 20% 적용.
㉯ STM-1 단위당 소요인원은 63E1 신 · 증설 기준이며, 신증설 E1수가 63개 미만일 경우에는 E1신증설 비율을 적용하되, 준공시 미구성 루프백 시험은 STM-1 미개통 회선분에 대한 20% 적용.(단, STM-1은 H/W수량을 적용)
⑫ ROM교체 및 확인시험의 단위 "매"는 ROM이 교체되는 회로팩수를 적용하며, 1개의 회로팩 내에 2개 이상의 ROM이 교체되는 회로팩은 150% 적용.
⑬ 철거(불용 30%, 재사용 50%). 단, 회로팩 철거(불용 20%, 재사용 60%)는 회로팩 삽입 점검 품셈 적용.

5-2 사설 교환 설비

5-2-1 사설교환기

공 정		단 위	통 신 케이블공	H / W 시 험 사	S / W 시 험 사
프로그램 설 치	번호계획 수립 및 프로그램 제작	100회선	-	-	0.54
	프로그램 Install	시스템	-	-	0.08
설 치 및 시 험	포장해체 및 보드(Board)실장	랙	-	0.08	-
	각종 측정 및 기초시험	시스템	-	1.23	-
개통시험	디지폰(키폰)시험	대	-	0.02	-
	국선/DID/DOD/전용선 시험	10회선	0.14	0.14	-
	기능시험	시스템	-	0.10	-
	가입자 도통시험	100회선	-	0.49	-
	시스템 원격 유지보수(RMS)설치 및 시험	대	-	0.06	-
	경보회로(Alarm Box)설치 및 시험	〃	-	0.10	-
부가장비 설치/시험	음성정보시스템(자동응답시스템)	8회선	-	0.46	-
	M O H	대	-	0.09	-
	과금등산장치	〃	-	0.30	-
운 용 자 인수시험 및 교 육	단말기(디지폰, 키폰)	회	-	0.07	-
	중 계 대	〃	-	0.26	-
	운영프로그램	〃	-	0.35	-
	과금등산장치	〃	-	0.13	-
종합시험	종합시험(모니터링)	회	-	2.00	-

[해 설]

① 프로그램 설치 및 가입자 도통시험품셈 중 100회선 이하는 본 품셈을, 200회선까지 180%, 300회선까지 260%, 400회선까지 340%, 400회선이상 추가 100회선당 80%가산.
② 기능시험은 단축다이알, 회의통화, 전환, 당겨받기등 가입자기능 시험품셈임.
③ 과금등산장치의 설치 및 교육품셈은 컴퓨터에 의한 부가장치품셈임.
④ 음성정보시스템(자동응답시스템), MOH설치품셈 중 녹음 및 프로그램 작성품셈은 본 품셈에 미포함. 음성정보시스템(자동응답시스템)은 8회선 이하는 본 품셈을, 16회선까지 120%, 24회선까지 140%, 24회선 이상 추가 8회선당 20%가산.
⑤ 종합시험(모니터링)은 교환기가 안정화될 때까지의 확인점검 품셈임.
⑥ 본 품셈에 명시하지 아니한 공정별 품셈은 "5-1-1 기초설치(공통)" 적용.
⑦ 아래 작업에 필요한 품셈은 정보통신 표준품셈 적용.
㉮ 정류기 신설 ㉯ 배선공사 ㉰ 배터리 설치 ㉱ 접지공사 ㉲ MDF설치
⑧ 철거(불용 30%, 재사용 80%)

5-3 전자식 교환설비

5-3-1 엑세스 G/W

공 정			단 위	통신관련 산업기사	S/W 시험사
각 종 시 험	기초시험(각종측정)		랙	0.45	-
	시스템 운용시험	TAM	시스템	1.40	1.33
		AceMAP	〃	0.85	0.82
		AnyMedia	〃	0.58	0.56
	EMS 시험	TAM	서버	3.76	-
		〃	시스템	0.94	-
		AceMAP	서버	4.70	-
		AnyMedia	〃	4.70	-
	음성기능시험		100회선	0.27	0.28
	V5.2 연동시험		V5.2 링크	0.11	0.14
종 합 시 험			100회선	0.05	0.04

[해 설]

① 본 품셈은 엑세스 게이트웨이(TAM, AceMAP, AnyMedia) 설치에 적용.

② 각종 측정의 단위 랙은 신·증설되는 랙 수를 적용.

③ 시스템 운용시험의 단위 시스템은 TAM의 경우 회선수 16K를 적용하고, AceMAP과 AnyMedia의 기본 한 셀프는 본 품셈을 적용하되 추가되는 셀프에 대하여는 셀프당 본 품셈의 20% 적용.

④ EMS의 시험단위 서버는 신(증)설되는 EMS서버수를 적용하고, 단위 시스템은 TAM시스템 신(증)설시 적용.

⑤ 음성기능시험 및 최종확인시험의 단위 100회선은 신(증설) 가입자(POTS)의 수를 적용.

⑥ V5.2연동시험의 단위 V5.2 링크는 신(증설) 링크(E1)수를 적용.

⑦ 본 품셈에서 명시하지 않은 사항은 “5-1-1 기초설치(공통)”품셈 적용.

5-3-2 전자교환기(TDX-1A/B) (삭제, `23.1.1 시행)

5-3-3 전자교환기(TDX-10) (삭제, `23.1.1 시행)

5-3-4 전자교환기(TDX-100) (삭제, `23.1.1 시행)

5-3-5 전자교환기(AXE-10) (삭제, `23.1.1 시행)

5-3-6 전자교환기(5ESS) (삭제, `23.1.1 시행)

5-4 기타 교환설비

5-4-1 가입자선로 집중운용보전시스템(SLMOS/LCR) (삭제, `23.1.1 시행)

5-4-2 집단전화교환기(TDX-CPS) (삭제, `23.1.1 시행)

5-4-3 자동호 분배장치(TDX-ACD) (삭제, `23.1.1 시행)

5-4-4 통신처리시스템(ICPS) (삭제, `23.1.1 시행)

5-4-5 공중기업통신망(CO-LAN)

5-4-5-1 데이터 교환기(DKN) (삭제, `23.1.1 시행)

5-4-5-2 원격교환기(MPC) (삭제, '23.1.1 시행)

5-4-5-3 단말기 다중화장치(SAM64) (삭제, '23.1.1 시행)

5-4-5-4 음성데이터 다중화 장치(VDM) (삭제, '23.1.1 시행)

5-4-6 ATM 교환기

5-4-6-1 ATM 중계교환기 (삭제, '23.1.1 시행)

5-4-6-2 ATM 가입자교환기 (삭제, '23.1.1 시행)

5-4-6-3 ATM ACE2000교환기 (삭제, '23.1.1 시행)

제6장 전송설비공사

6-1 기초설치

6-1-1 기초설치(공통)

공정		단위	통신 케이블공	통신 설비공	보통 인부	비고
기초공사	1. 마킹 및 레벨링	개소	-	0.05	0.05	
	2. 경량강조금물 또는 보붙임물 설치	〃	-	0.05	0.05	
	3. 스트락차 설치	m	-	0.11	0.01	
	4. U형찬넬 설치	〃	-	0.05	0.05	
	5. 케이블그릿드 설치	㎡	-	0.20	0.10	
케이블 포설	1. 국내케이블 포설포박	10m	0.20	0.26	0.10	
	2. 광점퍼코드 포설	〃	0.07	0.08	-	
	3. 광점퍼코드 대조	포트당	0.04	-	0.04	
	4. 심선성단 및 수용(국내케이블)	10단자	-	0.04	0.01	
	〃 (반송케이블)	〃	-	0.30	0.05	
	〃 (동축케이블)	〃	-	0.70	0.07	
	5. 도통점검	100P	0.26	-	-	
	6. 점퍼선포선 납땜(2심)	회선	-	0.02	-	1P 양단 납땜 포함
	점퍼선포선 납땜(3심)	〃	-	0.03	-	
	점퍼선포선 납땜(4심)	〃	-	0.04	-	
	점퍼선포선 납땜(반송용실드)	〃	-	0.03	-	
	점퍼선포선 납땜(동축용실드)	〃	-	0.07	-	
	7. 전원케이블 포설포박	m	0.02	0.03	0.01	
	8. 전원케이블성단 및 수용(200㎟)	단자	-	0.21	-	
	〃 (100㎟)	〃	-	0.16	-	
	〃 (50㎟)	〃	-	0.15	-	
	〃 (22㎟)	〃	-	0.10	-	
	〃 (5.0㎟)	〃	-	0.08	-	
	〃 (1.2㎟)	〃	-	0.08	-	
	9. 그릿드형 국내케이블 포설	10m	0.14	0.15	0.10	

공정			단위	통신관련산업기사	통신케이블공	통신설비공	보통인부	비고
장치가설치	1. 포장해체 및 반입		가	-	-	0.50	0.50	
	2. 장치거치		〃	-	-	0.50	0.50	
	3. 유니트 실장		개	-	-	0.02	-	
	4. 유니트 설치		〃	-	-	0.03	0.02	
CR광체내배선	1. 터미널 부착		광체	-	-	1.00	0.10	
	2. 경보 및 감시선 배선		〃	-	-	0.38	-	
기초조정 및 시험	1. 공통시험	전원 및 메타교정시험	대	0.20	-	-	-	
		경보 및 접불시험	〃	0.50	-	-	-	
	2. 개별시험	레벨조정 및 특성시험	회선	0.10	-	-	-	
		주파수 교정시험	SYS	0.10	-	-	-	
	3. 단국종합시험	송·수신 시험	회선	0.02	-	-	-	
		종합특성시험	SYS	0.50	-	-	-	
	4. 완성검사	시험성적서 작성	SYS	1.00	-	-	-	
		회선개통시험	회선	0.05	-	-	-	
타합선구성	1. 4선식 타합선 구성		개소	-	-	1.00	-	
	2. 2선식 타합선 구성		〃	-	-	0.50	-	
	3. 감시선 급전		〃	-	-	0.40	-	
형광등설치	30w 이하		등	-	-	0.15	-	
	40w 이하		〃	-	-	0.22	-	
	100w 이하		〃	-	-	0.40	-	

[해 설]

① 본 품셈은 전송장치의 기초공사 및 케이블 포설 공정품셈에 공통 적용.

② 점퍼선 포설 랩핑은 "5-1-1 기초설치(공통)"을 적용하고, 국내케이블 포설포박, 그릿드형 국내케이블 포설 공정품셈은 "5-1-1 기초설치(공통)"의 해설 ① 항을 적용.

③ 본 품셈에 명시하지 아니한 콘크리트천공, 콘크리트타정, 벽관통 작업공정은 "3-7 부대공사" 품셈 적용.

④ 케이블랙 조립설치는 "3-4-1 케이블랙 및 트레이" 품셈 적용.

⑤ 해킹방지 코드(FB 코드 : Free Bending Cord) 포설은 광점퍼코드 포설 품셈 적용.

⑥ 광점퍼코드 철거 시 광점퍼코드 대조하는 경우, 철거 품셈과 대조 품셈을 합산하여 적용.
⑦ 광점퍼코드 2열 동시포설 시 본 품셈의 180%, 3열 260%, 4열 340%, 4열 초과하는 경우 초과 1열당 80%씩 가산.
⑧ 철거(불용 30%, 재사용 50%).

6-2 광전송 장치

6-2-1 광전송 시스템

6-2-1-1 동기식 광전송 장치

공정		단 위	광케이블 설 치 사	통 신 설비공	특 별 인 부
외부 시험	입력전원 측정	PDP	0.26	-	-
자체 시험	1. 출력전원시험	유니트	0.34	-	-
	2. ㎜I 자체셋팅 및 동작확인 시험	대	0.41	-	-
	3. 시스템셋업 및 현재상태확인시험	시스템	0.72	-	-
	4. 광전송 특성시험	회선	0.41	-	0.36
	5. DS3급 전기적 특성시험	〃	0.36	-	0.21
	6. DS1급 전기적 특성시험	〃	0.13	-	0.13
	7. 시스템의 절체기능시험	시스템	0.77	-	-
	8. 경보시험	PDP	0.44	-	-
대국 시험	1. 대국입력 수신 광 레벨 측정시험	개소	0.18	-	0.15
	2. 시스템 대국 설정조건 확인시험	시스템	0.64	-	-
	3. 시스템 대국 기능시험	〃	1.02	-	-
	4. 타합반 시험	유니트	-	0.35	-
	5. 최종성능 감시시험(DS1급 이상)	시스템	0.80	-	-
	6. DS0급 음성회선 대국 전기적 특성 시험	회선	0.02	-	-
	7. DS0급 DP회선 대국 전기적 특성 시험	〃	0.01	-	-

[해 설]

① 입력전원 시험은 전압, 리플 및 스파이크 전압 측정을 말함.

② 출력전원 시험은 전압, 리플 및 스파이크 전압 측정을 말하며 2.5G와 FLC광공통반은 제외.
③ ㎜I자체특성 및 동작확인시험은 PC(터미널) 자체 시험을 말함.
④ 광전송 특성시험은 광송신 출력, 광수신 감도(최대, 최소)측정을 말하며, 국사내 종속 광신호도 동일하게 적용.
⑤ DS3/1 전기적 특성시험은 펄스마스크, 출력지터, 입력허용지터, BER 측정을 말하며 각 장치별 해당 대역별로 측정.
⑥ 시스템의 절체기능 시험은 광 시스템의 클럭절체, 유니트절체, 절체우선 순의 기능확인을 말하며 FLC 채널반은 클럭절체 시험만 해당하므로 본 품셈의 1/3을 적용.
⑦ 경보시험의 단위는 완전 실장된 랙 PDP 기준으로 완전 실장이 안 된 경우에는 작업량을 최대수용 셀프로 나눈 값으로 적용.
⑧ 대국 입력수신 광레벨 측정 시험은 광 전송로 구간에만 적용.
⑨ 시스템 대국 기능 시험은 시스템 기능, 유지보수(AIS) 기능, 원격루프시험, 절체시험 등을 말함.
⑩ 타합반 시험은 대국을 구성하여 통화 및 호출하는 시험을 말함.
⑪ 최종성능 감시시험(DS1급 이상)은 ㎜I를 통한 주어진 시간내의 시스템의 성능 및 경보 감시시험을 말함.
⑫ DS0급 음성회선 대국 전기적 특성은 송수신레벨, 통화 및 신호 시험을 말함.
⑬ 본 품셈에 명시하지 않은 것은 아래 품셈을 적용.
- 외부입력클럭 특성 시험은 "6-3-5 디지털 클럭공급장치(DOTS)"의 입력클럭 신호시험을 적용하며, 외부 입력클럭 특성시험은 입력신호에 포함된 지터, 펄스 마스크와 장치입력 허용 지터 측정을 말한다.(외부 입력이 필요한 광공통반, FLC 채널반에 적용)
- DS0급 음성회선 전기적 특성 시험은 송수신레벨, 잡음 누화시험을 말함.
- DS0급 DP회선 전기적 특성 시험은 출력진폭, BER 시험을 말함.
⑭ 155Mbps 광전송장치의 최종성능감시시험은 본 품셈의 50% 적용.

6-2-1-2 비동기식 광전송장치

공 정			단 위	광케이블 설치사	통 신 설비공	특별 인부
광섬유케이블 국 내 성 단		광섬유케이블 커넥터접속 및 가공	코어	0.50	-	0.25
기초 조정 및 시험	개별 특성 시험	1. 광원의 파장측정	SYS	0.99	-	0.99
		2. 광펄스 전송속도 측정	〃	0.49	-	0.49
		3. 송신광 출력측정	〃	0.49	-	0.49
		4. 광수신감도 측정	〃	0.36	-	0.36
		5. 광자동이득조정범위 측정	〃	0.36	-	0.36
		6. 복극성신호전송속도 측정	〃	0.36	-	0.36
		7. 복극성신호형태 측정	〃	0.66	-	0.66
		8. 복극성신호송수신 레벨시험	〃	0.33	-	0.33
	공 통 시 험	1. 전원 및 메타교정시험	대	0.20	-	-
		2. 경보 및 접불시험	〃	0.50	-	-
	종합시험	종합특성시험	SYS	0.86	-	-
타합선구성		타합선 구성 및 시험(2W)	개소	-	0.50	-

[해 설]

① 기초공사, 케이블 포설, 광체장치가설치, 광체내배선 등은 “6-1-1 기초설치(공통)”품셈을 적용.

② 철거(불용 30%, 재사용 50%)

6-2-1-3 절체장치 (삭제, `23.1.1 시행)

6-2-2 캐리어 이더넷

공 정	단 위	광케이블 설 치 사	H/W 시험사
입 력 전 원 측 정	대	0.23	-
경 보 시 험 (P D P)	〃	0.21	-
장비설정 및 상태확인시험	대	0.89	0.45
광 전 송 특 성 시 험	회선	0.30	0.15
DS-1급 전기적 특성시험	〃	0.14	0.07
DS-3급 전기적 특성시험	〃	0.31	0.15
Ethernet회선구성 시험	〃	0.38	0.19
장비특성 및 대국시험	대	2.37	1.19

[해 설]

① 입력전원 측정은 PDP와 장비의 입·출력 전압 측정을 말함

② 경보시험은 전원 작동 이상유무를 확인하기 위한 시험을 말함

③ 본 품셈은 패킷 스위칭 용량 160G 장비 설치 기준이며, 1G, 10G 장비 설치시 장비특성 및 대국시험 품셈의 70%적용

④ 장비설치, 케이블 공정은 "6-1-1 기초설치(공통)" 중 기초공사, 케이블 포설, 장치 가설치 공정을 적용

⑤ 그 외는 "6-2-1 광전송시스템" 해설항 적용

⑥ PTN(Packet Transport Network) 또는 POTN(Packet Optical Transport Network) 설치는 본 품셈 적용

⑦ 철거(불용 30%, 재사용 80%)

6-2-3 MSPP 광전송장비

공 정	단 위	광케이블 설치사	H/W 시험사
입력전원 측정	대	0.23	-
경보시험(PDP)	〃	0.21	-
장비설정 및 상태확인시험	대	0.80	0.40
광전송 특성시험	회선	0.30	0.15
DS-1급 전기적 특성시험	〃	0.14	0.07
DS-3급 선기석 특성시험	〃	0.31	0.15
Ethernet회선구성 시험	〃	0.30	0.15
장비특성 및 대국시험	대	2.12	1.06

[해 설]

① 입력전원 측정은 PDP와 장비의 입·출력 전압 측정을 말함

② 경보시험은 전원 작동 이상유무를 확인하기 위한 시험을 말함

③ 본 품셈은 622M급 이상의 장비 설치 기준이며, 155M 장비 설치시 장비특성 및 대국시험 품셈의 70%적용

④ 장치설치, 케이블 공정은 "6-1-1 기초설치(공통)" 중 기초공사, 케이블 포설, 장치 가설치 공정을 적용

⑤ 그 외는 "6-2-1 광전송시스템" 해설항 적용
⑥ 철거(불용 30%, 재사용 80%)

6-2-4 WDM 광전송장비

공 정	단 위	광케이블 설 치 사	H/W 시험사
입 력 전 원 측 정	대	0.23	-
경 보 시 험 (P D P)	〃	0.21	-
장비설정 및 상태확인시험	〃	0.73	0.37
광 다 중 화 부 특 성 시 험	유니트	1.25	0.63
광파장 변환부 특성시험	〃	1.13	0.56
광 증 폭 부 특 성 시 험	〃	0.71	0.35
제 어 부 기 능 시 험	〃	0.54	0.27
E M S 기 능 시 험	시스템	0.75	-
종 합 시 험	〃	0.83	-

[해 설]

① 전원전압 측정은 PDP와 장비의 입·출력 전압 측정을 말함
② 경보시험은 전원 작동 이상유무를 확인하기 위한 시험을 말함
③ 광다중화부 특성시험은 광다중화기 및 광역다중화기에 대한 특성시험으로 광출력, 파장, 수신감도, 이득평탄도, 잡음지수, 대국입력 광수신 레벨등의 측정을 말함
④ 광파장 변환부 특성시험은 송신부의 광변화부 특성시험으로 광출력, 대국 입력 광수신레벨 종속신호 BER 테스터 등의 측정을 말함
⑤ 제어부 기능시험은 제어기의 H/W적인 광전송 특성시험을 말함
⑥ EMS 기능시험은 EMS에 소속된 모든 시스템에 대한 네트워크 관리기능 시험으로 EMS 설치시에만 적용
⑦ 종합시험은 터미널 자체시험과 ㎜I 및 GUI를 이용한 다음시험으로 경보 및 성능 감시, 절체, 경보 및 성능조회, 경보이력, 네트워크 구성시험 등을 말하며 장비 전체의 종합시험임

⑧ 장치설치, 케이블 공정은 "6-1-1 기초설치(공통)" 중 기초공사, 케이블 포설, 장치 가설치 공정을 적용

⑨ ROADM(Re-configurable Optical Add-Drop Multiplexer) 설치는 본 품셈 적용.

⑩ 철거(불용 30%, 재사용 80%)

6-3 분배 및 다중화장치

6-3-1 다중화장치(MX-13)

공　　정	단위	통신관련 산업기사
전원시험 및 조정	셀프	0.17
NAS DS1 신호비트에러 및 지터시험	GRP	0.09
CEPT DS1 신호비트에러 및 지터시험	〃	0.09
NAS DS1 신호의 루프백시험	〃	0.10
CEPT DS1 신호의 루프백시험	〃	0.10
절체기능시험	〃	0.11
성능감시 및 경보시험	〃	0.27
신호형태시험	〃	0.12

[해 설]

① 기초공사, 케이블포설 등의 설치품셈은 "6-1-1 기초설치(공통)" 품셈을 적용.

② 1개 GRP는 T1방식인 경우 4T1, E1방식인 경우 3E1을 말함.

③ 절체기능시험인 경우 저속, 고속 및 수·자동 절체시험을 포함.
단, 고속부 절체시험은 신설시 1회만 적용.

④ 철거(불용 30%, 재사용 50%)

6-3-2 디지털회선 분배장치(DCS)

공 정		단 위	통신관련산업기사	통신케이블공	통 신 설비공	H/W 시험사	S/W 시험사	보 통 인 부
철 가 및 기기 가설치	마킹 및 레벨링	개 소	-	-	0.05	-	-	0.05
	케이블랙 설치	m	-	-	0.05	-	-	0.05
	컴퓨터(프로세서)장치	대 (프레임)	-	2.22	2.00	4.45	-	2.00
	각종 기기가 설치	가	-	-	0.50	-	-	0.50
	가전원선 설치	〃	-	-	0.17	-	-	-
케이블 포 설 및 점퍼링	케이블 포설포박	10m	-	0.20	0.26	-	-	0.10
	커넥터부 케이블 포설	〃	-	0.20	0.15	-	-	0.10
	케이블 색별랩핑	10개소	0.52	-	-	-	-	-
	〃	100심	-	0.24	-	-	-	-
	커넥터 접속	10개소	0.12	0.13	0.05	-	-	-
	2심 점퍼선 포설랩핑	10회선	-	-	0.18	-	-	-
	단자판 설치	10개	-	-	0.35	-	-	0.13
기 초 시 험	도통 및 연결시험	T1	-	0.02	-	0.02	0.01	-
	기기 전원시험	가	-	-	-	1.08	-	-
프로세서시험	프로세서 및 메모리 시험	시스템	-	-	-	2.06	6.63	-
시스템 시 험	유니트 진단시험	유니트	-	-	-	2.16	3.90	-
	경보시험	시스템	-	-	-	0.66	-	-
	원격경보 시험	〃	-	-	-	1.25	-	-
	시스템 확인시험	〃	-	-	-	13.75	13.43	-
	Cross Connect Mapping 시험	10채널	-	-	-	0.23	0.24	-

[해 설]

① 각종 시험단위에서 사용되는 “시스템”이라 함은 디지털회선 분배장치 시스템을 말하고 사용되는 “채널”이라 함은 T1채널수를 말함.

② 채널수 증감의 경우 각종 시험 및 고장수리품셈은 해당 시스템당 기설 채널수의 10%를 적용.

③ 시스템 유니트 진단시험에서의 단위 “유니트”라 함은 DCS의 셀프 수를 말함.

④ 케이블 색별 랩핑의 단위 “개소”라 함은 랩핑하는 케이블 조수를 적용하여 양

단랩핑시 2개소임.

⑤ 케이블 포설포박, 커넥터부 케이블포설 공정품셈은 SYS별, 장소별로 다음과 같이 체감 적용.

0 ~ 3,200m까지 : 100% 적용.
3,201 ~ 6,400m까지 : 80% 적용.
6,401 ~ 9,600m까지 : 60% 적용.
9,601m 초과 : 40% 적용.

⑥ 철거(불용 30%, 재사용 80%)

6-3-3 디지털 전송접속 분배장치(DXC-13)

공 정		단위	H/W시험사	S/W시험사
기초시험	기기전원시험	가	0.20	-
프로세서시험	프로세서 및 메모리시험	SYS	2.06	6.63
System 시 험	셀프 진단시험	셀프	2.16	3.90
	경보시험	SYS	0.66	-
	시스템 확인시험	〃	13.76	13.43
	상호접속 Mapping시험	DS1	0.02	0.02

[해 설]

① 각종 시험단위에서 "시스템"이라 함은 디지털 전송접속분배장치 시스템을 말함.

② 설치 공정별은 "6-3-2 디지털회선 분배장치(DCS)"을 적용.

③ 철거(불용 30%, 재사용 50%)

정보통신부문 제6장

6-3-4 DSLAM 장치

공 정		단위	통신관련 기 사	통신관련 산업기사	통신관련 기 능 사
자 체 시 험	입력전원측정	랙	-	0.08	-
	경보시험	PDP	-	0.46	-
	운용터미널자체셋팅 및 동작확인	대	-	0.41	-
	광전송특성시험	회선	0.40	-	0.35
	시스템의 절체기능시험	SYS	-	0.24	-
	EMS자체 셋업 및 DSLAM현재상태 확인시험	대	-	0.71	-
대 국 시 험	ADSL 라인속도 측정	회선	-	0.02	-
	시스템 최종성능 감시시험	SYS	-	0.78	-

[해 설]

① 기초공사, 장치설치는 "6-1-1 기초설치(공통)" 품셈을, 커넥터접속은 "5-1-1 기초설치(공통)" 품셈을, UTP케이블공사는 "4-3 꼬임케이블" 품셈을 각각 적용.

② 단위에서 SYS는 DSLAM 공통반 시스템을 말하며, 회선의 경우 광분야에서는 광송수신회선을 말하며, ADSL라인의 경우는 가입자회선을 말함.

③ 시험성적서 작성은 시험 후 결과를 기록하되 대국시험이 있을 경우에는 대국시험후에 작성하고, 자체시험만 할 경우에는 자체시험 후에 작성.

④ 절체 150% 적용.

⑤ 철거(불용 30%, 재사용 80%)

6-3-5 디지털 클럭공급장치(DOTS)

공 정		단위	통신관련산업기사	통신설비공	보통인부
장치설정	장치거치(셀프설치)	대	-	0.03	0.02
	유 니 트 실 장	개	-	0.02	-
설치시험	전 원 전 압 시 험	대	0.08	-	-
	경보 및 접불시험	〃	0.08	-	-
	입력클럭 신호시험	회 선	0.19	-	-
	출력클럭 신호시험	개 소	0.03	-	-

[해 설]

① 입력클럭 신호시험의 단위는 CREC반 유니트설치 수량을 기준하고 출력클럭 신호시험의 단위는 DIS반 유니트설치 수량을 기준함.

② 철거품셈은 50%적용. 단, 설치시험품셈은 제외함.

6-3-6 디지털 계통보호전송장치(PITR)

공정		단위	직종	전류차동 방식	방향비교 방식	방향비교 전류차동 방식	방향비교 전송차단 방식	E/O 방식
조립및설치	Bay 건립	대	통신설비공 특별인부	0.75 1.00	0.75 1.00	0.75 1.00	0.75 1.00	0.75 1.00
	세트 조립	〃	통신설비공	0.75	0.75	1.50	1.50	0.75
	Power Panel 조립 및 배선	〃	통신설비공 특별인부	0.75 0.75	0.75 0.75	1.00 1.00	1.00 1.00	0.75 0.75
	내부배선 및 기타결선	〃	통신설비공	0.50	0.50	1.00	1.00	0.50
시험	1. 전송로시험							
	o T1, E1 전송로	T/L	통신관련산업기사	1.00	1.00	1.00	1.00	1.00
	o 광 전송로	〃	통신관련산업기사	1.00	1.00	1.00	1.00	1.00
	2. 국부시험 및 점검조정							
	o 설비특성 시험 전원전압측정 64kbps 측정 제어신호 송·수신 및 동작 전송지연 시간측정 전송차단방식 지연 시간측정 직통전화시험 LAN/NMS시험 G.703 데이터 저장상태 확인	 T/L 〃 〃 〃 〃 〃 〃 〃	 통신관련산업기사 〃 〃 〃 〃 〃 〃 〃	 1.00 1.00 - 0.50 - 0.50 0.50 0.50	 1.00 - 1.50 0.50 - 0.50 0.50 -	 1.00 1.00 1.50 1.00 - 0.50 0.50 0.50	 1.00 - 4.00 0.50 2.00 0.50 0.50 -	 1.00 - - - - 0.50 - -
	o 장비설정 상태확인	T/L	통신관련산업기사	1.00	1.00	2.00	2.00	1.00
	o 접지상태 및 케이블 결선상태 확인	〃	통신관련산업기사	1.00	1.00	2.00	2.00	1.00
	3. 대국시험 및 종합시험							
	o 대국간 송·수신상태 확인	T/L	통신관련산업기사	1.00	1.00	2.00	2.00	1.00
	o 보호 배전반간 연동시험	〃	통신관련산업기사	1.00	1.00	2.00	2.00	-

[해 설]

① 시험품셈은 PITR장비 1대 구성기준이며, 2T/L(송전선로 계통) 동시 구성시 본 품셈의 180% 적용.

② 내부배선 및 기타결선은 PITR장비에 한함.

③ PITR장비에서 각 설비(광단국, 보호배전반)간 케이블 포설, 배선 및 결선품셈은 별도 계상. 단, Pcm케이블 포설품셈은 "4-4-1 제어용 케이블" 품셈 적용.

④ 철거(불용 30%, 재사용 80%)

6-3-7 송·변전 광단말장치

공 정		단위	광케이블 설치사	H/W 시험사	S/W 시험사	통신관련 산업기사	통 신 설비공	특별 인부
광전송 부분	입력전원 시험	대	0.23					
	경보시험(PDP)	〃	0.21					
	내부배선 및 기타결선	〃					0.50	
	장비설정 및 상태확인 시험	〃	0.73	0.37				
	광전송유니트 특성시험	유니트	2.26	1.12				
	Ethernet Port 시험	〃		0.40	0.40			
	장비특성 및 대국시험	대	0.83	0.83				
계통 보호 부분	64kbps 측정	T/L				1.00		
	전송지연 시간측정	〃				0.50		
	G.703데이터 저장상태 확인	〃				0.50		
	장비설정 및 상태확인시험	〃				1.00		
	대국간 송·수신 상태 확인	〃				1.50		
P-to-P 부분	시스템 셋업 및 현재상태 확인시험	대	0.72					
	광전송 특성시험	〃	0.41					0.36
	DS1급 전기적 특성시험	〃	0.82					0.72
	장비특성 및 대국시험	〃	0.25					0.15

[해 설]

① 장치설치, 케이블 공정은 "6-1-1 기초설치(공통)"중 "기초공사", "케이블 포설", "장치가설치" 품셈 적용.

② 입력전원 시험은 PDP와 장비의 입·출력 전압 측정 및 전원 절체시험을 말함.

③ 경보시험은 PDP부 가시/가청경보 동작시험을 말함.

④ 광전송유니트 특성시험은 파장별 광출력, 대국입력 광수신레벨 등의 측정을 말함. 단, 4채널 유니트의 경우 60% 적용.
⑤ Ethernet Port 시험은 8파장을 이더넷 계측기로 송·수신 등의 시험을 말함. 단, 4파장 유니트의 경우 50% 적용.
⑥ 유니트는 광전송카드(CTRU) 2매 및 8파장 포트 기준임.
⑦ 장비특성 및 대국시험은 터미널 자체시험과 mml 및 GUI를 이용한 다음 시험으로 주장치간 연동, 성능조회, 절체시험, 경보시험, 경보이력, 네트워크 구성시험 등을 말하며 장비 전체의 종합시험임.
⑧ 확장셀프, 계통보호유니트(PIU)은 "6-1-1 기초설치(공통)"중 "유니트 실장"및 본 품셈의 "내부배선 및 기타 결선" 품셈 적용. 단, 전용랙(내진)에 설치된 경우는 제외.
⑨ 계통보호부분 시험(측정) 및 상태확인은 개소별이 아닌 1T/L 기준. 단, 단거리 구간의 시험은 본 품셈의 180% 적용.
⑩ 계통보호회선유니트(PIU)에서 각 설비(광단국, 보호배전반)간 케이블 포설, 배선 및 결선 품셈은 별도 계상. 단, Pcm케이블 포설 품셈은 "4-4-1 제어용 케이블" 품셈 적용.
⑪ 대국간 송·수신 상태 확인은 보호 배전반간 연동시험시 현장지원 등을 포함.
⑫ 광전송 특성시험은 광송신 출력, 광수신 감도(최대, 최소)측정을 말하며, 국사내 종속 광신호도 동일하게 적용.
⑬ DS1급 전기적 특성시험은 펄스마스크, 출력지터, 입력허용지터, BER 측정을 말하며, 각 장치별 해당 대역별로 측정함.
⑭ 본 품셈에 명시하지 않은 콘크리트 천공, 콘크리트 타정, 벽관통 구멍뚫기, 앵커볼트 설치 공정은 "3-7-1 부대공사(앵커볼트 설치 등)" 품셈 적용.
⑮ 기계경비(기계손료, 운전경비, 수송비)는 "1-4 기계경비 산정기준" 품셈 적용.
⑯ 철거(불용 30%, 재사용 80%)

정보통신부문 제6장

제7장 무선·방송설비공사

7-1 송·수신기

7-1-1 VHF(100W 이하) 이동국 송·수신기

(단위 : 대)

공 정	통신관련 산업기사	통 신 설비공	용접공	철 공	보 통 인 부
철대재단 및 차량가공	-	-	-	1.00	-
설 치 가 공 및 용 접	-	-	0.65	0.65	-
세 부 가 공 및 끝 손 질	-	-	-	0.65	-
공중선단자 설치 가공	-	-	-	1.00	-
설 치 대 제 작	-	1.00	-	-	-
조 립 설 치	-	0.50	-	0.50	1.00
배 선 및 결 선	-	1.00	-	-	-
국부점검 및 조정시험	4.00	-	-	-	-
대 국 시 험	2.00	-	-	-	-

[해 설]

① SSB(100W이하) 이동국도 본공량에 준함.

② 비행점검을 요할시는 국부점검 및 조정시험, 대국시험품셈을 200% 적용.

③ 운행중인 기관차에 설치할 경우 50% 가산.

④ 멀티플 채널(Multiple Channel)에서 매 채널(Channel) 증가당 점검 및 대국시험 품셈을 20% 가산.

⑤ 철거 30% 적용.

7-1-2 VHF 또는 UHF(100W 이하) 고정국 송·수신기

(단위 : 대)

공 정	통신관련산업기사	통신설비공	보통인부
조 립 설 치	-	0.50	1.00
배 선 및 결 선	-	3.00	2.00
국부점검 및 조정시험	4.00	-	-
대 국 시 험	2.00	-	-

[해 설]

① VHF 또는 UHF(50W 이하) 고정국 송 · 수신기 신설은 본 품셈의 60%를 적용하고, GPS, DGPS, 옴니 안테나의 수신기 설치 및 시험은 본 품셈 대국시험 품셈을 적용.
② 멀티플 채널(Multiple Channel)은 매 채널(Channel) 증가당 점검 및 대국 시험품셈을 20% 가산.
③ SSB(100W 이하)는 본 공량과 동일함.
④ 비행점검을 요할시는 국부점검 및 조정시험, 대국시험품셈을 200% 적용.
⑤ 철거(불용 30%, 재사용 80%)

7-1-3 VHF 또는 UHF(110W 이상) 고정국 송 · 수신기

(단위 : 대)

공 정	통신관련산업기사	통신설비공	보통인부
조 립 설 치	-	0.60	1.20
배 선 및 결 선	-	3.60	2.40
국부점검 및 조정시험	10.00	-	-
대 국 시 험	4.50	-	-

[해 설]

① 멀티플 채널(Multiple Channel)은 매 채널(Channel) 증가당 국부점검 및 조정시험, 대국시험품셈의 20% 가산.
② SSB(110W 이상)도 본 공량에 준함.
③ 비행점검을 요할시는 국부점검 및 조정시험, 대국시험품셈을 200% 적용.
④ 철거 30% 적용.

7-1-4 중 · 단파(500W 이하) 송 · 수신기

(단위 : 대)

공 정	통신관련산업기사	통신설비공
전 원 배 선	0.50	0.50
신 호 선 배 선	0.50	0.50
급 전 선 실 내 배 선	1.00	2.00
접지선매설 및 인입작업	0.50	0.50
시 험	5.00	1.00

정보통신부문 제7장

[해 설]
① 접지는 100Ω 이하. ② 터파기, 되메우기 별도 계상.
③ 중 · 단파(100W 이하)도 본 공량에 준함.(단, 시험품셈을 2인으로 계상)
④ 비행점검을 요할시는 시험품셈을 200% 적용. ⑤ 철거 30% 적용.

7-1-5 마이크로웨이브(Micro Wave) RF 송 · 수신기

공 정		단위	통신관련기사	통신관련산업기사	통신설비공	보통인부
포장해체 및 현품대조		대	-	-	0.40	0.40
Bay 건립		〃	-	-	0.50	1.00
송 · 수신기 조립		〃	-	0.61	0.60	-
내부결선 및 기타결선		〃	0.30	-	0.30	0.25
국부 조작 시험 및 각 판넬 점검	개별설비 특성시험	〃	0.68	-	-	-
	송수신상태 및 동작확인	〃	2.01	-	-	-
	장비 이원화 여부 확인	〃	1.72	-	-	-
	장비 설정 상태 확인	〃	1.20	-	-	-
	접지 상태 및 케이블 결선 상태 확인	〃	0.41	-	-	-
대 국 종 합 시 험		〃	4.12	-	-	-

[해 설]
① 본 품셈은 1대 설치 기준이며, 이원화를 위하여 동일장소에 2대 설치시 본 품셈의 180% 적용
② 멀티플(Multiple) UHF R-F송 · 수신기 공량은 본 공량에 준함.
③ 철거 30% 적용.

7-1-6 마이크로웨이브(Micro Wave) Power Amplifier

(단위 : 대)

공 정	통신관련기사	통신설비공	보통인부
B a y 건 립	-	0.50	1.00
S e t 조 립	-	5.00	-
내부결선 및 기타결선	-	-	0.75
T. W. T 조 립 설 치	1.00	-	1.00
국부조작시험 및 각 판넬점검	6.31	-	-

[해 설]
철거 30% 적용.

7-2 송신기

7-2-1 중 · 단파 송신기

공정	직종출력(kW)	통신관련기사					통신관련산업기사					
		5 이하	10 이하	50 이하	100 이하	300 이하	0.5 ~ 1.5	5 이하	10 이하	50 이하	100 이하	300 이하
기초작업	포장해체	-	-	-	-	-	-	-	-	-	-	-
	점검 및 목록대조	-	-	-	-	-	-	-	-	-	-	-
	기기반입 및 장치	-	-	-	-	-	0.5	1.0	1.0	2.0	3.0	4.5
	기초대 설치	-	-	-	-	-	0.3	0.5	0.5	1.0	2.0	3.0
조립 및 설치	전원부	0.5	0.5	1.0	1.5	2.0	0.5	1.0	1.0	2.0	3.0	4.5
	제어부	1.0	1.0	2.0	3.0	4.5	1.0	2.0	2.0	4.0	6.0	9.0
	고주파단	1.0	2.0	4.0	6.0	9.0	2.0	3.0	4.0	8.0	12.0	18.0
	저주파단	1.0	1.0	2.0	3.0	4.5	1.0	2.0	2.0	4.0	6.0	9.0
	공중선 절체장치	1.0	1.0	1.0	1.5	2.0	-	1.0	1.0	1.0	1.5	2.0
	공중선 동조사	1.0	1.0	2.0	3.0	4.5	1.0	2.0	2.0	3.0	4.5	6.0
조정	전원부	0.5	0.5	1.0	1.5	2.0	1.0	1.0	1.0	1.0	1.5	2.0
	제어부	1.0	1.0	2.0	3.0	4.5	1.0	2.0	2.0	2.0	3.0	4.5
	고주파단	1.0	2.0	4.0	6.0	9.0	1.0	1.0	2.0	2.0	3.0	4.5
	저주파단	1.0	1.0	2.0	3.0	4.5	1.0	2.0	2.0	2.0	3.0	4.5
시험	회로결선	-	-	-	-	-	-	1.0	1.0	1.0	1.5	2.0
	절연내력	-	-	-	-	-	1.0	1.0	1.0	1.0	2.0	3.0
	과변조 내력	0.5	0.5	0.5	-	1.0	1.0	1.0	1.0	1.0	2.0	3.0
	기기단속 운전	0.5	0.5	0.5	1.0	1.0	1.0	1.0	1.0	1.0	2.0	3.0
	기기연속 운전	1.0	1.0	1.0	2.0	3.0	1.0	3.0	3.0	3.0	5.0	7.0
	시험전파 발사작업	2.0	3.0	5.0	7.5	11.0	3.0	4.0	4.0	5.0	7.5	11.0
공중선 정합	공중선 정합회로 설계	1.0	1.0	1.0	1.0	1.5	1.0	1.0	1.0	1.0	1.0	2.0
	공중선 동조사 정합	2.0	2.0	4.0	6.0	9.0	1.0	2.0	2.0	4.0	6.0	9.0
측정 및 교정	Audio입력임피던스	-	-	-	-	-	1.0	1.0	1.0	1.0	1.5	1.5
	공중선 임피던스	1.5	1.5	2.0	3.0	4.0	2.0	2.0	2.0	2.0	3.0	4.0
	반송파 주파수편차	-	-	-	1.0	1.0	1.0	1.0	1.0	1.0	1.5	1.5
	변조 직선성	1.0	1.0	1.5	2.0	3.0	1.0	1.0	1.0	1.5	2.0	3.0
	변조 주파수특성	1.0	1.0	1.5	2.0	3.0	1.0	1.0	1.0	1.5	2.0	3.0
	의율	1.0	1.0	1.5	2.0	3.0	1.0	1.0	1.0	1.5	2.0	3.0
	신호대잡음비	1.0	1.0	1.5	2.0	3.0	1.0	1.0	1.0	1.5	2.0	3.0
	Harmonics & Spurious	1.0	1.0	1.5	2.0	3.0	1.0	1.0	1.0	1.5	2.0	3.0

공정	직종출력(kW)	통신설비공						보통인부					
		0.5~1.5	5 이하	10 이하	50 이하	100 이하	300 이하	0.5~1.5	5 이하	10 이하	50 이하	100 이하	300 이하
기초작업	포 장 해 체	0.5	1.0	1.0	2.0	3.0	4.5	1.0	2.0	2.0	4.0	6.0	9.0
	점검 및 목록대조	0.5	1.0	1.5	3.0	4.5	6.0	-	-	-	-	-	-
	기기반입 및 장치	2.0	3.0	3.0	4.0	6.0	9.0	2.0	4.0	6.0	10.0	15.0	22.0
	기초대 설치	0.5	1.0	2.0	3.0	4.5	6.0	-	-	-	-	-	-
조립 및 설치	전 원 부	2.5	4.0	5.0	8.0	12.0	18.0	-	1.0	1.0	2.0	3.0	4.5
	제 어 부	1.0	3.0	4.0	6.0	9.0	13.0	-	1.0	1.0	2.0	3.0	4.5
	고 주 파 단	2.0	6.0	8.0	12.0	18.0	27.0	-	2.0	2.0	4.0	6.0	9.0
	저 주 파 단	1.0	3.0	4.0	6.0	9.0	13.0	-	1.0	1.0	2.0	3.0	4.5
	공중선 절체장치	1.0	1.0	1.0	2.0	3.0	3.0	-	-	-	1.0	1.5	2.0
	공중선 동조사	2.0	2.0	3.0	6.0	9.0	13.0	-	-	-	-	-	-
조정	전 원 부	-	-	-	-	-	-	-	-	-	-	-	-
	제 어 부	1.0	1.0	1.0	2.0	3.0	4.5	-	-	-	-	-	-
	고 주 파 단	1.0	2.0	2.0	3.0	4.5	7.0	-	-	-	-	-	-
	저 주 파 단	1.0	2.0	2.0	3.0	4.5	7.0	-	-	-	-	-	-
시험	회 로 결 선	1.0	1.0	1.0	2.0	3.0	4.5	-	-	-	-	-	-
	절 연 내 력	-	-	-	-	-	-	-	-	-	-	-	-
	과변조 내력	-	-	-	-	-	-	-	-	-	-	-	-
	기기단속 운전	-	-	-	-	-	-	-	-	-	-	-	-
	기기연속 운전	-	-	-	-	-	-	-	-	-	-	-	-
	시험전파 발사작업	4.0	4.0	4.0	5.0	7.5	11.0	-	-	-	-	-	-
공중선 정합	공중선 정합회로 설계	-	-	-	-	-	-	-	-	-	-	-	-
	공중선 동조사 정합	2.0	2.0	2.0	4.0	6.0	9.0	-	-	-	-	-	-
측정 및 교정	Audio입력임피던스	1.0	1.0	1.0	1.0	1.5	1.5	-	-	-	-	-	-
	공중선 임피던스	2.0	2.0	2.0	2.0	3.0	4.0	-	-	-	-	-	-
	반송파 주파수편차	-	-	-	-	-	-	-	-	-	-	-	-
	변조 직선성	1.0	-	-	-	-	-	-	-	-	-	-	-
	변조 주파수특성	1.0	-	-	-	-	-	-	-	-	-	-	-
	의 율	1.0	-	-	-	-	-	-	-	-	-	-	-
	신호대잡음비	1.0	-	-	-	-	-	-	-	-	-	-	-
	Harmonics& Spurious	1.0	-	-	-	-	-	-	-	-	-	-	-

[해 설]

① 배선 및 접지 등은 별도 계상.
② 500㎾ 이하는 300㎾ 이하 품셈의 180% 적용.
③ 1,000㎾ 이하는 500㎾ 이하 품셈의 180% 적용.
④ 1,500㎾ 이하는 1,000㎾ 이하 품셈의 180% 적용.
⑤ 동일 송신기 또는 공중선 동조사 등을 2대 동시 설치시는 1대 품셈의 180% 적용.
⑥ 공중선 2기일 경우 동조사 정합품셈은 1기 품셈의 300% 적용.
⑦ 송신기 콤바이너 설치와 조정은 당해 송신기의 공중선 동조사 1대 설치 및 정합 품셈의 100% 적용.
⑧ 열교환기, 냉각수조, 배관, 배기덕트 등은 별도 계상.
⑨ 반도체형 모듈화로 구성된 송신기의 조립 및 설치품셈은 기본 품셈의 70% 적용.
⑩ 장비제작사 기술자 기술지원시 조정, 시험, 측정 및 교정품셈은 기본 품셈의 60% 적용.
⑪ 철거(불용 30%, 재사용 80%)

7-2-2 VHF-TV 송신기 ('25년 개정)

공정	직종출력	통신관련기사			통신관련산업기사					통신설비공					보통인부				
		5kW 이하	10kW 이하	30kW 이하	500W 이하	1.5kW 이하	5kW 이하	10kW 이하	30kW 이하	500W 이하	1.5kW 이하	5kW 이하	10kW 이하	30kW 이하	500W 이하	1.5kW 이하	5kW 이하	10kW 이하	30kW 이하
기초작업	포 장 해 체	-	-	-	-	-	-	-	-	1.0	1.0	1.5	1.5	3.0	1.5	1.5	3.0	3.0	6.0
	점검 및 목록대조	-	-	-	-	-	-	-	-	0.5	1.0	1.5	1.5	3.0	-	-	-	-	-
	기기반입 및 장치	-	-	-	1.0	1.0	1.5	1.5	3.0	1.5	3.0	4.5	5.0	7.0	1.5	3.0	6.0	9.0	15.0
	기초대 설치	-	-	-	0.5	1.0	1.5	1.5	3.0	1.0	1.5	3.0	3.0	4.5	-	-	-	-	-
조립 및 설치	전 원 부	1.0	1.0	1.5	1.0	1.0	1.5	1.5	3.0	2.0	4.0	6.0	8.0	12.0	-	1.0	1.5	1.5	3.0
	제 어 부	1.5	1.5	3.0	1.0	1.5	3.0	3.0	6.0	1.5	1.5	4.5	6.0	9.0	-	1.0	1.5	1.5	3.0
	영상여진부	2.0	2.0	3.0	2.0	2.0	3.0	3.0	6.0	2.0	2.0	4.0	6.0	9.0	-	-	-	-	-
	음성여진부	1.0	1.0	1.5	1.0	1.0	2.0	2.0	3.0	1.0	1.0	2.0	3.0	4.5	-	-	-	-	-
	영상증폭단	1.5	3.0	4.5	2.0	3.0	4.5	6.0	9.0	1.5	3.0	9.0	12.0	18.0	-	-	-	-	-
	음성증폭단	0.5	1.0	1.5	1.0	1.0	1.5	2.0	3.0	0.5	1.0	3.0	4.0	6.0	-	-	-	-	-
조정	전 원 부	1.0	1.0	1.5	1.0	1.5	1.5	1.5	2.0	-	-	-	-	-	-	-	-	-	-
	제 어 부	1.5	1.5	2.0	1.0	1.5	2.0	3.0	4.5	1.0	1.5	2.0	3.0	3.0	-	-	-	-	-
	영상여진부	2.0	4.0	6.0	2.0	2.0	2.0	4.0	6.0	2.0	3.0	4.0	4.0	6.0	-	-	-	-	-
	음성여진부	1.0	2.0	3.0	1.0	1.0	1.0	2.0	3.0	1.0	1.0	2.0	2.0	3.0	-	-	-	-	-
	영상증폭단	2.0	4.0	6.0	1.0	2.0	2.0	4.0	6.0	2.0	3.0	4.0	6.0	9.0	-	-	-	-	-
	음성증폭단	1.0	2.0	3.0	0.5	1.0	1.0	2.0	3.0	1.0	1.5	2.0	3.0	4.5	-	-	-	-	-
시험	회 로 결 선	-	-	-	-	-	2.0	2.0	3.0	1.0	1.5	2.0	3.0	4.0	-	-	-	-	-
	절 연 내 력	1.0	1.0	1.5	1.0	1.5	1.5	1.5	2.0	-	-	-	-	-	-	-	-	-	-
	기기 연속운전	1.5	1.5	2.0	1.0	1.5	4.5	4.5	6.0	-	-	-	-	-	-	-	-	-	-
	기기 단속운전	1.0	1.0	1.5	1.0	1.5	1.5	1.5	1.5	-	-	-	-	-	-	-	-	-	-
	시험전파발사작업	2.0	3.0	4.5	2.0	3.0	4.0	4.0	6.0	4.0	4.0	4.0	4.0	6.0	-	-	-	-	-
측정 및 교정	영상입력임피던스	-	-	-	1.0	1.0	1.0	1.0	1.0	1.0	1.0	1.0	1.0	1.0	-	-	-	-	-
	영상입력레벨	1.5	1.5	1.5	1.0	1.5	1.5	1.5	1.5	-	-	-	-	-	-	-	-	-	-
	영상반송파주파수편차	-	-	-	1.0	1.5	1.5	1.5	1.5	-	-	-	-	-	-	-	-	-	-
	영상진폭주파수특성	2.0	2.0	3.0	1.0	2.0	2.0	2.0	3.0	1.0	1.0	-	-	-	-	-	-	-	-
	영상비직선의	2.0	2.0	3.0	1.0	2.0	2.0	2.0	3.0	1.0	1.0	-	-	-	-	-	-	-	-
	영상파형의	2.0	2.0	3.0	1.0	2.0	2.0	2.0	3.0	1.0	1.0	-	-	-	-	-	-	-	-
	영상미분이득	2.0	2.0	3.0	1.0	2.0	2.0	2.0	3.0	1.0	1.0	-	-	-	-	-	-	-	-
	영상미분위상	2.0	2.0	3.0	1.0	2.0	2.0	2.0	3.0	1.0	1.0	-	-	-	-	-	-	-	-
	영상신호대잡음비	1.0	1.0	1.5	1.0	1.0	1.0	1.0	1.5	1.0	1.0	-	-	-	-	-	-	-	-
	영상 Envelope 지연시간	2.0	2.0	3.0	1.0	2.0	2.0	2.0	3.0	1.0	1.0	-	-	-	-	-	-	-	-
	영상측파대 감쇄특성	2.0	2.0	3.0	1.0	2.0	2.0	2.0	3.0	1.0	1.0	-	-	-	-	-	-	-	-
	영상Spurious복사	1.0	1.0	1.0	1.0	2.0	2.0	2.0	2.0	1.0	1.0	-	-	-	-	-	-	-	-
	음성입력임피던스	-	-	-	1.0	1.0	1.0	1.0	1.0	1.0	1.0	1.0	1.0	1.0	-	-	-	-	-
	음성입력레벨	1.0	1.0	1.0	1.0	1.0	1.0	1.0	1.0	1.0	1.0	-	-	-	-	-	-	-	-
	음성반송파주파수편차	-	-	-	1.0	1.0	1.0	1.0	1.0	-	-	-	-	-	-	-	-	-	-
	음성변조주파수특성	1.0	1.0	1.0	1.0	1.0	1.0	1.0	1.0	1.0	1.0	-	-	-	-	-	-	-	-
	음성의율	1.0	1.0	1.0	1.0	1.0	1.0	1.0	1.0	1.0	1.0	-	-	-	-	-	-	-	-
	음성주파수 편이	1.0	1.0	1.0	1.0	2.0	2.0	2.0	2.0	1.0	1.0	-	-	-	-	-	-	-	-
	음성신호대 잡음비	1.0	1.0	1.0	0.5	1.0	1.0	1.0	1.0	1.0	1.0	-	-	-	-	-	-	-	-
	음성잔류진폭변조잡음	1.0	1.0	1.0	0.5	1.0	1.0	1.0	1.0	1.0	1.0	-	-	-	-	-	-	-	-
	음성Spurious복사	1.0	1.0	1.0	1.0	2.0	2.0	2.0	2.0	2.0	1.0	-	-	-	-	-	-	-	-

[해 설]

① UHF-TV 송신기의 조정과 측정 및 교정품셈은 VHF-TV 송신기의 150% 적용.(단, 반도체 송신기는 제외)

② 기타 해설은 "7-2-1 중·단파 송신기" 적용.

③ 단일 캐비닛의 Combine방식일 때는 단위출력품셈의 150% 적용.(Phasing Unit 포함)

④ 철거(불용 30%, 재사용 80%)

7-2-3 FM 송신기 ('25년 개정)

공정 \ 직종출력		통신관련기사		통신관련 산업기사				통신설비공				보통인부			
		5kW 이하	10kW 이하	500W 이하	1.5kW 이하	5kW 이하	10kW 이하	500W 이하	1.5kW 이하	5kW 이하	10kW 이하	500W 이하	1.5kW 이하	5kW 이하	10kW 이하
기초작업	포장해체	-	-	-	-	-	-	0.3	0.5	1.0	1.0	1.0	1.0	2.0	2.0
	점검 및 목록대조	-	-	-	-	-	-	0.3	0.5	1.0	1.0	-	-	-	-
	기기반입 및 장치	-	-	0.5	0.5	1.0	1.0	1.0	2.0	3.0	4.5	1.0	2.0	4.0	6.0
	기초대설치	-	-	-	0.5	1.0	1.5	0.5	1.0	2.0	3.0	-	-	-	-
조립 및 설치	전원부	0.5	0.5	0.5	0.5	1.0	1.0	1.5	2.5	4.0	5.0	-	-	1.0	1.0
	제어부	1.0	1.0	0.5	1.0	2.0	2.0	1.0	1.0	3.0	4.0	-	-	1.0	1.0
	Exiter	1.0	1.0	1.0	1.0	2.0	2.0	1.0	1.0	2.0	3.0	-	-	-	-
	출력단	1.0	2.0	1.0	2.0	2.0	4.0	1.0	2.0	6.0	8.0	-	-	2.0	2.0
조정	전원부	0.5	0.5	0.5	1.0	1.0	1.0	-	-	-	-	-	-	-	-
	제어부	1.0	1.0	1.0	1.0	2.0	2.0	1.0	1.0	1.0	1.0	-	-	-	-
	Exiter	2.0	4.0	1.0	1.0	2.0	4.0	2.0	2.0	2.0	2.0	-	-	-	-
	출력단	2.0	4.0	2.0	3.0	4.5	6.0	2.0	2.0	2.0	2.0	-	-	-	-
시험	회로결선	-	-	-	-	-	-	1.0	1.0	1.0	1.0	-	-	-	-
	절연내력	-	-	0.5	1.0	1.0	1.0	-	-	-	-	-	-	-	-
	기기연속운전	1.0	1.0	1.0	1.0	3.0	3.0	2.0	2.0	-	-	-	-	-	-
	기기단속운전	0.5	0.5	0.5	1.0	1.0	1.0	-	-	-	-	-	-	-	-
	시험전파발사작업	2.0	3.0	2.0	3.0	4.0	4.0	4.0	4.0	4.0	4.0	-	-	-	-

측정 및 교정	입력임피던스	-	-	1.0	1.0	1.0	1.0	1.0	1.0	1.0	1.0	-	-	-	-
	입 력 레 벨	1.0	1.0	1.0	1.0	1.0	1.0	1.0	1.0	-	-	-	-	-	-
	반송파주파수편차	-	-	1.0	1.0	1.0	1.0	-	-	-	-	-	-	-	-
	주 파 수 특 성	1.0	1.0	2.0	2.0	2.0	2.0	1.0	1.0	-	-	-	-	-	-
	의 율	1.0	1.0	0.5	1.0	1.0	1.0	1.0	1.0	-	-	-	-	-	-
	변조주파수편이	1.0	1.0	1.0	2.0	2.0	2.0	1.0	1.0	-	-	-	-	-	-
	신호대잡음비	1.0	1.0	0.5	1.0	1.0	1.0	1.0	1.0	-	-	-	-	-	-
	잔류진폭변조잡음	1.0	1.0	0.5	1.0	1.0	1.0	1.0	1.0	-	-	-	-	-	-
	Spurious 복사	1.0	1.0	1.0	2.0	3.0	-	1.0	1.0	-	-	-	-	-	-

[해 설]

① 기타 해설은 "7-2-1 중·단파 송신기" 적용.

② 단일 캐비넷의 Combine 방식일 때는 단위 출력품셈의 150% 적용.(Phasing Unit포함)

③ 철거.(불용 30%, 재사용 80%)

7-3 수신기

7-3-1 단파수신기(SSB 수신기)

(단위 : 대)

공 정	통신관련 산업기사	통 신 설비공	보 통 인 부
기 기 설 치	1.00	1.00	1.00
기기 조정 및 시험	1.00	1.00	1.00

[해 설]

① 전파수신기는 본 품셈에 적용.

② 배선가 및 덕트 공정은 제외.

③ 철거 50% 적용.

7-4 중계기

7-4-1 VHF-TV 중계기(Translator) ('25년 개정)

공 정 (직종출력)		통신관련 산업기사	통신관련기능사				통신설비공				보통인부			
		500W 이하	1W 이하	10W 이하	100W 이하	500W 이하	1W 이하	10W 이하	100W 이하	500W 이하	1W 이하	10W 이하	100W 이하	500W 이하
기초작업	포 장 해 체	-	-	-	-	-	0.3	0.5	1.0	1.0	0.5	0.5	1.0	1.5
	점검 및 목록대조	-	-	-	-	-	0.3	0.5	1.0	1.5	-	-	-	-
	기기반입 및 장치	1.0	0.5	0.5	0.5	-	-	-	1.0	1.5	0.5	0.5	1.0	1.5
	기초대 설치	1.0	-	-	0.5	-	0.3	0.5	1.0	1.0	-	-	-	-
조립 및 설치	전 원 부	1.0	0.5	0.5	1.0	-	0.3	1.0	1.0	1.5	-	-	-	-
	제 어 부	1.0	0.5	0.5	1.0	1.5	0.3	0.5	1.0	1.5	-	-	-	-
	수 신 부	1.0	0.5	0.5	1.0	-	0.3	0.5	1.0	1.0	-	-	-	-
	송 신 부	1.0	0.5	0.5	1.0	-	0.3	0.5	1.0	1.0	-	-	-	-
조 정	전 원 부	1.0	0.5	0.5	1.0	-	-	-	-	-	-	-	-	-
	제 어 부	1.0	0.5	0.5	1.0	1.5	-	-	-	-	-	-	-	-
	수 신 부	2.0	1.0	1.0	2.0	2.0	-	-	-	-	-	-	-	-
	송 신 부	1.0	1.0	1.5	2.0	2.0	-	-	-	-	-	-	-	-
	수신점 선정	-	1.0	2.0	2.0	2.0	1.0	1.0	2.0	2.0	-	-	-	-
시 험	안 정 도	1.0	0.5	0.5	1.0	-	-	-	-	-	-	-	-	-
	자동운전	1.0	0.5	0.5	1.0	-	-	-	-	-	-	-	-	-
	단속운전	1.0	0.5	0.5	1.0	-	-	-	-	-	-	-	-	-
	연속운전	1.0	1.5	1.5	2.0	2.0	-	-	-	-	-	-	-	-
	시험전파 발사	2.0	3.0	3.0	4.0	4.0	-	-	-	-	-	-	-	-
측정 및 교정	주 파 수 특 성	1.0	1.5	1.5	2.0	1.0	-	-	-	-	-	-	-	-
	잡 음 지 수	1.0	0.5	0.5	1.0	1.0	-	-	-	-	-	-	-	-
	신호대 잡음비	1.0	0.5	0.5	1.0	1.0	-	-	-	-	-	-	-	-
	직 선 성	1.0	1.0	1.0	2.0	1.0	-	-	-	-	-	-	-	-
	AGC 특성	1.0	1.0	1.0	2.0	1.0	-	-	-	-	-	-	-	-
	반송파주파수편차	1.0	1.0	1.0	1.5	1.5	-	-	-	-	-	-	-	-
	혼변조 Spurious	1.0	1.0	1.0	2.0	1.0	-	-	-	-	-	-	-	-

[해 설]

① 기타 해설은 "7-2-1 중·단파 송신기" 적용.

② 단일 캐비넷의 Combine 방식일 때는 단위 출력품셈의 150% 적용.(Phasing Unit포함)

③ 철거.(불용 30%, 재사용 80%)

7-4-2 UHF-TV 디지털 중계기

공 정	직종출력	통신관련 산업기사	통신관련기능사				통신설비공				보통인부			
		500W 이하	1W 이하	10W 이하	100W 이하	500W 이하	1W 이하	10W 이하	100W 이하	500W 이하	1W 이하	10W 이하	100W 이하	500W 이하
기초작업	포장해체	-	-	-	-	-	0.3	0.5	1.0	1.0	0.5	0.5	1.0	1.5
	점검및목록대조	-	-	-	-	-	0.3	0.5	1.0	1.5	-	-	-	-
	기기반입 및 장치	1.0	0.5	0.5	0.5	-	-	-	1.0	1.5	0.5	0.5	1.0	1.5
	기초대설치	1.0	-	-	0.5	-	0.3	0.5	1.0	1.0	-	-	-	-
조립 및 설치	전원부	1.0	0.5	0.5	1.0	-	0.3	1.0	1.0	1.5	-	-	-	-
	제어부	1.0	0.5	0.5	1.0	1.5	0.3	0.5	1.0	1.5	-	-	-	-
	수신부	1.0	0.5	0.5	1.0	-	0.3	0.5	1.0	1.0	-	-	-	-
	송신부	1.0	0.5	0.5	1.0	-	0.3	0.5	1.0	1.0	-	-	-	-
조 정	전원부	1.5	0.75	0.75	1.5	-	-	-	-	-	-	-	-	-
	제어부	1.5	0.75	0.75	1.5	2.25	-	-	-	-	-	-	-	-
	수신부	4.0	2.0	2.0	4.0	4.0	-	-	-	-	-	-	-	-
	송신부	1.5	1.5	2.25	3.0	3.0	-	-	-	-	-	-	-	-
	수신점선정	-	1.5	3.0	3.0	3.0	1.5	1.5	3.0	3.0	-	-	-	-
시 험	안정도	1.0	0.5	0.5	1.0	-	-	-	-	-	-	-	-	-
	자동운전	1.0	0.5	0.5	1.0	-		-	-	-	-	-	-	-
	단속운전	1.0	0.5	0.5	1.0	-	-	-	-	-	-	-	-	-
	연속운전	1.0	1.5	1.5	2.0	2.0	-	-	-	-	-	-	-	-
	시험전파발사	2.0	3.0	3.0	4.0	4.0	-	-	-	-	-	-	-	-
측정 및 교정	주파수특성	1.5	2.25	2.25	3.0	1.5	-	-	-	-	-	-	-	-
	잡음지수	1.5	0.75	0.75	1.5	1.5	-	-	-	-	-	-	-	-
	신호대잡음비	1.5	0.75	0.75	1.5	1.5	-	-	-		-	-	-	-
	직 선 성	1.5	1.5	1.5	3.0	1.5	-	-	-	-	-	-	-	-
	AGC 특성	1.5	1.5	1.5	3.0	1.5	-	-	-	-	-	-	-	-
	반송파주파수편차	1.5	1.5	1.5	2.25		-	-	-	-	-	-	-	-
	혼변조Spurious	1.5	1.5	1.5	3.0	1.5	-	-	-	-	-	-	-	-

[해 설]

① HD 및 UHD용 UHF-TV 중계기는 조정과 시험, 측정 및 교정품셈을 본 품셈의 120% 적용.

② 기타 해설은 "7-2-1 중·단파 송신기" 적용. ③ 철거(불용 30%, 재사용 80%)

7-4-3 DTV 소출력 중계기

공 정		단위	통신관련 산업기사	통신관련 기 능 사	무 선 안테나공	통 신 설비공	보통인부
안테나	송신	기	-	-	0.54	0.74	0.37
	수신	〃	-	-	0.17	0.33	-
중계기		대	0.58	0.41	-	0.68	0.34

[해 설]

① 본 품셈은 강관주에 설치하는 품이며, 전봇대에 설치시는 본 품셈을 적용하고, 건물에 설치시는 본 품셈의 120% 적용.

② 강관주 및 전봇대설치는 "2-4-1 전봇대 인력 세움", "2-4-4 지선"을 적용하되, 터파기 및 되메우기, 기계경비는 "1-4 기계경비 산정기준" 품셈 적용.

③ 접지공사는 "11-5-1 접지시설" 품셈 적용.

④ 피뢰기 설치는 "11-6-1 피뢰침 및 피뢰기" 적용.

⑤ 중계기 설치 품셈에는 시험 공정 포함.

⑥ 케이블 포설품셈은 별도 계상.

⑦ 철거(불용 30%, 재사용 80%)

7-4-4 라디오재방송설비

공 정		단 위	통신관련 산업기사	통 신 설비공	H/W 시험사	무 선 안테나공	보통 인부
무선스피커		대	0.16	0.35	-	-	0.27
AM 매칭박스		〃	0.15	0.26	-	-	0.26
수신안테나		기	-	0.57	-	0.66	-
안테나 폴		대	-	0.10	-	-	-
저전압증폭기		대	0.5	1.06	-	-	0.61
양방향증폭기		〃	0.25	0.50	-	-	0.25
전원분배장치		〃	0.18	0.18	-	-	0.18
주장치부	중계장치	〃	0.79	0.92	0.85	-	-
	비상방송장치	〃	0.42	0.54	0.48	-	-
	공용분배장치	〃	0.31	0.44	0.38	-	-
종합시험		식	0.87	-	0.87	-	-

정보통신부문 제7장

[해 설]

① 무선스피커(60W)는 터널내 긴급상황 발생시 긴급방송을 위한 설비를 말함.
② AM매칭박스는 임피던스 정합기 및 종단저항 박스를 말함.
③ 수신안테나는 AM 또는 FM 라디오방송신호를 수신하는 GP 안테나로 케이블 포설은 별도계상.
④ 저전압증폭기(LNA)는 외부에서 수신한 AM/FM 라디오방송신호를 증폭하여 주장치부로 공급하는 설비를 말함.
⑤ 중계장치는 AM과 FM으로 구분하며, 라디오방송신호를 터널 내부에서 수신할 수 있도록 하는 중계설비를 말함.
⑥ 비상방송장치는 터널내 긴급상황 발생시 방송을 차단하고 수동으로 현장 긴급방송을 제공하는 장비를 말함.
⑦ 공용분배장치는 AM 또는 FM 라디오방송신호를 터널내 선로에 분배하는 장비를 말함.
⑧ AM방사케이블 및 누설동축케이블은 "4-5-1 방사형 및 누설동축케이블" 적용.
⑨ 철거(불용 30%, 재사용 80%).

7-4-5 FM 및 DMB 수신설비

7-4-5-1 FM 및 DMB 중계기

공 정	단위	통신관련산업기사	통신설비공
FM 중계기	대	0.15	0.15
DMB 중계기	〃	0.15	0.15

[해 설]

① 본 품셈은 랙 실장 기준으로 중계기 설치·부착 및 고정, 케이블 결선, 동작상태 확인 공정을 포함.
② FM 및 DMB 수신을 위한 케이블은 "7-4-6 무선통신보조설비" 중 누설동축케이블 적용.
③ 철거(불용 30%, 재사용 80%)

7-4-5-2 소출력 FM/T-DMB 무선중계기(10mV/m@10m이하)

공 정		단위	통신관련산업기사	통신설비공
세대내 설치	벽 면	대	-	0.15
	천 정	〃	0.21	0.21
시 험		〃	0.19	-
지하층 설치		〃	0.25	0.22

[해 설]

① 본 품셈은 단일 대역용 기준.

② 시험은 중계전계강도 시험으로 레벨측정. S/N비(수신품질) 측정시험 품셈 포함.

③ 철거(불용 50%, 재사용 80%).

7-4-6 무선통신보조설비

공 정	단위	무선안테나공	통신케이블공	통신설비공
누설동축케이블	10m	0.30	0.30	-
무선기기 접속단자	개	-	-	0.07

[해 설]

① 본 품셈은 소방용 외의 용도와 겸용되는 무선통신보조설비에 대한 설치기준임

② 무선기기 접속단자는 커넥터 접속 및 단자대 결선, 수신상태 확인 공정을 포함하고 있음.

③ 철거(불용 30%, 재사용 80%)

7-5 안테나

7-5-1 파라볼릭(Parabolic) 안테나

7-5-1-1 철탑설치

(단위 : 대)

규 격	공 정	통신관련기사	무선안테나공	비 계 공	보통인부
Ø1.2m이하	1. 조립인양설치 2. 방 향 조 정	2.00 2.00	4.00 2.00	2.00 -	6.00 2.00
Ø2.0m이하	1. 조립인양설치 2. 방 향 조 정	4.00 2.00	8.00 5.00	4.00 -	6.30 2.00
Ø3.0m이하	1. 조립인양설치 2. 방 향 조 정	5.00 2.00	8.00 5.00	5.00 -	10.00 2.00
Ø4.0m이하	1. 조립인양설치 2. 방 향 조 정	5.00 3.00	10.70 6.00	5.00 -	13.00 2.00
Ø5.0m이하	1. 조립인양설치 2. 방 향 조 정	7.25 3.00	15.10 8.00	6.00 -	17.10 2.00

[해 설]

① 철탑기저부에서 15m까지 본 품셈 적용.
② 설치지점 높이가 매 1m초과 3m 증가할 때마다 1, 2항 품셈의 10% 가산.
③ Passive Reflector 1대 경유시는 2항 품셈의 70% 가산.
④ 한구간당 Passive Reflector 2대 경유시는 2항 품셈의 100% 가산.
⑤ 철탑건립품셈 별도 계상.
⑥ UHX형 설치시는 1항 품셈의 130% 적용.
⑦ 피드혼 교체 작업시에는 조립인양설치 품셈의 30% 적용하고, 방향조정 품셈의 50% 적용.
⑧ 레이돔 교체 작업시에는 조립인양설치 품셈의 30% 적용.
⑨ 철거 30% 적용.

7-5-1-2 건물설치

(단위 : 대)

규 격	공 정	통신관련 산업기사	통신설비공	보통인부
Ø1.2m이하	1. 인양조립설치 2. 방향 및 시험조정	- 0.51	0.51 -	0.26 -
Ø2.4m이하	1. 인양조립설치 2. 방향 및 시험조정	- 1.15	1.15 -	0.58 -
Ø3.2m이하	1. 인양조립설치 2. 방향 및 시험조정	- 2.20	2.20 -	1.10 -

[해 설]

① 본 품셈은 5층 이하 기준.

② 기계경비는 "1-4 기계경비 산정기준" 품셈 적용.

③ 콘버터(LNB : Low Noise Block)는 "7-13-7 각종 휠터 및 기타설비" 적용.

④ 기초대(콘크리트 또는 앵글, 스텐 등) 설치 품셈은 별도 계상.

⑤ 철거(불용 50%, 재사용 80%)

7-5-2 VHF, 옴니, 코너(Corner) 안테나

(단위 : 대)

공 정	통신관련기사	무선안테나공	비 계 공	특별인부
1. 조 립 인 양 설 치 2. 방 향 조 정	1.00 2.00	3.00 1.00	3.00 -	2.50 -

[해 설]

① 철탑기저부에서 15m까지 본 품셈 적용.

② 설치지점 높이가 매 1m초과 3m까지 증가할 때마다 1, 2항 품셈의 10% 가산.

③ 중 · 단파를 제외한 기타 지향성 안테나는 1항 50%, 2항 100%의 품셈 적용.

④ 중 · 단파를 제외한 고정용 무지향 안테나는 1항만 50% 적용. 단, 비계틀을 설치하지 않을 경우 비계공은 제외.

⑤ 길이가 3m이하 안테나(VHF, GPS, DGPS, 옴니안테나)인 경우 1항 30%를 적용하고, 수신기 설치 및 시험은 "7-1-2 VHF 또는 UHF(100W 이하) 고정국 송 · 수신기"적용.

⑥ 철탑건립품셈 별도 계상.

⑦ 철거 30% 적용.

7-5-3 단파 안테나

7-5-3-1 Curtain 안테나 ('25년 개정)

(단위 : 3Wire 1Dipole 1단)

공정	통신관련 기사	통신관련 기능사	무선 안테나공	통신 외선공	송전 전공	용접공	보통 인부
1. ANT Element : 제작	2.00	-	-	8.00	-	5.60	6.00
설치	5.00	-	5.00	-	10.00	-	11.50
2. Element 지지용 트라스 : 제작	-	0.60	-	4.00	-	1.80	2.00
설치	0.30	-	-	-	1.60	-	3.20
3. 임피던스 매칭트랜스 : 제작	0.80	1.20	-	-	-	2.10	2.50
설치	-	-	4.50	-	3.20	-	6.00
4. 상부 Dividing 급전선 : 제작	1.00	2.00	-	8.00	-	3.50	-
설치	0.50	1.50	-	-	4.00	-	8.00
5. 수직입상급전선 : 제작	1.00	2.00	-	8.00	-	3.50	-
설치	0.50	1.50	-	-	4.00	-	8.00
6. Element 지지보조지지선 : 제작	-	1.00	-	6.00	-	-	6.00
설치	-	0.50	-	-	6.00	-	8.00
7. Stub Matching Network : 제작	1.50	-	-	8.00	-	4.00	4.00
설치	4.00	-	-	-	10.00	-	15.00
8. Slew Switch : 제작	-	8.00	2.00	2.00	-	-	10.00
설치	1.60	6.00	-	3.00	-	-	12.00
9. Reflector Screen (10선-12선) : 제작	-	3.00	-	6.00	-	-	4.00
설치	-	2.00	-	-	4.00	-	10.00
10. 임피던스 측정 및 정합	7.00	14.00	14.00	-	-	-	14.00

[해 설]

① 주파수 9㎒대를 사용하는 안테나에 적용.

② 2Bay일 경우 본 품셈의 110% 가산.

③ 옥애자 삽입 1개당 송전전공 0.08인 가산.

④ 턴바클 삽입, 해설 ③항과 동일.

⑤ 급전선 설치자재로 동관을 사용할 경우의 품셈임. 따라서 동선을 사용할 경우 공정 3, 4, 5, 6항의 용접공 품셈 삭제.

⑥ 공정 1, 9항에서 동일장소에 1단 이상 설치시 추가분에 한하여는 해당공정의 90% 적용.
⑦ 임피던스 측정 및 정합품셈은 Dipole Antenna Stack 혹은 4Stack 1Bay 1식 품셈임. 2Bay일 경우 본 품셈의 50% 가산.
⑧ 철거(불용 50%, 재사용 80%)

7-5-3-2 LP안테나

(단위 : 기)

공 정	통신관련기사	무선안테나공	통신외선공	보통인부
1. 포 장 해 체 점 검	-	-	2.60	2.08
2. 조 립 인 양 설 치	-	-	-	-
가. Boom 조 립	0.50	-	1.00	10.80
나. Boom 인양설치	1.00	7.20	1.00	18.00
다. 소 자 조 립	5.02	-	1.00	-
라. 소자인양 설치	3.10	8.00	2.00	18.00
마. 배 선 및 결 선	-	1.00	8.00	-
3. 특성시험 및 조정	4.00	-	7.50	-

[해 설]
① 설치고 30m 기준.
② 동일장소에 1개 이상 설치시 추가분은 본 공정량 품셈의 80% 적용.
③ 철탑건립 별도 계상.
④ 급전선 설치품셈 별도 계상.
⑤ 안테나 결합 및 분배장치 설치품셈 별도 계상.
⑥ 소운반 포함.
⑦ 마니라로프 사용료 별도 계상.
⑧ 지세 할증률 적용.
⑨ 철거(불용 30%, 재사용 80%)

7-5-3-3 다브레트 안테나

(1) 공중선 조립 및 설치

(단위 : 조)

공 정	통신관련 산업기사	무 선 안테나공	통 신 외선공	보 통 인 부
공중선소자조립	1.00	-	1.00	0.50
공중선가설작업	-	1.00	1.00	0.50
공 중 선 시 험	1.00	0.50	-	-
소 운 반	-	-	-	1.00

[해 설]

① 사용주파수 2-30㎒대 안테나에 적용.
② 설치높이 30m기준, 높이 3m 마다 해당품셈 5% 가산.
③ 급전선은 동관사용시 적용.
④ 동일 개소에 1단 이상 설치시 추가분은 해당공정의 70% 가산.
⑤ 역 L형 설치시에는 공중선소자 건립, 공중선시험, 소운반품셈은 본 품셈을 적용하고 공중선 가설작업은 본 품셈의 110% 적용.
⑥ 철거 50% 적용.

(2) 동축급전선 인장포설

(단위 : m)

규 격	무선안테나공	통신외선공	보통인부
피복외경 15㎜이하	0.01	0.01	0.01
〃 〃 초과	0.02	0.02	0.05

[해 설]

① 철거 30% 적용.

7-5-3-4 룸빅 안테나

(1) 공중선조립 및 설치

(단위 : 면)

공 정	통신관련 산업기사	무 선 안테나공	통 신 외선공	보 통 인 부
공중선소자조립	2.00	-	2.00	1.00
공중선가설작업	-	3.00	3.00	1.50
공 중 선 시 험	1.00	1.00	-	-
소 운 반	-	-	-	2.00

[해 설]

① 1조 공중선을 기준으로 하되 1조 증가마다 50%씩 가산.
② V형 공중선은 룸빅 공중선의 60%를 적용.
③ 공중선용 매칭박스 및 종단저항 설치 및 시험품셈 포함.
④ 철거 50% 적용.

(2) 동축급전선 인장포설

(단위 : m)

규 격	무선안테나공	통신외선공	보통인부
피복외경 15㎜이하	0.01	0.01	0.01
〃 〃 초과	0.02	0.02	0.05

[해 설]

철거 30% 적용.

7-5-4 의사공중선

규 격	통신관련기사	통신관련산업기사	통신설비공	보통인부
10W-100W	-	-	1.00	-
1㎾ 이하	-	1.00	1.00	-
5㎾ 이하	1.00	1.00	1.00	-
10㎾ 이하	1.00	1.00	1.00	-
50㎾ 이하	1.00	3.00	3.00	1.00
100㎾ 이하	2.00	4.00	4.00	3.00
300㎾ 이하	3.00	6.00	6.00	5.00
500㎾ 이하	5.50	11.00	11.00	9.00
1,000㎾ 이하	11.00	22.00	22.00	18.00

[해 설]

① 냉각수조, 배관, 배기덕트, 펌프 설치품셈은 별도 계상.

② 2대이상 동시설치는 1대 품셈의 80% 가산.(1대 설치마다)

③ 철거(불용 30%, 재사용 50%)

7-5-5 TV 및 FM송신 안테나

7-5-5-1 TV Low Channel

(단위 : 2Dipole 1Panel)

공 정	통신관련기사	통신외선공	송전전공	보통인부
포장해체 및 점검	-	1.00	-	0.80
조 립 설 치	3.70	5.00	7.00	18.00
특성측정 및 조정	4.00	7.50	-	-

[해 설]

① Brench Feeder 설치품셈 포함.

② 작업장내 소운반품셈 포함.

③ 스파턴스타일 안테나는 본 품셈의 90% 적용.(단, Main Pole 설치품셈은 별도 계상)

④ 동일장소에 1개이상 설치시 추가분은 본 공량품셈의 80% 적용.

⑤ 마닐라로프 사용료 별도 계상.

⑥ 지세 할증 적용.

⑦ 조정을 필요로 하지 않는 안테나는 특성측정 및 조정란의 통신관련 기사품셈을 80%만 적용.

⑧ Power Divider 설치품셈은 1Panel 설치품셈의 70% 적용.

⑨ 철거(불용 30%, 재사용 80%)

7-5-5-2 TV High Channel

(단위 : 4Dipole 1Panel)

공 정	통신관련기사	통신외선공	송전전공	보통인부
포장해체 및 점검	-	0.80	-	0.60
조 립 설 치	3.50	4.00	6.00	14.00
특성측정 및 조정	4.00	6.00	-	-

[해 설]

① TV Low CH ANT 설치 해설란 적용. ② 철거(불용 30%, 재사용 80%)

7-5-5-3 TV UHF Channel

(단위 : 4Dipole 1Panel)

공 정	통신관련기사	통신외선공	송전전공	보통인부
포장해체 및 점검	-	0.60	-	0.40
조 립 설 치	1.50	2.00	3.00	5.00
특성측정 및 조정	5.00	6.00	-	-

[해 설]

① TV Low CH ANT 설치 해설란 적용. ② 철거(불용 30%, 재사용 80%)

7-5-5-4 FM(88-108㎒)

(단위 : Element 1기)

공 정	통신관련기사	통신외선공	송전전공	보통인부
포장해체 및 점검	-	0.80	-	0.60
조 립 설 치	3.00	2.00	4.00	11.00
특성측정 및 조정	4.00	4.50	-	-

[해 설]

① TV Low CH ANT 설치 해설란 적용. ② 철거(불용 30%, 재사용 80%)

7-5-6 방송 공동수신 안테나

공 정		단 위	무선안테나공	통신설비공
자상파TV 및 FM라디오 방송	수신 안테나	세트	0.17	0.33
	폴(Pole)	기	-	0.10
위성방송안테나	지름 1.2m 이하	〃	0.60	0.53
	지름 1.8m 이하	〃	0.76	0.60

[해 설]

① 안테나 설치 품셈에는 영상품위 수상기 입력, 수상범위 수신품질, 신호대 잡음비(전파신호의 강도와 잡음신호의 강도비)등 제시험 포함.

② 혼합기 설치시 통신설비공 0.19인 가산.

③ 지름 1.8m 초과 위성방송 안테나는 "7-5-1 파라볼릭(Parabolic) 안테나" 품셈 적용.
④ 기초구조물공사(콘크리트타설, 거푸집공사 등)는 별도 계상.
⑤ 철거(불용 50%, 재사용 80%)

7-5-7 디지털 위성방송 개별수신방식(DTH)

공 정	단 위	통신설비공	통신관련산업기사
안 테 나 설 치	대	0.14	0.10
셋톱박스 설 치	〃	0.10	-
시 험	〃	-	0.10

[해 설]
① 안테나 설치에는 거치대, LNB(Low Noise Blockdown Converter), 수신감도 측정품셈 포함.
② 동축케이블 포설은 "4-2-1 동축케이블 포설" 적용.
③ 셋톱박스 설치에는 전화선 연결, 필터(LPF) 설치, 고객관리 프로그램 개통 포함.
④ 시험은 채널 화질검사, 화면조정, 안테나 위치 조정품셈이 포함.
⑤ 철거(불용 50%, 재사용 80%).

7-5-8 DTV방송 단독수신설비

공 정		단 위	통신설비공	특별인부
수신안테나	실 내	대	0.09	0.06
	실 외	〃	0.18	0.17
안테나폴	-	기	0.10	-

[해 설]
① 안테나 설치 품셈에는 수신감도 측정 및 동축케이블 포설, 커넥터 접속, 셋탑박스 설치, 채널설정, 이용자 공정 포함.
② 동일 댁내 TV 2대 설치시(2분배기)에는 실내안테나 설치품셈의 60% 가산.
③ 방문허가 등 민원상담업무는 건당 특별인부 0.01 인을 가산.

④ 단독주택 설치 기준이며, 연립 또는 다세대, 다가구, 다중주택의 옥상에 단독 수신방식으로 설치하는 경우에는 본 품셈의 150% 적용.
⑤ 셋탑박스 설치는 실내안테나 설치 품셈의 83% 적용.
⑥ 철거(불용 50%, 재사용 80%).

7-6 철탑

7-6-1 공중선 철탑

7-6-1-1 자립식 철탑

공 정	단 위	무선 안테나공	통신 외선공	지적 산업기사	지적 기능사	철 공	보 통 인 부
1. 건 립	톤	6.50	6.50	-	-	-	5.00
2. 철탑위치 측량	기	-	-	1.00	2.00	-	-
3. 철탑보안등시설	조	1.00	2.00	-	-	1.00	-
4. 피뢰침 시설	〃	1.00	2.00	-	-	1.00	-

[해 설]

① 기초공량 불포함. ② 평지기준.
③ 지상 6m이하 볼트 풀림방지 포함.
④ 기당소요 마니라로프 3/4″ 및 5/8″ 소요 손료 별도 계상.
⑤ 환경 및 지세조건에 따른 할증률 적용할 것.
⑥ 현장 가공 포함.
⑦ 조명용 자립식 철탑은 본 공량에 준함.(단, 무선안테나공은 배전전공으로 적용 할 것)
⑧ 가설비는 별도 계상.
⑨ 전원선 포설은 “4-6-1 통신용 구내 전력케이블”품셈 적용.
⑩ 철거(불용 50%, 재사용 80%)

7-6-1-2 조립식 강관주형 철탑

공 정	단 위	무선안테나공	통신외선공	특별인부
철탑자재 분류	톤	0.50	1.20	1.20
건 립	〃	3.60	3.60	2.60

[해 설]

① 본 품셈은 강관주, 사다리, 안전띠, 중간휴게소, 철탑상부 작업대 설치를 포함.

② 철탑위치 측량, 보안등시설, 피뢰침 시설 및 기타 해설은 "7-6-1-1 자립식 철탑" 품셈 적용.
③ 조명용 조립식 강관주는 본 공량에 준함.(단, 무선안테나공은 배전전공으로 적용 합산)
④ 건물옥상 및 옥탑에 건립시는 건립품셈의 120% 적용.
⑤ 기계경비는 "1-4 기계경비 산정기준" 품셈 적용.
⑥ 전원선 포설은 "4-6-1 통신용 구내 전력케이블" 품셈 적용.

7-6-2 중파방송용 삼각지선식 철탑

(단위 : 6미터1기)

공 정	규 격	(폭)60이하 (단위 : ㎝)	(폭)90이하 (단위 : ㎝)	(폭)120이하 (단위 : ㎝)	(폭)180이하 (단위 : ㎝)
1. 철탑자재분류	무선안테나공 특 별 인 부	0.11 0.30	0.12 0.37	0.13 0.40	0.20 0.60
2. 철탑조립	통신외선공 특 별 인 부 철 공	0.68 0.90 0.07	0.73 1.30 0.10	0.78 1.80 0.13	1.00 2.40 0.19
3. 철탑건립	무선안테나공 통신외선공 보 통 인 부	2.16 3.00 4.70	3.02 4.20 6.50	3.88 5.40 8.46	5.61 7.80 12.22
4. 3방향 지지선설치(1개소당 길이 20m기준)	통신외선공 보 통 인 부	2.20 1.20	3.77 1.74	4.90 2.28	6.76 3.12
5. 항공장애표시등 설치(2단 기준) 500W 1EA, 100W 2EA	송 전 전 공 보 통 인 부	4.10 1.10	4.10 1.10	4.10 1.10	4.10 1.10
6. 위치 및 수직측량	지적산업기사 지 적 기 능 사	4.00 8.00	4.00 8.00	5.00 9.00	6.00 11.00
7. 좌애자설치	무선안테나공 보 통 인 부	1.20 0.60	1.50 0.70	2.00 1.00	3.00 1.50
8. 피뢰침 설치 (피뢰기)	송 전 전 공	2.60	2.60	2.60	2.60
9. 링트랜스설치	통신외선공 보 통 인 부	1.40 0.80	1.40 0.80	1.40 0.80	1.40 0.80
10. 철탑도장	무선안테나공 도 장 공	0.43 0.43	0.64 0.64	0.85 0.85	1.30 1.30

[해 설]

① 설치높이 12미터 이하 기준.
② 설치높이 12미터에서 매 6미터 추가마다 본 품셈 10% 가산.
③ 동일 장소에 1개 이상 설치시 추가분은 본 품셈의 80% 적용.
④ 옥애자 및 턴바클 삽입은 개당 통신외선공 0.08인 가산.
⑤ 철탑기초 및 지지선기초품셈 별도 계상.
⑥ 지지선 장력 조정품셈 포함. 별도 장력조정만 할시 지지선설치품셈의 20% 적용.
⑦ 3방향 지지선설치는 설치높이 12미터 길이 20미터 이내임.
⑧ 지지선 길이가 기본길이 20미터를 초과할시 100% 초과마다 품셈의 30% 가산.
⑨ 5항의 항공장애 표시등 설치에서 500W 전구1개 추가시 본 품셈의 50% 가산.
⑩ 작업장내 소운반품셈 포함.
⑪ 도장은 파이프안테나에 준함.
⑫ 가(임시)지지선 설치시는 지지선설치 품셈의 80% 적용.
⑬ 철거(불용 50%, 재사용 80%)

7-7 급전선 및 도파관

7-7-1 전파급전선

7-7-1-1 Rigid Feeder

(1) Rigid Feeder(Ø 120m/m)(Ø 5″)

공 정	단 위	통신관련기사	무 선 안테나공	통신외선공 (송전전공)	보 통 인 부
1.포장해체 및 점검	개(BOX)	-	0.40	-	0.40
2.인양설치	10m	6.50	10.17	12.50	12.00
3.공기압력시험 및 점검	식	-	5.40	8.00	-
4.최종특성측정	〃	4.20	-	-	4.20

[해 설]

① 행거(Hanger) 2조 설치품셈 포함.
② 지상 24m 이상일 때는 송전전공이 시공.
③ 2선 동시 설치는 본 품셈의 180%, 3선 260%, 4선 340%, 4선 초과는 초과 1선당 80% 가산.
④ 후렉시블(Flexible) 케이블은 본 품셈의 80% 적용.
⑤ 지하관로 포설은 인양설치 품셈의 110% 적용.
⑥ 커넥터 설치는 "4-5-2 커넥터" 품셈 적용.
⑦ 철거(불용 30%, 재사용 80%)

(2) Rigid Feeder(Ø 77m/m)(Ø 3 ⅛″)

공 정	단 위	통신관련기사	무 선 안테나공	통신외선공 (송전전공)	보 통 인 부
1.포장해체 및 점검	개(BOX)	-	0.30	-	0.35
2.인양설치	10m	3.75	6.00	7.50	7.00
3.공기압력시험 및 점검	식	-	2.70	6.00	-
4.최종특성측정	〃	4.00	-	-	4.00

[해 설]

Ø120m/m Rigid Feeder 설치 해설란 적용.

(3) Rigid Feeder(Ø 1 ⅝″)

공 정	단 위	통신관련기사	무 선 안테나공	통신외선공 (송전전공)	보 통 인 부
1.포장해체 및 점검	개(BOX)	-	0.30	-	0.30
2.인양설치	10m	2.08	3.33	4.17	3.33
3.공기압력시험 및 점검	식	-	1.50	4.00	-
4.최종특성측정	〃	3.80	-	-	3.80

[해 설]

Ø120m/m Rigid Feeder 설치 해설란 적용.

7-7-1-2 Feeder Cable

(1) Feeder Cable(Ø ⅞″)

공 정	단 위	통신관련 기 사	무 선 안테나공	통신외선공 (송전전공)	보 통 인 부	비 고
1.포장해체 및 점검	드럼	-	0.20	-	0.25	-
2.인양설치	10m	0.77	1.15	1.54	1.15	-
3.공기압력시험 및 점검	식	-	1.20	3.50	-	Air Type 적용
4.최종특성측정	〃	3.00	-	-	-	-

[해 설]

① 행거(Hanger) 2조 설치품셈 포함.
② 지상 24m이상일 때는 송전전공이 시공.
③ 드럼감기 및 풀기품셈은 드럼당 포장해체 및 점검품셈을 적용.
④ 2선 동시 설치는 본 품셈의 180%, 3선 260%, 4선 340%, 4선 초과는 초과 1선당 80% 가산.
⑤ 1¼″는 본 품셈의 110%, 1⅝″는 본 품셈의 120%를 적용.
⑥ 지하관로 포설은 인양설치 품셈의 110% 적용.
⑦ 커넥터 설치는 "4-5-2 커넥터" 품셈 적용.
⑧ 철거(불용 30%, 재사용 80%)

(2) Feeder Cable(Ø 1/2″ 이하)

공 정	단 위	통신관련 기 사	무 선 안테나공	통신외선공 (송전전공)	보 통 인 부	비 고
1.포장해체 및 점검	드럼	-	0.20	-	0.20	-
2.인양설치	10m	0.58	0.86	1.15	0.86	-
3.공기압력시험 및 점검	식	-	1.00	2.00	-	Air Type 적용
4.최종특성측정	〃	3.00	-	-	-	-

[해 설]

① Feeder Cable(Ø⅞″) 설치 해설란 적용.

② ⅜″ 급전선 포설품셈은 본 품셈의 "인양설치"품셈 중 무선안테나공을 제외한 40% 적용.

③ 지하관로 포설은 인양설치 품셈의 110% 적용.

7-7-2 중파 급전선

(단위 : 20-22m(1구간))

공 정	통신관련기사	통신외선공	보통인부
6선식 1. 포장해체 및 재단	-	0.90	1.00
2. 인양 설치	0.60	1.50	1.90
3. 임피던스 측정	4.00	3.00	-
12선식 1. 포장해체 및 재단	-	1.50	1.60
2. 인양 설치	0.90	2.40	2.65
3. 임피던스 측정	4.00	3.00	-
24선식 1. 포장해체 및 재단	-	2.20	2.40
2. 인양 설치	1.50	3.50	3.40
3. 임피던스 측정	6.00	4.00	-

[해 설]

① 높이 6m이하 설치.

② 브라켓 1개 설치 품셈 포함.

③ 좌애자 1개 설치 품셈 포함.

④ 좌애자 2개 이상 설치시 별도 계상.

⑤ 전봇대 세움공사는 "2-4-1 전봇대 인력 세움 또는 2-4-2 전봇대 기계화 세움" 품셈 적용.

⑥ 접지시설은 "11-5-1 접지시설" 품셈 적용.

⑦ 장력 조정품셈 포함, 장력조정만 할시는 설치 품셈의 20% 적용.

⑧ Turn Pole 및 Down Pole 부분 설치시는 본 품셈의 1구간당 설치 품셈으로 계상.

⑨ 공정 3.항의 임피던스 측정은 1공사 구간당 품셈.

⑩ 철거(불용 50%, 재사용 80%)

7-7-3 단파 급전선

(단위 : 20-22m(1구간))

공 정		통신관련기사	통신외선공	보통인부
2선식	1. 포장해체 및 재단	-	0.40	0.50
	2. 인양 설치	0.30	0.90	0.90
	3. 임피던스 측정	4.50	4.00	-
4선식	1. 포장해체 및 재단	-	1.30	1.50
	2. 인양 설치	1.20	3.20	3.00
	3. 임피던스 측정	6.00	5.00	-
Caga Type	1. 포장해체 및 재단	-	1.30	1.50
	2. 인양 설치	1.20	3.70	3.50
	3. 임피던스 측정	6.00	5.00	-

[해 설]

① 높이 6m 이하 설치.
② 브라켓 1개 설치 품셈 포함.
③ 좌애자 2개 설치 품셈 포함.
④ 전봇대 세움공사는 "2-4-1 전봇대 인력 세움 또는 2-4-2 전봇대 기계화 세움" 품셈 적용.
⑤ 접지시설은 "11-5-1 접지시설" 품셈 적용.
⑥ 장력 조정품셈 포함, 장력조정만 할시는 설치 품셈의 20% 적용.
⑦ Turn Pole 및 Down Pole부분 설치시는 본 품셈의 1구간당 설치 품셈으로 계상.
⑧ 4선식에서 클램프 18개 설치 품셈 포함.
⑨ 공정 3.항의 임피던스 측정은 1공사 구간당 품셈.
⑩ 급전선 자재로 동관을 사용할시 보통인부 1.5인, 용접공 1.5인을 공정 1.항에 가산.
⑪ 철거(불용 50%, 재사용 80%)

7-7-4 도파관

공 정	단 위	통신관련 기 사	무 선 안테나공	통 신 설비공	보 통 인 부
1. 포장해체 및 현품대조	상 자	0.33	-	-	0.66
2. 조 립 인 양 설 치	10m	1.50	3.00	3.50	-
	1루트	-	-	-	-
3. 트 랜 듀 서 설 치	개	-	0.06	0.06	-
4. 분 리 기 설 치	〃	-	0.06	0.06	-
5. 물 받 이 설 치	〃	-	0.06	0.06	-
6. 교차편파보상기 및 조립	〃	0.50	-	1.00	-
7. 공기압력시험 및 점검	40m	-	-	1.00	-

정보통신부문 제7장

[해 설]

① 설치높이 10m 이하.

② 설치높이 10m 초과 설치는 5m 추가마다 10% 가산.

③ 행거(Hanger)설치품셈 포함.

④ 공기압력시험 및 점검은 40미터 내외품셈이며 40미터 이상 100미터까지는 본 품셈의 50% 가산.

⑤ 철거(불용 30%, 재사용 80%)

7-7-5 웨이브 가이드(Wave Guide)

(단위 : 1 Route(10m))

공 정	단 위	통신관련 산업기사	무 선 안테나공	통 신 설비공	보 통 인 부
포장해체 및 점검	개(BOX)	-	0.30	-	0.30
랙(Rack)설 치	조	-	1.25	1.00	2.00
W / G 조 립 설 치	10m	1.25	2.00	2.50	-
W / G 시 험	조	0.50	-	1.00	-

[해 설]

① 2 Route 공량은 본 공량의 50% 가산.

② 운반비 불포함.

③ 철거 30% 적용.

7-8 위성 송·수신설비

7-8-1 위성통신용 협대역 송· 수신기

(단위 : 대)

공 정	통 신 케이블공	통 신 설비공	통 신 내선공	보 통 인 부
B a y 건 립	-	0.50	-	-
S e t 조 립	-	4.00	-	-
내부결선 및 기타결선	1.00	-	0.75	0.75
국부조작시험 및 각 판넬점검	-	12.75	-	-
대 국 종 합 시 험	-	8.25	-	-

[해 설]

① 철거 30% 적용.

7-8-2 위성통신 잡음무선기(UNCOOLED LNA)

(단위 : 대)

공 정	통 신 케이블공	통 신 설비공	통 신 내선공	철 공	보 통 인 부
Bay 건립	-	-	-	2.00	1.00
Set 조립	-	1.00	-	-	0.50
내부결선 및 기타결선	1.00	-	0.50	-	-
국부조작시험 및 각 판넬점검	-	9.50	-	-	-

[해 설]

① 철거 30% 적용.

7-8-3 위성통신용 Transmit Level Control Equip

(단위 : 대)

공 정	통 신 케이블공	통 신 설비공	통 신 내선공	보 통 인 부
Bay 건립	-	0.75	-	1.00
Set 조립	-	0.50	-	-
내부결선 및 기타결선	1.50	0.50	1.00	-
국부조작시험 및 각 판넬점검	-	6.00	-	-

[해 설]

① 철거 30% 적용.

7-8-4 GCE용 3㎾ Rectifier

(단위 : 대)

공 정	통신설비공	통신내선공	보통인부
설 치	1.00	-	2.00
배 선	-	1.00	1.20
시 운 전	4.00	-	-

[해 설]

① 철거 30% 적용.

7-9 이동통신설비

7-9-1 기지국 장비

7-9-1-1 ACR(Access Control Router) 시험

공 정		단 위	H/W시험사	S/W시험사
기초시험	각종측정	랙	0.67	-
시스템 시 험	시스템초기화 시험	식	-	2.72
		프로세서	-	1.99
	서브시스템 인터페이스시험	서브시스템	0.94	8.40
	이중화시험	식	8.96	-
	프로토콜 시험	〃	2.88	1.74
	시스템 기능시험	〃	49.78	49.78
	과금시험	〃	3.92	3.92
	운용자 정합 시험	〃	2.45	2.45
	유지보수 기능시험	〃	4.93	-
	통계시험	〃	37.91	37.91
	호처리 및 핸드오버 기능시험	〃	12.48	12.48
종합시험	성능시험	〃	9.90	9.90
EMS 시험		〃	28.44	32.72

[해 설]

① 본 품셈은 1 shelf 600Mbps 기준으로, 1.2Gbps는 본 품셈의 10%, 2.4Gbps는 본 품셈의 20%, 3.6Gbps는 본 품셈의 30% 가산.

② 시스템 기능시험은 최대 용량 확인(6Mpps), 시스템 제원 확인(광 모듈, 환경 및 메모리 확인 시험), H/W 관리 기능·S/W 관리 기능확인, RAS 관련 파라미터 조회 및 변경/형상 및 파라미터 조회 변경, 장애 파라미터 설정 및 장애정보 수집, ACR 진단 기능(Path 및 성능 Simulator 기능), L2 및 Connection 처리 기능/LBS 연동 기능시험이 포함.

③ 통계시험은 진단 및 통계 기능, 통계 데이터 수집 및 모니터링(IPC/Call/ SS's IP/Idle Mode/트래픽 등)이 포함.

④ EMS(Element Management System)시험은 초기화시험, 유지보수 기능시험, 운용자 정합기능시험, 네트워크 관리기능시험, 통계기능 시험이 포함.

⑤ 증설일 경우, 작업난이도에 따른 품셈의 증감은 다음과 같이 적용.
㉮ 시스템 초기화 시험 : 10% 가산.
㉯ 서브시스템 인터페이스 시험 : 8% 가산.
㉰ 이중화 시험 : 본 품셈의 30% 가산.
㉱ 프로토콜 시험 : 10% 가산.
㉲ 시스템 기능시험 : 본 품셈의 60% 가산.
㉳ 과금시험 : 본 품셈의 30% 가산.
㉴ 유지보수 기능시험 : 본 품셈의 30% 가산.
㉵ 통계시험 : 본 품셈의 55% 가산.
㉶ 호처리 및 핸드오버 기능시험 : 10% 가산.
㉷ EMS시험 : 본 품셈의 30% 가산.
㉸ 운용자 정합 시험, 종합시험(성능시험) : 본 품셈 적용.

7-9-1-2 RAS(Radio Access Station)

(1) 설 치

공 정		단 위	통신관련 산업기사	통 신 케이블공	무 선 안테나공	통 신 설비공
장 비 설 치		대	0.59	-	-	0.77
케이블 포설		식	-	1.97	-	1.64
안테나 설 치	지지물	기	-	-	1.09	1.15
	섹 터	개	-	-	0.39	0.47
	GPS	〃	-	-	0.32	0.37
하중분산패드 설치		세트	-	-	1.28	1.28

[해 설]

① 장비 설치 RAS 및 정류기 설치품셈 기준이며, RAS장비 단독으로 설치품셈은 장비설치품셈의 80%를 적용.

② 케이블 포설은 전원분전반에서 RAS 또는 정류기, RAS에서 정류기간 포설되는 전원선, 접지선 포설을 말함.

③ 안테나에서 RAS간 급전선 포설품셈은 "7-9-2 옥외 중계기"의 급전선 설치품셈 적용.

④ 안테나 설치

㉮ 지지물은 피뢰설비, 지지용 벽돌, 폴지지대 등의 설치품셈임.
㉯ 폴 지지대 5m 기준(지지용 벽돌 24장)이며, 폴 지지대가 3m 이내인 경우 해당품셈의 70%를 적용.
㉰ 방향조정은"7-5-2 VHF, 옴니, 코너(Corner) 안테나"방향조정품셈 적용.

⑤ 철거(불용 30%, 재사용 80%)

(2) 시 험

공 정		단 위	H/W시험사	S/W시험사
기초시험	각종측정 및 상태점검	랙	0.33	1.46
시스템 시 험	시스템초기화 시험	RAS	1.38	1.78
	시스템 기능시험	〃	1.15	13.21
	RF 장비 특성시험	〃	6.17	-
	종 합 시 험	〃	5.21	10.97
연 동 시 험		〃	3.96	7.62

[해 설]

① 본 품셈은 옥내 RAS장비 시험품셈 기준이며, 옥외의 경우 "300AH 이하 축전지, 충방전 및 시험"품셈 별도 계상.
② 본 품셈은 1FA 3섹터 기준으로, 1FA 2섹터는 본 품셈의 80% 적용하고, 1FA 1섹터는 본 품셈의 50%를 적용.
③ 섹터 증설의 경우 본 품셈의 50%를 적용.

7-9-2 옥외 중계기

(단위 : 대)

공정	규 격 (W:가로,D:세로,H:높이)	단위	통신관련 산업기사	무선 안테나공	통신 케이블공	통신 설비공	H/W 시험사	S/W 시험사	특별 인부
중계기 설 치	(W+D)×2=500㎜이하, 무게5㎏이하	대				0.70	-	-	0.70
	(W+D)×2=1,000㎜이하, H=500㎜이하,무게25㎏이하	〃				1.17	-	-	0.39
	(W+D)×2=1,200㎜이하, H=1,000㎜이하,무게50㎏이하	〃				1.36	-	-	0.45
	(W+D)×2=1,200㎜초과, H=1,000㎜초과,무게50㎏초과	〃				1.55	-	-	0.51

안테나 설 치	-	기	-	0.36	-	0.36	-	-	-
분전반 설 치	1∅ 220V, 30A이하	대	-	-	-	0.18	-	-	0.18
시 험	특성시험	〃	2.16			-	1.85	-	-
	기능시험	〃	0.85			-	-	0.40	-
	연동시험	〃	1.58			-	-	0.60	-
	호시험	〃	1.35			-	0.68	-	-
급전선 설 치	∅½〃	10 m	-	0.92	1.08	-	-	-	-
	∅ ⅞〃	〃	-	1.13	1.13	-	-	-	-
정류기 설 치	10A 이하	대	0.12	-	-	0.12	-	-	-
	20A 이하	〃	0.14	-	-	0.14	-	-	-

[해 설]

① 본 품셈은 옥상에 옥외중계기 설치품셈으로 일체형 축전지함(일체형) 설치 및 장비거치대 조립 설치품셈이 포함되었으며, 규격조건 중 2개 이상항목 충족시 해당 품셈을 적용.(별도로 축전지를 조립 설치시는 "11-1 축전지" 품셈 적용)

② 철탑은 "7-6-1 공중선 철탑"품셈 적용.

③ 분전반 설치는 차단기 및 동부스바 설치품셈이 포함되었으며, 각종 케이블 포설 및 적산전력량계 설치는 별도 계상.

④ 시험품셈은 아래의 공정을 포함.

o 특성시험 : 도너 FA 확인/설정, 도너입력레벨 측정, 도너 ATTEN 설정, RX 출력레벨 측정, RX ATTEN 설정, RX GAIN · Noise Level · Path 측정(RX0, RX2), ACLR/ACLP 측정, Spectrum Emissin Mask 측정, TDD, Delay 설정 및 측정.

o 기능시험 : Remote 정보인지 시험, 도너 순방향 입력감지, 리모트 순방향 출력 감지, Reverse Auto Gain Setting, 온도 · LPA출력 상한값 초과시 경보확인, LPA Overhead 출력이하시 경보확인.

o 연동시험 : Doner ~ Remote 통신상태 확인, Doner~ 통신서버 통신상태 확인, Remote Forward · Reverse AMP 장애시험, Remote LNA-0 · 1 장애 시험, DOOR ALRAM 장애시험, Forward ATT 제어시험, LPA Enable/Disable 시험, RCS Data 입력.

o 호 시 험 : 착발신 시험, PS(데이터)호 세트up 시험, H/O 시험(중계기 ↔ 중계기· 기지국)

⑤ 인터넷 품질시험은 중계기 커버리지내 접속시험, 접속 유지 시험 공정임.

⑥ 기계경비는 "1-4 기계경비 산정기준" 품셈 적용.

⑦ 급전선 2열 동시 포설할 경우에는 180%, 3열 260%, 3열 초과는 초과 1열당 80% 가산.

⑧ 철거(불용 30%, 재사용 80%)

7-9-3 옥내 중계기

(단위 : 대)

공 정		규 격 (W:가로,D:세로,H:높이)	단위	통신관련 산업기사	통신 설비공	통신 내선공	무선 안테나공	H/W 시험사	특별 인부
중계기	설치	(W+D)×2=500㎜이하, 무게5㎏이하	대	-	0.62	-	-	-	0.31
		(W+D)×2=1,000㎜이하, H=500㎜이하,무게25㎏ 이하	〃	-	0.75	-	-	-	0.37
		(W+D)×2=1,200㎜이하, H=1,000㎜이하,무게 50㎏이하	〃	-	0.87	-	-	-	0.43
		(W+D)×2=1,200㎜초과, H=1,000㎜초과,무게 50㎏초과	〃	-	0.99	-	-	-	0.49
	시험	-	〃	1.22	-	-	-	1.18	-
OMNI 안테나	설치	-	기	-	0.17	-	0.17	-	-
인 터 넷 품질시험	시험	-	대	0.06	-		-	0.06	-
부대설비		분배기	개	-	0.17	0.17	-	-	-
		커플러	〃	-	0.17	0.17	-	-	-

[해 설]

① 본 품셈은 건축물 내외 옥내 중계기 및 안테나 설치품셈이며, 중계기는 규격 조건 중 2개 이상항목 충족 시 해당 품셈을 적용.

② 중계기 설치품셈은 전원함 설치품셈이 포함되었으며, 앵커볼트 설치, 적산전력

량계 설치 및 각종 케이블 포설은 별도 계상.

③ 안테나 설치는 천장타공품셈 및 커넥터 조립품셈 포함.

④ 인터넷 품질시험품셈은 안테나 대당 시험 품셈임.

⑤ 급전선 포설은 "7-9-2 옥외 안테나" 품셈 적용.

⑥ 급전선 2열 동시 포설할 경우에는 180%, 3열 260%, 3열 초과는 초과 1열당 80% 가산.

⑦ 철거(불용 30%, 재사용 80%)

7-9-4 LTE중계기

공 정	단 위	통신관련 산업기사	H/W 시험사	광케이블 설치사	통 신 설비공	무 선 안테나공
안테나부(RU)	대	1.15	1.52	0.37	0.51	-
데이터부(DU)	〃	1.50	1.50	0.17	0.17	-
OPC	〃	-	-	0.33	0.24	-
안테나	〃	-	-	-	0.36	0.51

[해 설]

① RU(Radio Unit)는 DU(Digital Unit)로부터 수신한 디지털 신호를 주파수 대역에 따라 RF신호로 변환·증폭하여 안테나로 송·수신하는 장비로 시험 품셈을 포함

② OPC(Optical Power Control- Box)는 각 노드와 연결되는 광섬유케이블과 전원선을 접속하기 위한 단자함을 말함.

③ 안테나 설치는 앵커볼트를 이용하여 부착하는 공정 포함

④ 급전선 포설은 "7-9-2 옥외중계기"의 급진전 설치 품셈 적용하고, 광전복합케이블 설치시에는 "4-1-4 광전복합케이블"품셈 적용.

⑤ RU에 전원을 공급하여 주는 정류기는 "7-9-2 옥외 중계기" 정류기 품셈을 적용.

⑥ 분배기 설치는 "7-12-3 분배기 및 분기기" 품셈 적용.

⑦ 배관 설치 및 케이블 포설품셈은 별도 계상

⑧ 급전선 2열 동시 포설할 경우에는 180%, 3열 260%, 3열 초과는 초과 1열당 80% 가산. ⑨ 철거(불용 30%, 재사용 80%)

정보통신부문 제7장

7-9-5 무선 AP(Access Point) ('25년 개정)

공 정		단위	통신관련 산업기사	통 신 설비공	무 선 안테나공	S/W 시험사	보통 인부
실외형	AP설치	대	0.41	0.41	-	-	0.41
	외장 안테나설치	대	-	-	0.25	-	0.25
	종합시험	대	0.33	-	-	0.33	-
실내형	AP설치	대	0.09	0.09	-	-	-
	종합시험	대	0.16	-	-	0.16	-

[해 설]

① 실외형 AP설치에는 AP를 설치하기 위한 사전 전파환경측정 포함.

② 외장 안테나 설치는 AP 안테나케이블 포설을 포함한 것으로 무지향성 외장 안테나 설치시 적용하며, 지향성 외장 안테나는 본 품셈의 120% 적용.

③ 실외형 AP 종합시험은 AP Manager를 이용한 DHCP서버 및 릴레이 기능시험, 인증시험, 네트워크 연동시험, 속도측정 및 셀커버리지 측정에 대한 도면작성 등을 포함.

④ 동일 구역 내 AP설치시 2대인 경우 "AP설치"품셈의 180%, 3대 260%, 4대 340%, 4대 초과시 추가 1대마다 80% 가산.

⑤ 실내형 AP설치품셈은 UTP(AP-LAN카드)케이블 포설과 전원(어댑터) 연결공정을 포함.

⑥ 통합형 AP종합시험품셈은 가입자댁내 셀커버리지 확인을 포함.

⑦ 함체 설치와 단독형 별도 전원케이블 포설은 별도 계상.

⑧ 철거(불용 30%, 재사용 80%)

7-9-6 무선 LAN 및 무선 AP 컨트롤러 ('25년 개정)

공 정	단 위	S/W시험사	H/W시험사
장비 설치	대	0.80	0.80

[해 설]

① 무선 LAN 및 무선 AP 컨트롤러는 Rack설치형태로 무선 AP 100대 이하 수

용기준이며, 20대 초과시 마다 5% 가산.
② 케이블 포설품셈은 별도 계상.
③ 무선AP 시험은 "7-9-5 무선 AP(Access Point)"의 시험품셈 적용.
④ 철거.(불용 30%, 재사용 80%)

7-9-7 5G 중계기

공 정		단위	무선안테나공	신설비공
RU (Radio Unit)	안테나 일체형	대	0.72	0.48
	안테나 분리형	〃	0.58	0.38

[해 설]
① 안테나 분리형 RU의 안테나는 "7-9-2 옥외 중계기" 품셈 적용.
② 정류기, 분전반 설치는 "7-9-2 옥외 중계기" 품셈 적용.
③ 지지물(지지용 벽돌, 폴 지지대 등) 설치는 "7-9-1-2 RAS(Radio Access Station)" 품셈 적용.
④ 기타 명시하지 아니한 내용은 "7-9-2 옥외 중계기" 해설항 적용.
⑤ 철거(불용 30%, 재사용 80%)

7-10 기타 무선설비

7-10-1 광대역 무선통신장치

공 정	단 위	통신관련 기 사	통신관련 산업기사	S/W 시험사	통 신 설비공	보통 인부
단말장치 설치	대	-	0.41	-	0.41	0.41
대국시험(방향조정)	〃	2.00	-	-	-	-
종합시험	〃	-	0.33	0.33	-	-

[해 설]
① 전원 및 통신케이블을 10m 이상 포설할 경우 별도품셈 적용.
② 철거 30% 적용.

정보통신부문 제7장

7-10-2 신호발생장치

(단위 : 대 / 직종, 통신설비공)

공정 \ 규격	정 지 형 15W이하	정 지 형 50W이하	정 지 형 100W이하	정 지 형 150W이하
기기설치	0.10	0.15	1.00	1.00
배 선	0.20	0.30	0.60	0.80
시 험	0.20	0.20	0.80	1.00

[해 설]

① 회전형은 10%를 가산.

② 철거 30% 적용.

7-10-3 패시브 리플렉터 반사판(Passive Reflector)(30㎡기준)

(단위 : 대)

공 정	통신관련기사	무선안테나공	비 계 공	보통인부
1. 조 립 설 치	5.00	8.00	5.00	10.00
2. 방 향 조 정	5.00	5.00	-	-

[해 설]

① 철탑기저부에서 15m까지 본 품셈 적용.

② 설치지점 높이가 매 1m초과 3m증가할 때마다 1, 2항 품셈의 10% 가산.

③ 표면적 10㎡ 증가마다 1항 품셈의 20% 가감.

④ 한 구간당 Passive Reflector 2대일 경우는 대당 2항 품셈의 50% 가산.

⑤ 철탑건립품셈 별도 계상.

⑥ 철거 30% 적용.

7-10-4 디하드레이터(Dehydrator)

(단위 : 1 Route)

공 정	통신관련산업기사	통신설비공
조 립 및 설 치	-	2.00
조정 및 시운전	2.00	2.00

[해 설]

① 철거 30% 적용.

7-10-5 브랜칭 필터(Branching Filter)

(단위 : 1 Route(10m))

공 정	통신관련산업기사	통신설비공	보통인부
Set 설치	-	1.00	1.00
특 성 시 험	1.93	-	-

[해 설]

철거 30% 적용.

7-10-6 콤바이너(Combiner)

공 정	통신관련기사	통신관련산업기사	통신설비공	보통인부
Bay 건 립	-	-	0.50	1.00
Set 조 립	-	-	3.75	-
내부결선 및 기타결선	1.00	-	2.00	0.75
국 부 시 험 점 검	-	19.56	-	-
대 국 종 합 시 험	-	24.83	-	-

[해 설]

철거 30% 적용.

7-10-7 결합여파기(Coupling Filter) 및 특수보조여파기(Auxiliary Filter)

(단위 : 대)

공 정	직 종	결합여파기	특수보조여파기
설 치	통신설비공	0.75	0.75
	보 통 인 부	0.75	0.75
결 선	통신설비공	0.25	0.50
주파수특성시험	통신관련산업기사	1.30	1.33

[해 설]

철거 30% 적용.

7-10-8 Diplexer 및 필터(Filter)

공 정	규 격	조립 및 설치			시험 및 측정	
		통신관련 산업기사	통 신 설비공	보 통 인 부	통신관련 기 사	통신관련 산업기사
Bridge Diplexer	1⅝이하	1.0	2.0	0.7	1.0	1.0
	3⅛ 〃	2.0	3.0	1.0	1.0	1.0
	6⅛ 〃	3.0	5.0	1.5	1.0	1.5
CIN Diplexer	1⅝ 〃	2.0	4.0	1.0	1.0	1.5
	3⅛ 〃	3.0	5.0	2.0	1.0	2.0
	6⅛ 〃	4.0	7.0	3.0	1.0	2.0
Filter Plexer	1⅝ 〃	1.0	2.0	0.7	1.0	1.0
	3⅛ 〃	2.0	3.0	1.0	1.0	1.0
	6⅛ 〃	3.0	5.0	2.0	1.0	1.5
3dB Coupler	1⅝ 〃	1.0	2.0	0.7	1.0	1.0
	3⅛ 〃	2.0	3.0	1.0	1.0	1.0
	6⅛ 〃	3.0	5.0	1.5	1.0	1.5
Harmonics Filter	1⅞ 〃	0.5	0.5	0.3	0.5	0.5
	1⅝ 〃	1.0	1.0	0.5	0.5	1.0
	3⅛ 〃	1.5	1.5	1.0	0.5	1.0
	6⅛ 〃	2.0	2.0	1.0	0.5	1.5
Coaxial Switch	⅞ 〃	0.5	3.0	0.5	0.5	1.0
	1⅝ 〃	2.0	5.0	1.0	1.0	1.0
	3⅛ 〃	3.0	7.0	2.0	1.0	1.0
	6⅛ 〃	4.0	10.0	3.0	1.0	1.5
VSB Filter	1⅝ 〃	1.0	2.0	0.7	1.0	1.0
	3⅛ 〃	2.0	3.0	1.0	1.0	1.0
	6⅛ 〃	3.0	5.0	2.0	1.0	1.5
Band Pass Filter	⅞ 〃	0.5	0.5	0.3	0.5	0.5
	1⅝ 〃	1.0	1.0	0.5	0.5	1.0
	3⅛ 〃	1.5	1.5	1.0	0.5	1.0
	6⅛ 〃	1.5	2.0	1.0	0.5	1.5
Notch Filter	⅞ 〃	0.5	0.5	0.3	0.3	0.3
	1⅝ 〃	0.5	1.0	0.5	0.3	0.5
	3⅛ 〃	1.0	1.5	1.0	0.3	0.5
	6⅛ 〃	1.0	2.0	1.0	0.3	1.0

[해 설]

① 수동 U-Link Panel 조립 및 설치는 Coaxial Switch의 50% 적용.

② 철거 50% 적용.

7-11 방송 및 음향영상설비

7-11-1 방송국 설비 ('25년 개정)

공정		설치				점검	조정			시험 및 측정			
		H/W 시험사	통신관련 산업기사	통신설비공	보통인부	통신관련 산업기사	통신관련 기사	통신관련 산업기사	통신설비공	S/W 시험사	H/W 시험사	통신관련 기사	통신관련 산업기사
Audio Mixer	20채널 이하	-	0.40	0.40	0.21	-	-	-	-	-	-	0.27	0.27
	26채널 이하	-	0.43	0.49	0.27	-	-	-	-	-	-	0.36	0.28
Stabilizing Amp		-	0.50	0.80	0.50	0.60	3.00	1.00	-	-	-	2.00	1.00
Limiting Amp		-	0.20	0.50	0.30	0.40	0.30	0.50	0.10	-	-	0.50	1.00
Power Amp	300W이상	-	0.46	0.63	0.63	-	0.40	0.33	-	-	-	0.65	0.52
	300W미만	-	0.24	0.11	0.48	-	0.32	0.10	-	-	-	0.52	0.42
Audio Distribution Amp		-	0.20	0.40	0.20	0.40	0.30	0.40	-	-	-	0.50	1.00
Video Distribution Amp		-	0.20	0.40	0.20	0.40	0.80	0.50	-	-	-	0.80	1.20
Line Distribution Amp		-	0.20	0.40	0.20	0.40	1.00	0.50	-	-	-	0.80	1.20
Phase Equalizer		-	0.30	0.60	0.30	0.50	2.00	1.00	-	-	-	2.00	1.00
Audimax		-	0.20	0.50	0.30	0.40	0.30	0.50	-	-	-	0.50	1.00
Volumax		-	0.20	0.50	0.30	0.40	0.30	0.50	-	-	-	0.50	-
컴프레서리미터		-	0.36	0.36	-	0.49	2.11	1.06	-	-	-	2.11	1.06
Audio Demodulator		-	0.40	0.50	0.30	0.50	0.40	0.60	-	-	-	0.80	1.00
Visual Demodulator		-	0.80	0.50	0.50	0.60	1.50	1.00	-	-	-	1.00	1.50
Stereo Demodulator		-	0.30	0.80	0.40	0.40	0.40	0.60	-	-	-	0.80	1.00
SCA Demodulator		-	0.20	0.50	0.30	0.40	0.30	0.50	-	-	-	0.50	0.80
Utility Monitor		-	0.30	0.50	0.30	0.50	0.50	0.80	-	-	-	0.40	0.80
Modulation Monitor		-	0.20	0.50	0.30	0.40	0.40	0.60	-	-	-	0.60	0.80
Frequency Monitor		-	0.20	0.50	0.30	0.40	0.40	0.60	-	-	-	0.60	0.80
Precision Monitor		-	0.42	0.71	0.71	0.35	1.05	0.98	-	-	-	1.26	1.19
TV Monitor	19″이하	-	0.25	0.25	-	-	-	-	-	-	-	-	-
	24″이하	-	0.28	0.28	-	-	-	-	-	-	-	-	-
	30″이하	-	0.36	0.36	-	-	-	-	-	-	-	-	-
	40″이하		0.40	0.40	-	-	-	-	-	-	-	-	-
	41″이상	-	0.52	0.52	-	-	-	-	-	-	-	-	-

구분													
Switcher		-	1.00	1.50	0.60	0.50	-	-	-	-	-	1.00	1.00
Stereo Generator		-	0.30	0.80	0.40	0.40	0.40	0.60	-	-	-	0.80	1.00
SCA Generator		-	0.20	0.50	0.30	0.40	0.30	0.50	-	-	-	0.50	0.80
빔프로젝터 (Beam Projector)	4,000ANSI 이하	-	0.20	0.20	-	-	0.29	0.29	-	-	-	0.17	0.17
	4,000ANSI 초과~10,000 ANSI미만	-	0.50	0.60	0.60	0.30	0.70	0.70	-	-	-	0.59	0.59
	10,000 ANSI이상	-	0.80	1.00	1.00	0.60	1.00	1.00	-	-	-	1.00	1.60
Multi Remote Con-troller (A/V 통합 제어)	Touch Screen 세트	1.60	-	1.30	0.90	-	1.20	-	-	1.00	1.00	-	-
	Multi Control Unit	-	-	0.70	-	-	0.70	-	-	1.40	-	-	-
	통신 Module	-	-	0.30	-	-	0.30	-	-	0.30	-	-	-
	IR Out Module	-	-	0.17	-	-	0.17	-	-	0.17	-	-	-
	접점 Module	-	-	0.16	-	-	0.16	-	-	0.16	-	-	-
	조명제어 Module	-	-	0.05	-	-	0.05	-	-	0.10	-	-	-
	Volume제어Module	-	-	0.20	-	-	0.20	-	-	0.20	-	-	-
	Camera제어Module	-	-	0.20	-	-	0.20	-	-	0.20	-	-	-
영 사 기		-	4.00	1.50	2.00	1.00	3.00	1.00	0.50	-	-	3.00	-
동시 통역 시스템 (적외선방식)	Control Unit	2.42	-	0.42	-	1.42	-	1.00	2.00	4.85	2.42	-	-
	회의자용 마이크 (데이타방식)	-	-	0.01	-	0.03	-	-	0.02	-	-	-	-
	통역자 Unit	0.8	-	-	-	0.80	-	-	0.80	1.60	0.80	-	-
	RadiatorUnit	0.26	-	0.26	-	-	0.53	0.26	-	-	0.26	-	-
화상 회의 시스템	CODEC	1.4	0.20	-	-	0.30	-	0.70	-	2.80	1.40	-	0.20
	C.S.U	-	0.05	-	-	0.07	-	0.08	-	0.40	-	-	-
	M.C.U	0.4	-	-	-	-	0.40	0.40	-	0.80	-	-	-
CATV Modulator		-	0.21	0.21	0.32	-	0.18	0.18	-	-	-	-	-
ASI Multiplexer		-	0.22	0.22	0.33	-	0.17	0.17	-	-	-	-	-
방송용 카메라		-	0.20	0.20	0.31	-	0.15	0.15	-	-	-	-	-

[해 설]

① Program Amp, Portable Amp등은 Limiting Amp적용.

② Power Amp는 1채널 기준이며, 1채널 추가마다 본 품셈의 30%씩 가산.

③ Network Amp는 "Power Amp" 품셈의 120% 적용.

④ 빔프로젝터(Beam Projector)는 LCD형 기준이며, CRT형은 본 품셈의 200%를 적용. 단, 단초점 프로젝터(투사거리 1m 이내)의 프로젝터는 4,000ANSI 초과~10,000ANSI 미만 품셈 적용

⑤ Touch Screen 세트에는 PC, S/W, T/S 포함, Multi Control Unit에는 CPU, Power 포함

⑥ 영사기는 35㎜(극장식) 기준이며, 16㎜는 본 품셈의 60% 적용.

⑦ 통역자 Unit는 1대 추가 설치시마다 본 품셈의 100% 적용.

⑧ Radiator Unit는 8W기준이며, 25W는 본 품셈의 150% 적용.

⑨ 화상회의시스템은 전송부분만 해당.

⑩ Precision Monitor는 방송국의 주 · 부조정실, 또는 영상 Program 제작시 기준이 되는 Monitor. White Balance · Pin phase, 화면Size 등 조정과 Color Bar · Composite Signal · VITS 등 시험 및 측정이 포함되어 있음.

⑪ Rack 설치는 "4-3-3 Patch Panel 및 성단 등" 적용.

⑫ 공정별 2대이상 설치시는 1대 증가마다 1대 품셈의 80% 적용.
(2대 설치시 본 품셈의 180%, 3대 설치시는 본 품셈의 260%, 4대 설치시는 본 품셈의 340%, 5대이상 설치시 1대당 80%씩 가산)

⑬ Rack 설치는 "4-3-3 Patch Panel 및 성단 등" 적용.

⑭ 커넥터 설치품은 "4-8-1 음향 및 영상케이블" 품셈 적용.

⑮ 철거(불용 30%, 재사용 80%)

정보통신부문 제7장

7-11-1-1 방송 제작 송출 설비

공 정		단위	통신관련 산업기사	통신 설비공	통신 케이블공
Sync Generator		대	0.16	0.16	-
Sync C/O(Change Over) GateWay C/O(Change Over)		〃	0.10	0.10	-
Frame synchronizer		〃	0.16	0.16	-
Encoder, Decoder, Signal&ESG Encoder, Caption Encoder, Multiplexer, Scrambler, Video Server(File Player), IP Stream Analyzer, Gateway	RU형	〃	0.16	0.16	-
	서버형	〃	0.20	0.20	-
	PC형	〃	0.07	0.07	-
Patch Bay	24CH	〃	0.19	0.19	-
	32CH	〃	0.24	0.24	-
	48CH	〃	0.36	0.36	-
Audio Video Mixer(Switcher), Audio Video Router, Audio Video C/O	10CH	〃	0.18	0.18	-
	50CH	〃	0.27	0.27	-
	100CH	〃	0.36	0.36	-
	AUX Remote Panel	〃	0.07	0.07	-
	Control Panel (1ME, 25 Fader)	〃	0.10	0.10	-
Digital Interface Unit(DIU)	10 Slot	〃	0.24	0.24	-
방송 제어용 PC	일반 PC형	〃	0.07	0.07	-
	워크스테이션형	〃	0.10	0.10	-
Audio/ Video Level Monitor		〃	0.10	0.10	-
KVM Switch	Rack형(Lod 일체형)	〃	0.18	0.18	-
	노출형(Extender)	〃	0.05	0.05	-
WFM(Waveform Monitor)		〃	0.18	0.18	-
방송용 GPS 안테나 설치		〃	-	0.14	0.14
Video LineMonitor	19″ 이하	〃	0.15	0.15	-
	24″ 이하	〃	0.20	0.20	-
	32″ 이하	〃	0.24	0.24	-
	55″ 이하	〃	0.29	0.29	-

[해 설]

① 각종 케이블 포설 및 단자(커넥터) 설치는 별도 계상하며 각 장비의 점검 및 조정 추가시 본 품에 20% 가산.

② 본 품셈은 19" 랙(Rack)내의 거치대 상단에 1RU(Rack Unit) 설치를 기준으로 한 품이며, 장비의 고정, 전원선 및 단자연결, 케이블 정리, 단순 동작 시험 등을 포함.

③ 1RU 증가에 따라 50%를 가산하고 레일형으로 설치시 본 품의 120% 적용

④ A/V Mixer는 장비 결선 기준 10CH(포트) 이하는 본 품을 적용하고 추가설치시 50CH(포트) 당 본 품셈의 50%씩 가산 적용, Control, AUX Panel 등 부가 장비는 별도 계상.

⑤ A/V Mixer Control Panel은 1ME(Mix Effect), 25Fader 추가 시 50%씩 가산.

⑥ DIU는 10 Slot 이하 기준으로서, 1 Slot 추가 당 10%씩 가산 적용.

⑦ WFM(Waveform Monitor)는 브라켓 설치를 포함.

⑧ 방송용 GPS 안테나 설치(옥상 벽면 기준)는 거치대 설치 및 조립, 케이블 결선(납땜)과 실리콘 작업 등을 포함.

⑨ Video Line Monitor는 랙 또는 벽면 설치 기준이며, 선반(스텐드) 설치시 본 품의 50% 적용.

⑩ 철거.(불용30%, 재사용80%).

7-11-2 구내방송 설비

7-11-2-1 비상방송 설비 ('25년 개정)

공 정	단 위	통신관련 산업기사	통신설비공
Emergency Control Unit	대	0.75	0.75
Emergency Switch	〃	0.64	0.64
Matrix Logic	〃	0.64	0.64
Program Exchange	〃	0.71	0.71
Speaker Selector	〃	0.51	0.51
Relay Group	〃	0.57	0.57
Power Distributor	〃	0.39	0.39
Terminal Board	〃	0.58	0.58

Program Manual Controller	〃	0.32	0.32
Power AMP	〃	0.26	0.26
Emergency Combination System	〃	0.77	0.77
Emergency Router	〃	0.68	0.68
Emergency Interface	〃	0.26	0.26

[해 설]

① 본 품셈은 배선 단자연결 및 정리, 시험 포함.

② 공정별 2대이상 설치시는 1대 증가마다 1대 품셈의 80% 적용.

(2대이상 설치시는 1대 증가마다 1대 품셈의 80% 적용.(2대 설치시 본 품셈의 180%, 3대 설치시는 본 품셈의 260%, 4대 설치시는 본 품셈의 340%, 5대이상 설치시 1대당 80%씩 가산 적용)

③ 커넥터 설치품은 "4-8-1 음향 및 영상케이블" 품셈 적용.

④ Relay Group, Speaker Selector, Terminal Board는 16채널을 기준으로 하며, 16채널 초과 시 본 품셈의 130% 적용, 32채널 초과시 본 품셈의 160% 적용.

⑤ 그 외의 설비는 "7-11-2 구내방송 설비" 품셈 적용.

⑥ Power Amp는 1채널 기준이며, 1채널 추가마다 본 품셈의 30%씩 가산.

⑦ Network Amp는 Power Amp 품셈의 120% 적용.

⑧ 철거(불용 30%, 재사용 80%)

7-11-2-2 BGM방송 설비 ('25년 개정)

공 정	단 위	통신관련 산업기사	통신설비공
Power Amp Monitor	대	0.30	0.30
AM/FM Tuner	〃	0.21	0.21
Cassette Deck	〃	0.37	0.37
Chime/Siren	〃	0.32	0.32
CD Player/DVD Player	〃	0.20	0.20
Pre Amplifier	〃	0.38	0.38
Auto Blower	〃	0.19	0.19
Auto Charger	〃	0.34	0.34
Digital Control Exchanger	〃	0.73	0.73

Audio Monitor	〃	0.50	0.50
Local Selector	〃	0.21	0.21
프로그램 타이머	〃	0.40	0.40
멀티보이스 파일	〃	0.34	0.34
리모트 앰프	〃	0.27	0.27
Amp Fault Detector	〃	0.32	0.32
데이터 리시버	〃	0.32	0.32
Speaker Line Checker	〃	0.76	0.76
Direct Box	〃	0.02	0.02
Management 프로그램	〃	0.29	0.29
Digi-Link Multi Controller	〃	0.18	0.18
Portable Amp	〃	0.05	0.05
Telephone Paging	〃	0.12	0.12
Audio Distribution	〃	0.17	0.17

[해 설]

① 본 품셈은 배선 단자연결 및 정리, 시험 포함.

② 공정별 2대이상 설치시는 1대 증가마다 1대품셈의 80% 적용.
(2대치시 본 품셈의 180%, 3대 설치시는 본 품셈의 260%, 4대 설치시는 본 품셈의 340%, 5대이상 설치시 1대당 80%씩 가산)

③ 커넥터 설치품은 "4-8-1 음향 및 영상케이블" 품셈 적용.

④ 리모트 앰프 품셈은 6CH이하 기준이며, 초과시 1채널당 5% 가산.

⑤ Network Tuner는 "AM/FM Tuner" 품셈의 120% 적용.

⑥ Multi Source Player는 "CD Player/DVD Player" 품셈의 130% 적용.

⑦ Power AMP Monitor, Audio Monitor는 8채널을 기준으로 하며, 8채널 초과시 본 품셈의 120% 적용, 24채널 초과시 본 품셈의 150% 적용.

⑧ 그 외의 설비는 "7-11-2 구내방송 설비" 및 "7-11-5 방송 및 음향영상설비부대공사" 품셈 적용.

⑨ Management 프로그램은 16CH 기준이며, 16CH 추가마다 30%씩 가산 적용.

⑩ 관리용 PC 또는 서버는 "8-1-1 네트워크 설비(공통)" 품셈 적용.

⑪ 철거(불용 30%, 재사용 80%)

7-11-2-3 프로오디오 설비(SR) ('25년 개정)

공 정		단 위	통신관련 산업기사	통신설비공
Power Distributor Switcher		대	0.39	0.39
Power Supply		〃	0.38	0.38
VU Meter		〃	0.23	0.23
하울링제거기		〃	0.38	0.55
Digital Signal Processor		〃	3.64	1.82
Digital Audio Mixer		〃	3.25	1.63
Audio I/O Box		〃	0.13	0.13
Graphic Equalizer		〃	0.06	0.06
Network Audio Signal Router		〃	0.11	0.11
스피커 브라켓(벽부형)		개	-	0.11
체인블럭	수동형	대	-	0.56
	전동형	〃	-	0.56
스피커프레임	일체형	개	-	0.27
	조립형	〃	-	0.33

[해 설]

① 본 품셈은 배선 단자연결 및 정리, 시험 포함.

② 공정별 2대이상 설치시는 1대 증가마다 1대품셈의 80% 적용.
(2대 설치시 본 품셈의 180%, 3대 설치시는 본 품셈의 260%, 4대 설치시는 본 품셈의 340%, 5대이상 설치시 1대당 80%씩 가산)

③ 커넥터 설치품은 "4-8-1 음향 및 영상케이블" 품셈 적용.

④ DSP 기능을 가진 Power AMP는 Digital Signal Processor 품셈을 적용하고 300W미만 Power AMP는 61%를 적용.

⑤ Digital Audio Mixer는 20채널 기준으로 20채널 초과시에는 1채널당 3% 가산하여 적용하고, 서라운드 시스템과 연동하여 설치하는 경우에는 본 품셈의 124%를 적용.

⑥ Analog Mixer 설치는 "7-11-1 방송국 설비" 중 "Audio Mixer" 품셈 적용.

⑦ Audio I/O Box 및 Network Audio Signal Router는 8CH 기준으로 8CH 초과시에는 CH당 5% 가산 적용

⑧ 그 외의 설비는 "7-11-2 구내방송 설비" 및 "7-11-3 콘솔", "7-11-5 방송

및 음향영상설비 부대공사" 품셈 적용.
⑨ 고소작업 시 "1-2-2-5 위험 할증률" 품셈 적용.
⑩ 스피커 설치 와이어는 체인블럭 품셈 적용.
⑪ 철거(불용 30%, 재사용 80%)

7-11-2-4 멀티미디어방송 설비 ('25년 개정)

공　　정	단 위	통신관련 산업기사	통신설비공
Digital Modulator	대	0.35	0.35
Digital A/V Matrix Switch	〃	0.61	0.61
VGA Matrix	〃	0.35	0.35
A/V Receiver	〃	0.33	0.33
A/V Mixer	〃	0.58	0.58
Network A/V Streamer	〃	0.36	0.36
세트-top Box	〃	0.32	0.32
Video Distribution	〃	0.04	0.04

[해 설]
① 본 품셈은 배선 단자연결 및 정리, 시험 포함.
② 공정별 2대이상 설치시는 1대 증가마다 1대품셈의 80% 적용.
(2대 설치시 본 품셈의 180%, 3대 설치시는 본 품셈의 260%, 4대 설치시는 본 품셈의 340%, 5대이상 설치시 1대당 80%씩 가산)
③ 커넥터 설치품은 "4-8-1 음향 및 영상케이블" 품셈 적용.
④ VGA Matrix와 Video Distribution 설치는 입·출력 8port 이하 기준이며, 8port 초과는 본 품셈의 180% 적용.
⑤ A/V Mixer 품셈은 5CH이하 기준이며, 초과시 1채널당 5% 가산.
⑥ Network A/V Streamer는 2CH 기준이며, 1CH 추가마다 본 품셈의 50% 가산.
⑦ 세트-top Box는 1CH 기준이며, 1CH 추가마다 본 품셈의 80% 가산.
⑧ 그 외의 설비는 "7-11-1 방송국 설비" 및 "7-11-2 구내방송 설비", "7-11-5 방송 및 음향영상설비 부대공사" 품셈 적용.
⑨ 철거(불용 30%, 재사용 80%)

7-11-2-5 네트워크 통합방송 설비 ('25년 개정)

공 정	단 위	통신관련 산업기사	통신설비공
Network Audio Server	대	0.77	0.77
Network Audio Converter	〃	0.43	0.43
Audio Over Ethernet	〃	0.63	0.63

[해 설]

① 본 품셈은 배선 단자연결 및 정리, 시험 포함.

② 공정별 2대이상 설치시는 1대 증가마다 1대품셈의 80% 적용.
(2대 설치시 본 품셈의 180%, 3대 설치시는 본 품셈의 260%, 4대 설치시는 본 품셈의 340%, 5대이상 설치시 1대당 80%씩 가산)

③ 커넥터 설치품은 "4-8-1 음향 및 영상케이블" 품셈 적용.

④ Network Audio Server는 32CH 기준이며, 32CH 추가마다 본 품셈의 80% 가산.

⑤ Network Audio Converter는 1CH 기준이며, 1CH 추가마다 본 품셈의 80% 가산.

⑥ Audio Over Ethernet는 2CH 기준이며, 1CH 추가마다 본 품셈의 50% 가산.

⑦ 그 외의 설비는 "7-11-2 구내방송 설비" 및 "7-11-5 방송 및 음향영상설비 부대공사" 품셈 적용.

⑧ 철거(불용 30%, 재사용 80%)

7-11-3 콘솔(Console)

공 정	직 종	Mixing Console	AM TX Control Console				TV TX Control Console			
			10㎾ 이하	50㎾ 이하	100㎾ 이하	300㎾ 이하	1㎾ 이하	5㎾ 이하	10㎾ 이하	30㎾ 이하
조립 및 설치	통신관련기사	0.94	1.00	2.00	3.00	5.00	2.00	2.00	2.00	3.00
	통신관련산업기사	1.88	2.00	2.00	3.00	5.00	3.00	3.00	4.00	6.00
	통신설비공	3.75	2.00	2.00	3.00	5.00	2.00	3.00	4.00	6.00
	보통인부	1.08	1.00	2.00	3.00	4.00	2.00	2.00	2.00	3.00
조 정	통신관련기사	1.75	-	-	-	-	-	-	-	-
	통신관련산업기사	3.50	-	-	-	-	-	-	-	-
시험및 측정	통신관련기사	3.67	1.00	2.00	3.00	5.00	2.00	2.00	2.00	4.00
	통신관련산업기사	7.33	2.00	4.00	6.00	10.00	2.00	2.00	4.00	8.00

[해 설]

① 동등품셈 2대이상 설치시는 1대 증가마다 1대 품셈의 60% 적용.

② 2대 병열운행기기 설치시는 1대 품셈의 250% 가산.

③ Mixing Console은 100채널이하 기준이고 초과시 1채널당 3% 가산하고, 26채널 이하인 경우에는 "7-11-1 방송국 설비"의 Audio Mixer 품셈 적용.

④ UHD Mixing Console은 본 품셈의 120% 적용.

⑤ 철거(불용 30%, 재사용 50%)

7-11-4 마을 무선방송시스템

공 정	단 위	무선안테나공	통신설비공	특별인부
무선방송 주장치	세트	-	0.53	0.48
무선 스피커	대	-	0.05	-
안테나	기	0.66	0.47	-
안테나 Pole	대	-	0.10	-
종합시험	식	-	0.21	0.21

[해 설]

① 무선방송 주장치는 오디오 송수신 기능의 간이무선국장비가 포함되어 있음.

② 안테나 설치 품셈은 무선방송 주장치까지의 급전선 포설 및 커넥터 설치 공정을 포함.

③ 안테나 Pole은 6m 설치 기준이며, 기초대 설치품은 "3-7-1 부대공사(앵커볼트 설치 등)" 중 기초대 설치 품셈 적용.

④ 종합시험은 마을회관에서 세대별, 반별(그룹별), 전체 등으로 구분하여 각각의 방송 송 · 수신 점검과 사용자 교육이 포함.

⑤ 철거(불용 30%, 재사용 80%)

정보통신부문 제7장

7-11-5 방송 및 음향영상설비 부대공사 ('25년 개정)

공 정		규 격	단위	통신관련 산업기사	통 신 설비공	내장공	건 축 목 공	플 랜 트 기계설치공	보통 인부
Jack Panel		8포트 이하	개	-	0.63	-	-	-	-
Console 박스		-	〃	0.30	1.50	-	-	-	0.50
행거 (Hanger)	고 정	-	〃	0.11	0.11	-	-	0.40	0.11
	전 동	-	〃	-	0.80	-	-	0.80	0.80
스크린	전 동	120인치이하	대	-	2.00	4.00	-	4.00	2.00
	〃	200인치이하	〃	-	2.00	6.00	-	7.00	4.00
	〃	300인치이하	〃	-	3.00	12.00	-	14.00	8.00
	리 어	80인치이하	〃	-	1.00	3.00	-	3.00	1.00
	〃	120인치이하	〃	-	1.00	4.00	-	5.00	3.00
	〃	200인치이하	〃	-	2.00	9.00	-	10.00	6.00
	고 정	120인치이하	〃	-	1.00	2.00	-	2.00	1.00
	〃	200인치이하	〃	-	1.00	3.00	-	3.00	2.00
	〃	300인치이하	〃	-	2.00	6.00	-	7.00	4.00
Speaker	고 정	5W이하	〃	-	0.21	-	-	-	-
	〃	30W이하	〃	-	0.33	-	-	-	-
	〃	100W이하	〃	0.18	0.18	0.18	-	-	0.18
	전 동	100W이하	〃	0.35	0.35	0.23	-	-	0.23
전 동 상황판	구동부	120인치이하	〃	1.99	-	1.99	1.99	1.99	1.99
	판넬부	120인치이하	〃	-	-	0.40	0.80	0.40	0.40
Suspension Mic Elevation		1Point	〃	0.15	0.15	-	-	0.27	0.15
Wireless Ant		-	〃	0.16	0.15	-	-	-	-
무선 리시버 (Wireless Receiver)		-	〃	0.23	0.23	-	-	-	-
천장타공		8인치 이하	개소	-	0.11	-	0.11	-	-
음량조절기(ATT)		-	대	-	0.16	-	-	-	-
이동식 노래방 기기		-	〃	-	0.30	-	-	-	-
전동 엘리베이션 (빔프로젝터용)		천장 4m 이하	대	-	0.68	-	-	-	0.44

[해 설]

① 스크린 설치는 노출형 기준이며, 매입형은 본 품셈의 130%, 300인치 초과시 100인 치마다 300인치 품셈의 30%씩 가산.

② 스피커는 매입기준(천장타공 포함)이며, 노출은 본 품셈의 60% 적용하고, 폴(Pole)에 설치시는 120% 적용.
③ 100W초과 500W미만 스피커는 본 품셈의 125%, 500W이상은 본 품셈의 160% 적용. ④ 천장타공은 8인치 기준이며, 9인치이상 15인치까지는 본 품셈의 130%, 16인치 이상은 본 품셈의 160% 적용.
⑤ 전동기 신설은 전기품셈 제5장 내선설비공사 적용.
⑥ 무선리시버(Wireless Receiver) 설치는 시험(주파수 조정, 수신감도·간섭·혼선 확인) 품셈 포함.
⑦ 행거(고정)는 체인블럭 1톤 이하 기준이며, 10톤 이하는 본 품셈의 125%, 10톤 초과시 160% 적용.
⑧ Jack Panel은 8포트(HDMI, RGB, 오디오 IN/OUT) 이하 기준이며, 16포트 이하는 본 품셈의 180%을 적용하고, 16포트 초과는 포트수마다 10%씩 가산.
⑨ 공정별 2대이상 설치시는 1대 증가마다 1대품셈의 80%.
(2대 설치시 본 품셈의 180%, 3대 설치시는 본 품셈의 260%, 4대 설치시는 본 품셈의 340%, 5대이상 설치시 1대당 80%씩 가산)
⑩ 고소작업 시 "1-2-2-5 위험 할증률" 중 (2) 고소작업 할증을 적용하고, 천장에 설치시는 각 환경의 20%씩 가산 적용.
⑪ 커넥터 설치품은 "4-8-1 음향 및 영상케이블" 품셈 적용.
⑫ 이동식 노래방 기기는 반주기, 내장 스피커, 앰프, 마이크(2개)로 구성되며, 본 품셈에는 설치 후 음량조질 및 동작 시험을 포함하고, 스피커를 추가로 설치하는 경우에는 스피커 품셈 적용.
⑬ 빔프로젝터용 전동 엘리베이션 설치는 석고텍스 등 천장제 컷팅 및 타공, 천장 프레임(엠바·케링) 제거, 앵커볼트 및 전산볼트 설치, 전원 및 제어선 결선, 동작시험, 천장 마감 작업 등을 포함.
⑭ 철거.(불용 30%, 재사용 80%)

정보통신부문 제7장

7-12 방송공동수신설비

7-12-1 전파수신상태조사 ('25년 개정)

공 정	단 위	통신관련산업기사	통신관련기능사	보통인부
전파수신상태조사	개소당	0.76	0.38	0.38

[해 설]

① 전파수신상태조사란 각종전파(TV, 이동전화등)의 수신상태를 파악 · 조사하여 이용자에게 최적의 수신상태를 제공하기 위하여 건축물의 신축 전 · 중 · 후에 각 채널(KBS1, 2, MBC, SBS, EBS, AFKN)의 수신 전파를 측정하는 것을 말함.

② 본 품셈에는 안테나 설치 및 해체, 전파조사 결과보고서 작성, 대책수립 등의 품셈은 포함되지 않았으므로 안테나 설치품셈은 "7-5-6 방송 공동수신 안테나" 품셈을 적용하고, 안테나 해체품셈은 설치품셈의 80%를 적용하며, 결과보고서 작성 및 대책수립 등의 품셈은 통신관련산업기사 1인 가산.

③ 각종 할증(원거리, 야간, 건물층수별 등)은"1-2-2 품의 할증"적용.

④ 동일구내중 2개소일 때 180%, 3개소일 때 260%, 4개소일 때 340%, 4개소를 초과하는 경우 초과 1개소당 본 품셈의 80%씩 가산.

7-12-2 증폭기

공 정		단위	증폭기 설치		시험 및 조정	
			통신설비공	보통인부	통신관련산업기사	통신설비공
간선(옥외용)		대	0.26	0.25	0.31	0.31
분기 분배	2Port	〃	0.27	0.26	0.38	0.38
	3Port	〃	0.27	0.26	0.43	0.43
	4Port	〃	0.27	0,26	0.49	0.49
연장(옥내 · 외)		대	0.25	0.25	0.25	0.25
구내전송증폭기		〃	0.16	0.16	0.20	0.20
채널자동이득 조절앰프		〃	0.26	0.07	0.47	0.09
헤드앰프 (주전송증폭기)		〃	0.18	0.18	0.47	0.09
신호처리기		〃	0.18	0.18	0.47	0.09

[해 설]

① 시험 및 조정에는 입 · 출력 전압 및 레벨(상, 하향), 수상범위, C/N비 측정과 조정, 시험성적서 작성품셈이 포함.

② 커넥터 및 접지설치 품셈은 별도 계상. 단, 구내전송증폭기는 커넥터 설치 품셈 포함.

③ 연장증폭기는 옥내설치기준으로 가공 및 맨홀에 설치시는 본 품셈의 120% 적용.

④ S-MATV(Satellite-MATV) 구내전송증폭기의 시험 및 조정품셈은 연장(옥내 · 외) 증폭기 시험 및 조정품셈의 170%를 적용하며, 본 품셈은 위성(CS/BS)신호의 레벨 편차 · C/N비(영상반송파대 잡음비) 시험과 채널별 이득조정 및 경사조성을 발함.

⑤ 지상파 초고화질 텔레비전방송(UHD) 신호처리기는 본 품셈의 신호처리기를 적용.

⑥ 철거(불용 50%, 재사용 80%)

7-12-3 분배기 및 분기기

7-12-3-1 옥외형 분배기(분기기)

규 격	단 위	설 치		S-MATV 시험
		통신설비공	보통인부	통신관련 산업기사
2분배기(1분기기)	개	0.11	0.11	0.02
3 〃 (2 〃)	〃	0.20	0.09	0.03
4 〃 (3 〃)	〃	0.16	0.16	0.04
5 〃 (4 〃)	〃	0.26	0.15	-
6 〃	〃	0.30	0.18	0.06
8 〃	〃	0.36	0.19	0.08
12 〃	〃	0.48	0.36	-
16 〃	〃	0.60	0.48	-
(8분기기)	〃	0.38	0.27	-
전력분배기(10Port기준)	〃	0.10	-	-

[해 설]

① 본 품셈은 부속품 부착품셈 및 분배기, 분기기측의 커넥터 설치품셈 포함.

② 방향성결합기(DC)는 분배기 설치품셈 적용.
③ 가공 설치시는 통신외선공 적용.
④ 채널혼합기(Combiner)는 입력 Port수를, 분리기(Divider)는 출력 Port수에 따라 분배기 품셈을 적용.
⑤ S-MATV(Satellite-MATV) 시험은 스펙트럼 아날라이저(Spectrum Analyzer)로 위성 분배기(분기기)의 입· 출력 레벨 측정, C/N비(영상반송파대 잡음비)의 측정시험품셈을 말함.
⑥ 철거(불용 50%, 재사용 80%).

7-12-3-2 옥내형 분배기(분기기)

규 격	단 위	설 치	
		통신설비공	보통인부
2분배기(1분기기)	개	0.08	0.08
3 〃 (2 〃)	〃	0.12	0.12
4 〃 (3 〃)	〃	0.13	0.13
5 〃 (4 〃)	〃	0.17	0.17
6 〃	〃	0.19	0.19
8 〃	〃	0.23	0.23
12 〃	〃	0.32	0.32
16 〃	〃	0.41	0.41
(8분기기)	〃	0.25	0.25

[해 설]
① 본 품셈은 커넥터 설치 품셈 포함.
② S-MATV 시험은 7-12-3-1 옥외형 분배기(분기기) 품셈 적용.
③ 철거(불용 50%, 재사용 80%)

7-12-4 위성방송수신기 등

공 정	단 위	통신관련산업기사	통신설비공
위성방송수신기	대	0.06	0.15
디지털 아날로그 신호변환기	〃	0.06	0.15

[해 설]

① 본 품은 집중구내통신실에서 해당 공종의 수신값 측정 및 채널 및 음량조정품 포함.

② 세대내 시험품은 별도 계상.

③ 철거(불용 50%, 재사용 80%).

7-12-5 광 송·수신기 등 ('25년 개정)

공 정	단 위	광케이블설치사	통신설비공
광 송신기	대	0.07	0.07
광 증폭기	〃	0.06	0.06

[해 설]

① 광 송신기 및 광 증폭기는 Rack 또는 단자함에 설치하며 기본 동작시험을 포함.

② 광 수신기 설치 품셈은 "7-12-2 증폭기"중 구내전송증폭기 적용.

③ 철거(불용 50%, 재사용 80%).

7-13 종합유선방송설비

7-13-1 AM 변조기

공 정		단 위	통신관련산업기사
개별특성 시험	RF 레벨조정	CH	0.08
	비디오 입력레벨 시험	〃	0.10
	오디오 입력레벨 시험	〃	0.08
종합시험	비디오 특성시험	〃	0.07
	오디오 특성시험	〃	0.11

[해 설]

① 기초공사, 케이블 포설, Bay내 배선, 장치가설치, 광체내 배선 및 광중계장치, 유니트실장 등의 설치품셈은 "6-1-1 기초설치(공통)" 품셈 적용.

② 철거(불용 50%, 재사용 80%)

정보통신부문 제7장

7-13-2 전송로 망감시 제어장치

공 정		단위	통신관련 산업기사	통 신 설비공	보 통 인 부
장비설치	단말기 및 프린터 설치	식	-	0.42	0.38
개별특성 시 험	상향신호 처리기	대	0.09	-	-
	하향신호 처리기	〃	0.06	-	-
	망감시 모뎀	〃	0.06	-	-
	입 · 출력장치 기능시험	식	0.04	-	-
종합시험	자료입력	대	0.06	-	-
	망감시프로그램 테스트	식	0.39	-	-
	일반기능 및 특수기능 시험	〃	0.26	-	-
	온라인(On-Line) 시험	〃	0.17	-	-

[해 설]

① S/W 설치 및 컴퓨터 기능시험은 프로그램 공급자가 시행.

② 일반기능 및 특수기능시험은 현장시험을 말함.

③ 온라인(On-Line)시험은 대향장치와 병행 실시하며 폴링(Polling) 시험을 말함.

④ 철거(불용 50%, 재사용 80%).

7-13-3 집중경보 장치

공 정		단 위	통신관련 산업기사	통신관련 기 능 사	통 신 설비공
집 중 경보장치	단말기 및 프린터 설치	식	-	-	0.06
개별특성 시 험	경보반~전원배전반 시험	구간	0.08	0.08	-
	경보반~Bay셀프간심선 시험	〃	0.13	0.13	-
	입 · 출력장치 기능시험	식	0.04	-	-
종합시험	집중경보프로그램 테스트	식	0.19	-	-
	데이터(Data) 회선 개통시험	구간	0.09	-	-
	온라인(On-Line) 시험	식	0.13	-	-

[해 설]

① S/W 설치 및 컴퓨터 기능시험은 프로그램 공급자가 시행.

② 온라인(On-Line) 시험은 대향장치와 병행 실시.

③ 철거(불용 50%, 재사용 80%).

7-13-4 CATV 광단국 장치

7-13-4-1 FM 광전송장치(FM 복조기)

공 정		단 위	통신관련산업기사
개 별 특 성 시 험	주파수응답 특성시험 비직선 왜곡 시험	CH 〃	0.16 0.07
	색도대 휘도 특성시험 직선파형 왜곡시험	〃 〃	0.07 0.10
	주파수특성(음성신호) 고조파 왜곡 측정 및 조정	〃 〃	0.09 0.04
	좌우 분리도 측정 및 조정 Noise(S/N) 측정	〃 〃	0.04 0.07
종 합 시 험	채널별신호대 잡음비 (Video S/N비)	SYS	0.07

[해 설]

① 광원의 파장측정, 광송신 출력측정, 광수신 감도측정품셈은 AM 광전송 장치 품셈 적용.

② 개별특성시험은 대향전송장치와 병행 실시하며, 비직선왜곡시험은 미분이득(DG), 미분위상(DP)을 말하고, 색도대 휘도특성은 이득 및 지연특성을, 직선파형왜곡시험은 필드, 라인, 단시간왜곡 측정품을, 음성신호 특성시험은 주파수특성, 고주파왜곡, 좌우분리도, 노이즈(S/N) 측정을 각각 말함.

③ 기초공사, 케이블 포설, Bay내 배선, 장치가설치, 광체내 배선 및 광중계장치, 유니트실장 등의 설치품셈은 "6-1-1 기초설치(공통)" 품셈 적용.

④ 철거(불용 50%, 재사용 80%)

7-13-4-2 AM 광전송장치

공 정		단 위	통신관련 기 사	통신관련 산업기사	통신관련 기 능 사
개 별 특 성 시 험	광원의 파장측정 광송신출력측정 광수신감도측정	SYS 〃 〃	0.66 0.25 0.26	- - -	0.66 0.25 0.26
	RF 송신조정 및 시험 RF 수신조정의 시험	〃 〃	- -	0.55 0.43	0.55 0.43
종 합 시 험	주파수 응답시험	SYS	-	0.69	0.69

[해 설]

① 개별특성시험은 대향전송장치와 병행 실시.
② RF송신조정 및 시험은 Output 레벨, 등화도, C/N비 측정 및 조정품셈 포함.
③ RF수신조정 및 시험은 Input 레벨, 등화도, C/N비 측정 및 조정품셈 포함.
④ 기초공사, 케이블 포설, Bay내 배선, 장치가설치, 광체내 배선 및 광중계장치, 유니트실장 등의 설치품셈은 “6-1-1 기초설치(공통)” 품셈을 적용하고 광섬유 케이블 커넥터가공 및 접속품셈은 “6-2-1 광전송시스템” 품셈 적용.
⑤ 철거(불용 50%, 재사용 80%)

7-13-5 FM 음악변조 및 중계기

공 정		단 위	통신관련산업기사
개별특성 시 험	재송신 채널 특성시험 자주방송기저대역 특성시험	CH 〃	0.09 0.08
종합시험	Audio 특성시험(Mono 방식)	〃	0.08

[해 설]

① 오디오(Audio) 특성시험이 스테레오(Stereo)인 경우 모노(Mono)방식 품셈의 200% 적용.
② 개별특성 시험항목은 주파수특성, S/N비, 고주파왜곡, 좌우분리도 시험을 말함.
③ 기초공사, 케이블 포설, Bay내 배선, 장치가설치, 광체내 배선 및 광중계장치, 유니트실장 등의 설치 품셈은 “6-1-1 기초설치(공통)” 품셈 적용.
④ 철거(불용 50%, 재사용 80%)

7-13-6 종합유선전송로 최종시험(End-To-End)

공 정		단 위	통신관련산업기사	통 신 설비공	보 통 인 부
종 합 유 선 전송로 최 종 시 험	·영상반송파의 신호레벨	구간	0.09	0.09	-
	·영상반송파의 레벨안정도	〃	0.02	-	-
	·채널간 영상반송파의 레벨차	〃	0.02	-	-
	·음성반송파의 영상반송파에 대한 레벨차 (제1음성파기준)	〃	0.02	-	-
	·영상신호주파수대역 특성	〃	0.02	-	-
	·영상반송파대 잡음비(C/N비)	〃	0.03	-	-

종합 유선 전송로 최종 시험	·비트 방해비(D/U비)	〃	0.03	-	-
	·혼 변조도	〃	0.03	-	-
	·전원 험 변조도	〃	0.03	-	-
	·지연전달 영상반송파에 의한 방해	〃	0.03	-	-
	·영상반송파의 주파수편차	〃	0.02	-	-
	·영상반송파와 음성반송파간의 간격	〃	0.03	-	-
	·수신단자간 결합도	〃	0.03	-	0.03
	·누설 전자파	〃	0.04	-	0.04
	·정재파비	〃	0.03	-	-

[해 설]

① 최종시험은 방송사업자와 전송망설비의 분계점에서 전송설비와 수신자 설비의 분계점까지 한구간의 시험을 말함.

② 비트방해비(D/U)는 2, 3차 비트 포함.

③ 유선음악방송의 최종시험항목은 유선전송로 최종시험 항목 중 다음과 같이 각각 50%를 적용.

◦싱글레벨시험은 영상반송파의 신호레벨 시험품셈 적용.

◦채널간 반송파 레벨차시험은 채널간 영상반송파의 레벨차 시험품셈 적용.

◦반송파대 잡음비(C/N비)시험은 영상 반송파대 잡음(C/N비) 적용.

◦주파수편차 시험은 영상반송파의 주파수 편차품셈 적용.

7-13-7 각종 휠터 및 기타설비

공 정	단 위	무선안테나공	통신설비공	통신내선공
대역통과 여파기	개	0.11	0.11	-
다이플렉서 휠터 (CATV용 19″Rack타입)	〃	-	0.52	-
채널트랩(낫치휠터)	〃	0.11	0.11	-
레벨셀터	〃	0.65	0.65	-
채널컨버터	〃	0.19	0.19	-
보호기	〃	-	-	0.20
종단저항(75Ω)	〃	-	0.02	-

[해 설]

① 입 · 출력 신호레벨 측정 및 조정품셈 포함.

② 철거(불용 50%, 재사용 80%)

7-13-8 절체장치(APS, Automatic protection switching)

공 정	단 위	통신관련 기 사	통신관련 산업기사	통신관련 기 능 사	통 신 설비공	보 통 인 부
절 체 장 치 설 치	대	-	-	-	0.06	0.09
출 력 레 벨 측 정	〃	-	0.07	0.01	-	-
수 신 감 도 측 정	〃	-	0.07	0.01	-	-
시 스 템 절 체 시 험	〃	0.06	0.11	0.02	-	-

[해 설]

① 시스템절체시험은 광가변 감쇄기, RF신호가변 감쇄기 설치에 의한 입력신호 변환으로 자동절체시험 및 수동절체시험을 말함.

② 본 품셈은 별도의 절체장치를 설치할 때 적용하며 광수신기내에 포함된 절체장치는 적용하지 못함.

③ 철거(불용 50%, 재사용 80%).

7-13-9 옥외형 광·수신장치(ONU, Optical Network Unit)

공 정		단위	통신관련 기 사	통신관련 산업기사	통신관련 기 능 사	통 신 설비공	보 통 인 부
ONU 장비 설치		대	-	-	-	0.33	0.70
개 별 특 성 시 험	광원 파장 시험	SYS	0.47	-	0.47	-	-
	광송신 출력 측정	〃	0.33	-	0.33	-	-
	광수신 감도 측정	〃	0.33	-	0.33	-	-
	RF 조정 및 시험	〃	-	0.98	0.98	-	-
공 통 시 험	상태감시 시험	〃	0.15	-	0.15	-	-
	전송로 특성시험	〃	0.25	-	0.25	-	-
종합특성시험(주파수응답시험)		〃	0.43	0.31	0.74	-	-

[해 설]
① 커넥터 설치품셈 및 접지설치품셈은 별도 계상.
② 개별특성시험은 대향 전송장치와 병행실시하며, RF조정 및 시험이란 Input레벨(상향), Output레벨(하향), 동화도(상 · 하향), C/N비 측정과 조정을 말함.
③ 상태감시 시험은 전원장치부분 상태확인 포함.
④ 철거(불용 50%, 재사용 80%)

7-13-10 페디스탈 설치(CT-Box)

공 정	단위	통신설비공	보통인부
CT - Box	대	0.21	0.40

[해 설]
① 페디스탈 설치를 위한 기초대 설치품셈은"3-7-1 부대공사(앵커볼트 설치 등)" 중 기초대 설치 품셈 적용.
② 철거(불용 50%, 재사용 80%)

7-13-11 동축케이블 급전용 전원공급장치

공 정	단 위	통신설비공	보통인부
축전지 내장형	조	0.97	0.79
축전지 비내장형	〃	0.30	0.44
전력삽입기	개	0.13	0.13

[해 설]
① 전력선 포설품셈 및 접지품셈은 별도 계상.
② 축전지 내장형은 축전전압측정, 부동충전전압과 부하전류 측정 및 자동절체 동작시험품셈 포함이며, 축전지 비내장형 설치는 가공설치 기준으로 가공이외의 장소에 설치시는 본 품셈의 80% 적용.
③ 철거(불용 50%, 재사용 80%)

제8장 네트워크설비공사

8-1 네트워크 설비

8-1-1 네트워크 설비(공통) ('25년 개정)

공정		단위	광케이블 설치사	통신관련 기 사	통신관련 산업기사	통신 설비공	S/W 시험사	H/W 시험사	보통 인부
광전변환장치		대	0.07	-	-	0.07	-	-	-
단말기(PC)설치		〃	-	-	-	-	0.21	0.10	-
PC용 LAN Card설치		〃	-	-	-	0.14	-	0.14	-
PC용 LAN S/W install (Config & Test)		〃	-	0.10	-	-	0.28	-	-
Transceiver설치		〃	-	-	-	0.20	-	-	0.14
DSU/MODEM설치 및 기능시험(입 · 출력 Test)		〃	-	-	-	-	0.38	0.23	-
Box Type 장비설치 (샤시, Slot의 일체형)		〃	-	-	0.42	0.12	0.66	-	-
서 버 (Sever)	본체 설치	〃	-	-	-	0.33	-	0.50	-
	OS/Patch설치	식	-	-	-	-	0.77	0.85	-
	Device 설치	대	-	-	-	-	0.17	0.25	-
	Data 백업	식	-	-	-	-	0.46	0.33	-
	SW Install	〃	-	-	-	-	0.48	-	-
	보안정책적용/환경설정	〃	-	-	-	-	1.12	-	-
	Log 분석	〃	-	-	-	-	0.88	-	-
	종합시험	〃	-	-	-	-	0.56	0.31	-
더미 허브		대	-	-	-	-	0.09	0.09	-
스위칭 허브		〃	-	-	-	-	0.36	0.22	-

장비 설치 (Slot Type)	Box(샤시)설치	대	-	-	-	0.23	-	-	0.16
	Card설치 (Module)	〃	-	-	-	0.16	-	0.26	-
	S/W Install	〃	-	-	0.26	-	1.46	-	-
Router Switching Intelligent 장 비 Set up	설치 및 Control Consol 운용시험	대	-	-	-	-	1.12	0.80	-
	S/W설치 및 기본 기능시험	〃	-	-	-	-	0.88	-	-
	종 합 시 험	〃	-	-	-	-	1.28	1.08	-
A T M Switch 장 비 Set up	설치 및 Control Consol 운용시험	대	-	-	-	-	1.08	1.10	-
	S/W설치 및 기본 기능시험	〃	-	-	-	-	1.00	-	-
	일반, 국부기능 측정 및 시험	〃	-	-	-	-	1.40	-	-
	종 합 시 험	〃	-	-	-	-	1.92	1.32	-

[해 설]

① UPS설치는 "11-4-1 무정전 전원장치(UPS, CVCF)" 품셈 적용.

② 포장해체품셈은 해당 장비설치품셈의 20% 적용.

③ "단말기(PC) 설치" 품셈에는 모니터(스탠드 타입) 설치, 프로그램 설치 및 환경설정 작업이 포함되었으며, 동일 개소 내 5대 설치까지는 본 품셈을 적용하고 1대 추가시 마다 80%씩 가산. 공정별 개별 적용하는 경우에는 다음과 같이 적용.

구 분	적용 기준
본체만 설치	H/W시험사(0.10)의 60% 적용
모니터(스탠드 타입)만 설치	H/W시험사(0.10)의 40% 적용
프로그램 설치 및 환경설정 작업	S/W시험사(0.21) 적용
프로그램 설치 및 환경설정 작업 (포맷 포함)	S/W시험사(0.37) 적용

④ 장비내 카드회로팩 설치 및 S/W Install은 회로팩 4개를 기본으로 하며 1개 추가마다 10% 가산.

⑤ 서버(Server) 본체설치는 단독형 설치로 Device HDD 1개, CPU 4개, 시스템 보드 4개(CPU/메모리보드, 시리얼 I/O보드, 그래픽 I/O보드, PCI I/O보드), 전원장치, CD-RW(ROM)를 포함이며, 랙(캐비넷)타입은 본 품셈의 120% 적용.
⑥ Device{각종 보드, CPU, 메모리, CD-RW(ROM), HDD, 전원장치 등} 1개 추가시마다 Device 설치품셈의 20%씩 가산.
⑦ 본 품셈에서 명시하지 아니한 철가 및 케이블 포설포박은 "5-1-1 기초설치(공통)"품셈 적용.
⑧ SFP 및 SFP+ 모듈, GBIC 등 전기 신호와 광 신호간 변환 모듈은 광전변환장치 적용.
⑨ 철거.(불용 30%, 재사용 80%)

8-1-2 정보보호장비

공 정		단 위	통신관련 산업기사	S/W 시험사	H/W 시험사	통 신 설비공
방화벽(Firewall)		대	-	0.42	0.42	-
무선침입방지 시스템(WIPS)	주장치	〃	-	0.74	0.74	-
	센서	〃	0.29	0.29	-	0.58
통합보안장비(UTM)		〃	-	0.48	0.48	-

[해 설]

① 무선침입방지시스템(WIPS : Wireless Intrusion Prevention System)의 주장치는 Rack설치 형태로 센서 100대 이하 수용기준이며, 20대 초과시마다 5% 가산.
② 케이블 포설품셈은 별도 계상.
③ 통합보안장비(UTM : Unified Threat Management) 설치시 마이그레이션(Migration) 작업 및 모니터링 작업은 별도 계상.(마이그레이션 : 통합보안장비 설치 전 기존 장비의 보안정책 및 허용·차단 IP대역설정 등을 진행하는 작업)
④ 통합보안장비 설치에는 기존에 설치되어 있던 장비들과의 연동간에 정상적으

로 작동하는지 단순 시험공정 포함.
⑤ 웹방어벽(WAF : Web Application Firewall) 보안장비, 네트워크 접근제어(NAC : Network Access Control) 보안장비, Anti-DDoS 보안장비의 설치는 방화벽 설치 품셈 적용.(기본 S/W 설정 포함)
⑥ 유선침입방지시스템(IPS : Intrusion Prevention System)는 무선침입방지시스템 품셈 적용.
⑦ 동일장소에서 2대 설치시 본 품셈의 180%, 3대 초과하는 경우에는 초과 1대당 80% 적용.
⑧ 철거(불용 30%, 재사용 80%)

8-1-3 공간 및 지리정보시스템

공 정		단 위	S/W 시험사	H/W 시험사	통 신 설비공
AP서버	본체 설치	대	-	0.42	0.42
	프로그램 설치 및 설정	〃	4.96	1.65	-
DB/DW 서버	본체 설치	〃	-	0.42	0.42
	프로그램 설치 및 설정	〃	4.65	1.55	-
연계서버	본체 설치	〃	-	0.42	0.42
	프로그램 설치 및 설정	〃	4.40	1.47	-

[해 설]
① 본 품셈은 AP서버, DB/DW서버, 연계서버 설치 기준임.
② 스토리지 설치는 "9-2-1-2 통합관제센터"중 "(1)통합관제서버"품셈 적용.
③ 백업서버는 "8-1-1 네트워크 신설(공통)"품셈 적용.
④ 철거(불용 30%, 재사용 80%)

8-1-4 네트워크 트래픽관리시스템

공 정	단 위	S/W시험사	H/W시험사
장비 설치	대	1.44	1.44
장비연동 및 운용시험	〃	2.08	2.08

정보통신부문 제8장

[해 설]

① 장비설치는 랙 설치, 장비 부팅시험, IP 및 포트 설정 공정 포함.

② 장비연동 및 운용시험은 장비간 연동, 서비스순단, 통신상태확인 등의 공정 포함.

③ 철거(불용 30%, 재사용 80%)

8-1-5 가상사설망(VPN)장치

공 정	단 위	S/W시험사	H/W시험사
VPN 설치	대	0.39	0.39

[해 설]

① 본 품셈은 단독형 가상사설망(VPN : Virtual Private Network) 장치로 19″ 랙 설치기준이며, 내·외부망 연결상태, 터널링 확인 공정 포함.

② 철거(불용 30%, 재사용 80%)

8-1-6 IP 및 키폰 전화기

공 정	단 위	통신설비공
IP 전화기	대	0.15
키폰 전화기	〃	0.10

[해 설]

① 게이트웨이는 "8-2-1-1 홈서버(Home Server)" 품셈 적용.

② IPBX는 "5-2-1 사설교환기 신설" 품셈 적용.

③ 허브는 "8-1-1 네트워크 설비(공통)"중 허브 설치 품셈 적용.

④ UTP케이블 포설은 "4-3-1 꼬임케이블" 품셈 적용.

⑤ IP 주소 입력 및 기능설정 품셈 포함.

⑥ IP 또는 키폰 전화기를 설치할 경우 동일건물의 경우 100대 이상 설치시에는 초과분에 대하여 본 품셈의 80% 적용.

⑦ 키폰 전화기 설치는 키폰전화기의 선번 확인 및 기능 설정품셈 포함.

⑧ 철거(불용 30%, 재사용 80%)

8-1-7 ICT 밀폐장치(Containment)

공 정		단위	통신외선공	통신설비공	특별인부
판넬	외벽	m^2	0.15	0.15	0.08
	천장	〃	0.15	0.25	0.13
출입문		세트	1.13	1.13	0.56

[해 설]

① 천장용 판넬 중 브러쉬형은 본 품셈의 120%, 소방연동형은 본 품셈의 180% 적용.

② 출입문은 자동문 기준이며, 반자동은 본 품셈의 80%, 수동문은 50% 적용.

③ 바닥 공조용 액세스플로어는 "3-6-1 액세스플로어" 품셈 적용.

④ 철거(불용 30%, 재사용 80%)

8-2 지능형 홈네트워크 설비

8-2-1 홈네트워크

8-2-1-1 홈서버(Home Server)

공 정	단위	통신관련 산업기사	통 신 설비공	통 신 내선공	S/W 시험사
기기매입박스 점검 및 선로 기능시험	개소	-	0.25	0.25	-
홈서버 설치	식	-	0.16	0.16	-
터미널보드 설치 및 결선	개소	-	0.34	0.34	-
IP 입력 및 기기 Setting	대	0.10	-	-	-
장치별 기능 및 종합시험	세대	0.73	0.85	0.19	0.60

[해 설]

홈서버는 세대내 홈게이트웨이(Home Gateway) 기능을 수행하는 홈네트워크 기기로써, 세대현관 지문인식기/현관공동기/경비실기/세대 터치스크린/무선 Home Pad의 VoIP 통화기능, 지문인식기 기능, 비상전원 공급 기능, Remote 소프트웨어(S/W) Download 및 Upgrade 기능 등을 처리하는 기기를 말함.

① 선로 기능시험에는 다음 공정이 포함되어 있음.

○ 기기매입박스내 선로 입선상태 확인.

○ 배선 입선작업 완료 후 선로 test.

○ 건축 천장마감 완료 후 선로 test.
○ 본체 설치 후 결선작업전 선로 test.

② 홈서버 설치는 Base Plate 및 어댑터 설치 포함.
③ 터미널보드 설치 및 결선은 세대내 홈네트워크 기기간 단자결선과 세대 / 공용부 기기와 세대 ACU간 결선 포함.
④ 장치별 기능 및 종합시험은 세대내 Gateway 기능 test, 세대현관 지문인식기/현관공동기/경비실기/세대 터치스크린/무선 Home Pad의 VoIP 통화기능 test, 지문인식기 기능 test(RS422 통신), 비상전원 공급 기능 test, Remote S/W Download 및 Upgrade등의 기능시험과 Local Server 연동 test, Gate Keeper Server 연동 test, 통합단지관리 Server 연동 test, 원격검침/주차관제 Server 연동 test 등의 종합시험 포함.
⑤ 장치별 기능 및 종합시험 중 원격검침 또는 주차관제 기능이 없는 경우의 시험은 본 품셈의 80% 적용.
⑥ 철거(불용 30%, 재사용 80%)

8-2-1-2 세대 Wall PAD(터치스크린)

공 정	단위	통신관련 산업기사	통 신 설비공	통 신 내선공	S/W 시험사
기기매입박스 점검 및 선로기능시험	개소	-	0.25	0.25	-
기기 설치	식	-	0.14	0.14	-
터미널보드 설치 및 결선	개소	-	0.31	0.31	-
IP 입력 및 기기 Setting	대	0.06	-	-	-
장치별 기능 및 종합시험	세대	0.50	0.63	0.25	0.19

[해 설]

세대 Wall PAD는 일반전화/세대간/경비실 통화기능, 세대현관/Lobby(현관공동기) 방문객 영상확인 및 통화기능, 세대현관/Lobby(현관공동기) 출입문 제어기능, 세대내 방범 및 비상통보 기능, Home Server를 통한 Program Download 기능 등을 가진 기기를 말함.

① 선로 기능시험에는 다음 공정이 포함되어 있음.

○ 기기매입박스내 선로 입선상태 확인.
○ 배선 입선작업 완료 후 선로 test.
○ 건축 천장마감 완료 후 선로 test.
○ 본체 설치 후 결선작업전 선로 test.

② 세대 Wall PAD 설치는 Base Plate 및 어댑터 설치 포함.

③ 터미널보드 설치 및 결선은 AC전원과 비상전원 결선, 세대/공용부기기 · 출입통제 관련 결선, 네트워크 LAN Port 결선 포함.

④ 장치별 기능 및 종합시험은 일반전화/세대간/경비실 통화기능 test, 세대현관/Lobby(현관공동기) 방문객 영상확인 및 통화기능 test, 세대현관/Lobby(현관공동기) 출입문제어기능 test, 세대내 방범 및 비상통보 기능 test, Home Server통한 Program Download 등의 기능시험과 인터넷 서비스 기능 test, 시설관리/편의시설/통합과금 관련정보의 통합단지관리 서버와 연동 test, 세대내 전기/가스/수도 검침량 관련정보의 원격검침 서버와 연동 test, 세대내 차량통보 관련 정보의 주차관제 서버와 연동 test 등의 종합시험 포함.

⑤ 장치별 기능 및 종합시험 중 원격검침 또는 주차관제 기능이 없는 경우의 시험은 본 품셈의 80% 적용.

⑥ 세대 Wall PAD 추가 설치시는 본 품셈의 80% 적용.

⑦ 철거(불용 30%, 재사용 80%)

8-2-1-3 무선 Home PAD

공 정	단위	통신관련 산업기사	통 신 설비공	통 신 내선공	S/W 시험사
무선 Home PAD 설치	식	-	0.05	0.05	-
IP 입력 및 기기 Setting	대	0.10	-	-	-
Configuration 작업	〃	0.06	-	-	-
장치별 기능 및 종합시험	세대	0.50	0.94	0.56	0.19

[해 설]

무선 Home PAD는 일반전화/세대간/경비실 통화기능, 세대현관/Lobby(현관공동기) 방문객 영상확인 및 통화기능, 세대현관/Lobby(현관공동기) 출입문 제어기능, 세대내 방범 및 비상통보 기능, Home Server통한 Program Download 등의 기능을 가진 기기를 말함.

① 무선 Home PAD설치는 무선 Home PAD본체와 Access Point 모두 포함.
② IP입력 및 기기 Setting은 홈서버와 자체 IP 입력, Gateway/서브넷마스크/DNS입력, Local 서버 IP와 동/호수 정보 입력 포함.
③ Configuration 작업은 본체 및 Access Point 무선 Network 동기화 작업 포함.
④ 장치별 기능 및 종합기능은 일반전화/세대간/경비실 통화기능 test, 세대현관/Lobby(현관공동기) 방문객 영상확인 및 통화기능 test, 세대현관/Lobby(현관공동기) 출입문제어기능 test, 세대내 방범 및 비상통보 기능 test, Home Server통한 Program Download 등의 기능시험과 인터넷서비스 기능test, 시설관리/편의시설/통합과금 관련정보의 통합단지관리 서버와 연동 test, 세대내 전기/가스/수도검침량 관련정보의 원격검침 서버와 연동 test, 세대내 차량통보 관련정보의 주차관제 서버와 연동 test 등의 종합시험 포함.
⑤ 장치별 기능 및 종합시험 중 원격검침 또는 주차관제 기능이 없는 경우의 시험은 본 품셈의 80% 적용.
⑥ 무선 Home PAD 추가 설치시는 본 품셈의 80% 적용.
⑦ 철거(불용 30%, 재사용 80%)

8-2-1-4 세대 지문인식기

공 정	단위	통신관련 산업기사	통 신 설비공	통 신 내선공
세대 지문인식기 설치	식	-	0.10	0.10
선로 Test 및 결선	개소	-	0.36	0.36
장치별 기능 및 종합시험	세대	0.30	0.46	0.17
지문등록	〃	0.13	0.19	-

[해 설]

세대 지문인식기는 문열림 기능이 지문인식, ID+지문인식, ID+패스워드, 패스워드 + Key, 정전시 Key 열림 기능 등을 가진 기기를 말함.

① 지문인식기 설치는 지문인식기 본체 설치 · Plate 부착 포함.

② 선로 Test 및 결선은 홈서버 연결선로 test와 결선, 전기정 도어락 연결선로 test와 결선 포함.

③ 장치별 기능 및 종합시험은 문열림 기능(지문인식, ID+지문인식, ID+패스워드, 패스워드+Key, 정전시 Key 열림) test 등의 기능시험과 외출설정기능 연동 test, 전기정 Door Lock 강제 해체 시 비상통보기능 연동 test, 세대 입주민 지문등록 완료 후 test 등의 종합시험 포함.

④ 지문등록은 지문인식기에 세대 거주하는 인원에 대한 지문을 등록하는 과정으로, 세대 입주민 지문등록과 주요 기능에 대한 설명도 포함.

⑤ 철거(불용 30%, 재사용 80%)

8-2-1-5 세대 전기정 Door Lock

공 정 별	단위	통신관련 산업기사	통 신 설비공	통 신 내선공
출입문 타공	개소	-	0.15	0.15
세대 전기정 Door Lock 설치 및 힌지 고정	식	-	0.19	0.13
선로 Test 및 결선	개소	-	0.31	0.31
장치별 기능 및 종합시험	세대	0.15	0.15	-

[해 설]

세대 전기정 Door Lock은 방범확인(강제해체 및 침입) 기능, Door Lock 시건 확인 기능, Door Lock 강제 해체 시 비상통보 기능, 터치스크린/홈패드 기기와 연동되는 기능을 가진 기기를 말함.

① 출입문 타공은 출입문 타공과 선로입선상태 확인 포함.

② 선로 Test 및 결선시 전기정 Door Lock과 힌지 선로 Test 및 결선 포함.

③ 장치별 기능 및 종합시험은 방범확인기능(강제해체 및 침입) test, Door Lock 시건 확인, Door Lock 강제 해체 시 비상통보기능 · 연동 test, 터치스크린/무선 Home PAD와 연동 test 포함.

④ 철거(불용 30%, 재사용 80%)

8-2-1-6 무선 수신기(세대 비상용)

공　　　정	단위	통신관련 산업기사	통 신 설비공	통 신 내선공
무선 수신기 설치	식	-	0.16	0.16
선로 Test 및 결선	개소	-	0.29	0.29
장치별 기능 및 종합시험	세대	0.13	0.32	0.13

[해 설]

무선 수신기는 비상/구급 버턴 단방향 무선통신 기능, 정상동작 여부 확인 LED 기능, 비상/구급버턴 조작에 의한 등록/확인/삭제 기능 등을 가진 기기를 말함.

① 선로 Test 및 결선시 선로 입선상태 확인 포함.

② 무선 수신기 설치는 세대내 신발장 상부설치(눈에 잘 안 보이는 곳) 기준.

③ 장치별 기능 및 종합시험은 세대내 방별 비상기능 test 등의 기능시험과 비상/구급버턴 연동 테스트는 비상/구급 버턴 단방향 무선통신 test, 정상동작 여부 확인 LED 기능 test, 비상/구급버턴 조작에 의한 등록/확인/삭제 기능 test 등의 종합시험 포함.

④ 철거(불용 30%, 재사용 80%)

8-2-1-7 현관공동기(벽부형)

공　　　정	단위	통신관련 산업기사	통 신 설비공	통 신 내선공
기기매입박스 점검 및 선로기능시험	개소	-	0.42	0.42
현관공동기 설치	식	-	0.13	0.13
IP 입력 및 카드리더 세팅	세대	0.19	0.19	-
장치별 기능 및 종합시험	〃	0.30	0.42	0.36

[해 설]

현관공동기는 RF Card에 의한 출입제어기능, 세대/경비실 호출과 통화기능, 방문자 영상전송기능, 출입문 개폐제어(RF Card, 비밀번호)기능 등을 가진 기기를 말함.

① 기기매입박스 점검 및 선로기능 시험은 기기매입박스 점검과 청소, 선로 입선상태 확인, 배선 입선작업 완료후 선로 test, 본체 설치후 결선작업 전선로 test 포함.

② 현관공동기 설치는 현관공동기 본체 설치, 어댑터 및 누전차단기 설치, 카드리더 설치 포함.

③ IP 입력 및 카드리더 세팅은 IP입력과 세팅, 카드리더 세팅, 카드입력(세대 입주자 정보 입력) 포함.
④ 장치별 기능 및 종합시험은 RF Card에 의한 출입제어 기능 test, 세대/경비실 호출 및 통화기능 test, 방문자 영상전송기능 test, 출입문 개폐제어(RF Card, 비밀번호)기능 test 포함.
⑤ 현관공동기(벽부형) 추가 설치시는 본 품셈의 80% 적용.
⑥ 철거(불용 30%, 재사용 80%)

8-2-1-8 경비실기

공 정	단위	통신관련산업기사	통 신 설비공	통 신 내선공
기기매입박스 점검 및 선로기능시험	개소	-	0.32	0.32
경비실기 설치	식	-	0.05	0.05
IP 입력 및 기기 세팅	세대	0.10	-	-
장치별 기능 및 종합시험	〃	0.25	0.38	0.32

[해 설]

경비실기는 세대호출 및 음성통화(경비실→현관공동기, 경비실→세대간) 기능, 현관공동기 문열림 기능, 방재실 및 경비실간 상호 호출기능, 세대내 방범/방재 발생시 호출 기능, 원격 모니터링(단지 영상서버와 연동)기능, VoIP 통신기능 등을 가진 기기를 말함.

① 기기매입박스 점검 및 선로기능 시험은 기기매입박스 점검과 청소, 선로 입선상태 확인, 배선 입선작업 완료 후 선로 test, 본체 설치 후 결선작업 전선로 test 포함.
② 경비실기 설치는 경비실기 본체 설치, 어댑터 설치, 전원, Network LAN Port 결선 포함.
③ 장치별 기능 및 종합시험은 세대호출 및 음성통화 기능(경비실→공동현관기, 경비실→세대간) test, 공동현관기 문열림 기능 test, 방재실 및 경비실간 상호 호출기능 test, 세대내 방범/방재 발생시 호출 기능 test 등의 기능시험과 원격 모니터링(단지 영상서버와 연동)기능 test, VoIP 통신기능 test, 세대 비상통보기능 test 등의 종합시험 포함.

④ 경비실기 추가 설치시는 본 품셈의 80% 적용.
⑤ 철거(불용 30%, 재사용 80%)

8-2-2 홈오토메이션

8-2-2-1 주방 TV ('25년 개정)

공 정	단위	통신관련산업기사	통신설비공
커넥터 설치	개소	0.15	0.15
주방 TV 설치	식	0.05	0.05
시 험(Test)	세대	0.04	0.04
방음 코킹 작업	개소	-	0.03

[해 설]

주방 TV본체는 기본적인 TV기능에 라디오기능, 인터폰 기능을 포함한 것을 말함.

① 커넥터 설치는 기능별 사용되는 선로구분과 선로 이상유무 확인작업(Line Test) 및 커넥터별 설치작업 포함.
② 본체 설치는 주방TV 고정용 비스 조임 작업, 인터폰 커넥터, 동축케이블 커넥터, 전원코드 연결작업 포함.
③ 시험(Test)은 TV 채널별 수신상태, 라디오 채널별 수신상태, 인터폰 통화상태 등을 점검하고 조정하는 작업 포함.
④ 방음 코킹 작업은 작업마무리 후 인접세대간 방음을 위한 마무리 처리 공정임.
⑤ 부착용 구멍을 별도로 타공시에는 "3-7-1 부대공사(앵커볼트 설치 등)"의 천공 적용.
⑥ 철거.(불용 30%, 재사용 80%)

8-2-2-2 주방 라디오(Radio) ('25년 개정)

공 정	단위	통신설비공
주방 라디오 설치	식	0.05
시 험(Test)	세대	0.02
방음 코킹 작업	개소	0.03

[해 설]

주방 라디오는 기본 기능인 라디오 기능과 전화수신 기능을 포함하는 것을 말함.

① 본체 설치는 주방라디오 고정용 비스 조임 작업, 안테나선 연결, 전원코드 연결작업 포함.

② 시험(Test)은 라디오 채널별 수신상태, 전화 수신상태를 점검하고 조정하는 작업 포함.

③ 방음 코킹 작업은 작업마무리 후 인접세대간 방음을 위한 마무리 처리 공정임.

④ 부착용 구멍을 별도로 타공시에는 "3-7-1 부대공사(앵커볼트 설치 등)"의 천공 적용.

⑤ 철거.(불용 30%, 재사용 80%)

8-2-2-3 화장실용 비상콜

공 정	단위	통신설비공
화장실용 비상콜 설치	식	0.14
시 험(Test)	세대	0.04

[해 설]

① 비상콜 설치는 접속용 케이블 탈피, 케이블 결선 및 커넥터 처리 포함.

② 시험(Test)은 화장실용 비상콜 자체 시험 및 동작상태를 확인하는 과정 포함.

③ 철거(불용 30%, 재사용 80%)

8-2-2-4 세대 스피커

공 정	단위	통신설비공
세대 스피커 설치	개	0.13
시 험(Test)	세대	0.03

[해 설]

① 세대 스피커 설치는 접속용 케이블 탈피, 케이블 결선 및 커넥터 처리 포함.

② 시험(Test)은 세대 스피커 자체 시험 및 동작상태를 확인하는 과정 포함.

③ 철거(불용 30%, 재사용 80%)

8-2-2-5 스피커 Outlet

공 정	단위	통신설비공
스피커 Outlet 설치	개	0.15

[해 설]

① 스피커 Outlet 설치는 접속용 케이블 탈피, 케이블 결선, 케이블 상태확인 처리 포함.

② 철거(불용 30%, 재사용 80%)

8-2-2-6 비디오폰

공 정	단위	통신설비공
비디오폰 설치	대	0.25

[해 설]

① 비디오폰 설치는 콘크리트매입 기준이며 노출은 본 품셈의 80% 적용하고 결선 및 시험조정을 포함.(외함 설치품셈은 별도 적용)

② 철거(불용 30%, 재사용 80%)

8-2-3 무인택배시스템

공 정	단위	H/W시험사	통신설비공
제어부 설치	열	0.25	0.25
보관함 설치	〃	0.15	0.15

[해 설]

① "제어부 설치"는 터치스크린 및 감시카메라, 인터폰, 카드리더기 등으로 구성된 제어함체 설치 및 기본 동작시험을 포함.

② "보관함 설치"는 대형, 중형, 소형 구분 없이 조립하여 1열당 설치하는 작업을 말함.

③ 관리용 PC 또는 서버는 "8-1-1 네트워크 설비(공통)"품셈 적용.

④ 철거(불용 30%, 재사용 80%)

8-2-4 음식물 쓰레기 개별계량장비 (9-4-30-2 항목 이동)

8-3 RFID 시스템

8-3-1 13.56MHz대역 리더기 및 안테나

공 정	단 위	통신관련 기 사	S/W 시험사	통 신 케이블공	통 신 설비공
리더기부	대	-	-	-	1.17
안 테 나	〃	-	-	0.23	0.43
경 광 등	개	-	-	0.21	0.26
시 험	세트	0.37	0.64	-	-

[해 설]

① 리더기 및 안테나 일체형인 경우 리더기 설치품셈의 150% 적용.

② 함체 설치는 "3-2-1 박스(BOX), 풀박스(Pull-Box), 시스템 박스 등" 중 풀박스 설치 품셈 적용.

③ 메인서버, 운용 PC, 모뎀, 허브 등은 "8-1-1 네트워크 설비(공통)" 품셈 적용.

④ TAG 설치품셈 별도 계상.

⑤ 철거(불용 30%, 재사용 80%)

8-3-2 900MHz대역 리더기 및 안테나

공 정	단 위	통신관련 기 사	S/W 시험사	통 신 케이블공	통 신 설비공
리더기부	대	-	-	-	1.19
안 테 나	조	-	-	0.67	0.27
경 광 등	개	-	-	0.21	0.26
센 서	〃	-	-	0.21	0.18
전 광 판	대	-	0.17	-	0.60
시 험	세트	0.64	0.78	-	-

[해 설]

① 리더기 및 안테나 일체형인 경우 리더기 설치품셈의 150% 적용.

② 안테나는 송·수신 분리형 1조 기준이며, 송·수신 일체형인 경우는 본 품셈의 80% 적용.

③ 전광판은 7모듈(1모듈 : 200㎜×200㎜) 기준.

④ 시험은 기본 Link 및 동작상태, 전파환경, TAG인식 영역 확인 시험을 포함하며, 근접 설치된 안테나로 인한 오동작 방지를 위한 전파상호 간섭유무 확인 및 조정 품셈은 본 품셈의 150% 적용.

⑤ 함체 설치는 "3-2-1 박스(BOX), 풀박스(Pull-Box), 시스템 박스 등" 중 풀박스 설치 품셈 적용.

⑥ 메인서버, 운용 PC, 모뎀, 허브 등은 "8-1-1 네트워크 설비(공통)" 품셈 적용.

⑦ TAG 설치품셈 별도 계상.

⑧ 철거(불용 30%, 재사용 80%)

8-3-3 433MHz대역 리더기 및 안테나

공 정	단 위	통신관련 기 사	S/W 시험사	통 신 케이블공	통 신 설비공
리더기부	대	-	-	-	0.92
안 테 나	〃	-	-	0.56	0.25
시 험	세트	0.65	0.35	-	-

[해 설]

① 리더기 및 안테나 일체형인 경우 리더기 설치품셈의 150% 적용.

② 시험공정은 IP address 설정 확인, Tag와 리더기간 동작상태 확인, 전파환경 및 인식영역 시험 등을 포함.

③ 함체 설치는 "3-2-1 박스(BOX), 풀박스(Pull-Box), 시스템 박스 등" 중 풀박스 설치 품셈 적용.

④ 메인서버, 운용 PC, 모뎀, 허브 등은 "8-1-1 네트워크 설비(공통)" 품셈 적용.

⑤ TAG 설치품셈 별도 계상.

⑥ 철거(불용 30%, 재사용 80%)

8-3-4 2.45Ghz대역 리더기 및 안테나

공 정	단 위	통신관련 기 사	S/W 시험사	통 신 케이블공	통 신 설비공
리더기부	대	-	-	-	0.67
안 테 나	〃	-	-	0.58	0.11
시 험	세트	0.50	0.44	-	-

[해 설]

① 리더기 및 안테나 일체형인 경우 리더기 설치품셈의 150% 적용.
② 안테나 2대 동시 설치시 본 품셈의 180% 적용.
③ 시험공정은 IP address 설정 확인, Tag와 리더기간 동작상태 확인, 전파환경 및 인식영역 시험 등을 포함.
④ 함체 설치는 "3-2-1 박스(BOX), 풀박스(Pull-Box), 시스템 박스 등" 중 풀박스 설치 품셈 적용.
⑤ 메인서버, 운용 PC, 모뎀, 허브 등은 "8-1-1 네트워크 설비(공통)" 품셈 적용.
⑥ TAG 설치품셈 별도 계상.
⑦ 철거(불용 30%, 재사용 80%)

8-4 스마트그리드설비

8-4-1 최대전력관리시스템

공 정		단 위	통신관련 산업기사	통 신 설비공
메인장비	최대전력관리장치	대	0.17	0.17
	제어기	〃	0.15	0.15
계량기 신호선		m	0.06	0.06
중앙제어기		대	0.16	0.16
중계기		〃	0.14	0.14
최대전력관리 프로그램		〃	0.28	0.28

[해 설]

① 최대전력관리 프로그램 설치는 PC에 관리 S/W를 설치하는 품셈이며, PC설치는 "8-1-1 네트워크 설비(공통)"의 단말기(PC) 설치 품셈 적용.

② 케이블 포설품셈은 별도 계상.
③ 철거(불용 30%, 재사용 80%)

8-4-2 축전지관리 시스템(BMS)

공　　정	단위	통신 설비공	통신 케이블공	H/W 시험사	S/W 시험사
메인프로세스 유닛	대	0.55	0.55	0.85	0.85
데이터수집장치	〃	0.53	0.53	0.61	0.61
클램프 부착 및 결선	개	0.03	0.03	-	-

[해 설]

① 축전지관리 시스템(BMS : Battery Management System) 품셈은 캐비넷 형식의 랙에 장착된 축전지에 축전지관리시스템을 설치하는 품셈이며, 데이터수집장치가 메인프로세스 유닛에 내장되는 경우 메인프로세스 유닛 설치는 본 품셈의 120% 적용.
② "메인프로세스 유닛"과 "데이터수집장치" 설치는 시험 품셈을 포함.
③ "클램프 부착 및 결선"은 데이터수집장치와 축전지 사이에 클램프를 부착하고 케이블을 탈피하여 결선하는 작업을 말함.
④ 본 품셈에는 장비 운반 및 설치, 결선, 시험을 포함하며, 전선관 및 전원 케이블 포설 등은 별도 계상.
⑤ 철거(불용 30%, 재사용 80%)

8-4-3 에너지저장시스템(ESS)

공　　정	단위	통신설비공	S/W시험사
장 비 설 치	대	1.67	-
S / W 설 치	〃	-	0.71

[해 설]

① 본 품셈은 10㎾이하 전력용량의 에너지저장시스템(ESS : Energy Storage System) 설치품셈이며, 20㎾ 이하는 본 품셈의 150%, 20㎾ 초과하는 경우

10㎾ 마다 50% 가산.

② "장비설치"에는 장비 이동, 거치, 결선 공정을 포함.

③ "S/W 설치"는 에너지저장장치의 메뉴설정 및 시험조정 후 원격감시 및 제어 S/W설치 및 데이터 출력 확인 등의 작업을 의미.

④ 배관 설치 및 케이블 포설, 축전지 설치 품셈은 별도 계상.

⑤ 철거(불용 30%, 재사용 80%)

8-4-4 에너지 관리시스템(EMS)

공 정	단위	통신관련산업기사	통신설비공	S/W시험사
계측기 설치	대	0.35	0.35	-
데이터 확인	〃	-	-	0.54
시 험	〃	-	-	0.67

[해 설]

① 에너지 관리시스템(EMS : Energy Management. System)은 건물, 공장, 가정 등에서 정보통신망을 이용하여 에너지 사용을 최적화하고 제어하는 시스템을 말함.

② "데이터 확인"은 에너지 사용량을 계측기를 통하여 측정하고 관리시스템에서 에너지 계량정보의 감시확인 및 기록의 자동처리와 동시에 데이터의 수집보존을 확인하는 작업을 의미.

③ "시험"은 수집된 데이터를 분석(이상 데이터 검출, 데이터 통신 상태감시, 사용량 집계 및 분석)하여 사용전력량이 최대 수요전력량을 초과하지 않도록 예측제어하며 각 시점에서의 사용전력을 조절하는 작업을 의미.

④ 계측기 설치에는 계측기 고정 및 결선 공정을 포함.

⑤ 배관 설치 및 케이블 포설, 게이트웨이, 라우터 설치 품셈은 별도 계상.

⑥ 철거(불용 30%, 재사용 80%)

8-4-5 원격검침 설비

<table>
<tr><th colspan="3">공　　정</th><th>단위</th><th>통신관련 산업기사</th><th>H/W 시험사</th><th>S/W 시험사</th><th>통 신 설비공</th><th>특별 인부</th></tr>
<tr><td colspan="3">통합검침장치</td><td>대</td><td>0.37</td><td>-</td><td>-</td><td>0.37</td><td>-</td></tr>
<tr><td colspan="3">중앙관제장치</td><td>세트</td><td>1.21</td><td>0.96</td><td>2.63</td><td>0.64</td><td>-</td></tr>
<tr><td colspan="3">집선장치(데이터전송장치)</td><td>대</td><td>0.40</td><td>-</td><td>-</td><td>0.40</td><td>-</td></tr>
<tr><td rowspan="4">모뎀</td><td colspan="2">고압계기형</td><td>〃</td><td>-</td><td>-</td><td>0.03</td><td>0.20</td><td>0.19</td></tr>
<tr><td rowspan="3">변압기 공동이용 저압계기형</td><td>창고(시험불포함)</td><td>〃</td><td>-</td><td>-</td><td>-</td><td>0.01</td><td>-</td></tr>
<tr><td>현장(시험불포함)</td><td>〃</td><td>-</td><td>-</td><td>-</td><td>0.12</td><td>-</td></tr>
<tr><td>개통시험</td><td>〃</td><td>-</td><td>0.09</td><td>0.09</td><td>-</td><td>-</td></tr>
</table>

[해 설]

① 통합검침장치 및 집선장치의 함체는 별도 계상.

② 통합검침장치는 동일 건축물에 2대 설치시 본 품셈의 180%, 3대 설치시 본 품셈의 260%, 4대 설치시 본 품셈의 340%, 5대 이상 설치시 1대 추가시 마다 80% 가산.

③ 집선장치는 통합검침장치 20대 이상 연결시 본 품셈의 150% 적용.

④ 통합검침장치, 집선장치 장치는 배선결선 및 대조작업 포함. 단 배선포설은 미포함.

⑤ 중앙관제장치는 S/W설치 및 종합시험 포함.

⑥ 모뎀 내장형 일체형 원격검침 기기(전자식 전력량계, 수도미터, 가스미터 등)를 단독 설치시는 통합검침장치 품셈의 80% 적용.

⑦ 고압계기형 모뎀은 일반 고압계기형 및 변압기 공동이용 고압계기용 모뎀을 말함.

⑧ 변압기 공동이용 저압계기용 모뎀을 동일장소에서 2대 설치시 본 품셈의 180% 적용, 3대 초과하는 경우에는 초과 1대당 80% 가산.

⑨ 분기케이블을 모뎀과 동시 설치할 경우에는 1개당 모뎀(현장) 품셈의 40%를 가산하고, 분기케이블만 단독 설치할 시에는 1개당 모뎀(현장) 품셈의 50% 적용.

⑩ 외장형 모뎀 연결장치는 "8-4-6 전력선통신 설비" 품셈 적용.

⑪ 개통시험은 모뎀 현장 시공 후 검침 서버에서 모뎀 개통확인 결과, 개통상태가 미등록이거나 비정상등록일 경우에 한하여 본 품셈을 적용하며, 현장무선통신 수신강도 확인, 모뎀 H/W 및 S/W점검, 검침 서버에서 모뎀 개통상태 정상등록을 재확인하는 공종을 말함.

⑫ 사다리 작업에 따른 고소작업 시 "1-2-2-5 위험 할증률" 품셈 적용.

⑬ 철거(불용 50%, 재사용 80%)

8-4-6 전력선통신(PLC : Power Line Communication) 설비

공정			단위	통신설비공	H/W시험사	S/W시험사	통신외선공	보통인부
AMI용 데이터 집중장치		본체설치	대	-	0.28	0.28	0.28	-
		PVC전선관설치	m	-	-	-	0.13	0.07
		Probe배선	개소	-	-	-	0.44	0.22
		접지선설치	〃	-	-	-	0.38	0.19
		무선모뎀설치	대	-	-	-	0.36	0.18
모뎀	PLC 외장형	시험포함	대	-	0.06	0.02		-
		시험불포함	〃	0.05	-	-		-
		개통시험	〃	-	0.05	0.02		
	PLC 내장형	시험포함 (현장작업)	〃	-	0.05	0.02		-
		시험불포함 (현장작업)	〃	0.04	-	-		-
		시험불포함 (창고작업)	10대	0.06	-	-		-
		개통시험	대	-	0.04	0.02		-
	무선 외장형	시험불포함	〃	0.05	-	-	-	-
		개통시험	〃	-	0.06	0.03	-	-
	무선 내장형	시험불포함	〃	0.04	-	-	-	-
		개통시험	〃	-	0.06	0.03	-	-
	신호측정		-	-	0.06	0.06	-	-
브릿지			〃	-	0.27	0.13	0.27	-
중계기			〃	-	0.25	0.13	0.25	-
커플러	변대용		〃	-	-	-	0.38	-
	인입용(접촉식/비접촉식)		〃	0.20	-	-	-	-
서지보호기			-	0.10	-	-	-	0.05
외장형 모뎀 연결장치			-	0.05	-	-	-	-

[해 설]

① AMI(Advanced Metering Infrastructure)용 데이터집중장치는 암타이밴드와 필름밴드를 이용하여 전봇대에 설치되는 품이며, 환경설정 값 입력 공정을 포함하고 모뎀등록상태 및 검침 데이터 수집상태 확인품은 미포함.

② 지상변압기에 설치되는 AMI용 데이터 집중장치 설치는 본 품셈의 75%, 기타 자재는 90% 적용.

③ 브릿지 설치품은 PVC전선관, Probe배선, 접지선 설치공종 포함.

④ 중계기 설치품은 PVC전선관, Probe배선 설치공종 포함.

⑤ AMI용 데이터집중장치, 브릿지, 중계기, 변대용커플러 설치시 고소작업차 사용기준으로 "1-2-2-5위험할증률 (다)고소작업차를 사용하는 경우"에 따른 할증 적용은 제외

구 분	데이터집중장치	브릿지	중계기	변대용커플러
장비사용시간	80분	75분	70분	40분

⑥ Probe 배선은 4선식 기준이며 3선식은 본품의 87%, 2선식은 72% 적용.

⑦ PVC전선관, Probe, 접지선은 데이터 집중장치와 병행 시설하는 경우 각각 본 품의 18% 적용. 지상변압기내 병행 시설하는 경우 본품의 9% 적용. 무선모뎀을 병행 시설하는 경우 본 품의 9% 적용.

⑧ 서지보호기는 데이터집중장치 또는 브릿지와 병행 시설하는 경우 본 품의 18% 적용.

⑨ 모뎀을 계기집합 판넬에 2대 설치시 본 품셈의 180%, 3대 이상 설치하는 경우에는 1대당 80% 가산

⑩ 모뎀 자장치의 분기케이블 1개 시설시 본 품(시험 불포함)의 50%를 적용하며, 분기케이블을 전력량계와 동시 설치시 모뎀 설치품의 30% 적용

⑪ 내장형 자장치의 창고작업 시 모뎀 전원공급 시험을 하는 경우에는 본 품셈의 10%를 가산.

⑫ 신호측정은 단독 측정 기준이며, 모뎀과 병행 작업 시 본 품셈의 50% 적용.

⑬ 외장형 모뎀 연결장치는 기설치된 외장형 모뎀에 연결장치를 추가적으로 설치하는 것을 기준으로 하며, 외장형 모뎀 연결장치를 외장형 모뎀과 동시 설치시는 연결장치 품의 20% 적용.

⑭ 모뎀, 외장형 모뎀 연결장치를 전력량계와 동시 설치하는 경우 본 품의 60% 적용
⑮ 사다리 작업에 따른 고소작업 시 "1-2-2-5 위함 할증률" 적용.
⑯ 철거(불용 50%, 재사용 80%). 단, AMI용 데이터 집중장치, 브릿지, 중계기, 본체 철거시 S/W시험사 제외.

8-4-7 전력자동화설비

8-4-7-1 대규모배전자동화설비

(1) 서버장치

공 정			단위	통신관련산업기사	S/W시험사	H/W시험사	보통인부
종 합 설 치		장치설치 및 결선, 시스템동작상태 시험 및 응용S/W 설치	식	0.32	1.13	0.76	0.36
개별설치	1. 서버 및 이중화	장치설치 및 시스템 동작상태 확인	대	0.16	0.16	0.67	0.36
	2. OS S/W	OS 설치 및 시스템 정상동작 확인	식	0.12	0.48	0.09	-
	3. DBMS S/W	DBMS 설치	〃	0.02	0.23	-	-
	4. 미들웨어 S/W	미들웨어 서버S/W설치 및 정상동작 확인	〃	0.02	0.26	-	-
Device 설치		부속설비설치 및 동작상태 확인	개	-	0.17	0.25	-

[해 설]

① 서버장치는 19"랙(Rack)내에 Device HDD 1개, CPU 2개, Memory 1개 등이 포함된 장치 1대 설치 및 시험하는 품셈을 기준함.
② 종합설치품셈은 개별설치 1, 2, 3, 4항 전체를 모두 설치할 경우 적용.
③ 장치설치 및 결선은 서버, 이중화절체장치, 회선집선장치(Hub)간을 연결하는 품셈이 포함되었음.(네트워케이블 연결포함)
④ Device(Main Board, LAN Card, CPU, Memory, CD-RW(ROM), HDD, 전원장치, 광포트어뎁터 등) 1개 추가시마다 Device 설치품셈의 20%씩 가산.
⑤ HDD 교체시, OS(Operating System), DBMS, 미들웨어 S/W설치품셈 별도계상.
⑥ OS(Operating System) S/W, DBMS S/W, 미들웨어 S/W 동시설치는 개별설치 2, 3, 4항 품셈의 90% 적용.

⑦ 서버장치 2대 동시설치는 종합설치품셈에 180% 적용.
⑧ 응용 S/W 별도 계상.
⑨ 철거(불용 50%, 재사용 80%). 단, H/W시험사, 보통인부만 적용.

(2) 이중화 저장장치, 절체장치

공 정			단위	통신관련산업기사	S/W 시험사	H/W 시험사
종 합 설 치		장치설치 및 결선, 시스템 동작상태 시험, 응용 S/W 설치	식	0.15	0.51	0.99
개별설치	1.이중화 저장장치	장치설치 및 시스템 동작상태 확인	대	0.10	0.07	0.79
	2.절체장치	장치설치 및 절체시험	〃	-	-	0.20
	3.Clustering S/W	응용 S/W 설치 및 정상 동작확인	식	0.05	0.44	-
Device 설치		부속설비 설치 및 동작상태 확인	개	-	0.07	0.28

[해 설]
① 이중화 저장장치는 19″랙(Rack)내에 Device HDD 3개가 포함된 장치설치 기준임.
② 종합설치는 개별설치 1, 2, 3항 전체를 모두 설치할 경우 적용.
③ Device(소형 광HUB, HDD, 전원장치, 절체장치, 키보드, 마우스 등) 1개 추가시마다 Device 설치 품셈의 20%씩 가산.
④ 철거(불용 50%, 재사용 80%). 단, H/W시험사만 적용.

(3) HMI(Human Machine Interface) 장치

공 정			단위	통신관련산업기사	S/W 시험사	H/W 시험사
종 합 설 치		장치결선 및 결선, 시스템동작상태 시험 및 응용S/W 설치	식	0.20	0.58	0.32
개별설치	1. HMI 장치설치	장치설치 및 시스템 동작상태 확인	대	0.08	0.06	0.26
	2. OS S/W	OS설치 및 시스템 정상동작 확인	식	0.08	0.29	0.06
	3. DBMS S/W	DBMS Client 설치	〃	0.02	0.13	-
	4. 미들웨어 S/W	미들웨어 Client S/W설치 및 정상 동작확인	〃	0.02	0.10	-
Device 설치		부속설비 설치 및 동작상태 확인	개	-	0.07	0.18

[해 설]

① HMI 장치설치는 Desktop에 Device HDD 1개, CPU 2개, Memory 1개 등이 포함된 장치 1대 설치 및 시험품셈을 기준함.

② 종합설치품셈은 개별설치 1, 2, 3, 4항 전체를 모두 설치할 경우 적용.

③ HMI장치에서 자동화용 회선집선장치(Hub)까지의 케이블 포설은“4-3-1 꼬임 케이블 포설”, 배관은 “3-1-1 구내통신배관” 품셈 적용.

④ Device{Main Board, LAN Card, VGA Card, CPU, Memory, CD-RW(ROM), HDD, 전원장치 등} 1개 추가시마다 Device 설치품셈의 20%씩 가산.

⑤ HDD 교체시, OS, DBMS, 미들웨어 S/W 설치품셈 별도 계상.

⑥ OS(Operating System) S/W, DBMS S/W, 미들웨어 S/W 동시설치는 개별설치 2, 3, 4항 품셈의 90% 적용.

⑦ HMI장치 2대 동시설치는 180%, 3대는 260%, 4대는 340%, 4대 초과는 대당 80% 가산.

⑧ 철거(불용 50%, 재사용 80%). 단, H/W시험사만 적용.

(4) FEP(Front End Processor : 전단처리장치) 장치

공 정			단위	통신관련 산업기사	S/W 시험사	H/W 시험사
종 합 설 치		장치설치 및 결선, 시스템 동작상태 시험 및 응용 S/W 설치	대	0.18	0.46	0.93
개별설치	1. FEP 장치설치	장치설치 및 시스템 동작상태 확인	〃	0.08	0.06	0.87
	2. OS S/W	OS설치 및 시스템 정상동작 확인	식	0.08	0.30	0.06
	3.미들웨어 S/W	미들웨어 S/W설치 및 정상동작확인	〃	0.02	0.10	-
	Device 설치	부속설비 설치 및 동작상태 확인	개	-	0.07	0.26

[해 설]

① FEP 장치는 19″랙(Rack)내에 Device HDD 1개, CPU 2개, Memory 1개 등이 포함된 장치 1대 설치 및 시험품셈을 기준함.

② 종합설치품셈은 개별설치 1, 2, 3항 전체를 모두 설치할 경우 적용.

③ 장치설치 및 결선은 FEP장치와 회선집선장치(Hub)간을 연결하는 품셈임.

(네트웍케이블 연결포함)

④ Device{Main Board, CPU, Memory, CD-RW(ROM), HDD, 전원장치, LAN Card 등} 1개추가시 마다 본 품셈의 20%씩 가산.

⑤ HDD 교체시, OS S/W, 미들웨어 S/W 설치품셈 별도 계상.

⑥ OS(Operating System) S/W, 미들웨어 S/W 동시설치는 개별장치 2, 3항 품셈의 90% 적용.

⑦ FEP장치 2대 동시설치는 180%, 3대는 260%, 4대는 340% 4대 초과는 대당 80% 가산.

⑧ 철거(불용 50%, 재사용 80%). 단, H/W시험사만 적용.

(5) 응용 S/W

공 정	단 위	S/W 시험사
서버 프로그램 설치 및 시험	대	0.35
클라이언트 프로그램 설치 및 시험	〃	0.26

[해 설]

① 서버 프로그램이란 서버에 설치되어 DBMS, 미들웨어를 제어하는 프로그램과 기타 서버 설치용 배전자동화 프로그램을 말하며, 대규모배전자동화 운용을 위해 설치되는 프로그램임.

② 클라이언트 프로그램이라 함은 HMI, FEP등 서버외의 컴퓨터에 설치되는 배전자동화용 프로그램으로 대규모배전자동화 운용을 위해 설치되는 프로그램임.

③ 프로그램을 배전자동화 시스템에 설치 후 이상유무 및 통신상태를 점검하는 품셈이 포함.

④ 데이터베이스 변경은"(9) 데이터베이스 변경 및 증설"적용.

⑤ 서버 프로그램을 컴퓨터 2대에 동시설치시 본 품셈의 180%, 3대는 260%, 4대는 340%, 4대 초과는 대당 80% 가산.

⑥ 클라이언트 프로그램을 컴퓨터 2대에 동시설치시 본 품셈의 180%, 3대는 260%, 4대는 340%, 4대 초과는 대당 80% 가산.

⑦ 해당 소프트웨어 업그레이드시 본 품셈 적용.

⑧ OS(Operating System S/W), DBMS, 미들웨어 S/W등의 설치품셈 별도 계상.

(6) 데이터베이스 구축

공　　정	단 위	S/W시험사
대규모배전자동화 시스템 데이터베이스 구축	D/L	3.04

[해 설]

① 도면 및 NDIS등의 자료를 참고하여 데이터베이스를 구축하는 품셈임.

② 데이터베이스 구축 후 오류검사 기능을 이용하여 입력오류를 점검하는 품셈이 포함.

③ D/L 단위의 신규 증설, 변경은 본 품셈 적용.

(7) 기본도 제작

공　　정	단 위	S/W시험사
대규모배전자동화 시스템 기본도 제작	식	1.36

[해 설]

① 기본 지형도는 국가 기본 지형도 적용.

② 국가 기본 지형도 도엽(圖葉)을 시스템 적용구역에 적합하도록 통합하고, 불필요한 부분을 삭제하여 하나의 도엽(圖葉)으로 만드는 품셈임.

③ 발주처 요구에 따라 여러가지의 레이어로 분리하여 각각 별도 도엽(圖葉)으로 만드는 품셈이 포함.

④ 배전자동화 그래픽 프로그램의 포맷에 적합하도록 수정하여 사용할 수 있도록 변환하는 품셈이 포함.

(8) 데이터베이스 구조 변경 및 설치

공　　정	단 위	S/W 시험사
신규 포맷의 데이터베이스 구조로 데이터 복원	Table	0.24

[해 설]

① 프로그램 변경에 의해 데이터베이스 구조변경이 요구되어 기존 데이터를 수정하여 신규 데이터베이스로 생성해야 하는 경우에 적용.

② 기존 및 신규데이터베이스의 백업 시행 포함.

③ 변경된 Table이 2개인 경우 180%, 3개인 경우 260%, 4개인 경우 340%, 4개 초과는 Table당 80% 가산.

(9) 데이터베이스 변경 및 증설

공　　정	단 위	S/W 시험사
개폐기 신·증설에 따른 데이터베이스 입력	대	0.24

[해 설]

① 모든 개폐기류(자동, 수동, ALTS등)에 적용.

② 도면 및 NDIS의 자료를 참고하여 데이터베이스를 구축하는 것으로 데이터베이스 변경 및 증설 후 오류검사 기능을 이용하여 입력오류를 점검하는 품셈이 포함.

③ 개폐기외의 입상주(연결 전봇대), 고압수전고객, Pad TR, COS 등의 데이터베이스 변경 및 증설은 대당 본 품의 30% 적용.

④ 개폐기 2대 동시설치 180%, 3대 260%, 4대 340%, 4대 초과는 대당 80% 가산.

8-4-7-2 소규모배전자동화설비

(1) 소규모 주장치

공　　정			단위	S/W 시험사	H/W 시험사	보통 인부
종 합 설 치		주장치 및 OS 설치 시스템 장치별 동작시험 시스템성능 모니터링	식	0.49	0.23	0.15
개별설치	1.주장치 설치 및 시험	장치설치 및 시스템 동작상태 확인	대	0.27	0.23	0.15
	2.OS S/W	OS 설치	식	0.22	-	-
Device 설치		부속설비 설치 및 동작상태 확인	〃	0.07	0.18	-

[해 설]

① 소규모 주장치는 Desktop Type으로, 본체1대, 모니터2대 설치기준임.

② 모든 설치공정에는 시험품셈이 포함.

③ 종합설치는 개별설치 1, 2항 전체를 모두 설치할 경우에 적용.

④ 주장치에서 자동화용 회선집선장치(Hub)까지의 케이블포설은 “4-3-1 꼬임

케이블 포설", 배관은 "3-1-1 구내통신배관" 품셈 적용.

⑤ Device{Memory, CD-RW(ROM), HDD, 전원장치, LAN Card등} 1개 추가시마다 본 품셈의 20%씩 가산.

⑥ 소규모 주장치 HDD 교체시, OS(Operating System) S/W는 본 품셈을 적용하고, 응용S/W는 "다. 응용 S/W 설치"품셈 적용.

⑦ 철거(불용 50%, 재사용 80%). 단, S/W시험사는 제외.

(2) 소규모 주장치 이중화설비

공 정			단위	S/W 시험사	H/W 시험사	보통 인부
종 합 설 치		주장치, 절체장치 및 OS S/W설치시스템 장치별 동작시험, 시스템 성능모니터링시스템 동작상태 확인	식	0.56	0.28	0.15
개별설치	1.주장치 설치 및 시험	주장치 설치 및 동작시험 시스템 성능 모니터링	〃	0.26	0.23	0.15
	2.절체장치 설치 및 시험	절체장치 설치 및 동작시험 이중화 장치간 절체 시험	〃	0.10	0.05	-
	3.OS S/W	OS 설치	〃	0.20	-	-
Device 설치		부속설비 설치 및 동작상태 확인	〃	0.07	0.18	-

[해 설]

① 소규모 주장치 이중화설비는 랙(Rack) Type으로, 본체 1대, 절체장치 1대, 모니터 2대 설치 기준임.

② 모든 설치공정에는 시험품셈이 포함.

③ 종합설치는 개별설치 1, 2, 3항 전체를 모두 설치할 경우 적용.

④ 주장치에서 자동화용 회선집선장치(Hub)까지의 케이블 포설은 "4-3-1 꼬임케이블 포설", 배관은 "3-1-1 구내통신배관" 품셈 적용.

⑤ Device{Memory, CD-RW(ROM), HDD, 전원장치, LAN Card 등} 1개 추가시마다 본 품셈의 20%씩 가산.

⑥ 소규모 주장치 이중화설비의 HDD 교체시, OS(Operating System) S/W는 본 품셈을 적용하고, 응용 S/W는 "다.응용S/W 설치"품셈 적용.

⑦ 기 설치된 주 장치에 이중화 구성시, 종합설치품셈을 적용.

⑧ 철거(불용 50%, 재사용 80%). 단, S/W시험사는 제외.

(3) 응용 S/W 설치

공 정	단위	S/W 시험사
소규모 배전자동화 응용프로그램 설치 및 시험	식	0.25

[해 설]

① 주장치에 설치되는 배전자동화프로그램으로, 소규모 배전자동화 운용을 위해 설치되는 프로그램임.

② 데이터베이스 변경은"(5) 데이터베이스 변경 및 증설" 적용.

③ 해당 소프트웨어 업그레이드시 본 품셈 적용.

④ OS S/W 제외.

(4) 데이터베이스 구축

공 정	단위	S/W시험사
소규모 배전자동화 시스템 데이터베이스 구축	D/L	0.42

[해 설]

① D/L 단위의 신규, 증설, 변경은 본 품셈을 적용.

② 변전소 신설에 따른 데이터베이스 구축은 기존 D/L과 만나는 경계점을 기준함.

(5) 데이터베이스 변경 및 증설

공 정	단위	S/W시험사
개폐기 신·증설에 따른 데이터베이스 입력	대	0.24

[해 설]

① 자동화개폐기에 적용.

② 수동개폐기는 본 품셈의 대당 30% 적용.

③ 개폐기 2대 동시설치시 본 품셈의 180%, 3대 260%, 4대 340%, 4대 초과는 대당 80% 가산.

8-4-7-3 배전자동화용 부대장치

(1) 각종기기

공 정		단위	S/W 시험사	H/W 시험사	보통 인부
자동화용 유선통합장치 (Modem/Hub/T.S.)설치	전용회선용 장치 종합설치 시스템 동작 및 시험	대	0.44	0.54	0.17
자동화용 무선통합장치 (DSU/Router/Hub)설치	무선데이터망 장치 종합 설치 시스템 동작 및 시험	〃	0.72	0.51	0.21
자동화용 신호전송장치(DSU) 설치	장치장착 및 케이블 접속 구간별 네트웍 대조시험	〃	0.40	0.25	0.18
자동화용 회선경로, 분배장치(Router)설치	구간별 네트웍 대조시험 장치설치 및 결선 시스템 동작시험	〃	0.38	0.26	0.14
자동화용 회선집선장치(Hub)설치	장치장착 및 케이블 접속 주장치와 네트웍 연계시험	〃	0.21	0.27	0.11
자동화용 전단처리장치 T.S(Terminal Server)설치	장치장착 및 케이블 접속 Port별 개별 동작 시험	〃	0.27	0.34	0.12

[해 설]

① 각 기기는 19″랙(Rack)내에 설치하는 것이며, 장치간 연결커넥터 포함.

② 자동화용 회선집선장치 및 전단처리장치 2대 동시설치시 본 품셈의 180%, 3대는 260%, 4대는 340%, 4대 초과는 대당 80% 가산.

③ 19″ Rack 설치는 "4-3-3 Patch Panel 및 성단 등"을 적용하고, 전원 및 접지케이블 포설은 별도 계상.

④ 철거(불용 50%, 재사용 80%). 단, 외함 철거는 30% 적용하고, S/W시험사는 제외.

정보통신부문 제8장

(2) GPS 수신장치

<table>
<tr><th colspan="3">공 정</th><th>단위</th><th>통신관련 산업기사</th><th>S/W 시험사</th><th>H/W 시험사</th></tr>
<tr><td colspan="2">종 합 설 치</td><td>장치설치 및 시스템 동작시험,
응용 S/W 설치</td><td>식</td><td>0.42</td><td>0.42</td><td>0.40</td></tr>
<tr><td rowspan="2">개별설치</td><td>1. GPS 수신장치</td><td>수신장치 설치 및 동작 시험</td><td>대</td><td>-</td><td>-</td><td>0.40</td></tr>
<tr><td>2. Application S/W</td><td>응용 S/W 설치,
환경 설정시스템 정상동작확인</td><td>식</td><td>0.42</td><td>0.42</td><td>-</td></tr>
</table>

[해 설]

① GPS 장치는 19″랙(Rack)내에 설치하는 것이며, GPS 수신안테나에서 수신장치까지의 케이블포설은 "(8) 배전자동화용 TRS 안테나 설치 및 방향조정", 배관은 "3-1-1 구내통신배관" 품셈 적용.

② 종합설치는 개별설치 1, 2항 전체를 모두 설치할 경우 적용.

③ 철거(불용 50%, 재사용 80%). 단, H/W시험사만 적용.

(3) 현장 원격운전용 PDA

공 정	단위	S/W시험사	H/W시험사
PDA 장치 설치	식	-	0.20
PDA 동작시험, 주장치~PDA간 연동시험	〃	0.18	-

[해 설]

① 현장 원격운전용 PDA는 기존에 설치된 배전자동화시스템(소규모, 대규모) 적용.

② PDA장치 2대 동시설치 및 시험은 본 품셈의 180%, 3대는 260%, 4대는 340%, 4대 초과는 대당 80% 가산.

③ 철거(불용 50%, 재사용 80%). 단, H/W시험사만 적용.

(4) 출력장치(프린터) 설치

공 정	단위	S/W시험사	H/W시험사	보통인부
프린터 설치 동작시험	대	0.23	0.31	0.18

[해 설]

① S/W 설치 포함이며, 플로터는 180% 적용.

② 철거(불용 50%, 재사용 80%). 단, S/W시험사는 제외.

(5) 배전자동화 TRS용 Gateway

공 정			단위	S/W 시험사	H/W 시험사	보통 인부
종합설치		본체 및 각종 Device용 S/W설치 데이터베이스 입력 및 설정 시스템성능 모니터링	대	0.61	0.37	0.28
개별설치	Gateway	장치설치 및 시스템 동작상태 확인	〃	0.41	0.37	0.28
	OS S/W	OS설치 및 시스템 정상동작 확인	식	0.20	-	-
Device 설치		부속설치 설치 및 동작상태 확인	개	0.07	0.18	-

[해 설]

① 모든 설치공정에는 무선데이터 주장치와 종합시험품셈이 포함.

② TRS Gateway에서 자동화용 회선집선장치(Hub)까지의 케이블 포설은 "4-3-1 꼬임케이블 포설", 배관은 "3-1-1 구내통신배관" 품셈 적용.

③ Device{Memory, CD-RW(ROM), HDD, 전원장치, LAN Card 등} 1개 추가시마다 본 품셈의 20%씩 가산.

④ HDD 교체시 OS S/W 설치 별도 계상.

⑤ 철거(불용 50%, 재사용 80%). 단, S/W시험사는 제외.

(6) 배전자동화 TRS용 신호변환장치(센터측)설치

공 정	단위	S/W시험사	H/W시험사
신호변환장치(센터측)	대	0.46	0.45

[해 설]

① 배전자동화 TRS용 신호변환장치(센터측)설치는 장치설치 및 결선 · 배선, 기지국과 단말간 통화 시험, 데이터 통신의 시험공정으로 프로그램설정, 주파수 그룹별 개인번호입력, RF출력 및 반사파 측정 품셈이 포함.

② 센터측 신호변환장치 2대 동시설치시 본 품셈의 180%, 3대는 260%, 4대는

40%, 4대초과는 대당 80% 가산.

③ 철거(불용 50%, 재사용 80%). 단, S/W시험사는 제외.

(7) 배전자동화 TRS용 신호변환장치(제어함측)설치

공　　정	단위	S/W시험사	H/W시험사	보통인부
신호변환장치(제어함측)	대	0.54	0.47	-
사전현장조사(전계강도 측정)	개소	0.21	-	0.21

[해 설]

① 신호변환장치(제어함측)는 장치설치 및 설정, PAD 및 안테나설치, 설정확인 및 등록, 각종 측정시험, 데이터 통신시험, 장치와 통신시험 공정으로, 안테나 고정 및 방향조정 품셈이 포함되었으며 지중과 가공 설치 모두 본품을 적용

② 프로그램 설정, 주파수그룹별 개인번호입력, RF출력 및 반사파 측정품셈을 포함.

③ 재해 예방과 작업자의 안전을 위해 투입되는 인력(신호수 등) 및 안전시설(표지판, 라바콘 등) 설치는 “1-1-27-1 안전시설” 품셈 적용.

④ 안테나교체는 본 품셈의 50% 적용. 단, S/W시험사는 제외.

⑤ 본 품셈은 TRS 신호변환장치와 PAD 분리형, TRS 신호변환장치와 PAD 일체형, TRS 신호변환장치 단독설치 경우에 동일하게 적용.

⑥ 본 품셈은 배전자동화를 포함한 전력IT서비스(원격검침, 배전기동보수 등)에 적용.

⑦ 철거(불용 50%, 재사용 80%). 단, S/W시험사는 제외.

(8) 배전자동화용 TRS 안테나(센터측)

공　　정	단위	무선안테나공	통신케이블공	보통인부
안테나 설치 및 방향조정	대	0.67	-	-
급 전 선　　포 설	m	-	0.01	0.02

[해 설]

① 커넥터 접속품셈 포함.

② 안테나는 지향성 야기안테나임.

③ 수신안테나에서 센터측 신호변환장치까지 배관은 “3-3-1 구내통신배관”품셈 적용.

④ 철거(불용 30%, 재사용 80%)

(9) 배전자동화 CDMA용 Gateway 공통제어부

공 정			단위	S/W 시험사	H/W 시험사	보통 인부
종 합 설 치		공통제어부용 서버 및 응용 S/W설치 네트웍 동작상태 및 멀티 포트시험 데이터베이스 입력 및 통신시험	대	0.76	0.57	0.45
개별설치	1.Gateway장치	장치설치 및 시스템 동작상태 확인	〃	0.42	0.57	0.45
	2.OS S/W	OS설치 및 시스템 정상동작 확인	〃	0.22	-	-
	3.응용 S/W	미들웨어 S/W 설치 및 정상 동작 확인	식	0.21	-	-
Device 설치		부속설비 설치 및 동작상태 확인	개	0.07	0.18	-

[해 설]

① 모든 설치공정에는 멀티포트 설치, 데이터베이스입력, 응용프로그램 설치품셈이 포함.

② CDMA용 Gateway에서 자동화용 회선집선장치(Hub)까지의 케이블 포설은 "4-3-1 꼬임케이블 포설", 배관은 "3-1-1 구내통신배관" 품셈 적용.

③ Device{Memory, CD-RW(ROM), HDD, 전원장치, LAN Card 등} 1개 추가시마다 본 품셈의 20%씩 가산.

④ HDD 교체시, OS S/W 및 응용 S/W 설치품셈 별도 계상.

⑤ OS S/W, 응용S/W 동시설치는 개별설치 2, 3항 품셈의 90% 적용.

⑥ 철거(불용 50%, 재사용 80%). 단, S/W시험사는 제외.

(10) 배전자동화 CDMA용 HCU 및 Hcm

공 정	단위	S/W시험사	H/W시험사	보통인부
셸프설치 및 HCU 통신시험	대	0.16	0.20	0.20
Hcm 설치 및 시험	〃	0.19	0.23	-

[해 설]

① HCU 및 Hcm 장비는 19″랙(Rack)내에 설치하는 것임.

② HCU 통신시험, 데이터베이스입력 및 설정, 수신전계강도 EC/IO값 모니터링 품셈이 포함.

③ H㎝ 장치 2대 동시설치시 본 품셈의 180%, 3대는 260%, 4대는 340%, 4대 초과는 대당 80% 가산.

④ 철거(불용 50%, 재사용 80%). 단, S/W시험사는 제외.

(11) 배전자동화 CDMA용 TCU장치 설치

공 정	단위	S/W시험사	H/W시험사	보통인부
TCU장치	대	0.34	0.24	0.17

[해 설]

① TCU 장치는 신호변환장치와 PAD 일체형기준으로 장치설치 및 결선, 시스템 동작시험, 대국시험(주장치~망센터~현장) 품셈이 포함.

② TCU장치 안테나고정 및 통신환경설정 품셈이 포함.

③ 재해 예방과 작업자의 안전을 위해 투입되는 인력(신호수 등) 및 안전시설(표지판, 라바콘 등) 설치는 “1-1-27-1 안전시설” 품셈 적용.

④ 안테나교체는 50%. 단, S/W시험사 제외.

⑤ 철거(불용 50%, 재사용 80%). 단, S/W시험사는 제외.

(12) 배전자동화용 유선신호변환장치 설치

공 정		단위	S/W 시험사	H/W 시험사	통 신 내선공	보통 인부
집합형 셸프	장치설치 및 결선	대	-	0.18	-	0.15
집합형 장치	장치설치시스템 동작시험	〃	0.24	0.01	-	-
단독형 장치	장치설치 및 결선, 시스템 동작시험	〃	0.35	0.34	-	0.25
보호기(통신TR)	장치설치 및 결선	〃	-	-	0.28	0.24

[해 설]

① 집합형 셸프는 19″랙(Rack)내에 설치하는 것임.

② 재해 예방과 작업자의 안전을 위해 투입되는 인력(신호수 등) 및 안전시설(표지판, 라바콘 등) 설치는 “1-1-27-1 안전시설” 품셈 적용.

③ 집합형 장치 2대 동시설치시 본 품셈의 180%, 3대는 260%, 4대는 340%, 4대 초과는 대당 80% 가산.

④ 철거(불용 50%, 재사용 80%). 단, S/W시험사는 제외.

(13) 배전자동화용 광신호변환장치(센터측)

공 정		단위	광케이블 설 치 사	H/W 시험사	특별 인부
장 치 설 치	1.쉘프 장착 및 고정	대	-	0.07	0.07
	2.광신호변환장치 설치	개	0.22	0.19	0.22
종합성능시험	시스템 개별 송·수신 레벨 시험	링	1.00	-	1.00

[해 설]

① 광신호변환장치는 19″랙(Rack)내에 설치하는 것임.

② 광신호변환장치 설치는 점프코드 및 RJ45 결선품셈이 포함.

③ 종합성능시험은 광신호변환장치 선로대조시험(센터~노드간), 광신호변환장치 송수신 레벨 측정(신호변환장치측, 접속함체, 노드간), 링절체 시험, 자동화주장치 DB와 현장간 일치여부 확인 품셈이 포함.

④ 광링증설시 광신호변환장치 2조 동시설치는 본 품셈의 180%, 3조는 260%, 4조는 340%, 4조 초과는 조당 80% 가산.

⑤ 철거(불용 50%, 재사용 80%). 단, 광케이블설치사는 제외.

(14) 배전자동화용 광신호변환장치(제어함측) 설치

공 정	단위	광케이블설치사	H/W시험사	보통인부
광신호변환장치(제어함측)	대	0.57	0.36	0.30

[해 설]

① 광신호변환장치(제어함측)는 장치설치 및 결선, 광신호변환장치간 개별시험, 송·수신 레벨의 측정공정으로, 장치설치 및 결선은 점프코드 설치, 단말장치와 RS-232C 및 전원케이블 연결까지의 품셈이 포함되었으며 지중과 가공 설치 모두 본품을 적용

② 개별시험은 광신호변환장치 시험(노드~노드간), 광신호변환장치 레벨측정, 자

동화주장치 DB와 현장간 일치여부 확인품셈이 포함.

③ 재해 예방과 작업자의 안전을 위해 투입되는 인력(신호수 등) 및 안전시설(표지판, 라바콘 등) 설치는 "1-1-27-1 안전시설" 품셈 적용.

④ 광신호변환장치를 단말장치와 동시설치시 광신호변환장치는 본 품셈의 80% 적용.

⑤ 광신호변환장치 수용 광코어는 2코어 기준이며, 1코어 수용시 본 품셈의 90% 적용.

⑥ 철거(불용 50%, 재사용 80%). 단, 광케이블설치사는 제외.

⑦ 동일 작업개소의 광신호변환장치 교체 작업시 철거품과 신설품의 90%를 각각 계상 적용.

(15) 배전자동화용 무선신호변환장치설치

공 정	단위	S/W시험사	H/W시험사	보통인부
무선신호변환장치	대	0.35	0.24	0.17

[해 설]

① 무선신호변환장치설치는 신호변환장치와 PAD일체형 장치 기준이며, 장치 설치 및 결선, 시스템 동작시험, 대국시험(주장치~망센터~현장)의 공정으로, 무선 안테나고정 및 통신환경설정 품셈이 포함.

② 안테나교체는 본 품셈의 50% 적용. 단, S/W시험사는 제외.

③ 지중용개폐기의 경우 안테나보호대(CAP) 또는 FCI 표시부 설치는 50%(단, S/W시험사는 제외), 무선신호변환장치 외함은 20%(단, S/W시험사는 제외) 적용.

④ 재해 예방과 작업자의 안전을 위해 투입되는 인력(신호수 등) 및 안전시설(표지판, 라바콘 등) 설치는 "1-1-27-1 안전시설" 품셈 적용.

⑤ 철거(불용 50%, 재사용 80%). 단, S/W시험사는 제외.

(16) 배전자동화용 DWB 신호변환장치 설치

공 정	단위	S/W시험사	H/W시험사	보통인부
DWB 신호변환장치	대	0.26	0.30	0.23

[해 설]

① DWB 신호변환장치설치는 장치설치 및 결선, 시스템 동작시험, 대국시험(마스터

~슬레이브, 마스터~망센터)의 공정으로, 무선 안테나고정품이 포함.
② 안테나교체는 본 품셈의 50% 적용. 단, S/W시험사는 제외.
③ 재해 예방과 작업자의 안전을 위해 투입되는 인력(신호수 등) 및 안전시설(표지판, 라바콘 등) 설치는 "1-1-27-1 안전시설" 품셈 적용.
④ DWB 신호변환장치를 단말장치와 동시설치시 DWB 신호변환장치는 본 품의 80% 적용.
⑤ 철거(불용 50%, 재사용 80%). 단, S/W시험사는 제외.

(17) 배전자동화용 광복합 TRS 신호변환장치

공 정	단위	H/W 시험사	S/W 시험사
광복합 TRS 신호변환장치 설치	대	0.28	0.28
종합시험	식	0.05	0.05

[해 설]
① 광복합 TRS 신호변환장치(Master 또는 Slave) 설치는 장치설치, 전원 및 통신케이블 결선, 안테나 설치 및 고정, 환경설정, 자체성능시험을 포함.
② 종합시험은 센터내 주장치와 Slave간 연동시험으로 센터내 주장치 통신DB입력, 단말장치 변경 DB적용 및 통신상태 확인, 계측제어 시험 등을 포함(단, Slave 광복합 TRS 신호변환장치에 적용).
③ 안테나 교체는 광복합 TRS 신호변환장치 설치 품셈의 50% 적용. 단, S/W시험사는 제외.
④ 재해 예방과 작업자의 안전을 위해 투입되는 인력(신호수 등) 및 안전시설(표지판, 라바콘 등) 설치는 "1-1-27-1 안전시설" 품셈 적용.
⑤ 단말장치와 동시 설치시 본 품셈의 80% 적용.
⑥ 철거(불용 50%, 재사용 80%). 단, S/W시험사는 제외.

(18) 배전자동화용 광연계 무선 신호변환장치(e-WSN)설치

공 정	단위	H/W 시험사	S/W 시험사	장비사용 시간(분)
광연계 무선 신호변환장치 설치	대	0.28	0.28	57
종 합 연 동 시 험	식	0.05	0.02	15

[해 설]

① 광연계 무선 신호변환장치 설치(마스터(G/W) 또는 슬레이브)는 장치설치, 사용주파수등록 등 환경 설정, 안테나 설치, 각종 케이블 결선, 수신전계 강도 측정 등 자체 성능시험 포함

② 종합연동시험은 센터 내 주장치와 슬레이브간 연동시험으로 센터내 주장치통신DB 입력, 단말장치 변경DB 적용, 통신상태 확인, 계측제어 시험 등을 포함(단, 슬레이브 장치 설치시에만 적용)

③ 안테나 교체는 광연계형 무선 신호변환장치 설치 품셈의 50% 적용. 단, S/W 시험사는 제외.

④ 가공개폐기 설치공종에서는 기계경비 사용시간을 반영하고 "1-4 기계경비 산정기준"품셈 적용(고소작업차, 1.2t)

⑤ 재해 예방과 작업자의 안전을 위한 안전시설(안전표지판, 라바콘, 경광등, 안전 유도로봇 등) 설치는 포함하고 있으며 신호수는 "1-1-27-1 안전시설" 품셈 적용

⑥ 배전자동화용 단말장치와 동시 설치시 본 품셈의 80% 적용

⑦ 철거는 불용철거시 설치품셈의 50% 적용, 재사용 철거시 설치품셈의 80%적용. 단, S/W시험사는 제외.

8-4-7-4 배전자동화용 단말장치

(1) 단말장치 설치

공 정	단위	S/W 시험사	H/W 시험사
가공용 단말장치 설치 및 결선	대	0.37	0.42
지중용 단말장치 설치 및 결선	〃	0.59	0.75
Recloser 제어함 장치설치 및 결선	〃	0.46	0.54

[해 설]

① 모든 설치 및 결선공정에는 단말장치 동작상태 확인품셈이 포함.
(제어부와 단말기간 제어, 상태확인 등)

② 재해 예방과 작업자의 안전을 위해 투입되는 인력(신호수 등) 및 안전시설(표지판, 라바콘 등) 설치는 "1-1-27-1 안전시설" 품셈 적용.

③ 철거(불용 50%, 재사용 80%). 단, S/W시험사는 제외.

(2) 자동화개폐기 종합연동시험

공 정		단위	S/W 시험사	H/W 시험사	보통인부
가공개폐기	시스템간 연계 연동시험 (주장치~통신장치~단말장치)	대	0.78	0.86	0.93
지중개폐기	시스템간 연계 연동시험 (주장치~통신장치~단말장치)	〃	1.72	1.76	1.83

[해 설]

① Recloser 제어함, 개조FAS장비 설치시험도 가공개폐기 품셈 적용.

② 가공 및 지중개폐기는 단말장치 동작상태(제어부와 단말기간 제어, 상태확인), 단말장치 응용정보 설정(Setting) 및 확인, FI 모의시험 등의 품셈이 포함.

③ 재해 예방과 작업자의 안전을 위해 투입되는 인력(신호수 등) 및 안전시설(표지판, 라바콘 등) 설치는 "1-1-27-1 안전시설" 품셈 적용.

8-4-7-5 SCADA 원격소 장치

공 정			단 위	H/W 시험사	통신관련 산업기사	통신 설비공	보통인부
설치 작업	함체(랙) 설치		랙	-	-	0.50	1.00
	카드(모듈)삽입 및 점검		모듈	-	-	0.05	0.02
송수신 상태 조정 및 시험			개소	0.60	0.60	-	-
종합 점검 및 시험	GPS 시각동기 상태 점검		개소	0.35	-	-	-
	전원부 동작 상태 점검		개소	0.35	0.35	-	-
	이중화 모듈 절체 시험		개소	0.35	0.35	-	-
	포인트 연동 시험	감시	10포인트	0.03	0.03	-	-
		제어	10포인트	0.04	0.04	-	-

정보통신부문 제 8 장

[해 설]

① 카드(모듈)삽입 및 점검품은 모듈 단위 증설시 적용.
② 송수신 상태 조정 및 시험 품셈은 아래의 공정을 포함.
  ○ 모뎀 동기설정, 전송속도, 부호화 설정, 송수신 레벨 조정, 정상 연결 확인(DCD) 및 루프백(LoopBack) 시험
  ○ 디지털 SCADA 회선 설정(IP address 등) 및 시험(Ping 테스트 등)
  ○ 상위 Host(급전(분)소, 집중감시제어반 등)와 신호 송수신상태 확인
③ GPS 시각동기 상태점검은 모듈별 시각동기 일치 여부, 이벤트 발생시 시각동기 상태확인 공정을 포함.
④ 전원부 동작 상태 점검은 주전원부 및 보조전원부의 LED 상태점검, 입출력 전압측정, 내장 축전지 임피던스 측정 및 충방전 시험, 이중화부 절체 동작 시험 공정을 포함.
⑤ 이중화 모듈 절체 시험은 주/예비 모듈 절체시 상위 Host와의 송수신 정상 동작상태 확인 공정임.
⑥ 포인트 연동 시험은 상위 Host(급전(분)소, 집중감시제어반 등) 전체를 포함한 시험 공정임.
⑦ 본 품셈에서 명시하지 아니한 계측 포인트 시험은 "13-8-7-7 모듈형 변환기 장치(TD : Transducer) 점검"의 "전송데이터 확인" 공정을 적용하고, 설비간 케이블포설, 배선 및 결선 품셈은 별도 계상.
⑧ 철거(불용 30%, 재사용 80%)

8-4-8 자동 급전용 전자계산기 제어장치

8-4-8-1 중앙처리 장치(CPU)

공 정		단 위	통신관련 기 사	통 신 설비공	H/W 시험사	보 통 인 부
설치작업	기기건립 및 결선	Bay	-	5.80	-	1.90
국부점검	프로세서회로점검	카드	-	-	0.50	-
	메모리회로점검	〃	-	-	0.50	-
	제어 및 결합회로점검	〃	-	-	0.50	-
시 험	CPU판넬수동시험	대	7.00	-	-	-
	명령어수행상태시험	〃	11.00	-	-	-
	메모리수동시험	〃	8.00	-	-	-
	HSRAM수동시험	〃	5.00	-	-	-

[해 설]
① 본 CPU는 I/O Processor를 포함.
② 기기건립 및 결선에는 Free Access Floor와의 고정 커넥터 점검, 전원결선 등 포함.
③ 철거(불용 30%, 재사용 80%). 단, 시험 품셈은 제외.

8-4-8-2 입출력 장치(I/O Equipment)

공	정	단위	통신관련 기 사	통 신 설비공	H/W 시험사	보 통 인 부
설치작업	기기건립 및 결선	Bay	-	5.80	-	1.90
국부점검	Interface 회로점검	카드	-	-	0.50	-
	Line Buffer Control회로점검	〃	-	-	0.50	-
	General Purpose회로점검	〃	-	-	0.50	-
	Digital 입 · 출력회로점검	〃	-	-	0.50	-
시 험	Computer / Sub System Interface 기능시험	대	4.00	-	-	-
	Address Time Control 기능시험	〃	10.00	-	-	-
	입 · 출력 기능시험	〃	16.00	-	-	-

[해 설]
① 기기건립 및 결선에는 포장해체, 현품대조, 고정전원 및 접지선 등 제결선 품셈 포함.
② 본 I/O 장치는 On-Line 제어에 사용되는 것임.
③ 철거(불용 30%, 재사용 80%)

8-4-8-3 고장 절체장치(Failover)

공	정	단 위	통신관련 기 사	H/W 시험사	보 통 인 부
설치작업	캐 비 넷 건 립	Bay	-	4.20	2.80
국부점검	F.O 전 원 반 점 검	대	-	3.00	-
	F.O 및 G.P 회 로 점 검	〃	-	7.00	-
시험 및 조정	컴 퓨 터 F.O 기 능 시 험	〃	9.00	-	-
	라인버터 F.O 기 능 시 험	〃	3.00	-	-
	라인버터 Error 종 합 시 험	〃	2.00	-	-

[해 설]

① 본 품셈은 Dual의 On-Line Computer에서 한쪽 고장시 타기기로 절체되는 기능을 수행하는 장치임.

② F.O에는 Computer F.O, Line Buffer F.O의 두 가지를 포함한 것임.

③ 철거(불용 30%, 재사용 50%)

8-4-8-4 주파수 편차 변환기(F.D.T) 시간편차 변환기(T.D.T)

(단위 : 대)

공 정		통신관련기사	통신설비공
설치작업	Panel 삽입 및 결선	-	5.00
시험조정	국부점검 및 조정시험	4.00	-

[해 설]

철거(불용 30%, 재사용 50%)

8-4-8-5 Line Buffer

공 정		단위	통신관련 기 사	통 신 케이블공	통 신 설비공	보 통 인 부
설치작업	Bay건립	Bay	-	-	0.50	1.00
	Panel 삽입점검	〃	5.00	-	-	-
	케이블결선	Pair	-	0.06	-	-
	전원반 조립결선	〃	-	-	7.50	-
국부점검	Timing & Control회로점검	카드	0.50	-	-	-
	Register 회로점검	〃	0.50	-	-	-
	Address Decoder & Driver회로점검	〃	0.50	-	-	-
	Modem & Interface회로점검	〃	0.50	-	-	-
	Station Program회로점검	〃	0.50	-	-	-
	Line S.W 회로점검	〃	0.50	-	-	-
시험조정	송 · 수신상태시험	대	16.00	-	-	-
	Test Panel 시험	〃	3.00	-	-	-
	Matrix 상태시험	〃	8.00	-	-	-

[해 설]

철거(불용 30%, 재사용 80%)

8-4-8-6 영상 변환장치(DVE)

공 정		단 위	통신관련 기 사	H/W 시험사	보 통 인 부
설치 작업	캐비넷건립 및 결선	Bay당	-	5.80	1.90
국부 점검	Interface 회로점검	카드당	-	0.50	-
	Memory 회로점검	〃	-	0.50	-
	Control 회로점검	〃	-	0.50	-
	D V E 회로점검	〃	-	0.50	-
시험 조정	Read 기능시험	대당	8.00	-	-
	Write 기능시험	〃	8.00	-	-
	주변장치제어기능시험	〃	8.00	-	-

[해 설]

① 본 품셈은 영상 변환회로 4유니트 기준임.

② 철거(불용 30%, 재사용 80%)

8-4-8-7 전원공급 장치

공 정	통신설비공	보통인부
설치 및 조정	14.60	10.80

[해 설]

① 본 품셈은 CPU공급용 각종 전원을 공급하는 장치임.

② 철거(불용 30%, 재사용 50%)

8-4-8-8 주변장치

(단위 : 대)

공 정	통신내선공	보통인부
Card Reader	2.50	1.20
Line Printer	2.50	1.20
K.S.R	2.50	1.20
Video Copier	7.00	2.50

[해 설]
철거(불용 30%, 재사용 50%)

8-4-8-9 계통반(Map Board)

공	정	단위	통신관련기사	통신설비공	보통인부
설치 작업	계 통 반 건 립	식	-	20.16	13.44
	타 일 조 립	〃	-	20.40	20.40
점검 및 결 선	표 시 기 점 검	〃	-	12.70	-
	표 시 기 결 선	〃	-	40.60	-
시험 및 조 정	프로그램 연결시험	〃	15.00	-	-
	최 종 시 험	〃	15.00	-	-

[해 설]
① 본 계통반은 모자익형(자립식) 기준.
② 계통반의 타일 조립은 포장해체, 청소, 타일위치 조정 및 고정, 점검 등이 포함되며 각종 표시기의 조립도 포함.
③ 표시기 결선은 각종 표시기와 프로세서간의 결선, 배선 점검 및 대조시험 바인딩품셈을 제외한 것임
④ 철거(불용 30%, 재사용 80%)

8-4-8-10 기록기반

공 정	단 위	통신관련 기 사	통 신 설비공	비계공	보 통 인 부
B a y 건 립	Bay	-	8.70	2.70	4.50
기 록 계 시 설	대	-	6.75	-	-
전 원 부 시 설	〃	-	3.00	-	-
전 자 모 듈	Module	2.00	-	-	-

[해 설]
① 본 품셈에는 주파수 기록기, 조류 기록기 등이 포함됨.
② 기록계 시설은 대당 계장공 0.75인 적용.
③ 철거(불용 30%, 재사용 50%)

8-4-8-11 콘솔(Console)

공 정	통신관련기사	통신관련산업기사	통신설비공	보통인부
조립 및 설치	1.00	2.00	4.00	2.00
조 정	2.00	4.00	-	-
시험 및 측정	4.00	8.00	-	-

[해 설]

① 본 품셈에는 천연색 CRT 장치, Operator Keyboard Alphanumeric 및 Graphics Keyboard, Light Pen 제어장치 등의 설치 및 조정, 시험 등 포함.

② 철거(불용 30%, 재사용 50%)

8-4-8-12 전자계산기 배선

공 정	단 위	통신케이블공
기기간 연결용 케이블포설	10m	0.32
간 이 시 험	조	0.15

[해 설]

① 본 품셈은 전자계산기와 주변장치 상호간의 각종 연결용 케이블의 포설품셈임.

② 본 품셈은 전자계산기용 Free Access Floor의 밑바닥을 통한 포설 기준이며, 회선당의 간이시험은 커넥터 점검과 회선의 대조, 타혼, 혼선시험을 포함.

③ 철거(불용 30%, 재사용 50%)

정보통신부문 제 8 장

8-5 정보안내설비

8-5-1 LED 옥외전광판

공 정		단위	통신관련 산업기사	통 신 설비공	통 신 케이블공	S/W 시험사	H/W 시험사
LED 전광판		㎡	-	1.02	-	-	-
제어부	운영컴퓨터	대	-	-	-	0.10	0.44
	신호분배기	〃	-	0.70	0.70	-	-
종합시험		식	1.04	-	-	0.88	-
마감, 방수처리		㎡	-	0.03	-	-	-

[해 설]

① LED 전광판(LED 모듈, 비디오 컨트롤러, 전원공급장치, 냉각팬 등으로 구성) 설치에 배선 결선을 포함하며, 철골 구조물 설치는 별도 계상.

② 신호분배기 설치에는 운영컴퓨터~신호분배기~비디오 컨트롤러간 케이블 포설, 광모듈 접속 등을 포함하며, 동종의 복수장비 설치시 본 품셈의 80% 적용.

③ 종합시험에는 배선 연결상태 확인, 전원공급, 영상점검(색상조정, 시운전) 작업 등을 포함.

④ 운영컴퓨터 설치에 응용S/W 설치세팅을 포함하며, 기타 네트워크설비 설치는 "8-1-1 네트워크 설비(공통)", 무선AP 설치는 "7-9-5 무선 AP(Access Point)"품셈 적용.

⑤ 전원 케이블은 "4-6-1 통신용 구내 전력케이블"을 품셈 적용.

⑥ 기계경비는 "1-4 기계경비 산정기준" 품셈 적용.

⑦ 재해 예방과 작업자의 안전을 위해 투입되는 인력(신호수 등) 및 안전시설(표지판, 라바콘 등) 설치는 "1-1-27-1 안전시설" 품셈 적용.

⑧ 철거(불용 30%, 재사용 80%)

8-5-2 차량위치 및 빌딩안내설비

공 정	단위	통신관련산업기사	S/W시험사	통신설비공
주장비	대	0.27	0.27	0.27
거치대	〃	-	-	0.36

[해 설]

① 본 품셈은 주장비에 케이블 결선 및 시험(주장비 위치 설정, 데이터 매핑, 관리 프로그램 연동 확인)공정을 포함

② 단말기(PC) 및 서버 설치는 "8-1-1 네트워크 설비(공통)" 품셈 적용.

③ 모니터 설치는 "7-11-1 방송국 설비"품셈 적용.

④ 관리프로그램과 연동을 위한 네트워크 구성 및 S/W 설치 등 별도 계상.

⑤ 철거(불용 30%, 재사용 80%)

8-5-3 전자칠판 및 교탁(9-4-4 항목 이동)

8-5-4 통합민원발급시스템

공 정	단위	H/W시험사	통신설비공
유인 발급시스템	대	0.21	0.21
무인 발급시스템	〃	0.31	0.31

[해 설]

① 본 품셈은 장비 설치, 케이블 포설 및 결선, 장비세팅, 시험 공정을 포함하고 있음.

② 철거(불용 30%, 재사용 80%)

8-6 원격자동검침 · 제어설비

8-6-1 지하수 관측장비

(단위 : 개소)

공 정		S/W 시험사	H/W 시험사	통 신 설비공	특 별 인 부
수 위 측 정		-	0.09	-	0.09
프 로 보 설 치		-	-	0.27	0.27
데이터 로거 설치 및 셋팅		-	-	0.13	0.13
비 교 측 정		0.21	-	-	0.21
종 합 시 험		0.26	-	-	0.26
센서케이블	절 연 시 험	0.09	-	-	0.09
	방수몰딩작업	0.28	-	-	0.28
센 서 교 정	온 도	0.13	-	-	0.13
	전 기 전 도 도	0.13	-	-	0.13
	수 위	0.25	-	-	0.25
	수소이온농도	0.19	-	-	0.19

[해 설]

① 프로보 설치에는 센서케이블 설치와 외부 고정작업 포함하며, 보호관 작업은 별도 계상.

② 데이터 로거 설치시 함은 별도 계상.

③ 비교측정은 현장에서 온도, 수위, 전기전도도, 수소이온농도를 측정하여 비교하는 것을 말함.
④ 모뎀설치는 "8-1-1 네트워크 설비(공통)" 품셈 적용.
⑤ 동일장소에 2대 동시 설치시 본 품셈의 180% 적용.
⑥ 종합시험은 센터와의 시험을 말함.
⑦ 철거(불용 30%, 재사용 80%)

8-6-2 도로결빙 및 수막감지설비

공 정	단 위	통신케이블공	통신설비공	보통인부
노면센서설치	개	1.25	1.25	1.25

[해 설]
① 본 품셈은 도로 컷팅(5m 기준) 및 굴착품셈 포함.
② 노면센서설치시 감지센서 표시용 LED 등 설치는 개당 본 품셈의 80% 적용.
③ 동축케이블 포설은 "4-2-1 동축케이블 포설" 품셈 적용.
④ 노면 감시용 CCTV 설치는 "9-2-1-1 CCTV 시스템" 품셈 적용.
⑤ 제어케이블 포설은 "4-4-1 제어용 케이블" 품셈 적용.
⑥ 전광판 설치는 "8-5-1 LED 옥외전광판" 품셈 적용.
⑦ 철거(불용 30%, 재사용 80%)

8-6-3 자력(부착)식 케이블센서 감지 시스템 (9-4-38-1 항목 이동)

8-6-4 수도계량기 원격검침 설비

공 정	규 격	단위	통신설비공
원격검침 단말기	소구경(구경 50㎜ 이하)	대	0.12
	대구경(구경 50㎜ 초과)	대	0.27

[해 설]
① 본 품셈은 수도계량기함 및 상수도 맨홀 등에 설치한 디지털 수도계량기의

원격검침을 위해 설치되는 단말기와 수도계량기의 배선을 포함.

② 단말기(소구경)는 수도계량기함 위치 확인, 수도계량기함 개폐, 원격검침 단말기와 수도계량기 배선 및 방수커넥터 연결, 원격검침 단말기 서버 등록 및 수신감도(dBm) 확인, 시스템 및 계량기 검침값 일치 확인 등의 공정을 포함.

③ 단말기(대구경)는 상수도 맨홀 내·외부의 원격검침 단말기 설치, 기초대 설치 및 고정 등의 공정을 포함하며, 단말기를 내부에만 설치하거나 외부 단말기만 교체시 본 품셈의 50% 적용.

④ 재해 예방을 위한 신호수 및 안전시설(안전표지판, 라바콘/걸이대, 경광등, 안전유도로봇 등)은 "1-1-27-1 안전시설" 별도 적용.

⑤ 맨홀 등의 유해가스 발생장소 작업일 경우 "1-2-2-11 유해별 할증률" 별도 적용.

⑥ 철거 30% 적용.

8-7 기상정보설비

8-7-1 지진감지시스템 (9-4-20-1 항목 이동)

8-7-2 자동기상관측시스템

공정		단위	통신 설비공	S/W 시험사	H/W 시험사
조립 및 설치	케이블 결선	식	0.19	-	0.38
	기상장비 본체 설치	대	0.50	-	0.25
	각종 센서 설치	센서당	0.30	-	-
Software 설치	Sensor server 프로그램 설치	국소당	-	0.30	0.25
	Client설치(Workstation당)	대	-	0.13	-
	데이터 로거(Data Logger) 설정값 Setting 작업	대	-	-	0.76
종합 시험	데이터 로거(Data Logger) 동작상태 확인	대	-	0.76	0.76
	풍향, 풍속, 기압, 온도, 습도, 시정계 시험조정	식	-	0.20	0.20
	System Application 및 연동Software시험	식	-	0.38	0.38

[해 설]

① 기초대, 앵커볼트 설치는 "3-7-1 부대공사(앵커볼트 설치 등)"품셈 적용.

② 본 품셈은 철탑 5m이하 높이에 설치기준으로 높이 10m 추가당 10% 가산.

③ VTS 기상장비는 본 품셈 적용.

④ 철거(불용 30%, 재사용 80%)

8-7-3 강우량 측정 시스템

공 정		단위	통신설비공	S/W시험사	통신관련 산업기사
장비설치	수수기	대	0.33	-	-
	기록기	〃	0.23	-	-
	표시기	〃	0.25	-	-
시 험		식	-	0.09	0.09

[해 설]

① "장비 설치(수수기, 기록기, 표시기)"는 설치 위치를 확인하고 구멍뚫기(기초대, 벽 등) 및 고정, 수평확인, 케이블 결선, 현장에서 기능 설정 및 데이터 확인하는 작업을 의미.

② "시험"은 서버와 기록기에서 시스템 기능 설정, IP설정 및 데이터 확인한 후 재난상황실과 데이터 연동확인 및 시험하는 작업을 의미.

③ 기초대 설치는 "3-7-1 부대공사(앵커볼트 설치 등)" 품셈을 적용하고, 단말기(PC) 및 서버 설치는 "8-1-1 네트워크 설비(공통)" 품셈 적용.

④ 전선관 및 제어케이블 포설품셈은 별도 계상.

⑤ 철거(불용 30%, 재사용 80%).

8-7-4 대기오염측정시스템

공 정	단위	통신설비공	통신관련산업기사
데이터 로거(Data Logger)	대	0.20	0.20
아황산가스(SO_2) 측정기	〃	0.17	0.17
일산화탄소(CO) 측정기	〃	0.15	0.15
이산화질소(NO_2) 측정기	〃	0.17	0.17
오 존 (O_3) 측 정 기	〃	0.16	0.16
먼 지 측 정 기	〃	0.16	0.16

[해 설]

① 대기오염측정시스템 설치에는 현장 측정기의 기능설정, 데이터 수집 및 확인 작업 이후, 관리PC에 대기오염측정S/W를 설치하고 IP설정, 데이터 연동확인 및 시험하는 작업을 포함.

② 19" Rack 설치는 "4-3-3 Patch Panel 및 성단 등" 품셈을 적용하고, 단말기(PC) 및 서버 설치는 "8-1-1 네트워크 설비(공통)" 적용하며, 모니터 설치는 "7-11-1 방송국설비" 적용.

③ 전선관 및 제어케이블 포설품셈은 별도 계상.

④ 철거(불용 30%, 재사용 80%).

8-7-5 적설량 관측시스템

공 정	단위	H/W시험사	통신설비공
적 설 계	대	0.29	0.29
적 설 데 이 터 로 거	"	0.63	0.63
적설판(1.5m×1.5m)	"	0.02	0.02

[해 설]

① 적설계 설치는 하우징 및 브라켓 설치 포함.

② 적설데이터로거 설치는 함체 설치, 적설계와 케이블 포설 및 결선 포함.

③ 폴(Pole) 설치는 "9-2-1-3 CCTV Pole" 품셈 적용.

④ 철거(불용 30%, 재사용 80%).

정보통신부문 제8장

제9장 정보제어·보안설비공사

9-1 지능형 교통시스템

9-1-1 검지(루프, 영상, AVI) 시스템

공 정		단위	통신관련산업기사	S/W 시험사	H/W 시험사	통 신 케이블공	통 신 설비공	보통 인부
루프 코일 설치	4각, 8각	개	0.34	-	-	0.34	0.34	0.34
	32각	〃	0.75	-	-	0.75	0.75	0.75
	원 형	〃	0.40	-	-	0.40	0.40	0.40
촬상부	카메라 설치	대	0.70	-	-	-	0.70	-
	팬/틸트 설치	〃	-	-	-	-	0.55	0.66
	레이저 설치	대	-	-	-	-	0.24	0.24
	조명 장치	〃	-	-	-	-	0.12	0.12
제어부	제어함체 설치	개	-	-	-	-	0.40	0.40
	검지기 점검 및 시험	대	0.38	-	0.38	-	-	0.38
	팬/틸트 조정	〃	0.23	-	0.23	-	-	-
	제어부 시험	〃	0.53	-	0.53	-	-	-
부대 공종	강관주 구멍뚫기 및 나사산작업	개소	-	-	-	-	0.14	0.14
	안내표지판 설치	〃	-	-	-	-	0.11	0.11
영상 분석	기본 자료 수집	차로	0.30	-	-	-	0.30	0.60
	영상 분석 처리	〃	0.87	0.87	-	-	-	-
종 합 시 험		시스템	-	0.91	0.91	-	-	-
		센타	-	2.54	2.54	-	-	-

[해 설]

① 강관주 구멍뚫기 및 나사산 작업은 지상 기준.

② 기계경비는 "1-4 기계경비 산정기준" 품셈 적용.

③ 모뎀설치는 "8-1-1 네트워크 설비(공통)" 품셈 적용.
④ 종합시험은 센터의 서버와 현장설비간의 시스템 시험.
⑤ 신호위반 시스템의 영상분석은 영상분석처리품셈의 180% 적용.
⑥ 루프코일 설치는 아스팔트 컷팅, 루프코일 매설, 실란트(또는 레진) 주입 공정을 포함하며, 편도 2차로 이하 기준으로서 1차로 초과마다 본 품셈의 5%를 가산하고, 2개 동시 설치시 180%, 3개 260%, 4개 초과는 초과 1개당 80% 가산.
⑦ 카메라 설치는 하우징, 렌즈 및 조명장치, 브라켓 설치포함, 카메라와 조명장치 분리 설치시는 본 품셈의 130% 적용.
⑧ UPS 설치는 "11-4-1 무정전 전원장치(UPS, CVCF)" 품셈 적용.
⑨ 서지보호기는 "11-6-2 서지보호기(SPD : Surge Protective Device)" 품셈 적용.
⑩ 재해 예방과 작업자의 안전을 위해 투입되는 인력(신호수 등) 및 안전시설(표지판, 라바콘 등) 설치는 "1-1-27-1 안전시설" 품셈 적용.
⑪ 객체인식시스템 설치시에는 본 품셈 적용
⑫ 동축케이블 포설은 "4-2-1 동축케이블" 품셈을 적용.
⑬ 제어케이블 포설은 "4-4-1 제어용 케이블" 품셈을 적용.
⑭ 데이터케이블 포설은 "4-3-1 꼬임케이블" 품셈을 적용.
⑮ 전원케이블 포설은 "4-6-1 통신용 구내 전력케이블" 품셈을 적용
⑯ 전원케이블 단말처리는 "4-6-3 통신용 전력케이블 단말처리"를 적용하고, 그 외 커넥터 및 Jack 접속은 "4-3-2 커넥터 및 Jack 접속" 품셈을 적용.
⑰ 고소작업, 소단위작업, 야간작업 등 특수여건의 경우 "1-2-2 품의 할증" 별도 계상.
⑱ 기상정보수집을 위한 장비 설치는 "8-7-2 자동기상관측시스템 설치" 품셈 적용.
⑲ 종합여행안내시스템 중 전광판은 "8-5-1 LED 옥외전광판"품셈 적용.
⑳ ITS 운영서버 및 인터넷서버 설치는 "8-4-7-1 대규모배전자동화설비" "(1) 서버장치" 품셈 적용.

㉑ ITS 저장장치(Disk Array) 설치는 "8-4-7-1 대규모배전자동화설비" "(2) 이중화 저장장치, 절체장치" 품셈 적용.
㉒ ITS 윈도우계열서버 설치 및 네트워크 장비(보안장비, 운영단말PC설치 등)는 "8-1-1 네트워크 설비(공통)" 품셈 적용하고, 백본스위치(L2, L3 등)는 "9-2-1-2 통합관제센터 (2) 네트워크 설비"품셈 적용.
㉓ 서버 클라이언트 프로그램 설치 및 시험은 "8-4-7-1 대규모배전자동화설비" "(5) 응용 S/W"품셈 적용.
㉔ 서버 랙 설치는 "4-3-3 Patch Panel 및 성단 등"품셈 적용.
㉕ 큐브, Base Frame, touch 모니터 등 기타 설비는 "9-2-1-2 통합관제센터" 품셈 적용.
㉖ 노후 제어함체의 시건장치를 교체하는 경우 보통인부 0.25인 적용.
㉗ 철거(불용 30%, 재사용 80%)

9-1-2 레이더 검지기

공 정	단 위	통신관련 산업기사	H/W 시험사	통 신 설비공	보 통 인 부
검 지 기	대	-	-	0.43	0.43
제 어 기	〃	0.47	0.47	-	0.47

[해 설]
① 검지기 설치는 브라켓 설치품셈을 포함.
② 본 품셈은 교통량 및 속도확인/검지영역 조정/각도조정을 포함하고 있으며, 시운전을 위한 품셈은 별도 계상.
③ UPS 설치는 "11-4-1 무정전 전원장치(UPS, CVCF)" 품셈 적용.
④ 서지보호기는 "11-6-2 서지보호기(SPD : Surge Protective Device)" 품셈 적용.
⑤ 모뎀설치는 "8-1-1 네트워크 설비(공통)" 품셈 적용.
⑥ 부대공정은 "9-1-1 검지(루프, 영상, AVI)시스템" 품셈 적용.

⑦ 기계경비는 "1-4 기계경비 산정기준" 품셈 적용.
⑧ 재해 예방과 작업자의 안전을 위해 투입되는 인력(신호수 등) 및 안전시설 표지판, 라바콘 등) 설치는 "1-1-27-1 안전시설" 품셈 적용.
⑨ 철거(불용 30%, 재사용 80%)

9-1-3 노변기지국(Road Side Equipment) 설비

공정				단위	통신관련 산업기사	S/W 시험사	H/W 시험사	무선 안테나공	통신 설비공	보통 인부
노변기지국(RSE)	안테나부	설치		대	0.61	-	-	0.36	0.36	0.36
		시험	지향성	〃	0.16	-	0.16	-	-	-
			무지향성	개	0.54	-	0.54	-	-	-
	제어부	분전함		〃	0.34	-	-	-	0.68	0.34
		통신부		대	-	0.38	0.23	-	-	-
차량단말기(OBE/CNS/통합형)		설치		-	-	-	-	0.20	0.20	-
		시험		-	0.12	-	0.12	-	-	-
종합시험		지향성		대	0.45	-	0.45	-	-	-
		무지향성		〃	0.81	-	0.81		-	-

[해 설]
① 기계경비는 "1-4 기계경비 산정기준" 품셈 적용.
② 모뎀설치는 "8-1-1 네트워크 설비(공통)" 품셈 적용.
③ 노변기지국 시험은 편도 4차로 기준이며, 편도 5차로 이상은 본 품셈의 120% 적용.
④ 시험의 지향성은 도로의 한쪽에 설치된 노변기지국(RSE), 무지향성은 교차로 상에 설치된 노변기지국(RSE).
⑤ 종합시험은 센터의 서버와 노변기지국(RSE) 및 차량단말장치(OBE)간 시험임.
⑥ 본 품셈은 가로등설치 기준이며, 신호등 및 가로등 암에 설치시는 본 품셈의 150% 적용.
⑦ 재해 예방과 작업자의 안전을 위해 투입되는 인력(신호수 등) 및 안전시설(표

지판, 라바콘 등) 설치는 "1-1-27-1 안전시설" 품셈 적용.

⑧ 차량안내단말기(승객안내/행선안내/측면안내) 설치는 "8-5-1 LED 옥외전광판 신설" 품셈 적용.

⑨ 제어케이블 포설은 "4-4-1 제어용 케이블 신설" 품셈 적용.

⑩ 전원케이블 포설은 "4-6-1 통신용 구내 전력케이블" 품셈 적용.

⑪ 전원케이블 단말처리는 "4-6-3 통신용 전력케이블 단말처리"를 적용하고, 그 외 커넥터 및 Jack 접속은 "4-3-2 커넥터 및 Jack 접속" 품셈을 적용.

⑫ 고소작업, 소단위작업, 야간작업 등 특수여건의 경우 "1-2-2 품의 할증" 별도 계상.

⑬ 철거(불용 30%, 재사용 80%)

9-1-4 가변정보표지판(VMS) 및 차로제어시스템(LCS)

(단위 : 대)

공정		단위	통신관련 산업기사	S/W 시험사	H/W 시험사	통신 케이블공	통신 설비공	보통 인부
가변표지판 설치	문형식	대	0.66	-	-	-	0.66	1.32
	측주식	〃	0.40	-	-	-	0.40	0.80
	LCS 표지판 설치	〃	0.12	-	-	-	0.12	0.40
제어함체부 설치	재어부함체 설치	〃	-	-	-	-	0.40	0.40
	제어기	〃	-	-	0.40	-	0.20	-
	전원원격제어장치	세트	0.43	-	-	-	0.32	-
	데이터케이블	10 m	-	-	-	0.23	-	-
모뎀설치 및 시험	무선모뎀	대	-	0.38	0.23	-	-	-
시험	현장시험	〃	0.15	-	0.15	-	-	-
	종합시험	〃	2.00	-	2.00	-	-	-

[해 설]

① 종합시험은 센터와의 시험임.

② 기계경비는 "1-4 기계경비 산정기준" 품셈 적용.
③ 시험시 사용되는 전원(발전기 임대 등)은 별도 계상.
④ 감시카메라 설치는 "9-2-1-1 CCTV 시스템"에서 "카메라 설치" 품셈 적용.
⑤ 제어함체부 내에 누전차단기 설치는 "11-7-5-1 차단기 및 개폐기" 품셈을 적용.
⑥ 제어함체부 내에 서지보호기 설치는 "11-6-2 서지보호기(SPD : Surge Protective Device)"품셈 적용.
⑦ 제어케이블 포설은 "4-4-1 제어용 케이블" 품셈을 적용.
⑧ 전원케이블 포설은 "4-6-1 통신용 구내 전력케이블" 품셈을 적용.
⑨ 전원케이블 단말처리는 "4-6-3 통신용 전력케이블 단말처리"를 적용하고, 그 외 커넥터 및 Jack 접속은 "4-3-2 커넥터 및 Jack 접속" 품셈을 적용.
⑩ 재해 예방과 작업자의 안전을 위해 투입되는 인력(신호수 등) 및 안전시설(표지판, 라바콘 등) 설치는 "1-1-27-1 안전시설" 품셈 적용.
⑪ 철거(불용 30%, 재사용 80%)

9-1-5 교통신호기

공 정	규 격	단위	통 신 외선공	통 신 설비공	통 신 케이블공	보통 인부
신호등주(철주) 신설	Ø250 × 8m이하	기	0.96	-	-	0.69
보행등주(철주) 신설	Ø125 × 6m	〃	0.58	-	-	0.41
	Ø125 × 4m	〃	0.46	-	-	0.32
전선관 배관	Ø50㎜이하	10m	0.12	-	-	0.29
	Ø100㎜이하	〃	0.18	-	-	0.57
신호케이블 포설	2.0㎟ × 5C	〃	-	-	0.32	-
	5.5㎟ × 7C	〃	-	-	0.48	-
LED 교통신호등 신설	차량등(4색등 이하)	개	-	0.40	-	-
	보행등	〃	-	0.29	-	-
	보행잔여시간표시기	대	-	0.30	-	0.20
	시각장애인용 음향신호기	〃	-	0.30	-	0.20
차광막 설치	-	개	-	0.60	-	0.60

[해 설]

① 신호등주(철주) 신설은 기계화 시공기준[장비사용시간(분) : 110]으로 신호등주(철주)와 신호등부착대 1개 조립 · 설치기준이며, 추가 신호등 부착대 추가설치는“9-1-10 ITS 철주” 품셈을 적용하고, 신호등주(철주) Ø 300×8m 이상 설치는 본 품셈의 120% 적용.

② 전선관 배관은 지중포설기준임.

③ LED 교통신호등 설치는 브라켓 설치 및 신호케이블 결선품셈 포함이며, 차량등(4색등 이하) 설치는 신호등부착대 설치기준으로, 기존의 차량등 및 보행등 교체시는 본 품셈의 150% 적용.

④ 전자교통신호제어기와의 시험은 “9-1-6 교통신호제어기”의 신호등 확인 및 신호시험품셈 적용.

⑤ 기계경비는 “1-4 기계경비 산정기준” 품셈을 적용하고, 재해 예방과 작업자의 안전을 위해 투입되는 인력(신호수 등) 및 안전시설(표지판, 라바콘 등) 설치는 “1-1-27-1 안전시설” 품셈 적용.

⑥ 기초대·앵커볼트 설치는 “3-7-1 부대공사(앵커볼트 설치 등)”품셈 적용하고, 터파기·되메우기는 “2-1-8 터파기” 품셈 적용.

⑦ 신호등주 부착대 와이어로프 설치는 “2-4-4 지지선” 품셈의 연선 규격 적용.

⑧ 철거(불용 50%, 재사용 80%)

9-1-6 교통신호제어기

공 정	통신관련 산업기사	S/W 시험사	H/W 시험사	통 신 케이블공	통 신 설비공	보통 인부
교통신호제어기설치	0.20	-	-	0.20	0.20	0.20
신호선 중간접속 및 성단작업	0.47	-	-	0.47	-	0.47
신호등 확인	0.15	-	-	-	-	0.60
차선별메시지입력 및 셋팅	-	-	0.19	-	-	0.10
모뎀설치 및 시험	-	0.38	0.23	-	-	-
신호시험	-	-	0.05	-	-	0.20
종합시험	0.65	-	0.65	-	-	-

[해 설]

① 본 품셈은 4거리 기준이며, 신호선 중간접속 및 성단작업, 신호등 확인은 3거리 이하 본 품셈의 80%, 5거리 이상 본 품셈의 120% 적용.

② 종합시험은 센터와의 시험.

③ 누전차단기 설치는 "11-7-5-1 차단기 및 개폐기 등" 품셈 적용.

④ 서지보호기 설치는 "11-6-2 서지보호기(SPD : Surge Protective Device)" 품셈 적용.

⑤ 철거(불용 30%, 재사용 80%)

9-1-7 위반단속 장비(과속, 신호위반, 전용차로, 주차)

공 정		단위	통신관련 산업기사	S/W 시험사	H/W 시험사	통신케이블공	통신 설비공	통신 내선공	보통 인부
촬상부	카메라 설치	대	0.70	-	-	-	0.70	-	-
제어부	제어함체 설치	개	-	-	-	-	0.07	-	0.07
	제어기 설치	-	0.43	-	-	-	0.32	-	-
	스피커	식	-	-	-	-	0.12	-	0.12
	다기능 전원제어장치	개	-	-	-	-	012	-	0.12
	온습도 센서	〃	-	-	0.06	-	0.06	-	0.06
	Amp 설치	식	-	-	-	-	0.12	-	0.12
	제어부 시험	대	0.53	-	0.53	-	-	-	-
부대공정	강관주 구멍뚫기 및 나사산작업	개소	-	-	-	-	0.14	-	0.14
	경고표지판 설치	개	-	-	-	-	0.11	-	0.11
영상분석	기본 자료 수집	차로	0.54	-	-	-	0.54	-	1.08
	영상 분석 처리	〃	1.57	1.57	-	-	-	-	-
종합시험	시스템	식	-	0.91	0.91	-	-	-	-
	센 터	〃	-	2.54	2.54	-	-	-	-

[해 설]

① 기계경비는 "1-4 기계경비 산정기준" 품셈 적용.

② 카메라 설치는 하우징, 브라켓 설치 포함.

③ 모뎀설치는 "8-1-1 네트워크 설비(공통)"항을 적용, 모뎀대신 광신호변환 장치

를 적용하는 경우 "8-4-8-3 배전자동화용 부대장치" "(13) 배전자동화용 광신호변환 장치(센터측)"항과 "(14) 배전자동화용 광신호변환장치(제어함측)설치" 품셈 적용.

④ 종합시험은 센터의 서버와 현장설비간의 시스템 시험.

⑤ UPS 설치는 "11-4-1 무정전 전원장치 (UPS, CVCF)" 품셈 적용.

⑥ 서지보호기는 "11-6-2 서지보호기(SPD : Surge Protective Device)" 품셈 적용.

⑦ 재해 예방과 작업자의 안전을 위해 투입되는 인력(신호수 등) 및 안전시설(표지판, 라바콘 등) 설치는 "1-1-27-1 안전시설" 품셈 적용.

⑧ 데이터케이블 포설은 "4-3-1 꼬임케이블" 품셈 적용.

⑨ 동축케이블 포설은 "4-2-1 동축케이블" 품셈 적용.

⑩ 제어케이블 포설은 "4-4-1 제어용 케이블" 품셈 적용.

⑪ 전원케이블 포설은 "4-6-1 통신용 구내 전력케이블" 품셈 적용.

⑫ 전원케이블 단말처리는 "4-6-3 통신용 전력케이블 단말처리"를 적용하고, 그 외 커넥터 및 Jack 접속은 "4-3-2 커넥터 및 Jack 접속" 품셈을 적용.

⑬ 고소작업, 소단위작업, 야간작업 등 특수여건의 경우 "1-2-2 품의 할증" 별도 계상.

⑭ Radar를 이용하는 경우 "10-1-2-10 Radar 원격제어장치" 품셈 적용.

⑮ 철거(불용 30%, 재사용 80%)

9-1-8 정류장 안내단말기

공 정		단위	통 신 설비공	통신관련 산업기사	특 별 인 부	보 통 인 부
정류장 안내 단말기 설치	단말기설치	대	0.23	-	0.23	0.23
	거치대	〃	0.12	-	-	0.12
	쉘터 구멍뚫기 및 마감작업	〃	0.14	-	-	0.14
정류장안내단말기 시험		〃	0.17	-	0.17	0.17
시험	선로시험	〃	-	0.20	-	0.20
	종합시험	〃	0.50	0.50	-	-

[해 설]

① 접지시설공사는 "11-5-1 접지시설공사"품셈 적용.
② 웹카메라(ip camera), 하우징 및 브라켓 설치는 "9-4-29 지능형 카메라 시스템"품셈 적용.
③ 누전차단기 설치는 "11-7-5-1 차단기 및 개폐기 등" 품셈을 적용.
④ 서지보호기는 "11-6-2 서지보호기(SPD : Surge Protective Device)" 품셈 적용.
⑤ 기초구조물공사(콘크리트타설, 거푸집공사 및 기초앵커설치, 버림콘크리트 등)는 건설품셈 적용하여 별도 계상.
⑥ 스탠드형 정류장 안내단말기 또는 현장정보제공장치(KIOSK) 설치시 "정류장 안내 단말기 설치"품셈 적용.
⑦ GPS설비는 "8-4-8-3 배전자동화용 부대장치 신설" (2)항 품셈 적용.
⑧ 동축케이블 포설은 "4-2-1 동축케이블" 품셈 적용.
⑨ 전원케이블 포설은 "4-6-1 통신용 구내 전력케이블" 품셈 적용
⑩ 전원케이블 단말처리는 "4-6-3 통신용 전력케이블 단말처리"를 적용하고, 그 외 커넥터 및 Jack 접속은 "4-3-2 커넥터 및 Jack 접속" 품셈을 적용.
⑪ 고소작업, 소단위작업, 야간작업 등 특수여건의 경우 "1-2-2 품의 할증" 별도 계상.
⑫ 철거(불용 30%, 재사용 80%)

9-1-9 교통정보수집시스템(Beacon)

(단위 : 대)

공 정		통신관련 산업기사	통 신 외선공	통 신 설비공	특별인부	보통인부
소형무선 기지국	설치	1.94	-	1.60	-	-
	시험	0.96	-	-	-	-
위치비콘	설치	-	0.12	-	-	0.12
	시험	-	0.16	-	-	0.16
차량 통신모듈	설치	-	-	0.22	0.22	-
	시험	-	-	0.11	0.11	-

[해 설]

① 소형무선기지국 설치시 전원선 및 통신선포설은 별도 계상.

② 소형무선기지국 시험에는 국부시험 및 종합시험을 포함.
③ 위치비콘시험에는 단말기 및 간섭시험을 포함.
④ 차량 통신모듈시험에는 국부시험 및 종합시험을 포함.
⑤ 철거(불용 30%, 재사용 80%)

9-1-10 ITS 철주

공 정	규 격	단위	통 신 외선공	통 신 설비공	특별 인부	장비사용 시간(분)
차량자동인식장치(AVI)철주	8m	기	1.79	0.43	1.79	138
가변정보표지판(VMS)철주	9m	〃	3.60	0.56	3.60	275
차량검지시스템(VDS)철주	12m	〃	2.04	0.47	2.04	155
위반단속장비철주	〃	〃	1.72	-	1.72	121
CCTV(Closed Circuit TV)철주	15m	〃	3.06	-	2.30	68
부착대(Arm) 설치	6m이하	〃	0.32	-	0.32	-
안전작업대 설치	원형	〃	0.72	-	0.59	-
	반원형	〃	0.53	-	0.39	-

[해 설]

① 기초대·앵커볼트 설치는 "3-7-1 부대공사(앵커볼트 설치 등)"품셈 적용하고, 터파기·되메우기는 "2-1-8 터파기" 품셈 적용.
② 철주건립 공종별 장비규격은 차량자동인식장치(AVI), 차량검지시스템(VDS), CCTV는 25톤 크레인 기준이며, 가변정보표지판(VMS)은 50톤 크레인 기준.
③ 가변정보표지판(VMS : Variable Message Sign)철주는 편도2차로의 측주식(내민식) 기준이며, 철주 · 안전작업대 조립 및 건립품셈으로 도로와 안전작업대의 수직상태 확인점검 품셈이 포함.
④ CCTV철주는 철주 · 안전작업대 조립 및 건립품셈이며, 20m는 본 품셈의 150%를 적용.
⑤ 차량검지시스템(VDS : Vehicle Detection System)철주는 부착대(3m이하) 설치 포함 품셈이며, 차량자동인식장치(AVI : Automatic Vehicle Identification) 철주는 부착대(7m 이하) 설치품셈이 포함됨.

⑥ 피뢰침 시설은 "7-6-1-1 자립식 철탑" 품셈 적용.
⑦ 재해 예방과 작업자의 안전을 위해 투입되는 인력(신호수 등) 및 안전시설(표지판, 라바콘 등) 설치는 "1-1-27-1 안전시설" 품셈을 적용하고, 기계경비는 "1-4 기계경비 산정기준" 품셈 적용.
⑧ 철주 건립시 1m 초과시 마다 본 품셈의 10% 가산.
⑨ 부착대(Arm)는 6m 이하 기준이고, 초과시 1m당 10% 가산.
⑩ 철거(불용 30%, 재사용 80%)

9-1-11 교차점 알리미 시스템

공 정	단 위	통신관련 산업기사	통 신 설비공	통 신 케이블공	보 통 인 부
제어장치	대	0.59	0.59	-	0.59
무선검지기	〃	0.38	0.38	-	0.38
도로안전등	〃	0.37	-	0.19	0.19
함체설치	〃	-	0.40	-	0.40
전원선 포설 및 연결	개소	-	0.42	0.42	-
제어선 포설 및 연결	〃	-	0.51	0.51	-

[해 설]
① 배관 설치 및 케이블 포설품셈은 별도 계상
② 기계경비(기계손료, 운전경비, 수송비)는 별도 계상.
③ 전원 및 제어선 포설 연결구간은 도로안전등과 제어장치까지임
④ 전원케이블 단말처리는 "4-6-3 통신용 전력케이블 단말처리"를 적용하고 네트워크 커넥터 및 Jack 접속은 "4-3-2 커넥터 및 Jack접속" 품셈 적용.
⑤ 차량검지를 위한 지자기센서 설치는 "9-1-1 검지(루프, 영상, AVI) 시스템"의 루프코일 설치 품셈 적용.
⑥ 재해 예방과 작업자의 안전을 위해 투입되는 인력(신호수 등) 및 안전시설(표지판, 라바콘 등) 설치는 "1-1-27-1 안전시설" 품셈 적용.
⑦ 철거(불용 30%, 재사용 80%)

9-1-12 도로피에조센서 감지시스템

공　　정	단 위	통신관련 산업기사	통 신 설비공	보 통 인 부
도로피에조센서 설치	개	0.90	0.60	0.60
제어함체 설치	〃	-	0.40	0.40

[해 설]

① 본 품셈은 도로에 차량 통과시 차량의 압력에 의하여 차량의 종류를 분석하는 피에조센서를 설치하는 품셈임

② 재해 예방과 작업자의 안전을 위해 투입되는 인력(신호수 등) 및 안전시설(표지판, 라바콘 등) 설치는 "1-1-27-1 안전시설" 품셈 적용.

③ 제어케이블 포설은 "4-4-1 제어용 케이블 신설" 품셈을 적용.

④ 전원케이블 포설은 "4-6-1 통신용 구내 전력케이블 신설" 품셈을 적용하고, 단말처리는 "4-6-3 통신용 전력케이블 단말처리"를 적용.

⑤ 철거(불용 30%, 재사용 80%)

9-1-13 횡단보도 LED 발광 영상장치(9-4-6-2 항목이동)

9-1-14 자전거무인대여시스템

공　　정	단 위	통신관련 산업기사	S/W 시험사	통 신 설비공
키 오 스 크	대	0.83	0.83	0.87
거 치 대	〃	-	-	0.33

[해 설]

① 기초공사(터파기, 되메우기, 콘크리트 타설, 보도블럭 설치)는 별도 계상.

② 키오스크 설치에는 기능 설정, 방화벽 및 IP설정 확인, 통신시험 공정을 포함

③ 거치대 설치는 바닥에 고정하는 공정을 포함하고 있음

④ 철거(불용 30%, 재사용 80%)

9-1-15 고속도로 자동통행료 징수시스템

공정		단위	S/W 시험사	H/W 시험사	통신관련 산업기사	통신 케이블공	무선 안테나공	통신 내선공	통신 외선공	통신 설비공	특별 인부	보통 인부
답판 센서		개소	-	-	-	-	-	-	-	0.75	-	0.45
광센서	1회로	대	-	1.23	-	-	-	0.61	-	-	-	-
	2회로	set	-	1.48	-	-	-	0.73	-	-	-	-
통합차로 제어기	설치	대	-	-	0.20	0.25	-	-	-	0.65	-	0.70
	시험	대	-	-	0.20	-	-	-	-	0.10	-	-
영상촬영장치		대	-	-	1.43	-	-	-	-	0.75	-	-
통행권확인기		대	0.58	0.64	0.83	0.34	-	-	-	-	-	-
차선 제어기	설치	대	-	-	0.40	-	-	-	-	0.40	-	-
	시험	대	0.38	0.23	-	-	-	-	-	-	-	-
영수증발행기		대	-	-	-	-	-	0.05	-	0.20	-	0.16
안테나	설치	대	-	-	0.61	-	0.36	-	-	0.36	-	0.36
	시험(IR)	대	-	0.16	-	-	-	0.16	-	-	-	-
	시험(RF)	대	-	0.54	-	-	-	0.54	-	-	-	-
운전자표시기		대	-	-	-	-	-	0.32	-	0.43	-	-
갠트리	VMS Type	대	-	-	-	-	0.56	-	3.60	-	3.60	-
	Pole Type	대	-	-	-	-	0.43	-	1.79	-	1.79	-
	캐노피 Type	대	-	-	-	-	-	-	0.58	-	0.41	-
	다차로용	대	-	-	-	-	1.12	-	7.20	-	7.20	-

[해 설]

① "광센서 제어부" 설치는 "광센서" 1회로 설치 품셈 적용하며, "자동통행권발행기"는 "통합차로제어기" 설치 품셈을 적용하고, "멀티 갠트리"는 "갠트리" VMS Type 설치 품셈 적용.

② UPS 설치는 "11-4-1 무정전 전원장치(UPS, CVCF)", 서지보호기는 "11-6-2

서지보호기(SPD : Surge Protective Deviced)" 품셈 적용.

③ 콘크리트 타설, 포장절단, 페인트칠 등 기초공사는 별도 계상하며, 배관 포설은 "제3장 배관공사", 케이블 포설은 "제4장 통신케이블공사" 품셈 적용.

④ 장비 설치에 따른 기초대 설치는 "3-7-1 부대공사(앵커볼트 설치 등)" 품셈을 적용하고, 기계경비는 "1-4 기계경비 산정기준" 품셈 적용.

⑤ 철거(불용 50%, 재사용 80%)

9-1-16 교통감응신호 설비

공정		단위	통신관련 산업기사	통 신 케이블공	H/W 시험사	통 신 설비공	보통 인부
루프 검지기	8각	개	0.34	0.34	-	0.34	0.34
	모든차	〃	0.72	0.72	-	0.72	0.72
검지기보드		대	-	-	0.25	0.25	-

[해 설]

① 재해 예방과 작업자의 안전을 위해 투입되는 인력(신호수 등) 및 안전시설(표지판, 라바콘 등) 설치는 "1-1-27-1 안전시설" 품셈 적용.

② 기타 명시하지 않은 내용은 "9-1-1 검지(루프, 영상, AVI) 시스템"품셈을 적용.

③ 철거(불용 30%, 재사용 80%)

9-1-17 통학로 등하교 알리미

공정	단위	H/W시험사	통신설비공
통학로 등하교 알리미	대	0.11	0.11

[해 설]

① 통학로 등하교 알리미 설치는 본체 설치, 브라켓 조립, 케이블 결선 등을 포함.

② 재해 예방과 작업자의 안전을 위해 투입되는 인력(신호수 등) 및 안전시설(표지판, 라바콘 등) 설치는 "1-1-27-1 안전시설" 품셈 적용.

③ 철거(불용 30%, 재사용 80%)

9-2 감시·보안설비

9-2-1 CCTV 및 통합관제센터 시스템

9-2-1-1 CCTV 시스템

공정			단위	통신관련 산업기사	통신 설비공	통신 내선공	특별 인부	보통 인부
촬상부 설치	카메라	일반형	대	-	0.24	-	0.24	-
		돔(Dome)형	〃	-	0.18	-	0.18	-
		스피드 돔형	〃	-	0.32	-	0.32	-
		P/T 일체형	〃	-	0.32	-	0.32	-
	브라켓 (Bracket)	일반형	〃	-	0.23	-	-	0.23
		천장형	〃	-	0.31	-	-	0.31
	팬틸트(Pan/Tilt)		〃	-	-	0.53	-	0.53
	투광등		〃	-	0.52	0.34	-	-
	안내판		개	-	0.09	-	-	0.09
	오토 리프트	리프트	대	0.34	0.34	-	-	-
		제어반	〃	0.34	0.34	-	-	-
감시부 설치	Receiver판넬		개	0.43	0.32	-	-	-
	중앙콘트롤 조작반		CH	0.10	0.74	0.43	-	0.54
	영상저장장치 설치		대	0.18	0.18	-	-	-
	각종 부대장치		CH 또는 세트	0.18	0.18	-	-	0.18
	하드디스크 증설		대	-	0.25	-	-	-
전송부 설치	엔코더		대	-	0.20	-	-	0.20
	디코더		〃	-	0.20	-	-	0.20
시험	송수신 제어신호 및 영상 Level 조정		세트	0.52	0.65	-	-	-
	종합		대	0.04	0.08	-	-	-

[해 설]

① 일반형 카메라 설치는 하우징(Housing) 및 렌즈 설치 포함이며, 하우징(Housing)이 포함되지 않는 경우는 본 품셈의 80% 적용한다. 또한, 카메라를

팬틸트(Pan/Tilt)에 설치하거나 폴(Pole)에 설치할 경우 각각 본품의 120%를 적용하며 렌즈 교체는 카메라 설치 품셈의 80% 적용.

② 오토리프트 설치는 실외 기준으로 폴은 "9-2-1-3 CCTV Pole"을 적용하고, 실내에 설치시는 본 품셈의 180% 적용.

③ 중앙콘트롤 조작반은 CPU제어방식으로 1CH기준임.

④ 각종 부대장치(Ground Loop Corrector, Video Line AMP, Video Sensor, Video Auto Selector, Video Distribution AMP, Time 및 I/D Generator, Power 및 P/T Zoom Controller, Quad Spliter, Multiplexer, Controller Keyboard, Camera Controller)는 각각 부대장치당 설치 품셈임.

⑤ 영상저장장치(DVR, NVR)설치는 영상보드 및 프로그램 셋업작업 등 포함이며, 8CH 이하는 본 품셈을 적용하고, 9CH 이상은 1CH당 본 품셈의 6% 가산.

⑥ 고소작업 등 특수여건에 따른 위험할증은 "1-2-2 품의 할증" 적용.

⑦ 비디오 모니터(Video Monitor) 설치는 "7-11-1 방송국 설비" 중 "TV Monitor" 품셈 적용.

⑧ 영상화면을 보정하는 영상보정장비는 광·송수신장치 적용.

⑨ 광 송·수신기 설치품은 "7-12-5 광 송·수신기 등" 품셈 적용.

⑩ RGB케이블 및 Video케이블(동축 5C~10C까지) 포설은 "4-2-1 동축케이블 포설"품셈 적용.

⑪ 함체설치는 "3-3-1 단자함" 품셈 적용.

⑫ 종합시험의 단위 "대"는 카메라 수량을 말하며, 10대 이하는 카메라 수량에 따라 본 품셈을 비례 적용하고 11대 이상은 1대당 본 품셈의 6% 가산.

⑬ 재해 예방과 작업자의 안전을 위해 투입되는 인력(신호수 등) 및 안전시설(표지판, 라바콘 등) 설치는 "1-1-27-1 안전시설" 품셈 적용.

⑭ 하드디스크는 기존 영상정보저장장치(NVR, DVR) 하드디스크 베이에 하드디스크를 추가 증설하는 공종으로 증설 후 하드디스크 세팅(포맷, 속도측정, 저장상태 확인)을 포함하며, 하드디스크 2대 이상 증설시 1대당 본품의 20% 가산 적용.

⑮ 철거(불용 30%, 재사용 80%)

9-2-1-2 통합관제센터

(1) 통합관제서버

공	정	단위	통신관련 산업기사	통 신 설비공	S/W 시험사	H/W 시험사
블레이드 (Blade)	본체설치	대	-	0.45	-	0.45
	OS 및 S/W	식	-	-	1.06	0.82
	시스템백업	식	-	-	0.38	0.38
	종합시험	식	-	-	0.45	0.45
스토리지 (Storage)	본체설치	대	-	0.90	-	-
	동작확인	대	0.42	-	-	0.42
	시스템세팅	식	-	-	-	0.98

[해 설]

① 블레이드 서버(Blade Server)는 영상입력, 저장, 관리 분배 등의 모든 기능이 통합되어 하나의 서버에서 동작하는 서버로서, 본 서버는 12개의 서버 모듈(GIS 서버모듈 1개, 통합메인 서버모듈 1개, 저장/분배 서버모듈 8개, Fail-Over 서버모듈 2개)로 구성.

② 서버모듈 1개추가 시 마다 본체설치 품셈의 20%씩 가산.

③ 철거(불용 30%, 재사용 80%)

(2) 네트워크 설비

공	정	단위	통신관련 산업기사	통 신 설비공	S/W 시험사	H/W 시험사
L3스위치	본체설치	대	0.20	0.20	-	-
	Card 설치	〃	0.18	0.18		
	조정	식	-	-	0.42	0.42
	Control Consol 시험	〃	-	-	0.40	0.40
	종합시험	〃	-	-	0.89	0.89
네트워크 비디오 서버	본체설치	세트	0.19	0.18	-	-
	이중화작업	〃	0.05	0.05	-	-
	시험/조정	CH	-	-	0.02	0.02

[해 설]

① L3스위치는"9Slot Chassis"1대,"파워모듈(1400W)"2대,"엔진모듈(848Gbps)" 2개,"데이터전송모듈(48Port, RJ45 / 24Port, SFP)"1개씩 설치 기준이며, 모듈 1개 추가시마다 통신관련산업기사 0.01, 통신설비공 0.01씩 가산.

② L2스위치는 L3스위치 품셈 적용하고 L4스위치는 L3스위치 품셈의 120% 적용.

③ UTP케이블 포설은 "4-3-1 꼬임케이블 포설" 품셈을 적용하고, RJ45 커넥터 및 접속은 "4-3-2 커넥터 및 Jack 접속" 품셈 적용.

④ 네트워크비디오 서버(NVS)는 8CH 기준이며, 본체설치에는 비디오 분배기 및 전원장치와의 결선 품셈 포함.

⑤ 철거(불용 30%, 재사용 80%)

(3) LED-DLP 큐브 및 기타 설비

공	정	단위	통신관련 산업기사	통 신 설비공	S/W 시험사	H/W 시험사	보 통 인 부
Base Frame		면	-	0.09	-	-	0.02
LED-DLP 큐브	큐브설치	대	0.10	0.10	-	-	-
	스크린설치		0.10	0.10	-	-	-
	부속장비 조립/설치		0.08	0.08	-	-	-
	시험/조정		0.10	-	-	0.05	-
RGB Matrix Switcher	본체설치	〃	0.38	0.38	-	-	-
	시험/조정		-	-	-	1.15	-
Wall Controller	본체설치	〃	0.35	0.35	0.80	-	-
	시험/조정		-	-	0.91	1.82	-
게이트웨이	본체설치	〃	-	-	1.10	1.10	-
	시험/조정	〃	-	-	1.29	1.29	-
KVM Switch		〃	-	-	0.19	0.19	-
KVM Extender		세트	-	-	0.14	0.14	-
VGA Extender		〃	-	-	0.11	0.11	-

[해 설]

① 큐브 2단 설치시에는 본 품셈의 120% 적용, 3단 설치시에는 본 품셈의 150% 적용.
② 큐브 부속장비에는 엔진, 램프, 컬러휠 포함.
③ LED-DLP큐브는 52인치 기준이며, 52인치 이상은 20% 가산.
④ RGB Matrix Switcher는 Input/Output 32×32 기준으로 DVI(HDMI) Matrix는 본 품셈을 적용. 단, 기준규격 초과시에는 동 규격에 비례하여 계상.
⑤ Touch Screen 세트 및 통합제어시스템 설치시에는 "7-11-1 방송국 설비" 품셈 적용.
⑥ Touch Screen 세트에는 제어PC, S/W 및 Touch 모니터 설치 품셈 포함.
⑦ Power Distributor 설치시에는 "7-11-2 구내방송설비"품셈 적용.
⑧ KVM Switch는 LCD형을 기준.
⑨ DID 설치품은 LED DLP큐브 설치품 적용.
⑩ 게이트웨이 설치는 광대역게이트웨이와 미디어게이트웨이 설치 기준임.
⑪ KVM Extender 및 VGA Extender는 1세트(2대) 설치기준임.
⑫ 철거(불용 30%, 재사용 80%)

9-2-1-3 CCTV Pole

(단위 : 기)

규격	설계하중 200㎏ 이하		설계하중 200㎏ 이상	
	통신외선공	보통인부	통신외선공	보통인부
3m 이하	0.29	0.56	-	-
5m 〃	0.50	0.56	0.65	0.73
6m 〃	0.55	0.62	0.72	0.81
7m 〃	0.95	1.08	1.23	1.40
8m 〃	1.28	1.45	1.66	1.88
9m 〃	1.29	1.64	1.68	2.13
10m 〃	1.55	1.96	2.01	2.55
11m 〃	1.93	2.03	2.50	2.63
12m 〃	2.20	2.31	2.86	3.00
14m 〃	2.77	3.26	3.60	4.24

[해 설]

① CCTV Pole 설치에 따른 터파기 및 되메우기 품셈을 포함한 것이며, 포장(아스팔트, 콘크리트) 지점에 건식 시는 보통인부에 한하여 본 품셈의 25%

가산. 단, 암반 터파기 및 기초구조물공사(콘크리트타설, 거푸집공사 등)는 별도 계상.

② 폴(Pole) 15m 이상은 "9-1-10 ITS 철주" 품셈 적용.

③ 폴(Pole) 안전작업대 및 부착대(Arm)는 "9-1-10 ITS 철주" 안전작업대 및 부착대(Arm) 설치 품셈 적용

④ 기초대 설치는 "3-7-1 부대공사(앵커볼트 설치 등)"품셈 적용.

⑤ 포장지점에 설치시 콘크리트 및 아스팔트 부수기는 ㎥당 특별인부 1.8인 및 1.52인을 가산하며, 포장복구비(재료포함)도 별도 계상.

⑥ 기계경비는 "1-4 기계경비 산정기준" 품셈 적용.

⑦ 재해 예방과 작업자의 안전을 위해 투입되는 인력(신호수 등) 및 안전시설(표지판, 라바콘 등) 설치는 "1-1-27-1 안전시설" 품셈 적용.

⑧ 철거(불용 30%, 재사용 80%)

9-2-2 출입통제시스템

9-2-2-1 통합형 시스템

공 정	규 격	단위	통신관련 산업기사	통 신 케이블공	통 신 설비공	S / W 시험사
주제어장치 (Access Control Unit)	1 Door	세트	0.13	1.00	1.13	-
	2 Door	〃	0.19	1.13	1.31	-
	4 Door	〃	0.25	1.25	1.50	-
Card Reader	-	대	-	0.61	0.61	-
Door Lock	E/M Lock	〃	-	0.48	0.48	-
	Dead Bolt	〃	-	0.58	0.58	-
	Strike	〃	-	0.67	0.67	-
출구버튼	-	〃	-	0.42	0.42	-
Converter	RS232/422,485	〃	-	0.40	0.40	-
종 합 시 험		식	-	-	0.96	2.38

[해 설]

① 주제어장치(Access Control Unit) 4Door이상은 1Door 추가마다 4Door 품셈의 10%가산.

② Keypad Card Reader는 Card Reader품셈 120% 적용.

③ Door Lock중 E/M(Electro Magnetic) Lock Type 및 출구버튼 벽타설 설치 시 본 품셈의 120% 적용.

④ 종합시험은 운영프로그램 설치, 서버와 장비간의 시스템 시험 및 Card 50장까지 등록하는 품셈이며, 51장부터 150장까지는 120%, 150장부터 300장까지는 140% 적용하며, 300장 이상부터 추가 100장마다 10% 가산 적용. (운영프로그램 및 추가변경설치는 별도계상)

⑤ 근태관리, 식수관리는 종합시험품셈을 적용하며, 2가지이상 통합적용 시 본 품셈의 120%적용.

⑥ 회선시험 및 결선품셈은 각각의 공정품셈에 포함되었으며, 배관 배선품셈은 "3-1-1 구내통신배관", "4-4-1 제어용 케이블" 및 "4-6-1 통신용 구내 전력케이블"을 적용함.

⑦ 비상자동개폐장치 설치는 본 품셈을 적용.

⑧ 철거(불용 30%, 재사용 80%)

9-2-2-2 단독형(Stand-Alone Type) 시스템

공 징	규 격	단위	통신관련 산업기사	통 신 케이블공	통 신 설비공	S / W 시험사
Card Reader	단독형	대	-	0.76	0.76	-
생체인식기	지문	〃	0.38	0.90	1.27	-
	정맥	〃	0.57	1.35	-	1.91
	홍체·얼굴	〃	0.76	1.80	-	2.54
생체등록기	지문	〃	-	-	0.50	0.63
	정맥	〃	-	-	0.75	0.95
	홍체·얼굴	〃	-	-	1.00	1.26

[해 설]

① 디지털도어락 Card 타입은 Card Reader 설치 품셈을, 지문타입은 생체인식기(지문) 설치 품셈을 적용.

② Card Reader 설치는 Card 50장까지 등록을 포함하는 품셈이며, 50장 이상은 30장 추가마다 10% 가산.

③ 생체인식기, 생체등록기 설치는 10인 등록 기준 설치품셈이며, 5인 추가등록마다 10% 가산.

④ 생체인식기는 생체등록기와 같이 사용시 본 품셈의 80% 적용.

⑤ 생체등록기는 프로그램 설치품셈 포함.
(단, 생체등록프로그램이 출입통제와 통합된 경우 본 품셈의 80% 적용)

⑥ Card Reader+생체인식기 등 2가지 이상 겸용 인식기는 생체인식기품셈의 150% 적용.

⑦ 회선시험 및 결선품셈은 각각의 공정품셈에 포함되었으며, 본 품셈에 명시되지 아니한 사항은 "통합형 시스템"의 해당사항, 배관 배선품셈은 "4-4-1 제어용 케이블", "3-1-1 구내통신배관" 및 "4-6-1 통신용 구내 전력케이블"을 적용.

⑧ 철거(불용 30%, 재사용 80%)

9-2-2-3 출입통제 게이트

공 정		단위	통신관련 산업기사	통 신 케이블공	통 신 설비공	통 신 내선공
출입게이트	설 치	대	0.36	0.32	0.63	1.00
	시 험	〃	0.31	-	-	-
화물게이트		〃	-	-	0.34	0.34
Glass Wall		〃	-	-	0.31	0.31

[해 설]

① 게이트 설치는 천공 및 배관설치/배관 단말처리/케이블 포설/게이트 결선 및 고정/동작확인 공정을 포함.

② 게이트 시험은 센서감도조절/센서작동유무설정/게이트 오픈속도 조절/ 게이트 클로즈 속도 조절/UPS연동 설정/소방연동 설정/보안단계 설정/운영 모

드 설정/기타 설정 등 1회 시험공정을 의미하며, 일정기간 안정화를 위한 시험은 별도 계상.

③ 화물게이트는 수동식 기준으로 카드리더기를 부착하여 설치시에는 "9-2-4-3 경보·보안기기 주변기기" 품셈을 적용. 단, 배관/배선/몰딩작업은 별도계상.

④ 화물게이트 중 전동식의 설치는 출입게이트 품셈 적용.

⑤ 철거(불용 30%, 재사용 80%)

9-2-3 전자식 주차관제설비 (9-4-7 항목 이동)

9-2-3-1 검지시스템 (9-4-7-1 항목 이동)

9-2-3-2 요금시스템 (9-4-7-2 항목 이동)

9-2-3-3 신호 및 기타설비 (9-4-7-3 항목 이동)

9-2-4 경비보안설비

9-2-4-1 주장치

공 정	단 위	통신설비공	통신케이블공
신호전송기	대	0.12	0.12
메인주장치	〃	0.18	0.18
알람표시기	〃	0.11	0.22
로컬컨트롤러	〃	0.12	0.12
셔터신호전송기	〃	0.14	0.32
락 신호전송기	〃	0.13	0.13
조작표시기	〃	0.15	0.29

[해 설]

① 중앙센터와 주장치간의 연동시험품셈 포함.

② 본 품셈은 건물벽면 설치 기준으로 매입은 본 품셈의 120% 적용.

③ 음성안내장치중 스피커 설치는 "7-11-5 방송 및 음향영상설비 부대공사" 품셈 적용.

④ 은행용 컨트롤러는 일반용 신호전송기 품셈을 적용.

⑤ 철거(불용 50%, 재사용 80%)

9-2-4-2 감지기(Sensor)

공 정	단 위	통신설비공
적외선감지기	조	0.14
자석감지기	개	0.07
열선감지기	〃	0.07
동체감지기	〃	0.06
유리감지기	〃	0.04
셧터감지기	〃	0.09
휀스(장력)감지기	〃	0.07
금고감지기	〃	0.08
진동감지기	〃	0.03
벽(충격)감지기	〃	0.07
누수감지기	〃	0.08
누액감지기	〃	0.07
화재감지기	〃	0.06
가스감지기	〃	0.09
음향감지기	〃	0.07
(CD)충격감지기	〃	0.03

[해 설]

① 본 품셈은 건물벽면 또는 천장에 설치하는 기준임.

② 감지기의 감도체크 및 주장치와의 연동시험품셈 포함.(단, 옥외에 설치하는 휀스(장력)감지기의 조정 및 시험품셈은 "9-4-38-1 자력(부착)식 케이블센서 감지시스템" 중 구간시험품셈 적용)

③ 적외선감지기 품셈은 투 · 수광기 분리형 기준이며, Dual방식은 120% 적용.

④ 자석감지기 벤트형은 자석감지기 품셈의 180%(Stopper 설치포함), 매입형은 150% 적용.

⑤ 본 품셈은 유선감지기 기준이며, 무선감지기는 본 품셈의 130% 적용.

⑥ 누액감지기는 포인트형 설치 기준임.

⑦ 철거(불용 50%, 재사용 80%)

9-2-4-3 경비 · 보안 주변기기

공　　정	단 위	통신설비공	통신내선공
보조전원장치	개	0.11	0.28
프린터	〃	0.04	0.05
카드리더	〃	0.10	0.10
출입관리기	〃	0.08	0.11
회선제어기	〃	-	0.17
가스이보기	〃	-	0.09
화재이보기	〃	-	0.05
누수감지신호기	〃	-	0.08
비상(통보)스위치	〃	-	0.06
비상램프	〃	-	0.05
방범싸이렌	〃	-	0.08
락개폐기	〃	0.10	0.24
방범용 라우터	〃	0.11	0.25
폐점예고등	〃	-	0.07
CD/ATM감시반	〃	-	0.22
음성안내장치	〃	0.12	0.18
설비제어장치	〃	0.17	0.32
KEY BOX	〃	-	0.04

[해 설]

① 해당기기 설치에는 동작상태 확인 등 간이시험품셈 포함.

② 보조전원장치는 12[V]로, 주장치와 별도 설치되는 보조전원장치 기준임.

③ 회선제어기는 유선방식 기준이며, 무선방식은 130% 적용.

④ 음성안내장치중 스피커 설치는 "7-11-5 방송 및 음향영상설비 부대공사" 품셈 적용.

⑤ KEY BOX는 건물벽면 설치 기준이며, 매입 시 본 품셈의 120% 적용.

⑥ 해당기기에 부착되는 감지기 등의 설치품셈은 별도 계상.

⑦ 철거(불용 30%, 재사용 80%)

9-2-5 객실관리시스템

9-2-5-1 중앙 제어 시스템

공 정		단위	통신관련 산업기사	통 신 케이블공	통 신 설비공
키보관 및 객실 현황판 (Key Rack)	설 치	대	-	0.29	0.27
	시 험	식	1.06	-	1.04
중앙현황판 (Centrol Indicator Panel)	설 치	대	-	0.17	0.15
	시 험	식	1.06	-	1.06
층중계기 (Floor Indicator Panel)	설 치	대	-	0.16	0.16
	시 험	식	0.19	-	0.19
데이터 전송 제어기 (Data Transmit Controller)		대	0.04	0.17	0.16
종 합 시 험		식	2.15	-	2.08

[해 설]

① 키 보관 및 객실현황판, 중앙현황판(Central Indicator Panel), 종합시험은 50객실 기준품셈이며, 100객실 이하는 180%, 150객실 이하는 260%, 추가 50객실마다 80% 가산.

② 층마다 설치되는 층중계기(Floor Indicator Panel)는 20객실 이하 기준이며, 40개 이하는 180% 적용, 20개 객실 추가마다 80% 가산.

③ 종합시험은 중앙컴퓨터에서 각 장비별 운영상태, 객실별 상황(온도, 조명, 상태 등)을 원격제어 시험 공정임.

④ 철거(불용 30%, 재사용 80%)

9-2-5-2 객실내 시스템

공정		단위	통신관련 산업기사	통신 케이블공	통신 설비공
객실제어기 (Control Box)	주장치 설치	대	0.42	-	0.38
	컨트롤 보드 및 단자대 설치	세트	-	-	0.04
	케이블 선번 확인 및 결선작업	〃	-	0.31	-
단말기(Night Table)		대	-	-	0.10
각종 부대장치		개	-	-	0.04
종 합 시 험		식	0.11	-	0.07

[해 설]

① 객실제어기 함체는 매입 기준이며, 노출은 80% 적용.

② 각종 부대장치(객실 키홀더(Key Detector), 입구 표시기(Indicator), 온도조절 스위치, 라이트 조절 스위치, 차임벨)는 각 부대장치당 설치 품셈임.

③ 종합시험은 객실내 객실제어기와 각종 부대장치간의 제어 및 동작상태를 시험하는 공정임.

④ 철거(불용 30%, 재사용 80%)

9-2-6 승강기 비상통화시스템

공 정	단 위	통신설비공
비상통화장치	대	0.82
비상조명장치	〃	0.25

[해 설]

① 본 품셈은 장치 조립, 케이블 결선, 시험 품셈을 포함.

② 철거(불용 30%, 재사용 80%)

9-2-7 통화겸용 비상벨(9-4-20-2 항목 이동)

9-2-8 의료용 너스콜(9-4-21-1 항목 이동)

9-2-9 광케이블 해킹 감시시스템

9-2-9-1 시험장치 및 부대장치

공정			단위	통신 설비공	H/W 시험사	광케이블 설치사	보통 인부
시험장치	감시제어부	모니터, 감시서버 및 주변기기	대	0.21	0.21	-	-
	측정부	공통부 (전원부포함)	〃	0.09	0.09	-	-
		광펄스시험기 (OTDR)반 증설	개	0.06	0.06	-	-
	광심선선택기	공통부(전원부, 공통카드 포함)	대	0.09	0.09	-	-
		광심선 선택 카드 (파장합분파기 해킹필터 일체) 증설	개	0.03	0.03	-	-
부대장치	종단 해킹필터 연결	광커넥터형, OFD내 설치	〃	-	-	0.03	0.03
		광커넥터형, 광심선 연장 설치	〃	-	-	0.09	0.09
	패스 해킹필터 연결	카드형, 4포트	〃	0.25	-	-	0.25
	패치코드 접속	시설물 개폐,융착,일측	코어	-	-	0.06	0.06
	스틸튜브 광점퍼코드	시설물, 해킹필터(종단,패스), 시험장치, 광전송장치, OFD 간 연결	개	-	-	0.01	0.01
	캐비닛	1600*600*750	대	0.52	-	-	-
	운용단말	-	〃	0.20	-	-	0.16
절환스위칭카드		광펄스시험기반 또는 광심선선택기 증설용	개	0.06	0.06	-	-
관리서버		-	대	0.45	2.10	-	-
스토리지		-	〃	0.90	1.42	-	-

[해 설]

① 전용 랙(광점퍼가이드반, 서랍반, 키보드반 포함)에 설치하는 것을 기준.

② 시험장치는 감시제어부, 측정부, 광심선선택기로 구성되며, 측정부와 광심선 선

택기가 일체형인 경우에는 공통부는 1대만 적용.

③ 광심선선택기는 최대 포트를 초과하여 별도 광심선선택기를 추가하거나, 원격 광심선선택기 별도 설치하는 경우에도 본 품셈 적용.

④ 절환스위칭카드는 광펄스시험기반을 2대 이상 설치하거나, 최대 수용포트를 초과하여 광심선선택기를 증설하는 경우에만 적용.

⑤ 광심선선택카드는 9포트(공통1 포함, 캐스케이드동작 LED 표시) 등을 기준으로 하였으며, 포트수 등에 상관없이 본 품셈 적용.

⑥ 패치코드 접속을 위한 접속함 개폐는 "4-1-2-1 광섬유케이블 접속 및 시험" 품셈을 적용하며, 패치코드 접속, 종단 해킹필터 연결, 패스 해킹필터 접속 등을 위한 OFD, 외함 개폐 등은 "4-1-2-2 광분배함(반) 및 성단 등" 품셈 적용.

⑦ 스틸튜브 광점퍼코드 연결은 광커넥타 접속 및 해당 장치까지 연결하는 것을 단위공정으로 하며, 시험장치와 광전송장치(또는 OFD) 간 거리가 5m를 초과하는 경우 별도 포설품을 "6-1-1 기초설치(공통)" 품셈 적용.

⑧ 광심선을 연장하여 종단 해킹필터를 설치하는 경우 광어댑터 설치 포함하여, 해킹필터 대신 더미 광섬유를 연결하는 경우에도 본 품 적용.

⑨ 캐비닛은 설치는 높이 1,600㎜ 기준이며, 2,100㎜인 경우 120% 적용하고 전원 및 접지케이블, 네트워크케이블 포설은 별도 계상.

⑩ 해킹방지 코드(FB 코드, Free Bending Cord)는 스틸튜브 광점퍼코드 품셈 적용.

⑪ 광케이블 자동절체기(공통부, 절체카드, FB코드 등) 설치는 광심선선택기 품셈 적용.

⑫ 철거(불용 30%, 재사용 80%)

정보통신부문 제9장

9-2-9-2 해킹감시S/W 및 관제S/W

공정		단위	통신관련 산업기사	S/W 시험사	광케이블 설치사	특별 인부
기초시험	각종장비 측정	랙	0.07	-	-	-
컴퓨터시험	예비시험. LAN접속시험, OS 설치	대	0.19	-	-	-
해킹감시S/W 탑재	S/W설치,광심선 시험 및 감시, 감시포트일괄표시, 모바일 기능, Client방식에 의한 GIS연동 기능 시험장치 탑재	식	0.42	1.89	-	-

관제S/W 탑재	OS/DBMS설치, 선로시설 QR코드 Tagging운용 및 관리, 모바일 기능, Web방식에 의한 GIS연동 기능, 관리서버 탑재	〃	0.42	1.89	-	-
시험장치 동작	측정부, 광심선선택기	대	0.04	0.04	-	-
광코어 운용정보 입력	-	코어	-	-	0.02	0.02
선로시설정보 입력	케이블선, 시설물(인공, 관로, 전봇대, 접속점 등), 시설정보 변경 거리보정 (시설물 여장, 케이블 연입률(撚入率)) 등 단위별 및 누적 산출	100개	-	-	0.71	0.71
경보발생 점검	코어별 및 시설물별 개폐 점검(접속함체, OFD, 외함, 인공, 출입문 등)	코어	0.08	0.08	-	-
종합시험	시험장치	대	-	0.07	0.07	-
원격시험	이동단말제어 포함	코어	-	0.03	0.03	-

[해 설]

① 컴퓨터 시험은 시험장치와 상관없이 감시제어부, 메너지먼트 서버, 운용단말별 각각 적용.

② 감시 대상 광심선들이 추가된 경우에는 광코어 운용정보 입력, 선로시설정보입력, 광코어시험 등의 공정들에 대한 품을 각각 적용하며, 시험장치의 구성품들이 변경(단위공정별 증설, 교체 등 포함)된 경우에는 시험장치 동작 품을 추가함.

③ 시스템 커스터마이징(Customizing)과 GIS(Geographic Information System) 및 NMS(Network Management System) 연동 등 기타 외부시스템과의 연동은 포함되지 않음.

④ 광코어 시험은 "4-1-3 구내 광섬유케이블" 품셈 적용.

⑤ 자가통신망 관리시스템 S/W 설치는 "관제S/W 탑재" 품셈 적용.

9-2-10 응급안전 돌보미 시스템 (9-4-5 항목 이동)

9-2-11 재난 예·경보시스템 (9-4-20-3 항목 이동)

9-2-12 흡입형 가스감지 설비

공 정	단 위	통신내선공	통신설비공
가스감지기	대	-	0.09
흡입형 가스감지기 튜브	10m	0.22	-

[해 설]

① 2열 동시포설시 본 품셈의 180%, 3열 동시는 260%, 4열 동시는 340%, 4열 초과하는 경우 초과 1열당 80% 가산.

② 본 품셈은 포설 품셈이며 포박실로 포박하는 경우에는 본 품셈의 148% 적용하며, 케이블 타이로 포박하는 경우에는 110% 적용.

③ 8자 튜브 포설시는 본 품셈의 115% 적용.

④ 고소작업 시 "1-2-2-5 위험 할증률" 품셈 적용.

⑤ 안전관리자는 1인당 0.15인 가산.

⑥ 재료의 할증률은 "1-1-6 재료의 할증률 및 철거손실률"의 구내선 및 케이블 적용.

⑦ 철거 30% 적용.

9-2-13 열 영상 감시 시스템

공 정		단 위	통신관련산업기사	통신설비공
설치	열 영상 감시 카메라	대	0.72	0.48
	팬틸트	"	0.45	0.30
	브라켓	"	0.09	0.06
	레이저 감지기	"	0.18	0.12
시험		식	0.58	0.39

[해 설]

① 시험은 현장에서 수집된 데이터 및 감시정보를 확인하고 수신하는 작업과 각 카메라 별 감도확인 및 설정 등의 작업을 포함.

② 기초대 설치는 "3-7-1 부대공사(앵커볼트 설치 등)" 품셈을 적용하고, 철주 설치는 "9-1-10 ITS 철주" 중 "CCTV 철주" 품셈을 적용.
③ 기계장비 사용시 "1-4 기계경비 산정기준" 품셈 적용.
④ 각종 배관 및 케이블 포설은 별도 계상.
⑤ 철거(불용 30%, 재사용 80%)

9-3 지능형 물관리 시스템

9-3-1 현장감시제어설비(RCS)

공정	단위	통신관련 산업기사	통신 케이블공	통신설비공	특별인부
외함(계기반) 설치	면	-	-	0.38	0.21
Bay건립 및 카드설치	면	-	0.46	0.59	0.38
케이블 접속	10Point	-	0.16	-	0.08
각종 계기	모듈	0.3	-	-	-
시험	카드	0.02	-	-	-

[해 설]
① 외함(계기반) 설치는 Base 설치, 외함 안착 및 고정작업 등을 포함하며, 추가되는 1면당 80% 가산.
② Bay건립 및 카드설치는 Base 설치, Duct 설치, 이면 배선 등을 포함.
③ 시험은 카드류 동작여부 시험으로 종합시운전은 별도 계상.
④ RCS(Remote Control Station) 제어프로그램(S/W) 설치 및 조정은 별도 계상.
⑤ 원격지 설비상태를 수집하고 감시제어하는 원격감시제어설비(TM/TC)의 설치는 본 품셈 적용 가능.
⑥ 물관리시스템의 제어부분은 본 품셈을 적용하고, 각종 계측기는 "9-3-2 수량계측기" 및 "9-3-3 수질계측기" 품셈 적용.
⑦ 철거 40%, 이설 140% 적용.
⑧ 각종 계기는 분배기, 파워 등 모듈형태로 설치되는 계기를 말함

9-3-2 수량계측기

9-3-2-1 초음파 수위계

공　　정	단위	통신설비공	특별인부
브라켓 설치	대	0.15	0.15
변환기 설치	대	0.09	0.09
센서 설치	대	0.10	0.10
시 험 대	대	0.09	0.09

[해 설]

① 본 품셈은 분리형 초음파 수위계 설치품이며, 일체형은 본 품셈의 60% 적용.

② "브라켓 설치"는 센서 거치대를 설치하는 작업을 말하며, 천공 및 고정 작업을 포함.

③ "변환기 설치" 공종은 변환기 고정, 각종 기기(배선용 차단기, 피뢰기 등)와의 내부케이블, 인입케이블(전원, 접지), 센서케이블 결선 작업 등을 포함.

④ "센서 설치"는 브라켓에 센서 고정, 센서케이블 포설 공종을 포함.

⑤ "시험"은 변환기 메뉴 설정, 파라미터 입력 및 영점 조정, 변환기 출력값 확인 공정을 말함.

⑥ 레이다·압력식·정전용량식·부력식 수위계는 본 품셈 적용.

⑦ 철거 40%, 이설 140% 적용.

9-3-2-2 초음파 유량계

공　　정	단위	통신설비공	특별인부
변환기 설치	대	0.15	0.15
센서 설치	set	0.17	0.17
시　　험	식	0.11	0.11

[해 설]

① "변환기 설치" 변환기 고정, 각종 기기(배선용 차단기, 피뢰기 등)와의 내부케

이블, 인입케이블(전원, 접지), 센서케이블 결선 작업을 포함.

② "센서 설치"는 관 외부에 센서설치 위치 파악, 외부피복 탈피, 센서와 관이 접촉하는 부분의 이물질 제거, 센서케이블 포설 등을 포함.

③ "시험"은 변환기 메뉴 설정, 파라미터 입력 및 영점 조정, 변환기 출력값 확인 공정을 말함.

④ 전자식 유량계 설치시 "변환기 설치" 및 "시험"은 본 품셈 적용 가능하며, "센서 설치"는 별도 계상.

⑤ 차압식·면적식·용적식 유량계는 본 품셈 적용.

⑥ 철거 40%, 이설 140% 적용.

9-3-2-3 압력전송기

공 정	단위	통신설비공	특별인부
압력센서 설치	대	0.13	0.13
변환기 설치	대	0.11	0.11
시 험	식	0.07	0.07

[해 설]

① "압력센서 설치"는 브라켓에 센서 고정, 케이블 결선 공종 등을 포함.

② "변환기 설치"는 변환기 고정, 각종 기기(배선용 차단기, 피뢰기 등)와의 내부케이블, 인입케이블(전원, 접지), 센서케이블 결선 작업 등을 포함.

③ "시험"은 변환기 메뉴 설정, 데이터 교정, 출력전류 값 및 측정치 확인 공정을 말함.

④ 기초대 설치는 "3-7-1 부대공사(앵커볼트 설치 등)" 품셈을 적용하고, 도압배관 설치는 별도 계상.

⑤ 철거 40% 적용, 이설 140% 적용.

9-3-3 수질계측기

9-3-3-1 탁도계

공 정	단위	통신설비공	특별인부
기 기 설 치	대	0.11	0.11
배 관 연 결	〃	0.22	0.22
시 험	식	0.09	0.09

[해 설]

① 본 품셈은 무시약형 설치품이며, 시약형의 경우 본 품셈의 30% 가산.

② "기기 설치"는 변환기 설치, 센서부 설치, 관련 케이블 결선 등을 포함.

③ "시험"은 변환기 메뉴 설정, 파라미터 입력 및 영점 조정, 변환기 출력값 확인 공정을 말함.

④ 탁도계 외함, 수조, 거치대 설치는 별도 계상.

⑤ 철거 40% 적용, 이설 140% 적용.

9-3-3-2 전기전도도계

공 정	단 위	통신설비공	특별인부
기기 설치	대	0.19	0.19
배관 연결	〃	0.19	0.19
시 험	식	0.08	0.08

[해 설]

① "기기 설치"는 변환기 설치, 센서부 설치, 관련 케이블 결선 등을 포함.

② "배관 연결"은 PVC배관을 조립하여 센서에 연결하는 공종을 말하며, 금속재 자재의 경우 본 품셈의 50% 가산.

③ "시험"은 변환기 메뉴 설정, 출력전류 값 및 측정치 확인 공종을 말함.

④ 외함, 수조, 거치대 설치 작업은 별도 계상.

⑤ 철거 40% 적용, 이설 140% 적용.

9-3-3-3 잔류염소계

공　　정	단 위	통신설비공	특별인부
기기 설치	대	0.23	0.23
배관 연결	〃	0.14	0.14
시　　험	식	0.07	0.07

[해 설]

① 본 품셈은 변환기·센서 분리형 설치품이며, 일체형은 기기 설치 품셈의 60% 적용.

② "기기 설치"는 변환기 설치, 센서부 설치, 관련 케이블 결선 등을 포함.

③ "배관 연결"은 PVC배관을 조립하여 센서에 연결하는 공종을 말하며, 금속재 자재의 경우 본 품셈의 50% 가산.

④ "시험"은 변환기 메뉴 설정, 출력전류 값 및 측정치 확인 공종을 말함.

⑤ 외함, 수조, 거치대 설치 작업은 별도 계상.

⑥ 철거 40% 적용, 이설 140% 적용.

9-3-3-4 수소이온농도계(pH계)

공　　정	단 위	통신설비공	특별인부
기기 설치	대	0.34	0.34
배관 연결	〃	0.18	0.18
시　　험	식	0.06	0.06

[해 설]

① "기기 설치"는 변환기 설치, 센서부 설치, 초음파 세정장치 설치 및 관련 케이블 결선 등을 포함.

② "배관 연결"은 PVC배관을 조립하여 센서에 연결하는 공종을 말하며, 금속재 자재의 경우 본 품셈의 50% 가산.

③ "시험"은 변환기 메뉴 설정, 출력전류 값 및 측정치 확인 공종을 말함.

④ 외함, 수조, 거치대 설치 작업은 별도 계상.

⑤ 철거 40% 적용, 이설 140% 적용.

9-3-3-5 수질계측기용 수조

공　　정	단위	통신설비공	특별인부
수질계측기용 수조설치	대	0.34	0.34

[해 설]

① 본 품셈은 기초대 및 수조, 수조밸브, 저수위 센서 설치를 포함.

② 수질계측기와 수조밸브 간 PVC배관은 3-3-1 구내통신배관 공사 중 합성수지 전선관을 적용.

③ 철거 40% 적용, 이설 140% 적용.

9-3-3-6 알칼리도계

공　　정	단 위	통신설비공	특별인부
기기 설치	대	0.16	0.16
배관 연결	〃	0.15	0.15
시　　험	식	0.10	0.10

[해 설]

① 본 품셈은 변환기·센서 일체형 설치품이며, 분리형은 기기 설치 품셈에 40% 가산.

② "기기 설치"는 장비 설치, 케이블 결선, 시약통 연결 등을 포함.

③ "배관 연결"은 PVC배관을 조립하여 센서에 연결하는 공종을 말하며, 금속 자재의 경우 본 품셈의 50% 가산.

④ "시험"은 변환기 메뉴 설정, 출력전류 값 및 측정치 확인 공종을 말함.

⑤ 외함, 수조, 거치대 설치 작업은 별도 계상.

⑥ 철거 40% 적용, 이설 140% 적용.

9-3-3-7 망간측정기

공　　정	단 위	통신설비공	특별인부
계측기부	대	0.12	0.12
필터부		0.18	0.18
배관 연결	〃	0.22	0.22
시　　험	식	0.17	0.17

[해 설]

① "계측기부"는 계측기 설치 및 케이블 결선, 시약통 연결 등을 포함.

② "필터부"는 필터 및 콤프레샤 설치, 케이블 결선 등을 포함.

③ "배관 연결"은 PVC배관을 조립하여 센서에 연결하는 공종을 말하며, 금속재 자재의 경우 본 품셈의 50% 가산.

④ "시험"은 계측기부(변환기) 메뉴 설정, 출력전류 값 및 측정치 확인 공정을 말함.

⑤ 고무 튜브 포설은 "9-2-12 흡입형 가스감지 설비"중 "흡입형 가스감지기 튜브" 포설 품셈을 적용.

⑥ 수조 설치는 "9-3-3-5 수질계측기용 수조" 품셈을 적용.

⑦ 계측기 및 필터 고정을 앵커볼트로 설치시는 "3-7-1 부대공사(앵커볼트 설치 등)" 품셈을 적용.

⑧ 분전반 설치는 "11-7-4 분전반" 품셈을 적용.

⑨ 철거 40% 적용. 이설 140% 적용.

9-3-3-8 다항목 수질측정장치

공　　정		단 위	통신설비공	특별인부
검출부	센서	대	0.22	0.22
	센서케이블	식	0.11	0.11
수질 데이터수집장치		대	0.13	0.13

[해 설]

① 본 품셈은 침수형 검출부 설치품이며, 변환부 설치는 별도 계상.

② "센서"는 동작여부에 대한 통신상태 확인 공정 포함.
③ "데이터수집장치"는 장비설치 및 내부결선 포함.
④ 철거 40%, 이설 140% 적용.

9-3-4 수질원격감시시스템(TMS)

공　　정	단위	통신관련 산업기사	통 신 케이블공	통 신 설비공
화학적 산소요구량(COD) 연속자동측정기	대	0.96	0.24	0.47
총유기탄소량(TOC) 연속자동측정기	〃	0.96	0.32	0.43
총질소(TN) 연속자동측정기	〃	0.96	0.20	0.40
총인(TP) 연속자동측정기	〃	0.96	0.20	0.40
수소이온농도(PH) 연속자동측정기	〃	0.21	0.14	0.29
부유물질량(SS) 연속자동측정기	〃	0.21	0.14	0.29
데이터로거(Data Logger)	〃	0.21	0.16	0.33
자동채수기(Auto Sampler)	〃	0.21	0.17	0.35

[해 설]
① TMS(Tele Monitoring System)설치는 장비 설치 및 결선/센서설치/동작확인을 포함하고 있음.
② 배관 설치 및 케이블 포설품셈은 별도 계상.
③ UPS설치는 "11-4-1 무정전 전원장치(UPS, CVCF)" 품셈을 적용하고, 분전반 설치는 "11-7-4 분전반 설치" 품셈 적용.
④ 정도검사(측정기기에서 측정·기록된 자동 측정 자료와 관제센터로 전송되는 자료의 정확성을 확인하는 검사)와 통합시험(측정기기와 자료수집기간, 자료수집기와 관제 센터간의 통신상태가 연속자동측정기기 통신표준규격에 적합한지 확인하는 검사)은 별도 계상.
⑤ 철거(불용 30%, 재사용 80%)

9-3-5 지능형 물관리용 함체

공　　정	규　　격	단위	통 신 설비공	특별인부
제어함체	W600×H2100×D600 이하	대	1.58	1.58
	W900×H2100×D600 이하	〃	1.78	1.78
	W1200×H2100×D600 이하	〃	1.98	1.98
계기함체	W800×H1600×D900 이하	〃	1.07	1.07
	W1000×H1600×D900 이하	〃	1.19	1.19
기초패드	W1200×H2100×D600 이하	〃	1.28	1.28

[해 설]

①"제어함체 및 계기함체" 설치는 앵커볼트 설치 및 고정 등을 포함.

②"기초패드" 설치는 콘크리트 타설을 이용하여 진행하는 기초공사를 의미함

③ 철거 40% 적용.

9-3-6 하수처리용 계측기

공　　정	단위	통신설비공	특별인부
용존산소량계	대	0.44	0.44
부유물질농도계	〃	0.42	0.42
농도계	〃	0.46	0.46

[해 설]

① 본 품셈은 변환기 설치, 센서부 설치, 관련 케이블 결선, 기기 세팅 및 시험공종을 포함.

② 함체 설치시 "9-3-5 지능형 물관리용 함체" 중 "계기함체" 품셈 적용.

③ 철거 40% 적용.

9-4 스마트 융합설비

9-4-1 스마트 가로등 시스템

공 정	단위	통신관련 기 사	S/W 시험사	통 신 외선공	통 신 설비공	통 신 케이블공
철주 조립 및 건립	기	-	-	0.64	-	0.25
LED등기구	대	-	-	0.05	0.25	-
제어장비 설치	〃	-	-	-	0.23	-
종 합 시 험	식	3.56	3.56	-	-	-

[해 설]

① 철주 신설은 기계화 시공기준으로 기초대·앵커볼트 설치는 "3-7-1 부대공사(앵커볼트 설치 등)"품셈 적용하고, 터파기·되메우기는 "2-1-8 터파기" 품셈 적용.

② 케이블 포설 및 PVC관 부설은 "4-7-1 지중 및 가공케이블" 및 "2-1-1 PVC관 "품셈 적용.

③ CCTV 카메라, 스피커, 전광판 설치 및 시험은 "9-2-1-1 CCTV 시스템" 및 "7-11-1 방송국 설비", "8-5-1 LED 옥외전광판"품셈 적용.

④ 센터설비는 "8-1-1 네트워크 설비(공통)"중 해당 품셈 적용.

⑤ 무선 AP설치는 "7-9-5 무선 AP"품셈 적용.

⑥ 기계경비는 "1-4 기계경비 산정기준" 품셈을 적용하고, 재해 예방과 작업자의 안전을 위해 투입되는 인력(신호수 등) 및 안전시설(표지판, 라바콘 등) 설치는 "1-1-27-1 안전시설" 품셈 적용.

⑦ 종합시험은 센터의 서버와 현장설비간의 통신점검 및 시험임.

⑧ 철거(불용 50%, 재사용 80%)

9-4-2 디밍제어 시스템(Dimming Control System)

공 정		단위	S/W시험사	통신설비공	특별인부
장비설치	조명컨버터	대	-	0.06	0.06
	동작감지센서	〃	-	0.09	0.09
	조명제어기	〃	-	0.09	0.09
	게이트웨이	〃	-	0.13	0.13
S/W 설치 및 시험		식	0.88	0.88	-

[해 설]

① "S/W 설치 및 시험"은 서버에 조명제어S/W를 설치하고 기본설정(일간/주간 스케줄 , 그룹제어, 조도 및 점등시간 설정 등) 및 전체 조명등에 대하여 설정대로 작동하는지에 대한 시험과 동작감지 센서 작동에 따른 조명등 그룹 작동 여부를 확인하는 작업을 의미.

② 함체 설치는 "3-2-1 박스(BOX), 풀박스(Pull-Box), 시스템 박스 등" 중 풀박스 품셈을 적용하고, 단말기(PC) 및 서버 설치는 "8-1-1 네트워크 설비(공통)"품셈 적용.

③ 전선관 및 제어케이블 포설품셈은 별도 계상.

④ 재해 예방과 작업자의 안전을 위해 투입되는 인력(신호수 등) 및 안전시설(표지판, 라바콘 등) 설치는 "1-1-27-1 안전시설" 품셈 적용.

⑤ 철거(불용 30%, 재사용 80%)

9-4-3 무선 양방향 가로등 감시 점멸제어기

공 정	단 위	무 선 안테나공	통 신 케이블공	통 신 설비공
점멸기 부착	세트	0.06	-	0.05
각종 케이블 결선 · 점검	〃	-	0.26	0.09
안테나 설치	〃	0.10	-	0.06

[해 설]

① 함내 기존장치 재배치 및 이전시는 본 품셈의 130% 적용.

② 각종 케이블 결선 · 점검품셈은 ELB 분기차단기 2개 기준으로, 복수개 추가시마다 80%씩 가산.(홀수개는 상위 짝수개를 적용)하며, 점멸기와 MCCB, MC, ELB 분기차단기, 도어 리드스위치, 안테나, 전자개폐기 간 전원, 접지, CT, ZCT, 연결 케이블 등 모든 결선과 모뎀, 서버의 접속 및 분전함 상태, 각 부하별 점검을 포함.

③ 안테나 설치에는 타공, 보호캡 부착, 방수처리(실리콘)를 포함.

④ 철거(불용 30%, 재사용 80%)

9-4-4 스마트 스쿨 시스템

공	정	단위	통신관련기사	H/W시험사	S/W시험사	통신설비공
전자칠판	본 체	대	-	0.30	-	0.30
	브라켓	개	-	0.44	-	0.44
전자교탁	본 체	대	-	0.30	-	0.30
	Controller	식	0.70	-	0.70	0.70

[해 설]

① 전자칠판은 84인치 기준으로 84인치 미만은 본 품셈의 80%를 적용하고, 84인치 초과는 120% 적용.

② 전자칠판의 설치는 운영컴퓨터까지의 각종케이블(영상, 전원, 오디오 등) 포설과 판서프로그램 설치 및 동작시험을 포함.

③ 브라켓은 벽부형이며, 브라켓 지지대를 별도 설치할 경우에는 별도 계상.

④ 전자교탁 본체설치는 운영컴퓨터를 탑재한 운영프로그램 설치 및 동작시험을 포함.

⑤ 철거(불용 30%, 재사용 80%)

9-4-5 사회적 약자 안전관리 시스템

공 정	단 위	통신설비공
활동센서	대	0.04
화재센서	〃	0.04
가스센서	〃	0.08
출입센서	〃	0.03
응급호출기	〃	0.01
게이트웨이	〃	0.11

[해 설]

① 본 품셈은 사회적 약자 안전관리 시스템 중 응급안전알림시스템으로 세대내 설치기준임.

② 각종 센서는 무선방식으로 설치품셈을 포함하고 있으며, 가스센서 설치는 전원케이블 정리 품셈을 포함하고 있음.

③ 게이트웨이는 전화형태의 기기로 제품등록 및 비상연락처 등록, 동작상태 확인, 센서와의 연동시험공정을 포함하고 있음.

④ 각종 서버설치는 "8-1-1 네트워크 설비(공통)" 품셈 적용.

⑤ 철거(불용 30%, 재사용 80%)

9-4-6 스마트 횡단보도 시스템

9-4-6-1 보행신호 음성안내 보조장치

가. 독립형

공 정	단위	H/W 시험사	통신관련 기사	통 신 설비공	특별인부
제어함체 설치	대	0.28	-	0.28	-
센서 Pole 설치	〃	-	-	0.15	0.15
종 합 시 험	식	0.67	0.67	-	-

[해 설]

① 보행신호 음성안내 보조장치(독립형)은 교통신호제어기와 연결되어 보행신호에 따라 음성을 안내하는 보조장치의 단독기능으로 작동하는 설비.

② 제어함체 설치는 시스템 제어 역할을 수행하기 위한 메인보드, 앰프보드, 차단기, 전원공급장치 등이 수용된 함체 설치와 각종(전원, 통신, 접지) 결선작업을 포함.

③ 종합시험에는 센터와 통신상태 확인, 센서 감지확인을 포함.

④ 태양광전지판 및 컨트롤러 설치는 "13-3-2 태양광 충전시스템" 품셈 적용.

⑤ 터파기는 "2-1-8 터파기" 품셈 적용.

⑥ 각종 케이블 포설은 "4-2 동축케이블" 및 "4-3 꼬임케이블" 품셈 적용.

⑦ 스피커 설치는 "7-11-5 방송 및 음향영상설비 부대공사" 품셈 적용.

⑧ 기계경비 산정은 "1-4 기계경비 산정기준" 품셈 적용.

⑨ 보도블록 설치는 별도 계상.

⑩ 기초대 설치는 "3-7-1 부대공사(앵커볼트 설치 등)" 품셈 적용.

⑪ 재해 예방과 작업자의 안전을 위해 투입되는 인력(신호수 등) 및 안전시설(표지판, 라바콘 등) 설치는 "1-1-27-1 안전시설" 품셈 적용.

⑫ 철거(불용 30%, 재사용 80%)

나. 통합형

공 정	단위	H/W 시험사	통신관련 기사	통 신 설비공	특별인부
통합 Pole 설치	대	-	-	0.60	0.60
종 합 시 험	식	0.67	0.67	-	-

[해 설]

① 보행신호 음성안내 보조장치(통합형)은 교통신호제어기와 연결되어 보행신호에 따라 음성을 안내하는 보조장치와 다른 보조시설(보행자 작동신호기 및 시각장애인 음향신호기 등)의 일부 또는 전부를 통합하여 작동하는 설비.

②"9-4-6-2 보행신호 음성안내 보조장치"의 "가. 독립형" 해설항 적용.

정보통신부문 제9장

③ 기초대 설치는 "3-7-1 부대공사(앵커볼트 설치 등)" 품셈 적용.

④ 철거(불용 30%, 재사용 80%)

다. 지주(버팀 전봇대) 부착형

공 정	단위	H/W 시험사	통신관련 산업기사	통 신 설비공
제어함체 설치	대	0.28	-	0.28
BLE Beacon 모듈 설치	개	0.05	-	0.05
감지센서 설치	대	0.18	-	0.18
안내표지판 설치	개	0.02	-	0.02
종 합 시 험	식	0.67	0.67	-

[해 설]

① 보행신호 음성안내 보조장치[지주(버팀 전봇대)부착형]은 교통신호제어기와 연결되어 보행 신호에 따라 음성을 안내하는 보조장치가 지주(버팀 전봇대)에 부착되어 작동하는 설비.

②"9-4-6-1 보행신호 음성안내 보조장치"의 "가. 독립형"해설항 적용

③ 스피커 일체형 감지센서는 본 품셈 적용.

④ BLE Beacon 모듈 설치는 횡단보도 진입 시 스마트폰 차단을 위해 제어함체에 설치하는 공정을 말함.

⑤ 지능형 카메라 설치시 "9-4-29 지능형 카메라 시스템" 품셈 적용.

⑥ 각종 배선 및 배관은 별도 계상.

⑦ 철거(불용 30%, 재사용 80%)

9-4-6-2 횡단보도 LED 발광 영상장치

공 정	단 위	통신관련 산업기사	통 신 설비공	통 신 내선공
LED 발광장치	대	〃	0.26	0.26
제어장치	〃	0.38	0.53	0.15

[해 설]

① 기초대 설치는 "3-7-1 부대공사(앵커볼트 설치 등)" 품셈 적용.

② 배관설치는 "2-1-3 합성수지관(주름관 포함)" 적용.

③ 제어장치 설치에는 시험 품셈 포함.

④ 보도블록 설치, 터파기 및 되메우기, 기계경비는 "1-4 기계경비 산정기준" 품셈 적용.

⑤ 재해 예방과 작업자의 안전을 위해 투입되는 인력(신호수 등) 및 안전시설(표지판, 라바콘 등) 설치는 "1-1-27-1 안전시설" 품셈 적용.

⑥ 철거(불용 30%, 재사용 80%)

9-4-6-3 스마트 바닥신호등

공 정	단 위	통신관련 산업기사	통 신 설비공
LED 모듈	대	0.02	0.02
제어함체	〃	0.26	0.26

[해 설]

① LED 모듈은 300㎜×100㎜×60㎜ 기준으로 설치 및 케이블 결선 공종을 포함하고 있음.

② 제어함체는 함체 설치, 케이블 결선, 제어보드 설치, 동작시험 공종을 포함.

③ 터파기 및 되메우기는 "2-1-8 터파기" 품셈 적용.

④ 케이블 및 배관 설치는 별도 계상.

⑤ 재해 예방과 작업자의 안전을 위해 투입되는 인력(신호수 등) 및 안전시설(표지판, 라바콘 등) 설치는 "1-1-27-1 안전시설" 품셈 적용.

⑥ 철거(불용 30%, 재사용 80%)

정보통신부문 제9장

9-4-7 스마트 파킹시스템

9-4-7-1 주차관제 검지시스템

공정		단 위	통신관련 산업기사	H/W 시험사	통 신 설비공	통 신 내선공
차량검지기	1회로	대	-	0.63	-	0.63
	2회로	〃	-	0.73	-	0.73
차번인식장치	단방향	시스템	0.77	-	0.77	-
	양방향	〃	0.87	-	0.87	-
영상관리컴퓨터		〃	-	1.12	0.57	-
초음파 위치센서		개	-	-	0.31	-

[해 설]

① 루프코일 및 카메라 설치는 “9-1-1 검지(루프, 영상, AVI) 시스템” 적용.(해설 포함)

② 차량검지기 품셈은 루프코일과 차량검지기간 동작시험품셈 포함.

③ 영상관리컴퓨터 품셈은 카메라와 영상관리컴퓨터간 동작시험품셈 포함.

④ 차량검지기용 박스는 “3-2-1 박스(BOX), 풀박스(Pull-Box), 시스템 박스 등”의 풀박스 품셈 적용.

⑤ 배관, 배선은 별도계상.

⑥ 장내운반 및 잡자재 설치품셈 포함.

⑦ 기계경비는 “1-4 기계경비 산정기준” 품셈 적용.

⑧ 재해 예방과 작업자의 안전을 위해 투입되는 인력(신호수 등) 및 안전시설(표지판, 라바콘 등) 설치는 “1-1-27-1 안전시설” 품셈 적용.

⑨ 철거(불용 50%, 재사용 80%)

9-4-7-2 주차관제 요금시스템

공 정		단 위	통신관련 산업기사	S/W 시험사	H/W 시험사	통신케 이블공	통 신 설비공	통 신 내선공
주차권 발행기		대	-	0.89	-	0.98	0.76	-
출구 판독기		〃	-	0.95	-	1.02	0.75	-
차 단 기		개	-	-	0.39	0.79	0.39	-
요금계산기	무인	〃	0.83	0.83	0.83	0.83	-	-
	유인	〃	0.83	0.58	0.64	0.34	-	-
요금표시기		〃	-	-	-	-	0.29	0.29
중앙관리컴퓨터		〃	-	1.74	1.31	-	0.83	-
정기권 판독기		〃	-	-	-	0.49	0.34	-
정기권 컨트롤러		시스템	1.85	-	0.77	-	-	-
요금정산소 설치		개소	-	-	-	-	2.52	2.43

[해 설]

① 주차권 발행기 및 출구 판독기 품셈은 차단기와의 동작시험품셈 포함.

② 유인요금계산기에는 요금판독기 설치품셈 포함.

③ 요금정산소 설치시 기초대 공사는 “3-7-1 부대공사(앵커볼트 설치 등)” 품셈 적용.

④ 배관, 배선은 별도계상.

⑤ 장내운반 및 잡자재 설치품셈 포함.

⑥ 기계경비는 “1-4 기계경비 산정기준” 품셈 적용.

⑦ 재해 예방과 작업자의 안전을 위해 투입되는 인력(신호수 등) 및 안전시설(표지판, 라바콘 등) 설치는 “1-1-27-1 안전시설” 품셈 적용.

⑧ 철거(불용 50%, 재사용 80%)

9-4-7-3 주차관제 신호 및 기타설비

공 정		단 위	통 신 케이블공	통 신 설비공	통 신 내선공
경 보 등	천장형	개	-	0.29	0.29
	자립형	〃	-	0.29	0.33
만 차 등	입구	〃	-	0.44	0.39
	층별	〃	-	0.26	0.24
유 도 등	20W	〃	-	0.34	0.28
	40W	〃	-	0.48	0.43
2색 신호등		〃	-	0.25	0.44
출차주의등		〃	-	0.21	0.21
진입금지등		〃	-	0.31	0.36
중앙감시반		〃	1.26	0.84	-

[해 설]

① 경보등 벽부형은 천장형 적용.

② 디지털 방식은 본 품셈의 130% 적용.

③ 중앙감시반용 박스는 "3-2-1 박스(BOX), 풀박스(Pull-Box), 시스템 박스 등"의 풀박스 품셈 적용.

④ 중앙감시반 품셈에는 각종 등과 중앙감시반간에 동작시험품셈 포함.

⑤ 입차주의등은 출차주의등 품셈 적용.

⑥ 배관, 배선은 별도계상.

⑦ 장내운반 및 잡자재 설치품셈 포함.

⑧ 기계경비는 "1-4 기계경비 산정기준" 품셈 적용.

⑨ 재해 예방과 작업자의 안전을 위해 투입되는 인력(신호수 등) 및 안전시설(표지판, 라바콘 등) 설치는 "1-1-27-1 안전시설" 품셈 적용.

⑩ 철거(불용 50%, 재사용 80%)

9-4-7-4 지능형 주차유도시스템

공 정		단위	통신관련산업기사	통신설비공
주차 유도카메라	3면	대	0.06	0.18
	12면	〃	0.08	0.20
주차 유도안내판		〃	0.37	0.37
초음파 위치센서		개	-	0.31

[해 설]

① 주차 유도카메라 설치는 레이스웨이 또는 몰드바에 카메라를 설치하는 기준임.
② 주차 유도카메라는 번호판 인식을 위한 대조시험을 포함.
③ 중앙감시반 설치는 "9-4-7-3 주차관제 신호 및 기타설비" 품셈을 적용하고, 루프코일 설치는 "9-1-1 검지(루프, 영상, AVI)시스템" 적용.
④ 각종 케이블 및 배관 포설 품셈은 별도 계상.
⑤ 재해 예방과 작업자의 안전을 위해 투입되는 인력(신호수 등) 및 안전시설(표지판, 라바콘 등) 설치는 "1-1-27-1 안전시설" 품셈 적용.
⑥ 철거(불용 30%, 재사용 80%)

9-4-8 긴급구조 표준시스템

9-4-8-1 종합접수대 시스템 ('25년 개정)

공 정		단위	H/W 시험사	통신설비공	특별인부
접수대 콘솔		대	-	0.71	0.35
제어부	주제어장치	〃	0.52	0.52	-
	헤드셋제어장치	〃	0.44	0.44	-
	무선제어장치	〃	0.32	0.32	-
전원부	전원제어장치	〃	0.41	0.41	-
출력부	모니터스피커	〃	0.08	0.08	-
방송	방송지령장치	〃	0.24	0.24	-
	보이스제어장치	〃	0.08	0.08	-
기타	경광등	〃	-	0.04	-
	스위치박스	〃	-	0.04	-

[해 설]

① 본 품셈은 접수대 콘솔 조립과 각종 장비를 콘솔에 실장하고 케이블 결선 및 동작상태 확인 공정을 포함.

② 단말기(PC) 및 스위칭 허브 설치는 “8-1-1 네트워크 설비(공통)” 품셈 적용.

③ 모니터 설치는 “7-11-1 방송국 설비” 품셈 적용.

④ 전화기 설치는 “12-2-1 기기신설” 중 키폰 전화기 품셈 적용.

⑤ KVM Switch 설치는 “7-11-1-1 방송제작송출설비”의 KVM Switch 적용.

⑥ 철거.(불용 30%, 재사용 80%)

9-4-8-2 통합무선제어시스템

공 정		단위	H/W 시험사	S/W 시험사
무선 주장치	본체설치	대	1.81	-
	기본시험	회선	0.14	0.13
대국시험		개소	1.21	2.42

[해 설]

① 통합무선주장치는 랙(Rack)에 유니트를 실장하는 타입의 장비 설치 품셈으로 본체설치 품셈에는 케이블 결선 품셈을 포함하고 있음.

② 기본 시험은 장비설정, 동작상태 확인, 회선구성 품셈을 포함하고 있으며, 대국 시험은 기지국간 교신 상태 확인 등의 연동시험 품셈을 포함하고 있음.

③ 무선중계장치는 통합무선주장치 설치 품셈을 적용.

④ 서버 설치는 “8-1-1 네트워크 설비(공통)” 품셈 적용.

⑤ 철거(불용 30%, 재사용 80%)

9-4-8-3 무선원격기지국

공 정		단위	H/W 시험사	통신설비공	무선안테나공	보통인부
무선원격제어단말장치		대	0.46	0.46	-	-
소방용 무전기		〃	0.44	0.44	-	-
안테나	차량탑재형	〃	-	0.27	0.27	-
	옥외형	〃	-	0.38	0.38	-
무선중계장치		〃	0.26	0.26	-	-
라디오컨트롤러		〃	0.07	0.07	-	-
함체		〃	-	0.40	-	0.08

[해 설]

① 소방용 무전기는 20W 이하의 고정형 무전기를 의미하며, 본 품셈 적용 시 지대가 높은 곳에 설치하는 경우에는 "1-16 품의 할증" 품셈을 적용.

② 안테나 설치는 케이블 포설(30m 이하) 품셈을 포함하고 있음.

③ VPN 설치는 "8-1-5 가상사설망(VPN)장치" 품셈 적용.

④ 랙(Rack) 설치는 "4-3-3 Patch Panel 및 성단 등" 품셈 적용.

⑤ 소방용 무전기에 전원 공급을 위한 축전지 1개 설치시에는 소방용 무전기 품셈의 30% 적용.

⑥ 함체 교체시 함체 내부에 설치되는 장비의 재설치는 각각의 해당하는 품셈을 적용

⑦ 철거(불용 30%, 재사용 80%)

9-4-8-4 일제방송지령시스템

공 정		단위	H/W 시험사	통신설비공	특별인부
방송원격단말장치		대	0.36	0.36	-
스피커	실링(10W)	〃	-	0.32	-
	벽부형(10W)	〃	-	0.19	-
	혼	〃	-	0.27	0.27

[해 설]

① 방송원격단말장치는 랙(Rack) 또는 외함에 전원, 방송수신제어, 앰프 유니트를 실장하는 타입의 장비로서 방송주장치 또는 중계장치의 전용회선을 통해

전달되는 신호수신여부와 각 스피커의 방송상태 확인을 포함하고 있음.

② 방송주장치 및 중계장치는 "9-4-8-2 통합무선제어시스템" 품셈을 적용.

③ Power AMP 설치는 "7-11-2 구내방송 설비" 품셈을 적용.

④ UTP 케이블 포설은 "4-3-1 꼬임케이블 포설" 품셈을 적용하고, 전원케이블은 "4-6-1 통신용 구내 전력케이블" 품셈을 적용하며, 스피커케이블과 출동버튼 연계용 케이블은 "4-8-1 음향 및 영상케이블" 품셈을 적용.

⑤ 안전센터, 지역대, 구조대에 스피커 설치시에도 본 품셈을 적용.

⑥ 철거(불용 30%, 재사용 80%)

9-4-9 스마트 팜(Farm)

공 정	단위	통신설비공	특별인부	S/W시험사
환경센서	대	0.10	0.10	-
개폐기	〃	0.09	0.09	-
제어함체	〃	0.86	-	0.86

[해 설]

① CCTV 설치는 "9-2-1 CCTV 및 통합관제센터 시스템", 각종 배관은 "3-1 구내통신배관", 접지는 "11-5 접지 설비" 품셈 적용.

② UTP케이블은 "4-3 꼬임케이블", 동축케이블은 "4-2 동축케이블", 제어케이블은 "4-4 제어케이블", 전원케이블은 "4-6 전원케이블" 품셈 적용.

③ 각종 서버 및 네트워크 설비는 "8-1 네트워크 설비" 품셈 적용.

④ 제어함체 설치는 내부 판넬 제작 및 케이블 성단작업이 포함.

⑤ 철거(불용 30%, 재사용 80%)

9-4-10 스마트 피쉬 팜(Fish Farm)

공 정	단위	통신설비공	특별인부	S/W시험사
수질측정기	대	0.58	0.58	-
사료급이기	〃	0.52	0.52	-
종합시험	식	1.25	-	1.25

[해 설]

① CCTV 설치는 "9-2-1 CCTV 및 통합관제센터 시스템", 각종 배관은 "3-1 구내통신배관", 접지는 "11-5 접지 설비" 품셈 적용.

② UTP케이블은 "4-3 꼬임케이블", 동축케이블은 "4-2 동축케이블", 제어케이블은 "4-4 제어케이블", 전원케이블은 "4-6 전원케이블" 품셈 적용.

③ 각종 서버 및 네트워크 설비는 "8-1 네트워크 설비" 품셈 적용.

④ 철거(불용 30%, 재사용 80%)

9-4-11 스마트 방향표지판

공　　정	단위	H/W시험사	S/W시험사
스마트 방향표시판	대	0.88	0.44

[해 설]

① 본 품셈은 폴타입 형태이며, 터파기 및 되메우기는 "2-1-8 터파기" 품셈 적용.

② 폴 설치는"9-2-1-3 CCTV Pole"품셈을 적용하고, 기초대 설치는"3-7-1 부대공사" 품셈 적용.

③ 철거(불용 30%, 재사용 80%)

9-4-12 지능형 인원계수시스템

공　　정		단위	통신관련산업기사	통신설비공
폴타입	센서	대	-	0.15
	제어함체	〃	0.20	0.41
게이트타입	일체형	〃	1.48	1.48

[해 설]

① 폴타입 지능형 인원계수시스템의 폴 설치는"9-2-1-3 CCTV Pole"품셈 적용하고, 기초대 설치는"3-7-1 부대공사" 품셈 적용.

② 게이트타입은 센서와 제어함체 일체형 시스템으로 본 품셈은 게이트 2개 기준이며, 게이트 1개 추가시마다 본 품셈의 20% 가산.
③ 터파기 및 되메우기는 "2-1-8 터파기" 품셈 적용.
④ 부착대(Arm) 설치는"9-1-10 ITS 철주" 품셈 적용.
⑤ 케이블 및 배관 설치는 별도 계상.
⑥ 재해 예방과 작업자의 안전을 위해 투입되는 인력(신호수 등) 및 안전시설(표지판, 라바콘 등) 설치는 "1-1-27-1 안전시설" 품셈 적용.
⑦ 철거(불용 30%, 재사용 80%)

9-4-13 지능형 이상음원 시스템

공 정	단위	통신설비공	특별인부
감 지 기	대	0.21	0.21
비 상 벨	〃	0.16	0.16
경 광 등	〃	0.13	0.13

[해 설]
① CCTV 설치는 "9-2-1 CCTV 및 통합관제센터 시스템", 각종 배관은 "3-1 구내통신배관", 접지는 "11-5 접지 설비" 품셈 적용.
② UTP케이블은 "4-3 꼬임케이블", 동축케이블은 "4-2 동축케이블", 전원케이블은 "4-6 전원케이블" 품셈 적용.
③ 각종 서버 및 네트워크 설비는 "8-1 네트워크 설비" 품셈 적용.
④ 스피커 설치는 "7-11-5 방송 및 음향영상설비 부대공사" 품셈 적용.
⑤ 철거(불용 30%, 재사용 80%)

9-4-14 IoT기반 지하공간 안전관리 시스템

공 정	단위	통신설비공	보통인부
상수도 누수감지설비	개	0.02	0.02

[해 설]

① 맨홀 내 누수감지 설비 설치를 위한 고정고리 부착 포함.

② 재해 예방과 작업자의 안전을 위해 투입되는 인력(신호수 등) 및 안전시설(표지판, 라바콘 등) 설치는 "1-1-27-1 안전시설" 품셈 적용.

③ 철거 30% 적용.

9-4-15 가시광통신(Li-Fi : Light-Fidelity) 설비

공 정	단위	통신관련산업기사	통신설비공
LED조명	대	0.07	0.07
가시광 조명컨버터	개	0.04	0.04
가시광 송신기	〃	0.05	0.05

[해 설]

① LED조명은 20W 기준으로 설치 및 케이블 결선, 기준점 측정 등 공종을 포함하고 있음.

② 천장매입을 위한 구멍뚫기는 "3-7-1 부대공사(앵커볼트 설치 등)" 품셈 적용.

③ 철거(불용 30%, 재사용 80%)

9-4-16 긴급차량 우선 신호 시스템

공 정		단위	통신관련 산업기사	무선 안테나공	H/W 시험사	통신 설비공
센터용	긴급차량 출동버튼	대	-	-	-	0.06
	무선발신기	〃	0.46	0.46	-	-
	수신용 안테나	〃	0.60	0.60	-	-
교차로용	RSE	〃	0.94	0.94	-	-
	차량단말기	〃	-	-	0.34	0.33
PPC보드		〃	-	-	0.30	0.29

[해 설]

① 무선발신기는 출동버튼 작동 신호를 수신안테나로 송신하여 주는 장치로 케이블 결선 및 동작시험을 포함.

② PPC(Preemption & Priority Control)보드는 긴급차량이 검지되면 신호제어기의 신호를 변경하는 장치로 동작시험 포함.

③ RSE(Road Side Equipment, 또는 TCE : Traffic Signal Control Equipment)는 차량단말기와의 무선통신으로 긴급차량의 위치, 속도 등의 정보를 파악하여 교차로 진출 여부를 신호제어기에 전달하는 장치로 케이블 결선 및 동작시험을 포함하고 있으며, UTP 케이블 포설은 "4-3-1 꼬임케이블 포설" 품셈을 적용.

④ 안내판은 "9-2-1-1 CCTV 시스템", LED안내판은 "8-5-1 LED 옥외전광판" 품셈을 적용하고, 경광등은 "9-4-13 지능형 이상음원시스템" 품셈을 적용.

⑤ 일정 주기의 시운전이 필요한 경우에는 "1-1-26 종합시운전 및 조정비" 품셈 적용.

⑥ 철거(불용 30%, 재사용 80%)

9-4-17 디지털 사이니지

공 정		단위	통신관련 산업기사	S/W 시험사	통신설비공
비디오월 (Video Wall)	설치	면	0.14	-	0.21
	시험	식	0.41	0.41	-
단독형		대	-	0.35	0.35
벽부형		〃	0.14	-	0.14
액자형		〃	0.10	-	0.10

[해 설]

① 디지털 사이니지(Signage)는 디지털 정보 디스플레이(DID)를 이용하여 영상이나 정보를 표시하는 광고 설비로서, 통신망을 통해 광고 내용을 제어할 수 있는 설비를 말함.

② 비디오월 사이니지 설치는 49인치 기준 1면 설치기준으로 모니터 판넬 설치, 브라켓 설치, DID 화면 제어장치, 각종 케이블 결선 포함이며, 시험은 운영프로그램 설치 및 동작시험 포함.

③ 단독형은 키오스크 타입으로 각종 케이블 결선, 운영 프로그램 설치, 동작시험 포함.

④ 벽부형(49인치 기준) 및 액자형(29인치 기준) 사이니지는 전용모니터 설치, 브라켓 설치, 각종 케이블 결선, 동작시험 포함.

⑤ 사이니지 기준규격을 초과하는 경우 해당 품셈의 20% 가산.

⑥ 철거(불용 30%, 재사용 80%)

9-4-18 로고젝터

공　　정	단위	통신설비공
로고젝터	대	0.36

[해 설]

① 본 품셈은 30W 기준으로 케이블 포설 및 결선, 작동상태 확인시험 공종을 포함하고 있음.

② 철거(불용 30%, 재사용 80%)

9-4-19 전기차 충전소용 LTE모뎀

공　　정	단위	통신설비공	S/W시험사
LTE모뎀	대	0.22	0.22

[해 설]

① CCTV 설치는 "9-2-1 CCTV 및 통합관제센터 시스템", 각종 배관은 "3-1 구내통신배관", 접지는 "11-5 접지 설비" 품셈 적용.

② UTP케이블은 "4-3 꼬임케이블", 동축케이블은 "4-2 동축케이블", 전원케이블은 "4-6 전원케이블" 품셈 적용.

③ 각종 서버 및 네트워크 설비는 "8-1 네트워크 설비" 품셈 적용.

④ 철거(불용 30%, 재사용 80%)

9-4-20 스마트 재난안전설비

9-4-20-1 지진감지시스템

공 정	단 위	통신관련 산업기사	S/W 시험사	무선 안테나공	통 신 설비공
기 록 계	대	1.90	1.25	-	0.65
가속도센서	〃	0.32	-	-	0.32
GS안테나	〃	-	-	0.32	0.37
함체	〃	0.08	-	-	0.08

[해 설]

① 기초(터파기, 콘크리트타설 등)공사 및 보호펜스 설치는 별도 계상.

② 서버설치는 "8-1-1 네트워크 설비(공통)" 품셈을 적용하고, 서지보호기 설치는 "11-6-2 서지보호기(SPD:Surge Protective Device)" 품셈 적용.

③ UPS설치는 "11-4-1 무정전 전원장치" 품셈 적용.

④ 허브설치는 "8-1-1 네트워크 설비(공통)" 품셈 적용.

⑤ 장비연결에 필요한 각종 케이블 및 배관 설치 품셈은 별도 계상.

⑥ 본 품셈은 정상작동확인/데이터 송·수신확인/GPS연동확인 등의 시험공정을 포함하고 있음.

⑦ 철거(불용 30%, 재사용 80%)

9-4-20-2 통화겸용 비상벨

공 정	단위	S/W시험사	통신설비공
비상벨	대	0.09	0.09
제어기	〃	0.11	0.11

[해 설]

① "비상벨" 설치는 비상벨함체를 설치하고 밴딩/고정한 후 케이블을 결선하는 작업을 의미.

② "제어기" 설치는 제어기를 설치하고 케이블을 결선한 후, 시험(비상벨 호출,

안내멘트 및 램프동작 확인, 센터통신 확인 등)하는 작업을 의미.

③ 케이블 및 전원선 포설, 스피커 설치 품셈은 별도 계상.

④ 재해 예방과 작업자의 안전을 위해 투입되는 인력(신호수 등) 및 안전시설(표지판, 라바콘 등) 설치는 "1-1-27-1 안전시설" 품셈 적용.

⑤ 철거(불용 30%, 재사용 80%)

9-4-20-3 재난 예 · 경보시스템

공 정	단 위	통신설비공	특별인부
자동수신단말장치	대	0.41	0.41
폴(Pole)	"	1.03	1.03
혼스피커	"	0.19	0.19

[해 설]

① 자동수신단말장치 설치는 전파 수신상태 및 시험방송 포함.

② 폴(Pole) 설치는 건물 옥상 설치기준이며, 기초대 블록조립 포함. 단, 조립형 강관주는 "9-2-1-3 CCTV Pole" 품셈을 적용.

③ 지지선 설치는 "2-4-4 지선" 품셈을 적용.

④ 앰프 설치는 "7-11-2 구내방송 설비" 중 Power Amp 품셈을 적용.

⑤ 태양광 충전시스템은 "11-3-2 태양광 충전시스템" 품셈을 적용.

⑥ 재해 예방과 작업자의 안전을 위해 투입되는 인력(신호수 등) 및 안전시설(표시판, 라바콘 등) 설치는 "1-1-27-1 안전시설" 품셈 적용.

⑦ 철거(불용 30%, 재사용 80%)

9-4-20-4 지진대비 보호설비

공　　정		단위	통신설비공	특별인부
이중마루 (면진 또는 내진	우드	㎡	0.23	0.23
	스틸	〃	0.26	0.26
	우드스틸	〃	0.27	0.27
	스틸콘크리트	〃	0.30	0.30
내진랙	랙	대	0.30	-
	가대	개	0.55	-
면진테이블		대	0.19	0.13
내진 버팀대	Ø 13 이하	set	0.16	-
내진 스토퍼	Ø 13 이하	개	0.10	-
	Ø 14~15 〃	〃	0.18	-

[해 설]

① 면진 또는 내진이중마루 설치 후 바닥청소는 ㎡당 보통인부 0.01인 적용.

② 내진랙 설치는 19인치 기준이며, 내진가대 설치를 위한 액세스플로어 해체 및 재조립 품셈은 "3-6-1 액세스플로어(Access Floor)"설치 품셈의 80% 적용.

③ 면진테이블 설치는 19인치 랙 2.2m 기준이며, 2.2m 이상의 랙에 설치시에는 본 품셈의 120% 적용.

④ 면진테이블은 랙 한 대당 기준으로 랙 들어올리기 공정을 포함하고 있으며, 랙 설치 이전에는 본 품셈의 50% 적용.

⑤ 기계경비는 "1-4 기계경비 산정기준" 품셈 적용.

⑥ 내진 버팀대는 케이블트레이에 설치되는 공종으로 버팀대 2개 1세트 천장 설치 기준으로 전산볼트 및 앵커볼트(구멍파기 포함), 형강(Channel) 구멍 뚫기, 브라켓 설치 포함이며, 버팀대 1개 설치시는 본 품셈의 80% 적용.

⑦ 내진 스토퍼는 스토퍼 1개당 앵커볼트 2개를 설치하는 기준으로 앵커 볼트 3개 이상인 경우 추가 1개당 20% 가산 적용하고, 동일장소에서 스토퍼 추가 설치시 1개 당 80% 가산 적용.

⑧ 내진 버팀대 및 내진 스토퍼 단위기준은 전산볼트 지름 기준임.
⑨ 철거(불용 30%, 재사용 80%). 단, 이중마루 불용 철거는 50% 적용.

9-4-20-5 민방위 경보통제 시스템

공 정	단 위	통신관련산업기사	통신설비공
민방위경보단말장치	대	0.66	0.66
폴(Pole)	〃	0.65	0.65
혼 스피커	〃	0.11	0.11

[해 설]
① 민방위경보단말장치 설치는 환경설정 및 동작상태 확인 포함
② 위성안테나 설치는 "7-5-6 방송 공동수신 안테나" 품셈을 적용.
③ 각종 배관 및 케이블 포설은 별도 계상.
④ 재해 예방과 작업자의 안전을 위해 투입되는 인력(신호수 등) 및 안전시설(표지판, 라바콘 등) 설치는 "1-1-27-1 안전시설" 품셈 적용.
⑤ 철거(불용 30%, 재사용 80%)

9-4-20-6 광섬유센서 구조물 안전 모니터링 시스템

공 정	단 위	광케이블설치사	통신설비공
내공변위센서	개	0.27	0.27
센서접속함체	대	-	1.07

[해 설]
① 내공변위센서는 각도센서와 변위센서가 1세트로 구성되며, 내공변위센서 설치 품셈에는 앵커볼트 설치, 지그 및 브라켓 설치, 센서보호커버 설치 작업을 포함.
② 센서접속함체 설치 품셈에는 케이블 인입을 위한 함체 구멍뚫기, 함체 고정작업, 내공변위센서 케이블 및 광섬유케이블 입선 및 정리 작업을 포함.

③ 광섬유케이블 포설은 "4-1-1 광섬유케이블 포설" 품셈 적용.

④ 센서접속함체 내 광섬유케이블 접속은 "4-1-2-1 광섬유케이블 접속 및 시험" 품셈 적용.

⑤ 기계경비는 "1-4 기계경비 산정기준" 품셈 적용.

⑥ 재해 예방과 작업자의 안전을 위해 투입되는 인력(신호수 등) 및 안전시설(표지판, 라바콘 등) 설치는 "1-1-27-1 안전시설" 품셈 적용.

⑦ 철거.(불용 30%, 재사용 80%)

9-4-20-7 공중화장실 무선통신 비상벨 시스템

공 정		단 위	통신설비공
통화장치	주장치	개	0.26
	보조장치	〃	0.12
무선비상벨		〃	0.02
경광등		〃	0.14

[해 설]

① "통화장치" 중 주장치는 전원 및 제어케이블 결선, LTE모뎀 삽입, 장비 설치, 동작감지센서 동작범위 설정, 112상황실 통화 동작시험 포함이며, 보조장치는 전원 및 제어케이블결선, 112상황실 통화 동작시험 포함.

② 무선비상벨은 주장치 인식 연동 작업, 경광등 및 112상황실 통보여부 확인 동작시험 포함.

③ 케이블 및 전원선 포설 품셈은 별도 계상.

④ 재해 예방과 작업자의 안전을 위해 투입되는 인력(신호수 등) 및 안전시설(표지판, 라바콘 등) 설치는 "1-1-27-1 안전시설" 품셈 적용

⑤ 철거.(불용 30%, 재사용 80%)

9-4-21 스마트 병원설비

9-4-21-1 의료용 너스콜

공 정		단 위	통신관련 산업기사	통신케이블공	통신설비공
호출부	콘솔베드	개	-	0.12	0.12
	통화용자기	〃	-	-	0.10
	복도등	〃	-	-	0.08
	위급호출기	〃	-	-	0.06
	호출코드	〃	-	-	0.02
수신부	주수신기	대	-	0.40	0.48
제어부	중앙제어기	〃	-	-	0.36
종합시험		시스템	2.15	2.08	-

[해 설]

① UTP케이블 포설은 "4-3-1 꼬임케이블 포설"을 적용하고, 제어케이블 포설은 "4-4-1 제어용 케이블" 품셈 적용.

② 콘솔베드의 경우 레이저 레벨기(수평 · 수직 조정작업)품이 포함, 주수신기는 통화용자기 IP 입력, 작동시험이 포함.

③ 콘솔베드가 110㎝이하면 본 품셈의 80%적용하고, 120㎝ 이상일 경우 본 품셈의 120% 적용.

④ 콘솔베드프레임 가공시 통신설비공 0.02 별도 적용.

⑤ 케이블 포설에 따른 커낵터 작업은 "4-3-3 Patch Panel 및 성단 등" 품셈 적용.

⑥ 전광판 설치는 "8-5-1 LED 옥외전광판" 품셈 적용.

⑦ 종합시험은 통화용자기, 복도등, 위급호출기, 호출코드와 주수신기간 기준임.

⑧ 리모델링 등 환자가 상주할 때에는 본 품셈의 120% 적용.

⑨ 철거(불용 30%, 재사용 80%). 단, 호출부, 수신부, 제어부에 한함.

정보통신부문 제9장

9-4-21-2 지능형 진료시스템

공 정		단위	통신관련 산업기사	S/W시험사	통신설비공
진료안내설비		대	-	0.35	0.35
진료대기설비	49″ 이하	〃	0.14	-	0.14
	29″ 이하	〃	0.10	-	0.10

[해 설]

① 진료안내설비는 키오스크 타입으로 각종 케이블 결선, 운영 프로그램 설치,동작시험 포함.

② 진료대기설비는 벽부형으로 전용모니터 설치, 브라켓 설치, 각종 케이블 설치, 동작시험 포함하며, 기준규격을 초과하는 경우 규격에 비례하여 적용.

③ 철거(불용 30%, 재사용 80%)

9-4-22 전자가격표시기(ESL:Electronic Shelf Label) 시스템

공 정	단 위	통신설비공	통신관련 산업기사	H/W 시험사	S/W 시험사
태그	10개	0.09	-	-	-
게이트웨이	대	0.20	0.30	-	-
종합시험	식	-	-	0.90	0.90

[해 설]

① 태그 설치는 태그 레일 설치, 태그 부착, 태그 등록 공정 포함.

② 종합시험은 프로그램 설치, 데이터베이스 확인, 시스템 동작 시험 공정 포함.

③ 철거(불용 30%, 재사용 80%)

9-4-23 스마트 비탈면 경보시스템

공 정	단 위	통신관련산업기사	통신설비공
중계기 함체	대	0.47	0.47
센서 함체	〃	0.27	0.27
센서	개	0.07	0.07

[해 설]

① 본 품셈은 바닥 타공 품셈을 포함하고 있음.

② 중계기 함체 설치는 센터간 통신상태 확인 공정을 포함.

③ 센서 함체 설치는 통신모듈 및 태양광 판넬 설치 공정을 포함.

④ 센서 설치는 배관 및 케이블 포설 공정을 포함.

⑤ 지세별 할증은 "1-2-2-1 지세별 할증률" 품셈을 적용하고, 재해 예방과 작업자의 안전을 위해 투입되는 인력(신호수 등) 및 안전시설(표지판, 라바콘 등) 설치는 "1-1-27-1 안전시설" 품셈 적용.

⑥ 철거(불용 30%, 재사용 80%)

9-4-24 스마트 미세먼지신호등 시스템

공 정	단 위	통신관련산업기사	통신설비공
미세먼지신호등	대	0.25	0.25

[해 설]

① 터파기 및 되메우기는 "2-1-8 터파기" 품셈 적용.

② 다지기는 "2-1-9" 다지기 품셈 적용.

③ 꼬임케이블 포설은 "4-3-1 꼬임케이블 포설" 품셈을 적용하고, 그 외 배선및 배관 설치는 별도 계상.

④ 철거(불용 30%, 재사용 80%)

9-4-25 신재생에너지 원격데이터수집 단말장치(RTU)

공　　정	단위	통신설비공
원격데이터수집 단말장치	대	0.16

[해 설]

① 원격데이터수집 단말장치(RTU) 설치는 함체, 차단기, 콘센트 설치 공정을 포함하고 있음.

② 인버터 설치는 "11-7-2 인버터(Inverter)" 품셈 적용.

③ 철거(불용 30%, 재사용 80%)

9-4-26 스마트 교차로 시스템

공　　정	단 위	통신관련산업기사	통신설비공	보통인부
인공지능(AI) 카메라	대	0.64	0.32	-
제어함체	〃	0.51	0.25	-
안내표지판	개소	-	0.12	0.12

[해 설]

① 인공지능(AI) 카메라는 카메라 내부에 CPU, GPU, Memory, Storage가 내장되어 있는 카메라를 말하며, 운영체제 및 프로그램 설치, IP 설정 작업, 하우징, 브라켓, 팬틸트 조립 작업이 포함.

② 제어함체는 내부결선 및 콘센트, 서지보호기, 스위치 설치 포함.

③ 딥러닝 알고리즘 학습기간(교차로 접근로별 회전통행량, 차종, 대기행렬 길이, 혼잡도 분석 등의 데이터를 수집기간) 적용 품셈은 별도 계상.

④ 철주 및 부착대(Arm) 설치는 "9-1-10 ITS 철주" 품셈 적용.

⑤ 재해 예방과 작업자의 안전을 위해 투입되는 인력(신호수 등) 및 안전시설(표지판, 라바콘 등) 설치는 "1-1-27-1 안전시설" 품셈 적용.

⑥ 배선 및 배관 설치 별도 계상.

⑦ 기계경비는 "1-4 기계경비 산정기준" 품셈 적용.

⑧ 철거(불용 30%, 재사용 80%)

9-4-27 스마트 도난방지 시스템

공　　정	단 위	통신설비공	통신케이블공
도난방지 안테나	대	0.18	0.18

[해 설]

① 태그 제거기를 계산대에 매립하여 설치하는 경우에는 별도 계상.

② 배선 및 배관 설치 품셈은 별도 계상.

③ 철거(불용 30%, 재사용 80%)

9-4-28 스마트 공장 시스템

공　　정		단위	H/W 시험사	S/W 시험사	통신관련 산업기사	통신케이블공	통신 설비공	특별 인부
SCADA	프로그램 설치 및 설정	식	0.24	0.24	-	-	-	-
	시험	10point	0.07	0.07	-	-	-	-
PLC	외함 설치	면	-	-	-	-	0.38	0.21
	Bay건립 및 카드설치	〃	-	-	-	0.46	0.59	0.38
	케이블 접속	10point	-	-	-	0.16	-	0.08
	시험	카드	-	-	0.02	-	-	-
환경 센서		대	-	-	-	-	0.12	0.12
현황판	40″ 이하	〃	-	-	0.40	-	0.40	-
	41″ 이상	〃	-	-	0.52	-	0.52	

[해 설]

① PLC 외함 설치는 Base 설치, 외함 안착 및 고정작업 등을 포함하며, W900×H2100×D600 규격 완제품 설치 기준으로 이 외의 규격은 단위 면적에 비례하여 적용.

② PLC Bay건립 및 카드설치는 Base 설치, Duct 설치, 이면 배선 등을 포함.

③ 환경센서 설치는 센서 고정, 센서케이블 포설 공정을 포함하고 있으며, 온도·압력·초음파를 측정하는 고정형 센서 기준으로 자석식 센서는 본 품셈의 8% 적용.

④ 현황판 설치는 공장내부의 벽부 또는 천장에 브라켓 등의 고정지지물을 이용하여 설치하는 기준임.

⑤ 스마트 팩토리 관리PC 및 서버는 "8-1-1 네트워크 설비(공통)" 적용.

⑥ 철거(불용 30%, 재사용 80%)

9-4-29 지능형 카메라 시스템

공 정		단위	통신설비공	특별인부
네트워크(IP) 카메라	일반형	대	0.24	0.24
	돔(Dome)형	〃	0.18	0.18
	스피드 돔형	〃	0.29	0.29
브라켓	-	〃	0.13	0.13

[해 설]

① 일반형 네트워크(IP) 카메라 설치는 하우징 포함이며, 하우징이 포함되지 않는 경우에는 본 품셈의 80% 적용.

② 공동주택에 카메라를 설치하는 경우에는 본 품의 90% 적용.

③ 네트워크(IP) 카메라 설치에는 IP세팅 및 환경설정 작업이 포함.

④ 함체 설치품은 "3-3-1 단자함" 품셈 적용.

⑤ 기계경비는 "1-4 기계경비 산정기준" 품셈 적용.

⑥ 재해 예방과 작업자의 안전을 위해 투입되는 인력(신호수 등) 및 안전시설(표지판, 라바콘 등) 설치는 "1-1-27-1 안전시설" 품셈 적용.

⑦ 철거(불용 30%, 재사용 80%)

9-4-30 스마트 환경보호 설비

9-4-30-1 대형 폐기물 배출신고 시스템

공 정	단 위	H/W시험사	통신설비공
유인 배출신고 시스템	대	0.18	0.18
무인 배출신고 시스템	〃	0.30	0.30

[해 설]

① 본 품셈은 장비 설치, 케이블 포설 및 결선, 장비세팅, 시험 공정을 포함하고 있음.

② 철거(불용 30%, 재사용 80%)

9-4-30-2 음식물 쓰레기 개별계량장비

공 정	단 위	통신설비공
음식물 쓰레기 개별계량장비	대	0.31

[해 설]

① 본 품셈에는 장비 운반 및 설치, 결선, 수평조정, 시험을 포함하며, 전선관 및 전원케이블 포설 등의 공정은 포함하지 않음에 따라 별도 계상.

② 철거(불용 30%, 재사용 80%)

9-4-31 스마트 횡단보도 안전지원 시스템

공 정		단위	통신관련 산업기사	통 신 설비공	통 신 케이블공	보통인부
제어부		대	0.60	0.54	-	0.54
검지부	차량용	〃	-	0.27	-	0.27
	보행자용	〃	-	0.19	-	0.19
표출부		〃	0.58	0.52	-	0.52
매립등		〃	-	0.09	-	0.09
전원선 포설 및 연결		개소	-	0.42	0.42	-
제어선 포설 및 연결		〃	-	0.51	0.51	-

정보통신부문 제9장

[해 설]

① 태양광충전을 위한 설비는 "11-3-2 태양광 충전시스템"품셈 적용하고 Pole 설치는 "9-2-1-3 CCTV Pole" 품셈 적용.
② 엠프 설치는 "7-11-2-1 비상방송 설비"품셈 적용하고, 로고젝터 설치는 "9-4-18 로고젝터" 품셈 적용.
③ 전원 및 제어선 포설 연결구간은 매립등부터 제어부까지임.
④ 재해 예방과 작업자의 안전을 위해 투입되는 인력(신호수 등) 및 안전시설(표지판, 라바콘 등) 설치는 "1-1-27-1 안전시설" 품셈 적용.
⑤ 철거(불용 30%, 재사용 80%)

9-4-32 스마트 과속정보 표지판

공　　정	단위	통신관련 산업기사	통신설비공	보통인부
제어부	대	0.67	0.53	0.53
검지부	〃	-	0.27	0.27
표출부	〃	-	0.36	0.36

[해 설]

① 태양광 충전을 위한 설비는 "11-3-2 태양광 충전시스템" 품셈 적용하고 Pole 설치는 "9-2-1-3 CCTV Pole" 품셈 적용.
② 재해 예방과 작업자의 안전을 위해 투입되는 인력(신호수 등) 및 안전시설(표지판, 라바콘 등) 설치는 "1-1-27-1 안전시설" 품셈 적용.
③ 배관 및 케이블 포설 품셈은 별도 계상.
④ 철거(불용 30%, 재사용 80%).

9-4-33 스마트 IoT 에어샤워

공　　정		단위	통신관련 산업기사	통신설비공	보통인부
IoT 에어샤워	설치	대	-	0.90	0.90
	시험	〃	0.27	0.27	-

[해 설]
① IoT 에어샤워 설치는 본체 조립, 내부결선, 전원선 연결 등을 포함.
② IoT 에어샤워 시험은 운영 프로그램 설치 및 동작시험 공정을 포함.
③ 원격제어, 모니터링을 위한 서버 설치는 "8-1-1 네트워크 설비(공통)" 중 서버(Server) 품셈 적용.
④ 철거(불용 30%, 재사용 80%)

9-4-34 스마트 유류재고 관리 시스템

공 정	단위	통신관련 산업기사	통신설비공	보통인부
유류 센서	대	-	0.21	0.21
제어기	〃	-	0.12	0.12
시험	식	0.15	0.15	-

[해 설]
① 유류 센서 설치는 센서 조립, 고정 및 케이블 결선 포함.
② 제어기 설치는 케이블 결선 및 시스템 설정(센서 연동, 전송확인, 통신방식) 포함.
③ 시험은 관리프로그램 설치, 재고 파악, 오류 확인, 알람기능 확인 포함.
④ 각종 배관 및 케이블 포설은 별도 계상.
⑤ 철거(불용 30%, 재사용 80%)

9-4-35 스마트 수하물 저울 시스템

공 정	단위	통신설비공	S/W시험사
스마트 수하물 저울	대	0.30	0.30

[해 설]
① 본 품셈은 매립형 기준으로 스마트 수하물 저울 바닥고정, 카메라 센서 조립, 프로그램 설치 및 설정 작업을 포함.
② 각종 배관 및 케이블 포설은 별도 계상.
③ 철거(불용 30%, 재사용 80%)

정보통신부문 제 9 장

9-4-36 스마트 화장실 시스템

공 정	단위	통신설비공	H/W시험사
감지 센서	개	0.05	0.05
LED 표시등	〃	0.02	0.02
중계기	대	0.31	0.31

[해 설]

① 단말기(PC), 서버 등을 설치하는 경우에는 "8-1-1 네트워크 설비(공통)" 품셈 적용.

② DID 설치는 "7-11-1 방송국 설비"의 "TV Monitor"품셈 적용.

③ 각종 배관 및 케이블 포설은 별도 계상.

④ 철거(불용 30%, 재사용 80%)

9-4-37 스마트 도서관 시스템

공 정		단위	통신설비공	H/W시험사	S/W시험사
설치	도서대출 반납부	대	0.28	0.28	0.28
	도서 적재부	〃	0.20	0.20	0.20
시험		식	0.32	0.32	0.32

[해 설]

① 본 품셈은 조립형 기준으로 조립 및 고정, 수평 조정, 케이블 결선 작업을 포함. 단, 일체형 설치는 조립형 설치 공정의 70% 적용.

② 시험은 IP 설정, 네트워크 연결 상태확인, 도서관 서버 연동 작업을 포함.

③ 기계경비는 "1-4 기계경비 산정기준" 품셈 적용.

④ 시운전 및 부스 설치는 별도 계상.

⑤ 각종 배관 및 케이블 포설은 별도 계상.

⑥ 철거(불용 30%, 재사용 80%)

9-4-38 지능형 경계 감시 시스템

9-4-38-1 자력(부착)식 케이블센서 감지 시스템

공정		단위	통신관련산업기사	통신케이블공	통신설비공
센서케이블 포설		10m	-	0.15	-
함체 설치		대	-	-	0.63
시그널디텍터 설치		세트	0.21	-	0.42
경보수신반 설치		대	0.30	-	0.70
송·수신 유니트		개	-	-	0.02
시 험	구간시험	구간	0.05	-	0.10
	종합시험	식	0.35	-	0.35

[해 설]

① 센서케이블 포설은 울타리(펜스)에 케이블 고정 및 자석 부착품셈 포함이며, 자석 부착식이 아닌 센서케이블은 본 품셈의 50% 적용.

② 함체 설치는 시그널디텍터를 설치하기 위한 자립식 함체(350㎜ × 500㎜ × 150㎜) 및 터파기, 콘크리트 기초대(350㎜ × 350㎜ × 500㎜), 앵커볼트 설치이며, 함체를 울타리 부착시는 본 품셈의 50% 적용.

③ 경보수신반 설치는 콘솔(랙) · CPU · 메인보드 설치와 송수신 유니트간의 통신상태점검, 경보수신반과 PC와의 통신상태(RS-485, RS 232C) 점검품셈이며, 송 · 수신 유니트는 케이블 결선품셈 포함.

④ 구간시험은 센서케이블~시그널디텍터간, 시그널디텍터~경보수신반간의 감지 및 운영상태 시험이며, 종합시험은 감도조정, 침입자 감지, 경보수신반 기능, 종단장치, 센서케이블 절단 및 단락, 경보수신반과 PC와의 송수신 등의 시험품셈임.

⑤ 재해 예방과 작업자의 안전을 위해 투입되는 인력(신호수 등) 및 안전시설(표지판, 라바콘 등) 설치는 "1-1-27-1 안전시설" 품셈 적용.

⑥ 철거(불용 30%, 재사용 80%)

9-4-38-2 장력식 감지 시스템

공 정		단위	통신설비공	통신관련 산업기사	특별인부	보통인부
포스트 설치	앵커	개	-	-	0.45	0.45
	감지기, 스파이럴	〃	0.25	-	0.25	-
장력 와이어 포설		m	-	-	0.02	0.02
스파이럴 설치		개	0.13	-	-	-
감지기 설치		대	0.13	-	-	-
경보분석장치 설치		〃	0.29	-	0.29	-
시험	구간시험	구간	0.20	0.20	-	-
	종합시험	식	0.46	0.46	-	-

[해 설]

① 포스트 설치는 평지기준이며, 블록담장에 설치하는 경우에는 본 품셈의 50% 적용.

② 장력 와이어 포설은 와이어 텐션 및 고정을 위한 각종 금속부속품 설치 포함.

③ 경보분석장치 설치에는 설치 후 경보분석장치설정 및 감지여부 확인, 시험 작업을 포함.

④ 구간시험은 감지기에서 경보분석장치, 경보분석장치에서 경보분석장치간의 감지 및 운영상태 시험.

⑤ 종합시험은 전체적인 경보 및 장애정보를 수집, 조정하는 작업과 상황실에서 각 감지기 별 감도 확인 및 설정 포함.

⑥ 꼬임케이블 포설은 "4-3-1 꼬임케이블 포설" 품셈을 적용하고, 그 외 배선 및 배관 설치는 별도 계상.

⑦ 함체 설치는 "3-3-1 단자함" 품셈 적용.

⑧ 철거(불용 30%, 재사용 80%)

9-4-39 스마트 보안등 감시 제어시스템

공 정	단위	통신케이블공	통신설비공
점멸기	대	0.12	0.12

[해 설]

① 점멸기 설치는 각종 케이블 결선 및 DB입력(주소, 모뎀번호, 등주번호, 사진 등 기본정보), 디밍제어, 통신상태 확인 시험을 포함하고 있음. 다만, 디밍 제어 기능이 없는 경우에는 본 품셈의 95% 적용.

② 각종 배관 및 케이블 포설은 별도 계상.

③ 철거(불용 30%, 재사용 80%)

9-4-40 스마트 수목관리 시스템

공 정		단위	무선안테나공	통신설비공
중계기		대	0.32	0.32
센서	수목	〃	-	0.04
	토양	〃	-	0.04

[해 설]

① 중계기는 Pole 설치 기준으로 안테나 3대 설치, 안테나~중계기간 배관 및 케이블 포설 공정을 포함하고 있음.

② 기계경비(기계손료, 운전경비, 수송비)는 "1-4 기계경비 산정기준" 품셈 적용.

③ 서버 설치는 "8-1-1 네트워크 설비" 품셈 적용.

④ 재해 예방과 작업자의 안전을 위해 투입되는 인력(신호수 등) 및 안전시설(표지판, 라바콘 등) 설치는 "1-1-27-1 안전시설" 품셈 적용.

⑤ 철거(불용 30%, 재사용 80%)

9-4-41 스마트 발열체크 시스템

공 정	단위	통신설비공
스탠드 타입	대	0.16
게이트 타입	〃	0.33

[해 설]

① 본 품셈은 위치 선정, 제품 조립 및 설치 공정 등을 포함하고 있음.

② 게이트 타입은 출입자가 게이트를 통과하기 전에 발열체크를 할 수 있도록 게이트와 연동하는 타입임.
③ 배선 및 배관 설치는 별도 계상.
④ 철거(불용 30%, 재사용 80%)

9-4-42 소음중화시스템

공　정	단위	통신관련산업기사	통신설비공
메인장비	대	0.45	0.45
소음레벨감지센서	〃	0.06	0.06

[해 설]
① 본 품셈은 인공 음향을 이용해 소음을 제어하는 시스템으로, 스피커 9대 기준이며 초과시 1대당 3% 가산 적용.
② 스피커 케이블은 "4-8-1 음향 및 영상케이블" 품셈을 적용하고, 스피커 및 음량조절기는 "7-11-5 방송 및 음향영상설비 부대공사" 품셈 적용.
③ 소음중화시스템이 설치된 환경의 소음환경분석을 위한 현장소음측정 및 분석은 별도 계상.
④ 철거.(불용 30%, 재사용 80%)

9-4-43 IoT기반 지능형 소화전 관리시스템

공　정	단위	통신외선공	통신설비공	보통인부
T형 제수변 플렌지	대	0.18	-	0.18
제어함체	〃	0.35	0.35	0.35
Pole	기	0.11	-	0.11

[해 설]
① T형 제수변 플렌지에는 각종 센서(온도, 수압, 열선) 설치 포함.
② 제어함체 설치는 함체설치, 케이블 결선, 허브, 영상분석장치, 모뎀, 스피커, 불법 주·정차 감지센서 설치를 포함하며 동작시험 공종을 포함.

③ Pole 설치는 3m 기준이며, 이외 규격은 9-2-1-3 "CCTV Pole" 품셈 적용.
④ 기계경비는 "1-4 기계경비 산정기준" 품셈 적용.
⑤ 기초대 설치는 "3-7-1 부대공사(앵커볼트 설치 등)" 품셈 적용.
⑥ 터파기 및 되메우기는 "2-1-8 터파기" 품셈 적용.
⑦ 카메라 설치는 "9-2-1-1 CCTV 시스템" 품셈 적용.
⑧ 재해 예방과 작업자의 안전을 위해 투입되는 인력(신호수 등) 및 안전시설(표지판, 라바콘 등) 설치는 "1-1-27-1 안전시설" 품셈 적용.
⑨ 철거.(불용 30%, 재사용 80%)

9-4-44 우회전 스마트 알리미 시스템

공 정		단위	통신외선공	통신설비공	통신관련 산업기사	보통인부
전광판	차량용	대	-	0.39	0.39	0.19
	보행자용	〃	-	0.14	0.14	0.07
제어함체		대	0.29	0.29	-	0.29
시험		식	-	0.54	1.08	-

[해 설]
① 제어함체 설치는 서버, ECU, 허브, 전원부 설치 포함.
② 전광판 고정을 위한 강관주 설치는 "9-2-1-3 CCTV Pole" 품셈 적용.
③ 차량 및 보행자 촬영을 위한 카메라 설치는 "9-2-1-1 CCTV 시스템" 품셈 적용.
④ 기계경비는 "1-4 기계경비 산정기준" 품셈 적용.
⑤ 재해 예방과 작업자의 안전을 위해 투입되는 인력(신호수 등) 및 안전시설(표지판, 라바콘 등) 설치는 "1-1-27-1 안전시설" 품셈 적용.
⑥ 철거.(불용 30%, 재사용 80%)

정보통신부문 제9장

9-4-45 전기차 배터리 온도 모니터링 시스템 ('25년 제정)

공　정	단위	통신외선공	통신설비공	S/W시험사
모니터링 시스템	면당	0.08	0.08	-
전원함체	개	0.10	0.10	-
메인함체	개	0.09	0.09	-
운영프로그램	식	0.14	-	0.14
최종시험	식	0.06	-	0.06

[해 설]

① 모니터링 시스템은 열적외선 센서 1개, 전광판 1개, 경광등(사이렌) 1개, 무선 데이터 송신기 1개 설치 기준임.

② 전원함체는 전원공급장치 및 차단기 설치, 메인함체는 무선 데이터 수신기 설치를 포함.

③ 운영프로그램은 온도 및 영상 Data 프로그램 설치 및 설정, 최종시험은 열적외선 센서 감도, 전광판 온도 표출 상태, 관제실 실시간 모니터링 이상유무 등의 작업을 포함.

④ 배관은 "3-1-1 구내통신배관", 꼬임 케이블은 "4-3-1 꼬임케이블", 제어용 케이블은 "4-4-1 제어용 케이블", 전원케이블은 "4-6-1 통신용 구내 전력케이블"을 적용.

⑤ CCTV 카메라는 "9-2-1-1 CCTV 시스템" 촬상부 설치 품셈, NVR 설치는 "9-2-1-1 CCTV 시스템" 영상저장장치 품셈 적용.

제10장 해상·항공설비공사

10-1 해상통신설비

10-1-1 해상 및 해안레이다(300㎾ 기준)

공정		통신관련 기사	통신관련 산업기사	통신 설비공	지적 기사	보통 인부
기초 작업	1. 포장해체	-	-	6.00	-	12.00
	2. 점검및목록대조	-	3.00	6.00	-	-
	3. 기기반입및장치	-	4.00	12.00	-	20.00
	4. 장치대 설치	-	3.00	9.00	-	6.00
	5. 안테나설치 위치확인	1.00	2.00	-	2.00	2.00
조립 및 설치	6. 전원시설	2.00	2.00	8.00	-	4.00
	7. 지시기 설치	2.00	4.00	6.00	-	6.00
	8. 변조기 설치	3.00	6.00	12.00	-	3.00
	9. 송·수신기 설치	4.00	12.00	16.00	-	4.00
	10. 레이더 조정기 설치	-	3.00	6.00	-	-
	11. Adapter Ind 설치	-	3.00	6.00	-	-
	12. Inter Conn.Box 설치	-	3.00	6.00	-	-
	13. 안테나 설치	3.00	3.00	8.00	-	6.00
	14. 기타회로 결선	3.00	3.00	9.00	-	-
점검 및 조정	15. 회루결선 점검	3.00	6.00	-	-	-
	16. 기기단속동작 점검	3.00	6.00	-	-	-
	17. 기기연속동작 점검	3.00	6.00	-	-	-
	18. 종합성능점검 및 조정	6.00	6.00	-	-	-
	19. 시험전파 발사	8.00	8.00	-	-	-

[해 설]

① 배선 및 접지시설은 별도 계상.

② 50㎾ 이하는 300㎾의 50% 적용.

③ 100㎾ 이하는 300㎾의 70% 적용.

④ 500㎾ 이하는 300㎾의 180% 적용.

⑤ 철거(불용 30%, 재사용 80%)

10-1-2 해상교통관제시스템(VTS)

10-1-2-1 VTS 운용콘솔

(단위 : 대)

공 정		통 신 설비공	S/W 시험사	H/W 시험사
기 초 작 업	포장해체 및 목록대조	0.39	-	0.52
	장비반입 및 전원설비 설치	0.48	-	0.48
	운용콘솔 설치(2700×1100)	1.50	-	1.50
조 립 및 설 치	운용콘솔 본체 설치	0.20	-	0.30
	모니터 설치	0.10	-	0.10
	OS/Patch 설치	-	0.65	0.65
	장비 결선	0.58	-	0.58
Software 설 치	운용 서버 프로그램 설치	-	1.00	0.30
	VTS 운용 Sub-Client설치	-	0.70	0.30
	Driver설치 및 동작상태 확인	-	0.30	1.20
	Chart 및 각종 Mask 설치(국소당)	-	1.50	-
종 합 시 험	운용 콘솔 설치상태 확인·점검	-	-	0.21
	전원측정 및 점검	-	-	0.20
	Multi Video Distribution 시험	-	-	0.17
	System Application 및 연동 SoftWare 시험	-	-	0.78
	Network 상태 시험 및 점검	-	-	0.32
	Plot전시상태 시험 및 조정(국소당)	-	-	0.86
	Track 및 AIS상태 시험(국소당)	-	-	0.66
	Data-Backup	-	-	0.79
	Remote Control상태 시험(국소당)	-	-	1.50
	단축 조정 KEY 판넬 시험	-	-	0.76

[해 설]

① 본 품셈은 해상교통관제센터 및 무인사이트 설치기준으로 도선 및 원거리, 지세, 지형, 위험 등 각종 할증은"1-2-2 품의 할증" 적용.

② 운용콘솔 설치는 운용콘솔 고정 및 수평작업, 케이블 포설을 위한 운용콘솔의 구멍뚫기 품셈 포함.

③ VTS 운용 Sub-Client설치라 함은 AIS, CCTV, System Warning, SCADA, MET/HYD, Time Client 등의 프로그램을 설치하는 공정임.
④ Data-Backup은 최종설치 후 VTS운영 프로그램 및 Data를 Backup하는 공정임.
⑤ 동종의 복수장비 설치시는 본 품셈의 80% 적용.
⑥ 기계경비는 "1-4 기계경비 산정기준" 품셈 적용.
⑦ 접지케이블 포설은 "11-5-1 접지시설" 적용하고, UTP케이블 포설은 "4-3-1 꼬임케이블 포설" 적용, 제어케이블 포설은 "4-4-1 제어용 케이블" 적용.
⑧ 각종 커넥터 및 Jack접속은 "4-3-2 커넥터 및 Jack 접속" 품셈 적용.
⑨ 철거(불용 30%, 재사용 80%). 단, S/W시험사는 제외.

10-1-2-2 경보통합처리장치

(단위 : 대)

공 정		통신설비공	S/W시험사	H/W시험사
기초 작업	포장해체 및 목록대조	0.39	-	0.52
	장비반입 및 전원설비 설치	0.48	-	0.48
조립 및 설치	모니터 설치	0.10	-	0.10
	OS/Patch 설치	-	0.65	0.65
	장비 결선	0.58	-	0.58
Software 설치	경보통합처리장치 프로그램 설치	-	1.40	0.55
	VTS 운용 Sub-Client설치	-	0.70	0.45
	Driver설치 및 동작상태 확인	--	0.55	1.00
종합 시험	경보통합처리장치 설치상태 확인·점검	-	-	0.40
	전원측정 및 점검	-	-	0.25
	Video Distribution 점검	-	-	0.25
	System Application 및 연동Software 시험	-	0.50	0.55
	Network 상태 시험	-	-	0.35
	Data 서비스기능 및 Radar 통제시험	-	0.55	0.55
	Radar Target Data 처리시험	-	0.45	0.45
	Data-Backup	-	0.46	0.33
	Time Server 시험 및 조정	-	0.85	0.75

정보통신부문 제10장

[해 설]
기타 명시하지 아니한 내용은 "10-1-2-1 VTS 운용 콘솔"해설항 적용.

10-1-2-3 기록장치

(단위 : 대)

공 정		통신설비공	S/W시험사	H/W시험사
기초 작업	포장해체 및 목록대조	0.39	-	0.52
	장비반입 및 전원설비 설치	0.48	-	0.48
조립 및 설치	모니터 설치	0.10	-	0.10
	OS/Patch 설치	-	0.65	0.65
	장비 결선	0.58	-	0.58
Software 설치	기록장치 프로그램 설치	-	1.40	0.50
	VTS 운용 Sub-Client 설치	-	0.70	0.40
	Driver설치 및 동작상태 확인	-	0.60	0.55
	Voice 데이타 저장 프로그램 설치	-	0.75	0.75
종합 시험	기록장치 설치상태 확인·점검	-	-	0.20
	전원측정 및 점검	-	-	0.11
	Network상태 시험	-	-	0.35
	기록매체 점검(RW-CDROM,Tape-Backup등 포함)	-	0.20	0.20
	각종 기록Data 저장 시험 (Video, Voice, Track, AIS, VHF/DF 등)	-	0.50	0.50
	System state 및 Software 시험	-	0.55	0.25
	각종 Replay상태 시험(국소당)	-	1.20	-
	Voice상태 조정(채널당)	-	0.75	0.75

[해 설]
① 기타 명시하지 아니한 내용은 "10-1-2-1 VTS 운용 콘솔"해설항 적용.
② 관제센터와 기관사 또는 역무원 등의 통화내용을 녹음하는 녹음장치는 본 품셈을 적용.

10-1-2-4 데이터 저장장치

(단위 : 대)

공정		통신설비공	S/W시험사	H/W시험사
기초작업	포장해체 및 목록대조	0.39	-	0.52
	장비반입 및 전원설비 설치	0.48	-	0.48
조립 및 설치	모니터 설치	0.10	-	0.10
	OS/Patch 설치	-	0.65	0.65
	장비 결선	0.58	-	0.58
Software 설치	저장장치 프로그램 설치	-	1.40	0.50
	VTS 운용 Sub-Client설치	-	0.80	0.55
	Driver설치 및 동작상태 확인	-	0.65	0.50
	Data-Base Server설치	-	0.50	-
종합 시험	저장장치 설치상태 확인·점검	-	-	0.33
	전원측정 및 점검	-	-	0.29
	Video Distribution 시험 및 조정	-	-	0.30
	SQL Server 동작상태 시험	-	0.20	-
	Web Service(IIS)동작상태 시험	-	0.20	-
	Driver동작상태 및 Network상태 시험	-	-	0.55
	System state 및 Software점검	-	0.40	0.30
	데이타베이스 확인 및 Back-up	-	0.55	0.65

[해 설]

기타 명시하지 아니한 내용은"10-1-2-1 VTS 운용 콘솔"해설항 적용.

10-1-2-5 편집기

(단위 : 대)

공	정	통신 설비공	S/W 시험사	H/W 시험사
기초 작업	포장해체 및 목록대조	0.39	-	0.52
	장비반입 및 전원설비 설치	0.48	-	0.48
조립 및 설치	모니터 설치	0.10	-	0.10
	OS/Patch 설치	-	0.65	0.65
	장비 결선	0.58	-	0.58
Software 설치	편집기 프로그램 설치	-	1.55	0.70
	VTS 운용 Sub-Client설치	-	0.80	0.45
	Chart 및 각종 Mask 설치	-	1.50	-
종 합 시 험	편집기 설치상태 확인·점검	-	-	0.35
	전원측정 및 점검	-	-	0.24
	Video Distribution 시험 및 점검	-	0.35	-
	System Application 및 연동Software 시험	-	0.35	0.32
	Network 상태시험	-	-	0.35
	Plot전시상태 시험 및 조정(국소당)	-	0.42	0.42
	Track 및 AIS상태 시험(국소당)	-	0.40	0.35
	Remote Control상태 시험(국소당)	-	-	0.34
	Data 송출시험 및 점검	-	-	0.32

[해 설]

① Data 송출시험 및 점검은 편집기에서 편집된 각종 데이터가 모든 다른 시스템으로 정확하게 전송 여부를 확인 · 시험하는 공정임.

② 기타 명시하지 아니한 내용은 "10-1-2-1 VTS 운용 콘솔"해설항 적용.

10-1-2-6 데이터 재생장치

(단위 : 대)

공 정		통신설비공	S/W 시험사	H/W 시험사
기초작업	포장해체 및 목록대조	0.39	-	0.52
	장비반입 및 전원설비 설치	0.48	-	0.48
조립 및 설치	모니터 설치	0.10	-	0.10
	OS/Patch 설치	-	0.65	0.65
	장비 결선	0.58	-	0.58
Software 설치	데이터재생 프로그램 설치	-	1.60	0.94
	VTS 운용 Sub-Client설치	-	0.90	0.75
	Chart 및 각종 Mask 설치	-	1.50	-
종 합 시 험	데이터 재생장치 설치상태 확인·점검	-	-	0.42
	전원측정 및 점검	-	-	0.23
	Multi Video Distribution 시험 및 조정	-	-	0.24
	System Application 및 연동Software 시험	-	0.32	-
	Network 상태시험	-	0.38	0.38
	Plot전시상태 시험 및 조정(국소당)	-	-	0.42
	Track 및 AIS상태 시험 (국소당)	-	0.43	0.43
	Remote Comtrol상태 시험 및 조정(국소당)	-	0.48	0.45
	Data-Backup	-	0.46	0.33

[해 설]

기타 명시하지 아니한 내용은 "10-1-2-1 VTS 운용 콘솔"해설항 적용.

10-1-2-7 센서서버장치

(단위 : 대)

공 정		통신 설비공	S/W 시험사	H/W 시험사
기초 작업	포장해체 및 목록대조	0.39	-	0.52
	장비반입 및 전원설비 설치	0.48	-	0.48
조립 및 설치	모니터 설치	0.10	-	0.10
	OS/Patch 설치	-	0.65	0.65
	장비 결선	0.58	-	0.58
Software 설치	센서서버 프로그램 설치	-	1.52	0.95
	VTS 운용 Sub-Client설치	-	0.86	0.65
	Chart 및 각종 Mask 설치	-	1.50	-
종 합 시 험	센서서버장치 설치상태 확인·점검	-	0.20	0.32
	전원측정 및 점검	-	-	0.26
	Video Distribution 시험 및 조정	-	0.21	0.21
	Sub-Client 시험	-	0.32	0.32
	System Application 및 연동Software 시험	-	0.30	-
	Network 연결상태 시험	-	-	0.32
	Radar Sevive Modle시험	-	0.41	-
	Data Back-up	-	0.46	0.33

[해 설]

기타 명시하지 아니한 내용은 "10-1-2-1 VTS 운용 콘솔"해설항 적용.

10-1-2-8 초단파대역 방향탐지기

(단위 : 대)

공	정	무 선 안테나공	S/W 시험사	H/W 시험사
기 초 작 업	포장해체 및 목록대조	1.08	-	2.02
	장비반입	1.30	-	0.65
조립 및 설치	Tilt Master 설치	3.45	-	0.90
	안테나 설치(18소자)	3.41	-	2.45
	DF 장비 설치	3.30	-	1.80
	각종 케이블 결선	1.70	-	1.40
Software 설 치	보드별 설정값 확인 및 시험	-	0.25	0.50
	계측장비를 이용한 각 Board 설정값 조정	-	-	1.50
	DF 조정(방위당)	2.00	2.00	2.00
	VTS 프로그램설치	-	0.25	-
종 합 시 험	VHF/DF 자체 동작상태 확인	-	0.25	0.25
	각 PCB 및 장비의 기능상태 시험	-	0.11	0.50
	운항선박 DF 조정(1일기준)	-	1.00	1.00
	System Application 및 연동Software 시험	-	0.25	0.25

[해 설]

① Tilt Master 및 안테나 설치는 옥상바닥 설치기준이며, 철탑에 설치시는 "1-2-2-5 위험할증률"별도 계상.

② 급전선은"7-7-1-2 Feeder Cable"품셈 적용.

③ DF조정은 이동용VHF를 이용하여 약 8㎞이상의 거리에서 송신을 하여 오차범위를 2도이내로 조정하는 공정임.

④ 운항선박 DF 조정은 항해중인 선박 및 접안선박들과 여러 방위 및 거리에서 송신하여 오차범위를 1도이내로 조정하기 위한 공정임.(시설관리규정 오차범위 적용)

⑤ 기타 명시하지 아니한 내용은"10-1-2-1 VTS 운용 콘솔"해설항 적용.

10-1-2-9 추적장치

(단위 : 대)

공 정		통 신 설비공	S/W 시험사	H/W 시험사
Software 설 치	VTS추적장치 프로그램 설치	-	1.40	0.50
	VTS 운용 Sub-Client설치	-	0.70	0.30
	SCADA장비 설치 및 결선	0.75	-	0.75
	Chart 및 각종 Mask 설치	-	1.50	-
조 정 작 업	Pulse Video조정(Pulse 당)	-	1.00	2.00
	Radar 송수신기Video 조정(송수신기당)	-	3.00	3.00
	안테나 Rotation 및 Sync조정(Pules당)	-	0.50	0.50
	각종 Mask 조정작업(국소당)	-	1.50	-
종 합 시 험	레이더 추적장치 동작상태 시험 및 조정	-	1.10	1.10
	System Application 및 연동Software 시험	-	0.20	0.20
	VTS System 연계 Video 조정작업(송수신기당)	-	2.25	2.25
	VTS system연계 Track상태 점검 및 조정 (송수신기당)	-	2.10	2.10

[해 설]

① Pulse Video조정은 각 Pulse Mode(Short, Medium1·2, Long Range)에서 Video 감도 조정 작업 공정임.

② Radar 송수신기 Video조정은 운영특성상 Dual로 운영되는 각 송수신기(MTR 01, 02)에서 Video 감도 조정 공정임.

③ VTS System 연계시 Video 조정작업은 경보통합처리장치, 추적장치(Workstation Type포함), VTS 운영콘솔 등이 연계된 상태에서 각 송수신기(MTR 01, 02)에서 Video 감도 조정하는 공정임.

④ VTS System 연계시 Track 상태점검 및 조정(송수신기당)은 경보통합처리장치, VTS 운영콘솔, 추적장치(Workstation Type포함), VTS DB서버 등이 연계된 상태에서 각 송수신기(MTR 01, 02)에서 Track 정보상태 및 조정하는 공정임.

⑤ 기초작업 및 조립설치는 "10-1-2-1 VTS 운용콘솔" 적용.(운용콘솔 설치는 제외)

⑥ 기타 명시하지 아니한 내용은 "10-1-2-1 VTS 운용콘솔" 해설항 적용.

10-1-2-10 Radar 원격제어장치

(단위 : 대)

공 정		통 신 설비공	S/W 시험사	H/W 시험사
기초작업	포장 해체 및 목록대조	0.23	-	0.23
	장치대 설치	0.50	-	0.50
	기기반입 및 전원설비 설치	0.38	-	1.02
조립 및 설 치	레이더 원격제어장치 설치	0.30	-	0.30
	각종 케이블 결선	0.81		0.81
장비조정	장비 내부점검 및 설정조정 작업	-	1.21	1.21
Software 설치	운용 프로그램 설치	-	0.45	-
	각 운용콘솔 프로그램 설치(장치당)	-	0.31	-
종 합 시 험	Local Radar control 시험 및 조정	-	0.25	0.25
	각종 입력신호 확인작업	-	-	0.50
	국소내 Remoter Radar Control 시험	-	0.50	0.50
	VTS system간 연계 후 조정 작업	-	1.00	1.00
	VTS system 연계상태 동작확인	-	0.72	2.00

[해 설]

① VTS System간 연계 후 조정 작업은 경보통합처리장치, 추적장치(Workstation Type포함), VTS 운영콘솔 등이 연계된 상태에서 Radar 원격제어장치(MTR 01, 02 절체, 각 Pulse절체, Scanner Turn 제어 및 Tune값 조정 등)를 조정하는 공정임.

② VTS system 연계상태 동작확인은 Radar를 원격제어하기 위해 경보통합처리장치, VTS 운영콘솔, VTS DB서버, 추적장치(Workstation Type포함) 등의 연계상태(Service Registry, Network, System Warning 등) 동작을 확인 조정하는 공정임.

③ 동축케이블 포설은 "4-2-1 동축케이블 포설" 적용.

④ 기타 명시하지 아니한 내용은 "10-1-2-1 VTS 운용콘솔" 해설항 적용.

10-1-2-11 신호분배기

(단위 : 대)

공 정		통 신 설비공	H/W 시험사
기 초 작 업	포장 해체	0.13	0.13
	점검 및 목록대조	-	0.26
조립 및 설 치	신호분배기 설치	0.25	0.25
	각종 케이블 결선	0.38	0.38
조 정 작 업	송수신기 장치별 Video 조정	-	0.25
	각 TP단자별 신호상태 확인 및 측정	-	0.25
종 합 시 험	Service PPI 및 추적장치 신호입력 및 출력상태 확인 및 조정	-	0.70

[해 설]

① 동축케이블 포설은 "4-2-1 동축케이블 포설" 적용.

② 기타 명시하지 아니한 내용은 "10-1-2-1 VTS 운용 콘솔"해설항 적용.

10-1-3 기지국 선박자동식별시스템

(단위 : 대)

공 정		통신관련 기 사	통신관련 산업기사	H/W 시험사	S/W 시험사	통 신 케이블공	통 신 설비공	보통 인부
기초 작업	기기반입 및 장비운반	-	-	-	-	0.76	0.13	-
	포장해체 및 점검 목록대조	0.13	-	-	-	0.13	0.38	-
장 비 설치	기지국 제어장치(BSC)	0.52	-	0.50	0.21	0.13	-	-
	원격전원제어장치(RPC)	-	-	0.82	-	0.06	-	-
	Cavity Filter	-	0.92	-	-	-	0.53	0.53
시험	종합시험 및 대국시험	1.32	-	2.25	1.50	-	-	-

[해 설]

① 본 품셈은 해안 기지국내 single 설치기준으로 dual 설치시 본 품셈의 180% 적용.

② 안테나 설치는 "7-5-2 VHF, 옴니, 코너 안테나"를 적용.

③ 급전선은 "7-7-1-2 Feeder Cable" 품셈 적용

④ 안테나와 장비로 이어지는 전파급전선 설치에 요구되는 배관용 홈파기, 벽관용 구멍파기, 앵커볼트 설치 등은 "3-7-1 부대공사(앵커볼트 설치 등)" 및 "3-7-2 벽 관통 구멍뚫기"를 적용.

⑤ 커넥터 조립은 "4-2-2 커넥터" 품셈 적용.

⑥ 네트워크 장치는 "8-1-1 네트워크 설비(공통)", 19″Rack 설치는 "4-3-3 Patch Panel 및 성단 등", AIS송수신기는 "7-1-2 VHF 또는 UHF(100W이하) 고정국 송 · 수신기 신설", UPS설치는 "11-4-1 무정전 전원장치(UPS, CVCF) 신설"을 각각 적용.

⑦ 시험은 선박간 메시지 송수신을 비롯한 Serial/TCP/IP변환/Port별 송수신 테스트와 각 구간별 네트워크 상태 점검 등을 포함.

⑧ 철거(불용 30%, 재사용 80%)

10-1-4 항로표지 집약관리시스템

공 정	단 위	통신관련 산업기사	무 선 안테나공	통 신 설비공
안테나	대	-	0.37	0.37
원격제어장치	〃	1.11	0.66	0.45

[해 설]

① 배관설치는 "3-3-1 구내통신배관 공사" 품셈을 적용하고, 각종 케이블(전원케이블, 제어케이블, 접지케이블 등) 포설은 규격에 맞는 품셈을 적용.

② 원격제어장치 설치에는 시험 품셈 포함.

③ 태양전지판과 전원관리장치(충방전조절기)는 "11-3-2 태양광 충전시스템" 품셈 적용.

④ 본 품셈은 육지 설치기준으로 해상에 설치할 경우에는 "1-2-2-14 기타할증률 (4)선상 및 해상작업 할증률" 적용.
⑤ 축전지 설치는 "11-1-1 밀폐고정형 납 축전지(VGS)" 품셈 적용.
⑥ 철거(불용 30%, 재사용 80%)

10-2 선박통신설비

10-2-1 공통적용 ('25년 개정)

공 정	단위	통신케이블공	보통인부
선박 통신장비용 전원케이블 포설	100m	1.10	0.80
선박 통신장비용 케이블 포설	〃	2.20	1.00

[해 설]
① 모든 배선길이는 100m 기준임.
② 기초작업중 기초대 설치는 목공 및 철공 Bed 설치품셈 포함.
③ 내항에 접안되어 있는 선박을 기준하였으며, 선상(내항, 외항) 정박중인 선박은 "1-2-2-14 기타할증률 (4)선상 및 해상작업 할증률"을 적용하고, 원거리 및 위험 등 각종 할증은 별도 계상.
④ 동종의 복수장비 설치시 본 품셈의 80%적용.
⑤ 기계경비는 "1-4 기계경비 산정기준" 품셈 적용.
⑥ 종합시험은 각종 장치의 전체적인 기능동작, 자체 확인점검 및 사용자에게 정상여부 확인 인계품셈 포함.
⑦ 기초대 설치는 설치장소 확인 및 장비운반 포함.
⑧ 콤파운드 작업은 "3-7-1 부대공사(앵커볼트 설치 등)" 품셈 적용.
⑨ 선박에 위성방송안테나 설치시 "7-5-6 방송 공동수신 안테나"의 위성방송안테나 적용.
⑩ 철거.(불용 50%, 재사용 90%)

10-2-2 GMDSS MF/HF Radio Equipments(400W이하)

(단위 : 대)

공정		통신관련산업기사	통신관련기능사	무선안테나공	통신케이블공	통신설비공	보통인부
기초작업	포장해체	-	-	-	-	0.25	0.43
	점검 및 목록대조	-	-	-	-	0.25	0.42
	기기반입 및 장치	-	-	-	0.63	0.63	0.79
	기초대설치	-	-	-	0.50	0.50	-
조립및설치	전원부	-	-	-	0.38	0.38	-
	Main Equipments	-	-	-	0.76	0.76	-
	Control Unit	-	-	-	0.13	0.13	-
	Print Unit	-	-	-	-	0.06	-
	Auto Turning Unit	-	0.57	0.83	-	-	-
	Antenna Bed 설치	-	-	0.39	-	0.39	-
	Antenna 설치	-	-	0.50	-	0.50	-
	안테나케이블 인입구 가공	-	-	0.68	-	0.68	-
배선및결선	Main Equipments	-	-	-	0.88	0.88	-
	Control Unit	-	-	-	0.45	0.20	-
	Print Unit	-	-	-	0.28	0.13	-
	Auto Turning Unit	-	-	-	0.44	0.34	-
	Antenna System	-	-	-	0.43	0.43	-
조정	전원부	-	-	-	-	0.69	-
	Main Equipments	0.63	0.59	-	-	-	-
	Control Unit	0.59	-	-	-	-	-
공중선정합	A.T.U 정합	0.33	-	-	-	-	-
시험	회로결선	0.94	-	-	-	0.89	-
	절연내력	0.33	-	-	-	-	-
	기기시운전	0.63	-	-	-	-	-
	시험전파발사작업	0.50	-	-	-	-	-
측정교정및종합시험	주파수	0.29	0.29	-	-	-	-
	공중선출력	0.25	-	0.25	-	-	-
	DSC/NBDP해안국	0.22	0.20	-	-	-	-
	종합시험	0.23	0.23	-	-	-	-

정보통신부문 제10장

[해 설]

① 400W 초과 장비는 본 품셈의 130% 적용.

② 150W 이하 장비는 본 품셈의 70% 적용.

③ 조립 및 설치품셈 중 Main Equipments 설치는 송신부, 수신부, 제어부, DSC Terminal, NBDP Terminal 및 접지동판 설치 등이 일체 포함됨.

④ 조립 및 설치품셈 중 Antenna 설치품셈은 송수신용 8.5m Whip Antenna, DSC Watch Receiver용 6.3m Whip Antenna 설치품셈임.

⑤ 조립 및 설치품셈 중 안테나케이블 인입구 가공은 안테나 인입구 철판 Hole 가공, 인입애자 설치 및 방수처리 작업품셈이 포함됨.

⑥ 배선 및 결선품셈은 Main Equipments, Print, Control Unit, ATU 및 Antenna System 이외 MF/HF Radio Equipments 관련 일체의 부속물 배선 및 결선과 Cable 포설 관련 천장 및 벽면 합판 해체·복구 작업품셈이 포함됨.

⑦ 조정품셈은 Battery 성능·전원부 각 전원전압·충전정격전류 점검 및 조정, NBDP Terminal·Print Unit간 Matching 및 조정, Control Unit측 Software의 각 기능 점검 및 조정 등이 포함됨.

⑧ 시험품셈 중 회로결선은 전원부, Main Equipments, Control Unit, Print, NBDP Terminal, Auto Turning Unit, Antenna Cable, GPS Interface Cable의 회로 결선 시험이 포함됨.

⑨ 절연내력에는 전원부, ATU, Antenna Cable의 절연 검사품셈이 포함됨.

⑩ DSC/NBDP 해안국 시험은 식별부호(㎜SI No.), 비상주파수, DSC 송수신장치 확인 점검 및 인근 NBDP 해안국과 교신 정상 여부, 인쇄상태 확인 점검 등이 포함됨.

10-2-3 VHF DSC Radio Telephone(25W이하)

(단위 : 대)

공정		통신관련산업기사	통신관련기능사	무선안테나공	통신케이블공	통신설비공	보통인부
기초작업	포장해체	-	-	-	-	0.13	0.39
	점검 및 목록대조	-	-	-	-	0.13	0.39
	기기반입	-	-	-	0.61	0.61	0.61
	설치장소위치확인	-	-	-	0.13	0.13	-
조립 및 설치	전원부	-	-	-	0.13	0.13	-
	VHF DSC Unit	-	-	-	0.48	-	-
	Antenna Bed 설치	-	-	0.32	-	0.32	-
	Antenna 설치	-	-	0.57	-	0.57	-
	안테나케이블 인입구 가공	-	-	0.51	-	0.51	-
배선 및 결선	VHF DSC Unit	-	-	-	0.51	0.38	-
	Antenna System	-	-	-	0.81	0.64	-
조정	전원부	-	-	-	-	0.07	-
	VHF DSC Unit	0.62	0.62	-	-	-	-
대국시험 및 종합시험	회로결선	0.21	-	-	-	0.21	-
	시험전파발사작업	0.05	-	-	-	-	-
	주파수	0.14	0.14	-	-	-	-
	공중선출력	0.06	0.06	-	-	-	-
	DSC 해안국	0.03	0.03	-	-	-	-
	종합시험	0.06	0.06	-	-	-	-

[해 설]

① 조립 및 설치품셈 중 VHF DSC Unit 설치는 VHF DSC Main Unit, Emergency Light, 외부 Speaker, Junction Box 이외 VHF DSC Radio Telephone 관련 일체의 부속물 설치 등이 포함됨.

② 조립 및 설치품셈 중 Antenna 설치품셈은 송수신용 1.3m Whip Antenna, DSC Watch Receiver용 1.3m Whip Antenna 설치 품셈임.

③ 조립 및 설치품셈 중 안테나케이블 인입구 가공품셈은 안테나 인입구 철판 Hole 가공, Cable 인입관통구, Grand 설치 및 방수 처리 작업품셈이 포함됨.

④ 배선 및 결선은 VHF DSC Unit, Antenna System 이외 VHF DSC Radio Telephone 관련 일체의 부속물 배선 및 결선과 포설 관련 천장 및 벽면 합판 해체 · 복구 작업이 포함됨.

⑤ 조정품셈 중 VHF DSC Unit는 식별부호(mmSI No.) 입력 설정, Software 이외 각 기능 조정 등이 포함됨.
⑥ 대국시험 및 종합시험품셈 중 회로 결선은 전원부, VHF DSC Unit, 외부 Speaker, Handset Junction Box, Antenna Cable 회로 결선 시험 등이 포함됨.
⑦ VHF Radio Telephone(25W이하) 설치시는 본 품셈의 70% 적용. 단, 대국시험 및 종합시험품셈 중 DSC 해안국은 해당 없으므로 적용 제외.

10-2-4 SSB 송·수신기(100W 이하)

(단위 : 대)

공정			통신관련산업기사	통신관련기능사	무선안테나공	통신케이블공	통신설비공	보통인부
기초 작업	포 장 해 체		-	-	-	-	0.13	0.31
	점검 및 목록대조		-	-	-	-	0.08	0.25
	기 기 반 입		-	-	-	0.61	0.61	0.78
	기 초 대 설 치		-	-	-	0.13	0.13	-
조립 및 설치	전 원 부		-	-	-	0.13	0.26	-
	SSB 송 수 신 부		-	-	-	0.63	0.50	-
	Auto Turning Unit		-	0.78	0.39	-	-	-
	Antenna Bed		-	-	0.29	-	0.29	-
	Antenna	Whip	-	-	0.24	-	0.24	-
		MF/HF (데이터수신전용)	-	-	0.20	-	0.20	-
		Wire	-	-	0.32	-	0.32	-
	Display Monitor		0.09	-	-	-	0.09	-
	안테나케이블 인입구 가공		-	-	0.45	-	0.45	-
배선 및 결선	SSB 송 수 신 부		-	-	-	0.64	0.51	-
	Auto Turning Unit		-	-	-	0.41	0.28	-
조정	전 원 부		-	-	-	-	0.09	-
	SSB 송 수 신 부		0.38	0.25	-	-	-	-
대국시험 및 종합시험	회 로 결 선		0.31	-	-	-	0.18	-
	시험전파발사작업		0.20	-	-	-	-	-
	주 파 수		0.29	0.16	-	-	-	-
	공 중 선 출 력		0.06	0.06	-	-	-	-
	해 안 무 선 국		0.03	0.03	-	-	-	-
	종 합 시 험		0.06	0.06	-	-	-	-

[해 설]

① 기초대 설치는 Wooden Bed 및 Steel bed 설치품셈이 포함됨. 단, Desk 설치형 장비는 본 품셈 적용 제외.

② 조립 및 설치품셈 중 SSB 송수신부는 송신부, 수신부, 제어부 및 접지동판 설치 이외 SSB Radio Telephone 관련 일체의 부속물 설치품셈이 포함됨.

③ 조립 및 설치품셈 중 Auto Turning Unit는 ATU 받침대, Auto Turning Unit 및 접지동판, 접지 Cable 포설품셈이 포함됨.

④ 조립 및 설치품셈 중 안테나케이블 인입구 가공품셈은 안테나 인입구 철판 Hole 가공, 인입애자(혹은 인입관통구 및 Grand) 설치 및 방수 처리 작업이 포함됨.

⑤ 배선 및 결선은 SSB 송수신부, Antenna Turning Unit, Antenna System 이외 SSB Radio Telephone 관련 일체의 부속물 배선 및 결선과 Cable 포설 관련 천장 및 벽면 합판 해체 · 복구 작업이 포함됨.

⑥ 조정품셈은 Battery 성능 · 전원부 각 전원전압 · 충전정격전류 점검 및 조정, Auto Turning Unit간 Matching 및 조정 등이 포함됨.

⑦ 대국시험 및 종합시험품셈 중 회로 결선은 전원부, SSB 송수신기, 외부 Speaker, Antenna Cable 회로 결선 시험 등이 포함됨.

⑧ DSC 기능이 탑재된 장비 설치시는 본 품셈의 130% 적용.

10-2-5 인마세트 선박지구국(INMARSAT) 표준 C형

(단위 : 대)

공정			통신관련 산업기사	무선 안테나공	통신 케이블공	통신 설비공	보통 인부
기초 작업	포장해체		-	-	-	0.25	0.25
	점검 및 목록대조		-	-	-	0.18	0.18
	기기반입 및 장치		-	-	0.66	0.66	0.66
조립 및 설치	전원부		-	-	0.13	0.13	-
	EME	Steel Bed 설치	-	0.41	0.41	0.25	-
		Antenna 설치	-	0.42	0.42	0.25	-
		안테나케이블 인입구 가공	-	0.30	0.30	0.13	-
	IME	Main 장비설치	-	-	-	0.37	0.37
		DTU 고정설치	-	-	-	0.37	0.37
		Print 고정설치	-	-	-	0.22	0.22
		조난버튼 고정설치	-	-	-	0.18	0.18
배선 및 결선	EME		-	-	0.44	0.44	-
	IME		-	-	0.72	0.72	-
조정	전원부		-	-	-	0.16	-
	EME,IME & DTE		0.32	-	-	0.20	-
대국시험 및 종합시험	회로결선		0.52	-	-	-	-
	시험전파발사작업		0.38	-	-	-	-
	종합시험		0.51	-	-	-	-

[해 설]

① EME(Externally Mounted Equipment)는 EME Pole Mast Steel Bed 용접, Antenna 인입구 철판면 Hole가공, Grand 설치 및 방수 처리작업 포함됨.

② IME(Internally Mounted Equipment)는 IME, DTU(Data Terminal Unit), Print등 관련 설치품셈이 포함됨.

③ 배선 및 결선품셈에는 EME, IME, DTE, Print등 일체의 Cable 포설 배선 및 단말 결선품셈과 Cable 포설 관련 천장 및 벽면 합판 해체 및 복구 작업품셈이 포함됨.

④ 기타 명시하지 아니한 내용은 10-2-2 GMDSS MF/HF Radio Equipments(400W 이하)항 적용.

10-2-6 인마세트 선박지구국(INMARSAT) 표준 FB & VSAT형

(단위 : 대)

공 정			통신관련 산업기사	무 선 안테나공	통 신 케이블공	통 신 설비공	보 통 인 부
기초 작업	포 장 해 체		-	-	-	0.25	0.35
	점검 및 목록대조		-	-	0.30	0.30	-
	기기반입 및 장치		-	-	0.69	0.69	0.79
조립 및 설치	전 원 부		-	-	0.25	0.25	-
	ADE	ADE Bed 설치	-	0.89	-	0.79	-
		Antenna 설치	-	0.89	-	0.79	-
		안테나케이블 인입구 가공	-	0.89	-	0.79	-
	BDE	Main 장비설치	-	-	0.83	0.83	0.83
		DTU 고정설치	-	-	0.50	0.50	0.60
		Print 고정설치	-	-	0.21	0.21	0.31
		조난버튼 고정설치	-	-	0.13	0.13	0.23
배선 및 결선	A D E		-	-	0.88	0.88	-
	BDE	DTU	-	-	0.67	0.68	-
		Handset	-	-	0.48	0.48	-
		조난버튼	-	-	0.67	0.68	-
		DGPS	-	-	0.62	0.62	-
		Gyro Compass	-	-	0.64	0.64	-
조정	전 원 부		-	-	-	0.16	-
	ADE, BDE	각 기능점검 및 조정	0.48	-	-	-	-
		E-mail Test 및 셋팅	0.60	-	-	-	-
		ID 번호 셋팅	0.25	-	-	-	-
대국시험 및 종합시험	회 로 결 선		0.73	-	-	-	-
	시험전파발사작업		0.60	-	-	-	-
	종 합 시 험		0.63	-	-	-	-

[해 설]

① 조립 및 설치품셈중 ADE(Above Deck Equipment)는 ADE Bed 용접, Antenna 인입구 철판면 Hole 가공, Grand 설치 및 방수 처리작업 포함됨.

② 조립 및 설치품셈 중 BDE(Bellow Deck Equipment)는 Main Unit, DTU(Data Terminal Unit), Print등 관련 설치품셈이 포함됨.

③ 배선 및 결선품셈은 ADE, BDE, DTU, Print등 일체의 Cable 포설 배선 및 단말 결선품셈과 Cable 포설 관련 천장 및 벽면 합판 해체 · 복구 작업품셈이 포함됨.
④ 조정품셈은 Battery 성능 · 전원부 각 전원전압 · 충전정격전류 점검 및 조정, ADE, BDE & DTU 각 기능 점검 및 조정, E-Mail Test· ID Number Setting 등이 포함됨.
⑤ 기타 명시하지 아니한 내용은 10-2-2 GMDSS MF/HF Radio Equipments(400W 이하)항 적용.

10-2-7 음향측심기(Echo Sounder)

(단위 : 대)

공 정		통신관련 산업기사	통신관련 기능사	통신 케이블공	통 신 설비공	철 공	용접공
기 초 작 업	기기반입 및 장비운반	-	-	0.13	0.13	-	-
	포 장 해 체	-	-	0.15	0.15	-	-
	점검 및 목록대조	-	-	0.14	0.14	-	-
	기초대 설치	-	-	0.07	0.07	0.44	0.44
설 치 작 업	전원부 및 지시부 설치	-	-	0.12	0.12	-	-
	선저 Transducer 설치	-	-	0.97	0.97	0.97	0.97
배선 및 결선	지 시 부	-	-	0.59	0.59	-	-
	선저 Transducer~지시부	-	-	1.51	1.51	-	-
시 험	회로결선 시험	0.24	-	0.24	-	-	-
	절연 및 수압(방수)시험	0.66	0.66	-	-	-	-
	대국 및 종합시험	1.00	1.00	-	-	-	-

[해 설]
① 본 품셈은 선박 500t 신설기준으로, 300t미만은 본 품셈의 70%를 적용하고, 500t초과~1,600t미만은 150%, 1,600t이상~3,000t미만은 200%, 3,000t이상~10,000t 미만은 300%, 3,000t이상~50,000t미만은 500%, 50,000t이상은 600% 적용.
② 대국 및 종합시험은 시운전에 따른 동작상태 및 수심 test시험, 수심과의 오차 보정과 사용자에게 사용법 등 확인 후 인계 등이 포함됨.

10-2-8 Marine RADAR(25㎾ 이하)

(단위 : 대)

공정			통신관련 산업기사	통신관련 기능사	무선 안테나공	통신 케이블공	통신 설비공
기초작업	포장해체		-	-	-	0.50	0.50
	점검 및 목록대조		-	-	0.30	0.30	-
	기기반입 및 장치		-	-	0.66	0.66	0.66
	기초대 설치		-	-	0.75	0.75	-
조립 및 설치	전원부		-	-	0.13	0.13	-
	지시부	Display Unit	-	-	0.19	0.38	-
		NSK Unit	-	-	0.33	0.82	-
		Gyro Interface Unit	-	-	0.33	0.82	-
		GPS Interface Unit	-	-	0.35	0.88	-
		AIS Interface Unit	-	-	0.35	0.88	-
		VDR Interface Unit	-	-	0.33	0.77	-
		Pedestal	-	-	0.15	0.31	-
	Scanner Unit	Steel Bed 설치	-	0.52	-	0.34	0.52
		Scanner Unit설치	-	0.60	-	0.41	0.60
		안테나케이블 인입구 가공	-	0.77	-	0.58	0.77
배선 및 결선	지시부	Gyro Interface Unit	-	-	0.32	0.65	-
		GPS Interface Unit	-	-	0.30	0.60	-
		AIS Interface Unit	-	-	0.34	0.69	-
		VDR Interface Unit	-	-	0.46	0.92	-
	Antenna System		-	-	0.90	1.79	-
조정	전원부		-	-	-	0.16	-
	지시부	각 기능점검 및 조정	0.35	-	-	0.13	-
		Gyro Interface Unit	0.26	-	-	0.07	-
		GPS Interface Unit	0.26	-	-	0.07	-
		AIS Interface Unit	0.26	-	-	0.07	-
		VDR Interface Unit	0.61	-	-	0.25	-
대국시험 및 종합시험	회로결선		0.73	-	-	-	-
	기기단속동작점검		0.13	-	-	-	-
	기기연속동작점검		0.25	-	-	-	-
	시험전파발사작업		0.25	-	-	-	-
	종합시험		0.38	-	-	-	-

[해 설]

① Scanner Unit는 Scanner Steel Bed 용접, Antenna 인입구 철판면 Hole가공, Grand 설치 및 방수 처리작업 포함됨.

② 배선 및 결선품셈에는 일체의 Cable 포설 배선 및 단말 결선품셈과 Cable 포설 관련 천장 및 벽면 합판 해체 · 복구 작업품셈이 포함됨.

③ 25㎾ 초과장비는 본 품셈의 130% 적용.

④ 10㎾ 이하장비는 본 품셈의 70% 적용.

⑤ 본 품셈은 2-Unit 기준이며, 3-Unit는 해당품셈(조립/설치품셈 중 지시부항 및 배선/결선품셈)의 130% 적용.

⑥ Arpa Unit 제외시는 해당품셈(지시부)의 70% 적용.

10-2-9 나브텍스 수신기(NAVTEX Receiver)

(단위 : 대)

공정			통신관련 산업기사	통신관련 기능사	무선 안테나공	통신 케이블공	통신 설비공
기초작업	기기반입 및 장비운반				0.69	0.61	-
	포장해체		-	-	0.11	0.05	-
	점검 및 목록대조		-	-	0.07	0.07	-
	설치위치 지정		-	-	0.14	0.07	-
설치작업	Receiver	Main Unit	-	-	-	-	0.04
		Rectifier Unit	-	-	-	-	0.05
	Antenna	Antenna 설치	-	-	0.02	-	0.02
		안테나케이블 인입구 가공	-	-	0.25	0.25	0.25
배선 및 결선	Main Unit		-	-	-	0.13	0.15
	Antenna		-	-	-	0.13	0.16
시험	결선 및 절연내역		0.15	0.08	-	-	-
	대국 및 종합시험		0.50	0.43	-	-	-

[해 설]

① 설치작업 중 Antenna cable 인입구 가공품셈은 안테나 인입구 철판 Hole가

공, Cable 인입관통구, Grand 설치 및 방수처리 작업품셈이 포함됨.

② 배선 및 결선 중 Main Unit는 전원부와 Antenna cable간 배선 및 결선작업이며, Antenna는 Main Unit간 배선 및 결선 작업으로서 Cable 포설관련 천장 및 벽면 합판 해체 · 복구 작업품셈이 포함됨.

③ 시험중 결선 및 절연내역은 연결된 Cable의 결선시험 및 절연 검사품셈이 포함됨.

④ 시험중 대국 및 종합시험에는 NAVTEX 신호(국 · 영문) 상태 확인, 프린터사용시 프린터 상태확인, Self-Test, 사용자에게 사용법등 확인후 인계 등이 포함됨.

⑤ NAVTEX에 Printer 추가연결 또는 GPS와 Interface시 배선 및 결선품셈을 각각 150% 적용하고 ECDIS와 Interface할 경우는 본 품셈의 150% 적용.

10-2-10 기상수신기(Weather Facsimile Receiver)

(단위 : 대)

공 정			통신관련 산업기사	통신관련 기 능 사	무 선 안테나공	통 신 케이블공	통 신 설비공
기 초 작 업	기기반입 및 장비운반		-	-	0.25	0.25	0.25
	포 장 해 체		-	-	-	0.04	0.04
	점검 및 목록대조		-	-	-	0.02	0.02
	설치위치 지정		-	-	-	0.07	-
설 치 작 업	Receiver	Main Unit	-	-	-	0.09	0.10
		Rectifier Unit	-	-	-	0.09	0.10
	Antenna	Bed 설치	-	-	0.21	-	0.15
		Antenna 설치	-	-	0.16	-	0.10
		안테나케이블 인입구 가공	-	-	0.35	-	0.29
배선 및 결선	Main Unit		-	-	-	0.15	0.10
	Antenna		-	-	-	0.17	0.12
	어 스 작 업		-	-	-	0.11	0.13
시 험	결선 및 절연내역		0.08	0.12	-	-	-
	대국 및 종합시험		0.30	0.61	-	-	-

[해 설]

① 다음에 명시하지 아니한 내용은 "10-2-9 나브텍스 수신기(NAVTEX Receiver)"의 ①에서 ③항까지의 해설항 적용.

② 배선 및 결선중 안테나 설치에 결선작업이 추가되며, 어스작업은 기기와 선체간 동판으로 어스하고, 본선 송신기와 B.K Line 포설 및 B.K 연결작업을 포함.

③ 대국 및 종합시험에는 팩스 수신상태, 기록지 삽입 및 기록상태, Self-Test 확인과 사용자에게 사용법 인계 등이 포함.

④ 타 수신기 2종(B.K와 AF Signal)과 연결 사용시 배선 및 결선품셈의 200% 적용.

10-2-11 레이더 트랜스폰더(Radar Transponder)

(단위 : 대)

공 정		통신관련산업기사	통신설비공
기 초 작 업	기기반입 및 장비운반	0.12	0.12
	포 장 해 체	0.09	0.09
	점검 및 목록대조	0.09	0.09
	설 치 위 치 지 정	0.11	-
설치작업	Main Unit	-	0.09
시 험	대국 및 종합시험	0.13	0.13

[해 설]

① 다음에 명시하지 아니한 내용은 "10-2-2 GMDSS MF/HF Radio Equipments (400W 이하)"의 ①에서 ④항까지의 해설항 적용.

② 대국 및 종합시험에는 Battery 유효기간 및 본선 X-Band Radar Display 상에 응답표시상태 확인과 사용자에게 사용법 인계 등이 포함됨.

10-2-12 선박자동경보장치(SSAS)

(단위 : 대)

공정			통신관련 산업기사	통신관련 기능사	무선 안테나공	통신 케이블공	통신 설비공
기초 작업	기기반입 및 장비운반		-	-	0.25	0.25	0.25
	포장해체		-	-	-	0.04	0.04
	점검 및 목록대조		-	-	-	0.04	0.04
	설치위치 지정		-	-	-	0.09	-
설치 작업	SSAS	Transceiver Unit	-	-	-	0.25	0.27
		Alert Button(2개소)	-	-	-	0.34	0.34
	Antenna	Bed 설치	-	-	0.41	-	0.39
		Antenna 설치	-	-	0.40	-	0.38
		안테나케이블 인입구 가공	-	-	0.55	0.52	-
배선 및 결선	Transceiver Unit		-	-	-	0.61	0.52
	Antenna		-	-	-	0.27	0.38
시험	결선 및 절연내역		0.38	0.22	-	-	-
	대국 및 종합시험		0.40	0.76	-	-	-

[해 설]

① 설치작업 중 SSAS Alert Button 2개소는 조타실과 선장실이며, Antenna Bed 설치는 1.3m Whip Antenna(송수신용)와 GPS Antenna 설치용임.

② 배선 및 결선 중 Transceiver Unit는 Alert Button(2개소)과 Antenna(2개) cable간 배선 및 결선작업이며, Antenna는 Transceiver Unit간 배선 및 결선 작업으로서 Cable 포설관련 천장 및 벽면 합판 해체 · 복구 작업품셈이 포함됨.

③ 시험 중 결선 및 절연내역은 연결된 Cable의 결선시험 및 절연검사품셈이 포함됨.

④ 시험 중 대국 및 종합시험에는 고정 및 변동정보 DATA 입력과 GPS Data, 각종 Switch, button, Self-Test 그리고 해양수산부 상황실에 Test 발신 및 수신상태 확인과 사용자에게 사용법 인계 등이 포함됨.

10-2-13 선박자동식별장치(AIS)

(단위 : 대)

공 정			통신관련 산업기사	통신관련 기 능 사	무 선 안테나공	통 신 케이블공	통 신 설비공
기 초 작 업	기기반입 및 장비운반		-	-	0.25	0.25	0.25
	포 장 해 체		-	-	-	0.04	0.04
	점검 및 목록대조		-	-	0.04	-	0.04
	설 치 위 치 지 정		-	-	0.09	-	-
	기 초 대 설 치		-	-	-	0.50	0.50
설 치 작 업	전 원 부		-	-	-	0.13	0.13
	AIS	Transponder Unit	-	-	-	0.72	0.72
		MKD 장치	-	-	-	0.42	0.42
		GYRO Converter	-	-	-	0.42	0.42
	Antenna (VHF & GPS)	Bed 설치	-	-	0.64	-	0.64
		Antenna 설치	-	-	0.97	-	0.97
		안테나케이블 인입구 가공	-	-	0.51	-	0.51
배 선 및 결 선	Transponder~Antenna(2조)		-	-	0.88	0.88	-
	Transponder~External GPS		-	-	0.52	0.52	-
	Transponder~Gyro		-	-	-	0.80	0.80
	Converter~Gyro Compass		-	-	-	0.77	0.77
시 험	결선 및 절연내역 시험		0.46	0.64	-	-	-
	대국 및 종합시험		0.60	0.91	-	-	-

[해 설]

① 설치작업 중 Antenna Bed 설치는 1.3m Whip Antenna(송수신용)와 GPS Antenna 설치용임. 단, 일체형은 본 품셈의 70% 적용.

② 배선 및 결선 중 Transponder간의 배선 및 결선 작업은 Cable 포설관련 천장

및 벽면 합판 해체 · 복구 작업품셈이 포함됨.

③ 시험 중 결선 및 절연내역 시험은 연결된 Cable의 결선시험 및 절연검사 품셈이 포함됨.

④ 시험 중 대국 및 종합시험에는 고정 및 변동정보 DATA입력과 전원부, MKD, Transponder 동작, 타선 수신상태, 출력사항, 각종 Switch, button, Self-Test, 항만청 상황실 수신상태, 본선 입력사항과 Interface사항 확인 그리고 MKD Menu와 데이터 점검, 해당 선급 제출용 설치 Report 작성 및 사용자에게 사용법 인계 등이 포함됨.

⑤ AIS 설치시 ARPA Radar와 ECDIS를 Interface할 경우는 각각 통신관련산업기사 1인, 통신케이블공 1인을 가산.

10-2-14 위성항법장치(GPS)

(단위 : 대)

공정		통신관련 산업기사	통신관련 기 능 사	무 선 안테나공	통 신 케이블공	통 신 설비공
기초 작업	기기반입 및 장비운반	-	-	-	0.06	0.06
	포장해체 및 점검 목록대조	-	-	-	0.14	0.14
설치 작업	GPS안테나 설치	-	-	0.35	-	0.35
	Main Unit 및 정류부 설치	-	-	-	0.20	0.20
배선 및 결 선	안테나~정류부~Main Unit	-	-		1.10	1.10
시험	회로결선 및 절연내력 시험	0.26	0.26	-	-	-
	대국 및 종합시험	0.46	0.46	-	-	-

[해 설]

① GPS안테나 설치는 안테나Bed 및 GPS안테나 설치품셈이 포함.

② 대국 및 종합시험은 3차원 측위 위성신호 포착 측정, 위치에러 보정, 자국 위치 동작확인, 사용자에게 사용법 등 확인 후 인계 등이 포함됨.

10-2-15 위성항법 표시장치(GPS Plotter)

(단위 : 대)

공 정		통신관련 산업기사	통신관련 기 능 사	무 선 안테나공	통 신 케이블공	통 신 설비공
기 초 작 업	기기반입 및 장비운반	-	-	-	0.06	0.06
	포장해체 및 점검 목록대조	-	-	-	0.14	0.14
설 치 작 업	GPS안테나 설치	-	-	0.35	-	0.35
	Main Unit 및 정류부 설치	-	-	-	0.20	0.20
배선 및 결 선	안테나~정류부~Main Unit	-	-	1.10	-	1.10
시 험	회로결선 및 절연내력 시험	0.28	0.28	-	-	-
	대국 및 종합시험	0.52	0.52	-	-	-

[해 설]

① GPS안테나 설치는 안테나Bed 및 GPS안테나 설치품셈이 포함.

② 대국 및 종합시험은 3차원 측위 위성신호 포착 측정, 위치에러 보정, 자국 위치 동작확인, 각종 자료 Display 표시여부 확인, 사용자에게 사용법 등 확인 후 인계 등이 포함됨.

10-2-16 위성비상위치지시용 무선표지설비(SAT/EPIRB)

(단위 : 대)

공 정		무선안테나공	철 공	용접공
기초 작업	기기반입 및 장비운반	0.06	-	-
	포장해체 및 점검 및 목록대조	0.13	-	-
설치 작업	고정브라켓 설치	-	0.60	0.60
	장 비 설 치	0.26	-	-
시험	대국 및 종합시험	0.30	-	-

[해 설]

① 대국 및 종합시험은 본선 ㎜SI와 입력사항 확인, 선명 및 호출부호, Battery 유효기간 확인, HEX-Code 확인, 차폐된 곳에서 송출시험, Decoding 자료 확인공정임.

② 기타 명시되지 아니한 사항은 "10-2-2 GMDSS MF/HF Radio Equipments (400W)"의 ①~⑤항까지의 해설항 적용.

10-2-17 위성항법표시장치 및 어군탐지기 겸용(GPS Plotter&Fish Finder)

(단위 : 대)

공 정		통신관련 산업기사	통신관련 기능사	통 신 케이블공	통 신 설비공	철 공	용접공
기 초 작 업	기기반입 및 장비운반	-	-	0.14	0.14	-	-
	포 장 해 체	-	-	0.15	0.15	-	-
	점검 및 목록대조	-	-	0.14	0.14	-	-
	기초대 설치	-	-	0.09	0.09	0.47	0.47
설 치 작 업	전원부 및 지시부 설치	-	-	0.12	0.12	-	-
	GPS안테나 설치	-	-	0.35	0.35	-	-
	Main Unit 및 정류부 설치	-	-	0.20	0.20	-	-
	선저 Transducer 설치	-	-	0.97	0.97	0.97	0.97
배선 및 결선	지 시 부	-	-	0.62	0.62	-	-
	선저 Transducer~지시부	-	-	1.51	1.51	-	-
	안테나~정류부~Main Unit	-	-	1.10	1.10	-	-
시 험	회로결선 시험	0.30	-	0.30	-	-	-
	절연 및 수압(방수)시험	0.73	0.28	-	-	-	-
	대국 및 종합시험	1.24	1.24	-	-	-	-

[해 설]

① 본 품셈은 선박 500t 신설 기준으로, 선박규모에 따른 적용은 "10-2-7 음향측심기 (Echo Sounder)"를 적용하며, 2주파수 사용시는 설치 및 시험품셈의 150% 가산.

② 기타 명시하지 않은 내용은 "10-2-26 어군탐지기" 및 "10-2-15 위성항법표시장치" 해설항 적용.

정보통신부문 제10장

10-2-18 선내지령장치(Marine Public Addresser)

(단위 : 대)

공 정		통신관련 산업기사	통 신 케이블공	통 신 설비공	철공	용접공
기초 작업	기기반입 및 장비운반	0.32	0.32	0.32	-	-
	포장해체	0.13	-	0.13	-	-
	점검 및 목록대조	0.13	-	0.13	-	-
	기초대 설치	0.07	-	0.07	0.82	0.82
설치 작업	선내지령장치	0.75	-	0.75	-	-
	원격조정장치 (Remote Control Unit)	0.25	-	0.25	-	-
	외부 혼 스피커 (Horn Speaker)	0.38	-	0.38	0.65	0.65
	마이크/스피커 연결함 (Mic/Speaker Junction BOX)	0.25	-	0.25	0.25	0.25
	실내 스피커	0.13	-	0.13	-	-
배선 및 결선	내·외부 스피커 및 마이크	-	1.17	1.17	-	-
시험	회로결선	1.00	-	1.00	-	-
	대국 및 종합시험	1.17	-	1.17	-	-

[해 설]

① 배선 및 결선중 내 · 외부 스피커 및 마이크는 본체에서 내 · 외부 스피커- 마이크 간 케이블 배선 및 결선작업으로서 케이블 포설관련 천장 · 벽면 개방 · 복구 작업 품셈이 포함.

② 시험중 대국 및 종합시험에는 정격전압내 안전 동작여부 확인점검, 각 장치별 기능확인 점검, 사용자에게 각 개소 정상여부 확인 후 작동법 인계 등을 포함.

10-2-19 풍향풍속계(Wind Speed & Direction Indicator)

(단위 : 대)

공 정		통신관련 산업기사	통 신 케이블공	통 신 설비공	철공	용접공
기초 작업	기기반입	0.14	-	0.14	-	-
	포장해체	-	0.05	0.05	-	-
	점검 및 목록대조	-	0.09	0.09	-	-
	기초대 설치	-	0.07	0.07	0.64	0.64
설치 작업	전원부	-	0.07	0.07	-	-
	지시부	-	0.25	0.25	-	-
	풍향풍속 측정기 (Wind Transmitter)	-	0.50	0.50	0.80	0.80
배선 및 결선	지시부	-	1.00	1.00	-	-
	풍향풍속 측정기	-	1.00	1.00	-	-
시험	회로결선	0.25	-	0.25	-	-
	대국 및 종합시험	0.79	-	0.79	-	-

[해 설]

① 설치작업중 풍향풍속 측정기는 강철 Bed 용접, 상갑판 위 마스트에 운반설치, 케이블 인입구 구멍(Holc) 가공작업, Grand 용접설치 및 빙수처리 작업을 포함.

② 배선 및 결선중 지시부는 전원부에서 주장치(Main Unit)까지, 풍속풍향측정기는 지시부에서 풍속풍향 측정기까지 AC/DC 케이블 포설 · 결선작업과 천장 · 벽면 개방 복구작업까지 포함.

③ 대국 및 종합시험에는 전원부, 지시부, 풍향풍속 측정기 동작확인, 풍향풍속 기능 점검, 사용자에게 각 개소 정상여부 확인후 사용법 인계 등이 포함.

④ 자이로컴퍼스, 선속계와 상호 연결할 경우 배선 및 결선품셈의 150% 적용.

정보통신부문 제10장

10-2-20 전자해도표시시스템(ECDIS)

(단위 : 대)

공 정		통신관련 산업기사	통 신 케이블공	통 신 설비공	H/W 시험사	S/W 시험사	철공	용접공
기초 작업	기기반입	-	0.25	0.25	-	-	-	-
	포장해체	-	0.13	0.13	-	-	-	-
	점검 및 목록대조	-	0.13	0.13	-	-	-	-
	기초대 설치	-	0.07	0.07	-	-	1.00	1.00
설치 작업	전원부	-	0.13	0.13	-	-	-	-
	ECDIS	-	0.90	0.90	0.40	0.40	-	-
배선 결선	ECDIS	-	1.34	1.34	-	-	-	-
시험	회로결선	0.50	-	0.50	-	-	-	-
	신호점검	-	-	-	0.50	0.50	-	-
	대국시험 및 종합시험	0.79	-	0.79	0.79	0.79	-	-

[해 설]

① 본 품셈은 주장치 판넬(표시부, 운용판넬, 처리장치) 일체형(콘솔내 설치)으로 분리형 설치시는 본 품셈의 120% 적용.

② 설치작업중 모든 전원장치 설치품셈이고, ECDIS 설치는 주장치 판넬과 자이로, 선속계, 다른 항행데이타 상호연결 장치와 받침대(Pedestal) 설치가 포함됨.

③ 배선 · 결선작업중 ECDIS는 상호연결장치에 AIS, 선속계, 자이로, 레이다, 자이로 컴퍼스간 케이블 포설 · 결선작업이며, 천장 · 벽면 개방 후 복원작업까지 포함.

④ 시험중 회로결선은 전원부에서 각 장비간 연결된 케이블의 결선시험이고, 신호점검은 GPS Navigator, Gyro compass, ARPA Radar, AIS, Doppler Speed Log 등 상호연결장비들의 신호 확인 점검이며, 대국시험 및 종합시험은 정격전압내 안전 동작여부 확인, 각 장치별 기능확인, 각종 Map Software 점검, 각종 DATA Error 점검, Play back(메모리 입력 및 재생) 확인 및 사용자에게 각 개소 정상여부 확인 후 작동법 인계 등을 포함.

10-2-21 선속계(Doppler Speed Log)

(단위 : 대)

공정		통신관련 산업기사	통 신 케이블공	통 신 설비공	철공	용접공
기초작업	기기반입	0.25	0.25	0.25	-	-
	포장해체	0.13	-	0.13	-	-
	점검 및 목록대조	0.09	-	0.09	-	-
	기초대 설치	0.13	-	0.13	0.75	0.75
설치작업	데이타분배기(전원부 포함)	0.13	-	0.13	-	-
	지시부	0.06	-	0.06	-	-
	신호처리기(Signal Processor)	0.06	-	0.06	-	-
	선저 Transducer	2.63	2.63	2.63	2.63	2.63
배선결선	지시부	-	3.34	3.34	-	-
	선저 Transducer	-	2.17	2.17	-	1.00
시험	회로결선	0.50	-	0.50	-	-
	절연 및 수압시험	0.39	-	0.39	-	-
	대국시험 및 종합시험	2.00	-	2.00	-	-

[해 설]

① 본 품셈은 선박 1,000t 신설기준으로, 500t 미만은 본 품셈의 70%를 적용하고, 1,000t 초과~50,000t 미만은 150%, 50,000t~100,000t 미만은 200%, 100,000t 이상은 300% 적용.

② 기초작업중 기초대 설치는 목공 및 철공 Bed 설치품셈 포함.

③ 배선 및 결선작업중 지시부(지시부~데이타분배기~신호처리기), 선저 Transducer (Transducer~신호처리기)간 케이블 배선 · 결선 작업이며, 천장 벽면 개방 · 복구 작업품셈이 포함.

④ 시험중 대국 및 종합시험에는 전원부, 주창치, 센스장치의 동작확인, 속력입력 기능, 각도, 표시창, 각종 스위치, 버튼 등 확인 점검과 시운전을 통한 선속계 지시부 속력과 실제 속력간 비교확인 및 보정(Calibration) 그리고 사용자에게 각 개소 정상여부 확인 후 작동법 인계 등이 포함됨.

정보통신부문 제10장

10-2-22 간이항해자료기록장치(S-VDR)

(단위 : 대)

공정		통신관련 산업기사	통 신 케이블공	통 신 설비공	H/W 시험사	S/W 시험사	철공	용접공
기초 작업	기기반입	0.25	0.25	0.25	0.25	0.25	-	-
	포장해체	0.13	-	0.13	-	-	-	-
	점검 및 목록대조	0.13	-	0.13	-	-	-	-
	기초대 설치	0.17	-	0.17	-	-	0.75	0.75
설치 작업	캡슐(Capsule) 장치	0.25	-	0.25	0.25	0.25	-	-
	기록조정장치	0.25	-	0.25	0.25	0.25	-	-
	운용판넬 장치	0.13	-	0.13	0.13	0.13	-	-
	마이크로폰 장치	0.19	-	0.19	-	-	-	-
	연결상자	0.13	-	0.13	-	-	-	-
배선 결선	기록조정장치	-	1.17	1.17	-	-	-	-
	마이크로폰 장치	-	1.17	1.17	-	-	-	-
	상호 연결장비	-	1.17	1.17	-	-	-	-
	선속계 센스장치	-	1.17	1.17	-	-	-	-
시험	회로결선	2.00	-	2.00	2.00	2.00	-	-
	신호점검	2.00	-	2.00	2.00	2.00	-	-
	대국시험 및 종합시험	2.00	-	2.00	2.00	2.00	-	-

[해 설]

① 설치작업중 마이크로폰 장치는 3대 설치 기준임.

② 배선 및 결선작업에서 상호 연결장비는 GPS 또는 GNSS, Gyro Compass, VHF DSC Radio telephone, Radar 또는 AIS이며, 기록조정장치(캡슐, 운용판넬, 컴퓨터 지시부, 연결상자에서 기록조정장치간), 마이크로폰 장치(각 마이크로폰에서 기록 조정장치간), 상호연결장비, 선속계 센스장치(선저 선속계 센스~기록조정 장치)간 케이블 배선 · 결선 작업이며, 천장 벽면 개방 · 복구 작업 품셈이 포함.

③ 시험중 신호점검은 각 마이크로폰의 헤드폰과 Play Mode 이용 대화내용 음성신호, 각 연결장치의 NMEA · 알람 · 영상 신호확인 점검이며, 대국 및 종합시험에는 각 장치별 기능확인 점검, 사용자에게 각 개소 정상여부 확인 후 작동법 인계 및 선급 검사를 위한 Inspection Check List 작성 등이 포함됨.

10-2-23 자이로컴퍼스(Gyro Compass)

(단위 : 대)

공정		통신관련 산업기사	통 신 케이블공	통 신 설비공	철공	용접공
기초 작업	기기반입	0.50	0.50	0.50	-	-
	포장해체	0.25	-	0.25	-	-
	점검 및 목록대조	0.13	-	0.13	-	-
	기초대 설치	0.50	-	0.50	1.50	1.50
설치 작업	변환장치	0.50	-	0.50	-	-
	Master 컴퍼스	1.50	-	1.50	-	-
	Repeater 컴퍼스	1.00	-	1.00	-	-
배선 결선	Steering Stand	-	1.17	1.17	-	-
	Repeater 컴퍼스	-	1.17	1.17	-	-
시험	회로결선	1.00	-	1.00	-	-
	신호점검	1.00	-	1.00	-	-
	대국시험 및 종합시험	0.79	-	0.79	-	-

[해 설]

① 본 품셈은 선박 300t이상 Single 설치기준으로 dual 설치는 본 품셈의 150% 할증하고 300t이하 선박은 본 품셈의 80% 적용.

② 설치작업 중 Repeater 컴퍼스는 5대 설치(양Wing, W/H Course Recorder, Steering Gear Room, 선장실) 작업 품셈임.

③ 배선 및 결선작업은 Steering Stand(Steering Stand~Repeater Back 장치), Repeater 컴퍼스(5대 Repeater 컴퍼스~Steering Stand)간 케이블 배선 · 결선 작업이며, 천장 벽면 개방 · 복구 작업품셈이 포함.

④ 시험중 신호점검은 Master 컴퍼스(추종신호), 변환장치(입출력 전압, 충·방전, 발진 전압 · 주파수, 연결 · 종단 조임상태, 회로, 이득조정), Repeater 컴퍼스 전송장치(각 Repeater 컴퍼스 절연저항, 전압, 카드 램프, 조광기, NMEA · 알람 신호, 신호 모터 발신기)에 대한 점검이며, 대국 및 종합시험에는 각 장치별 기능확인 점검, 사용자에게 각 개소 정상여부 확인 후 작동법 인계 등이 포함됨.

10-2-24 자기컴퍼스(Magnetic Compass)

(단위: 대)

공 정		통신관련 산업기사	통 신 설비공	철공	용접공
기초 작업	기기반입	0.25	0.25	-	-
	포장해체	0.13	0.13	-	-
	점검 및 목록대조	0.13	0.13	-	-
	기초대 설치	0.25	0.25	2.25	2.25
설치 작업	자기컴퍼스	0.58	0.58	-	-
	반사경	1.13	1.13	-	-
시험	자차수정 및 교정곡선표 작성	2.00	2.00	-	-
	대국시험 및 종합시험	0.79	0.79	-	-

[해 설]

① 시험중 자차수정 및 교정곡선표 작성은 전원과 조광기 램프, 자기 랜즈 점검, Deviation Error, Heeling Error 수정 및 자차수정표 작성을 포함하며, 대국 및 종합시험에는 각 장치별 기능확인 점검, 사용자에게 각 개소 정상여부 확인 후 작동법 인계 등이 포함됨.

10-2-25 조타장치(Auto Pilot)

(단위 : 대)

공 정		통신관련 산업기사	통 신 케이블공	통 신 설비공	H/W 시험사	S/W 시험사	철공	용접공
기초 작업	기기반입	0.75	0.75	0.75	0.75	0.75	-	-
	포장해체	0.50	-	0.50	-	-	-	-
	점검 및 목록대조	0.38	-	0.38	-	-	-	-
	기초대 설치	0.50	-	0.50	-	-	1.75	1.75
설치 작업	전원부	0.13	-	0.13	-	-	-	-
	Steering Stand	1.00	-	1.00	1.00	1.00	-	-
	Repeat Back Unit	1.00	-	1.00	1.00	1.00	-	-
	타 각도 지시부	0.38	-	0.38	-	-	-	-
배선 결선	Steering Stand	-	1.17	1.17	-	-	-	-
	타 각도 지시부	-	1.17	1.17	-	-	-	-
시험	회로결선	1.00	-	1.00	1.00	1.00	-	-
	신호점검	3.00	-	3.00	3.00	3.00	-	-
	대국시험 및 종합시험	2.13	-	2.13	2.13	2.13	-	-

[해 설]

① 본 품셈은 선박 300t이상 Single 설치기준으로 dual 설치는 본 품셈의 170% 할증하고 300t이하 선박은 본 품셈의 70% 적용.

② 배선 및 결선작업은 Steering Stand(Steering Stand~Steering gear room의 Repeat Back), 타 각도 지시부(타 각도 지시부~Steering Stand)간 케이블 배선 · 결선 작업이며, 천장 벽면 개방 · 복구 작업품셈이 포함.

③ 시험 중 신호점검은 전원공급장치(각 입출력 · 베터리 · 회로에 대한 전류전압), Steering Stand(수동 · 자동조타시 타 각도별 전압, 절연저항, 접점, 타감도, 각 기능상태), Repeat Back Unit(조타 좌우측 한계 S/W 작동, Repeat Back 장치와 Steering Gear와의 기계적부분 고정상태, 접지상태, 각 장치별 전압조정), 타 각도 지시부(Error, 램프, 조명장치, 타각 발신기와 타 기계적 Bar간 고정, 조정, Synchro Motor 각종 상태 등)에 대한 점검이며, 대국 및 종합시험에는 각 장치별 기능 확인 점검과 사용자에게 각 개소 정상여부 확인 후 작동법 인계 등이 포함됨.

10-2-26 어군탐지기(Fish-Finder)

(단위 : 대)

공정		통신관련 산업기사	통신 관련 기능사	통 신 케이블공	통 신 설비공	철 공	용접공
기초 작업	기기반입 및 장비운반	-	-	0.14	0.14	-	-
	포 장 해 체	-	-	0.16	0.16	-	-
	점검 및 목록대조	-	-	0.15	0.15	-	-
	기초대 설치	-	-	0.08	0.08	0.46	0.46
설치 작업	전원부 및 지시부 설치	-	-	0.20	0.20	-	-
	선저 Transducer 설치	-	-	0.97	0.97	0.97	0.97
배선 및 결선	지 시 부	-	-	0.62	0.62	-	-
	선저 Transducer~지시부	-	-	1.51	1.51	-	-
시험	회로결선 시험	0.35	-	0.35	-	-	-
	절연 및 수압(방수)시험	0.72	0.72	-	-	-	-
	대국 및 종합시험	1.00	1.00	-	-	-	-

정보통신부문 제10장

[해 설]

① 본 품셈은 선박 500t 신설기준으로, 선박규모에 따른 적용은 "10-2-7 음향측심기 (Echo Sounder)"를 적용하고, 2주파수 사용시는 설치 및 시험품셈의 150% 가산.

② 대국 및 종합시험은 시운전에 따른 동작상태 및 수심 test시험, 수심과의 오차보정, 어군탐지 Test와 사용자에게 사용법 등 확인 후 인계 등이 포함됨.

10-2-27 SONAR(Sound Navigation And Ranging)

공 정		통신관련 산업기사	통신 케이블공	통신 설비공	H/W 시험사	S/W 시험사	철공	용접공
기초작업	기기반입	0.75	0.75	0.75	0.75	0.75	-	-
	포장해체	0.75	-	0.75	-	-	-	-
	점검 및 목록대조	1.00	-	1.00	-	-	-	-
	기초대 설치	1.00	-	1.00	-	-	1.25	1.25
설치작업	전원부 및 지시부	1.51	-	1.51	1.38	1.38	-	-
	송수신부	2.38	-	2.38	2.38	2.38	-	-
	선저 돔(DOME)	6.00	6.00	6.00			6.00	6.00
	상하장치	3.50	3.50	3.50	3.50	3.50	3.50	3.50
배선결선	지시부	-	5.17	5.17	-	-	-	-
	선저 돔(DOME)		5.17	5.17			4.00	4.00
시험	회로결선	2.00	-	2.00	2.00	2.00	-	-
	절연 및 수압시험	1.00	-	1.00	-	-	-	-
	대국시험 및 종합시험	4.00	-	4.00	4.00	4.00	-	-

[해 설]

① 본 품셈은 선박 500t 신설기준으로, 선박규모에 따른 적용은 "10-2-7 음향측심기(Echo Sounder)" 품셈 적용.

② 설치작업중 지시부와 송수신부는 Bed에 설치하고, 선저 DOME은 선체하부

Kingston 관통구 작업, Sensor Unit 설치, 상갑판에 J.B설치, 맨홀에서 J.B까지 Pipe설치, 선저 Sensor Unit 북 용접, Grand 및 Hole 방수처리작업을 포함하며, 상하장치는 Motor 및 Gear Ass'y 조립, 전원부, 제어장치, 상하장치 설치를 포함.

③ 배선 및 결선작업중 선저 DOM은 Sensor Unit에서 J.B까지 cable 포설 · 결선작업과 선저 DOM/상하장치~송수신부~지시부간 케이블 포설 · 결선작업을 포함하고, 케이블 덕트 용접, 부가자재설치를 포함하며, 선체 관통구, 천장 · 벽면 개방 · 복구 작업 품셈이 포함.

④ 시험중 회로결선은 전원부, 주장치, 송수신부, 상하장치, Sensor Unit간 연결된 케이블의 결선시험이고, 절연 및 수압시험은 전원부, Sensor Unit 절연검사와 Sensor Unit 수압시험 그리고 맨홀, J.B 방수시험을 포함하며, 대국 및 종합시험은 SONAR 각 장치별 기능 점검 조정시험, 해상 송수신 발사시험, 사용자에게 각 개소 정상여부 확인 후 작동법 인계 등이 포함됨.

10-2-28 선교항해당직경보시스템(BNWAS)

공 정		통신관련 산업기사	통신관련 기 능 사	무 선 안테나공	통 신 설비공
기초 작업	기기반입 및 장비운반	-	-	0.25	0.25
	포장해체	-	-	0.07	0.07
	점검 및 목록대조	-	-	0.04	0.04
	설치위치 지정	-	-	0.09	-
설치 작업	Display Unit	-	-	0.19	0.19
	Processor Unit	-	-	0.19	0.19
	Reset Unit	-	-	0.39	0.39
	Alarm Unit	-	-	0.99	0.99
	Motion Sensor	-	-	0.30	0.30
시험	결선 및 절연내역 시험	0.42	0.42	-	-
	대국 및 종합시험	1.12	1.12	-	-

[해 설]

① 케이블포설은 별도 계상.("10-2-1 공통적용"의 케이블 포설 품셈 적용)

② 설치작업 중 장비는 Display Unit 1개, Processor Unit 1개, Reset Unit 3개, Alarm Unit 9개, Motion Sensor 2개 설치 기준임. 단, Display Unit, Processor Unit 일체형은 본 품셈의 70% 적용. 장비 추가시 개당 본 품셈의 100% 적용.

③ 시험 중 결선 및 절연내역 시험은 연결된 Cable의 결선시험 및 절연검사 품셈이 포함됨.

④ 시험 중 대국 및 종합시험에는 Main Unit 체크, Fail Alarm 체크, 휴지시간 설정확인, 비상벨 동작확인, 상황별 Alarm Unit 동작확인, Reset 버튼점검, Motion Sencor Reset 점검 및 사용자에게 사용법 등 확인 후 인계 등이 포함됨.

10-2-29 e-네비게이션

공 정		통신관련 산업기사	통신관련 기 능 사	무 선 안테나공	통신 케이블공	통 신 설비공
조립 및 설치	Antenna 설치	-	-	0.20	-	0.20
	해양 무선 통신망 송·수신기	-	-	0.20	-	0.20
	e-네비게이션 표시장치	-	-	-	0.26	0.26
대국시험 및 종합시험		0.06	0.06	-	-	-

[해 설]

① Antenna 설치는 브라켓 조립, 기초대 고정 포함

② 해양 무선 통신망 송·수신기 설치는 브라켓 조립, 기초대 고정, 송·수신기 및 표시장치 케이블 배선·연결, 접지케이블 설치, 선정리 작업 등 포함

③ e-네비게이션 표시장치 설치는 브라켓설치, 전원케이블연결, 접지연결, UTP 케이블 연결 작업 포함

④ 대국시험 및 종합시험은 Antenna Cable 해양 무선 통신망 송수신기와 e-네비게이션 표시장치 연결상태 확인, 지상 선박 관리기관 통신상태 확인, 지도정보, 기상정보 등 수신상태 확인, 음성·화상통화 기능 확인 포함

10-3 항공통신설비

10-3-1 계기착륙시설(ILS방위각) ('25년 개정)

(단위 : 대)

공정	통신관련 기사	무선 안테나공	통신 설비공	지적 기사	보통 인부
조립 및 설치	6.00	8.00	2.00	2.00	1.00
케이블랙설치	-	-	2.00	-	2.00
급전선장치	-	-	4.50	-	-
국부조정장치	-	-	10.00	-	-
감시장치	4.00	-	4.00	-	-
종합측정 및 시험	48.00	1.00	48.00	-	-
위상정합	10.00	5.00	10.00	-	-
전계강도측정	20.00	-	10.00	-	10.00
원격조정장치	4.00	-	4.00	-	-

[해 설]

① 본 품셈은 표지기 1대 감시장치 1식을 포함함.

② 철거(불용 30%, 재사용 80%).

10-3-2 계기착륙시설(ILS 활공각) ('25년 개정)

(단위 : 대)

공정	통신관련 기사	무선 안테나공	통신 설비공	지적 기사	보통 인부
조립 및 설치	6.00	8.00	2.00	2.00	1.00
케이블랙설치	-	-	2.00	-	2.00
급전선장치	-	-	4.50	-	1.50
국부조정장치	-	-	10.00	-	-
감시장치	4.00	-	4.00	-	-
종합측정 및 시험	48.00	1.00	48.00	-	-
위상정합	10.00	5.00	10.00	-	-
전계강도측정	20.00	-	10.00	-	1.00
원격조정장치	4.00	-	4.00	-	-

[해 설]

① 본 품셈은 표지기 1대 감시장치 1식을 포함함.

② 철거(불용 30%, 재사용 80%).

10-3-3 전방향 표지시설(VOR) ('25년 개정)

(단위 : 대)

공 정	통신관련 기 사	무 선 안테나공	통 신 설비공	지 적 기 사	보 통 인 부
조 립 및 설 치	12.00	2.00	4.00	3.00	1.00
케 이 블 랙 설 치	-	-	4.00	-	4.00
급 전 선 장 치	-	-	12.00	-	4.00
국 부 조 정 장 치	-	-	2.00	-	-
감 시 장 치	2.00	-	2.00	-	-
종합측정 및 시험	24.00	50.00	24.00	-	-
위 상 정 합	10.00	5.00	10.00	-	-
전 계 강 도 측 정	20.00	10.00	1.00	-	-
원 격 조 정 장 치	2.00	-	2.00	-	-

[해 설]

① 본 품셈은 표지기 1대 감시장치 1식을 포함함.

② 철거(불용 30%, 재사용 80%).

10-3-4 전술항행 표지시설(TACAN) ('25년 개정)

(단위 : 대)

공 정	통신관련 기 사	무 선 안테나공	통 신 설비공	지 적 기 사	보 통 인 부
조 립 및 설 치	12.00	4.00	4.00	3.00	2.00
케 이 블 랙 설 치	-	-	4.00	-	4.00
급 전 선 장 치	-	2.00	16.00	-	8.00
국 부 조 정 장 치	-	-	20.00	-	-
감 시 장 치	10.00	-	15.00	-	-
종합측정 및 시 험	36.00	36.00	24.00	-	-
위 상 정 합	10.00	5.00	10.00	-	-
전 계 강 도 측 정	20.00	-	10.00	1.00	-
원 격 조 정 장 치	10.00	-	10.00	-	-

[해 설]

① 본 품셈은 표지기 1대 감시장치 1식을 포함함. ② 철거(불용 30%, 재사용 80%).

10-3-5 계기착륙시설 방위각 비행점검 및 조정

(단위 : 회)

공 정	통신관련 기 사	공 정	통신관련 기 사
초 단 파 송 신 기 T.at	3.00	반 송 파 변 조 기 CA-1403	1.00
초 단 파 측 파 대 송 신 기 CA-661	3.00	가청주파발전 및 전건조작기 CA-1459	1.00
하 이 브 릿 드 기 기 CA-1452	1.00	교 류 신 호 전 동 발 전 기 CA-1440	1.00
방 위 각 조 정 기 CA-1395A	1.00	반송파전계강도측정조정	3.00
방 위 각 감 시 기 CA-1474	3.00	제1측파대 전계강도측정조정	3.00
방 위 각 감 시 기 전 원 공 급 기 CA-1474-1	0.50	제2측파대 전계강도측정조정	3.00
방 위 각 자 동 전 환 기 CA-1404	0.50	제3측파대 전계강도측정조정	3.00
48V 정 류 기 CA-1394	0.50	종합측파대전계강도측정조정	3.00
진 폭 및 위 상 조 정 기 CA-1345	3.00	공 간 변 조 도 측 정 조 정	3.00
자 동 전 압 조 정 기 LO공신형 2KVA	3.00	방 위 각 지 시 측 정 조 정	1.00
일 휘 드 공 중 선 CCA-281628기 1조	3.00	방위각허용편차측정조정	1.00
휴 대 용 지 상 점 검 기 CA-1684	0.50	비 행 점 검	1.00
방 위 각 옥 외 점 검 기 CA-1474-2	0.50	종 합 감 시 기 (9 층) CA-1405-A	1.00
방 위 각 위 상 점 검 기 CA-653	0.50	종 합 감 시 기 (10층) CA-1405-B	1.00

정보통신부문 제10장

[해 설]

① 철거 30% 적용.

10-3-6 계기착륙시설 활공각 비행점검 및 조정

(단위 : 회)

공 정	통신관련기사	공 정	통신관련기사
극초단파송신기 TUS	10.00	반송파전계강도측정 270°360°	2.00
활공각조정기 CA-1395B	1.00	측파대전계강도측정 270°360°	2.00
활공각감시기 CA-1363	3.00	공간변조도측정	2.00
활공각자동전환기 CA-1404	0.50	활공각지상측정조정	3.00
48A정류기 CA-1394	0.50	활공각허용편차측정조정	3.00
자동전압조정기 CA-1387	3.00	비행점검	24.00
화절형 UHF 공중선 FAA-E-2245 3기 1조	2.00	활공각옥외점검기 CA-1364	0.50
		활공각휴대용지상점검기 FA-8708	0.50

[해 설]

① 철거 30% 적용.

10-3-7 계기착륙시설 내방표지소 비행점검 및 조정

(단위 : 회)

공 정	통신관련기사	공 정	통신관련 기사
장파송신기 TMU	1.00	수직수평전계강도측정	2.00
초단파송신기 TZY	1.00	LFR 공중선	1.00
Z마 - 카 공중선	1.00	비행점검	1.00

[해 설]

① 철거 30% 적용.

10-3-8 계기착륙시설 외방표지소 비행점검 및 조정

(단위 : 회)

공 정	통신관련 기사	공 정	통신관련 기사
장 파 송 신 기 31L	1.00	Z 마 - 카 공 중 선	1.00
초단파 송신기 TEY	1.00	수직평형전계강도측정	2.00
감 시 기	1.00	비 행 점 검	1.00
LFR 공 중 선	1.00		

[해 설]

① 본 품셈은 제1 또는 제2장치중 1장치와 감시장치를 포함한 것임.

② 철거 30% 적용.

10-3-9 RADAR 장비점검 조정

(단위 : 회)

공 정	통신관련 기사	공 정	통신관련 기사
Indicator Site		Transmitter Site	
ASRD, 2 공동 장비 전원부 21A-7721	16.87	ASR(TX)AN/ORM-61신호 발진기 작동	5.63
콘 솔 전 원 부 FA-7710	1.25	PPI 감시기 21A-4918	5.63
공 통 장 비 기 능 검 사	16.87	송신 주파수 및 출력 측정	5.63
콘 솔 장 비 기 능 검 사	33.75	Ring Time 측정	5.63
PPI 콘솔형 7701 기능검사	50.62	전압 정재파비 측정	2.79
지시기 계통 가동 FA-7700	50.62	이동신호수신기성쇄시험	8.42
오실로스코프 일반적인 조정	8.42	RADAR 장비작동개시조정	16.88
선 로 보 상 기 FA-7723	2.25	RADAR 장비 작동 정지	5.63
60마일 스킨 발생기 FA-7726	11.25	545A 오실로스코프 작동	5.63
시간분배 게이트 발생기 FA-7724	11.25	주동기기 정밀조정	11.25
60마일 거리 표지기발생기 FA-7727	11.25	변조기 신호 정밀조정	11.25
200마일 스윕 발생기 FA-7728	5.63	무변조기 전원 공급기 3A-4727	11.25
200마일 거리 표지 발생기 FA-7729	5.63		
콘솔 비디오 혼합기FA-7713	11.25		
변형 증폭기 FA-7712	33.75		
PPI 콘솔 FA-7701	67.50		
SSR Comm-Decoder Power Supply	2.79		
Decoder Control Box Mapper	5.63		
Power Supply	5.63		
AZ-Processor	5.63		
Module	1.40		
Distribution	1.40		

(단위 : 회)

공 정	통신관련 기사	공 정	통신관련 기사
Noncomm-Decoder Power Supply	2.79	고주파 출력 감시기 3A-4741	11.25
Master Control Box	1.40	영상신호 발진기 3A-4767	5.63
제 1 상 쇄 기 조 정	16.88	부 성 증 폭 기 정 밀 측 정	33.75
혼 신 제 거 기 3A-4905	8.42	전단 선택 여파기 및 신호 혼합기 조정	5.63
수 신 기 복 귀 시 간 조 정	11.25	동 기 주 파 수 정 밀 조 정	11.25
정지신호수신기 LAGC 측정	11.25	정지 영상 신호 조정기 FA-4762C	2.79
정지신호수신기 FTC 측정	11.25	이동 영상 신호 조정기 FA-4760	5.63
이동신호수신기 FTC 측정	8.42	STC FA-4766B	5.63
부 성 증 폭 기 FA-4903	2.79	SSR(TX)저전압공급장치점검	16.88
영 상 적 분 기 FA-4754A	11.25	송신전력 및 반사전력 측 정	16.88
제 2 상 쇄 기 조 정	16.88	고 전 압 공 급 장 치 점 검	16.88
이동신호상쇄기정밀조정	11.25	전 압 정 재 파 비 측 정	16.88
속 도 정 형 기 조 정	33.75	장 비 송 풍 장 치 점 검	5.63
수 신 장 치 종 합 정 밀 조 정	11.25	주 파 수 측 정	22.50
마그네트론송신장치장애회로	16.88	수 신 감 도 측 정	72.90
동조감시기및수정발진기조정	11.25	잡 음 제 거 기 조 정	7.35
잡음지수감시기 FA-4917	11.25	부 영 제 거 수 준 조 정	16.88
Stalo FA-4728 정 밀 조 정	16.88	송신신호형태 발생기 조 정	33.75
자동주파수제어기 FA-4736A	11.25	국 부 발 진 기 조 정	16.88
시험펄스발전기정밀조정 FA-4756	11.25	공기여파기점검장비배선점검	16.88
수 신 기 감 도 측 정	16.88	비 행 점 검	32.00
이 동 신 호 장 치 종 합 측 정	11.25		

[해 설]

① 본 품셈은 제1, 2장치를 포함한 것임.

② 기후, 지형, 장비, 교통, 축주등 기타 조건으로 비행점검이 지연될 경우 50% 가산.

③ 철거 30% 적용.

제11장 정보통신전원설비공사

11-1 축전지

11-1-1 밀폐고정형 납 축전지

11-1-1-1 250AH이하 축전지

(단위 : 조)

공 정	직 종	50V	120V	240V	380V
소 운 반 배열 및 조립	통신설비공	2.66	6.39	12.78	20.18
	보 통 인 부	1.78	4.26	8.52	13.45

[해 설]

① 랙(Rack) 설치는 "4-3-3 Patch Panel 및 성단 등" 품셈 적용.
② 덕트(Duct) 설치, 배관 및 배선은 별도 계상.
③ 단위에 있어 조당이라 함은 개수에 관계없이 소요전압을 얻을 수 있는 수량을 합계한 것임.
④ 니켈-금속수소화물 축전지 등의 경우 본 품셈 적용.
⑤ 이설은 본 품셈의 140% 적용.
⑥ 철거(불용 40%, 재사용 80%)

11-1-1-2 500AH이하 축전지

(단위 : 조)

공 정	직 종	50V	120V	240V	380V
소 운 반 배열 및 조립	통신설비공	3.18	7.63	15.26	24.11
	보 통 인 부	1.79	4.29	8.58	13.55

[해 설]

"11-1-1-1 250AH이하 축전지" 해설항 적용.

정보통신부문 제11장

11-1-1-3 1,200AH이하 축전지

(단위 : 조)

공 정	직 종	50V	120V	240V	380V
소 운 반 배열 및 조립	통신설비공	4.66	11.18	22.36	35.32
	인력운반공	1.35	3.24	6.48	10.23
	보 통 인 부	1.35	3.24	6.48	10.23

[해 설]

"11-1-1-1 250AH이하 축전지" 해설항 적용.

11-1-1-4 1,600AH이하 축전지

(단위 : 조)

공 정	직 종	50V	120V	240V	380V
소 운 반 배열 및 조립	통신설비공	6.79	16.29	32.58	51.47
	인력운반공	2.24	5.37	10.74	16.96
	보 통 인 부	2.24	5.37	10.74	16.96

[해 설]

"11-1-1-1 250AH이하 축전지" 해설항 적용.

11-1-1-5 2,400AH이하 축전지

(단위 : 조)

공 정	직 종	50V	120V	240V	380V
소 운 반 배열 및 조립	통신설비공	8.74	20.97	41.94	66.26
	인력운반공	2.24	5.37	10.74	26.96
	보 통 인 부	2.62	6.28	12.56	19.84

[해 설]

"11-1-1-1 250AH이하 축전지" 해설항 적용.

11-1-1-6 3,000AH이하 축전지

(단위 : 조)

공 정	직 종	50V	120V	240V	380V
소 운 반 배열 및 조립	통신설비공	10.48	25.15	50.30	79.47
	인력운반공	2.68	6.43	12.86	20.31
	보 통 인 부	3.14	7.53	15.06	23.79

[해 설]

"11-1-1-1 250AH이하 축전지" 해설항 적용.

11-1-1-7 축전지 감시장치용 결합기

공 정	단위	통신설비공	보통인부
축전지 감시장치용 결합기	개	0.05	0.01

[해 설]

"11-1-1-1 250AH이하 축전지" 해설항 적용.

11-1-2 리튬2차전지

공 정	규격	단위	통신설비공	통신케이블공
모늄 설치	21.6V/70Ah	개	0.02	0.02
	48V/50Ah	〃	0.03	0.03

[해 설]

① 내진랙(Rack) 설치는 "9-4-20-4 지진대비 보호설비" 품셈 적용.

② 기계경비 사용 시 "1-4 기계경비 산정기준" 품셈 적용.

③ 재해 예방과 작업자의 안전을 위해 투입되는 인력(신호수 등) 및 안전시설(표지판, 라바콘 등) 설치는 "1-1-27-1 안전시설" 품셈 적용.

④ 철거.(불용 30%, 재사용 80%)

11-2 정류기

11-2-1 정류기

공 정		규 격	단위	통 신 관련기사	통 신 설비공	특별 인부
고주파정류기	정류기랙	19″	대	-	1.63	0.47
	정류모듈	10A	개	0.12	0.12	-
		25A	개	0.12	0.14	0.04
		50A	〃	0.12	0.19	0.08
		100A	〃	0.12	0.24	0.12
수은정류기		5kVA이하	대	-	1.80	-
		10 〃	〃	-	2.80	-
		20 〃	〃	-	3.70	-
		30 〃	〃	-	5.00	-
		50 〃	〃	-	6.50	-
금속정류기		5kVA이하	〃	-	1.80	-
		10 〃	〃	-	2.70	-
		20 〃	〃	-	3.70	-
		30 〃	〃	-	4.60	-
		50 〃	〃	-	5.50	-

[해 설]

① 고주파정류기품셈은 소운반, 포장해체점검 및 시험 포함.

② 고주파정류기품셈은 정류모듈 유니트 설치시 적용.

③ 수은 및 금속정류기는 조작반 기초, 접지, 시험 불포함.

④ 이설 140% 적용.

⑤ 철거(불용 50%, 재사용 80%)

11-3 배터리 충전장치

11-3-1 배터리(Battery) 충전장치

(단위 : 대)

구 격	직 종	6V 이 하	12V 이 하	24V 이 하	50V 이 하	100V 이 하	101V~ 250V
10A이하	통신설비공	3.65	3.71	3.79	3.93	4.06	4.20
	보 통 인 부	2.70	2.79	2.93	3.15	3.38	3.60
50A이하	통신설비공	3.93	4.06	4.20	4.42	4.53	4.75
	보 통 인 부	3.15	3.38	3.60	3.96	4.14	4.50
100A이하	통신설비공	4.20	4.48	4.75	5.03	5.30	5.58
	보 통 인 부	3.60	4.05	4.50	4.95	5.40	5.85
200A이하	통신설비공	-	5.00	5.80	6.26	6.68	7.07
	보 통 인 부	-	6.00	6.21	6.98	7.65	8.37
400A이하	통신설비공	-	6.00	6.80	8.60	9.15	10.25
	보 통 인 부	-	8.25	8.70	10.80	11.70	13.50
600A이하	통신설비공	-	7.20	7.80	9.00	-	-
	보 통 인 부	-	8.50	10.5	12.00	-	-
800A이하	통신설비공	-	-	8.30	9.50	-	-
	보 통 인 부	-	-	10.00	12.50	-	-

[해 설]

① 본 품셈은 소운반, 포장해체점검 및 자체시험 등을 포함.

② 배관, 배선품셈은 별도 계상.

③ 자국용(48V, 25A) 전원시설 개별 증설시 다음 품셈 적용.

공 정	단위	통신관련 산업기사	통 신 설비공	보 통 인 부
기본랙(48V,25A용)설치	대	-	1.63	0.47
정류기(48V,25A)설치	〃	0.24	2.00	0.23
교류배전반(48V,25A)설치	〃	-	0.19	0.27
직류배전반(48V,25A)설치	〃	-	0.11	0.20
분배퓨즈(48V,25A)유니트(판넬)설치	〃	-	0.60	0.08

④ 이설 140% 적용. ⑤ 철거(불용 40%, 재사용 80%)

정보통신부문 제11장

11-3-2 태양광 충전시스템

공 정	단 위	통신외선공	통신설비공
태양광전지판	대	0.31	0.28
전원관리장치	〃	0.23	0.35

[해 설]

① 본 품셈은 폴 설치품이며, 옥상 또는 벽면 설치시는 본 품셈의 120% 적용.

② 태양광전지판은 200W 기준이며, 200W 미만은 본 품셈의 80% 적용하고 200W초과는 본 품셈의 120% 적용.

③ 태양광전지판은 컨트롤러 일체형으로 분리형은 120% 적용.

④ 배터리 및 인버터 설치는 “11-1-1 밀폐고정형 납 축전지” 및 “11-7-2 인버터(Inverter)” 품셈 적용.

⑤ 전원관리장치 설치에는 시험 품셈 포함.

⑥ 철거(불용 30%, 재사용 80%)

11-4 무정전 전원장치

11-4-1 무정전 전원장치(UPS, CVCF)

공 정	단 위	통신설비공	보통인부	S/W시험사
소형(1~3kVA) 이하	대	1.00	-	-
3kVA초과 ~ 10kVA 이하	〃	3.00	-	-
10kVA초과 ~ 20kVA 이하	〃	4.00	1.00	-
20kVA초과 ~ 30kVA 이하	〃	5.00	2.00	-
30kVA 초과~100kVA 이하	〃	6.00	3.00	-
100kVA 초과~250kVA 이하	〃	7.00	4.00	-
250kVA초과~500kVA 이하	〃	8.00	5.00	-
원격감시 및 제어 S/W설치	식	-	-	0.58

[해 설]

① UPS, CVCF의 설치, 장치 결선, 시험조정 품셈 포함하며, 각종 케이블 포설(충

방전용과 제어케이블 등)은 별도 계상.

② 철거(불용 50%, 재사용 80%)

11-5 접지설비

11-5-1 접지시설

공　　정	규　　격	단 위	통신외선공	통신내선공	보통인부
접지봉 타설	길이 1~2m × 1본	개	0.20	-	0.10
	〃　　× 2본 연결	〃	0.30	-	0.15
	〃　　× 3본 연결	〃	0.45	-	0.23
접지동판 매설	0.3m × 0.3m 이하	매	0.30	-	0.30
	1.0m × 1.5m 이하	〃	0.50	-	0.50
	1.0m × 2.5m 이하	〃	0.80	-	0.80
망형 접지동판 매설	롤형	20m	0.26	-	0.26
	판형	매	0.06	-	0.06
	테두리보강형	매	0.07	-	0.07
접지동판 가공	-	매	0.16	-	-
탄소봉매설 (지하 1.5m 기준)	φ 150× 1,000미만	개	0.27	-	0.46
	φ 150× 1,000이상	〃	0.43	-	0.74
	φ 300× 1,000미만	〃	0.59	-	1.00
접지선부설	600V 비닐전선	10개소	0.50	-	0.25
접지선 매설	10㎟ 이하	10m	0.10	-	-
	35㎟ 이하	〃	0.12	-	-
	95㎟ 이하	〃	0.15	-	-
	150㎟ 이하	〃	0.20	-	-
	150㎟ 초과	〃	0.25	-	-
접속 및 단자 설　　치	C형 및 원형 슬리브	개	0.10	-	-
	압착단자	〃	0.03	-	-
	용접(발열) 또는 납땜	〃	0.19	-	-
	볼트 체결형	〃	0.05	-	-
접지 단자함	-	개	-	0.66	-

[해 설]

① 접지봉 타설은 접지선 연결, 접지저항 측정 포함이며, 접지저항만을 측정할 때는 개소당 통신외선공 0.18명 계상.

② 접지봉 3본초과 1본 추가시마다 1본 설치품셈의 70%를 가산하고, 1m미만의

접지봉을 설치할 경우 1본 설치품셈의 50% 적용.

③ 동일 장소에 접지동판을 2매 이상을 동시 매설시 1매 증가마다 30%씩 가산.

④ 접지선 부설은 콘크리트 전봇대(CP) 신설을 기준한 것이며, 기설 콘크리트 전봇대(CP)는 150% 적용.

⑤ 터파기 및 되메우기는 "2-1-8-1 인력 터파기" 품셈을 적용.

⑥ 지세별 할증률은"1-2-2 품의 할증" 적용.

⑦ 접속 및 단자설치는 주접지선과 분기 접지선의 접속 또는 단자 설치시에 해당 규격 적용.

⑧ 접지선을 케이블랙, 덕트(Duct) 및 전선관 등으로 옥내 포설시는 접지선 매설 품셈의 150% 적용. 단, 직종은 통신내선공을 적용.

⑨ 전봇대에 설치되는 정보통신설비 보호를 위해 접지용 PVC전선관 설치시 "2-3-2 인·수공 철개 및 입상관(오름관)" 중 입상관(오름관) 설치 품셈을 적용.

⑩ 망형 접지동판 롤형은 20m기준이며, 기준규격 이하는 본 품셈에 비례하여 계상

⑪ 철거 50% 적용. 다만, 동판 또는 동봉을 버리는 경우는 통신외선공 품셈의 10% 적용.

11-5-2 보링접지

11-5-2-1 대지고유저항 측정 및 분석

공 정	단 위	통신관련산업기사	통신관련기능사
대지고유저항 측정	Point	0.33	0.99
〃 분석	〃	0.25	-

[해 설]

① 대지고유저항 측정은 접지매설지점 기준으로, 단위"Point"는 측정장비 위치에서 양쪽 방향으로 각각 0.5~50m의 범주에서 보조전극(P1, P2, C1, C2) 20개소에 대한 측정품셈임.

② 본 품셈은 접지설계를 위한 웨너(Wenner)의 4전극법 방식의 대지고유저항 측정 품셈임.

③ 동일장소에서 1Point이상 측정시 추가측정 Point는 측정품셈의 50% 적용.

11-5-2-2 매설물 탐지

공	정	단 위	통신관련산업기사	특별인부
매설물 탐지	맨 홀	개소	0.46	0.92
	맨홀외	〃	0.13	0.26

[해 설]

① 맨홀의 매설물 탐지는 보링(천공)전 맨홀내부의 환기를 위한 송풍, 양수 · 침전물 제거, 맨홀바닥의 코어드릴링(Ø200) 및 맨홀 하단의 매설물 수작업 확인을 위한 굴토와 탐침봉 확인품셈이 포함되었음.

② 맨홀외 매설물 탐지는 맨홀이외의 장소(평탄지, 도심, 야산지 등)로서 전기, 통신, 가스, 상 · 하수도 등의 지하매설물 및 도면 확인품셈으로 굴토 · 탐침봉 확인품셈 포함.

③ 기계경비는 "1-4 기계경비 산정기준" 품셈 적용.

11-5-2-3 기계기구 설치

(단위 : 개소)

직 종	단 위	수 량
보 링 공	인	1.00
특 별 인 부	〃	1.00
보 통 인 부	〃	1.00

[해 설]

① 본 품셈은 육상, 평지부를 기준한 것이므로 지세별 할증률은 "1-2-2 품의할증" 적용.

② 조사개소 이동을 위한 소운반은 포함되지 않았음.

③ 수상작업시(축도, 선박, 가잔교 시설등)에는 육상으로부터의 거리, 수심, 풍랑, 조수차 등의 상황을 고려하여 별도 계상.

④ 지장물 보상은 별도 계상.

⑤ 잡재료는 별도 계상.

⑥ 조사개소의 좌표측량, 수준 측량, 기타 지형지물 등 현장조건에 따라 필요한 제반 측량은 측량 품셈에 의함.

⑦ 1개소당 작업장 넓이는 20㎡ 내외로 함.

정보통신부문 제11장

11-5-2-4 보링(천공)

공 정		단위	통신외선공	보링공	용접공
천 공	Ø 75	m	0.08	0.08	-
	Ø 100	〃	0.10	0.10	-
	Ø 150	〃	0.12	0.12	-
	Ø 200	〃	0.15	0.15	-
케 이 싱 설 치		〃	0.25	0.25	0.12

[해 설]

① 본 품셈은 보링접지를 위한 고성능착정기 지하 천공품셈으로 천공 지름 (Ø75, 100, 150, 200) 및 깊이에 따라 해당품셈 적용.

② 천공은 보통토사 기준으로 보통암은 본 품셈의 90%, 모래층은 110%, 자갈층은 160%, 호박돌층은 260% 적용.

③ 기계경비는 "1-4 기계경비 산정기준" 품셈 적용.

④ 케이싱 설치는 천공된 공벽유지를 위한 별도의 철관 삽입 공정으로 절단 및 용접품셈 포함.

⑤ 폐기물 처리는 "1-1-3 적용방법" 중 "카.항"을 적용.

11-5-2-5 저감제 주입 및 접지저항 측정

공 정		단 위	통신관련 산업기사	통신외선공	용접공
접지전극(봉) 설치		m	-	0.06	0.01
접지선 인출	95㎟ 초과	10m	-	0.19	-
	95㎟ 이하	〃	-	0.13	-
저감제 주입	모르타르 형태	m	-	0.11	-
	젤 형태	〃	-	0.09	-
접지저항 측정(3점)		개소	0.18	-	-

[해 설]

① 접지전극(봉) 설치공정은 중공관(속이 빈 관)과 접지전극 설치 및 용접 공정임.

② 접지선 인출은 접지전극(봉)에서 접지설비까지의 접지선(GV) 포설품셈으로 압착 단자 처리 및 관로내 포설공정이며, 터파기는 별도 계상.

③ 저감제 주입은 보링지름 Ø200을 기준하였으며, Ø150은 본 품셈의 90%, Ø100은 80%, Ø75는 75% 적용.

④ 기계경비는 "1-4 기계경비 산정기준" 품셈 적용.

11-6 서지·낙뢰 등 방지설비

11-6-1 피뢰침 및 피뢰기

(단위 : 개)

규 격	통 신 외선공	규 격 별	통 신 외선공
피뢰침설치 높이 7.5m 이하	0.66	피뢰기 직류 1,500V용	0.18
〃 10m 〃	0.84	교류 3~11kV용	0.13
〃 15m 〃	1.14	〃 22.9kV용	0.11
〃 20m 〃	1.50		
〃 25m 〃	1.80		
〃 30m 〃	2.11		
〃 35m 〃	2.42		
〃 40m 〃	2.73		

[해 설]

① 구조물로서 발판이 좋은 곳은 60% 적용.

② 배선포함, 접지 공사는 별도 계상.

③ 높이 40m 이상은 매 5m마다 1.0인 가산.

④ 피뢰기는 접지 완철, 하부배선 불포함, 상부배선 포함.

⑤ 다수의 피뢰침을 동일 옥상에 분포형으로 설비할 경우는 돌침(Airterminal) 1개 증가에 대해 1.00공량을 가산하고 접지선을 Netting Connection하는 배선의 공량을 가산.(11-5-1 접지시설 접지분기선 접속 참조)

⑥ 전봇대에 설치하는 피뢰기는 배전전공이 시공.

정보통신부문 제11장

⑦ 피뢰기를 구내에 설치시 30% 가산.

⑧ 철탑에 설치시는 "7-6-1 공중선 철탑건립"의 "피뢰침 시설"품셈 적용.

⑨ 철거 30% 적용.

11-6-2 서지보호기(SPD)

공　　정	단위	통신내선공
서지보호기용 외함 설치(300 × 300)	대	0.11
전원용	개	0.24
통신용(데이터, 영상)	개	0.14

[해 설]

① 서지보호기용 외함 설치는 칼블럭 설치기준으로 앵커볼트 설치시는"3-7-1 부대공사(앵커볼트 설치 등)"별도 계상.

② 전원용 서지보호기는 3상4선식의 병렬형 1port 기준으로 분전반~서지보호기 간의 케이블 포설 및 결선, 절연저항 측정품셈이 포함되었으며, 합성수지제 가요전선관 등 배관 설치시는 "3-3-1 구내통신배관"품셈 적용.

③ 전원용 서지보호기의 직렬형 2port는 본 품셈의 120%, 활선작업시는 본 품셈의 150%, 단상2선식은 본 품셈의 80% 3상3선식 및 단상3선식은 90% 적용.

④ 통신용(데이터, 영상) 서지보호기는 직렬형 기준으로 서지보호기 부착 및 통신 케이블 결선품셈 포함이며, 회선시험시에는 "4-3-3 Patch Panel 및 성단 등" 회선 시험 적용.

⑤ 철거(불용 30%, 재사용 80%)

11-6-3 전자기펄스(EMP) 방호설비

공 정			단위	통신외선공	통신설비공	특별인부
차폐판	천장	천 장	㎡	0.20	0.65	0.16
		모서리	개소	0.20	0.13	0.03
	바닥		㎡	0.49	0.33	0.08
	벽		〃	0.42	0.28	0.07
	기둥		〃	0.63	0.42	0.11
허니컴	600㎜×600㎜×3/16″이하		대	-	0.39	-
차폐필터	300㎜×90㎜×45㎜ 이하		〃	-	0.30	-

[해 설]

① 본 품셈의 차폐판 설치는 용접에 의한 방법이며, 볼트체결에 의한 차폐판 설치는 본 품셈의 80% 적용.

② 차폐판 설치 품셈에는 고정대 및 고정앵커 설치, 백프레임 조립 및 용접, 차폐판 조립, 열변형 방지작업, 페인트칠(방청, 조합)을 포함.

③ 차폐판 천장 설치시 천장 단면적에 따른 품셈 적용 이후 모서리 개소에 따른 품량을 추가 적용.

④ 허니컴 설치 품셈에는 허니컴 용접 및 치폐판 열변형 방지작업을 포함.

⑤ EMP 방호설비 설치 후 시공업체에서 자체적으로 실시하는 방호성능 시험은 본 품셈에 포함하며, 전문업체의 정밀시험은 본 품셈에 포함하지 않음.

⑥ 기계경비는 "1-4 기계경비 산정기준" 품셈 적용.

⑦ 접지시설공사는 "11-5-1 접지시설" 품셈 적용.

⑧ 철거(불용 40%, 재사용 80%)

11-7 기타 전원설비

11-7-1 자동전압 조정기

규 격	공 정	단위	통 신 내선공	통 신 설비공	보통인부
1kVA이하	운반 및 설치	대	-	0.13	0.13
	조작반설치	〃	-	-	-
	결선 및 조정시험	〃	-	0.28	0.28
10kVA이하	운반 및 설치	〃	0.60	1.50	0.90
	조작반설치	〃	-	-	-
	결선 및 조정시험	〃	0.40	1.00	0.60
50kVA이하	운반 및 설치	〃	0.60	1.50	0.90
	조작반설치	〃	-	-	-
	결선 및 조정시험	〃	0.60	1.50	0.90
100kVA이하	운반 및 설치	〃	1.00	2.50	1.50
	조작반설치	〃	-	-	-
	결선 및 조정시험	〃	0.80	2.00	1.20
500kVA이하	운반 및 설치	〃	1.80	4.50	2.70
	조작반설치	〃	1.20	3.00	1.80
	결선 및 조정시험	〃	1.20	3.00	1.80
1,200kVA이하	운반 및 설치	〃	2.40	6.00	3.60
	조작반설치	〃	1.20	3.00	1.80
	결선 및 조정시험	〃	1.60	4.00	2.40

[해 설]

① 기초대는 저압콘크리트기초대, 고압은 상면찬넬 매몰식 기초대를 기준.

② 운반 및 설치, 배관 및 배선은 국사구조에 따라 조정.

③ 건식단권 변압기(DS) 설치는 별도 계상.

④ 철거 30% 적용.

11-7-2 인버터(Inverter)

(단위 : 대)

공정	규격 입력	24V 이 하					50V 이 하					220V 이 하				
	출력종별 (kVA)	0.5	1	2	3	5	0.5	1	2	3	5	0.5	1	2	3	5
설 치	통신 설비공	0.22	0.24	0.27	0.29	0.32	1.00	1.20	1.50	2.00	2.50	0.90	1.00	1.30	1.70	2.00
배선 및 시운전	통신 설비공	-	-	-	-	-	1.00	1.20	1.50	2.00	2.50	0.90	1.00	1.30	1.70	2.00

[해 설]

① 회전형의 경우 "11-7-3 전동발전기" 적용.

② 시운전은 주야 계속 기준. ③ 태양광 인버터는 본 품셈 적용.

④ 철거 30% 적용.

11-7-3 전동발전기

(단위 : 대)

공 정	설 치					시운전 및 특성시험
	5kVA 이하	10kVA 이하	20kVA 이하	30kVA 이하	50kVA 이하	
통신관련산업기사	-	-	-	-	-	4.00
통신설비공	2.80	3.60	4.60	5.50	7.00	-

[해 설]

① 조작반 기초, 접지 별도 계상. ② 철거 50% 적용.

11-7-4 분전반

배선용 차단기	단위	통신설비공			나이프 스위치	단위	통신설비공		
		1P	2P	3P			1P	2P	3P
30AF 이하	개	0.34	0.43	0.54	30A 이하	개	0.38	0.48	0.60
50 〃	〃	0.43	0.58	0.74	60 〃	〃	0.48	0.65	0.82
100 〃	〃	0.58	0.74	1.04	100 〃	〃	0.65	0.93	1.16
225 〃	〃	0.74	1.04	1.35	200 〃	〃	0.82	1.20	1.50

[해 설]

① 본 품셈은 정보통신전용 전기설비 공사에 적용.

② 차단기 및 스위치를 조립·결선하고, 매입설치 하는 기준.

③ 차단기 및 스위치가 조립된 완제품 설치시는 35% 적용.

④ 외함은 철제 또는 PVC제를 기준.

⑤ 분전반 외함이 노출설치인 경우 90% 적용.

⑥ 계기류의 스위치류 반이면 배선 등의 품은 별도 계상.

⑦ 방폭은 200% 적용.

⑧ 4P 개폐기는 3P 개폐기의 130% 적용.

⑨ 누전차단기는 배선용 차단기 품 적용.

⑩ 마그넷 스위치, 커버나이프 스위치 등은 나이프 스위치 품 적용.

⑪ 회로접속, 시험 포함.

⑫ 철거(불용 30%, 재사용 80%)

11-7-5 분전반용 차단기 및 개폐기, 스위치

11-7-5-1 차단기 및 개폐기 등 ('25년 개정)

규 격	단위	통신내선공			
		배선용 차단기	안전개폐기	마그넷스위치	커버나이프 스위치
30AF 이하	개	0.19	0.20	0.30	0.11
50 〃	〃	0.26	0.30	0.45	0.15
100 〃	〃	0.36	0.40	0.60	0.23
225 〃	〃	0.47	0.55	0.80	0.29

[해 설]

① 3P 단투 기준.

② 1P 50%, 2P 70%, 쌍투는 120%, 매입은 130%, 4P는 130% 적용.
③ 유입형 130% 적용.
④ 접속, 시험품 포함.
⑤ 방폭 200% 적용.
⑥ 누전차단기 및 전류제한기는 배선용 차단기 적용.
⑦ 나이프 스위치는 커버나이프스위치 적용.
⑧ 철거(불용 30%, 재사용 80%)

11-7-5-2 저압 자동절체 스위치

규 격	단 위	통신내선공
1,500A 이하	대	1.84
1,500A 초과 ~ 3,000A	〃	2.08
3,000A초과 ~ 5,000A까지	〃	2.40

[해 설]
① 자동절체스위치(ATS : Automatic Transfer Switch)는 소운반, 조립, 가대 설치, 시험 품셈 포함.
② 3P인출형 개별설치 기준, 고정형은 90% 적용.
③ 2P는 70%, 4P는 130% 적용.
④ 교체 150%, 단, 입·출력단가 BUS를 제작하지 않고 교체시는 100% 적용.
⑤ 철거(불용 40%, 재사용 80%)

제12장 철도 통신 · 신호시설공사

12-1 철도통신선로설비

12-1-1 통화장치

(단위 : 대)

공 정		통신외선공	통신설비공	통신케이블공
연선전화		-	0.48	0.52
건널목 비상직통전화	주장치 및 전원장치	-	1.13	-
	자장치	0.35	-	0.56
비상게이트 통화장치	주장치	-	0.75	0.83
	자장치 및 게이트	-	2.19	2.50
	모니터 및 인터폰	-	0.50	0.25

[해 설]

① 연선전화 및 건널목 비상직통전화 설치품셈에는 기초대(철 구조물)설치, 케이블 결선, 접지선 연결, 메모리 입력, 통화품질시험은 포함되었으나, 기초대 가공과 기초대 설치를 위한 터파기 및 되메우기는"2-1-8-1 인력 터파기" 품셈을 적용하고, 콘크리트 부설은 별도 계상.

② 연선전화와 건널목비상직통전화 설치시 케이블 포설은 "4-7-1 지중 및 가공케이블"을 적용하고, 비상게이트 통화장치 케이블 포설은 "4-3-1 꼬임케이블 포설" 품셈 적용.(비상게이트 통화장치 설치품에는 각 장치 설치에 소요되는 앵커볼트 설치, 케이블 연결, 바닥철거 및 마감, 동작시험은 포함)

③ 감시카메라 설치는 "9-2-1-1 CCTV 시스템" 품셈 적용.

④ 철거(불용 30%, 재사용 80%). 단, 본 품셈은 주간작업 기준.

12-2 역무용통신설비

12-2-1 기기신설

(단위 : 개)

공 정		통신설비공	통신내선공	보통인부	비고
보안기		-	0.20	-	
전화기 자석		-	0.30	-	
〃 공전		-	0.20	-	
〃 자동		-	0.04	-	
〃 개별		-	0.50	-	
〃 지령		-	0.50	-	
방폭형 전화기		-	0.50	-	
강력전화기(유도방지장치 포함)		-	1.00	-	
방수, 방폭, 방진, 함체		-	0.50	-	
전환기		-	0.15	-	세렉타 포 함
운전지령장치(모장치)		-	11.00	-	
〃 (자장치)		-	1.50	-	
Dial		-	0.15	-	
부저		-	0.08	-	
전령 100㎜ ~ 200㎜		-	0.16	-	
모터싸이렌(마그넷싸이렌 포함)		-	1.60	-	
누름단추 옥외용 고성전화기		-	0.16	-	
확성기연락용		-	0.70	-	
3권변성기		-	3.00	-	보안기 접지 제외
통표폐쇄기		-	3.70	1.25	
인터폰		-	0.06	-	
인터폰 교환장치		1.20	-	-	
간이교환장치					
주장치 20회로 이하		2.00	2.00	-	
10회로 이하		2.00	1.00	-	
냉·난방기	전기형	0.52	-	0.27	
	가스형	0.62	-	0.32	

[해 설]

① 시험조정품셈 포함.

② 간이교환주장치 내선 20회로 이상 시설에 대하여는 회로당 본 품셈의 5%

가산.(20회로 이하 본 품셈 기준)

③ 전화기 설치품셈에 있어 동일건물의 경우 100대 이상 설치시에는 초과분에 대하여는 본 품셈의 80% 적용.

④ 전화기 설치품에는 콘센트 설치품셈이 포함되었으며(자동전화기 제외), 미포함시는 본 품셈의 70% 적용하고, 별도 콘센트 설치품은 "4-3-2 커넥터 및 Jack 접속" 중 Modular(Outlet) 품셈 적용.

⑤ 인터폰 매입시 본 품셈의 120%, 전자식 교환장치는 130% 적용.

⑥ IP인터폰 설치는 "8-1-6 IP 및 키폰 전화기" 품셈 적용.

⑦ 철거 50% 적용.

12-2-2 무선영상전송시스템(18GHz)

12-2-2-1 지상장치

(단위 : 대)

공 정	H/W시험사	S/W시험사	특별인부
주제어장치	2.10	0.82	-
RF신호 송수신장치 (ODU: Out Door Unit)	1.80	-	1.76

[해 설]

지상장치는 역사 승강장 CCTV 영상신호를 디지털 RF신호로 변환 후 전동차로 전송하거나 전동차에서 전송한 디지털 RF 영상신호를 수신하는 장치를 말함.

① 지상장치는 역사내 통신기계실 설치기준으로, 주제어장치는 통신기계실의 19″ 랙에 주제어장비 설치와 랙내 배선, 외부연동(CCTV 및 화재수신반) 접속품셈, 응용 S/W 설치품셈 등을 포함.

※ 주제어장비 구성 및 기능

○ Power Cont. : 랙 장비에 전원 공급

○ V.D.A : 승강장 카메라 영상분기

○ 화면분할기 : 승강장 영상 4분할로 구성

○ I.D.U : MPEG2, Multiplexer, Modulator 기능

○ 제어 PC : 랙 장비 및 ODU 제어
○ M.C.U : 랙 장비 및 ODU 제어
○ 터미널박스 : 랙 장비 제어를 위한 통신 연결

② 19″랙 설치는"4-3-3 Patch Panel 및 성단 등"품셈 적용
③ RF 전원케이블 포설은 "7-7-1 전파급전선"품셈 적용.

④ 지상용 RF 신호 수신장치(ODU)는 브라켓 설치, RF 케이블 출력 확인, 커넥터 조립, 접속, 틸트 조정 품셈을 포함.
⑤ 철거(불용 30%, 재사용 80%)

12-2-2-2 차상장치

(단위 : 대)

공 정	H/W시험사	통신설비공	통신케이블공
영상신호 변환장치 (IDU : In Door Unit)	1.58	-	1.50
RF신호 송수신장치 (ODU : Out Door Unit)	1.34	-	1.16
영상 표시부	-	1.34	1.42

[해 설]

차상장치는 지상장치에서 보낸 RF신호를 수신하여 전동차 영상표시부 상에 영상을 표출하고, 전동차의 CCTV 영상신호를 디지털 RF신호로 변환하여 지상으로 전송하도록 하는 장치를 말함.

① 영상신호 변환장치(IDU)는 RF신호를 영상 신호로 바꾸는 기능을 가지며, 고정용 브라켓 설치, IDU 고정, 각종 케이블(전원, RF, 영상, 통신)의 포설 (10m 이내), 커넥터 조립, 접속 작업품셈을 포함.
② RF신호 수신장치(O.D.U)는 고정용 브라켓 설치, ODU고정, RF케이블 포설 (10m 이내), 커넥터 조립, 접속 작업품셈을 포함.
③ 영상 표시부는 고정용 브라켓 설치, 모니터 고정, 각종 케이블(영상, 통신, 전원)의 포설(10m이내), 커넥터 조립, 접속 작업품셈을 포함.
④ 철거(불용 30%, 재사용 80%)

12-2-2-3 사령장치

(단위 : 대)

공　　정	H/W시험사	S/W시험사
주제어장치	3.40	1.00
원격감시장치	3.66	1.00
스위치	2.80	0.80

[해 설]

사령장치는 운행 중인 전동차와 역사 장비를 모니터링하며 응급상황 발생시 전동차 내의 영상을 관제하며 통제 할 수 있는 장치를 말함.

① 주제어장치는 신호설비의 열차운행 정보와 사령원의 조작에 따라 해당 열차의 영상을 제어하며, 차상장치에서 제공하는 열차종합제어장치(TcmS) 신호를 수신하여 전동차의 위치정보 및 차량 고유번호 등을 표시하는 H/W 및 S/W 설치 품셈을 포함.

② 원격감시장치는 망관리 기능을 제공하며 그래픽 환경에서 사령장치, 지상장치, 차상장치의 구성 및 성능과 운용상태, 장애내역 등을 표시하는 H/W 및 S/W 설치 품셈을 포함.

③ 스위치는 무선영상전송 시스템의 사령장치와 타 설비간 인터페이스를 위해 제공하는 모든 회선을 접속 할 수 있는 장치임.

④ 철거(불용 30%, 재사용 80%)

12-2-2-4 최적화 작업

(단위 : 대)

공　　정	H/W시험사	S/W시험사
종합시험	2.05	1.26
데이터 분석	3.52	2.27
주파수 출력 조정	3.44	1.80

[해 설]

최적화 작업은 지상장치와 차상장치 및 사령장치 설치완료 후, 장비성능 확인 및 무선구간의 성능향상을 위해 수행하는 지상ODU 위치이동 및 RF출력조정 등의 작업을 말함.

① 종합시험은 장비전원 입전 시 실시하는 최초동작시험, 개별 역사 장비의 성능을 점검하는 개별 시험, 사령과 연동기능을 점검 하는 사령연동시험 등을 포함.

② 데이터 분석은 무선구간의 성능향상을 위하여 스펙트럼 분석기를 이용한 전계강도 분석 및 장비자체의 수신전계 강도와 영상신호 세기를 분석하는 작업 등을 포함.

③ 주파수 출력조정은 데이터 분석 작업을 통하여 얻어진 자료를 바탕으로 무선구간 성능 향상을 위하여 진행하는 지상 ODU 위치이동 및 RF 출력 조정 등의 작업을 포함.

12-2-3 전기시계설비

공 정			단 위	통신내선공
모시계(또는 부모시계)			개	4.10
자시계	단면	300 ~ 400㎜	〃	0.55
		600㎜	〃	0.69
		900㎜ 이상	〃	2.10
	양면	600㎜	〃	1.05
		900㎜ 이상	〃	4.10

[해 설]

① 모시계 설치시 표준시간 수신을 위한 GPS안테나 및 케이블 설치는 별도 계상.

② 자시계는 벽부형 설치기준이며, 천장형은 본 품의 160% 적용.

③ 철거(불용 50%, 재사용 80%).

12-2-4 열차행선 안내게시기 ('25년 개정)

공정			단위	통신관련 산업기사	광케이블 설치사	통신 설비공	H/W 시험사	S/W 시험사
공통	지지물	지하	조	-	-	2.50	-	-
		지상	〃	-	-	6.00	-	-
LED 방식	제어부		대	1.50	-	-	-	-
	표시부		〃	1.00	-	0.25	-	-
	전원부		〃	0.90	-	0.25	-	-
	함 체		〃	-	-	0.30	-	-
LCD 방식	함체	지하	〃	-	-	0.50	-	-
		지상	〃	-	-	0.75	-	-
	LCD,셋톱박스,OPC		세트	-	0.60	0.60	-	-
	시험		대	0.40	-	0.40	-	-
종합정보 플랫폼 표출장치	모니터, 셋톱박스		세트	-	-	1.05	-	-
	시험		대	-	-	-	0.27	0.30
국부역 장치	본체설치		대	-	-	-	0.42	-
	S/W설치		식	-	-	-	-	0.94
	종합시험		〃	-	-	-	-	0.28
중앙서버 환경설정 변경			역사당	-	-	-	-	0.28

[해 설]

① LED 방식은 전동열차용 기준으로 여객용은 본 품셈의 120%를 적용. 단, 여객용 통로표시기 및 홈표시기도 본 품셈 적용. 제어부는 국부역장치간 통신상태 점검 및 표시부 표출상태 시험을 포함하며, 전원부는 온도조절기, 전원공급장치, 제어부전원, 표시부전원의 설치 품셈을 포함.

② LCD방식은 42″설치기준으로 함체에 들어가는 LCD, 셋톱박스, OPC는 각각 4개, 2개, 1개로서 광섬유케이블 12코어 성단, 접속 품셈이 포함되었으며, 32″ 이하는 본 품셈의 80% 적용.

③ LED 방식은 단면설치 기준으로 양면 설치시는 본 품셈의 180% 적용하고, LCD방식은 양면설치 기준으로 단면 설치시는 본 품셈의 80% 적용.

④ 배관 설치는 "3-1-1 구내통신배관", 광섬유케이블포설은 "4-1-3 구내 광섬유케이블", 꼬임케이블은 "4-3-1 꼬임케이블 포설" 품셈 적용.
⑤ 공통으로 적용하는 지지물 단위 조는 함체설치를 위한 폴(Pole) 2개를 말하며, 지상 지지물은 야간작업기준으로 폴(Pole)길이가 3m이상에 적용.
⑥ 중앙서버 환경설정 변경은 신규노선 또는 역사 추가에 따른 해당 노선의 전역사 열차운행정보 등록 등 국부역장치와의 연동을 위한 모든 공정을 의미.
⑦ 국부역장치의 신규 역사 추가로 인한 환경설정 변경 및 열차행선 안내게시기 동작시험은 국부역장치의 "S/W설치" 공정 적용.
⑧ 종합정보 플랫폼 표출장치는 43" 모니터 4대, 셋톱박스 2대 설치, 꼬임케이블과 전원케이블 연결 공정 기준이며, 함체 설치는 LCD 방식의 함체 적용.
⑨ 종합정보 플랫폼 표출장치 시험은 영상 데이터 출력 확인, 셋톱박스 IP, 스위치 포트 설정 확인 및 셋톱박스간 송수신 상태 확인 포함.
⑩ 32" 모니터를 사용한 종합정보 플랫폼 표출장치의 모니터, 셋톱박스 장비는 품셈의 70%를 적용.
⑪ 모니터가 2대인 종합정보 플랫폼 표출장치의 함체 및 모니터, 셋톱박스 장비는 품셈의 80% 적용.
⑫ 철거.(불용 30%, 재사용 80%)

정보통신부문 제12장

12-2-5 영상표출장치

공 정	단위	통신관련 산업기사	통 신 설비공
영상표출장치 설치	대	0.64	0.64

[해 설]
① 본 품셈은 여러 대의 CCTV 카메라에서 촬영한 압축 동영상을 디코딩하고 상황실 모니터에 다수의 분할된 화면을 제공하는 단독형 장치로서, 장치 설정 및 모니터 영상출력 시험 공정 포함.
② 배관 설치 및 케이블 포설품셈은 별도 계상.
③ 철거(불용 30%, 재사용 80%)

12-2-6 장애인용 음성유도기

공 정	단 위	통신설비공	보통인부
장애인용 음성유도기	대	0.17	0.15

[해 설]

① 본 품셈에는 장비 운반 및 설치, 결선, 시험을 포함하며, 전선관 및 전원케이블 포설, 전원박스 설치 등의 공정은 포함하지 않음에 따라 별도 계상.

② 철거(불용 30%, 재사용 80%)

12-3 역무자동화설비(AFC)

12-3-1 승차권 자동 개 · 집표기(Gate)

공 정		단위	통신관련 기 사	통신관련 산업기사	통 신 케이블공	통 신 설비공	보 통 인 부
설치	포 장 해 체	10대	-	-	-	1.00	1.00
	장 비 거 치	〃	-	-	-	5.00	5.00
	세트조립 및 커넥터 결선	〃	-	2.00	-	3.00	1.00
	전원접지 및 결선	〃	-	-	2.50	-	1.25
기계 분야 조정	콘솔커버와 승차권 이송기 위치조정	대	-	-	-	0.15	0.10
	전원공급장치조정	개	-	-	-	0.10	-
	온도조절장치 가동시험	〃	-	-	-	0.10	-
	기계분야 조정	대	-	-	-	0.40	-
	RF감도 조정	〃	-	0.06	-	-	-
	플립모듈 조정	〃	-	-	-	0.11	-
	프로그램 세팅	〃	-	0.10	-	0.10	-
종합 시험	신호방향표시기 시험	〃	-	0.15	-	-	-
	잔여기간 및 금액표시기시험	〃	-	0.15	-	-	-
	장비기능 및 전송시험(S/W)	〃	2.00	-	-	1.00	-

[해 설]

① 시설유지 보수공사는 본 품셈중 설치품셈을 제외하고 적용.

② 기계분야라 함은 각종 기계적으로 동작하는 마찰부분을 말함.

③ 종합시험은 전 시스템 평가 및 각 장비당 200회 이상 가동시험품셈 등을 포함.

④ 비상게이트 설치품은 “9-2-2-3 출입통제 게이트” 품셈 적용.

⑤ 철거(불용 30%, 재사용 80%)

12-3-2 승차권 자동발매기

공정		단위	통신 관련기사	통신관련 산업기사	통신 케이블공	통신 설비공	보통 인부
설치	포장해체	대	-	-	-	0.50	0.20
	장비거치	〃	-	-	-	1.00	1.00
	세트조립 및 커넥터 결선	〃	-	0.50	-	0.50	0.50
	전원접지 및 결선	〃	-	-	0.50	-	0.50
기계 분야 조정	동전선별장치(MMS)조정	개	-	-	-	0.15	-
	거스름돈장치(TUBE,호퍼)조정	〃	-	-	-	0.10	-
	현금상자 조정	〃	-	-	-	0.15	-
	온도조절장치 시험조정	〃	-	-	-	0.15	-
	문(Door)기계분야 조정	대	-	-	-	0.15	0.10
	전원공급장치 측정조정	〃	-	-	-	0.10	-
조정/ 시험	지폐방출 장치	회	-	0.06	-	0.15	-
	카드발권 장치	〃	-	0.09	-	0.15	-
	카드충전 장치	〃	-	0.06	-	0.13	-
	영수증 인쇄 장치	〃	-	0.04	-	0.10	-
	전표(회계처리) 인쇄 장치	〃	-	0.15	-	0.21	-
	프로그램 세팅	대	-	0.08	-	0.08	-
	SAM ID 등록 및 한두충전	ID당	-	0.14	-	0.14	-
	동전처리 장치	회	-	0.05	-	0.05	-
	지폐처리 장치	〃	-	0.07	-	0.07	-
	전원공급 장치	〃	-	0.05	-	0.05	-
종합 시험	시스템 전송시험	대	-	0.20	-	0.10	-
	승차권 판독기록시험	〃	-	0.20	-	0.10	-
	주전자시스템시험	〃	1.50	-	-	1.00	-
	동전 조절장치 시험	〃	1.50	-	-	1.00	-

[해 설]

① 시설유지 보수공사는 본 품셈 중 설치품셈을 제외하고 적용.

② 기계분야라 함은 각종 기계적으로 동작하는 마찰부분을 말함.

③ 종합시험은 전 시스템 평가 및 각 장비당 200회 이상 가동시험품셈 등을 포함.

④ 철거(불용 30%, 재사용 80%)

12-3-3 자동발권기

공정		단위	통신관련 기사	통신관련 산업기사	통신 케이블공	통신 설비공	보통 인부
설치	포 장 해 체	대	-	-	-	0.10	0.10
	장 비 거 치	〃	-	-	-	0.25	0.25
	세트조립 및 커넥터 결선	〃	-	0.20	-	0.30	0.10
	전원접지 및 결선	〃	-	-	0.25	-	0.25
기계분야	전원공급장치 측정조정	〃	-	-	-	0.10	-
조정/시험	카드발권 장치	회	-	0.09	-	0.15	-
	카드충전 장치	〃	-	0.06	-	0.13	-
	카드판독 장치	〃	-	0.09	-	-	-
	카드정산 시험	〃	-	0.13	-	-	-
	주제어장치 조정	대	-	-	-	0.06	-
	SAM ID 등록 및 한도충전	ID당	-	0.14	-	0.14	-
종합시험	시스템 전송시험	대	-	0.20	-	0.10	-

[해 설]

① 시설유지 보수공사는 본 품셈 중 설치품셈을 제외하고 적용.

② 기계분야라 함은 각종 기계적으로 동작하는 마찰부분을 말함.

③ 종합시험은 전 시스템 평가 및 각 장비당 200회 이상 가동 시험품셈 등을 포함.

④ 철거(불용 30%, 재사용 80%)

12-3-4 역단위 전산기

(단위 : 식)

공정			통 신 케이블공	H/W 시험사	S/W 시험사	통신관련 산업기사
설치	모듈		1.26	1.54	-	-
	프로그램 환경설정		-	-	1.28	1.28
	역장비 등록 및 연결		0.61	-	2.11	1.95
	통신상태 점검		-	-	0.50	0.50
종합 시험	각 모듈 수동시험		-	-	-	3.50
	명령어 수행상태 시험		-	-	-	4.00
	자료 송수신 기능 시험	역장비	-	-	-	6.00
		상위 시스템	-	-	-	6.00
	출력장치 시험		-	-	-	1.50

[해 설]

① 단위 "식"은 역단위전산기와 연결되는 역장비 12대 기준임.

② 모듈(Rack, DSU 또는 CSU, Router, 모뎀, UPS, 출력상치)은 기기반입 및 포장해체 품셈을 포함하며, 역장비 등록 및 연결은 12대[통합발매기(구 발매기, 무임권발매기) 2대, 자동발권기 2대, 지폐교환기 1대, 개집표기 7대] 기준이며, 1대 추가시 마다 25%씩 가산.

③ 자료송수신 기능시험중 상위시스템이란 FSP, DB서버, MWS 송수신 시험기능을 말함.

④ 케이블 포설 및 커넥터 접속은 "4-3-1 꼬임케이블 포설"과 "4-3-2 커넥터 및 Jack 접속" 항의 품셈을 각각 적용.

⑤ 동일구내 장비 재배치는 130% 적용.

⑥ 철거.(불용 30%, 재사용 80%). 단, S/W시험사는 제외.

정보통신부문 제12장

12-3-5 통신제어전산기(SCP)

공 정		단위	S/W 시험사	통신관련 산업기사
프로그램 환경설정	역정보 및 역간거리 등록	역	0.03	-
	역별 운임생성 및 확인	〃	0.13	0.13
자료 송수신 기능 시험	역정보 확인	대	0.18	0.18
	노선도별 정보 및 운임 확인	〃	1.09	1.09
종합시험		구간	-	1.33

[해 설]

① 본 품은 역사 신설시 통신제어전산기(센터설비) S/W를 변경하는 공정임.

② 1회용 교통카드발매충전기, 교통카드정산충전기 등의 노선도 제작(좌표 확인 공정 포함)은 별도 계상.

③ 자료 송수신 기능시험은 신설 역사 교통카드발매충전기 등의 역정보 및 노선도별 운임 변경 상태 확인공정을 말함.

④ 종합시험은 신설역사와 기존역사 구간(운송기관간)의 정산요금, 구간 및 시간초과(5시간)등 프로그램 변경에 따른 최종 이상여부 확인 공정을 말함.

12-3-6 교통카드 보증금환급기

공 정	단위	S/W시험사	H/W시험사
본 체 설 치	대	0.57	0.57
S/W 설치	〃	0.27	0.27
종합시험	〃	0.30	0.30

[해 설]

① 본 품셈은 지폐처리장치, 케이블 결선 품셈 포함.

② 종합시험은 카드 ID 확인 및 보증금액 시험과 역단위전산기 연동시험을 포함.

③ 철거(불용 30%, 재사용 80%)

12-3-7 교통카드 집계기

공 정		단 위	H/W시험사	S/W시험사
본체설치	네트워크 장비 설치	대	0.30	0.18
	PC 설치	〃	0.24	-
	멀티포트 설치	개	0.08	-
S/W 설치	집계프로그램 S/W설치	대	-	0.30
	역사장비 셋팅	〃	-	0.03
종 합 시 험		〃	-	0.12

[해 설]

교통카드 집계기는 랙형태로 역무실내에 설치되어 단말장비인 교통카드 단말기들을 제어하는 설비로서 교통카드 단말기 등에서 송신된 데이터를 통신회선을 통해 집계처리하여 처리된 정보를 중앙전산기로 전송하는 기기임.

① 본체설치는 공정별로 포장해체, 장치거치품셈이 포함되어 있으며, 네트워크 장비 설치는 라우터, DSU, 허브(스위칭) 설치와 통신케이블 및 커넥터 결선품셈으로 각종 케이블 포설은 별도 계상.

② PC설치는 본체 및 OS, Patch, Data Base, 역사내 환경설정품셈 포함.

③ UPS 설치는 "11-4-1 무정전 전원장치(UPS, CVCF)"품셈을 적용하며, 멀티포트와 UPS 설치에는 기본 응용S/W 설치품셈이 포함.

④ 역사장비 세팅은 교통카드 집계기에서 역사장비(정산기, 유인충전기, 개·집표기 등) 1대당 기본세팅 공정임.

⑤ 종합시험은 집계기로부터 프린터 출력시험 및 교통카드 단말기로부터 교통카드 정보전송 시험으로 단말기 1대의 10회 시험 기준임.

⑥ 랙 설치는 "4-3-3 Patch Panel 및 성단 등"의 Rack 설치품셈 적용.

⑦ 철거(불용 30%, 재사용 80%). 단, S/W시험사는 제외.

정보통신부문
제12장

12-3-8 교통카드 단말기

공 정		단위	H/W시험사	S/W시험사
본체설치	I/O보드 설치	대	0.12	-
	단말기 설치	〃	0.30	-
	안테나부 설치	〃	0.22	-
S/W 설치	펌웨어설치 및 기초정보 설정	〃	-	0.37

[해 설]

교통카드 단말기는 MS(Magnetic System) 자동개집표기에 설치되어 승객이 승차권용 교통카드를 이용하여 요금미지불구역과 요금지불구역간의 통행에 사용되는 기기임.

① I/O보드 설치는 I/O보드 고정 설치 및 단말기와 안테나부간의 각종 케이블 결선작업품이며, 철판 구멍따기는 "3-7-1 부대공사(앵커볼트 설치 등)"품셈 적용.

② 단말기설치는 전원부 설치와 메인보드 거치대 설치, I/O보드와 메인보드 케이블 결선, SAM설치, 딥스위치 조정품셈 포함.

③ 안테나부 설치는 RF 안테나부 설치와 케이블 정리품셈이 포함되었음.

④ S/W설치는 교통카드 단말기의 펌웨어설치와 통신상태 확인, 역사 및 운영 정보 등의 기초정보 설정 품셈임.

⑤ 종합시험은 교통카드 집계기 신설의 종합시험품셈을 적용.

⑥ 플랩(Flap)형 개 · 집표기에 교통카드 단말기 설치시는 본체설치품셈의 110% 적용.

⑦ 버스형 교통카드 단말기의 설치 및 시험은 "9-1-3 노변기지국 설비" 중 "차량단말장치" 품셈 적용.

⑧ 철거(불용 30%, 재사용 80%). 단, S/W시험사는 제외.

12-3-9 교통카드 정산기

공　　정	단 위	H/W시험사	S/W시험사
본 체 설 치	대	0.11	-
S/W 설치	〃	-	0.18
종 합 시 험	〃	0.10	-

[해 설]

교통카드 정산기는 전철 이용승객이 교통카드 사용시 기기고장 또는 교통카드 자체의 이상 등으로 자동개집표기를 통과하지 못할 경우에 사용하기 위한 기기임.

① 본체 설치는 정산기, 어댑터 설치와 케이블 결선 및 정리품셈으로 각종 케이블 포설은 별도 계상.

② S/W 설치는 교통카드 정산기의 펌웨어설치 및 역사·운영 정보 등의 기초정보 설정 품셈임.

③ 종합시험은 교통카드 정산기의 충전, 통신·출력상태 시험, 교통카드 인식시험, 정보 전송상태 확인·점검품셈이 포함.

④ 철거(불용 30%, 재사용 80%). 단, S/W시험사는 제외.

12-3-10 교통카드 유인충전기

공　　정	단 위	H/W시험사	S/W시험사
본 체 설 치	대	0.11	-
S/W 설치	〃	-	0.18
종 합 시 험	〃	0.14	-

[해 설]

교통카드 유인충전기라 함은 역무실내에 설치되어 역무원이 직접 교통카드에 요금을 충전할 수 있는 기기임.

① 본체설치는 고객용 표시기, 아댑터, 유인충전기 본체설치, 통신케이블 결선품셈으로 각종 케이블 포설은 별도 계상.

② S/W설치는 교통카드 유인충전기의 펌웨어 설치 및 역사·운영 정보 설치, 장비등록 확인 및 교통카드 인식상태 점검 등의 기초정보 설정 품셈임.

③ 종합시험은 사용자설정, 충전테스트, 직전거래 취소 시험, 사용자 ID등록을 의미함.
④ 철거(불용 30%, 재사용 80%). 단, S/W시험사는 제외.

12-3-11 교통카드 무인충전기

공 정		단 위	통신설비공	H/W시험사	S/W시험사
본체설치	무인충전기 설치	대	0.88	0.54	-
	지폐처리장치 설치	〃	-	0.35	-
	케이블 결선	〃	-	0.16	-
S/W 설치	펌웨어 및 RF모듈 설치	〃	-	-	0.10
	기초정보 설정	〃	-	-	0.32
종 합 시 험		〃	-	-	0.14

[해 설]

교통카드 무인충전기라 함은 역 대합실에 설치되어 승객이 직접 교통카드(선불)에 충전할 수 있는 기기임.

① 무인충전기 설치는 포장해체, 기초대 설치와 레벨링, 실리콘 마감처리품셈과 본체 설치품셈으로 앵커 · 구멍 및 설치는 “3-7-1 부대공사(앵커볼트 설치 등)” 품셈 적용.
② 지폐처리장치 설치는 포장해체와 무인충전기내 설치품으로 시험품셈 포함.
③ 케이블 결선은 전원콘센트 설치, 전원 · 접지 · 통신케이블·인터컴선 결선품셈으로 각종 케이블 포설은 별도 계상.
④ S/W설치 중 기초정보 설정품셈은 기본설정 정보(역정보), 충전수수료, 충전파라미터, SAM파라미터, 키셋정보 · 버전, 구SAM, 신SAM충전 등 충전에 대한 S/W 설치 확인 품셈임.
⑤ 종합시험은 역정보, 충전파라미터, SAM ID 및 충전금액 시험과, OIU(Operate Interfare Unit) 점검과 무인충전기 조작반에서 각종 동작 확인 시험 품셈임.
⑥ 교통카드 정산 충전기는 본 품셈 적용.
⑦ 철거(불용 30%, 재사용 80%). 단, S/W시험사는 제외.

12-4 승강장 스크린도어시스템

12-4-1 승강장 스크린도어(PSD) 시스템

공정		단위	통신 케이블공	통신 설비공	특별 인부	H/W 시험사
차상	조작반	대	-	0.15	-	-
	무선(RF)장치	〃	-	0.43	-	-
지상	TIP(Tray Interface Panel)	세트	0.44	0.18	-	-
	무선(RF)장치	대	-	0.27	-	-
	출입문검지 센서부	세트	-	0.17	0.17	-
	정위치검지 센서부	〃	-	0.04	0.08	-
	장애물검지 센서부	〃	-	0.08	0.08	-
	문끝끼임 방지 센서부	〃	-	0.06	0.06	-
	경보제어반	대	0.29	0.23	-	-
	개별제어반	〃	0.15	0.10	-	-
	승강장 조작반	〃	0.59	0.52	-	-
	승무원 조작반	〃	0.56	0.49	-	-
	더미부측 제어반	〃	0.15	0.08	-	-
	HMI(Human Machine Interface)	〃	0.51	0.51	-	-
	레이저거리센서	〃	0.96	0.73	-	-
	전동차 거리알림 전광판(기관사)	〃	0.93	0.93	-	-
역무실	종합제어반	〃	3.41	3.41	-	-
	소삭반	〃	0.99	0.99	-	-
	경보반	〃	0.99	0.99	-	-
	ATO(Automatic Train Operation) 시스템	식	0.27	-	-	0.38
운전·시험	조정작업	역사	2.25	2.25	4.52	-
	동작시험	〃	1.88	1.88	3.75	
	연동시험	〃	2.63	2.63	5.25	1.13
	종합시험	〃	2.63	2.63	5.25	1.88
	성능시험	〃	8.31	8.31	16.62	-

[해 설]

① 본 품셈은 (반)밀폐형 PSD설치 역사 기준으로 배선 단자연결 및 정리를 포

함하며, 개방형 역사의 경우 출입문검지 센서부, 정위치검지 센서부, 장애물검지 센서부 및 문끝끼임 방지 센서부 설치에 한하여 본 품셈의 200%를 적용함.

② 열차진입 구간의 굴곡 등으로 인하여 레이저거리센서를 선로에 설치하는 경우는 본 품셈의 200%를 적용함.

③ ATO 시스템 설치는 H/W 및 응용S/W 설치 및 세팅을 포함하며, 기타 기기 설치는 "8-1-1 네트워크 설비(공통)", "7-9-5 무선 AP(Access Point)" 품셈 적용.

④ 운전 · 시험 품셈은 10량 열차 운영역사 기준이며 10량 미만인 경우 본 품셈의 80%를 적용함.

⑤ 운전 · 시험

㉮ 조정작업 : (1) 각종 센서류 조정
(2) 개별제어반 ID 및 인터폰포함 조정, 방송설비 시험
(3) UPS 시험(보호회로 시험)
(4) CCTV, 승강장 HMI, 전광판, 승무원조작반 위치 조정
(5) DVR, 종합제어반 IP 및 시간동기화 조정
(6) 조작반 및 제어반 네트워크 어드레스 조정
(7) 지상(RF)장치 안테나 위치 조정
(8) 제어회로 및 구조체 절연저항, 접지저항 측정

㉯ 동작시험 : (1) 수동 개/폐, 개/폐 속도 및 가감속 시험
(2) 잠금장치 작동 및 비상도어 개/폐 시험
(3) 각종 안전장치에 대한 재개/폐 시험
(4) Configuration(각종 센서의 수용여부 등) 설정에 따른 PSD 개/폐 시험
(5) PSD도어 비상열림장치(선로측) 및 마스터키 동작 시험

㉰ 연동시험 : (1) 종합제어반에서의 수동 개/폐 동작시험, 장애발생 시험, 인터폰 동작 및 램프테스트 시험
(2) 승무원조작반에서의 수동 개/폐 동작시험, 장애발생 시험, 인터폰 동작 및 램프테스트 시험, 차량 인터록시험, 출발반

응 등 표지/ 발차지시등 램프동작시험

(3) 승강장조작반에서의 수동 개/폐 동작시험, 장애발생 시험, 인터폰 동작 및 램프테스트 시험, 차량 인터록시험

(4) 역무실조작반에서의 수동 개/폐 동작시험, 장애발생 시험, 인터폰 동작 및 램프테스트 시험, 차량 인터록시험, 비상도어/선로출입문 열림 알람 시험, 경보부저시험, 전원이상 시험(설치시)

(5) 개별제어반의 개/폐 확인, 단락스위치 조작에 의한 종합제어반의 개/폐 램프점등 여부

(6) 경보제어반의 선로출입문의 전체 및 개별 개/폐 동작시험, 경보램프 및 부저 동작시험

㉣ 종합시험 : (1) 개/폐 연동시험(자동/수동)

(2) 도어 열림 유지 및 이상 시험

(3) 차량 인터록 시험, 출입문 검지반 시험, 전동자 정위치정차 시험

(4) 승강장HMI 표시시험, 시스템 기동 및 네트워크 이중화 시험

(5) 거리표시 장치 시험, Shut Down 시험

㉤ 성능시험 : 역 내 모든 설비와의 인터페이스 기능 확인

⑥ LED 전광판(역명 표시장치) 설치는 "8-5-1 LED 옥외전광판"을 품셈 적용

⑦ CCTV설비 및 UPS 설치는 "9-2-1-1 CCTV 시스템" 및 "11-4-1 무정전 전원장치(UPS, CVCF)" 품셈 적용.

⑧ 공사기간 중 투입되는 전기안전관리자, 철도운행 안전관리자, 안전신호수, 기술요원 등 인력에 대하여는 별도계상.

⑨ 지세별 작업환경의 난이도에 따라 "1-2-2-5 위험 할증률" 및 "1-2-2-6 야간작업"을 별도 적용한다.

⑩ 철거(불용 30%, 재사용 80%)

12-5 철도신호설비

12-5-1 ATS(Automatic Train Stop) 차상장치

공 정	단 위	통신설비공	철 공
전원스위치(NFB220V-5A)	개	0.10	-
차상자(ATS-S용)	조	2.00	-
차상자접속함(ATS-S용)	〃	0.20	-
전원스위치(ATS-S용)	개	0.10	-
구접속함(ATS-S용)	〃	0.10	-
ATS 정전압장치(ATS-S용)	〃	0.10	-
수신기(ATS-S용)	〃	1.00	-
표시기(ATS-S용)	〃	0.10	-
방향표시기(ATS-S용)	〃	0.10	-
경 보 기	〃	0.10	-
확인스위치	〃	0.10	-
복귀스위치	〃	0.10	-
보조저항기함	〃	0.10	-
배 선	대	3.00	-
보조계전기함	개	0.10	-
시 험	대	3.00	-
전자변(ATS-S형)	조	0.30	-
전자변(계전기 밸브)	개	0.20	-
전자변(마그넷밸브)	〃	0.10	-
가압스위치(노멀 오픈)	〃	0.20	-
가압스위치(노멀 크로스)	〃	0.20	-
배관(AMV용)	조	-	0.50
배관(가압 스위치용)	〃	-	1.00
설치대(차상자 설치대용)	〃	-	0.50
배선(4심 실드케이블)	〃	1.00	-

[해 설]

① 운용중인 기관차는(입창기관차 포함) 30% 적용.

② 철거 50% 적용.

제13장 정보통신설비 유지보수 및 관련공사

13-1 구내통신설비 점검

13-1-1 구내 정보통신설비 점검

공 정		단위	통신관련 산업기사	통신관련 기 능 사
정보설비	일반전화	10세대	0.02	0.02
	인터폰 또는 비디오폰	〃	0.04	0.04
	인터넷	〃	0.05	0.05
전송설비	케이블방송(CATV)	단지	0.52	0.52
	지상파방송(MATV)	〃	0.47	0.47
	위성방송(SMATV)	〃	0.42	0.42
방범설비	침입감지시스템	10세대	0.05	0.05
	출입통제시스템	〃	0.03	0.03
구내방송설비		단지	0.04	0.04
홈네트워크설비		10세대	0.32	0.32

[해 설]

① 단지는 300세대 기준이며, 초과 200세대마다 20%씩 가산 적용함.

② 사고 또는 노후, 불량 등의 원인으로 인한 시설 교체시는 철거공정을 포함하여 설치품셈에 130%를 적용함.

③ 홈네트워크설비는 홈네트워크건물 인증 심사기준에 명시되어 있는 서비스(가스·난방·조명제어, 현관방범, 침입감지, 현관도어카메라, 홈뷰어카메라, 주동현관통제, 차량통제) 중 9개 이상 서비스 제공시를 기준하였으며, 9개 미만인 서비스 경우는 본 품셈의 80% 적용하고, 홈IoT관련 서비스(스마트기기용 앱, IoT 기기 연결 확장성 확보) 추가 유지보수 점검시 기본 품셈의 120%를 적용.

정보통신부문 제13장

④ 네트워크 장비는"13-8-1 네트워크 장비 점검", CCTV 시스템 점검은 "13-7-6 CCTV 시스템 점검", 주차관제설비는 "13-7-5 전자식 주차관제설비 점검"품셈을 적용함.

13-2 교환설비 점검

13-2-1 전자교환기(AXE-10) 정비 (삭제, '23.1.1 시행)

13-2-2 전자교환기(TDX) 정비 (삭제, '23.1.1 시행)

13-2-3 전자교환기(5ESS) 시설정비 (삭제, '23.1.1 시행)

13-2-4 사설교환기 점검

공 정		단 위	H/W 시험사	S/W 시험사
전 원 부	정류기/BAT점검	식	0.06	-
	전원부 회로기판 점검	랙	0.06	-
	접지저항 점검	회	0.02	-
통화로부	내선 연결 및 감도상태 점검	100회선	0.40	-
	국선/DOD/DID/전용선 점검	10회선	0.10	-
	커넥터 접속/청결상태	랙	0.01	-
제 어 부	하드웨어 및 소프트웨어 점검	〃	0.03	-
	제어부 회로기판 및 이중화 점검	〃	0.04	-
	데이터 백업점검	시스템	0.01	-
중 계 대	중계대 기능 및 상태 점검	대	0.04	-
부가장비	MOH(Music On Hold) 점검	대	0.01	-
	요금등산장치 점검	시스템	-	0.30
	자동응답시스템(ARS) 점검	8회선	-	0.29
	음성사성함(VMS) 점검	〃	-	0.10
기 타	일반전화기 점검	100대	2.08	-
	키폰 전화기 및 디지폰 점검	30대	1.25	-
	컴퓨터(Hardware/Software)점검	대	0.04	-
	MDF(청결상태 포함)	열	0.04	-

[해 설]

① 내선연결 및 감도상태 점검, 일반전화기 점검품셈 중 100회선 이하는 본 품셈을, 200회선까지 180%, 300회선까지 260%, 400회선까지 340%, 400회선이상 추가 100회선당 80% 가산.

② 정류기/BAT점검품은 15A/100AH용량 기준이며, 20A/120AH까지 본 품셈의 120%, 5A/20AH용량 추가시 마다 본 품의 20% 가산.

③ 국선/DOD/DID/전용선, 키폰, 디지폰 점검은 본 품셈에 회선수 및 수량을 비례하여 가산.

④ 전원부, 통화로부, 제어부품셈은 Hardware 및 프로그램 시험 품셈임.

⑤ 자동응답시스템(ARS : Automatic Response System) 점검품셈은 가입포트 및 콘솔 확인품셈으로, 8회선 이하는 본 품셈을, 8회선 추가당 본 품셈의 20% 가산 적용하고, S/W프로그램 업데이트시는 S/W시험사 0.5명 가산.

⑥ 요금등산장치는 데이터 출력상태 및 프로그램 시험품이며, S/W프로그램 업데이트시는 S/W시험사 0.5명 가산.

⑦ 일반전화기, 키폰전화기, 디지폰 점검은 구내MDF ~층IDF-단말기까지의 선로대조 시험품셈을 포함.

13-3 선로·전송설비 점검

13-3-1 Pcm시설(정합 및 전송로 집선시설 포함) 정비 (삭제, '23.1.1 시행)

13-3-2 광섬유 복합 낙뢰차폐선(OPGW, Compositive Overhead Ground Wire With Optical Fiber) 점검

13-3-2-1 OPGW 접속함체 일반점검

공 정		단 위	통 신 관련기사	광케이블 설치사	특별인부
접속함체 철거 및 설치		대	0.53	1.26	0.53
접속함체 내·외부점검		24코어	-	0.76	-
		48코어	-	1.08	-

[해 설]

① 평탄지, 송전철탑 작업 기준임.

② 접속함체 철거 및 설치는 접속함체 내부의 광코어 점검을 위하여 접속함체 및 광섬유 복합 낙뢰차폐선(OPGW) 접속여장의 고정클램프를 철거 및 재설치 공정을 포함.

③ 접속함체 내·외부점검은 접속함체의 광코어 세척, 밴딩해소, 여장정리 등을 포함.

④ 지세별, 지형별, 소단위 작업, 원거리 작업, 위험 할증률은 "1-2 노임 및 품의 할증"품셈 적용.

⑤ 광섬유 복합 낙뢰차폐선(OPGW) 접속 및 시험은 "4-1-5 광섬유 복합 낙뢰차폐선(OPGW)"품셈 적용.

13-3-2-2 OPGW 드론점검

공 정	단위	통신관련 기 사	통신관련 기 능 사	무 선 안테나공	장비사용시간 Tc값(분)(F=1.0)
철탑 점검	기	0.08	0.06	0.06	11
선로 점검	km	0.26	0.19	0.19	35

[해 설]

① 본 품셈은 드론(Drone) 및 캠코더를 활용하여 모니터를 통해 광섬유 복합 낙뢰차폐선(OPGW)의 철탑 및 선로 상태를 점검하는 공종으로, 현장 점검 후 촬영영상을 분석하여 OPGW 이상 유무를 확인하는 공종 포함.

② "철탑 점검"은 접속함체 점검 포함.

③ OPGW 2조가 시설된 철탑 및 선로 점검은 본 품셈의 180% 적용.

④ 본 시설에 대한 권장 점검항목은 다음과 같음.

[점검대상 주요항목]

구 분	대 상	점검항목
철 탑	내장형 금속부속품	그립형 클램프 조임 상태
		볼트형 클램프 조임 상태
		점퍼 클램프 고정 상태
		S.B댐퍼/베이트댐퍼 고정 상태
		OPGW 슬립 여부
		너트 이탈 방지용 R핀 상태
	현수형 금속부속품	정판 볼트 고정 상태
		그립형 클램프 조임 상태
		볼트형 클램프 조임 상태
		S.B댐퍼/베이트댐퍼 고정 상태
		PG클램프, ACSR, 압축단자 연결 상태
		너트 이탈 방지용 R핀 상태
선 로	케이블	OPGW 소손 상태
	항공구	항공장애표시구 부착 상태
접속함체		접속함체 설치 상태
		드롭다운 OPGW 철탑 접촉 유무
		Y1, Y2 클램프 조임 상태
		접속여장 원돌림 고정 상태

13-3-2-3 OPGW 인력점검

공 정	단위	통신관련기사	송전전공
인력점검(기별점검)	기	0.18	0.18

[해 설]

① 인력(기별)점검과 단순정비를 병행할 경우 "OPGW 단순정비" 품셈에서 기본 정비를 제외한 정비가 필요한 세부공정만 추가 적용.

② 인력(기별)점검에는 내장클램프 조임상태, 점퍼, 고정클램프 조임 상태, SB 댐퍼, 아마로드 설치 상태 점검 등 포함.
③ 단선, 소선단선, 부식 점검, 항공장애표시구 망원경 점검, 즉시 조치할 수 있는 간이정비 포함.
④ OPGW 1조 기준이며, 2조 동시는 본 품의 150% 적용.
⑤ 접속함체가 설치된 철탑의 경우, 본 품의 20% 가산.

13-3-2-4 OPGW 단순정비

공 정		단위	통신관련기사	송전전공
기본정비		기	0.16	0.32
세부공정	댐퍼	개	0.03	0.06
	케이블 슬립	편측	0.11	0.21
	점퍼 클램프	개	0.02	0.04
	접지선	〃	0.04	0.08
	아마로드	〃	0.04	0.08
	현수클램프 편위	〃	0.13	0.25

[해 설]

단순정비는 드론 또는 인력을 점검 후 정비가 필요한 경우에 적용하며, 기본정비와 정비가 필요한 세부공정 품셈을 적용.
(적용방법 예시) 기본정비 + 댐퍼, 기본정비 + 케이블 슬립 등

13-4 무선·방송설비 점검

13-4-1 공중선시설 점검

13-4-1-1 철탑 점검

(기저 6m×6m 기준)

공 정	단위	무선안테나공	통신외선공
1. 철탑, 볼트, 너트점검 조임 및 교체	m	0.65	-
2. 산화부분 녹제거 및 보수	㎡	0.27	-
3. 보안등 점검 및 보수	조	0.10	0.20
4. 피뢰침 점검 및 보수	〃	0.10	0.20

[해 설]

① 본 품셈은 자립식 용융 아연도금된 철탑에 적용.

② 본 품셈은 볼트, 너트 점검재 조임 확인 및 자연 마모 볼트 너트 교체 등 일체의 작업품셈임.

③ 철탑기초대, 피뢰기접지, 철탑접지의 점검 및 보강품셈 포함.

④ 철탑고는 3면 이상이 건물면과 일치할 때는 건물고를 철탑고에 가산.

⑤ 본항 2의 공정에 칠은 광명단 1회, 조합페인트 2회 도장을 포함.

⑥ 보안등품셈은 보안등 및 점멸기의 점검, 청소, 보강 및 수리 등의 일체의 품셈을 포함.

⑦ 피뢰침 시설 일체의 점검 및 보강 포함.

⑧ 철탑기저 1변의 길이가 6m를 초과하여 1m 증가마다 10%를 가산하고 1m 감소마다 5%씩 감한다.(철탑점검, 볼트, 너트조임 및 교체품셈에 포함)

13-4-1-2 W/G(급전선) 점검

(단위 : 1루트(10미터))

공 정	단위	통신관련 산업기사	무선 안테나공	통신 설비공
1. 공기누설 및 W/G지지철물 점검 및 보강	루트	0.12	0.2	0.25
2. W/G닥터 점검 및 보강	〃	-	0.12	-
3. W/G시험	〃	0.15	-	0.10

[해 설]

① W/G전면 교체시는 설치품셈 적용.

② W/G지지대의 녹제거 및 도장품셈은 본 품셈에 포함.
③ W/G길이가 10미터이상 100% 증가시마다 50% 가산.
④ 2루트 이상 공량은 본 품셈의 25% 가산.
⑤ 본 항 3의 W/G시험은 W/G길이에 관계없이 루트당 적용.

13-4-1-3 디하이드레이터 점검

공 정	단 위	통신관련산업기사
1. 디하이드레이터 점검 및 조정	대	0.20
2. 에어게이지 · 환 확인 및 보강	〃	0.20

13-4-1-4 반사판 점검

(단위 : 30㎡)

공 정	단위	통신관련산업기사	무선안테나공
1. 전파장애물 제거	면	-	0.50
2. 점검 및 방향조정	〃	0.50	0.50

[해 설]
① 반사판 철탑의 점검 및 보강은 별도 계상.
② 반사판 면적이 10㎡ 증가마다 2항품셈의 10% 가산.
③ 1구간당 반사판 2대일 경우는 면당 2항품셈에 25% 가산.

13-4-1-5 파라보라 안테나 점검

공 정		단위	통신관련기사	무선안테나공
4'-6'	1. 휘다혼, 가이와이어의 볼트 이완상태 및 히터점검 보완	면	-	0.13
	2. 안테나상태 점검	〃	0.17	0.17
8'-10'	1. 휘다혼, 가이와이어의 볼트 이완상태 및 히터점검 보완	〃	-	0.26
	2. 안테나상태 점검	〃	0.25	0.42
12' 이상	1. 휘다혼, 가이와이어의 볼트 이완상태 및 히터점검 보완	〃	-	0.40
	2. 안테나상태 점검	〃	0.39	0.63

[해 설]

① 철탑 기저부에서 4m까지 본 품셈 적용.
② 안테나에 매듭이 부착된 것은 1항의 30% 가산.
③ 안테나 부착위치는 건물의 3면 이상이 철탑면과 일치될 때는 건물고를 포함.
④ 안테나 지지대 및 볼트너트 산화부분 보강재료 및 품셈은 철탑에 포함된 것으로 봄.
⑤ 소단위 작업 시 한 장소에 3면 이하는 10%, 2면이하는 30%, 1면은 50%를 별도 가산할 수 있음.(1-2 노임 및 품의 할증과 별도 계상)

13-4-2 라디오재방송설비 점검

공 정		단위	통신관련 산업기사	통신관련 기 능 사
주장치부	외함점검	식	0.06	0.06
	전원부점검	〃	0.21	0.21
	모니터점검	〃	0.07	0.07
	수신부점검	〃	0.46	0.46
	송신부점검	〃	0.54	0.54
선로상태점검		1㎞	0.19	0.39
수신안테나점검		식	0.15	0.29

[해 설]

① 본 품셈은 채널형(19CH) 라니오새방송설비 점검 품셈으로, 19CH 초과의 설비는 "수신부점검", "송신부점검"의 품셈에 비례하여 적용.
② 송신부점검은 무선상태 및 출력합성기 점검 품셈을 포함.
③ 선로상태점검은 케이블, 지지브라켓, 컨넥터 등 점검을 의미함.

13-4-3 무선AP 점검

공 정	단위	통신관련산업기사	H/W 시험사
단독형	대	0.20	0.20
통합형	〃	0.14	0.14

[해 설]

① 무선AP 종합시험은 "7-9-5 무선AP(Access Point) 품셈 적용.

② 동일 HOTSPOT내 AP가 2대인 경우 본 품셈의 150%, 3대 200%, 4대 이상시 1대마다 50% 가산.

13-4-4 구내방송설비 점검

13-4-4-1 비상방송설비 점검 ('25년 개정)

공 정	단위	통신관련 산업기사	통신관련 기능사
Emergency Control Unit	대	0.03	0.03
Emergency Switch	〃	0.02	0.02
Matrix Logic	〃	0.05	0.05
Program Exchange	〃	0.03	0.03
Speaker Selector	〃	0.02	0.02
Relay Group	〃	0.02	0.02
Power Distributor	〃	0.02	0.02
Terminal Board	〃	0.02	0.02
Program Manual Controller	〃	0.03	0.03
Power AMP	〃	0.02	0.02
Emergency Combination System	〃	0.03	0.03
Emergency Router	〃	0.02	0.02
Emergency Interface	〃	0.05	0.05

[해 설]

① 공정별 2대 이상 점검시는 1대 증가마다 1대 품셈의 80%.
(2대 점검시 본 품셈의 180%, 3대 점검시는 본 품셈의 260%, 4대 점검시는 본 품셈의 340%, 5대 이상 점검시 1대당 80%씩 가산)

② Relay Group, Speaker Selector, Terminal Board는 16채널을 기준으로 하며, 16채널 초과시 본 품셈의 130% 적용, 32채널 초과시 본 품셈의 160% 적용.

③ Power Amp는 1채널 기준이며, 1채널 추가마다 본 품셈의 30%씩 가산.

④ Network Amp는 Power Amp 품셈의 120% 적용.

13-4-4-2 BGM방송설비 점검 ('25년 개정)

공 정	단위	통신관련 산업기사	통신관련 기능사
Power Amp Monitor	대	0.02	0.02
AM/FM Tuner	〃	0.02	0.02
Cassette Deck	〃	0.02	0.02
Chime/Siren	〃	0.02	0.02
CD Player/DVD Player	〃	0.02	0.02
Pre Amplifier	〃	0.03	0.03
Auto Blower	〃	0.02	0.02
Auto Charger	〃	0.02	0.02
Audio Monitor	〃	0.02	0.02
Local Selector	〃	0.03	0.03
프로그램 타이머	〃	0.03	0.03
멀티보이스 파일	〃	0.02	0.02
리모트 앰프	〃	0.02	0.02
Amp Fault Detector	〃	0.02	0.02
데이터 리시버	〃	0.03	0.03
Speaker Line Checker	〃	0.03	0.03
Direct Box	〃	0.03	0.03
Management 프로그램	〃	0.16	0.16
Digi-Link Multi Controller	〃	0.13	0.13
Portable Amp	〃	0.03	0.03
Telephone Paging	〃	0.08	0.08
Audio Distribution	〃	0.11	0.11

[해 설]

① 공정별 2대 이상 점검시는 1대 증가마다 1대 품셈의 80%.
(2대 점검시 본 품셈의 180%, 3대 점검시는 본 품셈의 260%, 4대 점검시는 본 품셈의 340%, 5대 이상 점검시 1대당 80%씩 가산)

② 리모트 앰프 품셈은 6CH 이하 기준이며, 초과시 1채널당 5% 가산.

③ Network Tuner는 "AM/FM Tuner" 품셈의 120% 적용.

④ Multi Source Player는 "CD Player / DVD Player" 품셈의 130% 적용.
⑤ Power AMP Monitor, Audio Monitor는 8채널을 기준으로 하며, 8채널 초과시 본 품셈의 120% 적용, 24채널 초과시 본 품셈의 150% 적용.
⑥ Management 프로그램은 16CH 기준이며, 16CH 추가마다 30%씩 가산 적용.

13-4-4-3 프로오디오설비(SR) 점검 ('25년 개정)

공 정	단위	통신관련 산업기사	통신관련 기능사
Power Distributor Switcher	대	0.06	0.06
Power Supply	〃	0.01	0.01
하울링제거기	〃	0.06	0.06
Digital Signal Processor	〃	0.14	0.14
Digital Audio Mixer	〃	0.13	0.13
Audio I/O Box	〃	0.06	0.06
Graphic Equalizer	〃	0.01	0.01
Network Audio Signal Router	〃	0.04	0.04

[해 설]
① 공정별 2대 이상 점검시는 1대 증가마다 1대 품셈의 80%.
(2대 점검시 본 품셈의 180%, 3대 점검시는 본 품셈의 260%, 4대 점검시는 본 품셈의 340%, 5대 이상 점검시 1대당 80%씩 가산)
② 리모트 앰프 품셈은 6CH 이하 기준이며, 초과시 1채널당 5% 가산.
③ DSP 기능을 가진 Power AMP는 Digital Signal Processor 품셈을 적용하고 300W 미만 Power AMP는 61%를 적용.
④ Digital Audio Mixer는 20채널 기준으로 20채널 초과시에는 1채널당 3% 가산하여 적용하고, 서라운드 시스템과 연동하여 설치하는 경우에는 본 품셈의 124%를 적용.
⑤ Audio I/O Box 및 Network Audio Signal Router는 8CH 기준으로 8CH 초과시에는 CH당 5% 가산 적용

13-4-4-4 멀티미디어방송설비 점검 ('25년 개정)

공 정	단위	통신관련 산업기사	통신관련 기능사
Digital Modulator	대	0.04	0.04
Digital A/V Matrix Switch	〃	0.04	0.04
A/V Mixer	〃	0.05	0.05
Network A/V Streamer	〃	0.04	0.04
세트-top Box	〃	0.04	0.04
VGA Matrix	〃	0.02	0.02
Video Distribution	〃	0.02	0.02

[해 설]

① 공정별 2대 이상 점검시는 1대 증가마다 1대 품셈의 80%.
(2대 점검시 본 품셈의 180%, 3대 점검시는 본 품셈의 260%, 4대 점검시는 본 품셈의 340%, 5대 이상 점검시 1대당 80%씩 가산)

② VGA Matrix와 Video Distribution 점검은 입·출력 8port 이하 기준이며, 8port 초과는 본 품셈의 180% 적용.

③ A/V Mixer 품셈은 5CH 이하 기준이며, 초과시 1채널당 5% 가산.

④ Network A/V Streamer는 2CH 기준이며, 1CH 추가마다 본 품셈의 50% 가산.

⑤ 세트-top Box는 1CH 기준이며, 1CH 추가마다 본 품셈의 80% 가산.

13-4-4-5 네트워크 통합방송설비 점검 ('25년 개성)

공 정	단위	통신관련 산업기사	통신관련 기능사
Network Audio Server	대	0.06	0.06
Network Audio Converter	〃	0.06	0.06
Audio Over Ethernet	〃	0.06	0.06

[해 설]

① 공정별 2대 이상 점검시는 1대 증가마다 1대 품셈의 80%.
(2대 점검시 본 품셈의 180%, 3대 점검시는 본 품셈의 260%, 4대 점검시는 본 품셈의 340%, 5대 이상 점검시 1대당 80%씩 가산)

② Network Audio Server는 32CH 기준이며, 32CH 추가마다 본 품셈의 80% 가산.
③ Network Audio Converter는 1CH 기준이며, 1CH 추가마다 본 품셈의 80% 가산.
④ Audio Over Ethernet는 2CH 기준이며, 1CH 추가마다 본 품셈의 50% 가산.

13-5 해상·항공통신설비 점검

13-5-1 해상교통관제시스템(VTS) 점검

13-5-1-1 VTS 운영콘솔 점검

공 정	통신관련 산업기사	S/W 시험사	H/W 시험사
System Application 및 연동 Soft-Ware 점검	-	0.28	-
Sub-Client 점검	0.13	-	-
Main CPU Test Point 점검	-	0.36	-
Multi Video Distribution 점검	0.10	-	0.10

[해 설]

① 적정수준(Level)의 성능유지를 위한 조정, 시험을 포함한다.
② 복수장치의 장비는 해당공정의 품셈을 80% 적용.

13-5-1-2 경보통합처리장치 점검

공 정	통신관련 산업기사	S/W 시험사	H/W 시험사
Main CPU 및 Card Board Test Point 점검	-	0.36	-
시스템 원격 경보상태 점검	0.19	-	0.19
System State 및 Soft-Ware 점검	-	-	0.62
데이터 서비스 기능 점검	-	0.29	-
Radar 통제 시험	0.38	-	-
Radar Target Data 처리시험	0.31	-	-

[해 설]

① 시스템 원격 경보상태 점검이란 무인 Radar 국소의 경보사항을 통합처리장치에서 점검을 말함.

② Radar 통제시험이란 무인국소의 Radar와 Tracking System의 Status 및 Restart 등의 점검을 말함.

③ Radar Target Data 처리시험이란 무인국소로부터 전송되어온 신호를 가공하여 Work-Station 및 관련된 처리 System으로 추적Target에 대한 시험을 말함.

13-5-1-3 기록장치 점검

공 정	통신관련 산업기사	S/W 시험사
System State 및 Soft-Ware 점검	-	0.26
기록매체점검 (RW-CDROM, Tape-Backup, SCSI Hard Disk 포함)	0.83	-
Video Data Archived File 점검	0.13	-
Tracking Data Archived File 점검	0.24	0.11
Voice Data Archived 점검	0.22	-

[해 설]

① Tracking Data Archived File 점검에 Signal I/O 상태측정이 포함.

13-5-1-4 편집기 점검

공 정	통신관련 산업기사	통신관련 기 능 사	S/W 시험사	H/W 시험사
Data 편집상태 기능점검	0.11	0.11	-	-
System State 및 Soft-Ware 점검	-	-	0.60	-
Mask Function 점검	0.13	-	-	-
전자해도(海圖)편집 및 오버레이 기능점검	0.21	-	0.21	-
Data 송출 시험점검	-	0.18	-	0.18

[해 설]

① Mask Function 점검에는 Radar Mask 및 Land Mask Plot Mask 기능점검이 포함.

② 전자해도 편집기능이란 전자해도 상에서의 각종 기호 및 해안선등 해도 전반에 걸친 수정작업, 또는 생성작업의 기능을 포함.

③ 오버레이(Over-Lay)란 전자해도에 추가할 각종 기호 또는 도면을 추가 또는 삭제하여 Pop-Up 메뉴에서 Switch기능을 수행함을 말함.

13-5-1-5 데이터 재생장치 점검

공　　정	통신관련 산업기사	H/W 시험사
Radar Video 상태점검	-	0.13
Radar Tracking 상태점검	-	0.13
Voice Data 상태점검	-	0.57
Radar 및 Voice Data 동기화점검	0.17	-

13-5-1-6 센서서버장치 점검

공　　정	통신관련 산업기사	S/W 시험사
System State 및 Application Soft-Ware 점검	-	0.19
Radar Service Module 점검	0.12	-
System Parameter 점검 및 조정	0.63	-
연　동　시　험	0.39	0.39

[해 설]

① System State 및 Application Soft-Ware 점검품셈에는 VDF, CCTV, GPS Transponder, 기상장비의 Soft-Ware 점검품셈이 포함.

② Radar Service Module 점검품에는 레이다 echo 및 tracking 점검의 품셈이 포함.

③ 연동시험은 자국의 시스템과 모국시스템간을 시험하는 품셈을 말함.

④ 센서서버장치에 Radar Service PPI의 기능이 포함된 국소는 본 품셈에 "13-5-4-1 안테나 및 구동기, 송 · 수신기 점검"중 Service PPI를 적용.

13-5-1-7 기상장비 점검

공　　정		통신관련 산업기사	통신관련 기 능 사	H/W 시험사
센서 점검	시　정　계	0.15	0.11	-
	풍향, 풍속, 기압, 온도, 습도계	0.29	0.25	-
원격지 수신 DATA 점검		0.38	-	0.34

[해 설]

① 센서 점검품셈에는 케이블루트 장애물 제거, 콘트롤러함 부식 상태, Data 전송상태 점검, 센서 점검, 센서의 이물질 제거 등의 품셈이 포함되었음.

② 원격지 수신 DATA 점검은 Linkout에서 기상장치에서 변환된 DATA 및 Processor 점검, Application점검, 조정품셈이 포함되었으며, 센서별로 개별 적용.

13-5-1-8 모니터 및 일반 데이타베이스 점검

공 정	통신관련 산업기사	통신관련 기 능 사	S/W 시험사	H/W 시험사
Pick-up 및 Soft-Ware 점검	-	-	0.27	0.27
모니터 점검	0.11	0.11	-	-
일반 데이타베이스	-	-	0.21	0.21

[해 설]

① 모니터 점검은 대당기준으로 White Balance, 패턴시험, 자장제거(Degaussing), 화면 밝기 조정이 포함되었으므로, Multi Vision에 적용시는 모니터 품셈을 별도 계상.

② 일반데이터 베이스 : 데이터 베이스 자체의 시스템에 적용되는 자료를 저장 및 공유.

13-5-2 무선통신기 점검

공 정	통신관련 산업기사	통신관련 기 능 사	무 선 안테나공	H/W 시험사
안테나 점검	-	0.06	0.06	-
회로 결선상태 점검	0.08	0.06	-	-
표시부 및 주파수선택기능점검	0.09	0.06	-	-
RF모듈점검	0.12	0.09	-	-
원격제어점검	0.12	-	-	0.10
공중선출력 및 주파수 측정, 교정	0.40	-	-	0.38
Duplex 공중선 결합기 점검	0.13	-	-	0.13
밴드패스필터(BPF) 점검	0.15	-	-	0.15
주파수 프로그램 설정 및 점검	0.08	-	-	0.08

정보통신부문 제13장

[해 설]

① 본 품셈은 무선통신기 100W이하 VHF, UHF 및 SSB에 적용.

② 본 품셈은 고정용장비 기준이며, 이동용일 때에는 안테나품셈에 한하여 본 품셈의 50%를 적용.

③ 본 품셈은 자동차가 현장까지 접근할 때를 기준하였음으로 도선을 이용한 원거리 및 지세, 지형, 위험 등 각종 할증은 별도 계상.

④ 적정수준(Level)의 성능유지를 위한 조정, 시험을 포함.

⑤ "주파수 프로그램 설정 및 점검"은 1채널 기준이며, 채널수에 따라 비례 계상.

13-5-3 초단파대역(VHF) 방향탐지기 점검

공 정	통신관련 산업기사	무 선 안테나공	S/W 시험사	H/W 시험사
안테나 점검	1.53	1.50	-	-
AM, FM 절체시험 및 레벨점검 (표적수신 방위 및 오차점검)	0.78	-	-	0.75
Receiver와 Control Processor Card 및 Driver Switch Board 점검	0.38	-	0.35	0.35
AF 및 DF Output조정 점검	0.09	0.06	-	0.06

[해 설]

① 본 품셈은 자동차가 현장까지 접근할때를 기준하였음으로 도선을 이용한 원거리 및 지세, 지형, 위험 등 각종 할증은 별도 계상.

② 적정수준(Level)의 성능유지를 위한 조정, 시험을 포함.

③ 안테나점검에는 Element, Commutator, Cable점검이 포함.

13-5-4 해안 레이더 점검

13-5-4-1 안테나 및 구동기, 송·수신기 점검

공 정		통신 관련 기사	통신 관련 산업기사	통신 관련 기능사	무선 안테나 공	H/W 시험사
구동기 및 안테나	기어오일점검 및 보충(이물질제거 포함)	0.35	0.32	0.32	0.32	-
	Polarization접점 및 Coupler 점검	0.16	0.13	-	0.13	-
	기어회전상태 및 마모상태 점검	0.14	0.11	-	0.11	-
	Wave-guide 및 Feeder점검 (부식 및 결선상태 스위치변환 점검포함)	-	0.04	-	0.04	-
	Contact Cleaning 및 배선 점검 (Rotating Pulse, 커넥터 점검포함)	-	0.14	0.14	-	-
	디하드레이터 점검	-	0.15	0.15	-	-
송·수신기 (MTR)	Pulse별 주파수측정	0.10	-	0.07	-	0.07
	변 조 부 점 검	-	0.22	-	-	0.22
	송 신 부 점 검	-	0.22	-	-	0.22
	수 신 부 점 검	-	0.22	-	-	0.22
	전 원 부 점 검	-	0.02	0.02	-	0.02
	입 · 출력부 점검	-	0.22	-	-	0.22
Service PPI	고압부 및 휘선 Focus점검 조정	-	0.13	0.13	-	-
	Sweep 및 Video Amp점검	-	0.06	0.06	-	-

[해 설]

① 본 품셈은 해안에 설치된 레이더를 기준으로 자동차가 현장까지 접근할 때를 기준하였음으로 도선을 이용한 원거리 및 지세, 지형, 위험 등 각종 할증은 별도 계상.

② 적정수준(Level)의 성능유지를 위한 조정, 시험을 포함.

③ 복수장치의 장비는 해당공정의 품셈을 80%적용.(MTR)

④ 디하드레이터란 도파관의 건조 및 압축을 위한 장비임.

⑤ "레이더 조정 및 관리서버(RTcm)"가 설치되어 각 공정에 대한 데이터 값을 자동으로 점검할 수 있는 송수신기(MTR) 점검시는 해당 공종 품셈의 75% 적용.

13-5-4-2 VTS추적장치(VTS Extractor and Tracker) 점검

공 정		통신관련 기 사	통신관련 산업기사	통신관련 기 능 사	H/W 시험사
레이더 추적 장치	Processor Status점검	0.36	0.39	0.15	-
	Radar Parameter 점검	0.25	0.28	-	-
	신호 입 · 출력 레벨 측정	-	0.14	-	0.11
	각단 전원측정 점검(Card포함)	-	0.21	0.18	-
	Cable 및 커넥터 점검	-	-	0.15	0.15

[해 설]

① "13-5-4-1 안테나 및 구동기, 송 · 수신기" 해설 적용.

13-5-4-3 Radar 원격제어장치 점검

공 정		통신관련 기 사	통신관련 산업기사	H/W 시험사
레이더 원격 제어 장치 (VRC)	Pulse 및 MTR 절체 시험	0.25	-	0.25
	System 연동상태점검	0.17	0.21	0.17
	Tunning Indicator점검 및 ANT Control 시험	-	0.25	0.21
	MTR 전환시험 및 Analog 제어상태 점검	0.25	-	0.25
	각단 Level 점검	0.06	0.10	0.06

[해 설]

①"13-5-4-1 안테나 및 구동기, 송 · 수신기" 해설 적용.

13-5-4-4 레이다 신호분배기(Radar interface MUX) 점검

공 정		통신관련 산업기사	H/W 시험사
레 이 더 변 · 복조기	입출력 신호(비디오, 트리거, 방위) 점검	0.42	0.30

[해 설]

① "13-5-4-1 안테나 및 구동기, 송 · 수신기" 해설 적용.

13-5-5 해안 무선전송장치(MW : Mirco Wave) 점검

공 정	통신관련 기 사	통신관련 산업기사	무 선 안테나공	H/W 시험사
안테나 점검	-	0.23	0.21	-
전원부측정 및 점검	-	0.12	-	0.10
내부결선상태 점검(S/W포함)	-	0.32	-	0.29
패널 점검	0.18	0.20	-	-
대역폭 및 송신출력 측정	-	0.22	-	0.19

[해 설]

① 본 품셈은 자동차가 현장까지 접근할 때를 기준하였음으로 도선을 이용한 원거리 및 지세, 지형, 위험등 각종 할증은 별도 계상.

② 적정수준(Level)의 성능유지를 위한 조정, 시험을 포함.

③ 복수장치의 장비는 해당 공정의 품셈을 80% 적용.(IDU, ODU)

13-6 선박통신·항해·어로시설 점검

13-6-1 GMDSS MF/HF Radio Equipments(400W 이하) 점검

(단위 : 대)

공 정	통신관련 산업기사	통신관련 기 능 사	무 선 안테나공	S/W 시험사	H/W 시험사
전원부 및 충전기 점검	0.38	0.38	-	-	-
Controller 및 SSB Mode 점검	-	-	-	0.78	0.78
송신부(Transmitter Unit) 점검	0.66	0.66	-	-	-
전원부 및 충전기 점검	0.38	0.38	-	-	-
Controller 및 SSB Mode 점검	-	-	-	0.78	0.78

송신부(Transmitter Unit) 점검	0.66	0.66	-	-	-
수신부(Receiver Unit) 점검	0.80	0.80	-	-	-
DSC Terminal Unit점검	-	-	-	0.50	0.50
NBDP Terminal Unit점검	-	-	-	0.44	0.44
Print Unit점검	0.10	0.10	-	-	-
Auto Turning Unit점검	0.32	0.32	-	-	-
주파수측정 및 교정	0.41	0.41	-	-	-
공중선 출력측정 및 교정	0.37	-	0.77	-	-
전원, 전압측정 및 교정	0.16	0.16	-	-	-
DSC해안국 및 NBDP해안국 시험	0.22	0.22	-	-	-
종합시험 및 인계	0.16	0.16	-	-	-

[해 설]

① 본 품셈은 내항에 접안되어 있는 선박을 기준하였으며, 선상(내항, 외항) 정박 중인 선박은 "1-2-2-14 기타 할증률"의 (4)선상 및 해상작업 할증률을 적용하고, 원거리 및 위험 등 각종 할증은 별도 계상.

② 동종의 복수장비 점검 시 본 품셈의 80% 적용.

③ 적정성능 유지를 위한 조정 및 시험품셈을 포함하며, 수리시는 수리품셈을 별도 계상.

④ 기계경비는 "1-4 기계경비 산정기준" 품셈 적용.

⑤ 전원부 및 충전기 점검은 주전원, 비상전원, 예비전원으로부터 장비의 작동 여부 점검을 의미하며, AC/DC 입 · 출력전압 및 Break회로, Output Current, Point별 전압 · 전류, 배터리와 충전 정격전류, 전원Control회로 점검 품셈 포함.

⑥ 주파수측정 및 교정은 주파수 허용편차, 교정품셈 포함.

⑦ 종합시험 및 인계는 각종 장치의 전체적인 기능동작, 자체 확인점검 결과를 사용자에게 정상여부를 확인시켜 인계함.

⑧ GMDSS MF/HF Radio Equipments의 400W 초과 장비는 본 품셈의 130% 적용.

13-6-2 중 · 단파송신기(250W 이하) 점검

(단위 : 대)

공 정	통신관련 산업기사	통신관련 기능사	무 선 안테나공	S/W 시험사	H/W 시험사
전원부 및 충전기 점검	0.32	0.32	-	-	-
제어부(Control Unit) 점검	-	-	-	1.25	1.25
송신부(Transmitter Unit) 점검	0.74	0.74	-	-	-
수신부(Receiver Unit) 점검	0.79	0.79	-	-	-
주파수측정 및 교정	0.43	0.43	-	-	-
공중선 출력측정 및 교정	0.19	-	0.77	-	-
전원, 전압측정 및 교정	0.10	0.10	-	-	-
해안국 시험	0.12	0.12	-	-	-
종합시험 및 인계	0.10	0.10	-	-	-

[해 설]

① 250W초과 장비는 본 품셈의 130% 적용.

② 기타 명시하지 아니한 내용은 "13-6-1 GMDSS MF/HF Radio Equipments (400W이하) 점검" 해설항 적용.

13-6-3 전파수신기(30MHz 이하) 점검

(단위 : 대)

공 정	통신관련산업기사	통신관련기능사
전원부 점검	0.30	0.58
수신부(Receiver Unit) 점검	0.58	0.31
주파수측정 및 교정	0.31	0.35
전원, 전압측정 및 교정	0.16	0.16
종합시험 및 인계	0.19	0.19

[해 설]

"13-6-1 GMDSS MF/HF Radio Equipments(400W이하) 점검"해설항 적용.

13-6-4 SSB송수신기(100W 이하) 점검

(단위 : 대)

공 정	통신관련 산업기사	통신관련 기 능 사	무선안테나공
전원부 및 충전기 점검	0.36	0.36	-
SSB Transceiver Unit 점검	0.35	0.35	-
Auto Turning Unit점검	0.23	0.23	-
주파수측정 및 교정	0.31	0.31	-
공중선 출력 측정 및 교정	0.24	-	0.70
전원, 전압 측정 및 교정	0.16	0.16	-
해안국 시험	0.16	0.16	-
종합시험 및 인계	0.19	0.19	-

[해 설]

① 100W초과 장비는 본 품셈의 130% 적용.

② 기타 명시하지 아니한 내용은 "13-6-1 GMDSS MF/HF Radio Equipments (400W이하) 점검" 해설항 적용.

13-6-5 SSB송수신기(27MHz 전용, 10W 이하) 점검

(단위 : 대)

공 정	통신관련 산업기사	통신관련 기 능 사
전원부 및 충전기 점검	0.16	0.16
27MHz 전용Transceiver 점검	0.54	0.54
주파수측정 및 교정	0.12	0.12
공중선 출력 측정 및 교정	0.12	-
전원, 전압 측정 및 교정	0.12	0.12
해안국 시험	0.16	0.16
종합시험 및 인계	0.14	0.14

[해 설]

① 10W초과 장비는 본 품셈의 130% 적용.

② 기타 명시하지 아니한 내용은 "13-6-1 GMDSS MF/HF Radio Equipments (400W이하) 점검" 해설항 적용.

13-6-6 VHF DSC Radio Telephone(25W 이하) 점검

(단위 : 대)

공 정	통신관련 산업기사	통신관련 기 능 사	무 선 안테나공	S/W 시험사	H/W 시험사
전원부 점검	0.30	0.30	-	-	-
송신부(Transmitter Unit) 점검	0.42	0.42	-	-	-
수신부(Receiver Unit) 점검	0.30	0.30	-	-	-
DSC Terminal Unit 및 Control 점검	-	-	-	0.77	0.77
Antenna Unit 점검	0.20	-	0.70	-	-
주파수측정 및 교정	0.15	0.15	-	-	-
공중선 출력측정 및 교정	0.15	0.15	-	-	-
전원, 전압 측정 및 교정	0.25	-	-	-	-
DSC해안국시험	0.10	0.10	-	-	-
종합시험 및 인계	0.20	0.20	-	-	-

[해 설]

① 송신부(Transmitter Unit) 점검에는 송신주파수 편이 및 대역폭, Duplex 필터, REF 및 PLL회로, 고조파 억압회로 점검 품셈이 포함.

② 수신부(Receiver Unit) 점검에는 중간주파수 회로, Synthesizer, 수신 주파수 대역폭 점검 포함.

③ DSC Terminal UNIT 및 Control 점검에는 DSC Number, Board, Control, GPS 인터페이스, CH70 상시 수신회로 점검 품셈 포함.

④ 기타 명시하지 아니한 내용은 "13-6-1 GMDSS MF/HF Radio Equipments (400W이하) 점검" 해설항 적용.

13-6-7 초단파대 양방향 무선전화장치 (TWO-WAY Radio Telephone, 2W 이하) 점검

(단위 : 대)

공 정	통신관련산업기사	통신관련기능사
충전부 점검	-	0.30
송신부(Transmitter Unit) 점검	0.36	-
수신부(Receiver Unit) 점검	0.46	-
공중선 출력측정 및 교정	0.10	-
전원, 전압 측정 및 교정	-	0.30
종합시험 및 인계	0.10	-

[해 설]

"13-6-1 GMDSS MF/HF Radio Equipments(400W이하) 점검" 해설항 적용.

13-6-8 선박용 위성TV(무궁화 위성) 점검

(단위 : 대)

공 정	통신관련 산업기사	통신관련 기 능 사	무 선 안테나공	H/W 시험사	S/W 시험사
전원부 점검	0.19	0.19	-	-	-
ADE(Above Deck Equip)점검	-	-	0.52	0.30	0.30
BDE(Bellow Deck Equip)점검	0.29	0.29	-	-	-
신호측정 및 교정	-	-	-	0.49	0.49
전원전압 측정 및 교정	0.10	0.10	-	-	-
종합시험 및 인계	0.19	0.19	-	-	-

[해 설]

① 신호측정 및 교정에는 안테나 LNB 및 위성Level 측정, TV화면 점검 포함.

② Global Antenna는 본 품셈의 150% 적용.

③ 기타 명시하지 아니한 내용은 "13-6-1 GMDSS MF/HF Radio Equipments (400W이하) 점검" 해설항 적용.

13-6-9 인마세트 선박지구국(INMARSAT) 표준 A, B형 점검

(단위 : 대)

공 정	통신관련 산업기사	통신관련 기 능 사	무 선 안테나공	H/W 시험사	S/W 시험사
전원부 점검	0.29	0.29	-	-	-
ADE 점검	0.19	-	1.02	0.61	0.61
BDE 점검	0.16	-	-	0.53	0.53
Print Unit 점검	0.32	0.32	-	-	-
Facsimile Receiver 점검	0.33	-	-	-	0.33
주파수 측정 및 교정	0.40	-	-	-	0.40
전원전압 측정 및 교정	0.30	0.30	-	-	-
종합시험 및 인계	0.48	-	-	0.48	0.48

[해 설]

① ADE(Above Deck Equip)점검은 안테나 및 안테나 제어부, Diplexer, PA/SERVO S/W, 주파수 Translation Unit 점검.

② BDE(Bellow Deck Equip)점검은 BBP(Base Band Processor), Demodulator, Synthesizer Unit, Terminal Interface 점검 포함.

③ 주파수 측정 및 교정은 Azimuth, Elevation 지향각, 수신레벨, 송신 EIRP 확인 및 교정품셈 포함.

④ 기타 명시하지 아니한 내용은 "13-6-1 GMDSS MF/HF Radio Equipments (400W이하) 점검"해설항 적용.

13-6-10 인마세트 선박지구국(INMARSAT) 표준 C형 점검

(단위 : 대)

공 정	통신관련 산업기사	통신관련 기 능 사	무 선 안테나공	H/W 시험사	S/W 시험사
전원부 점검	0.30	0.30	-	-	-
EME 점검	0.36	0.36	0.87	-	-
IME 점검	0.29	-	-	0.57	0.78
Print Unit 점검	0.16	0.16	-	-	-
신호측정 및 교정	0.15	0.15	-	-	-
전원전압 측정 및 교정	0.15	0.15	-	-	-
종합시험 및 인계	0.34	-	-	0.34	0.34

[해 설]

① EME(Externally Mounted Equipment)점검은 안테나 및 안테나 제어부, Low Noise Amplifier 점검을 포함.

② IME(Internally Mounted Equipment)점검은 FTU(Frequency Translation Unit), IFU(Intermediate Frequency), CCU(Central Control Unit)점검을 포함.

③ 기타 명시하지 아니한 내용은 "13-6-1 GMDSS MF/HF Radio Equipments (400W이하) 점검" 해설항 적용.

13-6-11 인마세트 선박지구국(INMARSAT) 표준 M, FB형, VSAT형 점검

(단위 : 대)

공 정	통신관련 산업기사	통신관련 기 능 사	무선안 테나공	H/W 시험사	S/W 시험사
전원부 점검	0.31	0.31	-	-	-
Antenna Unit 점검	-	-	0.91	0.63	0.63
Main Unit 점검	0.15	-	-	0.44	0.44
Print Unit 점검	0.22	0.22	-	-	-
주파수 측정 및 교정	0.46	-	-	-	0.46
전원전압 측정 및 교정	0.15	0.15	-	-	-
종합시험 및 인계	0.36	-	-	0.36	0.36

[해 설]

① Antenna Unit점검은 Tracking Unit, 안테나 제어부, Low Noise Amplifier, Diplexer 점검을 포함.

② Main Unit점검은 Processor, Modem Unit, TA(Terminal Adapter), Trans-ceiver 점검 포함.

③ 기타 명시하지 아니한 내용은 "13-6-1 GMDSS MF/HF Radio Equipments (400W 이하) 점검" 해설항 적용.

13-6-12 선속계(Doppler Log) 점검

(단위 : 대)

공 정	통신관련 산업기사	통신관련 기 능 사
전원부 점검	0.32	0.32
Display Unit 점검	0.43	0.43
선저 Sensor Unit점검	1.16	1.16
Speed 측정 및 교정	1.12	1.12
종합시험 및 인계	0.37	0.37

[해 설]

① 선박 1,600t미만 기준이며, 1,600~10,000t 미만은 본 품셈의 130%, 10,000t이상은 본 품셈의 150% 적용.

② 선저 Sensor Unit점검은 Sensor, Sensor케이블, 킹스톤 브라켓 및 JB (Joint Box) 커넥터 연결부위 점검 포함.

③ Speed 측정 및 교정은 True Speed와 Log Speed와의 비교, 교정품셈 포함.

④ 기타 명시하지 아니한 내용은 "13-6-1 GMDSS MF/HF Radio Equipments (400W 이하) 점검" 해설항 적용.

정보통신부문 제13장

13-6-13 선내지령장치(Marine Public Addresser) 점검

(단위 : 대)

공 정	통신관련산업기사	통신관련기능사
전원부 점검	0.37	0.37
Power Amplifier Unit점검	0.45	0.45
Control Unit점검	0.68	0.68
외부 Horn Speaker 점검	0.49	0.49
실내 Speaker 점검	0.37	0.37
전원전압측정 및 교정	0.25	0.25
종합시험 및 인계	0.31	0.31

[해 설]

① 외부 Horn Speaker 점검은 3개 기준이며, 4개 이상은 본 품셈의 130% 적용하고, Talk-Back시험 포함.

② 실내 Speaker 점검은 선실에 설치된 10개 기준이며, 20개 미만은 본 품셈의 130%, 20개 이상은 150% 적용.

③ 기타 명시하지 아니한 내용은 "13-6-1 GMDSS MF/HF Radio Equipments (400W 이하) 점검" 해설항 적용.

13-6-14 기상수신기(Weather Facsimile Receiver) 점검

(단위 : 대)

공 정	통신관련 산업기사	통신관련 기 능 사	무선안테나공
전원부 점검	0.28	0.28	-
Fax Receiver Unit 점검	0.41	0.41	-
Antenna Unit점검	0.15	-	0.66
Printer Unit 점검	0.26	0.26	-
수신감도측정 및 교정	0.16	0.16	-
전원전압측정 및 교정	0.10	0.10	-
종합시험 및 인계	0.10	0.10	-

[해 설]

"13-6-1 GMDSS MF/HF Radio Equipments(400W 이하) 점검" 해설항 적용.

13-6-15 풍향풍속계 점검

(단위 : 대)

공 정	통신관련산업기사	통신관련기능사
전원부 점검	0.37	0.37
Display Unit 점검	0.40	0.40
Wind Transmitter 점검	1.07	1.07
풍향/풍속 측정 및 교정	0.62	0.62
종합시험 및 인계	0.18	0.18

[해 설]

① Wind Transmitter 점검에는 발신기 분해점검 및 프로펠러, 제너레이터, Synchro Signal 점검품셈 포함.

② 기타 명시하지 아니한 내용은 "13-6-1 GMDSS MF/HF Radio Equipments (400W 이하) 점검" 해설항 적용.

13-6-16 Marine Radar(10㎾이하) 점검

(단위 : 대)

공 정	통신관련산업기사	통신관련기능사	무선안테나공
전원부 및 충전기 점검	0.30	0.30	-
Display Unit 점검	0.48	0.48	-
Transceiver Unit 점검	0.31	0.31	-
Scanner Unit 점검	0.80	-	1.44
ARPA Unit 점검	0.60	0.60	-
신호측정 및 교정	0.28	0.28	-
전원전압측정 및 교정	0.10	0.10	-
종합시험 및 인계	0.10	0.10	-

[해 설]

① 10㎾초과 장비는 본 품의 130% 적용.
② Scanner Unit 점검에는 Sloted 회전부, 커버 방수점검, 케이블의 누수 및 절연 점검, Motor 및 기어부의 Oil 주유품셈 포함.
③ ARPA(Automatic Radar Plotting Aids) Unit 점검에는 Target 점검, GPS 및 GYRO 인터페이스 점검, DATA 연산기능 점검품셈이 포함.
④ 기타 명시하지 아니한 내용은 "13-6-1 GMDSS MF/HF Radio Equipments(400W 이하) 점검" 해설항 적용.

13-6-17 레이더 트랜스폰더(SART) 점검

(단위 : 대)

공 정	통신관련산업기사	통신관련기능사
Radar Transponder 점검	0.67	0.21
주파수측정 및 교정	0.21	0.21
공중선 수신감도 측정 및 교정	0.22	-
종합시험 및 인계	0.20	0.20

[해 설]

① Radar Transponder 점검에는 수동작동 중지기능, 오조작 방지기능, 해면침수시 정상상태 복원기능, 공중선 높이, 지향특성 점검품셈 포함.
② 기타 명시하지 아니한 내용은 "13-6-1 GMDSS MF/HF Radio Equipments(400W 이하) 점검" 해설항 적용.

13-6-18 위성 비상위치 지시용 무선표지 설비(SAT / EPIRB) 점검

(단위 : 대)

공 정	통신관련산업기사	통신관련기능사
SAT/EPIRB 점검	0.77	0.77
주파수측정 및 교정	0.24	0.24
공중선 출력측정 및 교정	0.21	0.21
전원, 전압 측정 및 교정	0.16	0.16
종합시험 및 인계	0.16	0.16

[해 설]

① SAT/EPIRB 점검에는 배터리 전압, 수압이탈장치 상태, 조작기능(수동조작 기능 포함), 안테나, 방수상태, 발사전파 표시기능(섬광등), 송신신호, 호밍용 무선표지장치 점검 포함.

② 기타 명시하지 아니한 내용은 "13-6-1 GMDSS MF/HF Radio Equipments (400W 이하) 점검" 해설항 적용.

13-6-19 무선방향탐지기(Radio Direction Finder) 점검

(단위 : 대)

공 정	통신관련산업기사	통신관련기능사	무선안테나공
전원부 점검	0.24	0.24	-
영상부(Video Unit) 점검	0.63	0.63	-
수신부(Receiver Unit) 점검	0.44	0.44	-
루프안테나 점검	-	0.37	1.00
오차측정 및 교정	0.60	0.60	-
전원, 전압측정 및 교정	0.16	0.16	-
종합시험 및 인계	0.16	0.16	-

[해 설]

① 영상부(Video Unit) 점검에는 CRT, 편향부, Resolver, 온도보상회로 점검 품셈 포함.

② 루프안테나 점검에는 Loop 및 Sense 안테나, Gonia미터, Motor 점검품셈 포함.

③ 기타 명시하지 아니한 내용은 "13-6-1 GMDSS MF/HF Radio Equipments (400W 이하) 점검" 해설항 적용.

13-6-20 라디오부이 선택호출장치(SELL-CALL Signal Generator) 점검

(단위 : 대)

공　　정	통신관련산업기사	통신관련기능사
전원부 점검	0.21	0.21
Calling Transmitter 점검 Calling Signal Generator 점검	0.32 0.26	0.32 0.26
Antenna Unit 점검	-	0.32
주파수측정 및 교정	0.13	0.13
공중선 출력측정 및 교정	0.20	0.20
전원전압측정 및 교정	0.13	0.13
SELL CALL 시험	0.29	0.29
종합시험 및 인계	0.16	0.16

[해 설]

① Antenna Unit 점검은 안테나 및 케이블 절연, Loading coil, Matching Box 점검 포함.

② 기타 명시하지 아니한 내용은 "13-6-1 GMDSS MF/HF Radio Equipments (400W 이하) 점검" 해설항 적용.

13-6-21 라디오부이(Radio Buoy) 점검

(단위 : 대)

공　　정	통신관련산업기사	통신관련기능사
송신부 점검	0.16	-
수신부 점검	0.20	-
Antenna Unit 점검	-	0.33
주파수측정 및 교정	0.16	-
공중선 출력측정 및 교정	0.10	-
전원전압측정 및 교정	-	0.33
SELL CALL 수신 시험	0.17	-
종합시험	0.16	-

[해 설]

① SELL CALL 수신시험은 라디오부이 선택호출장치와의 Sell-Calling 수신시험을 의미함.

② 기타 명시하지 아니한 내용은 "13-6-1 GMDSS MF/HF Radio Equipments (400W 이하) 점검" 해설항 적용.

13-6-22 해수온도계 점검

(단위 : 대)

공　　정	통신관련산업기사	통신관련기능사	무선안테나공
전원부 점검	0.26	0.26	-
Display Unit 점검	0.44	0.44	-
선저 Sensor Unit 점검	1.10	1.10	-
온도측정 및 교정	0.24	0.24	0.93
전원전압측정 및 교정	0.16	0.16	-
종합시험 및 인계	0.17	0.17	-

[해 설]

① 선저 Sensor Unit 점검은 Sensor, Sensor케이블, 킹스톤 브라켓, JB(Joint Box) 커넥터 연결부위 점검 포함.

② 기타 명시하지 아니한 내용은 "13-6-1 GMDSS MF/HF Radio Equipments (400W 이하) 점검" 해설항 적용.

13-6-23 네비텍스 수신기(Navtex Receiver) 점검

(단위 : 대)

공　　정	통신관련산업기사	통신관련기능사	무선안테나공
전원부 점검	0.28	0.28	-
수신부(Receiver Unit) 점검	0.36	0.36	-
Printer Drive Unit 점검	0.33	0.33	-
Antenna Unit 점검	-	0.08	0.70
전원전압측정 및 교정	0.12	0.12	-
종합시험 및 인계	0.13	0.13	-

[해 설]

① 종합시험 및 인계에는 네비텍스 주파수별 선별선택 수신시험 포함.

② 기타 명시하지 아니한 내용은 "13-6-1 GMDSS MF/HF Radio Equipments (400W 이하) 점검" 해설항 적용.

13-6-24 음향측심기(Echo Sounder) 점검

(단위 : 대)

공 정	통신관련 산업기사	통신관련 기 능 사	H/W 시험사	S/W 시험사
전원부 점검	0.42	0.42	-	-
Display Unit 점검	0.71	0.71	1.18	1.18
선저 Transducer 점검	1.15	1.15	-	-
종합시험 및 인계	0.80	0.80	-	-

[해 설]

① 선박 1,600t미만 기준이며, 1,600t~10,000t미만은 본 품셈의 130%, 10,000t이상은 150% 적용.

② 선저 Transducer 점검은 선저의 송수파기, 케이블 절연상태, 킹스톤 브라켓, JB(Joint Box)커넥터 연결 점검품셈 포함.

③ 종합시험 및 인계는 수압시험 포함.

④ 기타 명시하지 아니한 내용은 "13-6-1 GMDSS MF/HF Radio Equipments (400W 이하) 점검" 해설항 적용.

13-6-25 GPS(Global Positioning System) Navigator 점검

(단위 : 대)

공 정	통신관련 산업기사	통신관련 기 능 사	무 선 안테나공	H/W 시험사	S/W 시험사
전원부 점검	0.25	0.25	-	-	-
Display Unit 점검	0.33	0.33	-	-	-
Antenna Unit 점검	-	0.10	0.47	-	-
신호측정 및 교정	-	-	-	0.50	0.50
종합시험 및 인계	0.24	0.24	-	-	-

[해 설]

① Plotter겸용 GPS는 본 품셈의 130% 적용.

② 신호측정 및 교정에는 3차원 측위 위성신호 포착 측정, 위치에러 보정을 포함.

③ 기타 명시하지 아니한 내용은 "13-6-1 GMDSS MF/HF Radio Equipments (400W 이하) 점검" 해설항 적용.

13-6-26 자기컴퍼스(Magnetic Compass) 점검

(단위 : 대)

공　　정	통신관련산업기사	통신관련기능사
전원부 점검	0.41	0.41
자기컴퍼스 본체 점검	0.86	0.86
자기컴퍼스 자차수정	1.47	1.47
종합시험	0.39	0.39

[해 설]

① 자기컴퍼스 본체 점검에는 기존 지지액 제거, 내부 도색, 바킹 교환, 지지액 주입 후 기포 제거 등의 품셈이 포함되었음.

② 자차수정은 300t 미만 기준이며, 300~1600t미만은 본 품의 130%, 1600t 이상은 본 품셈의 150% 적용.

③ 기타 "13-6-1 GMDSS MF/HF Radio Equipments(400W 이하) 점검" 해설항 적용.

13-6-27 자동조타장치(Auto Pilot) 점검

(단위 : 대)

공　　정	통신관련산업기사	통신관련기능사
전원부 점검	0.46	0.46
조타기 점검(Steering Stand)	1.42	1.42
추종장치 점검(Repeat Back Unit)	1.37	1.37
타각지시기 점검(Rudder Angle Indicator)	1.67	1.67
종 합 시 험	0.62	0.62

[해 설]

① 본 품셈은 주조타장치의 기본품이며, 주조타장치가 2 System일 경우에는 본 품셈의 150%를 적용하고, 주조타장치의 보조장치로서 양현에 Control 조타장 치가 있는 경우에는 조타기 점검품셈의 30% 적용.

② 보조조타장치(타기실) 점검은 추종장치(Repeat Back Unit) 점검품 적용.
③ 선박 300t 이상 기준이며, 300t 미만 소형선은 본 품의 80%를 적용하며, 수동조타장치일 경우에는 본 품셈의 70% 적용.
④ 조타기 점검에는 자동, 수동 및 레버 이외 Voltage, Relay, 절연저항 및 Servo Amp 점검 등의 품셈이 포함되었음.
⑤ 추종장치 점검에는 Potentiometer, 싱크로 모타, 타기실내 기어부 점검·세척·오일 주유 및 레버·수동 작동 검사 등의 품셈이 포함되었음.
⑥ 타각지시기 점검에는 싱크로 모타, 선체 Earth, 절연 저항, 각 공급전압, 수신전압 점검 및 조정 등의 품셈이 포함되었음.
⑦ 기타 명시하지 아니한 내용은 "13-6-1 GMDSS MF/HF Radio Equipments (400W 이하) 점검" 해설항 적용.

13-6-28 자이로컴퍼스(Gyro Compass) 점검

(단위 : 대)

공 정	통신관련산업기사	통신관련기능사
주컴퍼스(Master Compass) 본체 점검	2.15	2.15
인버터(Inverter Unit)점검	0.81	0.81
리피터 발신기 점검(리피터 컴퍼스 포함)	1.53	1.53
종 합 시 험	0.65	0.65

[해 설]

① 본 품셈은 감동구 및 전륜구 Type 기준이며, 주컴퍼스(Master Compass)의 일반 점검은 주컴퍼스 본체 점검품셈의 50% 적용.
② 주컴퍼스 본체 점검 중 감동구 Type의 점검은 전체 분해·조립, 로타 베어링 분해 세척 및 오일 주유, 로타코일 & 추종코일 절연저항 점검, Slipring & 브러쉬 분해·조립, 각종 서브·싱크로 모타 분해 세척 및 각 기어부 세척 Oil 주유 등의 품셈이 포함되었으며, 전륜구 Type 점검은 전체 분해·조립, 구동전압 전류점검, 상·하 컨테이너(Upper & Low Container) 분해 세척 및 절연저항점검, 수은 점검 및 교환, 센터링 핀 점검, Container 고정 스프링내

이물질 제거, Slipring & 브러쉬 분해 · 조립, 점검 Kit를 이용한 전륜구 설치 및 지지액 주입 등의 품셈이 포함되었음.

③ 인버터 점검에는 입 · 출력 전압점검, 각종 콘덴서 전압점검, 충방전 상태, 발진 전압, 발진주파수, 추종앰프(Follow-up Amplifier) 및 서브모타 점검 · 조정 등의 품셈이 포함되었음.

④ 리피터발신기 점검은 싱크로 모타, 각 리피터컴퍼스, 각 기어부, Card Lamp & Dimmer 점점 · 조정 등의 품셈이 포함되었음.

⑤ 리피터 발신기 점검은 리피터컴퍼스 3세트 점검품 기준이며, 리피터 컴퍼스 1세트 추가시마다 본 품셈의 30% 가산.

⑥ 기타 명시하지 아니한 내용은 “13-6-1 GMDSS MF/HF Radio Equipments (400W 이하) 점검” 해설항 적용.

13-6-29 항해자료기록장치(VDR) 점검

(단위 : 대)

공 정	통신관련 산업기사	통신관련 기 능 사	H/W 시험사	S/W 시험사
전원부 점검	0.56	0.56	-	-
Protective Capsule 점검	0.92	0.92	0.85	0.85
Main Electronic Enclosure 점검	1.09	1.09	1.11	1.11
Emergency 점검	0.42	0.42	-	-
Analog Interface 점검	-	-	0.35	0.35
Digital Interface 점검	-	-	0.35	0.35
Nmea Data Input 점검	-	-	0.35	0.35
항해통신장비 Interface 점검	1.09	1.09	1.11	1.11
종 합 시 험	0.34	0.34	-	-

[해 설]

① 본 품셈은 총톤수 150t 이상의 여객선, 총톤수 3000t(여객선 제외)의 화물선박에 장착되는 VDR 기준이며, 간이형 VDR (S-VDR)의 점검품은 본 품셈의 70% 적용.

② Protective Capsule 점검은 M.E.E에서의 전송 Data 점검, Playback Software

Program Kit를 이용한 저장 Data의 Download 확인 점검 및 Battery 점검 등의 품셈이 포함되었음. (Data Download 확인 점검에는 날짜 및 시간, 선박의 위치, 대수속력 및 대지속력, 선박의 침로, 선교에서 발생하는 대화내용, 운항관련 초단파대를 사용한 통신내용, 레이다에 표시되는 자료, 음향측심자료, 선교에 표시되는 경보사항, 타의 상태 이외 입력된 모든 정보 자료가 포함됨)

③ MEE(Main Electronic Enclosure) 점검은 외부 Data 정상 저장여부 확인점검, 저장 Data의 Protective Capsule에 정상 전송여부 확인 및 각 Unit별 HDD, Memory, Error & Alarm 기능 점검 등의 품셈이 포함되었음.

④ 항해통신장비 Interface 점검은 Arpa Radar, VHF, Microphone, GPS, Echo Sounder, Speed Log, ECDIS, Gyro Heading Control Setting Order, IBS·AMS, Rudder Angle Order, Rudder Angle Response, Engine Order, Engine Response 및 Bow Thruster의 영상신호, 송수신음성, NMEA Sentence & Alarm Data 등의 품셈이 포함되었음.

⑤ 기타 명시하지 아니한 내용은 “13-6-1 GMDSS MF/HF Radio Equipments (400W이하) 점검” 해설항 적용.

13-6-30 음향수신장치(SSR) 점검

(단위 : 대)

공 정	통신관련산업기사	통신관련기능사	H/W시험사
전원부 점검	0.24	0.20	-
Main Unit 점검	0.53	0.50	0.67
Microphone 점검	0.29	0.25	-
신호 측정 및 교정	-	0.24	0.46
종 합 시 험	0.28	0.27	-

[해 설]

① Main Unit 점검에는 Microphone 연결되는 케이블 절연 점검품셈이 포함되었음.

② Microphone 점검은 선수, 선미, 양현 총 4개소 점검 기준.

③ 기타 명시하지 아니한 내용은 “13-6-1 GMDSS MF/HF Radio Equipments (400W 이하) 점검” 해설항 적용.

13-6-31 전자해도표시시스템(ECDIS) 점검

(단위 : 대)

공 정	통신관련 산업기사	통신관련 기 능 사	H/W 시험사	S/W 시험사
전원부 점검	0.46	0.59	-	-
Display Unit 점검	0.74	0.81	-	-
Operation Panel Unit점검	0.34	0.42	-	-
Processing Unit 점검	0.73	-	0.81	0.81
External Interface Unit 점검	0.46	-	0.54	0.54
각장비 Interface 점검	0.75	-	0.83	0.83
출력 Data 점검	0.39	-	0.46	0.46
종 합 시 험	0.57	0.65	-	-

[해 설]

① Display Unit 점검에는 모니터, Back Light 조절기, LCD 전원공급기, DVI-LDI Conversion, Brightness Control, LCD unit & Connection Cable 점검품셈이 포함되었음.

② Processing Unit 점검에는 Control Unit, FDD Drive, CD-ROM Drive, HDD Drive, Serial Interface Unit, Radar Processing Unit, Control Unit의 각 전원, 판넬, 케이스 및 케이블 단말 결선부 점검품셈이 포함되었음.

③ External Interface Unit 점검에는 전원, Control unit, 인터페이스부, DC/DC 전원공급기, NSK 인터페이스, Level Conversion, 레이더 인터 페이스, 아날로그 인터페이스, 릴레이 인터페이스 & Keyboard unit 점검품셈이 포함되었음.

④ 각 장비 Interface 점검에는 Arpa Radar, GPS/DGPS, Log, Gyro, AIS, Rudder Angle, Conning Display, Hull Motion, Wind Direction/Speed 등 점검품셈이 포함되었음.

⑤ 기타 명시하지 아니한 내용은 "13-6-1 GMDSS MF/HF Radio Equipments (400W이하) 점검" 해설항 적용.

13-6-32 선박용 선박자동식별장치 점검

(단위 : 대)

공 정	통신관련 산업기사	통신관련 기 능 사	무 선 안테나공	H/W 시험사	S/W 시험사
전원부 점검	0.34	0.35	-	-	-
Antenna Unit 점검	0.47	-	0.81	-	-
송신부 점검	1.07	1.09	-	-	-
수신부 점검	0.73	0.76	-	-	-
Gyro/Pilot Plug Interface Unit 점검	-	-	-	0.87	0.87
주파수 측정 및 교정	0.21	0.31	-	-	-
공중선 출력 측정 및 교정	0.21	0.31	-	-	-
고정정보 및 변동정보 점검	0.21	0.21	-	-	-
종 합 시 험	0.32	0.34	-	-	-

[해 설]

① 송신부(Transponder Unit) 점검에는 RF Amp, 송신주파수 편이 및 대역폭, 스프리어스 발사강도, TX TDMA, AF Amp, Filter, Drive Amp & Data Program 점검품셈이 포함되었음.

② 수신부(GPS/Receiver Unit) 점검에는 GPS 위성주파수 관련 수신회로 및 AIS · VHF DSC 관련 수신회로 점검품셈이 포함되었음.

③ 고정정보 및 변동정보 점검에는 선박의 고유부호, 호출부호, 선박명, 선박의 제원(길이, 폭, 선종), 선박의 위치, 국제표준시각, 대지침로 및 속도, 선수방위, 항해상태 확인 등 점검품셈이 포함되었음.

④ ARPA · ECDIS Interface 점검은 Gyro · Pilot Plug Interface 점검품셈이 포함되었음.

⑤ 기타 명시하지 아니한 내용은 “13-6-1 GMDSS MF/HF Radio Equipments (400W이하) 점검” 해설항 적용.

13-6-33 위성항법장치(GPS Plotter) 점검

(단위 : 대)

공 정	통신관련 산업기사	통신관련 기 능 사	무 선 안테나공	H/W 시험사	S/W 시험사
전원부 점검	0.46	0.41	-	-	-
Display Unit 점검	0.71	0.65	-	-	-
안테나 유니트 점검	-	0.25	0.72	-	-
신호 측정 및 교정	-	-	-	0.75	0.75
종 합 시 험	0.27	0.24	-	-	-

[해 설]

① Antenna Unit 점검품셈은 GPS 기준이며, DGPS의 Antenna Unit 점검은 본 품셈의 130% 적용.

② 신호측정 및 교정에는 3차원 측위 위성신호 포착 측정, 위치에러 보정품셈이 포함되었음.

③ 기타 명시하지 아니한 내용은 "13-6-1 GMDSS MF/HF Radio Equipments (400W 이하) 점검" 해설항 적용.

13-6-34 선박자동경보장치(SSAS : Ship Security Alarm System) 점검

(단위 : 대)

공 정	통신관련 산업기사	통신관련 기 능 사	무 선 안테나공	H/W 시험사	S/W 시험사
전원부 점검	0.38	0.32	-	-	-
안테나 유니트 점검	-	0.57	0.87	-	-
Main Unit 점검	0.57	-	-	0.62	0.62
종 합 시 험	0.36	0.52	-	-	-

[해 설]

① 기타 명시하지 아니한 내용은 "13-6-1 GMDSS MF/HF Radio Equipments (400W 이하) 점검" 해설항 적용.

정보통신부문 제13장

13-6-35 소나(SONAR : Sound Navigating and Ranging) 점검

(단위 : 대)

공 정	통신관련산업기사	통신관련기능사	H/W시험사
송신부 및 수신부 점검	1.36	1.36	-
지시부 점검	1.53	1.54	2.03
선저 Dome 점검	1.79	1.79	-
상하장치 점검	1.48	1.48	-
종 합 시 험	0.82	0.82	-

[해 설]

① 송신부 및 수신부와 지시부가 일체형인 경우에는 본 품셈의 80%를 적용하며, 간이형 SONAR의 경우에는 본 품셈의 60% 적용.

② 선저 Dome 점검은 선저의 송·수파기, 케이블 절연상태, 킹스톤 브라켓, JB(Joint Box)커넥터 연결 점검품셈이 포함되었음.

③ 상하장치 점검은 Motor, 케이블절연, 내부 전원부·제어장치 점검품셈이 포함되었음.

④ 선박 500t 미만 기준이며, 500t 이상은 본 품셈의 150% 적용.

⑤ 기타 명시하지 아니한 내용은 "13-6-1 GMDSS MF/HF Radio Equipments (400W 이하) 점검" 해설항 적용.

13-6-36 수온분포 위성수신장치 점검

(단위 : 대)

공 정	통신관련 산업기사	통신관련 기 능 사	무 선 안테나공	H/W시험사
전원부 점검	0.32	0.36	-	-
안테나 유니트 점검	-	0.30	0.30	-
수신기 점검	0.39	0.41	-	0.49
지시부 점검	0.37	0.38	-	0.38
신호 측정 및 교정	0.34	0.34	-	-
종 합 시 험	0.35	-	-	0.46

[해 설]

① 안테나 유니트 점검에는 저궤도 위성안테나의 수신 Signal 감도, Antenna Cable 절연 및 커넥터 접촉부 보수 점검품셈이 포함되었음.

② 지시부 점검에는 기상 및 수온분포 Software Program Setting, 각종 커넥터 & Coupling Cable, Printer, 위성수신주파수 확인 설정 점검품셈이 포함되었음.

③ 기타 명시하지 아니한 내용은 "13-6-1 GMDSS MF/HF Radio Equipments(400W 이하) 점검" 해설항 적용.

13-6-37 조류계 점검

(단위 : 대)

공　　정	통신관련산업기사	통신관련기능사
전원부 점검	0.39	0.39
Display Unit 점검	0.63	0.63
선저 Sensor 점검	1.12	1.12
송수신부 점검	0.43	0.43
종 합 시 험	1.12	1.12

[해 설]

① 선저 Sensor 점검은 Sensor와 Sensor케이블, 킹스톤 브라켓 및 JB(Joint Box) 커넥터 연결부위 점검품셈이 포함되었음.

② 기타 명시하지 아니한 내용은 "13-6-1 GMDSS MF/HF Radio Equipments (400W 이하) 점검" 해설항 적용.

13-6-38 어군탐지기(Fish Finder) 점검

(단위 : 대)

공　　정	통신관련 산업기사	통신관련 기 능 사	H/W 시험사	S/W 시험사
전원부 점검	0.52	0.52	-	-
Display Unit 점검	0.69	-	1.31	1.31
선저 Transducer 점검	1.22	1.22	-	-
종합시험 및 인계	0.84	0.84	-	-

[해 설]

① 선박 500t미만 기준이며, 500t이상은 본 품셈의 130% 적용.

② Display Unit 점검에는 수신 영상부, 수심 측정, 저주파, 고주파, 칼라부회로 점검 포함.

③ 선저 Transducer 점검은 선저의 송수파기, 케이블 절연상태, 킹스톤 브라켓, JB(Joint box) 커넥터 연결 점검품셈 포함.

④ 기타 명시하지 아니한 내용은 "13-6-1 GMDSS MF/HF Radio Equipments (400W 이하) 점검"해설항 적용.

13-6-39 조상기 점검

(단위 : 대)

공 정	통신관련산업기사	통신관련기능사	H/W시험사
전원부 점검	0.25	0.25	-
본체 점검	0.52	0.52	0.69
측정 및 교정	0.45	0.45	0.43
종 합 시 험	0.41	0.41	-

[해 설]

① 전원부 점검에는 "13-6-1 GMDSS MF/HF Radio Equipments(400W 이하) 점검" 해설 ⑤항 기본사항 이외 각 기능 스위치 & LED, 각 접속 커넥터 Contact & Interface 회로 점검품셈이 포함되었음.

② 본체 점검에는 Process, I/O Board, Key Board, 감속 Gear Ass'y & Motor 점검품셈이 포함되었음.

③ 다수의 조상기를 제어하는 '집중제어장치' 점검은 H/W 시험사 1.00인 적용.

④ 기타 명시하지 아니한 내용은 "13-6-1 GMDSS MF/HF Radio Equipments (400W 이하) 점검" 해설항 적용.

13-6-40 조출기(HM : Hooking Master) 점검

(단위 : 대)

공　　정	통신관련산업기사	통신관련기능사	H/W시험사
전원부 점검	0.43	0.48	-
본체 및 Display 점검	0.49	-	0.96
투승부 점검	0.43	0.49	-
종 합 시 험	0.67	0.70	-

[해 설]

① 투승부 점검에는 Line Hoist RPM Meter, Line Counter, 선미 Talk-back System 및 Counter Sense 점검품셈이 포함되었음.

② 기타 명시하지 아니한 내용은 “13-6-1 GMDSS MF/HF Radio Equipments (400W이하) 점검” 해설항 적용.

13-6-41 기지국용 선박자동식별시스템 점검

13-6-41-1 운영국 서버(Server) 시스템 점검

(단위 : 대)

공　　정		통신관련 산업기사	통신관련 기 능 사	S/W 시험사
공통사항	입 · 출력부 점검	0.07	0.06	-
	System Application 및 연동 S/W 점검	-	-	0.12
	운영서버 상태점검	0.13	0.10	-
운영서버	운용 S/W 로그 점검 및 백업	-	-	0.20
	전자해도 ENC 점검	-	-	0.05
	AIS 통합관리 S/W(AIM) 점검	-	-	0.10
	메시지 분배장치 연동 상태점검	-	-	0.05
D/B서버	위치정보 데이터베이스 점검	-	-	0.10
	시스템정보 데이터베이스 점검	-	-	0.10

[해 설]

① 공통사항은 통합 · 운영 · D/B(Data-Base)서버의 공통적으로 점검해야할 공정임.

② 통합서버는 운영서버와 D/B서버가 하나의 서버로 이루어진 서버로써 본 품셈

의 80% 적용.

③ System Application 및 연동 S/W 점검중 패치S/W 업그레이드시 본 품셈의 80% 가산.

④ 운영서버 상태점검시 기간통신망 사업자 회선을 사용하는 경우 본 품셈의 120% 적용.

⑤ 입·출력부 점검은 모니터의 픽셀·색상 점검과 운영서버와 모니터의 설치장소가 다를 경우 마우스 및 키보드의 증폭기 동작시험 포함. 단, 동일장소인 경우 본 품셈의 80% 적용.

⑥ AIS 통합관리 S/W(AIM : AIS Intergration Manger S/W) 점검은 AIS 시스템의 동기화, 에러알람, 장비제어, 기지국/운영국 장치에 대한 모니터링 등의 구동 유무 포함.

⑦ 위치정보 데이터베이스는 AIS기지국에서 수신한 선박위치 데이터 베이스임.

⑧ 시스템정보 데이터베이스는 AIS 통합관리 S/W에서 System 관리를 위해 생성된 AIS 시스템 Log 데이터 베이스임.

13-6-41-2 운영국 메시지 분배장치(AIR) 점검

(단위 : 대)

공 정	통신관련 산업기사	통신관련 기 능 사	S/W 시험사
AIS Service Module 점검	-	-	0.11
System Configure 점검	-	-	0.06
기지국 원격감시 상태점검	-	-	0.06
시스템 동기화 상태점검	-	0.06	-
Multi Network Interface Board Test 및 상태점검	0.13	-	-
AIS 메시지 데이터 송수신 상태점검	-	-	0.06
다중 기지국 메시지 필터링 점검	-	-	0.11
인터페이스 상태점검	-	0.21	0.20
Network Connection Matrix 점검 및 Test	-	-	0.10
접속 Client 보안상태 점검	-	-	0.06
기지국 자동 절체 Test	-	-	0.15

[해 설]

① Multi Network Interfce Board Test는 네트웍을 통하여 데이터 송·수신

및 분배 기능 점검 포함.

② 기지국 원격감시 상태점검은 기지국의 연동 상태, 절체명령의 수행상태 및 절체 인터페이스된 기지국의 메시지 수신 상태점검 포함.

③ 인터페이스 상태점검은 메시지 분배장치와 기지국·VTS·전국통합센터간 상태점검 포함.

④ Network Connection Matrix 점검 및 Test는 기지국간, VTS간, 전국망 간 네트웍 Routing Table의 구성 점검 및 Test 포함.

⑤ 접속 Client 보안상태 점검품셈에는 VTS, 기지국, 전국망 등의 인가된 Client IP Address의 접속상태, 비인가 Client의 접속시도 여부, 표준화 되지 않은 메시지의 송·수신 여부 확인 포함.

13-6-41-3 기지국 안테나 및 RF 스위치 장치 점검

(단위 : 대)

공정		통신관련 산업기사	통신관련 기능사	무선 안테나공	S/W 시험사
안테나	낙뢰보호기 상태점검	0.07	-		-
	접지 연결 상태점검	0.07	-		-
	Ground kit 점검	0.07	-		-
	케이블 지지고리 상태점검	-	-	0.05	-
	VHF, GPS 안테나 케이블 상태점검	-	0.05	0.05	-
	GPS 수신 분배기 점검 및 출력체크	-	-	-	0.09
	안테나 연결 커넥터 마모 및 누수상태 점검	-	0.05	0.05	-
	VHF안테나 Cap 마모 및 누수상태 점검	0.25	-	0.25	-
	안테나 보정상태 및 탐지방향 점검	-	0.30	0.30	-
RF 스위치	RF Control장치 네트웍 연결 상태점검	-	-	-	0.24
	배선 상태점검	-	-	-	0.04
	주예비 RF 스위칭 Test	-	-	-	0.04
	RF 스위치 신호체크	-	-	-	0.10

[해 설]

① 적정수준의 성능유지를 위한 조정, 시험 포함.

② 본 품셈은 단독형태로 구성된 품셈임.

13-6-41-4 기지국 송 · 수신 장치(ABST) 점검

(단위 : 대)

공　　정	통신관련 산업기사	S/W시험사
주예비 구동 상태점검	0.11	-
사용 주파수 및 BandWidth 측정	0.10	-
System configure 점검	-	0.07
송신부 점검	0.10	0.20
수신부 점검	-	0.12
변조부 점검	-	0.10
입 · 출력부 점검	0.07	-
채널(Channel)별 작동 상태점검	-	0.10
선박국 메시지 송수신 상태점검	-	0.06
Data Link Management 메시지 수신 점검	-	0.05
GPS 신호 수신 상태점검	-	0.04

[해 설]

① 적정수준의 성능유지를 위한 조정, 시험 포함.

② 본 품셈은 단독형태로 구성된 품이며, 복수장치의 장비는 해당 공정의 품셈의 80% 적용.

③ 입 · 출력부 점검은 국제표준 메시지 규격(IEC, ITU-R)에 적합한 메시지로 입 · 출력여부 점검.

13-6-41-5 기지국 제어장치(ABSC) 점검

(단위 : 대)

공　　정	통신관련 산업기사	S/W시험사
주예비 구동상태 점검	0.11	-
System Configure 점검	-	0.12
Transponder 인터페이스 점검	-	0.12
신호전환 상태점검	-	0.17
Transponder Out, AUX Port 메시지 수신 상태점검	-	0.05
Transponder 에러감시 상태점검	-	0.10

[해 설]

① 적정수준의 성능유지를 위한 조정, 시험 포함.

② 본 품셈은 단독형태로 구성된 품이며, 복수장치의 장비는 해당 공정의 품셈의 80% 적용.

③ 입·출력부 점검은 국제표준 메시지 규격(IEC, ITU-R)에 적합한 메시지로 입·출력여부 점검.

13-6-42 위성항법보정시스템(DGPS) 점검

공 정		단위	무선안테나공	H/W시험사	S/W시험사
송신부	송신기 점검	대	-	0.66	0.56
	제어기 점검	〃	-	0.40	0.36
	충전기 점검	〃	-	0.22	0.18
	동작시험	식	-	0.14	0.14
수신부	수신기 점검	대	-	0.41	0.37
	동작시험	식	-	0.14	0.14
전원부	축전지 및 분전반 점검	〃	-	0.24	0.20
안테나부	송신안테나 점검	기	0.54	0.61	-
	수신안테나 점검	식	0.72	0.86	-
종합시험		〃	-	0.45	0.34

[해 설]

① 본 품의 기준국 기준이며, 감시국의 수신안테나(중파 2기, GPS 2기) 점검은 본 품의 80%, 종합시험은 본품의 60%를 적용.

② 위성항법보정시스템 점검은 각 공정별 기기에 대한 점검 및 설정값 확인과 설정범위 초과시 교정, 내부청소 등을 포함한 점검을 말함.

③ 종합시험은 송신기 원격제어, 프로그램 관측데이터 DB 저장여부 확인, 모든 설정값 백업, 데이터 정상 전송여부 확인 등을 포함.

④ 기준국 수신안테나 점검은 중파(MSK) 안테나 2기와 GPS 안테나 4기에 대한 점검 기준.

⑤ 동일장소에 동종의 복수장비 동시 점검 시 2대는 본 품의 180%, 3대 초과하는 경우에는 초과 1대당 80%씩을 가산.

⑥ 카메라, DVR 등 점검은 "13-7-6 CCTV 시스템 점검"을 적용하고, 기상장비

정보통신부문 제13장

점검시는 "13-5-1-7 기상장비 점검" 품셈 적용.

⑦ 항온항습기 점검은 "13-8-7-5 배전자동화 부대설비 점검" 중 항온항습기 점검을 적용하고, 에어콘 점검은 동항 해설 ⑤항에 따라 항온항습기 점검품의 50% 적용.

⑧ 서버, 허브, 분배기 등 네트워크 장비 점검은 "13-8-1 네트워크 장비 점검" 품셈 적용.

⑨ UPS 및 AVR 점검은 "13-10-1 무정전전원장치(UPS, CVCF) 점검"품셈 적용.

⑩ 피뢰침 점검은"13-4-1-1 철탑 점검" 피뢰침 점검 및 보수품을 적용하고, 접지저항 측정은"11-5-1 접지시설" 해설①항에 따라 개소당 통신외선공 0.18명 적용.

⑪ 송신안테나 점검시 수직측량 결과 송신안테나 위치교정을 위한 장력조정은 지적산업기사 3인, 지적기능사 4인 적용.

⑫ 제초작업은 10㎡당 보통인부 0.05인 적용.

13-7 정보제어·보안시설 점검

13-7-1 지능형교통시스템(ITS) 점검

13-7-1-1 차량자동인식 장치(AVI : Automatic Vehicle Identification) 점검

공정			단위	통신관련 산업기사	통신관련 기능사	S/W시험사
제어부	서브랙	메인 컨트롤러	모듈	0.25	0.04	0.29
		루프검지기 유니트	〃	0.23	-	0.23
	제어기		대	0.21	0.19	-
카메라부	조명장치		〃	-	0.19	-
	카메라 컨트롤러		개	0.17	0.17	-
종합시험			식	-	0.47	0.21

[해 설]

① 메인컨트롤러는 촬영 영상에 대한 번호판 인식 및 분석상태, 케이블 커넥터 · 전면 LED · 보드 청결 상태, DC전원부 등 점검품셈이 포함되었음.

② 루프검지기 유니트는 차량의 속도·점유율·차량의 길이 판별상태, 케이블 커넥터·전면 LED·보드 청결 상태 등을 점검하는 것으로, 2개의 루프코일 점검품셈으로 기준하였으며, 4개일 경우는 본 품셈의 180% 가산.
③ 제어기는 팬(FAN)·히터(Heater)·온도센서·Door Open 센서 동작 상태, 전원공급, 케이블 연결상태 등의 점검품셈이 포함되었음.
④ DSU, HUB, 센터 서버는 "13-8-1 네트워크 장비 점검" 품셈 적용.
⑤ 카메라, 렌즈, 하우징, Pan/Tilt, 카메라 컨트롤러는"13-7-6 CCTV 시스템 점검" 품셈 적용.
⑥ 종합시험은 센터에서 현장설비의 원격제어 시험과 제어부 함체의 내부청결상태, 부착·잠금장치 상태, 방수·방진상태, 먼지 여과기 작동 상태 등의 품셈이 포함되었음.
⑦ 기계경비는 "1-4 기계경비 산정기준" 품셈을 적용하고, 재해 예방과 작업자의 안전을 위해 투입되는 인력(신호수 등) 및 안전시설(표지판, 라바콘 등) 설치는 "1-1-27-1 안전시설" 품셈 적용.

13-7-1-2 차량 검지 시스템(VDS : Vehicle Detection System) 점검

공정		단위	통신관련 산업기사	통신관련 기능사	S/W시험사
서브랙	메인 컨트롤러	모듈	0.31	0.04	0.27
	루프검지기 유니트	〃	0.23	-	0.23
제어기		대	0.21	0.19	-
종합시험		식	-	0.47	0.15

[해 설]

① 메인 컨트롤러는 차량검지기에서 검지된 모든 정보와 전원장치 상태등을 데이터로 저장하여 제어하는 주장치로 케이블, 커넥터·전면 LED·보드 청결 상태, DC전원부 등 점검품셈이 포함되었음.
② 루프검지기 유니트는 차량의 속도·점유율·차량의 길이 판별상태, 케이블 커넥터·전면 LED·보드 청결 상태 등을 점검하는 것으로, 2개의 루프코일 점검품셈으로 기준하였으며, 4개일 경우는 본 품셈의 180% 가산.

③ 제어기는 팬(FAN) · 히터(Heater)· · 온도센서 · Door Open 센서 동작 상태, 전원공급, 케이블 연결상태등의 점검품셈이 포함되었음.
④ DSU, 센터 서버는 “13-8-1 네트워크 장비 점검” 품셈 적용.
⑤ 종합시험은 센터에서 현장설비의 원격제어 시험과 제어부 함체의 내부청결상태, 부착 · 잠금장치 상태, 방수 · 방진상태, 먼지 여과기 작동 상태 등의 품셈이 포함되었음.
⑥ 기계경비는 “1-4 기계경비 산정기준” 품셈을 적용하고, 재해 예방과 작업자의 안전을 위해 투입되는 인력(신호수 등) 및 안전시설(표지판, 라바콘 등) 설치는 “1-1-27-1 안전시설” 품셈 적용.

13-7-1-3 전자교통신호 제어기 점검

공 정		단위	통신관련 산업기사	통신관련 기 능 사	S/W 시험사	H/W 시험사
제어부	주제어장치(CPU)	모듈	-	0.25	0.19	-
	사용자 인터페이스(㎜I)	〃	-	0.25	-	0.19
	루프검지기 유니트	〃	0.23	-	0.23	-
구동부	신호제어기(SCU)	〃	0.13	0.06	-	-
	점멸장치 유니트	〃	0.10	0.04	-	-
	신호구동기(LSU)	〃	0.13	0.06	-	-
수동 조작기		대	0.19	-	-	-
종 합 시 험		식	-	0.49	0.19	-

[해 설]
① 주제어장치(CPU)는 루프검지기로부터 수집된 데이터를 센터로 보내고, 센터에서는 받은 데이터를 분석한 후 교차로의 신호등을 제어하는 장비로, 노트북을 연결하여 데이터 송 · 수신 상태 및 LED점멸 상태, DC전원부 등 점검품셈이 포함되었음.
② 사용자 인터페이스(㎜I : Man-Machine Interface)는 키패드를 조작하여 LCD화면을 통해 신호제어 상태 및 전면 LED상태등 점검품셈이 포함되었음.
③ 루프검지기 유니트는 차량의 속도 · 점유율 · 차량의 길이 판별상태, 케이블 커넥터 · 전면 LED · 보드 청결 상태등을 점검하는 것으로, 2개의 루프코일 점검

품셈으로 기준하였으며, 4개일 경우는 본 품셈의 180% 가산.

④ 신호제어기(SCU : Signal Control Unit)는 신호등의 점등상태 및 입력전압의 이상상태를 검지하여 제어부로 보내고, 제어부로부터 출력신호를 받아서 신호등의 구동·제어상태 점검품셈이 포함되었음.

⑤ 점멸장치 유니트는 제어부의 명령을 받아 전원공급, 이상신호 발생시 신호등 점멸 상태 점검품셈이 포함되었음.

⑥ 신호구동기(LSU : Load Switch Unit)는 신호등에 공급되는 전력을 제어하고, 신호등 점멸을 나타내는 LED 상태 점검품셈이 포함되었음.

⑦ 모뎀은 "13-8-1 네트워크 장비 점검" 품셈 적용.

⑧ 종합시험은 센터에서 현장설비의 원격제어 시험과 제어부 함체의 내부청결상태, 부착·잠금장치 상태, 방수·방진상태, 먼지 여과기 작동상태 등의 품셈이 포함되었음.

13-7-1-4 가변 정보 표지판(VMS : Variable Message Sign) 점검

공 정		단위	통신관련 산업기사	통신관련 기 능 사	S/W 시험사	H/W 시험사	광케이블 설 치 사
전광판	문자식	대	0.13	0.15	-	-	-
	도형식	〃	0.15	0.18	-	-	-
	동영상	〃	0.20	0.24	-	-	-
LED 출력 모듈	3단 10열	〃	0.17	0.10	-	-	-
	2단 10열	〃	0.13	0.08	-	-	-
제어기		〃	0.21	0.19	-	-	-
전광판 제어 컴퓨터		〃	-	-	0.27	0.19	-
LED구동 전원장치		〃	0.15	0.08	-	-	-
광 다중화 장치		〃	-	0.17	-	-	0.25
종 합 시 험		식	-	0.36	0.21	-	-

[해 설]

① 제어기는 팬(FAN)·히터(Heater)·온도센서·Door Open 센서 동작 상태, 전원 공급, 케이블 연결상태 등의 점검품셈이 포함되었음.

② LED구동 전원장치는 LED출력모듈의 전원공급상태를 점검하는 공정임.

③ 모뎀, DSU, 서버, 허브는"13-8-1 네트워크 장비 점검"품셈 적용.

④ 종합시험은 센터에서 현장설비의 원격제어 시험과 제어부 함체의 내부청결상태, 부착·잠금장치 상태, 방수·방진상태, 먼지 여과기 작동 상태 등의 품셈이 포함되었음.

⑤ 기계경비는 "1-4 기계경비 산정기준" 품셈을 적용하고, 재해 예방과 작업자의 안전을 위해 투입되는 인력(신호수 등) 및 안전시설(표지판, 라바콘 등) 설치는 "1-1-27-1 안전시설" 품셈 적용.

13-7-1-5 동영상 정보 수집기 점검

공 정	단위	통신관련 산업기사	통신관련 기 능 사	S/W 시험사	광케이블 설 치 사
제어기	대	0.23	0.21	-	-
코덱(Codec)	〃	0.19	-	0.17	-
광 다중화 장치	〃	-	0.13	-	0.21
종 합 시 험	식	-	0.39	0.19	-

[해 설]

① 제어기는 팬(FAN)·히터(Heater)·온도센서·Door Open 센서 동작 상태, 전원공급, 케이블 연결상태 등의 점검품셈이 포함되었음.

② 촬상부(카메라, 렌즈, 하우징, PAN/TILT), 문자발생기(ID Generator), 영상분배기(Distributer), Matrix는 "13-8-1 네트워크 장비 점검" 품셈 적용.

③ 모뎀, DSU, 서버, 허브는 "13-8-1 네트워크 장비 점검" 품셈 적용.

④ 종합시험은 센터에서 현장설비의 원격제어 시험과 제어부 함체의 내부청결상태, 부착·잠금장치 상태, 방수·방진상태, 먼지 여과기 작동 상태 등의 품셈이 포함되었음.

⑤ 기계경비는 "1-4 기계경비 산정기준" 품셈을 적용하고, 재해 예방과 작업자의 안전을 위해 투입되는 인력(신호수 등) 및 안전시설(표지판, 라바콘 등) 설치는 "1-1-27-1 안전시설" 품셈 적용.

13-7-1-6 기상정보 수집기 점검

공정		단위	통신관련 산업기사	통신관련 기 능 사	S/W 시험사	광케이블 설 치 사
제어부	제어기	대	0.21	0.19	-	-
	전원공급기	〃	-	0.06	-	-
	자료수집기	〃	-	0.27	-	0.35
센서부	강우량 센서	〃	0.20	-	0.15	-
	강우감지 센서	〃	0.20	-	0.15	-
	순복사 센서	〃	0.20	-	0.15	-
	노면 센서	〃	0.06	-	0.06	-
종 합 시 험		식	-	0.39	-	0.21

[해 설]

① 제어기는 팬(FAN)·히터(Heater)·온도센서·Door Open 센서 동작 상태, 전원공급, 케이블 연결상태 등의 점검품이 포함되었음.

② 각 센서는 외관상태, 배선상태, 입·출력상태, 디스플레이 LED값 확인, 이물질 제거 등의 점검품이 포함되었음.

③ 온·습도, 풍향, 풍속, 기압 센서 및 시정계는 "13-5-1-7 기상장비 점검"품셈 적용.

④ 서버, 라우터는 "13-8-1 네트워크 장비 점검" 품셈 적용.

⑤ 종합시험은 센터에서 현장설비의 원격제어 시험과 제어부 함체의 내부청결 상태, 부착·잠금장치 상태, 방수·방진 상태, 먼지 여과기 작동 상태 등의 품셈이 포함되었음.

13-7-1-7 위반 단속(과속, 신호위반) 장비 점검 ('25년 제정)

공정		단위	통신관련 산업기사	통신관련 기 능 사	S/W 시험사
구조물		식	0.14	0.14	-
검지부		식	0.07	-	0.07
제어부		식	0.13	-	0.13
성능 점검	신호단속	식	0.11	-	0.11
	속도단속	식	0.16	-	0.16

[해 설]

① 위반 단속을 위한 CCTV 카메라, PAN/TILT 등 촬상부 점검은 "13-7-6 CCTV 시스템 점검"을 적용하며, 조명장치 점검은 "13-7-1-1 차량자동인식장치(AVI : Automatic Vehicle Identification) 점검"을 적용.

② 구조물 점검은 단속 예고 표지판, 단속 표지판, 폴대, 제어기 함체의 수평·수직 설치 분진 상태 확인, 부식·도색 상태 확인, 분진·누수 상태 확인 각종 볼트, 유니트 조임 상태 확인을 포함.

③ 검지부는 레이더 식 검지 장비에 대한 점검으로 단속차로 설정값 확인, 단속지점 거리값 확인, 통과차량 정상 인식 여부 확인을 포함.

④ 제어부 점검은 함체 누수 상태, 입력 전원 확인, FAN 동작상태, 운영S/W 확인, Log 데이터 분석을 포함하며, 통신모뎀 점검은 "13-8-1 네트워크 장비 점검" 품셈 적용.

⑤ 성능 점검은 신호 단속 장비 점검, 속도 단속 장비 점검으로 구분되며, 신호단속 장비 점검은 신호 컨트롤러 확인, 등화 상태에 따른 데이터 확인, 차량 트래킹 기능 및 가상 단속 테스트 등을 포함하고, 속도 단속 장비 점검은 속도 데이터 수집, 데이터 비교분석, 오차 산출 등을 포함.

⑥ 기계경비는 "1-4 기계경비 산정기준" 품셈을 적용하고, 재해 예방과 작업자의 안전을 위해 투입되는 인력(신호수 등) 및 안전시설(표지판, 라바콘 등) 설치는 "1-1-27-1 안전시설" 품셈 적용.

⑦ 부품교체 및 수리는 별도 계상.

13-7-2 정류장 안내단말기 점검

공 정	단위	통신관련산업기사	H/W 시험사
장치상태확인	대	0.13	0.13
기능 및 동작확인	〃	0.15	0.15

[해 설]

① 장치상태확인은 단말장치의 청결상태와 제어부, 표시부, 전원부, 음향부를 점

검하는 공정을 포함하고 있으며, 종합시험은 "9-1-8 정류장 안내단말기" 품셈 적용.

13-7-3 교통정보수집시스템(Beacon) 점검

공　　정	단위	통신관련산업기사	H/W 시험사
소형무선기지국	대	0.25	0.25
위치비콘	〃	0.14	0.14

[해 설]

① 소형무선기지국 점검은 기지국과 비콘간의 통신확인, 케이블 연결상태 확인, 전원부 확인 공정을 포함하고 있음

② 기계경비는 "1-4 기계경비 산정기준" 품셈을 적용하고, 재해 예방과 작업자의 안전을 위해 투입되는 인력(신호수 등) 및 안전시설(표지판, 라바콘 등) 설치는 "1-1-27-1 안전시설" 품셈 적용.

13-7-4 노변기지국 점검

공　　정	단위	통신관련산업기사	H/W 시험사
제어부	대	0.27	0.27
안테나부	〃	0.22	0.22

[해 설]

① 본 품셈은 동작 및 연결상태, 전원확인 공정을 포함.

② 종합시험은 "9-1-3 노변기지국 설비" 품셈 적용.

③ 기계경비는 "1-4 기계경비 산정기준" 품셈을 적용하고, 재해 예방과 작업자의 안전을 위해 투입되는 인력(신호수 등) 및 안전시설(표지판, 라바콘 등) 설치는 "1-1-27-1 안전시설" 품셈 적용.

13-7-5 전자식 주차관제설비 점검

(단위 : 대)

공정		H/W 시험사	S/W 시험사
차량검지기	박스상태 점검(누수 및 박스 내부청소)	0.02	-
	단자 케이블 결선상태	0.04	-
	전원공급상태	0.04	-
	LED 점등상태	0.02	-
	루프코일 상태(누전 및 단선)	0.02	-
	루프코일 주파수 변조상태	0.01	-
	타이머 동작상태	0.01	-
	차량진입 및 통과후 동작상태	0.12	-
	차량진입시 카운터 신호	0.01	-
주차권 발행기	Roller/Belt 동작 및 마모상태	0.04	-
	Magnetic Read, Write 및 Head마모상태	0.08	-
	Card 공급상태	0.04	-
	Card Print 상태	0.04	-
	동작속도 상태	0.02	-
	차량검지 및 통과후 동작상태	0.12	-
	Display 표시상태 및 Message 내용	0.02	-
	외부장치와 통신상태(DATA 오류 유/무)	0.18	0.18
	LED 점등상태	0.02	-
	음성상태 및 볼륨상태	0.04	-
	전원스위치 동작상태	0.04	-
	주차카드 발급 스위치 동작상태	0.04	-
	온도 센서 및 발열상태	0.03	-
	각 위치의 커넥터 연결상태	0.09	-
유인요금 계산기	Operating System 동작상태	-	0.12
	Network 연결상태	-	0.15
	요금계산 Test	0.02	-
	보고서 출력상태(일일/월/계산원별등)	-	0.08
	Roller/Belt 동작상태	0.04	-
	Magnetic 판독상태	0.08	-
	Data 오류 유/무	0.18	0.18
	프린터 인쇄상태	0.04	-
	정산후 Cash Drawer Relay 동작상태	0.04	-
	시간 및 요금 표시상태	0.02	-
	중앙관리컴퓨터와 연결 및 Data처리 상태	-	0.09
	HDD 불량섹터 및 메모리 상태	-	0.21
	정산후 게이트 Open 신호상태	0.04	-
	기타 외함 및 동작상태	0.04	-

무인요금 계산기	Roller/Belt 동작 및 마모상태	0.04	-
	Magnetic Read, Write상태 및 Head마모상태	0.08	-
	Card 공급상태	0.04	-
	Card Print 상태	0.04	-
	동작속도 상태	0.02	-
	전면 표시부 동작상태	0.02	-
	음성동작상태	0.04	-
	외부장치와 통신상태(Data 오류 유/무)	0.18	0.18
	LED 점등상태	0.02	-
	온도 센서 및 발열상태	0.03	-
	지폐 및 동전별 판독 및 통신상태	0.12	-
	지폐 및 동전별 거스름돈 환불상태	0.14	-
	영수증 내용 및 인쇄상태	0.09	-
	전원공급 및 스위치 상태	0.04	-
	호스트 컴퓨터와 연결상태	0.25	0.25
	Data Base의 연결상태	-	0.21
	보고서 출력상태(일일/월등)	0.08	-
	각각의 위치 센서 동작상태	0.06	-
	외함 손상 및 도어록 상태	0.04	-
	각 위치의 보안용 램프 점등상태	0.02	-
	각 위치의 커넥터 연결상태	0.09	-
중앙관리 컴퓨터	Operating System 동작상태	-	0.12
	Network 연결상태	-	0.15
	Data Base 연결상태	-	0.21
	보고서 출력상태(일일/월/계산원별등)	0.08	-
	불량섹터 및 메모리 상태	-	0.21
	각 장비별 연결상태 및 Data 오류 유/무	-	0.18
	Case 내부 청소상태	-	0.04
정기권판독기 및 컨트롤러	정격 카드 인식거리 상태	0.13	-
	정격 전원 투입상태	0.04	-
	호스트 컴퓨터와의 연결상태(커넥터)	0.25	0.25
	Data 내용	-	0.10
	등록된 정기권 인식후 게이트 열림상태	0.12	-
	누전/누수 및 손상상태	0.06	-
	동작 LED 점등상태	0.02	-
차 단 기	상하단 케이스 상태	0.02	-
	파손 및 볼트 마모상태	0.02	-
	차량통과후 자동 닫힘 상태	0.11	-
	차량 진입시 Lock 신호상태	0.02	-

차 단 기	리바운드 신호상태	0.02	-
	루프코일 절연 및 단선여부 확인	0.04	-
	UP/Down Limit Switch 동작상태	0.03	-
	스프링 장력 상태	0.02	-
	Motor Unit브레이크 및 떨림상태	0.02	-
	FUSE(250V 2A) 상태	0.02	-
	온도 Sensor 및 발열상태	0.03	-
	외부장치 연결상태(신호발생시 동작상태)	-	0.18
	수동 및 자동설정시 동작상태	0.04	-
중앙감시반	전원공급상태(FUSE 상태), 통신상태	0.06	-
	Keyboard 동작상태	-	0.02
	FND 손상상태	0.02	-
	신호발생시 Data 오류 유/무 확인	-	0.08
	날짜 및 시간등 프로그램 동작상태	-	0.04
주차위치 확인기	정격전원 공급 유/무 확인	0.04	-
	전원 및 동작시 황색 LED 점등상태	0.02	-
	Motor 속도 및 떨림상태	0.02	-
	주차카드 인쇄내용 및 출력상태	0.02	-
	잉크밀도 상태	0.02	-
	Case 파손여부 및 이물질 투입상태	0.04	-
	카드 투입구 이물질 청소상태	0.02	-
	위치 표시용 Lamp 점등상태	0.02	-
경 보 등	외함 및 전원 공급상태	0.04	-
	Lamp(24V) 점등상태, Buzzer 동작상태	0.02	-
	Motor 동작상태(떨림 및 마모상태)	0.02	-
유 도 등	외함 및 전원공급상태	0.04	-
	안정기 동작상태	0.04	-
2색신호등	외함 및 전원공급상태	0.04	-
	Lamp 손상상태	0.02	-
만 차 등	외함 및 전원공급상태	0.04	-
	중앙감시반과 Data 오류 유/무 확인	0.04	-
출차 주의등	외함 및 전원공급상태	0.04	-
	Lamp, Motor, Buzzer 상태	0.02	-
진입금지등	외함 및 전원공급상태(점등상태)	0.04	-
소 거 기	청소 및 동작상태	0.06	-

[해 설]

① 발주처가 특별히 점검을 요청하여 이루어지는 경우 해당품셈을 별도 계상.

② 출구판독기 품셈은 주차권발행기 품셈을 적용.

③ 차량검지기는 1회로용 기준이며, 2회로용은 본 품셈의 120% 적용.
④ 입차주의등은 출차주의등 품셈을 적용.
⑤ 디지털 방식은 본 품셈의 130% 적용.

13-7-6 CCTV 시스템 점검

공 정		단 위	통신관련 산업기사	통신관련 기 능 사	통 신 케이블공	특 별 인 부
청 소	하우징(고정형)	대	-	0.10	-	0.10
	각종 기기가	가	-	0.09	-	0.09
케이블 시험(정리 포함)		회선	-	-	0.15	0.13
시스템 시험		CH	0.26	0.09	-	-
Matrix 점검		〃	0.25	0.25	-	-
카메라		대	0.13	0.13	-	-
모니터		〃	0.06	0.06	-	-
모니터(Switcher내장형)		〃	0.06	0.40	-	-
P A N / T I L T		〃	-	0.12	-	0.12
각종 Controller(Power, P/T등)		세트 또는Ch	0.24	0.20	-	-
Distributor		대	0.06	0.20	-	-
Switcher(Frame or Quad)		〃	0.06	0.20	-	-
Booster AMP		〃	0.06	0.20	-	-
비상호출장치	방송장비(스피커,마이크)	〃	0.14	0.14	-	-
	투광등(스포트라이트)	〃	0.14	0.12	-	-
	경보신호등·버튼	〃	0.14	0.12	-	-
V T R		〃	-	0.16	-	0.10
DVR 또는 NVR		〃	0.22	0.22	-	-
Terminal(Remote, Video Sensor, Card Key등)		〃	0.06	-	-	0.10
제어함체		〃	0.14	0.14	-	-
장비집합체		〃	0.17	0.15	-	-
전광판		〃	0.17	0.15	-	-
비디오서버		〃	0.13	0.13	-	-
Power AMP		〃	0.15	0.13	-	-
광 송·수신장치		〃	0.15	0.13	-	-
송·수신기		〃	0.15	0.13	-	-

[해 설]

① 청 소

㉮ Housing 앞유리(필요시 Camera의 렌즈부문), 각종 장비등을 진공청소기로 흡입하고 세척제를 사용 전용 면포로 2회 이상 닦음.

㉯ 회전형은 고정형 품의 200%.(Zoom lens, Pan/Tilt, Receiver 포함)

② Cable 시험 및 정리

㉮ 동축Cable은 매 회선당 절연시험, 감쇄량, Noise 혼입 측정을 하며, 제어Cable은 평형도 측정을 추가.

㉯ Cable정리는 각종 Cable의 단자 및 커넥터의 납땜 및 설치 상태등을 점검.

③ 시스템 시험

㉮ 본 시험품은 정비대상 기기와 Sensor를 기준하였으며, 각 System의 특성 Option(자동문과 또는 보안 경비회사와 연동 등)에 따라 본 품의 20%씩 가산.

㉯ 유지보수의 기본이 되는 기능시험 및 연결시험은 시험지침에 의거, 정비작업 기간중 계속되어야 하는 작업으로서 작업의 진행에 따라 초기시험, 중간시험, 최종시험으로 구분 · 시행하고 발견된 고장은 즉시 수리 · 완료하여야 함.

ㅇ초기시험 : 정비작업전 정확한 상태파악을 위하여 국부적으로 시행하는 기능시험

ㅇ중간시험 : 정비 기간중 부분적으로 정비작업을 위하여 기능시험과 측정 장비를 이용하여 동작상태를 분석하고 전기적 측정을 겸하는 시험

ㅇ최종시험 : 초기시험 및 중간시험의 과정을 거쳐 정비작업의 완료단계로 모든 기능시험과 전기적측정에서 만족한 수준에 이르도록 반복 시행하는 각종동작 및 기능시험

④ 카메라(렌즈 및 하우징 점검, Mechanical Focus조정, ALC조정 포함). Pre-세트 Position 기능은 120% 적용.

⑤ 모니터(1차 Patern Test, 2차 표준 카메라를 연결하여 Test)

⑥ 각종 Controller

㉮ Video Auto Selector(Time내장), Time 및 ID Generator, Power 및 VCR Controller, Alarm In/Out Unit, Ground Loop Corrector, Time Base Corrector, Quad Spliter, Multiplexer, Controller Keyboard, Camera controller 등은 동일품셈 적용.(단, Matrix 및 CPU점검은 1CH 증가시 본 품셈의 60% 가산)

⑦ DVR 또는 NVR 품셈에는 내부청소 및 프로그램 점검품 포함.

⑧ 본 품셈은 동일 건물구내를 기준으로 하였으며, 옥외에 설치된 기기나 Sensor는 설치수량에 따라 시험품에 10%씩 가산하고, 범위가 광범위하여 차량에 의존할 때는 운행거리에 따른 손료 및 경비를 별도 가산하며, 건물 외벽 및 Pole에 설치된 기기의 점검은 품셈 적용기준의 할증에 따름.

⑨ 프린터 점검은"13-8-1 네트워트 장비 점검"품셈을 적용.

⑩ 제어함체는 CCTV 각종 주변기기를 옥외에 설치하고자 할 때 외부환경으로부터 기기를 보호하며 도난이나 파손을 방지하고 유지보수 등 안정된 시설을 관리할 목적으로 사용하는 주변기기 전용 함체를 말함.

⑪ 장비집합체는 내부에 전원공급장치, 케이블접속장치, 서지 및 낙뢰 보호장치와 각종 유무선 광 전송장치 등을 포함하며, 중앙관제센터와의 송수신을 가능하게 해주는 역할을 함.

⑫ 무정전 전원장치(UPS)는 "13-10-1 무정전 전원장치(UPS, CVCF) 점검" 품셈을 적용.

⑬ 기계경비는 "1-4 기계경비 산정기준" 품셈을 적용하고, 재해 예방과 작업자의 안전을 위해 투입되는 인력(신호수 등) 및 안전시설(표지판, 라바콘 등) 설치는 "1-1-27-1 안전시설" 품셈 적용.

13-7-7 수질원격감시시스템(TMS) 점검

공 정		단위	통신관련산업기사	통신관련기능사
정류조 청소 및 점검		대	0.07	0.07
데이터로거 점검		〃	0.08	0.08
측정기기	총질소(T-N)	〃	0.60	0.60
	총인(T-P)	〃	0.60	0.60
	화학적산소요구량(COD)	〃	0.66	0.66
	부유물질(SS)	〃	0.18	0.18
	수소이온농도(pH)	〃	0.18	0.18

[해 설]

① 총질소 및 총인, 화학적 산소요구량 측정기기 점검내용은 반응시약 상태확인 및 교체, 각종튜브 및 필터확인, 연결튜브 상태확인 및 교체, 반응장치 확인, 정량펌프 및 계량장치 확인, 검·교정 작업 등을 포함

② 부유물질 및 수소이온농도 측정기기 점검내용은 연결부위 상태확인, 센서(또는 검출부) 상태확인, 검·교정 작업 등을 포함

③ 국립환경과학원 고시에 따른 정도검사(환경측정기기 성능시험·정도검사)는 별도 계상

④ 관제센터의 네트워크 및 전산장비 점검은"13-8-1 네트워크 장비 점검"품셈을 적용

⑤ 총유기탄소량(TOC) 측정기기 점검은 화학적산소요구량(COD) 품셈 적용

13-7-8 출입통제시스템 점검

공 정	단위	통신관련산업기사	통신관련기능사
출입통제 프로그램	식	0.14	0.14
주제어장치(ACU)	대	0.12	0.12
Card Reader	〃	0.09	0.09
각종 부대장비	〃	0.07	0.07

[해 설]

① 주제어장치(Access control Unit)는 4 Door 기준이며, 8 Door는 본 품셈의 180% 적용.

② 생체인식기 및 생체등록기는 Card Reader 설치품의 120% 적용.

③ 각종 부대장비는 Door Lock, 비상버튼, Converter 등 점검.

13-7-9 구름자동관측시스템 점검

공 정	단 위	S/W시험사	H/W시험사
영상부	대	0.33	0.66
제어부	〃	0.48	0.97
전원부	〃	0.24	0.48

[해 설]

① "영상부" 점검은 카메라, 온도센서, 환기팬, 히터, 카메라 덮개에 대한 점검을 포함

② "제어부" 점검은 제어기능 점검, 획득한 영상의 운량 및 운고, 기능점검, 설정 기능 점검을 포함

③ "전원부" 점검은 전원공급상태, 영상표출상태, 낙뢰보호기, 각종 선로(전원, 데이터 등) 정리 등에 대한 점검을 포함

④ 구름관측자료 처리서버는 "13-8-1 네트워크 장비 점검"의 서버 품셈을 적용

13-7-10 무인국사 통신설비 감시시스템 점검

공 정	단위	H/W시험사	S/W시험사
Main System 점검	식	0.20	0.20
카메라 제어 및 영상 출력 상태 점검	〃	0.33	0.33
입력 센서 동작 상태 점검	〃	0.29	0.29
제어(출력) 센서 동작 상태 점검	〃	0.19	0.19

[해 설]

① "Main System 점검"은 Main System H/W 정상 동작 상태 및 중요설비 감시 프로그램 정상 동작 상태 점검을 의미.

② "카메라 제어 및 영상 출력 상태 점검"은 내 · 외부 카메라 영상 Display확인 및 ZOOM IN/OUT 상태 확인뿐만 아니라 카메라 육안확인, 점검 및 청소작업도 포함.
③ "입력 센서 동작 상태 점검"은 자동전압조정기 및 UPS 전압측정, 온도/습도/풍향풍속 상태 점검, 하론소화기 점검, 출입문 센서 및 인체감지 센서 동작상태 점검 등을 의미.
④ "제어(출력) 센서 동작 상태 점검"은 관제센터에서 현장의 출입문 Open/Close 제어 상태 및 전등 On/OFF 제어 상태 점검을 의미.
⑤ 관제센터의 네트워크 및 전산장비 점검은"8-10 네트워크 장비 점검"품셈을 적용.

13-7-11 다항목 수질계측기 점검

공 정		단위	통신관련산업기사	통신관련기능사
측정소 점검		대	0.11	0.11
외함 및 샘플링 펌프 점검		〃	0.11	0.11
계측기	탁도	대	0.18	0.18
	잔류염소		0.07	0.07
	수소이온농도(pH)		0.15	0.15
	온도		0.02	0.02

[해 설]
① 측정소 점검은 세척액을 이용하여 측정소 내부청소 및 연결튜브 교체작업을 포함하며, 세척액을 별도 제조하여 사용할 경우 통신관련산업기사 0.06 가산.
② 외함 및 샘플링 펌프 점검은 외함 청소, 통신·전원·FAN·히터 동작상태 확인, 밸브 및 배수관, 샘플링 펌프 점검 포함.
③ 계측기 점검은 센서 연결상태 확인과 탁도, 잔류염소, 수소이온농도(pH), 온도 계측기 교정을 포함하며, 교정용액을 별도 제조하여 사용할 경우 탁도는 통신관련산업기사 0.25, 수소이온농도(pH)는 통신관련산업기사 0.13 가산.
④ 국립환경과학원 고시에 따른 정도검사(환경측정기기 성능시험·정도검사)는 별도 계상.
⑤ 관제센터의 네트워크 및 전산장비 점검은 "13-8-1 네트워크 장비 점검" 품셈을 적용.

⑥ 소모품 및 교체비용은 별도 계상.
⑦ 점검방법에 따른 적용항목은 다음과 같다.

구분	정밀점검	단순점검
점검 항목	• 측정소 점검 • 외함 및 샘플링 펌프 점검 • 계측기	• 측정소 점검 • 외함 및 샘플링 펌프 점검

13-7-12 스마트 비탈면 경보시스템 점검

공　　정	단위	통신관련산업기사	통신관련기능사
중계기 함체	대	0.13	0.13
센서 함체	〃	0.06	0.06

[해 설]
① 센서 함체 점검 품셈은 센서 점검을 포함하고 있음.
② 제초작업은 10㎡당 보통인부 0.05인 적용.
③ 지세별 할증은 "1-2-2-1 지세별 할증률" 품셈을 적용하고, 재해 예방과 작업자의 안전을 위해 투입되는 인력(신호수 등) 및 안전시설(표지판, 라바콘 등) 설치는 "1-1-27-1 안전시설" 품셈 적용.

13-7-13 보행신호 음성안내 보조장치 점검

공　　정	단위	통신관련기사	H/W시험사
보행신호 음성안내 보조장치	세트	0.28	0.14

[해 설]
① 부품교체 및 수리는 별도 계상.
② 독립형, 통합형, 지주(버팀 전봇대)부착형 점검은 본 품셈을 적용하고, 센서 교정시에는 "9-4-6-1 보행신호 음성안내 보조장치" 중 "종합시험" 품셈 적용.

정보통신부문 제13장

13-7-14 열 영상 감시 시스템 점검

공　　정	단위	통신관련산업기사	통신설비공
열 영상 감시 카메라	대	0.17	0.17
팬틸트	〃	0.19	0.19
브라켓	〃	0.15	0.15
레이저 감지기	〃	0.13	0.13

[해 설]

① 열 영상 감시 카메라 점검은 카메라 거리 설정 및 수평조절 확인, 렌즈 점검이 포함.
② 팬틸트 점검은 회전각도 및 속도 점검, 감시범위 점검이 포함.
③ 레이저 감지기 점검은 카메라 거리 설정에 따른 감도 점검이 포함.
④ 부품교체 및 수리 발생 시 "9-2-13 열 영상 감시 시스템"을 적용.

13-7-15 무선양방향 가로등 감시 점멸제어기 점검

공　　정	단위	통신관련산업기사	통신관련기능사
점멸기 점검	대	0.08	0.08
DB입력 및 확인	〃	0.03	0.03

[해 설]

① 부품교체 및 수리는 별도 계상.
② 가로등 점멸기에 연결된 가로등주 20개 기준으로 초과하는 경우에는 본 품셈에 비례하여 계상.

13-7-16 스마트 보안등 감시 제어시스템 점검

공　　정	단위	통신관련산업기사	통신관련기능사
점멸기 점검	대	0.03	0.03
DB입력 및 확인	〃	0.03	0.03

[해 설]

① 부품교체 및 수리는 별도 계상.
② DB입력 및 확인은 현장에서 주소, 모뎀번호, 등주번호, 사진 등 기본정보 입력을 의미함.

13-7-17 음식물쓰레기 개별계량장비 점검

공 정		단위	H/W시험사	통신설비공
장비 점검		대	0.07	-
부품 교체	메인보드	개	-	0.15
	인디게이터	〃	-	0.12
	저울부	대	-	0.27
	구동부	〃	-	0.29

[해 설]

① 부품 수리는 별도 계상.

② 장비 점검은 제어부, 전원부, 송신부, 표시부, 외함 등 점검 공정을 말함.

③ 부품 교체는 메인보드, 인디게이터, 저울부(Load cell 2개), 구동부(Motor) 교체 및 동작시험 포함이며, 동시 교체 시는 본 품의 80% 적용.

④「계량에 관한 법률」제30조(정기검사) 등에 따른 저울부 정기검사(구조검사 및 오차검사)는 본품의 70%를 적용하고, 해설②항에 따른 장비점검과 함께 진행 시 본품의 30% 가산.

13-7-18 유량계 및 압력계 점검

공 정	단위	통신설비공
유량계 및 압력계	대	0.39
유량계 변환기	대	0.11

[해 설]

① 유량계 및 압력계는 각기 상하수도관의 유량과 압력을 측정하는 장비이며, 점검시 맨홀 뚜껑 열기, 맨홀내 산소포화도 및 유해가스 측정 공정 포함

② 유량계 변환기 점검은 변환기함 정전기 제거, 변환기 커버 탈거, 출력·오류 체크 등 변환기 점검, 배수 펌프 작동 유무 확인 포함

③ 유량계 및 압력계 점검은 통시 점검 품이며 유량계 또는 압력계 단일 점검시 본품의 80% 적용

④ 재해 예방과 작업자의 안전을 위해 투입되는 인력(신호수 등) 및 안전시설(표지판, 라바콘 등) 설치는 "1-1-27-1 안전시설" 품셈 적용.(단위 : 대)

정보통신부문 제13장

13-7-19 통합민원발급시스템 점검

공　정	단위	H/W시험사
무인 발급시스템	대	0.13

[해 설]

① 무인 발급시스템 점검은 H/W 점검(내외관 청소, 편철장비 및 프린터 점검, 수수료정산 장치 점검, 지폐인식장치 점검, 카드 인식장치 점검, 지문인식장치 점검, 터치스크린 점검)과 S/W 점검(발급프로그램 장애로그 확인, Window 등 O/S 정상동작상태 점검, 발급기 구동 시 발급프로그램 자동접속 상태 점검, 발급기 관련 행망 접속상태 점검) 및 증명서 발급 테스트 공정을 포함.

② 부품교체 및 수리는 별도 계상.

③ 동일 장소에서 2대 동시 점검시 본 품셈의 160%를 적용하고, 2대 초과는 1대당 60%씩 가산.

13-7-20 비상벨(화장실, 터널 등) 점검

공정 및 규격		단위	통신관련 산업기사	통신관련 기능사
비상벨	공중화장실	개소	0.05	0.05
	터널	Set	0.09	0.09

[해 설]

① 본 품셈은 주장치(무선수신기), 비상벨, 경광등에 대한 월간 정기점검으로 전원, 통신 송·수신 상태, 버튼, 램프 등에 대한 동작 상태 점검과 통화품질, 부착 상태, 외관 청소 등을 포함.

② 공중화장실 점검은 비상벨 10개 이하 기준임.

③ 터널내 비상벨 점검의 1 Set는 주장치 1대, 비상벨과 경광등 각 2대 기준이며, 비상벨과 경광등이 추가로 구성된 경우 추가당 30%씩 가산.

④ 장비의 교체의 경우 "9-4-20-7 공중화장실 무선통신 비상벨 시스템" 적용.

13-8 네트워크시설 점검

13-8-1 네트워크 장비 점검

공 정			단 위	S/W시험사	H/W시험사
서 버			대	0.42	0.42
라우터	백본		〃	0.58	0.58
	Access		〃	0.48	0.48
스위치	백 본	이더넷	〃	0.49	0.49
		ATM	〃	0.49	0.49
	Work		〃	0.41	0.41
	Line		〃	0.33	0.33
방화벽	-		〃	0.14	0.14
허 브	Dummy		〃	0.10	0.10
	Intelligent(스위칭)		〃	0.14	0.14
교환기	IP-PBX		〃	0.23	-
모 뎀	DSU	DSU	〃	0.10	0.10
		FDSU	〃	0.12	0.12
		T3DSU	〃	0.14	0.14
	CSU		〃	0.11	0.11
P C			〃	0.04	0.04
트랜시버			〃	0.13	0.13
Repeater			〃	0.19	0.19
Bridge			〃	0.19	0.19
공유기			〃	0.11	0.11
분배기			〃	0.11	0.11
패치판넬			24포트	-	0.10
프린터			대	0.16	0.10

[해 설]

① 부품교체 및 수리는 별도 계상.

② 서버, 라우터, 스위치는 샷시(슬롯)기준이며, 박스는 본 품셈의 70% 적용.

③ 서버는 유닉스(리눅스) 기준이며 NT는 본 품셈의 80% 적용.

④ DSU, CSU는 단독형기준이며, 집합형은 본 품셈의 120% 적용.

⑤ 허브는 8포트기준이며 12포트이상시 본 품셈의 120% 적용.

⑥ 외장형 및 내장형 모뎀은 PC품셈 적용.

⑦ PC, 외장형 및 내장형 모뎀은 20대이상 기준이며, 20대 미만시 본 품셈의 150% 적용.

⑧ 방화벽 점검은 저장장치 점검, 전원 이중화 상태 및 팬 작동상태 확인, LED점등 상태 등 확인 공정 등과 버전·세션·트래픽 상태, 저장장치·메모리·CPU 사용량 확인, 시스템 시간 정확성, 비정상 Reboot 및 중요 경고 메시지 확인, 인터페이스 에러, 프로세스 동작·NAT상태 확인, 리포트 생성여부, 백업 및 로그저장 등과 이상유무 확인 등의 공정을 포함하며, 방화벽 장비에 라우터, 스위치 기능이 포함되어 있을 시, 라우터, 스위치 점검품을 별도 가산.

⑨ IP-PBX 교환기의 시스템 점검은 로그 점검, 전원공급 이상유무 점검, 교환기와 각종 스위칭 장비의 연결포트 상태, 접지상태, MDF점퍼 상태, 팬 동작상태 점검과, 전용 프로그램을 이용한 각종 전화기 사용 및 접속상태, Call서버 IP정보 상태, CPU 점유량, 저장장치 및 백업 상태 확인 등의 시스템 점검을 포함.

13-8-2 객실관리시스템 점검

공 정	단위	통신관련산업기사	통신관련기능사
키보관 및 객실 현황판(Key Rack)	대	0.29	0.29
중앙현황판 (CIP : Central Indicator Panel)	〃	0.21	0.21
층중계기 (FIP : Floor Indicator Panel)	〃	0.17	0.17
객실제어기(Control Box)	〃	0.10	0.10
단말기(Night Table)	〃	0.04	-
종 합 시 험	식	0.35	0.33

[해 설]

① 키보관 및 객실현황판, 중앙현황판(Central Indicator Panel), 종합시험은 50객실 기준품셈이며, 100객실 이하는 180%, 150객실 이하는 260%, 추가 50객실마다 80% 가산.

② 층중계기(Floor Indicator Panel)는 20객실 이하 기준이며, 40개 이하는 180% 적용, 20개 객실 추가마다 80% 가산.

③ 중앙컴퓨터는“13-8-1 네트워크 장비 점검” 중 “PC”품셈 적용.
④ 종합시험은 중앙컴퓨터에서 객실별 현황(온도, 조명, 상태 등)을 시험하는 공정임.

13-8-3 공중망(인터넷, PSTN) 점검

공 정			단위	광케이블 설 치 사	통신관련 기 능 사
공중망	가공구간		1㎞	0.16	0.16
	지중구간		〃	0.18	0.18
	터널구간	일반도로	〃	0.23	0.23
		고속도로	〃	0.26	0.26
		철도	〃	0.30	0.30
기 타	인 · 수공 청소 (유량계 인·수공 포함)		기	-	0.34
	케이블명찰 보수		개	-	0.01
	경고판 보수		〃	-	0.02
장 비	광 전 송		SYS	0.29	0.29
	광 단 국		〃	0.36	0.36
	광중계기		대	0.28	0.28

[해 설]
① 공중망은 인터넷 및 PSTN(일반전화망)의 사업용전기통신설비의 설치와 점검에 관한 책임의 한계를 나타내는 분계점의 범위를 말함.
② 본 품셈은 광섬유케이블에 기준하였으며, 이를 제외한 동축케이블 및 꼬임케이블 등은“광케이블설치사”을 “통신케이블공”으로 적용.
③ 사고 또는 노후, 불량 등의 원인으로 인한 시설 교체시는 철거공정을 포함하여 설치품셈의 130%를 적용.
④ 양수작업은“1-4 기계경비 산정기준” 품셈 적용.
⑤ 경고판 설치는 보통 토사질 상태일 때의 기준이며, 연토 지질상태인 경우 본 품셈의 80%를 적용하고, 자갈층에는 본 품셈의 130%를 적용.
⑥ 현장사무실에서 현장까지의 이동거리가 동일지역에 한하여 왕복 1시간 이상인 원거리일 경우는 다음과 같이 할증 적용.

왕복 소요시간	적용률(%)	왕복 소요시간	적용률(%)
1시간	100	3시간	133
1시간 30분	107	3시간 30분	145
2시간	114	4시간	160
2시간 30분	123	4시간 30분	178

⑦ 지세별 작업환경의 난이도에 따라 "1-2-2-1 지세별 할증률"을 별도 적용.

⑧ 교량에서 작업 시 인도교는 150%, 철교는 130%, 공중작업 시 170%를 적용.

⑨ 시설물 인수에 따른 측정 및 시험은 설치품셈을 적용한다. 단, PE내관 선통에 따른 시험은 견인선 포설품셈의 70% 적용.

⑩ 자가망 점검도 본 품셈 적용.

⑪ 시설 정기점검에 대한 권장 점검항목과 주기는 다음과 같음.

[시설 점검 권장 점검항목과 주기]

구 분	공 정	점검주기	점검내용			
			육안	장비	계측기	청소
가공구간	1. 케이블 높이 및 늘어짐 상태, 입상관	월	●			
	2. 전봇대자세 및 지지선, 전봇대번호	〃	〃			
	3. 콘크리트 균열여부	〃	〃			
	4. 전봇대내 각종 불법부착물 제거	〃	〃			
	5. 케이블바인딩 상태	일	〃			
	6. 수목 및 간판등과의 접촉상태	〃	〃			
	7. 케이블명찰 유무 상태	〃	〃			
	8. 접속함체 고정상태	〃	〃			
	9. 접속함체 누수여부	〃	〃			
지중구간	1. 관로매설 표지판 포설루트 상태	일	●			
	2. 도로굴착여부	〃	〃			
	3. 시설훼손 및 사고여부	〃	〃			
	4. 교량첨가, 하천시설 상태	〃	〃			
	5. 폭우, 해빙기, 지진등의 상태에서 점검	환경에따라	〃			
	6. 케이블상태 및 여장정리 상태	월	〃			
	7. 케이블명찰 유무 상태	〃	〃			
	8. 케이블 배열 정리 상태	〃	〃			
	9. 접속개소 유무 점검	〃	〃			
	10. 스파이랄 슬리브 설치 상태	〃	〃			
	11. 접속함체 고정상태	〃	〃			
	12. 접속함체 누수여부	〃	〃			
터널구간	1. 케이블 및 랙, 명찰 상태	월	●			
	2. 앵커볼트등 고정물(바인딩등) 상태	〃	〃			

터널구간	3. 벽고정시 늘어짐 상태	〃	〃			
	4. 철도등 횡단(위,아래), 곡점개소	〃	〃			
교량첨가시설	1. 교량관로 상태	일	●			
	2. 시설고정, 부식 상태	월	〃			
	3. 이음개소 상태	〃	〃			
	4. 앵커볼트등 지지 상태	〃	〃			
인·수공	1. 인·수공 외형					
	가. 철개 파손여부	월	●			
	나. 도로높이와의 상태	〃	〃			
	다. 속뚜껑 및 시건장치 상태	〃	〃			
	라. 철개 방수 상태	〃	〃			
	2. 인·수공내 내부					
	가. 인공사다리 유무상태	월	●			
	나. 케이블 및 지지철물 설치 상태	〃	〃			
	다. 번호표찰 상태	〃	〃			
	라. 접지상태(접지저항 측정)	〃	〃			
	마. 지수부력 압축링 상태	〃	〃			
	바. 내관연결 및 앤드캡 상태	〃	〃			
	사. 관구마개 설치 상태	〃	〃			
	아. 견인선 유무상태	〃	〃			
	3. 인·수공 환경					
	가. 양수작업	필요시		●		
	나. 유해가스 유무	월			●	
	다. 내부청소	〃				●
광장비 공통	1. 장비동작(청소포함)	일	●			●
	2. 케이블인입 상태(광섬유케이블 및 점퍼코드)	〃	〃			
	3. 케이블 포설 및 고정 상태	〃	〃			
	1. 장비접지 상태	월	●		●	
	2. 전원상태 점검(AC입·출력 및 리플상태)	〃	〃		〃	
	3. 분배 및 저장함, 트레이, 랙, 덕트 상태	〃	〃			
	4. 광점퍼코드등의 접속 보관상태(예비품등)	〃	〃			
	5. 타협선 시험점검(구성된 것 시험)	〃	〃			
	6. 장비 경보발생 및 동작 상태	〃	〃			
광전송(90Mbps의 DS3급 이상장비)	1. 정류기 및 예비배터리 상태(충방전 및 Cell상태)	월			●	
	1. 광전송레벨시험(대국전송특성)코어당	반년			●	
	2. 시스템 대국기능시험(PC활용)	〃			〃	
	3. 경보시험(시스템내의 Self당)	〃	●			
광단국(기지국 MUX : DS0, DS1)	1. 광코어 인입 상태	월	●			
	2. 유니트동작 및 경보동작 상태	〃	〃			
	1. 광코어 입·출력 레벨점검(코어당 2회)	반년			●	
	2. 예비시스템 절체시험	〃			〃	
광중계장치	1. 광입·출력 레벨 측정	반년			●	
	2. 광수신감도 측정	〃			〃	
	3. 광자동이득 조정범위(AGC)측정	〃			〃	

13-8-4 관측시스템 점검

13-8-4-1 지하수관측시스템 점검

공 정		단 위	S/W시험사	특별인부
회선 및 데이터 전송상태 점검		회 선	0.06	0.06
관정깊이 측정		개 소	0.05	0.05
케이블점검 및 세척		케이블당	0.06	0.06
모뎀 및 데이터로거 점검		대	0.08	0.08
센서 세척	온도	개	0.03	0.03
	전기전도도	〃	0.03	0.03
	수위	〃	0.03	0.03
	수소이온농도	〃	0.03	0.03
종합 측정	온도	〃	0.04	0.04
	전기전도도	〃	0.05	0.05
	수위	〃	0.06	0.06
	수소이온농도	〃	0.05	0.05

[해 설]

① 케이블 점검은 지하에 설치된 센서케이블 점검을 말함.

② 동일장소 2대(개, 개소, 회선, 케이블당) 동시 점검시 본 품셈의 180% 적용.

③ RTU(Remote Terminal Unit) 및 관정 보호시설(건물, 울타리등) 점검은 별도 계상하고, 작업장소가 원거리인 경우 원거리 작업할증은 별도 계상.

13-8-4-2 하천 수위관측시스템 점검

공 정		단 위	S/W시험사	특별인부
케이블 상태확인 및 점검		케이블당	0.15	0.07
센서부 점검	음파 송·수신기	대	0.21	0.10
	보호관	〃	0.19	0.09
장치함		〃	0.15	0.07
음파발생기		〃	0.27	0.14
원격단말장치		〃	0.26	0.13
모뎀		〃	0.25	0.13
전원장치		〃	0.18	0.09
종합 측정		식	0.24	0.12

[해 설]

① 동일장소 2대(대, 식, 케이블당) 동시 점검시 본 품셈의 180% 적용.

② 작업장소가 원거리인 경우 원거리 작업할증은 별도 계상.

③ 종합 측정은 모든 장비 점검 후 신호를 발생시켜 수위를 측정, 데이터 송·수신 상태를 확인하고 상황실에서 측정결과를 최종확인하는 공종을 말함.

13-8-4-3 하천 영상수위관측시스템 점검 ('25년 제정)

공 정	단 위	H/W시험사	특별인부
영상수위관측시스템	대	0.25	0.25

[해 설]

① 영상수위관측시스템은 장비함체와 태양광모듈로 구성된 일체형 설비 기준으로, 하천에 설치된 수위표를 카메라로 촬영하고, 자동으로 인식한 수위 데이터와 영상을 서버로 전송하는 설비임.

o 장비함체 : 배터리, 충전컨트롤러, CCU(Camera Control Unit), 카메라, 조명, PC 등으로 구성

o 태양광모듈 : 장비함체 상단에 태양광 전지판, 브라켓 등으로 구성

정보통신부문 제13장

② 점검은 장비 외관 점검(안전가대, 장비함체, 태양광모듈 전지판 등의 체결 부위 및 외관 확인), 주장치 점검(배터리, 충전컨트롤러, CCU, 카메라, 조명 등의 연결 상태 및 동작 상태 확인), PC 및 서버 점검(수위인식 및 영상 데이터 송수신상태 확인 등)을 포함.

③ 작업 장소가 원거리인 경우 "1-2-2-4"원거리 작업등 할증률" 별도 적용.

④ 재해 예방을 위한 신호수 및 안전시설(안전표지판, 라바콘/걸이대, 경광등, 안전유도로봇 등)은 "1-1-27-1 안전시설" 별도 적용.

⑤ 부품 교체 및 수리는 별도 계상.

13-8-5 최대전력관리시스템 점검

공 정		단위	H/W시험사	S/W시험사
메인장비	최대전력관리장치	대	0.09	0.09
	제어기	〃	0.06	0.06
계량기 신호선		m	0.05	0.05
중앙제어기		대	0.08	0.08
중계기		〃	0.06	0.06
최대전력관리 프로그램		〃	0.10	0.10

[해 설]

① 부품교체 및 수리는 별도 계상.

② 계량기 신호선은 계량기로부터 최대전력관리장치까지의 데이터 케이블을 의미함.

③ 최대전력관리장치(메인장비) 유지보수는 메인장비의 차단기 전원 on/off를 통해 외부망(한전계량기)으로부터의 목표전력 및 소비전력 등이 최대전력 관리장치의 동작상태 점검.

13-8-6 공간 및 지리정보시스템 점검

공 정	단위	S/W 시험사	H/W 시험사
AP서버	대	1.08	0.54
DB/DW서버	〃	0.83	0.42
연계서버	〃	0.74	0.37

[해 설]

① 부품교체 및 수리는 별도 계상.

② AP서버(응용application, 웹GIS엔진, 공간편집기, 운영체제), DB/DW서버(GIS서버 엔진, DBMS, 운영체제), 연계서버(운영체제) 점검기준임.

13-8-7 전력자동화설비 점검

13-8-7-1 대규모배전자동화설비 점검

공 정	단위	S/W 시험사	H/W 시험사	보통 인부
서버장치 점검	식	0.63	0.67	0.26
이중화 저장장치 중 절체장치 점검	〃	0.14	0.54	0.87
HMI(Human Machine Interface)장치 점검	〃	0.45	0.41	0.44
전단처리장치(FEP : Front End Processor)장치 점검	〃	0.55	0.44	0.45
응용프로그램 및 데이터베이스 점검	〃	2.72	-	-

[해 설]

① 서버장치점검은 시스템 정상동작상태 점검, H/W 오류테스트 및 주변기기를 점검하는 공정으로 시스템분리 · 청소 · 복구, H/W 및 S/W 정상운전확인, 시스템 Log File 점검, Network 동작상태 및 주변기기 점검, 시스템 성능모니터링, H/W 오류테스트 1회 등을 점검하는 품셈이 포함되었음.

② 이중화 저장장치 중 절체장치점검은 시스템 정상동작상태와 시스템 Log· S/W를 점검하는 공정으로 시스템분리 · 청소 · 복구, H/W 및 S/W 정상운전

확인, 시스템 Log File 점검, 디스크 정상상태등을 점검 및 절체장치 점검품셈이 포함되었음.

③ HMI(Human Machine Interface) 장치점검은 시스템 정상동작상태 점검과 H/W 오류테스트 및 주변기기를 점검하는 공정으로 시스템분리 · 청소 · 복구, H/W 및 S/W 정상운전확인, 시스템 Log File 점검, Network 동작상태 및 주변기기 점검, 시스템 성능모니터링 및 H/W 오류테스트 등을 1회 점검하는 품셈이 포함되었음.

④ 전단처리장치(FEP : Front End Processor) 장치점검은 시스템 정상동작상태 점검, H/W 오류테스트 및 주변기기를 점검하는 공정으로 시스템분리 · 청소 · 복구, H/W 및 S/W 정상운전확인, 시스템 Log File 점검, Network 동작상태 및 주변기기 점검, 시스템 성능모니터링 및 H/W 오류테스트 1회 등을 점검하는 품셈이 포함되었음.

⑤ 응용프로그램 및 데이터베이스점검은 대규모배전자동화 시스템 응용프로그램 및 데이터베이스를 점검하는 공정으로 Log File 및 데이터베이스 불일치성, 운영환경, 각 컴퓨터간 통신상태, 데이터베이스 백업 및 저장, 통신 Parameter 점검 및 프로토콜 Analyzer에 의한 통신패킷 분석, 데이터베이스 튜닝, SCADA, NMS 등 타시스템 연계상태 점검품이 포함되었으며, 타시스템과 연계되지 않는 단일시스템인 경우는 80% 적용.

⑥ 부분별 부품교체는 "8-4-8-1 대규모배전자동화설비"의 장치별 개별 설치 품셈을 적용.

⑦ 동일장치가 2식일 경우 동시점검은 180% 적용.

13-8-7-2 소규모배전자동화설비 점검

공 정	단 위	S/W 시험사	H/W 시험사	보통 인부
소규모 주장치점검	식	0.67	0.85	0.45
소규모 주장치 이중화 설비점검	〃	1.03	0.88	0.45
배전자동화 응용 데이터베이스점검	〃	0.27	-	-
배전자동화 응용 PDA 데이터베이스점검	〃	0.32	-	-

[해 설]

① 소규모 주장치점검은 시스템 정상동작 확인, 데이터베이스 백업, 주변기기 상태 점검, 시스템 성능모니터링을 점검하는 공정으로 시스템분리 · 청소 · 복구, H/W 및 OS S/W 정상운전확인, 시스템 Log File 점검, Network 동작상태 및 주변기기 점검, 시스템 성능모니터링 등을 점검하는 품셈은 포함되었으나, 응용 S/W 점검은 별도계상.

② 소규모 주장치 이중화 설비점검은 시스템 정상동작 확인, 데이터베이스 백업, 주변기기 상태 점검, 시스템 성능모니터링, 주·예비절체를 시험하는 공정으로 시스템분리 · 청소 · 복구, H/W 및 OS S/W 정상운전확인, 시스템 Log File 점검, Network 동작상태 및 주변기기 점검, 시스템 성능모니터링 주· 예비절체시험 등을 점검하는 품셈이 포함되었으나, 응용 S/W 점검은 별도 계상.

③ 배전자동화 응용 데이터베이스점검은 응용 데이터베이스 점검 및 백업을 하는 공정으로 실계통도와 주장치내 계통도간 자동화개폐기 및 계통도 변경사항(전봇대번호, D/L명 등) 수정, 통신Parameter일치 확인, 수정된 해당개폐기 제어명령 및 상태확인, 응용 데이터베이스 백업품셈이 포함되었음.

④ 배전자동화 응용 PDA 데이터베이스점검은 응용DB점검 및 백업, D/L별 단선도 점검으로 실계통도와 주장치내 계통도간 자동화개폐기 및 계통도 변경사항(전봇대번호, D/L명 등) 수정, PDA용 D/L단선도 이상유무 확인, 데이터베이스 점검, 수정된 해당개폐기 제어명령 및 상태확인, 통신 Parameter일치 확인, 응용데이터베이스 백업품셈이 포함되었음.

⑤ 부분별 부품교체는 "8-4-8-1 대규모배전자동화설비"의 장치별 개별 설치품셈 적용.

13-8-7-3 배전자동화용 통신방식별 망 점검

공 정		단위	S/W 시험사	H/W 시험사	광케이블 설 치 사	특별인부	장비사용 시간(분)
전용선망 점검		대	0.53	0.73	-	-	-
TRS망 점검		〃	0.37	0.71	-	-	-
무선망 점검		〃	0.40	0.50	-	-	-
광통신망 점검		〃	-	-	0.79	0.79	-
광연계 무선통신망 점검		〃	0.21	0.21	-	-	23
TRS모뎀 펌웨어 업그레이드	가공	〃	0.19	0.19	-	-	-
	지중	〃	0.18	0.18	-	-	-

[해 설]

① 전용선망 점검은 통신실 구내통신망 점검, 현장 신호변환장치의 레벨을 시험하는 공정으로 통신실에서 센터신호 변환장치→쉘프 후면 접점→19″ Rack통신단자 → MDF ~ 구내회선간 시험, 신호변환장치 레벨시험, 제어함 ~ 통신단자간 케이블시험, 센터와 현장간 종합연계시험, 주장치와 현장간 잠금 · 풀림 제어시험 등을 점검하는 품셈이 포함되었으며, 재해 예방과 작업자의 안전을 위해 투입되는 인력(신호수 등) 및 안전시설(표지판, 라바콘 등) 설치는 "1-1-27-1 안전시설" 품셈 적용.

② TRS망 점검은 통신실~자체 통신망 점검, TRS모뎀 · PAD 레벨측정, 현장~센터 신호변환장치 송 · 수신을 시험하는 공정으로 센터통신실~배전사업소간 통신망점검(신호변환장치 채널별 송수신 상태, 무선데이터 주장치와 센터신호변환장치 네트웍상태, TRS구간시험, PAD 원격설정 등), 신호변환장치 송수신레벨 측정(무선수신레벨, RF출력 레벨, 전계강도, S/N비 측정 등), 센터와 현장간 종합 연계시험, 주장치와 현장간 잠금 · 풀림 제어시험 등의 품셈이 포함되었으며, 재해 예방과 작업자의 안전을 위해 투입되는 인력(신호수 등) 및 안전시설(표지판, 라바콘 등) 설치는 "1-1-27-1 안전시설" 품셈 적용.

③ 무선망 점검은 신호변환장치 수신레벨 측정과 현장~망 센터 송·수신을 시험하는 공정으로 단위 장소간 통신망점검{자동화용 무선통합장치(DSU, Router,

Hub) 시험, 주장치설정 및 데이터베이스 확인}, 신호변환장치 레벨측정(무선 수신레벨, 전계강도), LLI설정 확인, 현장모뎀 ~ 망센터간 송 · 수신 시험, 센터와 현장간 종합연계시험, 주장치와 현장간 잠금 · 풀림 제어시험 등을 점검하는 품셈이 포함되었으며, 재해 예방과 작업자의 안전을 위해 투입되는 인력(신호수 등) 및 안전시설(표지판, 라바콘 등) 설치는 "1-1-27-1 안전시설" 품셈을 적용하고, CDMA용 망 점검시 본 품셈 적용.

④ 광통신망 점검은 통신실 구내통신망 점검, 광신호변환장치 수신레벨 측정, 광신호변환장치간 대조시험하는 공정으로 구내 통신망점검(주장치~센터측 광신호변환장치간 시험, 주장치설정 및 데이터베이스확인, NMS 연결 장애구간 확인), 신호변환장치 송 · 수신레벨 측정, 링상태 점검, 센터와 현장간 종합연계시험, 주장치와 현장간 잠금 · 풀림 제어시험등을 점검하는 품셈이 포함되었으며, 재해 예방과 작업자의 안전을 위해 투입되는 인력(신호수 등) 및 안전시설(표지판, 라바콘 등) 설치는 "1-1-27-1 안전시설" 품셈을 적용하고, 링방식에 의한 1개링 단위당(30개 단말기) 4개 이상의 단말기 불량시 본 품셈의 400% 적용.

⑤ TRS모뎀 펌웨어 업그레이드는 TRS모뎀 설정값 백업 및 전원 리셋, 업그레이드 파일 업로드, 모뎀 재부팅, 업그레이드 여부 및 설정값 확인하는 품셈이 포함되어 있으며, 고소작업차 이용시 가공 품셈의 120% 적용하고, 기계경비는 "1-4 기계경비 산정기준" 품셈 적용. 또한, 재해 예방과 작업자의 안전을 위해 투입되는 인력(신호수 등) 및 안전시설(표지판, 라바콘 등) 설치는 "1-1-27-1 안전시설" 품셈 적용.

⑥ 광연계 무선통신망 점검은 e-WSN, DWB, 광복합 TRS 신호변환장치 등 이와 유사한 무선 신호변환장치를 점검하는 공정으로 수신전계강도 측정, 장치 동작상태 점검, 장치 연결 케이블 점검, 사용 무선 주파수 채널 상태 점검, 장치 환경 설정값 확인, 안테나 설치 상태 · 케이블 결선상태 점검, 주장치 (센터)~신호변환장치간 통신상태 확인, 주장치와 현장 단말간 잠금·풀림 제어시험 등을 포함하며 가공개폐기의 신호변환장치 점검 등 고소작업차(1.2t) 이용 시 기계경비 품셈 적용(1-4 기계경비 산정기준) 하고, 재해 예방과 작업자의 안전을 위해 투입되는 안전시설(안전표지판, 라바콘, 경광등, 안전 유도로봇 등)설치는 포함하고 있으며 신호수는 "1-1-27-1 안전시설" 품셈 적용.

13-8-7-4 배전자동화용 단말장치 점검

공 정		단위	통신 설비공	S/W 시험사	H/W 시험사	보통 인부
가공용 단말장치(GA) 점검		대	-	0.65	0.42	-
지중용 단말장치(PA) 점검		〃	-	0.81	0.51	-
Recloser 단말장치(RA) 점검		〃	-	0.66	0.88	-
가공용 FAS개조 단말장치(FA) 점검		〃	-	0.41	0.51	-
배터리(배전자동화 단말장치 내장형) 점검		개	0.26	-	-	0.24
단말장치 펌웨어 업그레이드 (Firmware Upgrade)	단말장치 기능향상 (Upgrade)	대	-	0.28	0.24	-
	시험 및 조정	〃	-	0.14	0.14	-
제어함 제어부 점검		〃	-	-	0.62	-

[해 설]

① 가공용 단말장치(GA) 점검은 단말장치 동작상태 점검, 계측 및 고장 모의시험, 제어 및 감시 시험, 개폐기 제어부 Source를 점검하는 공정으로 단말장치 점검시 제어함 배터리 전압 및 충전전류 측정품셈이 포함되었으며, 재해 예방과 작업자의 안전을 위해 투입되는 인력(신호수 등) 및 안전시설(표지판, 라바콘 등) 설치는 "1-1-27-1 안전시설" 품셈 적용.

② 지중용 단말장치(PA) 점검은 단말장치 동작상태 점검, 계측 및 고장 모의시험, 제어 및 감시 시험, 개폐기 제어부 Source를 점검하는 공정으로 제어함 배터리 전압 및 충전전류 측정품셈이 포함되었으며, 재해 예방과 작업자의 안전을 위해 투입되는 인력(신호수 등) 및 안전시설(표지판, 라바콘 등) 설치는 "1-1-27-1 안전시설" 품셈 적용.

③ 지중용 단말장치는 4회로 기준이며, 1회로 증감 시마다 20% 가감 적용.

④ Recloser 단말장치(RA) 점검은 단말장치 동작상태 점검, 계측 및 고장 모의시험, 제어 및 감시 시험, 개폐기 제어부 Source를 점검하는 공정으로 제어함 배터리 전압 및 충전전류 품셈이 포함되었으며, 재해 예방과 작업자의 안전을 위해 투입되는 인력(신호수 등) 및 안전시설(표지판, 라바콘 등) 설치는 "1-1-27-1 안전시설" 품셈 적용.

⑤ 가공용 FAS개조 단말장치(FA) 점검은 단말장치 동작상태 점검, 계측 및 고장 모의시험, 제어 및 감시 시험, 개폐기 제어부 Source를 점검하는 공정으로 제

어함 배터리 전압 및 충전전류 측정품셈이 포함되었으며, 재해 예방과 작업자의 안전을 위해 투입되는 인력(신호수 등) 및 안전시설(표지판, 라바콘 등) 설치는 "1-1-27-1 안전시설" 품셈 적용.

⑥ 배터리(배전자동화 단말장치 내장형) 점검은 철거 및 설치, 배터리정상동작 확인 및 전원·전압 시험품이 포함되었으며, 지중용은 250% 적용하고, 재해 예방과 작업자의 안전을 위해 투입되는 인력(신호수 등) 및 안전시설(표지판, 라바콘 등) 설치는 "1-1-27-1 안전시설" 품셈 적용.

⑦ 단말장치 펌웨어 업그레이드(Firmware Upgrade)는 지중단말장치 및 Recloser 단말장치 점검시 본 품셈을 적용하며, 재해 예방과 작업자의 안전을 위해 투입되는 인력(신호수 등) 및 안전시설(표지판, 라바콘 등) 설치는 "1-1-27-1 안전시설" 품셈 적용. 단, 단말장치 기능향상(Upgrade)만 작업시는 보통인부 0.22인 적용.

⑧ 제어함 제어부 점검은 연결케이블 상태 점검, Receptacle Point시험, 메인보드를 시험하는 공정이 포함되었으며, Recloser의 제어부 점검시에도 본 품셈을 적용하고 지중용 제어부 점검은 본 품셈의 160% 적용, 재해 예방과 작업자의 안전을 위해 투입되는 인력(신호수 등) 및 안전시설(표지판, 라바콘 등) 설치는 "1-1-27-1 안전시설" 품셈 적용.

⑨ 부분별 부품교체는"8-4-8-1 대규모배전자동화설비"의 장치별 개별 설치품셈 적용.

13-8-7-5 배전자동화 부대설비 점검

공　　정	단위	S/W시험사	H/W시험사	보통인부
GPS 수신장치 점검	식	0.15	0.22	0.09
현장원격운전용 PDA 점검	〃	0.32	0.17	-
출력장치(프린터)점검	대	-	0.38	0.16
에뮬레이터 장치 점검	식	0.67	0.85	0.45
항온항습기 점검	대	0.71	0.60	-

[해 설]

① GPS 수신장치 점검은 시스템의 정상동작을 확인하는 공정으로 시스템분리·청소·복구, H/W 및 S/W 정상운전확인, GPS수신상태, GPS신호동기상태 등의 품셈이 포함되었으며, 소규모 및 대규모배전자동화설비에도 본 품셈 적용.

② 현장원격운전용 PDA 점검은 시스템 정상동작 확인, PDA와 Active 동시

(Synchronous) 시험하는 공정으로 시스템분리 · 청소 · 복구, H/W 및 OS S/W 정상운전확인, 시스템 Log File 점검, Network 동작상태 및 주변기기 점검, 시스템성능모니터링등을 점검품셈이 포함되었으나, 응용 S/W 점검은 별도 계상.

③ 출력장치(프린터)점검은 노즐 및 잉크 Cleaning, 내부시스템 청소, 장치설정을 확인하는 공정으로 전원 입력부 상태, 구동부분 동작상태(용지급지, 배지등), 장치설정 확인 출력, Test출력 점검하는 품셈이 포함되었으며, 플로터는 본 품셈의 180% 적용.

④ 에뮬레이터 장치 점검은 시스템 정상동작 확인, 주변기기 상태 점검, 시스템성능 모니터링 하는 공정으로 H/W 및 S/W 정상운전확인, 시스템 Log File 점검, Network 동작상태 및 주변기기 점검, 시스템성능 모니터링 품셈이 포함되었으며, 응용 S/W 점검은 별도 계상.

⑤ 항온항습기 점검은 Air Filter · 제어반 · FAN · 가습기 · 실외기 점검과 청소, 냉매압력을 점검하는 품셈이 포함되었으며, 공기청정기는 본 품셈의 30%, 에어콘은 50% 적용.

⑥ 부분별 부품교체는"8-4-8-1 대규모배전자동화설비"의 장치별 개별 설치품셈 적용.

⑦ 무정전 전원장치(UPS) 점검은 "13-10-1 무정전 전원장치(UPS, CVCF) 점검" 품셈 적용.

13-8-7-6 일반형 변환기장치(TD : Transducer) 점검

공 정	단 위	통신관련산업기사	H/W시험사
전압 Transducer	개	0.18	0.13
전류 Transducer	〃	0.18	0.13
유효전력 Transducer	〃	0.26	0.21
무효전력 Transducer	〃	0.26	0.21

[해 설]

① 전압 또는 전류 Transducer는 단상기준이며, 유효 또는 무효전력 Transducer는 단독용으로 3Element 기준임.

② 본 품셈은 작업전 결선상태 확인 및 교정시험기(Calibrator) 설치와 TD별 결선해체, 시험 및 교정, 성적서 작성과 입력, 재결선 및 전송Data 확인 공정품셈임.

③ 교정시 입력레벨은 Maximum Range의 0-100%까지 25%씩 구분하여 변화시키면서 입력 및 교정.

④ 3상 전압 및 전류 TD는 본 품셈의 180% 적용.

⑤ 2Element 유·무효전력 TD의 경우 본 품셈의 80% 적용.
⑥ 유·무효 전력 겸용 3Element TD 및 전력·전력량 겸용 3Element는 본 품셈의 180% 적용.
⑦ 온도 TD 및 Tap Position TD의 경우 유효 또는 무효전력 TD품셈의 60% 적용.

13-8-7-7 모듈형 변환기장치(TD : Transducer) 점검

(단위 : 대)

공정		직종	전압정합 모듈(VMU)	전류정합 모듈(㎝U)	전력정합 모듈(PMU)
①결선상태확인		통신관련산업기사	0.06	0.06	0.06
		H/W시험사	-	-	-
②교정시험기설치		통신관련산업기사	-	-	-
		H/W시험사	0.04	0.04	0.04
③결선해체		통신관련산업기사	0.01	0.01	0.01
		H/W시험사	-	-	-
④교정기 결선		통신관련산업기사	-	-	-
		H/W시험사	0.01	0.01	0.01
⑤모듈해제		통신관련산업기사	0.01	0.01	0.01
		H/W시험사	0.01	0.01	0.01
시험 및 교정	⑥㎜U 보정	통신관련산업기사	0.02	0.02	0.02
		H/W시험사	0.02	0.02	0.02
	⑦모듈가변저항조정	통신관련산업기사	0.01	0.01	0.04
		H/W시험사	0.01	0.01	0.04
	⑧가변저항고정액주입	통신관련산업기사	0.01	0.01	0.01
		H/W시험사	0.01	0.01	0.01
	⑨모듈교체	통신관련산업기사	0.02	0.02	0.02
		H/W시험사	0.02	0.02	0.02
⑩시험성적서 작성		통신관련산업기사	0.01	0.01	0.01
		H/W시험사	-	-	-
⑪재결선		통신관련산업기사	0.01	0.01	0.01
		H/W시험사	-	-	-
⑫모듈장착		통신관련산업기사	0.01	0.01	0.01
		H/W시험사	-	-	-
⑬전송데이터 확인		통신관련산업기사	0.01	0.01	0.01
		H/W시험사	0.01	0.01	0.01
⑭시험기철거 및 현장정리		통신관련산업기사	0.02	0.02	0.02
		H/W시험사	0.02	0.02	0.02

[해 설]

① 교정시 입력레벨은 Maximum Range의 0-100%까지 20%씩 구분하여 변화시키면서 입력 및 교정.

13-8-8 전력선통신(PLC)설비 점검

공 정		단위	H/W 시험사	S/W 시험사	통 신 설비공	통 신 외선공	보통인부
데이터 집중장치 (DCU)	예방점검	대	0.30	0.43	-	-	0.43
	단순정비	〃	0.12	0.27	-	-	-
	보통점검	〃	0.17	-	-	0.17	0.17
PLC모뎀 단순정비	외장형	〃	0.06	0.02	-	-	-
	내장형	〃	0.05	0.02	-	-	-
무선모뎀 단순정비	외장형	〃	0.06	0.02	-	-	-
	내장형	〃	0.05	0.02	-	-	-
커플러(접촉식, 비접촉식) 단순정비		〃	-	-	0.10	-	-

[해 설]

① 데이집중장치(DCU : Data Concentration Unit) 예방점검은 외관에 대한 육안 점검(Probe 체결상태, 배관 및 각종 커넥터상태, 데이터집중장치 외관상태)과 데이터 집중장치 내 접속 및 간선망 통신상태, Config 파일 설정값, Resource 확인 및 DB최적화, 시스템 전원 초기화 등을 포함.

② 데이터집중장치(DCU : Data Concentration Unit) 단순정비는 H/W리셋, 간선망 모뎀 H/W리셋, S/W리셋, S/W작업(펌웨어 재설치, DCU 재설정, 모뎀 재등록) 등 불량요인 해소 및 정상화 조치를 포함.

③ 데이터집중장치 보통점검은 육안 점검(각종 케이블/커넥터 체결 상태, 결로 및 내부 훼손상태 점검, 보드별 부품 및 LED상태점검, Fuse점검 및 교체), 하드웨어 점검(전원리셋, 프로브체결상태 및 접불조임, RTC배터리 상태확인, 상별 전압/전류(순시치) 측정), 소프트웨어 점검(모뎀 Mac List 정비 및 Topology Tree 변경)을 포함.

④ 데이터집중장치(DCU) 점검은 전봇대에 설치된 것을 기준으로 하며, 지상(지중)인 경우 본 품의 75%를 적용.
⑤ PLC모뎀 및 무선모뎀 단순정비는 모뎀 MAC 확인, LED 상태에 따른 현장점검(모뎀 수신감도 측정, 계기 검침시험, 모뎀 리셋, 교체 등)과 정상동작 여부 최종 확인을 포함.
⑥ 커플러(접촉식, 비접속식) 단순정비는 인입용 커플러로 외관확인, 체결상태 확인, 콘솔케이블 연결 및 신호세기확인, 통신상태 확인 및 교체 등 불량조치를 포함.
⑦ PLC 모뎀 및 무선모뎀 단순정비의 경우 계기집합판넬에 2대 단순정비시 본 품셈의 180%, 3대 초과하는 경우에는 초과 1대당 80% 가산.

13-8-9 지진감지시스템 점검

공 정	단위	통신관련산업기사	S/W시험사
기록계	대	0.41	0.41
가속도센서	〃	0.08	0.08

[해 설]
① 기록계 점검은 외관 및 전원상태 등 점검, 통신상태 확인 및 포트 점검,GPS 상태 확인, 프로그램 확인 공종을 포함.
② 서버 및 스위치 점검은 "13-8-1 네트워크 장비 점검" 품셈을 적용하고, 무정전 전원장치(UPS) 점검은 "13-10-1 무정전 전원장치(UPS, CVCF) 점검" 품셈을 적용.
③ 철거(불용 30%, 재사용 80%)

13-8-10 학내망 정보화기기 점검

공 정		단위	S/W 시험사	H/W 시험사
컴퓨터 패키지	학생용	대	0.09	-
	교사용	〃	0.13	-
영상기기	빔프로젝트	〃	-	0.14
	TV	〃	-	0.07
스마트스쿨시스템	전자칠판	〃	-	0.10
	전자교탁	〃	0.21	-

[해 설]

① 부품교체 및 수리는 별도 계상.
② 컴퓨터 패키지 점검은 케이블, 컴퓨터 설정 및 프로그램 등 상태 확인 공정을 포함하고 있으며, 포맷(프로그램 재설치 포함)은 본 품셈의 177% 적용.
③ 스마트스쿨시스템 전자교탁 점검은 음향설비, 전동스크린 등 주변기기 연동상태, 전원분배기, PC 점검 공정을 포함하고 있음.
④ 서버, 라우터, 스위치, 프린터(복사기) 등 네트워크 장비 점검은 "13-8-1 네트워크 장비 점검" 품셈을 적용.

13-8-11 긴급구조표준시스템 정기점검

공 정	단위	S/W 시험사
서버 점검	대	0.02
보안장비 점검	〃	0.01
방송설비/무선설비 점검	〃	0.01
접수대 점검	〃	0.02
데이터베이스 점검	〃	0.01
무선기지국 점검	〃	0.35
비상접수시스템(비상수보시스템)점검	식	0.25

[해 설]

① 서버점검은 전용 프로그램을 사용하는 점검으로 Hardware, Logs, Disk, Bootlist, Filesystem, LVM, Process, Resource, Network 점검을 포함
② 보안장비점검은 네트워크 상태, 데몬 상태, 기동시간, RAM, FIREWALL, 디스크 점검을 포함
  o 데몬 : 시스템에 독자적으로 프로세스가 구동되어 제공되는 서비스(예:웹서버 네임 서버, DB 서버 등)
③ 방송설비/무선설비 점검은 서버 이중화 상태, 주장치 이중화 기능 점검을 포함
④ 접수대 점검은 접수대 전화 및 방송 무선 송출 상태 확인 점검을 포함
⑤ 데이터베이스점검은 SGA 점검, 메모리사용량, 테이블스페이스 용량, 세션, 백업, log확인 점검을 포함
⑥ 무선기지국점검은 UPS점검, 전용회선점검, 중계기 점검을 말함
  o UPS점검은 AC, DC전압값 측정 및 전원차단시 정상동작여부 점검 포함
  o 전용회선점검은 전용회선기기 출력체크, 반사파체크 포함

o 중계기 점검은 본부와 무선기지국 교신상태 정상작동 점검 포함

⑦ 비상접수시스템은 터치시스템, 오디오시스템, 서버, 무선출력, 방송중계장치, 출동대기실 통신기기 점검을 포함

13-8-12 수도계량기 원격검침 설비 점검

공　　정	단위	통신설비공
원격검침 단말기	대	0.08

[해 설]

① 단말기 점검은 소구경(구경 50㎜ 이하)과 대구경(구경 50㎜ 초과) 구분없이 케이블과 단말기 등에 대한 외관 확인, 단말기 리셋 후 정상여부 확인, 불량시 테스트 단말기로 검침값 확인, 안테나 및 배터리 교체, 점검 이력 등록, 시스템 및 계량기 검침값 일치 확인, 단말기 펌웨어 업데이트 등을 포함.

② 단말기 교체의 경우 "8-6-4 수도계량기 원격검침 설비" 적용.

③ 재해 예방을 위한 신호수 및 안전시설(안전표지판, 라바콘/걸이대, 경광등, 안전유도로봇등)은 "1-1-27-1 안전시설" 별도 적용.

④ 맨홀 등의 유해가스 발생장소 작업일 경우 "1-2-2-11 유해별 할증률" 별도 적용.

13-9 철도통신시설 점검

13-9-1 열차무선 중앙제어설비(800MHz대역) 점검

공　　정		단위	통신관련 산업기사	통신관련 기능사	통신 설비공
랙(Rack)		식	-	0.69	-
장비별	ChannelBank(E-1/T-1 정합기)	대	0.04	0.27	0.12
	Astro Tac(신호 비교기)	〃	0.04	0.24	0.11
	Controller(중앙 제어기)	〃	0.04	0.23	0.11
	Data SW(절체기)	〃	0.04	0.18	0.11
	USCI(Universal Simulcast Controller Interface : Simulcast 제어접속기)	〃	0.04	0.18	0.08
	SDA(Simulcast Distribution Amplifier : Simulcast 제어분배기)	〃	0.04	0.18	0.08
종 합 시 험		식	0.06	-	0.13

[해 설]

① 장비별에는 회로기판 분해, 정비(세척), 실장 및 연결작업이 포함.

② 랙에는 DBB(데이타 송출기) 정비(세척) 작업이 포함.

③ 종합시험에는 전원연결, 장비별 알람확인, 사용자 서버상 신호확인, 절체 테스트 및 성능검사, ChannelBank 프로그램 재세팅 등이 포함되었으며, ChannelBank 대수 추가마다 본 품셈의 20% 가산.

13-9-2 승강장 스크린도어(PSD : Platform Screen Door) 시스템 점검

공 정		단위	통 신 설비공	특별인부
구조부	ㅇ도어턱 및 각종 안내문(판) 부착상태	세트	-	0.01
	ㅇPSD구조체 도장, 도어부 강화유리 및 구조물 누기상태		-	0.01
	ㅇPSD구조체 걸레받이 및 하부점검창 상태		-	0.01
도어부	ㅇ슬라이딩도어 동작상태	〃	0.01	0.01
	ㅇ슬라이딩도어 닫힘 · 폐쇄력 점검 및 도어턱과 도어간격 측정		0.02	0.02
	ㅇ선로출입문 동작상태		0.02	0.02
	ㅇ비상문 동작상태		0.02	0.02
	ㅇ승무원출입문 동작상태		0.02	0.02
구동부	ㅇ도어개폐 표시등 및 음성메세지 동작상태	〃	0.01	0.01
	ㅇ구동박스 개폐 동작, 도어행거롤러, 동력장치 및 모헤어 마모상태 등		0.02	0.02
	ㅇ구동모터 동작상태		0.01	0.01
	ㅇ개별제어반 동작상태 및 가이드레일 장애물 유무		0.02	0.02
	ㅇ잠금장치 동작상태		0.01	0.01
센서류	ㅇ도어낌 방지검지 센서 동작상태	〃	0.01	0.01
	ㅇ장애물검지센서 동작상태		0.01	0.01
	ㅇ출입문검지센서 동작상태		0.01	0.01
	ㅇ정위치검지센서 동작상태		0.01	0.01
	ㅇ레이저거리센서 동작상태		0.01	0.01
	ㅇR/F(센서)장치 동작상태		0.02	0.02
	ㅇ전광판 청결상태	대	0.01	0.01
	ㅇ전광판 동작상태		0.01	0.01

제어 및 조작반	ㅇ종합제어반 청결상태 및 기능 · 동작상태	대	0.02	0.02
	ㅇ경보제어반 청결상태 및 기능 · 동작상태		0.01	0.01
	ㅇ역무실조작반 기능 · 동작상태		0.01	0.01
	ㅇ승강장조작반 기능 · 동작상태		0.01	0.01
	ㅇ승무원조작반 청결상태 및 기능 · 동작상태		0.01	0.01
	ㅇ더미부측 제어반 기능 · 동작상태		0.01	0.01
통신 시설	ㅇHMI 청결상태 및 기능 · 동작상태	〃	0.01	0.01
	ㅇ방송장치 기능 · 동작상태	식	0.01	0.01
	ㅇATO 케이블(본선) 상태	-	0.02	0.02
	ㅇATO 케이블(신호기계실) 상태		0.01	0.01
전기 시설	ㅇPSD 전기설비 외관 및 각종 보호계전기 기능 · 동작상태	식	0.02	0.02
	ㅇPSD 각종 설비간 접지선 연결 상태 및 저항 측정		0.04	0.04
	ㅇUPS 각종 표시램프 동작 및 계측상태		0.01	0.01
	ㅇUPS 장비 및 시설물 기능 · 동작상태		0.21	0.21
	ㅇUPS 장비 방전 시험 및 절연저항 측정		0.06	0.06
	ㅇUPS ATS 및 운전모드별 동작시험		0.03	0.03
	ㅇ분전반 청결상태 및 기능 · 동작상태		0.01	0.01
소화 장치	ㅇ자동식소화장치 기능 · 동작상태	〃	0.01	-

[해 설]

① 전기시설은 정전 등 전원차단 시 PSD와 각종 통신제어반 · 조작반들과 통신이 가능토록 하는 무정전전원장치를 포함.

② 사고 또는 노후, 불량 등의 원인으로 인한 시설 교체시는 철거 및 설치품셈을 별도 계상.

③ 지세별 작업환경의 난이도에 따라 "1-2-2-5 위험 할증률" 및 "1-2-2-6 야간작업"을 별도 계상.

④ 시설 점검에 대한 권장 점검항목과 주기는 다음과 같음.

[시설 점검 권장 점검항목과 주기]

구 분		점 검 항 목	점 검 주 기					비고
			일	월	분기	반년	연간	
구동부	구동부	도어 개폐 표시등 표시 상태	●					
		음성 메세지 작동 상대	●					
		구동박스 열림/닫힘 작동 상태		●				
		도어행거롤러 상태		●				
		동력장치 상태		●				
		볼트, 너트 풀림 상태		●				
		커넥터 및 단자 접속 상태		●				
		내부 청결상태		●				
		모헤어(브러쉬) 마모 상태		●				
	구동 모터	외관, 소음, 진동, 및 발열 상태		●				
		동작 상태		●				
	잠금장치	동작 상태		●				
	개별제어반	통신 및 모터제어장치 동작 상태				●		
	가이드 레일	내부 불순물 및 장애물 등 유무				●		
제어 및 조작반	종합 제어반	내/외부 청결 상태	●					
		경보 기능상태(문자 메시지 등)	●					
		작동 상태	●					
	경보 제어반	작동 상태(가시, 가청)	●					
	역무실조작반	동작 상태		●				
		인터폰 통화 상태		●				
	승강장조작반	작동 상태		●				
	승무원 조작반	내/외부 청결 상태		●				
		작동 상태		●				
		인터록 버턴 시험		●				
	경보 제어반	인터폰 통화 상태		●				
	더미부측 제어반	커넥터 및 단자 연결 상태		●				
	종합제어반	커넥터 및 단자 결선 상태			●			
	역무실조작반	커넥터 및 단자 접속 상태			●			
	승강장조작반	커넥터 및 단자 결선 상태			●			
	승무원 조작반	부착 상태			●			

구분		점검항목	점검주기					비고
			일	월	분기	반년	연간	
	경보제어반	부착 및 결선 상태			●			
전기 시설	UPS	각종 표시램프 동작 상태	●					
		전면 LCD DISPLAY 동작 및 계측 상태	●					
		이상음 및 냄새 발생 여부	●					
		경보 상태	●					
	UPS	장비 및 축전기 내/외부 청결 상태		●				
	UPS실 기타시설물	작동 상태		●				
	축전지	전조 균열 및 외관 청결 여부		●				
		전해액 액위 적정 및 변색여부		●				
	PSD 전기설비	각종 보호 계전기 동작 상태			●			
	UPS	ATS 동작 상태			●			
		운전 모드별 UPS 동작 시험			●			
		단자 접속 이완 상태			●			
	분전반	전선의 발열, 손상 변색 여부			●			
		차단기 동작 상태			●			
		내/외부 청결 상태			●			
		단자 접속 이완 상태			●			
	접지	구조체 절연저항 측정				●		
	축전지	단자접속 이완 상태				●		
	축전지	전해액 비중 측정				●		
	축전지	균등충전 실시				●		
	축전지	단자 전압 측정				●		
	PSD 전기설비	벽면 바닥면 관통 및 마감 보완 상태					●	
		각종 케이블 절연저항 측정					●	
	UPS	방전 시험 및 절연저항 측정					●	
	접지	PSD 각종 설비간 접지선 연결 상태					●	
		접지저항 측정					●	
		단자함, 접지선, 전선관, 배선 이상 여부					●	
소화 장치	자동식 소화장치	가스 압력 지시 적부	●					
		전원표시 현시 양부	●					

정보통신부문 제13장

구 분		점 검 항 목	점검주기: 일	월	분기	반년	연간	비고
구조부	PSD 구조체	도어턱 상태(마모 및 들뜸)		●				
		구동부 역명안내판 및 각종 안내문 부착상태		●				
	PSD 구조체	골조 및 마감재(구동부, 트랜섬) 도장 상태			●			
		도어부 강화유리 상태 및 접착 상태			●			
		구동부 커버 처짐 및 도장 상태			●			
		구조물 누기상태			●			
	PSD 구조체	걸레받이 상태				●		
	PSD 구조체	하부 점검창 상태				●		
도어류	슬라이딩 도어	수동 열림 동작 상태(개별제어반)		●				
		도어 연결 상태(나사풀림 등)		●				
		도어 동작시 이상음 발생 여부		●				
		마스터키를 이용한 수동 열림 상태		●				
	선로 출입문	개, 폐 기능 상태		●				
		센서 기능 상태		●				
		인터폰 통화 상태		●				
		비상 열림 스위치 동작 상태		●				
	슬라이딩 도어	모헤어 마모 상태			●			
		비상 열림 레버 동작 상태			●			
	비상문	개, 폐 기능 상태			●			
		센서 작동 상태 및 경보 발생 여부			●			
	승무원 출입문	개, 폐 기능 상태			●			
		센서 기능 상태 및 경보 발생 여부			●			
	슬라이딩 도어	도어 닫힘력 및 폐쇄력 점검					●	
		도어턱과 도어 간격 측정					●	
센서류	도어낌 방지 검지 센서	동작 상태		●				
		장애물 감지 시험		●				
	장애물검지 센서	센서 전면부 청결 및 고정상태		●				
		장애물 검지시 재 개폐 여부		●				
	출입문검지 센서	전면부 청결 상태		●				
		동작 상태		●				
		고정 상태		●				

구 분		점 검 항 목	점검주기 일	점검주기 월	점검주기 분기	점검주기 반년	점검주기 연간	비고
	정위치 검지센서	내/외부 청결 상태		●				
		동작 상태		●				
	레이저 거리센서	전면부 청결 상태		●				
		동작 상태		●				
		부착 및 결선 상태		●				
	전광판	내/외부 청결 상태		●				
	전광판	램프 기능 상태			●			
		부착 및 결선 상태			●			
		현시 및 표시 상태			●			
통신 시설	HMI	내/외부 청결 상태		●				
	HMI	작동 상태			●			
		커넥터 및 단자 접속 상태			●			
		고정 상태			●			
	방송장치	작동 상태			●			
		커넥터 및 단자 접속 상태			●			
R/F 장치 (R/F 센서)	지상(RF)장치	안테나 고정 상태			●			
		작동 상태			●			
		커넥터 및 단자 접속 상태			●			
		고정 상태			●			
신호	ATO케이블 (신호기계실)	단자 이완 및 손상			●			
	ATO케이블 (본선)	케이블 정리 상태 및 포박 상태					●	
		케이블 부식 및 손상 상태					●	
		도통시험 및 선로 절연저항 측정					●	
	ATO케이블 (신호기계실)	단선 접촉 및 정리 상태					●	

13-10 통신용전원시설 점검

13-10-1 무정전 전원장치(UPS, CVCF) 점검

공 정	단위	통신관련산업기사	특별인부
소형(1~2kVA) 이하	대	0.45	-
3kVA 초과 ~ 10kVA 이하	〃	0.61	-
10kVA 초과 ~ 20kVA 이하	〃	0.93	-
20kVA 초과 ~ 30kVA 이하	〃	1.08	0.85
30kVA 초과 ~ 100kVA 이하	〃	1.94	1.55
100kVA 초과 ~ 250kVA 이하	〃	3.23	1.58
250kVA 초과 ~ 500kVA 이하	〃	3.29	2.69

[해 설]

① 점검은 입력부의 전압(±10%) · 전류와 출력부의 전압 · 전류 안정도(±2%), 출력주파수(60㎐) 허용범위내 측정 및 정전을 대비하여 복전 시험(입 · 출력부 측정사항 전반)과 배터리의 충방전 상태 · 개별 Cell 전압 점검을 말함.

② 부품교체 및 수리는 별도 계상.

③ 원격감시 기능 추가시 20% 가산.

2026
표준

전기 · 신호 · 정보통신공사 품셈

부 록
(전기 · 신호 · 정보통신공사 품셈)

1. 정보통신공사 감리

제1장 총 칙

1-1 목적

「엔지니어링산업 진흥법」 제31조에 따라 발주청은 엔지니어링사업자와 엔지니어링사업의 계약을 체결할 때에는 적정한 엔지니어링사업의 대가를 지급해야 하며 산업통상자원부장관은 엔지니어링 사업의 대가를 산정하기 위하여 필요한 기준을 정하여 고시해야 한다. 따라서 본 표준품셈은 엔지니어링사업의 대가를 합리적으로 산정하기 위해 필요한 기준을 제시하는데 그 목적이 있다.

1-2 적용범위 및 방법

발주청 등이 정보통신공사 감리사업을 발주하는 경우, 「정보통신공사업법」 등 관계 법령에 따른 대가 관련 고시, 기타 특별한 상황 등을 제외하고는 본 표준품셈을 적용하여 실비정액가산방식에 따라 대가를 산정하며, 공사의 종류에 따라 다음과 같은 품셈을 적용한다.

① 정보통신공사 감리
② 공동주택 정보통신공사 감리

1-3 용어의 정의

1) "정보통신공사"란 정보통신설비의 설치 및 유지·보수에 관한 공사와 이에 따르는 부대공사(附帶工事)로서 정보통신공사업법시행령으로 정하는 공사(이하 "공사"라 한다)를 말한다.
2) "정보통신설비"란 유선, 무선, 광선, 그 밖의 전자적 방식으로 부호, 문자, 음향 또는 영상

등의 정보를 저장·제어·처리하거나 송수신하기 위한 기계·기구·선로 및 그 밖의 필요한 설비를 말한다.

3) "감리"란 공사에 대하여 발주자의 위탁을 받은 용역업자가 설계도서 및 관련 규정의 내용대로 시공되는지를 감독하고, 품질관리·시공관리 및 안전관리에 대한 지도 등에 관한 발주자의 권한을 대행하는 것을 말한다.

4) "기술지원감리원"이란 용역업체에 근무하면서 상주감리원의 업무를 기술적·행정적으로 지원하는 감리원을 말한다.

5) "통합감리"란 2이상의 공사현장이 인접해 있을 경우 그 인접한 공사를 통합하여 1인의 기술자(정보통신공사업법 제2조제10호에 따른 "감리원"을 말한다)에게 감리를 수행하게 하는 것으로 정보통신공사업법시행령 제8조의3 제3항 단서의 경우를 말한다.

6) "총공사비"란 발주자의 공사 총예정금액(관·사급장비 및 자재대를 포함한다) 중 용지비, 보상비, 법률수속비 및 부가가치세를 제외한 일체의 금액을 말한다. 다만, 발주자가 가격을 명시하지 아니한 재료를 제공하는 경우에는 그 재료의 시가환산액을 포함한다.

7) "총예정금액"이라 함은 예정가격을 작성하는 공사의 경우 예정가격 결정의 근거가 되는 금액을 말하며, 예정가격을 작성하지 않는 공사의 경우에는 추정금액(타당성 조사 등에서 제시된 금액)을 말한다.

8) "실비정액가산방식"이란 직접인건비, 직접경비, 제경비, 기술료와 부가가치세를 합산하여 대가를 산출하는 방식을 말한다.

9) "직접인건비"란 해당 엔지니어링사업의 업무에 직접 종사하는 기술자의 인건비로서 투입된 인원수에 엔지니어링기술자의 기술등급별 노임단가를 곱하여 계산한다.

10) "기본업무"란 계약목적의 달성을 위해 계약상대자가 수행하여야 하는 업무로서 과업지시서에 기재된 업무를 말하며, 본 표준품셈의 투입인원수 산정에 기초가 되는 업무이다.

11) "추가업무"란 기본업무 외에 계약목적의 달성을 위해 필요한 업무로서 과업지시서에 추가하여 지시 또는 승인한 업무를 말한다.

12) "기준인원수"란 기본업무별 1단위(용역일수, 개월수 등)에 적용되는 투입인원수로 전체에 투입되는 인원수를 산정하는 기준을 말하며, 기준인원수 1(인·일)은 1인이 8시간동안 투입되어 수행한 하루 노동량을 기준으로 한다.

13) "투입인원수"란 직접인건비를 산정하기 위해 해당 엔지니어링사업 업무에 직접 종사하는 기술자의 투입되는 인원수를 말한다.

14) "환산계수"란 투입인원수 산정에 필요한 기본업무별 1단위 수량이 반복됨에 따라 나타나는 업무의 유사성, 반복성을 적용수량에 반영하여 적정한 업무량을 산출하기 위한 계수이다.
15) "보정계수"란 환산계수와 함께 투입인원수를 산정하는데 있어서 엔지니어링사업의 특성에 따른 업무량의 변화를 반영하는 계수이다.

1-4 투입인원수의 산정

1) 투입인원수는 각 기준인원수, 환산계수, 보정계수를 곱하여 합산한다.
   · 투입인원수(인·일) = Σ (기준인원수 × 환산계수 × 보정계수)
2) 기준인원수는 각 장에서 정하고 있는 분야별 "투입인원수 산정기준"에 따른다.
3) 환산계수 및 보정계수는 각 장에서 정하고 있는 분야별 "환산계수 및 보정계수"에 따른다.
4) 1개월의 일수는 한국엔지니어링협회가 공표하는 해당년도의 임금실태조사 결과의 월평균 근무 일수에 따른다.
5) 각 기본업무별 투입인원수는 소수점 둘째자리에서 반올림한다.
6) 제시된 기본업무 이외에 사업의 특성에 따라 필요한 경우에는 소요되는 인력을 계상하여 합산 할 수 있다.
7) 발주자가 2개 이상의 사업을 통합하여 감리를 시행하고자 하는 경우에는 각 공사별로 산정한 투입인원수를 합한 총 투입인원수와 단일 공사로 보고 산정한 총 투입인원수 사이에서 해당 공사의 특성, 공사현장 간의 거리 등을 감안하여 산정한다.

1-5 투입인원수의 조정 등

과업의 특성에 따라 제시된 기본업무는 생략, 변경, 추가할 수 있으며, 기본업무별 업무 정의의 변경이 있는 경우에는 투입인원수를 조정할 수 있다. 이 경우에도 정보통신공사업법시행령 제8조의 2(감리원의 업무범위)를 준수하여야 한다.

1-6 세부시행기준

1) 이 표준품셈을 운영함에 있어 필요한 세부사항이나 변경사항에 관하여는 산업통상자원부 장관과 사전에 협의하여 발주청이 그 기준을 정할 수 있다.
2) 기본업무에 포함되지 않은 과업에 필요한 모든 관련 자료는 원칙적으로 발주자가 제공해야 하며, 제공되지 못하는 자료의 수집 및 조사 일정은 발주자와 협의하여 결정해야 한다. 발주자가 제공하지 못하는 자료의 조사·수집을 수행할 경우 별도의 대가를 산정하여 반영해야 한다.

부 칙

2021년에 공표된 정보통신공사 감리 표준품셈은 2021년 신규사업부터 적용한다.
2025년에 공표된 정보통신공사 감리 표준품셈은 2025년 신규사업부터 적용한다.

제2장 정보통신공사 감리

가. 정의

정보통신공사 감리란 정보통신설비의 설치 및 유지·보수에 관한 공사와 이에 따르는 부대공사에 대하여 발주자의 위탁을 받은 용업업자가 공사착수 단계, 공사시공 단계, 설계변경 단계, 공사준공 단계, 시설물의 인계 · 인수 단계에서 설계도서 및 관련 규정의 내용대로 시공되는지를 감독하고, 품질관리 · 시공관리 및 안전관리에 대한 지도 등의 업무를 시행하는 것을 말한다.
정보통신공사 감리의 기본업무의 주요내용은 공사착수 단계, 공사시공 단계, 설계변경 단계, 공사 준공 단계, 시설물의 인계 · 인수 단계의 5단계로 구분하며, 그 내용은 표 2.1과 같다. 기본업무에 대한 세부 수행지침은 정보통신공사업법 관계규정에서 정하는 업무수행기준을 참조한다.

나. 업무별 주요내용

[표 2.1] 정보통신공사 감리 기본업무

기 본 업 무		업 무 정 의
1. 공사 착수 단계	1.1 감리 준비 및 착공관리	1.1.1 감리착수신고서 작성 제출
		1.1.2 감리착수 준비(감리 사무실, 숙소 등)
		1.1.3 감리수행계획서 작성 제출
		1.1.4 현장사무실 설치 지도(필요시 지자체 신고)
		1.1.5 공사표지판 설치 지도
		1.1.6 하도급 타당성 검토
		1.1.7 공사업자 작성 착공신고서 검토
		1.1.8 관계기관 인허가 사항 검토
		1.1.9 공사 관계자 착수회의
	1.2 설계도서 검토	1.2.1 현장과 설계도 일치여부 조사 및 현지여건보고
		1.2.2 설계도서 적정성 및 내용 불일치 항목 존재 여부 검토
		1.2.3 상세설계도 작성 대상 검토
2. 공사 시공 단계	2.1 시공 계획 검토 및 일반 행정업무	2.1.1 감리관련 문건 입수 비치
		2.1.2 감리관련 문건 수발 업무
		2.1.3 시공계획서 상 시공조직의 적정성 검토
		2.1.4 인원 및 장비 조달계획 적정성 검토
		2.1.5 공정별 작업계획서 및 절차서 적정성 검토
		2.1.6 시공상세도 승인
		2.1.7 의사소통관리 계획(제보고 사항) 검토
		2.1.8 감리보고(주간, 월간, 분기간, 연간)
		2.1.9 공사업자 제출 문건 접수 및 검토
		2.1.10 감리업무일지 작성
		2.1.11 공사업자 정보통신기술자 자격 및 근태 관리
		2.1.12 선금급 및 예산 관련사항 지원
	2.2 사용자재의 적정성 검토	2.2.1 주요 기자재 수급계획서 검토
		2.2.2 주요 기자재 공급원 승인요청서 검토
		2.2.3 공장인수시험 입회
		2.2.4 기자재 반입검사
		2.2.5 기자재 저장·불출 관리 점검
		2.2.6 기존시설 철거물 및 발생품 관리 적정성 검토

부록 1

	2.3 시공관리	2.3.1 계약자간 시공인터페이스 조정
		2.3.2 중점 품질관리 대상 공종 선정 및 관리상태 점검
		2.3.3 인력 및 장비투입의 적절성 검토
		2.3.4 공사업자의 금일 실적 및 명일 작업계획 검토
		2.3.5 공사업자에 대한 지시 및 수명사항의 처리
		2.3.6 제3자 손해방지대책 점검
		2.3.7 주요 공사 추진현황 검토 및 보고
		2.3.8 현장 촬영 등 시공관리
		2.3.9 시공중지 명령(필요시)
		2.3.10 현장정리 상태 점검
	2.4 품질시험 및 성과검토	2.4.1 품질시험 계획서/절차서 등 품질관리 계획서 (필요시 ISO 9001)검토
		2.4.2 중점품질 대상 선정 및 관리계획서 검토
		2.4.3 계측기 검교정 등 적합성 확인
		2.4.4 성능시험계획(TQC) 검토
	2.5 기술검토 및 교육	2.5.1 시공 중 예상되는 문제점 및 위험(Risk)에 대한 기술 검토
		2.5.2 시공인력에 대한 현장교육 실시 및 사공자 시행상태 확인(월 1회)
		2.5.3 시공자, 하도급자에 대한 기술 및 사업관리 기법교육 실시
		2.5.4 특수공법 기술검토
		2.5.5 의견제시 및 경미한 민원처리
	2.6 시공성과 확인 및 적정성 검토	2.6.1 시공성과 확인 업무범위 및 방법 결정
		2.6.2 설비별 시공성과 확인 · 검측
	2.7 공정관리	2.7.1 공사업자 공정관리계획서 검토 및 보고(필요시)
		2.7.2 주간 및 월간 상세 공정표 관리
		2.7.3 주간 및 월간 공사계획 및 실적관리
		2.7.4 공정현황 관리 및 보고(주간, 월간, 분기간, 연간)
		2.7.5 인력투입현황 관리
		2.7.6 장비투입현황관리(각종 시험 및 측정장비)
		2.7.7 부진공정 만회대책 수립 검토 및 보고
		2.7.8 수정공정계획 검토 및 보고
		2.7.9 준공기한 연기 검토 및 보고(발생 시)
	2.8 안전/환경 관리	2.8.1 안전(환경)관리 계획서 검토 및 보고(총괄 및 연관 계획서 등)
		2.8.2 안전관리 조직 편성 및 임무부여 상태 확인
		2.8.3 안전관리자 배치 확인(관할 고용노동부서 신고)
		2.8.4 재해예방기술전문기관 계약여부
		2.8.5 안전관리담당자(관리감독자) 선정

		2.8.6 안전관리 교육 및 지도
		2.8.7 현장 안전 점검활동
		2.8.8 안전/환경 관리결과 보고서 검토
		2.8.9 산업안전관리비 사용실적 확인(고용노동부 사용기준)
		2.8.10 안전점검의 날 행사 주관
		2.8.11 재해율 발생현황 관리 및 안전사고 처리
		2.8.12 작업자 음주측정 기록관리
		2.8.13 환경관리조직 편성 및 임무 부여 상태
		2.8.14 환경관리 지도 및 감독
		2.8.15 폐기물 처리현황 관리
		2.8.16 사고처리
3. 설계 변경 단계	3.1 설계변경 및 계약금액 조정	3.1.1 경미한 설계변경
		3.1.2 발주자 지시에 의한 설계변경
		3.1.3 공사업자 제안에 의한 설계변경
		3.1.4 변경계약 전 설계변경에 따른 기성고 및 지급재의 지급
		3.1.5 물가 변동 등으로 인한 에스컬레이션 검토
		3.1.6 계약금액의 조정
4. 공사 준공 단계	4.1 기성검사	4.1.1 기성검사원 접수·검토 및 보고
		4.1.2 기성검사 계획 수립 및 보고
		4.1.3 기성검사 실시(각종 내역서 검토 및 시설물 확인)
		4.1.4 기성검사 결과의 발주자 보고
	4.2 준공검사	4.2.1 예비준공검사
		4.2.2 설비별(계통)시험 계획서 검토, 입회 및 결과보고
		4.2.3 종합시험 계획서 검토 및 결과보고
		4.2.4 준공검사
		4.2.5 공사감리결과보고서 제출
		4.2.6 감리현장문서 인계인수
	4.3 운용 및 유지관리 지침서 검토	4.3.1 운용 및 유지관리지침서 검토
5. 시설물의 인계·인수 단계	5.1 시설물의 인계·인수 계획 검토 및 관련 업무 지원	5.1.1 운용 및 유지보수 지침서
		5.1.2 시설물 인수인계 계획서 수립 검토
		5.1.3 시설물 인수인계 시행 입회
		5.1.4 하자보수에 대한 의견 제시

부록 1

다. 투입인원수 산정기준

기 본 업 무		단위	기준인원수 (인일/단위)	환산계수	보정계수					
			고급감리원		㉮	㉯	㉰	㉱	㉲	㉳
1. 공사착수 단계	1.1 감리준비 및 착공관리	식	30.91	①	●	●				
	1.2 설계도서 검토	공사개월	1.56	②	●	●				
2. 공사시공 단계	2.1 시공계획 검토 및 일반행정업무	공사일수	0.31	③	●	●				
	2.2 사용자재의 적정성 검토	공사개월	3.41	②	●	●	●	●	●	●
	2.3 시공관리	공사개월	2.04	②	●	●	●	●	●	●
	2.4 품질시험 및 성과검토	공사개월	0.75	②	●	●	●	●	●	●
	2.5 기술검토 및 교육	공사개월	2.08	②	●	●				
	2.6 시공성과확인 및 적정성 검토	공사일수	0.87	③	●	●	●	●	●	●
	2.7 공정관리	공사개월	3.12	②	●	●	●	●	●	●
	2.8 안전/환경관리	공사개월	4.95	②	●	●	●	●	●	●
3. 설계변경 단계	3.1 설계변경 및 계약금액의 조정	공사개월	2.92	②	●	●				
4. 공사준공 단계	4.1 기성검사	식	40.91	①	●	●				
	4.2 준공검사	식	41.82	①	●	●				
	4.3 유지관리지침서 검토	식	17.45	①	●	●				
5. 시설물의 인계 · 인수 단계	5.1 시설물의 인계 · 인수 계획 검토 및 관련 업무지원	식	11.64	①	●	●				

주 1) 정보통신공사 감리 표준품셈은 1억 원 이상의 정보통신공사에 적용한다.
2) 학교와 같이 표준적 또는 규격화된 정보통신설비가 설치되는 건축물(건축법 시행령 별표 1의 제10호 가목 중 유치원, 초등학교, 중학교, 고등학교)의 경우, 산출된 투입인원수를 40%범위 이내에서 감할 수 있다. 단, 개량사업일 경우에는 적용하지 않는다.
3) 기술지원감리원 투입인원수는 산출된 총 투입인원수에 발주자가 해당 사업특성을 고려하여 일정 비율(10% 내외)을 곱하여 산정할 수 있다(기술지원감리원 투입인원수는 산정된 총 투입인원수에 포함되어 있음).
4) 야간 및 휴일에 정보통신공사 감리가 수행될 것으로 예상되는 사업은 「근로기준법」 제56조와 제57조를 적용하여 엔지니어링사업 대가를 산정한다.
5) 해당 사업의 책임감리원의 등급은 정보통신공사업법 시행령 제8조의3(감리원의 배치기준 등)에 따르며, 고급감리원으로 산정된 투입인원수는 아래 식을 이용하여 해당 사업의 책임감리원 등급의 투입인원수로 환산한다.

· 기 술 사 투입인원수 : 고급감리원 투입인원수 × (고급기술자 노임단가 ÷ 기술사 노임단가)
· 특급감리원 투입인원수 : 고급감리원 투입인원수 × (고급기술자 노임단가 ÷ 특급기술자 노임단가)
· 고급감리원 투입인원수 : 1.0
· 중급감리원 투입인원수 : 고급감리원 투입인원수 × (고급기술자 노임단가 ÷ 중급기술자 노임단가)
· 초급감리원 투입인원수 : 고급감리원 투입인원수 × (고급기술자 노임단가 ÷ 초급기술자 노임단가)

6) 발주자는 안전관리를 위한 추가 감리원을 요청할 경우, 해당 감리원의 실제 투입기간을 산정하여 반영한다.

라. 환산계수 및 보정계수

구분	항목	세부내용	비고
환산계수	① 식	• 1.0	소수점 셋째 자리에서 반올림
	② 공사개월	• $0.3 \times M_p + 0.7 \times M_s$ ※ M_p = 해당 정보통신공사 기간(개월) ※ M_s = 표준 정보통신공사 기간(개월)	
	③ 공사일수	• $\alpha \times (0.3 \times M_p + 0.7 \times M_s)$ ※ α = 한국엔지니어링협회가 공표하는 임금실태조사 결과의 월평균 근무일수 ※ M_p = 해당 정보통신공사 기간(개월) ※ M_s = 표준 정보통신공사 기간(개월)	

부록 1

<table>
<tr>
<td>환산 계수</td>
<td>비고 (표준 정보통신 공사 기간)</td>
<td>
ㅇ M_s (표준 정보통신공사 기간(개월)) 산정

<table>
<tr><th>총공사비</th><th>표준 정보통신공사 기간(개월)</th></tr>
<tr><td>~ 30억 원 이하</td><td>$\cdot 20 \times \left(\frac{총공사비}{30}\right)^{0.6}$</td></tr>
<tr><td>30억 원 ~ 100억 원 이하</td><td>$\cdot 28 \times \left(\frac{총공사비}{100}\right)^{0.28}$</td></tr>
<tr><td>100억 원 초과~</td><td>$\cdot 39 \times \left(\frac{총공사비}{500}\right)^{0.2}$</td></tr>
</table>

※ 총공사비는 억 원기준이며, 십만원 단위에서 반올림하여 적용한다.
※ 표준 정보통신공사 기간은 소수점 셋째 자리에서 반올림한다.
[산정 예시] 총공사비 61.463억 원인 경우,
M_s (표준 정보통신공사 기간(개월))
$= 28 \times \left(\frac{61.46}{100}\right)^{0.28} = 24.432... \rightarrow 24.43$개월
</td>
<td>소수점 셋째 자리에서 반올림</td>
</tr>
<tr>
<td rowspan="3">보정 계수</td>
<td>㉮ 공사 난이도</td>
<td>
• 총공사비 ≤ 30억 원, $0.55 \times \left(\frac{총공사비}{30}\right)^{0.41}$
• 30억 원 〈 총공사비 ≤ 100억 원, $1.00 \times \left(\frac{총공사비}{100}\right)^{0.48}$
• 100억 원 〈 총공사비 ≤ 1,000억 원, $2.45 \times \left(\frac{총공사비}{500}\right)^{0.55}$
• 총공사비 〉 1,000억 원, $3.59 \times \left(\frac{총공사비}{1,000}\right)^{0.4}$
※ 총공사비는 억 원기준이며, 십만원 단위에서 반올림하여 적용한다.
※ 공사난이도는 소수점 셋째 자리에서 반올림한다.
[산정 예시] 총공사비 61.463억원 원인 경우,
공사난이도$= 1.00 \times \left(\frac{61.46}{100}\right)^{0.48} = 0.791... \rightarrow 0.79$
</td>
<td>소수점 셋째 자리에서 반올림</td>
</tr>
<tr>
<td>㉯ 공종분류</td>
<td>·단순공종 : 0.9 ·보통공종 : 1.0 ·복잡공종 : 1.1
※ 표 2.2 공사의 종류와 공종 구분 참조</td>
<td rowspan="2">소수점 둘째 자리에서 반올림</td>
</tr>
<tr>
<td>㉰ 공사성격</td>
<td>·신설 : 1.0 ·증설 : 1.1
·개량 : 1.2(철도 운행선 차단 공정은 1.3 적용)</td>
</tr>
</table>

<table>
<tr><td rowspan="3">보정
계수</td><td>㉱
지역특성</td><td>·일반지역 : 1.0 ·도서지역 : 1.1 ·항공 및 항만 : 1.2</td><td rowspan="3">소수점
둘째
자리에서
반올림</td></tr>
<tr><td>㉲
원거리
특성</td><td>$\cdot L_p \leq 30km$: 1.0 $\cdot L_p > 30km : \left(\frac{L_p}{30}\right)^{0.2}$
※ L_p = 해당 사업연장(km)
※ 원거리특성은 소수점 둘째 자리에서 반올림한다.</td></tr>
<tr><td>㉳
참여
공사업자
수</td><td>• 참여 공사업자수 1~2개사 : 1.0 • 참여 공사업자수 3~8개사 : 1.1
• 참여 공사업자수 9~15개사 : 1.2 • 참여 공사업자수 16개사 이상 : 1.3
※ 참여 공사업자수는 발주자가 정보통신설비를 설치하기 위해 계약한
공사업자수</td></tr>
</table>

주) 각 항목별 보정계수값이 혼재된 경우 가중 평균한 값을 적용한다.

마. 공사의 종류와 공종 구분 해설

(1) 공사의 종류

표 2.2에 제시된 공사의 종류는 정보통신공사업법 시행령 [별표 1] "공사의 종류"에 따른 설비 및 부대설비(본 품셈 부록 1 참조)와 다음의 공사를 말한다.

[표 2.2] 공사의 종류와 공종 구분

구분	단순공종	보통공종	복잡공종
정보통신설비공사	·방송국설비공사 ·교환설비공사 ·전송설비공사 ·정보통신전용전기시설 설비공사 ·구내통신설비공사주)	·통신선로설비공사 ·고정무선통신설비공사 ·방송전송·선로설비공사 ·정보매체설비공사	·이동통신설비공사 ·위성통신설비공사 ·정보제어·보안설비공사 ·정보망설비공사 ·항공·항만통신설비공사 ·선박의 통신·항해·어로 설비공사 ·철도통신·신호설비공사 ·스마트시티설비공사 ·도로교통통신설비공사 ·ICT융·복합설비공사 ·데이터센터(IDC)설비 공사

주) 단순공종의 "구내통신설비공사"는 보통공종 또는 복잡공종에 속하는 설비공사가 추가되는 경우에는 보통공종 또는 복잡공종으로 공사 난이도를 조정하여 적용한다.
① 2개 이하로 추가되는 경우 보통공종으로 적용(예시, 구내통신설비공사 + CCTV설비공사 + 주차관제설비공사)
② 3개 이상 추가되는 경우 복잡공종으로 적용(예시, 구내통신설비공사 + 홈네트워크 설비공사 + CCTV설비공사 + 주차관제설비공사)
③ 50층 이상이거나 높이 200미터 이상의 초고층건축물은 복잡공종으로 적용

가) 스마트시티 설비공사

○ 에너지, 교통, 환경, 상하수도, 행정, 보건·의료·복지, 방범·방재, 교육 분야 등의 정보를 수집하고 연계하여 도시의 경쟁력과 삶의 질 향상 서비스를 위한 각종 정보통신망 설비와 그 부대설비를 설치하는 공사를 말한다.

예시] 주차정보안내설비, 위치정보설비, 다목적가로등설비, 교통안전유도설비, 재난감지경보설비, 안전관리설비, 환경측정설비, 수질계측설비, 에너지관리설비, 에너지생산제어설비, 수질원격관리설비, 지진감지설비 등의 설비공사

나) 도로교통통신 설비공사

○ 도로교통 통신설비(ITS, C-ITS, VDS, RWIS, DSRC, AVC, AVI, WAVE 등), 도로교통 관리설비(ATMS), 버스정보설비(BIS), 자율주행설비, 요금징수설비(TCS, ETCS), 과적단속설비(측중기) 등의 설비와 그 부대설비를 설치하는 공사를 말한다.

예시] 도로교통 통신설비, 도로교통 관리설비, 운행관제 및 정보수집설비, 버스정보설비, 자율주행설비, 무인계수설비, 과적차량단속설비, 기상측정설비, 스마트파킹설비 등의 설비공사

다) ICT 융·복합 설비공사

○ IoT, 클라우드 컴퓨팅, 빅데이터, 모바일 통신을 근간으로 하는 인공지능(AI)적 정보통신기술(ICT)로 시설자동화설비, 유통관리설비, 지하공간 안전관리설비, 무인비행·항행설비, 가상화설비, 지능형 로봇 설비 등의 설비와 그 부대설비를 설치하는 공사를 말한다.

예시] 시설자동화설비(공장, 농장, 양식장 등), 지능형배선관리설비, 원격제어 및 감시설비(지하, 화물, 교량, 수질, 교통 등), 스마트그리드설비, 무인비행설비, 무인항행설비, AR/VR설비, 지능형 로봇설비 등의 설비공사

라) 데이터센터(IDC) 설비공사

○ 정보통신 서비스를 제공하기 위한 서버, 스토리지, 각종 네트워크 장비 등 정보통신 시스템 설비와 그 부대설비를 설치하는 공사를 말한다.

예시] 정보통신 설비(서버, 라우터, 스토리지 등) 설비, 빅데이터 시스템 설비, 시스템통합설비, 전력감시설비, 중앙집중제어관리설비, 출입통제설비 등의 설비공사

2) 공종 분류기준 및 공종의 조정

가) 공종 분류기준

○ 단순공종 : 감리대상 사업을 구성하는 기자재 중 공사현장에서 입회 관리하여야 하는 자재(Bulk material) 종류가 적고, 주요 장비(Equipment)가 부분별로 완제품 성격이 있어 설치시 검측업무 및 건축 등 타 분야와의 간섭사항이 적어 기자재관리, 공정관리 및 시공관리가 비교적 용이한 공사

○ 보통공종 : 단순공종과 복합공종에 속하지 아니한 공종

○ 복잡공종

① 복잡한 기술, 융・복합기술 등 최신기술이 적용되어 시험항목 및 규격 등이 다수이거나 검사에 장시간이 소요되는 공사

② 시스템을 구성하는 장비수와 관계기관(Stakeholder)이 많고 인터페이스 및 시운전 등이 복잡한 공사

③ 요구되는 기능 등 감리요건이 복잡, 엄격하며 규모가 큰 국책사업공사

④ 공사 현장 및 설비의 특성상 위험요소가 큰 공사

나) 공종의 조정

위 표 2.2 중 2개 이상의 공종이 복합되는 경우는 아래와 같이 공종을 조정하여 적용한다.

① 2개 이상의 단순공종이 복합된 공사는 보통공종으로 한다

② 2개 이상의 보통공종이 복합된 공사는 복잡공종으로 한다.

제3장 공동주택 정보통신공사 감리

가. 정의

공동주택 정보통신공사 감리의 기본업무 및 세부업무의 내용은 표 3.1과 같다. 기본업무에 대한 세부 수행지침은 정보통신공사업법 관계규정에서 정하는 업무수행기준을 참조한다.

나. 업무별 주요내용

[표 3.1] 공동주택 정보통신공사 감리 기본업무

기 본 업 무		업 무 정 의
1. 공사 착수 단계	1.1 감리 준비 및 착공관리	1.1.1 감리착수신고서 작성 제출
		1.1.2 감리착수 준비(감리 사무실, 숙소 등)
		1.1.3 감리수행계획서 작성 제출
		1.1.4 현장사무실 설치 지도(필요시 지자체 신고)
		1.1.5 하도급 타당성 검토
		1.1.6 공사업자 작성 착공신고서 검토
		1.1.7 관계기관 인허가 사항 검토
		1.1.8 공사 관계자 착수회의
	1.2 설계도서 검토	1.2.1 현장과 설계도 일치여부 조사 및 현지여건 보고
		1.2.2 설계도서 적정성 및 내용 불일치 항목 존재 여부 검토
		1.2.3 상세설계도 작성 대상 검토
2. 공사 시공 단계	2.1 시공 계획 검토 및 일반 행정업무	2.1.1 감리관련 문건 입수 비치
		2.1.2 감리관련 문건 수발 업무
		2.1.3 시공계획서 상 시공조직의 적정성 검토
		2.1.4 인원 및 장비 조달계획 적정성 검토
		2.1.5 공정별 작업계획서 및 절차서 적정성 검토
		2.1.6 시공상세도 승인
		2.1.7 의사소통관리 계획(제보고 사항) 검토
		2.1.8 감리보고(주간, 월간, 분기간, 연간)
		2.1.9 공사업자 제출 문건 접수 및 검토
		2.1.10 감리업무일지 작성
		2.1.11 공사업자 정보통신기술자 관리

		2.1.12 선금급 및 예산 관련사항 지원
	2.2 사용자재의 적정성 검토	2.2.1 주요 기자재 수급계획서 검토
		2.2.2 주요 기자재 공급원 승인요청서 검토
		2.2.3 공장인수시험 입회(공장검수)
		2.2.4 기자재 반입검사
		2.2.5 기자재 저장·불출 관리 점검
	2.3 시공관리	2.3.1 계약자간 시공인터페이스 조정
		2.3.2 중점 품질관리 대상 공종 선정 및 관리상태 점검
		2.3.3 인력 및 장비투입의 적절성 검토
		2.3.4 공사업자의 금일 실적 및 명일 작업계획 검토
		2.3.5 공사업자에 대한 지시 및 수명사항의 처리
		2.3.6 제3자 손해방지대책 점검(민원사항 발생 조치)
		2.3.7 주요 공사 추진현황 검토 및 보고
		2.3.8 현장 촬영 등 시공관리
		2.3.9 시공중지 명령 (필요시)
		2.3.10 현장정리 상태 점검
	2.4 품질시험 및 성과검토	2.4.1 품질시험 계획서/절차서 등 품질관리 계획서
		2.4.2 중점품질관리 대상 선정 및 관리계획서 검토
		2.4.3 중점품질관리 입회 및 확인
		2.4.4 계측기 검교정 등 적합성 확인
		2.4.5 성능시험계획(TQC) 검토
		2.4.6 외부기관에 품질시험 의뢰 검토·확인
	2.5 기술검토 및 교육	2.5.1 시공 중 예상되는 문제점 및 위험(Risk)에 대한 기술 검토
		2.5.2 시공인력에 대한 현장교육 실시 및 공사업자 시행상태 확인
		2.5.3 시공자, 하도급자에 대한 기술교육 실시
		2.5.4 특수공법 기술검토
		2.5.5 의견제시 및 경미한 민원처리
	2.6 시공성과 확인 및 적정성 검토	2.6.1 시공성과 확인 업무범위 및 방법 결정
		2.6.2 설비별 시공성과 확인 · 검사 · 검측
	2.7 공정관리	2.7.1 공사업자 공정관리계획서 검토 및 보고(필요시)
		2.7.2 주간 및 월간 상세 공정표 관리
		2.7.3 주간 및 월간 공사계획 및 실적관리
		2.7.4 공정현황 관리 및 보고(주간, 월간, 분기간, 연간)
		2.7.5 인력투입 현황관리
		2.7.6 장비투입 현황관리

		2.7.7 부진공정 만회대책 수립 검토, 지시, 확인 및 보고
		2.7.8 수정공정계획 검토 및 보고, 승인
		2.7.9 준공기한 연기 검토 및 보고(발생 시)
	2.8 안전/환경 관리	2.8.1 안전(환경)관리 계획서 검토 및 보고
		2.8.2 안전관리 조직 편성 및 임무부여 상태 확인
		2.8.3 안전관리자 배치 확인(필요시)
		2.8.4 재해예방기술전문기관 계약여부
		2.8.5 안전관리담당자(관리감독자) 선정
		2.8.6 안전관리 교육 및 지도
		2.8.7 현장 안전 점검활동
		2.8.8 안전/환경 관리결과 보고서 검토
		2.8.9 산업안전관리비 사용실적 확인
		2.8.10 재해율 발생현황 관리 및 안전사고 처리
		2.8.11 환경관리조직 편성 및 임무 부여 상태
		2.8.12 환경관리 지도 및 감독
		2.8.13 폐기물 처리현황 관리
		2.8.14 사고처리(발생시) 및 제 보고사항
3. 설계 변경 단계	3.1 설계변경 및 계약금액 조정	3.1.1 경미한 설계변경의 검토, 확인, 지시 및 보고
		3.1.2 발주자 지시에 의한 설계변경 검토, 확인 및 보고
		3.1.3 공사업자 제안에 의한 설계변경 검토, 확인 및 보고
		3.1.4 설계변경 전 기성고 및 지급재의 지급 확인
		3.1.5 물가 변동 등으로 인한 에스컬레이션 검토
		3.1.6 계약금액의 조정 검토, 확인 및 보고
4. 공사 준공 단계	4.1 기성검사	4.1.1 기성검사원 접수·검토 및 보고
		4.1.2 기성검사 계획 수립 및 보고
		4.1.3 기성검사 실시(각종 내역서 검토, 조서작성 및 시설물 확인)
		4.1.4 기성검사 결과의 발주자 보고(불합격공사 재시공 명령 포함)
	4.2 준공검사	4.2.1 예비준공검사
		4.2.2 설비별(계통)시험 계획서 검토, 입회 및 결과보고
		4.2.3 종합시험 계획서 검토(준공도면 등 포함) 및 결과 보고
		4.2.4 준공검사
		4.2.5 공사감리결과보고서 작성 및 제출
		4.2.6 감리현장문서 인계인수
	4.3 운용 및 유지관리 지침서 검토	4.3.1 시설물 운용 및 유지관리지침서 검토
		4.3.2 하자보수에 대한 의견 제시

5.시설물의 인계· 인수 단계	5.1 시설물의 인계·인수 계획 검토 및 관련 업무 지원	5.1.1 시설물 인계인수 계획서 수립 및 검토
		5.1.2 시설물 인계인수 입회, 검토
		5.1.3 유지관리 및 하자보수 검토

다. 투입인원수 산정기준

공동주택 정보통신공사 감리의 투입인원수는 책임감리원과 보조감리원(민간주택 900세대 초과 또는 공공주택 990세대 초과 시 적용)을 각각 산정하여 합산한다.

1) 책임감리원

기 본 업 무		단위	기준인원수 (인•일/단위) 해당 책임감리원 등급	환산 계수
1. 공사착수 단계	1.1 감리준비 및 착공관리	식	10.11	①
	1.2 설계도서 검토	공사개월	0.60	②
2. 공사시공 단계	2.1 시공계획 검토 및 일반행정업무	공사개월	2.62	②
	2.2 사용자재의 적정성 검토	공사개월	1.28	②
	2.3 시공관리	공사개월	0.78	②
	2.4 품질시험 및 성과검토	공사개월	0.37	②
	2.5 기술검토 및 교육	공사개월	0.69	②
	2.6 시공성과확인 및 적정성 검토	공사일수	10.92	③
	2.7 공정관리	공사개월	1.20	②
	2.8 안전/환경관리	공사개월	1.59	②
3. 설계변경 단계	3.1 설계변경 및 계약금액의 조정	공사개월	0.63	②
4. 공사준공 단계	4.1 기성검사	식	8.16	①
	4.2 준공검사	식	7.74	①
	4.3 유지관리지침서 검토	식	7.04	①
5. 시설물의 인계・인수 단계	5.1 시설물의 인계・인수 계획 검토 및 관련 업무지원	식	4.11	①

주 1) 공동주택은 「건축법시행령」 별표 1 제2호 가목부터 라목까지에 규정한 것을 말한다.
2) 해당 책임감리원의 등급은 정보통신공사업법 시행령 제8조의3(감리원의 배치기준 등)에 따른다.

부록 1

3) 기술지원감리원은 고급감리원 이상으로 하고 투입인원수는 별도로 산정하되 공동주택 정보통신공사 감리 표준품셈으로 산출한 총 투입인원수의 10%범위 내에서 산정하는 것을 원칙으로 한다.
4) 공사 이후에 발생하는 사후 관리 등을 고려하여 감리용역기간을 공사 준공 후 최대 3개월까지 가산하여 산정할 수 있다.
5) 공동주택의 증개축을 수반하지 않는 정보통신설비의 개량 및 개선사업의 경우에는 제2장 「정보통신공사 감리 표준품셈」을 적용한다.
6) 공동주택 150세대 미만은 제2장「정보통신공사 감리 표준품셈」을 적용할 수 있다.
7) 기타 공동주택 정보통신공사 감리 표준품셈에서 정하지 않은 사항은 제2장 「정보통신공사 감리 표준품셈」을 적용한다.

2) 보조감리원(민간주택 900세대 초과 또는 공공주택 990세대 초과시 적용)

기 본 업 무		단위	기준인원수(인•일/단위) 해당 보조감리원 등급	환산 계수	보정 계수 ㉮
1. 공사착수 단계	1.1 감리준비 및 착공관리	식	10.11	①	●
	1.2 설계도서 검토	공사개월	0.60	②	●
2. 공사시공 단계	2.1 시공계획 검토 및 일반행정업무	공사개월	2.62	②	●
	2.2 사용자재의 적정성 검토	공사개월	1.28	②	●
	2.3 시공관리	공사개월	0.78	②	●
	2.4 품질시험 및 성과검토	공사개월	0.37	②	●
	2.5 기술검토 및 교육	공사개월	0.69	②	●
	2.6 시공성과확인 및 적정성 검토	공사개월	10.92	③	●
	2.7 공정관리	공사개월	1.20	②	●
	2.8 안전/환경관리	공사개월	1.59	②	●
3. 설계변경 단계	3.1 설계변경 및 계약금액의 조정	공사개월	0.63	②	●
4. 공사준공 단계	4.1 기성검사	식	8.16	①	●
	4.2 준공검사	식	7.74	①	●
	4.3 유지관리지침서 검토	식	7.04	①	●
5. 시설물의 인계·인수 단계	5.1 시설물의 인계·인수 계획 검토 및 관련 업무지원	식	4.11	①	●

주 1) 공동주택은 「건축법시행령」 별표 1 제2호 가목부터 라목까지에 규정한 것을 말한다.
2) 해당 보조감리원의 등급은 초급감리원 이상으로 한다.
3) 공동주택 정보통신공사 감리 표준품셈에 의하여 총 공사기간 동안 배치할 보조감리원이 3명 이상인 경우 용역업자와 발주자는 보조감리원 배치인원 수를 협의하여 조정할 수 있다. 이 경우 보조감리원 1명은 고급감리원 이상으로 배치하여야 한다.
4) 공사 이후에 발생하는 사후 관리 등을 고려하여 감리용역기간을 공사 준공 후 최대 3개월까지 가산하여 산정할 수 있다.

라. 환산계수 및 보정계수

<table>
<tr><th>구 분</th><th>항 목</th><th>세부내용</th><th>비고</th></tr>
<tr><td rowspan="2">환산계수</td><td>① 식</td><td>• $\frac{M_a}{28}$ ※ M_a = 해당 정보통신공사 기간(개월)</td><td rowspan="3">소수점 셋째 자리에서 반올림</td></tr>
<tr><td>② 공사개월</td><td>• M_a ※ M_a = 해당 정보통신공사 기간(개월)</td></tr>
<tr><td>보정계수</td><td>㉮ 공공주택 특성</td><td>• 민간주택 900세대 초과, $\left(\frac{N_h}{900}-1.0\right)$
• 공공주택 990세대 초과, $\left(\frac{N_h}{990}-1.0\right)$
※ N_h = 공동주택 세대수
※ 공공주택은 「공공주택특별법」 제2조제1호에 제시된 정의에 따르며, 민간주택은 그 이외의 주택을 의미한다.</td></tr>
</table>

[부록 1] 공사의 종류

공사의 종류(정보통신공사업법시행령 제2조제2항 관련 별표 1)

구분	공사의 종류	공사의 예시
통신설비공사	통신선로설비 공사	통신구설비, 통신관로설비, 통신케이블(광섬유 및 동축케이블·전주·지지철물·케이블방재·철탑·배관·단자함 등을 포함한다)설비 등의 공사
	교환설비 공사	전자식교환(ISDN 및 전전자를 포함한다)설비, 자동식교환설비, 비동기식교환(ATM)설비, 가입자선로집중운용보전시스템설비, 집단전화교환설비, 자동호분배장치설비, 중앙과금장치설비, 신호망설비, 지능망설비, 통신처리장치설비, 사설교환(PBX·CBX)설비 등의 공사
	전송설비 공사	전송단국(FLC·PCM·PDH·SDH·DACS·SONET·WDM)설비, 송·수신설비, 중계설비, 다중화설비, 분배설비, 전력선반송설비, 종합유선방송(CATV)전송설비 등의 공사
	구내통신설비 공사	구내통신선로·이동통신구내선로·방송공동수신설비, 전화설비, 방범설비, 방송설비, 방재설비중 정보통신설비, 수직·수평배관 및 배선설비, 주장비실설비, 층장비실설비, 장애자용음향통신설비, 키폰전화설비 등의 공사
	이동통신설비 공사	개인이동통신(PCS)설비, 휴대용이동전화(셀룰라)설비, 주파수공용통신(TRS)설비, 무선데이터통신설비, 무선호출설비, 아이엠티2000(IMT-2000)설비, 위성이동휴대전화(GMPCS)설비, 시티폰설비 등의 공사
	위성통신설비 공사	위성송·수신국설비, 위성체설비, 지상관제소설비, 발사체설비, 위성측위시스템(GPS)설비, 소형위성지구국(VSAT)설비, 위성뉴스중계(SNG)설비 등의 공사
	고정무선통신설비 공사	무선CATV(MMDS·LMDS)설비, 방송통신융합시스템(LMCS)설비, 무선가입자망(WLL)설비, 마이크로웨이브(M/W)설비, 무선적외선설비 등의 공사
방송설비	방송국설비 공사	영상·음향설비, 송출설비, 방송관리시스템설비 등의 공사

공사	방송전송·선로 설비공사	방송관로설비, 방송케이블(전주·철탑·배관·단자함 등을 포함한다)설비, 전송단국설비, 송·수신설비, 중계설비, 다중화설비, 분배설비, 구내전송선로설비, 위성방송수신설비 등의 공사
정보 설비 공사	정보제어·보안 설비공사	인공지능빌딩시스템(IBS)설비, 관제(항공·교통·기상·주차)설비, 원격조정·자동제어(SCADA, TM/TC, 공장자동화 등의 정보통신설비를 포함한다)설비, 정보시스템관리설비, 방향탐지설비, 위치측정설비, 전자신호제어설비, 폐쇄회로텔레비전(CCTV)설비, 경비보안설비, 터널군관리(TGMS)설비, 수계통합자동제어설비, 수문제어설비, 홍수예경보설비, 민방공경보설비, 수도시설제어설비, 재해방지설비, 수처리(상수·하수 및 폐수 등을 포함한다)계측제어설비, 긴급구조시스템설비, 텔레메틱스(Telematics)설비 등의 공사
	정보망설비 공사	근거리통신망(이더넷LAN·ATM-LAN·기가비트LAN 등을 포함한다)설비, 부가가치통신망(VAN)설비, 광역통신망(WAN)설비, 정보시스템망관리(TMN)설비, 무선통신망설비, 전산시스템(CPU·C/S·제어장치 등을 포함한다)설비, 인터넷(인트라넷·엑스트라넷·방화벽 등을 포함한다)설비, 멀티미디어설비, 컴퓨터·통신통합(CTI)설비, 종합정보통신망(ISDN)설비, 초고속정보망(xDSL·케이블모뎀 등을 포함한다)설비, 판매시점관리시스템(POS), 유비쿼터스설비 등의 공사
	정보매체설비 공사	화상(영상)회의시스템설비, 홈뱅킹시스템설비, 원격의료시스템설비, 원격교육시스템설비, 주문대응형비디오시스템(VOD)설비, 홈오토메이션시스템설비, 전자식전광판설비, 지리정보시스템(GIS)설비, 원격자동검침(AMR)설비, 홈네트워크(디지털홈)시스템설비, 동시통역시스템설비, 도시정보체계(UIS)설비, 공간영상정보시스템(SIIS)설비, 객실관리시스템설비 등의 공사
	항공·항만통신 설비공사	무지향표식(NDB)설비, 전방향표식(VOR)설비, 거리측정(DME)설비, 계기착륙(ILS)설비, 로란 및 레이다(ASDE·ASR·MSR)설비, 전술항행(TACAN)설비, 위성항행(CNS/ATM)설비, 위성항법시스템(GNSS)설비, 위성항법보정시스템(DGPS)설비, 항공운항정보(FIS)설비, 저고도돌풍경보장치(LLWAS), 소음측정시스템, 셀프이용안

부록 1

		내(KIOSK)설비, 이동지역관리시스템(MAMS)설비, 종합정보통신시스템설비, 일반공중통신시스템설비, 통신자동화시스템설비, 통합경비보안시스템설비, 해안무선(VTS 및 해안지역 각종 통신시설)설비 등의 공사
	선박의 통신·항해·어로설비 공사	선박통신설비(GMDSS, 조난구조장치, MF·HF·VHF·SSB의 송수신기, 전파수신기, 위성통신기, SSAS, 선내지령장치 등), 선박항해설비(RADAR, 기상수신기, GPS, 전자해도장치, RDF, 측심기, NAVTEX, AIS, VDR, 풍속계, 선속계, 콤파스, 자동조타장치 등), 선박어로설비(어군탐지장치, 어망감시장치, 수온측정장치, 조류계 등) 등의 공사
	철도통신·신호 설비공사	역무자동화(AFC)설비, 토크백설비, 연선전화설비, 열차무선설비, 사령전화설비, 자동안내방송설비, 전자시계설비, 복합통신설비, 행선안내게시기설비, 도관전선관(HP)설비, 통신 및 신호용트로프설비, 자동열차정지장치설비, 열차집중제어장치설비, 전자식신호제어설비, 열차내이동무선공중전화설비, 여객자동안내장치설비 등의 공사
기타 설비 공사	정보통신전용 전기시설설비공사	정보통신전기공급설비, 전기부식방지설비, 전력·전철유도방지설비, 무정전전원장치(UPS)설비, 충방전·전압조정설비, 전동발전기설비, 접지설비, 서지설비, 낙뢰방지설비, 잡음·전자파(EMI·EMC·EMS 등을 포함한다)방지설비 등의 공사

[부록 2] 직접경비 계상 예시

1. 직접경비 항목

가. 주재비

상주 기술자가 공사 현장에 체류하는데 소요되는 비용을 말하며 "엔지니어링사업대가의 기준(산업통상자원부 고시) 제8조(직접경비)에 따라 상주 직접인건비의 30%를 계상할 수 있다. 다만, 도서지역과 산간벽지 내 공사 등은 해당 공사 여건에 따라 할증할 수 있다.

나. 출장비

기술지원 기술자의 출장비는 해당일수에 "공무원여비규정"을 준용하여 계상하거나, "엔지니어링 사업대가의 기준(산업통상자원부 고시) 제8조(직접경비)에 따라 기술지원 기술자 직접인건비의 10%로 계상할 수 있다.

다. 보험료

감리 손해배상보증보험 및 법령 또는 계약조건에 의하여 가입이 요구되는 보험료를 말한다.

라. 차량비

발주자는 공사의 특수성에 따라 차량을 적용할 수 있으며, 차량비는 필요 일수, 손료, 연료비, 기타 등으로 구성하여 계상할 수 있다.

구 분	단위	규 격	50억 원 미만	50억 원 이상 100어원 미만	100억 원 이상
적 용	대	승용차 혹은 짚차	1	2	3이상

※ 차량적용 시 승용차는 배기량 2,000CC 이하, 짚차는 배기량 3,000CC 이하로 하고 도로신설, 산악, 습지 지역 등의 공사는 짚차를 적용한다.

※ 발주청은 단일 공사에서 30km를 초과하는 원거리의 경우 차량 1대를 추가배치 하여야 한다.

※ 현장실정으로 기술자 현장사무실이 분리될 경우나 현장이 산재된 경우 차량을 추가 배치하여야 한다.

※ 발주청은 공사의 특수성에 따라 차량대수를 조정할 수 있다.

부록 1

마. 용선비

시설공사 현장이 도서지역인 경우 기술자의 도서지역 출입에 따른 정기여객선 운임을 적용하고 여객선이 없는 도서지역의 경우는 실비정산 방식으로 산출한다.

바. 현지 사무인원 인건비

발주자는 현장상황을 고려하여 현지 사무인원에 대한 인건비를 계상할 수 있다.

구분	단 위	100억 원 미만	100억 원 이상	비 고
보 통 인 부	명	1명	2명 이상	한국엔지니어링협회가 공표하는 임금실태조사 결과의 월평균 근무일수

※ 현장사무실이 추가 될 때마다 1인 이상 추가

사. 인쇄비

각종보고서(월간보고서, 최종보고서, 특별보고서), 유지관리지침 및 설계변경도서 등의 횟수, 면수, 부수 등은 해당 공사의 특수성에 따라 조정하여 계상할 수 있다.

아. 자문위탁비

자문위탁비는 각종연구소(해외 연구기관 포함)등과 전문기술자 및 단체로부터 자문을 받을 경우의 비용을 말한다.

자. 복리후생비

현장용역수행자에 대한 의료비, 위생비, 약품대, 공상치료비, 지급피복비, 건강진단비, 급식비 등의 용역조건유지에 직접 관련되는 복리후생비를 말한다.

차. 기타

기타 감리용역 수행에 직접 소요될 것으로 예상되는 비용을 계상할 수 있다.

2. 직접경비 적용방법

직접경비는 해당 공사의 특성, 지리적 여건 등을 고려하여 발주자와 용역업자가 협의하여 적용하도록 한다.

2. 국가를 당사자로 하는 계약에 관한 법률 시행규칙

2003. 12. 12 재정경제부령 제335호
2005. 9. 8 재정경제부령 제460호
2006. 7. 5 재정경제부령 제512호
2007. 10. 10 재정경제부령 제578호
2009. 3. 5 기획재정부령 제 58호
2010. 7. 21 기획재정부령 제161호
2012. 5. 18 기획재정부령 제284호
2013. 3. 23 기획재정부령 제342호
2013. 6. 19 기획재정부령 제252호
2013. 6. 28 기획재정부령 제355호
2013. 9. 17 기획재정부령 제360호
2014. 11. 04 기획재정부령 제443호
2014. 11. 19 기획재정부령 제444호
2015. 6. 30 기획재정부령 제487호
2016. 2. 1 기획재정부령 제533호
2016. 9. 23 기획재정부령 제573호
2017. 12. 28 기획재정부령 제644호
2018. 12. 4 기획재정부령 제699호
2019. 9. 17 기획재정부령 제751호
2021. 7. 6 기획재정부령 제859호
2021. 10. 28 기획재정부령 제867호
2023. 11. 2 기획재정부령 제1022호
2025. 1. 2 기획재정부령 제1102호
2026. 1. 2 재정경제부령 제 1호

부록 2

제1장 총 칙

제1조(목적) 이 규칙은 「국가를 당사자로 하는 계약에 관한 법률」 및 동법 시행령에서 위임된 사항과 그 시행에 관하여 필요한 사항을 규정함을 목적으로 한다. 〈개정 2005. 9. 8.〉

제2조(정의) 이 규칙에서 사용하는 용어의 정의는 다음과 같다. 〈개정 2003. 12. 12., 2005. 9. 8., 2006. 5. 25.〉

1. "계약담당공무원"이라 함은 세입의 원인이 되는 계약에 관한 사무를 각 중앙관서의 장으로부터 위임 받은 공무원, 「국고금관리법」 제22조의 규정에 의한 재무관(대리재무관 · 분임재무관 및 대리분임재무관을 포함한다. 이하 같다), 「국가를 당사자로 하는 계약에 관한 법률」(이하 "법"이라 한다) 제6조제1항의 규정에 의한 계약관(대리계약관 · 분임계약관 및 대리분임계약관을 포함한다. 이하 같다) 및 「국고금관리법」 제24조의 규정에 의하여 지출관으로부터 자금을 교부받아 지급원인행위를 할 수 있는 관서운영경비출납공무원(대리관서운영경비출납공무원 · 분임관서운영경비출납공무원 및 대리분임관서운영경비출납공무원을 포함한다. 이하 같다)과 기타 법령에 의하여 세입세출외의 자금 또는 기금의 출납의 원인이 되는 계약을 담당하는 공무원을 말한다.
2. "추정금액"이라 함은 공사에 있어서「국가를 당사자로 하는 계약에 관한 법률 시행령」(이하 "영"이라 한다) 제2조제1호에 따른 추정가격에「부가가치세법」에 따른 부가가치세와 관급재료로 공급될 부분의 가격을 합한 금액을 말한다.

제3조(적용범위) 각 중앙관서의 장 또는 계약담당공무원은 계약에 관한 사무를 처리함에 있어서 다른 법령에 특별한 규정이 있는 경우를 제외하고는 이 규칙이 정하는 바에 의한다.

제2장 예정가격

제4조(예정가격조서의 작성) 각 중앙관서의 장 또는 계약담당공무원은 영 제9조의 규정에 의하여 예정가격을 결정하고자 할 때에는 미리 예정가격조서를 작성하여야 한다.

제5조(거래실례가격 및 표준시장단가에 따른 예정가격의 결정) ①영 제9조제1항제1호에 따른 거래실례가격으로 예정가격을 결정함에 있어서는 다음 각 호의 어느 하나에 해당하는 가격으로 하되, 해당거래실례가격에 제6조제1항제4호 및 제5호에 따른 일반관리비 및 이윤을 따로 가산하여서는 아니된다. 〈개정 1999. 9. 9., 2009. 3. 5., 2026. 1. 2.〉

1. 조달청장이 조사하여 통보한 가격
2. 재정경제부장관이 정하는 기준에 적합한 전문가격조사기관으로서 재정경제부장관에게 등록한 기관이 조사하여 공표한 가격
3. 각 중앙관서의 장 또는 계약담당공무원이 2이상의 사업자에 대하여 당해 물품의 거래실례를 직접 조사하여 확인한 가격

②영 제9조제1항제3호에 따른 표준시장단가에 따라 예정가격을 결정할 때에 이미 수행한 공사의 종류별 계약단가, 입찰단가와 시공단가 등을 토대로 시장상황과 시공상황을 고려하여 산정하되, 이와 관련하여 필요한 사항은 재정경제부장관이 정한다. 〈개정 1999. 9. 9., 2009. 3. 5., 2014. 11. 4., 2026. 1. 2.〉

[제목개정 2014. 11. 4.]

제6조(원가계산에 의한 예정가격의 결정) ①공사 · 제조 · 구매(수입물품의 구매는 제외한다) 및 용역의 경우 영 제9조제1항제2호에 따라 원가계산에 의한 가격으로 예정가격을 결정함에 있어서는 그 예정가격에 다음 각 호의 비목을 포함시켜야 한다. 〈개정 1999. 9. 9., 2009. 3. 5., 2026. 1. 2.〉

1. 재료비

   계약목적물의 제조 · 시공 또는 용역등에 소요되는 규격별 재료량에 그 단위당 가격을 곱한 금액

2. 노무비

   계약목적물의 제조 · 시공 또는 용역등에 소요되는 공종별 노무량에 그 노임단가를 곱한 금액

3. 경비

   계약목적물의 제조 · 시공 또는 용역등에 소요되는 비목별 경비의 합계액

4. 일반관리비

   재료비 · 노무비 및 경비의 합계액에 제8조제1항(제10호를 제외한다)의 규정에 의한 일반관리비율을 곱한 금액

5. 이윤

   노무비 · 경비(재정경제부장관이 정하는 비목은 제외한다) 및 일반관리비의 합계액에 제8조제2항(제3호는 제외한다)에 따른 이윤율을 곱한 금액

②수입물품을 구매하는 경우 원가계산에 의한 가격으로 예정가격을 결정함에 있어서는 그 예정가격에 다음 각호의 비목을 포함시켜야 한다.

1. 수입물품의 외화표시원가
2. 통관료
3. 보세창고료
4. 하역료

5. 국내운반비
6. 신용장개설수수료
7. 일반관리비
   제1호 내지 제6호의 합계액에 제8조제1항제10호의 규정에 의한 일반관리비율을 곱한 금액
8. 이윤
   제2호 내지 제7호의 합계액에 제8조제2항제3호의 규정에 의한 이윤율을 곱한 금액

③각 중앙관서의 장 또는 계약담당공무원은 제1항 또는 제2항의 규정에 의하여 예정가격을 결정함에 있어서는 예정가격조서에 제1항 각호 또는 제2항 각호의 사항을 명백히 하여야 한다.

④재료비 · 노무비 및 경비의 비목은 재정경제부장관이 따로 정한다.〈개정 1999. 9. 9., 2009. 3. 5., 2026. 1. 2.〉

제7조(원가계산을 할 때 단위당 가격의 기준) ①제6조제1항에 따른 원가계산을 할 때 단위당 가격은 다음 각 호의 어느 하나에 해당하는 가격을 말하며, 그 적용순서는 다음 각 호의 순서에 의한다. 〈개정 1998. 2. 23., 1999. 9. 9., 2005. 9. 8., 2009. 3. 5., 2026. 1. 2.〉

1. 거래실례가격 또는 「통계법」 제15조에 따른 지정기관이 조사하여 공표한 가격. 다만, 재정경제부장관이 단위당 가격을 별도로 정한 경우 또는 각 중앙관서의 장이 별도로 재정경제부장관과 협의하여 단위당 가격을 조사 · 공표한 경우에는 해당 가격
2. 제10조제1호 내지 제3호의 1의 규정에 의한 가격

②각 중앙관서의 장 또는 계약담당공무원은 제1항제1호에 따른 가격을 적용함에 있어 다음 각 호의 어느 하나에 해당하는 경우에는 해당 노임단가에 그 노임단가의 100분의 15 이하에 해당하는 금액을 가산할 수 있다. 〈개정 1999. 9. 9., 2005. 9. 8., 2007. 10. 10., 2009. 3. 5., 2010. 7. 21.〉

1.「국가기술자격법」 제10조에 따른 국가기술자격 검정에 합격한 자로서 기능계 기술자격을 취득한 자를 특별히 사용하고자 하는 경우
2. 도서지역(제주특별자치도를 포함한다)에서 이루어지는 공사인 경우

제8조(원가계산에 의한 예정가격 결정시의 일반관리비율 및 이윤율) ①원가계산에 의한 가격으로 예정가격을 결정함에 있어서 일반관리비의 비율은 다음 각 호의 구분에 따른 비율을 초

과하지 못한다. 〈개정 2015. 6. 30., 2025. 5. 1.〉

1. 공사 : 100분의 6
2. 음 · 식료품의 제조 · 구매 : 100분의 14
3. 섬유 · 의복 · 가죽제품의 제조 · 구매 : 100분의 8
4. 나무 · 나무제품의 제조 · 구매 : 100분의 9
5. 종이 · 종이제품 · 인쇄출판물의 제조 · 구매 : 100분의 14
6. 화학 · 석유 · 석탄 · 고무 · 플라스틱 제품의 제조 · 구매 : 100분의 8
7. 비금속광물제품의 제조 · 구매 : 100분의 12
8. 제1차 금속제품의 제조 · 구매 : 100분의 6
9. 조립금속제품 · 기계 · 장비의 제조 · 구매 : 100분의 7
10. 수입물품의 구매 : 100분의 8
11. 기타 물품의 제조 · 구매 : 100분의 11
12. 폐기물 처리 · 재활용 용역: 100분의 10
13. 시설물 관리 · 경비 및 청소 용역: 100분의 9
14. 행사관리 및 그 밖의 사업지원 용역: 100분의 8
15. 여행, 숙박, 운송 및 보험 용역: 100분의 5
16. 장비 유지 · 보수 용역: 100분의 10
17. 기타 용역: 100분의 6

②원가계산에 의한 가격으로 예정가격을 결정할 때 이윤율은 다음 각 호의 어느 하나에 해당하는 율을 초과하지 못한다. 다만, 각 중앙관서의 장은 다음 각 호의 이윤율의 적용으로는 계약의 목적달성이 곤란하다고 인정되는 특별한 사유가 있는 경우에는 재정경제부장관과 협의하여 그 이윤율을 초과하여 정할 수 있다. 〈개정 1999. 9. 9., 2007. 10. 10., 2009. 3. 5., 2025. 1. 2., 2026. 1. 2.〉

1. 공사 : 100분의 15
2. 제조 · 구매(「소프트웨어 진흥법」 제46조제4항의 기준에 따른 소프트웨어개발을 포함한다) : 100분의 25
3. 수입물품의 구매 : 100분의 10
4. 용역(「소프트웨어 진흥법」 제46조제4항의 기준에 따른 소프트웨어개발을 제외한다)

: 100분의 10

제9조(원가계산서의 작성등) ①원가계산에 의한 가격으로 예정가격을 결정함에 있어서는 원가계산서를 작성하여야 한다. 다만, 각 중앙관서의 장 또는 계약담당공무원이 직접 원가계산 방법에 의하여 예정가격조서를 작성하는 경우에는 원가계산서를 따로 작성하지 아니할 수 있다.

②각 중앙관서의 장 또는 계약담당공무원은 계약목적물의 내용·성질 등이 특수하여 스스로 원가계산을 하기 곤란한 경우에는 다음 각 호의 어느 하나에 해당하는 기관(이하 "원가계산용역기관"이라 한다)에 원가계산을 의뢰할 수 있다. 〈개정 1999. 9. 9., 2005. 9. 8., 2009. 3. 5., 2018. 12. 4.〉

1. 정부 및 「공공기관의 운영에 관한 법률」에 따른 공공기관이 자산의 100분의 50 이상을 출자 또는 출연한 연구기관
2. 「고등교육법」 제2조 각호의 규정에 의한 학교의 연구소
3. 「산업교육진흥 및 산학연협력촉진에 관한 법률」 제25조에 따른 산학협력단
4. 「민법」 기타 다른 법령의 규정에 의하여 주무관청의 허가등을 받아 설립된 법인
5. 「공인회계사법」 제23조의 규정에 의하여 설립된 회계법인

③원가계산용역기관은 다음 각 호의 요건을 모두 갖추어야 한다. 〈신설 2018. 12. 4.〉

1. 정관 또는 학칙의 설립목적에 원가계산 업무가 명시되어 있을 것
2. 원가계산 전문인력 10명 이상을 상시 고용하고 있을 것
3. 기본재산이 2억원(제2항제2호 및 제3호의 경우에는 1억원) 이상일것

④제3항에 따른 원가계산용역기관의 세부 요건은 재정경제부장관이 정한다. 〈신설 2018. 12. 4., 2026. 1. 2.〉

⑤각 중앙관서의 장 또는 계약담당공무원은 제2항에 따라 원가계산을 의뢰한 경우 원가계산용역기관으로 하여금 이 규칙 및 재정경제부장관이 정하는 바에 의하여 원가계산서를 작성하게 하여야 한다. 〈개정 1999. 9. 9., 2009. 3. 5., 2018. 12. 4., 2026. 1. 2.〉

제10조(감정가격등에 의한 예정가격의 결정) 영 제9조제1항제4호의 규정에 의한 감정가격, 유사한 거래실례가격 또는 견적가격은 다음 각호의 1의 가격을 말하며, 그 적용순서는 다음 각호의 순서에 의한다. 〈개정 2005. 9. 8., 2013. 6. 28.〉

1. 감정가격: 「부동산가격공시 및 감정평가에 관한 법률」에 의한 감정평가법인 또는 감정평가사(「부가가치세법」 제8조에 따라 평가업무에 관한 사업자등록증을 교부받은 자에 한한다)가 감정평가한 가격
2. 유사한 거래실례가격: 기능과 용도가 유사한 물품의 거래실례가격
3. 견적가격: 계약상대자 또는 제3자로부터 직접 제출받은 가격

제11조(예정가격결정시의 세액합산등) ①예정가격에는 다음 각 호의 세액을 포함시켜야 한다. 〈개정 2005. 9. 8., 2009. 3. 5.〉
1. 「부가가치세법」에 의한 부가가치세
2. 「개별소비세법」에 따른 개별소비세
3. 「교육세법」에 의한 교육세
4. 「관세법」에 의한 관세
5. 「농어촌특별세법」에 의한 농어촌특별세

②제1항의 규정을 적용함에 있어서 원가계산에 의한 가격으로 예정가격을 결정하는 경우 그 예정가격은 제6조제1항 또는 제2항의 규정에 의하여 계산한 금액에 제1항 각호의 세액을 합하여 이를 계산한다. 이 경우 원가계산의 비목별 원재료의 단위당 가격은 제1항 각호의 세액을 감한 공급가액으로 하며, 제1항제1호의 부가가치세는 당해계약목적물의 공급가액에 부가가치세율을 곱하여 산출한다.

③제2항의 규정을 적용함에 있어서 「부가가치세법」 제26조제1항 또는 「조세특례제한법」 제106조제1항의 규정에 의하여 부가가치세가 면제되는 재화 또는 용역을 공급하는 자와 계약을 체결하기 위하여 예정가격을 결정하는 경우에는 당해 계약상대자가 부담할 비목별 원재료의 부가가치세 매입세액해당액을 제6조제1항의 규정에 의하여 계산한 금액에 합산한다. 〈개정 1999. 9. 9., 2005. 9. 8., 2013. 6. 28.〉

제12조(희망수량경쟁입찰시 예정가격의 결정) ①영 제17조의 규정에 의한 희망수량경쟁입찰에 있어서의 예정가격은 당해 물품의 단가로 이를 정하여야 한다.

②제1항의 경우 국고의 부담이 되는 물품의 제조 또는 구매에 관한 입찰인 때에는 그 입찰에 부치고자 하는 물품의 총수량을 기준으로 한 예정가격조서에 의하여 당해물품의 단가를 정하여야 한다.

제13조(예정가격의 변경) 각 중앙관서의 장 또는 계약담당공무원은 영 제20조제2항의

규정에 의한 재공고입찰에 있어서도 입찰자 또는 낙찰자가 없는 경우로서 당초의 예정가격으로는 영 제27조제1항의 규정에 의한 수의계약을 체결할 수 없는 때에는 당초의 예정가격을 변경하여 새로운 절차에 의한 경쟁입찰에 부칠 수 있다.

제3장 계약의 방법

제14조(입찰참가자격요건의 증명) ①영 제12조제1항제4호에서 "재정경제부령이 정하는 요건"이란 「소득세법」 제168조·「법인세법」 제111조 또는 「부가가치세법」 제8조에 따라 해당사업에 관한 사업자등록증을 교부받거나 고유번호를 부여받은 경우를 말한다. 〈개정 1999. 9. 9., 2000. 12. 30., 2005. 9. 8., 2006. 5. 25., 2006. 12. 29., 2007. 10. 10., 2009. 3. 5., 2013. 6. 28., 2026. 1. 2.〉

②각 중앙관서의 장 또는 계약담당공무원은 경쟁입찰에 참가하고자 하는 자로 하여금 제1항에 따른 요건은 사업자등록증 또는 고유번호를 확인하는 서류의 사본에 의하여, 영 제12조제1항제2호 및 제3호에 따른 요건은 관계기관(법령에 의하여 설립된 관련협회등 단체를 포함한다)에서 발행한 문서에 의하여 각각 이를 증명하게 하여야 한다. 〈개정 1998. 2. 23., 1999. 9. 9., 2006. 5. 25., 2007. 10. 10.〉

③제15조의 규정에 의하여 경쟁입찰참가자격등록을 한 자는 등록된 종목 또는 품목에 한하여 교부받은 경쟁입찰참가자격등록증에 의하여 제2항의 규정에 의한 자격을 증명할 수 있다. 〈개정 2002. 8. 24.〉

제15조(입찰참가자격의 등록) ①각 중앙관서의 장 또는 계약담당공무원은 경쟁입찰업무를 효율적으로 집행하기 위하여 미리 경쟁입찰참가자격의 등록을 하게 할 수 있다. 등록된 사항이 변경된 때에도 또한 같다.

②제1항에 따라 경쟁입찰참가자격의 등록을 하려는 자는 다음 각 호의 구분에 따른 서류를 제출하여야 한다. 〈개정 2006. 5. 25., 2007. 10. 10., 2009. 3. 5., 2010. 7. 21., 2013. 9. 17., 2015. 6. 30., 2016. 9. 23., 2025. 1. 2.〉

1. 공사등록의 경우에는 다음 각 목의 서류
   가. 등록신청서
   나. 관련되는 허가·인가·면허·등록·신고 등을 증명하는 서류(필요한 경우에 한한다)
   다. 삭제 〈2006. 7. 5.〉

라. 삭제 〈2006. 7. 5.〉
마. 인감증명서 또는 「본인서명사실 확인 등에 관한 법률」제2조제3호에 따른 본인서명사실확인서(이하 "본인서명사실확인서"라 한다)
2. 물품제조 · 구매등록의 경우에는 다음 각 목의 서류
가. 등록신청서
나. 관련되는 허가 · 인가 · 면허 · 등록 · 신고 등을 증명하는 서류(필요한 경우에 한한다)
다. 삭제 〈2006. 7. 5.〉
라. 삭제 〈2006. 7. 5.〉
마. 제조의 경우에는 「산업집적활성화 및 공장설립에 관한 법률 시행규칙」 제12조의3에 따른 공장등록대장 등본 또는 「중소기업진흥 및 제품구매촉진에 관한 법률」 제2조제8호에 따른 공공기관의 장이 직접 생산을 확인하여 증명하는 서류(공공기관의 장이 직접 생산을 확인하지 아니한 경우에는 조달청장이 직접 생산을 확인하여 증명하는 서류)
바. 인감증명서 또는 본인서명사실확인서
3. 용역등록의 경우에는 다음 각 목의 서류
가. 등록신청서
나. 관련되는 허가 · 인가 · 면허 · 등록 · 신고 등을 증명하는 서류(필요한 경우에 한한다)
다. 삭제 〈2006. 7. 5.〉
라. 삭제 〈2006. 7. 5.〉
마. 인감증명서 또는 본인서명사실확인서

③제2항에 따라 입찰참가자격의 등록신청을 받은 각 중앙관서의 장 또는 계약담당공무원은 「전자정부법」 제36조제1항에 따른 행정정보의 공동이용을 통하여 법인등기사항증명서, 공장등록증명서(제조등록의 경우에만 해당한다) 및 다음 각 호의 서류를 확인하여야 한다. 다만, 경쟁입찰참가자격의 등록을 신청하려는 자가 다음 각 호의 서류 확인에 동의하지 아니하는 경우에는 그 서류(사업자등록증의 경우에는 그 사본을 말한다)를 첨부하도록 하여야 한다. 〈신설 2006. 7. 5., 2007. 10. 10., 2010. 7. 21., 2012. 5. 18.〉
1. 사업자등록증, 고유번호를 확인하는 서류 또는 사업자등록증명원

2. 주민등록표 등본(개인의 경우만 해당한다)
3. 삭제 〈2012. 5. 18.〉
④각 중앙관서의 장 또는 계약담당공무원은 제1항의 규정에 의하여 입찰참가자격을 등록한 자에게 별지 제1호서식의 경쟁입찰참가자격등록증을 교부하여야 한다. 〈개정 2006. 7. 5.〉
⑤각 중앙관서의 장 또는 계약담당공무원은 제1항에 따라 등록을 받은 경우에는 전자조달시스템에 게재하여야 한다. 이 경우 전자조달시스템에 게재된 등록사항은 다른 중앙관서의 장 또는 계약담당공무원에게도 등록한 것으로 본다. 〈개정 2006. 5. 25., 2006. 7. 5., 2007. 10. 10., 2013. 9. 17., 2015. 6. 30., 2025. 1. 2.〉
⑥각 중앙관서의 장 또는 계약담당공무원은 당해 관서의 경쟁입찰업무에만 활용하기 위하여 경쟁입찰참가자격의 등록을 하게 할 수 있다. 이 경우 제5항은 적용하지 아니한다. 〈개정 2006.7.5.〉
⑦각 중앙관서의 장 또는 계약담당공무원은 경쟁입찰참가자격의 등록과 관련된 다음 각호의 사항을 전자조달시스템에 게재하여야 한다. 〈개정 2006.7.5., 2013.9.17.〉
1. 경쟁입찰참가자격을 미리 등록할 수 있다는 뜻
2. 등록에 필요한 서류
3. 경쟁입찰참가자격 등록사항에 변동이 있는 경우에는 입찰참가전에 미리 변경등록하여야 한다는 뜻
⑧조달청장은 제5항에 따라 전자조달시스템에 게재된 등록사항에 대하여 별도의 유효기간을 둘 수 있다. 〈신설 2007.10.10., 2013.9.17., 2015.6.30.〉
[전문개정 2002.8.24.]

제16조(입찰참가자격에 관한 서류의 확인등) ①각 중앙관서의 장 또는 계약담당공무원은 입찰참가자에 대하여 입찰참가자격의 유무 및 영 제76조의 규정에 의한 입찰참가자격제한의 여부를 확인하여야 한다.
②각 중앙관서의 장 또는 계약담당공무원은 제1항의 규정에 의하여 확인을 한 결과 자격서류의 내용이 사실과 다른 때에는 그 사실을 당해서류의 제출자에게 통지하고 서류보완등에 필요한 적절한 조치를 하여야 한다.

제17조(입찰참가자격의 부당한 제한금지) 각 중앙관서의 장 또는 계약담당공무원은 영, 이 규칙 및 다른 법령에 특별한 규정이 있는 경우외에는 영 제12조의 규정에 의한 경

쟁입찰참가자격외의 요건을 정하여 입찰참가를 제한하여서는 아니된다.

제18조(입찰참가자격요건 등록등의 배제) 다음 각 호의 어느 하나에 해당하는 경우에는 제14조부터 제16조까지의 규정을 적용하지 아니한다. 다만, 영 제76조에 따른 입찰참가자격제한의 여부에 관한 확인은 그러하지 아니하다. 〈개정 2009. 3. 5.〉

1. 국가 · 지방자치단체 또는 「공공기관의 운영에 관한 법률」에 따른 공공기관이 경쟁입찰에 참가하려는 경우
2. 세입의 원인이 되는 계약을 하는 경우

제19조(희망수량경쟁입찰의 대상범위) 영 제17조의 규정에 의하여 희망수량경쟁입찰의 방법에 의할 수 있는 경우는 다음 각호의 1과 같다.

1. 1인의 능력이나 생산시설로는 그 공급이 불가능하거나 곤란하다고 인정되는 다량의 동일물품을 제조하게 하거나 구매할 경우
2. 1인의 능력으로는 그 매수가 불가능하거나 곤란하다고 인정되는 다량의 동일물품을 매각할 경우
3. 수인의 공급자 또는 매수자와 분할계약하는 것이 가격 · 품질 기타 조건에 있어서 국가에 유리하다고 인정되는 다량의 동일물품을 제조 · 구매 또는 매각할 경우

제20조(희망수량경쟁입찰의 입찰공고) 희망수량경쟁입찰에 의하는 경우의 입찰공고에는 다음 각호의 사항을 명시하여야 한다.

1. 희망수량에 의한 일반경쟁입찰이라는 사항
2. 영 제36조 각호의 사항
3. 제47조제2항의 규정에 의한 입찰수량과 낙찰수량의 조정에 관한 사항
4. 기타 희망수량경쟁입찰에 관하여 필요한 사항

제21조(2종이상의 물품에 대한 희망수량경쟁입찰) 각 중앙관서의 장 또는 계약담당공무원은 2종이상의 물품에 대하여 희망수량경쟁입찰에 부치고자 하는 경우에는 물품의 종류별로 단가 및 수량에 대하여 입찰을 하게 하여야 한다.

제22조(경매) ①각 중앙관서의 장 또는 계약담당공무원은 영 제10조제2항의 규정에 의한 경매에 있어서는 예정가격을 제시하여 입찰하게 하고 최고입찰액을 발표한 후 다른 응찰자가 없을 때까지 다시 입찰하게 하여 최고가격의 입찰자를 낙찰자로 결정하여야 한다.

② 제1항의 규정에 의한 입찰의 경우 입찰보증금은 예정가격의 100분의 5 이상으로 하여야 한다.

제23조(계약이행의 성실도 평가 시 고려요소) 각 중앙관서의 장 또는 계약담당공무원이 영 제13조제2항에 따라 계약이행의 성실도를 평가할 때에는 법 제5조의2제1항에 따른 청렴계약 준수정도, 「건설기술진흥법」 제53조에 따른 부실벌점, 같은 법 제50조에 따른 평가결과 등을 고려하여야 한다. 〈개정 2013. 6. 19., 2016. 2. 1.〉

[전문개정 2010. 7. 21.]

제23조의2(입찰참가자격 사전심사 절차) ① 영 제13조제4항 각 호 외의 부분 본문에 따른 열람 및 교부 기간은 입찰공고일부터 입찰참가자격 사전심사 신청 마감일까지로 한다.

② 제1항에 따른 입찰참가자격 사전심사 신청은 입찰공고일부터 7일 이상이 지난 날부터 하도록 하여야 하며, 신청기간은 10일 이상으로 하되, 입찰공고 시 그 신청기간을 명시하여야 한다.

③ 각 중앙관서의 장 또는 계약담당공무원은 입찰참가자격 사전심사 신청 서류의 내용이 불명확하거나 누락된 서류가 있는 경우에는 3일 이내의 기간을 정하여 보완을 요구할 수 있다.

④ 각 중앙관서의 장 또는 계약담당공무원은 제2항에 따른 신청기간 또는 제3항에 따른 보완기간이 끝난 날부터 10일 이내에 입찰참가자격을 사전심사하여 그 결과를 전자조달시스템에 게재하여야 한다. 〈개정 2013. 9. 17.〉

⑤ 입찰참가자격 사전심사를 신청한 자가 제4항에 따른 사전심사 결과에 이의가 있는 경우에는 영 제14조의2에 따른 현장설명일 3일 전까지 각 중앙관서의 장 또는 계약담당공무원에게 재심사를 요청할 수 있다. 이 경우 요청을 받은 날부터 3일 이내에 그 재심사 결과를 통지하여야 한다.

[본조신설 2010. 7. 21.]

[종전 제23조의2는 제23조의3으로 이동 〈2010. 7. 21.〉]

제23조의3(단순한 노무에 의한 용역) 영 제18조제1항 · 제3항, 제64조제8항 및 제66조제2항에서 "재정경제부령으로 정하는 용역"이란 다음 각 호의 어느 하나에 해당하는 용역을 말한다. 〈개정 2009. 3. 5., 2018. 12. 4., 2026. 1. 2.〉

1. 청소용역
2. 검침(檢針)용역
3. 경비시스템 등에 의하지 아니하는 단순경비 또는 관리용역
4. 행사보조 등 인력지원용역

5. 그 밖에 제1호부터 제4호까지와 유사한 용역으로서 재정경제부장관이 정하는 용역
[본조신설 2006. 5. 25.]
[제목개정 2018. 12. 4.]
[제23조의2에서 이동 〈2010. 7. 21.〉]

제24조(제한경쟁입찰의 대상) ①영 제21조제1항제1호에서 "재정경제부령이 정하는 금액의 공사계약"이란 추정가격이 다음 각 호의 금액 이상인 공사계약을 말한다. 〈개정 2005. 9. 8., 2009. 3. 5., 2026. 1. 2.〉

1. 「건설산업기본법」에 의한 건설공사(전문공사를 제외한다) : 30억원
2. 「건설산업기본법」에 의한 전문공사 그 밖의 공사관련 법령에 의한 공사 : 3억원

②영 제21조제1항제6호에서 "재정경제부령으로 정하는 금액"이란 다음 각 호의 금액을 말한다. 〈개정 1996. 12. 31., 1998. 2. 23., 1999. 9. 9., 2003. 12. 12., 2005. 9. 8., 2009. 3. 5., 2018. 12. 4., 2026. 1. 2.〉

1. 공사의 경우에는 다음 각 목의 금액
  가. 「건설산업기본법」에 따른 건설공사(전문공사는 제외한다): 법 제4조제1항 각 호 외의 부분 본문에 따라 고시된 금액(이하 "고시금액"이라 한다)
  나. 「건설산업기본법」에 따른 전문공사와 그 밖에 공사 관련 법령에 따른 공사: 10억원
2. 물품의 제조 · 구매, 용역, 그 밖의 경우에는 고시금액

제25조(제한경쟁입찰의 제한기준) ①각 중앙관서의 장 또는 계약담당공무원은 영 제21조제1항에 따라 제한경쟁입찰에 참가할 자의 자격을 제한하는 경우 이행의 난이도, 규모의 대소, 수급상황 등을 적정하게 고려해야 한다. 〈개정 2019. 9. 17.〉

②각 중앙관서의 장 또는 계약담당공무원이 영 제21조제1항제1호부터 제3호까지 및 제5호에 따라 공사 · 제조 또는 용역 등의 실적, 시공능력으로 제한경쟁입찰에 참가할 자의 자격을 제한하는 경우 그 실적, 시공능력은 다음 각 호의 기준에 따라야 한다.〈개정 1996. 12. 31., 1998. 2. 23., 1999. 9. 9., 2005. 9. 8., 2006. 5. 25., 2017. 12. 28., 2019. 9. 17.〉

1. 공사 · 제조 또는 용역 등의 경우에는 다음 각 목의 실적. 다만, 계약목적의 달성에 지장이 있는 경우를 제외하고는 가목의 실적을 우선적으로 적용하여야 한다.
  가. 공사·제조 또는 용역 등의 실적의 규모 또는 양에 따르는 경우(제조 또는 용역의 경우에는 추정가격이 고시금액 이상인 계약에 한정한다)에는 해당 계약목

부록 2

적물의 규모 또는 양의 1배 이내

나. 공사·제조 또는 용역 등의 실적의 금액에 따르는 경우(제조 또는 용역의 경우에는 추정가격이 고시금액 이상인 계약에 한정한다)에는 해당 계약목적물의 추정가격(「건설산업기본법」등 다른 법령에서 시공능력 적용시 관급자재비를 포함하고 있는 경우에는 추정금액을 말한다. 이하 이 항에서 같다)의 1배 이내

2. 시공능력의 경우에는 해당 추정가격의 1배 이내

③ 영 제21조제1항제6호에 따라 법인등기부상 본점소재지(개인사업자인 경우에는 사업자등록증 또는 관련 법령에 따른 허가 · 인가 · 면허 · 등록 · 신고 등에 관련된 서류에 기재된 사업장의 소재지를 말한다. 이하 같다)를 기준으로 제한경쟁입찰에 참가할 자의 자격을 제한하는 경우에는 법인등기부상 본점소재지가 해당 공사 등의 현장 · 납품지 등이 소재하는 특별시 · 광역시 · 특별자치시 · 도 또는 특별자치도(이하 이 항에서 "시 · 도"라 한다)의 관할구역(「공공기관 지방이전에 따른 혁신도시 건설 및 지원에 관한 특별법」 제31조에 따른 공동혁신도시의 경우에는 해당공동혁신도시 건설 공동 주체의 관할구역 전체를 말하며, 이하 이 항에서 같다) 안에 있는 자로 제한해야 한다. 다만, 다음 각 호의 어느 하나에 해당하는 경우에는 해당 공사 등의 현장 · 납품지 등이 있는 시 · 도에 인접한 시 · 도(이하 이 항에서 "인접 시 · 도"라 한다)의 관할구역 안에 있는 자를 포함해 제한할 수 있다.〈개정 2019. 9. 17.〉

1. 공사 등의 현장 · 납품지 등이 인접 시 · 도에 걸쳐 있는 경우
2. 공사 등의 현장 · 납품지 등이 있는 시 · 도에 사업 이행에 필요한 자격을 갖춘 자가 10인 미만인 경우

④광역시 · 특별자치시 또는 도의 관할구역내에서 특별시 · 광역시 또는 특별자치시가 신설(편입된 경우를 제외한다)되는 경우에는 그 신설된 날부터 3년간은 종전의 광역시 · 특별자치시 또는 도의 관할구역과 신설된 특별시 · 광역시 또는 특별자치시의 관할구역은 이를 분리하지 아니한 것으로 보아 제3항의 규정을 적용한다. 〈개정 2012. 5. 18.〉

⑤각 중앙관서의 장 또는 계약담당공무원은 영 제21조제1항에 따라 제한경쟁입찰에 참가할 자의 자격을 제한함에 있어서 같은 항 각 호 또는 각 호 내의 사항을 중복적으로 제한하여서는 아니된다. 다만, 영 제21조제1항제6호의 사항에 따라 제한하는 경우에는 같은 항 제2호의 사항과 중복하여 제한할 수 있으며, 영 제21조제

1항제8호 또는 제10호의 사항에 따라 제한하는 경우에는 같은 항 각 호의 사항과 중복하여 제한할 수 있다. 〈개정 1996. 12. 31., 2009. 3. 5., 2018. 12. 4.〉

⑥각 중앙관서의 장 또는 계약담당공무원은 영 제22조의 규정에 의하여 공사를 성질별 · 규모별로 유형화하여 제한기준을 정하는 경우에는 제2항의 규정에 의한 제한기준에 의하지 아니할 수 있다.

제26조(제한경쟁입찰 참가자격통지) ①각 중앙관서의 장 또는 계약담당공무원은 영 제21조제3항 또는 영 제22조제2항의 규정에 의하여 입찰참가적격자에게 입찰참가통지를 하는 경우에는 별지 제2호서식의 경쟁입찰참가통지서에 의하여야 한다.

②제1항의 규정에 의한 입찰참가통지는 현장설명일 7일전(현장설명을 하지 아니하는 경우에는 입찰서 제출마감일 7일전)까지 하여야 한다. 다만, 긴급을 요하는 경우에는 입찰서 제출마감일 5일전까지 통지할 수 있다. 〈개정 1996. 12. 31.〉

제27조(지명경쟁입찰의 지명기준) 각 중앙관서의 장 또는 계약담당공무원은 영 제23조제1항제1호 내지 제3호 · 제6호 또는 제9호에 따라 지명경쟁입찰에 참가할 자를 지명하는 경우에는 다음 각 호의 기준에 의하여 지명하되, 경쟁원리가 적정하게 이루어지도록 하여야 한다. 〈개정 1998. 2. 23., 1999. 9. 9., 2005. 9. 8., 2006. 5. 25.〉

1. 공사

가. 시공능력을 기준으로 지명하는 경우에는 제25조제2항제2호의 규정을 준용하여 지명할 것

나. 신용과 실적 및 경영상태를 기준으로 업체를 지명하되 특수한 기술의 보유가 필요한 경우에는 이를 보유한 자를 지명할 것

다. 삭제 〈1999. 9. 9.〉

2. 물품의 제조 · 구매, 수리 · 가공 등

계약의 성질 또는 목적에 비추어 특수한 기술, 기계 · 기구, 생산설비 등을 보유하고 있는 자로 하여금 행하게 할 필요가 있는 경우에는 그 기술, 기계 · 기구, 생산설비등을 보유한 자를 지명할 것

제28조 삭제 〈1999. 9. 9.〉

제29조(지명경쟁계약의 보고서류등) ①계약담당공무원은 영 제23조제2항에 따라 지명경쟁입찰에 의한 계약(이하 "지명경쟁계약"이라 한다)을 보고하고자 할 때에는 제49조제1항 또는 제3항에 따른 계약서(해당계약서에 첨부하여야 하는 서류를 포함한다. 이하 이 조에서 같다)의 사본과 다음 각 호의 사항을 명백히 한 서류를 그 소속

중앙관서의 장에게 제출하여야 한다. 〈개정 1998. 2. 23., 2006. 5. 25.〉
1. 계약의 목적
2. 예산과목
3. 적용법령조문 및 구체적인 적용사유
4. 삭제 〈2006. 5. 25.〉
5. 삭제 〈2006. 5. 25.〉
6. 기타 참고사항

②각 중앙관서의 장은 영 제23조제2항에 따라 감사원에 지명경쟁계약의 내용을 통지하는 때에는 제1항에 따른 계약서의 사본 및 서류를 함께 제출하여야 한다. 〈2006. 5. 25.〉

③각 중앙관서의 장 또는 계약담당공무원은 지명경쟁입찰참가자로 지명된 자로부터 제27조의 규정에 의한 지명기준에 적합함을 증명하는 서류를 제출받아 이를 비치하여야 한다.

[제목개정 1998. 2. 23.]

제30조(지명경쟁입찰 참가자격통지) 제26조의 규정은 지명경쟁입찰의 참가적격자에 대한 입찰참가통지에 관하여 이를 준용한다.

제31조 삭제 〈2010. 7. 21.〉

제32조(재공고입찰등에 의한 수의 계약시 계약상대자 결정) 각 중앙관서의 장 또는 계약담당공무원은 영 제27조제1항제2호의 규정에 의하여 수의 계약을 체결하고자 할 때에는 국가에 가장 유리한 가격을 제시한 자를 계약상대자로 결정하여야 한다. 〈개정 1998. 2. 23.〉

제33조(견적에 의한 가격결정 등) ①영 제30조제2항 단서에서 "전자조달시스템에 의한 견적서제출이 곤란한 경우로서 재정경제부령이 정하는 경우"란 다음 각 호의 어느 하나에 해당하는 경우를 말한다. 〈신설 2006. 12. 29., 2009. 3. 5., 2013. 9. 17., 2026. 1. 2.〉
1. 전문적인 학술연구용역의 경우
2. 농 · 수산물 및 음식물(그 재료를 포함한다)의 구입 등 신선도와 품질을 우선적으로 고려하여야 하는 경우
3. 그 밖에 계약의 목적이나 특성상 전자조달시스템에 의한 견적서제출이 곤란한 경우로서 재정경제부장관이 정하는 경우

②각 중앙관서의 장 또는 계약담당공무원이 영 제30조제4항에 따라 법인등기부상 본점소재지를 기준으로 견적서제출을 제한하는 경우에는 법인등기부상 본점소재지가 해당공사의 현장, 물품의 납품지 등이 소재하는 특별시 · 광역시 · 특별자치시 · 도 또는 특별자치도의 관할구역 안에 있는 자로 제한하여야 한다. 다만, 공사의 현장, 물품의 납품지 등이 소재하는 시(행정시를 포함한다. 이하 이 항에서 같다) · 군(도의 관할구역 안에 있는 군을 말한다. 이하 이 항에서 같다)에 해당계약의 이행에 필요한 자격을 갖춘 자가 5인 이상인 경우에는 그 시 · 군의 관할구역 안에 있는 자로 제한할 수 있다. 〈신설 2006. 12. 29., 2012. 5. 18., 2016. 9. 23.〉

③영 제30조제7항에서 "재정경제부령이 정하는 경우"란 다음 각 호의 경우를 말한다. 〈개정 1999. 9. 9., 2000. 12. 30., 2005. 9. 8., 2006. 12. 29., 2009. 3. 5., 2025. 5. 1., 2026. 1. 2.〉

1. 전기 · 가스 · 수도등의 공급계약
2. 추정가격이 100만원 미만인 물품의 제조 · 구매 · 임차 및 용역계약

[제목개정 2006. 12. 29.]

제34조(희망수량경쟁입찰과 수의계약) 각 중앙관서의 장 또는 계약담당공무원은 희망수량경쟁입찰에 있어서 낙찰자중 계약을 체결하지 아니한 자가 있는 경우에 영 제28조의 규정에 의하여 수의계약에 의할 때에는 물품의 제조나 구매에 있어서는 당해 낙찰자의 낙찰단가 이하로서, 물품의 매각에 있어서는 당해 낙찰자의 낙찰단가 이상으로 계약을 체결하여야 한다.

제35조(수의계약의 보고서류등) ①계약담당공무원은 영 제26조제5항에 따라 수의계약을 보고하고자 할 때에는 제49조제1항 또는 제3항에 따른 계약서(해당계약서에 첨부하여야 하는 서류를 포함한다. 이하 이 조에서 같다)의 사본과 다음 각 호의 사항을 명백히 한 서류를 그 소속 중앙관서의 장에게 제출하여야 한다. 〈개정 1998. 2. 23., 2006. 5. 25., 2010. 7. 21.〉

1. 계약의 목적
2. 예산과목
3. 적용법령조문 및 구체적인 적용사유
4. 삭제 〈2006. 5. 25.〉
5. 삭제 〈2006. 5. 25.〉
6. 삭제 〈2006. 5. 25.〉

7. 기타 참고사항

②각 중앙관서의 장은 영 제26조제5항에 따라 감사원에 수의계약의 내용을 통지하는 때에는 제1항에 따른 계약서의 사본 및 서류를 함께 제출하여야 한다. 〈개정 2006. 5. 25., 2010. 7. 21.〉

[제목개정 1998. 2. 23.]

제36조(수의계약 적용사유에 대한 근거서류) 각 중앙관서의 장 또는 계약담당공무원은 영 제26조제1항제1호가목·다목, 제2호, 제3호가목부터 마목까지, 제4호가목부터 라목까지 또는 제5호다목·라목에 따라 수의계약을 체결하려는 경우에는 그 적용사유에 해당되는지의 여부를 입증할 근거서류를 비치하여야 한다.

[전문개정 2010. 7. 21.]

제37조(경쟁계약에 관한 규정의 준용) 제14조제1항 및 제2항은 수의계약의 경우에 준용한다.

[전문개정 2009. 3. 5.]

제4장 입찰 및 낙찰절차

제38조 삭제 〈2002. 8. 24.〉

제39조(입찰참가의 통지등) 각 중앙관서의 장 또는 계약담당공무원은 영 제13조 또는 영 제34조의 규정에 의하여 당해입찰참가적격자에게 입찰참가통지를 하는 때에는 별지 제2호서식의 경쟁입찰참가통지서에 의한다.

제40조(입찰 참가신청) ①각 중앙관서의 장 또는 계약담당공무원은 경쟁 입찰에 부치고자 할 때에는 입찰참가신청인으로 하여금 다음 각호의 서류를 제출하게 하여야 한다. 다만, 제15조의 규정에 의하여 자격등록을 한 자에 대하여는 입찰 보증금의 납부로써 다음 각호의 서류의 제출에 갈음하게 할 수 있다.

1. 별지 제3호서식의 입찰참가신청서
2. 입찰참가자격을 증명하는 서류
3. 기타 입찰공고 또는 지명통지에서 요구한 서류

②각 중앙관서의 장 또는 계약담당공무원은 입찰참가신청인이 제1항 각호의 서류

를 제출한 때에는 그 서류의 내용을 검토하여 이를 접수하고 필요한 사항에 대하여 사실조사를 할 수 있다.

③각 중앙관서의 장 또는 계약담당공무원은 입찰참가신청서류를 접수한 때에는 별지 제4호서식의 입찰참가신청증을 교부하여야 한다. 다만, 우편입찰의 경우 기타 필요하지 아니하다고 인정되는 경우에는 이를 생략할 수 있다.

④제1항 본문의 규정에 의하여 제출하는 입찰참가신청서류의 접수마감일은 입찰서 제출마감일 전일로 한다. 〈개정 1996. 12. 31.〉

제41조(입찰에 관한 서류의 작성) ①영 제14조제1항제3호에서 "재정경제부령으로 정하는 서류"란 다음 각 호의 서류를 말한다. 〈개정 1999. 9. 9., 2006. 5. 25., 2009. 3. 5., 2010. 7. 21., 2026. 1. 2.〉

1. 입찰공고문 또는 입찰참가통지서
2. 입찰유의서
3. 입찰참가신청서 · 입찰서 및 계약서 서식
4. 계약일반조건 및 계약특수조건

4의2. 삭제 〈2010. 7. 21.〉

5. 영 제42조제5항 · 제6항에 따른 낙찰자 결정관련 심사기준(세부심사기준을 포함한다)
6. 영 제6장 및 제8장을 적용받는 공사의 경우 입찰안내서
7. 기타 참고사항을 기재한 서류

② 영 제16조제1항 본문에서 "재정경제부령으로 정하는 입찰에 관한 서류"란 다음 각 호의 서류를 말한다. 〈개정 2010. 7. 21., 2026. 1. 2.〉

1. 제1항제1호부터 제4호까지의 서류
2. 영 제43조제7항에 따른 계약체결기준(세부기준을 포함한다)
3. 용역계약의 경우 과업지시서
4. 제1호부터 제3호까지의 서류 외에 참고사항을 적은 서류

[전문개정 1996. 12. 31.]

[제목개정 2010. 7. 21.]

제41조의2 삭제 〈2019. 9. 17.〉

제42조(입찰방법) ①각 중앙관서의 장 또는 계약담당공무원은 경쟁입찰에 참가하고자

하는 자로 하여금 별지 제5호서식(입찰 및 낙찰자 결정을 전산처리에 의하여 하고자 하는 경우에는 별지 제6호서식)의 입찰서를 제출하게 하여야 한다.

②제1항의 규정에 의하여 제출하는 입찰서는 1인 1통으로 한다.

③각 중앙관서의 장 또는 계약담당공무원은 입찰에 참가하고자 하는 자가 별지 제3호서식의 입찰참가신청서를 제출하는 때부터 입찰 개시시각전까지 입찰대리인을 지정하거나 지정된 입찰대리인을 변경하는 경우에는 그 대리인을 당해입찰에 참가하게 할 수 있다. 〈개정 1999. 9. 9.〉

④각 중앙관서의 장 또는 계약담당공무원은 입찰서를 접수한 때에는 당해입찰서에 확인인을 날인하고 개찰시까지 개봉하지 아니하고 보관하여야 한다.

⑤제1항에 따라 제출하는 입찰서에 사용되는 인감(서명을 포함한다. 이하 이 항에서 같다)은 입찰참가신청서 제출시 신고한 인감과 같아야 한다. 〈개정 1996. 12. 31., 2016. 9. 23.〉

⑥각 중앙관서의 장 또는 계약담당공무원은 영 제44조제1항의 규정에 의하여 물품의 제조 또는 구매계약을 체결하고자 하는 때에는 입찰시에 입찰자로 하여금 입찰서와 함께 당해 물품의 품질 · 성능 · 효율등이 표시된 품질등의 표시서(이하 "품질등 표시서"라 한다)를 제출하게 하여야 한다. 〈개정 1999. 9. 9., 2000. 12. 30.〉

제43조(입찰보증금의 납부) ①각 중앙관서의 장 또는 계약담당공무원은 입찰참가자로 하여금 입찰신청마감일까지 별지 제3호서식의 입찰참가신청서와 함께 소정절차에 따라 영 제37조에 따른 입찰보증금을 납부하게 하여야 한다. 다만, 영 제37조제2항제4호에 따른 보증서 중 1회계연도내의 모든 입찰(공사의 경우로 한정한다)에 대한 입찰보증금으로 납부할 수 있는 보증서의 경우에는 재정경제부장관이 정하는 바에 의하여 매 회계연도초에 이를 제출하게 할 수 있다. 〈개정 1999. 9. 9., 2009. 3. 5., 2026. 1. 2.〉

②영 제37조제4항의 규정에 의한 입찰보증금에 해당하는 금액의 지급을 확약하는 내용의 문서는 별지 제3호서식의 입찰참가신청서에 따라 입찰참가신청을 하거나 입찰서를 제출하는 때에 이를 제출하여야 한다. 〈신설 1999.9.9., 2012.5.18.〉

제44조(입찰무효) ①영 제39조제4항에 따라 무효로 하는 입찰은 다음과 같다. 〈개정 1996. 12. 31., 1999. 9. 9., 2002. 3. 25., 2002. 8. 24., 2006. 5. 25., 2006. 12. 29., 2009. 3. 5., 2012. 5. 18., 2013. 9. 17., 2016. 2. 1., 2016. 9. 23.,

2021. 7. 6., 2026. 1. 2.〉

1. 입찰참가자격이 없는 자가 한 입찰

1의2. 영 제76조제5항에 따라 입찰참가자격 제한기간 내에 있는 대표자를 통한 입찰

2. 입찰보증금의 납부일시까지 소정의 입찰보증금을 납부하지 아니하고 한 입찰

3. 입찰서가 그 도착일시까지 소정의 입찰장소에 도착하지 아니한 입찰

4. 동일사항에 동일인(1인이 수개의 법인의 대표자인 경우 해당수개의 법인을 동일인으로 본다)이 2통 이상의 입찰서를 제출한 입찰

5. 삭제 〈2006. 5. 25.〉

6. 영 제14조제6항에 따른 입찰로서 입찰서와 함께 산출내역서를 제출하지 아니한 입찰 및 입찰서상의 금액과 산출내역서상의 금액이 일치하지 아니한 입찰과 그 밖에 재정경제부장관이 정하는 입찰무효사유에 해당하는 입찰

6의2. 삭제 〈2006. 5. 25.〉

6의3. 제15조제1항에 따라 등록된 사항중 다음 각 목의 어느 하나에 해당하는 등록사항을 변경등록하지 아니하고 입찰서를 제출한 입찰

가. 상호 또는 법인의 명칭

나. 대표자(수인의 대표자가 있는 경우에는 대표자 전원)의 성명

다. 삭제 〈2006. 12. 29.〉

라. 삭제 〈2006. 12. 29.〉

7. 삭제 〈2009. 3. 5.〉

7의2. 영 제39조제1항에 따라 전자조달시스템 또는 각 중앙관서의 장이 지정·고시한 정보처리장치를 이용하여 입찰서를 제출하는 경우 해당 규정에 따른 방식에 의하지 아니하고 입찰서를 제출한 입찰

7의3. 삭제 〈2019. 9. 17.〉

8. 영 제44조제1항의 규정에 의한 입찰로서 제42조제6항의 규정에 의하여 입찰서와 함께 제출하여야 하는 품질등 표시서를 제출하지 아니한 입찰

9. 영 제72조제3항 또는 제4항에 따른 공동계약의 방법에 위반한 입찰

10. 영 제79조에 따른 대안입찰의 경우 원안을 설계한 자 또는 원안을 감리한 자가 공동으로 참여한 입찰

10의2. 영 제98조제2호에 따른 실시설계 기술제안입찰 또는 같은 조 제3호에 따른 기본설계 기술제안입찰의 경우 원안을 설계한 자 또는 원안을 감리한 자가 공동으로 참여한 입찰

11. 제1호부터 제10호까지 외에 재정경제부장관이 정하는 입찰유의서에 위반된 입

② 제1항에도 불구하고 영 제72조에 따라 공동수급체를 구성한 입찰자의 대표자 외의 구성원이 제1항 각 호의 사유에 해당하는 경우에는 해당 구성원에 대해서만 입찰을 무효로 한다.〈신설 2016. 9. 23.〉

제45조(입찰무효의 이유표시) 각 중앙관서의 장 또는 계약담당공무원은 입찰을 무효로 하는 경우에는 무효여부를 확인하는데 장시간이 소요되는 등 부득이한 사유가 없는 한 개찰장소에서 개찰에 참가한 입찰자에게 이유를 명시하고 그 뜻을 알려야 한다. 다만, 영 제39조제1항에 따라 전자조달시스템 또는 각 중앙관서의 장이 지정 · 고시한 정보처리장치를 이용하여 입찰서를 제출하게 하는 경우에는 입찰공고에 표시한 절차와 방법으로 입찰자에게 입찰무효의 이유를 명시하고 그 뜻을 알려야 한다. 〈개정 2000. 12. 30., 2002. 8. 24., 2012. 5. 18., 2013. 9. 17.〉

제46조(특정물품의 제조 또는 구매시의 품질등에 의한 낙찰자 결정) 각 중앙관서의 장 또는 계약담당공무원은 영 제44조제1항의 규정에 의하여 낙찰자를 결정함에 있어서는 제42조제6항의 규정에 의하여 입찰서와 함께 제출된 품질등 표시서를 영 제44조 제2항의 규정에 의한 평가기준에 따라 평가하고 특별한 사유가 없는 한 입찰일 또는 개찰일부터 10일 이내에 낙찰자를 결정하여야 한다.

제47조(희망수량경쟁입찰의 낙찰자 결정) ①각 중앙관서의 장 또는 계약담당공무원은 영 제45조 또는 영 제46조의 규정에 의한 희망수량경쟁입찰의 낙찰자 결정에 있어서 낙찰자가 될 동가의 입찰자가 2인이상 있을 때에는 입찰수량이 많은 자를 우선순위의 낙찰자로 하며, 입찰수량이 동일한 때에는 영 제47조의 규정에 준하여 추첨으로 낙찰자를 결정한다.

②제1항의 규정에 의하여 낙찰자를 결정함에 있어서 최후순위의 낙찰자의 수량이 다른 낙찰자의 수량과 합산하여 수요량 또는 매각량을 초과하는 경우에는 그 초과하는 수량은 이를 낙찰되지 아니한 것으로 본다.

제48조(개찰 및 낙찰선언) ①각 중앙관서의 장 또는 계약담당공무원은 지정된 시간까지 입찰서를 접수한 때에는 입찰서의 접수마감을 선언하고, 입찰자의 참석하에 입찰서

를 개봉하여야 한다. 다만, 영 제39조제1항에 따라 전자조달시스템 또는 각 중앙관서의 장이 지정 · 고시한 정보처리장치를 이용하여 입찰서를 제출하게 하는 경우에는 입찰공고에 표시한 절차와 방법으로 입찰서의 접수를 마감하고 입찰서를 개봉하여야 한다. 〈개정 2000. 12. 30., 2002. 8. 24., 2012. 5. 18., 2013. 9. 17.〉

②각 중앙관서의 장 또는 계약담당공무원은 영 제18조제3항에 따라 규격과 가격 또는 기술과 가격입찰을 동시에 실시하는 경우에는 영 제11조의 규정에 의하여 2인이상의 유효한 입찰로 성립한 규격입찰 또는 기술입찰의 개찰결과 규격적격자 또는 기술적격자로 확정된 자가 1인인 경우에도 가격입찰서를 개봉할 수 있다. 〈개정 2010. 7. 21.〉

③ 삭제 〈2000. 12. 30.〉

제5장 계약의 체결 및 이행

제49조(계약서의 작성) ①각 중앙관서의 장 또는 계약담당공무원은 계약상대자를 결정한 때에는 지체없이 별지 제7호서식, 별지 제8호서식 또는 별지 제9호서식의 표준계약서에 의하여 계약을 체결하여야 한다.

②각 중앙관서의 장 또는 계약담당공무원은 제1항의 규정에 의한 표준계약서에 기재된 계약일반사항외에 당해계약에 필요한 특약사항을 명시하여 계약을 체결할 수 있다.

③각 중앙관서의 장 또는 계약담당공무원은 제1항의 규정에 의한 서식에 의하기가 곤란하다고 인정될 때에는 따로 이와 다른 양식에 의한 계약서에 의하여 계약을 체결할 수 있다.

④각 중앙관서의 장 또는 계약담당공무원은 영 제50조제6항제1호 내지 제3호 및 제5호의 규정에 의하여 계약보증금의 전부 또는 일부의 납부를 면제하는 경우에는 계약서에 그 사유 및 면제금액을 기재하고 계약보증금지급각서를 제출하게 하여 이를 첨부하여야 한다. 〈개정 1996. 12. 31., 2003. 12. 12.〉

제50조(계약서의 작성을 생략하는 경우) 각 중앙관서의 장 또는 계약담당공무원은 영 제49조에 따라 계약서의 작성을 생략하는 경우에는 계약상대자로부터 청구서 · 각서 · 협정서 · 승낙사항등 계약성립의 증거가 될 수 있는 서류를 제출받아 비치하여야

한다. 다만, 재정경제부장관이 따로 정하는 회계경리에 관한 서식에 의한 경우에는 그러하지 아니하다. 〈개정 1999. 9. 9., 2009. 3. 5., 2026. 1. 2.〉

제51조(계약보증금 납부) ①각 중앙관서의 장 또는 계약담당공무원은 계약을 체결하고자 할 때에는 낙찰자 또는 계약상대자로 하여금 계약체결전까지 별지 제10호서식의 계약보증금납부서와 함께 소정절차에 따라 영 제50조의 규정에 의한 계약보증금을 납부하게 하여야 한다.

②각 중앙관서의 장 또는 계약담당공무원은 계약상대자가 제43조의 규정에 의하여 납부한 입찰보증금을 별지 제11호서식의 입찰보증금의 계약보증금 대체납부신청서에 의하여 계약보증금으로 대체할 것을 요청한 때에는 계약보증금으로 이를 대체정리하여야 한다.

제52조(하자보수보증금의 납부) 각 중앙관서의 장 또는 계약담당공무원은 공사의 준공검사를 마친 때에는 그 공사대가의 최종지출시까지 별지 제12호서식의 하자보수보증금납부서와 함께 영 제62조의 규정에 의한 하자보수보증금을 납부하게 하여야 한다.

제53조(현금에 의한 보증금 납부) 각 중앙관서의 장 또는 계약담당공무원은 입찰참가자 또는 계약상대자가 제43조 · 제51조 및 제52조의 규정에 의한 보증금을 현금으로 납부할 때에는 세입세출외 현금출납공무원으로 하여금 정부보관금취급규칙에 의하여 수령하게 하여야 한다.

제54조(증권에 의한 보증금 납부) ①각 중앙관서의 장 또는 계약담당공무원은 입찰참가자 또는 계약상대자가 제43조 · 제51조 및 제52조에 따른 보증금을 영 제37조제2항 제2호에 따른 증권으로 납부할 때에는 유가증권취급공무원으로 하여금 정부유가증권취급규정에 의하여 수령하게 하여야 한다. 〈개정 2009. 3. 5.〉

②각 중앙관서의 장 또는 계약담당공무원은 계약상대자가 제43조 · 제51조 및 제52조의 규정에 의한 보증금을 국채중 등록국채로 납부하는 때에는 국채등록필통지서와 함께 별지 제13호서식의 질권설정동의서를 제출하게 하여야 하며 유가증권취급공무원으로 하여금 정부유가증권취급규정에 의하여 보관하게 하여야 한다.

③유가증권취급공무원은 제2항의 규정에 의하여 국채등록필통지서와 질권설정동의서를 제출받은 때에는 부득이한 사유가 없는 한 지체없이 자신을 질권자로 하는 질권설정조치를 하여야 한다.

[제목개정 2009. 3. 5.]

제55조(보증보험증권등에 의한 보증금 납부) ①각 중앙관서의 장 또는 계약담당공무원은 입찰참가자 또는 계약상대자가 제43조 · 제51조 및 제52조의 규정에 의한 보증금을 영 제37조제2항제1호 · 제3호 또는 제4호의 규정에 의한 지급보증서 · 보증보험증권 또는 보증서(이하 "보증보험증권등"이라 한다)로 납부하고자 할 때에는 다음 각 호의 요건이 충족된 것으로 유가증권취급공무원에게 제출하게 하여야 한다. 〈개정 1996. 12. 31., 2005. 9. 8., 2006. 12. 29.〉

1. 피보증인의 명의가 대한민국정부일 것
2. 보증금액이 납부하여야 할 보증금액이상일 것
3. 보증기간은 보증금에 따라 다음 각목의 어느 하나에 해당할 것

가. 입찰보증금

(1) 보증기간의 초일 : 입찰서 제출마감일 이전일 것

(2) 보증기간의 만료일 : 입찰서 제출마감일 다음날부터 30일 이후일 것. 다만, 영 제78조의 규정에 의한 공사입찰의 경우에는 입찰서 제출마감일 다음날부터 90일 이후이어야 한다.

나. 계약보증금

(1) 보증기간의 초일 : 계약기간 개시일

(2) 보증기간의 만료일 : 계약기간의 종료일 이후일 것

다. 하자보수보증금

(1) 보증기간의 초일 : 목적물을 인수한 날과 준공검사를 완료한 날 중에서 먼저 도래한 날

(2) 보증기간의 만료일 : 하자담보책임기간 종료일 이후일 것

4. 보증보험증권등에 기재된 보증내용이 입찰참가자 또는 계약상대자의 의무이행과 동일한 내용을 보증하는 것일것
5. 보증보험증권인 경우에는 보증보험보통보험약관에 규정된 면책사유에 불구하고 국고에 귀속시켜야 할 금액을 보증하는 특약조항이 있을 것

②유가증권취급공무원은 보증보험증권등의 제출이 있는 때에는 제1항 각호의 규정에 의한 사항등 기타 필요한 사항을 확인한 후 이를 정부유가증권취급규정에 의하여 보관하여야 한다.

[제목개정 2009.3.5.]

第56조(정기예금증서등에 의한 보증금 납부) ①각 중앙관서의 장 또는 계약담당공무원은 입찰참가자 또는 계약상대자가 제43조 · 제51조 및 제52조의 규정에 의한 보증금을 영 제37조제2항제5호 내지 제7호의 규정에 의한 정기예금증서 또는 수익증권(이하 "정기예금증서등"이라 한다)으로 납부하고자 하는 경우에는 유가증권취급공무원으로 하여금 정부유가증권취급규정에 의하여 수령하게 하여야 한다.

②제54조제2항 및 제3항의 규정중 질권설정동의서의 제출, 등록국채의 보관, 질권의 설정에 관한 규정은 제1항의 규정에 의하여 정기예금증서등으로 보증금을 납부하는 경우에 이를 준용한다.

第57조(주식에 의한 보증금 납부) ① 각 중앙관서의 장 또는 계약담당공무원은 입찰참가자 또는 계약상대자가 보증금을 주식(「자본시장과 금융투자업에 관한 법률」 제171조제4항에 따른 예탁증명서로 갈음하는 경우에는 예탁증명서를 말한다)으로 납부하고자 할 때에는 미리 「정부유가증권취급규칙」에 따른 유가증권취급점(이하 "유가증권취급점"이라 한다)에 납입하게 하여 「한국은행 정부유가증권취급규칙」에 따라 발행한 정부보관유가증권납입확인통지서와 함께 해당주식에 대한 양도증서 및 별지 제14호서식의 각서를 유가증권취급공무원에게 제출하게 해야 한다. 〈개정 1999. 9. 9., 2005. 9. 8., 2009. 3. 5., 2016. 2. 1., 2021. 10. 28.〉

② 유가증권취급점은 제1항에 따라 정부보관유가증권납입서와 주식을 제출받은 때에는 주식의 종류 · 권면액 · 기호 · 번호 · 장수등과 상장증권인지의 여부를 확인하고 「한국은행 정부유가증권취급규칙」에 따라 발행하는 정부보관유가증권납입확인통지서의 비고란에 해당 주식의 소유자(기명식 주식의 경우에는 최후의 양수인)의 성명을 주식별로 기재하고 해당주식을 제출한 자에게 교부해야 한다. 〈개정 1999. 9. 9., 2005. 9. 8., 2009. 3. 5., 2016. 2. 1., 2021. 10. 28.〉

第58조(주식양도증서) 제57조의 규정에 의하여 제출하는 주식의 양도증서는 다음 각호의 규정에 의하여 작성된 것이어야 한다.

1. 양수인의 성명과 양도일자를 기재하지 아니한 것일 것
2. 양도인의 인감에 대하여 당해주식발행회사의 대조확인필인이 있을 것
3. 발행회사가 서로 다른 여러 종류의 주식을 제출한 때에는 주식발행회사별 주식양도증서일 것

제59조(보증금의 납부확인) 세입세출외 현금출납공무원 또는 유가증권취급공무원은 제43조 · 제51조 및 제52조의 규정에 의한 보증금을 소정절차에 따라 납부받은 때에는 그 보증금 납부서에 납부확인인을 찍어 이를 지체없이 소속 중앙관서의 장 또는 계약담당공무원에게 송부하여야 한다.

제60조(보증기간중 의무) 각 중앙관서의 장 또는 계약담당공무원은 보증기간중 당해보증보험계약등의 약관 · 특약 또는 「상법」에 의하여 피보험자에게 주어진 다음 각호의 의무를 성실히 이행하여야 한다. 〈개정 2005. 9. 8.〉

1. 「상법」 제652조의 규정에 의한 위험의 변경 또는 증가의 통지의무
2. 「상법」 제657조의 규정에 의한 보험사고발생의 통지의무
3. 「상법」 제680조의 규정에 의한 손해방지의 의무
4. 약관의 규정에 의한 조사승낙의 의무
5. 기타 약관 또는 특약에서 정한 의무

제61조(보증보험증권등의 보증기간의 연장) 각 중앙관서의 장 또는 계약담당공무원은 계약의 체결일을 연기하거나 계약의 이행기간 또는 하자담보책임기간을 연장하고자 할 때에는 계약상대자로 하여금 당초의 보증기간내에 그 연장하고자 하는 기간을 가산한 기간을 보증기간으로 하여 제55조의 규정에 적합하게 보증보험증권등을 유가증권취급공무원에게 제출하게 하여야 한다.

제62조(계약금액변경시의 보증금의 조정 및 추가납부등) 각 중앙관서의 장 또는 계약담당공무원은 영 제64조 내지 제66조의 규정에 의하여 계약금액이 조정된 때에는 이에 상응하는 금액의 보증금을 추가로 납부하게 하거나 계약상대자의 요청에 의하여 이를 반환하여야 한다.

제63조(보증금의 반환) ①각 중앙관서의 장 또는 계약담당공무원은 영 제37조 · 제50조 및 제62조의 규정에 의하여 납부된 보증금의 보증목적이 달성된 때에는 계약상대자의 요청에 의하여 즉시 이를 반환하도록 하여야 한다.

②하자담보책임기간이 서로 다른 공종이 복합된 건설공사에 있어서는 제70조의 규정에 의한 공종별 하자담보책임기간이 만료되어 보증목적이 달성된 공종의 하자보수보증금은 계약상대자의 요청이 있을 때에는 즉시 이를 반환하여야 한다.

제64조(보증금등의 국고귀속) ①각 중앙관서의 장 또는 계약담당공무원은 영 제38조제1항의 규정에 의하여 제43조 · 제51조 및 제52조의 규정에 따라 납부된 보증금을

부록 2

국고에 귀속하여야 할 사유가 발생한 경우에는 다음 각호의 방법에 의하여 당해보증금을 처리하여야 한다. 〈개정 2003. 12. 12.〉

1. 현금의 경우에는 세입세출외현금출납공무원과 관계수입징수관에게 그 뜻을 통지하여 수입금으로 징수하도록 요청하여야 한다.
2. 유가증권인 경우에는 유가증권취급공무원에게 그 뜻을 통지하여 정부유가증권취급규정에 의하여 정부소유유가증권으로 처리하도록 요청하여야 한다. 이 경우 등록국채에 있어서는 그 뜻을 유가증권취급점과 유가증권취급공무원에게 통지하여야 한다.
3. 보증보험증권등인 경우에는 관계수입징수관·유가증권취급공무원 및 관계보증기관에 그 뜻을 통지하고 당해보증금을 수입금으로 징수함에 있어서 필요한 조치를 하게 하여야 한다.
4. 정기예금증서등인 경우에는 관계수입징수관·유가증권취급공무원 및 당해금융기관에 그 뜻을 통지하고 당해보증금을 수입으로 징수함에 필요한 조치를 하게 하여야 한다.

② 삭제 〈2010. 7. 21.〉

第65条(희망수량경쟁입찰의 입찰보증금 국고귀속) 최후순위의 낙찰자가 그 의무를 이행하지 아니하여 입찰보증금을 국고에 귀속시키는 경우 당해 낙찰자의 낙찰수량에 대하여 제47조제2항의 규정이 적용된 때에는 그 낙찰된 수량에 비례한 입찰보증금만을 국고에 귀속시켜야 한다.

第66条(공사계약에 있어서의 이행보증 ① 삭제 〈2010. 7. 21.〉

②각 중앙관서의 장 또는 계약담당공무원은 영 제52조의 규정에 의하여 공사이행보증서를 제출한 경우로서 계약상대자가 계약상의 의무를 이행하지 아니하는 경우에는 지체없이 공사이행보증서 발급기관에 그 의무를 이행할 것을 청구하여야 한다. 〈개정 1996. 12. 31., 2010. 7. 21.〉

③각 중앙관서의 장 또는 계약담당공무원은 제2항의 규정에 의한 청구에 의하여 공사이행보증서 발급기관이 지정한 업체(이하 "보증이행업체"라 한다)가 그 의무를 이행한 경우에는 계약금액중 보증이행업체가 이행한 부분에 상당하는 금액을 공사이행보증서 발급기관에 지급할 수 있도록 계약을 체결할 때에 미리 필요한 조치를 하여야 한다. 〈개정 1996. 12. 31., 2010. 7. 21.〉

④각 중앙관서의 장 또는 계약담당공무원은 제1항 및 제3항의 규정에 의하여 보증이행업체로 된 자가 부적격하다고 인정되는 경우에는 계약상대자 또는 공사이행보증서 발급기관에 보증이행업체의 변경을 청구할 수 있다. 〈개정 1996. 12. 31., 2010. 7. 21.〉

⑤제1항 내지 제4항의 규정은 용역계약의 경우에 이를 준용할 수 있다. 〈개정 1996. 12. 31.〉

⑥ 삭제 〈1996. 12. 31.〉

[제목개정 1996. 12. 31.]

제67조(감독 및 검사) 법 제13조 및 법 제14조의 규정에 의하여 감독 또는 검사를 한 자는 감독 또는 검사의 결과 계약이행의 내용이 당초의 계약내용에 적합하지 아니한 때에는 그 사실 및 조치에 관한 의견을 감독조서 또는 검사조서에 기재하여 소속 중앙관서의 장 또는 계약담당공무원에게 제출하여야 한다.

제68조(감독 및 검사의 실시에 관한 세부사항) 각 중앙관서의 장은 필요하다고 인정할 때에는 감독 또는 검사에 관한 세부요령을 정할 수 있다.

제69조(감독 및 검사를 위탁한 경우의 확인) 각 중앙관서의 장 또는 계약담당공무원은 법 제13조제1항 단서 및 법 제14조제1항 단서의 규정에 의하여 감독 또는 검사를 전문기관으로 하여금 수행하게 하는 경우에는 그 결과를 문서로 통보받아 이를 확인하여야 한다.

제70조(하자담보책임기간) ①각 중앙관서의 장 또는 계약담당공무원은 영 제60조제1항 본문에 따라 공사계약을 체결할 때에 다음 각 호의 구분에 따른 공사의 종류별 구분에 따라 하자담보책임기간을 정하여야 한다. 다만, 제7호를 제외한 각 공사의 종류 간의 하자책임을 구분할 수 없는 복합공사인 경우에는 주된 공사의 종류를 기준으로 하여 하자담보책임기간을 정하여야 한다. 〈개정 1999. 9. 9., 2014. 11. 4., 2019. 9. 17.〉

1. 「건설산업기본법」에 따른 건설공사(제2호의 공사는 제외한다): 「건설산업기본법 시행령」 제30조 및 [별표 4]에 따른 기간
2. 「건설산업기본법」에 따른 건설공사 중 자갈도상 철도공사(궤도공사 부분으로 한정한다): 1년
3. 「주택법」에 따른 주택건설공사: 「주택법 시행령」 제59조제1항, [별표 6] 및 [별

표 7]에 따른 기간
4. 「전기공사업법」에 따른 전기공사: 「전기공사업법 시행령」 제11조의2 및 [별표 3의2]에 따른 기간
5. 「정보통신공사업법」에 따른 정보통신공사: 「정보통신공사업법 시행령」 제37조에 따른 기간
6. 「소방시설공사업법」에 따른 소방시설공사: 「소방시설공사업법 시행령」 제6조에 따른 기간
7. 「문화재수리 등에 관한 법률」에 따른 문화재 수리공사: 「문화재수리 등에 관한 법률 시행령」 제19조 및 [별표 9]에 따른 기간
8. 「지하수법」에 따른 지하수개발 · 이용시설공사나 그 밖의 공사와 관련한 법령에 따른 공사: 1년

②영 제60조제1항 단서의 규정에 의하여 하자담보책임기간을 정하지 아니하는 경우는 제72조제2항 각호의 공사로 한다. 〈개정 1999. 9. 9.〉

제71조(하자검사) ①영 제61조의 규정에 의하여 하자검사를 하는 자는 제70조의 규정에 의한 하자담보책임기간중 연 2회이상 정기적으로 하자검사를 하여야 하며, 하자담보책임기간이 만료되는 때에는 지체없이 따로 검사를 하여야 한다.

②각 중앙관서의 장 또는 계약담당공무원은 영 제61조제2항의 규정에 의하여 하자검사를 전문기관에 의뢰하는 경우에는 그 결과를 문서로 통보받아 이를 확인하여야 한다.

③각 중앙관서의 장 또는 계약담당공무원은 제1항 및 제2항의 규정에 의한 하자검사결과 하자가 발견된 때에는 지체없이 필요한 조치를 하여야 한다.

④각 중앙관서의 장 또는 계약담당공무원은 하자검사를 하는 때에는 당해공사에 대한 하자보수관리부를 비치하고 다음 각호의 사항을 기록 · 유지하여야 한다.
1. 공사명 및 계약금액
2. 계약상대자
3. 준공연월일
4. 하자발생내용 및 처리사항
5. 기타 참고사항

제72조(하자보수보증금률) ①각 중앙관서의 장 또는 계약담당공무원은 공사계약을 체결

할 때에 영 제62조제1항 본문의 규정에 의하여 다음 각호의 공종(각 공종간의 하자책임을 구분할 수 없는 복합공사인 경우에는 주된 공종을 말한다)구분에 의하여 계약금액에 대한 하자보수보증금률을 정하여야 한다.

1. 철도 · 댐 · 터널 · 철강교설치 · 발전설비 · 교량 · 상하수도구조물등 중요구조물공사 및 조경공사: 100분의 5
2. 공항 · 항만 · 삭도설치 · 방파제 · 사방 · 간척등 공사: 100분의 4
3. 관개수로 · 도로(포장공사를 포함한다) · 매립 · 상하수도관로 · 하천 · 일반건축등 공사: 100분의 3
4. 제1호 내지 제3호외의 공사: 100분의 2

②영 제62조제1항 단서에 따라 하자보수보증금을 납부하지 아니하게 할 수 있는 경우는 다음 각 호의 어느 하나의 공사로 한다. 〈개정 1998. 2. 23., 2005. 9. 8., 2013. 6. 19., 2014. 11. 4.〉

1. 「건설산업기본법 시행령」 별표 1에 따른 건설업종의 업무내용 중 구조물 등을 해체하는 공사
2. 단순암반절취공사, 모래 · 자갈채취공사등 그 공사의 성질상 객관적으로 하자보수가 필요하지 아니한 공사
3. 계약금액이 3천만원을 초과하지 아니하는 공사(조경공사를 제외한다)

제73조(하자보수보증금의 직접사용) ①각 중앙관서의 장 또는 계약담당공무원은 영 제63조의 규정에 의하여 하자보수보증금을 직접 사용하고자 할 때에는 세입세출외 현금출납공무원 또는 유가증권취급공무원에게 그 뜻을 통지하고 당해하자보수에 필요한 조치를 하여야 한다.

②하자보수보증금을 영 제37조제2항의 규정에 의한 보증보험증권등으로 제출하게 한 때에는 제1항의 규정에 의한 통지와 동시에 당해보증기관에 대하여 보증한 금액을 납부할 것을 통지하여야 한다.

③제1항에 따라 통지를 받은 유가증권취급공무원은 그가 보관하고 있는 유가증권등에 관하여 다음 각 호의 조치를 하여야 한다. 〈개정 1999. 9. 9., 2009. 3. 5.〉

1. 하자보수보증금을 영 제37조제2항의 규정에 의한 보증보험증권등으로 보관하고 있는 경우에는 즉시 당해보증기관에 그 보증채무의 이행을 청구하여야 한다.
2. 하자보수보증금을 상장증권인 주식으로 보관하고 있는 경우에는 국유재산에 관

한 법령에서 정하는 바에 의하여 매각하여야 하며, 그 매각수수료는 매각대금 중에서 지급한다. 다만, 해당 상장증권의 매각대금이 하자보수보증금상당액에 미달할 것으로 판단되는 경우에는 이를 매각할 수 없다.

3. 하자보수보증금을 상장증권인 국채, 지방채, 국가가 지급보증을 한 채권 또는 사채등 원리금의 상환기일이 확정되어 있는 채권으로 보관하고 있는 경우에는 국유재산에 관한 법령에서 정하는 바에 의하여 매각하여야 하며, 그 매각수수료는 매각대금 중에서 지급한다. 다만, 해당 상장증권의 매각대금이 하자보수보증금상당액에 미달할 것으로 판단되는 경우 또는 해당 상장증권의 최종원리금상환기일이 매각하고자 하는 날부터 30일이내에 도래하는 경우에는 이를 매각할 수 없다.
4. 하자보수보증금을 영 제37조제2항제5호의 규정에 의한 정기예금증서로 보관하고 있는 경우에는 즉시 당해 금융기관에 현금지급을 청구하여야 한다.

④유가증권취급공무원은 보관하고 있는 유가증권등을 제3항의 규정에 의하여 매각하거나 당해보증채무의 이행을 받은 때에는 보증기관등으로 하여금 그 대금을 직접 세입세출외현금출납공무원에게 납입하도록 하여야 한다.

⑤각 중앙관서의 장 또는 계약담당공무원은 하자보수보증금의 직접사용을 위하여 지출원인행위를 한 때에는 그 지출원인행위의 관계서류를 세입세출외현금출납공무원에게 송부하되, 하자보수보증금으로 제출된 상장유가증권이 제3항제2호 또는 제3호의 규정에 의한 방법에 의하여 매각되지 아니한 때에는 지출원인행위를 할 수 없다.

⑥세입세출외현금출납공무원은 제5항의 규정에 의하여 지출원인행위 관계서류를 송부받은 때에는 당해하자보수보증금중에서 그 하자보수의 대가를 지급하여야 한다.

⑦각 중앙관서의 장 또는 계약담당공무원은 제70조제1항의 규정에 의한 하자담보책임기간동안 제6항의 규정에 의한 대가를 지급하고도 잔액이 있는 때에는 제64조제1항의 규정에 의하여 처리하여야 한다. 〈개정 2000. 12. 30.〉

제74조(물가변동으로 인한 계약금액의 조정) ①영 제64조제1항제1호의 규정에 의한 품목조정률과 이에 관련된 등락폭 및 등락률 산정은 다음 각호의 산식에 의한다. 이 경우 품목 또는 비목 및 계약금액등은 조정기준일이후에 이행될 부분을 그 대상으로 하며, "계약단가"라 함은 영 제65조제3항제1호에 규정한 각 품목 또는 비목의 계약단가를, "물가변동당시가격"이라 함은 물가변동당시 산정한 각 품목 또는 비목의 가격을, "입찰당시가격"이라 함은 입찰서 제출마감일 당시 산정한 각 품목 또는 비

목의 가격을 말한다. 〈개정 2005. 9. 8.〉

$$1.\ 품목조정률 = \frac{각\ 품목\ 또는\ 비목의\ 수량에\ 등락폭을\ 곱하여\ 산출한\ 금액의\ 합계액}{계\ 약\ 금\ 액}$$

2. 등 락 폭 = 계약단가 × 등락률

$$3.\ 등\ 락\ 률 = \frac{물가변동당시가격 - 입찰당시가격}{입찰당시가격}$$

②영 제9조제1항제2호의 규정의 의한 예정가격을 기준으로 계약한 경우에는 제1항제1호 산식중 각 품목 또는 비목의 수량에 등락폭을 곱하여 산출한 금액의 합계액에는 동합계액에 비례하여 증감되는 일반관리비 및 이윤등을 포함하여야 한다.
③제1항제1호의 등락폭을 산정함에 있어서는 다음 각호의 기준에 의한다. 〈개정 2005. 9. 8.〉
1. 물가변동당시가격이 계약단가보다 높고 동 계약단가가 입찰당시가격보다 높을 경우의 등락폭은 물가변동당시가격에서 계약단가를 뺀 금액으로 한다.
2. 물가변동당시가격이 입찰당시가격보다 높고 계약단가보다 낮을 경우의 등락폭은 영으로 한다.

④영 제64조제1항제2호에 따른 지수조정률은 계약금액(조정기준일 이후에 이행될 부분을 그 대상으로 한다)의 산출내역을 구성하는 비목군 및 다음 각 호의 지수등의 변동률에 따라 산출한다. 〈개정 1999. 9. 9., 2009. 3. 5., 2026. 1. 2.〉
1. 한국은행이 조사하여 공표하는 생산자물가기본분류지수 또는 수입물가지수
2. 정부 · 지방자치단체 또는 「공공기관의 운영에 관한 법률」에 따른 공공기관이 결정 · 허가 또는 인가하는 노임 · 가격 또는 요금의 평균지수
3. 제7조제1항제1호의 규정에 의하여 조사 · 공표된 가격의 평균지수
4. 그 밖에 제1호부터 제3호까지와 유사한 지수로서 재정경제부장관이 정하는 지수

⑤영 제64조제1항의 규정에 의하여 계약금액을 조정함에 있어서 그 조정금액은 계약금액중 조정기준일 이후에 이행되는 부분의 대가(이하 "물가변동적용대가"라 한다)에 품목조정률 또는 지수조정률을 곱하여 산출하되, 계약상 조정기준일전에 이행이 완료되어야 할 부분은 이를 물가변동적용대가에서 제외한다. 다만, 정부에 책임이 있는 사유 또는 천재 · 지변등 불가항력의 사유로 이행이 지연된 경우에는 물

가변동적용대가에 이를 포함한다.

⑥영 제64조제3항의 규정에 의하여 선금을 지급한 경우의 공제금액의 산출은 다음 산식에 의한다. 이 경우 영 제69조제2항 · 제3항 또는 제5항의 규정에 의한 장기계속공사계약 · 장기물품제조계약 또는 계속비예산에 의한 계약등에 있어서의 물가변동적용대가는 당해연도 계약체결분 또는 당해연도 이행금액을 기준으로 한다.

공제금액=물가변동적용대가×(품목조정률 또는 지수조정률)×선금급률

⑦제1항에 따른 물가변동당시가격을 산정하는 경우에는 입찰당시가격을 산정한 때에 적용한 기준과 방법을 동일하게 적용하여야 한다. 다만, 천재 · 지변 또는 원자재 가격급등 등 불가피한 사유가 있는 경우에는 입찰당시가격을 산정한 때에 적용한 방법을 달리할 수 있다. 〈개정 1999. 9. 9., 2005. 9. 8., 2009. 3. 5.〉

⑧제1항에 따라 등락률을 산정함에 있어 제23조의3 각 호에 따른 용역계약(2006년 5월 25일 이전에 입찰공고되어 체결된 계약에 한한다)의 노무비의 등락률은 「최저임금법」에 따른 최저임금을 적용하여 산정한다. 〈신설 2006. 12. 29., 2010. 7. 21.〉

⑨각 중앙관서의 장 또는 계약담당공무원이 제1항 내지 제7항의 규정에 의하여 계약금액을 증액하여 조정하고자 하는 경우에는 계약상대자로부터 계약금액의 조정을 청구받은 날부터 30일 이내에 계약금액을 조정하여야 한다. 이 경우 예산배정의 지연등 불가피한 사유가 있는 때에는 계약상대자와 협의하여 조정기한을 연장할 수 있으며, 계약금액을 증액할 수 있는 예산이 없는 때에는 공사량 또는 제조량 등을 조정하여 그 대가를 지급할 수 있다. 〈신설 1999. 9. 9., 2005. 9. 8.〉

⑩재정경제부장관은 제4항에 따른 지수조정률의 산출 요령 등 물가변동으로 인한 계약금액의 조정에 관하여 필요한 세부사항을 정할 수 있다.〈신설 1999. 9. 9., 2009. 3. 5., 2026. 1. 2.〉

제74조의2(설계변경으로 인한 계약금액의 조정) ①영 제65조의 규정에 의한 설계변경은 그 설계변경이 필요한 부분의 시공전에 완료하여야 한다. 다만, 각 중앙관서의 장 또는 계약담당공무원은 공정이행의 지연으로 품질저하가 우려되는 등 긴급하게 공사를 수행하게 할 필요가 있는 때에는 계약상대자와 협의하여 설계변경의 시기 등을 명확히 정하고, 설계변경을 완료하기 전에 우선 시공을 하게 할 수 있다.

②제74조제9항 및 제10항의 규정은 제1항의 규정에 의한 계약금액의 조정에 관하

여 이를 준용한다.

[본조신설 1999. 9. 9.]

제74조의3(기타 계약내용의 변경으로 인한 계약금액의 조정) ①영 제66조의 규정에 의한 공사기간, 운반거리의 변경 등 계약내용의 변경은 그 계약의 이행에 착수하기 전에 완료하여야 한다. 다만, 각 중앙관서의 장 또는 계약담당공무원은 계약이행의 지연으로 품질저하가 우려되는 등 긴급하게 계약을 이행하게 할 필요가 있는 때에는 계약상대자와 협의하여 계약내용 변경의 시기 등을 명확히 정하고, 계약내용을 변경하기 전에 우선 이행하게 할 수 있다.

②제74조제9항 및 제10항의 규정은 제1항의 규정에 의한 계약금액의 조정에 관하여 이를 준용한다.

[본조신설 1999.9.9.]

제75조(지체상금률) 영 제74조제1항에 따른 지체상금률은 다음 각호와 같다.

〈개정 1996. 12. 31., 2005. 9. 8., 2010. 7. 21., 2014. 11. 4., 2017. 12. 28.〉

1. 공사 : 1천분의 0.5
2. 물품의 제조·구매(영 제16조제3항에 따라 소프트웨어사업시 물품과 용역을 일괄하여 입찰에 부치는 경우를 포함한다. 이하 이 호에서 같다): 1천분의 0.75. 다만, 계약 이후 설계와 제조가 일괄하여 이루어지고, 그 설계에 대하여 발주한 중앙관서의 장의 승인이 필요한 물품의 제조·구매의 경우에는 1천분의 0.5로 한다.
3. 물품의 수리·가공·대여,용역(영 제16조제3항에 따라 소프트웨어사업시 물품과 용역을 일괄하여 입찰에 부치는 경우의 그 용역을 제외한다) 및 기타: 1천분의 1.25
4. 군용 음·식료품 제조·구매: 1천분의 1.5
5. 운송·보관 및 양곡가공: 1천분의 2.5

제75조의2(부정당업자의 입찰참가자격 제한) 영 제76조제2항제1호나목 단서에서 "입찰서상 금액과 산출내역서상 금액이 일치하지 않은 입찰 등 재정경제부령으로 정하는 입찰무효사유에 해당하는 입찰"이란 제44조제1항제6호 및 제6호의3에 따른 입찰을 말한다. 〈개정 2021. 7. 6., 2026. 1. 2.〉

[본조신설 2019. 9. 17.]

제76조(부정당업자의 입찰참가자격 제한기준등) 영 제76조제4항에 따른 부정당업자의 입찰참가자격 제한의 세부기준은 별표 2와 같다. 〈개정 2021. 7. 6.〉

[전문개정 2016. 9. 23.]

第77조(입찰참가자격제한에 관한 게재 등) ①계약담당공무원은 법 제27조제1항에 따른 부정당업자에 해당된다고 인정하는 자가 있을 때에는 지체없이 그 소속 중앙관서의 장에게 보고하여야 한다. 〈개정 2016. 9. 23.〉

② 삭제 〈1999. 9. 9.〉

③ 영 제76조제11항에 따른 게재는 별지 제15호서식의 부정당업자제재확인서를 전자조달시스템에 게재하는 방법으로 한다. 〈개정 2006. 5. 25., 2013. 9. 17., 2016. 9. 23., 2021. 7. 6., 2025. 1. 2.〉

④각 중앙관서의 장은 전자조달시스템을 이용하여 입찰참가자의 입찰참가자격이 제한되고 있는 지 여부를 확인하여야 한다.〈개정 2002. 8. 24., 2013. 9. 17.〉

⑤ 영 제76조제12항에 따른 공개는 별지 제15호서식의 부정당업자제재확인서(영 제76조제12항 각 호의 사항만 기재한다)를 입찰참가자격제한 기간 동안 전자조달시스템에 공개하는 방법으로 한다. 〈신설 2016. 9. 23., 2021. 7. 6., 2025. 1. 2.〉

[제목개정 1999. 9. 9., 2006. 5. 25.]

第77조2(과징금 부과의 세부적인 대상과 기준) ① 법 제27조의2제1항과 영 제76조의2에 따라 과징금을 부과하는 위반행위의 종류와 위반 정도 등에 따른 과징금 부과율은 다음 각 호의 구분에 따른 별표 3 및 별표 4와 같다.

1. 법 제27조의2제1항제1호 및 영 제76조의2제1항에 따른 부정당업자의 책임이 경미한 경우의 과징금 부과기준: 별표 3
2. 법 제27조의2제1항제2호 및 영 제76조의2제2항에 따른 입찰참가자격 제한으로 유효한 경쟁입찰이 명백히 성립되지 아니하는 경우의 과징금 부과기준: 별표 4

② 각 중앙관서의 장은 위반행위의 동기·내용과 횟수 등을 고려하여 제1항에 따른 과징금 금액의 2분의 1의 범위에서 이를 감경할 수 있다.

[본조신설 2013. 6. 19.]

제6장 대형공사계약

第78조(대형공사 및 특정공사의 집행기본계획서의 제출) ①각 중앙관서의 장은 대형공사 및 특정공사에 대하여는 매년 영 제80조제2항에 따라 다음 각 호의 사항이 포함된 집행기본계획서를 작성하여 해당연도의 1월 15일까지 국토교통부장관에게 제출하여야 한다. 다만, 공사의 미확정 등 그 기한 내에 제출할 수 없는 특별한 사유가 있는 경우에는 그 사유가 없어진 후 지체 없이 집행기본계획서를 작성하여 국토교통부장관에게 제출하여야 한다. 〈개정 1996. 12. 31., 1998. 2. 23., 2006. 5. 25., 2007. 10. 10., 2009. 3. 5., 2013. 3. 23.〉

1. 공사명
2. 공사의 개요
3. 공사추정금액
4. 공사기간
5. 공사장의 위치
6. 입찰예정시기
7. 입찰방법(대안입찰의 경우에는 대안입찰에 부칠 사항 또는 범위) 및 제안이유
8. 삭제 〈2006. 5. 25.〉
9. 사업효과
10. 기타 참고사항

②각 중앙관서의 장은 영 제80조제2항제1호에 따라 기본설계서를 작성하기 전에 일괄입찰로 발주할 공사와 일괄입찰로 발주하지 아니할 공사(이하 "기타공사"라 한다)로 구분하여 집행기본계획서를 작성하여야 하며, 영 제80조제3항에 따라 기타공사로 심의된 공사 중 실시설계서를 작성한 후 대안입찰로 발주할 필요가 인정되는 공사에 대하여는 제1항에 따른 심의의뢰를 위하여 집행기본계획서를 작성하여야 한다. 〈개정 2007. 10. 10.〉

③국방부장관은 제1항에도 불구하고 국방부에 「건설기술진흥법」 제5조제2항에 따른 특별건설기술심의위원회가 설치되어 있는 경우에는 집행기본계획서를 국토교통부장관에게 제출하지 아니할 수 있다. 〈신설 2006. 5. 25., 2007. 10. 10., 2009. 3. 5., 2013. 3. 23., 2016. 2. 1.〉

[제목개정 1996. 12. 31., 2007. 10. 10.]

제79조(중앙건설기술심의위원회의 심의) ①국토교통부장관은 제78조제1항에 따라 집행기본계획서를 제출받은 때에는 「건설기술진흥법」 제5조제2항에 따른 중앙건설기술

심의위원회로 하여금 집행기본계획서에 포함된 공사의 입찰방법에 관하여 심의하게 하여야 한다. 다만, 기타공사의 경우에는 심의를 생략하게 할 수 있다. 〈개정 2007. 10. 10., 2009. 3. 5., 2013. 3. 23., 2016. 2. 1.〉

②국토교통부장관은 중앙건설기술심의위원회의 심의가 완료된 경우에는 다음 각 호의 구분에 따라 해당중앙관서의 장에게 공사별로 심의결과를 통보하여야 한다. 〈개정 2007. 10. 10., 2009. 3. 5., 2013. 3. 23.〉

1. 매년 1월 15일까지 제출된 집행기본계획서의 경우 : 매년 2월 20일까지
2. 매년 1월 16일 이후에 제출된 집행기본계획서의 경우 : 심의를 완료한 후 10일 이내

③각 중앙관서의 장은 특별한 사유가 없는 한 제2항에 따라 통보된 심의결과에 따라 집행기본계획서를 조정하여야 한다. 〈개정 2007. 10. 10.〉

[전문개정 2006. 5. 25.]

제79조의2(특별건설기술심의위원회의 심의) 국방부장관은 제79조제1항에 불구하고 국방부에 「건설기술진흥법」 제5조제2항에 따른 특별건설기술심의위원회가 설치되어 있는 경우에는 특별건설기술심의위원회로 하여금 집행기본계획서에 명시된 모든 공사의 입찰방법에 관하여 심의하게 하여야 한다. 〈개정 2007. 10. 10., 2016. 2. 1.〉

[본조신설 2006. 5. 25.]

제80조 삭제 〈2006. 5. 25.〉

제81조(대안입찰 및 일괄입찰 대상공사의 공고) 국토교통부장관 또는 국방부장관은 제79조제1항 또는 제79조의2에 따라 중앙건설기술심의위원회 또는 특별건설기술심의위원회의 심의를 완료한 때에는 대안입찰 및 일괄입찰의 방법으로 집행할 공사를 신문 또는 전자조달시스템에 공고하여야 한다. 〈개정 2009. 3. 5., 2013. 3. 23., 2013. 9. 17.〉

[전문개정 2006. 5. 25.]

제81조의2(실시설계 기술제안입찰등의 입찰방법 심의 등) 영 제99조제1항에 따른 실시설계 기술제안입찰등의 입찰방법 심의 등에 관하여는 제78조, 제79조, 제79조의2 및 제81조를 준용한다.

[전문개정 2010. 7. 21.]

제7장 계약정보의 공개 등〈개정 2005. 9. 8.〉

제82조(계약정보의 공개) 영 제92조의2제1항 본문에서 "재정경제부령으로 정하는 사항"이란 다음 각 호의 사항을 말한다. 〈개정 2009. 3. 5., 2010. 7. 21., 2016. 2. 1., 2016. 9. 23., 2026. 1. 2.〉

1. 당해 연도에 경쟁입찰 또는 수의계약에 의하여 계약을 체결하고자 하는 물품·공사·용역 등에 대한 분기별 발주계획
  가. 계약의 목적
  나. 계약 물량 또는 규모
  다. 예산액
2. 입찰에 부칠 계약목적물의 규격에 관한 사항
  가. 물품 제조·구매계약: 성능, 재질 및 제원 등 계약목적물에 요구되는 조건
  나. 용역계약: 과업 내용 등 계약상대자가 이행할 용역의 세부사항
3. 계약체결에 관한 사항
  가. 계약의 목적
  나. 입찰일 및 계약체결일
  다. 추정가격 또는 예정가격
  라. 계약체결방법(일반경쟁·제한경쟁·지명경쟁·수의계약, 지역제한 여부, 영 제72조제3항 적용 여부)
  마. 계약상대자의 성명(법인인 경우에는 법인명)
  바. 계약 물량 또는 규모
  사. 계약금액(장기계속공사의 경우 총공사금액을 말한다. 이하 같다)
  아. 지명경쟁 또는 수의계약의 경우에는 그 사유
  자. 영 제42조제4항에 따라 낙찰자를 결정한 공사의 경우에는 입찰자별 입찰금액
4. 계약변경에 관한 사항
  가. 계약의 목적
  나. 계약변경 전의 계약내용(계약 물량 또는 규모, 계약금액)

다. 계약의 변경내용
라. 계약변경의 사유
5. 계약이행에 관한 사항
가. 검사 및 검수 결과
나. 계약이행 완료일
[본조신설 2005. 9. 8.]

제82조의2(계약실적보고) 영 제93조 본문에서 "재정경제부령이 정하는 사항"이란 제82조 제2호 및 제3호의 사항을 말한다. 〈개정 2009. 3. 5., 2026. 1. 2.〉
[본조신설 2005. 9. 8.]

제83조(건설공사에 대한 자재의 관급) ①각 중앙관서의 장은 공사 발주 시 다른 공사부분과 하자책임 구분이 쉽고 공정관리에 지장이 없는 경우로서 다음 각 호의 어느 하나에 해당하는 경우에는 그 공사에 필요한 자재를 직접 공급할 수 있다.〈개정 2005. 9. 8., 2025. 1. 2.〉

1. 자재의 품질 · 수급상황 · 공사현장 등을 종합적으로 참작하여 효율적이라고 판단되는 경우
2. 주무부장관(주무부장관으로부터 위임받은 자를 포함한다)이 인정 또는 지정하는 신기술 인증제품으로서 다른 공사부분과 하자책임구분이 용이하고 공정관리에 지장이 없는 경우

②제1항에 따라 각 중앙관서의 장이 직접 공급하는 자재의 운용 및 관리에 관하여 필요한 사항은 재정경제부장관이 정하는 바에 의한다. 〈개정 1999. 9. 9., 2002. 8. 24., 2009. 3. 5., 2026. 1. 2.〉
[제목개정 2002. 8. 24.]

제84조(소프트웨어사업에 대한 소프트웨어의 관급) ① 각 중앙관서의 장 또는 계약담당공무원은 「소프트웨어 진흥법」 제2조제3호에 따른 소프트웨어사업을 발주하는 경우 주무부장관이 고시하는 소프트웨어 제품을 직접 구매하여 공급하여야 한다. 〈개정 2025. 1. 2.〉

② 제1항에도 불구하고 각 중앙관서의 장 또는 계약담당공무원은 다음 각 호의 어느 하나에 해당하는 때에는 소프트웨어 제품을 직접 구매하여 공급하지 아니할 수 있다.

1. 소프트웨어 제품이 기존 정보시스템이나 새롭게 구축하는 정보시스템과 통합이

불가능하거나 현저한 비용상승이 초래되는 경우
2. 소프트웨어 제품을 직접 공급하게 되면 해당 사업이 사업기간 내에 완성될 수 없을 정도로 현저하게 지연될 우려가 있는 경우
3. 그 밖에 분리발주로 인한 행정업무 증가 외에 소프트웨어 제품을 직접 구매하여 공급하는 것이 현저하게 비효율적이라고 판단되는 경우

③ 제2항에 따라 소프트웨어를 직접 구매하여 공급하지 아니하는 경우에는 그 사유를 발주계획서 및 입찰공고문에 명시하여야 한다.

[전문개정 2009. 3. 5.]

제8장 이의신청과 국가계약분쟁조정위원회〈신설 2013. 6. 19.〉

제85조 삭제 〈2016. 9. 23.〉

제86조 (심사·조정 관련 비용 부담의 범위와 정산) ① 영 제115조에 따라 심사·조정의 청구인이 부담할 비용의 범위는 다음 각 호와 같다.
1. 감정·진단과 시험에 드는 비용
2. 증인과 증거 채택에 드는 비용
3. 검사와 조사에 드는 비용
4. 녹음·속기록과 통역 등 그 밖의 심사·조정에 드는 비용

② 위원회는 필요하다고 인정하는 경우에는 청구인으로 하여금 제1항에 따른 심사·조정 관련 비용을 미리 내게 할 수 있다.

③ 위원회는 제2항에 따라 심사·조정 관련 비용을 미리 받은 경우에는 심사·조정안이 당사자에게 제시된 날부터 30일 이내에 미리 받은 금액과 비용에 대한 정산서를 청구인에게 통지하여야 한다. 다만, 청구인과 해당 중앙관서의 장 간에 약정이 있는 경우에는 그 약정에 따라 정산서를 통지한다.

[본조신설 2013. 6. 19.]

제87조 (위원회의 운영 등) 이 규칙에 규정한 것 외에 위원회의 운영과 조정 절차에 관하

부
록
2

여 필요한 사항은 위원회의 의결을 거쳐 위원장이 정한다.
[본조신설 2013. 6. 19.]

부　　칙〈제1호, 2026. 1. 2.〉 (재정경제부 직제 시행규칙)

제1조(시행일) 이 규칙은 2026년 1월 2일부터 시행한다.

제2조 및 제3조 생략

4조제(다른 법령의 개정) ①부터 ⑧까지 생략

⑨ 국가를 당사자로 하는 계약에 관한 법률 시행규칙 일부를 다음과 같이 개정한다.

제5조제1항제2호, 같은 조 제2항, 제6조제1항제5호, 같은 조 제4항, 제7조제1항제1호 단서, 제8조제2항 각 호 외의 부분 단서, 제9조제4항 · 제5항, 제23조의3제5호, 제33조제1항제3호, 제43조제1항 단서, 제44조제1항제6호 · 제11호, 제50조 단서, 제74조제4항제4호, 같은 조 제10항 및 제83조제2항 중 "기획재정부장관"을 각각 "재정경제부장관"으로 한다.

제14조제1항, 제23조의3 각 호 외의 부분, 제24조제1항 각 호 외의 부분, 같은 조 제2항 각 호 외의 부분, 제33조제1항 각 호 외의 부분, 같은 조 제3항 각 호 외의 부분, 제41조제1항 각 호 외의 부분, 같은 조 제2항 각 호 외의 부분, 제75조의2, 제82조 각 호 외의 부분 및 제82조의2 중 "기획재정부령"을 각각 "재정경제부령"으로 한다.

⑩부터 〈56〉까지 생략

【별표 1】〈삭제 2014.11.4〉

【별표 2】〈개정 2025. 5. 1.〉

부정당업자의 입찰참가자격 제한기준(제76조 관련)

1. 일반기준

가. 각 중앙관서의 장은 입찰참가자격의 제한을 받은 자에게 그 처분일부터 입찰참가자격제한기간 종료 후 6개월이 경과하는 날까지의 기간 중 다시 부정당업자에 해당하는 사유가 발생한 경우에는 그 위반행위의 동기·내용 및 횟수 등을 고려하여 제2호에 따른 해당 제재기간의 2분의 1의 범위에서 자격제한기간을 늘릴 수 있다. 이 경우 가중한 기간을 합산한 기간은 2년을 넘을 수 없다.

나. 각 중앙관서의 장은 부정당업자가 위반한 여러 개의 행위에 대하여 입찰참가자격 제한을 하는 경우 입찰참가자격 제한기간은 제2호에 규정된 해당 위반행위에 대한 제한기준 중 제한기간을 가장 길게 규정한 제한기준에 따른다.

다. 각 중앙관서의 장은 부정당업자에 대한 입찰참가자격을 제한하는 경우 그 위반행위의 동기·내용 및 횟수 등을 고려하여 제2호에서 정한 제재기간을 2분의 1 범위에서 줄일 수 있으며, 위반의 정도가 현저히 경미한 경우에는 줄인 후의 제재기간을 2분의 1 범위에서 추가로 줄일 수 있다. 다만, 법 제27조제1항제7호에 해당하는 자에 대해서는 제재기간을 줄여서는 안 된다.

라. 다목에 따라 제재기간을 줄이는 경우 줄인 후의 제재기간은 1개월 이상이어야 한다.

마. 각 중앙관서의 장이 나목에 따라 입찰참가자격 제한을 한 후 그 처분 이전에 발생한 위반행위를 적발한 경우에는, 만일 그 처분 전에 해당 위반행위를 적발했더라면 당초의 입찰참가자격 제한기간보다 긴 기간으로 처분했을 것으로 판단되는 경우에 한정하여 당초의 입찰참가자격 제한기간을 초과하는 기간만큼 추가로 입찰참가자격을 제한할 수 있다.

2. 개별기준

입찰참가자격 제한사유	제재기간
1. 법 제27조제1항제1호에 해당하는 자 중 부실시공 또는 부실설계·감리를 한 자	
가. 부실벌점이 150점 이상인 자	2년
나. 부실벌점이 100점 이상 150점 미만인 자	1년
다. 부실벌점이 75점 이상 100점 미만인 자	8개월
라. 부실벌점이 50점 이상 75점 미만인 자	6개월
마. 부실벌점이 35점 이상 50점 미만인 자	4개월
바. 부실벌점이 20점 이상 35점 미만인 자	2개월
2. 법 제27조제1항제1호에 해당하는 자 중 계약의 이행을 조잡하게 한 자	
가. 공사	
1) 하자비율이 100분의 500 이상인 자	2년
2) 하자비율이 100분의 300 이상 100분의 500 미만인 자	1년
3) 하자비율이 100분의 200 이상 100분의 300 미만인 자	8개월
4) 하자비율이 100분의 100 이상 100분의 200 미만인 자	3개월
나. 물품	
1) 보수비율이 100분의 25 이상인 자	2년
2) 보수비율이 100분의 15 이상 100분의 25 미만인 자	1년
3) 보수비율이 100분의 10 이상 100분의 15 미만인 자	8개월
4) 보수비율이 100분의 6 이상 100분의 10 미만인 자	3개월
3. 법 제27조제1항제1호에 해당하는 자 중 계약의 이행을 부당하게 하거나 계약을 이행할 때에 부정한 행위를 한 자	
가. 설계서(물품제조의 경우에는 규격서를 말한다. 이하 같다)와 달리 구조물 내구성 연한의 단축, 안전도의 위해를 가져오는 등 부당한 시공(물품의 경우에는 제조를 말한다. 이하 같다)을 한 자	1년
나. 설계서상의 기준규격보다 낮은 다른 자재를 쓰는 등 부정한 시공을 한 자	6개월
다. 가목의 부당한 시공과 나목의 부정한 시공에 대하여 각각 감리업무를 성실하게 수행하지 아니한 자	3개월

4. 법 제27조제1항제2호에 해당하는 자	
가. 담합을 주도하여 낙찰을 받은 자	2년
나. 담합을 주도한 자	1년
다. 입찰자 또는 계약상대자 간에 서로 상의하여 미리 입찰가격, 수주물량 또는 계약의 내용 등을 협정하거나 특정인의 낙찰 또는 납품대상자 선정을 위하여 담합한 자	6개월
5. 법 제27조제1항제3호에 해당하는 자	
가. 전부 또는 주요부분의 대부분을 1인에게 하도급한 자	1년
나. 전부 또는 주요부분의 대부분을 2인 이상에게 하도급한 자	8개월
다. 면허·등록 등 관련 자격이 없는 자에게 하도급한 자	8개월
라. 발주기관의 승인 없이 하도급한 자	6개월
마. 재하도급금지 규정에 위반하여 하도급한 자	4개월
바. 하도급조건을 하도급자에게 불리하게 변경한 자	4개월
6. 법 제27조제1항제4호에 해당하는 자(사기, 그 밖의 부정한 행위로 입찰·낙찰 또는 계약의 체결·이행 과정에서 국가에 손해를 끼친 자)	
가. 국가에 10억원 이상의 손해를 끼친 자	
나. 국가에 5억원 이상 10억원 미만의 손해를 끼친 자	2년
다. 국가에 1억원 이상 5억원 미만의 손해를 끼친 자	1년
라. 국가에 1억원 미만의 손해를 끼친 자	6개월
	3개월
7. 법 제27조제1항제5호 또는 제6호에 따라 공정거래위원회 또는 중소기업청장으로부터 입찰참가자격제한 요청이 있는 자	
가. 이 제한기준에서 정한 사유로 입찰참가자격제한 요청이 있는 자	해당 각 호의 기준에 의함
나. 이 제한기준에 해당하는 사항이 없는 경우로서 입찰참가자격제한 요청이 있는 자	6개월
8. 법 제27조제1항제7호에 해당하는 자	
가. 2억원 이상의 뇌물을 준 자	2년
나. 1억원 이상 2억원 미만의 뇌물을 준 자	1년
다. 1천만원 이상 1억원 미만의 뇌물을 준 자	6개월
라. 1천만원 미만의 뇌물을 준 자	3개월
9. 영 제76조제1항에 해당하는 자(계약을 이행할 때에 「산업안전보건법」 제38조, 제39조 및 제63조를 위반하여 동시에 2명 이상의 근로자가 사망한 재해를 발생시킨 자)	
가. 동시에 사망한 근로자수가 10명 이상	2년
나. 동시에 사망한 근로자수가 6명 이상 10명 미만	1년 6개월

부록 2

다. 동시에 사망한 근로자수가 2명 이상 6명 미만	1년
10. 영 제76조제2항제1호가목에 해당하는 자	
가. 입찰에 관한 서류(제15조제2항에 따른 입찰참가자격 등록에 관한 서류를 포함한다)를 위조·변조하거나 부정하게 행사하여 낙찰을 받은 자 또는 허위서류를 제출하여 낙찰을 받은 자	1년
나. 입찰 또는 계약에 관한 서류(제15조제2항에 따른 입찰참가자격 등록에 관한 서류를 포함한다)를 위조·변조하거나 부정하게 행사한 자 또는 허위서류를 제출한 자	6개월
11. 영 제76조제2항제1호나목에 해당하는 자(고의로 무효의 입찰을 한 자)	6개월
12. 영 제76조제2항제1호라목에 해당하는 자(입찰참가를 방해하거나 낙찰자의 계약체결 또는 그 이행을 방해한 자)	3개월
13. 영 제76조제2항제2호가목에 해당하는 자	
가. 계약을 체결 또는 이행(하자보수의무의 이행을 포함한다)하지 않은 자	6개월
나. 공동계약에서 정한 구성원 간의 출자비율 또는 분담내용에 따라 시공하지 않은 자	
1) 시공에 참여하지 않은 자	3개월
2) 시공에는 참여하였으나 출자비율 또는 분담내용에 따라 시공하지 않은 자	1개월
다. 계약상의 주요조건을 위반한 자	3개월
라. 영 제52조제1항 단서에 따라 공사이행보증서를 제출해야 하는 자로서 해당 공사이행보증서 제출의무를 이행하지 않은 자	1개월
마. 영 제42조제5항에 따른 계약이행능력심사를 위하여 제출한 사항을 지키지 않은 자	
1) 외주근로자 근로조건 이행계획에 관한 사항을 지키지 않은 자	3개월
2) 하도급관리계획에 관한 사항을 지키지 않은 자	1개월
14. 영 제76조제2항제2호나목 또는 다목에 해당하는 자	
가. 고의에 의한 경우	6개월
나. 중대한 과실에 의한 경우	3개월
15. 영 제76조제2항제2호라목에 해당하는 자(감독 또는 검사에 있어서 그 직무의 수행을 방해한 자)	3개월
16. 영 제76조제2항제2호마목에 해당하는 자(시공 단계의 건설사업관리 용역계약 시 「건설기술 진흥법 시행령」 제60조 및 계약서 등에 따른 건설사업관리기술자 교체 사유 및 절차에 따르지 않고	8개월

건설사업관리기술자를 교체한 자)	
17. 영 제76조제2항제3호가목에 해당하는 자	
가. 안전대책을 소홀히 하여 사업장 근로자 외의 공중에게 생명·신체상의 위해를 가한 자	1년
나. 안전대책을 소홀히 하여 사업장 근로자 외의 공중에게 재산상의 위해를 가한 자	6개월
18. 영 제76조제2항제3호나목에 해당하는 자(「전자정부법」 제2조제13호에 따른 정보시스템의 구축 및 유지·보수 계약의 이행과정에서 알게 된 정보 중 각 중앙관서의 장 또는 계약담당공무원이 누출될 경우 국가에 피해가 발생할 것으로 판단하여 사전에 누출금지정보로 지정하고 계약서에 명시한 정보를 무단으로 누출한 자)	
가. 정보 누출 횟수가 2회 이상인 경우	3개월
나. 정보 누출 횟수가 1회인 경우	1개월
19. 영 제76조제2항제3호다목에 해당하는 자(「전자정부법」 제2조제10호에 따른 정보통신망 또는 같은 조 제13호에 따른 정보시스템(이하 이 호에서 "정보시스템등"이라 한다)의 구축 및 유지·보수 등 해당 계약의 이행과정에서 정보시스템등에 허가 없이 접속하거나 무단으로 정보를 수집할 수 있는 비인가 프로그램을 설치하거나 그러한 행위에 악용될 수 있는 정보시스템 등의 약점을 고의로 생성 또는 방치한 자)	2년

비고
1. 위 표에서 "부실벌점"이란 「건설기술진흥법」 제53조제1항 각 호 외의 부분에 따른 벌점을 말한다.
2. 위 표에서 "하자비율"이란 하자담보책임기간 중 하자검사결과 하자보수보증금에 대한 하자발생 누계금액비율을 말한다.
3. 위 표에서 "보수비율"이란 물품보증기간 중 계약금액에 대한 보수비용발생 누계금액비율을 말한다.

【별표 3】〈개정 2025. 5. 1.〉

부정당업자의 책임이 경미한 경우의 과징금 부과기준
(제77조의2제1항제1호 관련)

과징금 부과사유	과징금 부과율
1. 법 제27조제1항제1호에 해당하는 자 중 부실시공 또는 부실설계 · 감리를 한 자	
가. 부실벌점이 150점 이상인 자	10%
나. 부실벌점이 100점 이상 150점 미만인 자	5%
다. 부실벌점이 75점 이상 100점 미만인 자	4%
라. 부실벌점이 50점 이상 75점 미만인 자	3%
마. 부실벌점이 35점 이상 50점 미만인 자	2%
바. 부실벌점이 20점 이상 35점 미만인 자	1%
2. 법 제27조제1항제1호에 해당하는 자 중 계약의 이행을 조잡하게 한 자	
가. 공사	
1) 하자비율이 100분의 500 이상인 자	10%
2) 하자비율이 100분의 300 이상 100분의 500 미만인 자	5%
3) 하자비율이 100분의 200 이상 100분의 300 미만인 자	4%
4) 하자비율이 100분의 100 이상 100분의 200 미만인 자	1.5%
나. 물품	
1) 보수비율이 100분의 25 이상인 자	10%
2) 보수비율이 100분의 15 이상 100분의 25 미만인 자	5%
3) 보수비율이 100분의 10 이상 100분의 15 미만인 자	4%
4) 보수비율이 100분의 6 이상 100분의 10 미만인 자	1.5%
3. 법 제27조제1항제1호에 해당하는 자 중 계약 이행을 부당하게 하거나 계약을 이행할 때에 부정한 행위를 한 자	
가. 설계서(물품제조의 경우에는 규격서를 말한다. 이하 같다)와 달리 구조물 내구성 연한의 단축, 안전도의 위해를 가져오는 등 부당한 시공(물품의 경우에는 제조를 말한다. 이하 같다)을 한 자	5%
나. 설계서상의 기준규격보다 낮은 다른 자재를 쓰는 등 부정한 시공을 한 자	3%
다. 가목의 부당한 시공과 나목의 부정한 시공에 대하여 각각 감리업무를 성실하게 수행하지 아니한 자	1.5%
4. 법 제27조제1항제3호에 해당하는 자	

가. 전부 또는 주요부분의 대부분을 1인에게 하도급한 자	5%
나. 전부 또는 주요부분의 대부분을 2인 이상에게 하도급한 자	4%
다. 면허·등록 등 관련 자격이 없는 자에게 하도급한 자	4%
라. 발주기관의 승인 없이 하도급한 자	3%
마. 재하도급금지 규정에 위반하여 하도급한 자	2%
바. 하도급조건을 하도급자에게 불리하게 변경한 자	2%
5. 법 제27조제1항제4호에 해당하는 자(사기, 그 밖의 부정한 행위로 입찰·낙찰 또는 계약의 체결·이행 과정에서 국가에 손해를 끼친 자)	
가. 국가에 10억원 이상의 손해를 끼친 자	10%
나. 국가에 5억원 이상 10억원 미만의 손해를 끼친 자	5%
다. 국가에 1억원 이상 5억원 미만의 손해를 끼친 자	3%
라. 국가에 1억원 미만의 손해를 끼친 자	1.5%
6. 영 제76조제1항에 해당하는 자(계약을 이행할 때에 「산업안전보건법」 제38조, 제39조 및 제63조를 위반하여 동시에 2명 이상의 근로자가 사망한 재해를 발생시킨 자)	
1) 동시에 사망한 근로자수가 10명 이상	10%
2) 동시에 사망한 근로자수가 6명 이상 10명 미만	7.5%
3) 동시에 사망한 근로자수가 2명 이상 6명 미만	5%
7. 영 제76조제2항제1호가목에 해당하는 자	
가. 입찰에 관한 서류(제15조제2항에 따른 입찰참가자격 등록에 관한 서류를 포함한다)를 위조·변조하거나 부정하게 행사하여 낙찰을 받은 자 또는 허위서류를 제출하여 낙찰을 받은 자	5%
나. 입찰 또는 계약에 관한 서류(제15조제2항에 따른 입찰참가자격 등록에 관한 서류를 포함한다)를 위조·변조하거나 부정하게 행사한 자 또는 허위서류를 제출한 자	3%
8. 영 제76조제2항제1호라목에 해당하는 자(입찰참가를 방해하거나 낙찰자의 계약체결 또는 그 이행을 방해한 자)	1.5%
9. 영 제76조제2항제2호가목에 해당하는 자	
가. 계약을 체결 또는 이행(하자보수의무의 이행을 포함한다)하지 않은 자	3%
나. 공동계약에서 정한 구성원 간의 출자비율 또는 분담내용에 따라 시공하지 않은 자	
1) 시공에 참여하지 않은 자	1.5%
2) 시공에는 참여했으나 출자비율 또는 분담내용에 따라 시공하지 않은 자	

가) 공동수급협정에 따라 해당 구성원 외의 공동수급체 구성원 전부 및 발주자의 동의로 공동수급체에서 탈퇴된 자	1%
나) 공동수급협정에 따라 해당 구성원 외의 공동수급체 구성원 전부 및 발주자의 동의를 받아 스스로 공동수급체에서 탈퇴한 자	0.5%
다. 계약상의 주요조건을 위반한 자	1.5%
라. 영 제52조제1항 단서에 따라 공사이행보증서를 제출해야 하는 자로서 동 공사이행보증서 제출의무를 이행하지 않은 자	0.5%
마. 영 제42조제5항에 따른 계약이행능력심사를 위하여 제출한 사항을 지키지 않은 자	
1) 외주근로자 근로조건 이행계획에 관한 사항을 지키지 않은 자	1.5%
2) 하도급관리계획에 관한 사항을 지키지 않은 자	0.5%
10. 영 제76조제2항제2호라목에 해당하는 자(감독 또는 검사에 있어서 그 직무의 수행을 방해한 자)	1.5%
11. 영 제76조제2항제2호마목에 해당하는 자(시공 단계의 건설사업관리 용역계약 시 「건설기술 진흥법 시행령」 제60조 및 계약서 등에 따른 건설사업관리기술자 교체 사유 및 절차에 따르지 않고 건설사업관리기술자를 교체한 자)	4%
12. 영 제76조제2항제3호가목에 해당하는 자	
가. 안전대책을 소홀히 하여 사업장 근로자 외의 공중에게 생명 · 신체상의 위해를 가한 자	5%
나. 안전대책을 소홀히 하여 사업장 근로자 외의 공중에게 재산상의 위해를 가한 자	3%
13. 영 제76조제2항제3호나목에 해당하는 자(「전자정부법」 제2조제13호에 따른 정보시스템의 구축 및 유지 · 보수 계약의 이행과정에서 알게 된 정보 중 각 중앙관서의 장 또는 계약담당공무원이 누출될 경우 국가에 피해가 발생할 것으로 판단하여 사전에 누출금지정보로 지정하고 계약서에 명시한 정보를 무단으로 누출한 자)	
가. 정보 누출 횟수가 2회 이상이 경우	1.5%
나. 정보 누출 횟수가 1회인 경우	0.5%
14. 영 제76조제2항제3호다목에 해당하는 자[「전자정부법」 제2조제10호에 따른 정보통신망 또는 같은 조 제13호에 따른 정보시스템(이하 이 호에서 “정보시스템등”이라 한다)의 구축 및 유지 · 보수 등 해당 계약의 이행과정에서 정보시스템등에 허가 없이 접속하거나 무단으로 정보를 수집할 수 있는 비인가 프로그램을 설치하거나 그러한 행	10%

위에 악용될 수 있는 정보시스템등의 약점을 고의로 생성 또는 방치한 자	

비고
1. 위 표에서 "부실벌점"이란 「건설기술진흥법」 제53조제1항 각 호 외의 부분에 따른 벌점을 말한다.
2. 위 표에서 "하자비율"이란 하자담보책임기간 중 하자검사결과 하자보수보증금에 대한 하자발생 누계금액비율을 말한다.
3. 위 표에서 "보수비율"이란 물품보증기간 중 계약금액에 대한 보수비용발생 누계금액비율을 말한다.
4. 「조달사업에 관한 법률」제12조에 따른 제3자를 위한 단가계약, 같은 법 제13조에 따른 다수공급자계약, 같은 법 제14조제1항 및 같은 법 시행령 제16조에 따른 카탈로그 계약의 경우 연평균 납품금액에 위 표의 과징금 부과율을 적용한다. 이 경우 계약기간이 1년 미만인 경우에는 월평균 납품금액에 계약기간의 총 개월 수를 곱한 금액에 위 표의 과징금 부과율을 적용한다.
5. 비고 제4호 전단의 연평균 납품금액은 총 계약금액 중 이행 완료된 부분에 대한 금액의 연평균액을 말하며, 이행 완료된 부분에 대한 금액의 총액을 계약을 이행한 총 개월 수로 나눈 후 12를 곱하여 산출한다. 이 경우 1개월이 되지 않는 잔여일수는 총 개월 수에 산입하지 않는다.
6. 비고 제4호 후단의 월평균 납품금액은 총 계약금액 중 이행 완료된 부분에 대한 금액의 월평균액을 말하며, 이행 완료된 부분에 대한 금액의 총액을 계약을 이행한 총 개월 수로 나누어 산출한다. 이 경우 1개월이 되지 않는 잔여일수는 총 개월 수에 산입하지 않는다.
7. 비고 제4호에도 불구하고 계약을 체결하지 않은 경우에는 같은 호 전단에 따른 '연평균 납품금액' 및 같은 호 후단에 따른 '월평균 납품금액에 계약기간의 총 개월 수를 곱한 금액'은 각각 '추정가격'으로 보며, 계약은 체결하였으나 이행 완료된 부분에 대한 금액이 없는 경우에는 같은 호 전단에 따른 '연평균 납품금액'은 '연평균 계약금액'으로, 같은 호 후단에 따른 '월평균 납품금액에 계약기간의 총 개월 수를 곱한 금액'은 '총 계약금액'으로 본다. 이 경우 연평균 계약금액은 총 계약금액을 계약기간의 총 개월 수로 나눈 후 12를 곱하여 산출하며, 1개월이 되지 않는 잔여일수는 총 개월 수에 산입하지 않는다.

【별표 4】 〈개정 2025. 5. 1.〉

입찰참가자격 제한으로 유효한 경쟁입찰이 명백히 성립되지 않는 경우 과징금 부과기준(제77조의2제1항제2호 관련)

과징금 부과사유	과징금 부과율
1. 법 제27조제1항제1호에 해당하는 자 중 부실시공 또는 부실설계·감리를 한 자	
가. 부실벌점이 150점 이상인 자	30%
나. 부실벌점이 100점 이상 150점 미만인 자	15%
다. 부실벌점이 75점 이상 100점 미만인 자	12%
라. 부실벌점이 50점 이상 75점 미만인 자	9%
마. 부실벌점이 35점 이상 50점 미만인 자	6%
바. 부실벌점이 20점 이상 35점 미만인 자	3%
2. 법 제27조제1항제1호에 해당하는 자 중 계약의 이행을 조잡하게 한 자	
가. 공사	
1) 하자비율이 100분의 500 이상인 자	30%
2) 하자비율이 100분의 300 이상 100분의 500 미만인 자	15%
3) 하자비율이 100분의 200 이상 100분의 300 미만인 자	12%
4) 하자비율이 100분의 100 이상 100분의 200 미만인 자	4.5%
나. 물품	
1) 보수비율이 100분의 25 이상인 자	30%
2) 보수비율이 100분의 15 이상 100분의 25 미만인 자	15%
3) 보수비율이 100분의 10 이상 100분의 15 미만인 자	12%
4) 보수비율이 100분의 6 이상 100분의 10 미만인 자	4.5%
3. 법 제27조제1항제1호에 해당하는 자 중 계약 이행을 부당하게 하거나 계약을 이행할 때에 부정한 행위를 한 자	
가. 설계서(물품제조의 경우에는 규격서를 말한다. 이하 같다)와 달리 구조물 내구성 연한의 단축, 안전도의 위해를 가져오는 등 부당한 시공(물품의 경우에는 제조를 말한다. 이하 같다)을 한 자	15%
나. 설계서상의 기준규격보다 낮은 다른 자재를 쓰는 등 부정한 시공을 한 자	9%
다. 가목의 부당한 시공 또는 나목의 부정한 시공에 대하여 감리업무를 성실하게 수행하지 않은 자	4.5%

4. 법 제27조제1항제2호에 해당하는 자	
가. 담합을 주도하여 낙찰을 받은 자	30%
나. 담합을 주도한 자	15%
다. 입찰자 또는 계약상대자 간에 서로 상의하여 미리 입찰가격, 수주물량 또는 계약의 내용 등을 협정하거나 특정인의 낙찰 또는 납품대상자 선정을 위하여 담합한 자	9%
5. 법 제27조제1항제3호에 해당하는 자	
가. 전부 또는 주요부분의 대부분을 1명에게 하도급한 자	15%
나. 전부 또는 주요부분의 대부분을 2명 이상에게 하도급한 자	12%
다. 면허·등록 등 관련 자격이 없는 자에게 하도급한 자	12%
라. 발주기관의 승인 없이 하도급한 자	9%
마. 재하도급금지 규정에 위반하여 하도급한 자	6%
바. 하도급조건을 하도급자에게 불리하게 변경한 자	6%
6. 법 제27조제1항제4호에 해당하는 자(사기, 그 밖의 부정한 행위로 입찰·낙찰 또는 계약의 체결·이행 과정에서 국가에 손해를 끼친 자)	
가. 국가에 10억원 이상의 손해를 끼친 자	30%
나. 국가에 5억원 이상 10억원 미만의 손해를 끼친 자	15%
다. 국가에 1억원 이상 5억원 미만의 손해를 끼친 자	9%
라. 국가에 1억원 미만의 손해를 끼친 자	4.5%
7. 법 제27조제1항제5호 또는 제6호에 따라 공정거래위원회 또는 중소기업청장으로부터 입찰참가자격제한 요청이 있는 자	
가. 이 제한기준에서 정한 사유로 입찰참가자격제한 요청이 있는 자	해당 각 호의 기준에 의함
나. 이 제한기준에 해당하는 사항이 없는 경우로서 입찰참가자격제한 요청이 있는 자	9%
8. 법 제27조제1항제7호에 해당하는 자	
가. 2억원 이상의 뇌물을 준 자	30%
나. 1억원 이상 2억원 미만의 뇌물을 준 자	15%
다. 1천만원 이상 1억원 미만의 뇌물을 준 자	9%
라. 1천만원 미만의 뇌물을 준 자	4.5%
9. 영 제76조제1항에 해당하는 자(계약을 이행할 때에 「산업안전보건법」 제38조, 제39조 및 제63조를 위반하여 동시에 2명 이상의 근로자가 사망한 재해를 발생시킨 자)	
1) 동시에 사망한 근로자수가 10명 이상	30%

2) 동시에 사망한 근로자수가 6명 이상 10명 미만	22.5%
3) 동시에 사망한 근로자수가 2명 이상 6명 미만	15%
10. 영 제76조제2항제1호가목에 해당하는 자	
가. 입찰에 관한 서류(제15조제2항에 따른 입찰참가자격 등록에 관한 서류를 포함한다)를 위조 · 변조하거나 부정하게 행사하여 낙찰을 받은 자 또는 허위서류를 제출하여 낙찰을 받은 자	15%
나. 입찰 또는 계약에 관한 서류(제15조제2항에 따른 입찰참가자격등록에 관한 서류를 포함한다)를 위조 · 변조하거나 부정하게 행사한 자 또는 허위서류를 제출한 자	9%
11. 영 제76조제2항제1호나목에 해당하는 자(고의로 무효의 입찰을 한 자)	9%
12. 영 제76조제2항제1호라목에 해당하는 자(입찰참가를 방해하거나 낙찰자의 계약체결 또는 그 이행을 방해한 자)	4.5%
13. 영 제76조제2항제2호가목에 해당하는 자	
가. 계약을 체결 또는 이행(하자보수의무의 이행을 포함한다)하지 않은 자	9%
나. 공동계약에서 정한 구성원 간의 출자비율 또는 분담내용에 따라 시공하지 않은 자	
1) 시공에 참여하지 않은 자	4.5%
2) 시공에는 참여하였으나 출자비율 또는 분담내용에 따라 시공하지 않은 자	
가) 공동수급협정에 따라 해당 구성원 외의 공동수급체 구성원 전부 및 발주자의 동의로 공동수급체에서 탈퇴된 자	3%
나) 공동수급협정에 따라 해당 구성원 외의 공동수급체 구성원 전부 및 발주자의 동의를 받아 스스로 공동수급체에서 탈퇴한 자	1.5%
다. 계약상의 주요조건을 위반한 자	4.5%
라. 영 제52조제1항 단서에 따라 공사이행보증서를 제출해야 하는 자로서 해당 공사이행보증서 제출의무를 이행하지 않은 자	1.5%
마. 영 제42조제5항에 따른 계약이행능력심사를 위하여 제출한 사항을 지키지 않은 자	
1) 외주근로자 근로조건 이행계획에 관한 사항을 지키지 않은 자	4.5%
2) 하도급관리계획에 관한 사항을 지키지 않은 자	1.5%
14. 영 제76조제2항제2호나목 또는 다목에 해당하는 자	
가. 고의에 의한 경우	9%
나. 중대한 과실에 의한 경우	9%

15. 영 제76조제2항제2호라목에 해당하는 자(감독 또는 검사에 있어서 그 직무의 수행을 방해한 자)	4.5%
16. 영 제76조제2항제2호마목에 해당하는 자(시공 단계의 건설사업관리 용역계약 시 「건설기술 진흥법 시행령」 제60조 및 계약서 등에 따른 건설사업관리기술자 교체 사유 및 절차에 따르지 않고 건설사업관리기술자를 교체한 자)	12%
17. 영 제76조제2항제3호가목에 해당하는 자	
가. 안전대책을 소홀히 하여 사업장 근로자 외의 공중에게 생명·신체상의 위해를 가한 자	15%
나. 안전대책을 소홀히 하여 사업장 근로자 외의 공중에게 재산상의 위해를 가한 자	9%
18. 영 제76조제2항제3호나목에 해당하는 자(「전자정부법」 제2조제13호에 따른 정보시스템의 구축 및 유지·보수 계약의 이행과정에서 알게 된 정보 중 각 중앙관서의 장 또는 계약담당공무원이 누출될 경우 국가에 피해가 발생할 것으로 판단하여 사전에 누출금지정보로 지정하고 계약서에 명시한 정보를 무단으로 누출한 자)	
가. 정보 누출 횟수가 2회 이상인 경우	4.5%
나. 정보 누출 횟수가 1회인 경우	1.5%
19. 영 제76조제2항제3호다목에 해당하는 자(「전자정부법」 제2조제10호에 따른 정보통신망 또는 같은 조 제13호에 따른 정보시스템(이하 이 호에서 "정보시스템등"이라 한다)의 구축 및 유지·보수 등 해당 계약의 이행과정에서 정보시스템등에 허가 없이 접속하거나 무단으로 정보를 수집할 수 있는 비인가 프로그램을 설치하거나 그러한 행위에 악용될 수 있는 정보시스템 등의 약점을 고의로 생성 또는 방치한 자)	30%

1. 위 표에서 "부실벌점"이란 「건설기술진흥법」 제53조제1항 각 호 외의 부분에 따른 벌점을 말한다.
2. 위 표에서 "하자비율"이란 하자담보책임기간 중 하자검사결과 하자보수보증금에 대한 하자발생 누계금액비율을 말한다.
3. 위 표에서 "보수비율"이란 물품보증기간 중 계약금액에 대한 보수비용발생 누계금액비율을 말한다.
4. 「조달사업에 관한 법률」제12조에 따른 제3자를 위한 단가계약, 같은 법 제13조에 따른 다수공급자계약, 같은 법 제14조제1항 및 같은 법 시행령 제16조에 따른 카탈로그 계

약의 경우 연평균 납품금액에 위 표의 과징금 부과율을 적용한다. 이 경우 계약기간이 1년 미만인 경우에는 월평균 납품금액에 계약기간의 총 개월 수를 곱한 금액에 위 표의 과징금 부과율을 적용한다.

5. 비고 제4호 전단의 연평균 납품금액은 총 계약금액 중 이행 완료된 부분에 대한 금액의 연평균액을 말하며, 이행 완료된 부분에 대한 금액의 총액을 계약을 이행한 총 개월 수로 나눈 후 12를 곱하여 산출한다. 이 경우 1개월이 되지 않는 잔여일수는 총 개월 수에 산입하지 않는다.
6. 비고 제4호 후단의 월평균 납품금액은 총 계약금액 중 이행 완료된 부분에 대한 금액의 월평균액을 말하며, 이행 완료된 부분에 대한 금액의 총액을 계약을 이행한 총 개월 수로 나누어 산출한다. 이 경우 1개월이 되지 않는 잔여일수는 총 개월 수에 산입하지 않는다.
7. 비고 제4호에도 불구하고 계약을 체결하지 않은 경우에는 같은 호 전단에 따른 '연평균 납품금액' 및 같은 호 후단에 따른 '월평균 납품금액에 계약기간의 총 개월 수를 곱한 금액'은 각각 '추정가격'으로 보며, 계약은 체결하였으나 이행 완료된 부분에 대한 금액이 없는 경우에는 같은 호 전단에 따른 '연평균 납품금액'은 '연평균 계약금액'으로, 같은 호 후단에 따른 '월평균 납품금액에 계약기간의 총 개월 수를 곱한 금액'은 '총 계약금액'으로 본다. 이 경우 연평균 계약금액은 총 계약금액을 계약기간의 총 개월 수로 나눈 후 12를 곱하여 산출하며, 1개월이 되지 않는 잔여일수는 총 개월 수에 산입하지 않는다.

【별지 제1호서식】〈개정 2006. 5. 25.〉

<table>
<tr><td colspan="4">경쟁입찰참가자격등록증</td><td>처리기간
즉 시</td></tr>
<tr><td rowspan="3">신청인</td><td>상호또는법인명칭</td><td></td><td>법인등록번호</td><td></td></tr>
<tr><td>주 소</td><td></td><td>전화번호</td><td></td></tr>
<tr><td>대 표 자</td><td></td><td>주민등록번호</td><td></td></tr>
<tr><td rowspan="3">등록사항</td><td>등 록 관 서</td><td></td><td>등 록 일 자</td><td>. . .</td></tr>
<tr><td>유 효 기 간</td><td colspan="3">. . .부터 . . .까지</td></tr>
<tr><td>등록종목(세부품목)</td><td colspan="3"></td></tr>
</table>

상기인은 「국가를 당사자로 하는 계약에 관한 법률 시행규칙」 제15조의 규정에 의하여 경쟁입찰 유자격자로 귀부(처·청)에 등록되었음을 증명하여 주시기 바랍니다.

. . .

신청인 (인)

______ 귀하

위의 사실이 틀림없음을 증명합니다.

. . .

중앙관서의 장 (인)

구비서류 : 없음	수수료
	없 음

※ 주의사항
1. 이 증서는 해당 등록종목(세부품목)에 대한 입찰에 관하여 교부관서 및 다른 중앙관서에서 통용됩니다.
2. 이 증서내용의 변경은 교부관서의 정정인이 없는 경우에는 무효입니다.
3. 기재사항중 추가 또는 정정을 필요로 할 때에는 교부관서에 신청하여야 합니다.

22221-20111일
'95.6.30 승인

210㎜× 297㎜
(신문용지 54g/㎡)

부록 2

【별지 제2호서식】

(일반 / 제한 / 지명) 경쟁입찰참가통지서

입찰참가자	상호또는법인명칭		법인등록번호	
	주소		전화번호	
	대표자		주민등록번호	
입찰내용	입찰건명			
	현장설명	일시:	장소:	
	입찰	일시:	장소:	
	입찰등록마감일시	년 월 일 시 까지		
	서류제출처	(전화번호:)		

우리부(처·청)에서 집행하는 위 입찰에 귀사를 입찰참가자격자로 선정하여 통보하오니 소정의 절차를 마친 후 입찰에 참가하시기 바랍니다.

○ ○ 관 서

중앙관서의 장 또는 계약담당공무원 성명 ㊞

________ 귀하

22221-20211일
'95. 6. 30 승인

210㎜× 297㎜
(신문용지 54g/㎡)

【별지 제3호서식】〈개정 2016. 9. 23.〉

<table>
<tr><td colspan="4">입찰참가신청서
· 아래사항중 해당되는 경우에만 기재하시기 바랍니다.</td><td>처리기간
즉 시</td></tr>
<tr><td rowspan="3">신청인</td><td>상 호 또는 법 인 명 칭</td><td></td><td>법인등록번호</td><td></td></tr>
<tr><td>주 소</td><td></td><td>전 화 번 호</td><td></td></tr>
<tr><td>대 표 자</td><td></td><td>주민등록번호</td><td></td></tr>
<tr><td rowspan="2">입찰개요</td><td>입 찰 공 고(지명)번호</td><td>제 호</td><td>입 찰 일 자</td><td>. . .</td></tr>
<tr><td>입 찰 건 명</td><td colspan="3"></td></tr>
<tr><td rowspan="2">입찰보증금</td><td>납 부</td><td colspan="3">· 보증금율 : %
· 보 증 액 : 금 원정(₩)
· 보증금납부방법</td></tr>
<tr><td>납 부 면 제 및 지 급 확 약</td><td colspan="3">· 사유 :
· 본인은 낙찰 후 계약 미체결시 귀부(처 · 청)에 낙찰금액에 해당하는 소정의 입찰보증금을 현금으로 납부할 것을 확약합니다.</td></tr>
<tr><td>대리인 · 사용인감</td><td colspan="2">본입찰에 관한 일체의 권한을 다음의 자에게 위임합니다.

성명 주민등록번호</td><td colspan="2">본 입찰에 사용할 인감을 다음과 같이 신고합니다.

사용인감 ㊞</td></tr>
<tr><td colspan="5">본인은 위의 번호로 공고(지명통지)한 귀부(처·청)의 일반(제한·지명)경쟁입찰에 참가하고자 정부에서 정한 공사[물품구매(제조) · 용역]입찰유의서 및 입찰공고사항을 모두 승낙하고 별첨서류를 첨부하여 입찰참가신청을 합니다.
붙임서류: 1. 입찰참가자격을 증명하는 서류 사본 1통
2. 인감증명서 또는 본인서명사실확인서 1통
3. 그 밖에 공고로서 정한 서류

. . .

신청인 ㊞

귀하</td></tr>
<tr><td colspan="5">세입세출외현금출납공무원 성명: ㊞
유가증권취급공무원 성명: ㊞</td></tr>
</table>

22221-20311일
'95. 6. 30 승인

210㎜× 297㎜
(신문용지 54g/㎡)

부록 2

【별지 제4호서식】

입찰참가신청증					처리기간 즉 시
입찰개요	입찰공고(지명)번호		입 찰 일 자	. . .	
	입 찰 건 명				
신청인	상호 또는 법인명칭		법인등록번호		
	주 소		전 화 번 호		
	대 표 자		주민등록번호		

귀하는 이번에 위의 번호로 공고(지명통지)한 우리 부(처·청)의 일반(제한·지명)경쟁입찰에 참가신청을 마친 자임을 증명합니다.

. . .

○○ 관 서

중앙관서의 장 또는 계약담당공무원 성명 ㊞

________ 귀하

22221-20411일
'95. 6. 30 승인

210㎜× 297㎜
(신문용지 54g/㎡)

【별지 제5호서식】〈개정 2016. 9. 23.〉

입 찰 서

입찰내용	공고번호	제 호	입찰일자	. . .
	건명			
	금액	금 원정(₩)		
	준공(납품)연월일			
입찰자	상호 또는 법인 명칭		법인등록번호	
	주소		전화번호	
	대표자		주민등록번호	

본인은 「국가를 당사자로 하는 계약에 관한 법률 시행규칙」에 의한 공사[물품구매(제조)·용역]입찰유의서에 따라 응찰하여 이 입찰이 귀 기관에 의하여 수락되면 공사[물품구매(제조)·용역]계약일반조건·계약특수조건·설계서(물품규격서) 및 현장설명사항에 따라 위의 입찰금액으로 준공(납품·용역수행)기한 내에 공사(물품·용역)를 완성(제조·납품)할 것을 확약하며 입찰서를 제출합니다.

붙임 : 산출내역서(100억원 이상 공사의 경우) 1부

. . .

입찰자 ㊞

__________ 귀하

22221-20511일
'95. 6. 30 승인

210㎜× 297㎜
(신문용지 54g/㎡)

부록 2

[별지 제6호서식] <개정 2021. 10. 28.>

입 찰 서

1. 공고번호 : 제 호
2. 입찰건명 :
3. 준공(납품)연월일 :

본인은 「국가를 당사자로 하는 계약에 관한 법률 시행규칙」에 의한 공사[물품구매(제조)·용역]입찰유의서에 따라 응찰하여 이 입찰이 귀 기관에 의하여 수락되면 공사[물품구매(제조)·용역]계약일반조건·계약특수조건·설계서(물품규격서) 및 현장설명사항에 따라 우측에 표시된 입찰금액으로 준공(납품·용역수행)기한 내에 공사(물품·용역)을 완공(제조·납품)할 것을 확약하며 입찰서를 제출합니다.

첨부 : 산출내역서(100억원 이상 공사의 경우) 1부

상호 또는 법인명칭 : 전화번호 :
주 소 :
대 표 자 : (인)
주민(법인)등록번호 :

입찰번호			입 찰 금 액											
백	십	일	천억	백억	십억	억	천만	백만	십만	만	천	백	십	일
⓪	⓪	⓪	⓪	⓪	⓪	⓪	⓪	⓪	⓪	⓪	⓪	⓪	⓪	⓪
①	①	①	①	①	①	①	①	①	①	①	①	①	①	①
②	②	②	②	②	②	②	②	②	②	②	②	②	②	②
③	③	③	③	③	③	③	③	③	③	③	③	③	③	③
④	④	④	④	④	④	④	④	④	④	④	④	④	④	④
⑤	⑤	⑤	⑤	⑤	⑤	⑤	⑤	⑤	⑤	⑤	⑤	⑤	⑤	⑤
⑥	⑥	⑥	⑥	⑥	⑥	⑥	⑥	⑥	⑥	⑥	⑥	⑥	⑥	⑥
⑦	⑦	⑦	⑦	⑦	⑦	⑦	⑦	⑦	⑦	⑦	⑦	⑦	⑦	⑦
⑧	⑧	⑧	⑧	⑧	⑧	⑧	⑧	⑧	⑧	⑧	⑧	⑧	⑧	⑧
⑨	⑨	⑨	⑨	⑨	⑨	⑨	⑨	⑨	⑨	⑨	⑨	⑨	⑨	⑨

작성시 유의사항

1. 사용필기구 : 컴퓨터용 수성싸인펜만을 사용합니다.
2. 정확하게 표기합니다.
   - 바르게 표기한 것 : ●
   - 틀리게 표기한 것 : ○◑①⊖⊗⊙
3. "입찰번호"란에는 입찰참가신청시 부여된 번호를 기입합니다.
4. 매 금액단위란에는 1개소만 표시합니다(빈칸으로 두거나 2개소 이상 표시하지 않습니다).

22221-20611일
95.6.30 승인

297mm×210mm
(백상지 80g/㎡)

【별지 제7호서식】 〈개정 2021. 7. 6.〉

<table>
<tr><td colspan="3" rowspan="2">공사도급표준계약서</td><td>계약번호 제 호</td></tr>
<tr><td>공고번호 제 호</td></tr>
<tr><td rowspan="2">계약자</td><td>발 주 처</td><td colspan="2">○ ○ 부(처, 청)중앙관서의 장 또는 계약담당공무원 성명</td></tr>
<tr><td>계 약 상 대 자</td><td colspan="2">· 상호 또는 법인명칭 · 법인등록번호
· 주소 · 전화번호
· 대표자</td></tr>
<tr><td rowspan="11">계약내용</td><td>공 사 명</td><td colspan="2"></td></tr>
<tr><td>계 약 금 액</td><td colspan="2">금 원정(₩)</td></tr>
<tr><td>총 공 사 부 기 금 액</td><td colspan="2">금 원정(₩)</td></tr>
<tr><td>계 약 보 증 금</td><td colspan="2">금 원정(₩)</td></tr>
<tr><td>현 장</td><td colspan="2"></td></tr>
<tr><td>지 체 상 금 율</td><td colspan="2">%</td></tr>
<tr><td>물가변동계약금액조정방법</td><td colspan="2"></td></tr>
<tr><td>착 공 연 월 일</td><td colspan="2">. . .</td></tr>
<tr><td>준 공 연 월 일</td><td colspan="2">. . .</td></tr>
<tr><td>기 타 사 항</td><td colspan="2"></td></tr>
</table>

하자담보책임(복합공종의 경우 공종별 구분 기재)

공 종	공종별 계약금액	하자보수 보증금율(%) 및 금액	하자담보책임기간
		( )% 금 원정	
		( )% 금 원정	
		( )% 금 원정	

중앙관서의 장(계약담당공무원)과 계약상대자는 상호 대등한 입장에서 붙임의 계약문서에 의하여 위의 공사에 대한 도급계약을 체결하고 신의에 따라 성실히 계약상의 의무를 이행할 것을 확약하며, 이 계약의 증서로서 계약서를 작성하여 당사자가 기명날인한 후 각각 1통씩 보관한다.

붙임서류 : 1. 공사입찰유의서 1부
2. 공사계약일반조건 1부
3. 공사계약특수조건 1부
4. 설계서 1부
5. 산출내역서 1부

중앙관서의 장 또는
계약담당공무원 ㊞

계 약 상 대 자 ㊞

22221-20711보
'95. 6. 30 승인

210㎜× 297㎜
(백상지 80g/㎡)

부록 2

【별지 제8호서식】〈개정 2021. 7. 6.〉

<table>
<tr><td colspan="3" rowspan="2">물품구매표준계약서</td><td>계약번호 제 　　　호</td></tr>
<tr><td>공고번호 제 　　　호</td></tr>
<tr><td rowspan="2">계약자</td><td>발 주 처</td><td colspan="2">○○부(처, 청) 중앙관서의 장 또는 계약담당공무원 성명</td></tr>
<tr><td>계 약 상 대 자</td><td colspan="2">· 상호 또는 법인명칭 　　· 법인등록번호
· 주소 　　· 전화번호
· 대표자</td></tr>
<tr><td rowspan="9">계약내용</td><td>물 품 명</td><td colspan="2"></td></tr>
<tr><td>계 약 금 액</td><td colspan="2">금 　　　원정(₩ 　　　)</td></tr>
<tr><td>총 제 조 부 기 금 액</td><td colspan="2">금 　　　원정(₩ 　　　)</td></tr>
<tr><td>계 약 보 증 금</td><td colspan="2">금 　　　원정(₩ 　　　)</td></tr>
<tr><td>지 체 상 금 률</td><td colspan="2">%</td></tr>
<tr><td>물가변동계약금제조정방법</td><td colspan="2"></td></tr>
<tr><td>납 품 일 자</td><td colspan="2">. 　. 　. 　~ 　. 　. 　.</td></tr>
<tr><td>납 품 장 소</td><td colspan="2"></td></tr>
<tr><td>기 타 사 항</td><td colspan="2"></td></tr>
</table>

중앙관서의 장(계약담당공무원)과 계약상대자는 상호 대등한 입장에서 붙임의 계약문서에 의하여 위의 물품에 대한 구매계약을 체결하고 신의에 따라 성실히 계약상의 의무를 이행할 것을 확약하며, 이 계약의 증거로서 계약서를 작성하여 당사자가 기명날인한 후 각각 1통씩 보관한다.

붙임서류 : 1. 물품구매입찰유의서 1부
2. 물품구매계약일반조건 1부
3. 물품구매계약특수조건 1부
4. 규격 및 내용서 1부
5. 산출내역서 1부

. 　. 　.

중앙관서의 장 또는
계약담당공무원 　　㊞
계 약 상 대 자 　　㊞

물 품 내 역 서

품 명	규 격	단 위	수 량	단 가	금 액

22221-20811보
'95. 6. 30 승인

210㎜ × 297㎜
(백상지 80g/㎡)

【별지 제9호서식】 〈개정 2021. 7. 6.〉

(앞쪽)

<table>
<tr><td colspan="3" rowspan="2">용역표준계약서</td><td>계약번호 제 호</td></tr>
<tr><td>공고번호 제 호</td></tr>
<tr><td rowspan="2">계약자</td><td>발주처</td><td colspan="2">○○부(처, 청) 중앙관서의 장 또는 계약담당공무원 성명</td></tr>
<tr><td>계약상대자</td><td colspan="2">· 상호 또는 법인명칭
· 주소
· 대표자
· 법인등록번호
· 전화번호</td></tr>
<tr><td rowspan="8">계약내용</td><td>용역명</td><td colspan="2"></td></tr>
<tr><td>계약금액</td><td colspan="2">금 원정(₩)</td></tr>
<tr><td>총용역부기금액</td><td colspan="2">금 원정(₩)</td></tr>
<tr><td>계약보증금</td><td colspan="2">금 원정(₩)</td></tr>
<tr><td>지체상금률</td><td colspan="2">%</td></tr>
<tr><td>계약기간</td><td colspan="2">. . . ~ . . .</td></tr>
<tr><td>위치</td><td colspan="2"></td></tr>
<tr><td>기타사항</td><td colspan="2"></td></tr>
<tr><td colspan="4">중앙관서의 장(계약담당공무원)과 계약상대자는 상호 대등한 입장에서 붙임의 계약문서에 의하여 위의 용역에 대한 도급계약을 체결하고 신의에 따라 성실히 계약상의 의무를 이행할 것을 확약하며, 이 계약의 증거로서 계약서를 작성하여 당사자가 기명날인한 후 각각 1통씩 보관한다.

붙임서류 : 1. 용역입찰유의서 1부
2. 용역계약일반조건 1부
3. 용역계약특수조건 1부
4. 과업내용서 1부
5. 산출내역서 1부

. . .

중앙관서의 장 또는 계약담당공무원 ㊞

계약상대자 ㊞</td></tr>
</table>

22221-20921보
'95. 6. 30 승인

210㎜× 297㎜
(백상지 80g/㎡)

부록 2

(뒤쪽)

용역내역서		
용역명	규격·단위 또는 세부사항	금액

22221-20921보
'95. 6. 30 승인

210㎜× 297㎜
(백상지 80g/㎡)

【별지 제10호서식】

계약보증금납부서

입 찰 번 호	제 호	입 찰 연 월 일	. . .
계 약 건 명			
계 약 번 호	제 호	계약(예정)연월일	. . .
계 약 금 액	금 원정(₩)		
계약보증금액	금 원정(₩)		
보증금납부방법			
계약이행기간	년 월 일부터 년 월 일까지(년 개월)		

위의 금액을 계약보증금으로 납부합니다.

. . .

상호 또는 법인명칭 : 전화번호 :
주 소 :
대 표 자 : ㊞
주민(법인)등록번호 :

________________귀하

세입세출 외 현금출납공무원 성명 : ㊞
유가증권취급공무원 성명 : ㊞

22221-21011일
'95. 6. 30 승인

210㎜× 297㎜
(신문용지 54g/㎡)

부록 2

【별지 제11호서식】

입찰보증금의 계약보증금대체납부신청서

입 찰 번 호	제 호	입 찰 연 월 일	. . .
계 약 건 명			
계 약 번 호	제 호	계약(예정)연월일	. . .
계 약 금 액	금 원정(₩)		
계약보증금액	금 원정(₩)		
보증금납부방법			
계약이행기간	년 월 일부터 년 월 일까지(년 개월)		

위의 금액을 계약보증금으로 납부합니다.

. . .

상호 또는 법인명칭 : 전화번호 :
주 소 :
대 표 자 : ㊞
주민(법인)등록번호 :

__________ 귀하

세입세출외현금출납공무원 성명 : ㊞
유가증권취급공무원 성명 : ㊞

22221-21111일
'95. 6. 30 승인

210㎜× 297㎜
(신문용지 54g/㎡)

【별지 제12호서식】

하자보수보증금납부서

입 찰 번 호	제 호	입 찰 연 월 일	. . .
계 약 건 명			
계 약 번 호	제 호	준 공 연 월 일	. . .
계 약 금 액	금 원정(₩)		
하자보수보증금 납부내역			
공 종	공종별계약금액	하자보수보증금율(%) 및 금액	하자담보책임기간
	원정	( )% 금 원정	. . . ~ . . .
	원정	( )% 금 원정	. . . ~ . . .
	원정	( )% 금 원정	. . . ~ . . .
보증금납부방법			

위의 금액을 하자보수보증금으로 납부합니다.

. . .

상호 또는 법인명칭 : 전화번호 :
주 소 :
대 표 자 : ㊞
주민(법인)등록번호 :

귀하

세입세출외현금출납공무원 성명: ㊞
유가증권취급공무원 성명: ㊞

22221-21211일
'95. 6. 30 승인

210㎜× 297㎜
(신문용지 54g/㎡)

【별지 제13호서식】〈개정 2016. 9. 23.〉

질권설정동의서

[□ 입 찰 / □ 계 약 / □ 하자보수] 보증금으로 납부한 [□ 등 록 국 채 / □ 정기예금증서 / □ 수 익 증 권] 를(을) 「국가를

당사자로 하는 계약에 관한 법률 시행규칙」 제54조제3항의 규정에 의하여 유가증권 취급공무원이 질권을 설정하는 데에 동의합니다.

구 분 (등록국채등)	증 서 번 호 (기 번 호)	액 면 금 액 (좌 수 등)	보 증 금 명	보 증 금 액

구비서류: 1. 해당 금융기관의 질권설정신청서 서식 1부
2. 유가증권취급공무원을 대리인으로 하는 위임장 1부
3. 인감증명서 또는 본인서명사실확인서(질권설정용) 1부

. . .

상호 또는 법인명칭 : 전화번호 :
주 소 :
대 표 자 : ㊞
주민(법인)등록번호 :

(유가증권취급공무원) 귀하

22221-21311일
'95. 6. 30 승인

210㎜× 297㎜
(신문용지 54g/㎡)

【별지 제14호서식】〈개정 2021. 10. 28.〉

각 서

「국가를 당사자로 하는 계약에 관한 법률 시행규칙」 제57조제1항에 따라 보증금으로 제출한 주식은 위조가 아니며, 만일 해당 주식의 진위에 관하여 앞으로 문제가 발생할 때에는 그에 관한 모든 책임을 본인이 지겠습니다.

. . .

상호 또는 법인명칭 : 전화번호 :
주 소 :
대 표 자 : ㊞
주민(법인)등록번호 :

기관명 : ＿＿＿＿＿＿

유가증권취급공무원 귀하

22221-21411일
'95. 6. 30 승인

210㎜×297㎜
(신문용지 54g/㎡)

부록 2

【별지 제15호서식】〈개정 2006. 5. 25.〉

기 관 명

우편번호, 주소 : (전화번호) 담당자 :

문 서 번 호 :
발 신 일 : . . .
수 신 :
참 조 :
제 목 : 부정당업자제재확인서

부정당업자	상 호 또 는 법 인 명 칭		사업자등록번호	
			법인등록번호	
	주 소			
	대 표 자		주민등록번호	
	주 소			
	영 업 종 목 (세부 품목)		면허·등록번호등	
제재내용	제 재 근 거			
	해약연월일			
	제재연월일		만 료 연 월 일	
	제 재 기 간	. . . ~ . . .		

(재재에 대한 구체적인 사유 및 보증금의 처리결과)
(기타 참고사항)

중앙관서의 장 ㉤

22221-21511일
'95. 6. 30 승인

210㎜× 297㎜
(신문용지 54g/㎡)

【별지 제16호 서식】 삭제 〈1996.12.31〉

3. 건설업 산업안전보건관리비 계상 및 사용기준

제정 1988. 2. 15 고시 제 88 - 13호
개정 1991. 9. 27 고시 제 91 - 57호
개정 1994. 10. 21 고시 제 94 - 45호
개정 1995. 2. 23 고시 제 95 - 6호
개정 1996. 10. 22 고시 제 96 - 36호
개정 1997. 12. 23 고시 제 97 - 42호
개정 1998. 12. 18 고시 제 98 - 68호
개정 1999. 6. 3 고시 제 99 - 11호
개정 2000. 5. 22 고시 제2000 - 17호
개정 2001. 2. 16 고시 제2001 - 22호
개정 2002. 7. 22 고시 제2002 - 15호
개정 2005. 3. 17 고시 제2005 - 6호
개정 2005. 12. 5 고시 제2005 - 32호
개정 2007. 2. 21 고시 제2007 - 4호
개정 2008. 10. 22 고시 제2008 - 67호
개정 2010. 8. 9 고시 제2010 - 10호
개정 2012. 2. 8 고시 제2012 - 23호
개정 2012. 11. 23 고시 제2012 - 126호
개정 2013. 10. 14 고시 제2013 - 47호
개정 2014. 10. 22 고시 제2014 - 37호
개정 2017. 2. 7 고시 제2017 - 08호
개정 2018. 10. 5 고시 제2018 - 72호
개정 2018. 12. 31 고시 제2018 - 94호
개정 2019. 12. 13 고시 제2019 - 64호
개정 2020. 1. 23 고시 제2020 - 63호
개정 2022. 6. 2 고시 제2022 - 43호
개정 2023. 10. 5 고시 제2023 - 49호
개정 2024. 9. 19 고시 제2024 - 53호
개정 2025. 2. 12 고시 제2025 - 11호

제1장 총칙

제1조(목적) 이 고시는 「산업안전보건법」 제72조, 같은 법 시행령 제59조 및 제60조와 같은 법 시행규칙 제89조에 따라 건설업의 산업안전보건관리비 계상 및 사용기준을 정함을 목적으로 한다.

제2조(정의) ① 이 고시에서 사용하는 용어의 뜻은 다음과 같다.

1. "건설업 산업안전보건관리비"(이하 "산업안전보건관리비"라 한다)란 산업재해 예방을 위하여 건설공사 현장에서 직접 사용되거나 해당 건설업체의 본점 또는 주 사무소(이하 "본사"라 한다)에 설치된 안전전담부서에서 법령에 규정된 사항을 이행하는 데 소요되는 비용을 말한다.

2. "산업안전보건관리비 대상액"(이하 "대상액"이라 한다)이란 「예정가격 작성기준」(기획재정부 계약예규) 및 「지방자치단체 입찰 및 계약집행기준」(행정안전부 예규) 등 관련 규정에서 정하는 공사원가계산서 구성항목 중 직접재료비, 간접재료비와 직접노무비를 합한 금액(발주자가 재료를 제공할 경우에는 해당 재료비를 포함한다)을 말한다.
3. "건설공사발주자"(이하 "발주자"라 한다)란 법 제2조제10호에 따른 건설공사발주자를 말한다.
4. "건설공사도급인"이란 발주자에게 건설공사를 도급받은 사업주로서 건설공사의 시공을 주도하여 총괄 · 관리하는 자를 말한다.
5. "자기공사자"란 건설공사의 시공을 주도하여 총괄 · 관리하는 자(발주자로부터 건설공사를 최초로 도급받은 수급인은 제외한다)를 말한다.
6. "감리자"란 다음 각 목의 어느 하나에 해당하는 자를 말한다.
   가. 「건설기술진흥법」 제2조제5호에 따른 감리 업무를 수행하는 자
   나. 「건축법」 제2조제1항제15호의 공사감리자
   다. 「문화재수리 등에 관한 법률」 제2조제12호의 문화재감리원
   라. 「소방시설공사업법」 제2조제3호의 감리원
   마. 「전력기술관리법」 제2조제5호의 감리원
   바. 「정보통신공사업법」 제2조제10호의 감리원
   사. 그 밖에 관계 법률에 따라 감리 또는 공사감리 업무와 유사한 업무를 수행하는 자

② 그 밖에 이 고시에서 사용하는 용어의 정의는 이 고시에 특별한 규정이 없으면 「산업안전보건법」(이하 "법"이라 한다), 같은 법 시행령(이하 "영"이라 한다), 같은 법 시행규칙(이하 "규칙"이라 한다), 예산회계 및 건설관계법령에서 정하는 바에 따른다.

제3조(적용범위) 이 고시는 법 제2조제11호의 건설공사 중 총공사금액 2천만 원 이상인 공사에 적용한다. 다만, 단가계약에 의하여 행하는 공사에 대하여는 총계약금액을 기준으로 적용한다.

1. 삭제

2. 삭제

제2장 산업안전보건관리비의 계상 및 사용

제4조(계상의무 및 기준) ① 발주자가 도급계약 체결을 위한 원가계산에 의한 예정가격을 작성하거나, 자기공사자가 건설공사 사업 계획을 수립할 때에는 다음 각 호에 따라 산정한 금액 이상의 산업안전보건관리비를 계상하여야 한다. 다만, 발주자가 재료를 제공하거나 일부 물품이 완제품의 형태로 제작·납품되는 경우에는 해당 재료비 또는 완제품 가액을 대상액에 포함하여 산출한 산업안전보건관리비와 해당 재료비 또는 완제품 가액을 대상액에서 제외하고 산출한 산업안전보건관리비의 1.2배에 해당하는 값을 비교하여 그 중 작은 값 이상의 금액으로 계상한다.

1. 대상액이 5억 원 미만 또는 50억 원 이상인 경우: 대상액에 별표 1에서 정한 비율을 곱한 금액
2. 대상액이 5억 원 이상 50억 원 미만인 경우: 대상액에 별표 1에서 정한 비율을 곱한 금액에 기초액을 합한 금액
3. 대상액이 명확하지 않은 경우: 제4조제1항의 도급계약 또는 자체사업계획상 책정된 총공사금액의 10분의 7에 해당하는 금액을 대상액으로 하고 제1호 및 제2호에서 정한 기준에 따라 계상

② 발주자는 제1항에 따라 계상한 산업안전보건관리비를 입찰공고 등을 통해 입찰에 참가하려는 자에게 알려야 한다.

③ 발주자와 법 제69조에 따른 건설공사도급인 중 자기공사자를 제외하고 발주자로부터 해당 건설공사를 최초로 도급받은 수급인(이하 "도급인"이라 한다)은 공사계약을 체결할 경우 제1항에 따라 계상된 산업안전보건관리비를 공사도급계약서에 별도로 표시하여야 한다.

④ 별표 1의 공사의 종류는 별표 5의 건설공사의 종류 예시표에 따른다. 다만, 하나의 사업장 내에 건설공사 종류가 둘 이상인 경우(분리발주한 경우를 제외한다)에는

부록 3

공사금액이 가장 큰 공사종류를 적용한다.

⑤ 발주자 또는 자기공사자는 설계변경 등으로 대상액의 변동이 있는 경우 별표 1의3에 따라 지체 없이 산업안전보건관리비를 조정 계상하여야 한다. 다만, 설계변경으로 공사금액이 800억 원 이상으로 증액된 경우에는 증액된 대상액을 기준으로 제1항에 따라 재계상한다.

제5조(계상방법 및 계상시기 등) 〈 삭제 〉

제6조(수급인등의 의무) 〈 삭제 〉

제7조(사용기준) ① 도급인과 자기공사자는 산업안전보건관리비를 산업재해예방 목적으로 다음 각 호의 기준에 따라 사용하여야 한다.

1. 안전관리자 · 보건관리자의 임금 등
   가. 법 제17조제3항 및 법 제18조제3항에 따라 안전관리 또는 보건관리 업무만을 전담하는 안전관리자 또는 보건관리자의 임금과 출장비 전액(지방고용노동관서에 선임 보고한 날부터 발생한 비용에 한정한다.)
   나. 안전관리 또는 보건관리 업무를 전담하지 않는 안전관리자 또는 보건관리자의 임금과 출장비의 각각 2분의 1에 해당하는 비용 (지방고용노동관서에 선임 보고한 날부터 발생한 비용에 한정한다.)
   다. 안전관리자를 선임한 건설공사 현장에서 산업재해 예방 업무만을 수행하는 작업지휘자, 유도자, 신호자 등의 임금 전액
   라. 별표 1의2에 해당하는 작업을 직접 지휘 · 감독하는 직 · 조 · 반장 등 관리감독자의 직위에 있는 자가 영 제15조제1항에서 정하는 업무를 수행하는 경우에 지급하는 업무수당(임금의 10분의 1 이내)
2. 안전시설비 등
   가. 산업재해 예방을 위한 안전난간, 추락방호망, 안전대 부착설비, 방호장치(기계 · 기구와 방호장치가 일체로 제작된 경우, 방호장치 부분의 가액에 한함) 등 안전시설의 구입 · 임대 및 설치 등을 위해 소요되는 비용
   나. 「산업재해예방시설자금 융자금 지원사업 및 보조금 지급사업 운영규정」(고용노동부고시) 제2조제12호에 따른 "스마트안전장비 지원사업" 및 「건설기

술진흥법」 제62조의3에 따른 스마트 안전장비 구입 · 임대 비용. 다만, 제4조에 따라 계상된 산업안전보건관리비 총액의 10분의 2를 초과할 수 없다.

다. 용접 작업 등 화재 위험작업 시 사용하는 소화기의 구입 · 임대비용

3. 보호구 등

가. 영 제74조제1항제3호 및 제77조제1항제3호에 따른 보호구의 구입 · 수리 · 관리 등에 소요되는 비용

나. 근로자가 가목에 따른 보호구를 직접 구매 · 사용하여 합리적인 범위 내에서 보전하는 비용

다. 제1호가목부터 다목까지의 규정에 따른 안전관리자 등의 업무용 피복, 기기 등을 구입하기 위한 비용

라. 제1호가목에 따른 안전관리자 및 보건관리자가 안전보건 점검 등을 목적으로 건설공사 현장에서 사용하는 차량의 유류비 · 수리비 · 보험료

4. 안전보건진단비 등

가. 법 제42조에 따른 유해위험방지계획서의 작성 등에 소요되는 비용

나. 법 제47조에 따른 안전보건진단에 소요되는 비용

다. 법 제125조에 따른 작업환경 측정에 소요되는 비용

라. 그 밖에 산업재해예방을 위해 법에서 지정한 전문기관 등에서 실시하는 진단, 검사, 지도 등에 소요되는 비용

5. 안전보건교육비 등

가. 법 제29조부터 제32조까지의 규정에 따라 실시하는 의무교육이나 이에 준하여 실시하는 교육을 위해 건설공사 현장의 교육 장소 설치 · 운영 등에 소요되는 비용

나. 가목 이외 산업재해 예방이 주된 목적인 교육을 실시하기 위해 소요되는 비용

다. 「응급의료에 관한 법률」 제14조제1항제5호에 따른 안전보건교육 대상자 등에게 구조 및 응급처치에 관한 교육을 실시하기 위해 소요되는 비용

라. 안전보건관리책임자, 안전관리자, 보건관리자가 업무수행을 위해 필요한 정보를 취득하기 위한 목적으로 도서, 정기간행물을 구입하는 데 소요되는 비용

마. 건설공사 현장에서 안전기원제 등 산업재해 예방을 기원하는 행사를 개최하기 위해 소요되는 비용. 다만, 행사의 방법, 소요된 비용 등을 고려하여 사회통념에 적합한 행사에 한한다.

바. 건설공사 현장의 유해 · 위험요인을 제보하거나 개선방안을 제안한 근로자를 격려하기 위해 지급하는 비용

6. 근로자 건강장해예방비 등

가. 법 · 영 · 규칙에서 규정하거나 그에 준하여 필요로 하는 각종 근로자의 건강장해 예방에 필요한 비용

나. 중대재해 목격으로 발생한 정신질환을 치료하기 위해 소요되는 비용

다. 「감염병의 예방 및 관리에 관한 법률」 제2조제1호에 따른 감염병의 확산 방지를 위한 마스크, 손소독제, 체온계 구입비용 및 감염병병원체 검사를 위해 소요되는 비용

라. 법 제128조의2 등에 따른 휴게시설을 갖춘 경우 온도, 조명 설치 · 관리기준을 준수하기 위해 소요되는 비용

마. 건설공사 현장에서 근로자 심폐소생을 위해 사용되는 자동심장충격기(AED) 구입에 소요되는 비용

바. 온열 · 한랭질환으로부터 근로자 건강장해를 예방하기 위한 임시 휴게시설 설치 · 해체 · 임대 비용 및 냉 · 난방기기의 임대 비용

7. 법 제73조 및 제74조에 따른 건설재해예방전문지도기관의 지도에 대한 대가로 제2조제1항제5호의 자기공사자가 지급하는 비용

8. 「중대재해 처벌 등에 관한 법률 시행령」 제4조제2호나목에 해당하는 건설사업자가 아닌 자가 운영하는 사업에서 안전보건 업무를 총괄 · 관리하는 3명 이상으로 구성된 본사 전담조직에 소속된 근로자의 임금 및 업무수행 출장비 전액. 다만, 제4조에 따라 계상된 산업안전보건관리비 총액의 20분의 1을 초과할 수 없다.

9. 법 제36조에 따른 위험성평가 또는 「중대재해 처벌 등에 관한 법률 시행령」 제4조제3호에 따라 유해 · 위험요인 개선을 위해 필요하다고 판단하여 법 제24조의 산업안전보건위원회 또는 법 제75조의 노사협의체에서 사용하기로 결정한 사항

을 이행하기 위한 비용(산업안전보건위원회 또는 노사협의체가 없는 현장의 경우에는 근로자의 의견을 들어 법 제64조에 따른 안전 및 보건에 관한 협의체에서 결정한 사항을 이행하기 위한 비용을 말한다). 다만, 제4조에 따라 계상된 산업안전보건관리비 총액의 100분의 15를 초과할 수 없다.

② 제1항에도 불구하고 도급인 및 자기공사자는 다음 각 호의 어느 하나에 해당하는 경우에는 산업안전보건관리비를 사용할 수 없다. 다만, 제1항제2호나목 및 다목, 제1항제6호나목부터 마목, 제1항제9호의 경우에는 그러하지 아니하다.

1. 「(계약예규)예정가격작성기준」제19조제3항 중 각 호(단, 제14호는 제외한다)에 해당되는 비용
2. 다른 법령에서 의무사항으로 규정한 사항을 이행하는 데 필요한 비용
3. 근로자 재해예방 외의 목적이 있는 시설·장비나 물건 등을 사용하기 위해 소요되는 비용
4. 환경관리, 민원 또는 수방대비 등 다른 목적이 포함된 경우

③ 도급인 및 자기공사자는 별표 3에서 정한 공사진척에 따른 산업안전보건관리비 사용기준을 준수하여야 한다. 다만, 건설공사발주자는 건설공사의 특성 등을 고려하여 사용기준을 달리 정할 수 있다.

④ 〈삭 제〉

⑤ 도급인 및 자기공사자는 도급금액 또는 사업비에 계상된 산업안전보건관리비의 범위에서 그의 관계수급인에게 해당 사업의 위험도를 고려하여 적정하게 산업안전보건관리비를 지급하여 사용하게 할 수 있다.

제8조(사용금액의 감액 · 반환 등) 발주자는 도급인이 법 제72조제2항에 위반하여 다른 목적으로 사용하거나 사용하지 않은 산업안전보건관리비에 대하여 이를 계약금액에서 감액조정하거나 반환을 요구할 수 있다.

제9조(사용내역의 확인) ① 도급인은 산업안전보건관리비 사용내역에 대하여 공사 시작 후 6개월마다 1회 이상 발주자 또는 감리자의 확인을 받아야 한다. 다만, 6개월 이내에 공사가 종료되는 경우에는 종료 시 확인을 받아야 한다.

② 제1항에도 불구하고 발주자, 감리자 및 「근로기준법」 제101조에 따른 관계 근로감독관은 산업안전보건관리비 사용내역을 수시 확인할 수 있으며, 도급인 또는 자기

부록 3

공사자는 이에 따라야 한다.

③ 발주자 또는 감리자는 제1항 및 제2항에 따른 산업안전보건관리비 사용내역 확인 시 기술지도 계약 체결, 기술지도 실시 및 개선 여부 등을 확인하여야 한다.

제10조(실행예산의 작성 및 집행 등) ① 공사금액 4천만 원 이상의 도급인 및 자기공사자는 공사실행예산을 작성하는 경우에 해당 공사에 사용하여야 할 산업안전보건관리비의 실행예산을 계상된 산업안전보건관리비 총액 이상으로 별도 편성해야 하며, 이에 따라 산업안전보건관리비를 사용하고 별지 제1호서식의 산업안전보건관리비 사용내역서를 작성하여 해당 공사현장에 갖추어 두어야 한다.

② 도급인 및 자기공사자는 제1항에 따른 산업안전보건관리비 실행예산을 작성하고 집행하는 경우에 법 제17조와 영 제16조에 따라 선임된 해당 사업장의 안전관리자가 참여하도록 하여야 한다.

③ 〈삭 제〉

제 3 장 보 칙

제11조(기술지도 횟수 등) 〈삭 제〉

제12조(재검토기한) 고용노동부 장관은 이 고시에 대하여 2025년 7월 1일 기준으로 매 3년이 되는 시점(매 3년째의 6월 30일까지를 말한다)마다 그 타당성을 검토하여 개선 등의 조치를 하여야 한다.

부 칙〈제2025-11호, 2025. 2. 12.〉

이 고시는 2025년 2월 12일부터 시행한다.

【별표 1】

공사종류 및 규모별 산업안전보건관리비 계상기준표

(단위: 원)

구 분 / 공사종류	대상액 5억원 미만인 경우 적용 비율(%)	대상액 5억원 이상 50억원 미만인 경우		대상액 50억원 이상인 경우 적용 비율(%)	영 별표5에 따른 보건관리자 선임 대상 건설공사의 적용비율(%)
		적용 비율 (%)	기초액		
건 축 공 사	3.11%	2.28%	4,325,000원	2.37%	2.64%
토 목 공 사	3.15%	2.53%	3,300,000원	2.60%	2.73%
중 건 설 공 사	3.64%	3.05%	2,975,000원	3.11%	3.39%
특 수 건 설 공 사	2.07%	1.59%	2,450,000원	1.64%	1.78%

부록 3

【별표 1의 2】

관리감독자 안전보건업무 수행시 수당지급 작업

1. 건설용 리프트 · 곤돌라를 이용한 작업
2. 콘크리트 파쇄기를 사용하여 행하는 파쇄작업 (2미터 이상인 구축물 파쇄에 한정한다)
3. 굴착 깊이가 2미터 이상인 지반의 굴착작업
4. 흙막이지보공의 보강, 동바리 설치 또는 해체작업
5. 터널 안에서의 굴착작업, 터널거푸집의 조립 또는 콘크리트 작업
6. 굴착면의 깊이가 2미터 이상인 암석 굴착 작업
7. 거푸집지보공의 조립 또는 해체작업
8. 비계의 조립, 해체 또는 변경작업
9. 건축물의 골조, 교량의 상부구조 또는 탑의 금속제의 부재에 의하여 구성되는 것(5미터 이상에 한정한다)의 조립, 해체 또는 변경작업
10. 콘크리트 공작물(높이 2미터 이상에 한정한다)의 해체 또는 파괴 작업
11. 전압이 75볼트 이상인 정전 및 활선작업
12. 맨홀작업, 산소결핍장소에서의 작업
13. 도로에 인접하여 관로, 케이블 등을 매설하거나 철거하는 작업
14. 전주 또는 통신주에서의 케이블 공중가설작업

【별표 1의 3】

설계변경 시 산업안전보건관리비 조정·계상 방법

1. 설계변경에 따른 산업안전보건관리비는 다음 계산식에 따라 산정한다.
   - ○ 설계변경에 따른 산업안전보건관리비 = 설계변경 전의 산업안전보건관리비 + 설계변경으로 인한 산업안전보건관리비 증감액

2. 제1호의 계산식에서 설계변경으로 인한 산업안전보건관리비 증감액은 다음 계산식에 따라 산정한다.
   - ○ 설계변경으로 인한 산업안전보건관리비 증감액 = 설계변경 전의 산업안전보건관리비 × 대상액의 증감 비율

3. 제2호의 계산식에서 대상액의 증감 비율은 다음 계산식에 따라 산정한다. 이 경우, 대상액은 예정가격 작성시의 대상액이 아닌 설계변경 전·후의 도급계약서상의 대상액을 말한다.
   - ○ 대상액의 증감 비율 = [(설계변경후 대상액 - 설계변경 전 대상액) / 설계변경 전 대상액] × 100%

【별표 2】〈삭제〉

【별표 3】

공사진척에 따른 산업안전보건관리비 사용기준

공정율	50퍼센트 이상 70퍼센트 미만	70퍼센트 이상 90퍼센트 미만	90퍼센트 이상
사용기준	50퍼센트 이상	70퍼센트 이상	90퍼센트 이상

※ 공정률은 기성공정률을 기준으로 한다.

【별표 4】〈삭제〉

【별표 5】

건설공사의 종류 예시표

공사종류	내 용 예 시
1. 건축공사	가. 「건설산업기본법 시행령」(별표 1) 제1호 '나'목 종합적인 계획, 관리 및 조정에 따라 토지에 정착 하는 공작물 중 지붕과 기둥(또는 벽)이 있는 것과 이에 부수되는 시설물을 건설하는 공사 및 이와 함께 부대하여 현장 내에서 행하는 공사 나. 「건설산업기본법 시행령」(별표 1) 제2호의 전문공사로서 건축물과 관련하여 분리하여 발주되었고 시간적·장소적으로도 독립하여 행하는 공사
2. 토목공사	가. 「건설산업기본법 시행령」(별표 1) 제1호 '가'목 종합적인 계획·관리 및 조정에 따라 토목 공작물을 설치하거나 토지를 조성·개량하는 공사, '라'목 종합적인 계획, 관리 및 조정에 따라 산업의 생산시설, 환경 오염을 예방·제거 재활용하기 위한 시설, 에너지 등의 생산·저장·공급시설 등의 건설공사 및 이와 함께 부대하여 현장 내에서 행하는 공사 나. 「건설산업기본법 시행령」(별표 1) 제2호의 전문공사로서 같은 표 제1호 건축공사 외의 시설물과 관련하여 분리하여 발주되었고 시간적·장소적으로도 독립하여 행하는 공사
3. 중건설공사	□ 「건설산업기본법 시행령」(별표 1) 제1호 '가'목 및 '라'목에 해당 되는 공사 중 다음과 같은 공사 및 이와 함께 부대하여 현장 내에서 행하는 공사 가. 고제방 댐 공사 등 댐 신설공사, 제방신설공사와 관련한 제반시설공사 나. 화력, 수력, 원자력, 열병합 발전시설 등 설치공사 화력, 수력, 원자력, 열병합 발전시설과 관련된 신설공사 및 제반시설 공사

	다. 터널신설공사 등 도로, 철도, 지하철 공사로서 터널, 교량, 토공사 등이 포함된 복합시설물로 구성된 공사에 있어 터널 공사비 비중이 가장 큰 비중을 차지하는 건설공사
4. 특수건설공사	□ 「건설산업기본법 시행령」(별표 1) 제1호 '마'목 종합적인 계획·관리 및 조정에 따라 수목원, 공원, 녹지, 숲의 조성 등 경관 및 환경을 조성·개량 등의 건설공사로서 같은 법 시행규칙(별표 3)에서 구분한 조경공사에 해당하는 공사와 아래 각목에 따른 건설공사 중 다른 공사와 분리하여 발주되었고 시간적·장소적으로도 독립하여 행하는 공사 가. 「전기공사업법」에 의한 공사 나. 「정보통신공사업법」에 의한 공사 다. 「소방공사업법」에 의한 공사 라. 「문화재수리공사업법」에 의한 공사

비고

1. 건축물과 관련하여 공사가 수행된다 하더라도 독립하여 행하는 공사가 토목공사, 중건설공사가 명백한 경우 해당 공사 종류로 분류한다.
2. 건축공사, 토목공사 및 중건설공사와 함께 부대하여 현장 내에서 이루어지는 공사는 개별 법령에 따라 수행되는 공사를 포함한다.

【별지 제1호 서식】

산업안전보건관리비 사용내역서

건설업체명		공 사 명	
소 재 지		대 표 자	
공 사 금 액	원	공 사 기 간	~
발 주 자		누계공정률	%
계 상 된 산업안전보건 관리비	원		

사 용 금 액		
항 목	( )월 사용금액	누계 사용금액
계		
1. 안전・보건관리자 임금 등		
2. 안전시설비 등		
3. 보호구 등		
4. 안전보건진단비 등		
5. 안전보건교육비 등		
6. 근로자 건강장해예방비 등		
7. 건설재해예방전문지도기관 기술지도비		
8. 본사 전담조직 근로자 임금 등		
9. 위험성평가 등에 따른 소요비용		

「건설업 산업안전보건관리비 계상 및 사용기준」 제10조제1항에 따라 위와 같이 사용내역서를 작성하였습니다.

년 월 일

작 성 자 직책 성명 (서명 또는 인)
확 인 자 직책 성명 (서명 또는 인)

210㎜ × 297㎜(일반용지 60g/㎡(재활용품))

부록 3

항 목 별 사 용 내 역 (　　　년　　월)

1. 안전·보건관리자 임금 등

구 분	소 속	성 명	선임일	지급금액	지급일	지급 내역	비 고
계				계상액 (계획)	전월까지 누계(A)	금 월(B)	누계 (A+B)

※ 주: 사용내역은 사용일자가 빠른 순서로 작성

항 목 별 사 용 내 역 (　　년　　월)

2. 안전시설비 등

구 분	사용일	단위	수량	단 가			사용금액	지급내역	비고
				노무비	자재비	계			

계	계상액 (계획)	전월까지 누계(A)	금 월(B)	누계 (A+B)

※ 주: 사용내역은 사용일자가 빠른 순서로 작성

항 목 별 사 용 내 역 (　　년　　월)

3. 보호구 등

구 분	계 획			사용일	소요 비용			지급내역	비고
	단가	수량	금액		단가	수량	금액		

계	계상액 (계획)	전월까지 누계(A)	금 월(B)	누계 (A+B)

※ 주: 사용내역은 사용일자가 빠른 순서로 작성

항 목 별 사 용 내 역 (　　　년　　월)

4. 안전보건진단비 등

구 분	진단기관 (검사기관)	사용일	소요비용	지급 내역		비 고
계			계상액 (계획)	전월까지 누계(A)	금 월(B)	누계 (A+B)

※ 주: 사용내역은 사용일자가 빠른 순서로 작성

부록 3

항 목 별 사 용 내 역 (　　년　　월)

5. 안전보건교육비 등

교육과목	교육주관	교육일	참가인원	소요 경비	비 고
계		계상액 (계획)	전월까지 누계(A)	금 월(B)	누계 (A+B)

※ 주: 사용내역은 사용일자가 빠른 순서로 작성

항 목 별 사 용 내 역 (　　년　　월)

6. 근로자 건강장해예방비 등

구 분	사용일	진단병원	참가인원	소요 경비	비 고
계		계상액 (계획)	전월까지 누계(A)	금 월(B)	누계 (A+B)

※ 주: 사용내역은 사용일자가 빠른 순서로 작성

항 목 별 사 용 내 역 (년   월)

7. 건설재해예방전문지도기관 기술지도비

지도항목	지도기관	점검일	소요 경비	비 고
계	계상액 (계획)	전월까지 누계(A)	금 월(B)	누계 (A+B)

※ 주: 사용내역은 사용일자가 빠른 순서로 작성

항 목 별 사 용 내 역 (년   월)

8. 본사 전담조직 근로자 임금 등

□ 조직 현황

시공능력 평가순위	안전보건조직·인원 현황			안전보건 관리비 계상총액	본사 임금 등 계상액(계획)
	조직명	직책	인원 수		

□ 사용 내역

구 분	소속	직책	성명	보직일	지급액	지급일	비 고
계				계상액(계획)	전월까지 누계(A)	금 월(B)	누계(A+B)

※ 주: 본사만 사용내역 작성 및 증빙서류 첨부(현장 제외)

- 증빙서류(예시): 본사 조직규정, 인사명령서, 계좌이체 내역 등

항 목 별 사 용 내 역 (년   월)

9. 위험성평가 등에 따른 소요비용

<table>
<tr><td rowspan="2">품목명</td><td colspan="2">결정일</td><td colspan="3">계 획</td><td rowspan="2">사용일</td><td colspan="3">소요 비용</td><td rowspan="2">지급
내역</td><td rowspan="2">비고</td></tr>
<tr><td>위험성
평가등</td><td>노사
협의등</td><td>단가</td><td>수량</td><td>금액</td><td>단가</td><td>수량</td><td>금액</td></tr>
<tr><td></td><td></td><td></td><td></td><td></td><td></td><td></td><td></td><td></td><td></td><td></td><td></td></tr>
<tr><td colspan="5" rowspan="2">계</td><td colspan="2">계상액
(계획)</td><td colspan="2">전월까지
누계(A)</td><td>금월(B)</td><td colspan="2">누계
(A+B)</td></tr>
<tr><td colspan="2"></td><td colspan="2"></td><td></td><td colspan="2"></td></tr>
</table>

※ 주: 사용내역은 항목별 사용일자가 빠른 순서로 작성

【별지 제2호 서식】〈삭제〉

4. 엔지니어링사업대가의 기준

과학기술부 공고 제93-31호(1993. 6. 1) 개정공고
과학기술부 공고 제94-8호(1994. 1. 31) 개정공고
과학기술부 공고 제94-33호(1994. 4. 23) 개정공고
과학기술부 공고 제94-70호(1994. 12. 20) 개정공고
과학기술부 공고 제97-28호(1997. 7. 31) 개정공고
과학기술부 공고 제99-19호(1999. 3. 5) 개정공고
과학기술부 공고 제99-79호(1999. 12. 31) 개정공고
과학기술부 공고 제2001-116호(2001. 12. 31) 개정공고
과학기술부 공고 제2004-123호(2004. 12. 30) 개정공고
과학기술부 공고 제2007-211호(2007. 12. 24) 개정공고
과학기술부 공고 제2008-109호(2008. 6. 3) 개정공고
지식경제부 고시 제2011-77호(2011. 4. 27) 개정공고
지식경제부 고시 제2012-190호(2012. 8 . 8) 개정공고
산업통상자원부 고시 제2014-166호(2014.10 .13) 개정공고
산업통상자원부 고시 제2018-226호(2018.12 .13) 타법개정
산업통상자원부 고시 제2019-20호(2019.1 .28) 일부개정
산업통상자원부 고시 제2021-137호(2021. 7. 29) 일부개정
산업통상자원부 고시 제2024-217호(2024. 12. 31) 일부개정

부록 4

제1장 총 칙

제1조(목적) 이 기준은 「엔지니어링산업 진흥법」 제31조제2항에 따라 엔지니어링사업의 대가의 기준을 정함을 목적으로 한다.

제2조(적용) ① 「엔지니어링산업 진흥법」(이하 "법"이라 한다) 제2조제7호 각 목 및 시행령 제5조의 각 호의 자(이하 "발주청"이라 한다)가 같은 법 제2조제4호에 따른 엔지

니어링사업자(이하 "엔지니어링사업자"라 한다)에게엔지니어링사업을 발주할 경우에는 이 기준에 따라 엔지니어링사업대가(이하 "대가"라 한다)를 산출한다.

② 제1항에도 불구하고 엔지니어링사업자가 건설업자 또는 주택건설등록 업자로부터 위탁받아 작성하는 시공상세도의 경우에는 제21조 이하의 규정에 따라 대가를 산출한다.

제3조(정의) 이 기준에서 사용하는 용어의 뜻은 다음과 같다.

1. "실비정액가산방식"이란 직접인건비, 직접경비, 제경비, 기술료와 부가가치세를 합산하여 대가를 산출하는 방식을 말한다.
2. "공사비요율에 의한 방식"이란 공사비에 일정요율을 곱하여 산출한 금액에 제17조에 따른 추가업무비용과 부가가치세를 합산하여 대가를 산출하는 방식을 말한다.
3. "공사비"란 발주청의 공사비 총 예정금액(자재대 포함) 중 용지비, 보상비, 법률 수속비 및 부가가치세를 제외한 일체의 금액을 말한다.
4. "시공상세도작성비"란 관련법령에 따라 당해 목적물의 시공을 위하여 도면, 시방서 및 작업계획 등에 따른 시공상세도를 작성하는데 소요되는 비용을 말한다.
5. "품셈"이란 발주청에서 대가를 산정하기 위한 기준으로 단위작업에 소요되는 인력수, 재료량, 장비량을 말한다.
6. "표준품셈"이란 표준품셈관리기관이 제30조에 따라 공표한 품셈을 말한다.
7. "표준품셈 관리기관"이란 표준품셈의 제정, 개정, 연구, 조사, 해석, 보급 등(이하 '표준품셈의 제 · 개정 등'이라 한다) 표준품셈에 대한 전반적인 업무를 효율적으로 운영하기 위한 기관으로서 제26조에 따라 산업통상자원부장관이 지정한 기관을 말한다.

제4조(대가산출의 기본원칙) ① 대가의 산출은 실비정액가산방식을 적용함을 원칙으로 한다. 다만, 발주청이 엔지니어링사업의 특성을 고려하여 실비정액가산방식을 적용함이 적절하지 아니하다고 판단하는 경우 공사비요율에 의한 방식을 적용할 수 있다.

② 제1항 단서에도 불구하고 다음 각호의 사유에 해당하는 경우 실비정액가산방식을 적용하여야 한다.

1. 최근 3년간 발주청의 관할구역 및 인접 시 · 군 · 구에 당해 사업과 유사한 사업에 대하여 실비정액가산방식을 적용한 사업이 있는 경우
2. 엔지니어링사업자가 실비정액가산방식 적용에 필요한 견적서 등을 발주청에 제공하여 거래 실례가격을 추산할 수 있는 경우

③ 실비정액가산방식 또는 공사비요율에 의한 방식으로 대가의 산출이 불가능한 구매, 조달, 노-하우의 전수 등의 엔지니어링사업에 대한 대가는 계약당사자가 합의하여 정한다.

④ 부가가치세는 「부가가치세법」에서 정하는 바에 따라 계상한다.

제5조(대가의 조정) ① 다음 각 호의 어느 하나에 해당하는 경우에는 대가를 조정한다.

1. 계약을 체결한 날부터 90일 이상 경과하고 물가의 변동으로 입찰일을 기준으로 한 당초의 대가에 비하여 100분의 3이상 증감되었다고 인정될 경우. 다만, 천재·지변 또는 원자재 가격 급등으로 당해 기간 내에 계약 금액을 조정하지 아니하고는 계약 이행이 곤란한 시 계약을 체결한 날 또는 직전 조정기준일로부터 90일 이내에도 계약금액을 조정할 수 있다.
2. 발주청의 요구에 따른 업무 변경이 있는 경우
3. 엔지니어링사업 계약에 있어 사업기간, 사업규모 변경 등 계약의 내용이 변경된 경우
4. 계약당사자 간에 합의하여 특별히 정한 경우

② 제1항에서 규정된 사항에 대해서는 「국가를 당사자로 하는 계약에 관한 법률」, 「지방자치단체를 당사자로 하는 계약에 관한 법률」의 금액 조정에 관한 규정을 준용한다.

제6조(대가의 준용) 전력시설물의 설계 및 감리, 농어촌정비사업의 측량·설계 및 공사감리의 위탁, 소프트웨어 개발용역, 측량용역 등 다른 법령에서 그 대가기준(원가계산기준)을 규정하고 있는 경우에는 그 법령이 정하는 기준에 따른다.

제2장 실비정액가산방식

제7조(직접인건비) 직접인건비란 해당 엔지니어링사업의 업무에 직접 종사하는 엔지니어링기술자의 인건비로서 투입된 인원수에 엔지니어링기술자의 기술등급별 노임단가를 곱하여 계산한다. 이 경우 엔지니어링기술자의 투입인원수 및 기술등급별 노임단가의 산출은 다음 각 호를 적용한다.

1. 투입인원수를 산출하는 경우에는 산업통상자원부장관이 인가한 표준품셈을 우선 적용한다. 다만 인가된 표준품셈이 존재하지 않거나 업무의 특성상 필

요한 경우에는 견적 등 적절한 산출방식을 적용할 수 있다.

2. 노임단가를 산출하는 경우에는 기본급 · 퇴직급여충당금 · 회사가 부담하는 산업재해보상보험료, 국민연금, 건강보험료, 고용보험료, 퇴직연금급여 등이 포함된 한국엔지니어링협회가 「통계법」에 따라 조사 · 공표한 임금 실태 조사보고서에 따른다.

제8조(직접경비) 직접경비란 당해 업무 수행과 관련이 있는 경비로서 여비(발주청 관계자 여비는 제외함), 특수자료비(특허, 노하우 등의 사용료), 제출 도서의 인쇄 및 청사진비, 측량비, 토질 및 재료비 등의 시험비 또는 조사비, 모형제작비, 다른 전문기술자에 대한 자문비 또는 위탁비와 현장운영 경비(직접인건비에 포함되지 아니한 보조원의 급여와 현장사무실의 운영비를 말한다) 등을 포함하며, 그 실제 소요될 것으로 추정되는 비용의 일체를 계산한다. 다만, 국내 출장여비 및 공사감리 등 현장에 상주해야 하는 엔지니어링사업의 주재비는 그 내역을 산정하기 어려운 경우 국내 출장여비는 비상주 직접인건비의 10%로 하고 주재비는 상주 직접인건비의 30%로 한다.

제9조(제경비) ① 제경비란 직접비(직접인건비와 직접경비)에 포함되지 아니하고 엔지니어링사업자의 행정운영을 위한 기획, 경영, 총무 분야 등에서 발생하는 간접 경비로서 임원 · 서무 · 경리직원 등의 급여, 사무실비, 사무용 소모품비, 비품비, 기계기구의 수선 및 상각비, 통신운반비, 회의비, 공과금, 운영활동 비용 등을 포함하며 직접인건비의 110~120%로 계산한다. 다만, 관련법령에 따라 계약 상대자의 과실로 인하여 발생한 손해에 대한 손해배상보험료 또는 손해배상공제료는 별도로 계산한다.

② 제1항의 경비 중에서도 해당 엔지니어링사업의 수행을 위하여 직접적인 필요에 따라 발생한 비목에 관하여는 직접경비로 계산한다.

제10조(기술료) 기술료란 엔지니어링사업자가 개발 · 보유한 기술의 사용 및 기술축적을 위한 대가로서 조사연구비, 기술개발비, 기술훈련비 및 이윤 등을 포함하며 직접인건비에 제경비(단 제9조제1항 단서에 따른 손해배상보험료 또는 손해배상공제료는 제외함)를 합한 금액의 20~40%로 계산한다.

제11조(엔지니어링기술자의 기술등급 및 자격기준) 엔지니어링기술자의 기술등급 및 자격기준은 법 제2조제6호 및 시행령 제4조에 따른 별표 2와 같다.

제12조(엔지니어링기술자 노임단가의 적용기준) ① 엔지니어링기술자 노임단가의 적용기준은 1

일 8시간으로 하며, 1개월의 일수는 「근로기준법」 및 「통계법」에 따라 한국엔지니어링협회가 조사 · 공표하는 임금실태 조사 보고서에 따른다. 다만, 토요 휴무제를 시행하는 경우와 1일 8시간을 초과하는 경우에는 「근로기준법」을 적용한다.

② 출장일수는 근무일수에 가산하며, 이 경우 수탁자의 사업소를 출발한 날로부터 귀사한 날까지를 계산한다.

③ 엔지니어링사업 수행기간 중 「민방위기본법」 또는 「향토예비군설치법」에 따른 훈련기간과 「국가기술자격법」 등에 따른 교육기간은 해당 엔지니어링사업을 수행한 일수에 산입한다.

제3장 공사비요율에 의한 방식

제13조(요율) ① 공사비요율에 의한 방식을 적용할 경우 건설부문의 요율은 별표 1과 같고, 통신부문의 요율은 별표 2와 같으며, 산업플랜트부문의 요율은 별표 3과 같고, 기본설계 · 실시설계 및 공사감리 업무단위별로 구분하여 적용한다.

② 제1항에도 불구하고 업무단계별로 구분하여 발주하지 않는 기본설계와 실시설계 요율은 다음 각 호와 같다.

1. 기본설계와 실시설계를 동시에 발주하는 경우에는 다음 각목에 따라 적용한다.
   가. 건설부문의 경우 해당 실시설계요율의 1.45배
   나. 통신부문의 경우 해당 실시설계요율의 1.27배
   다. 산업플랜트부문의 경우 해당 실시설계요율의 1.31배
2. 타당성조사와 기본설계를 동시에 발주하는 경우에는 다음 각 목에 따라 적용한다.
   가. 건설부문의 경우 해당 기본설계 요율의 1.35배
   나. 통신부문의 경우 해당 기본설계 요율의 1.18배
   다. 산업플랜트부문의 경우 해당 기본설계 요율의 1.22배
3. 기본설계를 시행하지 않은 실시설계를 발주하는 경우에는 다음 각 목에 따라 적용한다.

부록 4

가. 건설부문의 경우 해당 실시설계 요율의 1.35배
나. 통신부문의 경우 해당 실시설계 요율의 1.18배
다. 산업플랜트부문의 경우 해당 실시설계 요율의 1.22배

4. 타당성 조사를 시행하지 않은 기본설계를 발주하는 경우에는 다음 각 목에 따라 적용한다.
가. 건설부문의 경우 해당 기본설계 요율의 1.24배
나. 통신부문의 경우 해당 기본설계 요율의 1.09배
다. 산업플랜트부문의 경우 해당 기본설계 요율의 1.12배

제14조(업무범위) 공사비요율에 의한 방식을 적용하는 기본설계 · 실시설계 및 공사감리의 업무범위는 다음 각 호와 같다. 다만, 공사감리란 비상주 감리를 말한다.

1. 기본설계
가. 설계개요 및 법령 등 각종 기준 검토
나. 예비타당성조사, 타당성 조사 및 기본계획 결과의 검토
다. 설계요강의 결정 및 설계지침의 작성
라. 기본적인 구조물 형식의 비교 · 검토
마. 구조물 형식별 적용공법의 비교 · 검토
바. 기술적 대안 비교 · 검토
사. 대안별 시설물의 규모, 경제성 및 현장 적용 타당성 검토
아. 시설물의 기능별 배치 검토
자. 개략공사비 및 기본공정표 작성
차. 주요 자재 · 장비 사용성 검토
카. 설계도서 및 개략 공사시방서 작성
타. 설계설명서 및 계략계산서 작성
파. 기본설계와 관련된 보고서, 복사비 및 인쇄비

2. 실시설계
가. 설계 개요 및 법령 등 각종 기준 검토
나. 기본설계 결과의 검토
다. 설계요강의 결정 및 설계지침의 작성

라. 구조물 형식 결정 및 설계
마. 구조물별 적용 공법 결정 및 설계
바. 시설물의 기능별 배치 결정
사. 공사비 및 공사기간 산정
아. 상세공정표의 작성
자. 시방서, 물량내역서, 단가규정 및 구조 및 수리계산서의 작성
차. 실시설계와 관련된 보고서, 복사비 및 인쇄비

3. 공사감리
가. 시공계획 및 공정표 검토
나. 시공도 검토
다. 시공자가 제시하는 시험성과표 검토
라. 공정 및 기성고(이미 진행된 공사의 비용) 사정
마. 시공자가 제시하는 내역서, 구조 및 수리계산서 검토
바. 기성도(이미 진행된 공사의 정도) 및 준공도 검토

제15조(요율조정) 요율은 다음 각 호의 사항을 참고하여 10%의 범위에 대한 증액 또는 감액을 할 수 있으나, 발주청은 사업대가의 삭감으로 인하여 부실한 설계 및 감리 등이 발생하지 않도록 적정한 대가를 지급하기 위하여 노력하여야 한다.
1. 기획 및 설계의 난이도
2. 비교설계의 유무
3. 도면 기타 자료 작성의 복잡성
4. 제출 자료의 수량 등
5. 그 밖에 위 각 호에 준하는 경우

제16조(대가조정의 제한) 발주청은 엔지니어링사업자가 엔지니어링사업을 수행함에 있어 새로운 기술개발 또는 도입된 기술의 소화 개량(도입된 기술을 보완하여 새 기술로 발전시킴)으로 공사비를 절감한 경우에는 이를 이유로 대가를 감액 조정할 수 없다.

제17조(추가업무비용) ① 제14조의 업무범위에 포함되지 않는 업무로서 다음 각 호의 어느 하나에 해당하는 경우를 추가업무로 본다. 이 경우 해당 추가업무에 대하여는 별도로 그 대가를 지급하여야 한다.

부록 4

1. 발주청의 요구에 의한 추가업무
2. 엔지니어링사업자의 책임에 귀속되지 아니하는 사유로 인한 추가업무
3. 그 밖에 발주청의 승인을 얻어 수행한 추가업무

② 제1항에 따른 추가업무의 종류는 다음 각 호와 같다.

1. 각종 측량
2. 각종 조사, 시험 및 검사
3. 공사감리를 위하여 현장에 근무하는 기술자의 제비용
4. 주민의견 수렴 및 각종 인 · 허가에 필요한 서류 작성
5. 입목축적조사서 등 각종 조사서 작성
6. 사전재해영향검토, 자연경관영향검토, 생태환경조사 등 사전환경성 검토
7. 문화재 지표조사
8. 전파환경 분석 및 보고서 작성
9. 운영계획 등 각종 계획서 작성
10. 통신장비의 운용 및 인터페이스 등 통신소프트웨어 분석
11. 수리모형실험 및 수치모델 실험 및 시뮬레이션
12. 친환경 건축물 인증제도(Leadership in Energy and Environmental Design, LEED), 지능형 빌딩 시스템(Intelligent Building System, IBS), 공기조화설비의 시험, 조정, 평가(Testing, Adjusting & Balancing, TAB) 및 고출력 전자파(Electro Magnetic Pulse, EMP) 등 각종 공인인증을 위한 업무
13. 건축 정보 모델(Building Information Modeling, BIM)설계업무(추가 성과품을 제공하는 경우에 한한다.)
14. 모형제작, 투시도 또는 조감도 작성
15. 제14조 업무범위에 해당하지 않는 보고서 작성, 복사비 및 인쇄비
16. 용지도 작성비 및 보상물 작성비(용지비 및 보상물 감정업무 제외)
17. 항공사진 촬영(원격조정무인헬기 포함)
18. 특수자료비(특허, 노하우 등의 사용료)

19. 홍보영상 제작
20. 관련 법령에 따라 계약상대자의 과실로 인하여 발생한 손해에 대한 손해배상보험료 또는 손해배상공제료
21. 그 밖에 위 각 호에 준하는 추가업무

③ 제2항제2호부터 13호까지의 비용은 실비정액가산방식에 따라 비용을 산출하며, 같은 항 제14호부터 제20호까지의 비용은 실제 소요된 비용만을 지급한다. 제21호의 비용은 업무의 성격에 따라 각 호의 비용산출에 준하여 정한다.

제18조(요율적용의 특례) 여러 부문의 기술이 복합된 엔지니어링사업은 실비정액가산방식에 따라 산출한다.

제19조(공사비가 중간에 있을 때의 요율) 공사비가 요율표의 각 단위 중간에 있을 때의 요율은 직선보간법에 따라 다음과 같이 산정한다.

〈직선보간법 산정식〉

$$y = y_1 - \frac{(x - x2)(y1 - y2)}{x1 - x2}$$

※ x : 당해금액, $x1$: 큰금액, $x2$: 작은금액
y : 당해공사비요율, $y1$: 작은금액요율, $y2$: 큰금액요율

제20조 〈삭 제〉

제4장 시공상세도작성비

제21조(요율) 시공상세도작성비는 별표 4의 요율을 적용하여 산출한다.

제22조(업무범위) 시공상세도는 공사시방서에서 건설공사의 진행단계별로 작성하도록 명시된 시공상세도면의 작성 목록에 따라 작성한다.

제23조(예정수량 산출) 시공상세도면의 작성 예정수량은 별표 4의 요율에 따라 구한 시공상세도작성비를 별표 5에 따라 산출한 시공상세도 1장당 단가로 나누어 구한다.

제24조(사후정산) 시공상세도면의 수량은 현장여건에 따라 확정되므로 사전에 작성될 도

면의 예정수량을 정하고, 현장시공시 시공상세도면의 작성 목록에 따라 작성한 후 당초 예정수량보다 실제 작성된 수량에 증감이 있는 경우 발주청의 승인을 받은 수량에 따라 사후에 정산하여야 한다.

제25조(시공상세도면의 난이도) 시공상세도면의 작성에 요구되는 난이도는 별표 6에 따라 구분한다.

제5장 표준품셈의 관리

제26조(관리기관 지정 등) ① 산업통상자원부장관은 (재)한국엔지니어링산업연구원을 엔지니어링 표준품셈 관리기관(이하 "관리기관"이라 한다)으로 지정하고 제7조에 따른 표준품셈의 인가, 관리 등 업무를 위탁한다.

② 관리기관의 장은 표준품셈의 제·개정 등 표준품셈에 대한 전반적인 업무를 효율적으로 운영하기 위한 운영지침을 마련하여 산업통상자원부장관의 승인을 받아야 한다.

③ 산업통상자원부장관은 관리기관이 고의로 인한 업무태만 또는 공신력에 있어 물의를 야기하는 등 지속적인 업무수행이 부적절하다고 인정될 때에는 관리기관의 지정을 철회하거나 취소할 수 있다.

제27조(표준품셈의 제·개정 계획보고 등) ① 관리기관의 장은 관계기관의 의견을 수렴하여 다음 각호의 사항이 포함된 표준품셈의 제·개정 등에 대한 추진계획을 수립하여 매년 3월말까지 산업통상자원부장관에게 제출하여야 한다.

1. 표준품셈의 제·개정 등을 위한 추진일정
2. 표준품셈의 제·개정 대상 항목
3. 표준품셈 심의위원회 구성안
4. 기타 표준품셈의 제·개정 등에 필요한 사항

② 관리기관의 장은 제1항의 규정에 따라 제출한 추진계획이 변경 된 경우 변경된 내용을 지체없이 산업통상자원부장관에게 보고하여야 한다.

③ 산업통상자원부장관은 제1항의 규정에 의거 제출된 사항을 검토하여 변경이 필요한 경우에는 관리기관의 장에게 이를 요구할 수 있다. 이 경우 관리기관의 장은 특별한 사유가 없는 한 이를 반영하여야 한다.

제28조(심의위원회 구성 및 운영 등) ① 산업통상자원부는 품셈의 심의를 위하여 표준품셈심의위원회(이하 "위원회"라 한다)를 둔다.

② 위원회의 위원장은 관리기관의 장으로부터 추천받아 산업통상자원부장관이 임명한다.

③ 위원회의 위원은 관련부처 담당 공무원 및 전문적인 지식을 보유한 다음 각 호의 사람으로 구성한다.

1. 「엔지니어링산업진흥법」 제2조에 따른 발주청 및 엔지니어링기술 관련 기관에 소속되어 있는 자로서 해당 분야에 전문 지식이 있는 자
2. 엔지니어링분야의 관련 업체, 학계 및 단체에서 재직중인 전문가
3. 위원장이 해당 전문분야의 전문가로 인정하여 지정하는 자
4. 제5항에 따른 부문위원회의 장(소관하는 품셈의 심의를 위한 회의에만 참석하여 의결)

④ 위원장의 임기는 3년으로 하고, 위원의 임기는 1년으로 하되 연임할 수 있다.

⑤ 관리기관의 장은 위원회에 상정할 안건을 마련하기 위하여 별도의 부문위원회를 운영할 수 있다.

제29조(위원회 심의 등) ① 위원회는 다음 각 호를 심의한다.

1. 표준품셈 제·개정 대상 항목의 선정
2. 표준품셈 제·개정 조사연구 결과에 대한 심의
3. 그 밖에 표준품셈 제·개정 등의 업무에 관한 중요사항

② 위원회는 위원장이 소집하며, 위원장을 포함한 재적위원 과반수의 출석과 출석위원 3분의2이상의 찬성으로 의결한다.

③ 위원회는 다음 각 호의 어느 하나에 해당하는 사항은 서면으로 의결할 수 있다.

1. 토론이 필요하지 않은 사항
2. 부문위원회의 검토 등을 미리 거쳐 의결만 필요한 사항
3. 긴급하게 처리할 필요가 있는 사항
4. 그 밖에 위원장이 필요하다고 인정하는 사항

제30조(품셈의 확정) ① 제29조에 따라 위원회가 심의·의결한 품셈은 관리기관의 장이 산업통상자원부 장관에게 보고 후 공표함으로써 산업통상자원부장관이 인가한 표준품셈으로 본다.

② 제1항에 따라 인가된 표준품셈은 다음연도 1월 1일부터 시행함을 원칙으로 한다. 다만, 적용의 시급성 등 필요에 따라 그 시행일을 달리할 수 있다.

제31조(사업비의 지원) 산업통상자원부장관은 관리기관의 품셈의 제정, 개정, 연구, 조사, 해석, 보급 및 위원회 운영 등 품셈 업무의 원활한 운영관리를 위하여 사업비를 지원할 수 있다.

제32조(재검토기한) 산업통상자원부장관은 「훈령 · 예규 등의 발령 및 관리에 관한 규정」에 따라 이 고시에 대하여 2025년 1월 1일 기준으로 매3년이 되는 시점(매 3년째의 12월 31일까지를 말한다)마다 그 타당성을 검토하여 개선 등의 조치를 하여야 한다.

부 칙 <제2024-217호, 2024. 12. 31.>

이 기준은 고시하는 날로부터 시행한다.

【별표 1】건설부문의 요율

가. 기본설계

공사비	업 무 별 요 율(%)			
	도로	철도	항만	상수도
10억원 이하	3.78	2.93	4.15	3.45
20억원 이하	3.33	2.69	3.64	3.07
30억원 이하	3.10	2.55	3.37	2.86
50억원 이하	2.82	2.39	3.06	2.63
100억원 이하	2.49	2.19	2.68	2.34
200억원 이하	2.20	2.01	2.35	2.08
300억원 이하	2.04	1.90	2.18	1.94
500억원 이하	1.86	1.78	1.98	1.78
1,000억원 이하	1.64	1.63	1.74	1.58
2,000억원 이하	1.45	1.50	1.52	1.41
3,000억원 이하	1.35	1.42	1.41	1.32
5,000억원 이하	1.23	1.33	1.28	1.21
5,000억원 초과	159.4915 ×(공사비)$^{-0.1806}$	40.9223 ×(공사비)$^{-0.1272}$	209.2442 ×(공사비)$^{-0.1892}$	113.8676 ×(공사비)$^{-0.1687}$

나. 실시설계

공사비	업 무 별 요 율(%)				
	도로	철도	항만	상수도	하천
10억원 이하	6.16	4.10	7.65	8.27	5.37
20억원 이하	5.47	3.88	6.74	7.28	4.71
30억원 이하	5.10	3.76	6.25	6.75	4.36
50억원 이하	4.67	3.62	5.69	6.15	3.96
100억원 이하	4.15	3.43	5.01	5.41	3.47
200억원 이하	3.68	3.25	4.41	4.76	3.04
300억원 이하	3.43	3.15	4.09	4.42	2.81
500억원 이하	3.15	3.03	3.73	4.03	2.55
1,000억원 이하	2.79	2.87	3.28	3.54	2.24
2,000억원 이하	2.48	2.72	2.89	3.12	1.96
3,000억원 이하	2.31	2.64	2.68	2.89	1.82
5,000억원 이하	2.12	2.54	2.44	2.64	1.65
5,000억원 초과	216.8792 ×(공사비)$^{-0.1718}$	20.2686 ×(공사비)$^{-0.0771}$	345.8037 ×(공사비)$^{-0.1839}$	375.1575 ×(공사비)$^{-0.184}$	275.6049 ×(공사비)$^{-0.19}$

다. 공사감리

공사비	요율(%)	공사비	요율(%)
5천만원 이하	3.02	100억원 이하	1.41
1억원 이하	2.85	200억원 이하	1.37
2억원 이하	2.26	300억원 이하	1.35
3억원 이하	2.06	500억원 이하	1.33
5억원 이하	1.89	1,000억원 이하	1.30
10억원 이하	1.66	2,000억원 이하	1.28
20억원 이하	1.53	3,000억원 이하	1.25
30억원 이하	1.48	5,000억원 이하	1.23
50억원 이하	1.45	5,000억원 초과	$3.4816 \times (\text{공사비})^{-0.0386} - 0.00084$

비고

1. "건설부문"이란 「엔지니어링산업 진흥법 시행령」 별표 1에 따른 엔지니어링기술 중에서 건설부문(농어업토목분야 및 상하수도 중 정수 및 하수, 폐수 처리시설 등 환경플랜트를 제외한다.)과 설비부문을 말한다.
2. "공사감리"란 비상주 감리를 말한다.
3. 5,000억원 초과의 경우 공식에 의해 산출된 요율은 소수점 셋째자리에서 반올림한다.
4. 기본설계, 실시설계 및 공사감리의 업무범위는 제14조와 같다.
5. 요율표가 작성되지 않은 다른 분야는 도로분야의 요율을 적용한다.

【별표 2】통신부문의 요율

공사비	업 무 별 요 율(%)								
	기본설계				실시설계				공사감리
	그룹 1	그룹 2	그룹 3	그룹 4	그룹 1	그룹 2	그룹 3	그룹 4	
5천만원 이하	2.27	4.15	5.02	5.63	6.82	12.46	15.07	16.89	2.70
1억원 이하	2.13	3.89	4.71	5.28	6.41	11.72	14.18	15.89	2.53
2억원 이하	1.70	3.10	3.76	4.21	5.10	9.31	11.27	12.63	2.02
3억원 이하	1.55	2.83	3.42	3.84	4.65	8.50	10.29	11.53	1.84
5억원 이하	1.41	2.58	3.12	3.49	4.21	7.70	9.32	10.44	1.68
10억원 이하	1.24	2.27	2.75	3.08	3.73	6.81	8.24	9.23	1.48
20억원 이하	1.15	2.10	2.54	2.85	3.42	6.25	7.56	8.47	1.36
30억원 이하	1.10	2.02	2.44	2.74	3.30	6.04	7.30	8.18	1.31
50억원 이하	1.08	1.98	2.39	2.68	3.25	5.93	7.18	8.05	1.29
100억원 이하	1.05	1.92	2.32	2.60	3.16	5.78	7.00	7.84	1.25
200억원 이하	1.02	1.87	2.26	2.53	3.07	5.61	6.79	7.61	1.22
300억원 이하	1.01	1.85	2.23	2.50	3.05	5.57	6.74	7.55	1.21
500억원 이하	1.00	1.83	2.21	2.48	2.98	5.45	6.59	7.39	1.18
1,000억원 이하	0.98	1.79	2.16	2.42	2.94	5.38	6.50	7.29	1.16
2,000억원 이하	0.97	1.76	2.14	2.39	2.89	5.27	6.38	7.15	1.14
3,000억원 이하	0.95	1.74	2.11	2.37	2.84	5.18	6.27	7.03	1.13
5,000억원 이하	0.94	1.72	2.09	2.34	2.80	5.12	6.20	6.95	1.11
5,000억원 초과 α=(공사비)	$10.088 \times \alpha^{-0.0881}$	$18.459 \times \alpha^{-0.0881}$	$22.3695 \times \alpha^{-0.088}$	$25.0452 \times \alpha^{-0.088}$	$30.5391 \times \alpha^{-0.0887}$	$55.843 \times \alpha^{-0.0887}$	$67.6224 \times \alpha^{-0.0887}$	$75.5986 \times \alpha^{-0.0886}$	$2.3088 \times \alpha^{-0.0271} - 0.00262$

부록 4

비고

1. "통신부문"이란 「엔지니어링산업 진흥법 시행령」 별표 1의 기술부문 및 전문분야 구분표의 정보통신부문과 산업부문의 소방 · 방재 분야를 말한다.
2. "공사감리"란 비상주 감리를 말한다.
3. 5,000억원 초과의 경우 공식에 의해 산출된 요율은 소수점 셋째자리에서 반올림한다.
4. 기본설계, 실시설계 및 공사감리의 업무범위는 제14조와 같다.
5. 그룹별 분류는 다음과 같다. 다만, 산업부문의 소방 · 방재 분야는 그룹 2를 적용한다.

구 분	대분류	세부공사
그룹 1	방송설비	• 방송국설비공사
그룹 2	통신설비	• 교환설비공사 • 전송설비공사 • 구내설비공사 • 고정무선통신설비공사
그룹 3	통신설비	• 선로설비공사 • 별정통신설비공사
	방송설비	• 방송전송, 선로설비공사
	정보설비	• 정보매체설비공사
	기타설비	• 정보통신전용 전기시설설비공사
그룹 4	통신설비	• 이동통신설비공사 • 위성통신설비공사
	정보설비	• 정보제어, 보안설비공사 • 정보망설비공사 • 철도통신, 신호설비공사 • 선박의 통신·항해·어로설비 공사 • 항공(항행,보안,전산) 및 만통신설비공사
	유시티설비공사	• 유시티설비공사

【별표 3】산업플랜트부문의 요율

요 율 / 공사비	업 무 별 요 율(%)			
	기본설계	실시설계	공사감리	계
5천만원 이하	3.12	8.01	4.20	15.33
1억원 이하	2.91	7.46	3.96	14.33
2억원 이하	2.76	7.06	3.55	13.37
3억원 이하	2.60	6.66	3.14	12.40
5억원 이하	2.47	6.32	2.94	11.73
10억원 이하	2.30	5.89	2.66	10.85
20억원 이하	2.18	5.58	2.52	10.28
30억원 이하	2.05	5.26	2.38	9.69
50억원 이하	1.95	4.99	2.29	9.23
100억원 이하	1.81	4.65	2.18	8.64
200억원 이하	1.72	4.41	2.10	8.23
300억원 이하	1.62	4.16	2.02	7.80
500억원 이하	1.54	3.94	1.95	7.43
1,000억원 이하	1.43	3.67	1.86	6.96
2,000억원 이하	1.36	3.48	1.79	6.63
3,000억원 이하	1.28	3.28	1.72	6.28
5,000억원 이하	1.21	3.11	1.66	5.98
5,000억원 초과	기본설계요율 = 19.2151 × (공사비)$^{-0.1025}$ 실시설계요율 = 49.2703 × (공사비)$^{-0.1025}$ 공사감리요율 = 23.5118 × (공사비)$^{-0.0984}$			

비고

1. "산업플랜트"란 전기전자공장, 식품공장 등 일반산업플랜트와 유기화학공장, 고분자제품공장 등 화학플랜트, LNG, LPG 등 가스플랜트, 수력, 화력 등 발전플랜트, 정수 및 하수, 폐수 처리시설, 폐기물 소각장 등 환경플랜트 등을 말한다.
2. 화학플랜트와 가스플랜트는 동 요율의 1.250을 곱하여 산출할 수 있고, 이 경우 각각 소수점 셋째자리에서 반올림한다.
3. 부대시설요율은 동요율의 0.813을 곱하여 산출할 수 있고, 이 경우 각각 소수점 셋째자리에서 반올림한다.
4. 5,000억원 초과의 경우 공식에 의해 산출된 요율은 소수점 셋째자리에서 반올림한다.
5. 기본설계, 실시설계 및 공사감리의 업무범위는 제14조와 같다.

부록 4

【별표 4】시공상세도작성비의 요율

요율 \ 공사비	시설물 난이도별 요율(%)		
	단순	보통	복잡
1억원 이하	1.31	1.46	1.61
2억원 이하	1.15	1.28	1.41
3억원 이하	1.06	1.18	1.30
5억원 이하	0.96	1.07	1.18
10억원 이하	0.85	0.94	1.03
20억원 이하	0.74	0.82	0.90
30억원 이하	0.68	0.76	0.84
50억원 이하	0.62	0.69	0.76
100억원 이하	0.54	0.60	0.66
200억원 이하	0.48	0.53	0.58
300억원 이하	0.44	0.49	0.54
500억원 이하	0.40	0.44	0.48
1,000억원 이하	0.35	0.39	0.43
2,000억원 이하	0.31	0.34	0.37
3,000억원 이하	0.28	0.31	0.34
5,000억원 이하	0.25	0.28	0.31
5,000억원 초과	단순공종요율 = 45.5465 × $(공사비)^{-0.1924}$ 보통공종요율 = 50.6135 × $(공사비)^{-0.1924}$ 복잡공종요율 = 55.6734 × $(공사비)^{-0.1924}$		

비고

5,000억원 초과의 경우 공식에 의해 산출된 요율은 소수점 셋째자리에서 반올림한다.

【별표 5】 시공상세도 1장당 단가 산출근거

작성 난이도	1장당 단가 산출근거
단 순	{(0.24 × 초급기술자 노임단가) + (0.49 × 중급숙련기술자 노임단가)}
보 통	{(0.34 × 중급기술자 노임단가) + (0.70 × 중급숙련기술자 노임단가)}
복 잡	{(0.20 × 고급기술자 노임단가) + (0.44 × 중급기술자 노임단가) + (0.91 × 중급숙련기술자 노임단가)}

【별표 6】 공종별 시공상세도면의 작성 난이도

공 종	세 부 사 항	난이도
철근공	가. 부재별 철근 배근 전개도 나. 겹이음 위치 및 길이, 기계적 연결 또는 용접이음의 위치 ① 배근상세도 검토 후 길이별 반입철근 계획수립 (8, 10, 12m) ② 구조상 안전위치 선정, 겹이음 위치와 길이 등을 고려 자투리 철근 최소화(구조물, 암거표준도, 옹벽표준도의 이음부 확인 후 결정) ③ 정·부철근의 유효간격 및 철근피복두께 유지용 스페이셔 및 고임대의 위치, 설치방법 및 가공을 위한 상세도면 ④ 특수 구조물의 수직철근 조립방법 및 작업 중 전도방지 계획도 ⑤ 철근 구부리기 상세, 철근재료표 (철근개수, 형상과 규격, 길이, 중량 포함), 철근의 위치	복 잡
토 공	가. 흙깍기 (절토) ① 소단폭원, 절취고 및 구배 (절토부 개소당 대표단면) ② 소단, 산마루, 측구, 도수로 위치	단 순
	나. 흙쌓기 (성토) ① 흙쌓기 최종 마무리면별 길어깨 ② 본선 및 중분대 표준횡단계획도(성토부 개소당 대표단면) ③ 토사 측구 설치 계획도	단 순
	다. 다 짐 ① 노체 노상의 토사 다짐 흙쌓기 두께 및 종류 ② 토사 다짐순서도	단 순
불량토 치환공	가. 지층조사 ① 확인심도, 확인계획도(종단, 횡단방향) - 심도별, 이정별 연결도	복 잡

<table>
<tr><th>공 종</th><th>세 부 사 항</th><th>난이도</th></tr>
<tr><td rowspan="6">지 반
개량공</td><td>가. 지층조사
① 확인심도 확인계획도(종단, 횡단방향): 심도별, 이정별 연결도</td><td>복 잡</td></tr>
<tr><td>나. PE, PET 매트
① 성토 폭원을 고려한 위치별 매트의 공장제작 계획도
② 현장 및 공장 봉합방법</td><td>복 잡</td></tr>
<tr><td>다. 연약지반상 배수구조물 기초 치환
① 치환폭, 깊이</td><td>복 잡</td></tr>
<tr><td>라. 모래말뚝 및 Pack drain
① 배수계획도</td><td>복 잡</td></tr>
<tr><td>마. 계측 기기
① 설치위치 평면도 ② 설치방법
③ 설치위치 변경 및 깊이(길이) ④ 계측 기기 보호시설</td><td>복 잡</td></tr>
<tr><td>바. 지반보강 계획도
① 사용재료, 주입범위, 깊이</td><td>복 잡</td></tr>
<tr><td rowspan="2">구조물공
(공통사항)</td><td>가. 일반 구조물
① 단면변화부
② 시공순서도(콘크리트 타설순서도 포함)
③ H-파일 매몰부 보강
④ 구조물 개구부 보강(후속공정을 고려한 개구부 위치)
⑤ 콘크리트 타설이음 (시공이음) ⑥ 콘크리트 타설계획서
⑦ 각종 콘크리트 배합설계서
⑧ 강연선 인장장비 배치, 순서, 방법
⑨ 콘크리트투입구 위치, 개소수, 규격 ⑩ 지수판 상세도</td><td>복 잡</td></tr>
<tr><td>나. 거푸집
① 모따기 위치
② 문양거푸집 등의 사용시 설치계획도 및 철근 피복두께 표시도
③ 시공 이음부 처리도 ④ 동바리 설치도</td><td>보 통</td></tr>
<tr><td>배수공</td><td>가. 공통 사항
① 타 시설물과의 연결부 및 연장 끝부분 처리도
나. L형 측구
① 형식변경부 접속처리와 문양거푸집 사용시 설치계획도
다. U형 측구(용수로포함)
① 배수종단도
라. V형 측구
① 배수종단도 ② 선형 ③ L형측구 또는 U형측구와 접속연결부 처리
마. 산마루 측구
① 선형
② L형측구 또는 U형측구와 접속연결부 처리</td><td>단 순</td></tr>
</table>

공 종	세 부 사 항	난이도
배수공	바. 암거 및 배수관(문) ① 확장공사시 가시설 설치도 ② 지형여건을 고려한 연장, 규격, 스큐 (Skew),피토고, 구배 ③ 설계 E.L이 암거 중심 기준이므로 암거길이 방향으로 최대 피토고 위치에서의 단면검토와 시공시 암거상면이 포장층 내에 위치할 경우 보강슬래브 또는 접속슬래브 설치도 ④ 통로암거 특수거푸집 설치계획도(피복두께 확보방안 포함) ⑤ 인접한 암거, 배수관, 측구용 배수로간 날개벽 연결부 처리도 ⑥ 분할 시공시 시공이음부 처리도 ⑦ 날개벽과 도수로 연결상세도	복 잡
	사. 옹벽 ① 배수구멍 위치도 및 잡석채움 시공도 ② 문양거푸집 설치도 ③ 조립 철근 설치상세도 ④ 시공이음 위치 및 상세도(Water Stop etc..) 아. 밸브 박스 ① 배관구 설치상세도 ② 출입구 뚜껑 및 그라이팅(Grating) 설치상세도	복 잡
	자. 기 타 ① 맹암거 설치계획도 ② 절·성토 경사면 녹화계획도 ③ IC 및 정션 구간 내 녹지대 배수계획도 ④ 절·성토 경사면보호를 위한 소단 및 사면배수(도수)계획도	단 순
포장공	가. 시멘트 콘크리트 및 아스팔트 콘크리트포장 ① 센서라인 설치계획도(위치, 간격) ② 교량 접속슬래브의 종단구배, 편구배를 고려한 세부계획도	보 통
교량공	가. 기 초 ① 가시설이 필요한 터파기 에서의 가시설도	복 잡
	나. 교대, 교각 ① 시공이음부 처리도 ② 교좌면 : 받침(shoe)별 교좌면 시공계획도(E.L표기) ③ 대기온도, 건조수축 크리이프 등을 고려한 받침(Shoe)의 유간 설치 계산서 ④ 확장공사 시 가시설 설치도 ⑤ 교량받침 교체위한 잭(Jack)설치도 ⑥ 슬래브 배수처리 위한 교대주변 배수 처리도 ⑦ 교대배면 뒷채움 처리도	보 통

공 종	세 부 사 항	난이도
교량공	다. 교량받침 ① 교량받침 설치계획도 ② 최소 연단거리 고려 앵커 설치도(코핑 철근에 고정 또는 후시공 시 블럭아웃 규격, 재료, 깊이 등을 명기) ③ 솔플레이트와 윗 받침 연결도(용접, 볼트이음, 쐐기형 처리 등)	단 순
	라. 신축이음장치 ① 신축이음장치 설치도 (슬래브 철근 조립전 제출) - 선정제품의 폭 , 두께와 상부형식에 따른 신축이음장치 설치부의 교량슬래브 단부조정 등을 명기 - 신축이음장치 설치규격에 상응한 블럭아웃(Block out)폭, 두께 - 앵커철근 용접 시 대기온도에 따른 신축이음장치 설치폭 계산서 ② 슬래브 양측난간 누수방지를 위한 물막이 처리도	보 통
	마. 강 교 ① 강교 제작계획서(각 부재의 절단 가공, 용접 검사 현도) ② 가설계획도 (가벤트 설치도, 부재 체결순서도, 투입장비 배치도, 볼트체결 순서도) ③ 데크 플레이트 설치도(재질, 규격, 형상, 부착방법) ④ 강교부재 운반계획서(중량, 폭, 길이, 높이검토) ⑤ 공장 및 현장 도장 계획서	복 잡
	바. P.S.C BEAM교 ① P.S.C BEAM 구조도 (표준도 사용) ② 강제 거푸집 상세도 (표준도 사용) ③ 스큐(Skew) 종단, 편구배구간 설치계획도 ④ 전도방지 시설도 ⑤ 제작장 평면계획(Beam 배치) 및 바닥 조성(다짐, 배수)계획	보 통
	사. 바닥판 ① 배수구 설치계획도 (특히 거더교의 경우 보 및 가로보 위치에 배수구멍 설치가 곤란하므로 적정한 간격 및 위치조정이 필요하며 교량하부 조건에 따른 배수관 길이 및 접수구 설치위치) ② 배수구멍 주변 철근보강 ③ 물 끊기 위치 및 재료, 규격 ④ 슬래브 콘크리트 타설 데크피니셔 설치도 ⑤ 가로등 설치구간 및 광통신 라인 설치구간 세부계획도 ⑥ 난간 방호벽 광통신 파이프 배치 및 철근 배근도	보 통

공 종	세 부 사 항	난이도
터널공	가. 굴 착 ① 굴착순서 및 단면도 ② 발파계획도(천공깊이, 방향 및 위치) ③ 터널 입·출구부 절취 계획도 ④ 시·종점부의 중심좌표 및 E.L 확인 ⑤ 천공패턴 ⑥ 천공배열도 및 기폭배열도 ⑦ 발파용 매트나 덮개 표준도	보 통
	나. 계 측 ① 계측 기기 설치위치도 ② 계측 기기 보호시설도	단 순
	다. 배수구 및 공동구 ① 시공 중 배수처리 계획도 ② 공동구와 집수정과의 배수관 연결 ③ 포장 E.L과 비교 공동구 상단 E.L	보 통
	라. 라 이 닝 ① 거푸집 도면(콘크리트 투입구 및 검사구, 단부마감) ② 수축 및 팽창줄눈 설치도 ③ 라이닝과 개구부 철근연결 및 시공이음부 처리도 ④ 철제 동바리	복 잡
	마. 타 일 ① 배치도, 수축 및 팽창줄눈 설치도	보 통
부대공	가. 방 음 벽 ① 신축이음장치 설치부 처리도(지주간격, 방음판, 길이) ② 방음벽용 옹벽과 교량부 방호난간, 가드레일 또는 L형 측구, V형 측구 등과의 접속부 처리도 ③ 종단구배가 급한 곳의 방음벽 옹벽 처리도 ④ 방음벽 출입시설 설치 위치도 및 상세도	보 통
	나. 중앙분리대 ① 토공부와 교량부의 접속부 처리도 (교량 신축이음부) ② 기초 및 구체 기계 시공시 센서라인 설치계획도	보 통
	다. 울타리 ① 기둥과의 접속부 처리도 ② Y형 앵글 설치계획도 ③ 울타리 설치계획도	단 순
	라. 기 타 ① 영업소 시설 상세도 ② 노면 표지 상세도 ③ 안전시설 상세도	보 통

부록 4

공 종	세 부 사 항	난이도
가시설공	가. 흙막이 가시설공 ① H-파일, Sheet-파일 : 위치별 규격 및 근입길이, 간격, 이음부 연결상세(필요시), 횡토압 지지방법 (H-파일 또는 어스앵커 사용 등) ② 흙막이 공법 표기 ③ 토류판 : 재질, 폭, 두께, 길이 ④ 지장물로 인한 가시설 변경시 ⑤ 어스앵커 : 근입길이, 종, 횡방향 간격, 정착 헤드 크기 및 방법, 그라우팅 제원 및 상세 ⑥ 형태별 단면도 ⑦ 가시설 상세도, 시공순서도, 수직 피스 제작, 코너 피스 제작 - 주형보 받침 및 연결 - 보강재(Stiffener) 설치 - 띠장 우각부 연결 - 띠장 연결 - 파일 연결 - 버팀보 보강용 브레이싱 - 중간파일 보강용 브레이싱 및 ㄷ형강 설치 - 주형보 브레이싱 - 피스 브라켓 제작 - 토류용 앵글설치 - 버팀보 제작 - 띠장 설치 - 잭(Jack) 설치 - 수직 피스제작 - 제작 복공 설치도 - 장비통로 및 작업구 버팀보 보강 - 작업구 안전 울타리 - 주형보 X-브레이싱 - 보조파일 - 사보강재 - 화타쐐기 - 중간말뚝 방수처리 - H-파일 개구부 마감 - 보걸이 - 진입부 상세 - U볼트 - 작업계단 및 점검통로 - 버팀보 연결	복 잡
	나. 가 교 ① 연장, 폭원, 통과높이, H-파일의 근입 깊이, 강재 규격, 난간설치방법, 포장단면, 연결가도 테이퍼 및 연장, 기타사항 ② 이음부 용접 및 볼트 체결도	보 통
	다. 가 시 설 ① 안전 시설, 안전 도색 ② 가설건물 배치현황	단 순
	라. 가도 및 가물막이 ① 연장, 폭원 ② 접속처리도(본선, 가교 접속부, 테이퍼 등) ③ 배수시설도	보 통
	마. 기 타 ① 구조물(암거, 교량, 배수관) 시공 전 가배수 시설 ② 가도, 가교 및 가시설 설치에 따른 길어깨 안전 시설 ③ 상판가설장비(MSS, FSM, FCM) 설치계획도, 가설장비 재료, 규격, 형상, 가설장비 운영(작동)	보 통

공 종	세 부 사 항	난이도
상하수도공	가. 공통사항 ① 타시설물과의 연결부 접속처리도, 계획평면도	단 순
	나. 관접합부설 ① 밸브실 및 유량계실 설치위치도 및 배관상세도 ② 수평, 수직곡관 위치도 ③ 지형여건을 고려한 관로 연장, 규격, 토피, 경사	보 통
	다. 기타 ① 곡관보호공 상세도	단 순
옹벽 및 기타	가. 옹 벽 ① 구간별 전개도(시공이음, 개구부 위치) ② 날개벽과의 연결부 처리도(교량 및 암거, 배수관) ③ 배수구멍 위치도 ④ 옹벽 위 표지판 등 설치구간 단면 보강도 ⑤ 집수정과의 연결도 ⑥ 다이크와 연결부 처리도 ⑦ 조립 철근 상세도	복 잡
	나. 기 타 ① 양생, 보온 세부사항 ② I.L.M, P.S.M, F.C.M, 사장교 등 특수교량의 경우 시방 및 특수성에 기인한 부위별 시공상세도 ③ 각 교량별 유지관리 점검시설의 필요한 부분 상세도	보 통
교통안전시설	가. 표지판 ① 표지판 설치계획도 (종·횡단상 위치, 매설 깊이) ② 지주 또는 트러스와 결속부 처리도 ③ 앙카볼트 시공계획	단 순
	나. 교통처리계획 ① 단계별 교통처리계획 ② 차선변경에 따른 단계별 복공계획	보 통
기타	① 기타 규격, 치수, 연장 등이 불명확하여 시공에 어려움이 예상되는 부위의 각종 상세도면 ② 공사용진입로 및 유지관리도로 위치, 연장, 폭원	보 통

비고

1. 다만, 공장에서 제작하고 별도의 전문감리를 시행중인 강교 시공상세도는 작성 대상에서 제외한다.
2. 상기에 표시되지 않은 특수공종 및 기타 시공상세도면에 대한 작성 난이도는 발주청과 상의하여 정한다.

5. 안전 및 보건 확보의무 조치를 위한 이행점검 권장 점검표

〈2023. 1. 1. 신설〉

① 사업장별 유해·위험요인 확인

<table>
<tr><td colspan="6">유해 · 위험요인 확인</td></tr>
<tr><td colspan="4">사업장명 :</td><td colspan="2">점검일자 : 년 월 일</td></tr>
<tr><td>점 검 자
(담당자)</td><td colspan="2">(서명)</td><td>확 인 자
(현장소장
또는 사업주 등)</td><td colspan="2">(서명)</td></tr>
<tr><td rowspan="9">유해·
위험요인
조사</td><td colspan="4">유해·위험작업</td><td>질병</td></tr>
<tr><td>작업내용</td><td>장소</td><td>위험정도
(상중하)</td><td>사고유형</td><td>질병유형</td></tr>
<tr><td></td><td></td><td></td><td></td><td></td></tr>
<tr><td></td><td></td><td></td><td></td><td></td></tr>
<tr><td></td><td></td><td></td><td></td><td></td></tr>
<tr><td></td><td></td><td></td><td></td><td></td></tr>
<tr><td></td><td></td><td></td><td></td><td></td></tr>
<tr><td></td><td></td><td></td><td></td><td></td></tr>
<tr><td></td><td></td><td></td><td></td><td></td></tr>
<tr><td colspan="6">〈 사고 유형 〉
①추락·떨어짐 ②끼임 ③깔림 ④부딪힘 ⑤낙하·맞음 ⑥붕괴·무너짐 ⑦넘어짐 ⑧절단 ⑨베임 ⑩찔림 ⑪감전 ⑫화재·폭발 ⑬전도 ⑭무리한 동작 ⑮교통사고 ⑯누출·접촉 ⑰질식 ⑱기타
〈 질병 유형 〉
①진폐 ②중독 ③난청 ④요통 ⑤기타</td></tr>
</table>

② 유해 · 위험요인 개선방안 수립

<table>
<tr><td colspan="5"><u>유해 · 위험요인 확인에 따른 개선방안</u></td></tr>
<tr><td colspan="5">사업장명 : 점검일자 : 년 월 일</td></tr>
<tr><td colspan="2">점 검 자
(담당자)</td><td>(서명)</td><td>확 인 자
(현장소장
또는 사업주 등)</td><td>(서명)</td></tr>
<tr><td colspan="2" rowspan="3">현황
및
문제점</td><td colspan="3"></td></tr>
<tr><td colspan="3">사 진</td></tr>
<tr><td colspan="2"></td><td></td></tr>
<tr><td rowspan="2">개
선
방
안</td><td>점검자의견</td><td colspan="2">〈단 기〉</td><td>〈장 기〉</td></tr>
<tr><td>근로자의견</td><td colspan="2"></td><td></td></tr>
<tr><td colspan="2">작성 시
유의사항</td><td colspan="3">※ 작성 시 유해·위험요인 구체적으로 기재
※ 개선방안 작성 시 단기 및 장기 계획으로 구분하여 구체적으로 기재</td></tr>
</table>

부록 5

③ 개선 이행

<table>
<tr><td colspan="4"><u>유해 · 위험요인 개선조치 결과</u></td></tr>
<tr><td colspan="3">사업장명 :</td><td>점검일자 :　　년　　월　　일</td></tr>
<tr><td colspan="2">점 검 자
(담당자)</td><td>(서명)</td><td>확 인 자
(현장소장
또는 사업주 등)　　(서명)</td></tr>
<tr><td colspan="2">유해·
위험요인</td><td colspan="2"></td></tr>
<tr><td rowspan="2">개선방안</td><td>점검자의견</td><td>〈단 기〉</td><td>〈장 기〉</td></tr>
<tr><td>근로자의견</td><td></td><td></td></tr>
<tr><td colspan="2" rowspan="3">조치결과</td><td colspan="2"></td></tr>
<tr><td colspan="2">사 진</td></tr>
<tr><td></td><td></td></tr>
<tr><td colspan="2">유의사항</td><td colspan="2">※ 제거→대체→통제→보호구 착용 순으로 개선 필요(왼쪽이 가장 효율적)
※ 개선조치 시 점검자 및 근로자의 의견이 반영되어 조치 필요
※ 유해·위험요인 관리를 위한 담당자 필수 지정</td></tr>
</table>

④ 유해・위험요인 확인 점검

<table>
<tr><td colspan="5"><u>유해 · 위험요인 확인 점검표</u></td></tr>
<tr><td colspan="3">사업장명 :</td><td colspan="2">점검일자 : 년 월 일</td></tr>
<tr><td>점 검 자
(담당자)</td><td>(서명)</td><td colspan="2">확 인 자
(현장소장
또는 사업주 등)</td><td>(서명)</td></tr>
<tr><td colspan="2">점 검 사 항</td><td>이 행</td><td>미이행</td><td>개선사항</td></tr>
<tr><td colspan="2">안전보건관리책임자, 현장 작업자의 참여를 바탕으로 유해·위험요인을 주기적 파악 여부</td><td></td><td></td><td></td></tr>
<tr><td colspan="2">근로자뿐 아니라 도급, 위탁, 용역 등 모든 구성원이 유해·위험요인을 신고·제보할 수 있는 절차 또는 제도 운영 여부</td><td></td><td></td><td></td></tr>
<tr><td colspan="2">산업재해 및 아차사고 조사를 통해 유해· 위험요인 파악 여부</td><td></td><td></td><td></td></tr>
<tr><td colspan="2">동종업체 산업재해를 조사·참고하여 유해· 위험요인 파악 여부</td><td></td><td></td><td></td></tr>
<tr><td colspan="2">보유하고 있는 위험기계·기구·설비 또는 유해·위험요인 현황을 관리대장 등을 통한
관리 여부</td><td></td><td></td><td></td></tr>
<tr><td colspan="2">새로운 기계·기구·설비 또는 유해·위험요인 도입 시 사전에 유해·위험요인을 파악하는 절차 수립 여부</td><td></td><td></td><td></td></tr>
<tr><td colspan="2">위험장소에 안전보건표지를 부착하고, 출입 및 작업 시 별도 관리 여부</td><td></td><td></td><td></td></tr>
<tr><td colspan="2">작업방법을 고려한 위험·요인 파악 여부</td><td></td><td></td><td></td></tr>
<tr><td colspan="2">새로운 작업의 경우 작업 위험성평가, 교육 등의 실시 여부</td><td></td><td></td><td></td></tr>
<tr><td colspan="5">※ 점검 후 이행되지 않은 사항 추가 조치</td></tr>
</table>

부록 5

⑤ 유해 · 위험요인 개선조치 점검

유해 · 위험요인 개선조치 점검표			
사업장명 :			점검일자 : 년 월 일
점 검 자 (담당자) (서명)		확 인 자 (현장소장 또는 사업주 등)	(서명)
점 검 사 항	이 행	미이행	개선사항
각각의 위험요소에 대하여 사고발생 가능성(빈도)과 중대성(강도)을 예측하여 위험의 정도 평가 여부			
위험요인 우선순위를 정하고, 감소대책 수립 여부			
위험요인별 개선방안 마련 시 현장작업자가 참여하고, 사업주의 검토 여부			
위험요인별 개선방안 마련 시 제거→대체→통제→보호구 순으로 검토 여부			
위험요인 별 개선방안 마련 시 가능한 공학적 통제방안 이상으로 복수의 방안 마련 여부			
위험요인별 개선방안이 결정되면 개선시기, 예산 배정방안, 담당자 지정을 포함한 종합적인 대책 마련 여부			
위험요인 제거·대체·통제를 위한 종합적인 대책을 모든 구성원에게 공유·교육 이행 및 점검 여부			
보유하고 있는 기계·기구·설비 등에 대한 점검 및 정비절차 마련 여부			
새로운 기계·기구·설비를 도입하거나 작업 변경 시 사전에 교육 등의 안전을 고려하는 절차 마련 여부			
위험작업에 대한 작업 절차서 작성 여부			
모든 종사자에게 안전보건관리체계 전반에 대한 주기적인 교육 실시 여부			
※ 점검 후 이행되지 않은 사항 추가 조치			

⑥ 업무수행을 위한 평가표 작성

안전보건관리책임자 등 평가표

※ 평가기준
양호 : 법령에 따른 업무수행으로 수립된 안전보건목표를 달성하고 재해예방에 기여함
보통 : 법령에 따른 업무를 적정하게 수행함 / 미흡 : 법령에 따른 업무를 일부 수행하지 않음

사업장명 :　　　　　　　　　　점검일자 :　　년　　월　　일

직 책	성 명	담당업무	평가		
			미흡	보통	양호
안전 보건 관리 책임자 (산안법 제15조		1. 산업재해 예방계획의 수립에 관한 사항			
		2. 안전보건관리규정의 작성 및 변경에 관한 사항			
		3. 근로자의 안전보건교육에 관한 사항			
		4. 작업환경측정 등 작업환경의 점검 및 개선에 관한 사항			
		5. 근로자의 건강진단 등 건강관리에 관한 사항			
		6. 산업재해의 원인 조사 및 재발 방지대책 수립에 관한 사항			
		7. 산업재해에 관한 통계의 기록 및 유지에 관한 사항			
		8. 안전장치 및 보호구 구입 시 적격품 여부 확인에 관한 사항			
		9. 그 밖에 근로자의 유해 · 위험 방지조치에 관한 사항으로서 고용노동부령으로 정하는 사항			
		10. 담당업무 수행에 필요한 예산 요청·집행에 관한 사항			
관리 감독자 (산안법 제16조)		1. 당해 작업과 관련되는 기계·기구 또는 설비의 안전·보건 점검 및 이상 유무 확인			
		2. 소속된 근로자의 작업복 · 보호구 및 방호장치의 점검과 그 착용 · 사용에 관한 교육 · 지도			
		3. 당해작업에서 발생한 산업재해에 관한 보고 및 응급조치			
		4. 당해작업의 작업장 정리 · 정돈 및 통로 확보에 대한 확인 · 감독			
		5. 해당 사업장의 안전관리자, 보건관리자, 안전보건관리담당자, 산업보건의의 지도·조언에 대한 협조			
		6. 위험성평가를 위한 업무에 기인하는 유해·위험요인의 파악 및 그 결과에 따른 개선조치의 시행에 대한 참여			
		7. 그 밖에 해당 작업의 안전 및 보건에 관한 사항으로서 고용노동부령으로 정하는 사항			
		8. 담당업무 수행에 필요한 예산 요청·집행에 관한 사항			
안전 보건 총괄 책임자 (산안법 제62조)		1. 위험성평가의 실시에 관한 사항			
		2. 산업재해 발생의 급박한 위험이 있거나 중대재해 발생 시 작업의 중지			
		3. 도급 시 산업재해 예방조치			
		4. 산업안전보건관리비의 관계수급인 간의 사용에 관한 협의·조정 및 그 집행의 감독			
		5. 안전인증 대상기계 등과 자율안전 확인 대상기계 등의 사용 여부 확인			
		6. 담당업무 수행에 필요한 예산 요청·집행에 관한 사항			

평가자(현장소장 또는 사업주 등) :　　　　　　　　(서명)

부록 5

⑦ 종사자 의견청취 절차에 따른 이행여부 점검표 작성

<table>
<tr><td colspan="5"><u>종사자 의견청취 절차에 따른 이행여부 점검표</u></td></tr>
<tr><td colspan="5">사업장명 : 점검일자 : 년 월 일</td></tr>
<tr><td>점 검 자
(담당자)</td><td>(서명)</td><td colspan="2">확 인 자
(현장소장
또는 사업주 등)</td><td>(서명)</td></tr>
<tr><td colspan="2">점 검 사 항</td><td>이 행</td><td>미이행</td><td>개선사항</td></tr>
<tr><td colspan="2">안전·보건 경영방침과 목표, 산업안전보건법령의주요내용, 안전보건관리규정 등을 홈페이지, 게시판 등에 게시 여부</td><td></td><td></td><td></td></tr>
<tr><td colspan="2">종사자에게 사업장 내 유해·위험관련 기계·기구·설비·물질, 위험장소 등의 안내 여부</td><td></td><td></td><td></td></tr>
<tr><td colspan="2">종사자에게 산업재해 및 아차사고 발생현황 등의 공개 여부</td><td></td><td></td><td></td></tr>
<tr><td colspan="2">안전·보건 확보와 관련 사업장 내 구성원들이 참여할 수 있는 공식적인 절차 적극적 안내 여부</td><td></td><td></td><td></td></tr>
<tr><td colspan="2">사내 게시판, 건의함, 간담회 등을 통해 종사자의 의견 적극적 수렴 여부</td><td></td><td></td><td></td></tr>
<tr><td colspan="2">T.B.M, 안전제안활동, 신고함 등 법적 절차 외 종사자의 의견을 수렴절차 운영 여부</td><td></td><td></td><td></td></tr>
<tr><td colspan="2">위험요인 파악 및 제거·대체·통제방안 마련 시 해당작업 관련 종사자 참여 여부</td><td></td><td></td><td></td></tr>
<tr><td colspan="2">위험요인별 재해 발생 시나리오 및 조치계획 수립 시 해당작업 관련 종사자 참여 여부</td><td></td><td></td><td></td></tr>
<tr><td colspan="2">위험요인 신고·제안자에게 불이익이 없도록 하며 자유롭게 의견을 제시 가능한 환경 조성 여부</td><td></td><td></td><td></td></tr>
<tr><td colspan="2">신고 및 제안에 대한 조치결과 주기적 공개 여부</td><td></td><td></td><td></td></tr>
<tr><td colspan="5">※ 점검 후 이행되지 않은 사항 추가 조치</td></tr>
</table>

⑧ 재해별 위험대비·대응조치 점검표 작성(추락사고 경우 예시)

추락사고 대비·대응조치 점검표

구분	단 계	점 검 내 용	확 인
대비 단계	사전활동	추락방지 조치 여부 1순위 : 작업발판 설치 2순위 : 추락방호망 설치 3순위 : 안전대 착용 및 걸기	
	준비활동	조명 설치 및 유지 여부	
		비계작업발판 설치기준 점검 여부	
		안전난간 설치기준 점검 여부	
		추락방호망 설치기준 점검 여부	
		개구부 방호조치 점검 여부	
	작업활동	응급조치 장비 준비상태 점검 여부	
대응 단계	비상상황	비상상황임을 인식할 수 있는 지 여부 * 작업자 추락 * 작업자가 고소에서 추락 중 안전대에 매달려 있거나 추락방호망에 걸친 상태	
	작업중지	근로자의 작업중지 가능 여부	
	상황전파	위험상황에 대한 타근로자 전파 가능 여부	
	추가피해 방지	추가피해 방지를 위한 조치계획 수립 여부(추가추락 또는 추락방지시설의 붕괴 우려 시 보완조치)	
	구조	구조장비(이동식 크레인, 고소작업대 등) 투입 가능 여부	
	응급조치	재해자 상태에 따른 응급조치 계획 수립 여부	
	인계	119, 112로 재해자 인계 및 발생상황 설명 여부	
	현장 보존	작업장 통제, 사진, CCTV 확보 등의 현장보존 계획수립 여부	
	조사	내부조사 계획수립 및 외부기관 조사협조 가능 여부	

부록 5

⑨ 중대산업재해 발생 시 대응 매뉴얼 점검표 작성

<table>
<tr><td colspan="5"><u>중대산업재해 발생 시 대응 매뉴얼 점검표</u></td></tr>
<tr><td colspan="3">사업장명 :</td><td colspan="2">점검일자 : 년 월 일</td></tr>
<tr><td>점 검 자
(담당자)</td><td>(서명)</td><td colspan="2">확 인 자
(현장소장
또는 사업주 등)</td><td>(서명)</td></tr>
<tr><td colspan="2">점 검 사 항</td><td>이 행</td><td>미이행</td><td>개선사항</td></tr>
<tr><td colspan="2">중대산업재해 발생 즉시 관리감독자(담당자) 보고 및 모든 근로자에게 전파하도록 절차 규정 여부</td><td></td><td></td><td></td></tr>
<tr><td colspan="2">중대산업재해 발생 시 작업중지 및 현장보존 계획이 구체적인지 여부</td><td></td><td></td><td></td></tr>
<tr><td colspan="2">관할 고용노동청 및 119 등 관련 기관에 중대산업재해 발생을 신고 규정 여부</td><td></td><td></td><td></td></tr>
<tr><td colspan="2">중대산업재해 발생 시 사업주를 비롯한 관리감독자 및 근로자 포함 작업중지 절차화 여부</td><td></td><td></td><td></td></tr>
<tr><td colspan="2">중대산업재해 발생 현장에 관계자외 현장의 출입통제 절차 규정 여부</td><td></td><td></td><td></td></tr>
<tr><td colspan="2">중대산업재해 발생 시 재해자 및 그 가족의 관리를 위한 구체적 절차 규정 여부</td><td></td><td></td><td></td></tr>
<tr><td colspan="2">중대산업재해 발생에 대비한 비상연락망 작성 및 갱신 여부</td><td></td><td></td><td></td></tr>
<tr><td colspan="2">중대산업재해 발생 원인을 분석하여 그에 맞는 재발방지 계획서를 작성하도록 규정 여부</td><td></td><td></td><td></td></tr>
<tr><td colspan="2">중대산업재해 재발을 예방코자 작업환경을 개선하기 위한 계획이 구체적인지 여부</td><td></td><td></td><td></td></tr>
<tr><td colspan="2">중대산업재해 발생을 대비하여 대피 훈련 등의 사전대응 훈련 진행 여부</td><td></td><td></td><td></td></tr>
<tr><td colspan="5">※ 점검 후 이행되지 않은 사항 추가 조치</td></tr>
</table>

⑩ 재해 재발방지 대책 계획서 점검

<table>
<tr><td colspan="5"><u>재해 재발방지 대책 계획서 점검표</u></td></tr>
<tr><td colspan="5">사업장명 : 점검일자 : 년 월 일</td></tr>
<tr><td>점 검 자
(담당자)</td><td>(서명)</td><td colspan="2">확 인 자
(현장소장
또는 사업주 등)</td><td>(서명)</td></tr>
<tr><td colspan="2">점 검 사 항</td><td>이 행</td><td>미이행</td><td>개선사항</td></tr>
<tr><td colspan="2">위험요인별로 어떤 재해가 발생할 수 있는지를 검토하여 중대재해로 이어질 수 있는 재해요인 파악 여부</td><td></td><td></td><td></td></tr>
<tr><td colspan="2">발생 가능한 사고의 유형 및 형태, 사고 발생 시 초래될 결과 등을 확인·예측 가능 여부</td><td></td><td></td><td></td></tr>
<tr><td colspan="2">본사·사업장별 위험성이 높은 위험요인에 대해 재해 발생 시나리오 작성 여부</td><td></td><td></td><td></td></tr>
<tr><td colspan="2">재해 발생 시나리오별 조치계획을 작성하여 관계 부서, 공정, 유해·위험물질, 재해유형, 원인, 피해범위 등의 갱신·관리 여부</td><td></td><td></td><td></td></tr>
<tr><td colspan="2">비상조치계획에는 필요한 인력 및 시설·장비(인적·물적) 포함 여부</td><td></td><td></td><td></td></tr>
<tr><td colspan="2">비상조치계획에 작업중지·근로자 대피·위험 요인 제거 등 대응조치, 재해자 구호조치, 추가피해 방지를 위한 조치 포함 여부</td><td></td><td></td><td></td></tr>
<tr><td colspan="2">비상조치계획에 상황보고 및 전파체계, 조치별 대응조직 및 담당자의 역할 구분 여부</td><td></td><td></td><td></td></tr>
<tr><td colspan="2">비상 시 즉각 탈출할 수 있는 비상구가 충분히 마련되었고, 즉각 알아볼 수 있는 형태 표시 여부</td><td></td><td></td><td></td></tr>
<tr><td colspan="2">비상상황에 대비한 병원, 소방서 등 유관기관과의 협조체계가 마련 여부</td><td></td><td></td><td></td></tr>
<tr><td colspan="2">비상조치계획에 따라 주기적으로 훈련하고 적정성을 검토 여부</td><td></td><td></td><td></td></tr>
<tr><td colspan="2">훈련과정에서 발견된 문제점을 검토하여 조치계획 개선 여부</td><td></td><td></td><td></td></tr>
<tr><td colspan="5"></td></tr>
</table>

부록 5

⑪ 안전·보건 관계법령 의무이행 점검

안전·보건 관계법령 의무이행 점검표			
사업장명 :		점검일자 : 년 월 일	
점 검 자 (담당자)	(서명)	확 인 자 (현장소장 또는 사업주 등)	(서명)
의 무 내 용	이 행	미이행	개선사항
「정보통신공사업법」제33조에 따른 정보통신기술자 현장배치 여부			
「정보통신공사업법」제36조에 따른 정보통신공사 사용전검사 실시 여부			
「승강기법」제32조에 따른 승강기 안전검사 실시 여부			
「소방시설법」제25조에 따른 소방시설 종합점검 실시 여부			
「전기안전관리법」제11조에 따른 정기검사 실시 여부			
「주차장법」제19조의9에 따른 기계식 주차장 정기검사 실시 여부			
「건축물관리법」제13조에 따른 정기점검 실시 여부			
「건설기계관리법」제13조에 따른 검사 실시 여부			
「산업안전보건법」……			
⋮			
※ 점검 후 이행되지 않은 사항 추가 조치			

⑫ 안전보건교육 실시여부 점검

<table>
<tr><th colspan="5"><u>안전보건교육 실시여부 점검표</u></th></tr>
<tr><td colspan="5">사업장명 :   점검일자 :   년   월   일</td></tr>
<tr><td>점 검 자
(담당자)</td><td>(서명)</td><td colspan="2">확 인 자
(현장소장
또는 사업주 등)</td><td>(서명)</td></tr>
<tr><td colspan="2">점 검 사 항</td><td>이 행</td><td>미이행</td><td>개선사항</td></tr>
<tr><td colspan="2">안전보건교육 계획 수립 여부
(대상자 선정, 요구도 파악, 방법 등)</td><td></td><td></td><td></td></tr>
<tr><td colspan="2">안전보건관리책임자 교육 실시 여부
(신규 연 6시간 이상, 보수 연 6시간 이상)</td><td></td><td></td><td></td></tr>
<tr><td colspan="2">관리감독자 교육 실시 여부(연 16시간 이상)</td><td></td><td></td><td></td></tr>
<tr><td colspan="2">정기교육 실시 여부</td><td></td><td></td><td></td></tr>
<tr><td colspan="2">채용 시 교육 실시 여부</td><td></td><td></td><td></td></tr>
<tr><td colspan="2">작업내용 변경 시 교육 실시 여부</td><td></td><td></td><td></td></tr>
<tr><td colspan="2">특별교육 실시 여부</td><td></td><td></td><td></td></tr>
<tr><td colspan="2">그 외 안전·보건관계법령에 따른 교육 실시 여부</td><td></td><td></td><td></td></tr>
<tr><td colspan="2">안전보건교육 평가 실시 여부(만족도 등)</td><td></td><td></td><td></td></tr>
<tr><td colspan="5">※ 점검 후 이행되지 않은 교육 추가 시행</td></tr>
</table>

부록 5

⑬ 수급업체 종사자에 대한 안전·보건 확보의무 조치 점검표

수급업체 종사자에 대한 안전·보건 확보의무 조치 점검표

<table>
<tr><td colspan="5">사업장명 : 점검일자 : 년 월 일</td></tr>
<tr><td>점 검 자
(담당자)</td><td>(서명)</td><td colspan="2">확 인 자
(현장소장
또는 사업주 등)</td><td>(서명)</td></tr>
<tr><td colspan="2">점 검 사 항</td><td>이 행</td><td>미이행</td><td>개선사항</td></tr>
<tr><td colspan="2">안전·보건 목표와 경영방침 공유 여부
- 수급업체 이메일, 사내 게시판 등</td><td></td><td></td><td></td></tr>
<tr><td colspan="2">사업 또는 사업장 조직도 게시·공유 여부</td><td></td><td></td><td></td></tr>
<tr><td colspan="2">유해·위험요인 확인·점검 및 그에 따른 필요한 조치 여부
- 유해·위험요인, 안전작업방법, 유해·위험요인 대책 등 공유</td><td></td><td></td><td></td></tr>
<tr><td colspan="2">- 안전보건표지 부착 또는 접근방지시 설물 등의 설치</td><td></td><td></td><td></td></tr>
<tr><td colspan="2">- 유해·위험요인을 신고·제보할 수 있는 절차 마련 등</td><td></td><td></td><td></td></tr>
<tr><td colspan="2">안전·보건 예산편성 시 수급업체 종사자의 안전·보건을 위한 예산이 편성되고 그 내역에 따른 집행이 이행되고 있는 지 여부
- 작업용 안전기구, 보호구 등</td><td></td><td></td><td></td></tr>
<tr><td colspan="2">안전보건관리책임자 등의 선임에 따른 담당자 및 담당업무 공유 여부</td><td></td><td></td><td></td></tr>
<tr><td colspan="2">「산업안전보건법」상 안전·보건 전문인력 배치에 따른 담당자 및 담당업무 공유 여부</td><td></td><td></td><td></td></tr>
<tr><td colspan="2">노사협의체, 안전보건협의체 또는 기타 절차로 수급업체 종사자에게 안전·보건에 관한 의견을 청취하고 그에 따른 조치 이행 여부</td><td></td><td></td><td></td></tr>
<tr><td colspan="2">중대재해 발생, 발생할 급박한 위험대비 대응·조치 매뉴얼 공유 여부
- 비상연락망, 재발방지 계획서, 비상대비 훈련 시나리오</td><td></td><td></td><td></td></tr>
<tr><td colspan="2">- 비상대비 훈련 참가 및 교육</td><td></td><td></td><td></td></tr>
<tr><td colspan="2">종사자의 안전·보건관련 교육수료 확인여부</td><td></td><td></td><td></td></tr>
<tr><td colspan="2">•
•
•</td><td></td><td></td><td></td></tr>
<tr><td colspan="5">※ 점검 후 이행되지 않은 사항 추가 조치</td></tr>
</table>

6. 예정가격 작성기준

회계예규 2200.04-105-7, 2001.02.10
회계예규 2200.04-105-8, 2003.12.26
회계예규 2200.04-105-9, 2005.06.17
회계예규 2200.04-160, 2005.12.30
회계예규 2200.04-160-1, 2006.05.25
회계예규 2200.04-160-2, 2006.07.13
회계예규 2200.04-160-4, 2007.10.12
회계예규 2200.04-160-6, 2009.09.21
회계예규 2200.04-160-8, 2010.10.22
회계계약예규 제157호, 2014.01.10. 일부개정
기획재정부계약예규 제1213호, 2015.01.01. 일부개정
기획재정부계약예규 제242호, 2015.09.21 일부개정
기획재정부계약예규 제281호, 2016.01.01. 일부개정
기획재정부계약예규 제319호, 2016.12.30. 일부개정
기획재정부계약예규 제354호, 2017.12.28. 일부개정
기획재정부계약예규 제405호, 2018.12.31. 일부개정
기획재정부계약예규 제444호, 2019.06.01. 일부개정
기획재정부계약예규 제464호, 2019.12.18. 일부개정
기획재정부계약예규 제503호, 2020.06.19. 일부개정
기획재정부계약예규 제534호, 2020.12.28. 일부개정
기획재정부계약예규 제577호, 2021.12.01. 일부개정
기획재정부계약예규 제653호, 2023.06.16. 일부개정
기획재정부계약예규 제822호, 2025.12.31. 일부개정
재정경제부예규 제 34호, 2026. 1. 2., 일부개정

제1장 총 칙

제1조(목적) 이 예규는 「국가를 당사자로 하는 계약에 관한 법률 시행령」(이하 "시행령"이라 한다) 제9조제1항제2호 및 「국가를 당사자로 하는 계약에 관한 법률 시행규칙」(이하 "시행규칙"이라 한다) 제6조에 의한 원가계산에 의한 예정가격 작성, 시행령 제9조제1항제3호 및 시행규칙 제5조제2항에 의한 표준시장단가에 의한 예정가격 작성 및 시행규칙 제5조에 의한 전문가격조사기관(이하 "조사기관"이라 한다.)의 등록 등에 있어 적용하여야 할 기준을 정함을 목적으로 한다.〈개정 2015. 3. 1.〉

제2조(계약담당공무원의 주의사항) ① 계약담당공무원(각 중앙관서의 장이 계약에 관한 사무를 그 소속공무원에게 위임하지 아니하고 직접 처리하는 경우에는 이를 계약담당공무원으로 본다. 이하 같다)은 예정가격 작성등과 관련하여 이 예규에 정한 사항에

따라 업무를 처리한다.

② 계약담당공무원은 이 예규에 따라 예정가격 작성시에 표준품셈에 정해진 물량, 관련 법령에 따른 기준가격 및 비용 등을 부당하게 감액하거나 과잉 계상되지 않도록 하여야 하며, 불가피한 사유로 가격을 조정한 경우에는 조정사유를 예정가격조서에 명시하여야 한다.〈개정 2014. 1. 10., 2015. 9. 21.〉

③ 계약담당공무원은「부가가치세법」에 따른 면세사업자와 수의계약을 체결하려는 경우에는 부가가치세를 제외하고 예정가격을 작성할 수 있으며, 이 경우 예정가격 조서에 그 사유를 명시하여야 한다.

④ 계약담당공무원은 공사원가계산에 있어서 공종의 단가를 세부내역별로 분류하여 작성하기 어려운 경우 이외에는 총계방식(이하 "1식단가"라 한다)으로 특정공종의 예정가격을 작성하여서는 아니된다.〈신설 2019. 12. 18.〉

제2장 원가계산에 의한 예정가격 작성

제1절 총 칙

제3조(원가계산의 구분) 원가계산은 제조원가계산과 공사원가계산 및 용역원가계산으로 구분하되, 용역원가계산에 관하여는 제4절 및 제5절에 의한다.

제4조(원가계산의 비목) 원가는 재료비, 노무비, 경비, 일반관리비 및 이윤으로 구분하여 작성한다.

제5조(비목별 가격결정의 원칙) ① 재료비, 노무비, 경비는 각각 아래에서 정한 산식에 따른다.

○ 재료비 = 재료량 × 단위당가격

○ 노무비 = 노무량 × 단위당가격

○ 경 비 = 소요(소비)량 × 단위당 가격

② 재료비, 노무비, 경비의 각 세비목별 단위당가격은 시행규칙 제7조에 따라 계산한다.

③ 계약담당공무원은 재료비, 노무비, 경비의 각 세비목 및 그 물량(재료량, 노무량,

소요량) 산출은 계약목적물에 대한 규격서, 설계서 등에 의하거나 제34조에 의한 원가계산자료를 근거로 하여 산정하여야 하며, 일정률로 계상하는 일반관리비, 간접노무비 등에 대해서는 사전 공고한 공사원가 제비율을 준수하여야 한다.〈개정 2014. 1. 10.〉

④ 계약담당공무원은 제3항의 각 세비목 및 그 물량산출은 계약목적물의 내용 및 특성 등을 고려하여 그 완성에 적합하다고 인정되는 합리적인 방법으로 작성하여야 한다.

⑤ 공사계약의 원가계산에 있어 기 체결한 물품제조 · 구매계약(국가기관 · 지방자치단체 · 공공기관이 발주한 계약을 말한다. 이하 이조에서 같다.)의 내역을 재료비의 단위당 가격으로 활용하려는 경우에는 해당물품의 예정가격 또는 계약예규「예정가격작성기준」제44조의3에 따른 기초가격을 재료비의 단위당 가격으로 적용하며, 물품제조 · 구매계약의 계약금액은 시행규칙 제7조에 따른 거래실례가격으로 보지 아니한다.〈신설 2020. 6. 19.〉

제6조(원가계산에 의한 예정가격 작성시 주의사항) ① 계약담당공무원은 원가계산방법으로 예정가격을 작성할 때에는 계약수량, 이행의 전망, 이행기간, 수급상황, 계약조건 기타 제반여건을 고려하여야 한다.

② 계약담당공무원은 표준품셈을 이용하여 원가계산을 하는 경우에는 가장 최근의 표준품셈을 이용하여야 한다.〈신설 2012. 4. 2.〉

③ 계약담당공무원은 원가계산의 단위당 가격을 산정함에 있어 소요물량 · 거래조건 등 제반사정을 고려하여 객관적으로 단가를 산정하여야 한다.

제2절 제조원가계산

제7조(제조원가) 제조원가라 함은 제조과정에서 발생한 재료비, 노무비, 경비의 합계액을 말한다.

제8조(작성방법) 계약담당공무원은 제조원가를 계산 하고자 할 때에는 별표1의 제조원가계산서를 작성하고 비목별 산출근거를 명시한 기초계산서를 첨부하여야 한다. 이 경우에 재료비, 노무비, 경비 중 일부를 별표1의 제조원가계산서상 일반관리비 또는 이윤 다음 비목으로 계상하여서는 아니된다.

제9조(재료비) 재료비는 제조원가를 구성하는 다음 내용의 직접재료비, 간접재료비로 한다.

① 직접재료비는 계약목적물의 실체를 형성하는 물품의 가치로서 다음 각호를 말한다.〈개정 2015. 9. 21.〉

1. 주요재료비

계약목적물의 기본적 구성형태를 이루는 물품의 가치

2. 부분품비

계약목적물에 원형대로 부착되어 그 조성부분이 되는 매입부품 · 수입부품 · 외장재료 및 제11조제3항제13호 규정에 의한 경비로 계상되는 것을 제외한 외주품의 가치

② 간접재료비는 계약목적물의 실체를 형성하지는 않으나 제조에 보조적으로 소비되는 물품의 가치로서 다음 각호를 말한다.

1. 소모재료비

기계오일, 접착제, 용접가스, 장갑, 연마재등 소모성 물품의 가치

2. 소모공구 · 기구 · 비품비

내용년수 1년미만으로서 구입단가가 「법인세법」 또는 「소득세법」 규정에 의한 상당금액이하인 감가상각대상에서 제외되는 소모성 공구 · 기구 · 비품의 가치

3. 포장재료비

제품포장에 소요되는 재료의 가치

③ 재료의 구입과정에서 해당재료에 직접 관련되어 발생하는 운임, 보험료, 보관비

등의 부대비용은 재료비에 계상한다. 다만, 재료구입 후 발생되는 부대비용은 경비의 각 비목으로 계상한다.

④ 계약목적물의 제조 중에 발생되는 작업설, 부산품, 연산품 등은 그 매각액 또는 이용가치를 추산하여 재료비에서 공제하여야 한다.

제10조(노무비) 노무비는 제조원가를 구성하는 다음 내용의 직접노무비, 간접노무비를 말한다.

① 직접노무비는 제조현장에서 계약목적물을 완성하기 위하여 직접작업에 종사하는 종업원 및 노무자에 의하여 제공되는 노동력의 대가로서 다음 각호의 합계액으로 한다. 다만, 상여금은 기본급의 년 400%, 제수당, 퇴직급여충당금은 「근로기준법」상 인정되는 범위를 초과하여 계상할 수 없다.

1. 기본급(「통계법」 제15조의 규정에 의한 지정기관이 조사 · 공표한 단위당가격 또는 기획재정부장관이 결정 · 고시하는 단위당가격으로서 동단가에는 기본급의 성격을 갖는 정근수당 · 가족수당 · 위험수당 등이 포함된다)
2. 제수당(기본급의 성격을 가지지 않는 시간외 수당 · 야간수당 · 휴일수당 · 주휴수당 등 작업상 통상적으로 지급되는 금액을 말한다)〈개정 2015. 9. 21.〉
3. 상여금
4. 퇴직급여충당금

② 간접노무비는 직접 제조작업에 종사하지는 않으나, 작업현장에서 보조작업에 종사하는 노무자, 종업원과 현장감독자 등의 기본급과 제수당, 상여금, 퇴직급여충당금의 합계액으로 한다. 이 경우에는 제1항 각호 및 단서를 준용한다.

③ 제1항의 직접노무비는 제조공정별로 작업인원, 작업시간, 제조수량을 기준으로 계약목적물의 제조에 소요되는 노무량을 산정하고 노무비 단가를 곱하여 계산한다.

④ 제2항의 간접노무비는 제34조에 의한 원가계산자료를 활용하여 직접노무비에 대하여 간접노무비율(간접노무비/직접노무비)을 곱하여 계산한다.

⑤ 제4항의 간접노무비는 제3항의 직접노무비를 초과하여 계상할 수 없다. 다만, 작업현장의 기계화, 자동화 등으로 인하여 불가피하게 간접노무비가 직접노

부록 6

무비를 초과하는 경우에는 증빙자료에 의하여 초과 계상할 수 있다.

제11조(경비) ① 경비는 제품의 제조를 위하여 소비된 제조원가중 재료비, 노무비를 제외한 원가를 말하며 기업의 유지를 위한 관리활동부문에서 발생하는 일반관리비와 구분된다.

② 경비는 해당 계약목적물 제조기간의 소요(소비)량을 측정하거나 제34조에 의한 원가계산자료나 계약서, 영수증 등을 근거로 하여 산출하여야 한다.〈개정 2015. 9. 21.〉

③ 경비의 세비목은 다음 각호의 것으로 한다.

1. 전력비, 수도광열비는 계약목적물을 제조하는데 직접 소요되는 해당 비용을 말한다.〈개정 2015. 9. 21.〉
2. 운반비는 재료비에 포함되지 않는 운반비로서 원재료 또는 완제품의 운송비, 하역비, 상하차비, 조작비등을 말한다.
3. 감가상각비는 제품생산에 직접 사용되는 건물, 기계장치 등 유형고정자산에 대하여 세법에서 정한 감가상각방식에 따라 계산한다. 다만, 세법에서 정한 내용년수의 적용이 불합리하다고 인정된 때에는 해당 계약목적물에 직접 사용되는 전용기기에 한하여 그 내용년수를 별도로 정하거나 특별상각할 수 있다.
4. 수리수선비는 계약목적물을 제조하는데 직접 사용되거나 제공되고 있는 건물, 기계장치, 구축물, 선박차량 등 운반구, 내구성공구, 기구제품의 수리수선비로서 해당 목적물의 제조과정에서 그 원인이 발생될 것으로 예견되는 것에 한한다. 다만, 자본적 지출에 해당하는 대수리 수선비는 제외한다.
5. 특허권사용료는 계약목적물이 특허품이거나 또는 그 제조과정의 일부가 특허의 대상이 되어 특허권 사용계약에 의하여 제조하고 있는 경우의 사용료로서 그 사용비례에 따라 계산한다.
6. 기술료는 해당 계약목적물을 제조하는데 직접 필요한 노하우(Know-how) 및 동부대비용으로서 외부에 지급하는 비용을 말하며 「법인세법」상의 시험연구비 등에서 정한 바에 따라 계상하여 사업년도로부터 이연상각하되 그 적용비례를 기준하여 배분 계산한다.

7. 연구개발비는 해당 계약목적물을 제조하는데 직접 필요한 기술개발 및 연구비로서 시험 및 시범제작에 소요된 비용 또는 연구기관에 의뢰한 기술개발용역비와 법령에 의한 기술개발촉진비 및 직업훈련비를 말하며 「법인세법」상의 시험연구비 등에서 정한 바에 따라 이연상각하되 그 생산수량에 비례하여 배분 계산한다. 다만, 연구개발비중 장래 계속생산으로의 연결이 불확실하여 미래수익의 증가와 관련이 없는 비용은 특별상각할 수 있다.
8. 시험검사비는 해당 계약의 이행을 위한 직접적인 시험검사비로서 외부에 이를 의뢰하는 경우의 비용을 말한다. 다만, 자체시험검사비는 법령이나 계약조건에 의하여 내부검사가 요구되는 경우에 계상할 수 있다.
9. 지급임차료는 계약목적물을 제조하는데 직접 사용되거나 제공되는 토지, 건물, 기술, 기구 등의 사용료로서 해당 계약 물품의 생산기간에 따라 계산한다.
10. 보험료는 산업재해보험, 고용보험, 국민건강보험 및 국민연금보험 등 법령이나 계약조건에 의하여 의무적으로 가입이 요구되는 보험의 보험료를 말하며 재료비에 계상되는 것은 제외한다.
11. 복리후생비는 계약목적물의 제조작업에 종사하고 있는 노무자, 종업원등의 의료 위생약품대, 공상치료비, 지급피복비, 건강진단비, 급식비("중식 및 간식제공을 위한 비용을 말한다."이하 같다)등 작업조건유지에 직접 관련되는 복리후생비를 말한다.
12. 보관비는 계약목적물의 제조에 소요되는 재료, 기자재 등의 창고 사용료로서 외부에 지급되는 경우의 비용만을 계상하여야 하며 이중에서 재료비에 계상되는 것은 제외한다.
13. 외주가공비는 재료를 외부에 가공시키는 실가공비용을 말하며 부분품의 가치로서 재료비에 계상되는 것은 제외한다.
14. 산업안전보건관리비는 작업현장에서 산업재해 및 건강장해예방을 위하여 법령에 따라 요구되는 비용을 말한다.
15. 소모품비는 작업현장에서 발생되는 문방구, 장부대 등 소모품 구입비용을 말하며 보조재료로서 재료비에 계상되는 것은 제외한다.

16. 여비 · 교통비 · 통신비는 작업현장에서 직접 소요되는 여비 및 차량유지비와 전신전화사용료, 우편료를 말한다.
17. 세금과 공과는 해당 제조와 직접 관련되어 부담하여야 할 재산세, 차량세 등의 세금 및 공공단체에 납부하는 공과금을 말한다.
18. 폐기물처리비는 계약목적물의 제조와 관련하여 발생되는 오물, 잔재물, 폐유, 폐알칼리, 폐고무, 폐합성수지등 공해유발물질을 법령에 따라 처리하기 위하여 소요되는 비용을 말한다.
19. 도서인쇄비는 계약목적물의 제조를 위한 참고서적구입비, 각종 인쇄비, 사진제작비(VTR제작비를 포함한다)등을 말한다
20. 지급수수료는 법령에 규정되어 있거나 의무지워진 수수료에 한하며, 다른 비목에 계상되지 않는 수수료를 말한다.
21. 법정부담금은 관련법령에 따라 해당 제조와 직접 관련하여 의무적으로 부담하여야 할 부담금을 말한다.〈신설 2019. 12. 18.〉
22. 기타 법정경비는 위에서 열거한 이외의 것으로서 법령에 규정되어 있거나 의무지워진 경비를 말한다.
23. 품질관리비는 해당 계약목적물의 품질관리를 위하여 관련 법령 및 계약조건에 의하여 요구되는 비용(품질시험 인건비를 포함한다)을 말하며, 간접노무비에 계상되는 것은 제외한다.〈신설 2021. 12. 1.〉
24. 안전관리비는 제조현장의 안전관리를 위하여 관계법령에 의하여 요구되는 비용을 말한다.〈신설 2021. 12. 1.〉

제12조(일반관리비의 내용) 일반관리비는 기업의 유지를 위한 관리활동부문에서 발생하는 제비용으로서 제조원가에 속하지 아니하는 모든 영업비용중 판매비 등을 제외한 다음의 비용, 즉, 임원급료, 사무실직원의 급료, 제수당, 퇴직급여충당금, 복리후생비, 여비, 교통 · 통신비, 수도광열비, 세금과 공과, 지급임차료, 감가상각비, 운반비, 차량비, 경상시험연구개발비, 보험료 등을 말하며 기업손익계산서를 기준하여 산정한다.

제13조(일반관리비의 계상방법) 제12조에 의한 일반관리비는 제조원가에 별표3에서 정한 일반관리비율(일반관리비가 매출원가에서 차지하는 비율)을 초과하여 계상할 수 없다.

제14조(이윤) 이윤은 영업이익(비영리법인의 경우에는 목적사업이외의 수익사업에서 발생하는 이익을 말한다. 이하 같다.)을 말하며 제조원가중 노무비, 경비와 일반관리비의 합계액(이 경우에 기술료 및 외주가공비는 제외한다)의 25%를 초과하여 계상할 수 없다.〈개정 2008. 12. 29.〉

제3절 공사원가계산

제15조(공사원가) 공사원가라 함은 공사시공과정에서 발생한 재료비, 노무비, 경비의 합계액을 말한다.

제16조(작성방법) 계약담당공무원은 공사원가계산을 하고자 할 때에는 별표2의 공사원가계산서를 작성하고 비목별 산출근거를 명시한 기초계산서를 첨부하여야 한다. 이 경우에 재료비, 노무비, 경비 중 일부를 별표2의 공사원가계산서상 일반관리비 또는 이윤 다음 비목으로 계상하여서는 아니된다.

제17조(재료비) 재료비는 공사원가를 구성하는 다음 내용의 직접재료비 및 간접재료비로 한다.

① 직접재료비는 공사목적물의 실체를 형성하는 물품의 가치로서 다음 각호를 말한다.

1. 주요재료비
   공사목적물의 기본적 구성형태를 이루는 물품의 가치
2. 부분품비
   공사목적물에 원형대로 부착되어 그 조성부분이 되는 매입부품, 수입부품, 외장재료 및 제19조제3항제13호에 의해 경비로 계상되는 것을 제외한 외주품의 가치

② 간접재료비는 공사목적물의 실체를 형성하지는 않으나 공사에 보조적으로 소비되는 물품의 가치로서 다음 각호를 말한다.

1. 소모재료비
   기계오일 · 접착제 · 용접가스 · 장갑등 소모성물품의 가치
2. 소모공구 · 기구 · 비품비
   내용년수 1년미만으로서 구입단가가 「법인세법」 또는 「소득세법」 규정에 의한

상당금액이하인 감가상각대상에서 제외되는 소모성 공구 · 기구 · 비품의 가치

3. 가설재료비

비계, 거푸집, 동바리 등 공사목적물의 실체를 형성하는 것은 아니나 동 시공을 위하여 필요한 가설재의 가치

③ 재료의 구입과정에서 해당재료에 직접 관련되어 발생하는 운임, 보험료, 보관비 등의 부대비용은 재료비에 계상한다. 다만 재료구입 후 발생되는 부대비용은 경비의 각 비목으로 계상한다.

④ 계약목적물의 시공중에 발생하는 작업설, 부산물 등은 그 매각액 또는 이용가치를 추산하여 재료비에서 공제하여야 한다. 다만, 기존 시설물의 철거, 해체, 이설 등으로 발생되는 작업설, 부산물 등은 재료비에서 공제하지 아니하고, 매각비용 등에 대해 별도 계상한다. 〈단서 신설 2021. 12. 1.〉

제18조(노무비) 노무비의 내용 및 산정방식은 제5조와 제10조를 준용하며, 간접노무비의 구체적 계산방법 등에 대하여는 별표2-1을 참고하여 계산한다.

제19조(경비) ① 경비는 공사의 시공을 위하여 소요되는 공사원가중 재료비, 노무비를 제외한 원가를 말하며, 기업의 유지를 위한 관리활동부문에서 발생하는 일반관리비와 구분된다.

② 경비는 해당 계약목적물 시공기간의 소요(소비)량을 측정하거나 제34조에 의한 원가계산 자료나 계약서, 영수증 등을 근거로 산정하여야 한다.

③ 경비의 세비목은 다음 각호의 것으로 한다.

1. 전력비, 수도광열비는 계약목적물을 시공하는데 소요되는 해당 비용을 말한다.
2. 운반비는 재료비에 포함되지 않은 운반비로서 원재료, 반재료 또는 기계기구의 운송비, 하역비, 상하차비, 조작비등을 말한다.
3. 기계경비는 각 중앙관서의 장 또는 그가 지정하는 단체에서 제정한 "표준품셈상의 건설기계의 경비산정기준에 의한 비용을 말한다.
4. 특허권사용료는 타인 소유의 특허권을 사용한 경우에 지급되는 사용료로서 그 사용비례에 따라 계산한다.
5. 기술료는 해당 계약목적물을 시공하는데 직접 필요한 노하우(Know-how) 및 동

부대비용으로서 외부에 지급되는 비용을 말하며 「법인세법」상의 시험연구비 등에서 정한 바에 따라 계상하여 사업초년도부터 이연상각하되 그 사용비례를 기준으로 배분계산한다.

6. 연구개발비는 해당 계약목적물을 시공하는데 직접 필요한 기술개발 및 연구비로서 시험 및 시범제작에 소요된 비용 또는 연구기관에 의뢰한 기술개발 용역비와 법령에 의한 기술개발촉진비 및 직업훈련비를 말하며 「법인세법」상의 시험연구비 등에서 정한 바에 따라 이연상각하되 그 사용비례를 기준하여 배분계산한다. 다만, 연구개발비중 장래 계속시공으로서의 연결이 불확실하여 미래 수익의 증가와 관련이 없는 비용은 특별상각할 수 있다.
7. 품질관리비는 해당 계약목적물의 품질관리를 위하여 관련법령 및 계약조건에 의하여 요구되는 비용(품질시험 인건비를 포함한다)을 말하며, 간접노무비에 계상(시험관리인)되는 것은 제외한다.
8. 가설비는 공사목적물의 실체를 형성하는 것은 아니나 현장사무소, 창고, 식당, 숙사, 화장실 등 동 시공을 위하여 필요한 가설물의 설치에 소요되는 비용(노무비, 재료비를 포함한다)을 말한다.
9. 지급임차료는 계약목적물을 시공하는데 직접 사용되거나 제공되는 토지, 건물, 기계기구(건설기계를 제외한다)의 사용료를 말한다.
10. 보험료는 산업재해보험, 고용보험, 국민건강보험 및 국민연금보험 등 법령이나 계약조건 에 의하여 의무적으로 가입이 요구되는 보험의 보험료를 말하고, 동 보험료는 「건설산업기본법」 제22조제7항 등 관련법령에 정한 바에 따라 계상하며, 재료비에 계상되는 보험료는 제외한다. 다만 공사손해보험료는 제22조에서 정한 바에 따라 별도로 계상된다.〈개정 2015. 9. 21.〉
11. 복리후생비는 계약목적물을 시공하는데 종사하는 노무자 · 종업원 · 현장사무소 직원 등의 의료위생약품대, 공상치료비, 지급피복비, 건강진단비, 급식비등 작업조건 유지에 직접 관련되는 복리후생비를 말한다.
12. 보관비는 계약목적물의 시공에 소요되는 재료, 기자재 등의 창고사용료로서 외부에 지급되는 비용만을 계상하여야 하며 이중에서 재료비에 계상되는 것은 제

외한다.

13. 외주가공비는 재료를 외부에 가공시키는 실가공비용을 말하며 외주가공품의 가치로서 재료비에 계상되는 것은 제외한다.
14. 산업안전보건관리비는 작업현장에서 산업재해 및 건강장해예방을 위하여 법령에 따라 요구되는 비용을 말한다.
15. 소모품비는 작업현장에서 발생되는 문방구, 장부대등 소모용품 구입비용을 말하며, 보조재료로서 재료비에 계상되는 것은 제외한다.
16. 여비 · 교통비 · 통신비는 시공현장에서 직접 소요되는 여비 및 차량유지비와 전신전화사용료, 우편료를 말한다.
17. 세금과 공과는 시공현장에서 해당공사와 직접 관련되어 부담하여야 할 재산세, 차량세, 사업소세 등의 세금 및 공공단체에 납부하는 공과금을 말한다.
18. 폐기물처리비는 계약목적물의 시공과 관련하여 발생되는 오물, 잔재물, 폐유, 폐알칼리, 폐고무, 폐합성수지등 공해유발물질을 법령에 의거 처리하기 위하여 소요되는 비용을 말한다.
19. 도서인쇄비는 계약목적물의 시공을 위한 참고서적구입비, 각종 인쇄비, 사진제작비(VTR제작비를 포함한다) 및 공사시공기록책자 제작비등을 말한다.
20. 지급수수료는 시행령 제52조제1항 단서에 의한 공사이행보증서 발급수수료, 「건설산업기본법」 제34조 및 「하도급거래 공정화에 관한 법률」 제13조의2의 규정에 의한 건설하도급대금 지급보증서 발급수수료, 「건설산업기본법」제68조의3에 의한 건설기계 대여대금 지급보증 수수료 등 법령으로서 지급이 의무화된 수수료를 말한다. 이경우 보증서 발급수수료는 보증서 발급기관이 최고 등급업체에 대해 적용하는 보증요율중 최저요율을 적용하여 계상한다.〈개정 2015. 9. 21.〉
21. 환경보전비는 계약목적물의 시공을 위한 제반환경오염 방지시설을 위한 것으로서, 관련법령에 의하여 규정되어 있거나 의무 지워진 비용을 말한다.
22. 보상비는 해당 공사로 인해 공사현장에 인접한 도로 하천 · 기타 재산에 훼손을 가하거나 지장물을 철거함에 따라 발생하는 보상 · 보수비를 말한다. 다만, 해

당공사를 위한 용지보상비는 제외한다.

23. 안전관리비는 건설공사의 안전관리를 위하여 관계법령에 의하여 요구되는 비용을 말한다.

24. 건설근로자퇴직공제부금비는 「건설근로자의 고용개선 등에 관한 법률」에 의하여 건설근로자퇴직공제에 가입하는데 소요되는 비용을 말한다. 다만, 제10조제1항제4호 및 제18조에 의하여 퇴직급여충당금을 산정하여 계상한 경우에는 동 금액을 제외한다.

25. 관급자재 관리비는 공사현장에서 사용될 관급자재에 대한 보관 및 관리 등에 소요되는 비용을 말한다.〈신설 2015. 1. 1.〉

26. 법정부담금은 관련법령에 따라 해당 공사와 직접 관련하여 의무적으로 부담하여야 할 부담금을 말한다.〈신설 2019. 12. 18.〉

27. 기타 법정경비는 위에서 열거한 이외의 것으로서 법령에 규정되어 있거나 의무지워진 경비를 말한다.

제20조(일반관리비) 일반관리비의 내용은 제12조와 같고 별표3에서 정한 일반관리비율을 초과하여 계상할 수 없으며, 아래와 같이 공사규모별로 체감 적용한다.

종 합 공 사		전문 · 전기 · 정보통신 · 소방공사 및 기타공사	
공사원가	일반관리비율(%)	공사원가	일반관리비율(%)
50억원 미만	8.0	5억원 미만	8.0
50억원~300억원 미만	6.5	5억원~30억원 미만	6.5
300억원 이상	5.0	30억원 이상	5.0

〈개정 2011. 5. 13., 2015. 9. 21., 2025. 5. 1.〉

제21조(이윤) 이윤은 영업이익을 말하며 공사원가중 노무비, 경비와 일반관리비의 합계액(이 경우에 기술료 및 외주가공비는 제외한다)의 15%를 초과하여 계상할 수 없다.〈개정 2008. 12. 29.〉

제22조(공사손해보험료) ① 공사손해보험료는 계약예규 「공사계약일반조건」 제10조에 의하여 공사손해보험에 가입할 때에 지급하는 보험료를 말하며, 보험가입대상 공사부분의 총공사원가(재료비, 노무비, 경비, 일반관리비 및 이윤의 합계액을 말한다. 이하 같다)에 공사손해 보험료율을 곱하여 계상한다.

② 발주기관이 지급하는 관급자재가 있을 경우에는 보험가입 대상 공사부분의 총공

사원가와 관급자재를 합한 금액에 공사손해보험료율을 곱하여 계상한다.

③ 제1항에 의한 공사손해보험료를 계상하기 위한 공사손해보험료율은 계약담당공무원이 설계서와 보험개발원, 손해보험회사 등으로부터 제공받은 자료를 기초로 하여 정한다.

제4절 학술연구용역 원가계산

제23조(용어의 정의) 이 절에서 사용하는 용어의 정의는 다음 각호와 같다.

1. "학술연구용역"이라 함은 "학문분야의 기초과학과 응용과학에 관한 연구용역 및 이에 준하는 용역"을 말하며, 그 이행방식에 따라 다음 각목과 같이 구분할 수 있다.
   가. 위탁형 용역 : 용역계약을 체결한 계약상대자가 자기책임하에 연구를 수행하여 연구결과물을 용역결과보고서 형태로 제출하는 방식
   나. 공동연구형 용역 : 용역계약을 체결한 계약상대자와 발주기관이 공동으로 연구를 수행하는 방식
   다. 자문형 용역 : 용역계약을 체결한 계약상대자가 발주기관의 특정 현안에 대한 의견을 서면으로 제시하는 방식
2. "책임연구원"이라 함은 해당 용역수행을 지휘 · 감독하며 결론을 도출하는 역할을 수행하는 자를 말하며, 대학 부교수 수준의 기능을 보유하고 있어야 한다. 이 경우에 책임연구원은 1인을 원칙으로 하되, 해당 용역의 성격상 다수의 책임자가 필요한 경우에는 그러하지 아니하다.
3. "연구원"이라 함은 책임연구원을 보조하는 자로서 대학 조교수 수준의 기능을 보유하고 있어야 한다.
4. "연구보조원"이라 함은 통계처리 · 번역 등의 역할을 수행하는 자로서 해당 연구분야에 대해 조교정도의 전문지식을 가진 자를 말한다.
5. "보조원"이라 함은 타자, 계산, 원고정리등 단순한 업무처리를 수행하는 자를 말한다.〈신설 2015. 9. 21.〉

제24조(원가계산비목) 원가계산은 노무비(이하 "인건비"라 한다), 경비, 일반관리비등으로 구분하여 작성한다. 다만, 제23조제1호나목 및 다목에 의한 공동연구형 용역 및 자문형 용역의 경우에는 경비항목 중 최소한의 필요항목만 계상하고 일반관리비는 계상하지 아니한다.〈개정 2015. 9. 21.〉

제25조(작성방법) 학술연구용역에 대한 원가계산을 하고자 할 때에는 별표4에서 정한 학술연구용역원가계산서를 작성하고 비목별 산출근거를 명시한 기초계산서를 첨부하여야 한다.

제26조(인건비) ① 인건비는 해당 계약목적에 직접 종사하는 연구요원의 급료를 말하며, 별표5에서 정한 기준단가에 의하되, 「근로기준법」에서 규정하고 있는 상여금, 퇴직급여충당금의 합계액으로 한다. 다만, 상여금은 기준단가의 연 400%를 초과하여 계상할 수 없다.〈개정 2018. 12. 31.〉

② 이 예규 시행일이 속하는 년도의 다음 년도부터는 매년 전년도 소비자물가 상승률만큼 인상한 단가를 기준으로 한다.

제27조(경비) 경비는 계약목적을 달성하기 위하여 필요한 다음 내용의 여비, 유인물비, 전산처리비, 시약 및 연구용 재료비, 회의비, 임차료, 교통통신비 및 감가상각비를 말한다.

1. 여비는 다음 각호의 기준에 따라 계상한다.
   가. 여비는 「공무원여비규정」에 의한 국내여비와 국외여비로 구분하여 계상하되 이를 인정하지 아니하고는 계약목적을 달성하기 곤란한 경우에 한하며 관계공무원의 여비는 계상할 수 없다.
   나. 국내여비는 시외여비만을 계상하되 연구상 필요불가피한 경우외에는 월15일을 초과할 수 없으며, 책임연구원은 「공무원여비규정」제3조관련 별표1(여비지급구분표) 제1호등급, 연구원, 연구보조원 및 보조원은 동표 제2호등급을 기준으로 한다.〈개정 2008. 12. 29., 2015. 9. 21.〉
2. 유인물비는 계약목적을 위하여 직접 소요되는 프린트, 인쇄, 문헌복사비(지대포함)를 말한다.
3. 전산처리비는 해당 연구내용과 관련된 자료처리를 위한 컴퓨터사용료 및 그 부

대비용을 말한다.

4. 시약 및 연구용 재료비는 실험실습에 필요한 비용을 말한다.
5. 회의비는 해당 연구내용과 관련하여 자문회의, 토론회, 공청회 등을 위해 소요되는 경비를 말하며, 참석자의 수당은 해당 연도 예산안 작성 세부지침상 위원회 참석비를 기준으로 한다.〈개정 2010. 4. 15. 2016. 12. 30.〉
6. 임차료는 연구내용에 따라 특수실험실습기구를 외부로부터 임차하거나 혹은 공청회 등을 위한 회의장사용을 하지 아니하고는 계약목적을 달성할 수 없는 경우에 한하여 계상할 수 있다.
7. 교통통신비는 해당 연구내용과 직접 관련된 시내교통비, 전신전화사용료, 우편료를 말한다.
8. 감가상각비는 해당 연구내용과 직접 관련된 특수실험 실습기구 · 기계장치에 대하여 제11조제3항제3호의 규정을 준용하여 계산한다. 단 임차료에 계상되는 것은 제외한다.

제28조(일반관리비 등) ① 일반관리비는 시행규칙 제8조에 규정된 일반관리비율을 초과하여 계상할 수 없다.〈개정 2015. 9. 21.〉

② 이윤은 영업이익을 말하며, 인건비, 경비 및 일반관리비의 합계액에 시행규칙 제8조에서 정한 이윤율을 초과하여 계상할 수 없다.〈개정 2008. 12. 29.〉

제29조(회계직공무원의 주의의무) ① 계약담당공무원은 학술연구용역 의뢰시에는 해당 연구에 대한 전문기관 또는 전문가를 엄선하여 연구목적을 달성할 수 있도록 그 주의의무를 다하여야 한다.

② 각 중앙관서의 장은 학술연구용역을 수의계약으로 체결하고자 할 경우에는 해당 계약상대자의 최근년도 원가계산자료(급여명세서, 손익계산서등)을 활용하여 제26조의 상여금, 퇴직금 및 제28조제1항의 일반관리비 산정시 과다 계상되지 않도록 주의하여야 한다.〈개정 2008. 12. 29.〉

제5절 기타용역의 원가계산

제30조(기타용역의 원가계산) ① 엔지니어링사업, 측량용역, 소프트웨어 개발용역 등 다른

법령에서 그 대가기준(원가계산기준)을 규정하고 있는 경우에는 해당 법령이 정하는 기준에 따라 원가계산을 할 수 있다.

② 원가계산기준이 정해지지 않은 기타의 용역에 대하여는 제1항 및 제23조 내지 제29조에 규정된 원가계산기준에 준하여 원가계산할 수 있다. 이 경우 시행규칙 제23조의3 각호의 용역계약에 대한 인건비의 기준단가는 다음 각호의 어느 하나에 따른 노임에 의하되, 「근로기준법」에서 정하고 있는 제수당, 상여금(기준단가의 연 400%를 초과하여 계상할 수 없다), 퇴직급여충당금의 합계액으로 한다.〈개정 2015. 9. 21., 2017. 12. 28.〉

1. 시설물관리용역: 「통계법」 제17조의 규정에 따라 중소기업중앙회가 발표하는 '중소제조업 직종별 임금조사 보고서'(최저임금 상승 효과 등 적용시점의 임금상승 예측치를 반영한 통계가 있을 경우 동 통계를 적용한다. 이하 이 조에서 '임금조사 보고서'라 한다)의 단순노무종사원 노임(다만, 임금조사 보고서상 해당직종의 노임이 있는 종사원에 대하여는 해당직종의 노임을 적용한다)〈신설 2017. 12. 28.〉〈개정 2018. 12. 31.〉
2. 그 밖의 용역: 임금조사 보고서의 단순노무종사원 노임〈신설 2017. 12. 28.〉

③ 제2항에도 불구하고 제2항 후단에 따른 인건비 기준단가에 0.87995를 곱한 금액이 최저임금에 미치지 못하는 경우에는 최저임금에 0.87995를 나눈 금액을 인건비 기준단가로 한다.〈신설 2023. 6. 30.〉

제6절 원가계산용역기관

제31조(원가계산용역기관의 요건) ① 시행규칙 제9조제3항제2호의 "전문인력 10명 이상"은 다음의 요건을 갖춘 인원을 말한다.〈개정 2018. 12. 31.〉

1. 국가공인 원가분석사 자격증 소지자 6인 또는 원가계산업무에 종사(연구기간 포함)한 경력이 3년 이상인자 4인, 5년 이상인자 2인〈신설 2018. 12. 31.〉
2. 이공계대학 학위소지자 또는 「국가기술자격법」에 의한 기술·기능분야의 기사 이상인 자 2인〈신설 2018. 12. 31.〉
3. 상경대학 학위소지자 2인〈신설 2018. 12. 31.〉

부록 6

② 시행규칙 제9조제2항제2호 및 제3호의 기관의 경우에는 제1항 각호의 인원이 대학(교) 직원 또는 대학(교) 부설연구소 직원이어야 하며, 각 분야별 상시고용인원 중에 교수(부교수, 조교수 포함)는 1인 이하로 하여야 한다. 〈신설 2018. 12. 31., 개정 2025. 12. 31.〉

③ 계약담당공무원은 시행규칙 제9조제3항제3호의 기본재산 요건 구비 여부를 판단함에 있어 자본금은 최근연도 결산재무제표(또는 결산재무상태표)상의 자산총액에서 부채총액을 차감한 금액을 적용하여야 한다. 〈신설 2018. 12. 31., 개정 2025. 12. 31.〉

④ 용역기관은 본부 외에 별도로 지사·지부 또는 출장소, 연락사무소 등을 설치하여 원가계산용역업무를 수행할 수 없다. 〈제2항에서 이동 2018. 12. 31.〉

제31조의2(용역기관에 대한 제재) 계약담당공무원은 원가계산용역기관이 자격요건 심사 시에 허위서류를 제출하는 등 관련 규정을 위반하거나 원가계산용역을 부실하게 한 경우에는 국가기관의 원가계산용역업무를 수행할 수 없도록 해당 용역기관의 주무관청 등 감독기관에 요청할 수 있다.〈신설 2010. 4. 15.〉

제32조(원가계산용역 의뢰시 주의사항) ① 계약담당공무원은 제31조의 요건을 갖춘 기관에 한하여 원가계산내용에 따른 전문성이 있는 기관에 용역의뢰를 하여야 한다. 다만, 제31조의 요건을 갖춘 용역기관들의 단체로서 「민법」 제32조의 규정에 의하여 설립된 법인이 동 요건 충족여부를 확인한 경우에는 별도의 요건심사를 면제할 수 있다.

② 계약담당공무원은 용역의뢰시에 제1항 단서에서 규정한 용역기관들의 단체에게 용역기관의 자격요건 심사를 의뢰하여 그 충족여부를 확인하여야 한다.(제1항 단서에 따라 심사가 면제된 용역기관은 제외) 〈신설 2010. 4. 15. 개정 2015. 9. 21.〉

③ 계약담당공무원은 제1항의 경우에 해당 용역기관의 장과 다음 각호의 사항을 명백히 한 계약서를 작성하여야 한다. 다만, 시행령 제49조에 의한 계약서 작성을 생략할 경우에도 다음 각호의 사항을 준용하여 각서 등을 징구하여야 한다. 〈제2항에서 이동 2010. 4. 15.〉

1. 부실원가계산시 그 책임에 관한 사항

2. 계약의 해제 또는 해지에 관한 사항
3. 원가계산내용의 보안유지에 관한 사항
4. 기타 원가계산 수행에 필요하다고 인정되는 사항

④ 계약담당공무원은 최종원가계산서에 해당 용역기관의 장[대학(교) 연구소의 경우에는 연구소장] 및 책임연구원이 직접 확인·서명하였음을 확인하여야 한다. 〈제3항에서 이동 2010. 4. 15.〉

⑤ 계약담당공무원은 용역기관에서 제출된 최종원가계산서의 내용이 「국가를 당사자로 하는 계약에 관한 법률」, 동법 시행령, 시행규칙, 이 예규 및 계약서 등의 용역조건에 부합되는지 여부를 검토하여 해당 원가계산의 적정을 기하여야 한다. 이 경우에 원가계산의 적정성을 기하기 위해 필요하다고 판단되는 때에는 해당 원가계산서를 작성하지 아니한 다른 용역기관에 검토를 의뢰할 수 있다. 〈제2항에서 이동 2010. 4. 15. 개정 2010. 10. 22. 2016. 12. 30.〉

⑥ 계약담당공무원은 제1항에 따라 원가계산용역기관에 용역의뢰를 하려는 경우 시행규칙 제9조제2항부터 제4항까지의 요건을 확인하기 위해 원가계산용역기관으로 하여금 다음 각 호의 서류를 제출하게 하여야 한다.〈신설 2018. 12. 31.〉

1. 정관(학교의 연구소 또는 산학협력단의 경우 학칙이나 연구소 규정)
2. 삭제 〈2020. 12. 28.〉
3. 설립허가서 등 시행규칙 제9조제2항각호의 기관임을 증명하는 서류
4. 제1항 각호의 인력에 대한 학위, 자격증명서, 재직증명시 등 자격 및 재직여부를 증명하는 서류
5. 재무제표 등 시행규칙 제9조제3항제3호에 따른 기본재산을 증명할 수 있는 서류
6. 기타 자격요건 등 확인을 위해 필요하다고 인정되는 서류

⑦ 계약담당공무원은 제6항의 요건을 확인하는 경우 「전자정부법」 제36조제1항에 따른 행정정보의 공동이용을 통하여 원가계산용역기관의 법인등기부 등본 서류를 확인하여야 한다.〈신설 2020. 12. 28.〉

제7절 보 칙

第33条(특례설정 등) ① 각 중앙관서의 장은 특수한 사유로 인하여 동 기준에 따른 원가계산이 곤란하다고 인정될 때에는 특례를 설정할 수 있다.〈개정 2015. 9. 21.〉

② 각 중앙관서의 장은 반복적 또는 계속적으로 발주되는 공사에 있어서는 최근의 발주된 동종의 공사에 대한 원가계산서에 따라 예정가격을 작성할 수 있다.

第34条(원가계산자료의 비치 및 활용) ① 계약담당공무원은 원가계산에 의한 예정가격을 작성함에 있어서 계약상대방으로 적당하다고 예상되는 2개 업체 이상의 최근년도 원가계산자료에 의거하여 계약목적물에 관계되는 수치를 활용하거나(수의계약대상업체에 대하여는 해당업체의 최근년도 원가계산자료), 동 업체의 제조(공정)확인 결과를 활용하여 제7조, 제15조의 비목별 가격결정 및 제12조, 제20조의 일반관리비 계상을 위한 기초자료로 활용할 수 있다.

② 계약담당공무원은 공사원가계산을 위하여 각 중앙관서의 장 또는 그가 지정하는 단체에서 제정한 "표준품셈"에 따라 제15조의 비목별 가격을 산출할 수 있으며, 동 품셈적용대상공사가 아닌 경우와 동 품셈적용을 할 수 없는 비목계상의 경우에는 제1항을 준용한다.

第35条(외국통화로 표시된 재료비의 환율적용) 예정가격을 산출함에 있어서 외국통화로 표시된 재료비는 원가계산시 외국환거래법에 의한 기준환율 또는 재정환율을 적용하여 환산한다.

第36条(세부시행기준) 이 예규를 운용함에 있어 필요한 세부사항에 관하여는 기획재정부장관이 그 기준을 정할 수 있다.

제 3 장 표준시장단가에 의한 예정가격작성

第37条(표준시장단가에 의한 예정가격의 산정) ① 표준시장단가에 의한 예정가격은 직접공사비, 간접공사비, 일반관리비, 이윤, 공사손해보험료 및 부가가치세의 합계액으로 한다.〈개정 2015. 3. 1.〉

② 시행령 제42조제1항에 따라 낙찰자를 결정하는 경우로서 추정가격이 100억원 미만인 공사에는 표준시장단가를 적용하지 아니한다.〈신설 2015. 3. 1.〉

제38조(직접공사비) ① 직접공사비란 계약목적물의 시공에 직접적으로 소요되는 비용을 말하며, 계약목적물을 세부 공종(계약예규 「정부 입찰 · 계약 집행기준」 제19조 등 관련 규정에 따른 수량산출기준에 따라 공사를 작업단계별로 구분한 것을 말한다)별로 구분하여 공종별 단가에 수량(계약목적물의 설계서 등에 의해 그 완성에 적합하다고 인정되는 합리적인 단위와 방법으로 산출된 공사량을 말한다)을 곱하여 산정한다.

② 직접공사비는 다음 각호의 비용을 포함한다.

1. 재료비

   재료비는 계약목적물의 실체를 형성하거나 보조적으로 소비되는 물품의 가치를 말한다.

2. 직접노무비

   공사현장에서 계약목적물을 완성하기 위하여 직접작업에 종사하는 종업원과 노무자의 기본급과 제수당, 상여금 및 퇴직급여충당금의 합계액으로 한다.

3. 직접공사경비

   공사의 시공을 위하여 소요되는 기계경비, 운반비, 전력비, 가설비, 지급임차료, 보관비, 외주가공비, 특허권 사용료, 기술료, 보상비, 연구개발비, 품질관리비, 폐기물처리비 및 안전관리비를 말하며, 비용에 대한 구체적인 정의는 제19조를 준용한다.

③ 제1항의 공종별 단가를 산정함에 있어 재료비 또는 직접공사경비중의 일부를 제외할 수 있다. 이 경우에는 해당 계약목적물 시공 기간의 소요(소비)량을 측정하거나 계약서, 영수증 등을 근거로 금액을 산정하여야 한다.

④ 각 중앙관서의 장 또는 각 중앙관서의 장이 지정하는 기관은 직접공사비를 공종별로 직접조사 · 집계하여 산정할 수 있다.

제39조(간접공사비) ① 간접공사비란 공사의 시공을 위하여 공통적으로 소요되는 법정경비 및 기타 부수적인 비용을 말하며, 직접공사비 총액에 비용별로 일정요율을 곱하

여 산정한다.

② 간접공사비는 다음 각호의 비용을 포함하며, 비용에 대한 구체적인 정의는 제10조제2항 및 제19조를 준용한다.

1. 간접노무비
2. 산재보험료
3. 고용보험료
4. 국민건강보험료
5. 국민연금보험료
6. 건설근로자퇴직공제부금비
7. 산업안전보건관리비
8. 환경보전비
9. 기타 관련법령에 규정되어 있거나 의무지워진 경비로서 공사원가계산에 반영토록 명시된 법정경비
10. 기타간접공사경비(수도광열비, 복리후생비, 소모품비, 여비, 교통비, 통신비, 세금과 공과, 도서인쇄비 및 지급수수료를 말한다.)

③ 제1항의 일정요율이란 관련법령에 의해 각 중앙관서의 장이 정하는 법정요율을 말한다. 다만 법정요율이 없는 경우에는 다수기업의 평균치를 나타내는 공신력이 있는 기관의 통계자료를 토대로 각 중앙관서의 장 또는 계약담당공무원이 정한다.

④ 제38조에 따라 산정되지 아니한 공종에 대하여도 간접공사비 산정은 제1항 내지 제3항을 적용한다.

제40조(일반관리비) ① 일반관리비는 기업의 유지를 위한 관리활동부문에서 발생하는 제비용으로서, 비용에 대한 구체적인 정의와 종류에 대하여는 제12조의 규정을 준용한다.

② 일반관리비는 직접공사비와 간접공사비의 합계액에 일반관리비율을 곱하여 계산한다. 다만, 일반관리비율은 공사규모별로 아래에서 정한 비율을 초과할 수 없다.

종합공사		전문 · 전기 · 정보통신 · 소방공사 및 기타공사	
직접공사비+간접공사비	일반관리비율(%)	직접공사비+간접공사비	일반관리비율(%)
50억원 미만	8.0	5억원미만	8.0
50억원~300억원 미만	6.5	5억원~30억원미만	6.5
300억원 이상	5.0	30억원이상	5.0

〈개정 2011. 5. 13., 2015. 9. 21., 2025. 5. 1.〉

제41조(이윤) 이윤은 영업이익을 말하며 직접공사비, 간접공사비 및 일반관리비의 합계액에 이윤율을 곱하여 계산한다. 이윤율은 시행규칙에서 정한 기준에 따른다.

제42조(공사손해보험료) 계약예규 「정부 입찰 · 계약 집행기준」 제12장에 따른 공사손해보험가입 비용을 말한다.

제43조(총괄집계표의 작성) 계약담당공무원이 표준시장단가에 따라 예정가격을 작성하는 경우, 예정가격을 직접공사비, 간접공사비, 일반관리비, 이윤, 공사손해보험료 및 부가가치세로 구분하여 별표6의 총괄집계표를 작성하여야 한다.〈개정 2015. 3. 1.〉

제44조(세부시행기준) 계약담당공무원은 이 장을 운용함에 있어 필요한 세부사항을 정할 수 있다.

제4장 복수예비가격에 의한 예정가격의 결정

제44조의2(복수예비가격 방식에 의한 예정가격의 결정) 각 중앙관서의 장 또는 계약담당공무원은 예정가격의 유출이 우려되는 등 필요하다고 인정되는 경우 복수예비가격 방식에 의해 예정가격을 결정할 수 있으며, 이 경우에는 이 장에서 정한 절차와 기준을 따라야 한다.[본조신설 2018. 12. 31.]

제44조의3(예정가격 결정 절차) ① 계약담당공무원은 입찰서 제출 마감일 5일 전까지 기초금액(계약담당공무원이 시행령 제9조제1항의 방식으로 조사한 가격으로서 예정가격으로 확정되기 전 단계의 가격을 말하며,「출판문화산업 진흥법」제22조에 해당하는 간행물을 구매하는 경우에는 간행물의 정가를 말한다)을 작성하여야 한다.

부록 6

② 계약담당공무원은 제1항 따라 작성된 기초금액의 ±2% 금액 범위 내에서 서로 다른 15개의 가격(이하 "복수예비가격"이라 한다)을 작성하고 밀봉하여 보관하여야 한다.

③ 계약담당공무원은 입찰을 실시한 후 참가자 중에서 4인(우편입찰 등으로 인하여 개찰장소에 출석한 입찰자가 없는 때에는 입찰사무에 관계없는 자 2인)을 선정하여 복수예비가격 중에서 4개를 추첨토록 한 후 이들의 산술평균가격을 예정가격으로 결정한다.

④ 유찰 등으로 재공고 입찰에 부치려는 경우에는 복수예비가격을 다시 작성하여야 한다.

[본조신설 2018. 12. 31.]

제44조의4(세부기준·절차의 작성) ① 각 중앙관서의 장은 이 장에서 정하지 아니한 사항으로서 복수예비가격에 의한 예정가격의 작성과 관련하여 필요한 사항에 대하여는 세부기준 및 절차를 정하여 운용할 수 있다.

② 제44조의3의 규정에도 불구하고「전자조달의 이용 및 촉진에 관한 법률」제2조제4호에 따른 국가종합전자조달시스템 또는 동법 제14조에 따른 자체전자조달시스템을 통해 전자입찰을 실시하는 경우에는 제44의3의 규정을 적용하지 아니하고 해당 기관이 정하는 기준에 따라 예정가격을 결정할 수 있다.

[본조신설 2018. 12. 31.]

제5장 전문가격조사기관의 등록 및 조사업무

제45조(전문가격조사기관 등록) 이 장은 시행규칙 제5조제1항제2호에 의한 전문가격조사기관의 등록에 관하여 필요한 사항을 정함으로써, 공신력 있는 조사기관에 의한 조사가격의 객관성과 신뢰성을 확보하여 예정가격의 합리적 결정과 이에 따른 예산의 효율적 집행을 도모함을 목적으로 한다.〈개정 2016. 12. 30.〉

제46조(등록자격요건) 전문가격조사기관으로 등록하고자하는 자는 다음 각호의 자격요

건을 갖추어야 한다.

1. 정관상 사업목적에 가격조사업무가 포함되어있는 비영리법인
2. 별첨 "표준가격조사요령"에 의하여 조사한 가격의 정보에 관한 정기간행물을 월1회이상 발행한 실적이 있는 자

제47조(등록신청) 제46조의 자격요건을 갖춘 자가 전문가격조사기관으로 등록하고자 할 경우에는 별표7의 등록 신청서에 다음 각호의 서류를 첨부하여 기획재정부장관에게 제출하여야 한다.

1. 비영리법인의 설립허가서, 등기부등본 및 정관사본 1부
2. 제46조제2호에 규정한 사항을 증명할 수 있는 자료 1부
3. 조사요원 재직증명서 1부
4. 「국가기술자격법 시행규칙」 제4조관련 별표5(기술·기능분야)에 의한 기계, 전기, 통신, 토목, 건축 직무분야 중 3개이상 직무분야의 산업기사 이상인 자의 재직증명서 1부

제48조(등록증의 교부) 기획재정부장관은 제47조에 의한 전문가격조사기관등록신청자가 제46조의 자격요건을 갖춘 경우에는 조사기관등록대장에 등재하고, 그 신청인에게 별표 8의 전문가격조사기관등록증을 교부한다.

제49조(가격정보에 관한 간행물) ① 전문가격조사기관으로 등록한 기관은 매월 1회이상 별첨 표준가격조사요령에 의하여 조사한 가격의 정보에 관한 정기간행물을 발행하여야 한다.

② 제1항에 의한 가격의 정보에 관한 정기간행물에는 조사기관의 등록번호와 등록 년월일을 기재하여야 한다.

제50조(등록사항의 변경신청) ① 전문가격조사기관으로 등록한 자가 제46조의 등록요건과 법인명, 대표자, 주소 등이 변경된 때에는 별표 9의 등록사항변경신고서를 작성하여 기획재정부장관에게 60일이내에 신고하여야 한다.

② 기획재정부장관은 제1항의 등록사항 변경신고서의 내용에 따라 조사기관등록증을 재발급한다. 단, 등록번호 및 등록년월일은 변경하지 아니한다.

제51조(등록의 취소) 기획재정부장관은 다음 각호의 어느 하나에 해당될 경우에는 전

부록 6

문가격조사기관의 등록을 취소할 수 있다.
1. 제46조에 의한 자격요건에 미달될 때
2. 정당한 조사방법에 의하지 아니하고 담합 등 허위로 가격을 게재하는 경우
3. 기획재정부장관의 자료제출의 요구를 받고도 정당한 사유 없이 이를 제출하지 아니하는 경우
4. 기획재정부장관에 의한 3회이상 시정조치를 받고도 이에 응하지 않은 경우
5. 조사원이 윤리강령 등에 위배되는 행동으로 인하여 사회적 물의를 야기한 경우

제52조(등록기관의 지도감독) ① 기획재정부장관은 제45조에 규정한 목적을 달성하기 위하여 필요하다고 인정될 때에는 조사기관에 대하여 가격조사에 관한 필요한 지시 및 시정조치를 명할 수 있다.
② 기획재정부장관은 년 1회이상 조사기관에 대하여 감사를 할 수 있다.

제6장 보칙

제53조(재검토기한) 「훈령·예규 등의 발령 및 관리에 관한 규정」에 따라 이 예규에 대하여 2016년 1월 1일 기준으로 매3년이 되는 시점(매 3년째의 12월 31일까지를 말한다)마다 그 타당성을 검토하여 개선 등의 조치를 하여야 한다. 〈개정 2015. 9. 21.〉

부 칙 〈제34호, 2026. 1. 2.〉

제1조(시행일) 이 예규는 2026년 1월 2일부터 시행한다.
제2조(적용례) 이 계약예규는 부칙 제1조에 따른 시행일 이후 입찰공고를 하거나 수의계약을 체결하는 경우부터 적용한다.

[별표1] 제조원가계산서

품명: 생산량:

규격: 단 위: 제조기간:

비목 \ 구분			금 액	구성비	비 고
제조원가	재료비	직접재료비 간접재료비 작업설·부산물등(△)			
		소계			
	노무비	직접노무비 간접노무비			
		소계			
	경비	전력비 수도광열비 운반비 감가상각비 수리수선비 특허권사용료 기술료 연구개발비 시험검사비 지급임차료 보험료 복리후생비 보관비 외주가공비 산업안전보건관리비 소모품비 여비·교통비·통신비 세금과공과 폐기물처리비 도서인쇄비 지급수수료 기타법정경비			
		소계			
일반관리비 ( ) %					
이윤 ( ) %					
총원가					

부록 6

[별표2] 공사원가계산서

공사명 :　　　　　　　　　　　　　공사기간 :

비목 ＼ 구분			금액	구성비	비고
순공사원가	재료비	직접재료비			
		간접재료비			
		소계			
	노무비	직접노무비			
		간접노무비			
		소계			
	경비	전력비			
		수도광열비			
		운반비			
		기계경비			
		특허권사용료			
		기술료			
		연구개발비			
		품질관리비			
		가설비			
		지급임차료			
		보험료			
		복리후생비			
		보관비			
		외주가공비			
		산업안전보건관리비			
		소모품비			
		여비·교통비·통신비			
		세금과공과			
		폐기물처리비			
		도서인쇄비			
		지급수수료			
		환경보전비			
		보상비			
		안전관리비			
		건설근로자퇴직공제부금비			
		기타법정경비			
		소계			
일반관리비[(재료비+노무비+경비)x()%]					
이 윤[(노무비+경비+일반관리비)x()%]					
총원가					
공사손해보험료[보험가입대상공사부분의총원가x()%					

[별표2-1] 공사원가계산시 간접노무비 계산방법

1. 직접계상방법

가. 계상기준

발주목적물의 노무량을 예정하고 노무비단가를 적용하여 계산함.

〈 공 식 〉

간접노무비 = 노무량 × 노무비단가

나. 계상방법

(가) 노무비단가는「통계법」제15조의 규정에 의한 지정기관이 조사·공표한 시중노임단가를 기준으로 하며 제수당, 상여금, 퇴직급여충당금은「근로기준법」에 의거 일정기간이상 근로하는 상시근로자에 대하여 계상한다. 〈개정 2015. 9. 21〉

(나) 노무량은 표준품셈에 따라 계상되는 노무량을 제외한 현장시공과 관련하여 현장관리사무소에 종사하는 자의 노무량을 계상한다.

(다) 간접노무비(현장관리인건비)의 대상으로 볼 수 있는 배치인원은 현장소장, 현장사무원(총무, 경리, 급사 등), 기획·설계부문종사자, 노무관리원, 자재·구매관리원, 공구담당원, 시험관리원, 교육·산재담당원, 복지후생부문종사자, 경비원, 청소원 등을 들 수 있음.

(라) 노무량은 공사의 규모·내용·공종·기간 등을 고려하여 설계서(설계도면, 시방서, 현장설명서 등) 상의 특성에 따라 적정인원을 설계반영 처리한다.

2. 비율분석방법

가. 계상기준

발주목적물에 대한 직접노무비를 표준품셈에 따라 계상함.

〈 공 식 〉

간접노무비 = 직접노무비 × 간접노무비율

나. 계상방법

(가) 발주목적물의 특성 등(규모·내용·공종·기간 등)을 고려하여 이와 유사한 실적이 있는 업체의 원가계산자료, 즉 개별(현장별) 공사원가명세서,

노무비명세서(임금대장) 또는 직 · 간접노무비 명세서를 확보한다.

(나) 노무비 명세서(임금대장)를 이용하는 방법

① 개별(현장별) 공사원가명세서에 대한 임금대장을 확보한다.

② 확보된 임금대장상의 직 · 간접노무비를 구분하되, 구분할 자료가 많은 경우에는 간접노무비율을 객관성있게 산정할 수 있는 기간에 해당하는 자료를 분석한다.

③ 동 임금대장에서 표준품셈에 따라 계상되는 노무량을 제외한 현장시공과 관련하여 현장관리사무소에 종사하는 자의 노무비(간접노무비)를 계상한다.

④ 계상된 간접노무비를 직접노무비로 나누어서 간접노무비율을 계산한다.

(다) 업체로부터 직 · 간접노무비가 구분된 「직 · 간접노무비 명세서」를 확보한 경우에는 위 임금대장을 이용하는 방법에 의하여 자료 및 내용을 검토하여 간접노무비율을 계산한다.

3. 기타 보완적 계상방법

직접계산방법 또는 비율분석방법에 의하여 간접노무비를 계산하는 것을 원칙으로 하되, 계약목적물의 내용 · 특성 등으로 인하여 원가계산자료를 확보하기가 곤란하거나, 확보된 자료가 신빙성이 없어 원가계산자료로서 활용하기 곤란한 경우에는 아래의 원가계산자료(공사종류 등에 따른 간접노무비율)를 참고로 동 비율을 당해 계약목적물의 규모 · 내용 · 공종 · 기간등의 특성에 따라 활용하여 간접노무비(품셈에 의한 직접노무비× 간접노무비율)를 계상할 수 있다.

구 분	공사종류별	간접노무비율
공사 종류별	건 축 공 사	14.5
	토 목 공 사	15
	특수공사(포장, 준설 등)	15.5
	기타(전문, 전기, 통신 등)	15
공사 규모별	50억원 미만	14
	50~300억원 미만	15
	300억원 이상	16
공사 기간별	6개월 미만	13
	6~12개월 미만	15
	12개월 이상	17

* 공사규모가 10억원이고 공사기간이 15개월인 건축공사의 경우 예시
  - 간접노무비율 = (15%+17%+14.5%)/3 = 15.5%

[별표3] 일반관리비율

업 종	일반관리비율(%)
o 제조업	
음·식료품의 제조·구매	14
섬유·의복·가죽제품의 제조·구매	8
나무·나무제품의 제조·구매	9
종이·종이제품·인쇄출판물의 제조·구매	14
화학·석유·석탄·고무·플라스틱제품의 제조·구매	8
비금속광물제품의 제조·구매	12
제1차 금속제품의 제조·구매	6
조립금속제품·기계·장비의 제조·구매	7
기타물품의 제조·구매	11
o 시설공사업	8

주1) 업종분류 : 한국표준산업분류에 의함.

[별표4] 학술연구용역원가계산서

구분 / 비목	금액	구성비	비고
인 건 비			
책 임 연 구 원			
연 구 원			
연 구 보 조 원			
보 조 원			
경 비			
여 비			
유 인 물 비			
전 산 처 리 비			
시약및연구용역재료비			
회 의 비			
임 차 료			
교 통 통 신 비			
감 가 상 각 비			
일 반 관 리 비 ( ) %			
이 윤 ( ) %			
총 원 가			

부록 6

[별표 5] 학술연구용역인건비기준단가 ('25년)

등급	월 임금
책임연구원	월 3,705,904원
연구원	월 2,841,638원
연구보조원	월 1,899,539원
보조원	월 1,424,702원

주1) 본 인건비 기준단가는 1개월을 22일로 하여 용역 참여율 50%로 산정한 것이며, 용역 참여율을 달리하는 경우에는 기준단가를 증감시킬 수 있다.

※ 상기단가는 2025년도 기준단가로 계약예규 「예정가격 작성기준」 제26조 제2항에 따라 소비자물가 상승률(2024년 2.3%)을 반영한 단가이며, 소수점 첫째자리에서 반올림한 금액임

[별표 6] 총괄집계표

공사명 : 공사기간 :

구분		금액	구성비	비고
직접공사비				
간접공사비	간접노무비			
	산재보험료			
	고용보험료			
	안전관리비			
	환경보전비			
	퇴직공제부금비			
	수도광열비			
	복리후생비			
	소모품비			
	여비·교통비·통신비			
	세금과공과			
	도서인쇄비			
	지급수수료			
	기타법정경비			
일반관리비				
이윤				
공사손해보험료				
부가가치세				
합계				

[별표 7]

전문가격조사기관 등록신청서

전문가격조사기관 등록신청서	
① 법 인 명	
② 대표자성명	
③ 주 소	
④ 법인설립허가관청	
예정가격 작성기준 제47조의 규정에 의하여 위와 같이 신청합니다. 년 월 일 신청인 (인) (전화 :) 재정경제부장관 귀하	
구비서류 1. 비영리법인의 설립허가서, 등기부등본 및 정관사본 1부.	
2. 예정가격 작성기준 제46조제2항에 규정한 사항을 증명할 수 있는 자료 1부.	
3. 조사요원재직증명서 1부.	
4. 품셈분야별 기술자재직증명서 1부.	

22451-01511일
93.5.18 승인

210㎜× 297㎜
인쇄용지(특급) 70g/㎡

부록 6

[별표 8]

전문가격조사기관 등록증

전문가격조사기관등록증
등록번호 제 호(년 월 일)
1. 법 인 명 : 2. 대표자성명 : 3. 주 소 :
예정가격 작성기준 제48조의 규정에 의하여 위와 같이 등록하였음을 증명함.
년 월 일
재 정 경 제 부 장 관

22451-01511일 210mm× 297mm
93.5.18 승인 인쇄용지(특급) 70g/㎡

[별표 9]

전문가격조사기관 등록사항 변경신고서

<table>
<tr><td colspan="3">전문가격조사기관 등록사항 변경신고서</td></tr>
<tr><td>① 등록번호</td><td colspan="2">제 호(년 월 일)</td></tr>
<tr><td>② 법인명</td><td colspan="2"></td></tr>
<tr><td>③ 대표자성명</td><td colspan="2"></td></tr>
<tr><td>④ 주소</td><td colspan="2"></td></tr>
<tr><td rowspan="2">변경내용</td><td>변경전의 사항</td><td>변경후의 사항</td></tr>
<tr><td></td><td></td></tr>
<tr><td colspan="3">예정가격 작성기준 제50조의 규정에 의하여 위와 같이 등록사항중
변경내용을 신고합니다.

년 월 일

신청인 (인)

재정경제부장관 귀하</td></tr>
</table>

22451-01611일　　　　210mm× 297mm
93.5.18 승인　　　　인쇄용지(특급) 70g/㎡

부록 6

[별표 10]

조사상품기본조사표

① 상품명		② 통상명칭		③ 코오드 번호		④ 수록단위 품종명	

상품내용		품질·규격		단위품목수		생산자별취급구분			
⑤주요용도		⑧공인규격 유무및종류		⑪단위품목 구분기준		⑭생산자별 구분여부		⑰기본단위	
⑥주재질		⑨공인형식 또는성능		⑫규격품목과 유통품목수		⑮총생산자수		⑱포장단위 및그수량	
⑦상품형상		⑩규격유무별 유통비중		⑬주종품목과 거래비중		⑯조사대상 생산자의범위		⑲거래단위	

조사가격의 종류

조사조건별 \ 연도별	년	년	년
⑳ 가격성격			
㉑ 조사지역			
㉒ 조사단계			
㉓ 단위거래량의 구분여부			

*1 수급사정(수량 또는 금액)

수급구분	연도별	년	년	년
공급	㉔년간능력			
	㉕국산			
	㉖수입			
수요	㉗년간능력			
	㉘내수			
	㉙수출			
㉚ 계절성				

*2 원가구성내용(구성비 : %)

요소비목	연도별	년	년	년
㉛ 재료비				
㉛-1 재료비 내역				
	기타			
㉜노무비				
㉝경비				
㉞일반관리비 및 이윤				

참고사항	㉟ 관련단체				㊱ 전문가		
	단체성격	단체(기관)명	관련부서명 및 담당자	전화번호	성명	소속·직위	전화번호
	종목별단체						
	연구단체						
	정부기관						

조사상품기본조사표의 기재요령(별표 10서식)

(1) 상품학상의 상품명으로서 공인된 정식명칭
(2) 공식명칭이외에 시중거래에서 일반적으로 통용되는 상품명칭
(3) 코오드번호 부여 후에 기입
(4) 수록단위품종 편성 후에 기입
(5) 용도를 기입하되, 용도가 다양할 시에는 용도비중 60% 내의 그용도
(6) 성분 35% 이상 시는 ①, 성분 35% 미만 시는 60%내 중 다성분②
(7) 상품의 외관상의 형태, 형상
(8) 산업통상자원부에서 공인된 KS규격 또는 국제규격의 종류 〈개정 2018. 12. 31〉
(9) 형식승인된 공인된 시험성능
(10) 규격품과 비규격품의 유통비중
(11) 단위품목을 구분하는 기준의 종류
(12) 규격상에 있는 총 품목수와 시중에서 유통되는 품목수
(13) 단위품목중 시중거래비중이 가장 높은 품목과 그 거래비중
(14) 품질, 규격, 형식, 성능 등에서 생산자간의 차이로 구분취급의 필요성 유무
(15) 총생산자수
(16) 총생산자중 그 생산량이 상위 60%이내에 드는 생산자수
(17) 상품의 수량을 계산하는 기초단위
(18) 상품의 포장단위와 포장단위의 수량
(19) 시중에 유통되는 거래단위
(20) 가격이 형성되는 유형에 따라 시장거래, 생산자공표, 행정지도로 구분
(21) 조사대상도시수에 따라 서울(전국), 2대 도시, 5대 도시, 9대 도시 등
(22) 유통단계 중 조사대상 단계를 표시하되, 필요시에는 2개 단계도 표시
(23) 동일조사단계에서도 단위기래랑의 과다에 따라 가격의 차이에 따른 구분여부 표시
(24) 국산과 수입을 합한 연간공급능력을 합산표시
(25) ~ (26) 생략
(27) 내수와 수출을 합한 연간수요능력을 합산표시
(28) ~ (29) 생략
(30) 상품수급에 있어서 계절적인변화시기를 성수기와 비수기간을 표시
(31) 기업회계상 각상품의 생산비에서 재료비가 차지하는 비중을 100분율로 표시
(32) 기업회계상 각 상품의 생산비에서 노무비가 차지하는 비중을 100분율로 표시
(33) 기업회계상 각 상품의 생산비에서 경비가 차지하는 비중을 100분율로 표시
(34) 기업회계상 각상품의 생산비이외에 판내비, 일반관리비 및 이윤이 차지하는 비율
(35) 조사상품에 관계가 있는 단체 등에서 자문을 구할 기관
(36) 조사상품에 관해 업계, 학계의 전문자중 자문을 구할 수 있는 자

[별표 11]

조사처 대장

1. 업체개요

상 호	대 표 자	형 태
소재지	창립년월일	취급종목
소속업종별단체	경쟁업체수	

2. 면접담당자

위촉년월일	성 명	부서, 직위	전화

[별표 12]

품목별조사처대장

조사품목		조사처			면접담당자			등록	
코드 번호	품종별	업체별	업태	소재지	성명	부서 직위	직통 전화	접수	말소

[별첨]

표준가격조사요령(제4장 관련)

제1조(조사대상가격) 조사기관이 조사할 가격은 정부가 기업 등의 대량수요자가 생산자 또는 도매상으로부터 구입하는 가격(이하 "대량수요자 도매가격"이라 한다)을 원칙으로 하되 필요에 따라 그 외의 가격으로 할 수 있다.

제2조(가격의 구분) ①가격은 그 형성되는 유형에 따라 시장거래가격, 생산자공표가격, 행정지도가격으로 구분한다.

1. "시장거래가격"이라함은 수요와 공급의 원리에 의한 시장의 가격조절기능을 통하여 형성되는 가격을 말한다.
2. "생산자공표가격"이라 함은 상품의 성능 · 시방 등이 표준화되어있지 않거나 독과점으로 인하여 시장거래가격의 조사가 곤란한 경우에 생산자가 대외적으로 공표한 판매희망가격을 말한다.
3. "행정지도가격"이라 함은 국민경제의 안정을 위하여 필요하다고 인정되는 상품에 대하여 정부가 그 거래가격의 상한선을 지정 · 고시하는 가격을 말한다.

②가격은 그 유통단계에 따라 생산자가격, 도매가격, 대리점가격 또는 소매가격으로 구분한다.

1. "생산자가격"이라함은 생산자로부터 수요자에게 인도되는 가격을 말한다.
2. "대리점가격"이라함은 대리점으로부터 수요자에게 인도되는 가격을 말한다.
3. "소매가격"이라함은 소매상으로부터 수요자에게 인도되는 가격을 말한다.

③가격에는 판매방법, 거래량, 결제조건, 기타 부가가치세 등 국세의 포함 여부 등 거래조건에 의한 구분이 명백하게 표시되어져야한다.

1. "판매방법"이라함은 생산자등이 상품을 수요자에게 인도하는 장소 또는 방법을 말한다.
2. "거래량"이라함은 통상적인 거래기준량 즉 거래수량하한선을 말한다.
3. "결제조건"은 현금에 의한 결제를 원칙으로 한다.
4. 기타부가가치세, 특별소비세, 교육세, 관세 등의 포함여부를 구분한다.

제3조(조사대상상품) ①조사기관이 조사대상상품을 선정할 경우 해당상품의 유통성·장래성 및 다른 상품에의 영향 등을 고려하여 단위 품조별로 1,000개이상으로 한다.

②제1항에 의한 조사대상상품이 동일한 경우라 하더라도 생산자에 따라 그 상품의 성능·시방 등에 차이가 있을 경우에는 생산자를 구분한다.(이하 "생산자 구분품목"이라한다.)

③제1항 및 제2항에 의한 조사대상상품에 대하여는 별표 10에 의한 조사표를 작성·비치하여야한다.

제4조(조사처) ①조사처는 제5조에 의한 조사대상도시에 있어 해당상품의 취급량이 많고 신뢰도가 높은 생산자를 대상으로 하여 3개업체 이상으로 한다.

②제1항에 의한 조사처에 대하여는 별표 11 및 별표 12에 의한 조사대장 및 품목별 조사처 대장을 작성·비치하여야한다.

제5조(조사대상도시) ①조사대상도시는 인구·산업·교육문화·행정·도로교통사정·자연지리조건 등을 고려하여 구분하되 서울지역, 경기지역, 강원지역, 충청지역, 전라지역, 경상지역 및 제주지역으로 한다.

제6조(조사방법) ①가격조사는 제4조에 의한 조사처를 대상으로 매월 일정한 기간내에 동일한 기준과 조건으로 면접에 의한 직접조사를 원칙으로 하되, 증빙서류 등에 의한 간접조사를 병행할 수 있으며, 자재의 품귀, 2중가격 형성 등으로 조사처에 대한 조사만으로 적정한 가격을 파악하기 곤란한 경우에는 수요자를 대상으로 하는 보충조사에 의할 수 있다.

②제1항에 의한 조사를 하고자 할 때에는 조사처(면접자포함), 대상 품종, 조사자, 조사일시, 조사지역, 조사가격 및 거래조건 등이 기재된 조사 조서를 작성·비치하여야 한다.

③제3조 및 제4조에 의한 조사대상 상품, 조사처 등은 정당한 사유 없이 이를 변경할 수 없다.

제7조(공표가격의 결정) 조사기관이 조사하여 공표할 가격은 최빈치가격으로 한다. 다만 이것이 없을 경우에는 조사처의 거래비중을 고려한 가중평균가격으로 할 수 있다.

제8조(수시조사) 계약담당공무원이 가격조사를 의뢰하는 수시조사의 경우에는 제1조 내

부록 6

지 제7조를 준용한다.

제9조(조사요원 등) ①조사기관의 가격조사에 종사하는 조사요원(이하 "조사요원"이라한다.)은 전임제로 한다.

②조사요원은 30인이상으로 한다. 이 경우 제5조에 의한 조사지역별 각 1인이상을 포함한다.

③조사기관은 조사요원에 대한 자격요건 및 윤리강령을 제정 · 운용하여야하고 기타 적정한 조사가 이루어 질수 있도록 그 자질을 유지할 수 있는 교육 등 필요한 조치를 하여야한다.」

④조사요원은 소정의 조사증표를 휴대하여야하고, 면접자가 이의 제시를 요구할 경우에는 그에 응해야 한다.

⑤제2항에 의한 조사요원 외에 제47조제4호에 의한 자가 그 직무분야별로 1인 이상이어야 한다.

제10조(보고) 조사기관은 제3조 ,제4조 및 제9조에 의한 조사상품 기본조사표, 조사처 대장, 조사요원의 자격, 윤리강령, 조사증표 등을 재정경제부장관에게 보고하여야한다.

제11조(보존기한) 조사기간은 제3조에 의한 조사상품기본조사표는 5년, 제4조 및 제6조에 의한 조사처 대장 및 조사조서 등은 3년이상 보관한다.

7. 2026년 상반기 적용 건설업 임금실태 조사 보고서 (시중노임 단가)

1. 조 사 개 요

1. 조사목적 : 건설부문 시중임금 자료 제공

2. 법적근거 : 통계법 제17조에 의한 지정통계(승인번호 제365004호)

3. 조사연혁
   - o 1990.11 통계작성승인 제329-21-04호
   - o 1993.11 통계작성 승인번호 변경(승인번호 제36504호)
   - o 1994. 9 표본수 조정(945개 → 1,300개 현장)
   - o 1998. 5 조사 직종수 조정(173개 → 142개 직종)
   - o 1998.10 조사 직종수 조정(142개 → 145개 직종)
   - o 1999.12 지정통계로 변경승인(승인번호 제36504호)
   - o 2005. 5 표본수 조정(1,300개 → 1,700개 현장)
   - o 2009. 7 조사 직종수(145개 → 117개 직종) 및 표본수(1,700 → 2,000개 현장) 조정
   - o 2017. 7 조사 직종수 조정(117개 → 123개 직종)
   - o 2020. 5 조사 직종수 조정(123개 → 127개 직종)
   - o 2024. 9 조사 직종수 조정(127개 → 132개 직종)

4. 조사기준
   - 가. 조사 기준기간 : 2025. 9. 1 ~ 9. 30
   - 나. 조사 실시기간 : 2025. 10. 1 ~ 10. 31
   - 다. 조사범위 : 전국의 2,000개 건설현장

1) 공 사 직 종 : 건설공사업(종합 또는 전문) 등록업체의 현장
2) 전 기 직 종 : 전기공사업 등록업체의 현장
3) 정보 통신 직종 : 정보통신공사업 등록업체의 현장
4) 국가유산 직 종 : 국가유산 보수 시공업체의 현장
5) 원 자 력 직 종 : 원자력공사 시공업체의 현장

5. 조사방법

o 자계식 우편조사·인터넷 조사와 타계식 현장실사 병행실시

6. 직종별 임금산출 방법

$$\text{직종별임금} = \frac{\text{직종별 조사된 총임금}}{\text{직종별 조사된 총인원}}$$

- 이상치 처리방법 : 이상치에 대한 가중치 감소 방법 적용
  · 사분위편차*를 활용하여 이상치를 판단하고 이상치에 대한 가중치를 조정하여 영향력을 감소시키는 방법적용
    * 관측값을 순서대로 정렬했을 때 25%에 위치한 값을 1사분위수(Q1), 75%에 위치한 값을 3분위수(Q3)라 하며, 사분위편차(IQR)란 3분위 수와 1분위수의 차이를 의미함. 사분위편차를 이용한 이상치 판단방법에서의 이상치는 1.5×IQR 벗어나는 값임

7. 이용상의 주의사항

가. 통계전반에 걸쳐 사용한「-」의 기호는 조사되지 않았거나, 비교불능을 나타냄.
나. 직종번호 앞의「*」표시는 조사 현장수가 5개 미만인 직종, 「**」표시는 조사되지 않은 직종이므로 유의하여 적용 (II. 임금적용 요령 참조)
다. 본 조사임금은 1일 8시간 기준(단, 잠수부는 6시간 기준)금액임.

$$\text{8시간환산임금} = \frac{\text{총임금}}{8+(\text{총작업시간}-8-\text{점심시간}-\text{간식시간})\times 1.5^{*}} \times 8$$

* 8시간이상 근무시 적용

8. 평균임금현황

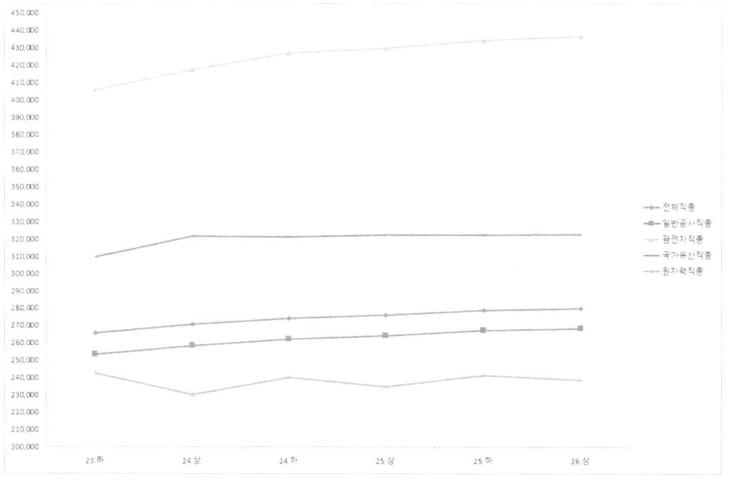

구 분	2024.1.1 (2023년9월)	2024.9.1 (2024년5월)	2025.1.1 (2024년9월)	2025.9.1 (2025년5월)	**2026.1.1 (2025년9월)**
전체직종(132)			276,011	278,832	**279,988**
전체직종(127)	270,789	274,286	276,020	278,861	**279,989**
일반공사직종(91)	258,359	262,067	264,277	267,306	**268,486**
광전자직종(3)	417,636	427,059	430,013	434,567	**436,932**
국가유산직종(18)	321,713	321,129	322,178	322,285	**322,814**
원자력직종(4)	230,344	240,045	234,847	241,443	**238,615**
기타직종(16)			272,223	275,645	**278,141**
기타직종(11)	264,952	269,511	270,610	274,537	**277,307**

[주] 1. 2025.1.1 공표 임금부터는 신설된 5개 직종을 포함한 132개 직종으로 조사됨
2. 2020.9.1 공표 임금부터는 신설된 4개 직종을 포함한 127개 직종으로 조사됨
3. 2018.1.1 공표 임금부터는 신설된 6개 직종을 포함한 123개 직종으로 조사됨
4. 2010.1.1 공표 당시 직종 및 직종수가 조정(145→117개)되어 이전 공표된 평균임금과 차이가 있음
5. 따라서, 물가변동으로 인한 계약금액 조정시 **다음의 평균임금을 참고하시기 바람**

공표일 (조사기준)	전체직종	일반공사 직 종	광 전 자 직 종	국가유산 직 종	원 자 력 직 종	기 타 직 종
2026. 1. 1 (2025년 9월)	279,988	268,486	436,932	322,814	238,615	278,141
2025. 9. 1 (2025년 5월)	(132)278,832 (127)278,861	267,306	434,567	322,285	241,443	(132)275,645 (127)274,537
2025. 1. 1 (2024년 9월)	(132)276,011 (127)276,020	264,277	430,013	322,178	234,847	(132)272,223 (127)270,610
2024. 9. 1 (2024년 5월)	274,286	262,067	427,059	321,129	240,045	269,511
2024. 1. 1 (2023년 9월)	270,789	258,359	417,636	321,713	230,344	264,952
2023. 9. 1 (2023년 5월)	265,516	253,310	406,117	309,641	242,393	264,351
2023. 1. 1 (2022년 9월)	255,426	244,456	388,623	292,142	234,019	257,558
2022. 9. 1 (2022년 5월)	248,819	237,006	379,757	286,364	239,564	252,767
2022. 1. 1 (2021년 9월)	242,931	231,044	365,485	283,907	230,632	245,273
2021. 9. 1 (2021년 5월)	235,815	223,499	357,168	276,915	229,990	239,470
2021. 1. 1 (2020년 9월)	(127)230,798 (123)231,779	219,213	348,470	268,825	224,194	(127)234,726 (123)254,205
2020. 9. 1 (2020년 5월)	(127)226,947 (123)227,923	215,178	348,564	264,191	222,691	(127)231,739 (123)251,635
2020. 1. 1 (2019년 9월)	222,803	209,168	335,522	262,914	224,686	247,534
2019. 9. 1 (2019년 5월)	216,770	203,891	330,433	252,022	220,229	242,858
2019. 1. 1 (2018년 9월)	210,195	197,897	316,642	244,131	219,314	231,976
2018. 9. 1 (2018년 5월)	(123)203,332 (117)201,386	190,702	305,604	(123)237,460 (117)235,551	224,152	224,043
2018. 1. 1 (2017년 9월)	(123)193,770 (117)191,599	181,134	282,575	(123)230,322 (117)227,439	222,895	209,344
2017. 9. 1 (2017년 5월)	186,026	175,804	273,471	221,051	222,305	200,653
2017. 1. 1 (2016년 9월)	179,690	169,999	262,656	213,706	214,801	191,745
2016. 9. 1 (2016년 5월)	175,071	165,389	254,913	208,944	216,386	185,041
2016. 1. 1 (2015년 9월)	168,571	159,184	240,606	204,251	209,359	175,270
2015. 9. 1 (2015년 5월)	163,339	154,343	228,408	197,308	211,249	166,795
2015. 1. 1 (2014년 9월)	158,590	149,959	225,312	190,064	202,459	163,185
2014. 9. 1 (2014년 5월)	155,796	147,352	220,954	184,513	205,402	160,079

※ 2014.9.1 이전 공표 평균임금의 변동율은 협회 홈페이지(cak.or.kr, 지원·사업〉 건설적산기준〉 건설임금)를 참고 바람

6.

일반공사직종 : 직종번호 1001~1091번	광전자직종 : 직종번호 2001~2003번
문 화 재 직 종 : 직종번호 3001~3018번	원자력직종 : 직종번호 4001~4004번
기 타 직 종 : 직종번호 5001~5007번	

* 직종번호는 「Ⅲ. 개별직종 임금단가」표 참조

9. 참고사항

o 자료위치 : 대한건설협회(www.cak.or.kr)-건설업무-건설적산기준-건설임금

o 문의사항 : 대한건설협회 정보관리실 02-3485-8332

Ⅱ. 임 금 적 용 요 령

1. 시중임금 적용 근거

o 「국가를 당사자로 하는 계약에 관한 법률 시행규칙」 제7조

> 제7조(원가계산을 할 때 단위당 가격의 기준) ①제6조제1항의 규정에 의한 원가계산을 할 때 단위당 가격은 다음 각 호의 어느 하나에 해당하는 가격을 말하며, 그 적용순서는 다음 각 호의 순서에 의한다.
> 1. 거래실례가격 또는 「통계법」 제15조의 규정에 의한 지정기관이 조사하여 공표한 가격. 다만, 기획재정부장관이 단위당 가격을 별도로 정한 경우 또는 각 중앙관서의 장이 별도로 기획재정부장관과 협의하여 단위당 가격을 조사·공표한 경우에는 당해 가격
> 2. 제10조제1호 내지 제3호의 1의 규정에 의한 가격
>
> ②각 중앙관서의 장 또는 계약담당공무원은 제1항제1호에 따른 가격을 적용함에 있어 다음 각 호의 어느 하나에 해당하는 경우에는 당해 노임단가에 동 노임단가의 100분의 15 이하에 해당하는 금액을 가산할 수 있다.
> 1. 「국가기술자격법」 제10조에 따른 국가기술자격 검정에 합격한 자로서 기능계 기술자격을 취득한 자를 특별히 사용하고자 하는 경우
> 2. 도서지역(제주도를 포함한다)에서 이루어지는 공사인 경우

o 「지방자치단체를 당사자로 하는 계약에 관한 법률 시행규칙」 제7조

> 제7조 (원가계산을 할 때 단위당 가격의 기준) ①제6조제1항의 규정에 의한 원가계산을 할 때 단위당 가격은 다음 각 호의 어느 하나의 가격을 말하며, 그 적용순서는 다음 각 호의 순서에 의한다.
> 1. 거래실례가격 또는 「통계법」 제15조의 규정에 의한 지정기관이 조사하여 공표한 가격. 다만, 행정안전부장관이 단위당 가격을 별도로 정한 경우 또는 지방자치단체의 장이 별도로 행정안전부장관과 협의하여 단위당 가격을 조사·공표한 경우에는 당해 가격을 말한다.
> 2. 제10조제1호 내지 제3호의 어느 하나의 규정에 의한 가격
>
> ②지방자치단체의 장 또는 계약담당자는 제1항 제1호의 규정에 의한 가격을 적용함에 있어 다음 각 호의 어느 하나에 해당하는 경우에는 당해 노임단가에 동 노임단가의 100분의 15이하에 해당하는 금액을 가산할 수 있다.
> 1. 「국가기술자격법」 제10조의 규정에 의한 국가기술자격검정에 합격한 자로서 기능계 기술자격을 취득한 자를 특별히 사용하고자 하는 경우
> 2. 도서지역(제주도를 포함한다)에서 이루어지는 공사인 경우

부록 7

2. 노무비지수 정의
 ㅇ 조사 · 공표된 해당직종의 평균치
 ※ 기획재정부 회계예규"정부입찰·계약집행기준"제68조(지수조정율 및 용어의 정의) 제3호 및 행정안전부 예규"물가변동 조정률 산출요령"제3조(지수조정률 및 용어의 정의) 제3호

3. 임금 적용 시점
 ㅇ 2026. 1. 1
 ※ 차기 임금공표 예정일 : 2026.9.1.

4. 참고사항

□ 원가계산에 의한 예정가격 작성 시 시중임금단가 적용에 참고할 사항

〈재경원 문서번호 회계 45101-45(1995.1.13) 발췌〉

가. 공표된 시중노임단가는 1일 8시간을 기준으로 한 것이며, 다만 산업안전보건법 제139조 및 동법 시행령 제99조에 규정된 작업에 종사하는 직종(잠수부)은 1일 6시간을 기준으로 한 것임.

나. 공표된 시중노임단가는 사용자가 근로의 대가로 노동자에게 일급으로 지급하는 기본급여액임. 따라서 근로기준법에서 규정하고 있는 제수당, 상여금 및 퇴직급여충당금은 시중노임단가를 기준으로 하여 회계예규인 "원가계산에 의한 예정가격작성준칙"(현 "예정가격작성기준")의 정한 바에 따라 계상하여야 함.

다. 조사기관이 조사 · 공표하지 않은 직종은 조사기관이 조사 · 공표한 유사한 직종의 시중노임단가에 준하여 적용할 수 있음.

라. 조사기관이 조사·공표한 당해직종의 시중노임단가가 없는 년도(또는 시기)의 경우에는 전후년도(또는 시기)의 당해직종의 시중노임단가에 그간의 전체 평균시중노임단가 증가율을 적용하여 해당년도(또는 시기)의 당해직종의 노임단가를 산정할 수 있음.

□ 2010년 하반기 임금 공표시 직종 통합·폐지 등에 따른 「품목조정률에 의한 계약금액 조정시 물가변동 당시 노임단가산정방법」

〈기획재정부 문서번호 회계제도과-542(2010.4.5) 발췌〉

가. 통합후 존속하는 19개 직종의 물가변동 당시 노임단가는 "'10.1.1 이후 당해직종

노임단가" 적용

나. 통합후 소멸되는 25개 직종의 물가변동 당시 노임단가는 "입찰당시(또는 직전조정일당시)의 당해직종 노임단가 x (1 + '10.1.1 이전 당해직종 노임 증감률 +'10.1.1 이후 당해 직종부문 전기대비 평균노임 증감률)" 적용

다. 폐지되는 10개 직종의 물가변동 당시 노임단가는 "입찰당시(또는 직전조정일당시)의 당해직종 노임단가 x (1 + '10.1.1 이전 당해직종 노임 증감률 + '10.1.1 이후 당해 직종부문 전기대비 평균노임 증감률)" 적용

라. 명칭이 변경된 13개 직종의 물가변동 당시 노임단가는 "'10.1.1 이후 명칭이 변경된 당해직종 노임단가" 적용

- 다만, 노임조사기준도 함께 변경된 시험관련기사, 산업기사, 기능사의 경우는 "입찰당시(또는 직전조정일당시)의 당해직종 노임단가 x (1 + '10.1.1 이전 당해직종 노임 증감률 + '10.1.1 이후 당해 직종부문 전기대비 평균노임 증감률)" 적용

마. 참고사항

① "당해직종 노임단가"란 「건설업 임금실태조사 보고서」상의 '개별직종 노임단가'를 말함

② "당해 직종부문 평균노임"이란 「건설업 임금실태조사 보고서」상의 일반공사, 광전자, 국가유산, 원자력, 기타부문에 대한 각각의 평균노임을 말함

③ 건설직종 명칭 · 직종수 조정내역

- 통합후 존속하는 직종(19개 직종) :
  보통인부, 특별인부, 조력공, 비계공, 형틀목공, 철근공, 철공, 철판공, 철골공, 용접공(변경전 : 용접공(일반)), 콘크리트공, 준설선기관사, 조적공, 덕트공, 플랜트배관공, 플랜트제관공, 광케이블설치사, H/W시험사, S/W시험사

- 통합후 소멸되는 직종(25개 직종) :
  선부, 갱부, 조림인부, 특수비계공, 동발공(터널), 절단공, 용접공(철도), 노즐공, 준설선기관장, 준설선전기사, 보통선원, 고급선원, 치장벽돌공, 함석공, 창호목공, 샷시공, 기계공, 기계설치공, 원자력배관공, 원자력제관공, 특급원자력비파괴시험공, 고급원자력비파괴시험공, 광통신설치사, H/W설치사, CPU시험사

부록 7

※ 통합 및 명칭변경 직종

ㅇ통합직종

연번	당 초	통합직종	연번	당 초	통합직종
1	수작업반장+작업반장	작업반장	19	계령공+모래분사공 +도장공	도장공
2	선부+검조부+양생공+보통인부	보통인부	20	기와공+슬레이트공	지붕잇기공
3	갱부+특별인부	특별인부	21	함석공+덕트공	덕트공
4	조림인부+조력공	조력공	22	철도궤도공 + 궤도공	궤도공
5	특수비계공+비계공	비계공	23	기계설치공+기계공	기계설비공
6	동발공(터널)+형틀목공	형틀목공	24	준설선기관사+준설선기관장+준설선전기사	준설선기관사
7	철근공+절단공	철근공	25	보통선원+고급선원	선원
8	철공+절단공	철공	26	플랜트배관공+원자력배관공	플랜트배관공
9	철판공+절단공	철판공	27	플랜트제관공+원자력제관공	플랜트제관공
10	절단공+리벳공+철골공	철골공	28	플랜트특별인부+원자력특별인부	플랜트특별인부
11	용접공(일반)+용접공(철도)	용접공	29	플랜트케이블전공+원자력케이블전공	플랜트케이블전공
12	노즐공+바이브레타공+콘크리트공	콘크리트공	30	플랜트계장공+원자력계장공	플랜트계장공
13	우물공 + 보링공	보링공	31	플랜트덕트공+원자력덕트공	플랜트덕트공
14	치장벽돌공+연돌공+조적공	조적공	32	플랜트보온공+원자력보온공	플랜트보온공
15	창호목공+샷시공+셔터공	창호공	33	특급원자력비파괴시험공+고급원자력비파괴시험공	비파괴시험공
16	미장공 + 온돌공	미장공	34	광케이블설치사+광통신설치사	광케이블설치사
17	루핑공 + 방수공	방수공	35	H/W설치사+H/W시험사	H/W시험사
18	아스타일공 + 타일공	타일공	36	S/W시험사+CPU시험사	S/W시험사

※ 밑줄된 직종은 '10.1.1공표부터 통합된 직종임

o 직종명칭 변경('10.1.1 공표부터)

연번	당 초	변경 명칭	연번	당 초	변경 명칭
1	보링공(지질조사)	보링공	8	원자력계장공	플랜트계장공
2	목도	인력운반공	9	원자력덕트공	플랜트덕트공
3	건설기계운전기사	건설기계운전사	10	원자력보온공	플랜트보온공
4	운전사(운반차)	화물차운전사	11	시험관련기사	특급품질관리원
5	운전사(기계)	일반기계운전사	12	시험관련산업기사	고급품질관리원
6	원자력특별인부	플랜트특별인부	13	시험관련기능사	초급품질관리원
7	원자력케이블전공	플랜트케이블전공	-		

o 신설직종('18.1.1 공표부터)

직종번호	직 종 명	직종번호	직 종 명
3013	드잡이공편수	3016	한식단청공편수
3014	한식미장공편수	3017	한식석공조공
3015	한식와공편수	3018	한식미장공조공

o 신설직종('20.9.1 공표부터)

직종번호	직 종 명	직종번호	직 종 명
5008	특급품질관리기술인	5010	중급품질관리기술인
5009	고급품질관리기술인	5011	초급품질관리기술인

o 신설직종('25.1.1 공표부터)

직종번호	직 종 명	직종번호	직 종 명
5012	플로어링마루시공공	5015	흙막이공
5013	교통정리원	5016	전철전공
5014	철거공		

부록 7

Ⅲ. 개 별 직 종 노 임 단 가

(단위 : 원)

번호	직종명 \ 공표일	2026.1.1	2025.9.1	2025.1.1	2024.9.1
1001	작업반장	215,907	214,661	213,033	209,949
1002	보통인부	172,068	171,037	169,804	167,081
1003	특별인부	226,122	224,490	221,506	219,321
1004	조력공	179,028	179,958	180,331	178,077
1005	제도사	237,324	239,200	232,099	230,134
1006	비계공	281,939	279,613	279,433	282,352
1007	형틀목공	275,790	273,074	272,831	275,108
1008	철근공	268,187	265,818	264,104	261,934
1009	철공	239,808	237,686	237,754	237,480
1010	철판공	221,481	219,862	219,236	216,258
1011	철골공	252,641	251,511	250,239	247,269
1012	용접공	282,536	280,178	278,326	270,724
1013	콘크리트공	273,540	271,064	266,361	264,080
*1014	보링공	232,562	226,520	225,273	221,816
1015	착암공	222,306	220,354	220,081	212,500
1016	화약취급공	272,448	261,462	258,751	252,322
1017	할석공	241,932	240,163	236,986	233,977
*1018	포설공	221,015	219,579	216,121	211,355
1019	포장공	273,308	270,747	267,989	266,931
1020	잠수부	387,342	392,061	388,892	388,408
1021	조적공	270,807	275,141	266,624	269,836
1022	견출공	250,903	247,938	243,075	247,288
1023	건축목공	277,642	283,068	277,894	279,267
1024	창호공	247,188	250,287	248,350	249,088
1025	유리공	253,539	250,389	248,139	247,778
1026	방수공	228,286	226,204	220,722	219,996
1027	미장공	277,276	278,998	272,354	274,502
1028	타일공	290,939	286,589	284,337	279,575
1029	도장공	263,017	258,362	253,409	256,854
1030	내장공	256,883	255,231	252,249	245,524
1031	도배공	227,614	226,042	222,618	221,362

번호	직종명 \ 공표일	2026.1.1	2025.9.1	2025.1.1	2024.9.1
**1032	연마공	-	210,772	-	-
1033	석공	268,908	267,532	266,246	263,972
1034	줄눈공	211,653	207,796	202,696	200,341
1035	판넬조립공	243,121	240,735	237,854	232,729
1036	지붕잇기공	233,250	229,958	224,113	229,334
*1037	벌목부	253,243	248,140	248,681	251,041
1038	조경공	235,204	227,176	224,132	222,504
1039	배관공	247,897	239,439	238,145	229,664
1040	배관공(수도)	262,580	257,390	250,572	248,510
*1041	보일러공	240,120	-	233,255	230,103
1042	위생공	218,908	220,650	219,040	214,222
1043	덕트공	202,472	205,696	201,482	207,557
1044	보온공	217,012	214,975	213,722	214,086
*1045	인력운반공	180,193	181,753	180,404	178,347
*1046	궤도공	218,933	-	-	213,095
*1047	건설기계조장	210,909	-	202,954	200,944
1048	건설기계운전사	283,297	279,824	273,971	272,996
1049	화물차운전사	238,936	240,685	237,500	233,960
*1050	일반기계운전사	173,995	172,387	170,920	167,059
1051	기계설비공	241,698	241,550	237,652	242,281
**1052	주설선선장	-	-	-	-
**1053	준설선기관사	-	-	-	-
**1054	준설선운전사	-	-	-	-
**1055	선원	-	-	-	204,255
1056	플랜트배관공	320,480	324,800	324,130	318,247
1057	플랜트제관공	266,029	260,644	259,128	253,759
1058	플랜트용접공	292,640	301,090	299,776	289,294
**1059	플랜트특수용접공	-	337,247	-	335,294
1060	플랜트기계설치공	230,376	238,846	236,640	238,910
1061	플랜트특별인부	213,074	220,283	218,614	215,290
1062	플랜트케이블전공	264,269	262,679	261,587	268,376

부록 7

번호 \ 직종명 \ 공표일		2026.1.1	2025.9.1	2025.1.1	2024.9.1
1063	플랜트계장공	**204,377**	202,691	202,712	205,259
**1064	플랜트덕트공	**-**	-	-	-
1065	플랜트보온공	**250,140**	247,756	247,028	244,203
*1066	제철축로공	**362,985**	358,786	-	349,464
1067	비파괴시험공	**214,553**	216,404	217,619	215,484
*1068	특급품질관리원	**199,588**	198,613	-	-
*1069	고급품질관리원	**197,788**	195,243	-	192,704
*1070	중급품질관리원	**177,841**	175,633	172,227	173,658
1071	초급품질관리원	**149,081**	147,438	144,810	146,440
1072	지적기사	**275,711**	274,286	263,991	256,260
1073	지적산업기사	**245,000**	242,724	236,718	234,723
1074	지적기능사	**178,874**	180,875	181,822	185,830
1075	내선전공	**273,676**	273,539	268,915	272,860
1076	특고압케이블전공	**440,616**	439,248	436,458	414,989
1077	고압케이블전공	**373,640**	372,997	370,529	354,400
1078	저압케이블전공	**304,156**	303,632	300,337	301,374
1079	송전전공	**638,460**	637,453	627,960	621,630
1080	송전활선전공	**675,173**	673,714	662,709	652,757
1081	배전전공	**414,968**	413,173	408,559	402,995
1082	배전활선전공	**562,439**	560,837	557,881	537,271
1083	플랜트전공	**269,759**	271,800	266,062	262,536
1084	계장공	**319,449**	318,902	315,484	310,890
1085	철도신호공	**310,041**	305,348	297,049	302,209
1086	통신내선공	**284,880**	283,607	278,565	275,107
1087	통신설비공	**315,528**	314,787	308,930	305,050
1088	통신외선공	**408,942**	407,342	405,235	397,952
1089	통신케이블공	**436,224**	440,868	433,400	423,830
1090	무선안테나공	**356,809**	354,977	350,908	347,927
*1091	석면해체공	**204,181**	204,762	203,923	203,469
2001	광케이블설치사	**471,349**	467,653	460,429	455,593
2002	H/W시험사	**393,090**	390,048	384,609	381,052
*2003	S/W시험사	**446,358**	446,000	445,000	444,532

번호	직종명 \ 공표일	2026.1.1	2025.9.1	2025.1.1	2024.9.1
**3001	도편수	-	-	-	506,030
**3002	드잡이공	-	-	-	-
*3003	한식목공	342,273	350,828	351,481	341,397
*3004	한식목공조공	243,009	-	246,154	241,318
*3005	한식석공	386,079	392,588	398,051	394,554
3006	한식미장공	321,230	339,830	342,548	339,449
3007	한식와공	333,250	347,811	353,051	346,952
*3008	한식와공조공	278,180	274,659	268,333	266,667
**3009	목조각공	-	-	-	-
**3010	석조각공	-	-	-	-
*3011	특수화공	324,326	-	-	-
*3012	화공	322,920	313,333	311,263	308,505
**3013	드잡이공편수	-	-	-	-
**3014	한식미장공편수	-	-	-	-
**3015	한식와공편수	-	-	457,143	-
*3016	한식단청공편수	286,887	-	-	-
*3017	한식석공조공	321,250	320,000	311,114	309,302
*3018	한식미장공조공	250,000	247,982	249,266	-
4001	원자력플랜트전공	221,727	237,846	226,275	231,772
4002	원자력용접공	217,203	211,525	215,662	210,448
4003	원자력기계설치공	229,770	231,539	227,074	232,968
4004	원자력품질관리사	285,759	284,862	270,376	284,993
5001	통신관련기사	320,449	318,479	316,183	315,804
5002	통신관련산업기사	304,509	303,262	297,137	296,036
5003	통신관련기능사	249,822	249,360	244,717	243,776
5004	전기공사기사	335,319	333,866	327,381	322,514
5005	전기공사산업기사	294,135	292,729	289,211	287,871
5006	변전전공	485,075	483,274	477,832	474,414
5007	코킹공	209,131	208,590	206,732	204,830
*5008	특급품질관리기술인	271,869	265,227	261,200	260,378
*5009	고급품질관리기술인	220,394	216,558	212,471	215,530
5010	중급품질관리기술인	192,523	186,963	183,944	185,457
5011	초급품질관리기술인	167,155	161,595	159,901	158,008
*5012	플로어링마루시공공	257,561	256,409	253,241	-
5013	교통정리원	173,784	171,884	170,990	-
5014	철거공	266,743	267,829	264,828	-
5015	흙막이공	275,072	272,974	278,476	-
5016	전철전공	426,714	421,317	411,319	-

주) 「*」표시 직종은 조사현장수가 5개미만 직종임
「**」표시 직종은 조사되지 않은 직종이므로 그 적용은 '6페이지 4.참고사항 라.'를 참고하시기 바람

부록 7

Ⅳ. 직 종 해 설

직종번호	직 종 명	해 설
1001	작업반장	각 공종별로 인부를 통솔하여 작업을 지휘하는 사람(십장)
1002	보통인부	기능을 요하지 않는 경작업인 일반잡역에 종사하면서 단순육체노동을 하는 사람
1003	특별인부	보통 인부보다 다소 높은 기능정도를 요하며, 특수한 작업조건하에서 작업하는 사람
1004	조력공	숙련공을 도와서 그의 지시를 받아 작업에 협력하는 사람
1005	제도사	고안된 설계도면에 따라 도면을 깨끗하게 제도하거나 컴퓨터 프로그램으로 도면을 그리는(작업하는)사람
1006	비계공	비계, 운반대, 작업대, 보호망 등의 설치 및 해체작업에 종사하는 사람
1007	형틀목공	콘크리트 타설을 위하여 형틀 및 동바리를 제작, 조립, 설치, 해체작업을 하는 목수
1008	철근공	철근의 절단, 가공, 조립, 해체 등의 작업에 종사하는 사람
1009	철공	철재의 절단, 가공, 조립, 설치 등의 작업에 종사하는 사람
1010	철판공	철판을 주자재로 하여 제작, 가공, 조립 및 해체를 하는 사람
1011	철골공	H빔 BOX빔 등 철골의 절단, 가공, 조립 및 해체 등의 작업에 종사하는 사람
1012	용접공	일반철재, 일반기기 또는 일반배관 등의 용접을 하는 사람 (난이도 일반수준)
1013	콘크리트공	소정의 중량화 및 용적화의 콘크리트를 만들기 위해 시멘트, 모래, 자갈, 물 비비기와 부어넣기 및 바이브레타를 사용하여 다지기거나 숏크리트를 분사하는 사람
1014	보링공	지하수 개발 또는 지질조사나 구조물기초설계를 위한 보링을 전문으로 하는 사람
1015	착암공	착암기를 사용하여 암반의 천공작업을 하는 사람
1016	화약취급공	화약의 저장관리 및 장진 발파작업을 전문으로 하는 사람
1017	할석공	큰 돌을 소정의 규격에 맞도록 깨는 사람
1018	포설공	골재를 포설하는 사람
1019	포장공	도로포장 등 공사에 있어서 표면처리를 하는 사람
1020	잠수부	수중에서 잠수작업을 하는 사람
1021	조적공	벽돌, 치장벽돌 및 블록을 쌓기 및 해체하는 사람
1022	견출공	콘크리트 면을 매끈하게 마감공사를 하는 사람
1023	건축목공	건축물의 축조 및 실내 목구조물의 제작, 설치 또는 해체작업에 종사하는 목수
1024	창호공	건물 등에서 목재, 철재, 샷시 등으로 된 창 및 문짝을 제작 또는 설치하는 사람
1025	유리공	유리를 규격에 맞게 재단하거나 끼우게 하는 사람
1026	방수공	구조물의 바닥, 벽체, 지붕 등의 누수방지작업을 하는 사람
1027	미장공	시멘트, 모르타르나 회반죽, 석고 프라스타 및 기타 미장재료를 이용하여 구조물의 내외표면에 바름 작업을 하는 사람
1028	타일공	타일 또는 아스타일 등 타일류를 구조물의 표면에 부착시키는 사람
1029	도장공	도장을 위한 바탕처리작업 및 페인트류 및 기타 도료를 구조물 등에 칠하는 사람
1030	내장공	건물의 내부에 수장재를 사용하여 마무리하는 사람

직종번호	직 종 명	해 설
1031	도 배 공	실내의 벽체, 천정, 바닥, 창호 등 실내표면에 종이나 장판지 등 도배재료를 부착시키는 사람
1032	연 마 공	인조석 및 테라조의 표면을 인력이나 기계로 물갈기 하여 광택작업을 하는 사람
1033	석 공	대할 및 소할 된 석재를 가공하여 형성된 마름돌과 석재를 설치 또는 붙이거나 일반쌓기를 하여 구조물을 축조하는 사람
1034	줄 눈 공	석축 및 조적조에 줄눈을 장치하는 사람
1035	판 넬 조 립 공	P.C판넬이나 샌드위치 판넬 등에 보온재를 채우거나 자르는 등 가공하여 조립 부착하는 사람
1036	지 붕 잇 기 공	기와 잇기 및 슬레이트를 절단·가공하여 지붕, 벽체, 천정 등에 부착작업을 하는 사람
1037	벌 목 부	나무를 베는 사람
1038	조 경 공	수목 식재 및 조경작업을 하는 사람
1039	배 관 공	설계압력 5kg/㎠미만의 배관을 시공 및 보수하는 사람
1040	배관공(수도)	옥외(건물외부)에서 상·하수도, 공업용수로 등의 배관을 시공 및 보수하는 사람
1041	보 일 러 공	보일러 조립·설치 및 정비를 하는 사람
1042	위 생 공	위생도기의 설치 및 부대작업을 하는 사람
1043	덕 트 공	금속박판을 가공하여 덕트 등을 가공, 제작, 조립, 설치작업에 종사하는 사람
1044	보 온 공	기기 및 배관류의 보온시공을 하는 사람
1045	인 력 운 반 공	2인 이상이 1조가 되어 인력으로 중량물을 운반하는 작업에 종사하는 사람**(목도 포함)**
1046	궤 도 공	철도의 궤도부설작업 또는 일반 공사장(사업장)내의 운반수단으로 임시 간이궤도를 부설, 해체, 유지 보수하는 작업에 종사하는 사람
1047	건설기계조장	건설기계 조종원을 통솔, 지휘하는 사람
1048	건설기계운전사	각종 건설기계의 운전과 조작을 하는 운전사(12t이상 트럭 포함)
1049	화물차운전사	운반을 목적으로 하는 화물자동차의 운전사
1050	일반기계운전사	발동기, 발전기, 양수기, 윈치 등 경기계 조종원
1051	기 계 설 비 공	일반기계설비 및 기계의 조립설치, 조정, 검사 및 유지보수를 하는 사람
1052	준 설 선 선 장	준설기를 장치한 선박의 선장
1053	준설선기관사	준설기를 장치한 선박의 기관사 **(준설선기관장, 준설선전기사 포함)**
1054	준설선운전사	준설기를 장치한 준설기계 운전사
1055	선 원	선박의 운항을 위한 각 부서의 선원
1056	플랜트배관공	유해가스 이송관, 플랜트(철강, 석유, 제지, 화학, 원자력 및 발전 등의 에너지시설)배관 또는 설계압력 5kg/㎠이상의 배관을 시공 및 보수하는 사람**(원자력배관공 포함)**
1057	플랜트제관공	플랜트(철강, 석유, 제지, 화학, 원자력 및 발전 등의 에너지시설) 시설에서 다른 건설공사보다 엄격한 규격 및 품질보증 요구조건에 따라 강제구조물과 압력용기의 가공, 제작시공 및 보수를 하는 사람**(원자력 포함)**
1058	플랜트용접공	유해가스 이송관 및 유해가스 용기를 용접하거나, 플랜트 기기 및 플랜트 배관을 용접하거나, 철재강관(합금강제외)을 TIG, MIG 등 용접하거나, 각각의 설계압력이 5kg/㎠이상인 기기 또는 배관의 용접을 하는 사람 (난이도 중고급수준)
1059	플랜트특수용접공	각각의 사용압력이 100kg/㎠이상인 배관 또는 압력용기를 용접하거나, 합금강을 용접 하거나, 합금강을 TIG, MIG 등 용접을 하는 사람 (난이도 특급수준)
1060	플랜트기계설치공	정밀을 요하는 플랜트 기계설비의 조립, 설치, 조정, 검사 및 보수를 하는 사람

부록 7

직종번호	직 종 명	해 설
1061	플랜트특별인부	플랜트(철강, 석유, 제지, 화학, 원자력 및 발전 등의 에너지시설) 시설에서 다른 건설공사보다 엄격한 규격 및 품질보증 요구조건에 따라 전문작업을 보조해주는 사람 **(원자력 포함)**
1062	플랜트케이블전공	플랜트(철강, 석유, 제지, 화학, 원자력 및 발전 등의 에너지시설) 시설에서 다른 건설공사보다 엄격한 규격 및 품질보증 요구조건에 따라 케이블시공 및 보수작업을 하는 사람**(원자력 포함)**
1063	플 랜 트 계 장 공	플랜트(철강, 석유, 제지, 화학, 원자력 및 발전 등의 에너지시설) 시설에서 다른 건설공사보다 엄격한 규격 및 품질보증 요구조건에 따라 계장작업을 하는 사람**(원자력 포함)**
1064	플 랜 트 덕 트 공	플랜트(철강, 석유, 제지, 화학, 원자력 및 발전 등의 에너지시설) 시설에서 다른 건설공사보다 엄격한 규격 및 품질보증 요구조건에 따라 덕트의 제작·설치작업을 하는 사람**(원자력 포함)**
1065	플 랜 트 보 온 공	플랜트(철강, 석유, 제지, 화학, 원자력 및 발전 등의 에너지시설) 시설에서 다른 건설공사보다 엄격한 규격 및 품질보증 요구조건에 따라 기기 및 배관류 등의 보온시공을 하는 사람**(원자력 포함)**
1066	제 철 축 로 공	제철용 각종로(1,000˚C~1,400˚C) 내화물시공(R오차 ±1mm이내) 및 보수를 하는 사람
1067	비 파 괴 시 험 공	일반 또는 플랜트(철강, 석유, 제지, 화학, 원자력 및 발전 등의 에너지시설) 등 시설물의 기기 및 배관 등의 용접부위 또는 구조물 주요부위의 비파괴검사를 실시하는 사람(검사자)
1068	특급품질관리원	건설현장에 배치되어 품질관리 업무를 수행하는 건설기술인을 보조하는 기능공으로서, 국토교통부 고시 '건설공사 품질관리 업무지침'에 따른 특급 시험인력
1069	고급품질관리원	건설현장에 배치되어 품질관리 업무를 수행하는 건설기술인을 보조하는 기능공으로서, 국토교통부 고시 '건설공사 품질관리 업무지침'에 따른 고급 시험인력
1070	중급품질관리원	건설현장에 배치되어 품질관리 업무를 수행하는 건설기술인을 보조하는 기능공으로서, 국토교통부 고시 '건설공사 품질관리 업무지침'에 따른 중급 시험인력
1071	초급품질관리원	건설현장에 배치되어 품질관리 업무를 수행하는 건설기술인을 보조하는 기능공으로서, 국토교통부 고시 '건설공사 품질관리 업무지침'에 따른 초급 시험인력
1072	지 적 기 사	지적산업기사가 하는 업무와 지적측량의 종합적 계획수립에 종사하는 사람
1073	지 적 산 업 기 사	지적기능사가 하는 업무와 지적측량에 종사하는 사람
1074	지 적 기 능 사	지적측량의 보조 또는 도면의 정리와 등사, 면적측정 및 도면작성에 종사하는 사람
1075	내 선 전 공	옥내전선관, 배선 및 등기구류 설비의 시공 및 보수에 종사하는 사람
1076	특고압케이블전공	특별고압케이블 설비의 시공 및 보수에 종사하는 사람(7,000V 초과)
1077	고압케이블전공	고압케이블 설비의 시공 및 보수에 종사하는 사람 (교류 600V초과, 직류 750V초과 7,000V 이하)
1078	저압케이블전공	저압케이블 및 제어용 케이블 설비의 시공 및 보수에 종사하는 사람(교류 600V이하, 직류 750V이하)
1079	송 전 전 공	발전소와 변전소 사이의 송전선의 철탑 및 송전설비의 시공 및 보수에 종사하는 사람
1080	송 전 활 선 전 공	소정의 활선작업교육을 이수한 숙련 송전전공으로서 전기가 흐르는 상태에서 필수 활선장비를 사용하여 송전설비에 종사하는 사람

직종번호	직 종 명	해 설
1081	배 전 전 공	22.9kv이하의 배전설비의 시공 및 보수에 종사하는 사람으로서 전주를 세우고 완금, 애자 등의 부품과 기계류(변압기, 개폐기 등)를 설치하고 무거운 전선을 가설하는 등의 작업을 하는 사람
1082	배전활선전공	소정의 활선작업교육을 이수한 숙련배전전공으로서 전기가 흐르는 상태에서 필수 활선장비를 사용하여 배전설비에 종사하는 사람
1083	플 랜 트 전 공	발전소 중공업설비·플랜트설비의 시공 및 보수에 종사하는 사람
1084	계 장 공	기계, 급배수, 전기, 가스, 위생, 냉난방 및 기타공사에 있어서 계기(공업제어장치, 공업계측 및 컴퓨터, 자동제어장치 등)를 전문으로 설치, 부착 및 점검하는 사람
1085	철 도 신 호 공	철도신호기를 설치 등 신호보안 설비공사 및 보수에 종사하는 사람
1086	통 신 내 선 공	구내통신 배관 및 배선, 박스, 단자함 등을 시공 또는 유지보수 업무에 종사하는 사람
1087	통 신 설 비 공	무선기기, 반송기기, 영상·음향·정보·제어설비 등의 시공 및 유지보수 업무에 종사하는 사람
1088	통 신 외 선 공	전주, PE내관(전선관)포설, 조가선, 나선로 등의 시공 및 보수 업무에 종사하는 사람
1089	통신케이블공	각종 동선케이블의 가설, 포설, 접속, 연공, 시험 및 유지보수 등의 업무에 종사하는 사람
1090	무선안테나공	무선통신설비의 철탑, 안테나, 급전선의 설치와 점검, 보수, 도색 등 유지보수 업무에 종사하는 사람
1091	석 면 해 체 공	건축물, 시설물, 설비 등에서 석면이 함유된 자재를 해체 또는 철거하는 작업에 종사하는 사람
2001	광케이블설치사	광케이블의 포설, 접속, 성단, 시험 및 광전송장치(단말장치, 중계기포함)의 설치, 각종시험, 교정 등 유지보수 업무에 종사하는 사람
2002	H / W 시 험 사	전자교환기, 기지국, 컴퓨터시스템의 기계설비(하드웨어 포함)의 설치, 시험, 분석, 운영 시공지도, 유지보수 등의 업무에 종사하는 사람
2003	S / W 시 험 사	전자교환기, 기지국, 컴퓨터시스템(CPU 등 포함)의 소프트웨어 및 프로그램 설계, 작성, 입력, 시험, 분석, 설치, 유지보수 등의 업무에 종사하는 사람
3001	도 편 수	전통한식 건조물의 신축 또는 보수 시 설계도를 해독하고 한식목공, 한식석공 등을 총괄, 지휘하며 여러 전문 직종의 우두머리가 되는 사람**(도석수 포함)**
3002	드 잡 이 공	내려앉거나 기울어진 목조건조물, 석조건조물을 바로잡는 일을 하는 사람
3003	한 식 목 공	도편수의 지휘아래 전통한식 기법으로 목재마름질 등 목조건조물의 나무를 치목하여 깎고 다듬어서 기물이나 건물을 짜세우는 일을 전문으로 하는 사람
3004	한식목공조공	전통한식 건조물의 치목, 조립을 하는 사람으로 한식목공을 보조하는 사람
3005	한 식 석 공	도편수(도석수)의 지휘아래 전통한식 기법으로 흑두기 등 석재를 마름질하여 기단, 석곽, 석축 등 석조물 조립·해체를 전문으로 하는 사람
3006	한 식 미 장 공	미장 바름재(진흙, 회삼물, 강회 등)를 사용하여 한식벽체·앙벽·온돌·외역기 등을 전통기법대로 시공하는 사람

부록 7

직종번호	직 종 명	해 설
3007	한 식 와 공	전통한식 건조물의 지붕을 옛 기법대로 기와를 잇거나 보수하는 사람으로 연와공사를 총괄 지휘하는 사람
3008	한 식 와 공 조 공	한식와공의 지도를 받아 전통한식 건조물의 기와를 잇는 사람으로 한식와공을 보조하는 사람
3009	목 조 각 공	목조불상, 한식건축물의 장식물인 포부재, 화반, 대공 등의 조각을 담당하여 새김질을 하는 사람
3010	석 조 각 공	석조불상, 기단우석, 전통석탑 등 석조건조물의 조각을 하는 사람
3011	특 수 화 공	고유단청을 현장에서 시공하는 사람으로서 안료배합 및 초를 낼 수 있고 벽화를 시공할 수 있는 기능을 가진 사람
3012	화 공	고유단청을 현장에서 시공하는 사람으로서 타분, 채색 및 색긋기, 먹긋기, 가칠 등을 전문으로 하는 사람
3013	드 잡 이 공 편 수	전통한식 건조물의 신축 또는 보수 시 설계도를 해독하고 드잡이공을 총괄, 지휘하는 사람
3014	한식미장공편수	전통한식 건조물의 신축 또는 보수 시 설계도를 해독하고 한식미장공을 총괄, 지휘하는 사람
3015	한 식 와 공 편 수	전통한식 건조물의 신축 또는 보수 시 설계도를 해독하고 한식와공을 총괄, 지휘하는 사람
3016	한식단청공편수	전통한식 건조물의 신축 또는 보수 시 설계도를 해독하고 화공 및 특수화공을 총괄, 지휘하는 사람
3017	한 식 석 공 조 공	기단, 성곽, 석축 등 석조물의 치석과 해체, 조립을 하는 사람으로 한식석공을 보조하는 사람
3018	한식미장공조공	전통한식 건조물의 미장을 하는 사람으로 한식미장공을 보조하는 사람
4001	원자력플랜트전공	원자력발전소 건설·보수 시 원전의 안정성 및 신뢰성 확보를 위하여 다른 건설공사에 비해 엄격한 원자력관련 제규정, 규격 및 품질보증 요구조건에 따라 발·변전설비의 시공 및 보수작업을 하는 사람
4002	원 자 력 용 접 공	원자력발전소 건설·보수 시 원전의 안정성 및 신뢰성 확보를 위하여 다른 건설공사에 비해 엄격한 원자력관련 제규정, 규격 및 품질보증 요구조건에 따라 1차계통의 용접작업을 하는 사람
4003	원자력기계설치공	원자력발전소 건설·보수 시 원전의 안정성 및 신뢰성 확보를 위하여 다른 건설공사에 비해 엄격한 원자력 관련 제규정, 규격 및 품질보증 요구조건에 따라 1차계통의 기계조립, 설치 및 정비를 전문으로 하는 사람
4004	원자력품질관리사	원자력 품질관리규정(10 CFR 50 APP.B)의 요건에 따라 소정의 교육을 이수 후 관리사자격을 취득하고 원자력관련 제규정 및 규격에 관한 지식을 보유하고 동 규정에 따라 품질보증 업무를 하는 사람

직종번호	직 종 명	해 설
5001	통 신 관 련 기 사	정보통신공사업법상의 통신기술 자격자(기사)로서 전기통신 설비의 시험·측정·조정·유지보수 등에서 종사하는 사람(광단말장치 및 광중계장치 제외)
5002	통신관련산업기사	정보통신공사업법상의 통신기술 자격자(산업기사)로서 전기통신 설비의 시험·측정·조정·유지보수 등에서 종사하는 사람(광단말장치 및 광중계장치 제외)
5003	통 신 관 련 기 능 사	정보통신공사업법상의 통신기술 자격자(기능사)로서 전기통신 설비의 유지보수 및 엔지니어링 업무 보조자로 종사하는 사람
5004	전 기 공 사 기 사	전기공사업법상의 전기기술 자격자(기사)로 전기설비의 설치 및 유지보수에 종사하는 사람
5005	전기공사산업기사	전기공사업법상의 전기기술 자격자(산업기사)로 전기설비의 설치 및 유지보수에 종사하는 사람
5006	변 전 전 공	변전소 설비의 시공 및 보수에 종사하는 사람
5007	코 킹 공	창틀, 욕조 등의 방수나 고정을 위하여 코킹작업을 하는 사람
5008	특 급 품 질 관 리 기 술 인	건설현장에 배치되어 품질관리 업무를 수행하는 건설기술인으로서, 국토교통부 고시 '건설기술인 등급인정 및 교육훈련등에 관한 기준'에 따른 기술등급이 특급인 자
5009	고 급 품 질 관 리 기 술 인	건설현장에 배치되어 품질관리 업무를 수행하는 건설기술인으로서, 국토교통부 고시 '건설기술인 등급인정 및 교육훈련등에 관한 기준'에 따른 기술등급이 고급인 자
5010	중 급 품 질 관 리 기 술 인	건설현장에 배치되어 품질관리 업무를 수행하는 건설기술인으로서, 국토교통부 고시 '건설기술인 등급인정 및 교육훈련등에 관한 기준'에 따른 기술등급이 중급인 자
5011	초 급 품 질 관 리 기 술 인	건설현장에 배치되어 품질관리 업무를 수행하는 건설기술인으로서, 국토교통부 고시 '건설기술인 등급인정 및 교육훈련등에 관한 기준'에 따른 기술등급이 초급인 자
5012	플 로 어 링 마 루 시 공 공	플로어링 마루(합판마루, 강화마루, 온돌마루)를 설치하는 사람
5013	교 통 정 리 원	공사중 교통통제 및 보행자 등의 안전을 위해 종사하는 사람
5014	철 거 공	구조물(아파트, 주택, 지하구조물 및 시설물) 등을 철거하면서 발생되는 모든 폐기물(인목, 건설, 지정, 사업장, 혼합 폐기물)등을 반출(수집, 운반, 처리) 정리 하는 과정을 수행하는 작업에 종사하는 기능공
5015	흙 막 이 공	굴착 공사에서 사면보호 또는 흙의 무너짐 방지를 위하여 지지말뚝, 토류판 설치 등의 작업에 종사하는 기능공
5016	전 철 전 공	교류 27.5kV 및 직류 1500V 전차선로의 시공 및 보수에 종사하는 사람으로 전철주, 빔, 완철, 애자, 가동브래킷 등의 부품과 기계류 등(개폐기, 단로기)을 설치하고 전기차량 운행에 적합하도록 가선, 정밀조정 등의 업무를 수행하는 자

부록 7

2026 · 최신 개정판

표준 전기·신호·정보통신공사 품셈

1982年 1月 15日 초판 발행
1991年 1月 5日 10판 발행
2001年 1月 20日 개정 20판 발행
2011年 1月 25日 최신 개정 30판 발행
2021年 2月 15日 최신 개정 40판 발행
2022年 2月 15日 최신 개정 41판 발행
2023年 2月 15日 최신 개정 42판 발행
2024年 2月 5日 최신 개정 43판 발행
2025年 2月 5日 최신 개정 44판 발행
2026年 2月 5日 최신 개정 45판 발행

편 저 : 편집부

발행처 : 도서출판 높은오름 

서울특별시 성동구 성수이로 7길 7, 512호
(성수동2가, 서울숲한라시그마밸리 2차)
TEL : (02)497-1322~4
FAX : (02)497-1326
등록 : 1994년 12월 19일 No. 제4-270호

ISBN 978-89-86228-32-8 (93560) **정가 : 70,000원**

※ 초판 발행은 도서출판 기다리에서 발행